"十三五"江苏省高等学校重点教材

编号：2018-1-121

晏世雷 钱铮 过祥龙 编著

基础物理学

JICHU WULI XUE

（上册）

第四版

苏州大学出版社
Soochow University Press

图书在版编目(CIP)数据

基础物理学.上册 / 晏世雷,钱铮,过祥龙编著
.—4版.—苏州:苏州大学出版社,2020.10(2024.12重印)
"十三五"江苏省高等学校重点教材
ISBN 978-7-5672-3364-5

Ⅰ.①基… Ⅱ.①晏… ②钱… ③过… Ⅲ.①物理学—高等学校—教材 Ⅳ.①O4

中国版本图书馆 CIP 数据核字(2020)第 208165 号

基础物理学(上册)(第四版)

晏世雷　钱铮　过祥龙　编著

责任编辑　陈兴昌　苏　秦

苏州大学出版社出版发行
(地址:苏州市十梓街1号　邮编:215006)
苏州市越洋印刷有限公司印装
(地址:苏州市南官渡路20号　邮编:215000)

开本 787 mm×1 092 mm　1/16　印张 43.75(上、下册)　字数 1 086 千(上、下册)
2020 年 10 月第 4 版　2024 年 12 月第 7 次印刷
ISBN 978-7-5672-3364-5　　定价:98.00 元(上、下册)

若有印装错误,本社负责调换
苏州大学出版社营销部　电话:0512-67481020
苏州大学出版社网址 http://www.sudapress.com
苏州大学出版社邮箱 sdcbs@suda.edu.cn

第四版前言

以大数据和新技术为主要特征的媒体融合时代的来临,给传统的纸质教材带来了强大冲击.随着新媒体技术在教学中的应用,教学模式也随之发生变化,各种线下线上的学习形式不断出现.教师与学生借助新媒体技术进行着交互式的教与学活动.在此环境下,传统的教材必须要同其他媒体进行深度融合,才能适应"互联网+教育"的快速发展.为此,我们根据信息技术的发展和大学物理教学的需要,在保持第三版教材体系和结构的基础上,重新进行了修订编写.

本次修订主要借助新媒体和互联网技术,丰富了纸质教材的内容及呈现方式.通过扫描二维码打开与教材内容相关的学习资源.将纸质教材不能呈现的视频、音频、模拟实验、相关链接等通过多种媒体呈现.学生可以利用移动客户端选择学习、碎片化式的学习,形成纸质教材、网络学习、数字化系统等多媒体融合模式的教学一体化活动.全书共提供110个视频资源,总时长1256分钟,涵盖约200个知识点.部分二维码对应多个知识点,读者可以通过拖动播放滑块到相应知识点进行学习.

《基础物理学》自出版后被多所高等院校用作非物理专业大学物理课程的教材,使用21年以来,取得了很好的效果,获得许多学校教师、学生的好评.本教材第四版获得2018年江苏省高等学校重点教材立项,苏州大学对教材修订给予了经费资助.在第四版修订过程中,苏州大学须萍教授、桑芝芳教授、罗晓琴副教授提供了很多宝贵的修订意见.在此,我们一并表示衷心的感谢.

尽管我们在修订编写过程中力图使内容更加完善,但书中难免存在一些不足和不妥,敬请读者继续批评指正.

编　者

2020年10月

第三版前言

《基础物理学》第二版出版以来,被多所高等院校用作非物理专业大学物理课程的教材,取得了很好的效果,获得了较高的评价.高等教育改革与发展步伐的不断加快,对高校公共基础必修课的大学物理课程提出了更高的要求.为此,我们根据大学物理教学改革和发展的需要,在基本保持原有第二版教材主要体系和结构的基础上,重新进行了编写.

《基础物理学》第三版教材分上、下两册.

上册共15章,含力学篇(1~7章)、电磁学篇(8~15章);下册共13章,含光学篇(16~19章)、热学篇(20~22章)、近代物理基础篇(23~28章).

此次重新修订编写,保留了第二版教材的精华.为了更好地阐述物理基本概念和基本规律,使全书的体系和结构更趋科学合理,我们对全书的章节进行了部分调整,对一些章节的内容进行了增删,增加了反映物理学最新研究成果的相关知识点,例题和习题的数量也有较多扩充.全书标有"＊"号部分可作为选学内容.

在《基础物理学》第三版即将付印之际,特别要感谢过祥龙教授、董慎行教授为《基础物理学》第一版、第二版编写所做出的奠基性、开创性工作,在他们的不懈努力下,所编教材使用15年,得到许多学校教师、学生的好评,为一大批学生学习物理学、提高科学素养发挥了重要作用.

在编写第三版的过程中吸收了苏州大学以及其他使用本教材高等院校任课教师的宝贵意见,苏州大学对教材编写给予了经费资助,在此,我们一并表示衷心的感谢.希望第三版教材的出版与使用能更好地满足当今大学物理教学改革的要求和对高素质创新人才培养的需要,这是编者及所有为本书做出贡献者的最大心愿.

虽然我们在编写第三版的过程中付出了很大努力,但书中难免存在一些不足和遗憾,敬请老师们、同学们在使用过程中给予批评指正.

编　者

2014年9月

第二版前言

我们的《基础物理学》自第一版出版以来,被多所院校用作普通物理课程的教材.根据使用过此书的师生以及其他读者的反映,参照近年来普通物理教学的发展趋势,我们在保持原有体系和风格的基础上,重新编写了第二版.它主要作了以下补充和修改:

充实、拓宽、加深了一些内容.电学部分增写了压电效应、量子霍耳效应、同步辐射、电磁场动量、光压等;光学部分增写了光学信息处理、克尔效应、旋光、液晶等;热学部分增写了玻耳兹曼分布、节流、低温技术、熵与信息等;近代物理部分增写了温室效应、斯特恩-盖拉赫实验、半导体激光、自由电子激光、非线性光学、核磁共振成像,并且充实了激光、超导内容.

为保证系统的完整性,在力学中增加了质点系的功能定理和动能定理,以及质心和质心运动定理.热学部分的体系作了较大变动,按照分子动理论、热力学第一定律、热力学第二定律的顺序来展开,这无疑将使教学重点突出,并节省课时.

第二版还对原书的思考题、习题进行了增删,使之更贴近学生实际.为了便于读者查阅,第二版增加了中英文索引.全书有"*"号部分供教学选用.

本书第二版列入苏州大学精品教材建设项目,得到了苏州大学各方面的大力支持.编写过程中,得到了扬州大学凌帆教授的帮助;南京大学卢德馨教授和复旦大学蒋平教授审阅了本书的第一版;北京大学陆果教授无私提供了有关资料;许多使用过本书第一版教材的兄弟院校及时反馈了许多有价值的建议.苏州大学物理科学与技术学院的老师们结合第一版教材的教学实践,与编者进行了许多有益的交流,对于同志们的热情帮助和指导,我们表示衷心的感谢.

蒙苏州大学物理科学与技术学院沈永昭教授主审了全书,并为本书撰写了绪论和光学信息处理一节;张橙华老师为本书编写了国际单位制以及物理常量,并对本书与物理学前沿的结合方面做了许多有益的工作.对此,我们深表谢意.

尽管编者在第二版的编写过程中做了很大努力,力图使本书能体现编写的指导思想和创新精神,但书中的缺点、错误仍在所难免,敬请同行和读者继续批评指正.

编　者

2003 年 4 月

第一版前言

大学理工科非物理专业开设的基础物理课程的主要目的在于对学生进行科学素质教育和科学思维方法的培养,课程内容是每个理工科大学生必备的知识.但是,目前的教学内容存在不少问题,如与中学物理的教学内容重复,经典内容过多而近代物理和非线性物理等内容没有得到适当的反映等,这与当前的科学技术发展是极不相称的.为此,我们在1993年就开始着手准备编写这本教材.在编写过程中结合了多年非物理专业的基础物理教学实践,并广泛参考国内外优秀同类教材,力图博采众长.本教材内容主要有以下几个方面的特点:

1. 注重物理基本概念和基本规律的阐述,尽量避免繁琐的数学推导,数学知识定位在微积分初步.考虑到当前中学物理教学水平的提高,本教材将和中学物理拉开距离,去掉与中学物理内容重复的部分.

2. 力求体系和结构的合理性,教材内容覆盖物理学的各个分支,物理学发展前沿及许多新课题也在教材中得到反映.全书分上、下两册.

3. 精编例题和习题.选编例题和习题的主导思想是有利于扩展学生的视野;有利于培养学生学习物理的能力.作为一种尝试,本教材编入了一定数量的用计算机演示或数值计算的习题.

4. 本教材的讲授时数在120学时至160学时之间,适用于理工科非物理专业的基础物理课程的教学.教材内容和习题都有不同层次的编排,便于师生在此基础上进行取舍,因而也可以作为90学时左右课程的教材使用.

在本书的编写过程中,苏州大学物理科学与技术学院领导和教师提供了大力支持并提出许多宝贵意见,苏州大学出版社也对本书的出版做了有益的指导,在此表示衷心的感谢.

本书中难免有疏漏和错误之处,竭诚欢迎广大教师和读者指正.

编　者
1999年1月

绪 论 ……………………………………………………… (1)

第1篇 力 学

第1章 质点运动学
1.1 质点运动的描述 ………………………………… (7)
1.2 直线运动 ………………………………………… (12)
1.3 曲线运动 ………………………………………… (14)
1.4 相对运动 ………………………………………… (20)
内容提要 …………………………………………… (21)
习 题 ……………………………………………… (22)

第2章 质点动力学
2.1 惯性定律 惯性系 ……………………………… (27)
2.2 质量 动量 动量守恒定律 …………………… (28)
2.3 牛顿定律 ………………………………………… (30)
2.4 冲量 动量定理 ………………………………… (33)
2.5 质点的角动量 角动量守恒定律 ……………… (37)
2.6 力学单位制 量纲 ……………………………… (40)
内容提要 …………………………………………… (41)
习 题 ……………………………………………… (41)

第3章 机械能守恒
3.1 功 功率 ………………………………………… (45)
3.2 动能 动能定理 ………………………………… (48)
3.3 势能 保守力 …………………………………… (50)
3.4 机械能守恒定律 ………………………………… (53)
3.5 碰 撞 …………………………………………… (55)
内容提要 …………………………………………… (58)
习 题 ……………………………………………… (58)

第4章 刚体的运动
4.1 刚体的运动 ……………………………………… (63)
*4.2 质心 质心运动定理 …………………………… (64)
4.3 刚体的角动量 转动惯量 ……………………… (66)
4.4 刚体的转动定理 ………………………………… (70)
4.5 刚体的角动量定理和角动量守恒定律 ………… (73)
4.6 刚体的动能定理 ………………………………… (74)

4.7　刚体的平面平行运动 ·················· (78)
内容提要 ····································· (81)
习　题 ······································· (82)

第 5 章　流体力学

5.1　流体静力学 ····························· (87)
5.2　流体的流动 ····························· (90)
5.3　伯努利方程 ····························· (91)
*5.4　黏滞流体 ······························ (93)
内容提要 ····································· (95)
习　题 ······································· (95)

第 6 章　振　动

6.1　简谐运动的运动学 ·················· (98)
6.2　简谐运动的动力学 ················· (102)
6.3　简谐运动的能量 ···················· (107)
6.4　同方向简谐运动的合成 ··········· (109)
6.5　相互垂直的简谐运动的合成 ····· (112)
6.6　阻尼振动 ······························ (114)
6.7　受迫振动　共振 ···················· (116)
内容提要 ···································· (119)
习　题 ······································ (120)

第 7 章　波　动

7.1　机械波的产生和传播 ·············· (124)
7.2　平面简谐波方程 ···················· (128)
7.3　波的能量和能流密度 ·············· (132)
7.4　惠更斯原理与波的传播 ··········· (135)
7.5　波的叠加原理　波的干涉和驻波 ········· (136)
7.6　多普勒效应 ·························· (140)
内容提要 ···································· (144)
习　题 ······································ (145)

第 2 篇　电磁学

第 8 章　静电场

8.1　电　荷 ································ (153)
8.2　库仑定律 ····························· (154)

8.3　电场　电场强度 …………………………………… (156)
　　8.4　高斯定理 ………………………………………… (161)
　　8.5　静电场的环路定理　电势 ……………………… (168)
　　内容提要 ………………………………………………… (173)
　　习　题 …………………………………………………… (174)

第 9 章　静电场中的导体和电介质

　　9.1　静电场中的导体 ………………………………… (180)
　　9.2　电容和电容器 …………………………………… (187)
　　9.3　静电场中的电介质 ……………………………… (190)
　　9.4　电场能量 ………………………………………… (197)
　　内容提要 ………………………………………………… (200)
　　习　题 …………………………………………………… (200)

第 10 章　直流电路

　　10.1　恒定电流 ………………………………………… (206)
　　10.2　欧姆定律　电阻 ………………………………… (208)
　　10.3　电流的功 ………………………………………… (212)
　　10.4　电动势 …………………………………………… (213)
　　10.5　基尔霍夫定律 …………………………………… (215)
　　内容提要 ………………………………………………… (218)
　　习　题 …………………………………………………… (218)

第 11 章　恒定磁场

　　11.1　磁感应强度 ……………………………………… (223)
　　11.2　带电粒子在磁场中的运动 ……………………… (226)
　　11.3　磁场对电流的作用 ……………………………… (232)
　　11.4　电流的磁场 ……………………………………… (236)
　　11.5　磁场的高斯定理 ………………………………… (242)
　　11.6　磁场的安培环路定理 …………………………… (244)
　　内容提要 ………………………………………………… (248)
　　习　题 …………………………………………………… (248)

第 12 章　电磁感应

　　12.1　电磁感应定律 …………………………………… (257)
　*12.2　涡电流 …………………………………………… (259)
　　12.3　动生电动势和感生电动势 ……………………… (261)
　　12.4　互感和自感 ……………………………………… (265)
　　12.5　磁场能量 ………………………………………… (268)

12.6　暂态过程 …………………………………… (270)
内容提要 ……………………………………… (274)
习　题 ………………………………………… (275)

第 13 章　物质的磁性

13.1　磁介质的磁化 ……………………………… (282)
13.2　磁场强度 …………………………………… (287)
13.3　铁磁性 ……………………………………… (290)
内容提要 ……………………………………… (293)
习　题 ………………………………………… (293)

第 14 章　交流电路

14.1　交流概述 …………………………………… (295)
14.2　交流电路中的基本元件 …………………… (296)
14.3　交流电路的矢量图解法 …………………… (298)
14.4　谐振电路 …………………………………… (302)
14.5　交流的功率 ………………………………… (305)
内容提要 ……………………………………… (306)
习　题 ………………………………………… (307)

第 15 章　麦克斯韦方程组和电磁波

15.1　位移电流 …………………………………… (309)
15.2　麦克斯韦方程组 …………………………… (312)
15.3　电磁波 ……………………………………… (312)
15.4　电磁波谱 …………………………………… (319)
内容提要 ……………………………………… (321)
习　题 ………………………………………… (321)

附录　微积分初步与矢量

1　函数、导数与微分 …………………………… (323)
2　积　分 ………………………………………… (325)
3　矢　量 ………………………………………… (326)

习题参考答案 ……………………………………… (329)

绪　　论

▶ 1. 物理学的研究对象

物理学是研究物质最基本运动形态(机械运动、电磁运动、热运动、原子、原子核和粒子运动)的规律和物质基本结构的科学.

物理学的研究范围非常广阔. 从空间尺度看,大至宇宙间的星球,最大的数量级约为 10^{27} m,小至组成原子的微观粒子,最小的数量级约为 10^{-15} m,共跨越了约 42 个数量级. 从时间尺度看,宇宙、地球年龄的数量级约为 10^{18} s,而不稳定的微观粒子,最短的寿命数量级仅为 10^{-25} s,共跨越了约 43 个数量级. 除了上述这些实物物质以外,还有另一种形式的物质——场,如引力场和电磁场. 关于场的性质和基本规律,也是物理学的研究对象.

物理学所研究的这些最基本运动形态,又各有其特有的规律,因而与其相应的物理学又分成几个部分,如力学、电磁学、热学、光学、原子物理学等. 这些最基本运动形态在本质上既有所区别,又互相联系,在一定条件下会互相转化,而且它们在转化过程中遵循着一定的规律.

物理学发展到今天,可以分为三个主要时期,即古代物理学时期、经典物理学时期和现代物理学时期. 古代物理学时期是物理学的萌芽时期,物理学还没有从哲学中分化出来,人们对物理世界的认识,基本上处于对现象的笼统描述、经验的简单总结和思辨性的猜测水平. 在经典物理学时期,系统的观察实验和严密的数学演绎等研究方法已被引进物理学中,导致了牛顿力学体系、麦克斯韦电磁场理论和能量转化与守恒定律的建立,使经典物理学体系臻于完善. 19 世纪末,物理学的一系列重大发现,使经典物理学体系遇到了"危机",于是引起了现代物理学革命. 相对论和量子力学的建立,使经典物理学的危机得以克服,从而完成了从经典物理学到现代物理学的转变,从根本上改变了人们的物理世界图景. 当今物理学的研究有两个尖端:一个是天体物理,在最大的尺度上追寻宇宙的起源和演化;另一个是粒子物理,在最小的尺度上探索物质更深层次的结构,奇妙的二者竟衔接在了一起.

▶ 2. 物理学和其他自然科学

由于物理学所研究的物质最基本的运动形态,它普遍地存在于物质的一切复杂运动形态(如化学过程、生物过程等)之中,因此了解物质最基本运动形态的规律,是认识物质复杂运动的起点和基础. 同时物理学的基本规律和基本研究方法以及根据物理学原理设计制造的各种仪器,已广泛地应用于自然科学的各学科之中,推动着各学科的发展,因此可以说物理学是一切自然科学的基础或支柱.

由于物理规律的基本性和普遍性,致使物理学和其他自然科学越来越密切地结合和渗透，从而形成了不少分支学科和交叉学科，如气象物理学、地球物理学、天体物理和宇宙学、物理化学、量子化学、生物物理学、量子生物学、计算物理、量子电子学等．

▶ 3. 物理学和技术

科学是认识自然，是解决理论问题，而技术则是改造自然，是解决实际问题．物理学研究中的新发现，往往是新技术的发展基础，可以将物理学的研究成果开发出各种应用，乃至掀起了一次次产业革命的浪潮．

18世纪60年代力学和热学的发展，使机器和热机得到改进和推广，引起了第一次产业革命，促进了手工生产向机械化大生产转变，并使陆上和海上较大规模的长途运输成为可能．19世纪后半叶，在法拉第电磁感应定律基础上发展起来的电力开发和利用，使人类进入了电的时代．其后在麦克斯韦创立电磁波理论的基础上，发明了无线电，使无线电通信得以实现．进入20世纪，由于相对论和量子力学方面的研究成果，使人类的认识从宏观世界深入到微观世界，从而获得了原子能．在受激辐射理论的指导下，又开发了激光技术．在固体理论研究成果的基础上制造出晶体管，由晶体管发展到集成电路，再由集成电路发展到今天的超大规模集成电路，导致信息技术和自动化技术发生巨大的变化．当今对科学、技术乃至社会生活各个方面影响巨大的计算机，其硬件部分也是以物理学的成果为基础，并为又一次产业革命的到来提供了物质基础．

▶ 4. 如何学习物理学

如前所述，物理学的基本原理渗透于自然科学的所有领域，应用于许多生产技术部门，它是自然科学的主导学科和工程技术的重要基础．非物理专业理工科大学生学习物理课程既是学习后继课程的需要，也是提高科学素养的需要．同学们今后在自己的专业天地里进行创造性工作的时候，会体会到这门课程的重要作用．

要学好物理学，一是要想学，即有学好的愿望；二是要会学，即要了解物理学科的特点和研究方法，并有正确的学习方法．

物理学是以实验为基础的科学，观察和实验是物理学研究的基本方法，是获得感性材料、探索物理规律的基本手段，也是检验物理学理论真理性的唯一标准．丁肇中教授在领取诺贝尔物理学奖时的演讲中，一开始就强调实验的重要性，并希望"我的获奖，将唤起发展中国家的学生们对实验的兴趣"．

物理学是由一些基本概念、基本规律和理论组成的体系严密的科学．对观察和实验得来的感性材料进行分析、综合、归纳、演绎，把物理本质抽象出来，形成物理概念，建立物理定律，再进行逻辑推理（包括运用数学方法），得到一系列的定理和结论，从而组成严密的理论体系．

物理学来源于实践，还要回到实践中去，即运用物理学的基本理论去解释自然界、日常生活和生产中的物理现象，解决有关的实际问题，进而丰富和深化基本理论．

古人云："学起于思，思源于疑"．在学习物理学的过程中，要勤于思考、多多质疑．对每一章或每一部分，要思考这里有哪些新概念，其物理含义是什么？这里有哪个基本规律，它成立的条件和适用的范围是什么？由这个规律可以得出哪些推论和结论？有哪些重要的应用？等等．在学习过程中，还要学会归纳和总结，对每一章或每一部分要梳理出主要讲了哪几个问题,这些问题之间内在的联系是什么,这样就不会只见树木不见森林,教材也就由厚变薄了. 在做实验时要多多动手,仔细观察、思考和解释出现的各种现象,再考虑有没有其他方法可以达到同样的目的.

知识的增长必然孕育着新问题的产生,为此我们特别鼓励同学们在学习中开展相互讨论,既可以活跃思维,创造浓厚的学术氛围,又可以使我们对物理问题的理解更加全面和深化.

学习物理,习题是必须做的,但不是学习物理的全部. 做习题应该在掌握基本概念和规律的基础上作为运用基本理论的一个环节去进行. 解题的每一步都要考虑是根据什么理由,解题的结果是否有意义,还能否从其他角度来解此题,这样每做一题就都会有所得益.

当您生活于实验室和图书馆的宁静之中时,首先应问问自己: 我为自己的学习做了些什么? 当您逐渐长进时再问问自己: 我为自己的祖国做了些什么? 总有一天,您可以因自己已经用某种方式对人类的进步和幸福做出了贡献而感到巨大的幸福.

——巴斯德(Louis Pasteur,1822—1895,法国生物学家)

第1篇 力 学

力学是一门古老的科学,其历史可追溯到公元前4世纪古希腊学者柏拉图关于天体做圆周运动和亚里士多德关于力产生运动的论述等,但力学成为一门真正的科学理论则是从17世纪意大利科学家伽利略论述惯性运动开始的.之后英国物理学家牛顿在总结前人研究结果的基础上提出了后来以他名字命名的三个运动定律,从而奠定了经典力学的基础.尽管随着科学的进步,在19世纪末、20世纪初发现了经典力学的局限性,使得在高速运动领域经典力学被相对论所取代,而在微观领域被量子力学所取代,但在一般的技术领域,如机械、建筑、船舰、航天器和天文学等都必须以经典力学为基本依据.同时经典力学在一定意义上是整个物理学的基础,这是我们首先要学习经典力学的原因.

力学的研究对象是机械运动.经典力学研究的是在弱引力场中宏观物体的低速运动.通常把力学分为运动学、动力学和静力学.运动学只描述物体的运动,不涉及引起运动和改变运动的原因;动力学则研究物体的运动与物体间相互作用的内在联系;静力学研究物体在相互作用下的平衡问题.

本篇主要讨论的内容包括质点力学、刚体力学和流体力学的基本概念.质点、刚体、理想流体等是为了抓住问题的主要因素,忽略问题次要的、局部的和偶然的因素而提出的物理模型.其中尤以质点模型最为重要,刚体和流体模型可看作在一定约束条件下质点的集合(质点系).

第1章　质点运动学

质点运动学以物体的质点模型为研究对象,讨论物体在空间的位置、速度和加速度随时间的变化情况.它只讨论物体的运动状态,而不涉及运动的产生和运动状态发生变化的原因.在运动学中,物体的运动状态是由位置矢量(运动方程)和速度描述的,而速度的变化则用加速度描述.本章通过速度、加速度等概念的建立,加深对运动的瞬时性、矢量性和相对性的认识.微积分在运动学中的应用十分广泛.由运动方程通过求导可得到速度及加速度.反之,由质点运动的加速度(或速度)与时间的关系以及初始条件通过积分可求得质点的速度或位置.本章还通过对直线运动、抛体运动和圆周运动的讨论,加深对各运动量的认识.

1.1　质点运动的描述

▶ 1.1.1　参照系　坐标系　质点

自然界中的一切物质都处于永恒的运动之中,绝对静止的物质是找不到的,也不存在脱离物质的运动.可以说,运动是物质存在的形式,是物质的固有属性,这称为**运动的绝对性**.但选择不同的物体作为参照,描述同一个物体的运动,其结果一般是不同的.例如,人造地球卫星的运动,以地球为参照物,其运动轨道是圆或椭圆;如果以太阳为参照物,卫星的运动轨道是形状复杂的曲线(图 1-1).这种以不同物体作为参照对同一物体运动的不同描述,称为**运动描述的相对性**.由于运动描述的相对性,在描述一个物体的运动时,必须首先选择另一物体或几个彼此之间相对静止的物体作为参照物.例如,要观察轮船在大海中的航行,可以选择海岸、灯塔甚至恒星作为参照物.这种研究物体运动时被选作参照物的物体,称为**参照**

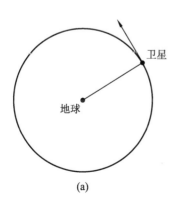
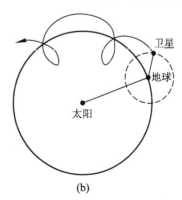

图 1-1　不同参照系中的卫星轨道

系.同一物体的运动,由于参照系不同,对其运动的描述就不同.当描述一个物体的运动时,必须指明是相对于哪个参照系.

为了定量地描述物体相对于参照系的运动,需要在参照系上建立适当的坐标系.所谓坐标系就是固定在参照物上的一组坐标轴和用来确定物体位置的一组坐标.常用的坐标系有直角坐标系、极坐标系、球坐标系和柱坐标系等.

任何物体都有一定的大小和形状.当物体转动或物体有形变时,物体的大小和形状对运动的影响是重要的.但在有些问题中,这种影响可以忽略,可以把物体当作**质点**来处理.所谓质点,是指只有质量而没有大小、形状和结构的点.例如,当研究地球的公转时就可以把它当作质点,而当研究地球的自转时就必须考虑它的大小和形状.一个物体是否可以看成质点,应根据具体问题而定.

▶ 1.1.2 位置矢量 位移

在直角坐标系中,为确定一个运动质点 P 在任意时刻 t 所在的位置,可以用三个坐标 x, y, z 来表示.当质点的位置随时间变化时,x, y, z 都是时间 t 的函数,即

$$x = x(t), y = y(t), z = z(t). \quad (1.1\text{-}1)$$

确定一个质点的位置,也可以用从原点 O 到 P 点的有向线段 $\overrightarrow{OP}$ 来表示.$\overrightarrow{OP}$ 称为质点的**位置矢量(位矢)**,又称为**矢径**,常用 $\boldsymbol{r}$ 表示,如图 1-2 所示.在直角坐标系中位矢 $\boldsymbol{r}$ 可以表示成

$$\boldsymbol{r} = \boldsymbol{r}(t) = x(t)\boldsymbol{i} + y(t)\boldsymbol{j} + z(t)\boldsymbol{k}. \quad (1.1\text{-}2)$$

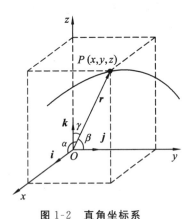

图 1-2 直角坐标系

其中 $\boldsymbol{i}, \boldsymbol{j}, \boldsymbol{k}$ 是坐标轴 x, y, z 三个方向的单位矢量.

位矢 $\boldsymbol{r}$ 的大小

$$r = |\boldsymbol{r}| = \sqrt{x^2 + y^2 + z^2}.$$

表示质点离坐标原点的距离,而位矢 $\boldsymbol{r}$ 的方向可用其方向余弦表示,即

$$\cos\alpha = \frac{x}{r}, \cos\beta = \frac{y}{r}, \cos\gamma = \frac{z}{r}.$$

(1.1-1)式或者(1.1-2)式称为**质点的运动方程**.如果知道了运动方程,质点的运动就完全确定了.根据具体问题的条件,求解质点的运动方程是力学的基本任务之一.

质点在运动过程中,在空间所经历的路径称为**轨道**.从(1.1-1)式中消去时间 t,就可以得到质点的轨道方程,所以(1.1-1)式也称为**轨道的参数方程**.

例 1-1 一质点的运动方程为 $\boldsymbol{r} = a\cos\pi t\, \boldsymbol{i} + b\sin\pi t\, \boldsymbol{j}$.求质点的轨道方程.

解 由(1.1-1)式知,质点运动方程的分量形式为

$$x = a\cos\pi t, \quad y = b\sin\pi t.$$

在这两式中消去 t,得轨道方程

$$\frac{x^2}{a^2} + \frac{y^2}{b^2} = 1.$$

故质点的轨道是一个以 a 与 b 为长、短半轴的椭圆.

设质点沿某轨道运动,在时刻 t,质点的位置在轨道的 A 处,在时刻 $t+\Delta t$,它在轨道的 B 处(图1-3).质点在 A,B 两处的位置矢量分别为 r 和 r'.在时间间隔 Δt 内,质点位置发生了变化,质点位置的变化可以用有向线段 $\overrightarrow{AB}$ 来表示.从图1-3可以看出,有向线段 $\overrightarrow{AB}$ 就是矢径 r 的增量 Δr,即

$$\Delta r = r' - r. \tag{1.1-3}$$

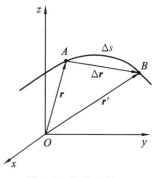

图1-3 位移矢量

Δr 称为**运动质点在时间间隔 Δt 内的位移**.位移也是矢量,其方向表明了 B 点相对于 A 点的方位,位移的数值 $|\Delta r|$ 表明了 B 点与 A 点之间的直线距离.在 Δt 时间内质点沿轨道(图1-3所示的曲线)从 A 点运动到 B 点,它经过的路径长度,即这一段曲线长度称为**路程**,用 Δs 表示.

应当注意的是,路程 Δs 和位移 Δr 是两个完全不同的概念.首先,路程 Δs 是标量,位移 Δr 是矢量;其次,路程的长度 Δs 和位移的大小 $|\Delta r|$ 一般并不相等,只有在时间 Δt 趋近于零时,才可以把 Δs 和 $|\Delta r|$ 看作相等.

在国际单位制中,位置矢量、位移和路程的常用单位是米(m).

▶ 1.1.3 速度

如图1-4所示,设在时刻 t,质点的位置在轨道的 A 点处,在时刻 $t+\Delta t$,它运动到轨道的 B 处,则该运动质点在 t 到 $t+\Delta t$ 这段时间内的位移 Δr 与 Δt 之比,称为质点在 Δt 时间内的**平均速度**,

$$\bar{v} = \frac{\Delta r}{\Delta t}. \tag{1.1-4}$$

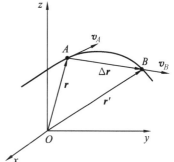

图1-4 平均速度和瞬时速度

平均速度只能粗略地反映在 Δt 这段时间内质点位置矢量的平均变化率.要精确地反映质点在某时刻的运动,必须把时间间隔 Δt 取得很小,Δt 越小,平均速度对运动的描述越精确.当 $\Delta t \to 0$ 时的平均速度所趋向的极限称为**质点在某一时刻 t 的瞬时速度**,简称**速度**,

$$v = \lim_{\Delta t \to 0} \frac{\Delta r}{\Delta t} = \frac{dr}{dt}. \tag{1.1-5}$$

由图1-5可以看出,当质点沿着某轨道从 A 点向 B 点运动时,位移以及平均速度 $\bar{v}$ 沿割线的方向.当 $\Delta t \to 0$ 时,割线趋向于轨道曲线在 A 点处的切线.因此,质点的速度方向沿着轨道上质点所在位置的切线方向.

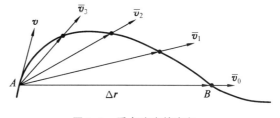

图1-5 质点速度的方向

在直角坐标系中,瞬时速度可表示为

$$v = v_x \mathbf{i} + v_y \mathbf{j} + v_z \mathbf{k}. \tag{1.1-6}$$

其中速度的三个分量分别是

$$v_x = \frac{dx}{dt}, \quad v_y = \frac{dy}{dt}, \quad v_z = \frac{dz}{dt}. \tag{1.1-7}$$

瞬时速度的大小称**瞬时速率**,简称**速率**,用字母 v 表示,其数值为

$$v = |\boldsymbol{v}| = \sqrt{v_x^2 + v_y^2 + v_z^2}. \tag{1.1-8}$$

因为当 $\Delta t \to 0$ 时,位移的大小 $|\Delta \boldsymbol{r}|$ 可以认为与路程 Δs 相等,因此,瞬时速率也等于 $\Delta t \to 0$ 时路程 Δs 与时间间隔 Δt 之比,

$$v = \lim_{\Delta t \to 0} \frac{\Delta s}{\Delta t} = \frac{ds}{dt}. \tag{1.1-9}$$

在国际单位制中,速度、速率的常用单位是米/秒(m/s).

▶ 1.1.4 加速度

一般来说,运动质点速度的大小和方向都随时间而变化. 设在时刻 t 和时刻 $t + \Delta t$,质点的位置分别在 A 点和 B 点,速度分别为 $\boldsymbol{v}$ 和 $\boldsymbol{v}'$(图 1-6). 在 Δt 期间,质点速度的变化是 $\Delta \boldsymbol{v} = \boldsymbol{v}' - \boldsymbol{v}$,$\Delta \boldsymbol{v}$ 与 Δt 之比称为**运动质点在 Δt 时间内的平均加速度** $\bar{\boldsymbol{a}}$,即

$$\bar{\boldsymbol{a}} = \frac{\Delta \boldsymbol{v}}{\Delta t}. \tag{1.1-10}$$

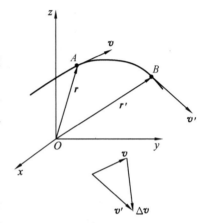

图 1-6 曲线运动中的速度增量

平均加速度只反映 Δt 时间内质点速度的平均变化率. 当 $\Delta t \to 0$ 时平均加速度的极限称为质点在时刻 t 的**瞬时加速度**,简称**加速度**,即

$$\boldsymbol{a} = \lim_{\Delta t \to 0} \frac{\Delta \boldsymbol{v}}{\Delta t} = \frac{d\boldsymbol{v}}{dt} = \frac{d^2 \boldsymbol{r}}{dt^2}, \tag{1.1-11}$$

即加速度等于速度对时间的一阶导数,或矢径对时间的二阶导数. 在直角坐标系中,加速度可表示为

$$\boldsymbol{a} = a_x \boldsymbol{i} + a_y \boldsymbol{j} + a_z \boldsymbol{k}. \tag{1.1-12}$$

其中加速度的三个分量分别为

$$a_x = \frac{dv_x}{dt} = \frac{d^2 x}{dt^2}, \quad a_y = \frac{dv_y}{dt} = \frac{d^2 y}{dt^2}, \quad a_z = \frac{dv_z}{dt} = \frac{d^2 z}{dt^2}, \tag{1.1-13}$$

加速度的大小为

$$a = \sqrt{a_x^2 + a_y^2 + a_z^2}. \tag{1.1-14}$$

在国际单位制中,加速度的常用单位是米/秒²(m/s²).

加速度矢量的方向就是当 $\Delta t \to 0$ 时,速度增量 $\Delta \boldsymbol{v}$ 的极限方向,而 $\Delta \boldsymbol{v}$ 的方向和它的极限方向一般不同于速度 $\boldsymbol{v}$ 的方向(图 1-6),因而加速度的方向一般与该时刻速度的方向不一致,即加速度的方向一般不指向轨道的切线方向.

▶ 1.1.5 运动学中的两类问题

1. 微分问题

如果已知质点的运动方程 $\boldsymbol{r} = \boldsymbol{r}(t)$,则运用微分法可算出质点的运动速度和加速度,

$$v=v(t)=\frac{\mathrm{d}r(t)}{\mathrm{d}t},\ a=a(t)=\frac{\mathrm{d}v(t)}{\mathrm{d}t}=\frac{\mathrm{d}^2r(t)}{\mathrm{d}t^2}. \tag{1.1-15}$$

2. 积分问题

如果已知质点运动的加速度 $a=a(t)$ 或速度 $v=v(t)$ 以及质点运动的初始条件 $v_0=v(t_0)$ 和 $r_0=r(t_0)$，则可以运用积分法求得质点在任意时刻的速度和运动方程. 因为 $\mathrm{d}v(t)=a(t)\mathrm{d}t$，所以

$$v(t)=v_0+\int_{t_0}^{t}a(t)\mathrm{d}t. \tag{1.1-16}$$

又因为 $\mathrm{d}r(t)=v(t)\mathrm{d}t$，所以

$$r(t)=r_0+\int_{t_0}^{t}v(t)\mathrm{d}t. \tag{1.1-17}$$

例 1-2 一质点在 xOy 平面内运动，其运动方程为 $x=R\cos\omega t$ 和 $y=R\sin\omega t$. 其中 R 和 ω 为正的常量. 试讨论它的运动轨道、速度以及加速度.

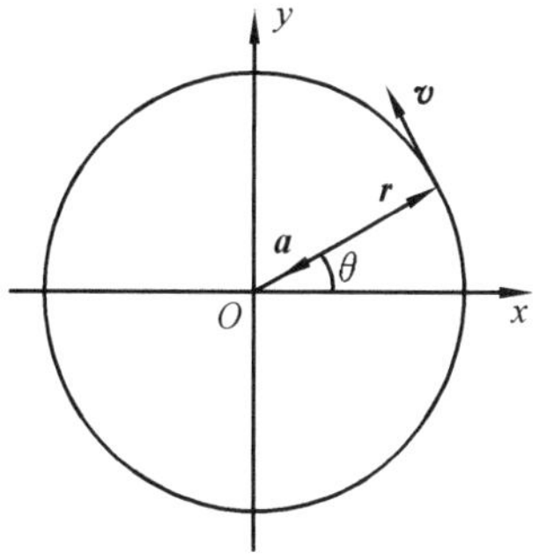

解 显然从 $x=R\cos\omega t$ 和 $y=R\sin\omega t$，消去 t 得到轨道方程

$$x^2+y^2=R^2.$$

这表明质点做圆心在原点、半径为 R 的圆周运动. 质点的位置矢量 $r=xi+yj=R\cos\omega t\,i+R\sin\omega t\,j$.

位矢的大小 $|r|=\sqrt{x^2+y^2}=R$. 设位矢与 x 轴的夹角为 θ，

$$\tan\theta=\frac{y}{x}=\frac{R\sin\omega t}{R\cos\omega t}=\tan\omega t,$$

因此
$$\theta=\omega t.$$

例 1-2 图

质点的速度沿 x 轴和 y 轴的分量分别为

$$v_x=\frac{\mathrm{d}x}{\mathrm{d}t}=-R\omega\sin\omega t,\ v_y=\frac{\mathrm{d}y}{\mathrm{d}t}=R\omega\cos\omega t.$$

速率 $v=\sqrt{v_x^2+v_y^2}=R\omega$，这表明质点做匀速圆周运动. 至于 v 的方向，可计算如下：

$$r\cdot v=xv_x+yv_y=R\cos\omega t(-R\omega\sin\omega t)+R\sin\omega t(R\omega\cos\omega t)=0.$$

这说明在任何时刻，速度总与位矢垂直，它沿圆的切线方向. 质点的加速度沿 x,y 轴的分量为

$$a_x=\frac{\mathrm{d}v_x}{\mathrm{d}t}=-R\omega^2\cos\omega t,\ a_y=\frac{\mathrm{d}v_y}{\mathrm{d}t}=-R\omega^2\sin\omega t.$$

此加速度的大小 $a=\sqrt{a_x^2+a_y^2}=R\omega^2$. 注意到 $a=a_xi+a_yj=-\omega^2(R\cos\omega t\,i+R\sin\omega t\,j)=-\omega^2r$. 这表明加速度的方向总是和位矢方向相反，指向圆心，这就是向心加速度.

应当指出，本题的 x 和 y 方向是两个简谐运动，这两个简谐运动的合成是一个匀速圆周运动，它有一个向心加速度 ω^2R.

1.2 直线运动

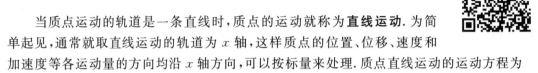

当质点运动的轨道是一条直线时,质点的运动就称为**直线运动**.为简单起见,通常就取直线运动的轨道为 x 轴,这样质点的位置、位移、速度和加速度等各运动量的方向均沿 x 轴方向,可以按标量来处理.质点直线运动的运动方程为

$$x=x(t).\tag{1.2-1}$$

直线运动的平均速度和瞬时速度可表示为

$$\bar{v}=\frac{\Delta x}{\Delta t},$$

$$v=\lim_{\Delta t\to 0}\frac{\Delta x}{\Delta t}=\frac{\mathrm{d}x}{\mathrm{d}t}.\tag{1.2-2}$$

直线运动的平均加速度和瞬时加速度可表示为

$$\bar{a}=\frac{\Delta v}{\Delta t},$$

$$a=\lim_{\Delta t\to 0}\frac{\Delta v}{\Delta t}=\frac{\mathrm{d}v}{\mathrm{d}t}=\frac{\mathrm{d}^2 x}{\mathrm{d}t^2}.\tag{1.2-3}$$

当 v 或 a 大于零时,表示它们的方向指向 x 轴的正方向;当 v 或 a 小于零时,表示它们的方向指向 x 轴的负方向.

▶ 1.2.1 匀速直线运动

做匀速直线运动的质点,其速度为常量而加速度为零,即

$$v=\frac{\mathrm{d}x}{\mathrm{d}t}=\text{常量},\quad a=\frac{\mathrm{d}v}{\mathrm{d}t}=0.$$

如果质点的速度 v 已知,则可以用积分求得质点做匀速直线运动的运动方程.由直线运动速度的定义(1.2-2)式,得 $\mathrm{d}x=v\mathrm{d}t$,积分得

$$\int_{x_0}^{x}\mathrm{d}x=\int_{t_0}^{t}v\mathrm{d}t=v(t-t_0).$$

式中 x_0 是 x 在 $t=t_0$ 时的值.由于 $\int_{x_0}^{x}\mathrm{d}x=x-x_0$,所以得

$$x=x_0+v(t-t_0).\tag{1.2-4}$$

这就是**匀速直线运动的运动学方程**.

▶ 1.2.2 匀变速直线运动

做匀变速直线运动的质点,其加速度为常量,即

$$a=\frac{\mathrm{d}v}{\mathrm{d}t}=\text{常量}.$$

如果质点运动的加速度 a 已知,则可以用积分方法求得质点做匀变速直线运动的速度和运动方程.设 $t=0$ 时,质点的速度为 v_0,质点的位置为 x_0,则由 $a=\frac{\mathrm{d}v}{\mathrm{d}t}$,得 $\mathrm{d}v=a\mathrm{d}t$,积分得

$\int_{v_0}^{v} dv = \int_{0}^{t} a dt$,所以**匀变速直线运动的速度公式**为

$$v = v_0 + at. \tag{1.2-5}$$

又由 $v = \dfrac{dx}{dt}$,得 $dx = v dt$,积分得 $\int_{x_0}^{x} dx = \int_{0}^{t} v dt = \int_{0}^{t} (v_0 + at) dt$,所以**匀变速直线运动的运动方程**为

$$x = x_0 + v_0 t + \dfrac{1}{2} at^2. \tag{1.2-6}$$

如果把直线运动加速度的定义式改写为 $a = \dfrac{dv}{dt} = \dfrac{dv}{dx} \dfrac{dx}{dt} = \dfrac{v dv}{dx}$,就有 $v dv = a dx$,对等式两边积分

$$\int_{v_0}^{v} v dv = \int_{x_0}^{x} a dx.$$

由于 $\int_{v_0}^{v} v dv = \dfrac{1}{2}(v^2 - v_0^2)$,$\int_{x_0}^{x} a dx = a(x - x_0)$,得

$$v^2 = v_0^2 + 2a(x - x_0). \tag{1.2-7}$$

这就是大家熟悉的匀变速直线运动中质点的位移、速度和加速度之间的关系式.

例 1-3 一子弹从 100 m 高的建筑物上以 98 m/s 的速度竖直向上射出,求

(1) 子弹到达最高点所需要的时间.

(2) 最高点与地面的距离.

(3) 子弹到达地面所需要的时间.

(4) 子弹到达地面时的速度.

解 建立如图所示的坐标系,原点位于地面.按题意,$t = 0$ 时,$v_0 = 98$ m/s,$x_0 = 100$ m.子弹运行过程中,有恒定的重力加速度 $a = -g = -9.8$ m/s^2,所以,子弹在任意时刻的速度和位置分别是

$$v = 98 - 9.8t,$$
$$x = 100 + 98t - 4.9t^2.$$

(1) 子弹到达最高点 $v = 0$,即

$$0 = 98 - 9.8t.$$

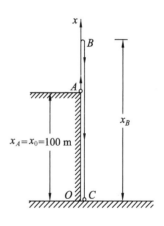

例 1-3 图

解得子弹到达最高点所需时间

$$t = \dfrac{98}{9.8} \text{ s} = 10 \text{ s}.$$

(2) 子弹上升的最大高度为

$$x_B = (100 + 98 \times 10 - 4.9 \times 10^2) \text{ m} = 590 \text{ m}.$$

(3) 子弹到达地面时,$x_C = 0$,即

$$0 = 100 + 98t - 4.9t^2.$$

解此方程得

$$t_1 = -0.96 \text{ s},$$
$$t_2 = 20.96 \text{ s}.$$

其中 t_1 为负的意思是计时以前的时间,对本题没有物理意义,应该舍去.所以,子弹到达地面所需要的时间为 20.96 s.

(4) 子弹到达地面时的速度为
$$v_C = (98 - 9.8 \times 20.96) \text{ m/s} = -107.41 \text{ m/s}.$$
负号表示速度向下.

1.3 曲线运动

▶ 1.3.1 抛体运动

将物体以一定的初速度向空中抛出,在忽略空气阻力的情况下,物体在恒定的重力加速度作用下的运动轨道为抛物线,称物体做**抛体运动**.抛体运动的轨道应该在竖直平面内,所以抛体运动是一种平面曲线运动.如图 1-7 所示,在抛体运动的轨道平面内建立 xOy 坐标系.设 $t=0$ 时刻,抛体在坐标原点 O 以初速度 $\boldsymbol{v}_0$ 抛出,$\boldsymbol{v}_0$ 与 x 轴之间的夹角(抛射角)为 θ,则抛体运动的加速度和初始条件分别为

$$\boldsymbol{a} = -g\boldsymbol{j} = \text{常矢量};$$

$t=0$ 时, $\quad \boldsymbol{r}_0 = \boldsymbol{0}, \boldsymbol{v}_0 = v_{0x}\boldsymbol{i} + v_{0y}\boldsymbol{j} = v_0\cos\theta\boldsymbol{i} + v_0\sin\theta\boldsymbol{j}.$

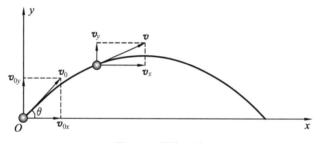

图 1-7 抛体运动

由(1.1-16)式,通过积分并代入上述的初始条件,得质点做抛体运动的速度矢量

$$\boldsymbol{v} = \boldsymbol{v}_0 + \int_0^t \boldsymbol{a}\mathrm{d}t = (v_0\cos\theta\boldsymbol{i} + v_0\sin\theta\boldsymbol{j}) - gt\boldsymbol{j}$$
$$= v_0\cos\theta\boldsymbol{i} + (v_0\sin\theta - gt)\boldsymbol{j}. \tag{1.3-1}$$

所以,以抛出时为计时起点,抛体运动沿 x,y 方向的速度分量为

$$\begin{cases} v_x = v_0\cos\theta, \\ v_y = v_0\sin\theta - gt. \end{cases} \tag{1.3-2}$$

由(1.1-17)式,通过积分并代入初始条件,可得抛体运动的运动方程(位矢)

$$\boldsymbol{r} = \boldsymbol{r}_0 + \int_0^t \boldsymbol{v}\mathrm{d}t = \int_0^t [v_0\cos\theta\boldsymbol{i} + (v_0\sin\theta - gt)\boldsymbol{j}]\mathrm{d}t$$
$$= v_0 t\cos\theta\boldsymbol{i} + \left(v_0 t\sin\theta - \frac{1}{2}gt^2\right)\boldsymbol{j}. \tag{1.3-3}$$

所以,以抛出时为计时起点,抛体运动沿 x,y 方向运动方程的分量为

$$x = v_0 t\cos\theta,$$
$$y = v_0 t\sin\theta - \frac{1}{2}gt^2. \tag{1.3-4}$$

上述讨论说明,抛体运动是由 x 方向的匀速直线运动和 y 方向的匀变速直线运动叠加而成的. 对一般曲线运动的研究都可归结为对直线运动的研究,可见直线运动研究的重要性和基本性.

从(1.3-4)式的两个分量式中消去 t,即得抛体运动的轨道方程为

$$y = x\tan\theta - \frac{g}{2v_0^2\cos^2\theta}x^2. \tag{1.3-5}$$

这是一个抛物线方程. 它表明在忽略空气阻力的情况下,抛体在空间所经历的路径为一抛物线(图 1-7).

抛体落点与原点 O 之间的距离称为**射程** R,令(1.3-5)式中 $y=0$,可得

$$R = \frac{v_0^2\sin 2\theta}{g}. \tag{1.3-6}$$

显然,当 $\theta = \frac{\pi}{4}$ 时,抛体的射程最大,其值为

$$R_{\max} = \frac{v_0^2}{g}.$$

按照求函数极值的方法,将(1.3-5)式对 x 求导,并令 $\frac{\mathrm{d}y}{\mathrm{d}x} = 0$,可得

$$x = \frac{v_0^2\sin 2\theta}{2g},$$

将它代入(1.3-5)式,即得质点在抛体运动中所能达到的最大高度(射高)为

$$H = \frac{v_0^2\sin^2\theta}{2g}. \tag{1.3-7}$$

在以上讨论中,忽略了空气阻力. 若空气阻力较大,则物体经过的是一不对称的曲线,实际射程和射高都比无阻力时要小很多(图 1-8). 例如,以 550 m/s 的初速度沿 45°抛射角射出的子弹,若按(1.3-6)式计算,射程可达到 30 000 m 以上,但实际射程还不到前者的 $\frac{1}{3}$,只有 8 500 m. 在弹道学中,除了要以上述公式为基础外,还要考虑空气阻力、风向、风速等的影响并加以修正,才能得到抛体运动的正确结果.

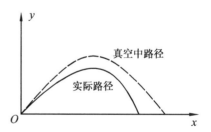

图 1-8 抛体运动的实际路径

例 1-4 从离地 $h = 8.0$ m 的高处,以抛射角 $\theta = 30°$、初速度 $v_0 = 10$ m/s,抛出一个小球.

(1) 小球在何时、何处落地?

(2) 求落地时小球速度的大小、方向.

解 (1) 以投出点为原点,建立坐标系如图所示,以 $y = -8.0$ m,$g = 10$ m/s² 代入轨道方程(1.3-5),得

$$-8 = x\tan 30° - \frac{10x^2}{2\times 10^2 \times (\cos 30°)^2},$$

即
$$\frac{x^2}{15} - 0.58x - 8 = 0.$$

可以解得
$$x = \begin{cases} 16.1 \text{ m}, \\ -7.4 \text{ m（舍去）}, \end{cases}$$

即小球落在距抛出点水平距离为 16.1 m 处.

由(1.3-4)式,得落地时刻为
$$t = \frac{x}{v_0\cos\theta} = \frac{16.1}{10\times\cos 30°} \text{ s} = 1.86 \text{ s}.$$

（2）由(1.3-2)式,得小球落地时速度的大小为
$$v_x = v_0\cos\theta = 10\times\cos 30° \text{ m/s} = 8.66 \text{ m/s},$$
$$v_y = v_0\sin\theta - gt = (10\times\sin 30° - 10\times 1.86) \text{ m/s} = -13.6 \text{ m/s},$$
$$v = \sqrt{v_x^2 + v_y^2} = 16.1 \text{ m/s}.$$

v 与水平方向的夹角为
$$\alpha = \arctan\frac{v_y}{v_x} = \arctan\left(\frac{-13.6}{8.66}\right) = -57.5°.$$

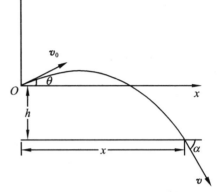

例 1-4 图

▶ 1.3.2 匀速圆周运动

质点做匀速圆周运动时,速率 v 恒定不变,速度方向时刻在变化,所以质点做匀速圆周运动时的速度矢量不是常量. 设圆周的半径为 R,圆心为 O,在时刻 t,质点在 A 处,速度为 v;在时刻 $t+\Delta t$,质点在 B 点处,速度为 v',$|v| = |v'| = v$[图 1-9(a)]. 在 Δt 内,速度的变化是 $\Delta v = v' - v$,Δv 也是一个矢量,既有大小,又有方向[图 1-9(b)]. 质点在时刻 t 的瞬时加速度为

$$a = \lim_{\Delta t \to 0}\frac{\Delta v}{\Delta t}.$$

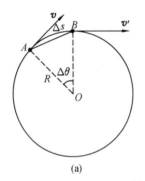
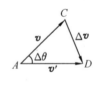

(a)   (b)

图 1-9 匀速圆周运动

由图 1-9 可知,当 $\Delta t \to 0$ 时,$\Delta\theta \to 0$,因此,加速度 a 的方向将与 v 垂直,指向圆心. 所以 a 亦称**向心加速度**或**法向加速度**. 另外,三角形 OAB 和速度三角形 ACD 是两个相似的等腰三角形. $\frac{|\Delta v|}{v} = \frac{\overline{AB}}{R}$,当 $\Delta\theta \to 0$ 时,弦 $\overline{AB}$ 趋于弧 $\widehat{AB}$,即 Δs. 所以,$\frac{|\Delta v|}{\Delta t} = \frac{v}{R}\cdot\frac{\Delta s}{\Delta t}$,而 $\frac{\Delta s}{\Delta t}$ 在 $\Delta t \to 0$ 时的极限就是速率 v,因此向心加速度的大小为

$$a = \frac{v^2}{R}.\tag{1.3-8}$$

▶ 1.3.3 变速圆周运动

质点做变速圆周运动时,速率不再恒定,除了方向变化外,速度的大小也在变化.设质点在圆周上 A,B 两点处的速度分别为 $\boldsymbol{v},\boldsymbol{v}'$,如图 1-10(a)所示.在 Δt 内速度的变化为 $\Delta \boldsymbol{v} = \boldsymbol{v}' - \boldsymbol{v}$,如图 1-10(b)所示.在 $\overline{AD}$ 上取 $\overline{AE} = \overline{AC}$,$\Delta \boldsymbol{v}$ 可以分解为 $\Delta \boldsymbol{v} = \Delta \boldsymbol{v}_n + \Delta \boldsymbol{v}_t$,其中 $\Delta \boldsymbol{v}_n$ 是由于运动方向改变引起的速度增量,$\Delta \boldsymbol{v}_t$ 是由于速度大小改变引起的速度增量.质点在时刻 t 的加速度为

$$\boldsymbol{a} = \lim_{\Delta t \to 0}\frac{\Delta \boldsymbol{v}}{\Delta t} = \lim_{\Delta t \to 0}\frac{\Delta \boldsymbol{v}_n}{\Delta t} + \lim_{\Delta t \to 0}\frac{\Delta \boldsymbol{v}_t}{\Delta t} = \boldsymbol{a}_n + \boldsymbol{a}_t.\tag{1.3-9}$$

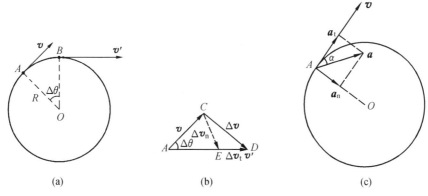

图 1-10 变速圆周运动

其中 a_n 反映质点速度方向的改变引起的加速度,称为**法向加速度**,方向指向圆心;a_t 反映质点速度大小的改变引起的加速度,称为**切向加速度**,方向在 A 点的切线方向上,如图 1-10(c)所示.数值上

$$a_n = \frac{v^2}{R},$$
$$a_t = \lim_{\Delta t \to 0}\frac{\Delta v_t}{\Delta t} = \frac{\mathrm{d}v}{\mathrm{d}t}.\tag{1.3-10}$$

总加速度 $\boldsymbol{a}$ 的大小和方向由下式决定

$$a = \sqrt{a_n^2 + a_t^2} = \sqrt{\left(\frac{v^2}{R}\right)^2 + \left(\frac{\mathrm{d}v}{\mathrm{d}t}\right)^2},$$
$$\tan\alpha = \frac{a_n}{a_t}.\tag{1.3-11}$$

应该指出,加速度公式(1.3-10)和(1.3-11)也适用于平面上的曲线运动,这时公式中的半径 R 应是曲线上相关点的曲率半径.

例 1-5 一质点以 R 为半径做圆周运动,质点沿圆周所经历的路程可表达为 $s = \frac{1}{2}bt^2$,其中 b 是常数.求质点在时刻 t 的速率 v、法向加速度 a_n 的大小、切向加速度 a_t 的大小及总加速度 $\boldsymbol{a}$.

解 质点的速率为

$$v = \frac{ds}{dt} = \frac{d}{dt}\left(\frac{1}{2}bt^2\right) = bt.$$

质点的法向加速度和切向加速度大小分别为

$$a_n = \frac{v^2}{R} = \frac{b^2 t^2}{R},$$

$$a_t = \frac{dv}{dt} = \frac{d}{dt}(bt) = b.$$

总加速度的大小为

$$a = \sqrt{a_n^2 + a_t^2} = \sqrt{\left(\frac{b^2 t^2}{R}\right)^2 + b^2} = b\sqrt{\frac{b^2 t^4}{R^2} + 1}.$$

$\boldsymbol{a}$ 与 $\boldsymbol{a}_t$ 的夹角 α 由下式决定

$$\tan\alpha = \frac{a_n}{a_t} = \frac{b^2 t^2}{bR} = \frac{bt^2}{R}.$$

▶ 1.3.4 圆周运动的角量描述

由例 1-2 可见,用直角坐标系描述质点的圆周运动比较复杂.若改用极坐标系,并以圆周轨道的圆心为极点,则可以大大简化运算.

设想一质点以 O 为圆心,R 为半径做圆周运动(图 1-11).在时刻 t,质点在 A 处,半径 OA 与 x 轴夹角 θ,θ 称**角位置**.在时刻 $t+\Delta t$,质点位置在 B 处,半径 OB 与 x 轴夹角 $\theta+\Delta\theta$,$\Delta\theta$ 称**质点在 Δt 时间内的角位移**.通常规定角位移逆时针方向为正,顺时针方向为负.角位移的单位是弧度(rad).

角位移 $\Delta\theta$ 与时间 Δt 之比称**质点在 Δt 时间内对于 O 点的平均角速度**,以 $\bar{\omega}$ 表示,即

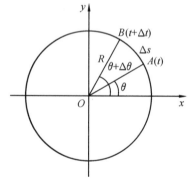

图 1-11 角量描述

$$\bar{\omega} = \frac{\Delta\theta}{\Delta t}. \qquad (1.3\text{-}12)$$

当 $\Delta t \to 0$ 时,$\bar{\omega}$ 的极限称为**质点在某时刻对于 O 点的瞬时角速度**,简称**角速度**,即

$$\omega = \lim_{\Delta t \to 0} \frac{\Delta\theta}{\Delta t} = \frac{d\theta}{dt}. \qquad (1.3\text{-}13)$$

它反映质点沿圆周转动的快慢.角速度的单位是弧度/秒(rad/s),有时也用转/秒(r/s)或转/分(r/min)来表示.

如果质点在 $t \to t+\Delta t$ 时间内的角速度由 ω 变化到 $\omega+\Delta\omega$,$\Delta\omega$ 与 Δt 之比称**质点在 Δt 时间内对于 O 点的平均角加速度**,用 $\bar{\beta}$ 表示,即

$$\bar{\beta} = \frac{\Delta\omega}{\Delta t}. \qquad (1.3\text{-}14)$$

当 $\Delta t \to 0$ 时,$\bar{\beta}$ 的极限称为**质点在某时刻对于 O 点的瞬时角加速度**,简称**角加速度**,即

$$\beta = \lim_{\Delta t \to 0} \frac{\Delta \omega}{\Delta t} = \frac{d\omega}{dt}. \tag{1.3-15}$$

角加速度的单位是弧度/秒²(rad/s²).

质点做匀速圆周运动时,角速度 ω 是个常数,角加速度 $\beta=0$,用角量表示的运动方程为

$$\theta = \theta_0 + \omega t. \tag{1.3-16}$$

其中 θ_0 是 $t=0$ 时的角位置.

质点做匀加速圆周运动时,质点的角加速度是个常数.质点在任意时刻 t 的角速度为

$$\omega = \omega_0 + \beta t. \tag{1.3-17}$$

其中 ω_0 是 $t=0$ 时质点的角速度.质点的运动方程为

$$\theta = \theta_0 + \omega_0 t + \frac{1}{2}\beta t^2. \tag{1.3-18}$$

其中 θ_0 是 $t=0$ 时质点的角位置.质点在 $t \to t+\Delta t$ 时间内沿圆周所走的路程是 Δs(见图 1-11),Δs 与角位移 $\Delta\theta$ 的关系为

$$\Delta s = R\Delta\theta.$$

以 Δt 除等式的两边并取 $\Delta t \to 0$ 的极限,

$$\lim_{\Delta t \to 0}\frac{\Delta s}{\Delta t} = \lim_{\Delta t \to 0}\frac{R\Delta\theta}{\Delta t}.$$

其中 $\lim_{\Delta t \to 0}\frac{\Delta s}{\Delta t}$ 是质点沿圆周运动的速率 v,而 R 是常数,$\lim_{\Delta t \to 0}\frac{\Delta\theta}{\Delta t}$ 是质点的角速度 ω,所以

$$v = R\omega.$$

利用上式,质点的法向加速度和切向加速度可表达为

$$a_n = \frac{v^2}{R} = R\omega^2, \tag{1.3-19}$$

$$a_t = \frac{dv}{dt} = \frac{d}{dt}(R\omega) = R\beta. \tag{1.3-20}$$

例 1-6 将地球近似看作球体,其平均半径约为 $R=6\,370$ km,试求地球表面纬度为 φ 处的速度和加速度的大小.

解 地球的自转周期 $T=24\times 3\,600$ s.设地球表面 P 点的纬度为 φ,P 点绕地轴做圆周运动的半径 $R'=R\cos\varphi$,所以 P 点的运动速度为

$$v = \omega R' = \frac{2\pi}{T}R\cos\varphi = 4.63\times 10^2 \cos\varphi \text{ m/s}.$$

P 点对地轴的向心加速度为

$$a_n = \omega^2 R' = 4\pi^2 \frac{R\cos\varphi}{T^2} = 3.37\times 10^{-2}\cos\varphi \text{ m/s}^2.$$

我国境内几个城市和地球赤道处随地球自转的速度和加速度举例如下:

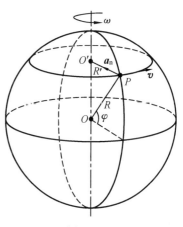

例 1-6 图

北京：$\varphi=39°57'$, $\quad v=356$ m/s, $\quad a_n=2.58\times10^{-2}$ m/s².
上海：$\varphi=31°12'$, $\quad v=398$ m/s, $\quad a_n=2.89\times10^{-2}$ m/s².
广州：$\varphi=23°$, $\quad\quad v=428$ m/s, $\quad a_n=3.10\times10^{-2}$ m/s².
赤道：$\varphi=0°$, $\quad\quad\ v=463$ m/s, $\quad a_n=3.37\times10^{-2}$ m/s².

由例 1-6 可见，地球自转运动的加速度很小，但低纬度处的速度很大，赤道上的一点在一天的时间内将绕地心运动约 4 万千米，所以有"坐地日行八万里"的说法．

1.4 相对运动

研究物体运动时，通常总是选取地球或者相对于地球静止的物体作参照系（称为**实验室参照系**），但也可以选取相对于地球运动的物体作参照系．由于运动的描述是相对的，因此，同一物体的运动，在不同的参照系中有不同的描述．例如，在无风的雨天，坐在车内的旅客看到雨滴的运动情况是随着车辆运动情况的不同而变化的．当车辆静止时，旅客看到雨滴是竖直下落的．当车辆运动时，旅客看到雨滴运动的轨迹是倾斜的，车速越快，雨滴倾斜得越厉害．在不同的参照系中对同一物体运动不同的描述之间存在着一定的变换关系．

假设 S 和 S' 是两个不同的参照系，两个参照系的各对应坐标轴保持相互平行，参照系 S' 相对于 S 以速度 $\boldsymbol{u}$ 做匀速直线运动，$t=0$ 时刻，S 和 S' 系重合，则在 t 时刻，$\overrightarrow{OO'}=\boldsymbol{u}t$（图 1-12）．设 t 时刻，质点 P 在 S 系中的位置矢量是 $\boldsymbol{r}$，在 S' 系中是 $\boldsymbol{r}'$，由图 1-12 中的矢量关系可知

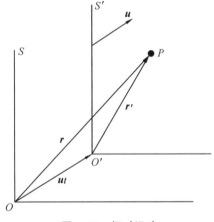

图 1-12 相对运动

$$\boldsymbol{r}=\boldsymbol{r}'+\boldsymbol{u}t. \qquad (1.4\text{-}1)$$

对上式求时间的一阶导数，有

$$\frac{d\boldsymbol{r}}{dt}=\frac{d\boldsymbol{r}'}{dt}+\boldsymbol{u},$$

即

$$\boldsymbol{v}=\boldsymbol{v}'+\boldsymbol{u}. \qquad (1.4\text{-}2)$$

其中，$\boldsymbol{v}$ 是质点相对于 S 系的速度，$\boldsymbol{v}'$ 是质点相对于 S' 系的速度．

再对 (1.4-2) 式求时间的一阶导数，并考虑到 S' 系相对于 S 系做匀速直线运动，$\boldsymbol{u}$ 为常矢量，有

$$\frac{d\boldsymbol{v}}{dt}=\frac{d\boldsymbol{v}'}{dt},$$

即

$$\boldsymbol{a}=\boldsymbol{a}'. \qquad (1.4\text{-}3)$$

其中，$\boldsymbol{a}$ 是质点相对于 S 系的速度，$\boldsymbol{a}'$ 是质点相对于 S' 系的速度．

由以上讨论可见，在两个相对做匀速直线运动的参照系中观察同一个质点的运动时，关于该质点的运动方程（或位置）和速度的描述是不同的，与两个参照系的相对速度有关，但在

两个参照系中关于该质点的加速度的描述是完全相同的,这表明质点的加速度对于相对做匀速运动的各参照系是个绝对量.

例 1-7 一汽艇要横渡一条宽 $D=160$ m 的大河,水流流速是 1.5 m/s,汽艇在静水中的速率是 2.0 m/s.

(1) 如果汽艇向正对岸驶去,要用多长时间到达对岸?到达对岸的位置偏离正对方多少距离?

(2) 如果要使汽艇到达正对岸,汽艇应该如何行驶?用多长时间到达对岸?

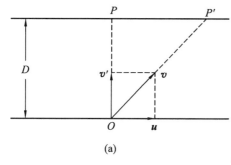
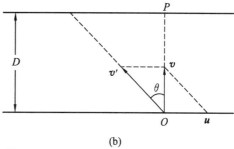

例 1-7 图

解 这里汽艇是研究对象,设地球为参照系 S,流水为参照系 S',汽艇在 S' 中的速度是静水中的航速 v',在 S 中的速度是相对于河岸的速度 v,S' 相对于 S 的速度 u 就是水流流速,

$$v = v' + u.$$

(1) v' 指向正对岸的 P,而 v 就指向偏向下游的 P',如图(a)所示.汽艇到达对岸的时间

$$t = \frac{D}{v'} = \frac{160 \text{ m}}{2.0 \text{ m/s}} = 80 \text{ s}.$$

偏离的距离

$$\overline{PP'} = ut = 1.5 \text{ m/s} \times 80 \text{ s} = 120 \text{ m}.$$

(2) 必须使汽艇到达正对岸,v 应指向正对岸的 P,如图(b)所示.汽艇航向 v' 就应向上游偏 θ 角,且使 $v'\sin\theta = u$,即

$$\sin\theta = \frac{u}{v'} = \frac{1.5}{2.0},$$

解得

$$\theta = 48.6°.$$

汽艇到达对岸所需的时间

$$t = \frac{D}{v'\cos\theta} = \frac{160 \text{ m}}{2.0 \text{ m/s} \times \cos 48.6°} = 120.9 \text{ s}.$$

内容提要

1. **参照系**:研究物体运动时所选取的参照物.

坐标系:在参照物上建立的一组坐标轴和相应的坐标.

2. 质点运动的描述.

位置矢量(矢径)：$\boldsymbol{r}=x\boldsymbol{i}+y\boldsymbol{j}+z\boldsymbol{k}$.

运动方程：$\boldsymbol{r}=\boldsymbol{r}(t)$，或 $x=x(t),y=y(t),z=z(t)$，后者亦称轨道的参数方程.

速度：$\boldsymbol{v}=\dfrac{\mathrm{d}\boldsymbol{r}}{\mathrm{d}t}$，或 $\boldsymbol{v}=v_x\boldsymbol{i}+v_y\boldsymbol{j}+v_z\boldsymbol{k}=\dfrac{\mathrm{d}x}{\mathrm{d}t}\boldsymbol{i}+\dfrac{\mathrm{d}y}{\mathrm{d}t}\boldsymbol{j}+\dfrac{\mathrm{d}z}{\mathrm{d}t}\boldsymbol{k}$.

加速度：$\boldsymbol{a}=\dfrac{\mathrm{d}\boldsymbol{v}}{\mathrm{d}t}=\dfrac{\mathrm{d}^2\boldsymbol{r}}{\mathrm{d}t^2}$，或 $\boldsymbol{a}=a_x\boldsymbol{i}+a_y\boldsymbol{j}+a_z\boldsymbol{k}=\dfrac{\mathrm{d}v_x}{\mathrm{d}t}\boldsymbol{i}+\dfrac{\mathrm{d}v_y}{\mathrm{d}t}\boldsymbol{j}+\dfrac{\mathrm{d}v_z}{\mathrm{d}t}\boldsymbol{k}$.

3. 抛体运动.

速度：$v_x=v_0\cos\theta$，$v_y=v_0\sin\theta-gt$.

位移：$x=v_0\cos\theta\cdot t$，$y=v_0\sin\theta\cdot t-\dfrac{1}{2}gt^2$.

轨道方程：$y=\tan\theta\cdot x-\dfrac{g}{2v_0^2\cos^2\theta}x^2$.

4. 圆周运动.

角速度：$\omega=\dfrac{\mathrm{d}\theta}{\mathrm{d}t}=\dfrac{v}{R}$.

角加速度：$\beta=\dfrac{\mathrm{d}\omega}{\mathrm{d}t}$.

加速度：$\boldsymbol{a}=\boldsymbol{a}_\mathrm{n}+\boldsymbol{a}_\mathrm{t}$.

法向加速度：$a_\mathrm{n}=\dfrac{v^2}{R}=R\omega^2$，指向圆心.

切向加速度：$a_\mathrm{t}=\dfrac{\mathrm{d}v}{\mathrm{d}t}=R\beta$，沿切线方向.

5. 相对运动：$\boldsymbol{v}=\boldsymbol{v}'+\boldsymbol{u}$.

习　题

1-1　质点的位置矢量方向不变，质点是否一定做直线运动？质点做直线运动，其位置矢量的方向是否一定不变？

1-2　路程和位移有何不同？在怎样的情况下，两者的大小相等？在竖直上抛公式 $s=v_0 t-\dfrac{1}{2}gt^2$ 中，s 是路程还是位移？对应于确定的 s，有两个 t 值，试说明这两个 t 的意义.

1-3　位置矢量和位移有何区别？在什么情况下，两者一致？在 $\boldsymbol{v}=\lim\limits_{\Delta t\to 0}\dfrac{\Delta\boldsymbol{r}}{\Delta t}=\dfrac{\mathrm{d}\boldsymbol{r}}{\mathrm{d}t}$ 中，哪一个量是位置矢量，哪一个量是位移？

1-4　已知质点的运动方程为 $\boldsymbol{r}=x(t)\boldsymbol{i}+y(t)\boldsymbol{j}$，有人说其速度、加速度分别为

$$v=\dfrac{\mathrm{d}r}{\mathrm{d}t},\quad a=\dfrac{\mathrm{d}^2 r}{\mathrm{d}t^2},$$

其中 $r=\sqrt{x^2+y^2}$，你说对吗？

1-5　下列表达的情况是否可能？

（1）物体具有零速度和非零的加速度；

(2) 物体具有恒定的速率和变化的速度；

(3) 物体具有恒定的速度和变化的速率；

(4) 物体具有向东的速度,同时具有向西的加速度；

(5) 物体的加速度不变而运动方向在改变；

(6) 物体的加速度在减小而速率在增加.

1-6 质点做直线运动时,平均速度公式 $\bar{v} = \dfrac{v_{初} + v_{末}}{2}$ 是否一定成立？试举例说明.

1-7 试判断以下说法是否正确.

(1) 物体做曲线运动时,必定有加速度,其法向分量必不为零；

(2) 物体做曲线运动时,速度方向必沿着轨道的切线方向,法向分速度总是零,因此,其法向加速度也必为零.

1-8 在平稳而匀速直线运动的车厢中,某座位上有人竖直向上抛出一小球,则

(1) 小球能否落到抛出者手中？

(2) 在车上静止的观察者看到小球的轨道怎样？

(3) 站在路基旁的观察者,看到小球的轨道又是怎样？

1-9 下雨时,有人坐在车上观察雨点的运动,设雨点相对于地面是匀速竖直下落的.在以下情况中,他观察到的雨点的轨迹怎样？

(1) 车是静止的；

(2) 车沿平直轨道匀速前进；

(3) 车沿平直轨道匀加速前进.

1-10 质点的运动方程为

(1) $\boldsymbol{r} = (3 + 2t)\boldsymbol{i} + 5\boldsymbol{j}$；

(2) $\boldsymbol{r} = (2 - 3t)\boldsymbol{i} + (4t - 1)\boldsymbol{j}$.

求质点的轨道方程并作图表示.

1-11 一质点在 xOy 平面内运动,运动方程为

$$x = 2t,\quad y = 19 - 2t^2,$$

式中 x, y 以 m 计, t 以 s 计.

(1) 计算质点的运动轨道；

(2) 求 $t = 1$ s 及 $t = 2$ s 时质点的位置矢量,并求此时间间隔内质点的平均速度；

(3) 求 $t = 1$ s 及 $t = 2$ s 时质点的瞬时速度和瞬时加速度；

(4) 在什么时刻,质点的位置矢量正好与速度矢量垂直？此刻,它们的 x, y 分量各为多少？

(5) 在什么时刻,质点距原点最近？最近距离是多少？

1-12 一质点沿 x 轴运动, t 时刻的坐标为

$$x = 4.5t^2 - 2t^3,$$

式中 x 以 m 为单位, t 以 s 为单位.求：

(1) 第 2 s 内的位移和平均速度；

(2) 第 1 s 末和第 2 s 末的瞬时速度；

(3) 第 2 s 内质点所通过的路程；

(4) 第 2 s 内的平均加速度及 0.5 s 末、1 s 末的瞬时加速度.

1-13 一物体沿一直线运动,其加速度为 $a=(4-t^2)$ m/s², 当 $t=3$ s 时, $v=2$ m/s, $x=9$ m,求物体的速度、位移的表达式.

1-14 质点做直线运动,任意时刻的速度为 $v=-3\sin t$,求 $t=3$ s 至 $t=5$ s 时间内的位移.

1-15 一小球以 12 m/s 的速率竖直上抛, 1 s 后,第二个小球以 16 m/s 的速率在同一地点竖直上抛.问

(1) 在什么时刻,两球相遇?

(2) 相遇时高度是多少?

(3) 相遇时第一个球是上升还是下降?

1-16 一火箭竖直向上发射,在开始 30 s 内以 18 m/s² 的加速度推进,然后关闭推进器,继续上升一段距离后又返回地面,求

(1) 火箭到达的最大高度;

(2) 火箭的飞行时间;

(3) 画出火箭飞行的 v-t 图.

1-17 在离水面高为 h 的岸边,有人以 v_0 的匀速度用绳把船拉向岸边,当船与岸的水平距离是 s 时,求船的速度和加速度.

1-18 在忽略空气阻力的情况下,

(1) 应以多大的抛射角 θ 抛射物体,才能使物体上升的高度等于物体在水平方向飞过的距离?

(2) 在离水平地面高度为 h 处,沿水平方向抛出一物体,问初速度为多大时,才能使它落地时在水平方向通过的路程为 h 的 n 倍?

1-19 如图所示,有两面光滑、垂直于水平地面且相互平行的墙壁,两者水平距离为 1.0 m,从距离地面高度为 19.6 m 处的 A 点沿水平方向以初速度为 5.0 m/s 投出一小球.设球与墙的碰撞是完全弹性的,问小球落地点距左墙的水平距离有多远?落地前与墙面发生了几次碰撞?(空气阻力忽略不计)

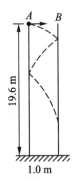

习题 1-19 图

1-20 一导弹与水平方向成 60°角,以 600 m/s 的速率发射,求

(1) 导弹的水平射程;

(2) 导弹上升的最大高度;

(3) 30 s 后导弹的速度和高度;

(4) 导弹到达 10 km 高度时的速率和时间.

1-21 (1) 要使竖直向上发射的导弹达到 60 km 的高空,必须有多大的发射速率?

(2) 如果导弹以 45°的仰角发射,要达到同样的高度,要有多大的发射速率?

(3) 以上两种射击中,导弹到达最高点的时间是多少?

1-22 一轰炸机与竖直方向成 53°角向下俯冲,在 800 m 的高空投下一炸弹, 5 s 后炸弹着地.求

(1) 轰炸机的速度;

(2) 炸弹水平飞行的距离;

(3) 炸弹着地时的速度.

1-23 一门大炮在山脚下向山坡上发射炮弹,此山坡与地平线成一恒定角度 α,问炮弹的发射角 θ(从地平线算起)为多少时炮弹沿山坡射得最远?

1-24 从同一点先后抛出两个小石块,初速度相同,抛射角不同(它们的运动轨道都在同一竖直平面内),两石块最后都到达与抛出点等高的同一目的地.一个石块的飞行时间是另一个的 2 倍,不计空气阻力,它们的抛射角各等于多少?

1-25 2 000 多年前,埃拉托色尼通过以下的观测数据推算出了地球的半径.他住在尼罗河口的亚历山大,在仲夏日的中午观测到太阳光线与当地的竖直线成 7.2°角.他同时知道,住在亚历山大正南 804.5 km 地方的居民,在同一日期和时间看见太阳正在头顶(如图所示).根据这些数据,他推算出的地球半径应为多少?

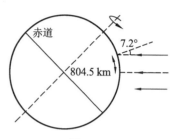

习题 1-25 图

1-26 一质点沿半径为 $R=4$ m 的圆周运动,路程和时间关系为 $s=2t$ (s,t 的单位分别为 m 和 s),求:
(1) 质点的运动速度;
(2) 质点的加速度;
(3) 质点运动 1 周所需要的时间.

1-27 一物体从静止出发做沿半径 $R=3$ m 的圆周运动,切向加速度 $a_t=3.0$ m/s². 问:
(1) 经过多长时间它的总加速度恰与它所在处的半径成 45°角?
(2) 在上述时间内物体所通过的路程 s 等于多少?

1-28 测量光速的方法之一是利用旋转齿轮法. 一束光线通过轮边齿间空隙到达远处的镜面上,再反射回来时,刚好通过相邻的齿间空隙. 假设齿轮的半径为 5.0 cm,轮边共有 500 个齿. 设镜与齿的距离为 500 m,所测得的光速为 3.0×10^8 m/s,问:
(1) 齿轮的角速度为多大?
(2) 齿轮边缘一点的线速度为多大?

习题 1-28 图

1-29 一飞轮的角速度在 5 s 内由 900 r/min 均匀地减到 800 r/min,求:
(1) 飞轮的角加速度;
(2) 飞轮在此 5 s 内共转了多少圈;
(3) 再过多长时间,飞轮停止转动.

1-30 地球半径约 6 370 km,求地球自转时赤道处对于地心的速度和加速度的大小. 北京处于北纬 39°57′,北京地区对于地心的速度和加速度是多少?

1-31 一质点做沿半径为 0.10 m 的圆周运动,其角位置由下式表示
$$\theta=2+4t^3,$$
式中 t 以 s 计.
(1) 在 $t=2$ s 时,其法向加速度和切向加速度各是多少?
(2) 当切向加速度的大小正好是总加速度大小的一半时,θ 的值是多少?
(3) 在什么时刻,切向加速度与法向加速度具有相同的数值?

1-32 一人在以 80 km/h 的速率行驶的汽车中,观察到雨点在侧窗上留下的痕迹与竖直线成 80°角.当车停下时,发现雨点是竖直下落的,求

(1) 汽车停下时雨点对汽车的相对速度;

(2) 汽车以 80 km/h 的速率行驶时雨点对汽车的相对速度.

1-33 两辆汽车在相互垂直的道路上行驶,一车朝北,一车朝东,它们对地面的速率分别是 60 km/h 和 80 km/h.

(1) 求第一车相对于第二车的相对速度.

(2) 上小题中的相对速度与汽车在道路上的位置有无关系?

(3) 如果第二辆车朝西运动,再做(1)和(2).

1-34 河的两岸相互平行,一船由 A 点出发向正对岸 B 驶去,经 10 min 后到达对岸的 C 点.若船从 A 点以相同的速率出发到达正对岸 B,需要时间 12.5 min,已知 $\overline{BC}=120$ m,求:

(1) 河宽;

(2) 第二次渡河时船的速度;

(3) 水流速度.

1-35 一人在河中划船逆流航行,经过一座桥下时,一只木桶落入水中,半小时后他才发现,立即回头追赶,在桥下游 5 km 处赶上木桶.设船顺流和逆流时相对河水的航行速度不变,求水流速度的大小.

1-36 在距港口 B 为 L 的 A 处,有一走私船正以速度 v_1 沿与海岸成 θ 角的方向离开海岸,为截获该船,海关同时派速度为 v_2 的快艇从港口出发.设 v_1, v_2, θ 已知,求:

(1) 快艇航向与海岸的夹角 α;

(2) 截获走私船所需的时间.

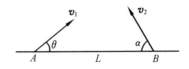

习题 1-36 图

第 2 章　质点动力学

　　动力学的基本内容是研究物体间的相互作用,以及这种相互作用与物体运动状态变化之间的关系.经典动力学的基础是牛顿的三个运动定律,而牛顿运动定律又可看作是动量守恒定律的直接推论.本章将从惯性定律出发,并由惯性质量的引入得到动量的概念及动量守恒定律,从而定义作用力的概念并且导出牛顿的三个运动定律.在讨论质点相对于某定点的运动时,更方便、更普遍的方法是引入角动量和角动量守恒的概念.动量守恒和角动量守恒等一些守恒定律在自然界中有着广泛而普遍的意义,按照现代物理学的观点,宇宙空间是均匀各向同性的,空间具有平移对称性和转动对称性,动量守恒就是平移对称性的表现,而角动量守恒就是转动对称性的表现,即它们表现了宇宙的基本属性,因此这些守恒定律在物理学的各个领域中都是普遍成立的.

2.1　惯性定律　惯性系

▶ 2.1.1　惯性定律

　　惯性定律是牛顿动力学的基础.古希腊哲学家亚里士多德认为,力是维持物体运动的原因,当作用于物体的力撤去后,物体将停止运动.而意大利科学家伽利略经过长期的思考和研究否定了亚里士多德的这一观点,他认为力不是**维持**运动的原因,而是**改变运动状态**的原因.为了说明他的观点,伽利略提出的理想实验之一是:当一个小球沿斜面向下滚动时,其速度增大,而沿斜面向上滚动时,其速度减小.由此推论,当小球沿水平面滚动时,其速度应该保持不变.但事实上,小球沿水平面滚动时会愈滚愈慢,直至最后停下来.伽利略认为这并非是小球沿水平面滚动的"自然本性",而是受到摩擦力作用的缘故.若没有摩擦力,则小球将永远以不变的速度一直滚下去.一个质点若不受其他物体对它的作用或其他物体对它的作用相互抵消时,该质点称为**自由质点**或**孤立质点**.牛顿将伽利略的上述思想总结成了动力学的一条基本规律,即**牛顿第一定律**:自由质点永远保持静止或匀速直线运动的状态.

　　物体保持静止或匀速直线运动状态的特性,叫作**惯性**.牛顿第一定律又称**惯性定律**.需要注意的是,自由质点是一种理想模型,一个质点不可能完全不受其他物体的作用.但当一个质点远离其他物体,或其他物体对该质点的作用彼此相互抵消,从而其他物体对它的影响可以忽略时,可以把这样的质点看作是自由的.由此可见,惯性定律不可能直接用实验来严格验证,它是理想化抽象思维的产物.

惯性定律不仅适用于物体的整体运动,也适用于其中一个独立的分量.例如,当忽略空气的作用时,抛体在水平方向的运动为匀速直线运动.

2.1.2 惯性系

描述任何一个物体的运动都离不开参照系,在运动学中,为了讨论问题的方便,参照系的选择是任意的.但牛顿第一定律只适用于**惯性参照系**,简称**惯性系**.所谓惯性参照系,是指自由质点在其中保持静止或匀速直线运动状态的参照系.当然,并不是所有的参照系都是惯性参照系.例如,一个相对于某惯性参照系静止或做匀速直线运动的自由质点,对于一个旋转平台上的观察者来说,这个质点在做曲线运动,它的运动状态时刻在变化,所以,转动的物体不能作为惯性系.惯性定律不成立的参照系称为非惯性系.地球对太阳有公转以及对地轴有自转,因而地球不是一个真正的惯性系.但由于这种转动非常缓慢,由第1章例1-6可见,地球表面物体相对于地轴的向心加速度只有 10^{-2} 数量级,而地球相对于太阳公转的加速度只有 10^{-3} 数量级.所以,只要讨论的不是大气或海洋环流那样涉及较大空间范围和较长时间间隔的过程,地球以及相对于地球静止的参照系都可以看作近似程度相当好的惯性系.

由第1章第4节关于相对运动的讨论可知,当两个参照系 S 和 S' 的相对速度 u 为常矢量时,则相对于 S' 系以匀速 v' 运动的质点在 S 系中的速度 $v = v' + u$ 也是常矢量,反之亦然.这说明,所有相对于某惯性系做匀速直线运动的参照系也都是惯性系.由此可见,惯性不是个别物体的性质,而是参照系,或者说,是时空的性质.

2.2 质量 动量 动量守恒定律

2.2.1 惯性质量

质量一词是17世纪初提出的,牛顿(Isaac Newton 1642—1727)认为质量就是"物质之量",但质量的现代含义之一为物质惯性的量度.1867年,奥地利物理学家马赫用两个相互作用物体加速度的负比值,给出了质量(惯性质量)的一个操作定义.

按照马赫的思想,考虑一种理想的情况:在一个孤立系统内有两个质点,它们与外界隔绝,仅两者之间有相互作用.两个质点分别标注为0和1,在它们之间的相互作用下,两者的速度不是恒定的,而是要随时间变化,因此两者的路径通常是弯曲的,如图2-1所示.设在 t 时刻,质点0在 A 处,速度为 v_0;质点1在 B 处,速度为 v_1.在 $t + \Delta t$ 时刻,两质点分别在 A' 和 B' 处,速度分别为 v_0' 和 v_1'.在时间间隔 Δt 内,质点0从 A 运动到 A' 的速度变化为

$$\Delta v_0 = v_0' - v_0.$$

在同一时间间隔内,质点1从 B 运动到 B' 的速度变化为

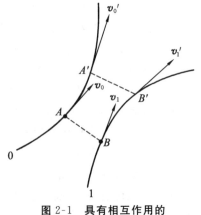

图 2-1 具有相互作用的两个质点的速度与路径

$$\Delta \boldsymbol{v}_1 = \boldsymbol{v}_1' - \boldsymbol{v}_1.$$

实验发现

(1) 在任意给定的时间间隔 Δt 内，$\Delta \boldsymbol{v}_0$ 和 $\Delta \boldsymbol{v}_1$ 方向相反；

(2) 无论 Δt 如何，$\Delta \boldsymbol{v}_0$ 和 $\Delta \boldsymbol{v}_1$ 的大小有恒定的比值. 因此，可以将 $\Delta \boldsymbol{v}_0$ 和 $\Delta \boldsymbol{v}_1$ 的关系表示为

$$\Delta \boldsymbol{v}_0 = -k \Delta \boldsymbol{v}_1. \tag{2.2-1}$$

式中 k 是比例系数，对确定的一对质点，k 是一个常数，它只与两个质点有关，而与两个质点的运动状况无关，不妨将其表示为 $k = \dfrac{m_1}{m_0}$. 于是，(2.2-1)式可以改写为

$$m_0 \Delta \boldsymbol{v}_0 = -m_1 \Delta \boldsymbol{v}_1. \tag{2.2-2}$$

为了确定(2.2-2)式中的 m_0，m_1 与质点 0 和 1 的关系，我们选取某一物体（比如巴黎国际计量局的千克原器）作为"标准"质点代替质点 0，并令其 m_0 的大小为 1，让它分别与质点 1，2，3，… 作图 2-1 所示的相互作用. 对于每一对相互作用的质点，(2.2-1)式中的比例系数 k 分别记作 m_1，m_2，m_3，…，于是有

$$\Delta \boldsymbol{v}_0 = -m_1 \Delta \boldsymbol{v}_1,$$
$$\Delta \boldsymbol{v}_0 = -m_2 \Delta \boldsymbol{v}_2,$$
$$\Delta \boldsymbol{v}_0 = -m_3 \Delta \boldsymbol{v}_3,$$
$$\cdots$$

式中 m_1，m_2，m_3，… 就称为质点 1，2，3，… 的**质量**. 在国际单位制中，质量的单位是千克(kg). 上述推导说明，当以千克原器作为质量的标准，并令其质量 $m_0 = 1$ kg 时，质点 1，2，3，… 的质量分别为 m_1，m_2，m_3，….

由上面的讨论可以看出，两质点相互作用时，质量大的质点，其运动状态较难改变；而质量小的质点，其运动状态较易改变. 因此，这里定义的质量，反映了质点在相互作用中运动状态改变的难易程度，也就是反映了质点惯性的大小. 所以，这样定义的质量称为**惯性质量**，简称**质量**.

早期，衡量质量的方法是用等臂天平与标准物体比较. 这种操作的根据是地球对物体的引力，这样得到的质量称为**引力质量**. 实验证明，惯性质量与引力质量在数值上相等.

▶ 2.2.2 动量

当我们分别用质点 1 和 2 进行实验时，(2.2-1)式中的 $k = \dfrac{m_2}{m_1}$，所以有

$$m_1 \Delta \boldsymbol{v}_1 = -m_2 \Delta \boldsymbol{v}_2, \tag{2.2-3}$$

或

$$m_1 \boldsymbol{v}_1 + m_2 \boldsymbol{v}_2 = m_1 \boldsymbol{v}_1' + m_2 \boldsymbol{v}_2'. \tag{2.2-4}$$

此式给出一个重要的事实：在由两个质点组成的孤立系统中，每个质点的质量 m 和它的速度 $\boldsymbol{v}$ 的乘积之和是一个守恒的物理量. 这说明一个质点的质量与它速度的乘积是一个重要的物理量，定义为**质点的动量**，用 $\boldsymbol{p}$ 表示，即

$$\boldsymbol{p} = m \boldsymbol{v}. \tag{2.2-5}$$

动量是个矢量，其方向即为速度的方向. 在直角坐标系中，动量可用分量表示为

$$p_x = mv_x, \quad p_y = mv_y, \quad p_z = mv_z. \tag{2.2-6}$$

自由质点的速度不发生任何变化,因此,它的动量是个常量.从动量的角度,惯性定律可以表述为:一个自由质点永远以恒定的动量运动.

▶ 2.2.3 动量守恒定律

设一质量为 m 的质点在时刻 t 到 $t' = t + \Delta t$,速度由 v 变化到 v',那么,在时间间隔 Δt 内,速度的增量为 $\Delta v = v' - v$,因而动量的增量为

$$\Delta p = \Delta(mv) = m\Delta v.$$

于是(2.2-3)式可以改写为

$$\Delta \boldsymbol{p}_1 = -\Delta \boldsymbol{p}_2. \tag{2.2-7}$$

这个结果表示,两个相互作用的质点,一个质点在某一时间间隔内动量的增量,与另一个质点在同一时间间隔内动量的增量,大小相等,方向相反(图2-2).或者说,一个质点失去的动量等于另一个质点得到的动量,两个质点在相互作用中发生了动量交换.

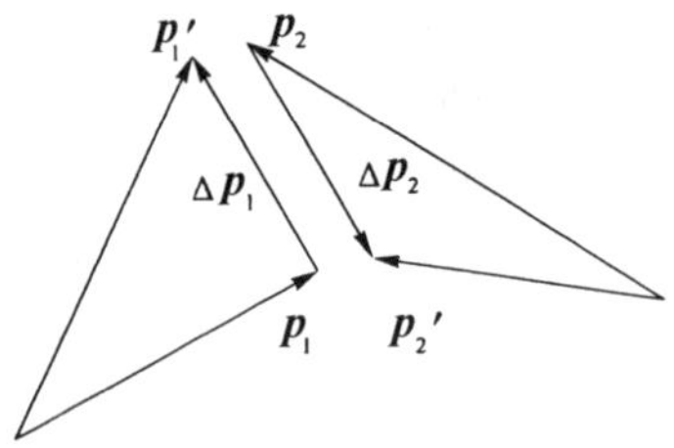

因为 $\Delta \boldsymbol{p}_1 = \boldsymbol{p}_1' - \boldsymbol{p}_1, \Delta \boldsymbol{p}_2 = \boldsymbol{p}_2' - \boldsymbol{p}_2$,代入(2.2-7)式,有

$$\boldsymbol{p}_1' - \boldsymbol{p}_1 = -(\boldsymbol{p}_2' - \boldsymbol{p}_2),$$

或

$$\boldsymbol{p}_1' + \boldsymbol{p}_2' = \boldsymbol{p}_1 + \boldsymbol{p}_2. \tag{2.2-8}$$

图 2-2 具有相互作用的质点的动量和动量变化

上式左边是两个质点组成的系统在时刻 t' 的总动量,等式右边是系统在时刻 t 的总动量,说明系统的总动量在任意时刻都相等.换句话说,由两个质点组成的系统,如果这两个质点只受它们之间的相互作用,则系统的总动量保持恒定,即

$$\boldsymbol{p}_1 + \boldsymbol{p}_2 = 常矢量. \tag{2.2-9}$$

这就是**动量守恒定律**,它是物理学中最基本的普适原理之一.

迄今为止,还从未发现任何物理过程有违反动量守恒定律的情况发生,物理学家们对此定律有充分的信心,每当研究一现象按原来观点看似与动量守恒定律相悖时,往往并非意味动量守恒定律的失效,而是意味有新发现.最为著名的例子是,1930年泡利为维护动量守恒而提出中微子假设,并于1953年实验证实了中微子的存在.

2.3 牛顿定律

▶ 2.3.1 牛顿第一定律

当一个孤立系统中只有一个质点(自由质点)时,动量守恒定律(2.2-9)式可改写为

$$\boldsymbol{p} = m\boldsymbol{v} = 常矢量. \tag{2.3-1}$$

经典力学认为,质点的质量 m 是一个与运动无关的常量,因此,(2.3-1)式说明:自由质点保持静止或匀速直线运动状态,直到其他物体对它的作用迫使它改变这种状态为止.这就

是**牛顿第一定律**(**惯性定律**).

2.3.2 牛顿第二定律

一对质点在相互作用中交换动量,(2.2-7)式表示在时间间隔 Δt 内,两质点动量变化的关系.用 Δt 相除,可以得到在此时间间隔内两质点动量的平均变化的关系

$$\frac{\Delta \boldsymbol{p}_1}{\Delta t} = -\frac{\Delta \boldsymbol{p}_2}{\Delta t}.$$

取 $\Delta t \to 0$ 时的极限,可得到

$$\frac{\mathrm{d}\boldsymbol{p}_1}{\mathrm{d}t} = -\frac{\mathrm{d}\boldsymbol{p}_2}{\mathrm{d}t}. \tag{2.3-2}$$

上式反映了在任意时刻 t,两质点动量的瞬时变化率大小相等、方向相反.

以上两质点各自的运动状态都发生了变化.容易想到它们运动状态的变化是由于两质点间的相互作用.现在引入力的概念来描述这种作用.当两个质点相互作用时,一个质点受另一个质点作用一个力,其动量的瞬时变化率,就是作用在该质点上的力的度量,即

$$\boldsymbol{F} = \frac{\mathrm{d}\boldsymbol{p}}{\mathrm{d}t} \tag{2.3-3}$$

这就是**牛顿第二定律**,又称**质点的动力学方程**.其中矢量 $\boldsymbol{F}$ 表示力.

因为 $\boldsymbol{p} = m\boldsymbol{v}$,所以 $\dfrac{\mathrm{d}\boldsymbol{p}}{\mathrm{d}t} = \dfrac{\mathrm{d}(m\boldsymbol{v})}{\mathrm{d}t}$.由于经典力学中质量 m 恒定,有 $\dfrac{\mathrm{d}\boldsymbol{p}}{\mathrm{d}t} = m\dfrac{\mathrm{d}\boldsymbol{v}}{\mathrm{d}t} = m\boldsymbol{a}$,由此得到牛顿第二定律的又一表达式

$$\boldsymbol{F} = m\boldsymbol{a}. \tag{2.3-4}$$

上式表明,作用在质点上的力的大小,等于该质点的质量与其加速度的乘积,方向与加速度同向.

力学中常见的力有万有引力、弹性力和摩擦力等.

2.3.3 牛顿第三定律

根据(2.3-3)式,(2.3-2)式可以改写为

$$\boldsymbol{F}_1 = -\boldsymbol{F}_2. \tag{2.3-5}$$

其中 $\boldsymbol{F}_1$ 是质点 2 对质点 1 的作用力,$\boldsymbol{F}_2$ 是质点 1 对质点 2 的作用力.这两个力分别称为作用力和反作用力.因此,当两个质点相互作用时,作用力和反作用力的大小相等、方向相反.这就是**牛顿第三定律**,又称**作用力与反作用力定律**.

例 2-1 一质点质量为 m,在力 $F = mg(12t+4)$ 的作用下沿一直线运动.已知在时刻 $t=0$ 时,$v=v_0$,$x=x_0$.求质点在任意时刻的速度和位置表达式.

解 根据牛顿第二定律有

$$mg(12t+4) = ma.$$

因为 $a = \dfrac{\mathrm{d}v}{\mathrm{d}t}$,所以

$$\mathrm{d}v = g(12t+4)\mathrm{d}t.$$

对上式积分,并应用 $t=0$ 时,$v=v_0$,可得速度表达式

$$v = v_0 + 6gt^2 + 4gt.$$

因为 $v = \dfrac{\mathrm{d}x}{\mathrm{d}t}$，因此

$$\mathrm{d}x = (v_0 + 6gt^2 + 4gt)\mathrm{d}t.$$

再对上式积分，并应用 $t=0$ 时，$x=x_0$，可得任意时刻的位置表达式

$$x = x_0 + v_0 t + 2gt^2 + 2gt^3.$$

例 2-2　球形物体在空气中的阻力与其速度成正比，求球形物体在空气中下落过程中的速度。

解　取坐标系如图(a)所示，物体开始下落时的位置为原点，根据题意，物体在下落过程中受的阻力为 $f=-bv$，b 为比例系数。

根据牛顿第二定律有

$$mg - bv = m\dfrac{\mathrm{d}v}{\mathrm{d}t}. \qquad ①$$

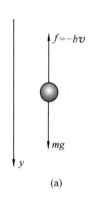 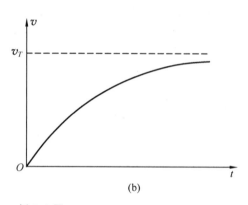

例 2-2 图

把①式改写成

$$\dfrac{\mathrm{d}v}{\dfrac{mg}{b} - v} = \dfrac{b}{m}\mathrm{d}t.$$

对此式积分，并应用初始条件 $t=0,v=0$，可得

$$\ln\left(\dfrac{mg}{b} - v\right) = -\dfrac{b}{m}t + \ln\left(\dfrac{mg}{b}\right),$$

或

$$v(t) = \dfrac{mg}{b}\left(1 - \mathrm{e}^{-\frac{b}{m}t}\right).$$

当 $t \to \infty$ 时，速度收敛于 $\dfrac{mg}{b}$，称收尾速度 v_T。这个结果也可以从①式直接得到。当 $f + mg = 0$ 时，即 $v = \dfrac{mg}{b}$ 时，$\dfrac{\mathrm{d}v}{\mathrm{d}t} = 0$，物体以匀速 $\dfrac{mg}{b}$ 下降。物体下落过程中速度-时间曲线如图(b)所示。

2.4 冲量　动量定理

牛顿第二定律表示质点受力和其加速度之间的瞬时关系.但在更为广泛的问题中,我们关心的不是质点的加速度,而是在力对质点作用了一定的时间或一定的距离后质点的速度.这类问题如果直接应用牛顿第二定律的瞬时关系式或微分形式都不够方便,最终都要通过积分才能解答.下面,首先通过牛顿第二定律对时间的积分形式,讨论动量定理(牛顿第二定律的积分形式之一),而牛顿第二定律对空间的积分形式,则在下一章中讨论.

▶ 2.4.1 质点的动量定理

根据(2.3-3)式,可以得到在 $\mathrm{d}t$ 时间间隔内,作用在质点上的力 $\boldsymbol{F}$ 使质点产生的动量增量为

$$\mathrm{d}\boldsymbol{p} = \boldsymbol{F}\mathrm{d}t.$$

将上式积分,可以得到在时间间隔 $\Delta t = t' - t$ 内质点动量的增量为

$$\int_{p}^{p'} \mathrm{d}\boldsymbol{p} = \int_{t}^{t'} \boldsymbol{F}\mathrm{d}t.$$

上式中的 $\int_{t}^{t'} \boldsymbol{F}\mathrm{d}t$ 称为作用力 $\boldsymbol{F}$ 在时间间隔 $\Delta t = t' - t$ 内作用在质点上的**冲量**,记作 $\boldsymbol{I}$,即

$$\boldsymbol{I} = \int_{t}^{t'} \boldsymbol{F}\mathrm{d}t. \qquad (2.4\text{-}1)$$

积分 $\int_{p}^{p'} \mathrm{d}\boldsymbol{p}$ 是质点在时间间隔 Δt 前后的动量之差 $\boldsymbol{p}' - \boldsymbol{p}$,所以有

$$\boldsymbol{I} = \boldsymbol{p}' - \boldsymbol{p}. \qquad (2.4\text{-}2)$$

上式说明,在一段时间内,质点动量的增量,等于在这段时间内外力作用在该质点上的冲量,称作**动量定理**.

在直角坐标系中,动量定理表达式为

$$\begin{aligned} I_x &= \int_{t}^{t'} F_x \mathrm{d}t = p_x' - p_x, \\ I_y &= \int_{t}^{t'} F_y \mathrm{d}t = p_y' - p_y, \\ I_z &= \int_{t}^{t'} F_z \mathrm{d}t = p_z' - p_z. \end{aligned} \qquad (2.4\text{-}3)$$

在 SI 中,动量和冲量具有相同的量纲 LMT^{-1},动量的单位是千克·米/秒(kg·m/s),冲量的单位是牛·秒(N·s).

由动量定理可以看到,质点动量的增量,与该质点所受的作用力和作用时间两个因素有关.动量定理在处理冲击和碰撞等问题中特别有用.两个物体在碰撞的瞬时,相互作用力称作**冲击力**.冲击力与时间的关系如图 2-3

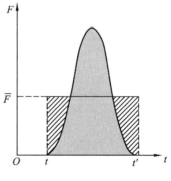

图 2-3　冲击力

所示,图中曲线与 t 轴所围面积就是冲量. 在 $\Delta t = t' - t$ 时间间隔内,平均冲击力为

$$\overline{\boldsymbol{F}} = \frac{\Delta \boldsymbol{p}}{\Delta t} = \frac{\boldsymbol{p}' - \boldsymbol{p}}{t' - t}. \tag{2.4-4}$$

通常,冲击力不是恒力,在冲击过程中,它的变化比较复杂,但由于作用时间很短,平均冲击力基本上反映了冲击过程中的相互作用情况.

例 2-3 小球质量 $m = 200$ g, 以 $v_0 = 8$ m/s 的速度沿与地面法线成 $\alpha = 30°$ 角的方向射向光滑地面,然后与法线成 $\beta = 60°$ 角的方向弹起. 设碰撞时间 $\Delta t = 0.01$ s, 地面水平,求小球给地面的平均冲力.

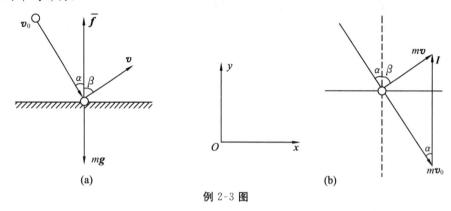

例 2-3 图

解一 选小球为研究对象. 因地面光滑,地面对小球的作用沿地面法线,以平均作用力 $\overline{f}$ 表示,如图(a)所示.

对小球应用动量定理得

$$\boldsymbol{I} = (\overline{\boldsymbol{f}} + m\boldsymbol{g})\Delta t = m\boldsymbol{v} - m\boldsymbol{v}_0.$$

作矢量三角形如图(b)所示,按照题意,$\boldsymbol{I}, m\boldsymbol{v}, m\boldsymbol{v}_0$ 构成直角三角形.

$$\cos\alpha = \frac{mv_0}{|\overline{\boldsymbol{f}} + m\boldsymbol{g}|\Delta t},$$

即 $(\overline{f} - mg)\Delta t = \dfrac{mv_0}{\cos\alpha}$, 由此得 $\overline{f} = mg + \dfrac{mv_0}{\Delta t \cos\alpha}$.

代入数据得

$$\overline{f} = 0.2 \times 9.8 \text{ N} + \frac{0.2 \times 8}{0.01 \times \frac{\sqrt{3}}{2}} \text{ N} = 187 \text{ N}.$$

解二 建立坐标系如图(b)所示. 将 $(\overline{f} + mg)\Delta t = mv - mv_0$ 投影于 x 和 y 方向分别得

$$0 = mv\sin\beta - mv_0\sin\alpha,$$
$$(\overline{f} - mg)\Delta t = mv\cos\beta - (-mv_0\cos\alpha).$$

由此两式消去 v 得

$$(\overline{f} - mg)\Delta t = \frac{mv_0}{\sin\beta}\sin(\alpha + \beta) = \frac{mv_0}{\cos\alpha},$$

$$\overline{f} = mg + \frac{mv_0}{\Delta t \cos\alpha} = 187 \text{ N}.$$

▶ 2.4.2 质点系的动量定理

两个质点 1 和 2 组成系统,两质点的质量分别为 m_1 和 m_2,它们之间的相互作用力叫作**内力**,系统外的物体对它们的作用力则叫作**外力**. 如图 2-4 所示,设两质点相互作用的内力分别为 $\boldsymbol{F}_{12}$ 和 $\boldsymbol{F}_{21}$,作用在两质点上的外力分别是 $\boldsymbol{F}_1$ 和 $\boldsymbol{F}_2$. 对两质点分别写出动量定理

$$\int_t^{t'} (\boldsymbol{F}_1 + \boldsymbol{F}_{12}) \mathrm{d}t = \boldsymbol{p}_1' - \boldsymbol{p}_1,$$

$$\int_t^{t'} (\boldsymbol{F}_2 + \boldsymbol{F}_{21}) \mathrm{d}t = \boldsymbol{p}_2' - \boldsymbol{p}_2.$$

两式相加,并考虑到牛顿第三定律,系统内两质点间相互作用的内力矢量和为零,即

$$\boldsymbol{F}_{12} + \boldsymbol{F}_{21} = 0,$$

得到

$$\int_t^{t'} (\boldsymbol{F}_1 + \boldsymbol{F}_2) \mathrm{d}t = (\boldsymbol{p}_1' + \boldsymbol{p}_2') - (\boldsymbol{p}_1 + \boldsymbol{p}_2). \tag{2.4-5}$$

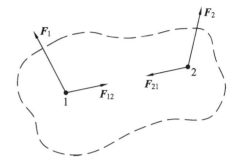

图 2-4 质点系的内力和外力

上式表明,作用于两质点组成系统的合外力的冲量等于系统内两质点动量之和的增量,亦即系统动量的增量.

上述结论容易推广到由 n 个质点组成的系统,

$$\boldsymbol{I} = \int_t^{t'} \boldsymbol{F}_{\text{外}} \, \mathrm{d}t = \boldsymbol{p}' - \boldsymbol{p}. \tag{2.4-6}$$

上式表明,作用于系统的合外力的冲量等于系统总动量的增量. 这就是**质点系的动量定理**. 质点系的动量定理说明:只有外力才对系统总动量的变化有贡献,而系统内力能使系统内质点的动量发生变化,但不能改变整个系统的总动量.

(2.4-6)式又可以写成

$$\boldsymbol{F}_{\text{外}} = \frac{\mathrm{d}\boldsymbol{p}}{\mathrm{d}t}. \tag{2.4-7}$$

上式表明,作用于质点系的合外力等于质点系的总动量对时间的变化率.

▶ 2.4.3 质点系的动量守恒定律

由式(2.4-7)可知,当质点系所受合外力为零,即 $\boldsymbol{F}_{\text{外}} = \sum_{i=1}^{n} \boldsymbol{F}_{i\text{外}} = 0$,则

$$\boldsymbol{p} = \sum_{i=1}^{n} \boldsymbol{p}_i = 常矢量. \tag{2.4-8}$$

这是动量守恒定律(2.2-9)式的推广,它不仅把系统扩充到两个质点以上,而且不要求系统必须孤立. 只要系统所受合外力为零,则该系统的总动量保持不变. 在直角坐标系中,其分量式为

$$p_x = \sum_{i=1}^{n} p_{xi} = 常量,$$

$$p_y = \sum_{i=1}^{n} p_{yi} = 常量, \tag{2.4-9}$$

$$p_z = \sum_{i=1}^{n} p_{zi} = 常量.$$

应该注意：① 系统的总动量不变是指系统内各质点动量的矢量和不变，而不是指其中某一个质点的动量不变．此外，各质点的动量还必须相对于同一惯性参照系．② 动量守恒定律的条件是系统所受合外力必须为零．但在某些作用时间极短暂的过程（如爆炸、碰撞等）中，内力往往比外力大得多，外力对系统总动量的变化影响很小．可以近似满足动量守恒．③ 如果作用于系统的合外力不为零，系统的总动量不守恒．但如果合外力在某一方向的分量为零，则系统总动量在该方向的分量是守恒的．

动量守恒定律是物理学中最重要、最普遍的规律之一．它不仅适用于宏观物体，也适用于分子、原子和光子等微观粒子的相互作用过程．

例 2-4 一静止的原子核衰变时辐射出一个电子和一个中微子后成为一个新原子核．已知电子和中微子的运动方向相互垂直，且电子的动量为 1.2×10^{-22} kg·m/s，中微子的动量为 6.4×10^{-23} kg·m/s．求新原子核反冲动量的大小和方向．

解 以 $\boldsymbol{p}_e$，$\boldsymbol{p}_\nu$ 分别表示电子、中微子的动量，且相互垂直，$\boldsymbol{p}_N$ 表示新原子核的反冲动量（例 2-4 图）．在原子核衰变的短暂时间内，粒子间的内力远大于外界对该粒子系统的外力．故粒子系统在衰变前后的动量守恒，考虑到原子核在衰变前静止，故有

$$\boldsymbol{p}_e + \boldsymbol{p}_\nu + \boldsymbol{p}_N = 0.$$

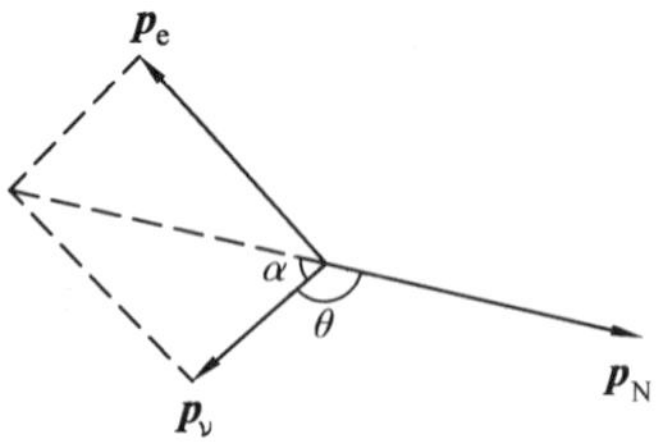

由于 $\boldsymbol{p}_e \perp \boldsymbol{p}_\nu$，有

例 2-4 图

$$p_N = (p_e^2 + p_\nu^2)^{\frac{1}{2}}.$$

代入数据，得

$$p_N = [(1.2 \times 10^{-22})^2 + (6.4 \times 10^{-23})^2]^{\frac{1}{2}} \text{ kg·m/s} = 1.36 \times 10^{-22} \text{ kg·m/s}.$$

图中，α 角为

$$\alpha = \arctan \frac{p_e}{p_\nu} = \arctan \frac{1.2 \times 10^{-22}}{6.4 \times 10^{-23}} = 61.9°.$$

新原子核反冲动量 $\boldsymbol{p}_N$ 与中微子动量 $\boldsymbol{p}_\nu$ 之间的夹角为

$$\theta = 180° - 61.9° = 118.1°.$$

例 2-5 一质量为 M 的板车在光滑的水平面上，车长 L，车上一质量为 m 的人从车右端走到车左端．对于地面，人、车分别前进了多少？

解 设人在车上走动时对地的速度为 v_1，车对地的速度为 v_2．由人、车组成的系统在任意时刻的水平动量为

$$p = mv_1 + Mv_2.$$

因为系统水平方向不受外力，所以系统水平方向动量守恒．由于初动量 $p_0 = 0$，所以，

$$mv_1 + Mv_2 = 0,$$

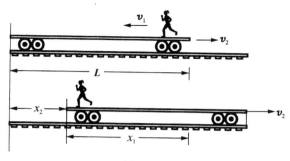

例 2-5 图

$$v_2 = -\frac{m}{M}v_1.$$

上式中负号说明人和小车运动方向相反. 人相对于车的速度为

$$v_{\text{rel}} = v_1 - v_2 = v_1 - \left(-\frac{m}{M}\right)v_1 = \frac{M+m}{M}v_1.$$

若人从车的右端走到车的左端用时 T, 则

$$L = \int_0^T v_{\text{rel}} \, dt = \frac{M+m}{M}\int_0^T v_1 \, dt.$$

人相对于地面前进的距离为

$$x_1 = \int_0^T v_1 \, dt = \frac{M}{M+m}L.$$

车相对于地面前进的距离为

$$x_2 = \int_0^T v_2 \, dt = -\frac{m}{M}\int_0^T v_1 \, dt = -\frac{m}{M+m}L.$$

2.5 质点的角动量 角动量守恒定律

▶ 2.5.1 角动量 角动量定理

在自然界和日常生活中经常会遇到物体围绕一个定点运动的情况. 例如, 人造地球卫星围绕地心的运转、行星围绕太阳的公转、原子中的电子围绕原子核的运动, 以及机器中各种轮子绕轴的转动等. 为了研究力对相对于某定点运动的物体的作用, 可以引入力矩的概念. 如图 2-5 所示, 质点 P 相对于定点 O 的矢径为 r, 作用在质点上的力 F 与矢径 r 的夹角为 α, 则力 F 对定点 O 的**力矩**定义为 r 与 F 的矢量积, 即

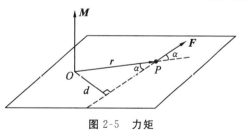

图 2-5 力矩

$$\boldsymbol{M} = \boldsymbol{r} \times \boldsymbol{F}. \tag{2.5-1}$$

由力矩的定义可见, 力矩是一个矢量, 其方向垂直于矢径 r 和力 F 所确定的平面, 而其指向由右手螺旋法则确定: 使右手四指从 r 的方向沿小于 $180°$ 角的方向转向 F 的方向,

这时右手拇指的指向就是力矩 M 的方向. 力矩的大小为

$$M = rF\sin\alpha = Fd. \tag{2.5-2}$$

式中 $d = r\sin\alpha$ 为定点 O 到力的延长线的垂直距离, 称为**力臂**. 在国际单位制中, 力矩的单位是牛·米(N·m).

为了讨论力矩的作用效果, 假设在某惯性参照系中有一个质量为 m 的质点, 其所受的作用力为 F, 速度为 v. 相对于该参照系中某固定点 O, 根据力矩的定义和牛顿第二定律, 有

$$M = r \times F = r \times \frac{d\boldsymbol{p}}{dt} = \frac{d}{dt}(\boldsymbol{r} \times \boldsymbol{p}) - \frac{d\boldsymbol{r}}{dt} \times \boldsymbol{p}.$$

由于 $\dfrac{d\boldsymbol{r}}{dt} = \boldsymbol{v}$, 而 $\boldsymbol{p} = m\boldsymbol{v}$, 所以上式中最后一项为 0, 由此得

$$M = \frac{d}{dt}(\boldsymbol{r} \times \boldsymbol{p}). \tag{2.5-3}$$

定义 $\boldsymbol{r} \times \boldsymbol{p}$ 为质点相对于固定点 O 的**角动量**, 以 $\boldsymbol{L}$ 表示, 即

$$\boldsymbol{L} = \boldsymbol{r} \times \boldsymbol{p}, \tag{2.5-4}$$

则(2.5-3)式可以表示为

$$\boldsymbol{M} = \frac{d\boldsymbol{L}}{dt}. \tag{2.5-5}$$

上式说明, 相对于某定点 O, 质点所受的合外力矩等于它对同一定点的角动量的时间变化率. 这个结论称为**质点的角动量定理**.

由(2.5-4)式可见, 与力矩一样, 角动量也是一个矢量, 其方向垂直于 $\boldsymbol{r}$ 和 $\boldsymbol{p}$ 所确定的平面, 指向也由右手螺旋定则确定[图 2-6(a)]. 角动量的大小为

$$L = rp\sin\alpha = mrv\sin\alpha. \tag{2.5-6}$$

若质点绕固定点做圆周运动, 则其角动量的大小为

$$L = mrv, \tag{2.5-7}$$

其方向如图 2-6(b)所示. 在国际单位制中, 角动量的单位是千克·米²/秒(kg·m²/s).

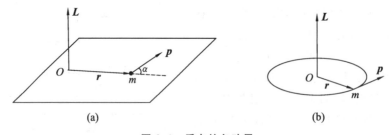

图 2-6 质点的角动量

例 2-6 地球绕太阳的运动可以近似地看作匀速圆周运动. 已知地球的质量 $M = 5.98 \times 10^{24}$ kg, 地球到太阳的距离 $R = 1.49 \times 10^{11}$ m, 地球绕太阳公转的周期 $T = 365.25$ d, 求地球绕太阳公转角动量 L 的大小.

解 地球绕太阳公转线速度的大小 $v = \dfrac{2\pi R}{T}$, 所以地球绕太阳公转的角动量大小为

$$L = MRv = \frac{2\pi MR^2}{T} = \frac{2\pi \times 5.98 \times 10^{24} \times (1.49 \times 10^{11})^2}{365.25 \times 24 \times 3600} \text{ kg} \cdot \text{m}^2/\text{s}$$
$$= 2.64 \times 10^{40} \text{ kg} \cdot \text{m}^2/\text{s}.$$

▶ 2.5.2 角动量守恒定律

根据(2.5-5)式,如果质点所受力矩 $\boldsymbol{M}=0$,则 $\dfrac{\mathrm{d}\boldsymbol{L}}{\mathrm{d}t}=0$,即

$$\boxed{\boldsymbol{L}=\text{常矢量}.} \tag{2.5-8}$$

这说明,如果作用在质点上的外力对某固定点的合外力矩为零,则该质点对此固定点的角动量在运动过程中保持不变.这一结论称为**角动量守恒定律**.

应该说明的是,由于力矩 $\boldsymbol{M}=\boldsymbol{r}\times\boldsymbol{F}$,所以力矩为零的结果既可能是质点所受的外力为零,也可能是质点所受的外力不为零,但外力 $\boldsymbol{F}$ 的作用线始终通过固定点,即 $\boldsymbol{F}$ 的方向始终与位矢 $\boldsymbol{r}$ 平行或反平行.

例 2-7 利用角动量守恒定律证明:由太阳指向行星的位矢在相同的时间内扫过相等的面积(行星运动的开普勒第二定律).

解 行星绕日运动的轨道是以太阳位于其中一个焦点的椭圆.忽略其他天体的影响,行星所受太阳的作用力始终与太阳指向行星的位矢 $\boldsymbol{r}$ 方向相反,所以行星受到的力矩 $\boldsymbol{M}=0$,其绕日运动的角动量守恒.这一方面意味着角动量的方向不变,即行星运动在由位矢 $\boldsymbol{r}$ 和速度 $\boldsymbol{v}$ 确定的平面上.另一方面,由角动量大小不变可推导出开普勒第二定律.如图所示,位矢在 Δt 时间内扫过的面积为

$$\Delta S = \frac{1}{2}r \cdot |\Delta\boldsymbol{r}|\sin\alpha + \frac{1}{2}|\Delta\boldsymbol{r}|\sin\alpha \cdot \Delta r.$$

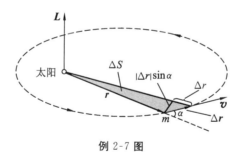

例 2-7 图

注意:$|\Delta\boldsymbol{r}|$ 是位矢增量的大小,而 Δr 是位矢大小的增量,两者一般不相等.上式两边各除以 Δt 并求 $\Delta t \to 0$ 时的极限,得

$$\frac{\mathrm{d}S}{\mathrm{d}t} = \frac{1}{2}r\sin\alpha \cdot \lim_{\Delta t \to 0}\frac{|\Delta\boldsymbol{r}|}{\Delta t} + \frac{1}{2}\sin\alpha \lim_{\Delta t \to 0}\left(\frac{|\Delta\boldsymbol{r}|}{\Delta t} \cdot \Delta r\right).$$

式中 $\lim\limits_{\Delta t \to 0}\dfrac{|\Delta\boldsymbol{r}|}{\Delta t}=v$,而 $\lim\limits_{\Delta t \to 0}\Delta r=0$,因此得

$$2m\frac{\mathrm{d}S}{\mathrm{d}t} = mrv\sin\alpha = L.$$

上式中 $\dfrac{\mathrm{d}S}{\mathrm{d}t}$ 表示位矢 $\boldsymbol{r}$ 在单位时间内扫过的面积.由于角动量的大小 L 不变,说明位矢 $\boldsymbol{r}$ 在任意相同的时间内扫过相等的面积,这就证明了开普勒第二定律.

2.6 力学单位制　量纲

▶ 2.6.1 力学单位制

物理学中的物理量,通常都包含数值和单位两部分,只有少数的物理量是没有单位的纯数.由于物理量之间存在着规律性的联系,所以没有必要对每一个物理量的单位都单独地进行规定.可以选取一些物理量作为**基本量**,并对每个基本量规定一个**基本单位**,其他物理量的单位可以按照它们与基本量的关系推导出来,这些物理量称作**导出量**,它们的单位称作**导出单位**.基本单位和由它们导出的单位,构成一定的单位制.力学中,选取**长度、质量和时间**作为基本量,**规定米(m)、千克(kg)和秒(s)为基本单位**,其他力学量的单位就可以由这三个基本单位推导出来,这样的单位制称作 **MKS 制**.例如,根据速度定义 $v=\dfrac{\mathrm{d}s}{\mathrm{d}t}$,加速度定义 $a=\dfrac{\mathrm{d}v}{\mathrm{d}t}$,可以得到它们的单位分别是米/秒(m/s)和米/秒²(m/s²).根据牛顿第二定律 $F=ma$,可以得到力的单位为千克·米/秒²(kg·m/s²),称作牛顿,简称牛(N).目前国际上以国际单位制(SI)作为标准制,其中的力学部分就是 MKS 制.

▶ 2.6.2 量纲

在 SI 制中,力学的基本量是长度(L)、质量(M)和时间(T),因此,每个力学量 Q 都可以写出以下形式的关系式

$$[Q]=\mathrm{L}^p\mathrm{M}^q\mathrm{T}^r. \tag{2.6-1}$$

上式称为物理量 Q 在这种单位制中的**量纲式**,指数 p,q,r 称为 Q 的**量纲**.有时也直接把量纲式简称为**量纲**.例如,速度 v、加速度 a、动量 p、力 f 的量纲式分别为

$$[v]=[s]/[t]=\mathrm{LT}^{-1},$$
$$[a]=[v]/[t]=\mathrm{LT}^{-2},$$
$$[p]=[m][v]=\mathrm{LMT}^{-1},$$
$$[f]=[p]/[t]=\mathrm{LMT}^{-2}.$$

量纲服从的规律叫作量纲法则,常用的有两条:

(1) 只有量纲相同的量才可以相加减或相等.如果一个表达式中各项的量纲不全相同,就可以肯定这个表达式有错.同样,用量纲分析,也可以确定某一方程中的比例系数的量纲,从而确定这个比例系数的单位.

(2) 指数函数、对数函数和三角函数都是无量纲的纯数,即它们在(2.6-1)量纲式中的指数 p,q,r 都是零.

内容提要

1. 惯性定律：自由质点永远保持静止或匀速直线运动的状态．

惯性参照系：对某一特定物体惯性定律成立的参照系．

实验表明，在惯性系中所有物体遵从惯性定律；一切相对于惯性系做匀速直线运动的参照系都是惯性系．

2. 惯性质量：物体惯性大小的量度．

引力质量：物体引力性质的量度，$m_{惯} = m_{引}$．

3. 动量：$\boldsymbol{p} = m\boldsymbol{v}$．

动量守恒定律：系统所受合外力为 0 时，$\sum_i \boldsymbol{p}_i =$ 常矢量．

(1) 系统内各物体相互作用的内力，可以改变各自的动量，但不能引起系统总动量的改变；

(2) 如果系统所受各个外力在某方向上分量的代数和为零，则系统总动量在该方向上的分量保持不变．

4. 力：物体在相互作用中动量对时间的变化率，$\boldsymbol{F} = \dfrac{d\boldsymbol{p}}{dt}$．

(1) 力的叠加原理：$\boldsymbol{F} = \sum_i \boldsymbol{F}_i$．

(2) 力学中，常见的力有万有引力、弹性力和摩擦力等．

5. 冲量：力的时间累积效应，$\boldsymbol{I} = \int \boldsymbol{F} dt$．

动量定理：合外力的冲量等于质点（或质点系）动量的增量，即 $\int_{t_0}^{t} \boldsymbol{F} dt = \boldsymbol{p}(t) - \boldsymbol{p}(t_0)$．

6. 牛顿三定律（只有在惯性参照系中成立）．

(1) 第一定律：惯性定律．

(2) 第二定律：$\boldsymbol{F} = \dfrac{d(m\boldsymbol{v})}{dt} = m\boldsymbol{a}$．

(3) 第三定律：作用力与反作用力大小相等、方向相反，在同一直线上．

7. 角动量：$\boldsymbol{L} = \boldsymbol{r} \times \boldsymbol{p}$．

角动量定理：质点所受的合外力矩等于其角动量的时间变化率，$\boldsymbol{M} = \dfrac{d\boldsymbol{L}}{dt}$．

角动量守恒定律：当质点所受力矩 $\boldsymbol{M} = 0$ 时，角动量 $\boldsymbol{L} =$ 常矢量．

8. 力学单位制：基本量和导出量、基本单位和导出单位，国际单位制、MKS 制．

只有量纲相同的量才能相加减或相等．

习 题

2-1 一个人蹲在磅秤上，在他站起来的过程中，磅秤的示数先大于他的体重，后来又小于他的体重，最后等于他的体重．为什么？

2-2 在大气中,打开充气气球下的塞子,让空气从球中冲出,气球可在大气中上升.如果在真空中打开气球塞子,气球也会上升吗?说明其道理.

2-3 一物体受力 F 作用而加速,如果在物体上再加一个与 F 大小相等、方向相反的力,物体将做怎样的运动?

2-4 把沉重的石块压在杂技演员身上,再用锤子打击石块,演员是安全的.如果直接用锤子打击演员,他会受伤,为什么?

2-5 人从大船上容易跳上岸,而从小舟上则不容易上岸,为什么?

2-6 有一物体,以速度 v_0 在光滑的水平桌面上运动,当受到一个大小不变的水平力 F 作用时,在下列情况中,物体做什么运动?

(1) F 与 v_0 同向;

(2) F 与 v_0 反向;

(3) F 始终与 v_0 保持垂直;

(4) F 与 v_0 的夹角为锐角;

(5) F 与 v_0 的夹角为钝角.

2-7 两人穿着旱冰鞋在光滑的冰面上,分别拉着一根绳子的两端,同时用力拉以后,在下列情况下谁先到达绳子的中点?

(1) 甲的质量比乙的大;

(2) 两人质量相等.

2-8 一个人站在静止的小船上,当他从船头走向船尾时,小船会向前运动,如果水的阻力可以忽略,当人停止走动后,小船能否借助惯性继续前进?

2-9 从高空掉下来的陨石,与地球撞击后静止,同时发出巨大响声,有人说是陨石的动量转为热能和声能.这种说法对吗,为什么?

2-10 跳伞运动员在着陆时为什么要用力向下拉降落伞?

2-11 一质点做匀速率圆周运动时,下列说法正确吗?

(1) 它的动量不变,对圆心的角动量也不变;

(2) 它的动量不变,对圆心的角动量不断改变;

(3) 它的动量不断改变,对圆心的角动量不变;

(4) 它的动量不断改变,对圆心的角动量也不断改变.

2-12 一质量为 8.0 kg 的物体,在无外力影响下,以 3.0 m/s 的速度运动.在某一时刻,物体被炸成质量相等的两块,其中一块以 2.0 m/s 的速度继续向前运动,求另一块速度的大小.

2-13 一个质量为 0.2 kg 的质点以 0.4 m/s 的速度沿 x 轴运动,它与另外一个质量为 0.3 kg 的静止的质点碰撞.此后第一个质点以 0.2 m/s 的速度运动,方向与 x 轴成 40°角.试求:

(1) 碰撞后第二个质点的速度的大小和方向;

(2) 每个质点碰撞前后动量的变化.

2-14 一木块静止在一斜面上,斜面与水平面的夹角为 θ,动摩擦系数为 0.50,静摩擦系数是 0.75.

(1) 逐渐增大 θ 角,求木块开始滑动时的最小角度;

(2) 按此角度,求木块一旦运动后的加速度;

(3) 木块沿斜面滑动 6.1 m,要多长时间?

2-15 一人在平地上拉一个质量为 M 的木箱匀速地前进,木箱与地面间的动摩擦系数 $\mu = 0.6$. 设此人前进时,跨在肩上的绳的支撑点距地面高度为 $h = 1.5$ m,问绳长 l 等于多少时最省力?

2-16 如图所示,两木块用一质量为 4 kg 的均质绳连结,施 $F = 200$ N 的向上的力,问:

(1) 系统加速度是多少?

(2) 绳子上端的张力是多少?

(3) 绳子中点的张力是多少?

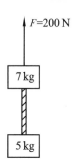

习题 2-16 图

2-17 一质量为 10 kg 的物体沿 x 轴无摩擦地运动,设 $t = 0$ 时,物体位于原点,速率为零.

(1) 如果物体在作用力 $F = (3 + 4t)$(F 的单位为 N)的作用下运动了 3 s,它的速度和加速度各为多少?

(2) 如果物体在作用力 $F = (3 + 4x)$(F 的单位为 N)的作用下运动了 3 m,它的速度和加速度各为多少?

2-18 一质量为 0.25 kg 的物体以 9.2 m/s² 的加速度下落,试求空气对该物体的阻力.

2-19 水平转台上放置一质量 $m = 0.8$ kg 的小物块,物块与转台间的静摩擦系数 $\mu = 0.2$. 一条光滑的轻绳一端系在物块上,另一端则由转台中心处的光滑小孔穿下并悬挂一质量 $M = 2.0$ kg 的物块. 转台以角速度 $\omega = 2\pi$(rad/s)绕竖直中心轴转动,求转台上的物块与转台相对静止时,物块转动半径的最大值 $r_{\max}$ 和最小值 $r_{\min}$.

2-20 静止在 x_0 处的质量为 m 的物体,在力 $F = -\dfrac{k}{x^2}$ 的作用下沿 x 轴运动,试证明物体在 x 处的速率平方为 $v^2 = \dfrac{2k}{m}\left(\dfrac{1}{x} - \dfrac{1}{x_0}\right)$.

2-21 一个质量为 m 的物体,开始时静止,在时间间隔 $0 \leqslant t \leqslant 2T$ 内,受力 $F = F_0\left[1 - \left(\dfrac{t-T}{T}\right)^2\right]$ 作用. 试证明,在 $t = 2T$ 时,物体的速率为 $\dfrac{4F_0 T}{3m}$.

2-22 一物体在恒力 $\boldsymbol{F}$ 作用下在一流体中运动,假设物体所受阻力 f 的大小与速率平方成正比,即 $f = -kv^2$.

(1) 证明物体的收尾速度 $v_T = \sqrt{\dfrac{F}{k}}$;

(2) 证明速度与距离之间的关系为

$$v^2 = \dfrac{F}{k} + \left(v_0^2 - \dfrac{F}{k}\right)\mathrm{e}^{-2(k/m)x}.$$

式中 v_0 为 $x = 0$ 时的速度.

2-23 某物体受一方向固定、大小变化的力 F 作用,F 随时间变化的关系:在 0.1 s 内,F 均匀地由 0 增加到 20 N;以后的 0.2 s 内,F 保持不变;再经 0.1 s,F 从 20 N 均匀地减小到 0.

(1) 画出 F-t 图;

(2) 求这段时间内力的冲量及平均冲力;

(3) 如果物体的质量为 3 kg,开始速度为 1 m/s,方向与 F 方向一致,求 0.4 s 后当 F 又变为0时物体的速度的大小.

2-24 一质量为150 g的球以40 m/s的速率运动,被球棒打击后,以60 m/s的速率沿反方向运动.如果击球时间为0.005 s,求球棒对球的平均作用力的大小.

2-25 一股水流从水管中喷射到墙上,如果水的速率为5.0 m/s,水管每秒喷出水量300 cm³,假定水喷到墙上不溅回来,试估计水流作用于墙上的平均作用力的大小.

2-26 机枪每分钟发射120发子弹,每颗子弹的质量为20 g,子弹发射速度为800 m/s,求射击时的平均后坐力的大小.

2-27 质量为m的小球从高为h处沿水平方向以速率v抛出,与地面碰撞后跳起的最大高度为$\frac{1}{2}h$,水平速率为$\frac{1}{2}v$,求碰撞过程中

(1) 地面对小球的垂直冲量的大小;

(2) 地面对小球的水平冲量的大小.

2-28 如图所示,一质子($m_H = 1$ u,$v_H = 6 \times 10^5$ m/s)和一氦核($m_{He} = 4$ u,$v_{He} = 4 \times 10^5$ m/s)相碰撞,若碰撞后质子速率$v_H' = 6 \times 10^5$ m/s,求碰撞后氦核的速度v_{He}'.

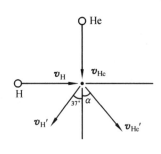

习题 2-28 图

2-29 一质量为M的平板车沿无摩擦的水平轨道向右运动,起初,一质量为m的人站在车上,车以速率v_0向右运动.现在此人以相对于车的速率u向左快跑,试问在人离开平板车前,车速的变化是多少?

2-30 一质量为m的小球从离地h的高度自由释放掉向水平地面,与地面相撞后弹回ηh的高度($0 \leqslant \eta \leqslant 1$).如果球与地面碰撞时平均作用力为$\bar{F}$,证明小球从自由释放到反弹到$\eta h$高度所用时间与碰撞时间之比为$\frac{\bar{F}}{mg}$.

2-31 在光滑的水平面上,一根长$l = 2$ m的轻绳,一端固定于O点,另一端系一质量$m = 0.5$ kg的物体.开始时,物体位于位置A,OA间距$d = 0.5$ m,绳子处于松弛状态.现在使物体以初速度$v_A = 4$ m/s垂直于OA向右滑动,如图所示.设某时刻物体运动到位置B,此时物体速度的方向与绳垂直,求此时刻

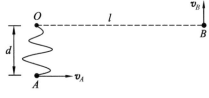

习题 2-31 图

(1) 物体对O点的角动量L_B的大小;

(2) 物体速度v_B的大小.

2-32 哈雷彗星绕太阳的轨道是以太阳为一个焦点的椭圆.它离太阳最近的距离是$r_1 = 8.75 \times 10^{10}$ m,此时它的速率是$v_1 = 5.46 \times 10^4$ m/s.它离太阳最远时的速率是$v_2 = 9.08 \times 10^2$ m/s,求这时它离太阳的距离r_1.

2-33 两个滑冰运动员的质量都为70 kg,以6.5 m/s的速率沿相反的方向滑行,滑行路线间的垂直距离为10 m,当彼此交错时,各抓住同一根10 m长绳索的一端,然后相对旋转,求:

(1) 抓住绳索后各自对绳中心角动量的大小;

(2) 当他们各自收拢绳索,到绳长为5 m时,各自的速率.

第 3 章 机械能守恒

功和能是物理学中两个重要的概念,两者有着密切的关系,但意义并不相同.功是力对空间的积累效果,力对物体做功可以改变物体的运动状态.在力学中与物体的机械运动状态相关的能量有动能和势能,其中,动能与质点的运动速度相关,而势能与质点在力场中的位置相关.本章首先讨论功的概念和计算,并由力对质点做功与质点运动速度变化的关系引入动能定理.有些力(如重力、弹性力和万有引力)对质点所做的功与质点运动的具体过程无关,而只与质点运动的始、末位置有关,这一类力称为保守力.在保守力场中可以引入势能(重力势能、弹性势能和引力势能)的概念.本章在引入势能的概念后,由质点系的动能定理引出了功能原理,并从功能原理出发,得到机械能守恒定律.机械能守恒定律是普遍的能量转化与守恒定律的一种特殊形式.碰撞过程是经常遇到的一种重要现象,本章最后讨论了动量守恒和机械能守恒在碰撞过程中的应用.

3.1 功 功率

▶ 3.1.1 功

考虑一质点,在力 F 作用下沿路径 AB 运动,如图 3-1(a)所示.在质点发生位移 $\mathrm{d}\boldsymbol{r}$ 的过程中,力 F 对质点所做的功被定义为

$$\mathrm{d}W = \boldsymbol{F} \cdot \mathrm{d}\boldsymbol{r}. \tag{3.1-1}$$

用 $\mathrm{d}s$ 表示 $\mathrm{d}\boldsymbol{r}$ 的大小,θ 表示 $\mathrm{d}\boldsymbol{r}$ 与 $\boldsymbol{F}$ 的夹角,(3.1-1)式也可以表示为

$$\mathrm{d}W = F\cos\theta \,\mathrm{d}s. \tag{3.1-2}$$

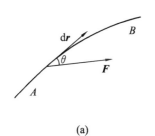
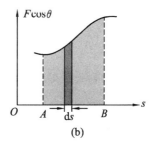

(a)   (b)

图 3-1 力沿一段曲线所做的功

因为 $F\cos\theta$ 是作用力 F 沿路径切线方向的分量,因此,力在一个无限小位移中做的功等于力沿位移方向的分量与位移的乘积.

对(3.1-1)式或(3.1-2)式积分,可以得到质点从位置 A 到位置 B 力 F 做的功为

$$W = \int_A^B \boldsymbol{F} \cdot \mathrm{d}\boldsymbol{r}, \tag{3.1-3}$$

或

$$W = \int_A^B F\cos\theta \mathrm{d}s. \tag{3.1-4}$$

在图 3-1(b)中, F 所做的功 W 就是整个阴影部分的面积.

如果 F 是恒力且质点做直线运动,那么, F 做的功为

$$W = F\cos\theta \int_A^B \mathrm{d}s = Fs\cos\theta = \boldsymbol{F} \cdot \boldsymbol{s}.$$

在 SI 制中,功的单位是牛·米(N·m),称为焦(J),量纲是 $L^2 MT^{-2}$.

例 3-1 一质量为 m 的小球,通过轻质细绳悬挂在天花板上(如图),小球沿圆弧从 O 点运动到 A 点,细绳与竖直方向夹角为 θ_0. 求在此过程中重力 G 所做的功.

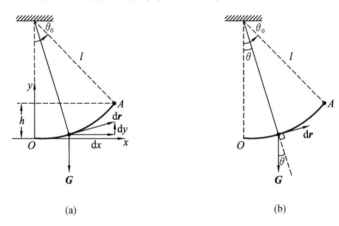

例 3-1 图

解一 建立直角坐标系如图(a)所示,重力在 y 轴负方向,位移 $\mathrm{d}\boldsymbol{r}$ 在 x,y 轴方向的投影分别为 $\mathrm{d}x$ 和 $\mathrm{d}y$. 运用(3.1-3)式,重力做的功为

$$W = \int_0^A \boldsymbol{G} \cdot \mathrm{d}\boldsymbol{r} = \int_0^A (-mg\boldsymbol{j}) \cdot (\mathrm{d}x\boldsymbol{i} + \mathrm{d}y\boldsymbol{j}) = -mg\int_0^A \mathrm{d}y = -mgh.$$

式中 h 是 A 点相对于 O 点的高度.

*解二 用角量处理,如图(b)所示. 当质点位置与竖直方向夹角为 θ 时,重力 G 与位移 $\mathrm{d}\boldsymbol{r}$ 的夹角为 $\frac{\pi}{2}+\theta$,重力所做的功为

$$W = \int_0^A \boldsymbol{G} \cdot \mathrm{d}\boldsymbol{r} = \int_0^A mg\cos\left(\frac{\pi}{2}+\theta\right)\mathrm{d}s = \int_0^A -mg\sin\theta \mathrm{d}s.$$

式中 $\mathrm{d}s$ 是质点位移 $\mathrm{d}\boldsymbol{r}$ 对应的圆弧. 设细绳长为 l, $\mathrm{d}s = l\mathrm{d}\theta$,则

$$W = \int_0^{\theta_0} -mgl\sin\theta \mathrm{d}\theta = mgl\cos\theta \Big|_0^{\theta_0} = mgl(\cos\theta_0 - 1) = -mgh.$$

▶ 3.1.2 功率

在实际问题中,除了要知道一个力做功的大小外,还要知道做功的快慢. 单位时间内所做的功称为**功率**. 如果在 Δt 时间内做功 ΔW,则在这段时间内的平均功率为

$$\overline{P}=\frac{\Delta W}{\Delta t}. \tag{3.1-5}$$

当 Δt 趋于 0 时 $\overline{P}$ 的极限称某时刻的瞬时功率,也称功率,

$$P=\frac{\mathrm{d}W}{\mathrm{d}t}. \tag{3.1-6}$$

由(3.1-1)式得

$$P=\boldsymbol{F}\cdot\frac{\mathrm{d}\boldsymbol{r}}{\mathrm{d}t}=\boldsymbol{F}\cdot\boldsymbol{v}. \tag{3.1-7}$$

因此,瞬时功率也等于力与速度的标积. 通过功率可以求得力在时间 $t \to t'$ 内做的功为

$$W=\int_{t}^{t'}P\mathrm{d}t. \tag{3.1-8}$$

在 SI 制中,功率的单位是焦/秒(J/s),称为瓦(W).

例 3-2 方向不变的作用力 $F=6t$(F,t 的单位分别为 N 和 s),作用在一质量为 2 kg 的物体上,物体从静止开始运动. 试求此作用力的瞬时功率及前 2 s 内做的功.

解 $\boldsymbol{F}$ 是一个方向恒定的力,开始时物体静止,所以物体做直线运动,$\boldsymbol{F}$ 与物体的运动方向始终一致. 物体的加速度大小为

$$a=\frac{F}{m}=3t(\mathrm{m/s^2}).$$

由匀变速直线运动的速度公式以及初始条件 $t=0$ 时,$v=0$,物体的速度大小为

$$v=\int_{0}^{t}a\mathrm{d}t=\int_{0}^{t}3t\mathrm{d}t=1.5t^{2}(\mathrm{m/s}).$$

$\boldsymbol{F}$ 的瞬时功率为 $\qquad P=Fv=6t\times 1.5t^{2}=9.0t^{3}(\mathrm{W}).$

利用 $P=9.0t^{3}$ 和(3.1-8)式,可以直接求得 $\boldsymbol{F}$ 在开始 2 s 内做的功为

$$W=\int_{0}^{2}P\mathrm{d}t=\int_{0}^{2}9.0t^{3}\mathrm{d}t=36.0(\mathrm{J}).$$

或由(3.1-4)式可求得 $\boldsymbol{F}$ 在 $t=0$ 到 $t=2$ s 时间内做的功为

$$W=\int F\mathrm{d}x=\int_{0}^{2}Fv\mathrm{d}t$$
$$=\int_{0}^{2}(6t\times 1.5t^{2})\mathrm{d}t$$
$$=\int_{0}^{2}9t^{3}\mathrm{d}t=36.0(\mathrm{J}).$$

3.2 动能 动能定理

▶ 3.2.1 动能、质点动能定理

考察一个物体,在合外力 F 作用下做匀加速直线运动(图 3-2).设物体质量为 m,加速度为 a,如果物体经过位移 s 后速度由 v_0 变为 v,则

$$v^2 = v_0^2 + 2as,$$

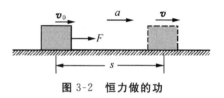

图 3-2 恒力做的功

或者

$$as = \frac{1}{2}v^2 - \frac{1}{2}v_0^2.$$

在这期间,F 做的功为

$$W = Fs = mas = \frac{1}{2}mv^2 - \frac{1}{2}mv_0^2.$$

物理量 $\frac{1}{2}mv^2$ 被定义为**物体的动能**,用 E_k 表示,

$$E_k = \frac{1}{2}mv^2. \tag{3.2-1}$$

F 对物体做的功 W 可以用动能的增量来表示,

$$W = E_k - E_{k0}. \tag{3.2-2}$$

其中 E_k 是物体的末动能,E_{k0} 是物体的初动能.上式说明,作用在物体上的合外力做的功等于物体动能的增量.这一结论称为质点的**动能定理**.

以上讨论的是 F 为恒力、物体做直线运动的特殊情况.对于一般情况,如图 3-3 所示,设质点在变力 F 的作用下沿曲线 AB 运动,对元位移 $d\boldsymbol{r}$,根据定义(3.1-1)式或(3.1-2)式,作用力 F 做的元功为

$$dW = \boldsymbol{F} \cdot d\boldsymbol{r} = F\cos\theta \, ds.$$

式中 $F\cos\theta$ 是力 F 在曲线上的切向分量.根据牛顿第二定律,有

$$F\cos\theta = ma_t = m\frac{dv}{dt},$$

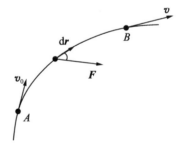

图 3-3 变力做的功

ds 是 $d\boldsymbol{r}$ 在曲线上的路程元,$ds = v \, dt$,所以,F 所做的功可表示为

$$dW = m\frac{dv}{dt}v \, dt = mv \, dv.$$

对上式积分,可以得到质点沿曲线移动一段路程中力 F 所做的功为

$$W = \int_A^B dW = \int_{v_0}^v mv \, dv = \frac{1}{2}mv^2 - \frac{1}{2}mv_0^2.$$

其中 v_0,v 是物体在初、末两状态的速率.积分中,没有对作用力 F 和物体的运动路径作任何特别的规定,因此,动能定理是普遍适用的.

动能定理把质点动能的变化与力 $\boldsymbol{F}$ 做的功联系起来. 上一章中的动量定理,则把质点动量的变化与力 $\boldsymbol{F}$ 的冲量联系起来. 冲量是力 $\boldsymbol{F}$ 的时间积分,体现力在时间过程的累积作用. 而功则是 $\boldsymbol{F}$ 的空间积分,体现力在空间过程的累积作用. 所以,动能定理是牛顿第二定律的另一积分形式.

动能与功有相同的单位和量纲. 在 SI 制中,动能的单位是牛·米(N·m),称为焦(J),量纲是 L^2MT^{-2}.

▶ 3.2.2 质点系动能定理

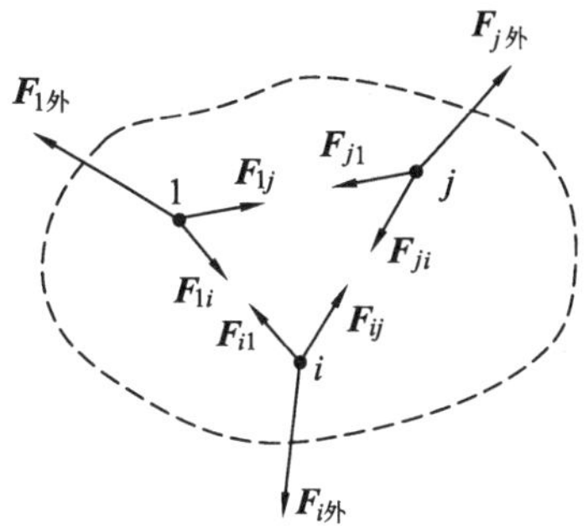

质点的动能定理可以推广到由若干个质点组成的质点系统. 设某质点系由 n 个质点组成,图 3-4 仅画出了该质点系内 3 个质点的受力情况. 质点系内的质点所受的力可以分为质点系内各质点间相互作用的**内力**(如 $\boldsymbol{F}_{i内}$)和质点系外物体对质点系内各质点作用的**外力**(如 $\boldsymbol{F}_{i外}$),质点系内第 i 个质点所受的合力为其所受的外力和内力之和,

$$\boldsymbol{F}_i = \boldsymbol{F}_{i外} + \boldsymbol{F}_{i内} = \boldsymbol{F}_{i外} + \sum_{\substack{j=1\\(j\neq i)}}^{n} \boldsymbol{F}_{ij}.$$

图 3-4 质点系动能定理

将质点的动能定理应用于质点 i,有

$$W_i = \int_{A_i}^{B_i} \boldsymbol{F}_i \cdot \mathrm{d}\boldsymbol{r} = \int_{A_i}^{B_i} \boldsymbol{F}_{i外} \cdot \mathrm{d}\boldsymbol{r} + \sum_{\substack{j=1\\(j\neq i)}}^{n} \int_{A_i}^{B_i} \boldsymbol{F}_{ij} \cdot \mathrm{d}\boldsymbol{r} = \Delta E_{ki}, \quad (3.2\text{-}3)$$

所以,外力和内力对整个质点系所做的功为

$$W = \sum_{i=1}^{n} W_i = \sum_{i=1}^{n} \int_{A_i}^{B_i} \boldsymbol{F}_{i外} \cdot \mathrm{d}\boldsymbol{r} + \sum_{i=1}^{n} \left(\sum_{\substack{j=1\\(j\neq i)}}^{n} \int_{A_i}^{B_i} \boldsymbol{F}_{ij} \cdot \mathrm{d}\boldsymbol{r} \right)$$

$$= \sum_{i=1}^{n} \Delta E_{ki} = \Delta E_k. \quad (3.2\text{-}4)$$

上式中,令 $W_{外力} = \sum_{i=1}^{n} \int_{A_i}^{B_i} \boldsymbol{F}_{i外} \cdot \mathrm{d}\boldsymbol{r}$ 为外力对质点系所做的总功,$W_{内力} = \sum_{i=1}^{n} \left(\sum_{\substack{j=1\\(j\neq i)}}^{n} \int_{A_i}^{B_i} \boldsymbol{F}_{ij} \cdot \mathrm{d}\boldsymbol{r} \right)$ 为质点系的内力对质点系所做的总功,而 $\Delta E_k = E_k - E_{k0}$ 为质点系总动能的增量. 则(3.2-4)式可以表示为

$$\boxed{W_{外力} + W_{内力} = E_k - E_{k0}.} \quad (3.2\text{-}5)$$

上式表明,所有外力和内力对质点系所做的总功等于质点系总动能的增量,这就是**质点系的动能定理**.

需要注意的是,根据牛顿第三定律,质点系内任意一对质点(如质点 i 和质点 j)间的作用力 $\boldsymbol{F}_{ij}$ 和反作用力 $\boldsymbol{F}_{ji}$ 总是成对出现并且大小相等、方向相反,即质点系所有内力的矢量和等于零. 但是,质点 i 和质点 j 的位移可以不同,所以质点系内力做的功之和可以不为零,因而内力的功可以改变质点系的总动能. 在第 2 章讨论质点系的动量定理时我们知道,质点系的内力不能改变质点系的总动量,这是需要特别加以区别的.

* **例 3-3** 如图所示,一物体由斜面底部以初速度 $v_0 = 10$ m/s 向斜面上方冲去,到达最高处后又沿着斜面下滑. 由于物体与斜面之间的摩擦,滑到底部时速度变为 $v_f = 8$ m/s. 已知

斜面倾角为 $\theta=30°$，求物体冲上斜面最高处的高度及摩擦系数 μ.

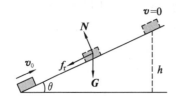 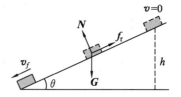

例 3-3 图

解 物体在斜面上受重力 $G=mg$、斜面弹力 N 以及物体与斜面间的摩擦力 f_r 作用，重力 mg 沿斜面法向的分量与 N 平衡，

$$N=mg\cos\theta.$$

摩擦力 f_r 的大小为
$$f_r=\mu N=\mu mg\cos\theta.$$

当物体上冲时，f_r 沿斜面向下；物体下滑时，f_r 沿斜面向上. 设物体沿斜面上冲的最大距离为 l，取沿斜面向上为正方向，则上冲过程中，物体所受合力做的功为

$$W_1=(-mg\sin\theta-\mu mg\cos\theta)l.$$

物体冲到最高处速度为零，根据动能定理有，

$$W_1=0-\frac{1}{2}mv_0^2,$$

即
$$(mg\sin\theta+\mu mg\cos\theta)l=\frac{1}{2}mv_0^2. \qquad ①$$

物体在下滑过程中合力做功为
$$W_2=(-mg\sin\theta+\mu mg\cos\theta)(-l).$$

根据动能定理
$$W_2=\frac{1}{2}mv_f^2-0,$$

即
$$mgl\sin\theta-\mu mgl\cos\theta=\frac{1}{2}mv_f^2. \qquad ②$$

在①、②两式中消去 μ 得
$$l=\frac{v_0^2+v_f^2}{4g\sin\theta}=\frac{10^2+8^2}{4\times 9.8\times\sin 30°}\ \text{m}=8.4\ \text{m}.$$

最高处高度为
$$h=l\sin\theta=8.4\times\sin 30°\ \text{m}=4.2\ \text{m}.$$

由①式得
$$\mu=\frac{v_0^2}{2lg\cos\theta}-\tan\theta=\frac{10^2}{2\times 8.4\times 9.8\times\cos 30°}-\tan 30°=0.12.$$

3.3 势能 保守力

▶ 3.3.1 重力势能

设有一质量为 m 的质点，在重力 G 的作用下，沿任意形状的路径从位置 A 运动到 B（图 3-5）. 在此过程中，重力做的功为

$$W = \int_A^B \boldsymbol{G} \cdot \mathrm{d}\boldsymbol{r}.$$

因为重力 $\boldsymbol{G}$ 是恒力,所以

$$W = \boldsymbol{G} \cdot \int_{r_0}^{r} \mathrm{d}\boldsymbol{r} = \boldsymbol{G} \cdot (\boldsymbol{r} - \boldsymbol{r}_0).$$

其中 $\boldsymbol{r}_0, \boldsymbol{r}$ 是质点在 A, B 处的位置矢量. 在直角坐标系中,

$$\boldsymbol{G} = -mg\boldsymbol{j},$$
$$\begin{aligned}\boldsymbol{r} - \boldsymbol{r}_0 &= (x\boldsymbol{i} + y\boldsymbol{j}) - (x_0\boldsymbol{i} + y_0\boldsymbol{j}) \\ &= (x - x_0)\boldsymbol{i} + (y - y_0)\boldsymbol{j}.\end{aligned}$$

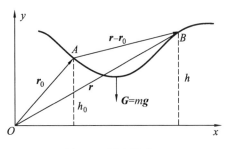

图 3-5 重力做功

因此,重力所做的功为

$$W = (-mg\boldsymbol{j}) \cdot [(x - x_0)\boldsymbol{i} + (y - y_0)\boldsymbol{j}] = mgy_0 - mgy.$$

习惯上把物体的高度记作 h,上式也常表示为

$$W = mgh_0 - mgh. \tag{3.3-1}$$

式中 h_0, h 分别是质点始末状态的高度. 这里,质点运动的路径是任意的,所以,重力做的功与路径无关,只与路径始末的位置有关. 物理量 mgh 定义为**重力势能**,记作 E_p,即

$$E_p = mgh. \tag{3.3-2}$$

其中,高度 h 是一个相对量,与参照平面($h=0$)的选取有关. 也就是说,参照平面选取不同,重力势能的数值也不同. 不过,两个状态之间重力势能的差值是个绝对量,与参照平面的选取无关.

用势能表示(3.3-1)式,

$$W = E_{p0} - E_p = -(E_p - E_{p0}), \tag{3.3-3}$$

即重力对物体做的功,等于重力势能增量的负值.

▶ 3.3.2 弹性势能

弹力是物体因形变而产生的一种恢复力,其大小与形变程度有关,方向为形变恢复的方向. 以弹簧为例,取弹簧自然伸长时的自由端为坐标原点,在弹性限度内,弹力可以表示成

$$f = -kx. \tag{3.3-4}$$

其中 k 为**弹性系数**,也称**劲度系数**,其值由弹簧的性质决定. x 是弹簧的形变量,伸长为正,缩短为负. 设有一质点受弹簧的弹力作用,如图 3-6 所示. 在质点从 x_0 处运动到 x 处的过程中,弹力做的功为

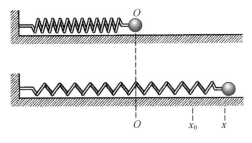

图 3-6 弹力做功

$$W = \int_{x_0}^{x} (-kx)\mathrm{d}x = \frac{1}{2}kx_0^2 - \frac{1}{2}kx^2. \tag{3.3-5}$$

同重力做功一样,弹力做功,也只与质点的始末位置有关. $\frac{1}{2}kx^2$ 这个量定义为**弹性势能**,记作 E_p,

$$E_p = \frac{1}{2}kx^2. \tag{3.3-6}$$

用弹性势能可以把(3.3-5)式表示成

$$W = E_{p0} - E_p = -(E_p - E_{p0}), \tag{3.3-7}$$

即弹力做的功等于弹性势能增量的负值.

▶ 3.3.3 引力势能

质量为 m 的质点 P 在质量为 M 的质点 Q 的引力场中运动. 设 $M \gg m$,在这种情况下,可以认为 Q 是静止的,取 Q 所在处为坐标原点 O,P 的位置可用矢径 r 表示(图 3-7). P 受 Q 的万有引力为

$$\boldsymbol{F} = -G\frac{Mm}{r^2}\boldsymbol{r}^0. \tag{3.3-8}$$

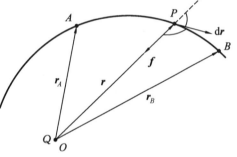

图 3-7 万有引力做功

其中 $\boldsymbol{r}^0$ 是 $\boldsymbol{r}$ 的单位矢量. 当 P 沿任一曲线从 A 点运动到 B 点时,根据(3.1-3)式引力 $\boldsymbol{F}$ 做的功为

$$W = \int_A^B -G\frac{Mm}{r^2}\boldsymbol{r}^0 \cdot \mathrm{d}\boldsymbol{r}.$$

因为 $\boldsymbol{r}^0 \cdot \mathrm{d}\boldsymbol{r} = \mathrm{d}r$,所以

$$W = \int_{r_A}^{r_B} -G\frac{Mm}{r^2}\mathrm{d}r = -G\frac{Mm}{r_A} - \left(-G\frac{Mm}{r_B}\right). \tag{3.3-9}$$

上式表明,万有引力做的功,只与运动物体的始末位置有关,与所经历的路径无关. 与之相应,可以引入**引力势能**的概念. 取 $r=\infty$ 处为零势能点,则当 Q,P 相距 r 时的引力势能为

$$E_p = -G\frac{Mm}{r}. \tag{3.3-10}$$

这样,(3.3-9)式就可以表示为

$$W = E_{p,A} - E_{p,B} = -(E_{p,B} - E_{p,A}), \tag{3.3-11}$$

即万有引力做功等于引力势能增量的负值.

对于在地球重力场中的物体,相应的引力势能也可以用(3.3-10)式表示. 其中 M 为地球质量 M_E,m 为物体质量. 设地球半径为 R,则物体在地球表面的引力势能为

$$E_{p,R} = -\frac{GM_E m}{R}.$$

物体在地球表面上方 h 高度的引力势能为

$$E_{p,R+h} = -\frac{GM_E m}{R+h}.$$

以上两式之差为物体相对于地球表面的重力势能,
$$E_{p,h} = -\frac{GM_E m}{R+h} - \left(-\frac{GM_E m}{R}\right) = \frac{GM_E mh}{R(R+h)}.$$
当 $R \gg h$ 时,
$$E_{p,h} \approx \frac{GM_E mh}{R^2} = mgh. \tag{3.3-12}$$

其中 $g = \dfrac{GM_E}{R^2}$ 就是地球表面的重力加速度. 所以式(3.3-10)是反映重力势能的完整表达式, 而式(3.3-12)只对近地物体才适用.

▶ 3.3.4 保守力

重力做的功、弹簧弹力做的功和万有引力做的功,都只与始末两点的位置有关,与质点运动的路径无关. 具有这种性质的力, 称为**保守力**. 如果质点运动的路径是一闭合回路, 那么, 始末位置相同, 保守力做的功为零, 即
$$\oint \boldsymbol{F} \cdot \mathrm{d}\boldsymbol{r} = 0. \tag{3.3-13}$$
因此, 保守力也可以定义为沿任意闭合回路做功为零的力, 否则就是非保守力.

重力、弹力和万有引力是保守力, 摩擦力不是保守力, 因为摩擦力沿闭合回路做功不为零, 且路径越长, 做功的绝对值越大.

由于保守力做的功都与路径无关, 只与始末位置有关, 可以对保守力统一地引进势能的概念. 用 E_p 表示势能, 那么, 保守力做的功为
$$W = E_{p0} - E_p = -(E_p - E_{p0}), \tag{3.3-14}$$
即保守力做的功, 等于势能增量的负值.

不同的保守力, 势能的表达式不同, 但它们都是位置的单值函数, 不同位置之间的势能差具有确定的值, 而某一位置的势能, 只有相对值. 零势能位置的选取, 具有相当的任意性, 可以根据不同的情况选取不同的零势能位置, 从而简化势能的表达形式. 例如, 通常取地球表面的重力势能为零, 那么, 高于地面 h 处的重力势能为 mgh; 如果取弹簧无形变时的弹性势能为零, 那么当弹簧伸长或缩短 x 时的弹性势能就是 $\dfrac{1}{2}kx^2$.

保守力是物体之间的相互作用, 所以势能属于相互作用的物体组成的系统. 不能把势能看作属于某个孤立的物体. 重力势能属于物体和地球组成的系统, 弹性势能属于弹簧和受弹力作用的物体. 平时我们称某物体的重力势能, 实际意思是指该物体和地球组成的系统所具有的重力势能.

3.4 机械能守恒定律

▶ 3.4.1 质点系功能原理

对于若干个物体组成的系统来说, 总功 W 是所有外力的功和所有内力的功的总和. 而系统内力又可以分为保守内力和非保守内力两种, 因此

$$W = W_{外力} + W_{保守内力} + W_{非保守内力}.$$

这样,系统的动能定理就改写成下列形式

$$W_{外力} + W_{保守内力} + W_{非保守内力} = E_k - E_{k0}. \tag{3.4-1}$$

考虑到保守内力(如万有引力、重力、弹性力)做功等于系统势能(引力势能、重力势能、弹性势能)增量的负值,即有

$$W_{保守内力} = -(E_p - E_{p0}). \tag{3.4-2}$$

至于非保守内力做的功,可以是正功,也可以是负功.前者相当于系统内的爆炸冲力做功,后者相当于系统内的滑动摩擦力做功.将(3.4-2)式代入(3.4-1)式,得

$$W_{外力} + W_{非保守内力} - (E_p - E_{p0}) = E_k - E_{k0},$$

或

$$W_{外力} + W_{非保守内力} = (E_k + E_p) - (E_{k0} + E_{p0}). \tag{3.4-3}$$

动能和势能统称为机械能.(3.4-3)式表明外力的功和非保守内力的功的总和等于系统机械能的增量,这就是**系统的功能原理**.

▶ 3.4.2 机械能守恒定律

显然,如果外力和非保守内力都不做功,或所做的总功为零,或者根本没有外力和非保守内力的作用,在此情形下,由(3.4-3)式可得到

$$E_k + E_p = E_{k0} + E_{p0}, \tag{3.4-4}$$

亦即系统的机械能保持不变.这就是**机械能守恒定律**.我们把它完整叙述如下:对于由若干个物体所组成的系统,如果系统内有保守力做功,而其他非保守内力和所有外力所做的总功为零,那么,系统内各物体的动能与各种势能之间虽然可以互相转换,但是它们的总和保持不变.

有时我们把所有非保守内力都不做功的系统,叫作**保守系**.以上内容表明,一个保守系的总机械能的增量等于外力对它所做的功;如果这部分外力做功为零,则该系统的机械能保持不变.

机械能守恒定律是自然界最普遍规律之一的能量守恒定律的特殊情形.

*例 3-4 质量为 M 的很短的试管用长 L、质量可以忽略的硬直杆如图悬挂.试管内盛有乙醚液滴,管口用质量为 m 的软木塞封闭,当加热试管时软木塞在乙醚蒸气的压力下飞出.要使试管绕悬点 O 在竖直平面内做完整的圆运动,软木塞飞出的最小速度为多少?若将硬直杆换成细绳,结果又如何?

解 设软木塞飞出的速度为 v_1,试管反冲的速度为 v_2,取试管反冲方向为正方向.根据动量守恒,有

$$Mv_2 - mv_1 = 0, \quad 解得 \quad v_1 = \frac{M}{m} v_2.$$

试管由硬直杆悬挂时,试管做完整圆运动到达最高点时的速度最小为零.取试管竖直悬挂时为零势能点,由机械能守恒,有

$$\frac{1}{2} M v_2^2 = Mg \cdot 2L, \quad 得 \quad v_2 = 2\sqrt{gL}.$$

因此,木塞飞出速度为 $v_1 = \frac{M}{m} v_2 = \frac{2M}{m}\sqrt{gL}.$

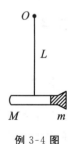

例 3-4 图

若用轻绳悬挂,试管也能在竖直面内做一完整的圆运动,则试管在最高点的最小速度 v 应满足

$$Mg = \frac{Mv^2}{L}, \quad 即 \quad v = \sqrt{gL}.$$

取试管在最低点位置的重力势能为零. 由机械能守恒,

$$\frac{1}{2}Mv_2^2 = Mg \cdot 2L + \frac{1}{2}Mv^2 = Mg \cdot 2L + \frac{1}{2}M \cdot gL = \frac{5}{2}MgL.$$

解得

$$v_2 = \sqrt{5gL}.$$

木塞飞出速度为

$$v_1 = \frac{M}{m}v_2 = \frac{M}{m}\sqrt{5gL}.$$

3.5 碰 撞

当两个或两个以上的物体相互接近时,由于物体之间的相互作用,它们的运动状态将发生变化,从而引起动能和动量的交换. 如果作用的时间极短,这种现象就称为**碰撞**. 物体相互撞击、锤打等都是碰撞. 分子、原子核等微观粒子的相互作用,尽管没有直接接触,也是碰撞过程. 由于碰撞中相互作用时间极短,外力的影响可以忽略,所以碰撞系统的总动量守恒,即

$$\sum_i \boldsymbol{p}_i = 常矢量. \tag{3.5-1}$$

一般物体在碰撞过程中,有部分动能要转变为热能、形变能等其他形式的能. 如果碰撞中物体的动能完全没有损失,这种碰撞称为**弹性碰撞**,否则就称为**非弹性碰撞**. 如果碰撞后两个物体以相同速度运动,即合为一体,这种碰撞称为**完全非弹性碰撞**.

如果碰撞发生在两个物体之间,称两体碰撞. 以下以两个小球为例讨论两体碰撞的情况. 在两体碰撞中,(3.5-1)式为

$$\boldsymbol{p}_1 + \boldsymbol{p}_2 = \boldsymbol{p}_1' + \boldsymbol{p}_2',$$

或

$$m_1\boldsymbol{v}_1 + m_2\boldsymbol{v}_2 = m_1\boldsymbol{v}_1' + m_2\boldsymbol{v}_2'. \tag{3.5-2}$$

如果两球碰撞前后速度都在两球心的连线上,这种碰撞称**对心碰撞**或**正碰**. 在对心碰撞中,(3.5-2)式可以用标量形式表示

$$m_1 v_1 + m_2 v_2 = m_1 v_1' + m_2 v_2'. \tag{3.5-3}$$

以下讨论对心碰撞中的几种情况.

(1) 弹性碰撞.

弹性碰撞中,碰撞前后两球的动能之和不变,即

$$\frac{1}{2}m_1 v_1^2 + \frac{1}{2}m_2 v_2^2 = \frac{1}{2}m_1 v_1'^2 + \frac{1}{2}m_2 v_2'^2. \tag{3.5-4}$$

由(3.5-3)式和(3.5-4)式可解得两球碰撞后的速度

$$v_1' = \frac{(m_1 - m_2)v_1 + 2m_2 v_2}{m_1 + m_2}, \tag{3.5-5a}$$

$$v_2' = \frac{(m_2 - m_1)v_2 + 2m_1 v_1}{m_1 + m_2}. \tag{3.5-5b}$$

由此可得
$$v_2' - v_1' = -(v_2 - v_1), \tag{3.5-6}$$

即对心弹性碰撞中,两球碰撞后相互分离的速度等于碰撞前相互趋近的速度.

如果两球质量相等,则
$$v_1' = v_2, \quad v_2' = v_1,$$

即质量相等的两球在对心弹性碰撞中,彼此交换速度.

(2) 完全非弹性碰撞.

两球发生完全非弹性碰撞后,两球成为一体,速度相同,即 $v_1' = v_2' = v$,由(3.5-3)式得
$$v = \frac{m_1 v_1 + m_2 v_2}{m_1 + m_2}. \tag{3.5-7}$$

两球在碰撞前的动能为
$$E_k = \frac{1}{2} m_1 v_1^2 + \frac{1}{2} m_2 v_2^2,$$

碰撞后的动能为
$$E_k' = \frac{1}{2}(m_1 + m_2)v^2 = \frac{(m_1 v_1 + m_2 v_2)^2}{2(m_1 + m_2)}.$$

碰撞过程中动能的损失为
$$E_k - E_k' = \frac{m_1 m_2 (v_1 - v_2)^2}{2(m_1 + m_2)}. \tag{3.5-8}$$

在完全非弹性碰撞中,损失的动能变为产生永久形变中耗散的能量.

(3) 非弹性碰撞.

一般的碰撞,既不是弹性的,也不是完全非弹性的,碰撞后形变部分恢复,两物体具有不同的速度,但系统动能不再守恒. 牛顿总结了各种碰撞实验的结果,引进了**恢复系数** e 的概念. 在对心碰撞中 e 被定义为
$$e = \frac{v_2' - v_1'}{v_1 - v_2}. \tag{3.5-9}$$

可以看出,在弹性碰撞中,$e=1$;在完全非弹性碰撞中,$e=0$;一般的非弹性碰撞,$0<e<1$. e 的值可由实验测定. 由(3.5-3)式与(3.5-9)式,可解得非弹性碰撞后两球的速度为
$$v_1' = v_1 - \frac{(1+e)m_2(v_1 - v_2)}{m_1 + m_2}, \tag{3.5-10a}$$

$$v_2' = v_2 + \frac{(1+e)m_1(v_1 - v_2)}{m_1 + m_2}. \tag{3.5-10b}$$

从而可求得非弹性碰撞过程中损失的动能为
$$E_k - E_k' = \frac{1}{2}(1 - e^2) \frac{m_1 m_2}{m_1 + m_2}(v_1 - v_2)^2. \tag{3.5-11}$$

例 3-5 冲击摆是一种用来测量子弹速度的装置(如图). 摆长为 l,下端挂一静止的木块,木块质量为 M. 质量为 m 的子弹射入木块后,留在木块内,与木块一起摆过角度 θ_0. 求子弹击中木块时的速率 v_0.

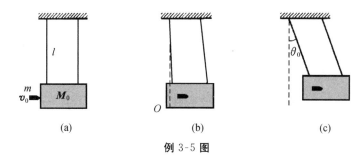

例 3-5 图

解 子弹射入木块的过程,可以看成是一个完全非弹性碰撞.设子弹射入木块后两者的速度是 v,则
$$v=\frac{mv_0}{M+m}.$$
子弹射入木块后随木块一起摆动,这个过程中,绳子拉力与速度垂直,并不做功,而重力是保守力,所以,机械能守恒.取木块在竖直悬垂时的重力势能为零,摆动 θ_0 角度后的相对高度为 h,则
$$(M+m)gh=\frac{1}{2}(M+m)v^2=\frac{1}{2}\cdot\frac{m^2v_0^2}{M+m},$$
由此得
$$v_0=\frac{M+m}{m}\sqrt{2gh}.$$
由于 $h=l(1-\cos\theta_0)$,所以
$$v_0=\frac{M+m}{m}\sqrt{2gl(1-\cos\theta)}.$$

例 3-6 试证:两个质量相等的粒子发生弹性的非对心碰撞,如果其中有一个粒子原来处于静止,则碰撞后,它们总沿着相互垂直的方向散射(图示).

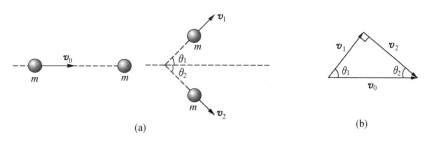

例 3-6 图

证明 这是一个二维的非对心碰撞问题.设粒子质量为 m,碰撞前后动量守恒,写成矢量式为
$$m\boldsymbol{v}_0=m\boldsymbol{v}_1+m\boldsymbol{v}_2. \qquad ①$$
其中 $\boldsymbol{v}_0$ 是入射粒子的速度,$\boldsymbol{v}_1$ 和 $\boldsymbol{v}_2$ 是两粒子碰撞后的速度,由①式可得
$$\boldsymbol{v}_0=\boldsymbol{v}_1+\boldsymbol{v}_2. \qquad ②$$
对②式平方,有
$$v_0^2=v_1^2+2\boldsymbol{v}_1\cdot\boldsymbol{v}_2+v_2^2. \qquad ③$$
按题意它是一个弹性碰撞,有
$$\frac{1}{2}mv_0^2=\frac{1}{2}mv_1^2+\frac{1}{2}mv_2^2,$$

即 $$v_0^2 = v_1^2 + v_2^2. \qquad ④$$

比较③④两式，可得 $v_1 \cdot v_2 = 0$，即 $v_1 \perp v_2$. 应当指出，我们只能证明碰撞后两粒子沿着相互垂直的方向散射，而不能解出 v_1 和 v_2 的具体数值.（为什么？）

1923 年美国物理学家发现的康普顿散射（详见下册），就是光子与静止的自由电子的非对心碰撞问题.康普顿散射的理论和实验完全相符，证明了光子和微观粒子的相互作用过程也是严格地遵守动量守恒定律和能量守恒定律的.

内容提要

1. 功：力的空间积累效应.物体间通过做功传递机械能，
$$\mathrm{d}W = \boldsymbol{F} \cdot \mathrm{d}\boldsymbol{r} = F\cos\theta \mathrm{d}s,$$
$$W = \int \boldsymbol{F} \cdot \mathrm{d}\boldsymbol{r}.$$

2. 动能定理：质点所受合外力做功之和等于质点动能的增量，$W = E_k - E_{k0}$.

动能定理：质点系一切外力与内力做功之和等于系统动能的增量，$W_{外} + W_{内} = E_k - E_{k0}$.

3. 保守力：做功与路径形状无关的力或沿闭合路径做功为零的力.

4. 势能：对保守力可以引进势能的概念.

(1) 重力势能：$E_p = mgh$，h 为物体的相对高度.

(2) 弹性势能：$E_p = \frac{1}{2}kx^2$，以弹簧的自然伸长为零势能点.

(3) 引力势能：$E_p = \frac{-GMm}{r}$，相距无穷远处为零势能点.

5. 机械能：物体的宏观动能与势能之和，$E = E_k + E_p$.

功能原理：系统机械能的增量等于系统所受外力做功与系统内非保守内力做功之和，
$W_{外力} + W_{非保守内力} = E - E_0$.

6. 机械能守恒定律：如果作用于质点系的外力做功和非保守内力做功的总和为零，则质点系机械能守恒.

7. 两体碰撞：碰撞中系统总动量守恒.

恢复系数 $e = \dfrac{v_2' - v_1'}{v_1 - v_2}$.

$e = 1$ 时，为弹性碰撞（机械能守恒）；$e = 0$ 时，为完全非弹性碰撞；$0 < e < 1$ 时，为一般非弹性碰撞.

习 题

3-1 当几个力同时作用于一个物体时，合力的功是否等于各个力做功的代数和？

3-2 力的功与参照系有无关系？一对作用力和反作用力做功的代数和与参照系有没有关系？

3-3 设某轮船航行时所受水的阻力与速度平方成正比,当轮船速度增加为原来的2倍时,发动机发出的功率是不是增加为原来的4倍?

3-4 动能与参照系有无关系?势能与参照系有无关系?

3-5 有两个同样的木块从同一高度自由落下,在落下途中,其中一块被水平飞来的子弹击中,子弹留在木块中,子弹质量不能忽略.问

(1) 被击木块的运动轨道怎样?

(2) 两木块能否同时到达地面?

(3) 到达地面时两木块的动能之差是否等于击中前子弹的动能?

3-6 从同一高度处以同样速度分别向上和向下抛出两个小球,忽略空气阻力,到达地面时,哪个小球的速度大?

3-7 根据动量定理,给物体以冲量作用,必引起物体动量的改变;根据动能定理,力对物体做了功,必引起物体动能的改变.

(1) 给物体以冲量作用,是否一定会引起动能的改变?

(2) 对物体做了功,是否一定会引起物体动量的变化?

3-8 系统内力不影响系统的总动量,但影响系统的总动能,为什么?

3-9 一力学系统由两个质点组成,它们之间只有引力作用.若两质点所受外力的矢量和为零,则有关此系统下列说法正确的是

(A) 动量、机械能以及对某一轴的角动量都守恒;

(B) 动量、机械能守恒,但角动量是否守恒不能断定;

(C) 动量守恒,但机械能和角动量是否守恒不能断定;

(D) 动量和角动量守恒,但机械能是否守恒不能断定.

3-10 一力作用在一质量为 3.0 kg 的质点上,已知质点的位置与时间的函数关系为 $x = 3t - 4t^2 + t^3$. 式中 x 单位为 m、t 单位为 s,试求

(1) 作用力在最初 4.0 s 内所做的功;

(2) 在 $t = 1.0$ s 时力对质点所做的瞬时功率.

3-11 一质量为 m 的物体,在时间 t_0 内由静止被均匀地加速到 v_0,求:

(1) 在此加速过程中,对物体所做的功与时间 t 的函数关系;

(2) 对物体所做的瞬时功率作为时间 t 的函数关系.

3-12 一质量为 4 kg 的物体,沿一与水平方向成 20°角的斜面向上运动,施于这物体上的作用力如下:一个 80 N 的水平推力、一个 100 N 的平行于斜面向上的推力、一个 10 N 的摩擦力,物体在斜面上滑动 20 m. 求:

(1) 作用在物体上的合力做的总功;

(2) 每个力所做的功.

3-13 如图所示,一物体沿半径为 R 的圆弧形路面很缓慢地匀速运动,拉力 $\mathbf{F}$ 总是平行于路面.设物体的质量为 m,物体与路面的动摩擦系数为 μ. 当把物体由底端拉上 45°圆弧时,拉力 $\mathbf{F}$ 对物体做了多少功?重力和摩擦力各做多少功?

3-14 一质量为 20 kg 的物体,在作用力 $\mathbf{F} = 100t\,\mathbf{i}$($F$,$t$ 的单位分别为 N 和 s)的作用下运动.在 $t = 2$ s 时,速度 $v = $

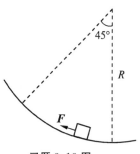

习题 3-13 图

$3i$ m/s,试求 $t=2$ s 到 $t=10$ s 的时间间隔内,$\boldsymbol{F}$ 给予质点的冲量和所做的功.

3-15 一升降机载 10 人,每人质量为 80 kg,在 180 s 内上升 80 m,升降机质量为 1 000 kg,试求升降机的功率.

3-16 一质量为 m 的物体,系在细绳一端,绳的另一端固定在平面上,此物体在粗糙的水平桌面上做半径为 r 的圆周运动.设物体的初速度是 v_0,当它运动一周时,其速率为 $\dfrac{v_0}{2}$,求

(1) 摩擦力做的功;

(2) 摩擦系数;

(3) 物体在静止前运动的圈数.

3-17 一辆水平运动的装煤车,以速率 v_0 从煤斗下面通过,每秒内有质量为 m_0 的煤卸入煤车.如果煤车的速率保持不变,煤车与钢轨间摩擦忽略不计.

(1) 求牵引煤车的力的大小;

(2) 求牵引煤车所需功率的大小;

(3) 牵引煤车所提供的能量中有多少转化为煤的动能?

3-18 质量为 m 的地球卫星,在地球上空高度为 2 倍于地球半径的圆轨道上运动,试用 m、R、引力常量 G 和地球质量 m_E 来表示:

(1) 卫星的动能;

(2) 卫星的引力势能;

(3) 卫星的总能量.

3-19 据说恐龙的灭绝是由于 6 500 万年前一颗小行星撞入地球而引起的.设小行星的半径为 10 km,密度为 6.0×10^3 kg/m³(与地球密度相同).此小行星撞入地球时能释放多少引力势能?这能量是唐山地震释放能量的多少倍?(地球半径为 6.4×10^6 m,质量为 6×10^{24} kg,唐山地震释放的能量约为 1×10^{18} J)

3-20 如图所示,A 和 B 两物体质量均为 m,物体 B 与桌面间的动摩擦系数 $\mu=0.20$,滑轮摩擦不计.求物体 A 由静止落下 $h=1.0$ m 时的速率.

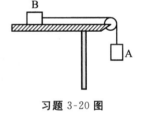

习题 3-20 图

3-21 一根劲度系数为 k_1 的轻弹簧 A 的下端,挂另一根劲度系数为 k_2 的轻弹簧 B,B 的下端又挂一质量为 M 的重物 C,求这一系统静止时两弹簧的伸长量之比和弹性势能之比.如果将此重物用手托起,让两弹簧恢复原长,然后放手任其下落,弹簧可伸长多少?弹簧对重物 C 的最大作用力有多大?

3-22 一质量为 72 kg 的人跳蹦极.设弹性蹦极带原长为 20 m,劲度系数为 60 N/m,忽略空气阻力.

(1) 此人自跳台跳出后,落下多高时速度最大?此最大速度是多少?

(2) 已知跳台高于下面的水面 60 m,此人跳下后会不会触到水面?

3-23 质量为 $M=0.08$ kg 的木块放在光滑的水平面上,有一质量为 $m=0.02$ kg 的子弹,以 $v=100$ m/s 的速度水平射向木块.如果用钉子将木块固定在水平面上,则子弹穿过木块后的速度为 $v_1=50$ m/s.

(1) 判断子弹能否穿过木块;

(2) 如果木块没有被固定,子弹和木块最后的速度各为多少?

3-24 有一门质量为 M(含炮弹)的大炮,在一倾角为 α 的斜面上无摩擦地由静止开始下滑. 当滑下 l 距离时,从炮内沿水平方向射出一发质量为 m 的炮弹. 要使炮车在发射炮弹后的瞬间停止滑动,炮弹的初速率 v 应为多少?

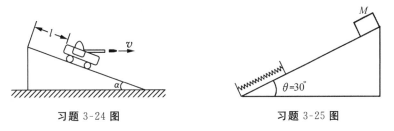

习题 3-24 图　　　　　　　　　　习题 3-25 图

3-25 一弹簧可被 100 N 的力压缩 1.0 m,将这弹簧固定在无摩擦的斜面下端,斜面倾角 $\theta=30°$(如图). 将一质量为 $M=10$ kg 的物体由斜面顶部静止释放,把弹簧压缩 2.0 m 后瞬时静止.

(1) 物体在瞬时静止前,在斜面上滑了多少距离?

(2) 求物体与弹簧接触时的速率.

3-26 用一弹簧把质量各为 m_1 和 m_2 的两块木板连起来,一起放在地面上(如图),弹簧质量不计,$m_2 > m_1$.

(1) 对上面的木板必须施加多大的正压力 F,才能使 F 突然撤去后上面的木块跳起来,恰能使下面的木板提离地面?

(2) 如果两木板的位置交换,结果是否变化?

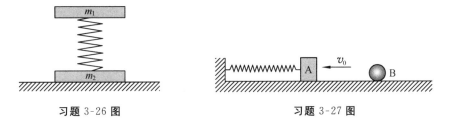

习题 3-26 图　　　　　　　　　　习题 3-27 图

3-27 一个质量为 $M=10$ kg 的物体 A 放在光滑水平桌面上,与一水平轻弹簧相连,如图所示. 弹簧的劲度系数 $k=1\,000$ N/m. 有一质量为 $m=1$ kg 的小球 B,以水平速度 $v_0 = 4$ m/s 飞来,与物体 A 相撞后以 $v_1 = 2$ m/s 的速度弹回.

(1) A 被撞击后,弹簧将被压缩多少?

(2) 小球 B 和物体 A 的碰撞是否是弹性碰撞? 恢复系数是多少?

(3) 如果小球与 A 相撞后粘在一起,则 (1)(2) 的结果又如何?

3-28 如图所示,一轻质弹簧的劲度系数为 k,两端各固定一质量为 M 的物块 A 和 B,放在水平光滑桌面上静止. 今有一质量为 m 的子弹沿弹簧的轴线方向以速度 v_0 射入一物块而不飞出,求此后弹簧的最大压缩距离.

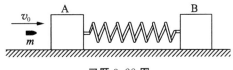

习题 3-28 图

3-29 一小球从 h 高度处水平抛出,初速度为 v_0,落地时小球撞在光滑的固定平面 S 上. 设恢复系数为 e,求小球回跳速度 v_1 的大小和方向. 如以 ϕ_1 表示入射角,ϕ_2 表示反射角,试证: $\tan\phi_2 = \dfrac{1}{e}\tan\phi_1$.

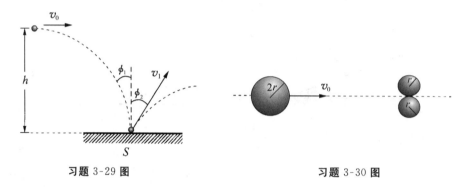

习题 3-29 图　　　　　习题 3-30 图

3-30 两个半径为 r 的光滑均质小棋子,原为静止,相靠如图. 现有另一半径为 $2r$ 的同样厚度的同质大棋子以速度 v_0 向两个小棋子飞来. v_0 的方向正好在小棋子中心连线的中垂线上. 求弹性碰撞后大棋子的速度.

第 4 章　刚体的运动

前面 3 章讨论的是质点和质点系的机械运动规律.对质点运动规律的研究是讨论实际物体运动的基础,质点的运动实际上只代表着物体的平动.实际物体是有形状、大小和结构的,其运动形式可以有平动、转动以及更为复杂的运动,而且物体在运动过程中,其形状也可能发生变化.研究这些物体的运动时,可以将它们看作是由无穷多质点组成的质点系,因此,前面得到的关于质点系的基本规律都适用.本章讨论一种特殊的质点系——刚体所遵从的力学规律.刚体是一个理想模型,组成刚体的所有质点间的距离在运动过程中保持不变.本章主要讨论刚体绕某一定轴转动(刚体定轴转动)的规律,刚体做定轴转动时,每一个质点都绕轴上的一个固定点做圆周运动,所以用角量描述刚体的运动比用线量方便得多.由第 1 章的讨论可知,用角量描述质点的圆周运动和用线量描述质点的直线运动,其运动规律有相似的形式.同样,描述刚体定轴转动的每一个转动量和每一条规律,在平动中都可以找到对应,在学习本章过程中,充分运用这种对应关系,一方面可以加深对刚体转动规律的理解,同时,对已学过的关于质点力学的知识也是很好的复习和巩固.本章最后讨论了刚体非定轴转动的一种情况,即刚体的平面平行运动.

4.1　刚体的运动

▶ 4.1.1　刚体

前面研究物体的运动规律时,都把物体看作是只有质量而没有形状和大小的质点.这样的简化,在许多情况下是可行的.例如,地球绕太阳做公转时,可以把地球当作质点来处理,但是当研究地球的自转时,由于纬度的不同以及与地心距离的不同,地球上各点的运动情况各不相同,因而不能再把地球当作质点来处理.当对物体的运动规律作进一步的研究时,有必要把研究的对象从质点扩大到有形状和大小的物体.作为基础,考虑一种比较简单的情况,物体在外力作用下,其形状和大小保持不变,这样的物体称作**刚体**.刚体是一种理想模型,任何物体在外力作用下它的形状和大小都有一定程度的变化,如果这种变化的影响可以忽略,就可以把它看作刚体.

刚体可以看成是由无数质点构成的一个系统,这个系统的特征就是刚体内质点之间的距离在运动中保持不变.刚体最简单的运动形式是平动和转动.

▶ 4.1.2 刚体的平动

当刚体内任意两质点的连线的方向在运动中保持恒定时,这种运动称为**平动**[图 4-1(a)]. 刚体平动时,刚体内所有质点具有相同形状的运动轨道和相同的速度、加速度. 因此,刚体内任何一点的运动都可代表整个刚体的平动. 换句话说,平动的刚体可以简化为质点来处理.

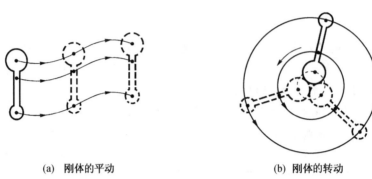

(a) 刚体的平动　　　　　　(b) 刚体的转动

图 4-1　刚体的平动与转动

▶ 4.1.3 刚体的转动

当刚体中所有质点都绕同一直线做圆周运动时,这种运动称为**转动**[图 4-1(b)],这条直线称为**转轴**. 门窗、钟表指针的运动以及行进中汽车的轮子都在做转动. 如果转轴是固定不动的,则称为**定轴转动**. 如果转轴也是运动的,则称为**非定轴转动**. 刚体的一般运动,可以看成刚体对某一轴的转动和该轴在空间运动的合成.

*4.2　质心　质心运动定理

▶ 4.2.1 质心

任何物体都可以看作由大量质点组成的质点系,而刚体则可以看作由大量通过刚性联系的质点组成的质点系统. 在研究质点系运动时常引入质量中心的概念,质量中心简称**质心**. 组成质点系的各个质点的质量分别为 $m_1, m_2, \cdots, m_n$,相对某坐标系各质点的位置矢量分别为 $r_1, r_2, \cdots, r_n$(图 4-2),则这一质点系质心 C 点的位置矢量 r_C 定义为

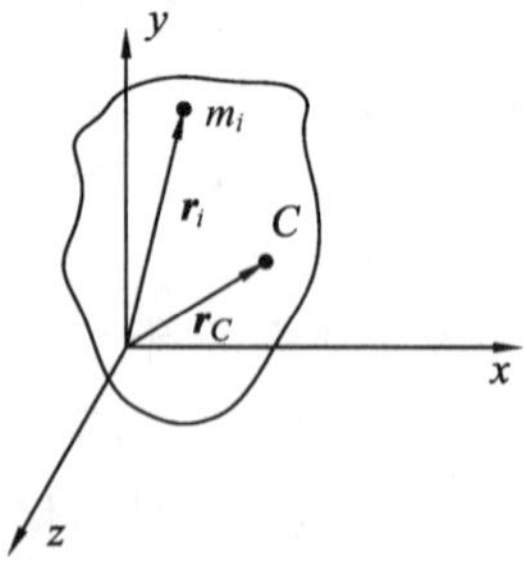

$$r_C = \frac{\sum m_i r_i}{M}. \qquad (4.2\text{-}1)$$

图 4-2　质心位置

式中 $M = \sum m_i$ 为质点系的总质量. (4.2-1)式在直角坐标系中的分量形式为

$$x_C = \frac{\sum m_i x_i}{M}, \quad y_C = \frac{\sum m_i y_i}{M}, \quad z_C = \frac{\sum m_i z_i}{M}. \tag{4.2-2}$$

对于质量连续分布的物体,质心 C 的位置矢量 r_C 表示为

$$r_C = \frac{\int r \mathrm{d}m}{M}. \tag{4.2-3}$$

式中 r 是质量元 $\mathrm{d}m$ 的矢径,$M = \int \mathrm{d}m$. (4.2-3)式在直角坐标系中的分量形式为

$$x_C = \frac{\int x \mathrm{d}m}{M}, \quad y_C = \frac{\int y \mathrm{d}m}{M}, \quad z_C = \frac{\int z \mathrm{d}m}{M}. \tag{4.2-4}$$

可以证明,质心相对于刚体内各质点的位置是确定的. 对于质量分布均匀、形状对称的物体,其质心位置就在它的几何中心.

应当注意,质心和重心是两个不同的概念,重心是指一个物体各部分受重力的合力作用点. 只有物体比地球小得多时,它的重心和质心的位置是重合的. 因而,在研究的实际问题中,把质心看成和重心重合是完全可以的.

▶ 4.2.2 质心运动定理

现在利用质心的概念来进一步研究质点系的动量定理(2.4-7)式,即 $\boldsymbol{F} = \dfrac{\mathrm{d}\boldsymbol{p}}{\mathrm{d}t}$. 质点系的总动量 $\boldsymbol{p}$ 为组成质点系的各质点动量的矢量和,$\boldsymbol{p} = \sum m_i \boldsymbol{v}_i$. 如 $\boldsymbol{r}_i$ 表示第 i 个质点的位置矢量,$\boldsymbol{v}_i = \dfrac{\mathrm{d}\boldsymbol{r}_i}{\mathrm{d}t}$,可以把(2.4-7)式写成

$$\boldsymbol{F} = \frac{\mathrm{d}}{\mathrm{d}t}\left(\sum m_i \boldsymbol{v}_i\right) = \frac{\mathrm{d}^2}{\mathrm{d}t^2}\left(\sum m_i \boldsymbol{r}_i\right).$$

利用质心位置矢量 $\boldsymbol{r}_C$ 的表示式(4.2-1),上式可以改写成

$$\boldsymbol{F} = M \frac{\mathrm{d}^2 \boldsymbol{r}_C}{\mathrm{d}t^2}.$$

式中 $\boldsymbol{a}_C = \dfrac{\mathrm{d}^2 \boldsymbol{r}_C}{\mathrm{d}t^2}$,称为质心加速度. 由此,上式变成

$$\boldsymbol{F} = M \boldsymbol{a}_C. \tag{4.2-5}$$

注意,(4.2-5)式具有与牛顿第二定律相同的形式. 它表明无论质点怎样运动,质点系的总质量与质心加速度的乘积总等于质点系所受全部外力的矢量和. (4.2-5)式称作**质点系的质心运动定理**,它对刚体运动也适用,又称为**刚体的质心运动定理**.

▶ 4.2.3 刚体的重力势能

对于一个不太大的质量为 M 的刚体,它的重力势能等于组成刚体的所有质元重力势能的总和,即

$$E_p = \sum_i m_i g h_i = g\sum_i m_i h_i.$$

根据质心的定义(4.2-1)式,刚体质心的高度 h_C 为

$$h_C = \frac{\sum_i m_i h_i}{M},$$

从而

$$E_p = M g h_C.$$

这一结果表明,一个不太大的刚体的重力势能与将该刚体全部质量集中在其质心时所具有的重力势能一样,如图 4-3 所示.

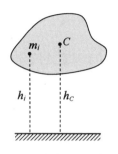

图 4-3 刚体的重力势能

4.3 刚体的角动量 转动惯量

▶ 4.3.1 角速度矢量

刚体做定轴转动时,刚体的每一个质点都各自在垂直于转轴的平面内做圆周运动,这个平面称作转动平面,虽然它们所在的转动平面不同,各质点与转轴的距离也可能不同,但都有相同的角位移、角速度和角加速度.因此,可以用角速度矢量来描述刚体转动的快慢和方向.角速度矢量用字母 $\boldsymbol{\omega}$ 表示,$\boldsymbol{\omega}$ 的大小就是刚体角位移的时间变化率,

$$\omega = \frac{d\theta}{dt}. \tag{4.3-1}$$

$\boldsymbol{\omega}$ 的方向规定为与刚体转动方向构成右手螺旋系,垂直于转动平面(图 4-4).对于定轴转动,角速度矢量 $\boldsymbol{\omega}$ 总是画在转轴上.

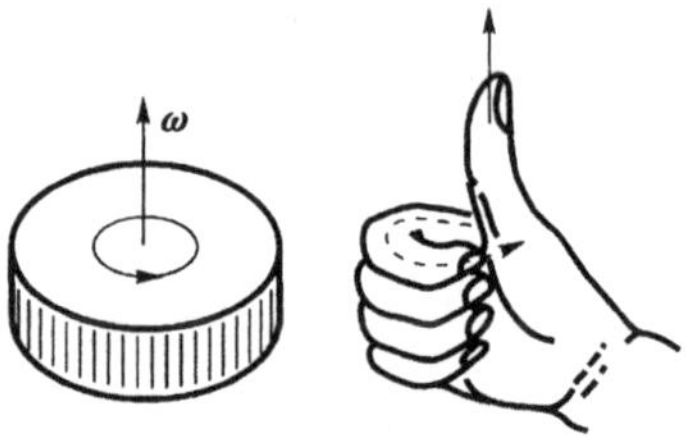

考虑刚体上有一质点 P,与转轴相距 r_i,它在转动平面内以角速度 $\boldsymbol{\omega}$ 绕轴做圆周运动,圆心为 O,质点 P 在转动平面内的位置矢量为 $\boldsymbol{r}_i$(图 4-5).质点在任一时刻的线速度 $\boldsymbol{v}_i$ 与角速度 $\boldsymbol{\omega}$ 和位置矢量 $\boldsymbol{r}_i$ 有以下关系,

$$\boldsymbol{v}_i = \boldsymbol{\omega} \times \boldsymbol{r}_i. \tag{4.3-2}$$

三个矢量也构成右手螺旋系.数值上 $v_i = r_i \omega$.

图 4-4 角速度矢量

▶ 4.3.2 刚体的角动量

图 4-5 中的质点 P 在刚体定轴转动中,它在转动平面内做半径为 r_i 的圆周运动.如果质点 P 的质量为 m_i,则它的动量为

$$p_i = m_i v_i.$$

做圆周运动的质点 P 对于转轴的角动量 L_i 定义为

$$L_i = m_i r_i v_i. \tag{4.3-3}$$

由于 $v_i = r_i \omega$,所以

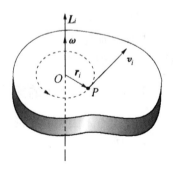

图 4-5 刚体的角动量

$$L_i = m_i r_i^2 \omega. \tag{4.3-4}$$

把角动量 L_i 定义为矢量,它的方向就是角速度 $\boldsymbol{\omega}$ 的方向,因此用矢量表示

$$\mathbf{L}_i = m_i r_i^2 \boldsymbol{\omega}. \tag{4.3-5}$$

整个刚体的角动量为组成刚体的全部质点的角动量之和,因为对于定轴转动刚体,所有质点都以相同的角速度 $\boldsymbol{\omega}$ 绕同一转轴转动,所以定轴转动刚体的角动量为

$$\mathbf{L} = \sum_i \mathbf{L}_i = \left(\sum_i m_i r_i^2\right) \boldsymbol{\omega}. \tag{4.3-6}$$

上式中括号内为刚体中所有质点质量与其到转轴距离平方的乘积之和,称为**刚体对转轴的转动惯量**,用 I 表示,

$$I = \sum_i m_i r_i^2. \tag{4.3-7}$$

用转动惯量表示刚体对转轴的角动量为

$$\mathbf{L} = I\boldsymbol{\omega}. \tag{4.3-8}$$

在 SI 制中,角动量的单位是千克·米^2/秒(kg·m^2/s).

▶ 4.3.3 转动惯量

转动惯量与刚体的质量分布以及转轴的位置有关,刚体质量越大、质量分布得离转轴越远,转动惯量越大. 在 4.4.2 节我们将看到,转动惯量相当于物体平动中的惯性质量,是物体在转动中惯性大小的量度.

在 SI 制中,转动惯量的单位是千克·米^2(kg·m^2),量纲为 $L^2 M$.

如果刚体的质量是连续分布的,则(4.3-7)式需变为

$$I = \int r^2 \, \mathrm{d}m. \tag{4.3-9}$$

用 ρ 表示刚体的密度,$\mathrm{d}V$ 表示体积元,$\mathrm{d}m = \rho \mathrm{d}V$,则

$$I = \int \rho r^2 \, \mathrm{d}V. \tag{4.3-10}$$

如果刚体是均匀的,则密度是常量,上式可以改写为

$$I = \rho \int r^2 \, \mathrm{d}V.$$

例 4-1 (1) 求一均匀细棒对垂直于细棒且通过细棒一端的转轴的转动惯量.

(2) 求一均匀细棒对于垂直于细棒且通过细棒中心的转轴的转动惯量.

解 (1) 设细棒 AB 长 L,S 为横截面积,取坐标系如图(a)所示. 在棒上任取一长为 $\mathrm{d}x$ 的体积元 $\mathrm{d}V = S\mathrm{d}x$,体积元与转轴相距 x. 当转轴垂直于细棒且通过细棒一端时,

$$I = \rho \int_0^L x^2 (S\mathrm{d}x) = \rho S \int_0^L x^2 \mathrm{d}x = \frac{1}{3}\rho L^3 S.$$

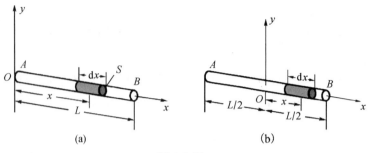

例 4-1 图

设细棒质量为 M,$M=\rho V=\rho LS$,则
$$I=\frac{1}{3}ML^2.$$

(2) 求细棒对于通过中心的转轴的转动惯量时,设坐标原点在棒中心,如图(b)所示.可把积分区间定义为 $-\frac{L}{2} \to \frac{L}{2}$.

$$I=\int_{-\frac{L}{2}}^{\frac{L}{2}}\rho x^2\,\mathrm{d}V = 2\rho S\int_0^{\frac{L}{2}} x^2\,\mathrm{d}x = 2\rho S\,\frac{1}{3}\left(\frac{L}{2}\right)^3 = \frac{1}{12}\rho SL^3 = \frac{1}{12}ML^2.$$

显然,同一刚体,转动轴的位置不同,转动惯量也不同.

例 4-2 求圆环、圆盘的转动惯量.转轴通过中心且与圆环、圆盘平面垂直.

解 设圆环质量为 M,均匀分布在半径为 R 的圆周上,
$$I=\int R^2\,\mathrm{d}m = MR^2.$$

设圆盘质量为 M,质量均匀分布在半径为 R 的圆盘内,面密度为 σ.取一同心圆环,半径为 r,宽为 $\mathrm{d}r$,如图所示.圆环质量为 $\mathrm{d}m$,则圆环对于转轴的转动惯量为
$$\mathrm{d}I = r^2\,\mathrm{d}m.$$

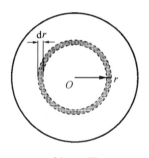

例 4-2 图

由于圆环面积为 $2\pi r\,\mathrm{d}r$,所以 $\mathrm{d}m = 2\pi\sigma r\,\mathrm{d}r$.圆盘转动惯量为
$$I=\int r^2\,\mathrm{d}m = 2\pi\sigma\int_0^R r^3\,\mathrm{d}r = \frac{\pi}{2}\sigma R^4.$$

因为 $\sigma=\dfrac{M}{\pi R^2}$,所以
$$I=\frac{1}{2}MR^2.$$

计算刚体的转动惯量,往往由于刚体的形状和转动轴的位置的不同而变得复杂.以下介绍的两个定理可以帮助简化转动惯量的计算.(两个定理的证明,可参考相关力学教科书)

1. 平行轴定理

若质量为 m 的刚体绕通过质心的转轴的转动惯量为 I_C,若将轴朝任何方向平行移动距离 d(图 4-6),则绕此轴的转动惯量为
$$I = I_C + md^2. \tag{4.3-11}$$

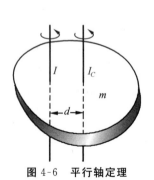

图 4-6 平行轴定理

*2. 正交轴定理

薄板型刚体对于板内两条正交的转动轴的转动惯量之和等于刚体对于过两轴交点且垂直于板面的转轴的转动惯量(图 4-7).

$$I_z = I_x + I_y. \qquad (4.3\text{-}12)$$

几种常见的形状简单的刚体对不同转轴的转动惯量如表 4-1 所示.

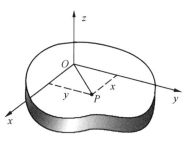

图 4-7 正交轴定理

表 4-1 常见简单物体对不同转轴的转动惯量

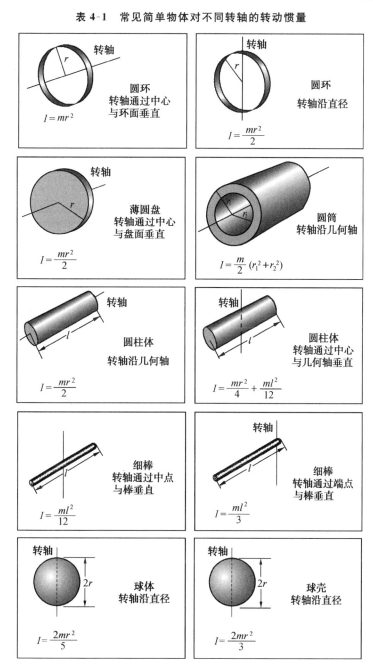

例 4-3 用平行轴定理求例 4-1 中的(2).

解 细棒的质心在杆中间,与棒端相距 $\dfrac{L}{2}$,利用例 4-1(1)中结果

$$I_C = I - M\left(\dfrac{L}{2}\right)^2 = \dfrac{1}{3}ML^2 - \dfrac{1}{4}ML^2 = \dfrac{1}{12}ML^2.$$

*例 4-4 求半径为 R、质量为 M 的圆盘对于以任一直径为转轴的转动惯量.

解 如果直接用转动惯量的定义式进行积分,计算将很复杂,利用正交轴定理和例 4-2 的结果,可以简化本题的解答.

考虑圆盘内任意两条相互垂直的直径,以它们为转轴,圆盘的转动惯量应相等,即

$$I_x = I_y = I_d.$$

根据正交轴定理,圆盘对于垂直于圆盘的转轴的转动惯量 I_z 与 I_x,I_y 的关系为

$$I_z = I_x + I_y = 2I_d.$$

根据例 4-2 有
$$I_z = \dfrac{1}{2}MR^2.$$

所以
$$I_d = \dfrac{1}{2}I_z = \dfrac{1}{4}MR^2.$$

4.4 刚体的转动定理

▶ 4.4.1 力矩

一个具有固定转轴的物体,在外力作用下,可能发生转动,也可能不发生转动.物体的转动效果,不仅与力的大小有关,还与力的作用点以及作用力的方向有关.

设刚体所受外力 f 在垂直于转轴的转动平面内(图 4-8),作用点位置 P,在转动平面内相对于转轴的位置矢量是 r,作用力 f 相对于转轴的力矩 M 定义为

$$\boldsymbol{M} = \boldsymbol{r} \times \boldsymbol{f}. \tag{4.4-1}$$

M 是矢量,它与矢量 r,f 组成右手螺旋系.在定轴转动中,力矩的方向沿着转轴的方向.M 的量值为

$$M = fr\sin\phi. \tag{4.4-2}$$

其中 ϕ 是 f 和 r 的夹角.

如果外力不在垂直于转轴的转动平面内,可以把外力

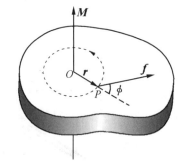

图 4-8 作用力对转轴的力矩

分解为两个分力 $f_\parallel$ 和 $f_\perp$. $f_\parallel$ 位于转动平面内,$f_\perp$ 垂直转动平面. $f_\perp$ 对于刚体的定轴转动不起作用,力矩表达式(4.4-1)(4.4-2)中的 f 应理解为外力在转动平面内的分力.

▶ 4.4.2 刚体的转动定理

实验指出,一个绕定轴转动的刚体,当它所受的对于转轴的合外力矩等于零时,它将保持原有的角速度不变,或保持静止状态,或做匀角速转动.这反映了任何转动的物体都具有转动惯性,就像物体在平动中具有惯性一样.

实验还指出,一个做定轴转动的刚体,当它所受的对于转轴的合外力矩不等于零时,它将获得角加速度,角加速度的方向与合外力矩的方向相同,角加速度 $\boldsymbol{\beta}$ 的量值和它所受的合外力矩 M 的量值成正比,并与它的转动惯量 I 成反比.可以证明,它们之间有以下的关系式

$$M = I\beta. \tag{4.4-3}$$

这一关系就是转动**刚体的转动定理**.显然,这个定理在转动中的地位和牛顿第二定律在平动中的地位相当.转动惯量 I 和惯性质量 m 相当,它反映了刚体做定轴转动时转动惯性的大小.

综上所述,转动定理 $M = I\beta$ 是表述刚体做定轴转动时转动规律的基本方程.转动定理可用矢量表示为

$$\boldsymbol{M} = I\boldsymbol{\beta}. \tag{4.4-4}$$

▶ *4.4.3 刚体转动定理的推导

当刚体做定轴转动时,根据(4.3-3)式,刚体中第 i 个质点对于转轴的角动量 $L_i = m_i v_i r_i = p_i r_i$,可用矢量式表示为

$$\boldsymbol{L}_i = \boldsymbol{r}_i \times \boldsymbol{p}_i.$$

对上式求时间的导数

$$\frac{\mathrm{d}\boldsymbol{L}_i}{\mathrm{d}t} = \frac{\mathrm{d}}{\mathrm{d}t}(\boldsymbol{r}_i \times \boldsymbol{p}_i).$$

根据矢量导数法则,$\frac{\mathrm{d}}{\mathrm{d}t}(\boldsymbol{A} \times \boldsymbol{B}) = \frac{\mathrm{d}\boldsymbol{A}}{\mathrm{d}t} \times \boldsymbol{B} + \boldsymbol{A} \times \frac{\mathrm{d}\boldsymbol{B}}{\mathrm{d}t}$,有

$$\frac{\mathrm{d}\boldsymbol{L}_i}{\mathrm{d}t} = \frac{\mathrm{d}\boldsymbol{r}_i}{\mathrm{d}t} \times \boldsymbol{p}_i + \boldsymbol{r}_i \times \frac{\mathrm{d}\boldsymbol{p}_i}{\mathrm{d}t}.$$

因为 $\frac{\mathrm{d}\boldsymbol{r}_i}{\mathrm{d}t} = \boldsymbol{v}_i, \frac{\mathrm{d}\boldsymbol{p}_i}{\mathrm{d}t} = \boldsymbol{f}_i$,且 $\boldsymbol{v}_i$ 与 $\boldsymbol{p}_i$ 同向,$\boldsymbol{v}_i \times \boldsymbol{p}_i = 0$,所以

$$\frac{\mathrm{d}\boldsymbol{L}_i}{\mathrm{d}t} = \boldsymbol{r}_i \times \boldsymbol{f}_i, \tag{4.4-5}$$

其中 $\boldsymbol{r}_i$ 是第 i 个质点在转动平面内对于转轴的位置矢量,$\boldsymbol{f}_i$ 是质点所受的全部作用力,而 $\boldsymbol{r}_i \times \boldsymbol{f}_i$ 就是质点所受的作用力 $\boldsymbol{f}_i$ 对于转轴的力矩 $\boldsymbol{M}_i$,即

$$\boldsymbol{M}_i = \boldsymbol{r}_i \times \boldsymbol{f}_i.$$

这样,(4.4-5)式可以表示为

$$\frac{\mathrm{d}\boldsymbol{L}_i}{\mathrm{d}t} = \boldsymbol{M}_i.$$

对于整个刚体

$$\frac{\mathrm{d}\boldsymbol{L}}{\mathrm{d}t} = \frac{\mathrm{d}}{\mathrm{d}t}\sum_i \boldsymbol{L}_i = \sum_i \boldsymbol{M}_i.$$

其中 $\boldsymbol{M}_i$ 是刚体中第 i 个质点所受作用力对转轴的力矩,这里作用力包括刚体所受的外力,也包括刚体中质点之间相互作用的内力.由于刚体中任意两个质点之间的相互作用的内力对于转轴产生的力矩大小相等、方向相反,所以 $\sum_i \boldsymbol{M}_i$ 就是刚体所受外力对转轴的力矩之和 $\boldsymbol{M}$,即

$$\frac{dL}{dt} = M. \tag{4.4-6}$$

上式说明,刚体做定轴转动时,刚体角动量的时间变化率,等于刚体所受的对于同一转轴的合外力矩. 这就是**刚体的转动定理**.

因为,$L = I\omega$,对于刚体 I 是常量,所以 $\frac{dL}{dt} = I\frac{d\omega}{dt} = I\beta$,(4.4-6)式又可表达为

$$M = I\beta,$$

即刚体所受的合外力矩,等于刚体转动惯量与角加速度之积.

例 4-5 一轻绳跨过一定滑轮,两端分别挂质量为 m_1,m_2 的重物 A 和 B,如图所示. 设 $m_1 > m_2$,定滑轮是个均质圆盘,质量为 M,半径为 r. 细绳与滑轮无相对运动,滑轮摩擦力为零. 求两重物的加速度及细绳中的张力.

解 因为 $m_1 > m_2$,重物 A 将下降,B 将上升,滑轮做顺时针转动. 设重物的加速度为 a,滑轮角加速度为 β,有

$$a = r\beta.$$

设滑轮两边细绳的张力为 T_1 和 T_2,则运用牛顿第二定律和刚体转动定理,并考虑到滑轮转动惯量 $I = \frac{1}{2}Mr^2$ 得方程

$$m_1 g - T_1 = m_1 a,$$
$$T_2 - m_2 g = m_2 a,$$
$$T_1 r - T_2 r = \frac{1}{2}Mr^2 \beta.$$

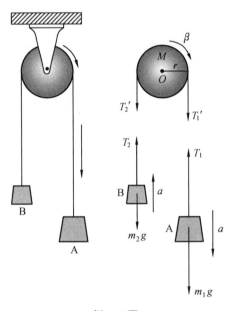

例 4-5 图

由上述四个方程可解得

$$a = \frac{m_1 - m_2}{m_1 + m_2 + M/2}g,$$

$$T_1 = \frac{m_1(2m_2 + M/2)}{m_1 + m_2 + M/2}g,$$

$$T_2 = \frac{m_2(2m_1 + M/2)}{m_1 + m_2 + M/2}g.$$

显然,如果圆盘的质量可略去,即 $M \approx 0$,从上面的式子,可以得到两边绳子张力相等,$T_1 = T_2 = \frac{2m_1 m_2}{m_1 + m_2}g$,而加速度 $a = \frac{m_1 - m_2}{m_1 + m_2}g$.

4.5 刚体的角动量定理和角动量守恒定律

▶ 4.5.1 刚体的角动量定理

刚体转动定理的(4.4-6)式可以改写为

$$\boldsymbol{M} \mathrm{d}t = \mathrm{d}\boldsymbol{L}.$$

对上式积分,得

$$\int_{t_1}^{t_2} \boldsymbol{M} \mathrm{d}t = \int_{L_1}^{L_2} \mathrm{d}\boldsymbol{L} = \boldsymbol{L}_2 - \boldsymbol{L}_1. \tag{4.5-1}$$

上式中,$\int_{t_1}^{t_2} \boldsymbol{M} \mathrm{d}t$ 称为合外力矩 $\boldsymbol{M}$ 在 $t_2 - t_1$ 时间间隔内的**冲量矩**。上式说明:刚体所受合外力矩的冲量矩,等于刚体在这段时间间隔内刚体的角动量的增量,这就是**刚体的角动量定理**。

在国际单位制中,冲量矩的单位为牛·米·秒(N·m·s)。

▶ 4.5.2 角动量守恒定律

因为 $\boldsymbol{L} = I\boldsymbol{\omega}$,刚体角动量定理(4.5-1)式也可以表达为

$$\int_{t_1}^{t_2} \boldsymbol{M} \mathrm{d}t = I\boldsymbol{\omega}_2 - I\boldsymbol{\omega}_1. \tag{4.5-2a}$$

如果转动物体的转动惯量不是恒量,角动量定理可以更一般地表达为

$$\int_{t_1}^{t_2} \boldsymbol{M} \mathrm{d}t = I_2 \boldsymbol{\omega}_2 - I_1 \boldsymbol{\omega}_1. \tag{4.5-2b}$$

如果刚体所受合外力矩为零,则 $\dfrac{\mathrm{d}\boldsymbol{L}}{\mathrm{d}t} = 0$,

$$\boldsymbol{L} = I\boldsymbol{\omega} = 常量. \tag{4.5-3}$$

上式说明,若刚体所受合外力矩为零时,刚体的角动量保持不变,这就是**角动量守恒定律**。可以证明,这个定律对转动惯量 I 会变化的物体,或绕定轴转动的任一力学系统仍然成立。例如,花样滑冰运动员在旋转时,往往先把两臂张开,然后迅速把两臂收回抱紧,使自己的转动惯量迅速减小,因而旋转速度加快。

角动量守恒定律同前面介绍的动量守恒定律和能量守恒定律一样,是自然界中的普遍规律。

例 4-6 质量为 M、半径为 R 的转台,可绕通过中心的竖直轴无摩擦地转动。质量为 m 的人,站在转台边缘,人和转盘开始静止,如果人沿转台边缘走动 1 周,相对地面,人和转台分别转动了多少角度?

解 转台绕转轴转动的转动惯量 $I = \dfrac{1}{2}MR^2$,人沿转台边缘走动,可以看作绕轴转动,转动惯量 $I' = mR^2$。设人相对于地的角速度是 ω',转台相对于地的角速度

例 4-6 图

为 ω,则转台和人对于转轴的角动量分别为

$$L = I\omega = \frac{1}{2}MR^2\omega,$$

$$L' = I'\omega' = mR^2\omega'.$$

把转台和人看作一个系统,由于无外力矩作用,系统角动量守恒.因为开始时系统静止,角动量为零,所以有

$$\frac{1}{2}MR^2\omega + mR^2\omega' = 0.$$

解得

$$\omega = -\frac{2m}{M}\omega'.$$

人相对于转台角速度为

$$\omega_{\text{rel}} = \omega' - \omega = \omega' - \left(-\frac{2m}{M}\omega'\right) = \frac{M+2m}{M}\omega'.$$

设人在转台上走 1 周所用时间为 T,有

$$2\pi = \int_0^T \omega_{\text{rel}} \mathrm{d}t = \int_0^T \frac{M+2m}{M}\omega' \mathrm{d}t = \frac{M+2m}{M}\int_0^T \omega' \mathrm{d}t.$$

因此,在此时间内,人相对于地面转动的角度为

$$\int_0^T \omega' \mathrm{d}t = \frac{2\pi M}{M+2m}.$$

转台相对于地面转动的角度为

$$\int_0^T \omega \mathrm{d}t = \int_0^T \left(-\frac{2m}{M}\omega'\right)\mathrm{d}t = -\frac{2m}{M}\int_0^T \omega' \mathrm{d}t$$

$$= -\frac{2m}{M} \cdot \frac{M}{M+2m} \cdot 2\pi = -\frac{4\pi m}{M+2m}.$$

负号说明转台的转动方向和人的走动方向相反.

4.6 刚体的动能定理

▶ 4.6.1 刚体的转动动能

刚体做定轴转动时,刚体中第 i 个质点的动能为 $E_{\text{k}i} = \frac{1}{2}m_i v_i^2$,刚体的总动能为

$$E_\text{k} = \sum_i \frac{1}{2}m_i v_i^2.$$

其中 $v_i = r_i \omega$,于是有

$$E_\text{k} = \sum_i \frac{1}{2}m_i r_i^2 \omega^2 = \frac{1}{2}\left(\sum_i m_i r_i^2\right)\omega^2.$$

根据转动惯量的定义,上式可表达为

$$E_\text{k} = \frac{1}{2}I\omega^2. \tag{4.6-1}$$

这是刚体绕定轴以角速度 ω 转动时的转动动能.

4.6.2 力矩做的功

设刚体受合外力 f 作用,f 位于转动平面内,刚体相对于转轴有极小的角位移 $d\theta$(图 4-9),作用点 P 的位移为 ds,$ds=rd\theta$. 若 f 与 r 的夹角为 α,则 f 与 ds 的夹角为 $\frac{\pi}{2}-\alpha$,在这期间 f 对刚体做功

$$dW = f\cos\left(\frac{\pi}{2}-\alpha\right)ds = fr\sin\alpha d\theta.$$

而 $fr\sin\alpha$ 就是 f 对于转轴的力矩 M,所以

$$dW = Md\theta. \qquad (4.6\text{-}2)$$

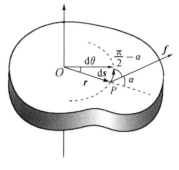

图 4-9 力矩做功

上式表明,力矩所做的元功等于力矩与角位移的乘积. 如果 M 是恒力矩,则刚体在力矩作用下转过 θ 角时,力矩做的功为

$$W = M\theta. \qquad (4.6\text{-}3)$$

如果 M 是变力矩,则

$$W = \int Md\theta. \qquad (4.6\text{-}4)$$

以上讨论的是刚体所受外力做的功,同样,刚体内力所做的功可以表示为所有内力矩所做的功的和. 由于刚体内任何一对内力都大小相等、方向相反,对于转动轴的力矩之和为零,因而定轴转动刚体中所有内力矩的总功必为零. 所以,只需考虑定轴转动刚体所受合外力矩做的功.

4.6.3 刚体的动能定理

在刚体的转动定理 $M=I\beta$ 中,对 β 作变换,

$$\beta = \frac{d\omega}{dt} = \frac{d\omega}{d\theta} \cdot \frac{d\theta}{dt} = \omega\frac{d\omega}{d\theta},$$

有

$$Md\theta = I\omega d\omega.$$

设刚体在力矩 M 作用下,角速度由 ω_0 变化到 ω,角位置由 θ_0 变化到 θ,则

$$\int_{\theta_0}^{\theta} Md\theta = \int_{\omega_0}^{\omega} I\omega d\omega = \frac{1}{2}I\omega^2 - \frac{1}{2}I\omega_0^2. \qquad (4.6\text{-}5)$$

式中等式左边是外力矩对刚体做的功,等式右边是刚体动能的变化,这就是**刚体定轴转动的动能定理**,即刚体动能的增量等于所受外力矩做的功.

现将平动和转动的一些重要公式列于表 4-2 中,供参考.

表 4-2

质点的直线运动(刚体平动)	刚体的定轴转动
速度 $v=\dfrac{\mathrm{d}s}{\mathrm{d}t}$	角速度 $\omega=\dfrac{\mathrm{d}\theta}{\mathrm{d}t}$
加速度 $a=\dfrac{\mathrm{d}v}{\mathrm{d}t}$	角加速度 $\beta=\dfrac{\mathrm{d}\omega}{\mathrm{d}t}$
匀速直线运动 $s=vt$	匀角速转动 $\theta=\omega t$
匀变速直线运动 $v=v_0+at$，$s=v_0 t+\dfrac{1}{2}at^2$，$v^2=v_0^2+2as$	匀变速转动 $\omega=\omega_0+\beta t$，$\theta=\omega_0 t+\dfrac{1}{2}\beta t^2$，$\omega^2=\omega_0^2+2\beta\theta$
力 f，质量 m，牛顿第二定律 $f=ma$	力矩 M，转动惯量 I，转动定理 $M=I\beta$
动量 mv，冲量 ft，动量定理 $ft=mv-mv_0$(恒力)	角动量 $I\omega$，冲量矩 Mt，角动量定理 $Mt=I\omega-I\omega_0$(恒力矩)
动量守恒定律 $\sum mv=$ 常量	角动量守恒定律 $\sum I\omega=$ 常量
平动动能 $\dfrac{1}{2}mv^2$；恒力做功 fs	转动动能 $\dfrac{1}{2}I\omega^2$；恒力矩做功 $M\theta$
动能定理 $fs=\dfrac{1}{2}mv^2-\dfrac{1}{2}mv_0^2$(恒力)	动能定理 $M\theta=\dfrac{1}{2}I\omega^2-\dfrac{1}{2}I\omega_0^2$(恒力矩)

例 4-7 有一质量为 m、长为 l 的均匀细杆,可绕一水平转轴 O 在竖直平面内无摩擦旋转,O 离杆一端距离 $\dfrac{l}{3}$,如图所示. 设杆在水平位置自由转下,求:

(1) 杆在水平位置时的角加速度;
(2) 杆转到竖直位置时的角速度和角加速度;
(3) 杆在竖直位置时,杆的两端和中点的速度和加速度;
(4) 杆在竖直位置时杆对转轴的作用力.

解 杆在转动中,受重力 mg 和转轴支承力 N 作用,N 对转轴的力矩为零. 重力作用点在杆中心(即质心)C 处,当杆转到图中位置(与水平方向夹角 θ),重力对转轴的力矩为

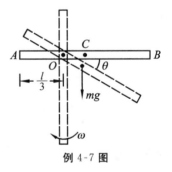

例 4-7 图

$$M=\dfrac{l}{6}mg\cos\theta.$$

细杆对于转轴的转动惯量为

$$I_0=\dfrac{1}{12}ml^2+m\left(\dfrac{1}{6}l\right)^2=\dfrac{1}{9}ml^2.$$

(1) 当杆在水平位置起动时,$\theta=0$,$M=\dfrac{1}{6}mgl$,

$$\beta=\dfrac{M}{I_0}=\dfrac{\dfrac{1}{6}mgl}{\dfrac{1}{9}ml^2}=\dfrac{3g}{2l}.$$

(2) 取杆水平位置时为零势能点,则杆在竖直位置时的重力势能为
$$E_p = -mg\overline{OC} = -mg\left(\frac{l}{2} - \frac{l}{3}\right) = -\frac{1}{6}mgl.$$
杆起始静止,$\omega_0 = 0$,转到竖直位置时角速度为 ω,根据机械能守恒有
$$\left(-\frac{1}{6}mgl\right) + \frac{1}{2}\left(\frac{1}{9}ml^2\right)\omega^2 = 0.$$
由此解得
$$\omega = \sqrt{\frac{3g}{l}}.$$
在竖直位置时,$\theta = \frac{\pi}{2}$,$M = 0$,因而角加速度 $\beta = 0$.

(3) 杆在竖直位置时,杆的两端 A,B 和中点 C 的速度及加速度分别为
$$v_C = \omega r_C = \frac{l}{6}\sqrt{\frac{3g}{l}} = \frac{\sqrt{3lg}}{6} \text{(方向向左)},$$
$$v_A = \omega r_A = \frac{l}{3}\sqrt{\frac{3g}{l}} = \frac{\sqrt{3lg}}{3} \text{(方向向右)},$$
$$v_B = \omega r_B = \frac{2l}{3}\sqrt{\frac{3g}{l}} = \frac{2\sqrt{3lg}}{3} \text{(方向向左)};$$
$$a_C = \omega^2 r_C = \frac{l}{6} \cdot \frac{3g}{l} = \frac{g}{2} \text{(方向向上,指向 }O\text{ 点)},$$
$$a_A = \omega^2 r_A = \frac{l}{3} \cdot \frac{3g}{l} = g \text{(方向向下,指向 }O\text{ 点)},$$
$$a_B = \omega^2 r_B = \frac{2l}{3} \cdot \frac{3g}{l} = 2g \text{(方向向上,指向 }O\text{ 点)}.$$

(4) 当杆位于竖直位置时,质心 C 具有向心加速度 $a_n = \frac{g}{2}$. 设转轴对杆作用力为 N(向上). 由质心运动定理(4.2-5)式,
$$N - mg = ma_n,$$
$$N = mg + m \cdot \frac{g}{2} = \frac{3}{2}mg.$$

杆对转轴施于向下的作用力 $\frac{3}{2}mg$.

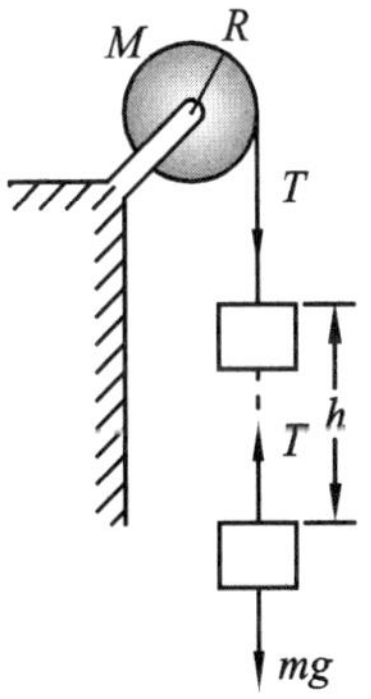

例 4-8 如图所示,一均匀圆盘半径为 R,质量为 M,其中心轴装在两个光滑的固定轴承上. 在圆盘的边缘上绕一轻绳,绳上挂一个质量为 m 的物体. 证明对这个系统的机械能是守恒的.

解 作用在这个系统上的合力就是作用在悬挂物体上的重力 mg,而重力是保守力. 就整个系统而言,当物体下降竖直距离 h 时,物体减少的势能为
$$\Delta E_p = mgh.$$ ①

在下降的同时,悬挂物体得到平动动能,圆盘得到转动动能,两者的总动能为
$$E = \frac{1}{2}mv^2 + \frac{1}{2}I\omega^2.$$ ②

例 4-8 图

考虑到作用在悬挂物的外力为重力 mg 以及绳子对它的张力 T. 应用动能定理有

$$(mg-T)h=\frac{1}{2}mv^2. \qquad ③$$

对于滑轮应用转动刚体的动能定理

$$TR\Delta\theta=\frac{1}{2}I\omega^2.$$

上式左边就是恒力矩 TR 做的功,而角位移 $\Delta\theta=\dfrac{h}{R}$,因此上式可写为

$$Th=\frac{1}{2}I\omega^2. \qquad ④$$

③式加上④式有

$$mgh=\frac{1}{2}mv^2+\frac{1}{2}I\omega^2. \qquad ⑤$$

⑤式表明物体下降距离 h 减少的势能,等于物体得到的平动动能以及圆盘得到转动动能的总和.因此该系统的机械能是守恒的.

4.7 刚体的平面平行运动

到目前为止,我们只讨论了刚体绕固定轴的转动,但在很多情况下,刚体的运动要比定轴转动复杂得多,本节将讨论刚体的平面平行运动.

当刚体运动时,它的质心始终在某一平面上运动,而且刚体上各点绕之转动的转轴既通过质心,又始终和该平面平行,这种运动就称为刚体的**平面平行运动**. 比如,汽车在平直的道路上沿直线行驶时,其车轮的运动就是平面平行运动. 这时车轮的运动可以看作是车轮轴的平动和车轮绕轴转动的叠加. 关于刚体的平动可由其质心的运动来确定. 假设刚体的质心在 xOy 平面内运动,则根据(4.2-5)式,可以得到下列两个平动方程:

$$F_x=ma_{Cx}, \\ F_y=ma_{Cy}, \qquad (4.7\text{-}1)$$

式中,F_x 和 F_y 是刚体在 x 轴和 y 轴方向所受合外力的大小,m 是刚体的质量,a_{Cx} 和 a_{Cy} 是质心加速度在 x 轴和 y 轴方向分量的大小. 关于刚体绕通过质心轴的转动,可以证明,也遵守定轴转动的转动定理,即

$$M=I\beta. \qquad (4.7\text{-}2)$$

式中,M,I 和 β 分别是刚体所受的合外力矩、刚体的转动惯量和角加速度的大小,三者都是对于通过质心的转轴而言的,所以刚体的平面平行运动就可以由(4.7-1)式和(4.7-2)式联合求解.

例 4-9 一车轮在地面上沿直线作纯滚动(即车轮与地面间无滑动),假设车轮半径为 R,车轮中心以匀速 v_0 前进,如图(a)所示. 求:

(1) 车轮边缘各点的运动速度;

(2) 任意时刻车轮边缘与车轮中心等高的点 A,C 和与车轮

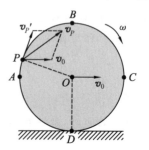

例 4-9 图(a)

中心处于同一竖直线上的两点 B,D 的速度.

解 (1) 车轮的运动可以看作是整个车轮以速度 $\boldsymbol{v}_0$ 随车轮中心运动和车轮以角速度 $\boldsymbol{\omega}$ 绕车轮中心转动的合成. 所以, 车轮边缘某点 P 的速度等于平动速度 $\boldsymbol{v}_0$ 和 P 点相对于车轮中心速度 $\boldsymbol{v}_P{'}$ 的矢量和. 由于车轮与地面间无相对滑动, 所以车轮中心前进的距离 x 和车轮相对轮心转过的角度 θ 有如下关系

$$x=R\theta.$$

上式对时间 t 求导数得

$$\frac{\mathrm{d}x}{\mathrm{d}t}=R\frac{\mathrm{d}\theta}{\mathrm{d}t},$$

即

$$v_0=R\omega.$$

上式就是车轮作纯滚动时, 车轮中心的速度 $\boldsymbol{v}_0$ 和车轮相对于轮心转动的角速度 $\boldsymbol{\omega}$ 之间的关系式. P 点相对于车轮中心转动的速度 $\boldsymbol{v}_P{'}=\boldsymbol{\omega}\times\boldsymbol{r}$ ($\boldsymbol{r}$ 是轮心到 P 点的矢径). 由于 $\boldsymbol{\omega}$ 垂直纸面向里, 并与 $\boldsymbol{r}$ 垂直, 因此 $\boldsymbol{v}_P{'}$ 的大小与 $\boldsymbol{v}_0$ 相等, 也等于 $R\omega$. 所以车轮在滚动时轮边缘上任一点的速度是

$$\boldsymbol{v}_P=\boldsymbol{v}_0+\boldsymbol{v}_P{'}=\boldsymbol{v}_0+\boldsymbol{\omega}\times\boldsymbol{r}. \tag{4.7-3}$$

(2) A,B,C 和 D 各点任意时刻的速度各由两个速度叠加而成. 首先, 考虑整个车轮随轮心一起做平动, 此时 A,B,C 和 D 各点的平动速度与轮心速度 $\boldsymbol{v}_0$ 相同, 如图(b)所示. 其次, 考虑车轮绕轮心 O 的转动, 这时 A,B,C 和 D 各点绕 O 点转动的速度 $\boldsymbol{v}_A{'},\boldsymbol{v}_B{'},\boldsymbol{v}_C{'}$ 和 $\boldsymbol{v}_D{'}$ 都沿轮边缘的切线方向, 如图(c)所示, 它们的大小也都为 $v_0=R\omega$. 在车轮与地面接触的 D 点, $\boldsymbol{v}_0$ 和 $\boldsymbol{v}_D{'}$ 大小相等、方向相反, 因此

$$\boldsymbol{v}_D=\boldsymbol{v}_0+\boldsymbol{v}_D{'}=0,$$

即 D 点是瞬时静止的, 说明车轮与地面没有相对滑动, 车轮在地面上做纯滚动. 同理, 在 B 点, $\boldsymbol{v}_0$ 和 $\boldsymbol{v}_B{'}$ 大小相等、方向相同, 所以 $\boldsymbol{v}_B$ 的方向与 $\boldsymbol{v}_0$ 相同, 其大小

$$v_B=v_0+v_B{'}=2v_0.$$

在 A,C 两点, $\boldsymbol{v}_0$ 和 $\boldsymbol{v}_A{'},\boldsymbol{v}_C{'}$ 互相垂直, 所以

$$v_A=v_C=\sqrt{v_0{}^2+(\omega R)^2}=\sqrt{2}v_0,$$

$\boldsymbol{v}_A$ 的方向与 $\boldsymbol{v}_0$ 成 $45°$ 角, 而 $\boldsymbol{v}_C$ 的方向与 $\boldsymbol{v}_0$ 成 $-45°$ 角, 如图(d)所示.

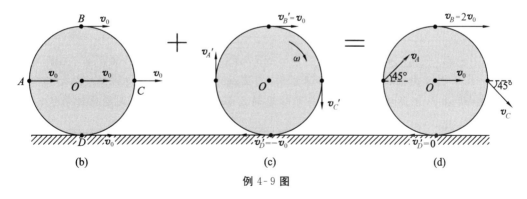

例 4-9 图

在研究刚体的平面平行运动时, 选转轴通过质心, 可以证明其运动的动能可以简单地表示为质心运动的平动动能和刚体对转轴的转动动能之和, 即

$$E_k = \frac{1}{2}mv_C^2 + \frac{1}{2}I_C\omega^2. \tag{4.7-4}$$

式中，v_C 为质心的运动速度，I_C 为刚体绕通过质心轴的转动惯量。而刚体运动的机械能应该包括平动动能、转动动能和重力势能等。

例 4-10 一质量为 m、半径为 R 的匀质实心圆柱体沿倾角为 θ 的斜面无滑动地向下滚动。求：

(1) 圆柱体质心的加速度 a_C、圆柱体绕质心的角加速度 β 和斜面作用于圆柱体的摩擦力的大小 f_r；

(2) 设圆柱体由静止开始向下滚动，当其质心下降高度 h 时，其质心速度的大小 v_C。

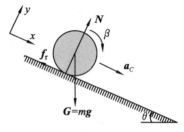

例 4-10 图

解 (1) 圆柱体共受三个力的作用：重力 $m\mathbf{g}$、斜面对圆柱体的支持力 $\mathbf{N}$ 和摩擦力 $\mathbf{f}_r$。取直角坐标系的 x 轴沿斜面向下，y 轴垂直于斜面向上，如图所示。根据 (4.7-1) 式和 (4.7-2) 式，并考虑到 $a_{Cx}=a_C$，$a_{Cy}=0$，有

$$mg\sin\theta - f_r = ma_{Cx},$$
$$N - mg\cos\theta = ma_{Cy} = 0,$$
$$f_r R = I\beta.$$

由于圆柱体在斜面上做纯滚动，所以

$$a_C = a_{Cx} = R\beta,$$

圆柱体的转动惯量为

$$I = \frac{1}{2}mR^2.$$

联立求解上面的五个方程，得

$$a_C = \frac{2g\sin\theta}{3}, \quad \beta = \frac{2g\sin\theta}{3R}, \quad f_r = \frac{mg\sin\theta}{3}.$$

(2) 由上面的结果可见，圆柱体的质心沿斜面向下做匀加速直线运动，当圆柱体的质心下降 h 时，其在斜面上滚动的距离为 $x = \dfrac{h}{\sin\theta}$，所以

$$v_C^2 = 2a_C x = 2 \cdot \frac{2}{3}g\sin\theta \cdot \frac{h}{\sin\theta} = \frac{4}{3}gh,$$

即

$$v_C = \sqrt{\frac{4}{3}gh}.$$

这一结果也可由机械能守恒定律来求解。因圆柱体做纯滚动，其与斜面接触处相对于斜面无运动，所以 f_r 不做功，支持力 $\mathbf{N}$ 与质心运动方向垂直，也不做功。圆柱体的动能

$$E_k = \frac{1}{2}mv_C^2 + \frac{1}{2}I\omega^2$$
$$= \frac{1}{2}mv_C^2 + \frac{1}{2} \cdot \frac{1}{2}mR^2 \cdot \left(\frac{v_C}{R}\right)^2 = \frac{3}{4}mv_C^2$$

由 $E_k = mgh$ 得

$$v_C = \sqrt{\frac{4}{3}gh}.$$

内容提要

1. 刚体：内部质点没有相对运动，形状和大小不变。刚体的一般运动可分解为平动和转动。

平动：固联在刚体上的任一条直线在各时刻的位置始终保持平行，任一点的运动都可代表整体的平动。

转动：刚体上所有各点都绕同一条直线（转轴）做圆周运动，各点具有共同的角速度。

2. 角动量。

(1) 质点角动量：$\boldsymbol{L} = \boldsymbol{r} \times m\boldsymbol{v} = \boldsymbol{r} \times \boldsymbol{p}$（特例：圆周运动 $\boldsymbol{L} = mr^2\boldsymbol{\omega}$）。

(2) 刚体角动量（定轴转动）：$\boldsymbol{L} = I\boldsymbol{\omega}$。

3. 转动惯量：$I = \sum \Delta m_i r_i^2$ 或 $I = \int r^2 \mathrm{d}m$。

平行轴定理：$I = I_C + md^2$。

正交轴定理：$I_z = I_x + I_y$（适用于平行 xOy 面的薄板）。

4. 力矩：质点受力矩 $\boldsymbol{M} = \boldsymbol{r} \times \boldsymbol{f}$，刚体受力矩 $\boldsymbol{M} = \sum \boldsymbol{r}_i \times \boldsymbol{f}_{i外}$。

5. 力矩做功：$W = \int M \mathrm{d}\theta$；恒力矩做功：$W = M\theta$。

6. 转动定理：$\boldsymbol{M}_{外} = I\boldsymbol{\beta}$，$\boldsymbol{M} = \dfrac{\mathrm{d}\boldsymbol{L}}{\mathrm{d}t}$。

7. 转动动能：$E_k = \dfrac{1}{2}I\omega^2$。

动能定理：$\int M_{外} \mathrm{d}\theta = \dfrac{1}{2}I\omega^2 - \dfrac{1}{2}I\omega_0^2$。

8. 角动量定理：$\int_1^2 \boldsymbol{M}_{外} \mathrm{d}t = \int_1^2 \mathrm{d}\boldsymbol{L} = \boldsymbol{L}_2 - \boldsymbol{L}_1$。

角动量守恒定律：条件 $\boldsymbol{M}_{外} = 0$，$\boldsymbol{L} = $ 常矢量，或系统 $\sum \boldsymbol{L}_i = $ 常矢量。

9. 质心位矢：$\boldsymbol{r}_C = \dfrac{\sum_i m_i \boldsymbol{r}_i}{M}$ 或 $\boldsymbol{r}_C = \dfrac{\int \boldsymbol{r} \mathrm{d}m}{M}$。

质心运动定理：刚体（或质点系）所受合外力等于其总质量与质心加速度之积，
$$\boldsymbol{F} = M\boldsymbol{a}_C.$$

10. 刚体的重力势能：$E_p = Mgh_C$。

11. 刚体的平面平行运动：$\begin{cases} 平动：F_x = ma_{Cx}，F_y = ma_{Cy}. \\ 转动：M = I\beta. \\ 动能：E_k = \dfrac{1}{2}mv_C^2 + \dfrac{1}{2}I_C\omega^2. \end{cases}$

习 题

4-1 当飞轮做加速转动时,在飞轮上半径不同的两个质点,切向加速度是否相同?法向加速度是否相同?

4-2 计算一个刚体对于某转轴的转动惯量时,能不能把它的质量看作集中在其质心,然后计算这个质点对该转轴的转动惯量?

4-3 设有两个圆盘用密度不同的金属制成,质量和厚度都相同.哪个圆盘绕其中心轴的转动惯量较大?

4-4 能不能把刚体对某转轴的转动惯量看作是刚体各部分对同一转轴的转动惯量之和?

4-5 一个水平圆盘以一定的角速度绕通过中心的竖直轴转动,今再放上另一个原来不动的圆盘,两盘的平面平行且同心.由于接触面之间的摩擦力,使两盘合二为一,以相同的角速度转动.问放置前后两盘的总动能是否相同?总角动量是否相同?为什么?

4-6 把一根细杆的一端固定,并使它能绕固定点在竖直平面内自由转动,把杆拉到水平位置,挂上一重物,然后释放.第一次把重物挂在杆的中点,第二次把重物挂在杆的自由端,杆由水平位置转到竖直位置时哪种情况所用的时间较短?

4-7 在一个系统中,如果角动量守恒,动量是否也一定守恒?反之,如果该系统的动量守恒,角动量是否也一定守恒?

*4-8 一根细杆长 L,在杆两端和中心各固定一相同质量 m 的小物体,转轴和棒垂直并通过距杆一端 $\frac{L}{4}$ 处.

(1) 如果不计杆的质量,求系统质心的位置和对轴的转动惯量;

(2) 如果杆的质量为 M,求系统质心的位置和对轴的转动惯量.

*4-9 有一长方形的薄板,长为 a,宽为 b,质量为 m,试分别求此薄板绕长边、宽边、过中心且垂直于板面的转轴的转动惯量.

4-10 一个无质量的刚性等边三角形,边长 0.10 m,三个顶点分别放置 $m=2$ kg 的小物体.试计算这系统相对于一垂直于这三角形平面且通过下列各点的转轴的转动惯量:

(1) 一个顶点;

(2) 一边的中点;

(3) 质心.

4-11 一轮子半径 $r=0.5$ m,质量 $m=25$ kg,能绕其水平轴转动(如图),一细绳绕在轮上,自由端挂一质量 $M=10$ kg 的重物,试求:

(1) 轮子的角加速度;

(2) 重物的加速度;

(3) 细绳的张力;

(4) 若用 98 N 的向下拉力取代重物,上述轮子的角加速度是否改变?

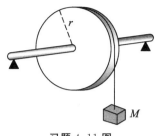

习题 4-11 图

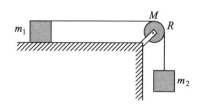

习题 4-12 图

4-12 如图所示，滑轮半径 $R=0.10$ m，质量 $M=15$ kg，一细绳跨过滑轮，可带动滑轮绕水平轴转动，重物 $m_1=50$ kg，$m_2=200$ kg. 不考虑摩擦，求重物的加速度和细绳的张力.

4-13 如图所示，一个组合轮是由两个匀质圆盘固结而成，小盘质量 $m_A=4$ kg，半径 $r_A=0.05$ m，大盘质量 $m_B=6$ kg，半径 $r_B=0.10$ m. 两盘边缘上分别绕有细绳，细绳的下端各挂有质量为 $m_1=m_2=2$ kg 的物体，离地均为 $h=2$ m. 这一系统由静止开始运动. 求：

(1) 组合轮的转动惯量；
(2) 两物体 1 和 2 的加速度大小和下降物体着地的时间；
(3) 两绳中张力的大小.

4-14 一轻绳跨过两个质量均为 m、半径均为 r 的匀质圆盘状定滑轮，绳的两端分别挂着质量为 m 和 $2m$ 的重物，如图所示. 绳与滑轮间无相对滑动，滑轮轴光滑. 将整个系统由静止释放，求两滑轮之间绳的张力.

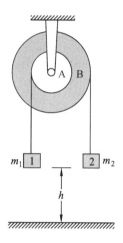

习题 4-13 图

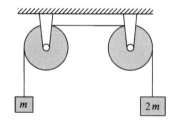

习题 4-14 图

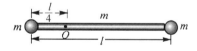

习题 4-15 图

4-15 有一根长 l，质量为 m 的均质细杆，两端各牢固地连结一个质量也为 m 的小球，整个系统可绕一过 O 点并垂直于杆的水平轴无摩擦地转动（如图）. 当系统转过水平位置时，试求：

(1) 系统所受的合外力矩；
(2) 系统对转动轴的转动惯量；
(3) 系统的角加速度.

4-16 以 20 N·m 的不变力矩作用在一转轮上，在 10 s 内该轮的角速度由零增大到 100 r/min，然后移去此力矩，转轮因受轴承的摩擦经 100 s 后停止，试求：

(1) 转轮的转动惯量；

(2) 摩擦力矩；

(3) 从开始转动到停止转动的总转数．

4-17 一电机在达到 20 r/s 的转速时关闭电源．若令它仅在摩擦力矩作用下减速，需要时间 240 s 才停止下来；若加上阻滞力矩 500 N·m，则在 40 s 内可停止下来．试求该电机的转动惯量．

4-18 一磨轮半径为 0.10 m，质量为 25 kg，以 50 r/s 的转速转动，用工具以 200 N 的正压力作用在轮边上，使它在 10 s 内停止转动，求工具与磨轮之间的摩擦系数．

4-19 质量为 0.03 kg、长为 0.2 m 的均匀棒，在一水平面内绕通过棒质心并与棒垂直的定轴转动，棒上套着两个可沿棒滑动的小物体，它们的质量均为 0.02 kg．开始时，两小物体分别用夹子固定在棒两边，各距质心 0.05 m，系统以 15 r/min 的转速绕轴转动，然后松开夹子，让小物块沿棒向外滑去，直至滑离棒端．问：

(1) 当两小物体达到棒端时，系统角速度是多少？

(2) 当两小物体滑离棒后，棒的角速度是多少？

4-20 一人质量为 100 kg，站在半径为 2 m 的转台边沿，转台的轴光滑且竖直通过台心，转台转动惯量为 4 000 kg·m²．开始时系统静止，然后人以相对于地面 1 m/s 的速度沿转台边沿走动．

(1) 转台以多大角速度向哪一方向转动？

(2) 当人在台上走完 1 周，转台转过多少角度？

(3) 当人到达相对于地面原来位置时，转台转过多少角度？

4-21 一半径为 R、质量为 M 的圆柱体，可绕水平固定中心轴无摩擦地转动．开始时圆柱体静止，一质量为 m 的木块以速度 v_1 在光滑平面上向右滑动，并擦过圆柱体的上表面跃上另一同高度的光滑平面，如图所示．设木块和圆柱体脱离接触之前，它们之间无相对滑动，求木块最后速度的大小 v_2．

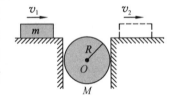

习题 4-21 图

4-22 光滑的水平桌面上有一长 $2l$、质量为 m 的均质细杆，可绕过其中点、垂直于杆的竖直轴自由转动．开始杆静止在桌面上，有一质量为 m 的小球沿桌面以速度 v 垂直射向杆一端，与杆发生完全非弹性碰撞后，粘在杆端与杆一起转动．求碰撞后系统的角速度．

4-23 一人坐在转椅上，双手各持哑铃，哑铃与转轴的距离各为 0.6 m．先让人以 5 rad/s 的角速度随转椅旋转，然后，人将哑铃拉回至与转轴相距 0.2 m．假如人对转轴的转动惯量恒定为 5 kg·m²，每个哑铃质量为 5 kg，可视为质点，不计转动中的摩擦，问：

(1) 系统的初角动量是多少？

(2) 哑铃被拉回后，系统的角速度是多少？

(3) 哑铃拉回前后系统的动能各为多少？有无不同？试说明原因．

4-24 一质量为 0.05 kg 的物块系于绳的一端，绳的另一端则由光滑水平面上的小孔穿过（如图），物块和小孔的距离原为 0.2 m 并以角速度 3 rad/s 绕小孔旋转．现向下拉绳使物块运动的圆周半径缩小为 0.1 m，求：

(1) 物块旋转的角速度的大小；

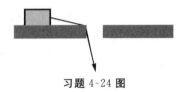

习题 4-24 图

(2) 物块动能的变化.

4-25 有一质量 $m_1=100$ g、半径 $r_1=8$ cm 的均质圆板,每分钟匀速地转 $n_1=120$ r. 另有一质量为 $m_2=150$ g、半径为 $r_2=12$ cm 的均质圆板,每分钟匀速地转 $n_2=40$ r,两个圆板的转轴在同一直线上,转动方向相同. 若将两板沿转轴方向推进,合二为一,求:

(1) 结合前各圆板的角动量和转动动能;
(2) 结合后系统的角速度和转动动能;
(3) 如果原来两圆板转动方向相反,再做(2).

4-26 一长 $l=0.40$ m 的均匀木棒,质量 $M=1.00$ kg,可绕水平轴 O 在竖直平面内转动,开始时棒自然地竖直悬垂. 现有质量 $m=8$ g 的子弹以 $v=200$ m/s 的速率从 A 点射入棒中,A 点与 O 点相距 $\frac{3}{4}l$(如图),求:

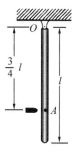

习题 4-26 图

(1) 棒开始运动时的角速度;
(2) 棒的最大偏转角.

4-27 空心圆环可绕光滑的竖直固定轴 AC 自由转动,转动惯量为 I_0,环的半径为 R,初始时环的角速度为 $\boldsymbol{\omega}_0$. 质量为 m 的小球静止在环内最高处 A 点,由于某种微小干扰,小球沿环向下滑动,问小球滑到与环心 O 同一高度的 B 点和环的最低处 C 点时,环的角速度及小球相对于环的速度各为多大?(设环内壁和小球都是光滑的,小球可视为质点,环截面半径 $r \ll R$)

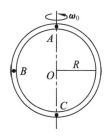

习题 4-27 图

***4-28** 质量为 m、长为 l 的均质杆,B 端放在桌边缘. A 端用手支住,使杆成水平. 突然释放 A 端,在此瞬间,求:

(1) 杆质心的加速度;
(2) 杆 B 端所受的力.

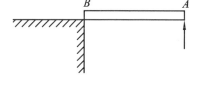

习题 4-28 图

4-29 质量为 m、半径为 R 的一个圆盘,可以绕通过盘心、垂直于盘面的水平轴转动. 一个小物体,质量也是 m,附在圆盘边缘上. 当小物体所在半径处于水平时,将圆盘释放. 求小物体到达最低位置时圆盘的角速度.

4-30 一质量为 M、半径为 R 的飞轮,以角速度 ω 绕通过中心的水平轴转动. 在某瞬间,有一质量为 m 的碎片从轮缘上飞出,碎片飞出时的飞行方向竖直向上.

(1) 求碎片的飞行高度;
(2) 求缺损的飞轮的角速度、角动量和转动动能.

4-31 一质量为 M、半径为 R 的匀质圆柱体,放在粗糙水平面上,上面绕着细绳,绳与圆柱体之间无滑动. 现用水平力 F_0 拉动细绳,使圆柱体在水平面上做无滑动的滚动. 如图所示,求:

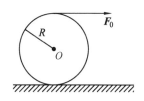

习题 4-31 图

(1) 圆柱体质心加速度的大小;
(2) 水平面对圆柱体摩擦力的大小.

4-32 一绕有电缆的大木轮,质量 $M=1\ 000$ kg,绕中心轴的

转动惯量 $I=300\ \text{kg}\cdot\text{m}^2$，$R_1=1.00\ \text{m}$，$R_2=0.40\ \text{m}$，如图所示．设大木轮与地面间无相对滑动，当用 $F=9\ 800\ \text{N}$ 的水平力拉电缆时，问：

(1) 木轮将向左还是向右运动？

(2) 轴心的加速度多大？木轮受地面的摩擦力多大？

(3) 为保证木轮与地面间无相对滑动，摩擦系数至少为多大？

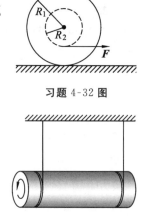

习题 4-32 图

4-33 如图所示，一根质量为 M、半径为 R 的长圆柱体两端附近用两根轻软的绳子对称环绕，两绳的另一端固定在天花板上．开始时水平托住这根圆柱体，并使两绳竖直拉紧，然后释放．求：

(1) 圆柱体向下运动时平动加速度的大小；

(2) 每根绳子中张力的大小．

4-34 半径为 R 的大球固定不动，有一半径为 r、质量为 m 的小球沿大球表面从顶点 A 由静止无滑动地滚下．当两球刚开始分离时，求两球球心的连线与竖直线的夹角 θ．

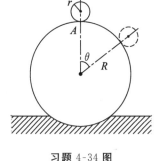

习题 4-33 图

习题 4-34 图

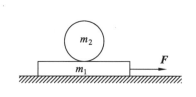

习题 4-35 图

4-35 一质量为 m_1 的木板，在水平力 F 的作用下沿水平面运动，木板与水平面间的摩擦系数为 μ．在木板上有一质量为 m_2 的圆柱体，如图所示．假设此圆柱体在木板上做纯滚动，求木板加速度的大小．

第 5 章　流体力学

流体力学是人类在与自然界的斗争和生产实践中逐步发展起来的,中国古代就有大禹治水疏通江河的传说.物质通常可分为固体和流体,流体是指能够流动的物质,包括液体和气体.流体力学是研究流体的力学行为的科学,按照流体的运动方式又可分为流体静力学和流体动力学.通常,流体流动性的好坏、流体的密度和黏滞性等除了与流体的种类有关外,还与温度等因素有关(如沥青).最简单的流体模型称为理想流体,是指完全不可压缩和无黏滞(无内摩擦)的流体.本章首先讨论流体静力学,之后以理想流体为对象,从质量守恒和能量守恒出发,得到流体的连续性原理和伯努利方程等规律,最后简单讨论黏滞流体的力学规律.

5.1　流体静力学

▶ 5.1.1　静止流体中的压强

液体和气体都是具有流动性的连续介质,统称**流体**.流体内部不同部分之间存在着相互作用力,设想流体内有一面积元 ΔS,面积元两边的流体之间存在着相互作用力.如果作用力沿面积元的表面有切向分量,那么,面积元两侧的相邻的流层之间将要发生滑动.对于静止流体,流体中的任何一个部分都处于静止状态.所以静止流体中任何一个面积元受到的作用力不存在切向分量,作用力必沿面积元的法线方向,且指向 ΔS,是一种压力.面积元 ΔS 上所受压力的大小定义为该面积元上的平均压强,

$$\bar{p} = \frac{\Delta F}{\Delta S}. \tag{5.1-1}$$

当 $\Delta S \to 0$ 时,平均压强的极限就是液体中该点处的压强,

$$p = \lim_{\Delta S \to 0} \frac{\Delta F}{\Delta S}. \tag{5.1-2}$$

在 SI 制中,压强的单位是牛/米^2(N/m^2),称帕斯卡,简称帕,记作 Pa,量纲是 $L^{-1}MT^{-2}$.

通过流体中某一点,可以有不同的小面元,与这些小面元相应的压强之间有什么关系呢?设想在流体中某一点周围作一个三棱直角体元[图 5-1(a)],体元侧面受到的压强如图 5-1(b)所示.若流体密度为 ρ,体元重 $\Delta G = \rho g \Delta V = \frac{1}{2} \rho g \Delta x \Delta y \Delta z$.因为体积元处于平衡状态,在 x,y 轴方向,有

$$p_l \Delta l \Delta z \sin\theta = p_x \Delta y \Delta z,$$

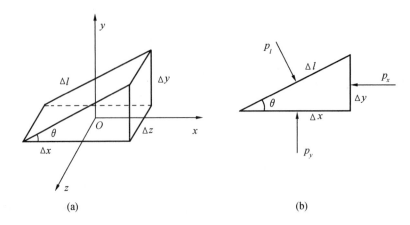

图 5-1 流体内压强各向同性

$$p_y \Delta x \Delta z = p_l \Delta l \Delta z \cos\theta + \frac{1}{2}\rho g \Delta x \Delta y \Delta z.$$

因为 $\Delta l \sin\theta = \Delta y$，$\Delta l \cos\theta = \Delta x$，两式化简，有

$$p_l = p_x, \quad p_y = p_l + \frac{1}{2}\rho g \Delta y.$$

当 $\Delta V \to 0$ 时，$\Delta y \to 0$，所以 $\quad p_x = p_y = p_l.$

同理可证， $\quad p_x = p_y = p_z.$

因此，静止流体中任一点处的压强有一定值，与所取面元的方位无关，它是各向同性的。无论对于静止或流动的流体，这结论都成立。

在静止流体中，取一水平柱体(图 5-2)。设柱体截面积 ΔS 极小，两端的压强分别为 p_A 和 p_B。由于流体静止，所以柱体两端的作用力平衡，有 $p_A \Delta S = p_B \Delta S$，即

图 5-2 同一水平面上各点压强相等

$$p_A = p_B.$$

上式说明，在静止流体中，同一水平面上各点的压强相等。

如果上面取的柱体在竖直方向，两端相距 h(图 5-3)，柱体上端受向下的压力 $p_A \Delta S$，下端受向上的压力 $p_B \Delta S$，柱体重 $\rho g \Delta V = \rho g \Delta S h$。柱体静止时，三个力平衡，有

$$p_A \Delta S + \rho g \Delta S h = p_B \Delta S.$$

化简得

$$p_B - p_A = \rho g h. \tag{5.1-3}$$

就是说，静止流体中同一竖直线上相距 h 的两点之间的压强差为 $\rho g h$。如果液柱上端面为自由液面，则 p_A 即为大气压强 p_0，于是液面下深度 h 处的压强为

$$p = p_0 + \rho g h. \tag{5.1-4}$$

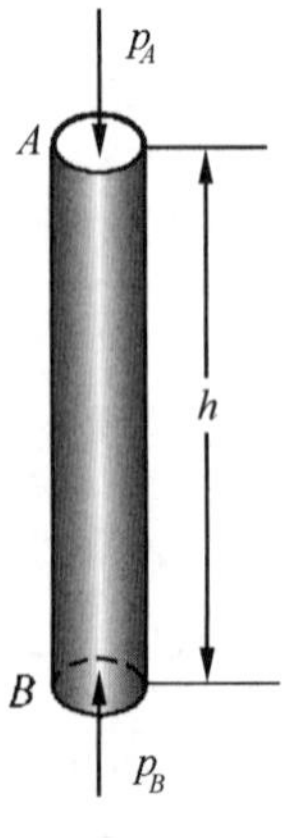

图 5-3 竖直相距 h 两点的压强

5.1.2 帕斯卡原理

如果一个装有流体的容器上方用一个可以移动的轻活塞封住,活塞上除受大气压强 p_0 作用外,如果还附加一个压强 Δp(图 5-4),则活塞下深度 h 处的压强变为

$$p' = p_0 + \Delta p + \rho g h. \tag{5.1-5}$$

就是说,通过活塞作用在液体表面的压强 $p_0 + \Delta p$,被等量地传到流体中,这就是**帕斯卡原理**,即作用在密封容器中流体上的压强,被等量地传到流体中各处及器壁上.

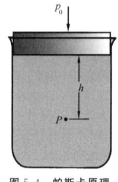
图 5-4 帕斯卡原理

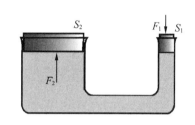
图 5-5 液压机原理

帕斯卡原理的一个重要应用是液压机(图 5-5).一个 U 形容器的两端用活塞密封,活塞面积分别是 S_1, S_2.若 S_1 上有作用力 F_1,在液体中产生压强 $p = \dfrac{F_1}{S_1}$.此压强等量地传到另一端活塞 S_2 上,产生一个向上的作用力 F_2,

$$F_2 = p S_2 = \frac{F_1}{S_1} S_2 = \frac{S_2}{S_1} F_1.$$

如果 $S_2 \gg S_1$,则 $F_2 \gg F_1$.所以,可以通过液压机,用较小的作用力产生巨大的动力.

例 5-1 一大坝迎水一面与水平方向夹角 θ,水深 10 m.每米长大坝受水的压力有多大?

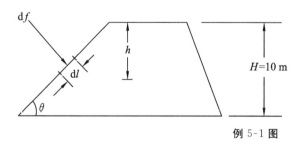
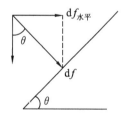
例 5-1 图

解 设大坝横截面如图所示,在迎水的坝面上取面元 dS.面元长为 1 m,宽 dl,离水面距离 h,则面元上受作用力 $\mathrm{d}f = p\mathrm{d}S = \rho g h \mathrm{d}l.$
此作用力与坝面垂直,水平分量为 $\mathrm{d}f_{水平} = \mathrm{d}f \sin\theta = \rho g h \mathrm{d}l \sin\theta.$
因为 $\mathrm{d}l \sin\theta = \mathrm{d}h$,所以 $\mathrm{d}f_{水平} = \rho g h \mathrm{d}h.$
大坝每米长度受水平压力为

$$f_{水平} = \int \mathrm{d}f_{水平} = \int_0^H \rho g h \, \mathrm{d}h = \frac{1}{2} \rho g H^2.$$

代入数据得
$$f_{水平} = 4.9 \times 10^5 \text{ N}.$$

▶ 5.1.3 流体中的浮力 阿基米德原理

考虑一个形状不规则的物体浸没在流体中,物体表面将受到液体的压力.由于液体中的压强随着深度的增加而增加,因此,液体作用在物体下方的向上的压力要大于作用在物体上方的向下的压力,总的效果是有一个向上的作用力,这个作用力称作**浮力**.

如果浸没在流体中的物体与流体是同种物质,具有相同的密度,那么,物体将在流体中保持静止,也就是说,作用在物体上的浮力就等于物体所受的重力,即

$$F = \rho g V. \tag{5.1-6}$$

其中 ρ 是流体密度,V 是物体浸没在流体中的体积,也是物体排开液体的体积.上式表明,物体在流体中所受的浮力,相当于物体浸没在流体中同体积液体受的重力,而且只与流体密度、物体浸没在流体中的体积有关,与物体的材料和形状无关.因此,上式也是任何物体在流体中浮力的表达式.物体在流体中所受的浮力等于该物体排开同体积流体受的重力,这就是**阿基米德原理**.它是公元前 3 世纪由希腊的阿基米德(Archimedes)提出的.

5.2 流体的流动

▶ 5.2.1 理想流体

流体的运动往往是非常复杂的,为了便于讨论,有必要对流体作一些简化.

首先,假定流体是不可压缩的,即流体的密度是个常量.实际上任何流体都是可以压缩的.液体的可压缩性较小,可以近似地看作不可压缩.气体的可压缩性较大,流动性也大,只要有很小的压强差,就可以使气体迅速地流动起来,从而使各处的密度差减小到最小.因此,在研究气体流动时,也可以把气体近似地看作是不可压缩的.其次,假定流体内部的摩擦力为零,即流体流动中没有能量的损耗.实际的流体由于内部各部分的流速不同,存在内摩擦力,从而阻碍流体内各部分之间的相对运动,这种性质称作**黏滞性**.有些流体,像水、酒精等,内摩擦力很小,气体的内摩擦力更小.我们把不可压缩的、无黏滞性的流体,称作**理想流体**.

流体的运动,可以看成是组成流体的所有质点的运动总和.在流体流动的过程中,流体流过空间某一点的速度,通常随时间而变化,是时间的函数.如果这个速度不随时间而变,那么,流体的这种流动称作**稳定流动**,或**定常流动**.因此,流体做稳定流动时,虽然空间各点的流速各不相同,但流速的空间分布是不随时间变化的.流速的空间分布称流速场.

▶ 5.2.2 流线和流管

为了形象地描述流体的流动情况,设想流体流动的区域中有这样的一些曲线,在每一时刻,线上每一点的切线方向都是该处流体质点的速度方向,这种曲线称作**流线**.对于稳定流动,流线的形状和分布不随时间改变,并且流线和流体质点的运动径迹重合.如图 5-6 所示是流体流过圆筒管道和球形物体以及流线型物体时的流线.

图 5-6 流线

如果在流体内取一个面元,该面元的法向与流经面元的流线平行.过面元周界上各点的流线就在流体内形成一根**流管**(图 5-7).对于稳定流动,流管内的流体不会流出管外,同样,流管外的流体也不会流入管内.因此,稳定流动的流管形状不随时间而改变.整个流体可以看作由若干流管组成,流体在流管中的流动规律代表了整个流体的运动规律,这就为研究流体的运动提供了方便.

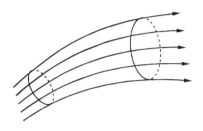

图 5-7 流管

▶ 5.2.3 流体的连续性原理

在做稳定流动的流体中取一流管(图 5-8),假定流管两端的横截面积分别为 $\Delta S_1, \Delta S_2$,两端的流速分别为 v_1, v_2.由于流体的不可压缩性,故在任何一个时间间隔 Δt 内,从一端流入的流体等于从另一端流出的流体,即
$$\rho v_1 \Delta S_1 \Delta t = \rho v_2 \Delta S_2 \Delta t = 常量.$$
化简得

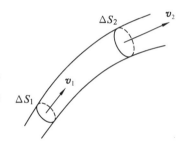

图 5-8 连续性原理

$$v_1 \Delta S_1 = v_2 \Delta S_2 = 常量, \qquad (5.2\text{-}1)$$

即理想流体做稳定流动时,流管中任一横截面积与该处流速之积是个常量,这就是**流体的连续性原理**.式中 $v\Delta S$ 表示单位时间内流过某截面的流体体积,称为**流量**.上式也表示,沿同一流管流量守恒.

SI 制中流量的单位为米^3/秒(m^3/s).流量的单位也可以用千克/秒(kg/s).

5.3 伯努利方程

伯努利方程是惯性系中研究理想流体在重力场中做定常流动时,一流管(或流线)上的压强、流速和高度的关系.

在流体中取一流管(图 5-9),设在 A,B 两处的横截面积分别是 S_1, S_2.流速分别是 v_1, v_2,压强分别是 p_1, p_2,对于同一参照平面,它们的高度分别是 h_1, h_2.经过一时间间隔,位于 A,B 处的流体分别流到 A', B' 处.在所考虑的时间间隔前后,管内的流体有了变化,位于 A, A' 之间的流体流入管内,位于 B, B' 之间的流体流出管外.但对于 $A'B$ 这一段流管,流体的运动状态没有变化,流体的质量也没有发生变化,因而动能和势能都没有变化.所以,此时间间隔前后 AB 段流体能量的变化,只要考虑此间流出管外的流体和流入管内的流体的能量变化.

令 $\overline{AA'}=\Delta l_1$，$\overline{BB'}=\Delta l_2$，流出管外的流体的体积 $\Delta V_2=S_2\Delta l_2$，流入管内的流体的体积 $\Delta V_1=S_1\Delta l_1$. 由于理想流体不可压缩，$\Delta V_1=\Delta V_2=\Delta V$. 流出和流入的流体动能的差值为

$$\Delta E_k=\frac{1}{2}\rho\Delta V v_2^2-\frac{1}{2}\rho\Delta V v_1^2.$$

重力势能的差值为

$$\Delta E_p=\rho g\Delta V h_2-\rho g\Delta V h_1.$$

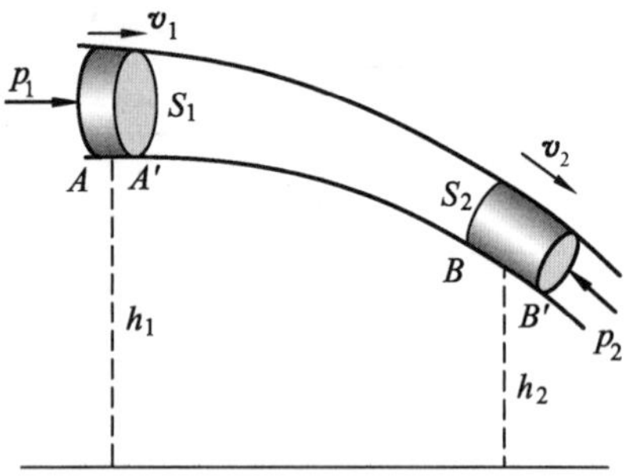

外力对流入流体做的功为

$$W_1=f_1\Delta l_1=p_1S_1\Delta l_1=p_1\Delta V.$$

外力对流出流体做的功为

$$W_2=-f_2\Delta l_2=-p_2S_2\Delta l_2=-p_2\Delta V.$$

根据功能原理，$W_1+W_2=\Delta E_k+\Delta E_p$，即

$$p_1\Delta V-p_2\Delta V=\frac{1}{2}\rho\Delta V v_2^2-\frac{1}{2}\rho\Delta V v_1^2+\rho g\Delta V h_2-\rho g\Delta V h_1.$$

整理得

$$p_1+\frac{1}{2}\rho v_1^2+\rho g h_1=p_2+\frac{1}{2}\rho v_2^2+\rho g h_2,$$

或

$$p+\frac{1}{2}\rho v^2+\rho g h=\text{常量}. \tag{5.3-1}$$

图 5-9 伯努利方程

这就是**伯努利方程**. 从上面的推导过程可以看出，(5.3-1)式中等式左边的三项分别是单位体积流体所受压力所做的功，以及单位体积流体的动能和势能. 因此，伯努利方程是机械能守恒定律应用在流体力学中的一种形式. 伯努利方程还可表达为

$$\frac{p}{\rho g}+\frac{v^2}{2g}+h=\text{常量}. \tag{5.3-2}$$

式中 $\frac{p}{\rho g}$，$\frac{v^2}{2g}$ 和 h 都具有长度的量纲，分别称作压力头、速度头和水头（高度头）.

在上面的推导中，我们选取一定流体并沿一流管运动，所涉及的压强 p 和流速 v 实际上是流管截面上的平均值. 如果令流管的截面积 S_1，S_2 缩小，使流管变为流线，则(5.3-1)式和(5.3-2)式仍然成立. 因此，伯努利方程可以表述为理想流体做稳定流动时，在同一流线上任一点 $p+\frac{1}{2}\rho v^2+\rho g h$ 为一常量.

伯努利方程在水利工程、化工工程以及造船、航空等领域有广泛的应用.

例 5-2 设有一大容器装满水，在水面下方 h 处的器壁上有一个小孔，水从孔中流出，试求水的流速.

解 由于容器较大，水从小孔流出，液面下降极慢，可以看作是稳定流动. 取任一流线，一端在液面上 A 处，该处压强是大气压强 p_0，流速为零. 若以小孔处作为参照面，高度为 h，流线另一端取小孔 B 处，该处压强也是 p_0，高度为零，流速为 v，则

$$p_0+\rho g h=p_0+\frac{1}{2}\rho v^2.$$

由此解得 $v=\sqrt{2gh}$.

结果表明，小孔处流速和物体自高度 h 处自由下落得到的速度是相同的.

例 5-3 图示是文丘里流量计示意图，若管道入口处和窄口处的截面积分别为 S_1 和 S_2，压强分别是 p_1 和 p_2；U 形管中水银密度为 ρ'，两端高度差为 h；流量计管中流体密度为 ρ. 设管道中流体是理想流体，求其流量.

解 取管道为流管，在图中 1 和 2 处，

$$p_1+\frac{1}{2}\rho v_1^2=p_2+\frac{1}{2}\rho v_2^2. \quad ①$$

根据连续性方程

$$v_1 S_1 = v_2 S_2, \quad ②$$

U 形管中水银柱高度差 h 与两端压强 p_1 和 p_2 有关，

$$p_1 - p_2 = (\rho' - \rho)gh. \quad ③$$

由①②③式，可解得流量

$$Q = v_1 S_1 = v_2 S_2 = \sqrt{\frac{2(\rho'-\rho)gh}{\rho(S_1^2 - S_2^2)}} S_1 S_2.$$

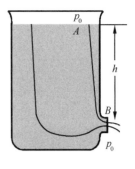

例 5-2 图

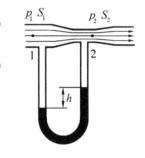

例 5-3 图

*5.4 黏滞流体

▶ 5.4.1 流体的黏滞性

在以上的讨论中，流体都被当作理想流体来处理. 实际上，流动的流体或多或少地存在内摩擦力. 例如，在圆形管道中流动的流体，在管道的横截面上，各点的流速并不都相同. 通常离中心轴越近，流速越快；离中心轴越远，流速越慢. 于是，在管道中流动的流体出现了分层流动，各层流体只做相对滑动而彼此不相混合，这种流动称为层流. 在任意两个流层之间，流速快的要带动流速慢的，流速慢的要阻碍流速快的，这就是内摩擦力. 内摩擦力与流层平行，是切向力. 流体内部具有内摩擦力的性质，就是**流体的黏滞性**.

假定流体流层沿 x 轴方向，层面与 z 轴正交，有不同 z 值的流层具有不同的流速 (图 5-10). 若 z 层的流速为 v，$z+\mathrm{d}z$ 层的流速为 $v+\mathrm{d}v$，那么，$\dfrac{\mathrm{d}v}{\mathrm{d}z}$ 称为 z 层的**速度梯度**，它表示流速沿 z 方向的变化率. 实验证明，两层流体之间的内摩擦力和流层的面积 ΔS 以及该处的速度梯度成正比，即

$$f = \eta \frac{\mathrm{d}v}{\mathrm{d}z} \Delta S. \quad (5.4\text{-}1)$$

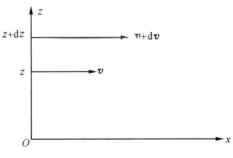

图 5-10 层流的速度梯度

其中 η 称**流体的黏滞系数**，也称流体的黏度，在 SI 制中，它的单位为帕·秒(Pa·s)，量纲为

$L^{-1}MT^{-1}$. 黏滞系数除了与流体的性质有关外,还与温度有关. 表 5-1 给出了几种流体在不同温度时的黏滞系数.

表 5-1 几种流体在不同温度下的黏滞系数

液体	温度/℃	$\eta/10^{-3}$ Pa·s	气体	温度/℃	$\eta/10^{-3}$ Pa·s
水	0 20 50 100	1.79 1.01 0.55 0.25	空气	20 671	1.82 4.2
			水蒸气	0 100	0.9 1.27
水银	0 20	1.69 1.55	CO_2	20 302	1.47 2.7
酒精	0 20	1.84 1.20	氢	20 251	0.89 1.30
轻机油	15	11.3	氮	20	1.96
重机油	15	66	CH_4	20	1.10

▶ **5.4.2 湍流和雷诺数**

流体在管道中流动并不总是保持层流,由于流速和其他条件的不同,流动会出现沿垂直于管轴方向的不规则流动. 层流被破坏,流动呈现混杂、紊乱的特征,这样的流动称作**湍流**.

实验表明,发出湍流的临界流速与一个无量纲的量 R_e 相对应. R_e 由下式表示

$$R_e = \frac{\rho v r}{\eta}. \quad (5.4\text{-}2)$$

式中 ρ,η 和 v 分别是流体的密度、黏滞系数和速度, r 是流管半径, R_e 称作**雷诺数**. 由层流过渡到湍流的雷诺数,称为**临界雷诺数**,记作 R_{ec}.

在光滑的金属圆管中, R_{ec} 在 2 000～2 300 范围内,当 $R_e < R_{ec}$ 时,流动表现为层流;当 $R_e > R_{ec}$ 时,流动表现为湍流.

▶ **5.4.3 泊肃叶公式**

在流速不大或管径较小、流体做分层流动的条件下,可以证明,流体流经长为 l 的水平细管时,离中心轴 r 处的流速是

$$v = \frac{1}{4\eta l}(p_1 - p_2)(R^2 - r^2).$$

式中 R 是管径, p_1 和 p_2 是细管两端流体的压强. 通过细管的流量为

$$Q = \int v dS = \int_0^R 2\pi v r dr = \frac{\pi(p_1 - p_2)}{2\eta l}\int_0^R (R^2 - r^2)r dr,$$

可得

$$Q = \frac{1}{8\eta l}\pi R^4(p_1 - p_2). \quad (5.4\text{-}3)$$

此式即**泊肃叶公式**. 根据(5.4-3)式测定了 l, R, p_1, p_2 和 Q,就可以求得 η. 这里提供了一个测定黏滞系数的方法.

▶ **5.4.4 斯托克斯公式**

固体在黏滞流体中运动时,会有两种阻力:一种是附在固体表面的流体与邻层流体之间的内摩擦力,称**黏滞阻力**;另一种是固体运动时,固体前后压力差引起的压差阻力. 当固体运动速度较小时,压差阻力可以忽略. 在这种情况下,半径为 r 的球形物体在黏滞系数为 η

的流体中以速度 v 运动时所受的阻力 f 为

$$f = 6\pi\eta rv. \quad (5.4\text{-}4)$$

这就是**斯托克斯公式**.

例 5-4 有一半径为 r、密度为 ρ 的小球,在密度为 ρ_0 ($\rho_0 < \rho$)、黏滞系数为 η 的静止流体中下落. 若所受阻力满足斯托克斯公式,试求小球在流体中的收尾速度.

解 小球重 $G = \frac{4}{3}\pi r^3 \rho g$,在流体中所受浮力 $F = \frac{4}{3}\pi r^3 \rho_0 g$,因 $G > F$,小球在流体中加速下落,随着速度的增大,黏滞阻力 f 也增大. 当三力平衡时,即 $G = F + f$ 时小球不再加速,以速度 v_T 下落,此即收尾速度.

$$\frac{4}{3}\pi r^3 \rho g = \frac{4}{3}\pi r^3 \rho_0 g + 6\pi\eta r v_T,$$

由此解得

$$v_T = \frac{2(\rho - \rho_0)}{9\eta} g r^2.$$

内容提要

1. 流体静力学.

   压强分布:各向同性(无论对静止流体或流动流体该结论都成立),高度相差 h 的两点压强差为 $\Delta p = \rho g h$.

   帕斯卡原理:作用在密闭容器中流体上的压强等值地传到流体各处和器壁上.

   阿基米德原理:物体在流体中所受的浮力等于该物体排开同体积流体所受的重力.

2. 理想流体:不可压缩、无黏滞性.

   定常流动:流体流过空间任一点的速度不随时间而变. 流场可用流线或流管描绘.

   流量:体积流量(m^3/s)、质量流量(kg/s).

3. 连续性原理:流体不可压缩. 定常流动时,通过流管横截面的流量相等,

   $$v\Delta S = 常量.$$

4. 伯努利方程:在理想流体的定常流动中沿任一流线有

   $$p + \frac{1}{2}\rho v^2 + \rho g h = 常量,或 \frac{p}{\rho g} + \frac{v^2}{2g} + h = 常量.$$

习 题

5-1 有一水平管子,由左向右横截面积逐渐缩小,液体由左向右做稳定流动. 流速沿管子如何变化?加速度在什么方向?如果在流体中分隔出一个小方块部分,左、右两边哪边压力大?压强沿管轴如何变化?

5-2 把题 5-1 中的管子竖直放置,截面积上大下小,水由上向下流. 流速如何变化?压强怎样变化?如果截面上小下大,情况又怎样?

5-3 用手拉住一根细绳,细绳另一端系住一细棒的一端,慢慢把细棒放入水中. 如果是木棒,棒在水中要倾斜,最后横浮在水面上;如果是铁棒,它就竖直浸入水中,直到与水

底接触. 为什么?

5-4 自来水龙头流出的水流,水流往下是越来越粗还是越来越细? 为什么?

5-5 一根横截面积为 $1\ cm^2$ 的管子,连在一个容器上面,容器高度为 $1\ cm$,横截面积为 $100\ cm^2$. 往管内注水,使水对容器底部的深度为 $100\ cm$(如图).

(1) 水对容器底面的作用力是多少?

(2) 系统内水受的重力是多少?

(3) 解释(1)(2)求得的数值为什么不同?

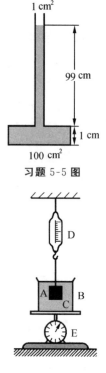

习题 5-5 图

5-6 在弹簧测力计 D 下端系一物块 A,使 A 浸没在烧杯 B 的液体 C 中(如图),烧杯重 $7.3\ N$,液体重 $11.0\ N$,弹簧测力计的读数是 $18.3\ N$,台秤 E 的读数是 $54.8\ N$,物块 A 的体积是 $2.83\times 10^{-3}\ m^3$,问:

(1) 液体的密度是多少?

(2) 把物块 A 拉到液体之外,弹簧测力计 D 的读数是多少?

5-7 一水坝闸门的上边缘与水面齐平,闸门宽度 $L=3\ m$,高 $H=5\ m$.

(1) 水对闸门的压力是多少?

(2) 如果闸门转轴安装在闸门下底边上,水压对闸门转轴的力矩是多少?

(3) 如果闸门转轴安装在过闸门中心的水平线上,水压对转轴的力矩是多少?

(4) 如果闸门转轴安装在闸门的一个竖直边上,水压对闸门的力矩是多少?

5-8 均匀地将水注入一容器中,注入的流量为 $Q=150\ cm^3/s$,容器底有个面积为 $S=0.5\ cm^2$ 的小孔,使水不断流出,求达到稳定状态时,容器中水的深度.

5-9 一个开口的柱形水池,水深 H,在水池一侧水面下 h 处开一小孔(如图).

(1) 从小孔射出的水流到地面后距池壁的距离 R 是多少?

(2) 在池壁上多高处开一个小孔,使射出的水流与(1)有相同的射程?

(3) 在什么地方开孔,可以使水流有最大的射程? 最大射程是多少?

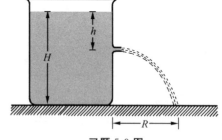

习题 5-9 图

5-10 一水平管子,其中一段的横截面积为 $0.1\ m^2$,另一段的横截面积为 $0.05\ m^2$,第一段中水的流速为 $5\ m/s$,第二段中的压强为 $2\times 10^5\ Pa$,求:

(1) 第二段中水的流速和第一段中水的压强;

(2) 通过管子的流量.

*5-11 在一直径为 0.10 m、高为 0.20 m 的圆筒形容器的底上,开一个截面积为 1 cm² 的小孔,水注入容器内的流量为 1.4×10^{-4} m³/s.

(1) 容器内水面能上升多高?

(2) 达到这个高度后,停止向容器内注水,容器内水全部流出所需时间是多少?

5-12 在一横截面积为 10 cm² 的水平管内有水流动,在管的另一段横截面积减小为 5 cm²,两处压力差为 300 Pa,问 60 s 内从管中流出多少立方米水?

5-13 从一水平管中排水的流量是 0.004 m³/s,管的横截面积为 0.001 m²,该处压强是 1.2×10^5 Pa,要使压强减小为 1.0×10^5 Pa,管的横截面积应为多少?

5-14 水管的横截面积在粗处为 40 cm²,细处为 10 cm²(如图),流量为 3 000 cm³/s,求:

(1) 粗处和细处水的流速;

(2) 粗处和细处的压强差;

(3) U 形管中水银柱高度差.

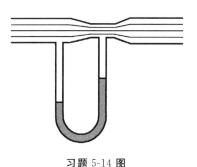

习题 5-14 图

*5-15 20 ℃ 的水在半径为 1.0 cm 的管内流动,如果在管的中心处流速为 10 cm/s,则由于黏滞性使得沿管长为 2 m 的两个截面间的压强下降多少?已知 20 ℃ 时水的黏滞系数为 $\eta=1.005\times10^{-3}$ Pa·s.

*5-16 有一黏滞流体以层流流过一管子,试证明该流体中的流量与截面各点速度均为轴线处速度一半时的流量相等.

*5-17 在液体中有一个空气泡,直径为 1 mm,设液体黏滞系数为 0.15 Pa·s,密度为 0.9×10^3 kg/m³,求空气泡在该液体中上升的收尾速度的大小. 如果这个气泡在水中上升,收尾速度是多少?

*5-18 一个半径为 1 mm 的钢球在盛有甘油的容器中下落,在某一时刻,钢球的加速度恰好为自由落体加速度的一半. 求:

(1) 这时钢球的速度的大小;

(2) 钢球在甘油中的收尾速度的大小. (钢球的密度是 8.5×10^3 kg/m³,甘油密度是 1.32×10^3 kg/m³,甘油黏滞系数取 0.83 Pa·s)

第6章 振 动

物体在一定位置附近做重复的往返运动称为机械振动,如钟摆的摆动、琴弦的振动、心脏的跳动和机器运转时的振动等.但对振动问题的讨论并不仅仅局限于机械振动,如交流电路中的电压和电流,LC 电路中的电磁振荡等都是电压和电流等物理量在某一数值附近做周期性变化.广义地说,任何一个物理量随时间的周期性变化都可以称为振动.本章主要讨论做机械振动物体的运动规律.首先以理想的简谐运动为对象,研究其运动学和动力学方程以及简谐运动的能量,然后介绍振动的合成规律,最后讨论实际的振动形式——阻尼振动和受迫振动.

虽然机械振动和电磁振动产生和传播的机制有着本质的不同,但它们随时间变化的情况以及其他的许多性质在形式上都遵从着相同的规律.因此,研究机械振动和机械波的规律有助于了解其他各种振动和波的规律.学好本章和下一章,对以后学习电磁波和光学意义重大.

6.1 简谐运动的运动学

▶ 6.1.1 简谐运动的运动学方程

广义地说,凡是描述物质运动状态的物理量在某一定值附近的反复变化都称作**振动**.简谐运动是最简单、最基本的一种振动,一切复杂的振动都可以分解为若干简谐运动的叠加.

一个沿 x 轴运动的质点,取其平衡位置为坐标原点,当它相对于坐标原点的位移 x 与时间的关系由以下方程描述

$$x = A\cos(\omega t + \varphi), \tag{6.1-1}$$

它的运动就是**简谐运动**.上式就是**简谐运动的运动学方程**.简谐运动也可以用正弦函数来表示,本书用余弦函数表示.

由于余弦(或正弦)函数在 -1 和 $+1$ 之间变化,所以质点的位移在 $x=-A$ 和 $x=+A$ 之间.(6.1-1)式中的 A 为质点离开原点的最大位移的绝对值,称作**简谐运动的振幅**.

余弦(或正弦)函数是周期函数,从(6.1-1)式可以看出,经过一个时间间隔 $\dfrac{2\pi}{\omega}$,质点的运动就重复一次,因此,简谐运动是周期性的,其周期为

$$T = \frac{2\pi}{\omega}. \tag{6.1-2}$$

每单位时间内完全振动的次数称为**简谐运动的频率** ν,它的单位是赫(Hz).频率与周期的关系为

$$\nu = \frac{1}{T} = \frac{\omega}{2\pi}, \tag{6.1-3}$$

或者

$$\omega = 2\pi\nu. \tag{6.1-4}$$

ω 称作**圆频率**.应用式(6.1-2),简谐运动的运动学方程也可以表示为

$$x = A\cos\left(\frac{2\pi}{T}t + \varphi\right). \tag{6.1-5}$$

(6.1-1)式中 $(\omega t + \varphi)$ 称作简谐运动的**相位**、**周相**或**相位角**.相位是决定质点在时刻 t 的运动状态(位置和速度)的重要物理量. φ 表示 $t=0$ 时的相位,叫作**初相位**或**初相**.质点在一个周期内所经历的运动状态没有一个相同的,这相当于相位从 0 到 2π 的变化.

▶ 6.1.2　简谐运动的矢量表示法

为了直观地表示简谐运动方程(6.1-1)中 A,ω 和 φ 的意义,现介绍简谐运动的矢量表示.

如图 6-1(a)所示,A 是一个长度不变的矢量,起点在 x 轴的原点处.$t=0$ 时,A 与 x 轴的夹角为 φ,矢量 A 以匀角速度 ω 做逆时针转动.因此,矢量 A 在任意时刻 t 与 x 轴的夹角为 $\omega t + \varphi$.矢量 A 在 x 轴上的投影为

$$x = A\cos(\omega t + \varphi).$$

可见,匀速旋转矢量在坐标轴上的投影代表一个简谐运动.旋转矢量 A 的长度就是简谐运动的振幅.A 的角速度 ω 就是简谐运动的圆频率.A 的矢端轨迹是个以 A 为半径的圆,称为**简谐运动的参考圆**.A 与 x 轴的夹角就是简谐运动的相位,因而也称**相角**.$t=0$ 时的初相角就是简谐运动的初相位 φ.相角 $\omega t + \varphi$ 决定 A 的端点在参考圆上的位置,从而也决定了 A 在 x 轴上的投影.因此,相位是决定简谐运动状态的物理量.

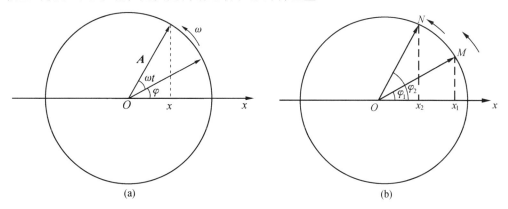

图 6-1　简谐运动的矢量表示

为了进一步理解相位、初相的概念,利用旋转矢量来研究两个频率相同而初相不同的简谐运动的"步调"(设它们的振幅相同).设 $x_1 = A\cos(\omega t + \varphi_1)$,$x_2 = A\cos(\omega t + \varphi_2)$.在图 6-1(b)中旋转矢量 $\overrightarrow{OM}$ 代表振动 x_1,$\overrightarrow{ON}$ 代表振动 x_2.两振动的相位差

$$(\omega t+\varphi_2)-(\omega t+\varphi_1)=\varphi_2-\varphi_1.$$

这表示任何时刻旋转矢量 $\overrightarrow{ON}$ 运动比 $\overrightarrow{OM}$ 超前角度 $\varphi_2-\varphi_1$. 在振动的步调上 x_2 比 x_1 超前恒定的相位差 $\varphi_2-\varphi_1$, 或者说 x_2 比 x_1 超前一段时间 $\Delta t=\dfrac{\varphi_2-\varphi_1}{\omega}$.

一般而言, 相位差 $\varphi_2-\varphi_1$ 可以为正也可以为负. 相应地, 表示振动 x_2 比振动 x_1 超前或者落后. 当 $\varphi_2=\varphi_1$ 时, 这两个振动为**同相**或**同步**. 当 $\varphi_2-\varphi_1=\pi$ 时, 两个振动是**反相**的. 我们常把相位差 $|\Delta\varphi|$ 限制在 π 内, 如 $\varphi_2-\varphi_1=\dfrac{3}{2}\pi$, 我们不说 x_2 超前 x_1 为 $\dfrac{3}{2}\pi$, 而说 x_2 比 x_1 落后 $\dfrac{\pi}{2}$, 或者说 x_1 比 x_2 超前 $\dfrac{\pi}{2}$.

▶ 6.1.3 简谐运动的速度和加速度

由(6.1-1)式, 质点做简谐运动的速度为

$$v=\frac{\mathrm{d}x}{\mathrm{d}t}=-\omega A\sin(\omega t+\varphi)=v_\mathrm{m}\cos\left(\omega t+\varphi+\frac{\pi}{2}\right), \tag{6.1-6}$$

加速度为

$$a=\frac{\mathrm{d}v}{\mathrm{d}t}=-\omega^2 A\cos(\omega t+\varphi)=a_\mathrm{m}\cos(\omega t+\varphi+\pi). \tag{6.1-7}$$

式中 $v_\mathrm{m}=\omega A$ 是振动速度的最大值, 称作**速度振幅**; $a_\mathrm{m}=\omega^2 A$ 是加速度的最大值, 称作**加速度振幅**. 从(6.1-6)式和(6.1-7)式可以看出, 简谐运动中, 速度的相位比位移的相位超前 $\dfrac{\pi}{2}$, 加速度的相位比位移的相位超前 π, 即反相. 图 6-2(a)画出了初相 $\varphi=0$ 的简谐运动的 x, v 和 a 对 t 的曲线.

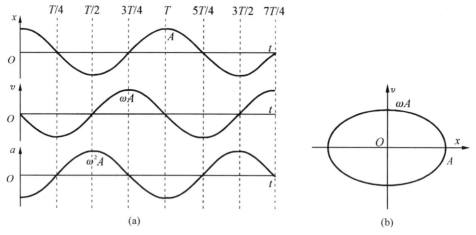

图 6-2 简谐运动的运动曲线与相图

▶ 6.1.4 振幅 A 和初相位 φ 的确定

如果简谐运动的圆频率 ω 已知, 其振幅 A 和初相位 φ 可由运动的初始条件: $t=0$ 时的位移 x_0 以及速度 v_0 来决定. 在(6.1-1)式和(6.1-6)式中代入 $t=0$, 得

$$x_0 = A\cos\varphi, \quad v_0 = -\omega A\sin\varphi.$$

由此两式可解得
$$A = \sqrt{x_0^2 + \frac{v_0^2}{\omega^2}}, \tag{6.1-8a}$$

$$\tan\varphi = \frac{-v_0}{\omega x_0}. \tag{6.1-8b}$$

φ 所在的象限可由 x_0, v_0 的正负号来确定.

振幅 A、初相 φ 以及圆频率 ω 是简谐运动的三个特征量. 应该指出,振动系统的 ω 由系统本身的性质决定,而 A, φ 由初始条件确定.

▶ *6.1.5 简谐运动的相图

质点在某时刻的运动状态,由该时刻的位置和速度来表示. 以位置为横轴,以速度为纵轴所构成的坐标系,称作**相平面**. 相平面上的一点就代表了质点的一个运动状态. 随着时间的变化,质点的运动状态相应地改变,在相平面上描出的曲线称作**相轨迹**或**相图**. 对于做简谐运动的质点,从(6.1-1)式、(6.1-6)式中消去 t,得

$$\frac{x^2}{A^2} + \frac{v^2}{\omega^2 A^2} = 1. \tag{6.1-9}$$

显然,简谐运动的相图是如图 6-2(b)所示的椭圆.

例 6-1 一质点沿 x 轴做简谐运动,振幅 $A = 0.1$ m,周期 $T = 2$ s. 当 $t = 0$ 时位移 $x = 0.05$ m,且向 x 轴正方向运动.

(1) 求质点的振动方程;

(2) 求 $t = 0.5$ s 时质点的位置、速度和加速度的大小;

(3) 若质点在 $x = -0.05$ m 处且向 x 轴负方向运动,质点从这一位置第一次回到平衡位置的时间是多少?

解 (1) 设质点的运动学方程是
$$x = A\cos(\omega t + \varphi).$$

由题意知,$A = 0.1$ m,$T = 2$ s,所以 $\omega = \dfrac{2\pi}{T} = \dfrac{2\pi}{2} = \pi$,运动学方程为
$$x = 0.1\cos(\pi t + \varphi).$$

根据初始条件,$t = 0, x = 0.05$ m 得
$$0.05 = 0.1\cos\varphi, \quad \cos\varphi = \frac{1}{2}, \quad \varphi = \pm\frac{\pi}{3}.$$

因为 $t = 0$ 时,质点沿 x 轴正方向运动,即 $v > 0$,而质点速度的表达式为
$$v = -0.1\pi\sin(\pi t + \varphi).$$

当 $t = 0$ 时,
$$v_0 = -0.1\pi\sin\varphi.$$

要使 $v_0 > 0$,φ 必须小于零,所以,$\varphi = -\dfrac{\pi}{3}$.

初相 φ 也可以由旋转矢量来确定. 按题意,$t = 0$ 时刻,旋转矢量 $\boldsymbol{A}$ 在 x 轴上的投影为 $\dfrac{A}{2} = 0.05$ m. 这时旋转矢量 $\boldsymbol{A}$ 与 x 轴的夹角(即初相)有 $\dfrac{\pi}{3}$ 和 $-\dfrac{\pi}{3}$ 两种可能,如图(a)所示. 但

因为 $v_0 > 0$ 并考虑到旋转矢量总是沿逆时针方向转动,所以正确的选择应该是 $\varphi = -\dfrac{\pi}{3}$. 于是质点的运动学方程为

$$x = 0.1\cos\left(\pi t - \dfrac{\pi}{3}\right).$$

(2) $t = 0.5$ s 时,

$$x = 0.1\cos\left(\dfrac{\pi}{2} - \dfrac{\pi}{3}\right) \text{m} = 0.1\cos\dfrac{\pi}{6} \text{m} = 0.087 \text{m},$$

$$v = -0.1\pi\sin\left(\dfrac{\pi}{2} - \dfrac{\pi}{3}\right) \text{m} = -0.1\pi\sin\dfrac{\pi}{6} \text{m}$$
$$= -0.157 \text{m/s},$$

$$a = -0.1\pi^2\cos\left(\dfrac{\pi}{2} - \dfrac{\pi}{3}\right) \text{m/s}^2 = -0.1\pi^2\cos\dfrac{\pi}{6} \text{m/s}^2$$
$$= -0.855 \text{m/s}^2.$$

例 6-1(a)图

(3) 这里涉及质点的两个运动状态,利用旋转矢量来解答比较方便. 如图(b)所示,当 $x = -0.05$ m 且向 x 轴负方向运动时,旋转矢量位于图中 M 处,相角 $\omega t_1 + \varphi = \dfrac{2}{3}\pi$;当第一次回到平衡位置时,旋转矢量位于图中 N 处,相角 $\omega t_2 + \varphi = \dfrac{3}{2}\pi$. 两状态之间相应的相角之差

$$\Delta \varphi = \dfrac{3}{2}\pi - \dfrac{2}{3}\pi = \dfrac{5}{6}\pi.$$

例 6-1(b)图

因为矢量以角速度 $\omega = \pi$/s 旋转,故需时间

$$\Delta t = \dfrac{\Delta \varphi}{\omega} = \dfrac{5\pi}{6\pi} \text{s} = \dfrac{5}{6} \text{s}.$$

6.2 简谐运动的动力学

▶ 6.2.1 简谐运动的动力学方程

由(6.1-1)式和(6.1-7)式,质点做简谐运动的加速度为

$$a = -\omega^2 x. \tag{6.2-1}$$

设质点的质量为 m,由牛顿第二定律得,做简谐运动的质点所受的力为

$$f = -m\omega^2 x = -kx.$$

上式表示,质点做简谐运动时,作用力与位移成正比,与位移方向相反. 这是简谐运动的动力学特征. 具有以上性质的作用力称作**线性回复力**. 因此,从动力学角度讲,质点在线性回复力作用下围绕平衡位置的运动叫作简谐运动.

因为 $a = \dfrac{\mathrm{d}^2 x}{\mathrm{d}t^2}$,所以(6.2-1)式也可以表达为

$$\frac{d^2x}{dt^2}=-\omega^2 x,$$

或者

$$\frac{d^2x}{dt^2}+\omega^2 x=0. \tag{6.2-2}$$

这是一个二阶微分方程,可以验证,(6.1-1)式就是它的解.因此(6.2-2)式就是简谐运动的动力学方程.如果质点的动力学方程可以表达成(6.2-2)式的形式,质点的运动就是简谐运动.

广义地说,任何一个物理量如果满足(6.1-1)式或(6.2-2)式,那么,不管这个物理量是位移、速度、加速度、角位移等力学量,或者是电流、电势差、电场强度等电学量,这物理量就在做简谐运动.尽管这些物理量表达的内容有所区别,但它们随时间而变化的数学规律是广泛适用的.

▶ 6.2.2 弹簧振子

在研究振动时,弹簧振子是个重要的模型.例如,火车、汽车的车厢是安装在弹簧上的,整个车厢和弹簧组成的振动系统可以简化为一个系在弹簧一端的重物.由于重物的质量比弹簧的质量大得多,因此,可令弹簧质量为零.这样一个由质量可以忽略的轻弹簧和一个刚体所组成的振动系统,称为弹簧振子.做简谐运动的物体,通常称为谐振子.

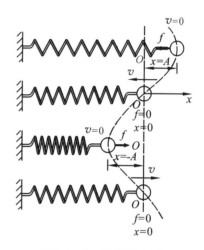

图 6-3 弹簧振子的振动

如果将弹簧振子水平放置在光滑的桌面上,如图 6-3 所示,当弹簧为原长时,物体所处的位置就是平衡位置.如果把物体略加移动后释放,便有指向平衡位置的弹性力作用在物体上,物体就在其平衡位置附近做往复运动.

若取物体的平衡位置为坐标原点,物体的运动轨迹为 x 轴,以向右为正方向,按照胡克定律,物体所受的弹性力 f 与弹簧的伸长(即物体相对平衡位置的位移 x)成正比,即 $f=-kx$.式中 k 是弹簧的劲度系数,负号表示力与位移的方向相反.根据牛顿第二定律,物体的加速度为

$$\frac{d^2x}{dt^2}=\frac{f}{m}=-\frac{k}{m}x.$$

设 $\frac{k}{m}=\omega^2$,上式可以写成

$$\frac{d^2x}{dt^2}+\omega^2 x=0.$$

这就是弹簧振子的动力学方程.它的解就是(6.1-1)式,$x=A\cos(\omega t+\varphi)$.如果初始条件 v_0,x_0 已知,就可以求得振幅 A 和初相位 φ.

由(6.1-2)式,可以求得弹簧振子的周期和频率分别为

$$T=\frac{2\pi}{\omega}=2\pi\sqrt{\frac{m}{k}}, \tag{6.2-3}$$

$$\nu = \frac{1}{2\pi}\sqrt{\frac{k}{m}}. \tag{6.2-4}$$

对于一个质量 m 和劲度系数 k 都确定的弹簧振子,周期和频率由其本身的结构特性决定,因此 T 和 ν 也称为弹簧振子的固有周期和固有频率.

例 6-2 一劲度系数为 k 的轻弹簧上端固定,下端挂一质量为 m 的物体,使物体上下振动.试证明物体做简谐运动.

解 设弹簧原长 l_0,当挂上的重物处于静止状态,弹簧伸长 Δl,由力的平衡可知
$$mg = k\Delta l.$$
现取重物平衡位置为坐标原点 O,x 轴向下为正,则物体位于 x 处,它受合力
$$f = mg - k(x + \Delta l) = -kx.$$
这表明物体将以平衡位置为中心做简谐运动.振动的圆频率和周期与水平放置的弹簧振子一样,
$$\omega = \sqrt{\frac{k}{m}}, \quad T = 2\pi\sqrt{\frac{m}{k}}.$$

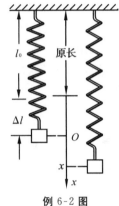

例 6-2 图

可见,恒力只影响振子的平衡位置,而不影响振子的固有频率和固有周期.

▶ 6.2.3 单摆

一质量为 m 的小球,悬挂在上端固定于 O 点的细绳的下端,细绳长 l,其质量可以忽略.如果使小球偏离平衡位置 C 再释放.小球将在竖直平面内来回摆动,这样的装置称为**单摆**(图 6-4).

单摆可以作为一个绕悬挂点 O 转动的物体来处理.设运动中质点位于图中 A 处,细绳与竖直线 OC 的夹角为 θ,作用在质点上的力是质点受的重力 $m\mathbf{g}$ 和细绳张力 $\mathbf{T}$.单摆所受到的对于 O 轴的力矩为
$$M = -mgl\sin\theta.$$
式中负号是因为力矩转向与 θ 角的方向相反.质点对于 O 轴的转动惯量为 $I = ml^2$,由转动定理得
$$ml^2 \frac{d^2\theta}{dt^2} = -mgl\sin\theta,$$
或

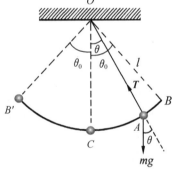

图 6-4 单摆

$$\frac{d^2\theta}{dt^2} + \frac{g}{l}\sin\theta = 0. \tag{6.2-5}$$

这就是**单摆的动力学方程**.由于 $\sin\theta$ 的存在,它与(6.2-2)式有区别.如果 θ 较小,$\sin\theta \approx \theta$,则(6.2-5)式变为
$$\frac{d^2\theta}{dt^2} + \frac{g}{l}\theta = 0. \tag{6.2-6}$$

这就是简谐运动的动力学方程.因此,当单摆的幅角较小时,单摆振动是简谐的,其圆频率的平方

$$\omega^2 = \frac{g}{l}.$$

任意时刻的摆角 θ 可以表达为

$$\theta = \theta_0 \cos(\omega t + \varphi).\tag{6.2-7}$$

其中的幅角 θ_0 和初相位 φ 由初始条件决定. 单摆的周期为

$$T = 2\pi\sqrt{\frac{l}{g}}.\tag{6.2-8}$$

周期与单摆的质量无关,而且与幅角无关.

对于较大的幅角 θ_0,$\sin\theta \approx \theta$ 这个近似不再成立. 方程(6.2-5)是非线性的,因而振动也不是简谐的. 数学上可以证明,非线性单摆的振动周期可表达为

$$T = 2\pi\sqrt{\frac{l}{g}}\left(1 + \frac{1}{4}\sin^2\frac{1}{2}\theta_0 + \frac{9}{64}\sin^4\frac{1}{2}\theta_0 + \cdots\right).\tag{6.2-9}$$

周期随 θ_0 而变化,如图 6-5(a)所示. 如果把单摆的细绳换成质量可以忽略的刚性细杆,这样的单摆称作**刚性摆**. 刚性摆的摆角可以超过 $\frac{\pi}{2}$,达到 π. 利用数值解法,可以求得刚性摆在不同幅角时的振动状态,相应的相图如图 6-5(b)所示.

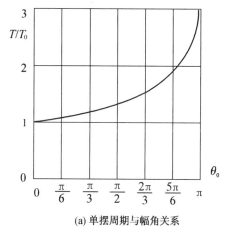
(a) 单摆周期与幅角关系

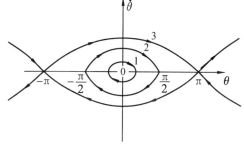
(b) 单摆相图

图 6-5

图 6-5(b)中 1 是小角度摆动,相图接近椭圆;2 是幅角为 $\frac{\pi}{2}$ 的相图,在 $\theta = \pm\frac{\pi}{2}$ 处略呈尖角;3 是幅角为 π 时的相图,介于往复摆动和单向旋转之间的临界状态,在 $\theta = \pm\pi$ 处交叉成尖角,对应于小球在正上方时的不稳定状态.

例 6-3 一单摆摆长 $l = 0.8$ m,质点质量 $m = 0.30$ kg,把单摆向右拉离平衡位置 $15°$,自由释放,假定振动是简谐的,

(1) 求角频率 ω 和振动周期 T;

(2) 求幅角 θ_0、初相位 φ 和振动方程;

(3) 求最大角速度;

(4) 什么时候,细绳中张力最大?最大张力是多少?

(5) 单摆的实际振动周期是多少?

解 (1) 假定单摆振动是简谐的,则

$$\omega = \sqrt{\frac{g}{l}} = \sqrt{\frac{9.8}{0.8}} \text{ rad/s} = 3.500 \text{ rad/s}.$$

$$T = 2\pi\sqrt{\frac{l}{g}} = 2\pi\sqrt{\frac{0.8}{9.8}} \text{ s} = 1.795 \text{ s}.$$

(2) 设单摆振动方程为

$$\theta = \theta_0 \cos(3.500t + \varphi),$$

以 $\dot{\theta}$ 表示振动角速度,

$$\dot{\theta} = \frac{d\theta}{dt} = -3.500\theta_0 \sin(3.500t + \varphi_0).$$

将初始条件 $t=0$ 时, $\theta=15°=0.262$ rad, $\dot{\theta}=0$ 代入以上两式有

$$0.262 = \theta_0 \cos\varphi,$$
$$0 = -3.500\theta_0 \sin\varphi.$$

解得

$$\varphi = 0, \quad \theta_0 = 0.262 \text{ rad}.$$

于是振动方程为

$$\theta = 0.262\cos(3.500t) \text{ rad}.$$

(3) $\dot{\theta}_{max} = \omega\theta_0 = 3.500 \times 0.262 \text{ rad/s} = 0.917 \text{ rad/s}.$

(4) 单摆经平衡位置时,细绳中张力最大,此时摆动的角速度 $\dot{\theta}$ 为最大, $\dot{\theta} = \dot{\theta}_{max}$,

$$F_{max} = mg + m\dot{\theta}_{max}^2 l = m(g + \dot{\theta}_{max}^2 l)$$
$$= 0.30[9.8 + (0.917)^2 \times 0.8] \text{ N} = 3.14 \text{ N}.$$

(5) 由(6.2-10)式,单摆实际的周期为

$$T = 1.795\left(1 + \frac{1}{4}\sin^2 7.5° + \frac{9}{64}\sin^4 7.5° + \cdots\right) \text{s}$$
$$= 1.795(1 + 0.004\ 26 + 0.000\ 04 + \cdots) \text{s} = 1.803 \text{ s}.$$

在幅角是 $15°$ 时,如果把单摆仍当作简谐运动,周期误差仅约 0.44%. 这一点,从图6-5(a)也可以估计到.

▶ 6.2.4 复摆

复摆是在重力作用下在竖直平面内绕水平轴自由摆动的刚体. 取 O 为水平转轴, C 为刚体质心(图6-6). 当直线 OC 与竖直线成 θ 角时,重力对于转轴的力矩为

$$M = -mgb\sin\theta.$$

式中 b 为质心与转轴间的距离. 如果刚体对于转轴的转动惯量为 I, 则有

$$I\frac{d^2\theta}{dt^2} = -mgb\sin\theta.$$

如果摆角较小, $\sin\theta \approx \theta$, 上式可表达为

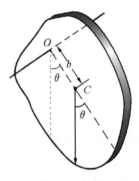

图 6-6 复摆

$$\frac{d^2\theta}{dt^2}+\frac{mgb}{I}\theta=0. \tag{6.2-10}$$

显然,当刚体做小角度振动时,振动是简谐的,振动周期为

$$T=2\pi\sqrt{\frac{I}{mgb}}. \tag{6.2-11}$$

与(6.2-8)式比较可以看出,摆长为 $l_0=\dfrac{I}{mb}$ 的单摆与复摆有相同的振动周期,l_0 称为**复摆的等值摆长**.

例 6-4 半径为 R 的圆环悬挂在一细杆上,如图所示.求圆环的振动周期和等值摆长.

解 圆环对于过质心、垂直于环面的转轴的转动惯量为
$$I_C=mR^2.$$
由平行轴定理,圆环对于细杆的转动惯量为
$$I=I_C+mR^2=2mR^2.$$
周期为
$$T=2\pi\sqrt{\frac{I}{mgb}}=2\pi\sqrt{\frac{2mR^2}{mgR}}=2\pi\sqrt{\frac{2R}{g}},$$
等值摆长为
$$l_0=\frac{I}{mb}=\frac{2mR^2}{mR}=2R.$$

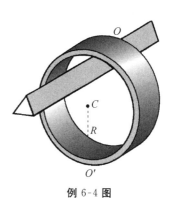

例 6-4 图

6.3 简谐运动的能量

以弹簧振子为例讨论简谐运动的能量.设弹簧振子的运动方程为
$$x=A\cos(\omega t+\varphi),$$
则弹簧振子的弹性势能为
$$E_p=\frac{1}{2}kx^2=\frac{1}{2}kA^2\cos^2(\omega t+\varphi), \tag{6.3-1}$$
弹簧振子的速度为
$$v=-\omega A\sin(\omega t+\varphi),$$
可得弹簧振子的动能为
$$E_k=\frac{1}{2}mv^2=\frac{1}{2}m\omega^2 A^2\sin^2(\omega t+\varphi). \tag{6.3-2}$$
因为 $\omega^2=\dfrac{k}{m}$,所以上式又可以写成
$$E_k=\frac{1}{2}kA^2\sin^2(\omega t+\varphi). \tag{6.3-3}$$
总能量
$$E=E_k+E_p=\frac{1}{2}kA^2=\frac{1}{2}m\omega^2 A^2, \tag{6.3-4}$$
这是一个常量.弹簧振子在运动中总能量保持不变,而动能和势能在不断转换.当质点离开

平衡位置运动时,势能增加,动能减少;当质点向平衡位置运动时,动能增加,势能减少.这一结论对任何一种简谐运动都是正确的.弹簧振子的动能、势能、总能量随时间的变化曲线如图6-7所示.从图中可以看出,动能和势能的变化频率是谐振动频率的两倍.在一个周期内,动能的平均值和势能的平均值相等,都等于总能量的一半,即

$$\overline{E_k} = \overline{E_p} = \frac{1}{2}E.$$

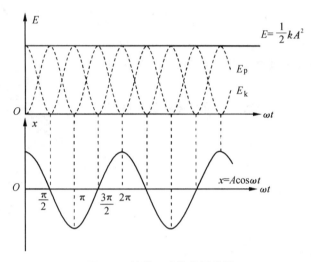

图 6-7 简谐运动的能量曲线

例 6-5 一质量 $m = 3$ kg 的物体与轻质弹簧组成一弹簧振子,振幅 $A = 0.04$ m,周期 $T = 2$ s,求振子总能量及物体的最大速率.

解 振子的总能量为 $E = \frac{1}{2}kA^2$.

其中 k 是弹簧的劲度系数.因为 $T = 2\pi\sqrt{\dfrac{m}{k}}$,所以

$$k = \frac{(2\pi)^2 m}{T^2} = \frac{4\pi^2 \times 3}{2^2} \text{ N/m} = 29.6 \text{ N/m}.$$

因此,总能量为 $E = \frac{1}{2}kA^2 = \frac{1}{2}(29.6 \times 0.04^2)$ J $= 2.37 \times 10^{-2}$ J.

因为 $E = \frac{1}{2}mv_{\max}^2$,所以

$$v_{\max} = \sqrt{\frac{2E}{m}} = \sqrt{\frac{2(2.37 \times 10^{-2})}{3}} \text{ m/s} = 0.126 \text{ m/s}.$$

也可以用 $v_{\max} = \omega A$ 求振子的最大速度.因为 $\omega = \dfrac{2\pi}{T}$,所以

$$v_{\max} = \frac{2\pi A}{T} = \frac{2\pi \times 0.04}{2} \text{ m/s} = 0.126 \text{ m/s}.$$

6.4 同方向简谐运动的合成

▶ 6.4.1 同方向、同频率的简谐运动的合成

在讨论光波、声波以及电磁波的干涉和衍射时,就要应用到同方向、同频率的简谐运动的合成.

设一质点在 x 轴方向同时参与两个独立的但是具有相同频率 ω 的简谐运动,
$$x_1 = A_1\cos(\omega t + \varphi_1),$$
$$x_2 = A_2\cos(\omega t + \varphi_2),$$
质点的合位移为两个分位移的代数和
$$x = x_1 + x_2 = A_1\cos(\omega t + \varphi_1) + A_2\cos(\omega t + \varphi_2).$$
应用三角函数恒等关系式将上式展开,可以得到
$$x = A\cos(\omega t + \varphi).$$
其中合振动的振幅 A 和初相位 φ,分别为

$$A = \sqrt{A_1^2 + A_2^2 + 2A_1A_2\cos(\varphi_2 - \varphi_1)}, \tag{6.4-1}$$

$$\varphi = \arctan\frac{A_1\sin\varphi_1 + A_2\sin\varphi_2}{A_1\cos\varphi_1 + A_2\cos\varphi_2}. \tag{6.4-2}$$

因此,同方向、同频率的两个简谐运动的合成,仍然是个同频率的简谐运动,它的振幅和初相位由(6.4-1)(6.4-2)两式决定.

应用旋转矢量也可以得到相同的结果. 它们相应的旋转矢量如图 6-8(a)所示. 矢量 $\boldsymbol{A}_1$,$\boldsymbol{A}_2$ 以相同的角速度 $\boldsymbol{\omega}$ 旋转,在时刻 t,它们的相角分别是 $\omega t + \varphi_1$ 和 $\omega t + \varphi_2$,它们在 x 轴上的投影分别是 x_1 和 x_2,$\boldsymbol{A}_1$ 和 $\boldsymbol{A}_2$ 的合成矢量 $\boldsymbol{A}$ 在 x 轴上的投影,就是合振动的位移. 因为 $\boldsymbol{A}_1$,$\boldsymbol{A}_2$ 旋转的角速度相同,两者的夹角 $\varphi_2 - \varphi_1$ 是个恒量,图中的平行四边形形状在旋转中保持不变. 所以,合矢量 $\boldsymbol{A}$ 也以角速度 ω 旋转,且长度不变,因而 $\boldsymbol{A}$ 在 x 轴上的投影,即合振动,也是简谐运动,振动方程为 $x = A\cos(\omega t + \varphi)$.

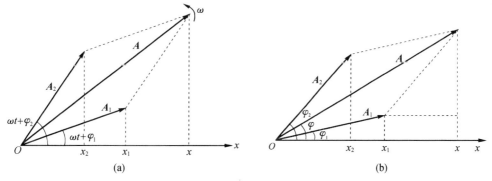

图 6-8 旋转矢量的合成

图 6-8(b)中 $\boldsymbol{A}$ 的长度即合振动的振幅,在 $t=0$ 时的 $\boldsymbol{A}$ 与 x 轴的夹角 φ 即为合振动的初相,根据几何关系,对于 A 和 φ 也可以得到(6.4-1)式和(6.4-2)式.

从 (6.4-1) 式和 (6.4-2) 式可以看出,两个分振动的相位差 $\varphi_2 - \varphi_1$,对合振动起着决定性的作用.考虑两种特殊情况:

(1) 如果 $\varphi_2 - \varphi_1$ 是 2π 的整数倍,即两个分振动同相,由 (6.4-1) 式得
$$A = A_1 + A_2,$$
即合振幅是两个分振幅之和(图 6-9).

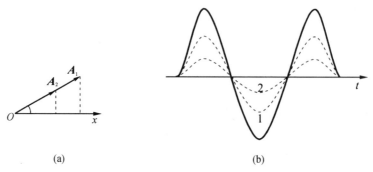

图 6-9 两个同相位简谐运动的合成

(2) 如果 $\varphi_2 - \varphi_1$ 是 π 的奇数倍,两个分振动反相,则
$$A = |A_1 - A_2|,$$
即合振幅是两个分振幅之差(图 6-10).如果 $A_1 = A_2$,则 $A = 0$,两个简谐运动相互抵消.

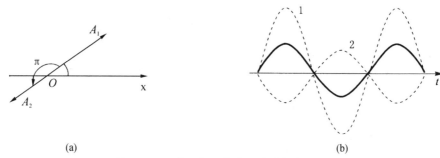

图 6-10 两个反相位简谐运动的合成

在一般情况下,相位差 $\varphi_2 - \varphi_1$ 取值在 0 与 π 之间,合振幅则在 $A_1 + A_2$ 和 $|A_1 - A_2|$ 之间.

6.4.2 同方向、不同频率的简谐运动的合成 拍

如果两个分振动具有不同的振动频率 ω_1 和 ω_2,根据旋转矢量法,与它们相应的两个旋转矢量 $\boldsymbol{A}_1$,$\boldsymbol{A}_2$ 将以不同的角速度 ω_1,ω_2 旋转,它们之间的夹角(即两分振动的相位差)将随时间而变化.这样,由 $\boldsymbol{A}_1$,$\boldsymbol{A}_2$ 构成的平行四边形的形状不再保持恒定,合矢量 $\boldsymbol{A}$ 的长度和角速度也将随时间而改变.因此,$\boldsymbol{A}$ 代表的合振动虽然与原来的振动方向相同,但不再是简谐运动,而是比较复杂的运动.

为方便起见,假定两个振动具有相同的振幅,初相位都为零,两分振动为
$$x_1 = A\cos\omega_1 t, \quad x_2 = A\cos\omega_2 t.$$
它们的合振动为 $x = x_1 + x_2 = A\cos\omega_1 t + A\cos\omega_2 t$,利用三角恒等式,有

$$x = 2A\cos\left(\frac{\omega_2 - \omega_1}{2}t\right)\cos\left(\frac{\omega_2 + \omega_1}{2}t\right). \tag{6.4-3}$$

当 ω_1 与 ω_2 相近，且 $|\omega_2 - \omega_1|$ 比 ω_1（或 ω_2）小得多时，上式中第一个因子 $2A\cos\left(\frac{\omega_2 - \omega_1}{2}t\right)$ 是随时间缓慢变化的量，第二个因子 $\cos\left(\frac{\omega_2 + \omega_1}{2}t\right)$ 是圆频率接近于 ω_1（或 ω_2）的简谐函数．因此，合振动可以看作是圆频率为 $\frac{\omega_1 + \omega_2}{2} \approx \omega_1$ 或 ω_2、振幅为 $\left|2A\cos\left(\frac{\omega_2 - \omega_1}{2}t\right)\right|$ 的简谐运动，而振幅的大小在做周期性的变化．这种振幅被调制而出现合振幅时强时弱的现象称为**拍**，振幅的变化频率称为**拍频**．图 6-11 说明两个振幅相同而频率稍有差别的同方向简谐运动的合成．图中(a)(b) 分别表示两个分振动，图(c) 是两振动的叠加，图(d) 是两振动的合成结果．

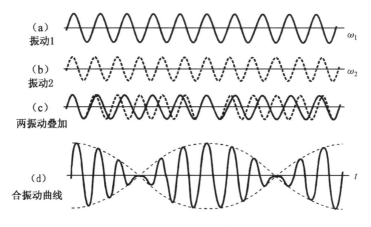

图 6-11 拍的形成

由于余弦函数绝对值的变化周期是 π，所以合振动振幅的变化周期 T 由下式决定，

$$\left|\frac{\omega_2 - \omega_1}{2}\right|T = \pi.$$

因此，拍频为

$$\nu = \frac{1}{T} = \left|\frac{\omega_2 - \omega_1}{2\pi}\right| = |\nu_2 - \nu_1|, \tag{6.4-4}$$

即拍频等于两分振动频率之差的绝对值．

例如，如果两个音叉分别以频率 438 Hz 和 442 Hz 振动着，结果合成的声音具有 440 Hz 的平均频率和 442 Hz - 438 Hz = 4 Hz 的拍频，也就是说我们能听到频率为 440 Hz 的声音，而该声音强度在 1 s 内有 4 次是最大．

拍是一种重要的物理现象，在声学和电子技术中有许多应用．例如，让标准音叉与待调整的钢琴某一键同时发音，如果出现拍音，就表示该键的频率与标准音叉的频率有差异．调整该键直到拍音消失，该键频率就被校准了．超外差收音机是利用拍现象的又一典型例子，它是将接收信号与本机振荡所产生的拍频信号进行放大、检波，从而提高整机灵敏度的．

6.5 相互垂直的简谐运动的合成

▶ 6.5.1 相互垂直、相同频率的简谐运动的合成

如果两个简谐运动以相同的频率分别沿相互垂直的 x 轴、y 轴方向振动,方程如下

$$x = A_1 \cos(\omega t + \varphi_1),$$
$$y = A_2 \cos(\omega t + \varphi_2).$$

那么,合振动在 $x\text{-}y$ 平面内的运动范围限制在 $x = \pm A_1$ 和 $y = \pm A_2$ 的矩形区域内. 从上面方程中消去 t,得合振动的轨迹方程

$$\frac{x^2}{A_1^2} + \frac{y^2}{A_2^2} - \frac{2xy}{A_1 A_2} \cos(\varphi_2 - \varphi_1) = \sin^2(\varphi_2 - \varphi_1). \tag{6.5-1}$$

这是一个椭圆轨道方程,下面讨论几个特殊情况.

(1) 若两个分振动同相,即 $\varphi_2 - \varphi_1$ 等于 2π 的整数倍,(6.5-1)式可简化为

$$y = \frac{A_2}{A_1} x. \tag{6.5-2}$$

合振动的轨迹为通过原点且在第一、第三象限中的直线[图 6-12(a)].

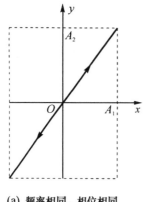
(a) 频率相同、相位相同

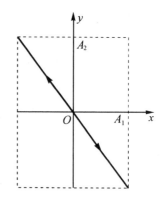
(b) 频率相同、相位相反

图 6-12

(2) 若两个分振动反相,即 $\varphi_2 - \varphi_1$ 等于 π 的奇数倍,(6.5-1)式可简化为

$$y = -\frac{A_2}{A_1} x. \tag{6.5-3}$$

合振动的轨迹为通过原点且在第二、第四象限的直线[图 6-12(b)].

(3) 若两个分振动的相位相差 $\frac{\pi}{2}$,(6.5-1)式可简化为

$$\frac{x^2}{A_1^2} + \frac{y^2}{A_2^2} = 1. \tag{6.5-4}$$

合振动的轨迹是以 x 和 y 为轴的椭圆(图 6-13). 如果 $\varphi_1 - \varphi_2 = \frac{\pi}{2}$,即 x 轴方向振动比 y 轴

方向振动超前 $\dfrac{\pi}{2}$,质点沿逆时针方向运动[图 6-13(a)]. 可以设想当 x 轴方向振动相位是零时, x 轴方向位移在 A_1 处, 此刻 y 轴方向振动相位是 $-\dfrac{\pi}{2}$, 位移是零, 且向正向运动, 所以合振动做逆时针运动. 相反, 若 $\varphi_1-\varphi_2=-\dfrac{\pi}{2}$, 即 x 轴方向振动比 y 轴方向振动落后 $\dfrac{\pi}{2}$, 质点沿顺时针方向转动. 设想当 x 轴方向振动相位是零时, x 轴方向位移在 A_1 处, 此刻 y 轴方向振动相位是 $\dfrac{\pi}{2}$, 位移是零, 且向负方向运动, 所以合振动做顺时针运动[图 6-13(b)].

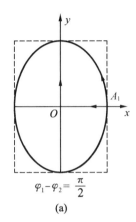
(a)

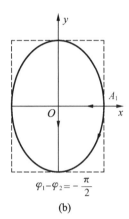
(b)

图 6-13　频率相同、相位相差 $\dfrac{\pi}{2}$

(4) 若相位差取其他数值, 合振动的轨迹仍是椭圆, 但椭圆的方位、形状、走向各不相同, 如图 6-14 所示.

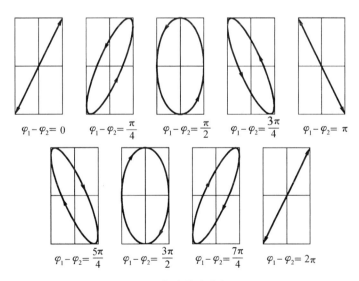

图 6-14　同频率的李萨如图形

应该指出, 与合成相反, 一个圆运动或椭圆运动可以分解为相互垂直的两个简谐运动.

6.5.2 相互垂直、不同频率的简谐的合成

如果两个分振动的频率不同,则合振动的轨迹与分振动的频率和分振动的初相位有关. 若两个分振动的振动方程为

$$x = A_1 \cos\omega_1 t,$$
$$y = A_2 \cos(\omega_2 t + \delta).$$

当两个分振动的频率 ω_1, ω_2 成简单整数比时,将合成稳定的封闭轨道,称**李萨如图**,如图 6-15 所示.

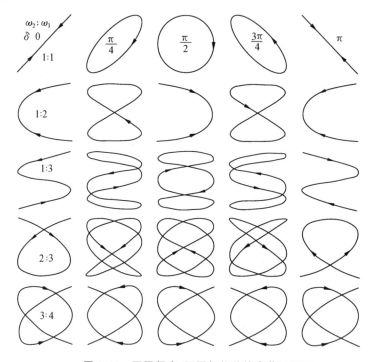

图 6-15　不同频率、不同相位差的李萨如图形

由于李萨如图形与分振动的频率比有关,因此可以通过李萨如图形来精确地比较频率. 在数字频率计广泛采用之前,这是测量电信号频率的最简便的方法.

6.6　阻尼振动

简谐运动是一种等幅振动,振动的能量不变. 实际上由于阻力的存在或能量的辐射,振动能量逐渐减少,振幅也逐渐减小,这种振动称**阻尼振动**.

如果振动物体的速度不大,阻力与速度成正比,即

$$f = -\gamma v = -\gamma \frac{dx}{dt},$$

其中 γ 为阻力系数,阻尼振动的动力学方程为

$$m\frac{d^2x}{dt^2} = -kx - \gamma\frac{dx}{dt}. \tag{6.6-1}$$

令
$$\omega_0^2 = \frac{k}{m}, \quad \beta = \frac{\gamma}{2m}, \tag{6.6-2}$$

ω_0 即无阻尼时系统做简谐运动时的圆频率,称系统的**固有圆频率**,β 称**阻尼因数**.于是方程可改写为

$$\frac{d^2x}{dt^2} + 2\beta\frac{dx}{dt} + \omega_0^2 x = 0. \tag{6.6-3}$$

它与简谐运动方程(6.2-2)的不同之处是多了一个附加项 $2\beta\frac{dx}{dt}$.对于不同的阻尼因数 β,方程有不同的解.

当 $\beta < \omega_0$ 时,方程(6.6-3)的解为
$$x = Ae^{-\beta t}\cos(\omega' t + \varphi), \tag{6.6-4}$$
$$\omega' = \sqrt{\omega_0^2 - \beta^2}. \tag{6.6-5}$$

式中 A,φ 为待定常数,由初始条件决定.因子 $\cos(\omega' t + \varphi)$ 表示质点的运动以 ω' 为圆频率做振动,振动圆频率比固有圆频率小.因子 $Ae^{-\beta t}$ 表示振幅不再恒定,按指数规律衰减,这种振动状态称**欠阻尼状态**[图 6-16(a)].阻尼振动的相图呈螺旋状,逐步向中心收缩[图 6-16(b)].

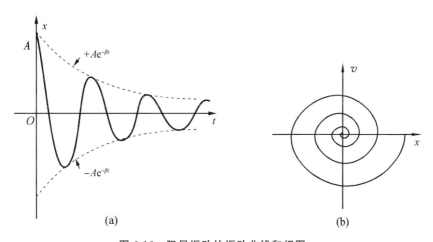

图 6-16 阻尼振动的振动曲线和相图

从图 6-16(a)可以看到,阻尼振动的位移不能在一个周期后恢复原值,所以,阻尼振动不是严格的周期运动,是一种准周期运动.如果把振动物体相继两次通过极大(或极小)位置所经历的时间叫作阻尼振动的周期 T',则

$$T' = \frac{2\pi}{\omega'} = \frac{2\pi}{\sqrt{\omega_0^2 - \beta^2}}. \tag{6.6-6}$$

可见,由于阻尼,振动变慢了.

若 $\beta > \omega_0$,方程(6.6-3)的解为
$$x = c_1 e^{-\left(\beta - \sqrt{\beta^2 - \omega_0^2}\right)t} + c_2 e^{-\left(\beta + \sqrt{\beta^2 - \omega_0^2}\right)t}. \tag{6.6-7}$$

式中 c_1, c_2 为由初始条件决定的常数. 上式说明, 此时质点不再做往复运动, 如果将质点移开平衡位置后释放, 质点便慢慢回到平衡位置停下来, 这种运动状态称**过阻尼状态**[图 6-17(b)].

若 $\beta = \omega_0$, 阻力的影响介于欠阻尼和过阻尼之间, 方程(6.6-3)的解为
$$x = (c_1 + c_2 t)e^{-\beta t}. \tag{6.6-8}$$
常数 c_1, c_2 同样由初始条件决定. 上式表示质点仍不做往复运动, 由于阻力较前者为小, 所以质点较快地回到平衡位置, 这种运动状态称**临界阻尼状态**[图 6-17(c)]. 临界阻尼应用于实际的一个例子是电流表的指针, 为了使指针尽快地稳定下来停止摆动, 必须使指针的运动处于临界阻尼状态.

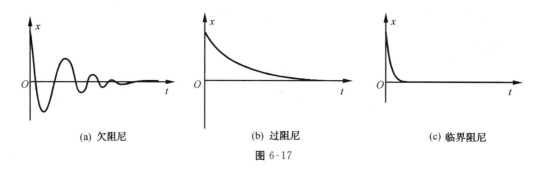

(a) 欠阻尼　　　　　　　(b) 过阻尼　　　　　　　(c) 临界阻尼

图 6-17

6.7　受迫振动　共振

▶ 6.7.1　受迫振动的运动特征

一个振动系统由于不可避免地要受到阻尼作用, 振动能量不断减小. 若没有能量的补充, 系统的运动将以阻尼振动的形式, 逐渐衰减并停止下来. 为了获得稳定的振动, 必须对系统施加一周期性的外力, 系统在周期性外力作用下所进行的振动称为受迫振动, 这种周期性的外力称为驱动力. 例如, 扬声器中纸盆的振动、机器运转时引起基座的振动等都是受迫振动.

为简单起见, 设驱动力为
$$F(t) = F_0 \cos\omega t, \tag{6.7-1}$$
则受迫振动的动力学方程为
$$m\frac{d^2 x}{dt^2} = -kx - \gamma \frac{dx}{dt} + F_0 \cos\omega t. \tag{6.7-2}$$
令
$$\omega_0^2 = \frac{k}{m}, \quad 2\beta = \frac{\gamma}{m}, \quad f_0 = \frac{F_0}{m},$$
得
$$\frac{d^2 x}{dt^2} + 2\beta \frac{dx}{dt} + \omega_0^2 x = f_0 \cos\omega t. \tag{6.7-3}$$
这个微分方程(6.7-3)的解为

$$x = A_0 e^{-\beta t}\cos(\sqrt{\omega_0^2-\beta^2}\,t+\varphi') + A\cos(\omega t+\varphi). \tag{6.7-4}$$

其中第一项即减幅的阻尼振动,它随着时间衰减到可以忽略。第二项振幅不变的振动,开始时,系统的振动比较复杂,有一段暂态过程,经过一段时间后,暂态消失,进入稳定振动状态,

$$x = A\cos(\omega t+\varphi). \tag{6.7-5}$$

把(6.7-5)式代入(6.7-3)式,可以解得稳态解的振幅和初相位

$$A = \frac{f_0}{\sqrt{(\omega^2-\omega_0^2)^2+4\beta^2\omega^2}}, \tag{6.7-6}$$

$$\tan\varphi = \frac{-2\beta\omega}{\omega_0^2-\omega^2}. \tag{6.7-7}$$

(6.7-6)式和(6.7-7)式反映了受迫振动稳态解的特征,其振动频率与驱动力的频率相同,其振幅及初相位与初始条件无关,完全由驱动力和系统的固有参数决定.

▶ 6.7.2 共振

(6.7-6)式表明,如果驱动力的幅值一定,则受迫振动稳态时的位移振幅随驱动力的频率而改变.图6-18画出了不同阻尼时位移振幅与驱动力圆频率之间的关系曲线.可以看出,当驱动力的圆频率为某个特定值时,位移振幅达到极大值.这种位移振幅达到极大值的现象叫作**位移共振**.发生共振时驱动力的圆频率称为共振圆频率.用求极值的方法,可得,共振圆频率满足下式

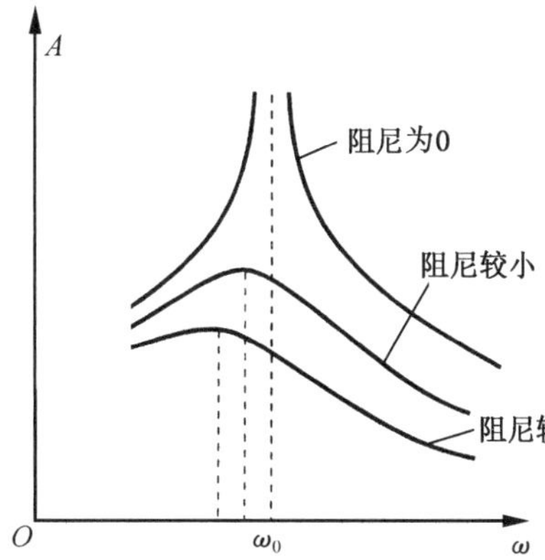

$$\omega_{共振} = \sqrt{\omega_0^2-2\beta^2}. \tag{6.7-8}$$

图 6-18 位移振幅与驱动频率的关系

即系统的共振圆频率与系统自身性质有关,也与阻尼常量有关,且略小于系统的固有圆频率 ω_0. 阻尼越小,$\omega_{共振}$ 越接近 ω_0,共振的振幅也越大.

由(6.7-5)式,可以求得受迫振动稳态时的振动速度为

$$v = \frac{dx}{dt} = -\omega A\sin(\omega t+\varphi) = \omega A\cos\left(\omega t+\varphi+\frac{\pi}{2}\right). \tag{6.7-9}$$

其中 ωA 称为速度幅值 v_0,由(6.7-6)式,

$$v_0 = \omega A = \frac{\omega f_0}{\sqrt{(\omega^2-\omega_0^2)^2+4\beta^2\omega^2}}. \tag{6.7-10}$$

由上式可以看出,受迫振动的速度在一定条件下也可以发生共振,称速度共振.也可用求极值的方法,求得当驱动力的圆频率与系统的固有圆频率 ω_0 相等,即

$$\omega_{共振} = \omega_0 \tag{6.7-11}$$

时,振动速度的幅值达到最大值.另外,在驱动力确定的情况下,阻尼越小,速度振幅的极大值也越大,共振曲线也越尖锐(图6-19).

在阻尼很小的情况下,位移共振圆频率接近于速度共振圆频率,位移共振与速度共振可以不加区分.

共振现象极为普遍,在声、光、电子学、原子物理及核物理和工程技术等领域都有应用. 例如,顺磁共振、核磁共振和铁磁共振等,已经成为研究物质结构的重要手段. 收音机、电视接收机的调谐,就是利用电磁共振来接收某一频率的电磁波. 在设计桥梁和其他建筑物时,必须避免由于车辆行驶、风浪袭击等周期性冲击而引起的共振,当这种共振发生时,振幅可能达到使桥梁和建筑物破坏的程度.

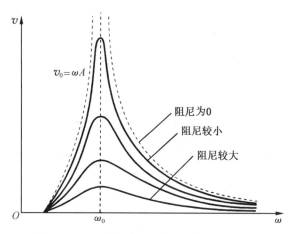

图 6-19 速度振幅与驱动频率的关系

*6.7.3 混沌

考虑一个刚性摆,对于转轴,除了重力矩 $M_0 = -mgl\sin\theta$ 之外,还有阻力矩 $M_1 = -c_1 \dfrac{\mathrm{d}\theta}{\mathrm{d}t}$,驱动力矩 $M_2 = c_2 \cos\omega t$. 作适当变换,刚性摆的动力学方程可以表达为

$$\frac{\mathrm{d}^2\theta}{\mathrm{d}t^2} + 2\beta \frac{\mathrm{d}\theta}{\mathrm{d}t} + \omega_0^2 \sin\theta = f_0 \cos\omega t. \tag{6.7-12}$$

上式中 $\sin\theta$ 是非线性项,因而这种刚性摆也称**非线性振子**. 在线性受迫振动的(6.7-3)式所示的线性振子,在达到稳定状态后按(6.7-5)式的规律振动,只要初始条件 v_0, x_0 以及参量 f_0, β, ω_0 和 ω 的值确定,振子具有完全确定的运动状态. 也就是说,振子在任意时刻的状态都是可以预测的,即使初始条件稍有不同,运动状态不会有大的变化. 但是,(6.7-12)式所示的非线性振子却不同,当参量 f_0, β, ω_0 和 ω 取某些值时,如果两次运动的初始条件 ω_0 和 θ_0 有细微的差异,振子的运动会变得完全不同,其行为显示出明显的不可预测性. 这样的行为称**混沌**(Chaos). 应当指出,混沌不是由于初始条件不同而引起的误差积累,也不是一般的随机性,而是由于系统本身的非线性从而导致运动对初始条件的敏感,即所谓**蝴蝶效应**.

随着对非线性系统和混沌研究的进展,对混沌特征的认识将进一步深化,人们期望着混沌理论有助于揭示从流体、气象、地震直到心脏和神经生理这样一些高度非线性问题的本质. 而且对混沌现象的研究,已经从自然科学领域扩展到人文科学、经济学、社会学等领域.

内容提要

1. 简谐运动.

(1) $x=A\cos(\omega t+\varphi)$, $\ddot{x}+\omega_0^2 x=0$, $F=-kx$.

简谐运动可以用旋转矢量表示.

(2) $v=\dot{x}=-\omega A\sin(\omega t+\varphi)=\omega A\cos(\omega t+\varphi+\frac{\pi}{2})$.

$a=\ddot{x}=-\omega^2 A\cos(\omega t+\varphi)=-\omega^2 x$.

(3) 机械能 $E_{总}=\frac{1}{2}kA^2$, 势能 $E_p=\frac{1}{2}kx^2$, 动能 $E_k=\frac{1}{2}mv^2$.

2. 简谐运动的三个特征量.

(1) 振幅(偏离平衡位置最大距离) A 取决于振动的能量.

(2) 频率(单位时间内振动次数) $\nu=\frac{1}{T}$, 由振动系统本身性质决定.

周期(振动一次的时间) $T=\frac{1}{\nu}=\frac{2\pi}{\omega}$.

圆频率(单位时间内相位变化): $\omega=2\pi\nu$.

$T_{单摆}=2\pi\sqrt{\frac{l}{g}}$, $T_{弹簧振子}=2\pi\sqrt{\frac{m}{k}}$, $T_{复摆}=2\pi\sqrt{\frac{I_0}{mgb}}$.

(3) 初相位 φ: 由计时起点决定.

相位差(反映振动步调):

同相　$\varphi_2-\varphi_1=2k\pi$　　　　$(k=0,1,2,\cdots)$;

反相　$\varphi_2-\varphi_1=(2k+1)\pi$　　$(k=0,1,2,\cdots)$.

3. 阻尼振动.

$m\ddot{x}=-kx-r\dot{x}$, $\ddot{x}+2\beta\dot{x}+\omega_0^2 x=0$ (ω_0——系统的固有圆频率, β——阻尼因数).

(1) 欠阻尼($\beta<\omega_0$): $\omega=\sqrt{\omega_0^2-\beta^2}$, 振幅按指数衰减.

(2) 过阻尼($\beta>\omega_0$).

(3) 临界阻尼($\beta=\omega_0$): 停到平衡位置时间最短.

4. 受迫振动.

$m\ddot{x}=-kx-r\dot{x}+F_0\cos\omega t$, $\ddot{x}+2\beta\dot{x}+\omega_0^2 x=f_0\cos\omega t$.

运动过程: 暂态+稳态. 稳态: $x=A\cos(\omega t+\varphi)$.

共振: 位移共振 $\omega=\sqrt{\omega_0^2-2\beta^2}$, $A\to A_m$; 速度共振 $\omega=\omega_0$, $v\to v_m$.

5. 两同方向、同频率的简谐运动合成, 合振动的振幅取决于分振动的振幅和相位差.

6. 拍: 两同方向简谐运动合成, 因周期微小差别而造成合振幅时而加强, 时而减弱的现象. 合振动的单位时间加强或减弱次数, 称为拍频. $\nu=\nu_2-\nu_1$.

7. (1) 相互垂直的两个同频率的简谐运动合成, 合运动轨迹一般为椭圆. 其具体形状取决于分振动的振幅和相位差.

(2) 李萨如图形(不同频率垂直振动的合成):频率比 $\frac{\omega_1}{\omega_2}$ 为有理数时轨迹闭合,为无理数时轨迹不闭合.图形不仅与 $\Delta\varphi=\varphi_2-\varphi_1$ 有关,且与 φ_2,φ_1 有关.

习 题

6-1 如果作用在质点上的力 $F=kx(k>0)$,那么质点所做的运动是不是周期性的?如果 $F=-kx^2$,又怎样?

6-2 把一单摆向右拉开一小角度 φ,然后释放让其振动.以释放作计时起点,φ 是否就是初相位?小球绕悬挂点的角速度是否就是圆频率?

6-3 振幅 A 是个代数量吗?A 能不能取负值?$x=-A$ 是什么意思?

6-4 一重物挂在弹簧上,拉离平衡位置释放后做简谐运动.若第一次拉开的距离比第二次拉开的距离短,两次振动的周期和振幅是否相同?

6-5 在同一弹簧上分别挂不同质量的小球,使之做振动.两小球的振动周期和振幅是否相同?

6-6 设有一质量未知的物体和一劲度系数未知的弹簧,为了测定这一系统的振动周期,把重物挂在弹簧下,只要测出平衡时弹簧的伸长量 x 即可.为什么?

6-7 如果把简谐运动方程
$$x=A\cos(\omega t+\varphi),$$
改写为
$$x=A\cos\omega\left(t+\frac{\varphi}{\omega}\right),$$
那么,量值 $\frac{\varphi}{\omega}$ 的物理意义是什么?

6-8 弹簧振子在水平方向做简谐运动时,弹性力在 1 个周期内做功多少?$\frac{1}{2}$ 个周期内呢?$\frac{1}{4}$ 个周期内呢?

6-9 小孩坐在树枝上,静止时树枝不会折断.如果小孩做周期性摇晃,树枝有可能折断,为什么?

6-10 一简谐振子由下列方程描述(x,t 的单位分别为 m,s)
$$x=4\cos(0.1t+0.5).$$
(1) 求振动的振幅、周期、频率和初相位;
(2) 求振动速度和加速度的表达式;
(3) 求 $t=0$ 时的位移、速度和加速度;
(4) 求 $t=5$ s 时的位移、速度和加速度;
(5) 画出位移、速度和加速度作为时间的函数曲线.

6-11 一物体做简谐运动,振幅为 15 cm,频率为 4 Hz,试计算:
(1) 物体的最大速度和最大加速度;
(2) 位移为 9 cm 时物体的速度和加速度;

(3) 物体从平衡位置运动到相距平衡位置 12 cm 处所需的时间.

6-12 一质量为 1×10^{-3} kg 的质点做简谐运动,其振幅为 2×10^{-4} m,质点在其轨道末端的加速度的大小为 8.0×10^3 m/s².

(1) 试计算该质点的振动频率;

(2) 求当质点通过平衡位置和位移为 1.2×10^{-4} m 时的速度;

(3) 写出作用在该质点上的力作为坐标的函数和作为时间的函数.

6-13 一个沿 x 轴做简谐运动的弹簧振子,振幅为 A,周期为 T,其振动方程用余弦函数表达. 如果 $t=0$ 时,振子的状态分别是以下几种情况,试写出振子的振动方程.

(1) $x_0=-A$;

(2) 过平衡位置向正方向运动;

(3) 过 $x=\dfrac{A}{2}$ 处向负方向运动;

(4) 过 $x=-\dfrac{A}{\sqrt{2}}$ 处向正方向运动.

6-14 已知一个谐振子的振动曲线如图所示.

(1) 求和 a,b,c,d,e 各状态相应的相位;

(2) 写出振动表达式.

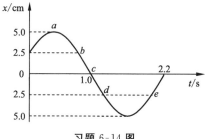

习题 6-14 图

6-15 质量为 m 的物体在光滑的水平面上做简谐运动,振幅为 12 cm,在距平衡位置 6 cm 处时的速度为 24 cm/s,求:

(1) 振动的周期 T;

(2) 当速度等于 12 cm/s 时的位移.

6-16 一定滑轮的半径为 R,转动惯量为 I,其上挂一轻绳,绳的一端系一质量为 m 的物体,另一端与一固定的轻弹簧相连,如图所示. 设弹簧的劲度系数为 k,绳与滑轮间无相对滑动,忽略轴的摩擦力及空气阻力. 现将物体 m 从平衡位置向下拉一微小距离后放手,证明物体做简谐运动,并求其振动的圆频率.

6-17 在直立的 U 形管中装有质量为 $m=240$ g 的水银(密度 $\rho=13.6\times 10^3$ kg/m³),管的截面积为 $S=30$ cm²,忽略水银与管壁的摩擦. 当水银面上下振动时,

(1) 求其振动方程;

(2) 计算振动周期.

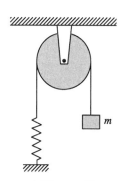

习题 6-16 图

6-18 一摆钟的摆动周期为 2 s,如果摆长增加 1×10^{-4} m,求 24 h 后该钟的误差. g 取 9.80 m/s².

6-19 一棒长 1 m,一端悬挂,构成一复摆.

(1) 求振动周期和等值摆长;

(2) 在棒上取一悬挂点,此悬挂点距棒一端的距离等于(1)中求出的等值摆长,求棒以该悬挂点作为复摆的振动周期.

6-20 一半径 $R=12$ cm 的圆盘,转轴与盘面垂直,与盘心相距 $r(r<R)$. 圆盘绕轴转动

形成一复摆. 当 $r=0, \dfrac{R}{4}, \dfrac{R}{2}, \dfrac{3R}{4}, R$ 时, 分别求复摆小角度振动的周期.

6-21 一根米尺, 挂在通过它一端的水平轴上作为复摆而振动, 一体积很小而质量和米尺相同的物体固定在米尺上, 此物体与转轴相距 h. 设系统振动周期为 T, 米尺单独振动时的周期为 T_0.

(1) 试求 $h=0.5$ m, $h=1.0$ m 时的比值 $\dfrac{T}{T_0}$;

(2) 是否存在一个 h, 使 $T=T_0$? 如存在, 试解释周期相同的原因.

6-22 一弹簧下悬挂质量为 50 g 的物体, 物体沿竖直方向的运动方程为
$$x = 2\sin 10t.$$
其中时间单位为 s, 长度单位为 cm. 平衡位置取为零势能点. 求

(1) 弹簧的劲度系数;

(2) 最大动能;

(3) 振动系统的总机械能.

6-23 在水平光滑的桌面上用轻弹簧连接两个质量都是 $m=0.05$ kg 的小球, 如图所示. 弹簧的劲度系数 $k=1\times 10^3$ N/m. 今沿弹簧轴线向相反方向拉开两球然后释放, 求此后两球的振动频率.

习题 6-23 图

6-24 一物体质量为 0.25 kg, 在弹性力作用下做简谐运动, 弹簧的劲度系数为 25 N/m. 如果开始振动时系统具有势能 0.06 J 和动能 0.02 J, 求:

(1) 振动的振幅;

(2) 动能等于势能时物体的位移;

(3) 经过平衡位置时物体的速度.

6-25 质量为 10×10^{-3} kg 的小球与轻弹簧组成弹簧振子, 运动方程为
$$x = 0.1\cos\left(8\pi t + \dfrac{2\pi}{3}\right).$$
其中 t 以 s 为单位, x 以 m 为单位.

(1) 求 $t=1$ s, 2 s, 5 s, 10 s 等各时刻小球的相位;

(2) 分别画出振动的 $x\text{-}t$ 图线、$v\text{-}t$ 图线和 $a\text{-}t$ 图线;

(3) 求最大回复力、振动能量、平均动能和平均势能.

6-26 质量为 0.10 kg 的物体, 以振幅 1.0×10^{-2} m 做简谐运动, 其最大加速度为 4.0 m/s². 求:

(1) 振动的周期;

(2) 物体通过平衡位置时的总能量与动能;

(3) 物体的动能与势能相等的位置;

(4) 当物体的位移为振幅的一半时, 其动能、势能与总能量的比例.

6-27 一质点同时参与两个在同一直线上的简谐运动, 其表达式为
$$x_1 = 4\cos\left(2t + \dfrac{\pi}{6}\right),$$
$$x_2 = 3\cos\left(2t - \dfrac{5\pi}{6}\right).$$

试求其合振动的振幅和初相位.

6-28 一质点同时参与两个同方向的简谐运动,振动方程分别为
$$x_1 = 5 \times 10^{-2} \cos\left(4t + \frac{\pi}{3}\right),$$
$$x_2 = 3 \times 10^{-2} \sin\left(4t - \frac{\pi}{6}\right).$$
画出两振动的旋转矢量图,并求合振动的振动方程.(题中涉及的物理量均采用国际单位制)

6-29 一物体同时参与两个同方向的简谐运动:
$$x_1 = 0.04 \cos\left(2\pi t + \frac{\pi}{2}\right),$$
$$x_2 = 0.03 \cos(2\pi t + \pi).$$
求此物体的振动方程.(题中涉及的物理量均采用国际单位制)

6-30 有两个同方向、同频率的简谐运动,其合成振动的振幅为 0.20 m,相位与第一振动的相位差为 $\frac{\pi}{6}$.已知第一振动的振幅为 0.173 m,求第二振动的振幅以及第一、第二振动之间的相位差.

第7章 波 动

振动在空间的传播称为波动,简称波.激发波动的振动系统称为波源.机械振动在介质中的传播称为机械波,如声波、水波、地震波等都是机械波.机械波只能在弹性介质中传播,在真空中无法传播.电场和磁场的变化在空间的传播称为电磁波,如无线电波、微波、光波、X射线等都属于电磁波.电磁波的传播无需介质,它们可以在真空中传播.近代物理学认为,物质粒子也具有波动性,这种波动性在像电子、质子等基本粒子,甚至在原子和分子的运动过程中都可以找到其存在的证据,此类波称为物质波.各种不同的波产生和传播的机制各不相同,但它们都具有波动的共同特性.例如,它们都是一定的振动状态和能量以一定的速度在空间的传播,都有反射和折射等传播特性,都有干涉和衍射等波动特性.本章主要以机械波为例,首先讨论最简单、最基本的平面简谐波的波动方程和传播的特征及规律;其次,讨论波的能量和能流密度;然后讨论波的叠加、干涉和驻波;最后讨论波源和观察者相对于介质运动时产生的多普勒效应.

7.1 机械波的产生和传播

▶ 7.1.1 机械波的产生

由无数质点组成的连续系统,如果其各部分之间有相互作用,这个系统就称为连续介质.如果相互作用是弹性的,这种介质就称为弹性介质.弹性介质中,每个质点都有一个平衡位置.当介质中某一质点离开了它的平衡位置,该处介质就发生形变,邻近质点将对它施加弹性回复力,使它回到平衡位置,由于质点具有惯性,质点就在平衡位置附近振动起来.与此同时,振动的质点也对邻近的质点施加反作用力,迫使它们也在各自的平衡位置附近振动起来.这样,振动便在介质中传播开去.机械振动在弹性介质中传播形成的波叫作**机械波**.机械波的产生,一是要有做机械振动的物体,即波源;二是要有具有弹性的介质.

▶ 7.1.2 横波和纵波

按照质点振动方向和波的传播方向的关系,波可分为横波和纵波两种最基本的形式.

在波动中,如果质点的振动方向和波的传播方向相互垂直,这种波称为横波,如图7-1(a)所示.抖动绳子的一端,绳子上交替出现波峰和波谷,它们以一定的速度沿绳传播,这就是横波的外形特征.

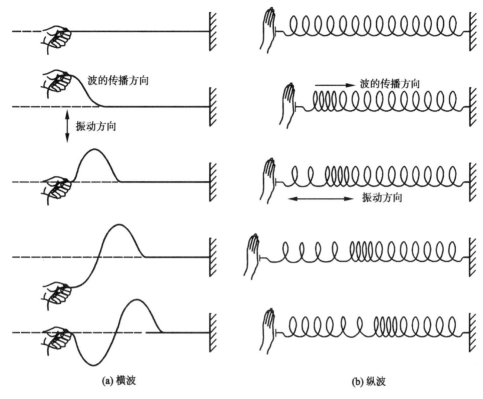

图 7-1　机械波的形成

如果质点的振动方向和波的传播方向平行,这种波称为纵波,如图 7-1(b)所示.拍打弹簧的一端,各部分弹簧依次左右振动起来,在弹簧上交替出现疏和密的区域,并且以一定的速度沿弹簧传播,这就是纵波的外形特征.

从图 7-1 还可以看出,无论是横波还是纵波,它们都只是振动状态的传播,弹性介质中各质点仅在它们各自的平衡位置附近振动,并没有随波前进.

一般来说,介质中质点的振动情况是很复杂的,由此产生的波动也很复杂.例如,水面上传播的水面波,水质点既有上下运动,也有前后运动.因此,既不是纯粹的横波,也不是纯粹的纵波.但任何复杂的波都可以分解为横波和纵波来进行研究.

▶ 7.1.3　波阵面和波射线

当波从波源出发,向外传播时,离波源稍远的质点的振动状态比离波源稍近的质点的振动状态要滞后一些,或者说,振动的相位落后.在某一时刻,波动传到的地方,各质点具有相同的振动状态或相位,这些具有相同振动状态或相位的质点构成的同相面,也称**波阵面**或**波面**.波在传播过程中,最前面的一个波阵面称为**波前**.

波阵面是平面的波动称为平面波,如图 7-2(a)所示.波阵面是球面的波称为球面波,如图 7-2(b)所示.

波的传播方向称为**波射线**,也称**波线**.在各向同性介质中,波线总是和波阵面相垂直.平面波的波线是一系列垂直于波阵面的平行线,球面波的波线是以波源为中心向外的径向射线.

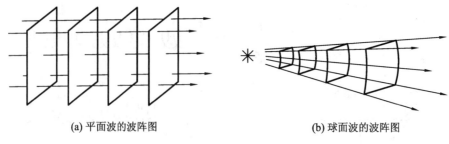

(a) 平面波的波阵图　　　　　(b) 球面波的波阵图

图 7-2　波阵面

平面波和球面波是两种常见的理想的波. 当波源的大小和形状可视为点波源时, 它在各向同性均匀介质中传播的波阵面是以波源为中心的同心球面, 即球面波. 在远离波源的地方, 波阵面的一个小部分可以看作是平面, 故可作平面波处理.

▶ *7.1.4　物体的弹性形变

前面已指出, 机械波都在弹性介质内传播, 为了说明机械波的传播, 先介绍有关物体弹性形变的几个物理量.

1. 体变弹性模量

设有一立方体受到各方向的压力[图 7-3(a)]. 如果用 f 表示正压力, S 表示受力的面积, 量值 $p=\dfrac{f}{S}$ 叫作**正应力**. 在正应力 p 作用下, 立方体的体积由 V 变化到 V', 体积的相对变化 $\dfrac{\Delta V}{V}=\dfrac{V'-V}{V}$ 称作**体应变**. 实验发现, 正应力与体应变成正比, 即

$$p = -B\dfrac{\Delta V}{V}. \tag{7.1-1}$$

式中比例系数 B 为**体变弹性模量**. 因为 ΔV 是个负值, 所以式中要有一个负号.

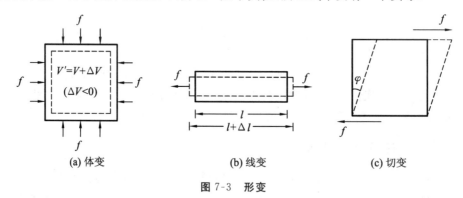

(a) 体变　　　　　(b) 线变　　　　　(c) 切变

图 7-3　形变

2. 杨氏弹性模量

设有一柱体, 两端受拉力作用[图 7-3(b)]. 如果柱体的横截面积为 S, 长为 l, 受力 f 作用时, 伸长 Δl, 则用 $\sigma=\dfrac{f}{S}$ 表示**正应力**, 相对伸长 $\dfrac{\Delta l}{l}$ 称为**线应变**. **胡克定律**指出, 在固体的弹性范围内, 正应力与线应变成正比, 即

$$\sigma = Y\dfrac{\Delta l}{l}. \tag{7.1-2}$$

式中比例系数 Y 为杨氏弹性模量.

3. 切变弹性模量

设有一柱体,两端底面上受切向力 f 作用,这时柱体产生一切变[图 7-3(c)],切变中**切应变**的量值可用角 φ 表示,**切应力**以 $\sigma=\dfrac{f}{S}$ 表示,S 为柱体底面面积.胡克定律指出,在固体弹性范围内,切应力与切应变成正比,即

$$\sigma = G\varphi. \tag{7.1-3}$$

式中 G 为切变弹性模量.

上述的弹性模量均与材料的性质有关.SI 制中,体变弹性模量 B、杨氏弹性模量 Y 以及切变弹性模量 G 的单位均为牛/米²(N/m²).

▶ 7.1.5 波的传播速度

在波动过程中,某振动状态(即振动相位)在单位时间内传播的距离叫作**波速**,也称**相速**,用字母 u 表示.波速的大小取决于介质的性质.具体地说,就是取决于介质的密度和弹性模量.

流体中,只有体变弹性,没有切变弹性,所以流体内部只能传播弹性纵波.理论证明,在流体内,纵波波速为

$$u = \sqrt{\dfrac{B}{\rho}}. \tag{7.1-4}$$

式中 B 是流体的体变弹性模量,ρ 是流体的密度.

对于固体,能产生切变、体变、线应变等弹性形变,所以固体中能传播与切变有关的横波,又能传播与体变、线应变有关的纵波,波速分别为

$$u_{横} = \sqrt{\dfrac{G}{\rho}}, \tag{7.1-5}$$

$$u_{纵} = \sqrt{\dfrac{Y}{\rho}}. \tag{7.1-6}$$

式中 G,Y 分别是固体的切变弹性模量和杨氏弹性模量.

对于一根张紧的细绳,横波波速为

$$u = \sqrt{\dfrac{T}{\mu}}. \tag{7.1-7}$$

式中 T 为细绳的张力,μ 为细绳的线密度.

当把空气视为理想气体时,根据分子动理论和热力学,可推导出声波在空气中的传播速率为

$$u_{声} = \sqrt{\dfrac{\gamma p}{\rho}}. \tag{7.1-8}$$

式中,γ 是气体的比热容比,对空气 $\gamma=1.40$.p 是空气的压强,ρ 为空气的密度.标准状态下,$p=1.013\times10^5$ Pa,$\rho=1.293$ kg/m³.由这些数据求得空气中的声速 $u\approx332$ m/s.

7.2 平面简谐波方程

7.2.1 简谐波

当波源在均匀、无吸收的介质中做频率为 ω 的简谐振动时,介质中各质点也做相同频率 ω 的简谐振动,这样形成的波称简谐波. 简谐波是一种最简单、最基本的波,任何一种复杂的波,都可以表示为若干不同频率、不同振幅的简谐波的合成. 因此,研究简谐波具有特别重要的意义.

波阵面是平面的简谐波称**平面简谐波**. 在传播平面简谐波的介质中,所有质点都做与波源同频率、同振幅的简谐运动,只是振动相位沿传播方向依次落后而已.

7.2.2 平面简谐波方程

如图 7-4 所示,一平面简谐波在无吸收的均匀无限大介质中传播,波速为 u. 取任一波线为 x 轴,波沿 x 轴的正方向传播. 设在原点 O 处质点做简谐运动的振动方程为

$$y_O = A\cos(\omega t + \varphi).$$

式中 y_O 表示 O 处质点在时刻 t 相对于平衡位置的位移,A 是振幅,ω 是圆频率,φ 为初相. 沿波线任取一点 P,距原点的距离为 x. 当振动从 O 点传播到 P 点时,P 点以相同的频率和振幅做相同的简谐运动,只是振动状态落后于 O 点的振动状态. P 点落后于 O 点的时间是 $\dfrac{x}{u}$,也就是说,P 点在 t 时刻的振动状态

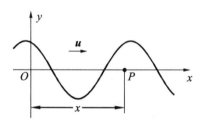

图 7-4 P 的振动比原点落后时间 $\dfrac{x}{u}$

就是 O 点在 $t - \dfrac{x}{u}$ 时刻的振动状态. 用 $t - \dfrac{x}{u}$ 代替 O 点振动方程中的 t,就可以得到任意时刻 t,任意点 P 的振动方程

$$y = A\cos\left[\omega\left(t - \frac{x}{u}\right) + \varphi\right]. \tag{7.2-1}$$

此式表示的是波线上任一点的振动,反映了波线上(也即介质中)各点位移随时间变化的整体图像. 因此,(7.2-1)式即为沿 x 轴正向传播的平面简谐波的运动学方程,简称平面简谐波方程,又称**波函数**.

波函数(7.2-1)式含有两个自变量 x 和 t. 如果 x 给定,(7.2-1)式表示的是位于 x 处的质点在任意时刻的位移,相应的 y-t 图就是该点的振动曲线,完成一次完整振动的时间间隔,即振动周期 T,如图 7-5 所示.

如果 t 给定,(7.2-1)式表示的是波线上各质点在时刻 t 的位移,相应的 y-x 图就是在该时刻的波形,如图 7-6 所示.

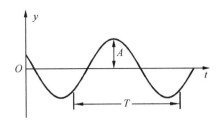

图 7-5 振动质点的位移时间曲线

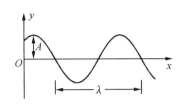

图 7-6 在给定时刻各质点的位移与平衡位置的关系

如果 x 和 t 都变化,(7.2-1)式表示波线上所有质点的位移随时间而变化的整体情况,即表示不同时刻的波形. 图 7-7 画出了 t 时刻和 $t+\Delta t$ 时刻的两个波形图. 图中 t 时刻的波形(实线)经过时间 Δt 传到了图中的虚线的位置. 传播的速度就是波速 u.

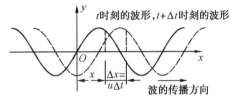

图 7-7 波的传播

▶ 7.2.3 波长和频率

同一波线上两个相邻的相位差为 2π 的质点间的距离,即一个完整波的长度称为**波长**,用 λ 表示. 显然横波上相邻两个波峰或相邻两个波谷之间的距离,就是一个波长;纵波上相邻两个密部或相邻两个疏部对应点之间的距离,也是一个波长.

波前进一个波长所需要的时间,或一个完整波形通过波线上某点所需要的时间,称为**波的周期**,用 T 表示. 显然,波速 u、波长 λ 和周期 T 三者之间有如下关系:

$$u = \frac{\lambda}{T}. \tag{7.2-2}$$

单位时间内波动传播的完整波的数目称为**波的频率**,用 ν 表示. 因此,频率也就是周期的倒数,即 $\nu = \frac{1}{T}$. 所以

$$u = \lambda \nu. \tag{7.2-3}$$

在周期 T 内波线上所有质点都完成一次完整振动. 所以波具有时空双重周期性,这也是一切波动的基本特征. (7.2-2)式和(7.2-3)式对各类波都适用,具有普遍意义. 应该指出,波速虽由介质的性质决定,但波的频率是波源振动的频率,与介质无关. 因此,同一频率的波,其波长将随介质的不同而不同.

▶ 7.2.4 简谐波方程的其他形式

利用关系式 $\omega = 2\pi\nu = \frac{2\pi}{T}, u = \lambda\nu = \frac{\lambda}{T}$,(7.2-1)式也可以表示为

$$y = A\cos\left[2\pi\left(\frac{t}{T} - \frac{x}{\lambda}\right) + \varphi\right], \tag{7.2-4}$$

$$y = A\cos\left[2\pi\left(\nu t - \frac{x}{\lambda}\right) + \varphi\right], \tag{7.2-5}$$

$$y = A\cos\left[\frac{2\pi}{\lambda}(ut-x)+\varphi\right]. \tag{7.2-6}$$

如果波沿 x 轴负方向传播,则 P 点的振动比 O 点的振动早了时间 $\frac{x}{u}$,因此,沿 x 轴负方向传播的平面简谐波方程为

$$y = A\cos\left[\omega\left(t+\frac{x}{u}\right)+\varphi\right], \tag{7.2-7}$$

$$y = A\cos\left[2\pi\left(\frac{t}{T}+\frac{x}{\lambda}\right)+\varphi\right], \tag{7.2-8}$$

$$y = A\cos\left[2\pi\left(\nu t+\frac{x}{\lambda}\right)+\varphi\right], \tag{7.2-9}$$

$$y = A\cos\left[\frac{2\pi}{\lambda}(ut+x)+\varphi\right]. \tag{7.2-10}$$

▶ **7.2.5 波动方程**

把平面简谐波方程(7.2-1)式分别对 t 及 x 偏微分两次,分别得到

$$\frac{\partial^2 y}{\partial t^2} = -A\omega^2\cos\left[\omega\left(t-\frac{x}{u}\right)+\varphi\right],$$

$$\frac{\partial^2 y}{\partial x^2} = -A\frac{\omega^2}{u^2}\cos\left[\omega\left(t-\frac{x}{u}\right)+\varphi\right].$$

比较上两式可得

$$\frac{\partial^2 y}{\partial x^2} = \frac{1}{u^2}\frac{\partial^2 y}{\partial t^2}. \tag{7.2-11}$$

这个方程称为**平面波的波动方程**. 任一平面波,即使不是简谐波,也可以把它分解成许多不同频率的简谐波的合成. 在对 t 及 x 偏微分两次后仍能得到(7.2-11)式. 所以式(7.2-11)是反映一切平面波的共同特征. 任何物理量,不管是力学量和电学量,只要它与时间和坐标的关系满足(7.2-11)式. 这一物理量就以波的形式传播.

应当指出,从沿 x 轴负方向传播的平面简谐波方程(7.2-7)也可以得到相同的波动方程(7.2-11). 以上是按运动学来推导波动方程,此外,还可以从动力学的观点来推导波动方程.

例 7-1 频率为 3 000 Hz 的声波,在海水中以 1 560 m/s 的速度沿一波线传播,波从波线上的 A 点传到 B 点,两点间距离 $\Delta x = 0.13$ m.

(1) 求波的周期和波长;
(2) B 点的振动比 A 点落后多长时间? 相当于多少个周期?
(3) A,B 间的距离相当于多少个波长?

解 (1) 周期 $T = \frac{1}{\nu} = \frac{1}{3\ 000}$ s. 由(7.2-3)式,波长

$$\lambda = \frac{u}{\nu} = \frac{1\ 560}{3\ 000}\ \text{m} = 0.52\ \text{m}.$$

(2) B 点的振动比 A 点落后的时间为

$$\Delta t = \frac{\Delta x}{u} = \frac{0.13}{1\,560}\text{ s} = \frac{1}{12\,000}\text{ s} = \frac{T}{4},$$

相当于落后 $\frac{1}{4}$ 个周期.

(3) A, B 间的距离 Δx 相当于的波长数为

$$\frac{\Delta x}{\lambda} = \frac{0.13}{0.52} = \frac{1}{4}.$$

计算表明，振动由 A 点传播到 B 点，用时为 $\frac{1}{4}$ 周期，波前进了 $\frac{1}{4}$ 波长的距离.

例 7-2 有一平面简谐波沿 x 轴正向传播，波速 $u = 1.0$ m/s. 已知位于坐标原点处的质点的振动规律为 $y = 0.1\cos(\pi t + \varphi)$（单位为 m），在 $t = 0$ 时，该质点的振动速度 $v_0 = 0.1\pi$ m/s，试求

(1) 波动表达式；

(2) $t = 1$ s 时 x 轴上各质点的位移分布规律；

(3) $x = 0.5$ m 处质点的振动规律.

解 (1) 由初始条件，求未知初相位 φ.

质点的振动速率
$$v = \frac{\mathrm{d}y}{\mathrm{d}t} = -0.1\pi\sin(\pi t + \varphi),$$
$$v_0 = -0.1\pi\sin\varphi = 0.1\pi.$$

由此得到，
$$\sin\varphi = -1, \varphi = -\frac{\pi}{2}.$$

所以，原点处质点振动规律为
$$y = 0.1\cos\left(\pi t - \frac{\pi}{2}\right) = 0.1\cos\pi\left(t - \frac{1}{2}\right).$$

简谐波方程为
$$y = 0.1\cos\pi\left(t - \frac{1}{2} - \frac{x}{u}\right) = 0.1\sin\pi(t - x). \qquad ①$$

(2) 把 $t = 1$ s 代入①式得
$$y = 0.1\sin\pi(1-x) = 0.1\sin\pi x.$$

(3) 将 $x = 0.5$ m 代入①式得
$$y = 0.1\cos\pi\left(t - \frac{1}{2} - \frac{1}{2}\right) = 0.1\cos\pi(t-1) = -0.1\cos\pi t.$$

例 7-3 某波动可由下式表示（时间单位为 s，长度单位为 m），
$$y = 5\cos(9t + 7x).$$

求振动周期 T、波长 λ 和波速 u.

解 把波动表达式改写为 (7.2-8) 式的形式，
$$y = 5\cos 2\pi\left(\frac{t}{2\pi/9} + \frac{x}{2\pi/7}\right),$$

可得
$$T = \frac{2\pi}{9}\text{ s}, \lambda = \frac{2\pi}{7}\text{ m}, u = \frac{\lambda}{T} = \frac{9}{7}\text{ m/s}.$$

波动沿 x 轴负方向传播.

7.3 波的能量和能流密度

▶ 7.3.1 波的能量

当波在弹性介质中传到某处时,该处的质点开始振动,因而具有动能.同时该处的介质也发生了形变,因而也具有弹性势能.波传播时,介质中质点依次振动,能量也依次传播,下面以均匀细杆中的纵波为例,来分析能量传播的特征.

考虑细杆中位于 x 处的体积元 ΔV [图7-8(a)],若细杆密度为 ρ,则质量元 $\Delta m = \rho \Delta V$.纵波方程采用(7.2-1)式(为简单起见,设初相 $\varphi = 0$),可以证明,体积元具有的动能 E_k 和势能 E_p 相等,为

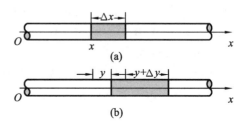

图 7-8 细杆中的体积元形变

$$E_k = E_p = \frac{1}{2}\rho\omega^2 A^2 \Delta V \sin^2\omega\left(t - \frac{x}{u}\right). \quad (7.3\text{-}1)$$

体积元总的机械能为

$$E = E_k + E_p = \rho\omega^2 A^2 \Delta V \sin^2\omega\left(t - \frac{x}{u}\right). \quad (7.3\text{-}2)$$

(7.3-1)式表明在任何时刻,体积元的动能和势能同相,而且相等.当体积元通过平衡位置时,速度最大,形变也最大,动能和势能都达到最大值;当体积元达到最大位移时,速度和形变都为零,这时动能和势能都是零.(7.3-2)式指出,体积元的总机械能随时间 t 作周期性变化,说明体积元的总能量不守恒,它在不断地接收和放出能量.

单位体积介质中波动的总能量称为**波的能量密度**,用 w 表示.由(7.3-2)式得

$$w = \frac{E}{\Delta V} = \rho\omega^2 A^2 \sin^2\omega\left(t - \frac{x}{u}\right). \quad (7.3\text{-}3)$$

能量密度表示介质中能量的分布情况.波的平均能量密度 $\overline{w}$,即能量密度在一个周期内的平均值为

$$\overline{w} = \frac{1}{T}\int_0^T \rho\omega^2 A^2 \sin^2\omega\left(t - \frac{x}{u}\right)dt = \frac{1}{2}\rho\omega^2 A^2. \quad (7.3\text{-}4)$$

上式表明,机械波的能量密度与振幅平方、频率平方以及介质的密度都成正比.

▶ *7.3.2 波动能量公式的推导

由纵波方程(7.2-1)式,体积元的振动速度为

$$v = \frac{\partial y}{\partial t} = -A\omega\sin\omega\left(t - \frac{x}{u}\right),$$

则体积元的动能为

$$E_k = \frac{1}{2}\Delta m v^2 = \frac{1}{2}\Delta V \rho \omega^2 A^2 \sin^2\omega\left(t - \frac{x}{u}\right).$$

体积元的弹性势能为

$$E_p = \frac{1}{2}k\Delta y^2.$$

式中 k 为介质弹性系数，Δy 为体积元的形变长度［见图 7-8(b)］. 若细杆中体积元受作用力为 f，根据胡克定律(7.1-2)式有

$$f = \frac{YS}{\Delta x}\Delta y.$$

其中 Y 是细杆杨氏弹性模量，S 为细杆横截面积，Δx 为体积元长度，所以 $k = \frac{YS}{\Delta x}$，体积元势能可表示为

$$E_p = \frac{1}{2}\left(\frac{YS}{\Delta x}\right)\Delta y^2 = \frac{1}{2}YS\Delta x\left(\frac{\Delta y}{\Delta x}\right)^2 = \frac{1}{2}Y\Delta V\left(\frac{\partial y}{\partial x}\right)^2.$$

式中 $\frac{\partial y}{\partial x}$ 即体积元的相对伸长. 由(7.2-1)式，有

$$\frac{\partial y}{\partial x} = \frac{\omega A}{u}\sin\omega\left(t - \frac{x}{u}\right),$$

弹性势能为

$$E_p = \frac{1}{2}Y\Delta V\frac{\omega^2 A^2}{u^2}\sin^2\omega\left(t - \frac{x}{u}\right).$$

由 $u = \sqrt{\frac{Y}{\rho}}$ 得

$$E_p = \frac{1}{2}\Delta V\rho\,\omega^2 A^2\sin^2\omega\left(t - \frac{x}{u}\right),$$

体积元的总机械能为

$$E = E_k + E_p = \rho A^2\omega^2\Delta V\sin^2\omega\left(t - \frac{x}{u}\right).$$

如果是平面弹性横波，只要把上面的 $\frac{\Delta y}{\Delta x}$ 和 f 分别理解为体积元的切变和切向力，用切变弹性模量 G 代替杨氏弹性模量 Y，可以得到同样的结果.

▶ 7.3.3 能流和能流密度

从(7.3-1)式可以看出，波动的能量和简谐运动的能量有显著的不同. 在简谐运动中，动能和势能有 $\frac{\pi}{2}$ 的相位差. 动能达到最大时势能为零，势能达到最大时动能为零，两者相互转化，使总机械能保持守恒. 在波动中，动能和势能的变化是同相的. 它们同时达到最大值，又同时达到最小值. 因此，对任意一个体积元，其机械能不守恒. 沿着波动前进的方向，该体积元不断地从后面的介质获得能量，又不断地把能量传递给前面的介质，这样，能量就伴随着波动向前传播.

为此，我们引入能流的概念. 单位时间内通过波面上某面积的能量称为**通过该面积的能流**. 这能流是周期性变化的，通常取平均值，即平均能流. 在某一波面上取面元 ΔS(图 7-9)，单位时间内通过 ΔS 的平均能流，就是以 ΔS 为底、u 为高的柱体中的平均能量，

$$\Delta E = \overline{w}\Delta V = \frac{1}{2}\rho\omega^2 A^2 u\Delta S.$$

单位时间内通过垂直于波线方向的单位面积上的平均能流,称**能流密度**或**波的强度**,用 I 表示,

$$I = \frac{\Delta E}{\Delta S} = \overline{w}u = \frac{1}{2}\rho\omega^2 A^2 u. \quad (7.3\text{-}5a)$$

能流密度的单位为瓦/米²(W/m²),量纲为 MT^{-3}.
能流密度是矢量,与波速同向,因此,可表达为

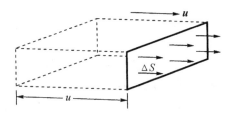

图 7-9 流过面元 ΔS 的能量

$$\boldsymbol{I} = \overline{w}\,\boldsymbol{u} = \frac{1}{2}\rho\omega^2 A^2 \boldsymbol{u}. \quad (7.3\text{-}5b)$$

▶ 7.3.4 声强与声强级

频率在 $20\sim2\times10^4$ Hz 之间的能引起人的听觉的机械波,叫作**声波**. 频率在 $10^{-4}\sim20$ Hz 之间的,称**次声波**;频率在 $2\times10^4\sim5\times10^8$ Hz 之间的,称**超声波**. 声波的能流密度,称**声强**. 实验表明,人耳的灵敏度对于声波的每一个频率都有一个声强范围,就是声强上下两个限值,低于下限的声强不能引起听觉,人就感觉不到声音,高于上限的声强只能引起痛觉,也不能引起听觉. 人耳对声音强弱的主观感觉称为**响度**. 实验表明响度近似地与声强的对数成正比,声强级 L 用声强的对数来表示,

$$L = 10\lg\frac{I}{I_0}. \quad (7.3\text{-}6)$$

式中 I_0 是频率为 1 000 Hz 时人耳能感觉到的最低声强,$I_0 = 10^{-12}$ W/m². 声强的单位是分贝,记作 dB.

表 7-1 列出了日常生活中几种声音的声强级.

表 7-1

声 源	声强级/dB	声强/(W·m⁻²)
引起听觉伤害的声音	140	100
听觉有痛感	120	1
响 雷	110	0.1
地 铁	100	10^{-2}
交通干线旁的噪声	80	10^{-4}
交谈声	60	10^{-6}
静 室	40	10^{-8}
悄悄话	20	10^{-10}
落 叶	10	10^{-11}

表 7-2 列出了城市五类环境噪声值.

表 7-2

类别	白天声强级/dB	夜间声强级/dB	适用区域
0	50	40	疗养区、宾馆
1	55	45	居住区、文教机关
2	60	50	居住区、商业区
3	65	55	工业区
4	70	55	交通干线、河道两侧

例 7-4 狗叫声的功率约为 1 mW,如果这叫声均匀地向四周传播,5 m 远处的声强级是多少? 如果两只狗在同一地方同时叫,则 5 m 处的声强级又是多少?

解 声音均匀地分布在球状波阵面上,离声源 5 m 处的声强为

$$I = \frac{P}{4\pi r^2} = \frac{10^{-3} \text{ W}}{4\pi \times 25 \text{ m}^2} = 3.18 \times 10^{-6} \text{ W/m}^2,$$

声强级为

$$L = 10 \lg \frac{I}{I_0} = 10 \lg \frac{3.18 \times 10^{-6}}{10^{-12}} \text{ dB} = 65 \text{ dB}.$$

两只狗同时叫时,离声源 5 m 处的声强为

$$I' = 2I = 6.36 \times 10^{-6} \text{ W/m}^2.$$

声强级为

$$L' = 10 \lg \frac{I'}{I_0} = 10 \lg \frac{6.36 \times 10^{-6}}{10^{-12}} \text{ dB} = 68 \text{ dB}.$$

7.4 惠更斯原理与波的传播

当观察水面上的波时,如果这波遇到带有一小孔的障碍物,就可以看到在小孔的后面出现了圆形的波,它好像是以小孔为波源产生的,如图 7-10 所示. 惠更斯总结了上述现象,于 1690 年提出,介质中任一波阵面上的各点,都可以看作是发射子波的波源,在其后的任一时刻,这些子波的包迹就是新的波阵面. 这就是**惠更斯原理**.

惠更斯原理适用于任何波动过程,无论是机械波还是电磁波,也不论波动经过的介质是均匀或非均匀的,只要知道某一时刻的波阵面,就可以依据惠更斯原理,用几何作图的方法来确定下一时刻的波阵面,因而它在很大范围内解决了波的传播问题.

图 7-10 惠更斯原理

下面举例说明惠更斯原理的应用. 图 7-11(a)是以 O 为中心的球面波以波速 u 在各向同性的均匀介质中传播,t_1 时刻的波阵面是以 O 为圆心、半径 $R_1 = ut_1$ 的球面 S_1. 现以 S_1 上各点为中心、$r = u(t_2 - t_1)$ 为半径画出许多球形子波,这些子波在波行进方向的包迹面 S_2,就是下一时刻 t_2 的新的波阵面. 可知,S_2 就是以 O 为中心、$R_2 = ut_2$ 为半径的球面.

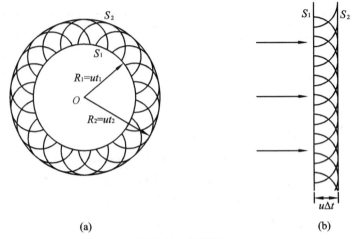

图 7-11 波阵面

如图 7-11(b)所示,是利用惠更斯原理,已知平面波在某一时刻的波阵面 S_1,用几何作图求出下一时刻的波阵面 S_2.

当波在各向同性的均匀介质内传播时,用上述作图法所求出波阵面的形状总是保持不变的. 当波在不均匀介质中或在各向异性的介质中传播,同样可以用惠更斯原理求出波阵面,但波阵面的形状和波的传播方向都可以发生变化. 这一点,在讨论光在各向异性的晶体中传播的双折射现象中得到应用.

应当指出,惠更斯原理没有说明子波的强度分布,它只解决了波的传播方向问题. 对此,菲涅耳对惠更斯原理作了重要补充,形成惠更斯-菲涅耳原理,定量地计算了光的衍射.

利用惠更斯原理还可以导出波的反射定律和折射定律.

7.5 波的叠加原理 波的干涉和驻波

▶ 7.5.1 波的叠加原理

几列波同时在介质中传播,不管它们是否相遇,都各自以原有的振幅、波长和频率独立传播,彼此互不影响. 在相遇处质点的位移,等于各列波单独传播时在该处位移的矢量和,这就是**波的叠加原理**. 例如,在欣赏管弦乐时,乐队中各种乐器发出的声波,并不相互干扰而使音乐旋律发生变化,我们照样能辨别出各种乐器的声音.

▶ 7.5.2 波的干涉

一般情况下,振幅、频率、相位都不同的几列波在某一点叠加时,合振动是很复杂的. 下面讨论一种最简单又最重要的情况.

如果有两列波,波源的频率和振动方向相同,并且具有恒定的相位差,这样两列波称**相干波**,相应的波源称**相干波源**. 两列相干波在介质中的叠加,产生波强度有强有弱的稳定的分布的现象称为**干涉**. 设两相干波波长为 λ,S_1 和 S_2 处两个相干波源的振动方程分别为

$$y_1 = A_1\cos(\omega t + \varphi_1),$$
$$y_2 = A_2\cos(\omega t + \varphi_2).$$

式中 ω 为圆频率,A_1,A_2 为波源的振幅,φ_1,φ_2 为波源的初相位. 设介质中一点 P 与两波源的距离分别为 r_1,r_2(图 7-12),则两相干波在 P 处的分振动为

$$y_1 = A_1\cos\left(\omega t + \varphi_1 - \frac{2\pi r_1}{\lambda}\right),$$
$$y_2 = A_2\cos\left(\omega t + \varphi_2 - \frac{2\pi r_2}{\lambda}\right).$$

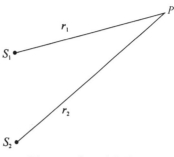

图 7-12 相干波的叠加

由(6.4-1)式和(6.4-2)式,可知 P 点的合振动为
$$y = y_1 + y_2 = A\cos(\omega t + \varphi).$$
其中
$$A = \sqrt{A_1^2 + A_2^2 + 2A_1A_2\cos\left(\varphi_2 - \varphi_1 - 2\pi\frac{r_2 - r_1}{\lambda}\right)},$$
$$\tan\varphi = \frac{A_1\sin\left(\varphi_1 - \frac{2\pi r_1}{\lambda}\right) + A_2\sin\left(\varphi_2 - \frac{2\pi r_2}{\lambda}\right)}{A_1\cos\left(\varphi_1 - \frac{2\pi r_1}{\lambda}\right) + A_2\cos\left(\varphi_2 - \frac{2\pi r_2}{\lambda}\right)}.$$

因为两相干波在 P 处的相位差 $\Delta\varphi = \varphi_2 - \varphi_1 - 2\pi\frac{r_2 - r_1}{\lambda}$ 是个恒量,所以两波相遇处的合振幅是个恒量.

当 $\Delta\varphi = \varphi_2 - \varphi_1 - 2\pi\frac{r_2 - r_1}{\lambda} = \pm 2\pi k$,$k = 0,1,2,\cdots$ 时,合振幅最大,$A = A_1 + A_2$;

当 $\Delta\varphi = \varphi_2 - \varphi_1 - 2\pi\frac{r_2 - r_1}{\lambda} = \pm 2\pi\left(k + \frac{1}{2}\right)$,$k = 0,1,2,\cdots$ 时,合振幅最小,$A = |A_1 - A_2|$.

如果两相干波源的初相位相同,$\varphi_1 = \varphi_2$,上述条件可简化为

$\delta = r_1 - r_2 = \pm k\lambda$,$k = 0,1,2,\cdots$ 时,合振动振幅最大;

$\delta = r_1 - r_2 = \pm\left(k + \frac{1}{2}\right)\lambda$,$k = 0,1,2,\cdots$ 时,合振动振幅最小.

式中 $\delta = r_1 - r_2$ 是两相干波源到相遇处 P 的路程之差,称为**波程差**.

图 7-13(a)是两个相干波干涉的示意图. S_1,S_2 处相干点波源发出的球面波,实线代表离波源整数倍波长的波阵面,虚线代表离波源奇数倍半波长的波阵面. 在两实线或两虚线

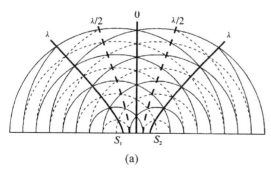

(a)

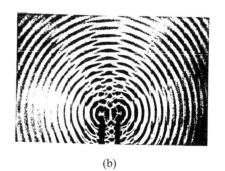

(b)

图 7-13 波的干涉

相交处,两振动同相,振幅最大;在实线与虚线相交处,两振动反相,振幅最小.图 7-13(b)是在水槽内用两个同相位的点波源产生的圆形水波所产生的干涉现象.

干涉现象是波动所特有的现象.对于光学、声学和许多工程学科都非常重要,并且有广泛的实际应用.

▶ 7.5.3 驻波

设有两列振幅相同的相干波,沿相反的方向传播.为方便计,取两波重合的某一时刻为计时起点,任一波峰处为原点,则两列波的表达式分别为

$$y_1 = A\cos 2\pi\left(\nu t - \frac{x}{\lambda}\right),$$

$$y_2 = A\cos 2\pi\left(\nu t + \frac{x}{\lambda}\right).$$

两波相遇处的合位移为

$$y = y_1 + y_2 = A\cos 2\pi\left(\nu t - \frac{x}{\lambda}\right) + A\cos 2\pi\left(\nu t + \frac{x}{\lambda}\right).$$

应用三角恒等式,由上式化可得

$$y = 2A\cos\frac{2\pi x}{\lambda}\cos\omega t. \tag{7.5-1}$$

此式称为**驻波方程**,它和波动方程(7.2-1)式不同,这里 x 和 t 两个变量分开了.

此式说明,两波相遇处的质点在做圆频率为 ω、振幅为 $\left|2A\cos\frac{2\pi x}{\lambda}\right|$ 的简谐运动.不同质点的振幅随其位置 x 作周期性变化.当 $\frac{2\pi x}{\lambda} = \pm k\pi, k=0,1,2,\cdots$,即 $x = \pm k\frac{\lambda}{2}, k=0,1,$ $2,\cdots$ 时,该处质点具有最大振幅,这些点称**波腹**,相邻两个波腹之间的间隔为 $\frac{\lambda}{2}$;当 $\frac{2\pi x}{\lambda} = \pm\frac{2k+1}{2}\pi, k=0,1,2,\cdots$,即 $x = \pm\frac{2k+1}{4}\lambda, k=0,1,2,\cdots$ 时,该处质点的振幅为零,这些点称**波节**,相邻两个波节之间的间隔为 $\frac{\lambda}{2}$.相邻的波腹、波节之间的间隔为 $\frac{\lambda}{4}$.

图 7-14 显示了在 $\frac{1}{2}$ 个周期内,以周期的 $\frac{1}{8}$ 为时间间隔的驻波的波形.从图中可以看出,两波节之间各点的振动是同相的;在波节的两侧,振动是反相的;波节处质点静止,不振动.因此,随着时间的变化,波形只作上下的变化而不在 x 方向移动,这种波称**驻波**,以区别于波形前进的行波.

驻波中,波节不参加振动,因而能量不能流过波节.因此,驻波不能像行波一样传播能量.

驻波可以由入射波和反射波叠加而成.在反射处是波腹还是波节,取决于反射处两侧介质的性质.具体地说,与介质密度 ρ 和波在该介质中的波速的大小 u 的乘积有关,ρu 称为**波阻**.对反射处两侧的介质而言,波阻 ρu 大的称为波密介质,波阻 ρu 小的称为波疏介质.可以证明,当第一介质中的行波在第二介质处反射时,如果 $\rho_1 u_1 > \rho_2 u_2$,在界面处反射波与入射波同相,形成波腹;如果 $\rho_1 u_1 < \rho_2 u_2$,界面处反射波与入射波反相,反射波有相位突变 π,相当于反射波损失了半个波长(称**半波损失**),形成波节.

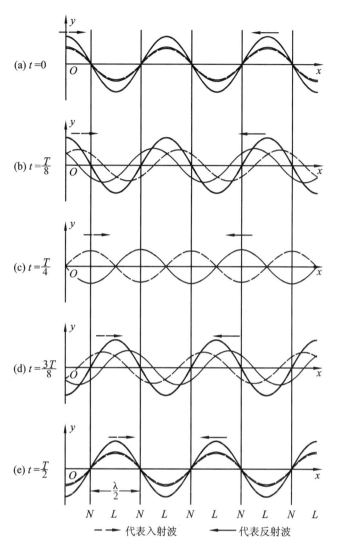

─ ─▶ 代表入射波　　◀── 代表反射波

图 7-14　驻波

例 7-5　试分析两端固定、长 L 的弦产生的振动频率.

解　把两端固定的弦拨动一下,就形成横波.横波在两固定端反射,形成驻波,但并不是所有波长的波都能形成驻波.两固定端点必须为波节,相邻两个波节之间的距离是 $\frac{\lambda}{2}$.驻波的波长必须满足下列条件:设弦线上有 n 个 $\frac{\lambda}{2}$,则有

$$n\frac{\lambda}{2}=L, \quad n=1,2,\cdots,$$

或

$$\lambda=\frac{2L}{n}, \quad n=1,2,\cdots.$$

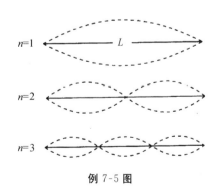

例 7-5 图

弦上波速为
$$u=\sqrt{\frac{T}{\mu}},$$

弦上频率为
$$\nu=\frac{u}{\lambda}=\frac{n}{2L}\sqrt{\frac{T}{\mu}},\ n=1,2,3,\cdots.$$

两端固定的弦的驻波形态如图所示.可见,弦线可能产生的频率是不连续的,这些频率称固有频率,其中最低的频率($n=1$)称**基频**,其他频率是基频的整数倍,称**倍频**.

7.6 多普勒效应

▶ 7.6.1 多普勒效应

当人们站在铁道旁听列车的汽笛声能够感受到,列车快速迎面而来时,音调会变高;当列车快速离去时,音调会变低.如果声源静止而观察者运动,或者声源和观察者都运动,也会发生观察频率与声源频率不一致的现象.这种由于波源或观察者的运动而出现观察频率与波源频率不一致的现象,称为**多普勒效应**.它是奥地利物理学家多普勒(J. C. Doppler 1803—1853)在1842年发现的.对机械波,所谓运动或静止都是相对于介质的.下面分几种情况进行讨论.

1. 波源静止而观察者运动

静止点波源的振动在均匀各向同性介质中传播.设波源频率为ν,波长为λ,波相对于静止介质的波速为u,则
$$\nu=\frac{u}{\lambda}.$$

若观察者以速率$v_{观}$向波源运动,则波对观察者的速率为$u+v_{观}$,而观察者测量上述球面波的波长仍为λ,观察者感受的频率为
$$\nu'=\frac{u+v_{观}}{\lambda}=\left(\frac{u+v_{观}}{u}\right)\nu. \tag{7.6-1}$$

因此,当观察者向波源运动时,感觉到的频率会升高;若观察者以$v_{观}$离开波源运动,他观测到的波速为$u-v_{观}$,同样可以证明观察者感受到的频率会下降,即
$$\nu'=\left(\frac{u-v_{观}}{u}\right)\nu. \tag{7.6-2}$$

2. 观察者静止而波源运动

若观察者相对介质静止,波源以速率$v_{源}$向观察者运动,则波源发出的球形波阵面不再同心,相隔1个周期的两个波阵面中心之间的距离为$v_{源}T$(图7-15).对于观察者来说,有效波长λ'为
$$\lambda'=\lambda-v_{源}T.$$
由于观察者相对介质不动,所以他观察到的波速就是介质中的波速u,于是观察者感受到的频率为
$$\nu'=\frac{u}{\lambda'}=\frac{u}{\lambda-v_{源}T}=\frac{u}{u-v_{源}}\nu. \tag{7.6-3}$$

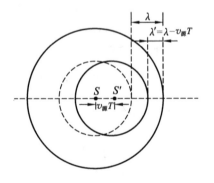

图 7-15 波源运动

因此，当波源向静止的观察者运动时，观察者感受到频率升高；同样可以证明，当波源以 $v_{源}$ 离观察者运动时，观察者感受到频率会降低为

$$\nu' = \frac{u}{u+v_{源}}\nu. \tag{7.6-4}$$

由此可知，这里观测频率和波源频率之所以不同，是由于介质中波长发生了变化。

3. 波源和观察者同时在一条直线上运动

综合以上两种分析，可得当波源和观察者相向运动时，观察者接收到的频率为

$$\nu' = \frac{u+v_{观}}{\lambda - v_{源}T} = \frac{u+v_{观}}{u-v_{源}}\nu. \tag{7.6-5}$$

当波源和观察者背向运动时，观察者接收到的频率

$$\nu' = \frac{u-v_{观}}{u+v_{源}}\nu. \tag{7.6-6}$$

若波源和观察者的速度不在两者的连线上，上式中的 $v_{源}$ 和 $v_{观}$ 应取它们在连线上的投影。

例 7-6 （1）一辆汽车的喇叭声频率为 400 Hz，以 34 m/s 的速度在一笔直的公路上行驶。站在公路边的观察者测得这辆汽车的喇叭声的频率是多少？声音在空气中传播的速度为 340 m/s。

（2）如果上述汽车停在公路旁，观察者乘坐汽车的速度是 34 m/s，那么，观察者测得这辆汽车喇叭声的频率是多少？

解 （1）如果汽车驶向观察者，观察者测得的频率为

$$\nu' = \frac{u}{u-v_{源}}\nu_0 = \frac{340}{340-34} \times 400 \text{ Hz} = 444 \text{ Hz}.$$

如果汽车驶离观察者，测得的频率为

$$\nu' = \frac{u}{u+v_{源}}\nu_0 = \frac{340}{340+34} \times 400 \text{ Hz} = 364 \text{ Hz}.$$

（2）如果观察者驶向停在路旁的汽车，观察者测得的频率为

$$\nu' = \left(\frac{u+v_{观}}{u}\right)\nu_0 = \left(\frac{340+34}{340}\right) \times 400 \text{ Hz} = 440 \text{ Hz}.$$

如果观察者驶过停在路旁的汽车，测得的频率为

$$\nu' = \left(\frac{u-v_{观}}{u}\right)\nu_0 = \left(\frac{340-34}{340}\right) \times 400 \text{ Hz} = 360 \text{ Hz}.$$

*例 7-7 一汽车以 $v_0 = 25$ m/s 的速率在一笔直的公路上前进，公路外 100 m 处有一个静止的观察者，见图(a)。如果汽车的喇叭声的频率 $\nu_0 = 400$ Hz，观察者听到汽车喇叭的频率是多少？

解 汽车相对于观察者的速率为

$$v_{源} = v_0 \cos\theta.$$

其中 θ 为汽车前进方向与汽车和观察者连线的夹角，如图(a)所示。观察者听到的汽车喇叭声的频率为

$$\nu = \frac{u}{u-v_{源}}\nu_0 = \frac{u}{u-v_0\cos\theta}\nu_0.$$

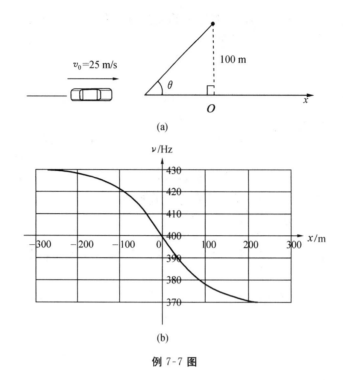

例 7-7 图

其中 u 为空气中声速，$u=343.4$ m/s. 如果以汽车在公路上的前进方向为 x 轴，以观察者在公路上的投影点为原点，汽车的位置用 x 表示，则

$$\nu = \frac{u}{u - \dfrac{v_0 x}{\sqrt{x^2 + 100^2}}} \nu_0.$$

按上式计算出汽车在各位置时观察者听到的频率如图(b)所示. 当汽车在很远处驶向观察者时，$\theta \approx 0$,

$$\nu = \frac{343.4}{343.4 - 25} \times 400 \text{ Hz} = 431.5 \text{ Hz}.$$

当汽车与观察者相距最近时，$\theta = \dfrac{\pi}{2}$,

$$\nu = \nu_0 = 400 \text{ Hz}.$$

当汽车驶离观察者很远时，$\theta \approx 180°$,

$$\nu = \frac{343.4}{343.4 + 25} \times 400 \text{ Hz} = 372.9 \text{ Hz}.$$

由于光波的传播不需要介质，光在真空中传播的速率是个恒量 c，因此在光的多普勒效应中，由光源和观察者的相对速率 v_s 来决定观测到的频率. 光波的多普勒效应公式要用相对论来证明，这里我们只给出结果，当光源和观察者在同一直线上运动时，

$$\nu = \nu_0 \sqrt{\frac{c \pm v_s}{c \mp v_s}}. \tag{7.6-7}$$

其中 c 是真空中的光速，分子和分母上的上标号对应着光源和观察者在接近，这时接收到的频率变大；分子和分母的下标号对应着光源和观察者背离运动，这时接收到的光波频率变

小,相应的波长变长,这种现象称之为"(多普勒)红移". 20世纪30～40年代的天体物理学家依靠"红移"的测定来确定其他星球背离我们而去的速度,从而为"大爆炸"的宇宙学理论提供了重要的论据.

目前,多普勒效应已在科学研究、工程技术、交通管理、医疗诊断等各方面有着十分广泛的应用. 例如,分子、原子和离子由热运动产生的多普勒效应使其发射和吸收的谱线增宽. 在天体物理和受控热核聚变实验装置中谱线的多普勒增宽已成为一种分析恒星大气、等离子体物理状态的重要手段. 基于反射波多普勒效应原理的雷达系统已广泛应用于车辆、导弹、人造卫星等运动目标的速度监测. 在医学上所谓的"D超",是利用超声波的多普勒效应来检查人体内脏、血管的运动和血液的流速、流量情况. 在工矿企业中常利用多普勒效应来测量管道中有悬浮物液体的流速.

▶ *7.6.2　马赫锥　冲击波

图 7-16 是相对于介质运动点波源的波面图,其中图(a)波源静止,球形波面是同心的,图(b)中波源运动,其速度 $v_{源}$ 小于波速,波面的中心错开了. 图(c)中波源速度 $v_{源}$ 超过波速 u. 这时,任一时刻波源本身超过它此前发出的波前. 当波源在 S_1 位置时发出的波在其后 t 时刻的波阵面,半径为 ut,而此时刻波源已前进了 $v_{源}t$ 的距离,到达 S_2 位置. 在波源的前方,没有任何波动产生. 在时间 t 内,系列波面的包络面形成圆锥面,这个圆锥面叫**马赫锥**,其半顶角 α 由下式决定

$$\sin\alpha = \frac{u}{v_{源}}. \tag{7.6-8}$$

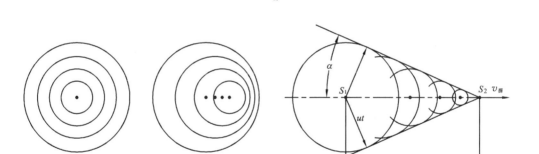

图 7-16　马赫锥

飞机或炮弹超音速飞行时,就会在空气中激起圆锥形的波,这就是**冲击波**. 冲击波掠过物体时会产生破坏作用. 当船速超过水波的波速,就会在船后激起以船为顶端的 V 形波,这波称为艏波. 当带电粒子在介质中高速运动,当其速度超过该介质中的光速,辐射锥形的电磁波,这称为切伦科夫辐射(见 15.3 节)

顺便指出波源的运动速度与波速之比 $\frac{v_{源}}{u}$,称为**马赫数**,它是空气动力学中一个有用的参数.

内容提要

1. 平面简谐波方程

$$y(x,t)=A\cos\omega\left(t\mp\frac{x}{u}\right)=A\cos 2\pi\left(\frac{t}{T}\mp\frac{x}{\lambda}\right)=A\cos\left(\omega t\mp\frac{2\pi}{\lambda}x\right)=A\cos(\omega t\mp kx).$$

取负号朝 $+x$ 方向传播,取正号朝 $-x$ 方向传播,沿传播方向看去,相位逐点落后.

2. 波的时空参量:周期 T、圆频率 $\omega=\dfrac{2\pi}{T}$ 表征时间周期性;波长 λ 表征空间周期性.

波速(相速): $u=\dfrac{\lambda}{T}=\nu\lambda$.

3. 波的能量: $E_k=E_p=\dfrac{1}{2}\rho\omega^2 A^2\Delta V\sin^2\omega\left(t-\dfrac{x}{u}\right)$.

(1) 能量密度: $w=\rho\omega^2 A^2\sin^2\omega\left(t-\dfrac{x}{u}\right)$.

(2) 平均能量密度: $\overline{w}=\dfrac{1}{2}\rho\omega^2 A^2$.

(3) 能流密度: $I=wu$.

(4) 波的强度: $\overline{I}=\overline{w}u=\dfrac{1}{2}\rho\omega^2 A^2 u$.

4. 声波:频率范围为 20~20 000 Hz.

(1) 声强(平均能流密度):标准 $I_0=10^{-12}$ W/m².

(2) 声强级: $L=10\lg\dfrac{I}{I_0}$ dB.

5. 惠更斯原理.

6. 相干波:频率相等、振动方向相同、有恒定的相位差.

7. 波的干涉(相干波的迭加)

(1) 振幅: $A=\sqrt{A_1^2+A_2^2+2A_1A_2\cos\Delta\varphi}$.

(2) 相位差: $\Delta\varphi=\varphi_2-\varphi_1-\dfrac{2\pi}{\lambda}(r_2-r_1)$.

$\Delta\varphi=2k\pi$ $A=A_1+A_2$ 相长干涉;

$\Delta\varphi=(2k+1)\pi$ $A=|A_1-A_2|$ 相消干涉.

当 $\varphi_1=\varphi_2$ 时, $\Delta\varphi=\dfrac{2\pi}{\lambda}(r_1-r_2)$.

(3) 波程差 $\delta=r_1-r_2=k\lambda$ 相长干涉;

$\delta=r_1-r_2=(2k+1)\dfrac{\lambda}{2}$ 相消干涉.

8. 驻波:入射波+反射波,平均能流为零,

$$y(x,t)=A\cos\left(\omega t+\dfrac{2\pi}{\lambda}x\right)+A\cos\left(\omega t-\dfrac{2\pi}{\lambda}x\right)=2A\cos\dfrac{2\pi}{\lambda}x\cos\omega t.$$

波腹为振幅最大处,波节为振幅为 0 处.

相邻波节之间（或波腹之间）相距 $\frac{\lambda}{2}$，相邻波节与波腹之间距离 $\frac{\lambda}{4}$. 反射点处，自由端为同相位，全波反射. 固定端为反相位，半波损失.

9. 多普勒效应：波源、观察者运动，波动频率 $\nu \rightarrow \nu'$，

$$\nu' = \frac{u \pm v_{观}}{u \mp v_{源}} \nu.$$

u 为波相对于静止介质的波速.

习 题

7-1 设在介质中有某一波源做简谐运动，并产生平面余弦波，问：
(1) 振动的周期与波动的周期是否一样？
(2) 振动的速度与波动的速度大小是否相等？方向是否相同？

7-2 以下三种关于波长的说法是否正确？
(1) 同一波线上两个相邻的相位相差 2π 的点之间的距离；
(2) 在一个周期内波传播的距离；
(3) 在一波线上相邻波峰（或波谷）之间的距离.

7-3 机械波通过不同的介质时，波长 λ、频率 ν、周期 T 和波速 u 四个量，哪些会改变？哪些不改变？

7-4 波函数 $y = A\cos\omega\left(t - \frac{x}{v}\right)$ 中的 $\frac{x}{v}$ 表示什么？如果把方程改写为 $y = A\cos\left(\omega t - \frac{\omega x}{v}\right)$，$\frac{\omega x}{v}$ 又表示什么？

7-5 波的能量与振幅平方成正比，在其他条件都相同时，在两个振幅相同的波的互相加强点，合成振幅是单个振幅的 2 倍，能量增为单个振动的 4 倍. 这与能量守恒是否矛盾？

7-6 两相干波波源振动的相位差为 π 的奇数倍，到达某相遇点 P 的波程差为半波长的偶数倍.
(1) P 点的合振动是加强还是减弱？
(2) 如果到 P 点的波程差为半波长的奇数倍，P 点的合振动又如何？

7-7 一横波的波函数为

$$y = 0.05\cos(10\pi t - 4\pi x).$$

式中 x, y 以 m 计，t 以 s 计. 求：
(1) 它的振幅、波速、频率和波长；
(2) 介质中质点振动的最大速度和最大加速度；
(3) $x = 0.2$ m 处的质点在 $t = 1$ s 时的相位，它是原点处质点在哪一时刻的相位？这个相位所代表的运动状态在 1.25 s 时到达哪一点？在 $t = 1.5$ s 时到达哪一点？
(4) 分别画出 $t = 1$ s, 1.25 s, 1.5 s 时的波形.

7-8 已知平面余弦波波源的振动周期为 $T = \frac{1}{2}$ s、振幅 $A = 0.1$ m、余弦波的波长 $\lambda = 10$ m. 当 $t = 0$ 时，波源处振动的位移为正方向最大值，取波源为原点，波沿 x 轴正方向传播.

(1) 求波方程；

(2) 画出 $t=\dfrac{T}{4}$ 和 $\dfrac{T}{2}$ 时的波形.

7-9 图(a)(b)分别表示 $t=0$ 和 $t=2$ s 时某一平面简谐波的波形，试写出此平面简谐波方程.

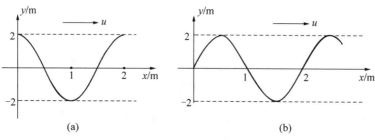

习题 7-9 图

7-10 平面简谐波在 $t=0$ 时刻的波形如图所示.

(1) 试画出 $t=\dfrac{T}{4},\dfrac{T}{2},\dfrac{3T}{4}$ 时刻的 y-x 曲线；

(2) 试画出 $x=0,x_1,x_2,x_3$ 处的 y-t 曲线.

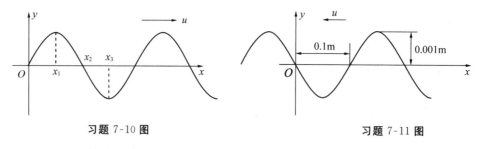

习题 7-10 图　　　　　　　　　习题 7-11 图

7-11 一平面简谐波在 $t=0$ 时的波形如图，波沿 x 轴负方向传播，波速 $u=330$ m/s，试写出波方程.

7-12 振幅为 10 cm、波长为 200 cm 的一正弦横波，以 100 cm/s 的速率，沿一拉紧的弦从左向右传播，坐标原点取在弦的左端. $t=0$ 时，弦的左端经平衡位置向下运动，求：

(1) 弦左端的振动方程；

(2) 波方程；

(3) 离左端右方 150 cm 处质点的振动方程；

(4) 弦上质点的最大振动速度；

(5) $t=3.25$ s 时，(3)中质点的位移和速度.

7-13 一平面简谐波以速度 u 沿 x 轴正方向传播，O 为坐标原点，$\overline{OP}=l$，P 点的振动方程为

$$y_P=A\cos\left(\omega t+\dfrac{\pi}{2}\right).$$

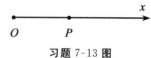

习题 7-13 图

(1) 求 O 点的振动方程；

(2) 写出波的表达式.

7-14 如图所示为一平面简谐波在 $t=0$ 时刻的波形图. 设此简谐波的频率为 250 Hz，且此时质点 P 的运动方向向下. 写出：

(1) 该波的波动表达式；

(2) 在距原点 O 为 100 m 处质点的振动方程和振动的速度方程.

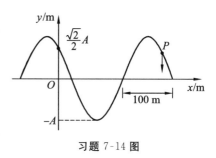

习题 7-14 图

7-15 质量为 0.5 kg、长 50 m 的细绳，用 400 N 的张力拉紧，使绳的一端做周期性的横向振动，频率为 10 Hz.

(1) 求波速和波长；

(2) 若将张力加倍，要使波长不变，频率应如何变化？

7-16 一正弦空气波，沿直径为 0.14 m 的圆柱形管传播，波的频率为 300 Hz，平均强度为 1.8×10^{-2} J/s·m^2，波速为 300 m/s，求：

(1) 波的平均能量密度和最大能量密度；

(2) 在两个相邻的同相波面之间的波段中的平均能量.

7-17 一平面简谐波，频率为 300 Hz，波速为 340 m/s，在截面面积为 3.00×10^{-2} m^2 的管内空气中传播，若在 10 s 内通过截面的能量为 2.70×10^{-2} J，求：

(1) 通过截面的平均能流；

(2) 波的平均能流密度；

(3) 波的平均能量密度.

7-18 在临街的窗口测得噪声的声强级为 60 dB，假如窗口面积为 40 m^2，传入室内的声波功率是多少？

7-19 离一点声源 10 m 的地方，声音的声强级为 20 dB.

(1) 求离声源 5 m 处的声强级；

(2) 离声源多远的地方，就听不见 1 000 Hz 的声音了？

7-20 有一频率为 500 Hz 的平面简谐波，在空气（$\rho=1.3$ kg/m^3）中以 $u=340$ m/s 的速度传播，到达人耳时，振幅 $A=10^{-6}$ m，求波在耳中的平均能量密度和声强.

7-21 A，B 为两平面简谐波的波源，振动表达式分别为

$$x_1 = 0.2 \times 10^{-2} \cos 2\pi t,$$
$$x_2 = 0.2 \times 10^{-2} \cos(2\pi t + \pi).$$

它们传到 P 处时相遇，产生叠加. 已知波速 $u=0.2$ m/s，$\overline{PA}=0.4$ m，$\overline{PB}=0.5$ m，试求：

(1) 两波传到 P 处的相位差；

(2) P 处合振动的振幅；

(3) 如果在 P 处相遇的是两横波，振动方向相互垂直，则合振动的振幅是多大？

7-22 如图所示，两列平面相干波在两种不同的介质 1，2 中传播，在分界面上的 P 点相遇. 两列波的频率均为 $\nu=100$ Hz，振幅 $A_1=A_2=1.00 \times 10^{-3}$ m，S_1 处波源的相位比 S_2 处的相位

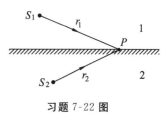

习题 7-22 图

超前 $\frac{\pi}{2}$. 在介质 1 中的波速 $u_1=400$ m/s,在介质 2 中的波速 $u_2=500$ m/s,$r_1=4.00$ m, $r_2=3.75$ m,求 P 点合振动的振幅.

7-23 如图所示为一种声波干涉仪,声波从入口 E 进入仪器,分 B,C 两路在管中传播至喇叭口 A 汇合传出.弯管 C 可以伸缩,当它渐渐移动时从喇叭口发出的声音周期性地增强和减弱.设 C 管每移动 10 cm,声音减弱一次.求该声波的频率.(空气中的声速取 340 m/s)

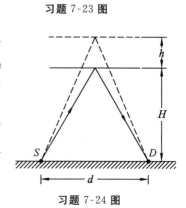

习题 7-23 图

7-24 波源放在地面上 S 点,探测器放在地面上 D 点.S,D 之间的距离为 d,从 S 直接发出的波与从 S 发出经高度为 H 的水平层反射后的波在 D 处加强,反射线及入射线与水平层所成的角度相同,如图所示.当水平层逐渐升高 h 时,在 D 处测不到信号.不考虑大气的吸收,求此波源发出的波长.

7-25 P,Q 为两个以同相位、同频率、同振幅振动的相干波源,它们在同一介质中,设频率为 ν,波长为 λ,P 与 Q 之间相距 $\frac{3}{2}\lambda$,R 为 P,Q 连线上除 P,Q 之外的任意一点,求:

（1）P,Q 发出的波在 R 点的相位差;

（2）R 点的合振动的振幅.

习题 7-24 图

7-26 同一介质中的两个波源位于 A,B 两点,其振幅相等,频率都是 100 Hz,相位差为 π.若 A,B 两点相距 30 m,两波传播速率为 400 m/s,求 A,B 连线上因干涉而静止的位置.

7-27 设入射波为 $y=A\cos 2\pi\left(\dfrac{t}{T}+\dfrac{x}{\lambda}\right)$,在 $x=0$ 处发生反射,反射点为一自由端.

（1）写出反射波的表达式;

（2）合成的驻波的表达式,并说明哪里是波腹?哪里是波节?

7-28 一弦振动的振动规律为(相应的单位为 m,s)
$$y=0.02\cos 0.16x\cos 750t.$$
（1）组成此振动的各分振动的振幅及波速为多少?

（2）节点间的距离为多大?

7-29 一琴弦长 50 cm,两端固定,不用手指按时,发出声音的频率是 A 调 440 Hz,若要发出 C 调 528 Hz 的声音,手应按在什么位置?

7-30 如图所示,一平面简谐波沿 x 轴正方向传播,BC 为波密介质的反射面.波由 P 点反射,$\overline{OP}=\dfrac{3\lambda}{4}$,$\overline{DP}=\dfrac{\lambda}{6}$. 在 $t=0$ 时,入射波在 O 点处引起的振动是经过平衡位置向负方向运动.设入射波和反射波的振幅都为 A,频率为 ν,求:

（1）入射波的表达式;

（2）反射波的表达式;

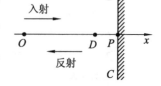

习题 7-30 图

(3) 入射波和反射波在 D 点处引起的合振动方程.

7-31 两观察者 A 和 B 携带频率均为 1 000 Hz 的声源. 如果 A 静止，B 以 10 m/s 的速率向 A 运动，那么 A 和 B 听到的拍各是多少？设声速为 340 m/s.

7-32 一音叉以 2.5 m/s 的速率接近墙壁，观察者在音叉后面听到的拍频为 3 Hz，求音叉振动的频率. 声速取 340 m/s.

7-33 一艘潜艇向着一固定的超声波探测器驶来，为测量潜艇的速率，探测器在海水中发出一束频率 $\nu = 30\,000$ Hz 的超声波，被潜艇反射回来的超声波与原来的波合成后，得到频率为 241 Hz 的拍频，求潜艇的速率.（设超声波在海水中的波速为 1 500 m/s）

第2篇　电磁学

　　电磁学是物理学的一个重要分支,它是研究物质电磁运动规律的学科,是许多物理理论和应用学科的基础.电磁现象是一种极为普遍的自然现象,自然界中几乎所有的变化过程都与电磁现象相关.电磁相互作用是物质间四种基本相互作用之一,电磁现象的研究使人类对物质世界的认识、对物质结构的了解更加深入.电磁能量的应用也极大地推动了社会的进步和发展,方便了人们的日常生活.比如,电磁能可以很容易地转变为机械能、光能、化学能等其他形式的能量;大功率的电磁能可以很方便地通过输电线路传至很远的地方;大量的信息可以通过电磁波的形式在空间传播,对人类的日常生活和对宇宙的探索提供了极大的方便;电磁能易于远距离控制和自动控制,便于实现生产和生活等各方面的自动化.

　　本篇共8章.第8章讨论静电场,第9章讨论电场中的导体和电解质,第10章讨论直流电路,第11章讨论恒定磁场,第12章讨论电磁感应,第13章讨论物质的磁性,第14章讨论交流电路,第15章讨论麦克斯韦方程组和电磁波.

第 8 章　静 电 场

相对于观察者静止的电荷激发的电场称为静电场.本章从两个实验事实,即库仑定律和叠加原理出发研究真空中静电场的基本性质和规律.从静电场对电荷的作用力,引入描述电场的重要物理量——电场强度.从电场力对在电场中移动的电荷做功的特点,证明电场是一种保守场,从而引入描述电场的另一个重要物理量——电势.静电场的高斯定理和环路定理是反映静电场基本性质的两个重要定理.本章除了讨论用库仑定律求静电场的方法之外,还介绍了用高斯定理求解具有某些对称性电场分布的方法,也简单介绍了由电势梯度求电场的方法.而电势既可以由其定义来求解,也可以由电场的积分来求解.另外,对称性分析已成为现代物理学的一种基本分析方法,利用对称性分析和求解电磁场问题,往往可以得到事半功倍的效果.本章所涉及的内容和思维方法,对整个物理学的学习具有典型的意义,希望读者认真学习、仔细体会.

8.1　电　　荷

▶ 8.1.1　两种电荷

早在公元前 600 年,古希腊人就知道了经过摩擦之后的琥珀会吸引草屑.后来人们又发现两种不同材料构成的物体,如毛皮与硬橡胶棒,互相摩擦后都能吸引轻小物体.能够吸引轻小物体是因为这两个物体带了电荷处于带电状态.带有电荷的多少,称为**电荷量**,习惯上简称电量.

实验证明,电荷只有两种,电荷间有相互作用力:同种电荷相互排斥,异种电荷相互吸引.历史上由美国科学家富兰克林(B. Franklin 1706—1790)首先提出正电荷和负电荷的名称,并且规定丝绸摩擦过的玻璃棒上的电荷为正电荷,毛皮摩擦过的硬橡胶棒上的电荷为负电荷.

物质由分子组成,分子又由原子组成.原子由带负电的电子和带正电的原子核组成.原子核中有质子和中子,质子带正电,中子不带电.如果用 e 表示质子的电荷量,则电子的电荷量为 $-e$.正常状况下原子中电子总数和质子总数相等,原子呈电中性.这时物体中任何一部分所包含的电子总数和质子总数相等,对外界不显示电性.如果由于某种原因,使物体失去了一部分电子或得到了一部分电子,这时物体对外呈电性,即所说的带电.失去电子的物体带正电,得到电子的物体带负电.起电或带电,从根本意义上来说就是创造条件使物体上正负电荷分离,并得到迁移(主要是电子的迁移).

▶ 8.1.2 电荷守恒定律　电荷的相对论不变性

实验表明,一个与外界没有电荷交换的系统,正负电荷的代数和在任何物理过程中保持不变,这就是**电荷守恒定律**.它在宏观现象和原子核范围两方面,都经得起实验的严格检验,从未发现过例外.

实验还证明,一个物体所带总电荷量不因带电体的运动而改变.电荷的这一性质称为**电荷的相对论不变性**.我们知道,质量不具有这样的性质,一个粒子的质量随着粒子的运动,按照 $m = \dfrac{m_0}{\sqrt{1-\dfrac{v^2}{c^2}}}$ 而改变.

▶ 8.1.3 电荷的量子化

密立根油滴实验和无数其他的实验表明,微小粒子带电荷量的变化是不连续的,它是某个基元电荷 e 的整数倍,这个基元电荷就是电子电荷量的绝对值,其 1998 年的推荐值为

$$e = 1.602\,176\,462 \times 10^{-19} \text{ C}.$$

自然界中,电荷总是以一个基元电荷 e 的整数倍出现,这就是电荷的量子化.但是,e 是如此得小,以至宏观上电荷的量子性并不突出,带电体的电荷量仍可看作连续改变.

电荷量子化已经在相当高的精度下得到检验.1964 年提出的夸克模型认为质子和中子等强子由若干种夸克或反夸克组成,每一夸克或反夸克可能带有 $\pm\dfrac{1}{3}e$ 或 $\pm\dfrac{2}{3}e$ 的电荷量.然而这并不破坏电荷量子化的规律.由于夸克禁闭,至今还没有在实验上获得自由状态的夸克.

8.2　库仑定律

▶ 8.2.1 库仑定律

18 世纪末,法国科学家库仑(C. A. Coulomb 1736—1806)通过扭秤实验总结出真空中两个点电荷相互作用力的定量定律.

点电荷是指带电体本身的几何线度比起它到观察点的距离要小很多的带电体.这样,带电体的形状、大小以及带电体上电荷量分布诸因素均可忽略,因而把它抽象成带有电荷的"点".点电荷是理想模型,是个相对的概念.

真空中两个静止点电荷的相互作用力与两个点电荷所带电荷量的乘积成正比,与它们的距离平方成反比,作用力的方向沿着两个点电荷的连线(图 8-1),这就是**库仑定律**.这一定律用矢量式表示为

$$f_{12} = k\frac{q_1 q_2}{r_{12}^2} r_{12}^0. \tag{8.2-1}$$

式中 q_1 和 q_2 表示两个点电荷的电荷量(带有正负号);r_{12} 指两个

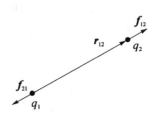

图 8-1

点电荷间的距离，r_{12}^0 表示从点电荷 q_1 指向点电荷 q_2 的单位矢量；k 为比例系数，由所用的单位制确定。f_{12} 表示点电荷 q_1 对点电荷 q_2 的作用力，q_1 和 q_2 同号时 f_{12} 与矢径 r_{12}^0 同方向，表示斥力；q_1 和 q_2 异号，f_{12} 与矢径 r_{12}^0 方向相反，表示引力。

在国际单位制（SI）中，电荷量的单位是库（C），力的单位是牛（N），长度的单位是米（m）。库仑定律中比例系数 k 应由实验测定，通常引入恒量 ε_0 代替 k，

$$k = \frac{1}{4\pi\varepsilon_0}. \tag{8.2-2}$$

恒量 ε_0 称为**真空介电常量**，在国际单位制中它的测定值为

$$\varepsilon_0 = 8.854\ 187\ 817 \times 10^{-12}\ \text{C}^2 \cdot \text{N}^{-1} \cdot \text{m}^{-2},$$

这样

$$k = \frac{1}{4\pi\varepsilon_0} = 8.988\ 0 \times 10^9\ \text{N} \cdot \text{m}^2 \cdot \text{C}^{-2}.$$

通常取 $k = 9.00 \times 10^9\ \text{N} \cdot \text{m}^2 \cdot \text{C}^{-2}$。(8.2-2)式中引入 4π 因子是为了单位制的有理化。这样做使库仑定律形式复杂一些，但由此而推导出的一些常用公式中却不出现 4π 因子，形式简单。引入了真空介电常量 ε_0 后，真空中库仑定律写成

$$f_{12} = \frac{q_1 q_2}{4\pi\varepsilon_0 r_{12}^2} r_{12}^0. \tag{8.2-3}$$

由(8.2-1)式可以得出，两个静止点电荷之间的相互作用力符合牛顿第三定律，即

$$f_{12} = -f_{21}.$$

由库仑定律计算的力有时也称为**库仑力**，或称**静电力**。库仑定律的建立标志着电学定量研究的开始，从此电学才真正成为一门科学。现代量子电动力学指出，库仑定律中分母 r 的指数与光子的静质量有关：如果光子的静质量为零，则 r 的指数严格为 2。

▶ 8.2.2 电力的叠加

两个静止点电荷的相互作用力由(8.2-1)式或(8.2-3)式计算。如果有第三个点电荷存在，这两个点电荷的相互作用力是否仍由(8.2-1)式或(8.2-3)式计算呢？实验证明两个点电荷之间的作用力并不因第三个点电荷的存在而有所改变。这一结论叫作**电力的叠加原理**。

按照电力的叠加原理，当空间有若干点电荷 $q_1, q_2, \cdots, q_n$，它们对另一个点电荷 q_0 的静电力，等于各点电荷 $q_1, q_2, \cdots, q_n$ 单独存在时作用在 q_0 上静电力的矢量和，

$$F = \sum_{i=1}^{n} \frac{q_0 q_i}{4\pi\varepsilon_0 r_{i0}^2} r_{i0}^0. \tag{8.2-4}$$

式中 r_{i0} 为 q_i 到 q_0 点电荷的距离，r_{i0}^0 为 q_i 指向 q_0 的单位矢量。

应用库仑定律和电力的叠加原理原则上可以解决静电学的全部问题。

例 8-1 试比较两个 α 粒子之间的静电斥力与它们之间的万有引力。

解 α 粒子为氦核，带电荷量 $q = 2e = 2 \times 1.6 \times 10^{-19}$ C，质量 $m = 4 \times 1.67 \times 10^{-27}$ kg。

静电斥力

$$F_e = \frac{q^2}{4\pi\varepsilon_0 r^2};$$

万有引力

$$F = G\frac{m^2}{r^2}.$$

$$\frac{F_e}{F} = \frac{q^2}{4\pi\varepsilon_0 Gm^2} = \frac{9\times 10^9}{6.67\times 10^{-11}} \cdot \frac{(2\times 1.6\times 10^{-19})^2}{(4\times 1.67\times 10^{-27})^2} = 3.1\times 10^{35}.$$

可见,万有引力与静电力相比,小得可以忽略.

8.3 电场 电场强度

▶ 8.3.1 电场

图 8-2 表示真空中两个带正电荷的物体 A 和 B,彼此之间存在电斥力 f. 带电体 A 和 B 之间没有任何由原子、分子组成的物质作媒介,这种相互作用力是怎样传递的呢?库仑定律并没有回答这个问题. 围绕这个问题,历史上曾有过长期的争论. 近代物理学的发展告诉我们:带电体 A 周围存在着电场. 带电体 A 的电场对处于电场中的带电体 B 有作用力,称为**电场力**. 同样带电体 B 在周围也存在着电场,是 B 的电场对带电体 A 有电场力.

图 8-2

凡是有电荷的地方四周就存在电场,即电荷在周围空间激发电场. 电场的基本性质是**对其他电荷有电场力的作用**. 因此电荷与电荷之间是通过电场相互作用的.

近代物理学的理论和实验完全证实了场的观点的正确性. 电场和磁场是客观存在的,电磁场的运动(传播)速度是有限的,这个速度就是光速.

本章讨论的是静止电荷的电场,即静电场的性质以及分布规律. 静止电荷指相对于观察者静止的电荷.

▶ 8.3.2 电场强度

电场的一个重要性质就是它对放入电场的电荷有电场力作用,我们就利用这一性质来研究电场. 为此,必须在电场中引入一个带电体以测量电场对它的作用力. 为了测量精确,带电体的电荷量应足够小,使它引入电场后不能显著地改变产生电场的原来电荷(称**场源电荷**)的分布. 同时,要求带电体的几何线度也要充分小,以至可以把它看成点电荷. 满足这些条件的带电体称为**试探电荷**.

电场是一矢量场,可以用电场力的大小和方向来描述. 空间任一点**电场强度**的定义为放在该点静止的试探电荷 q_0 受的力 $\boldsymbol{F}$ 除以 q_0,即

$$\boldsymbol{E} = \frac{\boldsymbol{F}}{q_0}. \tag{8.3-1}$$

因而,电场中任一点(场点)的电场强度在量值和方向上等于单位正电荷在该点所受的力.

在国际单位制中,场强的单位为牛/库(N/C). 以后可知,场强的单位也可用伏/米(V/m)表示,而且这两种单位是相等的.

应该指出,电场强度的定义式(8.3-1)是一个与试探电荷本身无关的量,它是反映电场本身性质的,对静电场来说它完全由产生电场的电荷分布决定. 一般来说,电场空间中不同点的场强,其大小和方向都可以不同. 如果电场空间中各点的场强,其大小和方向都相同,这种电场叫作**均匀电场**.

如果在电场中各点电场强度 E 为已知,由(8.3-1)式可算出处于其中任意一点的点电荷 q_0 受的电场力

$$F = q_0 E.$$

8.3.3 点电荷的电场及电场的叠加

要计算静止点电荷 q 的电场分布,根据库仑定律先计算放在场点 P 的试探电荷 q_0 受的力

$$F = \frac{qq_0}{4\pi\varepsilon_0 r^2} r^0.$$

r^0 是从源电荷 q 指向场点 P 的单位矢量. 由电场强度定义式(8.3-1)得

$$E = \frac{F}{q_0} = \frac{q}{4\pi\varepsilon_0 r^2} r^0,$$

写成

$$E = \frac{q}{4\pi\varepsilon_0 r^2} r^0. \quad (8.3\text{-}2)$$

应用上式计算点电荷 q 的场强时,q 的正负应计及. $q>0$,E 的方向沿 r^0 方向;$q<0$,E 的方向沿 $-r^0$ 方向,如图 8-3 所示. (8.3-2)式表明点电荷的电场具有球对称性.

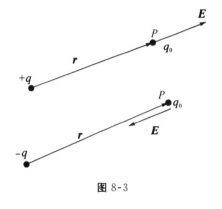

图 8-3

对于由点电荷 $q_1, q_2, \cdots, q_n$ 组成的点电荷组在空间激发的电场,如果要计算其电场强度,也要在场点设置一试探电荷 q_0. 按电力叠加原理计算它受的电场力 F,再由电场强度 E 的定义式可得点电荷组的电场强度为

$$E = \sum_{i=1}^{n} \frac{q_i}{4\pi\varepsilon_0 r_i^2} r_i^0. \quad (8.3\text{-}3)$$

式中 r_i 为从点电荷 q_i 到场点的距离,r_i^0 为从 q_i 指向场点的单位矢量.

由此可见,点电荷组所产生的电场在某场点的场强等于各点电荷单独存在时所产生的电场在该点场强的矢量叠加,这叫作**电场强度的叠加原理**.

利用电场强度的叠加原理,可以计算带电体电场中的电场强度. 任何带电体都可看成许多极小电荷元 dq 的集合,而每个电荷元 dq 都可以看成点电荷,其中任一电荷元 dq 在场点产生的电场 dE 为

$$dE = \frac{dq}{4\pi\varepsilon_0 r^2} r^0.$$

式中 r 是电荷元 dq 到场点的距离,r^0 为 dq 指向场点的单位矢量. 整个带电体在场点的电场,按照场强叠加原理为

$$E = \int dE = \int \frac{dq}{4\pi\varepsilon_0 r^2} r^0. \quad (8.3\text{-}4)$$

上式中积分是对带电体积分(注意上式是矢量积分).

例 8-2 有一均匀带电直线,长为 L,线电荷密度为 $\lambda(\lambda>0)$,求直线中垂线上任一点的场强.

解 如图所示,在带电直线上任取一长为 $\mathrm{d}l$ 的电荷元,其电荷量 $\mathrm{d}q=\lambda\mathrm{d}l$.该电荷元在带电直线中垂线上的 P 点产生的场强 $\mathrm{d}\boldsymbol{E}$ 的大小为

$$\mathrm{d}E=\frac{\mathrm{d}q}{4\pi\varepsilon_0 r^2}.$$

$\mathrm{d}\boldsymbol{E}$ 沿 x 轴和 y 轴方向的两个分量分别为 $\mathrm{d}E_x$ 和 $\mathrm{d}E_y$.由对称性分析可知,带电直线上所有电荷元在 P 点产生的电场强度的 y 分量全部抵消,即

$$E_y=\int\mathrm{d}E_y=0.$$

所以,P 点总场强为所有电荷元产生的场强的 x 分量 $\mathrm{d}E_x$ 之和,即 $E=\int\mathrm{d}E_x$,而

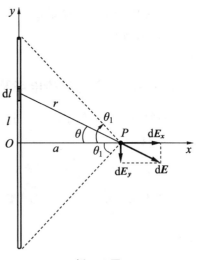

例 8-2 图

$$\mathrm{d}E_x=\mathrm{d}E\cos\theta=\frac{\lambda a\mathrm{d}l}{4\pi\varepsilon_0 r^3}.$$

由于 $l=a\tan\theta$,从而 $\mathrm{d}l=\dfrac{a}{\cos^2\theta}\mathrm{d}\theta$,由例 8-2 图可知 $r=\dfrac{a}{\cos\theta}$,所以

$$\mathrm{d}E_x=\frac{\lambda a\mathrm{d}l}{4\pi\varepsilon_0 r^3}=\frac{\lambda}{4\pi\varepsilon_0 a}\cos\theta\mathrm{d}\theta.$$

对整个带电直线,θ 的变化范围从 $-\theta_1$ 到 $+\theta_1$,所以

$$E=\int_{-\theta_1}^{+\theta_1}\frac{\lambda}{4\pi\varepsilon_0 a}\cos\theta\mathrm{d}\theta=\frac{\lambda\sin\theta_1}{2\pi\varepsilon_0 a}.$$

将 $\sin\theta_1=\dfrac{\dfrac{L}{2}}{\sqrt{\left(\dfrac{L}{2}\right)^2+a^2}}$ 代入上式,可得

$$E=\frac{\lambda L}{2\pi\varepsilon_0 a(L^2+4a^2)^{\frac{1}{2}}}.$$

电场强度的方向沿 x 轴正方向,即指向远离直线的方向.若 $\lambda<0$,则电场强度指向直线.

上式中,当 $a\ll L$ 时,即在带电直线中部附近的区域内,有

$$E=\frac{\lambda}{2\pi\varepsilon_0 a}. \tag{8.3-5}$$

此时相对于距离 a,带电直线可以看作"无限长".因此可以说,在一无限长带电直线周围任一点场强的大小与该点到带电直线的距离成反比.

当 $a\gg L$ 时,即在远离带电直线的地方,有

$$E\approx\frac{\lambda L}{4\pi\varepsilon_0 a^2}=\frac{q}{4\pi\varepsilon_0 a^2}.$$

式中,$q=\lambda L$ 为带电直线的总电荷量.此结果说明,在离该带电直线很远的地方,带电直线的电场相当于一个点电荷 q 的电场.

例 8-3 半径为 R 的均匀带电细圆环,所带电荷量为 $q(q>0)$,求圆环轴线上任一点的场强.

解 如图所示,在圆环上取线元 $\mathrm{d}l$,其带电荷量为 $\mathrm{d}q$,$\mathrm{d}q$ 在 P 点的场强为

$$\mathrm{d}E = \frac{\mathrm{d}q}{4\pi\varepsilon_0 r^2}.$$

$\mathrm{d}\boldsymbol{E}$ 沿平行和垂直于轴线的两个方向的分量分别为 $\mathrm{d}E_{//}$ 和 $\mathrm{d}E_{\perp}$. 由于圆环均匀带电,圆环上全部 $\mathrm{d}q$ 的 $\mathrm{d}E_{\perp}$ 分量均抵消,对总场强有贡献的是平行轴线的分量 $\mathrm{d}E_{//}$,

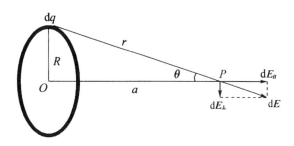

例 8-3 图

$$\mathrm{d}E_{//} = \mathrm{d}E\cos\theta,$$

所以
$$E = \int \mathrm{d}E_{//} = \int \mathrm{d}E\cos\theta = \int \frac{\mathrm{d}q}{4\pi\varepsilon_0 r^2}\cos\theta = \frac{\cos\theta}{4\pi\varepsilon_0 r^2}\oint \mathrm{d}q.$$

由 $\oint \mathrm{d}q = q$ 得
$$E = \frac{q\cos\theta}{4\pi\varepsilon_0 r^2},$$

将 $\cos\theta = \dfrac{a}{r}$ 代入即得
$$E = \frac{qa}{4\pi\varepsilon_0 (R^2 + a^2)^{3/2}}. \tag{8.3-6}$$

$\boldsymbol{E}$ 的方向沿着轴线指向远方.

对于圆心,$a = 0$,由(8.3-6)式得到均匀带电圆环的圆心处电场强度 $\boldsymbol{E} = 0$.

对于 $a \gg R$ 的区域,上式 $(R^2 + a^2)^{3/2} \approx a^3$,所以

$$E = \frac{q}{4\pi\varepsilon_0 a^2}.$$

结果表明,远离圆环心的电场也相当于一个点电荷 q 产生的电场.

例 8-4 有一均匀带电圆平面,半径为 R,面电荷密度为 $\sigma(\sigma>0)$,求圆平面轴线上任一点的场强.

解 带电圆平面可以看成是由许多同心的带电细圆环组成. 现取一半径为 r、宽度为 $\mathrm{d}r$ 的细圆环,如图所示,其所带电荷量为 $\sigma \cdot 2\pi r\mathrm{d}r$. 由例 8-3 的结果可知,此带电细圆环在轴线上 P 点产生的场强大小为

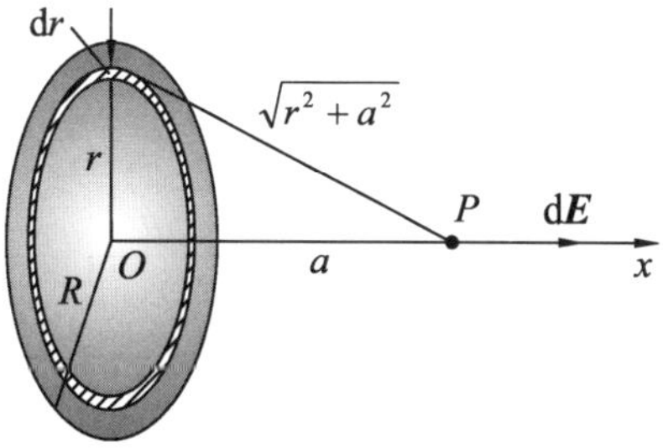

$$\mathrm{d}E = \frac{a\mathrm{d}q}{4\pi\varepsilon_0 (r^2+a^2)^{\frac{3}{2}}} = \frac{\sigma a r \mathrm{d}r}{2\varepsilon_0 (r^2+a^2)^{\frac{3}{2}}},$$

例 8-4 图

方向沿 x 轴正方向. 由于组成圆平面的所有细圆环在 P 点产生的电场 $\mathrm{d}\boldsymbol{E}$ 的方向都相同,所以 P 点的场强大小为

$$E = \int \mathrm{d}E = \frac{\sigma a}{2\varepsilon_0}\int_0^R \frac{r\mathrm{d}r}{(r^2+a^2)^{\frac{3}{2}}} = \frac{\sigma}{2\varepsilon_0}\left[1 - \frac{a}{(R^2+a^2)^{\frac{1}{2}}}\right],$$

其方向也沿 x 轴指向远离圆平面的方向. 若 $\sigma < 0$,则电场强度指向圆平面.

当 $a \ll R$ 时,即在圆心附近很靠近圆平面处

$$E = \frac{\sigma}{2\varepsilon_0},\qquad(8.3\text{-}7)$$

此时相对于 a,可将该带电圆平面看作"无限大"带电平面.因此可以说,在一无限大均匀带电平面附近的电场是匀强电场,其大小由(8.3-7)式给出.

当 $a \gg R$ 时,即在远离带电圆平面处

$$(R^2+a^2)^{-\frac{1}{2}} = \frac{1}{a}\left(1-\frac{R^2}{2a^2}+\cdots\right) \approx \frac{1}{a}\left(1-\frac{R^2}{2a^2}\right),$$

于是

$$E \approx \frac{\sigma \cdot \pi R^2}{4\pi\varepsilon_0 a^2} = \frac{q}{4\pi\varepsilon_0 a^2}.$$

式中 $q = \sigma \cdot \pi R^2$ 为圆平面所带的总电荷量.这一结果也说明,在远离带电圆平面处的电场与一个点电荷的电场相当.

例 8-5 两个等量异号点电荷,当两者之间距离 l 比从它们到所讨论的场点的距离小得多,这个带电系统就称为电偶极子如图(a)所示.

用 l 表示从 $-q$ 到 $+q$ 的矢量,电荷量 q 与 l 的乘积称为电偶极矩或电矩,用 p 表示,$p = ql$. p 的单位为库·米($C \cdot m$).求:

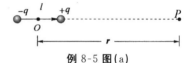

例 8-5 图(a)

(1) 电偶极子轴线上任一点的电场强度;
(2) 电偶极子中垂线上任一点的电场强度.

解 (1) 如图(a)所示,设轴线上某场点 P 到电偶极子连线中点 O 的距离为 r,则 $+q$ 和 $-q$ 在 P 点产生的电场强度 E_+ 和 E_- 同在轴线上,其大小分别为

$$E_+ = \frac{q}{4\pi\varepsilon_0\left(r-\frac{l}{2}\right)^2},\quad E_- = \frac{q}{4\pi\varepsilon_0\left(r+\frac{l}{2}\right)^2}.$$

P 点的总场强

$$E = E_+ - E_- = \frac{ql}{2\pi\varepsilon_0 r^3\left(1-\frac{l}{2r}\right)^2\left(1+\frac{l}{2r}\right)^2}.$$

对于电偶极子,有 $r \gg l$ 条件,所以上式成为

$$E = \frac{ql}{2\pi\varepsilon_0 r^3} = \frac{p}{2\pi\varepsilon_0 r^3}.$$

考虑到 E 的指向与电偶极矩 p 方向相同,上式可以写成

$$E = \frac{p}{2\pi\varepsilon_0 r^3}.\qquad(8.3\text{-}8)$$

(2) 如图(b)所示,设中垂线上某点 Q 到 O 点的距离为 r,Q 到 $+q$ 和 $-q$ 的距离分别为 r_+ 和 r_-,则 $+q$,$-q$ 在 Q 点产生的电场强度分别为 E_+ 和 E_-,其大小为

$$E_+ = E_- = \frac{q}{4\pi\varepsilon_0\left(r^2+\frac{l^2}{4}\right)}.$$

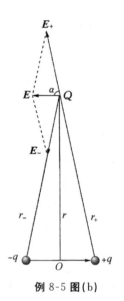

例 8-5 图(b)

E_+ 和 E_- 方向如图所示,总场强为

$$E = E_+ \cos\alpha + E_- \cos\alpha = 2 \cdot \frac{q}{4\pi\varepsilon_0 \left(r^2 + \frac{l^2}{4}\right)} \cdot \frac{l}{2\sqrt{r^2 + \frac{l^2}{4}}}.$$

由 $r \gg l$,可得

$$E = \frac{ql}{4\pi\varepsilon_0 r^3} = \frac{p}{4\pi\varepsilon_0 r^3}.$$

考虑到 E 的方向与电偶极矩 p 方向相反,上式可以写成

$$\boxed{E = -\frac{p}{4\pi\varepsilon_0 r^3}.} \tag{8.3-9}$$

电偶极子是一个重要的物理模型,在研究电介质极化、电磁波的发射与吸收以及中性分子相互作用时,都要用到电偶极子模型.

例 8-6 求电偶极子在均匀电场中受的力矩.

解 以 E 表示均匀电场场强,电偶极子的位置如图所示. l 表示 $-q$ 到 $+q$ 的矢量.

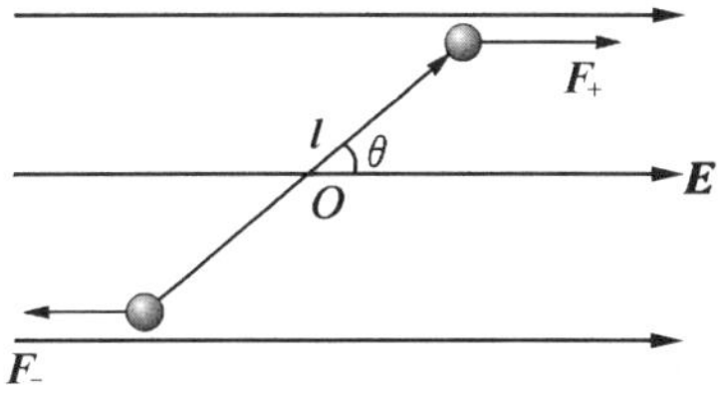

电偶极子的正负点电荷受电场力 F_+ 和 F_- 的大小相等、方向相反,

$$F_+ = F_- = qE.$$

例 8-6 图

F_+ 和 F_- 组成一对力偶,它们对于中点 O 的力矩相同,因而总力矩的大小为

$$M = \frac{l}{2} F_+ \sin\theta + \frac{l}{2} F_- \sin\theta = qlE\sin\theta = pE\sin\theta.$$

注意到力矩 M 的方向是使 l(也就是电矩 p)转向场强 E 的方向,用矢量式表示为

$$\boxed{M = p \times E.} \tag{8.3-10}$$

8.4 高斯定理

▶ 8.4.1 电场线

为了形象地描绘电场的分布,可以在电场中作许多曲线,使曲线上每一点的切线方向与该点的电场强度方向一致,这样作出的曲线,叫作**电场线**.要使电场线还能表示场强的大小,可以对电场线条数做出如下规定:在电场中某点,通过垂直于该处 E 的方向的单位面积的电场线条数正比于该处 E 的大小,即

$$\frac{\Delta N}{\Delta S} \propto E. \tag{8.4-1}$$

式中 ΔN 为穿过与 E 方向垂直的面元 ΔS 的电场线的条数.这样,电场线的疏密程度就反映了电场强度大小的分布.因此,电场线的分布反映了空间各点电场强度的大小和方向.

电场线是虚构的曲线,客观并不存在.但是,可以借助一些实验方法,把各种电荷分布的电场线显示出来.图 8-4 是用实验手段显示的电场线分布图.其中图(a)是两块带等量异号电荷的金属板间的电场线,图(b)是带电的尖端金属导体与接地金属平板间的电场线,图(c)是带电的金属圆柱面与接地金属平板间的电场线.

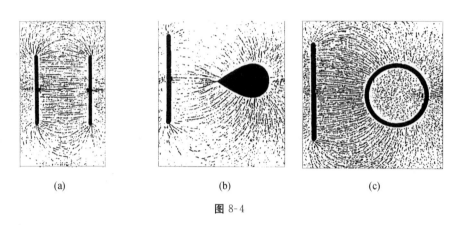

图 8-4

从这些电场线的图形可以清楚地看到,静电场的电场线有两条重要性质:**电场线起于正电荷,终止于负电荷;电场线不形成闭合曲线**.静电场电场线的这些性质,实质上是反映了静电场的重要特征,即本节下面的内容——高斯定理以及下一节的静电场环路定理.

▶ 8.4.2 电通量

通量是描述矢量场性质的一个物理量.描述电场的通量,叫作**电场强度通量**,简称**电通量**,常用字母 Φ_E 表示.

与任何一个矢量场通量定义的方法相同,设电场中某一点 P 的场强为 $\boldsymbol{E}$,包含 P 点在内作一面元 ΔS,$\boldsymbol{n}$ 为面元法向单位矢量,θ 为 $\boldsymbol{E}$ 与 $\boldsymbol{n}$ 的夹角,如图 8-5 所示.定义面元 ΔS 的电通量为

$$\Delta \Phi_E = E \cdot \Delta S \cos\theta = \boldsymbol{E} \cdot \Delta \boldsymbol{S}, \quad (8.4\text{-}2)$$

即场强 E 的大小与面元 ΔS 在垂直于场强方向上投影面积 $\Delta S\cos\theta$ 的乘积,就是面元 ΔS 的电通量.式中 $\Delta \boldsymbol{S}$ 称为面元矢量,定义式为

$$\Delta \boldsymbol{S} = \Delta S \boldsymbol{n}.$$

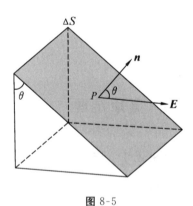

图 8-5

如果在(8.4-1)式中把比例系数看作 1 的话,就可以把电通量的定义式理解为穿过面元 ΔS 的电场线条数.

如果要计算穿过任一非无限小的曲面的电通量 Φ_E(图 8-6),可以把该曲面 S 分割成许多小面元 ΔS_i,利用(8.4-2)式对每一小面元计算电通量后,再累加起来,

$$\Phi_E = \lim_{\Delta S_i \to 0} \sum_{i=1}^{n} \boldsymbol{E}_i \cdot \Delta \boldsymbol{S}_i,$$

即
$$\Phi_E = \iint \boldsymbol{E} \cdot \mathrm{d}\boldsymbol{S}. \quad (8.4\text{-}3)$$

电通量是标量,但是它有正有负,这与面元 ΔS 的法线 $\boldsymbol{n}$ 的取向有关. 对于闭合曲面,规定面元 ΔS 的法线 $\boldsymbol{n}$ 的方向由曲面内指向曲面外. 当电场线由内向外穿出 ΔS 时, $\Delta\Phi_E$ 为正值; 当电场线由外向内穿入 ΔS 时, $\Delta\Phi_E$ 为负值.

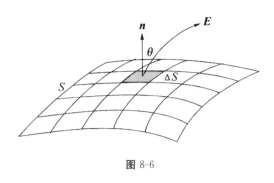

图 8-6

穿过整个闭合曲面的电通量为

$$\Phi_E = \oiint \boldsymbol{E} \cdot \mathrm{d}\boldsymbol{S}. \quad (8.4\text{-}3')$$

由电通量定义式(8.4-2)可知,国际单位制中,电通量单位为(牛/库)·米² 或(伏/米)·米² =伏·米,即 V·m,它没有专门的名称.

▶ 8.4.3 高斯定理

设空间分布有一组点电荷 $q_1, q_2, \cdots, q_n$, 如图 8-7 所示. 如果在空间作一任意形状的闭合曲面,则有的点电荷处于闭合曲面内,有的点电荷处于闭合曲面外. 闭合曲面上任一点的电场 $\boldsymbol{E}$ 应该是闭合曲面内外的电荷共同产生的,这个闭合曲面的电通量等于多少呢? 法国科学家高斯(C. F. Gauss 1777—1855)指出: 静电场中任意闭合曲面 S 的电通量 Φ_E, 等于该曲面包围电荷的代数和除以 ε_0, 与闭合曲面外的电荷无关. 这就是**高斯定理**. 其数学表达式为

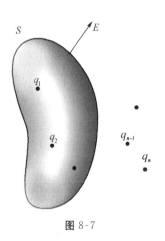

图 8-7

$$\Phi_E = \oiint \boldsymbol{E} \cdot \mathrm{d}\boldsymbol{S} = \frac{1}{\varepsilon_0} \sum q_i. \quad (8.4\text{-}4)$$

式中 $\sum q_i$ 指闭合曲面内电荷的代数和. 习惯上称闭合曲面为**高斯面**. 通常它是一个假想的曲面.

下面通过计算点电荷的电场中闭合曲面的电通量,来导出高斯定理.

先计算包围点电荷 q 的同心球面 S 的电通量,如图 8-8 所示. 设球面半径为 r, 根据库仑定律可知球面上各点 $\boldsymbol{E}$ 大小相等,方向沿半径向外呈辐射状,这样球面上面元 $\mathrm{d}\boldsymbol{S}$ 与所在处 $\boldsymbol{E}$ 方向相同. 通过 $\mathrm{d}S$ 的电通量为

$$\mathrm{d}\Phi_E = \boldsymbol{E} \cdot \mathrm{d}\boldsymbol{S} = E\mathrm{d}S = \frac{q}{4\pi\varepsilon_0 r^2}\mathrm{d}S,$$

整个闭合面 S 的电通量为

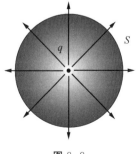

图 8-8

$$\Phi_E = \oiint \boldsymbol{E} \cdot \mathrm{d}\boldsymbol{S} = \frac{q}{4\pi\varepsilon_0 r^2} \oiint \mathrm{d}S = \frac{q}{4\pi\varepsilon_0 r^2} 4\pi r^2 = \frac{1}{\varepsilon_0} q.$$

由此可见，球面电通量只与包围的点电荷的电荷量有关，而与所取高斯面球面的半径无关．显然得到这一结果是与库仑的反比平方定律分不开的．如果用电场线概念来理解的话，这表示通过半径不同的同心球面的电场线的总条数相等，从 q 点电荷发出的电场线是连续地伸向无穷远处的．

设想有另一个任意闭合曲面 S_1 包围该点电荷 q，如图 8-9 所示．由上所述电场线的连续性可以得知穿过 S_1 闭合面的总电场线条数也是 $\frac{q}{\varepsilon_0}$．因此，任意形状的闭合曲面 S_1 内只要包含点电荷 q，总有

$$\oiint \boldsymbol{E} \cdot \mathrm{d}\boldsymbol{S} = \frac{q}{\varepsilon_0}.$$

对于不包围点电荷 q 的闭合曲面，如图 8-9 所示中的 S_2．由电场线的连续性可知，它从 S_2 面一侧穿过的电场线必从另一侧穿出，所以净穿出闭合曲面 S_2 的电场线总条数为 0，即

$$\oiint \boldsymbol{E} \cdot \mathrm{d}\boldsymbol{S} = 0.$$

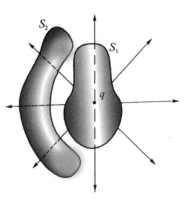

图 8-9

以上是对单个点电荷电场的结论，可以由场强的叠加原理推广到对点电荷组的电场也成立，即可以得到高斯定理的表达式．

事实上高斯定理可以由库仑定律和叠加原理来导出．高斯定理表明电场线是从正电荷出发，终止于负电荷，即静电场是有源场，源就是电荷．高斯定理是静电场的两个基本定理之一，它与环路定理结合起来，可以完整地描述静电场．

应该指出，对于运动电荷的电场或者随时间变化的电场，库仑定律不再有效，而高斯定理仍然有效．高斯定理是关于电场的基本规律．

▶ 8.4.4 高斯定理的应用

利用高斯定理可以方便地计算具有某些对称分布电场的场强.

1. 均匀带电球面的电场分布

设该球面半径为 R，所带电荷量为 q（设 $q>0$）．因为电荷是均匀分布在球面上的，所以球面内外的电场应该具有球对称性，即离球心等距离点上的电场强度大小相等，方向沿着球的半径方向．因此，作一半径 $r>R$ 的同心球面作为高斯面，如图 8-10 所示．这样一个高斯面上电场 E 的电通量 $\Phi_E = 4\pi r^2 E$．高斯面内包围电荷 $\sum q$ 就是球带电荷总量 q，由高斯定理得

$$4\pi r^2 E = \frac{q}{\varepsilon_0},$$

即

$$E = \frac{q}{4\pi\varepsilon_0 r^2} \quad (r \geqslant R). \tag{8.4-5}$$

这说明均匀带电球面外的电场，如同全部电荷集中在球心的一个点电荷在该区域的电场分布一样.

要求球面内电场分布，可以作一个半径 $r<R$ 的同心球面作为高斯面，此高斯面的电场 E 的通量 $\Phi_E=4\pi r^2 E$. 但是，高斯面内包围电荷 $\sum q=0$，所以利用高斯定理可得

$$E=0 \ (r<R).$$

这说明均匀带电球面内电场强度处处为零. 上述结果的 $E\text{-}r$ 曲线如图 8-10 所示. 从 $E\text{-}r$ 曲线可以看出，场强在球面上是不连续的.

2. 均匀带电球体的电场分布

设球体半径为 R，带电荷总量为 q，与上例考虑相同，均匀带电球体内外电场也是球对称分布.

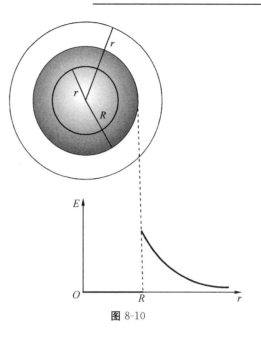

图 8-10

利用高斯定理可以求得球体外部电场 E 的分布与全部电荷量集中在球心时产生的电场一样，即

$$E=\frac{q}{4\pi\varepsilon_0 r^2} \ (r\geqslant R).$$

为了求球体内电场，在球体内作半径 $r<R$ 的同心球面为高斯面（图 8-11），通过此高斯面的电场 E 的电通量

$$\Phi_E=4\pi r^2 E.$$

此高斯面包围的电荷为

$$\sum q=\frac{qr^3}{R^3},$$

利用高斯定理可以求得

$$E=\frac{rq}{4\pi\varepsilon_0 R^3} \ (r\leqslant R). \quad (8.4\text{-}6)$$

如果引入体电荷密度 ρ，单位为库/米³ (C/m³). 对于本例 $\rho=\dfrac{q}{\frac{4}{3}\pi R^3}$，还可以把上式化简成

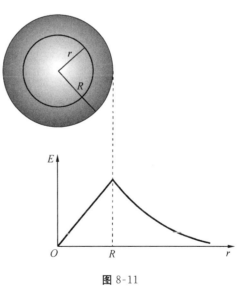

图 8-11

$$E=\frac{\rho}{3\varepsilon_0}r. \quad (8.4\text{-}7)$$

这说明均匀带电球体内的电场强度大小是与场点离球心距离 r 的一次方成正比.

均匀带电球体的 $E\text{-}r$ 曲线如图 8-11 所示. 注意在球体表面处，场强是连续的，其大小为 $E=\dfrac{q}{4\pi\varepsilon_0 R^2}$.

3. 无限长均匀带电圆柱体的电场分布

设带电圆柱体的线电荷密度为 $\lambda(\lambda>0)$，半径为 R。由电荷分布的轴对称性可知，电场的分布也应该具有轴对称性，即离开圆柱体轴线距离为 r 的所有点处，电场强度的大小相等，方向都沿径向向外。为此，作高为 l、底面半径为 r 的同轴圆柱形闭合面为高斯面，如图 8-12 所示。通过高斯面的电通量为

$$\Phi_E = \iint_{\text{侧面}} \boldsymbol{E} \cdot \text{d}\boldsymbol{S} + \iint_{\text{上底}} \boldsymbol{E} \cdot \text{d}\boldsymbol{S} + \iint_{\text{下底}} \boldsymbol{E} \cdot \text{d}\boldsymbol{S}.$$

因为上、下底面上的场强 $\boldsymbol{E}$ 与底面平行，所以上、下底面的电通量均为零，而侧面上的电通量为 $2\pi r l E$，所以

$$\Phi_E = 2\pi r l E = \frac{1}{\varepsilon_0}\sum q,$$

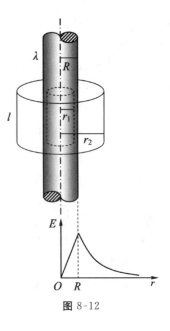

图 8-12

圆柱体的体电荷密度为 $\rho = \dfrac{\lambda l}{\pi R^2 l} = \dfrac{\lambda}{\pi R^2}$。

在圆柱体内，$r<R$，$\sum q = \rho \cdot \pi r^2 l = \dfrac{\lambda l r^2}{R^2}$，所以

$$E = \frac{\lambda r}{2\pi\varepsilon_0 R^2} \quad (r<R), \tag{8.4-8}$$

即圆柱体内的场强与场点到轴线的距离成正比。

在圆柱体外，$r>R$，$\sum q = \rho \cdot \pi R^2 l = \lambda l$，所以

$$E = \frac{\lambda}{2\pi\varepsilon_0 r} \quad (r \geqslant R), \tag{8.4-9}$$

即圆柱体外的场强与场点到轴线的距离成反比，与无限长带电直线的场强表达式相同。

4. 无限大均匀带电平面的电场分布

设带电平面的面电荷密度为 σ，单位为库/米² (C/m²)。由于电荷均匀分布在一无限大的平面上，所以电场分布必然对带电平面对称，平面两侧离开平面等距离处的场强 E 大小相等、方向垂直于平面。选择图 8-13(a) 所示的高斯面，使高斯面的两个底面到无限大带电平面的距离相等，并设底面面积为 S。由于电场方向与高斯面侧面平行，所以高斯面侧面的电通量为零。由高斯定理

$$\oiint \boldsymbol{E} \cdot \text{d}\boldsymbol{S} = 2ES = \frac{1}{\varepsilon_0}\sigma S,$$

即

$$E = \frac{\sigma}{2\varepsilon_0}. \tag{8.4-10}$$

此式表明无限大均匀带电平面两侧的电场是均匀电场，电场线如图 8-13(b) 所示。此处得到的结果与例 8-4 中的 (8.3-7) 式相同，但计算过程简单得多。

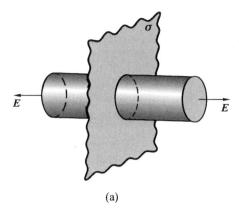 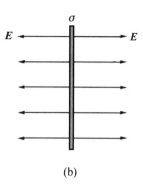

图 8-13

例 8-7 两个平行的无限大均匀带电平面,如图(a)所示,面电荷密度分别为 $\sigma_1 = +\sigma$ 和 $\sigma_2 = -\sigma$,而 $\sigma = 4 \times 10^{-11}$ C/m². 求这一带电系统的电场分布.

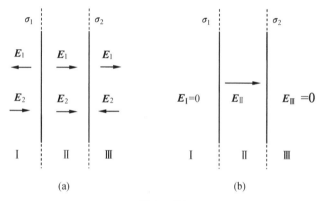

例 8-7 图

解 这两个带电平面的总电场不再具有前述的简单对称性,因而不能直接用高斯定理求解. 但根据上面关于无限大均匀带电平面电场的讨论,两个面各自在其两侧产生的场强方向如图(a)所示,其大小分别为

$$E_1 = \frac{\sigma_1}{2\varepsilon_0} = \frac{\sigma}{2\varepsilon_0} = \frac{4 \times 10^{-11}}{2 \times 8.85 \times 10^{-12}} \text{ V/m} = 2.26 \text{ V/m},$$

$$E_2 = \frac{\sigma_2}{2\varepsilon_0} = \frac{\sigma}{2\varepsilon_0} = \frac{4 \times 10^{-11}}{2 \times 8.85 \times 10^{-12}} \text{ V/m} = 2.26 \text{ V/m}.$$

根据电场强度叠加原理可得

在 Ⅰ 区:$E_Ⅰ = E_1 - E_2 = 0$;

在 Ⅱ 区:$E_Ⅱ = E_1 + E_2 = \frac{\sigma}{\varepsilon_0} = \frac{4 \times 10^{-11}}{8.85 \times 10^{-12}}$ V/m $= 4.52$ V/m,方向向右;

在 Ⅲ 区:$E_Ⅲ = E_1 - E_2 = 0$.

该带电系统的总场强分布如图(b)所示. 第 9 章 9.2 节所讨论的平行板电容器即为本例所讨论的带电系统.

8.5 静电场的环路定理 电势

▶ **8.5.1 静电场的环路定理**

在静电场 E 中移动试探电荷 q_0，电场力要做功. 从库仑定律和场强叠加原理出发可以证明静电场力做的功与路径无关.

设单个源点电荷 q 位于 O 点，如图 8-14 所示. 在源点电荷 q 的电场中，有试探电荷 q_0 从 P 点沿着某一路径移动到 Q 点. 路径上经过某元段 $\mathrm{d}l$，作用在 q_0 上的电场力 $q_0 E$ 所做的元功为

$$\mathrm{d}A = q_0 \boldsymbol{E} \cdot \mathrm{d}\boldsymbol{l} = q_0 \frac{q}{4\pi\varepsilon_0 r^2} \mathrm{d}l\cos\theta.$$

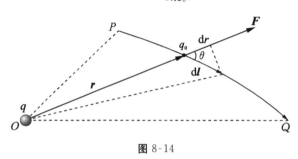

图 8-14

注意到 $\mathrm{d}l\cos\theta = \mathrm{d}r$，于是

$$\mathrm{d}A = \frac{q_0 q}{4\pi\varepsilon_0 r^2}\mathrm{d}r.$$

由此，试探电荷 q_0 从 P 点移动到 Q 点，电场力做功

$$A = \int \mathrm{d}A = \int_P^Q \frac{q_0 q}{4\pi\varepsilon_0 r^2}\mathrm{d}r = \frac{1}{4\pi\varepsilon_0} q q_0 \left(\frac{1}{r_P} - \frac{1}{r_Q}\right).$$

上式表明，点电荷的电场力对试探电荷做的功，与路径无关，与试探电荷起始末的位置有关. 当然还与试探电荷的电荷量 q_0 成正比.

利用电场叠加原理，可以证明，任何带电体的电场力对试探电荷做的功

$$A = q_0 \int_P^Q \boldsymbol{E} \cdot \mathrm{d}\boldsymbol{l}, \qquad (8.5\text{-}1)$$

也是与路径无关，只与该试探电荷的始末位置有关.

静电场做功与路径无关，表明静电力是保守力，静电场是保守场.

如果在电场中移动试探电荷 q_0，经过闭合路径又回到原来的位置(图 8-15)，可由上式得知电场力做功为零，即

$$q_0 \oint \boldsymbol{E} \cdot \mathrm{d}\boldsymbol{l} = 0.$$

图 8-15

因为试探电荷 q_0 不为零，所以上式可写成

$$\oint \boldsymbol{E} \cdot \mathrm{d}\boldsymbol{l} = 0, \qquad (8.5\text{-}2)$$

即静电场场强 E 沿任意闭合环路的线积分恒等于零. (8.5-2)式称为**静电场的环路定理**,它与静电场是保守场的说法是等价的.

8.5.2 电势

静电场环路定理表明静电场是保守场,可以引进电势能的概念.

静电场中把试探电荷 q_0 从 P 点移到 Q 点,电场力对 q_0 做的功就定义为 q_0 在 P,Q 两点的电势能的减少 $W_P - W_Q$,

$$W_P - W_Q = q_0 \int_P^Q \boldsymbol{E} \cdot \mathrm{d}\boldsymbol{l}. \tag{8.5-3}$$

上式中 $W_P - W_Q$ 与 q_0 成正比,即比值 $\dfrac{W_P - W_Q}{q_0}$ 与试探电荷无关,它反映了静电场本身在 P, Q 两点的性质,我们把这个量定义为电场中 P, Q 两点的电势差

$$U_P - U_Q = \int_P^Q \boldsymbol{E} \cdot \mathrm{d}\boldsymbol{l}. \tag{8.5-4}$$

由此,也可以把电势差理解为在静电场中移动单位正试探电荷电场力做的功.

有了电势差的定义式(8.5-4),就可以把试探电荷 q_0 在电场中两点的电势能差(8.5-3)式写成

$$W_P - W_Q = q_0 (U_P - U_Q). \tag{8.5-5}$$

要确定静电场中某点的电势值,可以选定一参考点,设该点的电势为零,这样静电场中某点的电势值就是该点与零电势点的电势差. 理论计算中,如果带电体系只分布在有限空间,常选无限远处为零电势参考点,这时空间任一点电势可以表示为

$$U_P = \int_P^\infty \boldsymbol{E} \cdot \mathrm{d}\boldsymbol{l}. \tag{8.5-6}$$

这样,电场中某点的电势在数值上等于把单位正电荷从该点移至无穷远处电场力做的功. 注意电势的值有赖于零电势参考点的选取,而电场中两点的电势差却与零电势参考点位置的选取无关. 同样,试探电荷在某点的电势能按下式计算

$$W_P = q_0 U_P = q_0 \int_P^\infty \boldsymbol{E} \cdot \mathrm{d}\boldsymbol{l}. \tag{8.5-7}$$

显然,电势能的值也与零电势(能)参考点位置的选择有关,而电势能的差却与参考点的选取无关. 实际工作中,常常取无限远处电势为零.

电势是标量,在国际单位制中,电势的单位是伏,符号为 V.

顺便指出,由(8.5-4)式可以看出电场线的指向就是电势降落的方向.

8.5.3 点电荷的电势及电势的叠加

利用点电荷电场的计算式(8.3-2)和电势的定义,可以算得点电荷 q 的电场中任一点 P 的电势

$$U_P = \int_P^\infty \boldsymbol{E} \cdot \mathrm{d}\boldsymbol{l} = \int_P^\infty \frac{q}{4\pi\varepsilon_0 r^2} \mathrm{d}r = \frac{q}{4\pi\varepsilon_0 r_P}.$$

去掉角标 P 得

$$U = \frac{q}{4\pi\varepsilon_0 r}. \tag{8.5-8}$$

式中 r 是点电荷 q 到场点的距离. 运用上式时应把电荷 q 的正负号一并计及.

利用场强的叠加原理和电势的定义式很容易证明, 点电荷组的电场中某点的电势, 是各点电荷单独存在时的电场在该点的电势的代数和, 这就是**电势叠加原理**, 即

$$U = \sum_{i=1}^{n} \frac{q_i}{4\pi\varepsilon_0 r_i}. \tag{8.5-9}$$

式中 r_i 为第 i 个点电荷 q_i 到场点的距离.

对于电荷连续分布的带电体, 可以把带电体分成无数电荷元 dq 的集合, 按点电荷的电势计算式(8.5-8)计算 dq 在场点的电势, 再按照电势叠加原理来计算带电体在场点 P 的电势

$$U = \int \frac{dq}{4\pi\varepsilon_0 r}. \tag{8.5-10}$$

式中 r 是电荷元 dq 到场点的距离, 积分是对带电体积分.

例 8-8 求均匀带电球面电场的电势.

解 设均匀带电球面半径为 R, 带电荷量为 $q(q>0)$. 均匀带电球面的电场分布

$$E = \frac{q}{4\pi\varepsilon_0 r^2}, \quad r \geqslant R;$$

$$E = 0, \quad r < R.$$

在利用(8.5-6)式计算电势时, 沿从球心发出的直线作为积分路径, 球面外结果与点电荷情形一样,

$$U = \int_r^\infty E \, dr = \int_r^\infty \frac{q}{4\pi\varepsilon_0 r^2} dr = \frac{q}{4\pi\varepsilon_0 r}.$$

在球面内 $r < R$, 积分要分两段进行, 一段在球面内($E=0$), 一段在球面外.

$$U = \int_r^\infty E \, dr = \int_r^R E \, dr + \int_R^\infty E \, dr$$

$$= \int_R^\infty \frac{q}{4\pi\varepsilon_0 r^2} dr = \frac{q}{4\pi\varepsilon_0 R}.$$

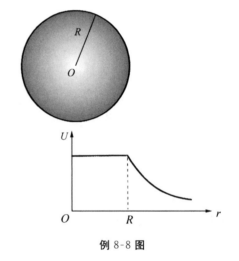

例 8-8 图

由此可见, 在球面内的空间电势与球面的电势值一样, 均匀带电球面内的空间是等势的, U-r 曲线如图所示.

例 8-9 求均匀带电圆环轴线上一点的电势.

解 设圆环半径为 R, 均匀带有电荷量 q. 在圆环上取线元 dl, 其带电荷量为 dq, dq 在场点 P 的电势

$$dU = \frac{dq}{4\pi\varepsilon_0 r}.$$

整个带电圆环在 P 点的电势

$$U = \int dU = \oint \frac{dq}{4\pi\varepsilon_0 r} = \frac{1}{4\pi\varepsilon_0 r}\oint dq = \frac{q}{4\pi\varepsilon_0 r}.$$

因为 $r = \sqrt{R^2 + a^2}$，所以 $U = \dfrac{q}{4\pi\varepsilon_0 \sqrt{R^2 + a^2}}$.

把 $a = 0$ 代入上式，得圆心 O 的电势 $U_0 = \dfrac{q}{4\pi\varepsilon_0 R}$.

可见，均匀带电圆环中心的电场强度等于零，而电势却不为零.

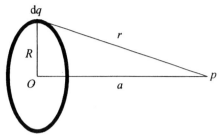

例 8-9 图

例 8-10 求电偶极子电场中的电势分布.

解 设电偶极子的两点电荷为 $+q$ 和 $-q$，相距为 l. 在纸面上建立图示的极坐标，原点取在偶极子的中点，场点 P 离 l 的中点 O 的距离为 r，r 与 l 的夹角为 θ.

由电势叠加原理可得 P 点的电势

$$U = \frac{q}{4\pi\varepsilon_0 r_+} + \frac{(-q)}{4\pi\varepsilon_0 r_-} = \frac{q(r_- - r_+)}{4\pi\varepsilon_0 r_+ r_-}.$$

由于 $l \ll r$，所以 $r_+ r_- = r^2$，$r_- - r_+ \approx l\cos\theta$，从而可得

$$U = \frac{ql\cos\theta}{4\pi\varepsilon_0 r^2}.$$

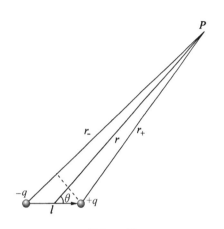

例 8-10 图

因为电偶极矩 $p = ql$，再利用矢量的点积，上式可以写成

$$U = \frac{p\cos\theta}{4\pi\varepsilon_0 r^2} = \frac{\boldsymbol{p} \cdot \boldsymbol{r}}{4\pi\varepsilon_0 r^3}. \tag{8.5-11}$$

▶ 8.5.4 等势面

静电场中，电势值是逐点变化的，但是有些点的电势是相等的. 电势相等的点组成的面称为**等势面**. 图 8-16 给出了几种电场的等势面分布图. 其中不带箭头的线为等势面与纸面的交线，带有箭头的线为电场线. 图(a)为均匀电场的等势面，图(b)为点电荷电场的等势面，图(c)为等量正负点电荷电场的等势面.

等势面满足方程

$$U(x, y, z) = C, \tag{8.5-12}$$

常量 C 的不同值，对应着不同的等势面. 当常量 C 取等间隔的一系列数值时，就可以得到一系列等势面. 这样画出的等势面，密集的地方场强大，较稀疏的地方场强较小.

可以证明，等势面有两个重要性质：**它处处与电场线垂直；在等势面上移动电荷时，电场力不做功**. 等势面的概念在实际工作中有重要意义.

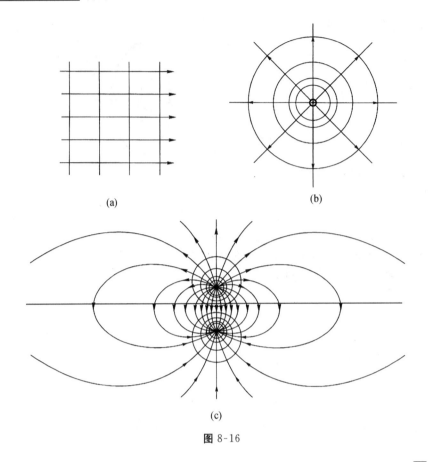

图 8-16

8.5.5 电势梯度

现在,我们来讨论电势与电场强度的关系. 设在静电场中,取两个靠得很近的等势面 A 和 B,电势分别为 U 和 $U+\Delta U$(设 $\Delta U>0$),如图 8-17 所示. P 为等势面 A 上的一点,在 P 点作等势面 A 的法线(等势面的法线正方向规定为指向电势升高的方向),以 Δn 表示两等势面在 P 点的法向距离 $\overline{PQ}$. 由于两个等势面是如此靠近,可以把 P 点附近的电场看成均匀场, $\Delta U = |E_P|\Delta n$,或

$$|E_P| = \frac{\Delta U}{\Delta n}.$$

注意到 P 点的电场强度方向是从高电势指向低电势,与等势面在 P 点的正法线方向相反,上式可以写成

$$\boxed{E = -\frac{\mathrm{d}U}{\mathrm{d}n}\boldsymbol{n}}. \tag{8.5-13}$$

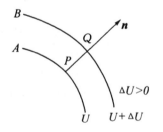

图 8-17

式中 $\boldsymbol{n}$ 是等势面的单位法线矢量,矢量 $\dfrac{\mathrm{d}U}{\mathrm{d}n}\boldsymbol{n}$ 的大小是等势面法线方向上的电势增加率,方向指向电势增加方向. 矢量 $\dfrac{\mathrm{d}U}{\mathrm{d}n}\boldsymbol{n}$ 称为 **P 点的电势梯度**,通常用符号 $\mathrm{grad}U$ 表示,或者用 ∇U 表示,即

$$\nabla U = \mathrm{grad}\, U = \frac{\mathrm{d}U}{\mathrm{d}n}\boldsymbol{n}.$$

(8.5-13)式表示,电场中各点的电场强度,等于该点电势梯度的负值.梯度在不同坐标系中有不同的运算形式,直角坐标系中梯度运算的形式最简单,(8.5-13)式为

$$E_x = -\frac{\partial U}{\partial x}, \quad E_y = -\frac{\partial U}{\partial y}, \quad E_z = -\frac{\partial U}{\partial z}. \tag{8.5-13'}$$

总之,电场强度和电势都是用来描述同一个静电场的分布,$\boldsymbol{E}$ 是矢量,U 是标量,它们之间关系是微分和积分的关系,即

$$\boxed{\boldsymbol{E} = -\mathrm{grad}\, U, \quad U_P = \int_P^\infty \boldsymbol{E} \cdot \mathrm{d}\boldsymbol{l}.} \tag{8.5-14}$$

应该指出,上述关系式表明了电场强度和电势的关系是一种分布对应着另一种分布,而不能说它们是一一对应.

例 8-11 利用电场强度与电势的关系 $\boldsymbol{E} = -\nabla U$,求均匀带电圆环轴线上任一点的场强大小.

解 均匀带电圆环轴线上任一点的电势,已在例 8-9 中求出,把式中的 a 换成 x 即得到

$$U = \frac{q}{4\pi\varepsilon_0 \sqrt{R^2 + x^2}}.$$

这是轴线上任一点的电势表达式,利用 $E = -\dfrac{\partial U}{\partial x}$ 计算场强的大小

$$E = -\frac{\partial U}{\partial x} = -\frac{\partial}{\partial x}\left(\frac{q}{4\pi\varepsilon_0 \sqrt{R^2 + x^2}}\right) = \frac{qx}{4\pi\varepsilon_0 (R^2 + x^2)^{3/2}}.$$

这一结果与例 8-3 中的结果相同.

内容提要

1. 两种电荷、电荷守恒定律、电荷的量子化、电荷的相对论不变性.

2. 库仑定律:$\boldsymbol{F} = \dfrac{1}{4\pi\varepsilon_0}\dfrac{q_1 q_2}{r^2}\boldsymbol{r}^0$,$k = \dfrac{1}{4\pi\varepsilon_0} = 8.99\times 10^9$ N·m^2/C^2,真空介电常量 $\varepsilon_0 = 8.85\times 10^{-12}$ C^2/(N·m^2).

3. 高斯定理:$\varPhi_E = \oiint \boldsymbol{E} \cdot \mathrm{d}\boldsymbol{S} = \dfrac{1}{\varepsilon_0}\sum q$.

静电场是有源场,源就是电荷;电场线从正电荷出发,终止于负电荷.

电通量:$\Delta \varPhi_E = E\Delta S\cos\theta$,$\varPhi_E = \iint \boldsymbol{E} \cdot \mathrm{d}\boldsymbol{S}$,$\varPhi_E$ 的单位为 V·m.

4. 环路定理:$\oint \boldsymbol{E} \cdot \mathrm{d}\boldsymbol{l} = 0$.

静电场是保守场,有势场,无旋场;电场线不闭合.

5. 电场强度:$\boldsymbol{E} = \dfrac{1}{4\pi\varepsilon_0}\dfrac{q}{r^2}\boldsymbol{r}^0$,$\boldsymbol{E} = \int \dfrac{1}{4\pi\varepsilon_0}\dfrac{\mathrm{d}q}{r^2}\boldsymbol{r}^0$,$\boldsymbol{E} = \sum \boldsymbol{E}_i$.

6. 电势:$U = \dfrac{1}{4\pi\varepsilon_0}\dfrac{q}{r}$,$U = \int \dfrac{1}{4\pi\varepsilon_0}\dfrac{\mathrm{d}q}{r}$,$U = \sum U_i$.

7. 电场强度与电势的关系：$U_P - U_Q = \int_P^Q \boldsymbol{E} \cdot \mathrm{d}\boldsymbol{l}$，$\boldsymbol{E} = -\nabla U$.

电场线处处与等势面垂直，并指向电势减小的方向；电场线密处等势面间距小.

8. 电荷在外电场中的电势能：$W = qU$.

移动电荷时电场力做的功：$A_{12} = q(U_1 - U_2) = W_1 - W_2$.

9. 一组公式.

电偶极子：$\boldsymbol{p} = q\boldsymbol{l}$，$E = \dfrac{1}{4\pi\varepsilon_0}\dfrac{2p}{r^3}$，$E = \dfrac{1}{4\pi\varepsilon_0}\dfrac{-p}{r^3}$，$U = \dfrac{1}{4\pi\varepsilon_0}\dfrac{\boldsymbol{p}\cdot\boldsymbol{r}}{r^3}$.

均匀带电球面：$E = 0$，$E = \dfrac{1}{4\pi\varepsilon_0}\dfrac{q}{r^2}$，$U = \dfrac{1}{4\pi\varepsilon_0}\dfrac{q}{R}$，$U = \dfrac{1}{4\pi\varepsilon_0}\dfrac{q}{r}$.

均匀带电球体：$E = \dfrac{\rho r}{3\varepsilon_0}$，$E = \dfrac{1}{4\pi\varepsilon_0}\dfrac{q}{r^2}$.

均匀带电直线：$E = \dfrac{1}{2\pi\varepsilon_0}\dfrac{\lambda}{r}$.

均匀带电平面：$E = \dfrac{\sigma}{2\varepsilon_0}$.

10. 电偶极子在电场中受到的力矩：$\boldsymbol{M} = \boldsymbol{p}\times\boldsymbol{E}$.

习　题

8-1　点电荷 $+2\ \mu\mathrm{C}$ 和 $-4\ \mu\mathrm{C}$ 位于图示中. 除了无穷远处，两点电荷连线上可以找到电场强度为零和电势为零的区域为

(A) a　　　　(B) b　　　　(C) c

(D) a 和 b　　(E) a 和 c

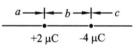

习题 8-1 图

8-2　上题中电势为零的点在

(A) 区域 a 的某点

(B) 区域 b 的某点

(C) 区域 c 的某点

(D) 区域 a 的某点以及区域 b 的某点

(E) 区域 a 的某点以及区域 c 的某点

8-3　如图所示，纸面上显示一组等势面，在哪点电子受到向下的电场力的作用

(A) A

(B) B

(C) C

(D) D

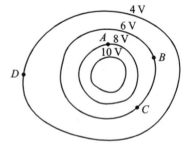

习题 8-3 图

8-4　半径为 R 的均匀带电圆环，环的中心轴线上的两点 P 和 Q 分别离开环心距离为 R 和 $2R$，则它们的电势之比 $\dfrac{U_P}{U_Q}$ 为

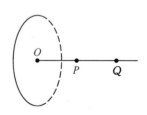

习题 8-4 图

(A) 4　　　　　　(B) 2　　　　　　(C) $\sqrt{\dfrac{2}{5}}$　　　　(D) $\sqrt{\dfrac{5}{2}}$

8-5 图示的电场线分布,相当于
(A) 两相等的正电荷
(B) 两电荷分别为 $+Q$ 和 $-Q$
(C) 两个符号不同的电荷,且正电荷电荷量大些
(D) 两个符号不同的电荷,且负电荷电荷量大些

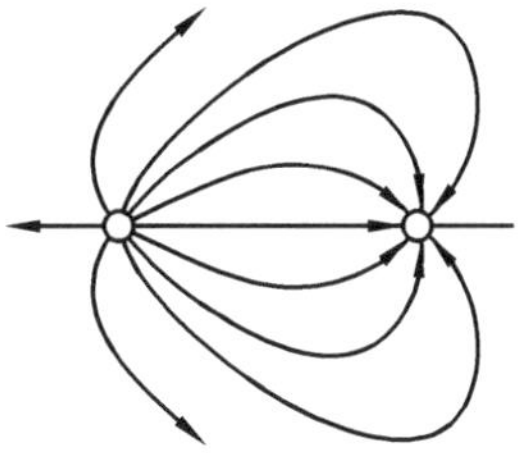

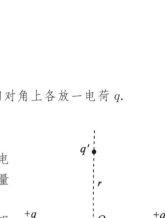

习题 8-5 图

8-6 高斯定理
(A) 适用于一切电场
(B) 只适用于真空中静电场
(C) 只适用于具有球对称、轴对称和面对称的静电场
(D) 高斯面上的电场只与高斯面内的电荷有关

8-7 玻尔氢原子模型中,质量为 9.11×10^{-31} kg 的电子沿半径为 5.3×10^{-11} m 的圆轨道绕核运动,求:
(1) 电子的加速度的大小;
(2) 电子的速度的大小;
(3) 电子的角速度的大小.

8-8 在正方形的两个相对角上各放一电荷 Q,其他两个相对角上各放一电荷 q.
(1) 如果作用在 Q 上的合力为零,求 Q 和 q 的关系;
(2) 能否选择 q 使每个电荷上所受合力均为零?

8-9 两个点电荷 $+q$ 和 $+4q$,相距为 l,现放上第三个点电荷,使整个系统处于平衡状态.求第三个点电荷的位置、电荷量以及符号.

8-10 图示两个固定的点电荷,电荷量都是 $+q$,相距 $2a$,现在它们的中垂线上离 O 点为 r 处放一点电荷 q'.
(1) 求 q' 所受的力.
(2) r 取何值时,q' 受的力最大?
(3) 若 q' 在所放的位置上从静止释放,任其自由运动,试分别就 q' 与 q 同号或异号两种情形讨论 q' 的运动.

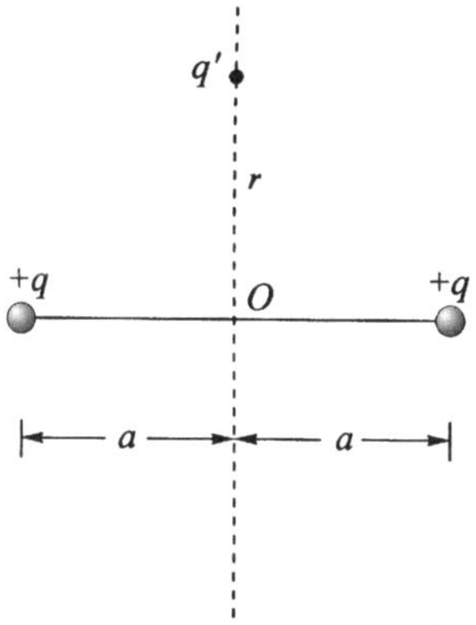

习题 8-10 图

8-11 正方形顶点上四个点电荷的电荷量都是 $+Q$,在正方形的中心放点电荷 Q',使每个电荷都达到平衡,求 Q'.这样的平衡与正方形的边长有无关系?这样的平衡是否是稳定平衡?

8-12 用四根长度相等的线连接四个带电小球,如图所示. 试证明当此系统处于平衡时,$\tan^3\alpha = Q^2/q^2$.

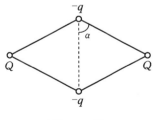

习题 8-12 图

8-13 两块带有等量异号电荷的平行板间有一均匀电场,在带负电的板面上有一个电子从静止被释放出来,经 1.5×10^{-8} s 的时间间隔后,到达相距 2 cm 的带正电的板上,求两板间的电场强度.

8-14 图示为一个重要的电学模型:电四极子.它由两个相同的电偶极子 $p=ql$ 组成.

这两个电偶极子在同一直线上,但方向相反,而且它们的负电荷重合在一起,则当 $r \gg l$ 时,在其延长线上离中心为 r 的 P 点的电场强度的大小为多少?

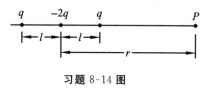

习题 8-14 图

8-15 一均匀带电的细线弯成半径为 R 的圆环,带有电荷量 q,过圆环中心的轴线上任一点(离开中心距离 r)的电场强度在 $\dfrac{r}{R}$ 取什么值时,场强 E 为最大?

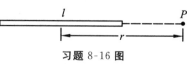

习题 8-16 图

8-16 如图所示,电荷 q 均匀分布在长为 l 的细棒上,求在棒的延长线上离棒的中点距离为 $r\left(r > \dfrac{l}{2}\right)$ 的 P 点的电场强度.

8-17 电荷 q 均匀分布在弯成半径为 R 的半圆的细棒上,求圆心处的电场强度 E 的大小和方向.

8-18 总电荷量为 q 的均匀带电细棒,弯成半径为 a 的圆弧,设圆弧对中心所张的角为 θ_0,求圆心处的电场强度.

8-19 一细绝缘棒弯成半径为 a 的半圆,沿其上半部分均匀分布有电荷 $+q$,沿下半部分均匀分布有电荷 $-q$,如图所示. 求圆心 O 的电场强度 E 的大小和方向.

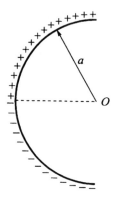

习题 8-19 图

8-20 半径为 a 的薄圆盘,均匀带有电荷量 q,试求在圆盘轴线上且距中心为 x 处的电场强度.(提示:将圆盘分成许多同心圆环,求每一带电圆环的电场,再积分求总电场)

8-21 一无限大的均匀带电平面,开有一个半径为 a 的圆洞.设电荷面密度为 σ.求这洞的轴线上离洞心距离为 r 处的电场强度.

8-22 图示空间的电场强度 E 处处平行于 x 轴且 E 在垂直于 x 轴的任一平面上各点都具有相同的量值.已知在 yOz 平面内 $E = 400$ V/m.

(1) 求图中面 I 以及面 II 的电通量的大小.

(2) 在此闭合面内,有 26.6×10^{-9} C 的正电荷,求与面 I 相对的面上 E 的大小和方向.

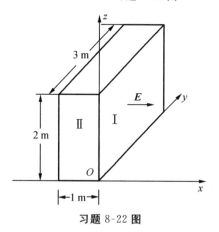

习题 8-22 图

8-23 (1) 一点电荷 q 位于边长为 a 的立方体的中心,求通过该立方体的一个面的电通量的大小;

(2) 如果该电荷移到立方体的一个角顶上,这时通过立方体每一面的电通量各多少?

8-24 如图所示,点电荷 q 的电场中,有一个半径为 R 的圆平面,q 就在圆平面的轴线上 A 点. 设 $\overline{AO} = x$,试计算通过该圆平面的电通量.

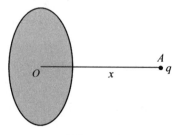

习题 8-24 图

8-25 (1) 地球表面附近的电场强度约为 200 V/m,方向指向地球中心,求地球带电的总量;

(2) 离地面 1400 m 处的高空,测得电场强度为

20 V/m，方向仍指向地球中心，试计算在1 400 m下大气层的平均体电荷密度．

8-26 电荷均匀分布在半径为 R 的无限长圆柱体内，设电荷体密度为 ρ，求证：离柱轴 r 远处（$r<R$）的电场 E 由下式给出

$$E=\frac{\rho r}{2\varepsilon_0}.$$

8-27 如图所示，小球的质量 $m=1.0\times10^{-3}$ g，带有电荷量 $q=2.0\times10^{-8}$ C，悬线与一块充分大的带电平板成 $\theta=30°$ 的角，试求带电平板的电荷面密度．

8-28 两根无限长的细直导线相互平行，相距 $2a$，它们都均匀带电，电荷线密度分别为 $+\lambda$ 和 $-\lambda$，求单位长导线受的吸引力．

8-29 均匀带电球体，电荷体密度为 ρ．设 r 是从球心指向球内一点 P 的矢径．

（1）证明 P 处的电场 $\boldsymbol{E}=\dfrac{\rho}{3\varepsilon_0}\boldsymbol{r}$；

（2）从该球体内挖去一球形空腔，如图所示．应用场强叠加原理，证明空腔内所有点的电场为 $\boldsymbol{E}=\dfrac{\rho}{3\varepsilon_0}\boldsymbol{a}$，即空腔内为均匀电场．其中矢量 $\boldsymbol{a}$ 是从球心指向空腔中心的矢径．

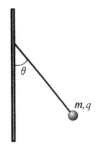

习题 8-27 图

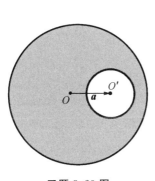

习题 8-29 图

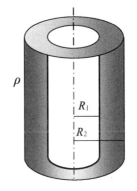

习题 8-30 图

8-30 一均匀带电无限长圆柱壳（图中只画出了一部分），体电荷密度为 ρ，内半径为 R_1，外半径为 R_2．求下列三个区域内，距离该圆柱壳为 r 的一点的电场强度：

（1）$r<R_1$；

（2）$R_1<r<R_2$；

（3）$r>R_2$．

8-31 质子的电荷并非集中于一点，而是分布在一定的空间内．实验测得，质子的电荷体密度可用指数函数表示为

$$\rho=\frac{e}{8\pi b^3}\mathrm{e}^{-\frac{r}{b}}.$$

式中 b 为一常量，$b=0.23\times10^{-15}$ m．求电场强度随 r 变化的表达式和 $r=1.0\times10^{-15}$ m 处电场强度的大小．

8-32 一次闪电的放电电压大约是 1.0×10^9 V,而被中和的电荷量约为 30 C.

(1) 一次放电所释放的能量是多大?

(2) 若平均每个家庭每天消耗的电能是 10 kW·h,上述一次放电所释放的电能够多少户家庭使用一天?

8-33 电子束焊接机中的电子枪如图所示,图中 K 为阴极,A 为带小孔的阳极.电子束在阴极和阳极间电场的作用下,以极高的速率穿过阳极上的小孔,射到被焊接的金属上,使两块金属熔化而焊接在一起.已知阴极和阳极间的电势差为 2.5×10^4 V,并设电子从阴极发射时的初速率为零.求:

(1) 电子到达被焊接的金属时具有的动能(用 eV 表示);

(2) 电子射到金属上时的速率.

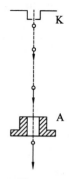

习题 8-33 图

8-34 固定于 y 轴上两点 $y=+a$ 和 $y=-a$ 的两个正点电荷,电荷量均为 q.

(1) 假设将带正电 q'、质量为 m 的粒子从原点沿 x 轴方向稍许移动一下,则在无穷远处粒子的速度是多少?

(2) 上述粒子在 x 轴上任意位置的速度是多少?

(3) 如果将该粒子从无穷远处以(1)中速度的 $\frac{1}{2}$ 沿 x 轴向原点射出,则这个粒子能运动到离原点多远处?

8-35 如图放置两点电荷,$q_1=3.0\times10^{-8}$ C,$q_2=-3.0\times10^{-8}$ C,A,B,C,D 为电场中四个位置,图中 $a=8.0$ cm,$b=6.0$ cm.

(1) 将点电荷 $q_3=2.0\times10^{-9}$ C 从无穷远处移到 A 点,电场力做多少功?电势能增加多少?

(2) 将此点电荷从 C 移到 D,电场力做功多少?电势能增加多少?

(3) 将此点电荷从 A 移到 B,电场力做功多少?电势能增加多少?

(4) q_1,q_2 这对点电荷原有电势能为多少?

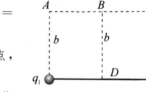

习题 8-35 图

8-36 一均匀带电细杆,长 $l=15.0$ cm,线电荷密度 $\lambda=2.0\times10^{-7}$ C/m,求:

(1) 细杆延长线上与细杆的一端相距 $a=5.0$ cm 处的电势;

(2) 细杆中垂线上与细杆相距 $b=5.0$ cm 处的电势.

8-37 两个同轴安置的金属薄圆筒,内筒半径为 r_a,外筒半径为 r_b.设它们长度均可以作为无穷长,内筒上单位长度的正电荷为 $+\lambda$,外筒上单位长度的负电荷为 $-\lambda$,试证明两个圆筒的电势差为 $U=\dfrac{1}{2\pi\varepsilon_0}\lambda\ln\dfrac{r_b}{r_a}$.

8-38 一台电子加速器通过 6.5×10^9 V 的电势差来加速电子,使其获得动能.

(1) 利用相对论来计算该电子的速率.

(2) 如果按照经典力学计算,电子的速率为多大?

8-39 具有 10 MeV 动能的 α 粒子与静止的金原子核(原子序数为 79)正碰. 这两个粒子所能达到的最接近距离为多少?

8-40 均匀带电圆盘,半径为 R,电荷面密度为 σ.

(1) 证明轴线上任一点的电势为

$$U = \frac{\sigma}{2\varepsilon_0}(\sqrt{R^2+x^2}-|x|),$$

其中 x 为离圆盘中心的距离;

(2) 从电场强度和电势梯度的关系,求该点的电场强度.

第 9 章 静电场中的导体和电介质

上一章我们讨论了真空中的静电场,即空间除了有确定的电荷分布之外,在电场中不存在其他物质.当电场中有其他物体存在时,物体中的电荷受电场的作用而重新分布,使空间的电场分布发生变化.绝大部分物质按其导电能力大致可分为两类:内有大量自由电荷,导电能力极强的导体;内部几乎没有自由电荷,不能导电的绝缘体(或称电介质).导体处于电场中时,会因静电感应现象而在导体表面出现感应电荷,当导体达到静电平衡状态时,感应电荷产生的电场与原来的电场叠加的结果使导体内场强处处为零.电介质内虽然几乎没有自由电荷,但在电场的作用下电介质会被极化,在电介质中出现极化电荷.在静电平衡条件下,电介质内部的场强并不为零,但极化电荷产生的电场与原电场叠加的结果使电介质内的电场有所减弱.导体和绝缘体有着完全不同的静电特性,研究导体和电介质的静电特性以及导体和电介质内外电场分布的图像,具有很重要的实际意义.本章首先讨论金属导体在静电场中的静电平衡条件及导体的电荷和电场的分布;其次讨论电容器的组成、电容器的串并联和电容的计算;然后讨论电介质的静电特性及其对电容器电容的影响.电场也是物质存在的一种形式,本章最后讨论静电场的能量,从一个侧面来反映静电场的物质性.

9.1 静电场中的导体

▶ 9.1.1 导体的静电平衡条件

物质的电结构告诉我们,金属导体具有大量的自由电子,自由电子做无规则热运动.由于电子没有宏观的定向运动,金属导体内的任一部分都是电中性的.

当导体受到外电场 E_0 的作用,导体中的自由电子将逆着电场方向做宏观运动,引起导体中电荷的重新分布,这就是**静电感应**.重新分布的电荷产生附加电场 E',它要叠加到原来的电场 E_0 上,即总场强 $E=E_0+E'$.导体内附加场 E' 与外场 E_0 方向相反,所以它对 E_0 起削弱作用.只要导体内总场 E 不为零,自由电子的宏观运动就不停止,重新分布的电荷继续增强,附加场 E' 增强,直至导体内 E 为零,这时导体内自由电子的宏观运动就停止,导体达到静电平衡.这种重新分布的电荷称为**感应电荷**.

一个带电体系的电荷分布不再变化,从而电场分布也不随时间变化,该带电体系达到了**静电平衡**.从上述分析来看,导体达到静电平衡的条件就是**其内部场强处处为零**.如果导体内某处场强不为零,该处附近的自由电子就会有宏观运动.同时,导体表面附近的电场强度也必定和导体表面垂直,否则,电场强度的表面分量将使表面的电荷做宏观运动.因此导体处于静电平衡状态的条件是 $E_{内}$ 为零，$E_{表面}$ 垂直导体表面.

图 9-1 画出了两个导体球处于静电平衡时的电荷分布和电场分布情形. 导体球 A 原来是均匀带有正电的. 当把不带电的导体球 B 靠近 A, B 球两边出现了等量异号的感应电荷, 与此同时 A 球上电荷分布也不均匀了. 它们电荷分布的改变一直进行到两个导体内的合场强都为零.

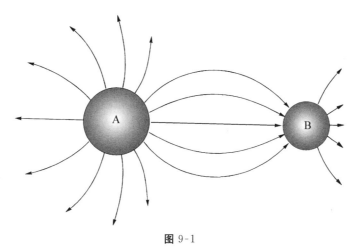

图 9-1

从导体的静电平衡条件出发，可以得知导体内部以及导体表面上任意两点的电势差为零. 所以导体处于静电平衡条件的另一个说法就是**导体是等势体，表面是等势面**.

▶ 9.1.2　导体上电荷的分布

达到静电平衡的导体上电荷分布在何处，分三种情形来讨论.

对于实心导体情形，在达到静电平衡后，导体内处处没有净电荷. 为了证明这一点，在实心导体内任选一闭合曲面 S，如图 9-2 所示. 因为达到静电平衡，导体内场强 E 为零，所以 S 曲面的电通量 $\oint E \cdot dS = 0$. 按照高斯定理，S 面内电荷的代数和为零，即净电荷为零. 由于这个封闭曲面可以很小，而且其位置是任意的，所以在达到静电平衡后，导体内处处没有净电荷. 电荷只能分布在导体表面.

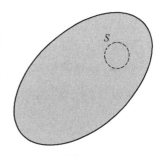

图 9-2

对于空心导体（导体壳）可以证明，达到静电平衡后内表面上也无电荷分布. 为了证明这一点，在导体内取一闭合曲面 S，将内表面包围起来，如图 9-3 所示. 因为 S 面上 E 处处为零，根据高斯定理，S 面内，实际上就是内表面上电荷的代数和为零. 内表面上电荷代数和为零，内表面上仍可能某点面电荷 $\sigma > 0$，而另一点 $\sigma < 0$，只要总量为零. 利用电场线从正电荷出发，终止于负电荷的性质，就可画出图示的一条电场线. 但是，电场线两端必存在电势差，即内表面上某些地方的电势要高于内表面上的另一些地方. 这与空心导体已达到静电平衡相违背. 所以内表面上面电荷 σ 必处处为零，即达到静电平衡，空心导体上的电荷也只分布在外表面.

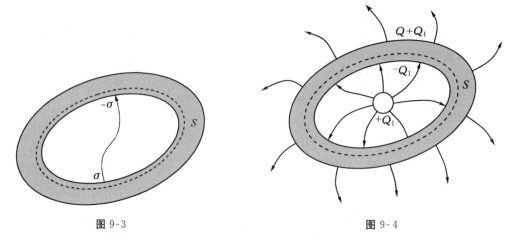

图 9-3　　　　　　　　　图 9-4

对于空心导体内有其他带电体的情况,设空心导体内带电体的带电荷量为 $+Q_1$,空心导体带电荷量为 Q,如图 9-4 所示.在空心导体内、外表面间取高斯面 S,根据导体的静电平衡条件,空心导体内的电场强度处处为零,所以通过此高斯面的电通量 $\oiint \boldsymbol{E}\cdot\mathrm{d}\boldsymbol{S}=0$,说明高斯面 S 内电荷的代数和为零.因此空心导体的内表面将感应出电荷量 $-Q_1$,使空心导体内带电体发出的电场线全部终止于空心导体的内表面而不能穿过空心导体.

由以上三种情况的讨论可见,实心导体或空心导体在达到静电平衡时,电荷只能分布在表面上.

电荷在导体表面是如何分布的?这个问题的定量研究比较复杂,它不仅与导体的形状有关,而且与它附近其他导体或带电体有关.对于孤立带电导体来说,导体表面凸出而尖锐的地方曲率较大,面电荷密度 σ 较大;表面较平坦的地方曲率较小,σ 较小;表面凹进去的地方曲率为负,则 σ 更小,如图 9-5 所示.

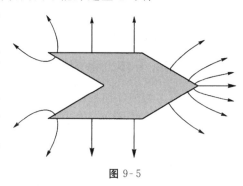

图 9-5

▶ 9.1.3　导体表面附近的场强　尖端放电

导体表面附近的场强 E 与该点处的电荷面密度 σ 有定量关系.利用高斯定理和导体达到静电平衡的条件,可以证明

$$E=\frac{\sigma}{\varepsilon_0}.\tag{9.1-1}$$

前面讲过,孤立导体带电后,表面上曲率大处,电荷的面密度也大,(9.1-1)式指出了带电体表面附近的场强和电荷的面密度成正比,因此,在导体表面曲率较大处,场强也较大.对于具有尖端的带电体,尖端处的场强特别大,往往导致尖端放电.

图 9-6 是尖端放电的演示.由于针尖处

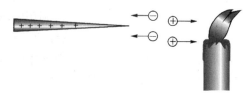

图 9-6

场强很大,空气中残留的离子受尖端强电场作用发生剧烈运动,并与空气分子碰撞使空气分子电离,产生大量离子.与针尖电荷异号的离子被拉向尖端,和针尖上的电荷相中和,而与针尖电荷同号的离子被排斥,离开尖端做加速运动,形成"电风",把火焰吹向一边.从外表看,好像电荷从尖端"喷放"出.

尖端放电会使高压输电线浪费电能,为此高压输电线表面应尽量做得光滑些.一些高压设备的电极常做成光滑的球面,这也是为了避免尖端放电,以维持高电压.

尖端放电也有可利用的一面,避雷针就是利用金属尖端的缓慢放电而避免雷击.

例 9-1 半径 R_1、带电荷量 Q_1 的金属球 A,外面有一带电荷量 Q 的金属同心球壳 B,B 的内、外半径分别为 R_2,R_3.求:

(1) 电场和电势的分布;

(2) 球与球壳间的电势差.

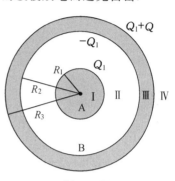

例 9-1 图

解 (1) 根据导体的静电平衡条件,电荷 Q_1 分布在金属球 A 的表面,金属球壳 B 的内表面将感应出电荷量 $-Q_1$,于是金属球壳的外表面带电 Q_1+Q.根据高斯定理,容易求得电场在各区域内的分布:

$$\begin{cases} E_{\mathrm{I}}=0 \quad (r<R_1), \\ E_{\mathrm{II}}=\dfrac{Q_1}{4\pi\varepsilon_0 r^2} \quad (R_1<r<R_2), \\ E_{\mathrm{III}}=0 \quad (R_2<r<R_3), \\ E_{\mathrm{IV}}=\dfrac{Q_1+Q}{4\pi\varepsilon_0 r^2} \quad (r>R_3). \end{cases}$$

电势分布解法一(场势法):利用电势的定义求各区域电势的分布.

$r<R_1$: $\quad U_{\mathrm{I}} = \int_{R_1}^{R_2} \boldsymbol{E}_{\mathrm{II}} \cdot \mathrm{d}\boldsymbol{r} + \int_{R_3}^{\infty} \boldsymbol{E}_{\mathrm{IV}} \cdot \mathrm{d}\boldsymbol{r} = \int_{R_1}^{R_2} \dfrac{Q_1}{4\pi\varepsilon_0 r^2}\mathrm{d}r + \int_{R_3}^{\infty} \dfrac{Q_1+Q}{4\pi\varepsilon_0 r^2}\mathrm{d}r$

$\qquad = \dfrac{Q_1}{4\pi\varepsilon_0}\left(\dfrac{1}{R_1}-\dfrac{1}{R_2}\right) + \dfrac{Q_1+Q}{4\pi\varepsilon_0 R_3};$

$R_1<r<R_2: U_{\mathrm{II}} = \int_{r}^{R_2} \boldsymbol{E}_{\mathrm{II}} \cdot \mathrm{d}\boldsymbol{r} + \int_{R_3}^{\infty} \boldsymbol{E}_{\mathrm{IV}} \cdot \mathrm{d}\boldsymbol{r}$

$\qquad = \dfrac{Q_1}{4\pi\varepsilon_0}\left(\dfrac{1}{r}-\dfrac{1}{R_2}\right) + \dfrac{Q_1+Q}{4\pi\varepsilon_0 R_3};$

$R_2<r<R_3: U_{\mathrm{III}} = \int_{R_3}^{\infty} \boldsymbol{E}_{\mathrm{IV}} \cdot \mathrm{d}\boldsymbol{r} - \int_{R_3}^{\infty} \dfrac{Q_1+Q}{4\pi\varepsilon_0 r^2}\mathrm{d}r = \dfrac{Q_1+Q}{4\pi\varepsilon_0 R_3};$

$r>R_3$: $\quad U_{\mathrm{IV}} = \int_{r}^{\infty} \boldsymbol{E}_{\mathrm{IV}} \cdot \mathrm{d}\boldsymbol{r} = \dfrac{Q_1+Q}{4\pi\varepsilon_0 r}.$

可见,电场强度为零处,电势不一定为零.

电势分布解法二(电势叠加法):由各带电球面的电势分布(见例 8-8),利用电势叠加原理求各区域电势的分布.

金属球 A 单独存在时的电势:

$$U_1=\dfrac{Q_1}{4\pi\varepsilon_0 R_1} \quad (r<R_1), \quad U_1=\dfrac{Q_1}{4\pi\varepsilon_0 r} \quad (r>R_1).$$

金属球壳 B 的内表面单独存在时的电势：

$$U_2 = -\frac{Q_1}{4\pi\varepsilon_0 R_2} \quad (r < R_2), \quad U_2 = -\frac{Q_1}{4\pi\varepsilon_0 r} \quad (r > R_2).$$

金属球壳 B 的外表面单独存在时的电势：

$$U_3 = \frac{Q_1 + Q}{4\pi\varepsilon_0 R_3} \quad (r < R_3), \quad U_3 = \frac{Q_1 + Q}{4\pi\varepsilon_0 r} \quad (r > R_3).$$

利用电势叠加原理：

$r < R_1$：$\quad U_\mathrm{I} = \frac{Q_1}{4\pi\varepsilon_0}\left(\frac{1}{R_1} - \frac{1}{R_2}\right) + \frac{Q_1 + Q}{4\pi\varepsilon_0 R_3};$

$R_1 < r < R_2$：$U_\mathrm{II} = \frac{Q_1}{4\pi\varepsilon_0}\left(\frac{1}{r} - \frac{1}{R_2}\right) + \frac{Q_1 + Q}{4\pi\varepsilon_0 R_3};$

$R_2 < r < R_3$：$U_\mathrm{III} = \frac{Q_1}{4\pi\varepsilon_0 r} - \frac{Q_1}{4\pi\varepsilon_0 r} + \frac{Q_1 + Q}{4\pi\varepsilon_0 R_3} = \frac{Q_1 + Q}{4\pi\varepsilon_0 R_3};$

$r > R_3$：$\quad U_\mathrm{IV} = \frac{Q_1}{4\pi\varepsilon_0 r} - \frac{Q_1}{4\pi\varepsilon_0 r} + \frac{Q_1 + Q}{4\pi\varepsilon_0 r} = \frac{Q_1 + Q}{4\pi\varepsilon_0 r}.$

（2）球与球壳间的电势差

$$U_{AB} = U_\mathrm{I} - U_\mathrm{III} = \frac{Q_1}{4\pi\varepsilon_0}\left(\frac{1}{R_1} - \frac{1}{R_2}\right).$$

或由场势法：

$$U_{AB} = \int_{R_1}^{R_2} \boldsymbol{E}_\mathrm{II} \cdot \mathrm{d}\boldsymbol{r} = \frac{Q_1}{4\pi\varepsilon_0}\left(\frac{1}{R_1} - \frac{1}{R_2}\right).$$

注意 U_{AB} 与球壳 B 所带电荷量无关. 如果把金属球 A 与金属球壳 B 用导线连起来，则金属球的电荷量 Q_1 与球壳内表面电荷量 $-Q_1$ 中和，使得二者之间电场变为零，即 $E=0$ ($r<R_3$). 球壳外表面仍保持电荷量 Q_1+Q，且仍为均匀分布，外面的电场分布仍为 $E = \frac{Q_1+Q}{4\pi\varepsilon_0 r^2}$.

例 9-2 平行放置的两大金属平板 A 和 B，面积都是 S，金属板 A 带有总电荷 Q，金属板 B 不带电. 求静电平衡时，两金属板上的电荷分布.（忽略金属板的边缘效应）

解 两金属板达到静电平衡，电荷分布在其表面，因为忽略边缘效应，这些电荷可以看作均匀分布. 设四个表面上电荷面密度分别为 $\sigma_1, \sigma_2, \sigma_3$ 和 σ_4，如图所示.

由无限大均匀带电平面两边的电场计算式(8.4-10)，电场强度的叠加原理，以及金属板内的电场为零，可以得到以下两个方程

$$E_A = \frac{\sigma_1}{2\varepsilon_0} - \frac{\sigma_2}{2\varepsilon_0} - \frac{\sigma_3}{2\varepsilon_0} - \frac{\sigma_4}{2\varepsilon_0} = 0, \qquad ①$$

$$E_B = \frac{\sigma_1}{2\varepsilon_0} + \frac{\sigma_2}{2\varepsilon_0} + \frac{\sigma_3}{2\varepsilon_0} - \frac{\sigma_4}{2\varepsilon_0} = 0. \qquad ②$$

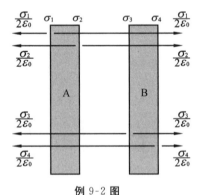

例 9-2 图

①②方程联立，可以解得

$$\sigma_1 = \sigma_4,$$
$$\sigma_2 = -\sigma_3, \quad (9.1\text{-}2)$$

即背向的两面,面电荷密度总是大小相等并且符号相同;相向的两面,面电荷密度总是大小相等而符号相反.

由电荷守恒定律可知
$$\sigma_1 + \sigma_2 = \frac{Q}{S},$$
$$\sigma_3 + \sigma_4 = 0.$$

由此可以解得 $\sigma_1 = \frac{Q}{2S}, \sigma_2 = \frac{Q}{2S}, \sigma_3 = -\frac{Q}{2S}, \sigma_4 = \frac{Q}{2S}.$

请思考:(1) 如果把 B 板接地结果又如何?

(答案:$\sigma_1 = \sigma_4 = 0, \sigma_2 = \frac{Q}{S}, \sigma_3 = -\frac{Q}{S}$)

(2) 如果 A 板带电 $+Q$,B 板带电 $-Q$,结果如何?

(答案:$\sigma_1 = \sigma_4 = 0, \sigma_2 = \frac{Q}{S}, \sigma_3 = -\frac{Q}{S}$)

▶ 9.1.4 静电屏蔽

静电屏蔽指对静电场的屏蔽. 利用静电平衡时导体内部电场为零,可以达到静电屏蔽的目的. 下面分两种情形来讨论.

如果要使空间某一特定区域不受其他带电体电场的影响,可以用一导体壳把该区域包围起来,如图 9-7 所示. 导体壳达到静电平衡后,内部的场强 $E=0$,这表明壳外表面上分布的感应电荷在壳内产生的附加场完全抵消了带电体在壳内的电场,即导体壳外表面以内的空间均不受外电场的影响.

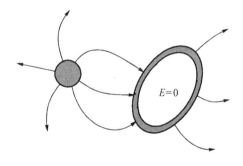

图 9-7

如果要把某个带电体产生的电场屏蔽掉,可把带电体用导体壳包起来,如图 9-8(a)所示. 若带电体 A 带有电荷量 q,则壳内表面有 $-q$ 感应电荷出现,外表面亦有 $+q$ 的感应电荷,这时壳外仍有电场. 如果再把导体壳接地,导体壳外表面上感应电荷与地球上等量异号电荷中和,外表面的 $+q$ 感应电荷消失. 这样,接地导体壳内表面以外的空间不受带电体 A 的影响,如图 9-8(b)所示.

总之,导体壳不论接地与否,其外表面以内的空间不受壳外带电体电场的影响,而接地导体壳内表面以外的空间不受壳内带电体的影响,这就是**静电屏蔽**. 要彻底理解静电屏蔽问题,需要用到静电学边值问题的唯一性定理.

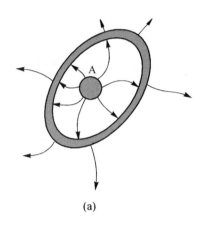
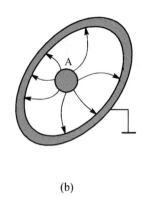

图 9-8

任何金属导体都可以作为屏蔽材料,而且屏蔽"壁"的厚薄对屏蔽效果无影响.工程技术上常用接地金属网罩来实现静电屏蔽.

▶ *9.1.5 范德格拉夫静电起电机

在例 9-1 的解题过程中,已看到将一个带电体引入空心导体壳内部并与之接触,结果带电体上的电荷全部转移到空心导体壳.这一过程与原先空心导体壳是否带电,或者带何种电均无关.因此,只要不断地重复这一过程,导体壳的电荷将会不断增加,它的电势也会不断升高.

范德格拉夫(Robert J. Van de Graff)所发明的起电机就是采用了上面的原理.

图 9-9 是小型范德格拉夫起电机的示意图.球形空心金属导体 A,由绝缘管 B 支撑.B 安装在接地的金属底座 C 上.橡胶布制成的传送带 D 跨过两个滑轮 E 和 F.F 由小型电动机 M 驱动.

传送带的下端附近有一排尖针 H,尖针与电压为几万伏的直流电源的正极相连.由于尖端放电,正电荷被喷射到传送带上,并随传送带一起向上升.金属球罩内侧也装有一排与 A 相连的金属针 G.当传送带上的正电荷与 G 靠近时,针尖上就感应出负电荷,负电荷因为尖端放电,和传送带上的正电荷中和,过滑轮 E 后,传送带就不带电,而球壳 A 也带上了正电荷,并且正电荷很快分布在外表面上.这样,由于传送带的运送,正电荷就源源不断从直流电源传送到金属球 A 的外表面,从而使金属球与大地间产生了高电压.

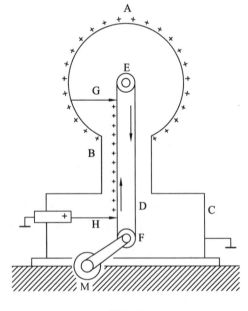

图 9-9

范德格拉夫起电机可以产生 10^6 V 数量级的高电压。它在原子物理中是用来加速带电粒子的。有的起电机一次就能把质子加速到 10 MeV 的能量。用这种方法获得的高能带电粒子流，可以用来做"原子轰击"实验。

9.2 电容和电容器

▶ 9.2.1 孤立导体的电容

理论和实验表明，孤立导体所带的电荷量 q 与它本身的电势 U 成正比，这个比例关系式可以写成

$$C = \frac{q}{U}. \tag{9.2-1}$$

系数 C 称为**孤立导体的电容**，它与导体的形状、尺寸有关，而与 q 和 U 无关。它的物理意义是使导体升高单位电势所需要的电荷量。从这点意义上来说，电容 C 反映了导体储存电荷的能力。

在国际单位制中，电容的单位是库/伏（C/V），叫作法拉，简称法，用 F 表示。实用上法单位太大，常用微法（μF）和皮法（pF）等，

$$1\ \mu\text{F} = 10^{-6}\ \text{F},\quad 1\ \text{pF} = 10^{-6}\ \mu\text{F} = 10^{-12}\ \text{F}.$$

采用 (9.2-1) 式，就可算出半径为 R 的孤立导体球电容

$$C = 4\pi\varepsilon_0 R. \tag{9.2-2}$$

▶ 9.2.2 电容器电容

实际上孤立导体并不存在，导体附近往往有其他导体存在。为了消除其他导体的影响，可以用一个封闭的导体壳 B 将 A 包围起来。B 接地与否均可，如图 9-10 所示。由前面讨论可知，当 A 带上 $+q$ 电荷时，由于静电感应，B 的内表面将带上 $-q$ 电荷，这时 A，B 间电场完全不受外界的影响，导体 A 所带电荷 q 仍将与 $U_A - U_B$ 成正比。把导体 A 与导体壳 B 内表面组成的导体系称为**电容器**。组成电容器的两个导体叫作**电容器的两个极板**。电容器电容 C 的定义为

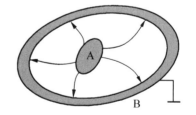

图 9-10

$$C = \frac{q}{U_A - U_B}. \tag{9.2-3}$$

它与两导体极板的尺寸、形状和相对位置有关，以及两导体极板间所充填的电介质有关。本节都把极板间看成真空，C 与 q 和 $U_A - U_B$ 无关。

实际上对电容器的要求并不像上面所定义的那样严格，只要从一极板发出的电场线能几乎全部终止于另一个极板，这两个导体极板就构成了一个电容器。

根据电容器电容的定义来计算平行板电容器的电容，如图 9-11(a) 所示。平行板电容器是由两块平行金属板组成的。设极板面积为 S，极板间距为 d。如果给两极板分别带上 $\pm Q$

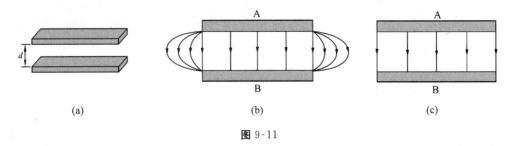

图 9-11

电荷量,电场线如图 9-11(b)所示. 在板间中央部分是均匀电场,而在边缘电场线发生弯曲,称为**边缘效应**. 但是,在极板线度远大于极板间距时,可以忽略边缘效应,把电场线分布近似为图 9-11(c)所示. 这样,极板间电场

$$E = \frac{\sigma}{\varepsilon_0} = \frac{Q}{\varepsilon_0 S}.$$

两极板间电势差

$$U_A - U_B = Ed = \frac{Qd}{\varepsilon_0 S}.$$

由定义式(9.2-3)得平板电容器的电容 C 的计算式

$$C = \frac{\varepsilon_0 S}{d}. \tag{9.2-4}$$

此式表明平行板电容器的电容 C 正比于极板面积,反比于极板间距.

对于由半径分别为 R_A 和 R_B 的两个同心金属球面组成的球形电容器,如图 9-12 所示,可以计算其电容为

$$C = \frac{4\pi\varepsilon_0 R_A R_B}{R_B - R_A}. \tag{9.2-5}$$

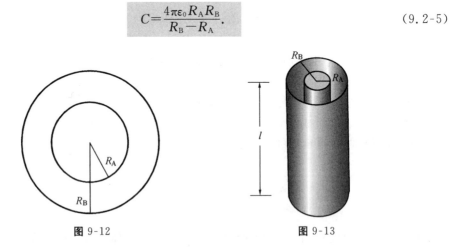

图 9-12   图 9-13

对于由两个同轴金属圆柱面组成极板的圆柱电容器,如图 9-13 所示,可以计算其电容 C 为

$$C = \frac{2\pi\varepsilon_0 l}{\ln\frac{R_B}{R_A}}. \tag{9.2-6}$$

其中 l 为柱形电容器的长度,R_A,R_B 为两圆柱面的半径.

大多数的电容器两极板间充以某种称为电介质的非导电材料,这样做有以下优点:能从结构上保证两极板有十分小的间隔而又不接触;能提高电容器承受的电压;能增大电容.关于电介质的知识留待下节讨论.

电容器是一个很有用的电子器件,电容器可用来建立电场;电容器可用于储存能量;电容器和其他一些器件联合起来使用,可减小电压起伏、发生脉冲信号以及提供时间延迟等.

▶ 9.2.3 电容器的串并联

电容器的性能规格中有两个重要指标:电容值及耐压值.使用电容器时,两极板所加的电压不能超过规定的耐压值,否则电容器内的电介质有被击穿的危险.

实际工作中,当一个电容器在电容值或耐压值不符合设计的要求时,可以把几个电容器串联或并联起来使用.

串联电容器组如图 9-14 所示.设想各电容器原来都未带电,现把它串联后接上电压 U,这时各电容器所带电荷量相等.这个电荷量也是电容器组的电荷量 q.每个电容器上的电压分别为

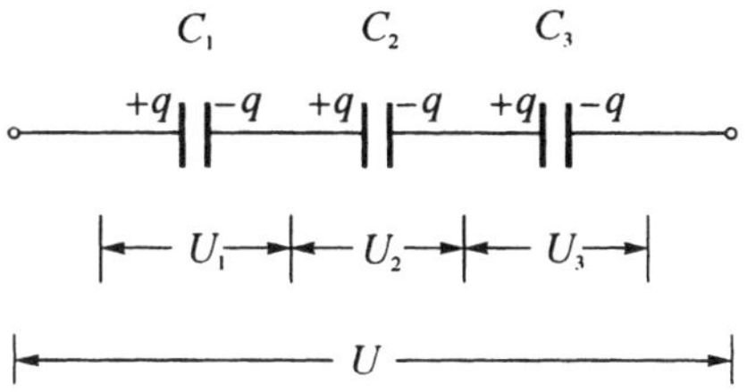

$$U_1=\frac{q}{C_1},\ U_2=\frac{q}{C_2},\ U_3=\frac{q}{C_3}.$$

图 9-14

这表明串联电容器,电压与电容成反比地分配在各电容器上,即

$$U_1:U_2:U_3=\frac{1}{C_1}:\frac{1}{C_2}:\frac{1}{C_3}.$$

串联电容器组的等值电容 C 的倒数

$$\frac{1}{C}=\frac{U}{q}=\frac{U_1+U_2+U_3}{q}=\frac{1}{C_1}+\frac{1}{C_2}+\frac{1}{C_3},$$

即串联电容器组的等值电容 C 的倒数

$$\frac{1}{C}=\sum_{i}^{n}\frac{1}{C_i}. \tag{9.2-7}$$

电容器串联后,总电容的倒数是各电容倒数之和,总电容比其中任何一个电容都小.

图 9-15 所示为并联电容器组.接上电源后每一个电容器两极板上的电势差都为 U,即并联时每一电容器上的电压都相同,等于电源电压 U,但是,分配在每个电容器上的电荷量是不同的,

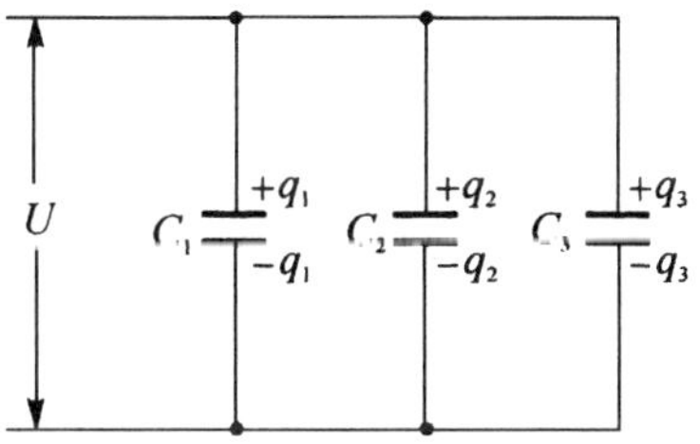

$$q_1=C_1U,\ q_2=C_2U,\ q_3=C_3U.$$

图 9-15

这表明,电容器并联时,电荷量与电容成正比地分配在各电容器上,即

$$q_1:q_2:q_3=C_1:C_2:C_3.$$

并联电容器组的等值电容

$$C = \frac{q}{U} = \frac{q_1 + q_2 + q_3}{U} = C_1 + C_2 + C_3,$$

即

$$C = \sum_i^n C_i. \tag{9.2-8}$$

电容器并联后,总电容等于各个电容器电容之和,总电容比其中任何一个电容大.

电容器的并联和串联比较起来,并联时总电容增大了,但电容器组的耐压受到耐压最低的那个电容器的限制;串联时,总电容比每个电容器的电容都小,但是电容器组的耐压能力提高了.

例 9-3 两个电容器 C_1 与 C_2 分别标明 200 pF、500 V 与 300 pF、900 V,把它们串联起来.

(1) 其等值电容为多大?

(2) 两端加上 1 000 V 的电压,是否会被击穿?

(3) 如果要使这电容器组不被击穿,最大可加多大电压?

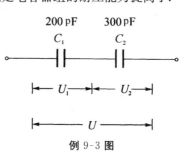

例 9-3 图

解 (1) 等值电容

$$C = \frac{C_1 C_2}{C_1 + C_2} = \frac{200 \times 300}{200 + 300} \text{ pF} = 120 \text{ pF}.$$

(2) 加上 $U = 1\,000$ V 电压,各电容器两端电压,

$$\frac{U_1}{U_2} = \frac{C_2}{C_1} = \frac{300}{200} = \frac{3}{2}.$$

而 $U_1 + U_2 = 1\,000$ V,由此得

$$U_1 = 600 \text{ V}, \quad U_2 = 400 \text{ V}.$$

电容器 C_1 上电压 600 V 超过其耐压值 500 V,这样 C_1 被击穿,接着 C_2 也将被击穿.

(3) 要回答这个问题,可以先计算各电容器由耐压所决定的最大带电荷量 Q_m.

对于电容器 C_1: $Q_{1m} = 200 \times 10^{-12} \times 500$ C $= 0.1 \times 10^{-6}$ C;

对于电容器 C_2: $Q_{2m} = 300 \times 10^{-12} \times 900$ C $= 0.27 \times 10^{-6}$ C.

电容器 C_1 的最大带电荷量小于电容器 C_2 的,考虑到各个串联的电容器带电荷量相等,这样 C_2 上的最大电压 U_2' 按 C_1 的最大带电荷量 $Q_{1m} = 0.1 \times 10^{-6}$ C 来推算.

$$U_2' = \frac{Q_{1m}}{C_2} = \frac{0.1 \times 10^{-6}}{300 \times 10^{-12}} \text{ V} \approx 333 \text{ V}.$$

串联电容器组最大可加电压

$$U = U_1' + U_2' = 500 \text{ V} + 333 \text{ V} = 833 \text{ V}.$$

9.3 静电场中的电介质

▶ 9.3.1 电介质效应 相对介电常量

电介质是由大量电中性的分子组成的绝缘体,1837 年法拉第首先研究了平行板电容器两极板之间充满电介质(如云母)时引起的效应.他用两个相同的平板电容器,一个电容器充满电介质,而另一个电容器中是标准状态下的空气. 当这两个电容器并联接在同一电池上,如图 9-16 所示,实验发现,含有电介质的电容器上电荷量比另一个电容器上电荷量多.

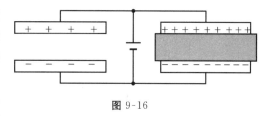

图 9-16

由电容的定义得知,对于相同的电势差 U,电荷量大,表明电容大. 上述实验证明,如果在电容器两极板间放入电介质,则这个电容器的电容要增大. 充满电介质的电容器的电容 C(即电介质充满极板之间的电场空间)与不放电介质(严格说是真空)时的电容 C_0 之比,叫作**电介质的相对介电常量**,用字母 ε_r 表示,

$$\varepsilon_r = \frac{C}{C_0}. \tag{9.3-1}$$

ε_r 是没有单位的纯数. 一些材料的相对介电常量见表 9-1.

表 9-1　材料的相对介电常量

材　料	相对介电常量 ε_r	介电强度/10^6 V·m^{-1}
真　空	1.000 00	
空　气	1.000 59	3
石　英	3.78	8
硬质玻璃	5.6	14
聚苯乙烯	2.56	24
聚四氟乙烯	2.1	60
聚氯丁橡胶	6.7	12
尼　龙	3.4	14
纸	3.7	16
钛酸锶	233	8
水	80	
硅　油	2.5	15

注:介质材料所能承受的最大电场强度,称为介电强度,或称击穿场强.

从表 9-1 可知空气的相对介电常量接近 1,所以一般情形下空气电容器就作为真空电容器来讨论.

对于电介质效应还可以作进一步的研究. 当两只相同的平行板电容器带有相等的电荷量时,实验发现,插有电介质板的电容器有较低的电势差. 这意味着电介质内电场强度要减小,如图 9-17 所示.

设板间为真空(或空气)时,电场强度为 E_0,板间充满电介质时,电介质内场强为 E. 利用 (9.3-1) 式,来研究图 9-17 中的 E 和 E_0 的关系,

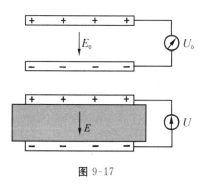

图 9-17

$$\varepsilon_r = \frac{C}{C_0} = \frac{\dfrac{Q}{U}}{\dfrac{Q}{U_0}} = \frac{U_0}{U} = \frac{E_0 d}{Ed} = \frac{E_0}{E}.$$

这样有
$$E = \frac{E_0}{\varepsilon_r}. \tag{9.3-2}$$

这说明,在极板上带电荷量不变的条件下,介质内场强只是真空情形的 $\dfrac{1}{\varepsilon_r}$.

例 9-4 带有一定电荷量的平行板电容器极板面积 $S=0.2\ m^2$,间距 $d=0.01\ m$,两极板原来电势差 $U_0=3\ 000\ V$.板间插入厚度与极板间距相同的电介质板后,其电势差降为 $U=1\ 000\ V$.求:

(1) 原来的电容 C_0;
(2) 极板上带有的电荷量;
(3) 插入电介质板后的电容;
(4) 介质板的相对介电常量;
(5) 两极板间原来的电场;
(6) 插入电介质板后的电场.

解 (1) $$C_0 = \frac{\varepsilon_0 S}{d} = \frac{8.85 \times 10^{-12} \times 0.2}{0.01}\ F = 177\ pF.$$

(2) 极板上电荷量
$$Q_0 = C_0 U_0 = 177 \times 10^{-12} \times 3\ 000\ C = 0.531 \times 10^{-6}\ C.$$

(3) 插入电介质板后
$$C = \frac{Q_0}{U} = \frac{0.531 \times 10^{-6}\ C}{1\ 000\ V} = 531\ pF.$$

(4) 相对介电常量
$$\varepsilon_r = \frac{C}{C_0} = \frac{531}{177} = 3.$$

(5) 两极板间原来的电场
$$E_0 = \frac{U_0}{d} = \frac{3\ 000\ V}{1 \times 10^{-2}\ m} = 3 \times 10^5\ V/m.$$

(6) 插入电介质板后
$$E = \frac{U}{d} = \frac{1\ 000\ V}{1 \times 10^{-2}\ m} = 1 \times 10^5\ V/m.$$

或可用公式 $E = \dfrac{E_0}{\varepsilon_r}$ 来计算,结果相同.

▶ 9.3.2 电介质的极化

虽然电介质分子从整体上来说是电中性的,但是离开比分子线度足够远的地方来考察电介质分子的电效应时,可以认为带正电荷的原子核是集中于一点,而带负电荷的电子也集中于另一点.它们分别称为正电荷重心和负电荷重心.电介质分子按照结构的不同,可以分为有极分子和无极分子两类. 在无极分子中,正电的重心与负电的重心通常是重合在一起的,如 H_2,N_2,O_2 等具有的对称分子就属于无极分子一类. 在 N_2O 和 H_2O 的分子中,两个氮原子或氢原子都在氧原子的同一边,使得正负电荷重心不重合,这种分子属于有极分子. 每一个有极分子都是一个电偶极子,它们的电矩称为**分子电矩**,或称**分子固有电矩**. 一些有极分子的电矩见表 9-2.

表 9-2 有极分子的电矩

材　　料	电偶极矩/C·m
盐酸(HCl)	3.4×10^{-30}
铵(NH_3)	4.8×10^{-30}
一氧化碳(CO)	0.9×10^{-30}
水(H_2O)	6.1×10^{-30}

当电介质置于电场中时,它的分子将受到电场作用而发生变化,这时就称**电介质被极化**.

在外电场 E_0 作用下,无极分子中正负电荷重心将分开,形成一个电偶极子. 这种在外电场作用下产生的分子电偶极矩称为**分子感生电矩**. 它的方向沿电场方向,它的大小正比于所在电场的大小,如图 9-18 所示.

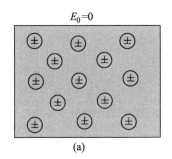 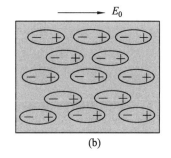

图 9-18

对于一块均匀的无极分子电介质来说,极化后介质中每个分子都形成一个电偶极子,而且方向相同. 虽然它的内部各处仍是电中性,但是在和外场垂直的界面上出现了电荷分布. 图 9-18(b)所示的左端表面出现负电荷,右端表面出现正电荷,这种电荷分布称为**极化电荷**,又称为**束缚电荷**. 因为该极化电荷处在表面,又称**面极化电荷**. 由于电子质量比原子核质量小得多,外场作用下无极分子正负电荷重心的分开主要是电子的位移,所以无极分子极化机制称为**电子位移极化**.

有极分子电介质在没有外电场时,分子热运动使有极分子的电偶极矩取向杂乱,电介质内各处呈电中性,如图 9-19(a)所示. 在外电场作用下,每个有极分子都要受到力矩的作用,使分子电矩方向转向外场. 由于分子的热运动,这种转向并不完全,但是对整块均匀电介质来说,在垂直于电场方向的两端面也会出现极化电荷[图9-19(b)],这种极化机制称为**有极分子的取向极化**.

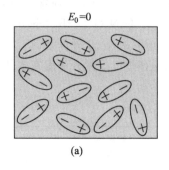 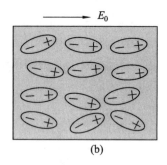

图 9-19

应当指出电介质极化后出现的极化电荷与导体中自由电荷是有区别的. 极化电荷不能有宏观移动,它只是在原子或分子线度范围内有微小的位移,它不能从电介质内转移出去,也不能在电介质内部有自由运动. 每一个电荷束缚于一个原子或分子.

无极分子电介质和有极分子电介质的极化机制不同,但是宏观结果,即出现极化电荷这一点是相同的. 在对电介质极化作宏观描述时,有时就不去区分这两种极化了.

对于不均匀电介质,极化后电介质内部也会有未被抵消的极化电荷,称为**体极化电荷**. 有关体极化电荷本书不再讨论.

电介质极化时出现的极化电荷,也要产生电场. 极化电荷的电场称为**附加场**. 因此,有电介质存在时,空间任一点的场强 E 是外电场 E_0 和极化电荷的附加场 E' 的矢量和,

$$E = E_0 + E'.$$

一般来说,在电介质内部 E' 处处和外场 E_0 的方向相反. 结果是电介质内部的总电场 E 要比原来的 E_0 减弱,这情形正如本节开始叙述的那样.

对于有电介质的电场计算,要用到有介质时的高斯定理.

▶ 9.3.3 有介质时的高斯定理

仍以充满相对介电常量 ε_r 的电介质的平行板电容器来讨论有介质时的高斯定理.

图 9-20 所示为没有电介质和有电介质的两个相同的平行板电容器. 设两电容器带有相同电荷量,为了清楚起见,电容器两极板厚度被夸大了. 图中所示闭合虚线为闭合高斯面.

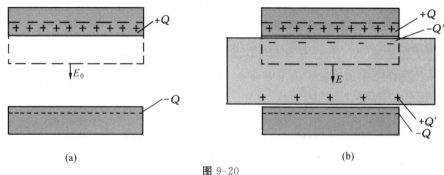

图 9-20

对于电介质不存在的电容器[图 9-20(a)],虚线所示的高斯面,高斯定理可以写成

$$\varepsilon_0 \oint E_0 \cdot dS = Q.$$

由此得到
$$\varepsilon_0 E_0 S = Q, \quad E_0 = \frac{Q}{\varepsilon_0 S}.$$

其中 S 为极板面积.

因为极化电荷 Q' 与自由电荷 Q 产生电场的规律相同,高斯定理中的 $\sum q$ 应为高斯面内的自由电荷和极化电荷的代数和. 对于有电介质存在的图 9-20(b) 所示的高斯面,高斯定理应该为

$$\varepsilon_0 \oint \boldsymbol{E} \cdot \mathrm{d}\boldsymbol{S} = Q - Q'. \tag{9.3-3}$$

由此得到介质内的电场强度

$$E = \frac{Q}{\varepsilon_0 S} - \frac{Q'}{\varepsilon_0 S}.$$

对于图(a)和(b)两情形,E_0 与 E 应满足关系式(9.3-2),即 $E = \frac{E_0}{\varepsilon_r}$. 将 $E = \frac{E_0}{\varepsilon_r}$ 代入上式得

$$\varepsilon_r \left(\frac{Q}{\varepsilon_0 S} - \frac{Q'}{\varepsilon_0 S} \right) = \frac{Q}{\varepsilon_0 S},$$

即求得极化电荷 Q' 为
$$Q' = Q\left(1 - \frac{1}{\varepsilon_r}\right).$$

把上式代入(9.3-3)式消去极化电荷 Q',得到重要关系式

$$\varepsilon_0 \oint \varepsilon_r \boldsymbol{E} \cdot \mathrm{d}\boldsymbol{S} = Q. \tag{9.3-4}$$

注意,虽然有电介质存在,但方程右边只包含了高斯面内的自由电荷,而不包含极化电荷,极化电荷的存在体现在方程左边的 ε_r.

电磁学中把 $\varepsilon_0 \varepsilon_r \boldsymbol{E}$ 定义为**电位移矢量 D**. 它是一个辅助矢量,

$$\boldsymbol{D} = \varepsilon_0 \varepsilon_r \boldsymbol{E}. \tag{9.3-5}$$

由此,有介质时高斯定理为

$$\oint \boldsymbol{D} \cdot \mathrm{d}\boldsymbol{S} = Q. \tag{9.3-6}$$

上式虽然是从平行板电容器导出的,但却是普遍成立的. 静电场中任何闭合曲面的电位移通量等于所包围的自由电荷. 注意,任意闭合曲面的电场强度 $\boldsymbol{E}$ 的通量等于它所包围的自由电荷与极化电荷的总和除以 ε_0. 式(9.3-3)和式(9.3-6)是等价的.

从(9.3-6)式可以看出,国际单位制中,电位移 D 的单位是库/米^2,记号表示为 C/m^2,它没有专门名称.

例 9-5 平行板电容器极板面积 $S = 100 \text{ cm}^2$,间距 $d = 1.0 \text{ cm}$. 现将它充电至 $U_0 = 100 \text{ V}$,然后将电池断开,再将厚度 $b = 0.5 \text{ cm}$ 的电介质板插入,如图所示. 设电介质板的 $\varepsilon_r = 7$,求:

(1) 电容器内部空隙间电场以及电介质板中的电场;
(2) 插入电介质板后两极板的电势差;
(3) 插入电介质板后的电容.

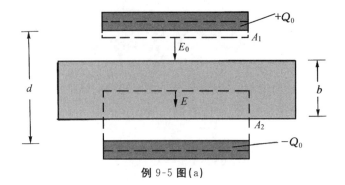

例 9-5 图(a)

解 (1) 未插入电介质板时平行板电容器电容

$$C_0=\frac{\varepsilon_0 S}{d}=\frac{8.85\times10^{-12}\times100\times10^{-4}}{1\times10^{-2}}\text{ F}=8.85\text{ pF}.$$

带电荷量

$$Q_0=C_0U_0=8.85\times10^{-12}\times100\text{ C}=8.85\times10^{-10}\text{ C}.$$

由于电容器充电后,电源已断开,所以,这个电荷量在电介质板插入后是保持不变的.

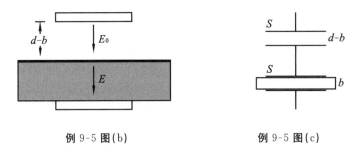

例 9-5 图(b)　　　　　　例 9-5 图(c)

可以证明,电介质板在平行板电容器内部的位置对结果没有影响. 因此我们可以把电介质板放在电容器的下极板上面,并且设想在介质板的上表面放一块厚度可以忽略的薄金属板,如图(b)所示. 由于静电感应,薄金属板的上、下两个表面将出现∓Q_0的感应电荷. 因为薄金属板的厚度可以忽略,因此薄金属板的放入并不影响解题的结果,图(b)等效于图(c)的两个电容器串联. 对于空隙中的电场

$$E_0=\frac{Q_0}{\varepsilon_0 S}=\frac{8.85\times10^{-10}}{8.85\times10^{-12}\times100\times10^{-4}}\text{ V/m}=1.0\times10^4\text{ V/m}.$$

对于介质中的场强 E,可以用(9.3-2)式求得

$$E=\frac{E_0}{\varepsilon_r}=\frac{1.0\times10^4}{7}\text{ V/m}=0.14\times10^4\text{ V/m}.$$

如果读者熟悉有介质时的高斯定理,也可以通过图(a)中的两个高斯面 A_1, A_2 求出 E_0 和 E.

(2) 插入电介质板后两极板的电势差

$$U=E_0(d-b)+Eb=1.0\times10^4\times5\times10^{-3}\text{ V}+0.14\times10^4\times5\times10^{-3}\text{ V}=57\text{ V}.$$

(3) 插入电介质板后的电容

$$C=\frac{Q_0}{U}=\frac{8.85\times10^{-10}}{57}\text{ F}=15.5\text{ pF}.$$

如用图(c)来求，$\dfrac{1}{C}=\dfrac{d-b}{\varepsilon_0 S}+\dfrac{b}{\varepsilon_0\varepsilon_r S}$，也可以求得 $C=15.5$ pF.

注意，如果电介质充满电容器内部，电容 $C=\varepsilon_r C_0=62$ pF.

▶ 9.3.4　压电效应　电致伸缩

有些固体电介质，由于结晶点阵的特殊结构，它们在外力作用下发生机械形变，如压缩或拉伸，也能产生极化现象，在电介质的相对两面上产生异号的极化电荷. 这种在没有电场的作用只是由于形变而使晶体极化的现象称为**压电效应**. 能产生压电效应的晶体称为**压电体**，如石英、电气石、酒石酸钾钠、钛酸钡(压电陶瓷)等.

压电效应的逆效应称为**电致伸缩**，即在压电体上加电场，晶体能产生机械形变，伸长或缩短. 例如，加上交变电场，晶体能产生机械振动.

压电效应和电致伸缩在现代技术上有广泛的应用. 利用电致伸缩可以把电能转换成声能，如利用压电体制成的扬声器、耳机，以及超声波发生器中换能装置等. 扫描隧道显微镜(STM)中也利用了压电体的电致伸缩，来完成探头在样品表面的移动. 利用石英晶体的固有振动频率和压电效应可以获得稳定的电振荡，制成石英晶体振荡器，广泛应用于石英钟表、小型电子计算机等. 此外利用压电体还能完成非电信号转换成电信号，制成压电传感器.

令人感兴趣的是家用煤气灶以及汽车的火花塞中的点火器，也是利用了对压电晶体加一次撞击，利用压电效应产生的电压在空气中打出火花.

9.4　电场能量

▶ 9.4.1　电容器储能

对一个已充电的电容器两极板用导线短路而放电，可以见到放电火花. 这说明充电电容器有能量储存. 充了电的电容器所储存的能量从哪里来呢？从分析充电过程就可以得知这能量的来源. 电容器充电的过程是正电荷从低电势的极板通过电荷转移到高电势的极板，从而使两个极板带上等量异号电荷，极板间建立一定的电势差. 这样的充电过程需要消耗电源能量，也就是说需要外力做功. 为了计算这部分功，可把充电过程设想成这样：开始两极板都不带电，然后，重复地从一块极板把少量的正电荷转移到另一极板. 设充电过程的某一阶段，极板上已分别有了电荷量 $\pm q$，两极板间电势差为 u，$u=\dfrac{q}{C}$. 这时再把 $+\mathrm{d}q$ 电荷量从低电势的极板转移到高电势的极板，所做的功 $\mathrm{d}A$ 为

$$\mathrm{d}A=u\mathrm{d}q=\dfrac{q\mathrm{d}q}{C}.$$

把电荷从零增加到最后 Q 所做的总功为

$$A=\int\mathrm{d}A=\dfrac{1}{C}\int_0^Q q\mathrm{d}q=\dfrac{Q^2}{2C}.$$

这个功就等于带有电荷量 Q 的电容器具有的能量. 故充电电容器具有的能量 W 为

$$W = \frac{Q^2}{2C}.$$

两极板最后的电势差 $U = \frac{Q}{C}$，上式可写成

$$W = \frac{Q^2}{2C} = \frac{1}{2}CU^2 = \frac{1}{2}QU. \tag{9.4-1}$$

这就是**电容器的储能公式**，对任何种类的电容器都成立。式中电荷量 Q 的单位是库，电压 U 的单位是伏，电容 C 的单位是法，能量的单位是焦。

通常电容器充电后的电压都是由电源给定的，从公式 $W = \frac{1}{2}CU^2$ 来看，在一定电压下，电容 C 大的电容器储能多。这表明电容 C 也是电容器储能本领大小的标志。

电容器储能是有限的，但若在短时间内释放出来，可得到相当大的功率，这在摄影、激光、受控热核反应中都有重要应用。

例 9-6 电容器 A_1 充电到电压 U_0，然后移去充电用的直流电源，再将此电容器与电容器 A_2 相连接。A_1，A_2 的电容分别为 $C_1 = 8 \ \mu F$ 和 $C_2 = 4 \ \mu F$，$U_0 = 120$ V。求：

(1) 电容器组的电压；

(2) 开关 S 接通前后系统所储存的能量。

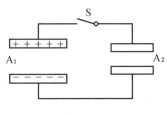

例 9-6 图

解 (1) A_1 上原有电荷量

$$Q_0 = C_1 U_0 = 8 \ \mu F \times 120 \ V = 960 \ \mu C.$$

S 合上后，两电容器组成并联电容器组，原来的电荷 Q_0 现在分给两个电容器。设电容器组的电压为 U，

$$Q_0 = C_1 U + C_2 U.$$

由此

$$U = \frac{Q_0}{C_1 + C_2} = \frac{960 \times 10^{-6}}{8 \times 10^{-6} + 4 \times 10^{-6}} \ V = 80 \ V.$$

此式提供了用已知电容测量未知电容的方法。

(2) 开关 S 接通前，储存的能量

$$W_0 = \frac{1}{2}C_1 U_0^2 = \frac{1}{2} \times 8 \times 10^{-6} \times (120)^2 \ J = 5.76 \times 10^{-2} \ J.$$

开关 S 接通后这个系统储存的能量

$$W' = \frac{1}{2}(C_1 + C_2)U^2 = \frac{1}{2} \times (8 \times 10^{-6} + 4 \times 10^{-6}) \times (80)^2 \ J = 3.84 \times 10^{-2} \ J.$$

两者之差

$$W_0 - W' = 1.92 \times 10^{-2} \ J.$$

消失的能量 $W_0 - W'$ 转换成其他形式的能量。若连线的电阻很大，则消失的能量大部分转换成热能；若这个电阻很小，则消失的能量大部分以电磁波形式辐射出去。

▶ 9.4.2 电场的能量和能量密度

静电场中，电荷和电场同时存在，相伴而生，因而无法说明电能是电荷所有还是电场所有。然而在迅变电磁场中，电场可以脱离电荷而传播开来。事实证明，电能是电场所有，即电能是定域在电场中。

为此对(9.4-1)式作进一步演算.简单起见,考虑一个理想的空气平行板电容器,其电容 $C=\dfrac{\varepsilon_0 S}{d}$,两板间电场与电压关系为 $U=Ed$,代入(9.4-1)式有

$$W=\frac{1}{2}CU^2=\frac{\varepsilon_0 S}{2d}(Ed)^2=\frac{1}{2}\varepsilon_0 E^2 Sd. \tag{9.4-2}$$

由上式可见平行板电容器储存电能正比于电场占有空间的体积.单位体积内的电能,即**电场能量密度**为

$$w=\frac{1}{2}\varepsilon_0 E^2. \tag{9.4-3}$$

如果有电介质存在,电场能量密度为

$$w=\frac{1}{2}\varepsilon_0\varepsilon_r E^2=\frac{1}{2}DE. \tag{9.4-4}$$

(9.4-3)式、(9.4-4)式虽然是从匀强电场的特例导出,但可以证明它们是普遍成立的.一个带电系统的整个电场中储存的总能量可按下式计算

$$W=\int \frac{1}{2}\varepsilon_0\varepsilon_r E^2 \mathrm{d}V. \tag{9.4-5}$$

式中 $\mathrm{d}V$ 为体积元,积分遍及整个电场空间.

在国际单位制中,电场能量密度 w 的单位是焦/米³,记为 $\mathrm{J/m^3}$.

例 9-7 一球形电容器,内、外球半径分别为 R_1 和 R_2,两球间充满相对介电常量 ε_r 的电介质,利用公式(9.4-5)求此电容器带有电荷量 Q 时所储存的电能.

解 利用高斯定理可求得两球间电场强度

$$E=\frac{Q}{4\pi\varepsilon_0\varepsilon_r r^2}.$$

因为半径 r 的球面上电场强度是等值的,所以取薄球壳为体积元,$\mathrm{d}V=4\pi r^2\mathrm{d}r$,体积元中电场能量

$$\mathrm{d}W=\frac{1}{2}\varepsilon_0\varepsilon_r E^2\cdot 4\pi r^2\mathrm{d}r.$$

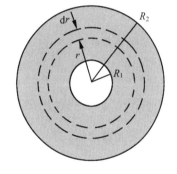

例 9-7 图

全部电场的能量

$$W=\int_V \mathrm{d}W=\int_{R_1}^{R_2}\frac{1}{2}\varepsilon_0\varepsilon_r E^2\cdot 4\pi r^2\mathrm{d}r=$$

$$\frac{Q^2}{8\pi\varepsilon_0\varepsilon_r}\int_{R_1}^{R_2}\frac{1}{r^2}\mathrm{d}r=\frac{Q^2}{8\pi\varepsilon_0\varepsilon_r}\left(\frac{1}{R_1}-\frac{1}{R_2}\right),$$

与 $W=\dfrac{Q^2}{2C}$ 比较,可得球形电容器的电容为

$$C=\frac{4\pi\varepsilon_0\varepsilon_r R_1 R_2}{R_2-R_1}.$$

所得结果与前面讲过的球形电容器电容的计算公式相同.这里利用能量公式来求电容,是计算电容器电容的又一种方法.

内容提要

1. 导体的静电平衡条件：$E_内=0$，$E_{表面}$ 垂直导体表面，$E_{表面}=\dfrac{\sigma}{\varepsilon_0}$。

导体是等势体，表面是等势面。

2. 静电平衡的导体上电荷分布：$q_内=0$，$\sigma_{表面}=\varepsilon_0 E$。

3. 计算有导体存在时的静电场分布的依据：高斯定理、电势概念、电荷守恒、导体静电平衡条件。

4. 静电屏蔽：金属壳的外表面及壳外的电荷在壳内的合场强为零，因而对壳内无影响。

5. 电介质分子的电偶极矩：有极分子的固有电偶极矩、无极分子在外电场中产生感生电偶极矩。

电介质的极化：在外电场中固有电偶极矩的取向（取向极化），或感生电偶极矩的产生（电子位移极化），使电介质的表面或内部出现极化（束缚）电荷。

电介质的效应：$C=\varepsilon_r C_0$，$E=\dfrac{E_0}{\varepsilon_r}$。

6. 电位移：$\boldsymbol{D}=\varepsilon_0\varepsilon_r \boldsymbol{E}$。

$\boldsymbol{D}$ 的高斯定理：$\oiint \boldsymbol{D}\cdot\mathrm{d}\boldsymbol{S}=\sum q_0$。

有电介质存在时电场的计算：按照 $\oiint \boldsymbol{D}\cdot\mathrm{d}\boldsymbol{S}=\sum q_0$ 算出 $\boldsymbol{D}$，再按 $\boldsymbol{D}=\varepsilon_0\varepsilon_r\boldsymbol{E}$ 算 $\boldsymbol{E}$。

7. 电容器的电容 $C=\dfrac{Q}{U}$，平行板电容器的电容 $C=\dfrac{\varepsilon_0 S}{d}$。

(1) 串联电容器组：$\dfrac{1}{C}=\sum\dfrac{1}{C_i}$（每个电容器带的电荷量与串联电容器组带的电荷量相同）。

(2) 并联电容器组：$C=\sum C_i$（每个电容器两端的电压与并联电容器组两端的电压相同）。

8. 电容器储能：$W=\dfrac{Q^2}{2C}=\dfrac{1}{2}CU^2=\dfrac{1}{2}QU$。

9. 电场的能量密度：$w=\dfrac{\varepsilon_0\varepsilon_r E^2}{2}=\dfrac{1}{2}DE$。

习 题

9-1 正点电荷 Q 位于金属球壳的中心，则

(A) 各处的 $\boldsymbol{E}=0$

(B) $r>R_2$，$\boldsymbol{E}=0$；$r<R_1$，$\boldsymbol{E}\neq 0$

(C) $r<R_1$，$\boldsymbol{E}=0$；$r>R_2$，$\boldsymbol{E}\neq 0$

(D) 对于 $r<R_1$ 以及 $r>R_2$ 处 $\boldsymbol{E}\neq 0$

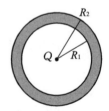

习题 9-1 图

9-2 对于金属导体来说，下列论述正确的是

(A) 它不能带净电荷

(B) 如它带净电荷,这些电荷必然均匀分布在整个导体中
(C) 如它带净电荷,这些电荷必然分布在它的表面
(D) 它的电势绝对是零

9-3 导体球位于带正负电荷的金属平板之间,其正确电场线图为

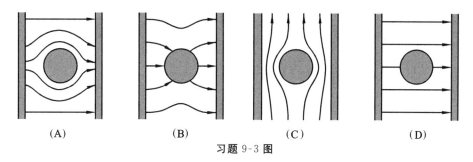

习题 9-3 图

9-4 平行板电容器与电池相连,现插入介电常量 $\varepsilon_r=2$ 的介质板,它充满两极板间的空间. 如介质板插入前后电容器储能分别为 W_0 和 W_k,则 $\dfrac{W_k}{W_0}$ 为

(A) $\dfrac{1}{4}$ (B) $\dfrac{1}{2}$ (C) 1   (D) 2   (E) 4

9-5 两只不同的不带电的电容器串联后,接在一电池上,以下论述正确的是
(A) 每只电容器上的电压相等
(B) 每只电容器上的电荷量相等
(C) 电容大的电容器上电荷量多
(D) 电容大的电容器两端电压高
(E) 储存在每只电容器内的电能相等

9-6 平行板电容器与电池相连,如果把极板拉开一些,则
(A) 极板间电场减小,同时极板带电亦减少
(B) 极板间电场保持不变,极板带电将增加
(C) 极板间电场保持不变,但极板带电将减少
(D) 极板间电场增加,但是极板带电将减少

9-7 空气平行板电容器带电荷量 Q,当把 $\varepsilon_r=3$ 的介质板插入极板间时
(A) 电容器极板间电压为原来的 $\dfrac{1}{3}$
(B) 电容器极板间电压为原来的 3 倍
(C) 极板上电荷增加为原来的 3 倍
(D) 极板上电荷减少为原来的 $\dfrac{1}{3}$
(E) 以上均不对

9-8 两只相同的电容器串联后接上 10 V 的电池. 如果一只电容器单独接在 10 V 电池上,其储能为 W_1,则串联后接在 10 V 电池上储存的总能量为

(A) $4W_1$ (B) $2W_1$ (C) W_1 (D) $\dfrac{1}{2}W_1$ (E) $\dfrac{1}{4}W_1$

9-9 空气平板电容器带有电荷量 Q，现把 $\varepsilon_r=2$ 的介质板插入，则

(A) 储存的能量保持不变　　(B) 储存的能量减少为原来的 $\dfrac{1}{2}$

(C) 储存的能量增加为原来的 2 倍　　(D) 以上均不正确

9-10 两个带电金属同心球壳，内球半径 $R_1=5$ cm，带电 $q_1=0.6\times10^{-8}$ C. 外球壳的内半径 $R_2=7.5$ cm，外半径 $R_3=9.0$ cm，所带总电荷量 $q_2=-2.0\times10^{-8}$ C.

(1) 求离球心距离分别为 3 cm，6 cm，8 cm，10 cm 各点的电场强度 E 以及电势 U；

(2) 用导线把两球壳连接起来，再求上述各点的 E 和 U.

9-11 充分大的带电导体平板 A 和 B，A 板单位面积带电荷量为 $+3\times10^{-6}$ C/m²、B 板单位面积带电荷量为 $+7\times10^{-6}$ C/m². 现把它们如图所示平行放置，这将引起导体板上电荷的重新分布，则最终四个表面上电荷面密度为多少？

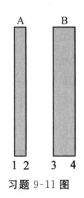

习题 9-11 图

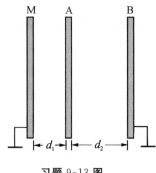

习题 9-13 图

9-12 如果上题的 B 板接地，再计算四个表面上的电荷面密度.

9-13 图示三块平行金属板，面积均为 200 cm²，它们相距分别为 $d_1=2$ mm、$d_2=4$ mm，A 板带有正电 3×10^{-7} C，B，M 两板接地，不计边缘效应.

(1) 求 B 板和 M 板上的感应电荷；

(2) 求 A 板的电势；

(3) 现在 A，B 板间充以 $\varepsilon_r=5$ 的均匀电介质，再回答(1)(2)两个问题.

9-14 范德格拉夫静电起电机是一种利用绝缘传送带向一个金属球壳输送电荷而使球壳电势升高的装置（见本章 9.1.5 节图 9-9）. 如果金属球壳的电势要保持在 9.15 MV，试解答以下问题：

(1) 若球壳周围高压氮气的击穿场强为 100 MV/m，问球壳的半径至少为多大？

(2) 由于电荷会通过气体泄漏，要维持此电势不变，传送带需以 320 μC/s 的速率向球壳运送电荷，问所需最小功率多大？

(3) 若传送带宽 48.5 cm，移动速率为 33.0 m/s，试求传送带上的面电荷密度和面上电场强度的大小.

9-15 两根"无限长"均匀带电直导线，相距为 b，导线半径都是 a（$a\ll b$）. 导线上电荷线密度分别为 $+\lambda$ 和 $-\lambda$. 试求该导体组单位长度的电容.

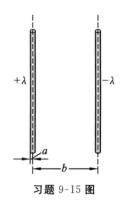

习题 9-15 图

9-16 有一种计算机键盘采用静电电容式按键，它是由两小块平

行金属片组成的空气电容器.当键被按下时,两块金属片之间的距离变小,使电容器的电容发生变化,与之相连的电路检测这种变化来确定是哪个键被按下了.设每个金属片的面积为 $50.0\ \text{mm}^2$,两金属片之间的距离是 $0.600\ \text{mm}$.如果电路能检测出的电容变化是 $0.250\ \text{pF}$,问需要按下多大的距离才能检测到按键信号?

9-17 四块面积都是 S 的相同薄金属板,平行放置,如图连接,设板间距离均为 d. 分别求出图(a)(b)连接的等效电容.

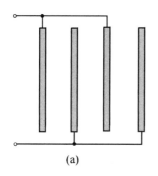
(a)

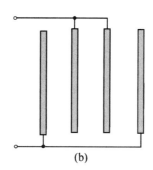
(b)

习题 9-17 图

9-18 按如图所示连接三个电容器,$C_1=50\ \mu\text{F}$,$C_2=30\ \mu\text{F}$,$C_3=20\ \mu\text{F}$.
(1) 求 A,B 间的等值电容;
(2) 在 A,B 两端加 $100\ \text{V}$ 的电压后,各电容器上的电压和电荷量是多少?

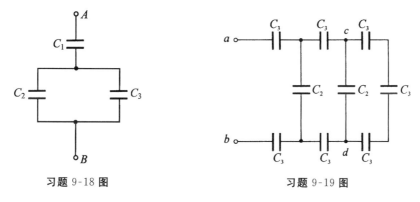

习题 9-18 图　　　　　　　习题 9-19 图

9-19 图示电容网络中电容 $C_3=3\ \mu\text{F}$,电容 $C_2=2\ \mu\text{F}$.
(1) 计算 a,b 两点间的等效电容;
(2) 设 $U_{ab}=900\ \text{V}$,计算靠近 a 点与 b 点的每一个电容器上的电荷量;
(3) $U_{ab}=900\ \text{V}$ 时,计算 U_{cd}.

9-20 $1\ \mu\text{F}$ 和 $2\ \mu\text{F}$ 的两电容器串联,接在 $1\ 200\ \text{V}$ 的直流电源上.
(1) 求每个电容器上的电荷量以及电压;
(2) 将充了电的两个电容器与电源断开,彼此之间也断开,再重新将同号的两端连接在一起,试求每一个电容器上最终所带的电荷量和电压.

9-21 $1\ \mu\text{F}$ 和 $2\ \mu\text{F}$ 两电容器并联后,接在 $1\ 200\ \text{V}$ 的直流电源上.
(1) 求每个电容器的电荷量和电压;
(2) 把充了电的两个电容器与电源断开,彼此之间也断开,再重新将异号的两端相连接，试求每个电容器上最终所带的电荷量和电压．

9-22 图示中电容器开始时都不带电，按图中所示接法连接后，开关 S 是开启的．

(1) 求 a,b 两点电势差 U_{ab}；

(2) 开关 S 合上后，求 b 点的电势；

(3) 开关 S 合上时，流经 S 的电荷量为多少？

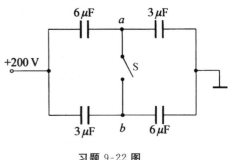

习题 9-22 图

9-23 在两板相距为 d 的平行板电容器中，平行地插入厚度为 $\dfrac{d}{2}$ 的一块金属板，则其电容变为原来电容的多少倍？如果插入的是厚度为 $\dfrac{d}{2}$ 的介质板，其相对介电常量为 ε_r，则又如何？

9-24 平行板电容器的两薄金属板 A,B 相距 0.50 mm，该电容器放在起屏蔽作用的金属盒内，如图所示．金属板上下两内壁与 A,B 分别相距 0.25 mm．问该电容器放入盒内与不放入盒内相比，电容改变多少？（忽略边缘效应）

9-25 如图所示的电容器，极板面积为 S，极板间距离为 d，板间各一半被相对介电常量分别为 ε_{r1} 和 ε_{r2} 的电介质充满．求此电容器的电容．

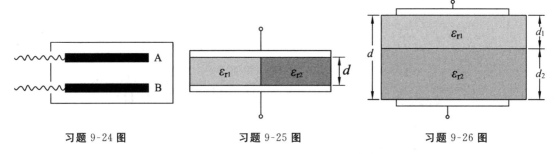

习题 9-24 图   习题 9-25 图   习题 9-26 图

9-26 平行板电容器，极板面积为 S，两板间距为 d，极板间充以两层电介质，一层厚度为 d_1，相对介电常量为 ε_{r1}；另一层厚度为 d_2（$d_1+d_2=d$），相对介电常量为 ε_{r2}．

(1) 求该电容器的电容；

(2) 以 $S=200$ cm^2，$d_1=2$ mm，$d_2=3$ mm，$\varepsilon_{r1}=5$，$\varepsilon_{r2}=2$ 来计算此电容值．

9-27 人体的某些细胞壁两侧带有等量异号的电荷．设某细胞壁厚度为 5.2×10^{-9} m，两表面所带面电荷密度为 $\pm 0.52\times10^{-3}$ C/m^2，其中内表面带正电荷．如果细胞壁物质的相对介电常量为 6.0，求：

(1) 细胞壁内电场强度的大小；

(2) 细胞壁两表面间的电势差．

9-28 图示电路，开始时 C_1 和 C_2 均未带电，开关 S 扳向 1 对 C_1 充电后，再把开关 S 扳向 2 对 C_2 充电．如果 $C_1=20$ μF，$C_2=5$ μF，问：

(1) 两电容器各带电多少？

(2) 第一个电容器损失的能量为多少？

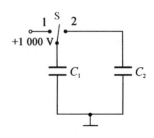

习题 9-28 图

9-29 (1) 空气平板电容器，两极板间隙 $d=1.5$ cm．当所

加电压为 39 kV 时,该电容器是否会被击穿?(空气击穿场强为 30 kV/cm)

(2) 在上述电容器中插入厚度为 0.3 cm 的玻璃片,玻璃片与极板平行,玻璃的介电常数 $\varepsilon_r = 7$,击穿场强为 100 kV/cm,问这时的电容器是否会被击穿?

9-30 圆柱形电容器的半径分别为 a 和 b,试证所储存的能量的一半是在半径为 $r = \sqrt{ab}$ 的圆柱内部.

9-31 证明球形电容器带电后,其电场能量的一半储存在内半径为 R_1、外半径为 $\dfrac{2R_1 R_2}{R_1 + R_2}$ 的球壳内. 其中 R_1 和 R_2 分别为电容器内球和外球壳的半径. 一个孤立的导体球带电后,其电场能量的一半储存在多大的球壳内?

9-32 在一半径为 a 的球体内均匀地充满电荷,总电荷量为 q,求其电势能.

9-33 两个同轴的金属圆柱面,长度为 l,半径分别为 a 和 b,两圆柱面间充有相对介电常量为 ε_r 的均匀电介质,当这两个圆柱面带有等量异号电荷 $\pm Q$ 时,求:

(1) 离轴线距离 $r (a < r < b)$ 处的电场能量密度;

(2) 电介质中的总能量;

(3) 该圆柱形电容器的电容.

9-34 空气平行板电容器,极板面积为 0.2 m²,极板间距为 1 cm,现将其连接到 50 V 的电池组上.

(1) 求两极板间电场强度和电容器所储存的能量;

(2) 将电池组断开,再将两极板间距拉开至 2 cm,再求极板间的场强和电容器储存的能量.

9-35 一平行板电容器,极板面积为 S,两极板间距为 x,极板上带有电荷量 $\pm q$.

(1) 电容器储存的总能量是多少?

(2) 现将两极板拉开距离 $\mathrm{d}x$,这时的总能量又为多少?

(3) 如果两极板间的相互吸引力为 F,则上述两能量之差必定等于拉开两极板所做的功 $W = F\mathrm{d}x$,由此证明 $F = \dfrac{q^2}{2\varepsilon_0 S}$.

9-36 一个平行板电容器,极板面积为 S,极板间距为 d.

(1) 充电后保持其电荷量 Q 不变,将一块厚度为 b 的金属板平行于两极板插入. 与金属板插入前相比,电容器储能增加多少?

(2) 导体板进入时,外力对它做功多少?是被吸入还是需要推入?

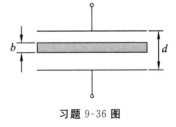

习题 9-36 图

(3) 如果充电后保持电容器的电压 U 不变,则(1)(2)两问的结果又如何?

第10章 直流电路

电流是由导体中大量自由电荷做定向运动而形成的,本章主要讨论导体内形成的不随时间变化的恒定电流.要在导体内维持恒定的电流分布,必须在其中建立一恒定电场.恒定电场与电流分布之间的定量关系由欧姆定律的微分形式所确定.导体内的恒定电场与静电场有相同的性质,它是依靠电源(如化学电池、发电机等)提供的非静电力来维持的.电源中的非静电力产生的电动势是本章的重要内容.电路中的电源一方面要不断做功,将其他形式的能量(如化学能、机械能等)转化为电能;另一方面,电流在电路中产生热效应或以其他形式消耗电能.因此,电路中的功能关系也是本章的内容之一.直流电路是由电阻和电源组成的,当电路中各电阻之间没有简单的串并联关系时,此电路称为复杂电路.本章最后讨论基尔霍夫定律及其在求解复杂电路时的应用.

10.1 恒定电流

▶ 10.1.1 电流和电流密度

微观上,金属导体内的自由电子总是在不停地做无规则热运动.在没有外电场的情况下,它们朝任一方向运动的概率都是相等的,因此并不形成电流.如果在导体两端加上电压,即导体内出现了电场,这时自由电子除了参加无规则热运动,还要在电场作用下,逆着电场方向运动.

电荷的这种定向运动形成宏观的电流.有时把导体中自由电荷在电场作用下的定向运动形成的电流称为传导电流,以与电荷由于机械运动形成的电流相区别.历史上把正电荷定向运动的方向规定为电流的方向.应当指出,就电流激发磁场,以及磁场对载流导线的作用,正电荷的定向运动与负电荷的反向定向运动是等效的,我们不必去区分是何种电荷做定向运动.但是,对于其他许多现象,如霍耳效应、电流的化学效应等,就需要考虑是何种电荷做定向运动了.

单位时间内通过导体任一截面的电荷量称为**电流强度**,简称**电流**,用 I 表示,即

$$I = \lim_{\Delta t \to 0} \frac{\Delta q}{\Delta t} = \frac{\mathrm{d}q}{\mathrm{d}t}.$$

式中 Δq 是时间 Δt 内通过所考虑截面的电荷量.

如果电流的大小和方向不随时间而变,这种电流称为**恒定电流**.在实际问题中,有时除了要知道电流的大小外,还要了解导体内任一点处电荷的流动情况,即要知道电流的分布情

况,因此就需要有一个描述电流分布特征的物理量,这个物理量就是**电流密度**.

电流密度是矢量,用 j 表示.其方向为正电荷在该点的流动方向,也就是该点的电场 E 的方向.其数值为通过该点的单位垂直面积的电流,如图 10-1 所示,即

$$j = \frac{dI}{dS_\perp}.$$

式中 dI 为流过与电流方向垂直的面元 $dS_\perp$ 的电流.

由上式可以得到

$$dI = j dS_\perp.$$

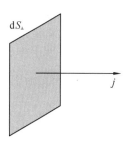

图 10-1

上式可以这样理解,它是已知 j,求通过与 j 方向垂直的面元 $dS_\perp$ 的电流的计算式.如果面元 dS 的方向与该点的 j 方向成 θ 角,如图 10-2 所示,则流过 dS 的电流应按下式计算

$$dI = j dS \cos\theta = \boldsymbol{j} \cdot d\boldsymbol{S}. \tag{10.1-1}$$

由上式可以计算通过任一面积的电流 I,

$$I = \iint \boldsymbol{j} \cdot d\boldsymbol{S}. \tag{10.1-2}$$

式(10.1-1)和式(10.1-2)表明电流密度 j 与电流 I 的关系是矢量与它的通量的关系.

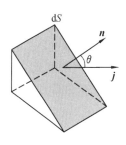

图 10-2

有了电流密度 j 的概念,就可以描述大块导体中各点的电流分布.一般而言,各点的 j 有不同的数值和方向,它们构成的矢量场称为电流场.电流场也可以直观地用电流线来描绘.电流线是指这样的曲线:曲线上每点的切线方向都和该点的电流密度矢量的方向一致.

国际单位制中,电流的单位是安培,简称安,用 A 表示;电流密度的单位是安/米^2,用 A/m^2 表示.

▶ 10.1.2 电流的连续性方程 恒定条件

电荷在流动过程中也应服从电荷守恒定律.设想在导体内取闭合曲面 S,规定其外法线方向为面元的正方向.闭合曲面 j 的通量 $\oiint \boldsymbol{j} \cdot d\boldsymbol{S}$,表示在单位时间内通过曲面流出的电荷量.按照电荷守恒定律它应该等于同一时间内 S 面内正电荷的减少 $-\frac{dq}{dt}$,即

$$\oiint \boldsymbol{j} \cdot d\boldsymbol{S} = -\frac{dq}{dt}. \tag{10.1-3}$$

上式称为**电流的连续性方程**,其实质为电荷守恒定律.

对于恒定电流,它要求导体内任一处都不能有电荷的积累,否则必然引起电场的变化,电流就不能维持恒定,这样,任一闭合面内 $\frac{dq}{dt} = 0$,由此

$$\oiint \boldsymbol{j} \cdot d\boldsymbol{S} = 0. \tag{10.1-4}$$

上式称为**电流恒定条件**.它表明在恒定条件下,通过闭合曲面一侧流进的电流必等于从另一侧流出的电流.电流的恒定条件也表明,恒定电流必须是闭合的,恒定电路也必须是闭合的.

应该指出,在恒定电流的情形中,虽然电荷在做定向运动,但是电荷的分布是不随时间而变的,不随时间而变的电荷分布产生的电场也不随时间而变,这种电场叫作**恒定电场**,恒定电场与静电场相似,它也是一个有势场,即也应有 $\oint \boldsymbol{E} \cdot \mathrm{d}\boldsymbol{l} = 0$.因此也可以引进电势的概念,恒定电场中常把电势差称为电压.

例 10-1 在电场作用下,金属导体内的自由电子获得定向"漂移"运动.设电子电荷量的绝对值为 e,电子"漂移"运动速率的平均值为 $\bar{v}$,单位体积内自由电子数为 n.试证:电流密度 $j = ne\bar{v}$.

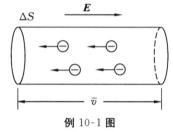

例 10-1 图

解 在金属导体中,取一小截面 ΔS,ΔS 的法线方向与电场 $\boldsymbol{E}$ 平行,通过 ΔS 的电流 ΔI 等于每秒内通过截面 ΔS 的所有自由电子的总电荷量.以 ΔS 为底面积,以 $\bar{v}$ 为高作一小柱体,小柱体内的自由电子总数 $n\bar{v}\Delta S$ 将在 1 s 内全部通过截面 ΔS.这样,

$$\Delta I = (n\bar{v}\Delta S)e = ne\bar{v}\Delta S,$$

电流密度

$$j = \frac{\Delta I}{\Delta S},$$

所以

$$j = ne\bar{v}. \tag{10.1-5}$$

例如,一般铜导线 $n = 8.5 \times 10^{28}$ 个/立方米,正常使用中 $j = 200 \times 10^4 \mathrm{~A/m^2}$,则电子的定向漂移速率

$$\bar{v} = \frac{j}{ne} = \frac{200 \times 10^4 \mathrm{~A \cdot m^{-2}}}{8.5 \times 10^{28} \mathrm{~m^{-3}} \times 1.6 \times 10^{-19} \mathrm{~C}} = 0.15 \mathrm{~mm/s}.$$

可见,电子的定向漂移速率是十分小的.

10.2 欧姆定律 电阻

▶ 10.2.1 欧姆定律

要研究金属导体内自由电子在电场作用下的定向运动,要用到量子力学知识.理想的金属晶体点阵是指所有正离子都处在固定不动的位置上做有规则排列.量子力学已证明自由电子在外电场作用下可以不受阻挡地通过这种理想的晶体点阵.然而任何实际金属的点阵都偏离理想的有规则排列.这是由于离子不可能静止在它的平衡位置,它要在平衡位置附近做热振动,而且该振动不可能是同相的.同时杂质和缺陷的存在也会造成对理想点阵的偏离.所有这些使电子的运动受到阻碍,电子在这些偏离理想晶体点阵中的运动要受到多次散射,甚至向相反方向运动.因此电子一方面从电场获取能量,另一方面又要把能量转移给晶体点阵.最终电子的定向运动会成为恒定状态,即电子具有恒定的定向运动速度(所谓漂移

速度),从而形成恒定电流.从以上分析可知,形成电流的大小,除与电场有关外还与导体本身的性质有密切关系.

1826 年,德国物理学家欧姆(G. S. Ohm 1787—1854)通过大量实验发现:在恒定条件下,通过一段导体的电流 I 与导体两端的电压 U 成正比,即

$$I \propto U.$$

如果写成等式

$$I = \frac{U}{R} \text{ 或 } U = IR. \tag{10.2-1}$$

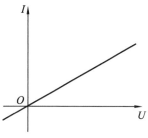

图 10-3

式中的比例系数由导体的性质决定,叫作**导体的电阻**. 这一规律就是**欧姆定律**. 图 10-3 所示是一段金属导体的电压与电流的关系曲线,它是一条直线.

▶ **10.2.2　电阻**

一个元件的电阻的定义式为

$$R = \frac{U}{I}, \tag{10.2-2}$$

即加在该元件两端的电压与流过电流的比值. 欧姆定律说明,在恒定条件下金属导体的电阻是常量.

欧姆定律对于金属导体和电解质溶液是十分精确的,但它不适用于半导体、气体的导电情况. 半导体二极管中电流与电压的关系不是线性关系,如图 10-4 所示. 半导体二极管的正负极接反时,电流几乎减小到零,这种元件通常称为**非线性元件**. 欧姆定律对它们虽不适用,但仍可以按 $R = \dfrac{U}{I}$ 来定义它的电阻,只不过它的电阻不是常量. 通常把遵守欧姆定律的元件叫作**线性元件**,其电阻叫作**线性电阻**或**欧姆电阻**.

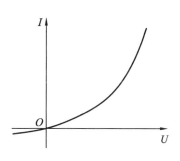

图 10-4

在国际单位制中,电阻的单位为欧姆,简称欧,用 Ω 表示,$\Omega = \text{V/A}$.

电阻 R 的倒数称为**电导**,用 G 表示,

$$G = \frac{1}{R}. \tag{10.2-3}$$

电导的单位称为西门子,简称西,用 S 表示,$\text{S} = \dfrac{1}{\Omega}$.

导体的电阻由导体的材料及几何形状决定. 实验表明,对于由一定材料制成的粗细均匀的导体,它的电阻 R 与长度 l 成正比,与横截面积 S 成反比,写成等式有

$$R = \rho \frac{l}{S}.$$

式中比例系数 ρ 称为**电阻率**,它由导体的材料决定. 电阻率 ρ 的倒数称为**电导率** σ,

$$\sigma = \frac{1}{\rho}. \tag{10.2-4}$$

国际单位制中,电阻率 ρ 的单位为 $\Omega \cdot m$,电导率 σ 的单位为 S/m.

当导线的截面积 S 或电阻率 ρ 不均匀时,就不能用 $R = \rho \frac{l}{S}$ 来计算电阻,需用下式计算

$$R = \int \rho \frac{\mathrm{d}l}{S}. \tag{10.2-5}$$

实验表明,导体的电阻率随温度而改变,所有纯金属的电阻率都随温度升高而增大.在 0 ℃ 附近,电阻率与温度之间满足线性关系

$$\rho_t = \rho_0 (1 + \alpha t). \tag{10.2-6}$$

其中 ρ_t 和 ρ_0 分别为 t ℃ 及 0 ℃ 时的电阻率,α 称为**电阻温度系数**.各种材料的电阻率 ρ_0 及电阻温度系数 α 见表 10-1.

表 10-1 几种材料 0 ℃ 时的电阻率 ρ_0 及温度系数 α

材 料	$\rho_0/\Omega \cdot m$	$\alpha/℃^{-1}$
银	1.5×10^{-8}	4.0×10^{-3}
铜	1.6×10^{-8}	4.3×10^{-3}
铝	2.5×10^{-8}	4.7×10^{-3}
钨	5.5×10^{-8}	4.6×10^{-3}
铁	8.7×10^{-8}	5.0×10^{-3}
铂	9.8×10^{-8}	3.9×10^{-3}
汞	94×10^{-8}	8.8×10^{-4}
碳	$3\,500 \times 10^{-8}$	-5×10^{-4}
镍铬合金 (60%Ni,15%Cr,25%Fe)	110×10^{-8}	1.6×10^{-4}
镍铜合金 (54%Cu,46%Ni)	50×10^{-8}	4×10^{-4}
锰铜合金 (84%Cu,12%Mn,4%Ni)	48×10^{-8}	1×10^{-5}

从表 10-1 中可以看出,一般金属的电阻温度系数 α 近似为 $4 \times 10^{-3}/℃$,注意到金属的线胀系数约为 $10^{-5}/℃$,因此在考虑金属导体的电阻随温度变化时,可以忽略导体长度和截面积随温度变化的因素,得到

$$R = R_0 (1 + \alpha t). \tag{10.2-7}$$

其中 R_0 为 0 ℃ 时的电阻.

利用金属电阻随温度变化的性质,可以制成电阻温度计.例如,各种类型的铂电阻温度计可用于测试低温 14 K 直到几百摄氏度的各个温区.利用半导体电阻率随温度降低而急剧增大的特性,可以制成适用于低温区的半导体温度计.

有许多材料具有超导电性.当温度降低时,电阻率先是有规律地下降,如同一般金属一样.但是,到达临界温度,电阻率突然下降到零.图 10-5 所示是汞在 6 K 以下时电阻变化的

情况. 大约在 4.2 K 左右, 汞的电阻突然消失, 这种现象叫作**超导电性**. 这时导体从正常导体转变为超导体. 它是 1911 年荷兰科学家昂纳斯(K. Onnes)发现的. 在超导电状态中, 材料的电阻几乎为零. 在闭合的超导电路中电流一经建立起来, 它会维持几个星期而不减小.

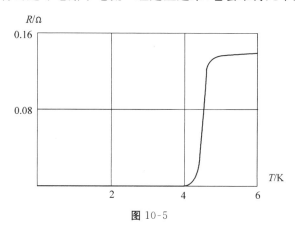

图 10-5

超导材料除了电阻消失外还具有一系列其他独特的物理性质(详见本书下册). 目前, 人们正从多方面探索超导电性的实际应用.

例 10-2 两个半径分别为 R_1 与 R_2 的共轴金属圆柱面之间的空间充以电阻率为 ρ 的导电材料, 圆柱面高度为 l, 求两圆柱面间的电阻.

解 因为电荷流动所通过的截面是从内圆柱面的 $2\pi R_1 l$ 变化到外圆柱面的 $2\pi R_2 l$.

考虑半径为 r, 厚度为 dr 的薄圆柱体壳, 其面积 $S = 2\pi r l$, 电流流过此壳的长度为 dr, 此部分电阻为

$$dR = \rho \frac{dr}{2\pi r l}.$$

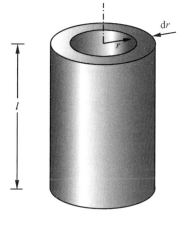

例 10-2 图

两个金属圆柱面之间的总电阻为

$$R = \int_{R_1}^{R_2} \rho \frac{dr}{2\pi r l} = \frac{\rho}{2\pi l} \ln \frac{R_2}{R_1}.$$

▶ 10.2.3 欧姆定律的微分形式

前面已提到电荷的流动是由电场来推动的, 因而描述电流分布的电流密度 j 应该和它所在点的电场 E 密切相关. 下面用欧姆定律来推导这一关系式.

如图 10-6 所示为一段长为 Δl 的均匀导体, 载有恒定电流 I. 电流 I 与电压 ΔU 的关系为 $I = \frac{\Delta U}{R}$. 这段导体的电阻 $R = \rho \frac{\Delta l}{S}$, 注意到 $\frac{I}{S} = j$, 而这段导体中的电场强度 $E = \frac{\Delta U}{\Delta l}$, 因而

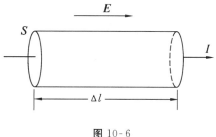

图 10-6

$$j=\frac{I}{S}=\frac{\Delta U}{RS}=\frac{\Delta U}{\rho\frac{\Delta l}{S}\cdot S}=\frac{1}{\rho}E,$$

即
$$j=\sigma E.$$

由于 j 的方向与 E 的方向一致，

$$j=\sigma E. \tag{10.2-8}$$

这是欧姆定律的微分形式，它给出了电流密度 j 与电场强度 E 之间的逐点对应关系．此式是在稳恒条件下推得的，但是在变化不太快的非稳恒情形下仍然适用．

10.3 电流的功

▶ 10.3.1 电功 电功率

图 10-7 是接在电路中的用电器，该用电器可能是灯泡，可能是电炉，也可能是电动机或其他电器．电流 I 从高电势 U_1 进入，从低电势 U_2 流出，这样在时间 t 内有电荷量 $q=It$ 流过用电器．从能量观点，时间 t 内有电场能量 $q(U_1-U_2)=I(U_1-U_2)t$ 通过用电器转变成其他形式的能量，这称为**电流做功**，简称**电功**．显然电功的计算式为

$$W=(U_1-U_2)It.$$

单位时间内电流做的功，称为**电功率**，用 P 表示，

$$P=\frac{W}{t}=(U_1-U_2)I.$$

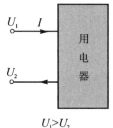

图 10-7

▶ 10.3.2 焦耳定律

如果用电器是纯电阻元件，其电阻是 R，电流做的功将全部转化成热能 Q，根据欧姆定律，有

$$I=\frac{U_1-U_2}{R},$$

则 Q 及热功率 P 的表达式为

$$Q=(U_1-U_2)It=I^2Rt, \quad P=(U_1-U_2)I=I^2R.$$

这就是**焦耳定律**，是 1840 年英国物理学家焦耳(J. P. Joule 1818—1889)由实验发现的．

焦耳定律的微分形式为

$$p=\frac{j^2}{\sigma}=\sigma E^2. \tag{10.3-1}$$

式中 p 为单位体积的热功率，即**热功率密度**，单位为瓦/米^3（W/m^3）．上式的推导方式与推导欧姆定律的微分形式相同．

应该指出，所谓电流做功，实质是电场力做功．

10.4 电动势

▶ 10.4.1 电动势

现以电容器放电来说明恒定电流形成的条件. 为了叙述方便, 把自由电子的移动说成是正电荷的移动. 当用导线把充了电的电容器正负极板 A 和 B 连接起来, 导线中正电荷在电场力"推动"下从高电势的 A 板移动到低电势的 B 板, 如图 10-8 所示. 这种电流是一种瞬变电流. 因为放电过程中两极板上带电荷量要减少, 两极板的电势差也逐渐减小而趋于零, 导线中电场也会减小到零, 导线中电流也会减小直到零. 这表明仅有静电力的作用是不能维持恒定电流的.

设想如果能把电容器负极板上的正电荷源源不断地移到正极板, 以维持两极板的电势差不变, 这样就能在导线中维持恒定电流了. 显然必须依靠起源于非静电场的非静电力才能把正电荷从低电势的 B 板"搬回"高电势的 A 板.

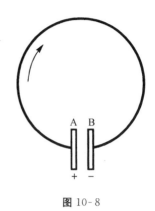

图 10-8

能够提供非静电力的装置称为**电源**. 电源是一种能量转换的装置, 它把化学能、热能、太阳能、机械能等形式的能转化成电能. 不同的电源, 提供非静电力的机制不同. 电源的电势高的一端称为正极, 电势低的一端称为负极.

我们用 K 表示作用在单位正电荷上的非静电力(注意 K 的单位与电场强度 E 的单位相同, 也是 N/C). 在电源外部只有静电场 E. 在电源内部, 除了静电场 E 外, 还有非静电力 K. 由于 K 指向电势升高的方向, 所以在电源内部 K 的方向与 E 的方向相反. 这样, 普遍的欧姆定律的微分形式应为

$$j = \sigma(E + K). \tag{10.4-1}$$

此式表明恒定电流是静电力和非静电力共同作用的结果.

对于同一个电源, 非静电力把一定量的正电荷从负极移送到正极所做的功是一定的. 电源的这种本领, 用**电动势**这个物理量来表示. 电源的电动势 $\mathscr{E}$ 定义为把单位正电荷从负极通过电源内部移到正极时非静电力做的功,

$$\mathscr{E} = \int_{-}^{+} \boldsymbol{K} \cdot \mathrm{d}\boldsymbol{l}. \tag{10.4-2}$$

如果整个电路中都存在非静电力,

$$\mathscr{E} = \oint \boldsymbol{K} \cdot \mathrm{d}\boldsymbol{l}. \tag{10.4-3}$$

电动势是标量. 在解电路问题中, 本书将电源电动势标上带圈的箭头(⊶)以示非静电力 K 的方向(即指向电势升高的方向). 一个电源的电动势具有一定的数值, 它与外电路的性质, 以及电路是否接通都没有关系.

电动势的单位与电势单位相同, 也是伏(V).

▶ 10.4.2 电源的端电压

在直流电路计算中遇到的电源大多是可逆电源.对它们说来既能放电又能充电.图 10-9 所示是某一闭合回路中含有电源的一段电路,它可以分为两种情形.对图(a),电源内部电流方向与电动势方向(即 *K* 指向)一致,电源在放电.在图(b)中,电源内部电流方向与电动势方向相反,电源在充电.对于内阻 $r=0$ 的理想电源,不管是放电还是充电,电源正负极板的电势差都等于电动势.如果图 10-9 中的电源是理想电源,则电源的端电压 $U_1 - U_2 = \mathscr{E}$.

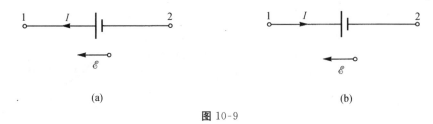

图 10-9

内阻 r 不为零的实际电源,可以看成是电动势 $\mathscr{E}$ 的理想电源与电阻 r 的串联组合,如图 10-10 所示.不难证明,对于图 10-10(a)所示的放电情形,电源的端电压

$$U_1 - U_2 = \mathscr{E} - Ir. \tag{10.4-4}$$

对于图 10-10(b)所示的充电情形,电源的端电压

$$U_1 - U_2 = \mathscr{E} + Ir. \tag{10.4-5}$$

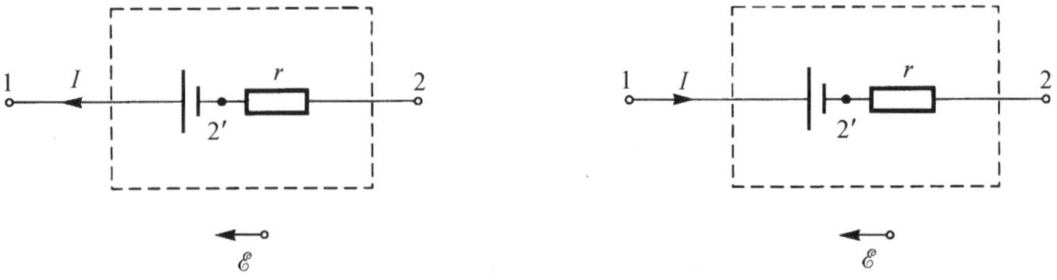

图 10-10

例 10-3 电路如图所示,设有一电动势为 $\mathscr{E}$、内电阻为 r 的电源,求输出功率及其效率 η(输出功率与总功率之比)与外电阻 R 的关系.

解 输出功率 $P = I^2 R = \dfrac{\mathscr{E}^2 R}{(R+r)^2}$,由 $\dfrac{\mathrm{d}P}{\mathrm{d}R} = \mathscr{E}^2 \dfrac{r-R}{(R+r)^3} = 0$,可知,当

$$R = r$$

时输出的功率最大,此时功率为 $P_{\max} = \dfrac{\mathscr{E}^2}{4r}$.

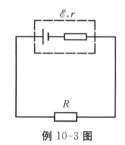

例 10-3 图

电源的效率为

$$\eta = \frac{P}{P_0} = \frac{RI^2}{\mathcal{E}I} = 1 - \frac{r}{R+r}.$$

当 $R \gg r$ 时，$\eta \to 1$；当 $R \to 0$ 时，$\eta \to 0$；当 $R = r$ 时，$\eta = \frac{1}{2}$.

式①称作负载电阻与电源的匹配条件. 应当指出，"匹配"的概念只在电子电路中才使用. 因为那里电源的内阻一般是较高的，并且输出信号的功率很弱，需要负载与电源匹配以提高输出功率. 而在低内阻大功率的电路中，不需要考虑匹配. 因为匹配的结果将会导致电流过大，引起事故.

10.5 基尔霍夫定律

▶ 10.5.1 复杂网络

并非所有的电路都能简化为串联和并联的组合，图 10-11 就是一例. 图 10-11(a) 是一个交叉连接的电阻网络，图 10-11(b) 中两条并联通路中各含有一个电源. 计算这些网络中的电流并不需要新的原理，只要有些技巧，就能解决这些问题. 本节所讲的求解这类复杂网络问题的方法由德国物理学家基尔霍夫(G. R. Kirchhoff 1824—1887)首先提出的.

在网络中把电源与电阻或电阻与电阻串联而成的通路称为**支路**. 在同一支路内电流处处相等. 凡三个或三个以上支路连接的一点称为**节点**. 几条支路构成的闭合通路称为**回路**. 例如，在图 10-11(a) 中有四个节点，a, b, f, e 各点都是节点，在图 10-11(b) 中只有 a, b 两个节点；在图 10-11(a) 中，闭合路径 $acfea, efdbe, aebhga$ 以及 $gacfdbhg$ 等都是回路.

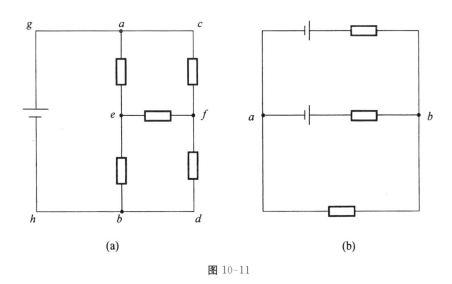

图 10-11

▶ 10.5.2 基尔霍夫定律

基尔霍夫定律包含两部分内容.

基尔霍夫第一定律，亦称**节点电流定律**——网络中任一节点，流向节点的电流与流出节

点的电流的代数和为零,

$$\sum I = 0. \quad (10.5\text{-}1)$$

基尔霍夫第二定律,亦称**回路电压定律**——任一回路的电动势的代数和,等于在这个回路中的 IR 乘积的代数和,

$$\sum IR = \sum \mathscr{E}. \quad (10.5\text{-}2)$$

基尔霍夫第一定律,说明在网络的节点上不会有电荷积累.实际上就是电流的恒定条件,它体现了电荷守恒.**基尔霍夫第二定律**,可以用静电场的环路定理 $\oint \boldsymbol{E} \cdot \mathrm{d}\boldsymbol{l} = 0$ 以及普遍的欧姆定律 $\boldsymbol{j} = \sigma(\boldsymbol{E} + \boldsymbol{K})$ 来导出.它表明把单位正电荷沿回路移动一周,非静电力做功等于电场力做的功.这一点体现了能量守恒.

应用基尔霍夫定律解复杂网络的困难,不在于对定律本身物理内涵的理解,而在于对其中涉及代数和的各量,电流、电动势的正负的取法.

节点电流定律中,依照通常的惯例,规定从节点流出的电流取正,流进节点的电流取负(或者相反,把流进节点的电流取正,流出节点的电流取负).

应用回路电压定律对回路列方程时:

(1) 先设定回路的绕行方向(譬如顺时针或逆时针).

(2) 如果支路电流流向与绕行方向相同,I 取正值;反之,I 取负值.

(3) 如果电动势的方向与绕行方向相同,$\mathscr{E}$ 取正值;反之,$\mathscr{E}$ 取负值.

以图 10-11(b) 电路为例,如果各元件的参量为已知,对所要求的三条支路的电流 I_1, I_2, I_3 标出假设的方向,再对两个闭合回路选定绕行方向,如图 10-12 所示.应用基尔霍夫定律有

对节点 a: $I_1 + I_2 - I_3 = 0$;
对节点 b: $-I_1 - I_2 + I_3 = 0$.

对于两个回路,相对于标出的绕行方向,回路电压方程分别为

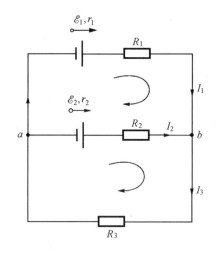

图 10-12

$$I_1(R_1 + r_1) - I_2(R_2 + r_2) = \mathscr{E}_1 - \mathscr{E}_2;$$
$$I_2(R_2 + r_2) + I_3 R_3 = \mathscr{E}_2.$$

▶ 10.5.3 基尔霍夫定律的应用

复杂网络的典型问题是已知各电源和电阻求解各支路的电流.理论上应用基尔霍夫定律完全能解复杂网络问题.在应用基尔霍夫定律时,必须注意到下列几点:

(1) 对于有 n 个节点的复杂网络,其中只有 $n-1$ 个节点的电流方程是独立的,另剩余 1 个节点的电流方程必然是这 $n-1$ 个节点电流方程的相加.

(2) 取回路写回路电压方程时,必须注意回路的独立性,即要选独立回路.独立回路是

指在新选定的回路中,至少有一条支路在已选过的回路中未曾出现过.这样的回路电压方程才是独立的.

(3) 独立方程的个数应等于所求未知数的个数.可以证明对于一个具有 p 条支路 n 个节点组成的复杂网络,独立回路数为 $p-(n-1)$ 个.

(4) 支路上电流方向可以任意假定,计算结果电流如为负值,说明该支路中电流的实际方向与原假定方向相反.

在某些实际的电路网络计算中,运用由基尔霍夫定律导出的一些定理,如等效电源定理、叠加定理、Y-Δ 变换等,计算可以大为简化.有关这方面的内容,可参考有关电路分析书籍.

例 10-4 考虑两个直流电源并联起来给一个负载供电的实例,如图 10-11(b) 所示.设 $\mathscr{E}_1=220$ V,$\mathscr{E}_2=200$ V,各电源内阻归入相应串联电阻中,$R_1=R_2=10\ \Omega$,$R_3=145\ \Omega$,试求每一支路中的电流.

解 标出每一支路的电流 I_1,I_2,I_3,并选定其方向,再对两闭合回路选定绕行方向,如图 10-12 所示.本网络有三条支路(三个未知数),两个节点.

对节点 a,电流方程为
$$I_1+I_2-I_3=0.$$

所选的两个回路均是独立回路,回路电压方程为
$$I_1R_1-I_2R_2=\mathscr{E}_1-\mathscr{E}_2,$$
$$I_2R_2+I_3R_3=\mathscr{E}_2.$$

三个未知数,三个联立方程,方程有解.代入数字后解得电流
$$I_1=1.7\ \text{A},\ I_2=-0.3\ \text{A},\ I_3=1.4\ \text{A}.$$

其中 $I_2=-0.3$ A,表明 I_2 的实际流向与图中标定方向相反,电源 2 处于充电状态.

两个电源电动势不相等时,在并联供电情形下,并不一定是两个电源同时向负载供电,有可能一个电源输出功率,另一个电源输入功率(即"充电").

例 10-5 已知复杂网络中一段电路中各量,如图 (a) 所示,求出这段电路的 U_{AB}($=U_A-U_B$).

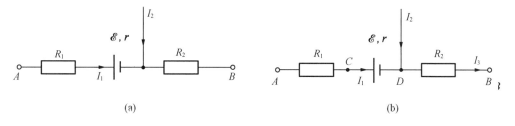

例 10-5 图

解 在此电路上,添加字母 C,D 以及流过 R_2 的电流 I_3,如图 (b) 所示.
由节点电流方程可得 $I_3=I_1+I_2$.这样,$U_D-U_B=(I_1+I_2)R_2$,$U_A-U_C=I_1R_1$.
电源充电,其端电压
$$U_C-U_D=\mathscr{E}+I_1r,$$
$$U_{AB}=U_A-U_B=U_A-U_C+(U_C-U_D)+(U_D-U_B)=I_1(R_1+r)+(I_1+I_2)R_2+\mathscr{E}.$$

内容提要

1. 电流密度：$\boldsymbol{j}=nq\boldsymbol{v}$；电流强度：$I=\iint \boldsymbol{j}\cdot \mathrm{d}\boldsymbol{S}$.

2. 电流连续性方程：$\oiint \boldsymbol{j}\cdot \mathrm{d}\boldsymbol{S}=-\dfrac{\mathrm{d}q}{\mathrm{d}t}$.

   恒定电流：$\oiint \boldsymbol{j}\cdot \mathrm{d}\boldsymbol{S}=0$.

   恒定电场：恒定电荷分布产生的电场，$\oint \boldsymbol{E}\cdot \mathrm{d}\boldsymbol{l}=0$.

3. 欧姆定律：$I=\dfrac{U}{R}$，$\boldsymbol{j}=\sigma \boldsymbol{E}$.

   电阻：$R=\dfrac{U}{I}$，$R=\rho\dfrac{l}{S}$，$R=\int \rho\dfrac{\mathrm{d}l}{S}$.

4. 焦耳定律：$P=I^{2}R$，$p=\sigma E^{2}$.

5. 电动势：把单位正电荷从负极通过电源内部移到正极时，非静电力做的功

$$\mathscr{E}=\int_{-}^{+}\boldsymbol{k}\cdot \mathrm{d}\boldsymbol{l}.$$

   普遍的欧姆定律：$\boldsymbol{j}=\sigma(\boldsymbol{E}+\boldsymbol{k})$.

6. 基尔霍夫定律．

   基尔霍夫第一定律（节点电流定律）：$\sum I=0$.

   基尔霍夫第二定律（回路电压定律）：$\sum IR=\sum \mathscr{E}$.

习 题

10-1 金属材料的温度降低时，它的电阻

(A) 总是增大

(B) 总是减小

(C) 可能增大也可能减小，视材料而定

(D) 先增大后减小

10-2 元件 a，b，c 的伏安曲线如图所示

(A) 三元件串联后接入电路，a 元件发热更多些

(B) 三元件串联后接入电路，c 元件发热更多些

(C) 三元件并联后接入电路，c 元件发热更多些

(D) 以上三种说法均不正确

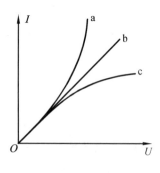

习题 10-2 图

10-3 两个截面不同的铜棒串接在一起，如图所示．在两端加一定的电压 U，设两棒的长度相同，则

(A) 通过两棒的电流、电流密度、棒内的电场强度均相同

(B) 通过两棒的电流密度不相同,但是两棒内的电场强度相同
(C) 通过两棒的电流、两棒两端的电压均相同
(D) 只有通过两棒的电流相同

10-4 两个相同的电源和两个相同的电阻如图连接起来.电路中电流 I 和 a,b 两点的电压 U_{ab} 分别为

(A) $I=0$, $U_{ab}=\mathscr{E}$

(B) $I=\dfrac{2\mathscr{E}}{R+r}$, $U_{ab}=\dfrac{\mathscr{E}}{2}$

(C) $I=\dfrac{\mathscr{E}}{R+r}$, $U_{ab}=0$

(D) $I=\dfrac{\mathscr{E}}{R+r}$, U_{ab} 无法求出

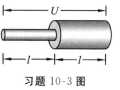

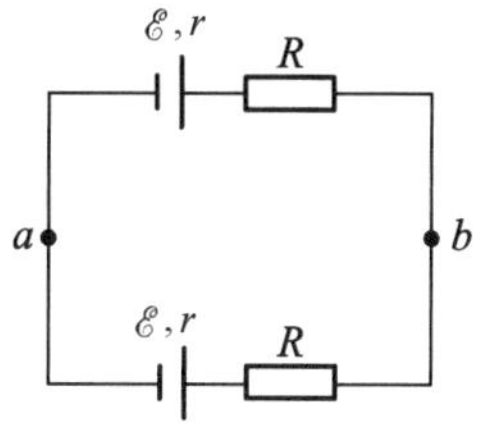

习题 10-3 图

习题 10-4 图

10-5 对于图示的电路,以下方程正确的是

(A) $I_3+I_6=I_5$

(B) $I_1+I_2=I_3$

(C) $I_1+I_4=I_5$

(D) $I_1+I_2=I_5+I_6$

10-6 参考题 10-5 图,以下方程正确的是

(A) $4I_1+2I_5+6I_3=10$

(B) $3I_4+2I_5-5I_6=12$

(C) $3I_4-4I_1=2$

(D) $4I_1+2I_5+6I_3=0$

10-7 一根直径为 1 mm 的银导线,在 75 min 内通过电荷 90 C.已知银的自由电子数密度为 5.8×10^{28} 个/m^3,求:

(1) 导线中电流的大小;

(2) 导线中电子的漂移速率.

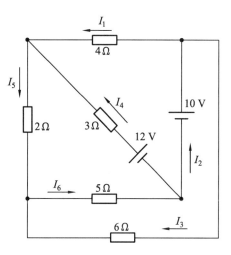

习题 10-5 图

10-8 范德格拉夫起电机的传送带宽 1 m,以 25 m/s 的速率运行.

(1) 当进入大球面的电流为 10^{-4} A 时,每秒需将多少电荷量喷射在传送带的一个面上?

(2) 求传送带上面电荷密度.

10-9 边长为 1 mm 的正方形截面的铜导线,假定导线中每立方米的自由电子数为 1×10^{29} 个,导线中电流为 10 A,求:

(1) 导线中的电流密度;

(2) 电场强度;

(3) 电子通过全长 100 m 的导线所需的时间.

10-10 导线中的电流随时间的变化关系是 $i=4+2t^2$,式中 i 的单位是 A,t 的单位是 s,问:

(1) 从 $t=5$ s 到 $t=10$ s 的时间间隔内,有多少库电荷通过此导线的截面?

(2) 如果在相同的时间间隔内,输送相同的电荷,需要多大的恒定电流?

10-11 平行板电容器带有电荷 Q,平行板间充以电介质,设其相对介电常量为 ε_r,电阻率为 ρ,试证:电介质中"漏泄"电流为 $i = \dfrac{Q}{\varepsilon_r \varepsilon_0 \rho}$.

10-12 如图所示,有一个半径为 a 的半球形电极与大地接触,大地的电阻率为 ρ. 假设电流通过接地电极均匀地向无穷远处流散,试求接地电阻.

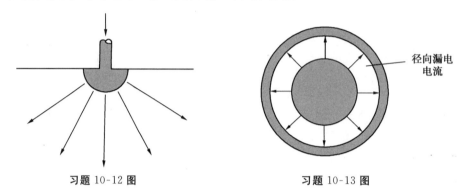

习题 10-12 图   习题 10-13 图

10-13 长度为 100 m 的同轴电缆,芯线是半径为 r_1 的铜导线,铜线外是一层同轴绝缘层,绝缘层的外半径为 r_2,绝缘层外面又用铅层保护起来,图示是这种电缆的横截面. 设 $r_1 = 0.5$ cm,$r_2 = 1.0$ cm,绝缘层的漏电电阻率 $\rho = 1 \times 10^8$ $\Omega \cdot$m.

(1) 芯线与铅层间电势差为 100 V 时,这 100 m 长度的电缆中漏去的电流有多大?

(2) 这种电缆的径向漏电电阻有多大?

10-14 有两个同心导体球壳,半径分别为 r_a 和 r_b,其间充以电阻率为 ρ 的导电材料.

(1) 试证两球壳间的电阻为 $R = \dfrac{\rho}{4\pi}\left(\dfrac{1}{r_a} - \dfrac{1}{r_b}\right)$;

(2) 如果两球壳间电势差为 U_{ab},试求离球心 r 处的电流密度.

10-15 同样粗细的碳棒和铁棒串联起来,如果这样的组合其总电阻不随温度而变化,这两棒的长度之比应该是多少?($\rho_{碳} = 3\,500 \times 10^{-8}$ $\Omega \cdot$m,$\alpha = -5 \times 10^{-4}$/K;$\rho_{铁} = 10 \times 10^{-8}$ $\Omega \cdot$m,$\alpha = 5 \times 10^{-3}$/K)

10-16 一铜线圈在 20 ℃ 时的电阻为 200 Ω,问在 50 ℃ 时其电阻为多少?

10-17 证明图示的无穷电阻网络的等效电阻 $R = (1+\sqrt{3})r$.

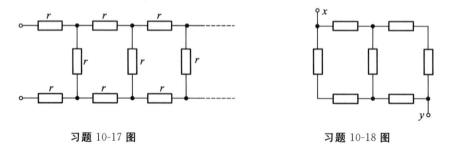

习题 10-17 图   习题 10-18 图

10-18 图示电阻网络中每个电阻均为 10 Ω,试求 x 与 y 两端之间的等效电阻.

10-19 (1) 如图所示为由电阻丝构成的平面正方形无穷网络,每小段电阻丝的电阻均为 R,求 A,B 间的等效电阻;

(2) 今将 A,B 之间电阻丝换成阻值 R_0 的另一小段电阻丝,再求 A,B 之间的等效电阻.

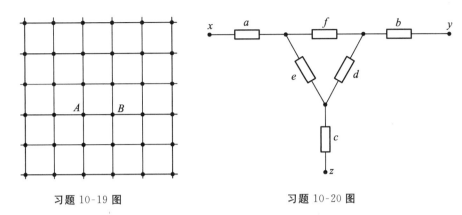

习题 10-19 图   习题 10-20 图

10-20 将阻值分别为 $1\ \Omega, 2\ \Omega, 3\ \Omega, 4\ \Omega, 5\ \Omega$ 和 $6\ \Omega$ 的六个电阻器连接成如图所示的网络, 已测得 $R_{xy}=7\frac{3}{13}\ \Omega$, $R_{yz}=10\frac{1}{13}\ \Omega$, $R_{zx}=6\frac{9}{13}\ \Omega$, 试求网络中六个电阻器 a,b,c,d,e 和 f 的阻值.

10-21 图示的两个电路中,当开关 S 闭合时,分别求通过开关 S 的电流.

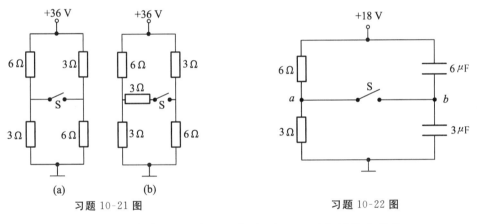

习题 10-21 图   习题 10-22 图

10-22 (1) 图示的电路中,当开关 S 开启时,求 a,b 两点间的电势差;
(2) 当开关 S 闭合时,b 点的最终电势是多少? 流经 S 的电荷量是多少?

10-23 (1) 图示的电路中,开关 S 开启时,求 a,b 两点间的电势差;

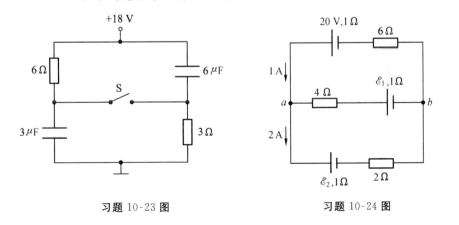

习题 10-23 图   习题 10-24 图

(2) 当开关 S 闭合时,求 b 点的最终电势,以及每一电容器上电荷量的变化.

10-24 图示电路中已知参数已注明,求电路中两只电池的电动势 $\mathcal{E}_1, \mathcal{E}_2$ 以及 U_{ab}.

10-25 图示电路中各已知量已标明.

(1) 求 a, b 两点间的电势差;

(2) 将 a, b 连接起来,求通过 12 V 电池的电流.

10-26 求图(a)和图(b)中通过每个电阻的电流.

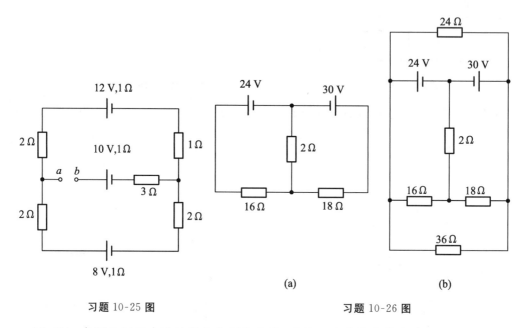

习题 10-25 图   习题 10-26 图

10-27 求图示网络中通过每个电阻的电流,以及 a, b 连线中的电流.

10-28 求图示网络中各条支路中的电流.

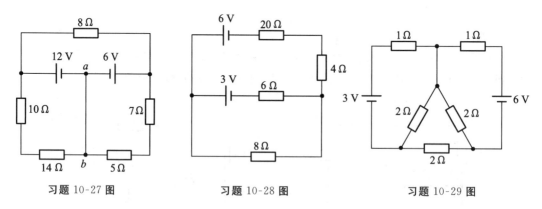

习题 10-27 图   习题 10-28 图   习题 10-29 图

10-29 求图示网络中通过每个电阻的电流.

第11章 恒定磁场

静止电荷在其周围空间激发电场,电场对引入其中的电荷施加电场力.如果电荷在运动,那么在它的周围就不仅有电场,运动电荷还会在其周围空间激发磁场.磁场也是物质存在的一种形态,但它只对运动电荷施加作用力(洛伦兹力),对静止电荷则毫无影响.因此,通过测定运动电荷所受的磁场力,可以定义和描述磁场的重要物理量,即磁感应强度.本章主要讨论的是电荷在导体中做恒定流动(恒定电流)时在它周围所激发的磁场,这时场中各点的磁感应强度都不随时间而变化,称为恒定磁场.本章首先引入磁感应强度矢量,之后研究磁场对运动电荷和恒定电流的作用.在电流分布给定的情况下,利用毕奥-萨伐尔定律求磁场的分布.最后讨论磁场的高斯定理和安培环路定理,并利用安培环路定理求解一些具有一定对称性分布电流的磁场.

11.1 磁感应强度

▶ 11.1.1 基本磁现象

远在电流发现以前,人们很早就发现了磁现象.

我国是世界上最早发现并应用磁现象的国家之一.早在公元前300年,我国就发现了磁铁矿(Fe_3O_4)吸引铁片的现象,在11世纪已把指南针用于航海.

早期有关现象的认识可以概述如下:

(1) 条形磁铁或磁针的两端磁性特别强,称为磁极.磁体两极共存,不可分割.

(2) 如设法让条形磁铁或磁针能在水平面内自由转动,它总有一端指向北,称为北极(N极);另一端指向南,称为南极(S极).

(3) 磁极间有相互作用,同名磁极相互排斥,异名磁极相互吸引.

(4) 地球是大磁体,地球磁场简称为地磁场,它的N极位于地理南极附近,S极位于地理北极附近.

现代研究表明,一切电磁现象都起因于电荷及其运动.电荷在其周围激发电场,电场对电场中的电荷施以作用力.运动电荷在其周围除了激发电场外还要激发磁场,磁场对磁场中的运动电荷施以作用力.因此从本质上来看,磁现象与电现象是紧密联系在一起的,电相互作用和磁相互作用放在一起统称电磁相互作用.然而,由于人们认识上的限制,在历史上很长一段时间里,电学和磁学被认为是互不相关、彼此独立地发展着.直到1820年,丹麦物理学家奥斯特(H.C. Oersted 1777—1851)发现放在载流导线周围的磁针会发生偏转,人们才认识到磁与电之间的联系,认识到磁起源于电荷的运动.从奥斯特的发现以后,电磁学便进入了一个崭新的发展时期.

▶ 11.1.2 磁感应强度 B

实验发现,磁场对静止电荷没有作用力,对运动电荷却有作用力,这是磁场的基本性质.进一步研究表明磁场作用在运动电荷上的力的大小,与该电荷的电荷量以及速度的大小、方向均有关,当然也与该点的磁场的性质有关.

用来定量描述磁场强弱和方向的物理量称为**磁感应强度**.它是矢量,用 **B** 表示.有多种方式来定义磁感应强度 **B**,本书采用磁场对运动电荷的作用力来定义.

实验表明,磁场对运动电荷的作用力有如下特点:

(1) 当运动电荷以同一速率、不同方向通过磁场中某一场点 P 时,运动电荷受磁力的大小是不同的,而且方向也不相同.

(2) P 点的磁场存在一个特殊方向,当运动电荷沿着这一特殊方向(或其反方向)运动时,磁力为零(暂称它为零磁力方向),如图 11-1(a)所示.当电荷运动方向与该零磁力方向垂直时,受磁力最大[图 11-1(b)],用 F_{max} 表示,而且 F_{max} 与运动电荷的电荷量与速率的乘积 qv 成正比.比值 $\dfrac{F_{max}}{qv}$ 定义为该点磁感应强度 **B** 的大小,即磁场的强弱,

$$B = \dfrac{F_{max}}{qv}.$$

(3) 研究磁力 **F** 方向时发现,**F** 既与速度 **v** 垂直,又与零磁力方向垂直.我们就把零磁力方向中的一个指向定义为 **B** 的方向,亦即磁场的方向[图 11-1(c)].

由此,磁感应强度 **B** 的完整定义为:正电荷 q 以速度 **v** 通过场点 P,如果有侧向力 **F** 作用在运动电荷上,则 P 点有磁感应强度 **B** 存在,并满足下述关系

$$\boxed{\mathbf{F} = q\mathbf{v} \times \mathbf{B}.} \qquad (11.1\text{-}1)$$

上述关于 **B** 的方向的定义,与用该处的小磁针静止时 N 极指向来定义磁场方向是一致的.

国际单位制中,磁感应强度 B 的单位是特斯拉,简称特,用 T 表示,

$$1\ \text{T} = \dfrac{\text{N}}{\text{C} \cdot \text{m/s}}.$$

B 较早使用的单位是高斯,用 G 表示,它与 T 的关系为

$$1\ \text{G} = 10^{-4}\ \text{T}.$$

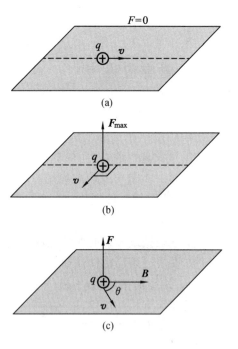

图 11-1

这里给出一些磁感应强度的数据:地球磁场的水平分量在磁赤道处约为$(0.3\sim0.4)\times10^{-4}$ T;地球磁场的竖直分量在南北极地区为$(0.6\sim0.7)\times10^{-4}$ T;普通永久磁铁在两极附近磁场为$(0.4\sim0.7)$ T;电动机、变压器铁芯的磁场为$(0.9\sim1.7)$ T;超导脉冲磁场为$(10\sim100)$ T;某些原子核外运动的电子在核附近产生的磁场约为 100 T.

▶ 11.1.3 磁力线

与电场中引进电场线来形象描绘电场分布一样,磁场也可用一些线来表示,每条线上任一点的切线方向都与该点的磁感应强度的方向相同,这些线称为**磁力线**. 图 11-2 是用铁屑演示的磁铁磁场的磁力线以及一些电流磁场的磁力线.

其中图(a)为永磁铁磁场的磁力线,图(b)为直线电流,图(c)为载流圆线圈以及图(d)为载流螺线管磁场的磁力线.

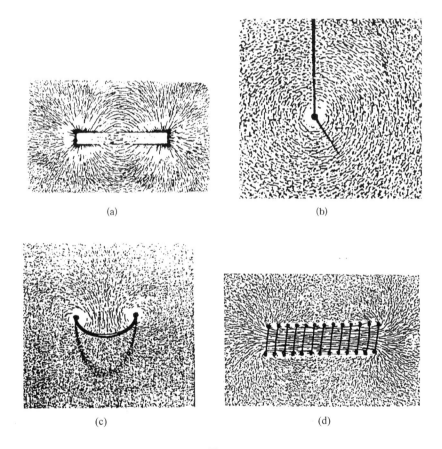

图 11-2

11.2 带电粒子在磁场中的运动

▶ 11.2.1 洛伦兹力

运动电荷在磁场中受到的磁场力,称为**洛伦兹力**,由(11.1-1)式可知

$$F = q(v \times B). \tag{11.2-1}$$

在普遍的情形下,带电粒子在既有电场 E 又有磁场 B 的区域里运动,作用在带电粒子上的力

$$F = q(E + v \times B). \tag{11.2-2}$$

这是普遍情况下的洛伦兹力公式,它不论粒子速度有多大,也不论场是否恒定,这个洛伦兹力公式都适用.静电场对电荷的作用力与带电粒子的运动速度无关,已由无数实验所证实(一般电磁学书中,仅将 $qv \times B$ 称为洛伦兹力).

由(11.2-1)式可知,洛伦兹力的方向与运动带电粒子电荷的符号有关,如图 11-3 所示.

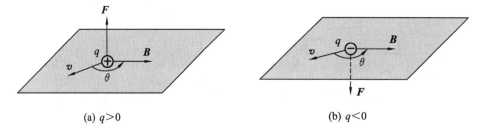

(a) $q > 0$ (b) $q < 0$

图 11-3

洛伦兹力总是与带电粒子运动方向相垂直,这表明磁场对运动带电粒子所做的功为零.因此磁场不能改变运动带电粒子的动能,只能改变带电粒子运动的方向,使运动带电粒子向侧向偏转.

▶ 11.2.2 带电粒子在均匀磁场中的运动

均匀磁场 B 中,质量为 m、电荷量为 q 的粒子以初速度 v_0 进入磁场,可以分三种情形讨论它的运动(忽略重力).

(1) 如果 v_0 与 B 在同一直线上,因为 B 与 v_0 夹角为 0 或 π,所以带电粒子受洛伦兹力为零.带电粒子仍做匀速直线运动,不受磁场影响,如图 11-4 所示.

(2) 如果 v_0 与 B 垂直,如图 11-5 所示,这时粒子受到大小不变的洛伦兹力 $F = qv_0B$,此力作为向心力,带电粒子将在垂直于 B 的平面内做匀速圆周运动.利用圆周运动的知识,可以算得带电粒子做匀速圆周运动的半径

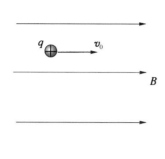

图 11-4

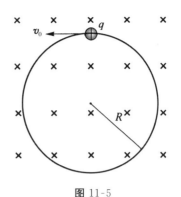

图 11-5

$$R = \frac{mv_0}{qB}. \tag{11.2-3}$$

轨道半径与带电粒子运动速度的大小成正比,与磁感应强度 B 的大小成反比.

带电粒子做圆周运动的周期为

$$T = \frac{2\pi R}{v_0} = \frac{2\pi m}{qB}. \tag{11.2-4}$$

单位时间内所绕的圈数(称为**回旋共振频率**)

$$f = \frac{1}{T} = \frac{qB}{2\pi m}. \tag{11.2-5}$$

周期或回旋共振频率对于同一种带电粒子来说,与其速度大小无关,这一点被应用在回旋加速器中.

(3) 一般情形下, v_0 与 B 的夹角为 θ, 如图 11-6 所示. 把 v_0 分解成与 B 平行的分量 $v_\parallel = v_0 \cos\theta$ 和与 B 垂直的分量 $v_\perp = v_0 \sin\theta$. 带电粒子一方面在磁场 B 的方向上做以 $v_\parallel$ 为速度的匀速直线运动,另一方面又在与 B 垂直方向做半径 $R = \frac{mv_\perp}{qB}$ 的圆周运动. 这样带电粒子的轨迹将是一条等螺距的螺旋线,其螺距为

$$h = v_\parallel T = \frac{2\pi m v_\parallel}{qB}.$$

上式表明带电粒子每回旋一周所前进的距离,即螺距 h 与带电粒子的 $v_\parallel$ 有关.

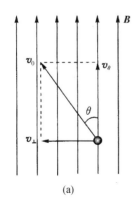

(a)

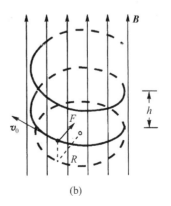

(b)

图 11-6

运动电荷在磁场中的螺旋运动,被应用于磁聚焦技术. 从电子枪出来的电子都有相同速率 v_0, 但 v_0 与 B 所成的发散角 θ 很小,这就使得 $v_\parallel = v_0\cos\theta \approx v_0$. 这样它们经过同一周期,在相同地方 $h = \dfrac{2\pi m v_\parallel}{qB}$ 相遇. 这就是均匀磁场对带电粒子流的磁聚焦原理. 它广泛应用于电真空器件,特别是电子显微镜. 实际应用中是用短线圈产生的非均匀磁场来完成对带电粒子流的磁聚焦作用,通常称这种短线圈为磁透镜.

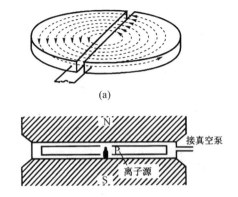

▶ *11.2.3 回旋加速器

回旋加速器于 1932 年首先由美国物理学家劳伦斯(E. Lawrence 1902—1958)提出并付诸应用. 利用回旋加速器来加速质子或氘核之类的带电粒子,使它们得到高能量,以便在原子轰击实验中能利用这些高能粒子. 虽然回旋加速器的结构很复杂,但其基本原理就是利用带电粒子在均匀磁场中的回旋共振频率与带电粒子速率大小无关的性质.

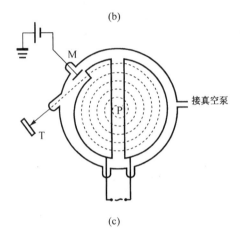

回旋加速器的核心部分是 D 形盒,它的形状有如扁圆的金属盒沿直径剖开的两半,如图 11-7 所示. 这两半的扁金属空盒称为 D 形盒. 两 D 形盒之间留有间隙,中心附近放离子源(质子、氘核或 α 粒子). 在 D 形盒间接上频率极高的交流电压(频率 10^6 Hz 数量级),在两 D 形盒的间隙形成频率极高的交变电场.

两 D 形盒密封在一个抽成真空的容器内,整套装置放在一强大的电磁铁两极间的均匀磁场中,磁场方向与 D 形盒底面相垂直.

设想有一电荷为 $+q$、质量为 m 的离子,在 D_1 盒为正电势的瞬间从离子源射出,该离子被 D 形盒间隙缝中的电场加速,并以速率 v_1 进入 D_2 内部的无电场区,在这里离子在磁场作用下经回旋半径 $R_1 = \dfrac{mv_1}{qB}$ 的半个圆周而回

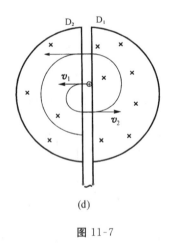

图 11-7

到间隙. 如果此时间隙的电场恰好反向,粒子通过间隙又被加速,它以较大速率 v_2 进入 D_1 盒内部,在其中绕过回旋半径 $R_2 = \dfrac{mv_2}{qB}$ 的半个圆周再次回到间隙. 虽然带电粒子绕过半圆

周的半径不同,但是所用的时间都等于回旋共振周期的一半,$\frac{T}{2}=\frac{\pi m}{qB}$. 只要加在间隙的交变电场频率 ν_0 等于回旋共振频率 $f=\frac{qB}{2\pi m}$,便可保证离子每次经过电场时都被加速. 这样,不断被加速的离子在 D 形盒内运动半径越来越大,最后其轨道趋于 D 形盒的边缘,再用特殊的装置将它们引出.

回旋加速器加速带电粒子要受到相对论效应的限制. 当离子速率相当大时,其质量按 $m=\frac{m_0}{\sqrt{1-\frac{v^2}{c^2}}}$ 增大,这使得离子做半圆周运动的时间 $\frac{T}{2}=\frac{\pi m_0}{qB\sqrt{1-\frac{v^2}{c^2}}}$ 增大. 如果交变电场的频率不变时,粒子将出现"迟到"现象,从而不能保证粒子在间隙中被电场加速.

应当指出,为了保证粒子每次在间隙中仍被交变电场加速,可以采取措施减小交变电场的频率 ν_0,以保持 $\nu_0=\frac{qB}{2\pi m}$ 仍然成立. 利用这种技术的加速器叫作同步回旋加速器. 如果再采用技术,使粒子的轨道半径 r 也固定,这便是同步加速器.

例 11-1 有一台回旋加速器,其回旋共振频率为 12×10^6 Hz,D 形盒的半径为 53.34 cm,问:

(1) 加速氘核所需的磁感应强度为多大?
(2) 氘核能量能加速到多大?

解 氘核所带电荷量与质子所带电荷量相同,其质量接近质子质量的 2 倍.
$$q=1.6\times 10^{-19}\text{ C}, m=3.3\times 10^{-27}\text{ kg}.$$

(1) 由回旋共振频率 $f=\frac{qB}{2\pi m}$ 得
$$B=\frac{2\pi fm}{q}=\frac{2\pi\times 12\times 10^6\times 3.3\times 10^{-27}}{1.6\times 10^{-19}}\text{ T}=1.6\text{ T}.$$

(2) 氘核的最终速率 v_m 由 D 形盒的半径决定,
$$v_m=\frac{qBR}{m},$$
$$E_k=\frac{1}{2}mv_m^2=\frac{q^2B^2R^2}{2m}=\frac{(1.6\times 10^{-19})^2(1.6)^2(0.533\ 4)^2}{2(3.3\times 10^{-27})}\text{ J}=2.8\times 10^{-12}\text{ J}=17\text{ MeV}.$$

▶ 11.2.4 霍耳效应

把导电板制成一块较小尺寸的长方体样品,对它建立如图 11-8 所示的坐标系. 沿 x 轴正方向通恒定电流 I,当平行 z 轴的负方向加上均匀磁场 $\boldsymbol{B}$ 时,在其 y 轴上两侧面 A,A' 会出现横向电势差 $U_{AA'}$,这种现象称为**霍耳效应**. 它是 1879 年霍耳 (E. H. Hall 1855—1929) 发现的. 电势差 $U_{AA'}$ 又称为**霍耳电势差**. 实验发现霍耳电势差 $U_{AA'}$ 与所加的磁场 $\boldsymbol{B}$、电流 I 以及板的厚度 b(沿 z 轴方向)有如下关系

$$U_{AA'}=k\frac{BI}{b}. \tag{11.2-6a}$$

其中比例系数 k 称为**霍耳系数**,它与导电材料的性质有关. 霍耳电势差 $U_{AA'}$ 与电流 I 之比定

义为霍耳电阻 R_H,从上式可知

$$R_H = \frac{U_{AA'}}{I} = \frac{kB}{b}. \quad (11.2\text{-}6b)$$

这表明霍耳电阻 R_H 与所加的磁场 B 有线性关系. 最早, 霍耳效应是在金属导体中发现的, 现在知道在半导体和导电流体(如等离子体)中也会产生.

下面以金属自由电子模型来定量讨论霍耳效应. 导电板中沿 x 轴正方向流动的电流为 I. 如果参加导电的带电粒子(又称**载流子**)所带电荷量为 $+q$, 它们沿 x 轴正方向运动的平均定向速率为 u, 则它们在磁场中受到的洛伦兹力为 quB, 方向为 y 轴正方向[图 11-8(b)]. 该力使导电板内定向移动的 $+q$ 电荷发生偏转. 结果在 A 侧面上聚集了正电荷, A' 侧面上聚集了负电荷, 从而形成电势差 $U_{AA'}$. 导电板内沿 y 轴负方向形成电场 E_H, $E_H = \frac{U_{AA'}}{d}$. 于是载流子除了受到 y 轴正方向的洛伦兹力还要受到与它反向的静电力 qE_H 作用. 最后, 这两个力平衡,

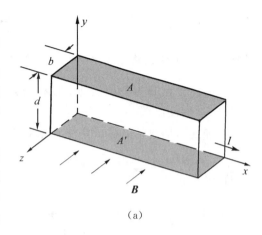

(a)

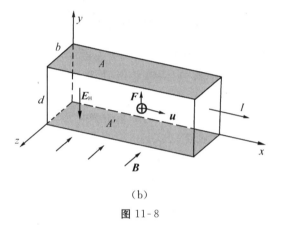

(b)

图 11-8

$$quB = q\frac{U_{AA'}}{d}.$$

设单位体积内带电粒子数为 n, 即载流子浓度为 n, 电流 I 可以表示成 $I = nqubd$. 这样,

$$U_{AA'} = \frac{IB}{nqb}.$$

其中 $\frac{1}{nq}$ 就是霍耳系数 k,

$$k = \frac{1}{nq}. \quad (11.2\text{-}7)$$

以上讨论的载流子是正电荷, 如果电流 I 流向不变, 而载流子是负电荷, 这时它的定向漂移运动方向要与电流 I 流向相反. 可以分析, 这时霍耳电势差 $U_{AA'}$ 为负, 上侧面 A 带负电, 下侧面 A' 带正电, 得到霍耳系数 $k = \frac{1}{nq}$ 为负.

(11.2-7)式表明, 霍耳系数的符号决定于载流子所带电荷的符号. 对于单价金属来说, 实验测定的霍耳系数为负值, 与(11.2-7)式相一致. 但是有些金属具有相反符号的霍耳系数(表 11-1). 这说明对于非单价金属、铁及其他铁磁质, 用金属的自由电子模型对霍耳效应所做的简单解释并不正确, 只有用量子物理对这些金属的霍耳效应所做的理论解释才与所有各种情形中的实验结果相符.

表 11-1　部分金属的霍耳系数 $k/\times 10^{-10}$ m^3·C^{-1}

材　料	实验值	理论值	材　料	实验值	理论值
Li	−1.70	−1.31	Cu	−0.55	−0.74
Na	−2.50	−2.44	Be	+2.44	−0.25
K	−4.20	−4.70	Zn	+0.33	−0.46
Cs	−7.8	−7.30	Cd	+0.60	−0.65

(11.2-7)式说明霍耳系数与载流子浓度 n 有关. 对于半导体材料, 可以通过对霍耳系数的测定来确定载流子浓度 n. 因为半导体载流子浓度受温度、杂质以及其他因素的影响很大, 霍耳系数的测量为研究半导体材料的载流子浓度变化提供了重要的依据. 同时, 根据霍耳系数的正负号的确定还可以判定半导体的导电类型. 半导体有电子型(n 型)和空穴型(p 型)两种, 前者的载流子为电子, 后者的载流子为空穴(相当于带正电的粒子).

近年来, 利用半导体的霍耳系数大的特点, 制成多种霍耳元件, 广泛应用于测量磁场、交直流电路中的电流和功率, 以及转换和放大信号等.

例 11-2　如图 11-8 所示, 把一块宽 $d=2.0$ cm、厚 $b=1.0$ mm 的铜片, 放在 $B=1.5$ T 的磁场中, 如果铜片上载有 200 A 的电流, 铜片两侧间的霍耳电势差有多大?

解　铜每立方米体积中自由电子数的理论值 $n=8.4\times 10^{28}$ 个.

$$U=\frac{IB}{nqb}=\frac{200\times 1.5}{8.4\times 10^{28}\times 1.6\times 10^{-19}\times 1.0\times 10^{-3}}\text{ V}=2.2\times 10^{-5}\text{ V}.$$

如果铜的霍耳系数用实际测量值 -0.55×10^{-10} m^3/C, 则

$$U=k\frac{IB}{b}=0.55\times 10^{-10}\times \frac{200\times 1.5}{1.0\times 10^{-3}}\text{ V}=1.65\times 10^{-5}\text{ V}.$$

▶*11.2.5　量子霍耳效应

霍耳当年的实验是在室温下和较弱的磁场(小于 1 T)中完成的. 到了 20 世纪 70 年代末, 科学家在极低温(1 K)和非常强的磁场(~15 T)条件下研究半导体材料中的霍耳效应, 以便能制造出低噪声的晶体管.

1980 年初德国物理学家冯·克利青(L. V. Klitzing)在这样的实验中发现霍耳电阻 $R_\text{H}\left(=\dfrac{U_{AA'}}{I}\right)$ 并不按磁场做线性变化, 而是随着磁场 B 的增大做台阶式的变化, 如图 11-9 所示. R_H 由下式决定

$$R_\text{H}=\frac{h}{fe^2}=\frac{25\,812.81}{f}\text{ }\Omega. \tag{11.2-8}$$

上式中 h 是普朗克常量, e 是基元电荷, f 称为填充因子, 它取正整数, $f=1,2,3\cdots$, 人们称之为**量子霍耳效应**, 后又根据填充因子都是整数, 又取名为整数量子霍耳效应, 以与日后发现的分数量子霍耳效应相区别. 要理解整数量子霍耳效应要用到二维电子系统的朗道量子态, 以及局域化的概念. 整数量子霍耳效应提供了电阻的新国际标准. 通过整数量子霍耳效应的实验能精确地测定普适常数 $\dfrac{h}{e^2}$. 这一常量可以用来作为电阻标准. 冯·克利青由于发现了整数量子霍耳效应而获得了 1985 年的诺贝尔物理学奖.

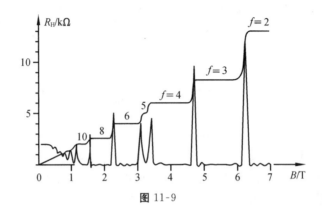

图 11-9

整数量子霍耳效应发现两年后,美国的 AT&T 贝尔实验室的崔琦(D. C. Tsui)和施特默(H. L. Störmer)用纯度极高的砷为基片的镓样品做霍耳实验. 实验在极低的温度(0.1 K)和极强的磁场(20 T)下进行,发现所得霍耳电阻平台相当于填充因子 f 取分数值. 最初公布的 $f=\frac{1}{3}$,以后他们又发现了 $f=\frac{2}{3}$,称之为分数量子霍耳效应. 这个发现震惊了凝聚态物理学界. 它的发现以及用新的分数电荷激发的不可压缩量子液体做出的理论解释,导致了人们对宏观量子现象认识上的一次突破,并且引发了一系列对基本理论具有深刻意义的现象出现,其中包括电荷的分裂.

1998 年的诺贝尔物理学奖为美籍华人崔琦,以及芬克林、施特默所得.

11.3 磁场对电流的作用

▶ 11.3.1 安培定律

如前所述,磁场对运动电荷施以作用力,考虑到在载流导线中电流是自由电子的定向运动形成的,因此,磁场中载流导线内做定向运动的自由电子将会受到洛伦兹力的作用,并通过导线内部的自由电子与晶体点阵的相互作用,使导体在宏观上表现受到力的作用.

讨论磁场对载流导线的作用,以及载流导线产生磁场的规律,都要用到电流元的概念. 载流导线的各个微小线段称为**电流元**.

电流元 $I\mathrm{d}l$ 可看成是矢量,其大小为流过导线的电流 I 与导线的线元 $\mathrm{d}l$ 的乘积,其方向为线元所在处的电流的方向. 这样,任意形状的载流导线可划分成许多电流元的集合,如图 11-10 所示. 磁场对载流导线的作用就等于组成该载流导线的无数电流元在磁场中受力的叠加.

载流导线在磁场中所受的力称为**安培力**. 法国物理学家安培(Andre Marie Ampere 1775—1836)通过精心设计的实

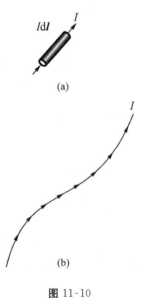

图 11-10

验和推理于 1820 年得到电流元受磁场力的公式,称为**安培定律**:放在磁场中 P 处的电流元 Idl 受磁场作用的力可表示为

$$d\boldsymbol{F} = Id\boldsymbol{l} \times \boldsymbol{B}. \qquad (11.3\text{-}1)$$

式中 $\boldsymbol{B}$ 是电流元所在点 P 的磁感应强度. 其方向间的关系如图 11-11 所示. 因为洛伦兹力和安培力有必然的内在联系,所以也可以从载流导线内自由电子受洛伦兹力来推得安培力公式(11.3-1).

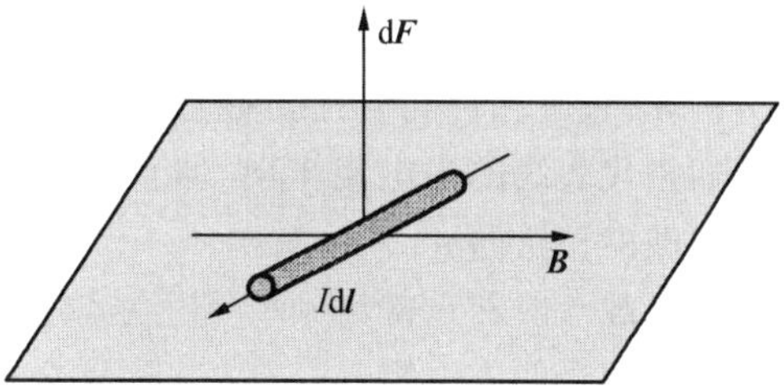

整个载流回路在磁场中受的安培力就是各电流元受的安培力的矢量和,即

$$\boldsymbol{F} = \int d\boldsymbol{F} = \int Id\boldsymbol{l} \times \boldsymbol{B}.$$

$(11.3\text{-}2)$

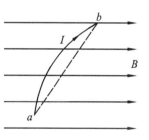

图 11-11

上式是矢量积分,积分是对受安培力的那个载流回路.

应该指出,(11.3-2)式仅能算出载流回路所受安培力的合力,而不能从它来求出合力的作用点.

如果要求出图 11-12 所示的任意形状的载流导线在均匀磁场 $\boldsymbol{B}$ 中受的力,从(11.3-2)式可以得到

$$\boldsymbol{F} = \int Id\boldsymbol{l} \times \boldsymbol{B} = I(\int d\boldsymbol{l}) \times \boldsymbol{B} = I\boldsymbol{l} \times \boldsymbol{B}. \qquad (11.3\text{-}3)$$

上式中 $\boldsymbol{l}$ 是载流导线的始端 a 指向末端的矢量. 利用(11.3-3)式可以很方便地计算均匀磁场中载流导线受的磁场力. 显然,闭合载流回路在均匀磁场 $\boldsymbol{B}$ 中受(合)力为零,即

$$\boldsymbol{F} = \oint Id\boldsymbol{l} \times \boldsymbol{B} = I(\oint d\boldsymbol{l}) \times \boldsymbol{B} = 0.$$

图 11-12

例 11-3 半径为 $R = 5$ cm 的铅丝圆环,铅丝的截面积 $S = 7 \times 10^{-7}$ m²,圆环载有电流 $I = 7$ A. 现把此圆环放在 $B = 1$ T 的均匀磁场中,环的平面与磁场垂直,如图(a)所示. 问铅丝内所受张力为多大? 由此引起的拉应力为多大?

解 应用(11.3-3)式直接求出均匀磁场中载流半圆环受的安培力[图(b)], $F = 2IBR$.

再由载流半圆环在安培力 F 以及两边张力 T 作用下平衡,来求得张力. 这样,张力

$$T = \frac{F}{2} = BIR.$$

把题中数据代入,算得铅丝内张力

$$T = BIR = 1 \times 7 \times 5 \times 10^{-2} \text{ N} = 0.35 \text{ N}.$$

铅丝的截面积 $S = 7 \times 10^{-7}$ m²,单位面积上的张力,称为拉应力.

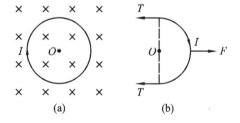

例 11-3 图

$$\sigma = \frac{T}{S} = \frac{0.35}{7 \times 10^{-7}} \text{ N/m}^2 = 5 \times 10^5 \text{ N/m}^2.$$

当拉应力过大时,铅丝被拉断.

11.3.2 磁场对载流平面线圈的作用

设有一刚性的长方形平面线圈 $abcd$,$ab=l_1$,$bc=l_2$,线圈上通有电流 I. 用如图 11-13 所示来规定载流线圈平面的正法线方向 n:使 n 指向与 I 在线圈上的流向成右螺旋(即弯曲的右手四指代表线圈中电流流向,伸直的大拇指的指向为平面载流线圈的正法向 n).

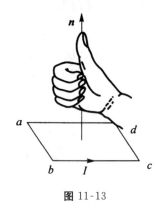

图 11-13

要计算载流线圈在磁场中所受力矩,先计算两种特殊情形中载流线圈受的磁力矩.

(1) 载流线圈正法向 n 与均匀磁场 B 垂直,且 ad,bc 边与 B 平行,如图 11-14(a)所示. 显然 ad 边和 bc 边均不受安培力. 可以算得 ab 边和 cd 边受安培力大小相等,

$$F_1 = F_2 = IBl_1.$$

F_1,F_2 方向相反,F_1 垂直纸面向外,F_2 垂直纸面向里,其合力为零. 但是 F_1,F_2 不在同一直线上,它们构成力偶,力偶矩为

$$M = F_1 l_2 = IBl_1 l_2 = IBS.$$

式中 S 为线圈的面积. 在此力矩作用下,载流线圈将发生转动,线圈的 n 将转向 B 的方向.

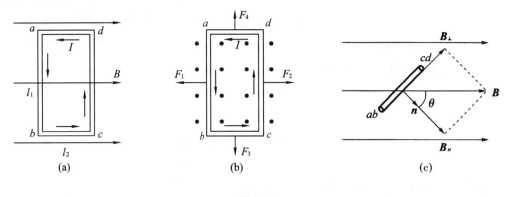

图 11-14

(2) 载流线圈正法向 n 与 B 方向一致[图 11-14(b)]. 这时,ab 和 cd 边受的安培力大小相等、方向相反,

$$F_1 = F_2 = IBl_1.$$

同样,bc 和 da 边受的安培力也大小相等、方向相反,

$$F_3 = F_4 = IBl_2.$$

四个力均在线圈平面内,这样合力为零,力矩也为零. 对于载流线圈 n 与 B 成 π 角,可以计算得出其受力情况,并且合力为零,力矩也为零.

对于载流线圈的正法向 n 与 B 的夹角 θ 的情况[图 11-14(c)]. 可以把 B 分解成与 n 垂直的分量 $B_\perp = B\sin\theta$,以及与 n 平行的分量 $B_\parallel = B\cos\theta$. 其中对载流线圈转动有贡献的只是 $B_\perp$,运用(1)中计算结果求得此时力矩

$$M = ISB\sin\theta.$$

考虑到力矩是使载流线圈的正法向 $\boldsymbol{n}$ 转向 $\boldsymbol{B}$，可以把上式写成矢量式

$$\boldsymbol{M} = IS\boldsymbol{n} \times \boldsymbol{B}. \tag{11.3-4}$$

其中 $IS\boldsymbol{n}$ 是由载流线圈决定的量，称为**线圈的磁矩**，用 $\boldsymbol{m}$ 表示（m 的单位，在国际单位制中为安·米^2，即 A·m^2），于是

$$\boldsymbol{m} = IS\boldsymbol{n}. \tag{11.3-5}$$

(11.3-4)式可写成

$$\boldsymbol{M} = \boldsymbol{m} \times \boldsymbol{B}. \tag{11.3-6}$$

对于均匀磁场中的任意形状的平面载流线圈，上式也是成立的.

综上所述，平面载流线圈作为整体在均匀磁场中受的合力为零，因而不会发生平动. 但是它在磁力矩作用下要发生转动，而且磁力矩 $\boldsymbol{M}$ 总是力图使平面载流线圈的磁矩 $\boldsymbol{m}$ 转到和外场 $\boldsymbol{B}$ 一致的方向上. 当 $\boldsymbol{m}$ 与 $\boldsymbol{B}$ 的夹角 $\theta = \dfrac{\pi}{2}$ 时，磁力矩 M 为最大；当 $\theta = 0$ 或 π 时，磁力矩 M 为零.

处在非均匀磁场中的载流线圈，除了受磁力矩作用外还受到合力作用，线圈将向磁场强的地方运动.

载流线圈在磁场中受磁力矩作用而转动，是电动机以及测量电流与电压的大多数电学仪表的工作原理.

▶ *11.3.3　载流线圈在磁场中转动时磁力做的功

设有一载流线圈在匀强磁场 $\boldsymbol{B}$ 内转动. 若线圈中的电流维持不变，当线圈转过极小角度 $\mathrm{d}\theta$（图 11-15），使 $\boldsymbol{n}$ 与 $\boldsymbol{B}$ 的夹角从 θ 增为 $\theta + \mathrm{d}\theta$，磁力矩 M 做的功为

$$\mathrm{d}W = -M\mathrm{d}\theta.$$

式中的"−"，表示磁力矩做正功时，θ 角减小. 把磁力矩 $M = BIS\sin\theta$ 代入上式，得

$$\mathrm{d}W = -BIS\sin\theta\mathrm{d}\theta = I\mathrm{d}(BS\cos\theta).$$

因为 $BS\cos\theta$ 表示通过线圈的磁通量 Φ（磁通量概念见 11.5.1 节），$\Phi = BS\cos\theta$，所以上式也可以写成

$$\mathrm{d}W = I\mathrm{d}\Phi.$$

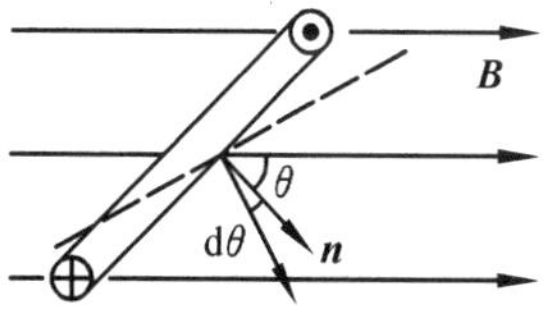

图 11-15

当载流线圈的正法向 $\boldsymbol{n}$ 从 θ_1 转到 θ_2 时，磁力矩做的总功

$$W = \int_{\Phi_1}^{\Phi_2} I\mathrm{d}\Phi = I(\Phi_2 - \Phi_1). \tag{11.3-7}$$

式中的 Φ_1 和 Φ_2 分别表示线圈的正法向 $\boldsymbol{n}$ 与磁场 $\boldsymbol{B}$ 的夹角在 θ_1 和 θ_2 位置时，通过线圈的磁通量. 如果电流是随时间变化的，这时磁力矩做的总功要用下式计算，

$$W = \int_{\Phi_1}^{\Phi_2} I\mathrm{d}\Phi. \tag{11.3-8}$$

11.4 电流的磁场

本节所讨论的电流磁场是指恒定电流的磁场.本章不考虑介质的影响,因此所研究的磁场都是指真空中的磁场.

11.4.1 毕奥-萨伐尔定律

实验证明,磁场和电场一样都遵守叠加原理,载流导线可以分成许多电流元,载流导线所产生的磁场就是这些电流元所产生的磁场的叠加.

19 世纪 20 年代法国科学家毕奥(Jean Baptistic Biot 1774—1862)和萨伐尔(Felix Savart 1791—1841)两人做了大量的实验工作来研究无限长载流直导线产生磁场的规律,证明了直导线周围离导线距离 r_0 处的磁场 $B \propto \dfrac{1}{r_0}$. 在此基础上,法国大数学家拉普拉斯(Laplace)进一步用数学方法进行了分析归纳,得出了电流元产生磁场的表达式,称为**毕奥-萨伐尔定律**.其内容为:

真空中,任一电流元 $I\mathrm{d}\boldsymbol{l}$ 在空间某点 P 产生的磁感应强度 $\mathrm{d}\boldsymbol{B}$ 的大小与电流元 $I\mathrm{d}\boldsymbol{l}$ 的大小成正比,与电流元 $I\mathrm{d}\boldsymbol{l}$ 和它到 P 点的矢径 $\boldsymbol{r}$ 之间夹角 θ 的正弦成正比,与 r 的平方成反比. $\mathrm{d}\boldsymbol{B}$ 的方向与 $I\mathrm{d}\boldsymbol{l} \times \boldsymbol{r}$ 的方向相同(图 11-16).

毕奥-萨伐尔定律的数学表达式为

$$\mathrm{d}B = k\frac{I\mathrm{d}l\sin\theta}{r^2},$$

写成矢量式

$$\mathrm{d}\boldsymbol{B} = k\frac{I\mathrm{d}\boldsymbol{l} \times \boldsymbol{r}^0}{r^2}.$$

式中 $\boldsymbol{r}^0$ 为单位矢量, $\boldsymbol{r}^0 = \dfrac{\boldsymbol{r}}{r}$, k 为比例系数. 在国际单位制中,取 $k = \dfrac{\mu_0}{4\pi}$, μ_0 称为**真空磁导率**,它具有选定的数值,取

$$\mu_0 = 4\pi \times 10^{-7} \mathrm{T \cdot m/A}. \qquad (11.4\text{-}1)$$

采用国际单位制,毕奥-萨伐尔定律可以写成

$$\mathrm{d}\boldsymbol{B} = \frac{\mu_0}{4\pi}\frac{I\mathrm{d}\boldsymbol{l} \times \boldsymbol{r}^0}{r^2}. \qquad (11.4\text{-}2)$$

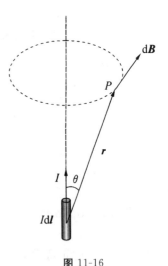

图 11-16

由(11.4-2)式可知,电流元 $I\mathrm{d}\boldsymbol{l}$ 产生的磁场是轴对称的,其磁力线是围绕此轴线的同心圆.

11.4.2 某些电流回路的磁场

利用磁场的叠加原理,对(11.4-2)式进行积分,便可以求出任意形状的载流导线产生的磁感应强度,即

$$\boldsymbol{B} = \oint \mathrm{d}\boldsymbol{B} = \oint \frac{\mu_0}{4\pi}\frac{I\mathrm{d}\boldsymbol{l} \times \boldsymbol{r}^0}{r^2}. \qquad (11.4\text{-}3)$$

1. 载流直导线的磁场

如图 11-17 所示, 载流直导线中的一段 A_1A_2, 其上电流为 I. 根据毕奥-萨伐尔定律, 可以分析得出任意电流元 $I\mathrm{d}l$ 在场点 P 产生的磁感应强度 $\mathrm{d}\boldsymbol{B}$ 的方向都是一致的. $\mathrm{d}\boldsymbol{B}$ 的值为

$$\mathrm{d}B = \frac{\mu_0 I\mathrm{d}l\sin\theta}{4\pi r^2}.$$

一段有限长度的载流直导线 A_1A_2, 在场点 P 的磁感应强度为

$$B = \int \mathrm{d}B = \int \frac{\mu_0 I\mathrm{d}l\sin\theta}{4\pi r^2}.$$

设场点 P 到直导线距离为 r_0, 由图 11-17 可知

$$r = \frac{r_0}{\sin(\pi-\theta)} = \frac{r_0}{\sin\theta},$$

$$l = r_0\cot(\pi-\theta) = -r_0\cot\theta.$$

取微分得 $\mathrm{d}l = \frac{r_0\mathrm{d}\theta}{\sin^2\theta}$, 代入积分式得

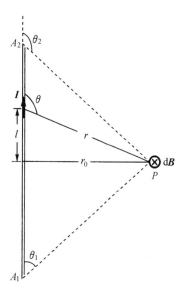

图 11-17

$$B = \frac{\mu_0}{4\pi}\int_{\theta_1}^{\theta_2}\frac{I\sin\theta}{r_0}\mathrm{d}\theta = \frac{\mu_0 I}{4\pi r_0}(\cos\theta_1 - \cos\theta_2). \tag{11.4-4}$$

式中 θ_1, θ_2 的意义如图 11-17 所示.

对于无限长载流直导线, $\theta_1 = 0$, $\theta_2 = \pi$,

$$\boxed{B = \frac{\mu_0 I}{2\pi r_0}.} \tag{11.4-5}$$

由此可见, 无限长载流直导线周围的磁感应强度 B 与距离 r_0 的一次方成反比, 与电流 I 成正比, 这正是毕奥和萨伐尔两人的实验结果.

无限长载流直导线的磁场 $\boldsymbol{B}$ 的方向与电流 I 的流向成右手螺旋关系. 在与直导线垂直的平面内磁力线的分布如图 11-18 及图 11-2(b)所示.

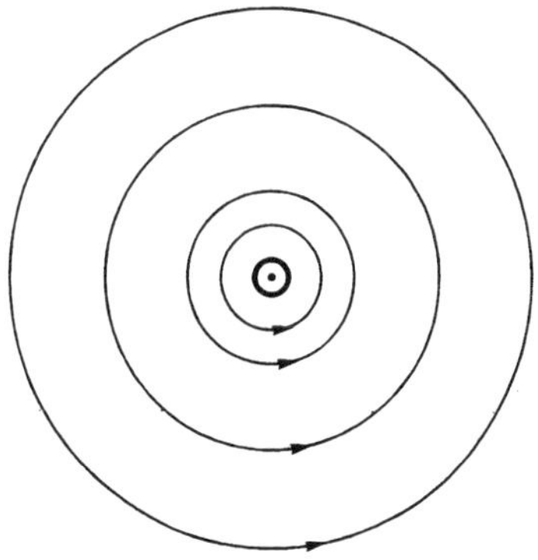

2. 载流圆线圈轴线上的磁场

如图 11-19(a)所示, 设圆线圈的半径为 R, 圆心为 O, 圆线圈上任意点 A 处的电流元在轴线上 P 点产生的磁场为

图 11-18

$$\mathrm{d}B = \frac{\mu_0 I\mathrm{d}l}{4\pi r^2}.$$

由于轴对称性, 在通过 A 点的直径另一端 A' 电流元的磁场 $\mathrm{d}\boldsymbol{B}'$ 与 $\mathrm{d}\boldsymbol{B}$ 对称, 它们的垂直轴线方向的分量相抵消. 因此对整个圆周来说, 总的磁感应强度 $\boldsymbol{B}$ 将沿着轴线方向. 它的大小为 $\mathrm{d}\boldsymbol{B}$ 的轴线分量之和,

$$B = \oint \mathrm{d}B\cos\alpha = \frac{\mu_0 I}{4\pi r^2}\cos\alpha \oint \mathrm{d}l.$$

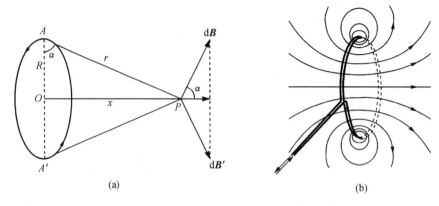

图 11-19

因为 $\oint dl = 2\pi R$, $\cos\alpha = \dfrac{R}{\sqrt{R^2+x^2}}$, $r = \sqrt{R^2+x^2}$, 所以

$$B = \dfrac{2\pi\mu_0 R^2 I}{4\pi(R^2+x^2)^{3/2}} = \dfrac{\mu_0 R^2 I}{2(R^2+x^2)^{3/2}}. \tag{11.4-6}$$

B 的方向与 I 的流向成右手螺旋关系,其磁力线的分布如图 11-19(b) 及图 11-2(c) 所示.

从 (11.4-6) 式,考虑两个特殊情形中的磁场:

(1) 圆心 $x=0$,则圆心处的磁感应强度为

$$B = \dfrac{\mu_0 I}{2R}; \tag{11.4-7}$$

(2) 对于离开圆心足够远处,有 $x \gg R$,则

$$B = \dfrac{\mu_0 R^2 I}{2x^3}.$$

将载流线圈磁矩计算式 $m = IS = I\pi R^2$ 代入上式得

$$B = \dfrac{\mu_0}{4\pi} \cdot \dfrac{2m}{x^3}. \tag{11.4-8}$$

这与电偶极子轴线上一点的电场公式相似.

3. 载流螺线管内部的磁场

绕在圆柱面上的螺旋形线圈叫作**螺线管**[图 11-20(a)]. 对于密绕的螺线管,在计算轴线上的磁感应强度时,可以把螺线管近似地看成由一系列的圆线圈紧密地排列起来组成. 设螺线管的半径为 R,单位长度的线圈匝数为 n.

根据计算,P 点的场强 B 为

$$B = \dfrac{\mu_0}{2} n I (\cos\beta_1 - \cos\beta_2). \tag{11.4-9}$$

式中 β_1, β_2 分别表示该点 P 到螺线管两端的连线与轴线之间的夹角,如图 11-20(b) 所示. 载流螺线管磁力线的分布如图 11-20(c) 及图 11-2(d) 所示.

对于无限长螺线管 $\beta_1 \to 0, \beta_2 \to \pi$,管内轴线上磁感应强度由 (11.4-9) 式可得

$$B = \mu_0 n I. \tag{11.4-10}$$

这表明,绕得紧密的长螺线管内部的磁场是均匀磁场.

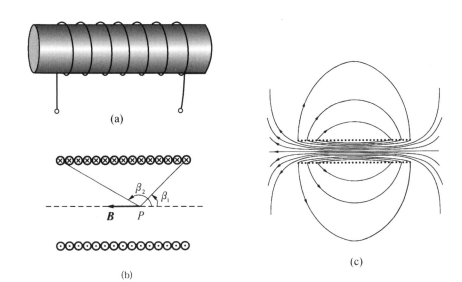

图 11-20

对于半无限长螺线管的一端，$\beta_1 \to 0$，$\beta_2 \to \dfrac{\pi}{2}$，按(11.4-9)式可得

$$B = \frac{1}{2}\mu_0 n I, \tag{11.4-11}$$

即在半无限长螺线管端点轴上的磁感应强度比中间少了一半. 轴线上各处 B 的大小变化情况如图 11-21 所示. 无限长螺线管在轴线上所产生的磁感应强度方向沿着螺线管轴线，指向按右手螺旋确定. 右手握住螺线管，右手四指表示电流的方向，大拇指就是磁场 B 的指向.

例 11-4 如图所示，载有电流 I 的正方形线圈，边长为 L，求正方形中心磁感应强度 B.

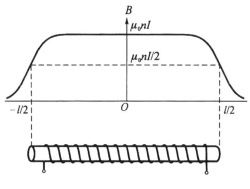

图 11-21

解 载流正方形线圈每条边对中心产生的磁场的贡献是相等的，每条边在中心产生的磁场 B_1 可以由(11.4-4)式来计算，其中 $\theta_1 = 45°$，$\theta_2 = 135°$.

$$B_1 = \frac{\mu_0}{4\pi} \cdot \frac{2I}{L}(\cos 45° - \cos 135°) = \frac{\sqrt{2}\mu_0 I}{2\pi L}.$$

载流正方形线圈中心的 $B = 4B_1$，

$$B = \frac{2\sqrt{2}\mu_0 I}{\pi L}.$$

B 的方向与 I 流向成右手螺旋关系.

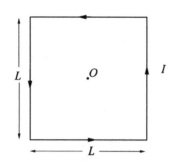
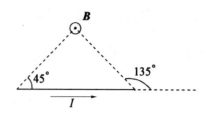

例 11-4 图

例 11-5 载有电流 I 的回路由图示组成,其弯曲部分是半径为 R 的一段弧,对圆心 O 的张角为 θ,求中心 O 的 B 的大小.

解 由毕奥-萨伐尔定律可分析出其载流直线部分在 O 点的磁场为 0. 对磁场有贡献的只是弯曲部分 $\overset{\frown}{AC}$. $\overset{\frown}{AC}$ 上取电流元 Ids,它在 O 点的元磁场 dB 为

$$dB=\frac{\mu_0}{4\pi}\cdot\frac{Ids}{R^2}.$$

因为 $\overset{\frown}{AC}$ 上所有电流元 Ids 在 O 点的元磁场 dB 方向相同,垂直纸面向里,所以载流弧 $\overset{\frown}{AC}$ 在 O 点产生磁场

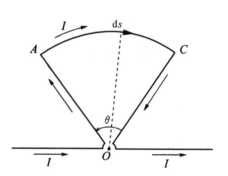

例 11-5 图

$$B=\int dB=\frac{\mu_0}{4\pi}\cdot\frac{I}{R^2}\int ds=\frac{\mu_0 I}{4\pi R}\theta\ (\text{其中利用了弧长}\ s=R\theta).$$

上式可作为公式用,如 $\theta=\dfrac{\pi}{2}$,即载有电流的 $\dfrac{1}{4}$ 圆周,其在圆心处磁场

$$B=\frac{\mu_0 I}{8R}.$$

例 11-6 玻尔氢原子模型中,电子绕原子核做圆轨道运动,圆轨道半径 $R=5.3\times 10^{-11}$ m,频率 $f=6.8\times 10^{15}$ Hz,求:

(1) 做圆周运动的电子在轨道中心产生的 B 的大小.

(2) 做圆周运动电子的等效磁矩.

解 (1) 由电流的定义可得与电子圆轨道运动相对应的等效电流 i,

$$i=ef=1.6\times 10^{-19}\ \text{C}\times 6.8\times 10^{15}\ \text{Hz}=1.1\times 10^{-3}\ \text{A}.$$

利用(11.4-7)式算得轨道中心的磁感应强度

$$B=\frac{\mu_0 i}{2R}=\frac{4\pi\times 10^{-7}\times 1.1\times 10^{-3}}{2\times 5.3\times 10^{-11}}\ \text{T}=13\ \text{T}.$$

(2) 由磁矩的计算式可得

$$\mu=iS=1.1\times 10^{-3}\ \text{A}\times\pi\times(5.3\times 10^{-11}\ \text{m})^2=9.7\times 10^{-24}\ \text{A}\cdot\text{m}^2.$$

例 11-7 在某实验装置中,要用到一根细长螺线管,其长度为 19 cm,绕有 180 匝. 当通有电流 $I=5.0$ A 时,管内中央的磁场 B 有多大?

解 该螺线管单位长度的匝数

$$n = \frac{180}{0.19} \text{匝} = 9.5 \times 10^2 \text{匝}.$$

管内中央

$$B = \mu_0 n I = 4\pi \times 10^{-7} \times 9.5 \times 10^2 \times 5 \text{ T} = 6.0 \times 10^{-3} \text{ T}.$$

▶ 11.4.3 电流单位安培的定义

设真空中两平行载流直导线的电流分别为 I_1 和 I_2，方向相同，两者的距离为 a（图 11-22）.

根据前面的公式可知，无限长直线电流 I_1 在导线 2 处产生的磁场 B_1 大小为

$$B_1 = \frac{\mu_0 I_1}{2\pi a}.$$

B_1 的方向与导线 2 垂直.

载流导线 2 的单位长度受到的安培力 f 为

$$f = \frac{\mu_0 I_1 I_2}{2\pi a},$$

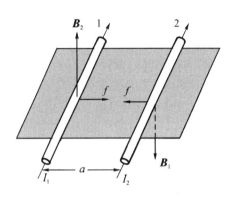

图 11-22

方向在两平行载流导线决定的平面上并指向 I_1. 同样可以计算无限长载流导线 2 在导线 1 处产生的磁场 $B_2 = \frac{\mu_0 I_2}{2\pi a}$，则载流导线 1 的单位长度受

的安培力亦为 $f = \frac{\mu_0 I_1 I_2}{2\pi a}$，方向指向 I_2. 由此，可以分析得到两平行直线电流的相互作用力：当导线中电流同向时，磁相互作用力是吸引力；当电流沿相反方向时，磁相互作用力是排斥力.

若两导线中电流相等（$I_1 = I_2$），则 $f = \frac{\mu_0 I^2}{2\pi a}$，电流 I 可以表示成

$$I = \sqrt{\frac{2\pi a f}{\mu_0}}.$$

取 $a = 1$ m，$\mu_0 = 4\pi \times 10^{-7}$ T·m/A，改变 I 的大小使 $f = 2 \times 10^{-7}$ N/m，则在这些条件下 $I = 1$ A.

电流单位安(A)就是根据载流导线间的相互作用力定义的. 国际单位制中关于**电流的单位安培**的定义为：真空中两条平行的无限长载流细直导线，各通有相等的恒定电流，当两导线相距 1 m 且任一导线上每米长度上受力为 2×10^{-7} N，则该导线上的电流为 1 A.

顺便指出，国际单位制的电磁学单位规定 4 个基本量，它们是长度、质量、时间以及电流. 与此对应的 4 个基本单位分别为米、千克、秒及安培，用字母表示为 m，kg，s，A. 其他单位均是导出单位. 从定义安培单位的过程中看到真空磁导率 μ_0 值规定为 $4\pi \times 10^{-7}$ T·m/A，是因为由此规定后得到的电流单位的大小正好符合实际应用的需要.

▶ *11.4.4 运动电荷的磁场

这里的运动电荷是指其运动速度 v 远小于光速. 考虑到电流是电荷的定向移动形成的，

可以就从毕奥-萨伐尔定律来求运动电荷的磁场. 直导线上电流元 Idl 产生的磁场 $d\boldsymbol{B}$ 的大小(图 11-23)为

$$dB = \frac{\mu_0}{4\pi} \cdot \frac{Idl\sin(Id\boldsymbol{l}, \boldsymbol{r})}{r^2}.$$

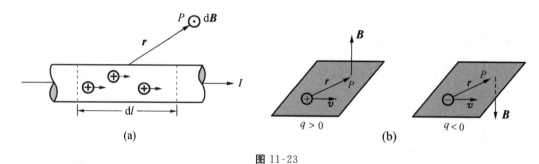

图 11-23

设导线内单位体积的带电粒子数 n, 每个粒子带电荷量 q, 它的定向漂移速率 v, 则电流 $I = nqvS$. 其中 S 为导线截面积. 由此, 磁场 $d\boldsymbol{B}$ 可以写成

$$dB = \frac{\mu_0}{4\pi} \cdot \frac{(qnvS)dl\sin(\boldsymbol{v}, \boldsymbol{r}^0)}{r^2}.$$

在 dl 长度的导线内有 $nSdl$ 个带电粒子, 每一个以速度 $\boldsymbol{v}$ 运动的带电粒子产生的磁感应强度 $\boldsymbol{B}$ 的大小为

$$B = \frac{\mu_0}{4\pi} \cdot \frac{qv\sin(\boldsymbol{v}, \boldsymbol{r}^0)}{r^2}.$$

再把 $\boldsymbol{B}$ 的方向考虑进去,

$$\boldsymbol{B} = \frac{\mu_0}{4\pi} \cdot \frac{q\boldsymbol{v} \times \boldsymbol{r}^0}{r^2}, \tag{11.4-12}$$

这是非相对论的运动电荷的磁场公式. 式中 $\boldsymbol{r}^0$ 为从运动点电荷指向场点的单位矢径, 式中电荷量的正负, 在计算时应代入. 图(b)中的平面是运动电荷的速度矢量 $\boldsymbol{v}$ 与矢径 $\boldsymbol{r}$ 组成的平面. 运动正电荷在场点 P 的磁场方向垂直平面向上. 而运动负电荷在 P 点的磁场方向垂直平面向下.

11.5 磁场的高斯定理

▶ 11.5.1 磁通量

仿照引入电场 $\boldsymbol{E}$ 通量的办法, 对于磁场 $\boldsymbol{B}$ 也引进通量概念. 规定磁场中通过一曲面 S 的**磁感通量**(简称**磁通量**, 用 Φ_B 表示, 如图 11-24 所示)为

$$\Phi_B = \iint B\cos\theta dS = \iint \boldsymbol{B} \cdot d\boldsymbol{S}. \tag{11.5-1}$$

式中 θ 为磁感应强度 $\boldsymbol{B}$ 与面元 $d\boldsymbol{S}$ 之间的夹角.

国际单位制中, 磁感通量 Φ_B 的单位是特·米^2, 称为韦伯, 简称韦, 用 Wb 表示, Wb=T·m^2.

因此磁感应强度 B 也可以看成是通过单位面积的磁通量，亦称**磁通密度**. 所以韦伯/米² 就是特，

$$\frac{\text{Wb}}{\text{m}^2} = \text{T}.$$

正如电通量 Φ_E 代表通过曲面 S 的电场线的数目一样，磁通量 Φ_B 也可以理解为通过曲面 S 的磁力线的数目. 对于闭合曲面，规定由里向外为面元法线的正方向. 这样规定以后，如果闭合曲面某

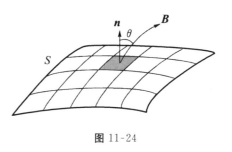

图 11-24

处磁通量为正，表示该处有磁力线穿出；如果某处的磁通量为负，表示该处有磁力线穿进. 闭合曲面的总磁感通量 $\oint_S \boldsymbol{B} \cdot \mathrm{d}\boldsymbol{S}$ 表示为穿出闭合曲面的磁力线条数减去穿进磁力线的条数.

▶ 11.5.2 磁场的高斯定理

从毕奥-萨伐尔定律来看，电流元 $Id\boldsymbol{l}$ 的磁场，是以 $Id\boldsymbol{l}$ 为轴的轴对称分布. 磁力线都是以 $Id\boldsymbol{l}$ 为轴的同心圆. 在这种场内，通过任意闭合曲面 S 的磁通量必等于零. 根据磁场的叠加原理，对于任一电流分布产生的磁场，可以看成无数电流元磁场的叠加. 这样，对于任一电流分布的磁场中，通过任一闭合曲面的磁通量也必等于零，即

$$\oint_S \boldsymbol{B} \cdot \mathrm{d}\boldsymbol{S} = 0. \tag{11.5-2}$$

这就是磁场的**高斯定理**，它是电磁场的一条基本规律. 实验证明(11.5-2)式对于随时间变化的磁场仍然成立.

磁场的高斯定理表明，磁力线是无始无终的闭合曲线，或从无穷远来又伸向无穷远去. (11.5-2)式还表明，磁场是无源场，即磁场不是由与自由电荷对应的自由磁荷即磁单极产生的，而是由运动电荷产生的.

1931 年，英国物理学家狄拉克(P. A. Dirac 1902—1984)首先从理论上探讨了磁单极存在的可能性. 他指出，如果自然界有磁单极存在，则任何粒子的电荷必须是量子化的，即必须是电子电荷的整数倍. 宇宙大爆炸理论认为，超重的磁单极粒子只能在诞生宇宙大爆炸之后 10^{-35} s 产生，这时它的合适温度为 10^{30} K.

根据计算，今天的宇宙中若有磁单极存在，其数量相当于在足球场大小的面上，一年可能有一个磁单极穿过. 在理论预言的同时，不少人致力于捕捉磁单极子工作，其中最近的一次工作是 1982 年美国人在直径 5 cm 铌超导线圈(9 K)中突然测到磁通量升高. 负责此项工作的 Cabrera 认为这是磁单极进入金属线圈引起的变化，但是他再也没有测量到第二个磁单极.

例 11-8 长直电流旁有一与它共面的长方形平面，如果 $I = 20$ A, $a = 10$ cm, $b = 20$ cm, $l = 25$ cm, 求通过长方形的磁通量.

解 取如图所示的面积元 $\mathrm{d}S = l\mathrm{d}r$, 它与导线相距 r,

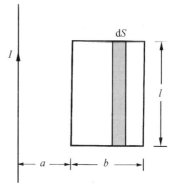

例 11-8 图

该处的 $B=\dfrac{\mu_0 I}{2\pi r}$，通过 dS 的磁通量为

$$d\Phi = \boldsymbol{B} \cdot d\boldsymbol{S} = BdS = \dfrac{\mu_0 I}{2\pi r}l\,dr.$$

通过长方形的磁通量

$$\Phi = \int d\Phi = \dfrac{\mu_0 l}{2\pi}I\int_a^{a+b}\dfrac{1}{r}dr = \dfrac{\mu_0 l}{2\pi}I\ln\dfrac{a+b}{a}.$$

代入数据后得到

$$\Phi = \dfrac{4\pi\times 10^{-7}\times 0.25\times 20}{2\pi}\ln\dfrac{0.3}{0.1}\ \text{Wb} = 1.1\times 10^{-6}\ \text{Wb}.$$

11.6 磁场的安培环路定理

▶ 11.6.1 安培环路定理

静电场的场强 E 沿闭合环路的线积分为零，这反映了静电场是保守场的性质，那么磁场 B 沿闭合曲线环路的线积分等于多少呢？它又反映了磁场的什么性质呢？

恒定电流磁场的**安培环路定理**指出：恒定磁场的磁感应强度 B 沿任意闭合曲线的线积分，等于穿过闭合曲线的全部电流的代数和的 μ_0 倍，即

$$\oint \boldsymbol{B}\cdot d\boldsymbol{l} = \mu_0 \sum I. \tag{11.6-1}$$

闭合曲线又称**安培环路**.

磁场安培环路定理的严格证明是用毕奥-萨伐尔定律来完成的. 这里用一个无限长的直线电流磁场的特例来证明.

设一闭合曲线包围一根无限长直线电流 I. 为简单起见，闭合曲线就在垂直于直线电流 I 的平面内(图 11-25).

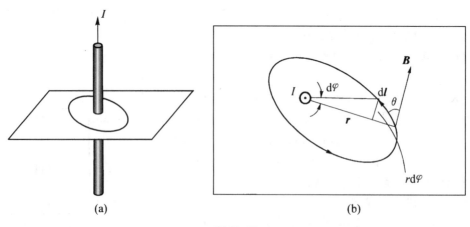

图 11-25

直线电流磁场 $B = \dfrac{\mu_0}{2\pi}\cdot\dfrac{I}{r}$，$\boldsymbol{B}\perp \boldsymbol{r}$. 这样

$$\boldsymbol{B} \cdot \mathrm{d}\boldsymbol{l} = B\mathrm{d}l\cos\theta,$$

而 $\mathrm{d}l\cos\theta = r\mathrm{d}\varphi$，所以

$$\boldsymbol{B} \cdot \mathrm{d}\boldsymbol{l} = \frac{\mu_0}{2\pi} I \mathrm{d}\varphi.$$

沿闭合曲线 l 的线积分为

$$\oint \boldsymbol{B} \cdot \mathrm{d}\boldsymbol{l} = \oint \frac{\mu_0}{2\pi} I \mathrm{d}\varphi = \frac{\mu_0}{2\pi} I \oint \mathrm{d}\varphi = \mu_0 I.$$

如果改变曲线的绕行方向，$\boldsymbol{B} \cdot \mathrm{d}\boldsymbol{l}$ 为负，可以算得

$$\oint \boldsymbol{B} \cdot \mathrm{d}\boldsymbol{l} = -\mu_0 I.$$

如果闭合曲线 l 不包围电流 I，如图 11-26 所示，这时加图示一段路径 l'，闭合曲线 l 的 l_1 段与 l' 段构成一闭合曲线 1，闭合曲线 l 的另一段 l_2 与 l' 段构成另一闭合曲线 2. 这两闭合曲线的绕行方向一个为逆时针，另一个为顺时针，而且它们都包围电流 I. 由此

$$\oint_l \boldsymbol{B} \cdot \mathrm{d}\boldsymbol{l} = \oint_1 \boldsymbol{B} \cdot \mathrm{d}\boldsymbol{l} + \oint_2 \boldsymbol{B} \cdot \mathrm{d}\boldsymbol{l}$$
$$= \mu_0 I - \mu_0 I = 0.$$

这说明对于不包围直线电流 I 的闭合曲线，$\oint \boldsymbol{B} \cdot \mathrm{d}\boldsymbol{l} = 0$. 利用磁场的叠加原理可

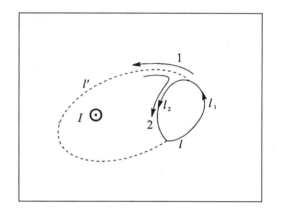

图 11-26

以证明对于几根无限长直线电流的合磁场，(11.6-1) 式是成立的.

(11.6-1) 式中，电流的流向与闭合环路绕行方向组成右手螺旋关系，则电流 I 取正；电流与环路绕行方向组成左手螺旋关系，则电流 I 取负. 安培环路定理对恒定磁场中的任意闭合环路都是成立的，它是恒定磁场的基本定理之一. 它说明磁场是涡旋场，不能引进"势"的概念. 对于随时间变化的磁场，(11.6-1) 式要修正. 磁场的高斯定理以及修正后的安培环路定理是普遍电磁理论的麦克斯韦方程组的一部分.

在恒定电流的磁场中，当电流具有一定对称分布时，利用安培环路定理可以很方便地求出磁场分布.

▶ 11.6.2 安培环路定理的应用

1. 载流长直螺线管的磁场

当螺线管的长度远大于管的半径时，就可以把螺线管看成无限长螺线管. 由于是密绕螺线管，每匝线圈的电流激发磁场在管内叠加为均匀场，而在管外磁场很弱，可略去不计.

过螺线管内某点作一矩形回路 $abcd$，如图 11-27 所示. 因为管内磁场是均匀的，所以

$$\oint \boldsymbol{B} \cdot \mathrm{d}\boldsymbol{l} = \int_{ab} \boldsymbol{B} \cdot \mathrm{d}\boldsymbol{l} + \int_{bc} \boldsymbol{B} \cdot \mathrm{d}\boldsymbol{l} + \int_{cd} \boldsymbol{B} \cdot \mathrm{d}\boldsymbol{l} + \int_{da} \boldsymbol{B} \cdot \mathrm{d}\boldsymbol{l} = B \cdot \overline{ab} + 0 + 0 + 0.$$

穿过闭合环路的电流 $\sum I = nI\,\overline{ab}$，所以按照安培环路定理 $\oint \boldsymbol{B} \cdot \mathrm{d}\boldsymbol{l} = \mu_0 \sum I$，有

$$B = \mu_0 n I. \tag{11.6-2}$$

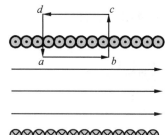

图 11-27

与前面得到的结果相同.

2. 无限长载流圆柱体内外磁场

设圆柱体半径为 R，通有电流 I，且电流沿截面均匀分布(图 11-28).

由于电流均匀分布在圆截面上，磁感应强度 $\boldsymbol{B}$ 的大小只与场点到轴线的垂直距离有关. 考察在与轴垂直的一横截面内且以轴线与截面交点为圆心、r 为半径的圆周上各点的 $\boldsymbol{B}$. 各点的 $\boldsymbol{B}$ 的大小相等，而方向沿圆周的切向并与电流流向成右手螺旋关系.

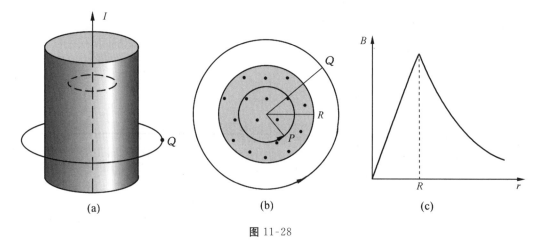

图 11-28

当场点 P 在导体内时，沿着过 P 点的圆周环路，$\boldsymbol{B}$ 的环流 $\oint \boldsymbol{B} \cdot \mathrm{d}\boldsymbol{l} = 2\pi r B$，而

$$\sum I = \frac{\pi r^2}{\pi R^2} I = \frac{r^2}{R^2} I,$$

按照安培环路定理(11.6-1)式有

$$2\pi r B = \mu_0 \frac{r^2}{R^2} I,$$

即

$$B = \mu_0 \frac{r}{2\pi R^2} I. \tag{11.6-3}$$

圆柱体内磁场 B 与 r 成正比. 利用电流密度 $j = \dfrac{I}{\pi R^2}$，上式还可以改写成

$$B = \frac{\mu_0 j}{2} r. \tag{11.6-4}$$

当场点 Q 在圆柱体外时，沿着过场点 Q 的圆周环路，$\boldsymbol{B}$ 的环流 $\oint \boldsymbol{B} \cdot \mathrm{d}\boldsymbol{l} = 2\pi r B$. 此时

$\sum I = I$，由安培环路定理得到

$$B = \frac{\mu_0}{2\pi r} I. \quad (11.6\text{-}5)$$

圆柱体外部磁场分布与全部电流 I 集中在轴线上的直长电流的磁场分布相同，B 与 r 成反比.

B 的大小沿矢径 r 的分布如图 11-28(c)所示. 在圆柱体表面，B 取最大.

3. 载流螺绕环内外的磁场

绕在环形管上的螺旋形线圈称为**螺绕环**，如图 11-29(a)所示. 当螺绕环密绕时，磁场几乎全部集中在螺绕环内，环外磁场接近于零. 设螺绕环的内、外半径分别为 r_1 和 r_2，线圈总匝数为 N，线圈中通过的电流为 I[图 11-29(b)]. 根据对称性，螺绕环内磁场的磁力线都是一些与螺绕环同心的圆，在同一条磁力线上各点磁感应强度 **B** 的大小相等，方向处处沿圆的切线方向，并和环面平行.

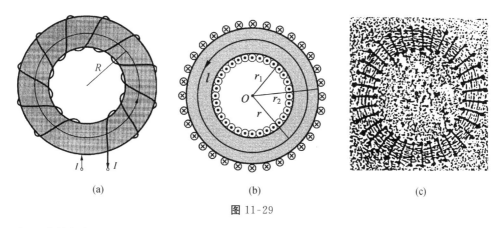

图 11-29

为了计算螺绕环内某点的磁感应强度，可选通过该点的磁力线 l 作为积分回路. 由于回路上各点磁感应强度 **B** 的大小相等，方向都与 d**l** 同向，所以 **B** 沿此环路的线积分

$$\oint_l \mathbf{B} \cdot d\mathbf{l} = B \oint_l dl = 2\pi r B.$$

根据安培环路定理 $2\pi r B = \mu_0 N I$，因此

$$B = \frac{\mu_0 N I}{2\pi r} \quad (r_1 < r < r_2). \quad (11.6\text{-}6)$$

即螺绕环内磁感应强度的大小与 r 成反比.

当螺绕环的截面积很小，即螺绕环的孔径 $r_2 - r_1$ 远小于 r_1，r_2 时，管内各点磁场大小基本相等. 若取螺绕环平均半径为 R，则

$$B = \mu_0 \frac{N}{2\pi R} I = \mu_0 n I. \quad (11.6\text{-}7)$$

式中 $n = \dfrac{N}{2\pi R}$ 为螺绕环单位长度上的平均匝数.

图 11-29(c)显示载流螺线环磁场的磁力线分布.

内容提要

1. 磁感应强度 $\boldsymbol{B}$ 的定义式：$\boldsymbol{F}=q(\boldsymbol{v}\times\boldsymbol{B})$.
2. 磁场对运动电荷的作用.

   (1) 洛伦兹力：$\boldsymbol{F}=q(\boldsymbol{v}\times\boldsymbol{B})$，$\boldsymbol{F}=q(\boldsymbol{E}+\boldsymbol{v}\times\boldsymbol{B})$.

   (2) 回旋运动：$R=\dfrac{mv}{qB}$，$T=\dfrac{2\pi m}{qB}$，$f=\dfrac{qB}{2\pi m}$.

   (3) 螺旋运动：$h=\dfrac{2\pi m v_{/\!/}}{qB}$.

   (4) 霍耳效应：$U_{AA'}\propto\dfrac{BI}{b}$.

3. 磁场对电流的作用.

   (1) 安培定律：$d\boldsymbol{F}=Id\boldsymbol{l}\times\boldsymbol{B}$，$\boldsymbol{F}=\int Id\boldsymbol{l}\times\boldsymbol{B}$.

   (2) 对平面载流线圈的转矩：$\boldsymbol{M}=\boldsymbol{m}\times\boldsymbol{B}$.

   (3) 磁矩：$\boldsymbol{m}=IS\boldsymbol{n}$.

4. 毕奥-萨伐尔定律.

   (1) 电流元的磁场：$d\boldsymbol{B}=\dfrac{\mu_0}{4\pi}\dfrac{Id\boldsymbol{l}\times\boldsymbol{r}}{r^3}$；真空磁导率：$\mu_0=\dfrac{1}{c^2\varepsilon_0}=4\pi\times10^{-7}$ T·m/A.

   (2) 一组公式：$B=\dfrac{\mu_0 I}{2\pi r}$，$B=\mu_0 nI$，$B=\dfrac{1}{2}\mu_0 nI$，$B=\dfrac{\mu_0 I}{2R}$，$B=\mu_0 \bar{n}I$.

5. 高斯定理：$\varPhi_B=\oiint\boldsymbol{B}\cdot d\boldsymbol{S}=0$.

   磁场是无源场，磁力线是闭合曲线."磁单极"至今未曾找到.

   磁通量：$\varPhi_B=\iint\boldsymbol{B}\cdot d\boldsymbol{S}$，单位为 Wb = T·m².

6. 安培环路定理：$\oint\boldsymbol{B}\cdot d\boldsymbol{l}=\mu_0\sum I$（适用于恒定电流的磁场）.

   (1) 磁场是涡旋场，不能引进"势"的概念.

   (2) 利用环路定理计算具有对称电流分布的磁场.

习 题

11-1 两个带电粒子在均匀磁场 B 中做图示的圆周运动. 如果该两粒子具有相同的质量和相同的动能，则下列正确的为

(A) $q_1>0,q_2<0;|q_1|>|q_2|$ 　　(B) $q_1>0,q_2<0;|q_1|=|q_2|$

(C) $q_1>0,q_2<0;|q_1|<|q_2|$ 　　(D) $q_1<0,q_2>0;|q_1|>|q_2|$

(E) $q_1<0,q_2>0;|q_1|<|q_2|$

11-2 细长载流直导线平行放置在图示的正方形的四个顶点，如果通过它们的电流大

小相等,电流方向如图所示,则在正方形中心的磁场 **B**

(A) 指向上方　　(B) 指向下方　　(C) 指向左方　　(D) 指向右方　　(E) $B=0$

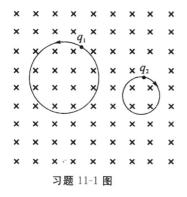

习题 11-1 图

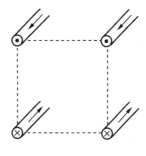

习题 11-2 图

11-3 两根长直载流导线相交如图所示,如果它们的电流大小相等而方向如图所示,则 C 点和 D 点处的磁场 $\boldsymbol{B}_C$,$\boldsymbol{B}_D$ 间有如下关系(C,D 两点离开两导线距离均为 d):

(A) $B_C = -B_D$　　(B) $B_C = B_D$

(C) $B_C < B_D$　　(D) $B_C > B_D$

(E) $B_C = B_D = 0$

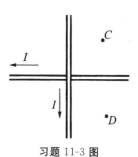

习题 11-3 图

11-4 两根长直导线分别载有电流 20 A 和 10 A,它们彼此相交 90°,放在图示的纸面上,纸面上的磁场分布正确的是

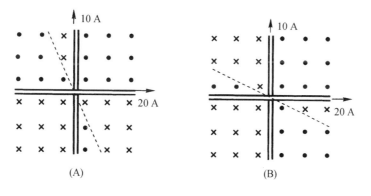

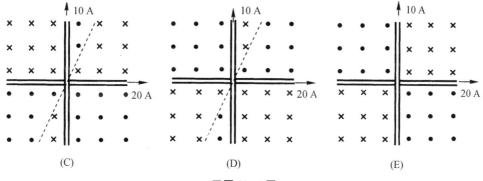

习题 11-4 图

11-5 载流线圈放置在一长直载流导线附近,如图所示.下列叙述正确的为

(A) 导线吸引线圈

(B) 线圈作用一斥力在导线上

(C) 直导线在线圈内部空间的磁场垂直纸面向外

(D) 载流线圈在导线所在处产生的磁场为零

(E) 线圈与导线的相互作用力为零,所以载流线圈不发生转动

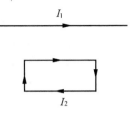

习题 11-5 图

11-6 估算地磁场对电视机显像管中电子束的影响.设加速电压为 20 000 V,电子枪到屏的距离为 0.4 m,地磁场大小取 0.5×10^{-4} T,试计算电子束在该地磁场中的偏转距离.

11-7 质子、氘核与 α 粒子通过相同的电势差而进入均匀磁场做匀速圆周运动.

(1) 比较这些粒子动能的大小;

(2) 已知质子圆轨道的半径为 10 cm,求氘核和 α 粒子的轨道半径.

11-8 一个动能为 2 000 eV 的正电子,射入磁感应强度 $B=0.1$ T 的均匀磁场中,正电子的速度与 **B** 成 89°角,试求正电子螺旋运动的周期、螺距和半径.

11-9 在回旋加速器中,一个氘核在 $B=1.5$ T 的磁场中做轨道半径 $R=2$ m 的圆周运动.由于同一个靶做拂掠碰撞,氘核破裂成一个质子和一个中子.假设破裂中氘核的能量均分给质子和中子,讨论质子和中子的运动情形.

11-10 具有电荷为 q 的正离子,质量为 m,通过电势差 U 从静止开始沿水平方向加速,以后进入一均匀磁场 **B** 的区域,**B** 的方向与轨道平面垂直.如果该离子沿 x 轴方向进入该磁场,试证任何时刻离子的 y 坐标约为

$$y = Bx^2 \left(\frac{q}{8mU}\right)^{1/2}.$$

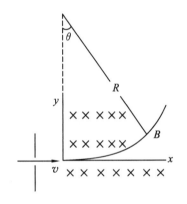

习题 11-10 图

11-11 如图所示为磁聚焦装置.电子束经电压 U 加速后通过一小孔进入由通电螺线管产生的均匀磁场.从小孔中射出的电子会有很小角度的发散,使电子沿磁场方向做不同半径的螺旋线运动.但因各电子平行于磁场方向的速度分量近似相等,使散开的电子经过整数螺距后又重新汇聚,在荧光屏上产生一个细小的亮点.这和透镜汇聚光线相似,故称为磁聚焦.设电子在磁场中通过的距离 l 为螺距的 n 倍,磁场的磁感应强度为 **B**,求电子的比荷 e/m(e 为电子的电荷量,m 为电子的质量).

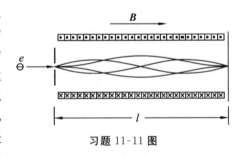

习题 11-11 图

11-12 如图所示,银质的长方形样品,$z_1=2$ cm,$y_1=1$ mm,有沿 x 轴正方向的电流 $I=200$ A 通过它.现 y 轴正方向上有 $B=1.5$ T 的均匀磁场.已知银每立方米中有 $7.4 \times$

10^{28} 个自由电子,求:

(1) 沿 x 轴方向电子漂移的速率;

(2) 沿 z 轴方向的霍耳电场的大小;

(3) 霍耳电势差.

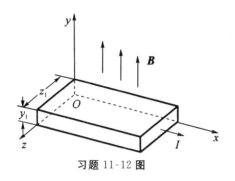

习题 11-12 图

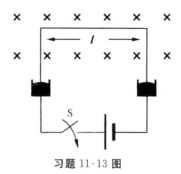

习题 11-13 图

11-13 一根质量为 m、长为 l 的 U 形导线,其两端浸没在水银槽中(见图).这根导线处在图示的均匀磁场 B 中,如果有电荷 q 亦即电流脉冲通过导线,该导线就会跳起来.假定电流脉冲时间同导线上升时间相比是非常小的,试根据 $B=0.1$ T,$m=10$ g,$l=20$ cm 和导线达到的高度 $h=3$ m,计算 q 的量值.

11-14 当回旋加速器中的氘核恰好从 D 形盒出来前,其运动的圆半径是 32.0 cm.已知加在 D 形盒上的交流电压的频率是 10 MHz,试求磁场的大小、氘核最终的能量及其速率.

11-15 如图所示为测量磁感应强度的实验装置——磁秤.天平的一臂下面挂有一矩形线圈,线圈宽为 b,共绕有 N 匝,其平面与磁感应强度 B 垂直.当线圈中通有电流 I 时,线圈受到向上的作用力,使天平失去平衡.调节砝码的质量 m 使两臂重新达到平衡.设 $N=9$,$b=10.0$ cm,$I=0.10$ A,$m=4.40$ g,求待测磁场的磁感应强度的大小.

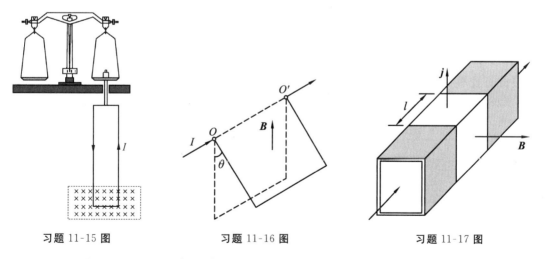

习题 11-15 图　　习题 11-16 图　　习题 11-17 图

11-16 截面积 $S=2$ mm²、密度 $\rho=8.9$ g/cm³ 的铜导线被弯成正方形的三边,可以绕水平轴转动,如图所示.导线放在竖直向上的均匀磁场中,当导线中的电流 $I=10$ A 时,导线离开原来的竖直位置偏转一角度 $\theta=15°$ 而平衡.求磁感应强度 B 的大小.

11-17 磁力可用来输送如液体金属、血液等导电液体.如图所示为输送液体钠的管道.在长为 l 的部分加一横向磁场 $\mathbf{B}$,同时垂直于磁场和管道通以电流,其电流密度为 j.

(1)证明:在管内长为 l 段的液体两端由磁力产生的压强差为 $\Delta p = jlB$,此压强差将驱动液体沿管道流动;

(2)设 $B=1.50$ T,$l=2.00$ cm,要在 l 段的两端产生 1.00 atm 的压强差,电流密度应为多大?

11-18 如图所示为一种电磁炮的原理图.子弹置于两条平行圆柱导轨之间,导轨中通以电流后子弹会被磁力加速而以很高的速度从导轨端口射出.以 I 表示电流,r 表示圆柱形导轨的半径,d 表示两轨面之间的距离.将导轨近似地看作无限长,证明子弹所受的磁力近似地可以表示为

$$F = \frac{\mu_0 I^2}{\pi} \ln \frac{d+r}{r}.$$

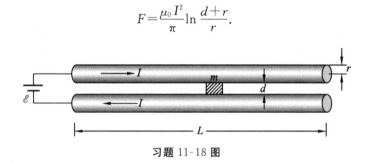

习题 11-18 图

设导轨长度 $L=5.0$ m,$r=6.7$ cm,$d=1.2$ cm,子弹的质量 $m=317$ g,发射速度 $v=4.2$ km/s.

(1)忽略导轨的摩擦,问子弹在导轨内的平均加速度是其重力加速度的几倍?

(2)通过导轨的电流为多大?

(3)如果能量的转换效率为 40%,发射子弹需要多少千瓦功率的电源?

11-19 如图所示,载流 $I=10$ A 的矩形线圈,可绕 y 轴转动.

(1)如果有一均匀磁场 $B=0.2$ T,方向平行于 x 轴,则要维持线圈在这一位置所需的转矩为多大?

(2)均匀磁场 $B=0.2$ T,沿 z 轴正方向,求要维持线圈在这一位置所需的转矩.

(3)如果转轴通过线圈中心,且平行于 y 轴,再求解(1)和(2).

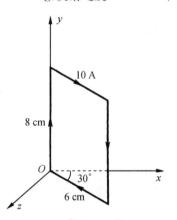

习题 11-19 图

11-20 直径为 8 cm 的圆形线圈,共有 12 匝,载有电流 $i=5$ A,线圈放在均匀磁场 $B=0.6$ T 中.

(1)求线圈所受的最大转矩;

(2)线圈在什么位置上转矩等于最大转矩的一半?

11-21 电流计的矩形线圈的尺寸为 4 mm×

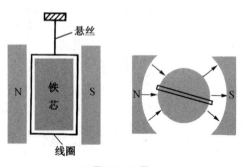

习题 11-21 图

3 mm,它由细导线绕制而成,共有1 000匝,悬丝的扭转系数为1×10^{-7} N·m/deg,线圈两长边在磁铁两极与铁芯之间的缝隙中,该处的磁场呈辐射状,即线圈的长边在任何位置时,磁场方向总与长边垂直,如图所示.如果磁感应强度$B=0.1$ T,当线圈中载有电流0.1 mA时,求线圈偏转的角度.

11-22 半径为R的带电塑料圆盘,面电荷密度σ为一常数.假定圆盘绕其轴AA'以角速度ω旋转,磁场B的方向垂直于转轴AA',证明磁场作用于圆盘的力矩为$M=\dfrac{\pi\sigma\omega R^4 B}{4}$.

11-23 两根平行直导线,相距为d,载有大小相等、方向相反的电流I,如图所示.点P与这两根导线等距离,试证P点的磁感应强度为$B=\dfrac{2\mu_0 Id}{\pi(4R^2+d^2)}$.

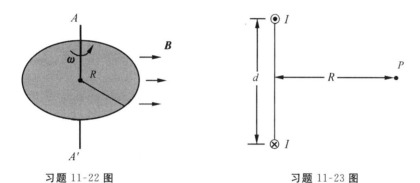

习题 11-22 图　　　　习题 11-23 图

11-24 如图所示,两条长直平行载流导线相距$d=100$ cm,上面的导线通过的电流$I_1=6$ A,方向为流入纸面.

(1) 要使P点的磁场为0,求电流I_2的大小和方向;

(2) 在上述I_1和I_2的数值下,求Q点磁场的大小和方向;

(3) 求S点磁场的大小和方向.

11-25 图示中长直导线AB载有$I=20$ A的电流,长边平行于导线AB的矩形线圈载有电流$I'=10$ A,求直导线AB的磁场作用于矩形线圈每边的力以及合力.

11-26 四根长直导线相互平行,这四根导线的横截面排成一个边长为20 cm的正方形,每根导线中载有电流20 A,电流方向如图所示.求正方形中心处的B.

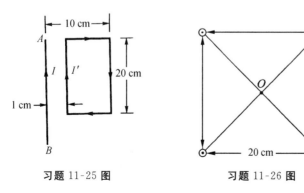
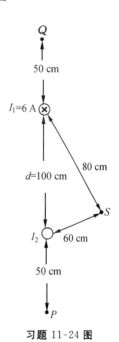

习题 11-25 图　　习题 11-26 图　　习题 11-24 图

11-27 图示导线载有电流 i,试求图中各段载流导线在半圆圆心 O 产生的磁感应强度,以及载流回路在圆心 O 产生的总磁感应强度.

11-28 求图示(a)和(b)中电流分布在中心 O 处的磁感应强度 B 的大小和方向.

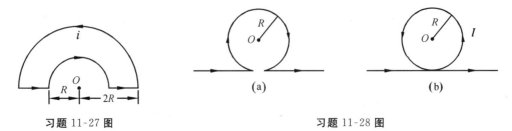

习题 11-27 图 习题 11-28 图

11-29 如图所示,两根导线沿半径方向引到铁环上的 C,D 两点,并在远处与电源相连,求环心 O 的磁感应强度 B.

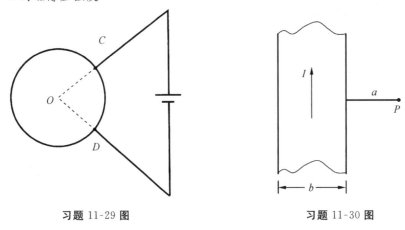

习题 11-29 图   习题 11-30 图

11-30 电流 I 均匀地流过宽为 b 的无限长平面导体薄板,如图所示.求在板的平面内,距板的一边为 a 的 P 点处的磁感应强度的大小.

11-31 一半径 $a=1$ cm 的无限长半圆柱形金属薄片载有图示的电流 $I=5$ A,求圆柱轴线上一点 P 的磁感应强度 B.

11-32 半径为 R 的薄圆盘上均匀带电,总电荷量为 q.如果此盘绕其通过盘面的轴线以角速度 ω 转动,试证轴线上距盘心 x 处的磁感应强度的大小为

$$B=\frac{\mu_0 q}{2\pi R^2}\left[\frac{R^2+2x^2}{(R^2+x^2)^{1/2}}-2x\right]\omega.$$

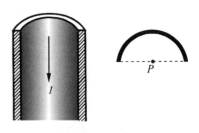

习题 11-31 图

11-33 螺线管线圈的直径是它的轴长的 4 倍,每厘米长度内的匝数 $n=200$,通有电流 $I=0.1$ A,试用(11.4-9)式求:

(1) 螺线管内中点 B 的大小;

(2) 螺线管一端处 B 的大小.

11-34 长度为 20 cm、半径为 2 cm 的螺线管密绕 200 匝导线,绕组通有电流为 5 A,试计算螺线管内中心附近的磁场大小.

11-35 均匀磁场 $B=2\,\mathrm{T}$,方向沿 x 轴正方向,试求通过图示闭合面的各个表面的磁感应强度通量.

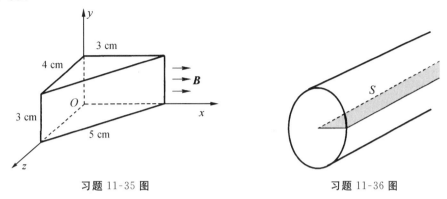

习题 11-35 图　　　　　　习题 11-36 图

11-36 长直导线均匀载有电流 I.今在导线内部作一平面 S,如图所示.试计算通过 S 平面的磁通量(沿导线长度方向取 $1\,\mathrm{m}$).取磁导率 $\mu=\mu_0$.

11-37 内外径分别为 a 和 b 的中空长导体圆柱,载有电流 I,电流均匀分布于截面,求出在 $r<a$,$a<r<b$ 和 $r>b$ 区域的磁感应强度的大小.

11-38 有一根很长的同轴电缆,由一圆柱形导体和一同轴圆筒状导体组成,圆柱的半径为 R_1,圆筒的内、外半径分别为 R_2 和 R_3,如图所示.在这两个导体中,有大小相等而方向相反的电流 I 通过,电流均匀分布在各导体的截面上.求:

(1) 圆柱导体内各点($r<R_1$)的磁感应强度的大小;

(2) 两导体之间各点($R_1<r<R_2$)的磁感应强度的大小;

(3) 外圆筒导体内各点($R_2<r<R_3$)的磁感应强度的大小;

(4) 同轴电缆外各点($r>R_3$)的磁感应强度的大小.

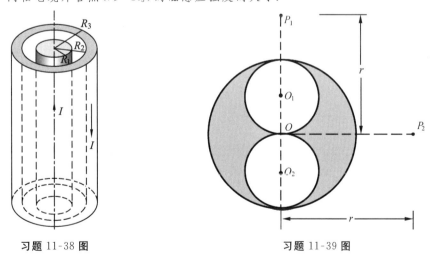

习题 11-38 图　　　　　　习题 11-39 图

11-39 半径为 a 的长导体圆柱,内部有两个直径为 a 的圆柱形空腔,如图所示.电流 I 从纸面流出并均匀分布在导体截面上,试求 P_1 点和 P_2 点的磁感应强度 B 的大小.

11-40 如图所示,一无限长圆柱形导体管外半径为 R_1,管内空心部分的半径为 R_2,空心部分的轴与圆柱的轴相平行,且相距为 a.现有电流 I 沿导体管流动,电流均匀分布在管

的横截面上,求:

(1) 圆柱轴线上磁感应强度 B 的大小;

(2) 空心部分轴线上 B 的大小;

(3) 空心部分各点磁感应强度 B 的大小.

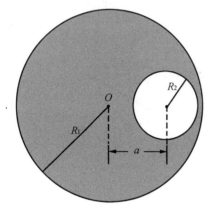

习题 11-40 图

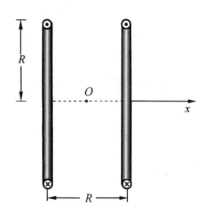

习题 11-41 图

11-41 设亥姆霍兹线圈有各绕 300 匝的两个相同线圈,相互距离为 R. R 等于线圈共同半径,如图所示. 线圈中电流均为 $i=50$ A,流向相同. 取线圈半径 $R=5$ cm,取两线圈的公共轴上的中点 O 为 x 轴的原点,试在 x 轴上从 $x=-5$ cm 到 $x=+5$ cm 范围内逐点算出 B 的值,并且画出 B 随 x 变化的曲线.(这样的线圈在 O 点附近提供了一个均匀磁场)

第 12 章 电磁感应

1820 年,奥斯特发现了电流的磁效应.1831 年,法拉第发现了它的逆效应——电磁感应现象,并得到了描述电磁感应定量规律的电磁感应定律.1833 年,楞次发现了符合能量守恒与转化的楞次定律,用于判断感应电动势和感应电流的方向.按产生原因的不同,可以将感应电动势分为动生电动势和感生电动势两种.前者起源于洛伦兹力,后者起源于变化磁场产生的感生电场.电磁感应现象的发现,是电磁学领域中最伟大的成就之一,标志着一场重大的工业和技术革命的到来.它不仅揭示了电与磁之间的内在联系,而且为电与磁之间的相互转化奠定了实验基础,为人类获取巨大而廉价的电能开辟了道路.电磁感应在电工、电子技术、电气化、自动化方面的广泛应用对推动社会生产力和科学技术的发展发挥了重要的作用.

本章首先讨论法拉第电磁感应定律,讨论动生电动势和感生电动势产生的机理,之后介绍在电工和电子技术中常用的互感和自感的概念.磁场也是物质存在的一种形式,本章将推导磁场能量的表达式,探讨磁场的物质性.本章最后介绍 RL,RC 电路的暂态过程.

12.1 电磁感应定律

▶ 12.1.1 法拉第电磁感应定律

自从 1820 年奥斯特发现了电流的磁效应,人们很自然地想到,既然电流能产生磁场,那么,磁场是否也能产生电流呢? 许多科学家为此付出了辛勤的劳动,但是都没有取得预期的结果.直到 1831 年,英国物理学家法拉第(Michael Faraday 1791—1867)经过艰苦努力,终于在人类历史上首先发现了电磁感应现象(图 12-1).

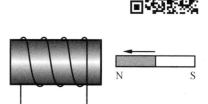

图 12-1

现在我们知道,当穿过一个闭合导体回路的磁通量发生变化时,回路中就会出现电流,这种电流叫作**感应电流**.

法拉第根据他所做的实验,把产生感应电流的方法归纳为五种:变化着的电流、变化着的磁场、运动着的恒定电流、运动着的磁铁以及在磁场中运动的导体.法拉第正确地指出感应电流不是与原电流本身有关,而是与原电流的变化有关.同时法拉第还意识到感应电流是由与导体性质无关的感应电动势产生的.不形成闭合回路,感应电流就不存在,但是感应电动势还存在. 法拉第揭示了产生感应电动势的根本原因是通过回路的磁通量的变化.

大量精确实验证明,闭合回路的感应电动势 $\mathscr{E}$ 与通过这一回路的磁通量的变化率 $\dfrac{\mathrm{d}\Phi}{\mathrm{d}t}$ 成正比,这一结论称为**法拉第电磁感应定律**. 在国际单位制中,此定律的数学表达式为

$$\mathscr{E}=-\dfrac{\mathrm{d}\Phi}{\mathrm{d}t}. \tag{12.1-1}$$

式中 Φ 的单位是韦伯,简称韦(Wb), t 的单位是秒(s), $\mathscr{E}$ 的单位是伏(V),负号用来表示感应电动势的方向.

如果回路是由 N 匝线圈串联而成的,并且穿过每一回路的磁通量分别为 $\Phi_1, \Phi_2, \cdots, \Phi_n$,则串联线圈的总感应电动势 $\mathscr{E}$ 为

$$\mathscr{E}=\mathscr{E}_1+\mathscr{E}_2+\cdots+\mathscr{E}_n=-\dfrac{\mathrm{d}}{\mathrm{d}t}\Phi_1-\dfrac{\mathrm{d}}{\mathrm{d}t}\Phi_2-\cdots-\dfrac{\mathrm{d}}{\mathrm{d}t}\Phi_n=-\dfrac{\mathrm{d}\psi}{\mathrm{d}t}. \tag{12.1-2a}$$

式中 $\psi=\Phi_1+\Phi_2+\cdots+\Phi_n$ 称为**磁通匝链数**或**全磁通**,简称**磁链**.

实际工作中,常遇到穿过各匝线圈的磁通量都相同,即 $\psi=N\Phi$,(12.1-2a)式可表示为

$$\mathscr{E}=-N\dfrac{\mathrm{d}\Phi}{\mathrm{d}t}. \tag{12.1-2b}$$

法拉第电磁感应定律是用来计算感应电动势的大小和方向的,对于只需求感应电动势的大小,只要用 $\mathscr{E}=\left|\dfrac{\mathrm{d}\Phi}{\mathrm{d}t}\right|$ 即可.

▶ 12.1.2 楞次定律

1833 年,俄国物理学家楞次(Emil Lenz 1804—1865)在大量实验的基础上提出判断感应电流方向的规律,这就是楞次定律. **楞次定律**指出:感应电流的方向总是使它所起的作用是反抗产生感应的原因,即它力图阻止回路中磁通量的变化. 如果产生感应的原因是磁场的变化,感应电流激发的磁场阻止原来的磁场的变化(图 12-2);如果产生感应的原因是导体在磁场中的运动,感应电流要阻碍导体的运动. 可以分析出楞次定律是能量转化和守恒定律在电磁感应现象中的体现.

下面来分析(12.1-1)式中的负号是如何体现感应电动势的方向的,即如何体现楞次定律的. 这里要用到约定的右手螺旋定则:在回路上先规定一个回路绕行的正方向,再用右手螺旋确定回路所围面积的正法线方向 $\boldsymbol{n}$(见图 12-3 的下半部分). 现在用法拉第电磁感应定律的(12.1-1)式来确定图 12-3 中的感应电动势方向. 如果图 12-3 中的磁场 $\boldsymbol{B}$ 在增大,这样对应下半图的回路绕行方向和正法线方向 $\boldsymbol{n}$ 的选取,磁通量 Φ 是正的,而且 $\dfrac{\mathrm{d}\Phi}{\mathrm{d}t}>0$,按照(12.1-1)式感应电动势 $\mathscr{E}$ 是负的. 这表明回路中实际感应电动势方向与规定的回路绕行正方向相反. 这与直接用楞次定律判断是一致的.

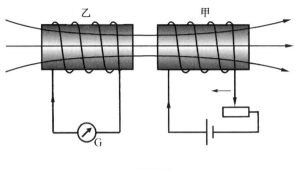

图 12-2

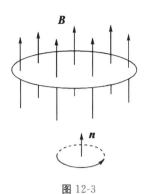

图 12-3

*12.2 涡电流

金属块在磁场中运动或者放在变化的磁场中,结果就有感应电流在整块金属体内流动.因为这些电流线呈闭合涡流状,所以称之为**涡电流**或**涡流**.这种涡电流在生产技术上有其特殊意义.

▶ 12.2.1 涡电流的热效应

由于金属块的电阻很小,如果交变磁场的变化频率很高,则涡电流可以很大,从而有大量焦耳热释放出来,这是**涡电流的热效应**.冶炼金属的高频感应炉就是利用这一原理,如图 12-4 所示.这种冶炼的优点在于可以把坩埚放在真空中无接触地加热,避免氧化,而且熔炼时温度高,便于控制.在许多场合涡流的热效应却是有害的,应该设法避免它.如图 12-5 所示的变压器的初级绕组内通以交流以在铁芯中建立交变磁通量,从而在次级绕组内产生感应电动势.铁芯中交变磁通量

图 12-4

在铁芯中要产生涡流.它白白损耗大量能量,所发的热量可以损坏变压器.所以实际使用的变压器是采用叠片铁芯,薄片是用电阻率较高的硅钢片,同时在薄片的表面涂有绝缘漆或附有天然的绝缘层,把涡流限制在薄片内,使涡流大为减小,从而减少电能的损耗.除了变压器,其他电气设备中也不用整块铁芯,而用许多薄片叠成,也是这个道理.

(a)

(b)

截面

截面

(c)

图 12-5

12.2.2 涡电流的机械效应

涡电流的机械效应按其应用可分为电磁阻尼和电磁驱动两种. 图 12-6(a)是用来演示电磁阻尼的佛科摆,即把一块铝片挂在电磁铁的一对磁极之间形成一个摆.电磁铁的励磁线圈通有电流,在磁场中摆动的铝片中就有感应电流.根据楞次定律,感应电流的效果总是反抗产生感应的原因.因此,铝片的摆动会受到阻力而迅速停止.电磁阻尼现象在磁电式电表、电气火车的电磁制动中得到了应用.

图 12-6(b)是用来演示电磁驱动的装置.铝制圆盘紧靠磁铁的两极但不接触.当使磁铁旋转起来时,在铝盘中产生的涡流将阻碍它与磁铁相对运动,因而铝盘也会随磁铁而转动起来.但是,铝盘的转速总是小于磁极的转速,两者的转动是异步的.这就是应用极广的异步电动机的工作原理.

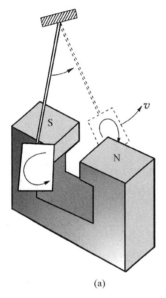

(a)　　　　　　　　　　(b)

图 12-6

12.2.3 趋肤效应

高频交变电流通过导体时,导体本身产生的涡电流引起高频交流趋向导体表面层,称为**趋肤效应**.在图 12-7 所示的是半径为 1 mm 的铜导线横截面上的电流密度分布随交流频率变化的情景.当频率 $f=$ 1 kHz 时,导线轴线和表面附近电流密度的差别不太大,而当 $f=$ 100 kHz 时,电流明显地集中到导线的表面附近.趋肤效应使得导体的实际电阻增加,为了减小趋肤效应,当频率不太高时,约 $10^4 \sim 10^5$ Hz,常采用辫线,即用相互绝缘的细导线编织成束来代替同样总截面积的实心导线.趋肤效应在工业上可用于金属表面淬火,因为趋肤效应使焦耳热只在导体表面附近放出.

应该指出,趋肤效应本质上是高频电磁波在导体内传播引起的效应,由于有衰减,电磁波只能深入导体表面层.

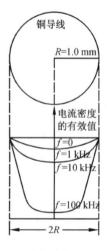

图 12-7

12.3 动生电动势和感生电动势

为了对电磁感应现象的起因作进一步分析,按照磁通量变化原因的不同,分两种具体情况讨论:一种是在恒定磁场中运动着的线圈内产生的感应电动势;另一种是线圈不动,由磁场变化而产生的感应电动势.前者叫作**动生电动势**,后者叫作**感生电动势**.

▶ 12.3.1 动生电动势

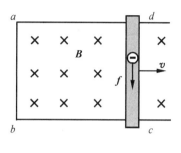

图 12-8

动生电动势的产生,可以用洛伦兹力来解释. 如图 12-8 所示,长度为 l 的金属棒 cd 可以自由地在矩形金属框上滑动. 均匀磁场 $\boldsymbol{B}$ 与框平面垂直. 当金属棒 cd 以速度 v 向右运动时,穿过 $abcd$ 框的磁通量发生变化. 按照法拉第电磁感应定律,可以算出感应电动势的大小,以及感应电流的方向为 a-b-c-d-a. 但是,法拉第电磁感应定律并没有告诉我们这个感应电动势究竟存在于整个回路,还是只在具体的一条边上,更没有回答是什么力充当了非静电力问题.

当金属棒 cd 以速度 v 向右运动时,棒内自由电子也以速度 v 随棒一起向右运动,自由电子在磁场中运动将受到洛伦兹力作用,

$$\boldsymbol{f} = -e(\boldsymbol{v} \times \boldsymbol{B}).$$

式中 $-e$ 为电子电荷量,$\boldsymbol{f}$ 方向由 d 指向 c. 在洛伦兹力作用下自由电子将沿 d-c-b-a-d 运动,从而金属框内形成 a-b-c-d-a 方向的感应电流. 如果导轨是绝缘体,则洛伦兹力将使 cd 棒内自由电子在 c 端积累,使 c 端带负电而 d 端带正电. 这样在金属棒 cd 中形成从 d 指向 c 的静电场. 当作用在自由电子上的静电力和洛伦兹力相等时,cd 间电压达到稳定值,d 端电势高,c 端电势低. 因此运动的金属棒相当于一个电源,洛伦兹力充当了电源的非静电力.

我们定义,非静电力 $\boldsymbol{k}$ 是指作用在单位正电荷上的非静电力,所以这里

$$\boldsymbol{k} = \frac{\boldsymbol{f}}{-e} = \boldsymbol{v} \times \boldsymbol{B}.$$

根据电动势的定义,动生电动势为

$$\mathscr{E} = \int \boldsymbol{k} \cdot \mathrm{d}\boldsymbol{l} = \int (\boldsymbol{v} \times \boldsymbol{B}) \cdot \mathrm{d}\boldsymbol{l}. \tag{12.3-1a}$$

由此可见,导体内的动生电动势与导体在磁场中的运动有密切联系,由图 12-8 所示情况可以算出动生电动势 $\mathscr{E} = Blv$. 如果导体顺着磁场运动,就不会有动生电动势了.

显然,可以证明用 (12.3-1a) 式算出的动生电动势与用法拉第电磁感应定律计算的感应电动势结果是一致的. 但是 (12.3-1a) 式指出了只有在磁场中运动的那部分导体内才有动生电动势.

对于普遍情况,恒定磁场中,一个任意形状的线圈在运动或发生形变时,整个线圈中产生的动生电动势为

$$\mathscr{E}=\oint(\boldsymbol{v}\times\boldsymbol{B})\cdot\mathrm{d}\boldsymbol{l}. \tag{12.3-1b}$$

例 12-1 长为 L 的金属棒以匀速 v 平行于载流长直导线运动，金属棒与长直导线共面且垂直. 若导线中的电流为 I，求金属棒中动生电动势的大小和方向.

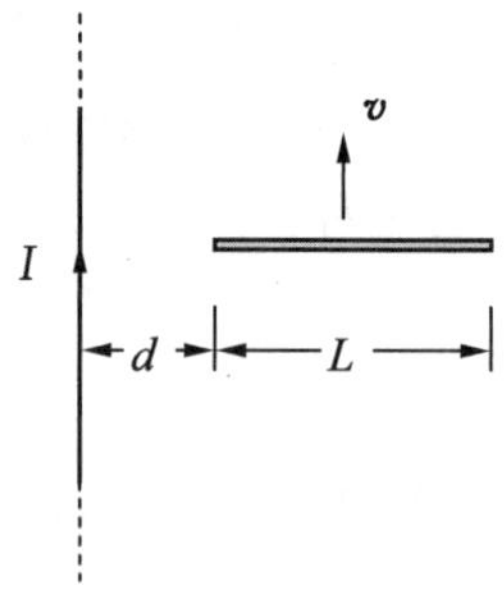

解 在金属棒上离载流长直导线距离为 r 处取线元 $\mathrm{d}r$，则此线元上产生的动生电动势为

$$\mathrm{d}\mathscr{E}=(\boldsymbol{v}\times\boldsymbol{B})\cdot\mathrm{d}\boldsymbol{r}=-Bv\mathrm{d}r=-\frac{\mu_0 I}{2\pi r}v\mathrm{d}r,$$

所以金属棒中的动生电动势为

$$\mathscr{E}=\int\mathrm{d}\mathscr{E}=-\frac{\mu_0 Iv}{2\pi}\int_d^{d+L}\frac{\mathrm{d}r}{r}=-\frac{\mu_0 Iv}{2\pi}\ln\frac{d+L}{d}.$$

式中"—"表示 $\boldsymbol{v}\times\boldsymbol{B}$ 的方向与积分方向相反.

电动势的方向为 $\boldsymbol{v}\times\boldsymbol{B}$ 的方向，即沿金属棒指向载流长直导线.

例 12-2 长度为 L 的一根铜棒，在均匀磁场 B 中以角速度 ω 旋转，求铜棒两端之间产生的电动势.

解 铜棒上取 $\mathrm{d}l$ 元段，元段运动速度 v 与 B 正交，$\mathrm{d}l$ 元段的感应电动势为

$$\mathrm{d}\mathscr{E}=Bv\mathrm{d}l.$$

注意 $v=\omega l$，所以

$$\mathscr{E}=\int\mathrm{d}\mathscr{E}=\int_0^L Bv\mathrm{d}l=\int_0^L B(\omega l)\mathrm{d}l=\frac{1}{2}B\omega L^2.$$

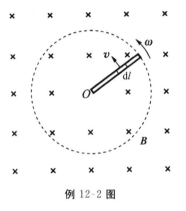

例 12-1 图

例 12-2 图

▶ 12.3.2 感生电动势

上述分析得知导体在磁场中运动产生的动生电动势是洛伦兹力充当了非静电力. 在磁场变化而导体不动所产生的感生电动势情形里，又是谁充当了非静电力呢？通过对这种情形的研究发现，不论回路的形状和组成回路的导体材料的性质如何，只要是磁场变化而导致穿过回路的磁通量变化，就会有 $\mathscr{E}=-\dfrac{\mathrm{d}\Phi}{\mathrm{d}t}$ 的感生电动势产生. 这表明感生电动势是变化磁场本身引起的. 英国物理学家麦克斯韦提出变化的磁场在其周围空间激发一种新的电场，这种电场称为**感生电场**或称**涡旋电场**，用 E_r 表示. 它与静电场一样，对电荷有作用力，正是感生电场的电场力将导体中的自由电子推动，在导体回路中形成感生电流.

下面给出感生电动势的计算式.

因为磁通量 $\Phi=\int\boldsymbol{B}\cdot\mathrm{d}\boldsymbol{S}$，而这里 $\dfrac{\mathrm{d}\Phi}{\mathrm{d}t}$ 中只计及磁场 B 的变化，所以感生电动势可以写成

$$\mathscr{E}=-\int\frac{\partial\boldsymbol{B}}{\partial t}\cdot\mathrm{d}\boldsymbol{S}. \tag{12.3-2}$$

按照在感生电动势情形中是感生电场或涡旋电场 E_r 充当非静电力，(12.3-2)式又可写成

$$\oint\boldsymbol{E}_r\cdot\mathrm{d}\boldsymbol{l}=-\int\frac{\partial\boldsymbol{B}}{\partial t}\cdot\mathrm{d}\boldsymbol{S}. \tag{12.3-3}$$

涡旋电场与静电场都是一种客观存在的物质，它们对电荷都有作用力，但是两者还是有区别的．涡旋电场不是由电荷激发的，只要空间某处磁场发生变化，不论周围空间有没有导体存在，都会在周围空间产生涡旋电场．(12.3-3)式表明涡旋电场不是保守场，而静电场是保守场、有势场．

麦克斯韦提出涡旋电场具有重大意义，扩大了人们对电场的了解，即除了有静电场外还有涡旋电场．静电场由电荷产生，涡旋电场由变化的磁场产生，涡旋电场是无源有旋场．两者产生的原因不同，性质也不同，两者的共同点是都能对电荷有作用力，所以都称为电场．

最后我们指出，计算感应电动势可以用(12.1-1)式，也可以用更普遍的形式，

$$\mathscr{E} = -\int \frac{\partial \boldsymbol{B}}{\partial t} \cdot \mathrm{d}\boldsymbol{S} + \oint (\boldsymbol{v} \times \boldsymbol{B}) \cdot \mathrm{d}\boldsymbol{l}. \tag{12.3-4}$$

例 12-3 半径为 R 的圆柱形空间有均匀磁场 $\boldsymbol{B}$ 如图(a)所示，且 $\dfrac{\mathrm{d}B}{\mathrm{d}t} > 0$．试求任意半径 r 处，涡旋电场 $\boldsymbol{E}$ 的大小．

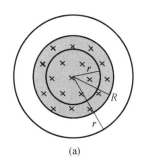 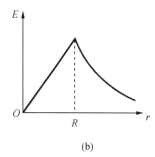

例 12-3 图

解 图中半径 r 的圆周上，根据本题的对称性，圆周上各点的涡旋电场 $\boldsymbol{E}$ 大小相等，而方向与圆周相切，为逆时针方向，即涡旋电场的电场线在本例中都是一些同心圆．

（1）对于 $r < R$，通过回路的磁通量 $\Phi_B = \pi r^2 B$．代入(12.3-3)式，得

$$E(2\pi r) = -\frac{\mathrm{d}\Phi_B}{\mathrm{d}t} = -\pi r^2 \frac{\mathrm{d}B}{\mathrm{d}t},$$

得出涡旋电场

$$E = -\frac{r}{2} \cdot \frac{\mathrm{d}B}{\mathrm{d}t}.$$

式中"－"表示涡旋电场反抗磁场的变化．

（2）对于 $r > R$ 来说，通过回路的磁通量 $\Phi_B = \pi R^2 B$．代入(12.3-3)式，得

$$E(2\pi r) = -\pi R^2 \frac{\mathrm{d}B}{\mathrm{d}t},$$

得到

$$E = -\frac{R^2}{2r} \cdot \frac{\mathrm{d}B}{\mathrm{d}t}.$$

E-r 曲线如图(b)所示，$r = R$ 处 E 取极大值

$$E = -\frac{R}{2} \cdot \frac{\mathrm{d}B}{\mathrm{d}t}.$$

* 12.3.3 电子感应加速器

应用涡旋电场来加速电子的电子感应加速器,是涡旋电场存在的重要例证之一. 它的主要部分如图 12-9 所示. 圆形电磁铁两极间有一环形真空室,用交流励磁在两极间产生交变磁场,从而在环形室内产生涡旋电场,其电场线为一系列同心圆. 用电子枪将电子注入环形室内,它们在洛伦兹力作用下做圆周运动,同时在圆周上被涡旋电场所加速.

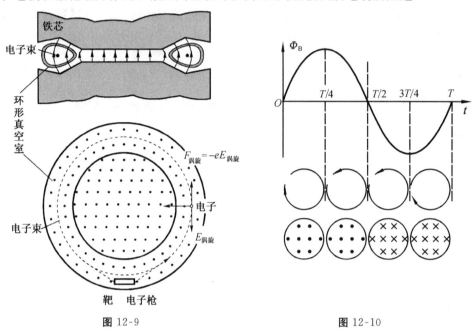

图 12-9   图 12-10

下面要说明的是在励磁交流的 1 个周期内只有 1 个 $\frac{1}{4}$ 周期是用来加速电子的. 如图 12-10 所示,把交变磁场 1 个周期分成 4 个 $\frac{1}{4}$ 周期,4 个 $\frac{1}{4}$ 周期内磁场方向和产生涡旋电场方向都不相同. 为了使图 12-9 所示从电子枪射出的电子能得到加速,涡旋电场应是顺时针,即只有第一和第四个 $\frac{1}{4}$ 周期可以用来加速电子. 但是要使电子能维持圆周运动,只有在第一和第二个 $\frac{1}{4}$ 周期的磁场方向才能使洛伦兹力成为做圆周运动的向心力. 因此只有在交变磁场第一个 $\frac{1}{4}$ 周期,电子才能在涡旋电场作用下不断被加速. 在第一个 $\frac{1}{4}$ 周期末要利用特殊装置把电子束引离轨道射在靶上,进行试验.

电子感应加速器加速电子,虽然不受相对论效应的限制,但却受到电子因加速运动而辐射能量的限制. 产生 100 MeV 能量的电子感应加速器,电子运动的圆周周长约 5 m,电子在被加速的过程中经过的路程超过 1 000 km,电子速率达 0.999 986c.

电子感应加速器主要用于核物理研究以及供工业上探伤或医学上治癌用等.

12.4 互感和自感

▶ 12.4.1 互感

如图 12-11 所示,两相邻线圈 1 和 2. 当线圈 1 中的电流变化时,其激发的磁场也随之变化. 这样,在它邻近的线圈 2 中就有感应电动势产生. 同样,当线圈 2 中的电流变化时,也会在线圈 1 中产生感应电动势. 这种现象称为**互感现象**,所产生的感应电动势称为**互感电动势**.

设线圈 1 中的电流为 I_1,它所激发的磁场,按照毕奥-萨伐尔定律应与 I_1 成正比. 同样该磁场通过线圈 2 的磁通匝链数 ψ_{21} 也应与 I_1 成正比,写成等式为

$$\psi_{21} = M_{21} I_1. \tag{12.4-1}$$

图 12-11

当 I_1 变化时,考虑由于 I_1 变化而在线圈中产生的互感电动势为

$$\mathscr{E}_2 = -\frac{\mathrm{d}\psi_{21}}{\mathrm{d}t} = -M_{21}\frac{\mathrm{d}I_1}{\mathrm{d}t}. \tag{12.4-2}$$

同理,如果线圈 2 通有电流 I_2,它激发的磁场在线圈 1 中的磁通匝链数 ψ_{12} 为

$$\psi_{12} = M_{12} I_2.$$

当 I_2 变化时,线圈 1 中的互感电动势为

$$\mathscr{E}_1 = -\frac{\mathrm{d}\psi_{12}}{\mathrm{d}t} = -M_{12}\frac{\mathrm{d}I_2}{\mathrm{d}t}.$$

式中 M_{21} 和 M_{12} 称为**互感系数**,简称**互感**. 理论和实验证明 M_{21} 和 M_{12} 相等,一般用 M 来表示,

$$M_{12} = M_{21} = M. \tag{12.4-3}$$

在不存在铁磁质情形下,互感系数 M 由两只线圈的几何形状、大小、匝数以及它们的相对位置所决定,与线圈中电流无关.

国际单位制中,互感的单位是亨利,简称亨,用 H 表示,

$$1\ \mathrm{H} = 1\ \mathrm{Wb/A} \ \text{或}\ 1\ \mathrm{H} = 1\ \mathrm{V \cdot s/A}.$$

互感现象在电工技术、电子技术上有广泛应用. 各种电源变压器,输入或输出变压器以及电压和电流互感器都是利用互感现象制成的. 但是互感也有其危害的一面,如收音机各回路之间、电话线和电力输送线之间,会因为互感产生严重干扰. 在这种情况下需要设法避免互感的影响.

应该指出,线圈周围空间存在铁磁质时,互感 M 还与线圈中电流有关.

▶ 12.4.2 自感

如图 12-12 所示,当线圈中的电流变化时,它所激发的磁场穿过自身的磁通量也随之发生变化,会在线圈自身产生感应电动势,这种现象称为**自感现象**,所产生的电动势称为**自感电动势**.

设线圈中有电流 I,它激发的磁场穿过线圈本身的磁通匝链数 ψ 与 I 成正比,

$$\psi = LI. \tag{12.4-4}$$

当电流 I 随时间变化时,线圈中自感电动势

$$\mathscr{E} = -\frac{\mathrm{d}\psi}{\mathrm{d}t} = -L\frac{\mathrm{d}I}{\mathrm{d}t}. \tag{12.4-5}$$

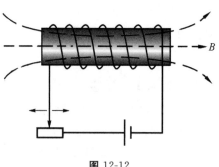

图 12-12

(12.4-4)式和(12.4-5)式中系数 L 称为**自感系数**,简称**自感**,或称**电感**,用 L 表示.自感的单位也是亨(H).

在不存在铁磁质的情形下,L 由线圈本身的大小、形状和匝数决定,与电流 I 无关.自感系数的计算一般比较复杂,常用实验方法测定,只有少数简单情形可按(12.4-4)式和(12.4-5)式来计算.

(12.4-5)式中的"$-$"表示自感电动势反抗自身电流的变化.

自感现象在电工、电子技术上也具有重要意义.利用线圈的自感具有阻碍电流变化的特性,可以稳定电路里的电流.电子线路中常用它和电容器组合构成谐振电路或滤波器.但是在某些情况下,自感现象是十分有害的,如具有大自感线圈的电路断开时,由于电路中电流突然变化,在电路中会产生很大的自感电动势,以致线圈本身的绝缘物质被击穿,或者在电闸断开间隙产生强烈的电弧,烧坏电闸开关.在这些场合均需设法避免.

例 12-4 (1) 螺绕环截面积为 S,平均周长为 l,环上密绕 N 匝线圈.求它的自感系数 L.

(2) 如果上述螺绕环的 $l=25$ cm, $S=4$ cm², $N=300$,计算 L 的值.

解 (1) 设线圈中通有电流 I,可知环内磁感应强度

$$B = \mu_0 \frac{N}{l} I,$$

磁通量

$$\Phi_B = BS = \mu_0 \frac{N}{l} IS,$$

磁通匝链数

$$\psi = N\Phi_B = \mu_0 \frac{N^2}{l} IS.$$

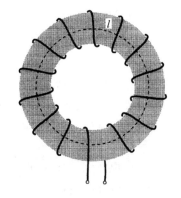

例 12-4 图

根据自感系数定义 $L = \dfrac{\psi}{I}$,可得

$$L = \mu_0 \frac{N^2}{l} S. \tag{12.4-6a}$$

从(12.4-6a)式可以得知**真空磁导率** μ_0 的又一单位为亨/米,即 H/m.

注意到螺绕环的体积 $V = lS$,(12.4-6a)式又可以写成

$$L = \mu_0 \left(\frac{N}{l}\right)^2 V. \tag{12.4-6b}$$

(2) $L = \dfrac{\mu_0 N^2 S}{l} = 4\pi \times 10^{-7} \times \dfrac{(300)^2 (4 \times 10^{-4})}{25 \times 10^{-2}}$ H $= 0.181$ mH.

例 12-5 截面为 S 的螺绕环，平均周长为 l，环上密绕 N_1 匝线圈作为初级绕组，再在初级绕组外密绕 N_2 匝的次级绕组. 求：

(1) 这两组线圈的互感系数；
(2) 两组线圈的自感系数与互感系数的关系.

解 参考例 12-4 图.

(1) 设初级线圈中通有电流 I_1，环内的磁感应强度

$$B = \mu_0 \dfrac{N_1}{l} I_1.$$

它穿过次级线圈的磁通量 Φ_{21} 和磁链 ψ_{21} 分别为

$$\Phi_{21} = BS = \mu_0 \dfrac{N_1}{l} I_1 S, \quad \psi_{21} = N_2 \Phi_{21} = \mu_0 \dfrac{N_1 N_2}{l} I_1 S.$$

按照互感系数定义可得

$$\boxed{M = \mu_0 \dfrac{N_1 N_2}{l} S.}$$

(2) 由上例可知两组线圈的自感 L_1 和 L_2 分别为

$$L_1 = \mu_0 \dfrac{N_1^2}{l} S, \quad L_2 = \mu_0 \dfrac{N_2^2}{l} S.$$

由此可见

$$M^2 = L_1 L_2, \quad M = \sqrt{L_1 L_2}.$$

必须指出，只有这样耦合的线圈（全耦合），才有 $M = \sqrt{L_1 L_2}$. 一般情形时

$$\boxed{M = k \sqrt{L_1 L_2}.} \tag{12.4-7}$$

式中 k 称为**耦合系数**，有 $0 \leqslant k \leqslant 1$. k 的值由两线圈的相对位置而定，全耦合时 $k=1$.

▶ 12.4.3 两串联线圈的总自感

自感分别为 L_1 和 L_2 的两线圈串联起来，一般来说其总自感不仅与两线圈各自的 L_1 和 L_2 有关，还与两线圈之间的互感 M 以及串联方式有关. 图 12-13 所示中(b)和(c)分别代表两种不同的连接法. (b)图中当有电流流过两线圈时，两线圈中磁场是彼此加强的，称之为**顺接**；(c)图中当有电流流过两线圈时，两线圈中磁场是彼此减弱的，称之为**反接**.

对于顺接的情形[图 12-13(b)]，当电流 I 随时间变化（为分析方便，设 I 在增加）时，两线圈出现的自感电动势和互感电动势均是同方向的，总的感应电动势

$$\mathscr{E} = -L_1 \dfrac{dI}{dt} - M \dfrac{dI}{dt} - L_2 \dfrac{dI}{dt} - M \dfrac{dI}{dt}$$

$$= -(L_1 + L_2 + 2M) \dfrac{dI}{dt},$$

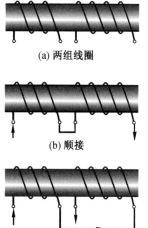

(a) 两组线圈

(b) 顺接

(c) 反接

图 12-13

即总自感

$$L = L_1 + L_2 + 2M. \qquad (12.4\text{-}8)$$

对于反接情形,可以分析出每个线圈中的自感电动势与互感电动势反向,总的感应电动势

$$\mathscr{E} = -L_1 \frac{\mathrm{d}I}{\mathrm{d}t} + M\frac{\mathrm{d}I}{\mathrm{d}t} - L_2\frac{\mathrm{d}I}{\mathrm{d}t} + M\frac{\mathrm{d}I}{\mathrm{d}t} = -(L_1 + L_2 - 2M)\frac{\mathrm{d}I}{\mathrm{d}t},$$

即总自感

$$L = L_1 + L_2 - 2M. \qquad (12.4\text{-}9)$$

如果两串联线圈这样放置,使得它们之间的互感 $M=0$,这时无论顺接还是反接,两串联线圈的总自感

$$L = L_1 + L_2.$$

12.5 磁场能量

正如电场中有能量储存,磁场中也有能量储存. 本节讨论磁场能量.

▶ 12.5.1 自感磁能

自感系数为 L 的线圈与电源接通,由于自感现象,电路中的电流 i 要经过一段时间才能由 0 变到稳定值 I. 在这段时间内,电路中电流在增大,因而有与电流反向的自感电动势,图 12-14(a) 所示为电流增加时,线圈中有与电流方向相反的自感电动势. 这时,电源不仅要提供产生焦耳热的能量,而且要反抗自感电动势 $\mathscr{E}_L$ 做功. 在 $\mathrm{d}t$ 时间内,电源反抗 $\mathscr{E}_L$ 做的功为

$$\mathrm{d}A = -\mathscr{E}_L i\mathrm{d}t = Li\mathrm{d}i.$$

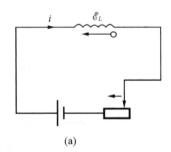
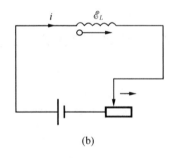

图 12-14

在电流 i 由 0 变化达到稳定值 I 的整个过程中,电源反抗自感电动势做的功为

$$A = \int \mathrm{d}A = \int_0^I Li\mathrm{d}i = \frac{1}{2}LI^2.$$

这部分功以能量形式储存在线圈中. 当图 12-14(b) 所示的电流由 I 减少时,线圈中自感电动势方向与电流相同,自感电动势对外做功. 当电流 i 由 I 减小到 0 时,自感电动势对外做的功为

$$A' = \int \mathscr{E}_L i\mathrm{d}t = \int_I^0 -Li\mathrm{d}i = \frac{1}{2}LI^2.$$

这表明线圈把本身储存的能量通过自感电动势做功全部释放出来. 在一个自感系数为 L 的线圈中流有电流 I 时,线圈储存的能量

$$W_{自} = \frac{1}{2}LI^2. \qquad (12.5\text{-}1)$$

这部分能量称为**自感磁能**. 它是在线圈中建立电流 I 过程中外界克服自感电动势做的功. 这部分功以能量形式储存在线圈中,当放电时这部分能量又全部释放出来.

在上式中,L 的单位为亨(H),电流 I 的单位为安(A),则 $W_{自}$ 的单位为焦(J).

▶ *12.5.2 互感磁能

设有两个相邻线圈 1 和 2,最终分别流有稳定电流 I_1 和 I_2,在建立电流的过程中,各自的电流除了要克服自感电动势做功外,还要克服互感电动势做功. 两电源克服互感电动势做的总功为

$$A = A_1 + A_2 = \int_0^\infty -\mathscr{E}_{21} i_1 \, dt + \int_0^\infty (-\mathscr{E}_{12}) i_2 \, dt = \int_0^\infty \left[M i_1 \frac{di_2}{dt} dt + M i_2 \frac{di_1}{dt} dt \right]$$

$$= M \int_0^{I_1 I_2} (i_1 \, di_2 + i_2 \, di_1) = M \int_0^{I_1 I_2} d(i_1 i_2) = M I_1 I_2.$$

电源克服互感电动势所做的总功也以能量的形式储存起来,称为**互感磁能**,

$$W_{互} = M I_1 I_2. \qquad (12.5\text{-}2)$$

应该注意,自感磁能不可能是负的,但互感磁能则不一定,可能为正,也可能为负. 这里实际上涉及互感系数 M 的正负问题. 关于 M 的正负问题本书不予讨论,读者可参考有关耦合电路计算的书籍.

▶ 12.5.3 磁场能量

与电场考虑类似,载流线圈具有的自感磁能应该是磁场能量,即能量定域在磁场中. 下面通过一个实例来给出磁能密度公式.

设细螺绕环的平均周长为 l,总匝数为 N. 当螺绕环通有电流 I 时,可以算得螺绕环内部的磁场 $B = \mu_0 \frac{N}{l} I$. 螺绕环的自感系数已算得 $L = \mu_0 \left(\frac{N}{l}\right)^2 V$,其中体积 V 也是通电螺绕环全部磁场空间,因此它的自感磁能 W 可以化成

$$W = \frac{1}{2}LI^2 = \frac{1}{2}\mu_0 \left(\frac{N}{l}\right)^2 V I^2 = \frac{B^2}{2\mu_0} V.$$

单位体积内的磁能,即磁场能量密度(或称**磁能密度**)

$$w_m = \frac{B^2}{2\mu_0}. \qquad (12.5\text{-}3)$$

上式虽然是从特例导出,可以证明它是普遍适用的. 国际单位制中,B 的单位为特(T),μ_0 的单位为亨/米(H/m),则 w_m 的单位是焦/米^3(J/m^3).

总磁场能等于 w_m 对磁场空间积分,即

$$W_m = \int w_m \, dV = \int \frac{B^2}{2\mu_0} \, dV. \qquad (12.5\text{-}4)$$

例 12-6 用计算磁场能量的方法,求同轴电缆(芯线为圆柱面导体)单位长度的自感系数.

解 设在同轴电缆中通有图示的电流,应用安培环路定律,可知在内圆筒以内,以及外圆筒以外的空间中,磁感应强度 B 为 0;在内外两圆筒之间,离开轴线的距离为 r 处的磁感应强度为

$$B = \frac{\mu_0 I}{2\pi r},$$

该处磁场能量密度为

$$w_m = \frac{B^2}{2\mu_0} = \frac{\mu_0}{8\pi^2} \cdot \frac{I^2}{r^2},$$

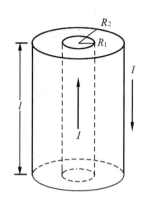

例 12-6 图

磁场总能量

$$W_m = \int w_m dV = \frac{\mu_0 I^2}{8\pi^2} \int \frac{1}{r^2} dV.$$

取 $dV = 2\pi r l dr$,代入上式得

$$W_m = \frac{\mu_0 I^2 l}{4\pi} \int_{R_1}^{R_2} \frac{dr}{r} = \frac{\mu_0 I^2 l}{4\pi} \ln \frac{R_2}{R_1}.$$

与自感磁能公式 $W = \frac{1}{2} L I^2$ 相比较,可知

$$L = \frac{\mu_0 l}{2\pi} \ln \frac{R_2}{R_1}.$$

单位长度的自感系数

$$L_0 = \frac{\mu_0}{2\pi} \ln \frac{R_2}{R_1}.$$

从本例可知,计算磁场总能量提供了求自感系数的一种方法.

12.6 暂态过程

从能量观点看,电感线圈 L 和电容器 C 与电阻 R 不同,它们在电路中并不消耗能量.当有增大的电流通过电感线圈时,就有能量储存在磁场内;在电流消失时,储存在磁场内的能量又被释放出来.电容器也是这样,在充电时有能量储存在电场内,而在放电时又把这部分能量释放出来.所以元件 L 和 C 是一种储能元件.含有储能元件 L 和 C 的电路,当其连接方式发生变化时,电路中的电流或元件上的电压不会立即达到稳定值,而是要经历一个从开始发生变化到逐渐趋于稳态的过程,这个过程称为**暂态过程**.

暂态过程经历的时间很短,而在过程中出现的某些现象却很重要.供电线路的接通或断开的暂态过程中,有可能在某些部分的电路出现过电压或过电流的现象,严重威胁电气设备和人身安全.在电子技术中,利用暂态过程制成不同用途的电子线路.因此研究暂态过程的特点和规律具有重要的实际意义.

*12.6.1 换路特征

换路指电路接通、断开或某个元件的短接。它将引起电路的工作状态的变化。

设 $t=0$ 为换路时刻，换路前瞬间记为 $t=0^-$，换路后瞬间记为 $t=0^+$。从物理上看，对于电感线圈内磁场储存的能量 $W_L=\frac{1}{2}Li^2$ 在换路瞬间不应有突变，换路时通过线圈的电流有

$$i(0^-)=i(0^+). \tag{12.6-1}$$

(12.6-1)式也可以这样来理解：由于自感电动势的存在，使通过它的电流不能有突变。

同样，电容器储存的电场能量 $W=\frac{q^2}{2C}$ 在换路瞬间也不应有突变。因此换路瞬间，电容器极板上所带的电荷量以及极板间的电压不会有突变，

$$\begin{aligned} q(0^-)&=q(0^+), \\ u_C(0^-)&=u_C(0^+). \end{aligned} \tag{12.6-2}$$

(12.6-1)式和(12.6-2)式决定了电感和电容在暂态过程中的初始条件。

12.6.2 RL 电路的暂态过程

如图 12-15 所示的电路，当开关 S 接 1 时，RL 串联电路上电压由 0 突变到 $\mathscr{E}$。由于有自感，电路中电流的变化使电路中出现自感电动势 $\mathscr{E}_L=-L\frac{\mathrm{d}i}{\mathrm{d}t}$，设电源为电动势 $\mathscr{E}$ 的理想电源。任何时刻有方程

$$iR=\mathscr{E}+\mathscr{E}_L=\mathscr{E}-L\frac{\mathrm{d}i}{\mathrm{d}t}$$

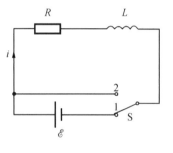

图 12-15

或

$$L\frac{\mathrm{d}i}{\mathrm{d}t}+iR=\mathscr{E}. \tag{12.6-3}$$

这是暂态电路中电流 i 所满足的微分方程，是一阶线性常系数非齐次微分方程，初始条件 $i(0)=0$。可用分离变量法求解方程(12.6-3)得

$$i(t)=\frac{\mathscr{E}}{R}(1-\mathrm{e}^{-\frac{R}{L}t}). \tag{12.6-4}$$

上式表明 RL 电路接通电源后，电流 $i(t)$ 随时间按指数规律逐渐达到稳定值 $I_0=\frac{\mathscr{E}}{R}$，趋近稳定值快慢由 $\frac{L}{R}$ 来确定。图 12-16 给出了稳定值 $I_0=\frac{\mathscr{E}}{R}$ 相同而电感 L 不同，即不同 $\frac{L}{R}$ 的 RL 电路的电流 $i(t)$ 曲线。从曲线可知对 $\frac{L}{R}$ 较小的电路，其 $i(t)$ 较快地趋近于稳定值 I_0。

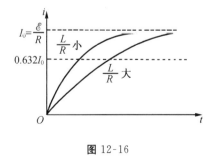

图 12-16

不难证明 $\frac{L}{R}$ 具有时间量纲，通常称为 RL 电路的时间常数，常记作 τ，

$$\tau = \frac{L}{R}. \tag{12.6-5}$$

当 $t=\tau$ 时，电路中电流 $i(\tau)=\frac{\mathscr{E}}{R}(1-\mathrm{e}^{-1})=0.632 I_0$。这表明时间常数 τ 等于电流由零增长到稳定值 I_0 的 63.2% 所需的时间。一般认为 $t=5\tau$ 时间后，可视为暂态过程基本结束，因为此时电流 $i(5\tau)=0.994 I_0$。由此可见，电路的时间常数 $\tau=\frac{L}{R}$，是表征 RL 电路中暂态过程持续时间长短的特征量。L 愈大，R 愈小，则 τ 越大，电流增长得越慢。

在图 12-15 中将开关由 1 迅速扳向 2，RL 电路中的电压从 $\mathscr{E}$ 瞬间突变到 0。电流的变化所产生的自感电动势将使电流持续一段时间。这时回路的电压方程为

$$iR = \mathscr{E}_L = -L\frac{\mathrm{d}i}{\mathrm{d}t}$$

或

$$L\frac{\mathrm{d}i}{\mathrm{d}t} + iR = 0.$$

对此方程求解，并利用初始条件 $i(0)=I_0$，得到

$$i(t) = I_0 \mathrm{e}^{-\frac{R}{L}t}. \tag{12.6-6}$$

上式表明，将 RL 电路短接（相当于 RL 电路中电压由 $\mathscr{E}$ 突变到 0），电流 $i(t)$ 按指数规律递减，递减快慢也是用时间常数 $\tau(=\frac{L}{R})$ 表征（图 12-17）。

总之，RL 电路在阶跃电压（0 突变到 $\mathscr{E}$，或 $\mathscr{E}$ 突变到 0）作用下，电流不能突变，而是按指数规律达到稳定值。暂态过程中，电流趋于稳定值的快慢由电路时间常数 $\tau=\frac{L}{R}$ 确定。

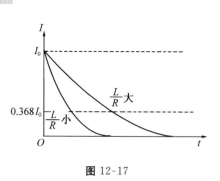

图 12-17

12.6.3 RC 电路的暂态过程

RC 电路的暂态过程就是电容器通过电阻充放电过程。

如图 12-18 所示，开关 S 接到位置 1，电容器被充电，回路电压方程为

$$iR + u_C = \mathscr{E}.$$

式中 $u_C = \frac{q}{C}$，充电电流 $i = \frac{\mathrm{d}q}{\mathrm{d}t}$，$q$ 为电容器极板上的电荷量。因此回路电压方程又可写成

$$RC\frac{\mathrm{d}u_C}{\mathrm{d}t} + u_C = \mathscr{E}.$$

初始条件为 $q(0)=0$，或 $u_C(0)=0$。上述微分方程的解为

$$u_C(t) = \mathscr{E}(1-\mathrm{e}^{-\frac{t}{RC}}). \tag{12.6-7}$$

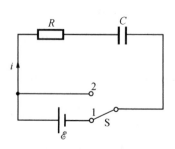

图 12-18

相应电容器极板上电荷量

$$q(t)=Cu_C(t)=\mathscr{E}C(1-\mathrm{e}^{-\frac{t}{RC}}). \tag{12.6-8}$$

图 12-19 给出了 RC 电路充电过程中,电容器极板上电荷量随时间按指数规律变化的曲线. 充电过程的快慢用电路时间常数

$$\tau=RC$$

表示,其意义与 RL 电路的时间常数 τ 类似.

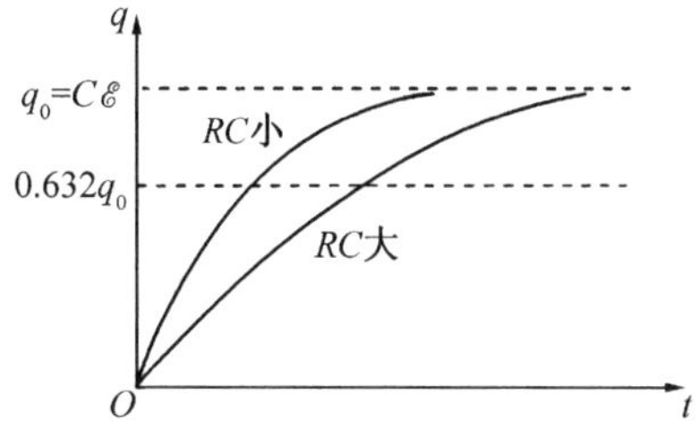

充电电流也是常常研究的,由(12.6-8)式可得充电电流

$$i(t)=\frac{\mathrm{d}q}{\mathrm{d}t}=\frac{\mathscr{E}}{R}\mathrm{e}^{-\frac{t}{RC}}. \tag{12.6-9}$$

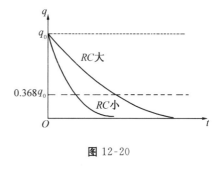

图 12-19

$t=0$ 时充电电流最大为 $\frac{\mathscr{E}}{R}$,而充电结束时,$i=0$.

图 12-18 中如果把开关由 1 拨向 2,就是使已充电的电容 C 通过电阻 R 放电. 放电暂态过程的电路电压方程为

$$RC\frac{\mathrm{d}u_C}{\mathrm{d}t}+u_C=0,$$

u_C 的初始条件 $u_C(0)=\mathscr{E}$,解上述微分方程得到,

$$u_C(t)=\mathscr{E}\mathrm{e}^{-\frac{t}{RC}}. \tag{12.6-10}$$

放电过程中电容器极板上电荷量 $q(t)$ 的变化规律为

$$q(t)=C\mathscr{E}\mathrm{e}^{-\frac{t}{RC}}=q_0\mathrm{e}^{-\frac{t}{RC}}. \tag{12.6-11}$$

其中时间常数 $\tau=RC$. RC 越大,放电过程越缓慢,如图 12-20 所示.

放电电流

$$i(t)=\frac{\mathrm{d}q}{\mathrm{d}t}=-\frac{\mathscr{E}}{R}\mathrm{e}^{-\frac{t}{RC}}. \tag{12.6-12}$$

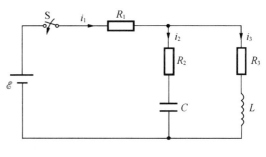

图 12-20

上式中,"$-$"号表示放电电流方向与充电电流方向相反.

RC 电路的暂态过程在电子工程技术中得到广泛的应用.

*例 12-7 电路如图所示,各元件的参数以及电源电动势为已知,求开关 S 接通瞬间,各元件中的电流、电压.

解 由电感、电容的性质可知,S 闭合瞬间

$$i_3=i_L(0^+)=i_L(0^-)=0,$$

即 R_3L 支路相当于开路,

$$u_C=u_C(0^+)=u_C(0^-)=0,$$

即电容 C 相当于短接.

例 12-7 图

S 闭合瞬间各量可如下求得：

$$i_1 = i_2 = \frac{\mathcal{E}}{R_1+R_2},$$

$$u_L = u_{R2} = i_2 R_2 = \frac{\mathcal{E}}{R_1+R_2} R_2,$$

$$u_{R1} = i_1 R_1 = \frac{\mathcal{E} R_1}{R_1+R_2}.$$

从以上计算看出，换路瞬间电感 L 中电流不突变，L 上电压却发生突变，由 0 变为 $\frac{R_2}{R_1+R_2}\mathcal{E}$。电容 C 上电压不突变，电流却发生突变，由 0 变为 $\frac{\mathcal{E}}{R_1+R_2}$。

例 12-8 图(a)中 S 合上的 RL 暂态电路，已知 $L=30$ mH，$R=6\ \Omega$，$\mathcal{E}=12$ V，计算：
(1) 电路时间常数；
(2) 电路接通 $t=2$ ms 瞬间的电流值 i.

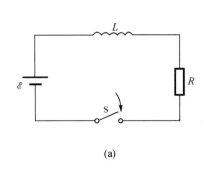
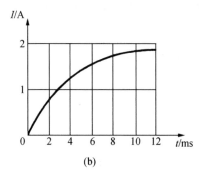

例 12-8 图

解 (1) 时间常数

$$\tau = \frac{L}{R} = \frac{30\times 10^{-3}}{6}\text{ s} = 5.00\text{ ms}.$$

(2) 利用公式(12.6-5)，把 $t=2$ ms 代入即求得电流

$$i = \frac{\mathcal{E}}{R}(1-e^{-\frac{t}{\tau}}) = \frac{12}{6}(1-e^{-0.4})\text{ A} = 0.659\text{ A}.$$

电流 i-t 曲线如图(b)所示.

内容提要

1. 法拉第电磁感应定律：$\mathcal{E} = -\dfrac{\mathrm{d}\Phi}{\mathrm{d}t}$，或 $\mathcal{E} = -\dfrac{\mathrm{d}\psi}{\mathrm{d}t}$.

式中负号反映楞次定律. 感应电动势总具有这样的方向，即使它产生的感应电流在回路产生的磁场去阻碍引起感应电动势的磁通量的变化.

2. 动生电动势——洛伦兹力作为非静电力：$\mathcal{E}_{ab} = \displaystyle\int_a^b (\boldsymbol{v}\times\boldsymbol{B})\cdot\mathrm{d}\boldsymbol{l}$.

感生电动势——变化的磁场在空间激发感生电场（涡旋电场）：

$$\mathscr{E} = \oint \boldsymbol{E}_r \cdot \mathrm{d}\boldsymbol{l} = -\int \frac{\partial \boldsymbol{B}}{\partial t} \cdot \mathrm{d}\boldsymbol{S}.$$

感应电动势的计算：$\mathscr{E} = -\dfrac{\mathrm{d}\Phi}{\mathrm{d}t}$，或 $\mathscr{E} = -\iint \dfrac{\partial \boldsymbol{B}}{\partial t} \cdot \mathrm{d}\boldsymbol{S} + \int (\boldsymbol{v} \times \boldsymbol{B}) \cdot \mathrm{d}\boldsymbol{l}$.

3. 互感.

互感系数：$M_{21} = \dfrac{\psi_{21}}{i_1}$，$M_{21} = M_{12}$，$M = k\sqrt{L_1 L_2}$.

互感电动势：$\mathscr{E}_{21} = -M \dfrac{\mathrm{d}i_1}{\mathrm{d}t}$.

4. 自感.

自感系数 $L = \dfrac{\psi}{i}$，自感电动势 $\mathscr{E}_L = -L \dfrac{\mathrm{d}i}{\mathrm{d}t}$.

5. 磁场能量.

自感磁能：$W_L = \dfrac{1}{2} L I^2$.

磁场能量密度：$w_m = \dfrac{B^2}{2\mu_0 \mu_r} = \dfrac{1}{2} BH$.

6. RL 电路和 RC 电路的暂态过程.

(1) 暂态过程有起始状态、终态和中间过程三个环节.

(2) 起始状态取决于初始条件，终态是稳态，它们通过物理上的分析来确定.

(3) 中间过程是负指数变化过程，它由电路参数决定的时间常数 τ 表征.

习　题

12-1　如图所示，长直导线旁有一矩形线圈，其长 $l_1 = 0.20$ m、宽 $l_2 = 0.10$ m，矩形线圈的左边与导线相距 $a = 0.10$ m，线圈共 1 000 匝. 当在长直导线中通有交流电流 $I = 10\sin(100\pi t)$（I 的单位为 A，t 以 s 计）时，求线圈中的感应电动势.

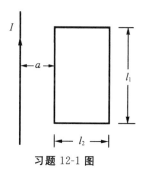

习题 12-1 图

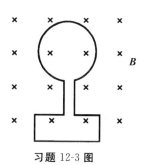

习题 12-3 图

12-2　如果上题中长直导线中电流 I 保持不变，$I = 5.0$ A，而线圈以速率 $v = 3.0$ m/s、方向垂直于长导线向右运动，求线圈中的感应电动势.

12-3　如图所示，磁场 $\boldsymbol{B}$ 的方向与线圈平面垂直向内. 如果通过该线圈的磁通量与时间的关系为 $\Phi_B = 6t^2 + 7t + 1$，Φ_B 的单位为 10^{-3} Wb，t 的单位为 s. 求 $t = 2$ s 时，回路的感应电动势.

12-4 bac 为金属导线, 弯成如图所示的形状. bac 与一载流长直导线共面, $\overline{ac}=\overline{ab}=L$, ab 和 ac 间的夹角为 θ, a 点离长直导线的距离为 d. 金属导线 bac 以速度 v 向上运动, 长直导线中载有电流 I, 如图所示.

(1) 分别求金属导线 ab, ac 两段中的感应电动势;

(2) b, c 两点哪一点的电势高?

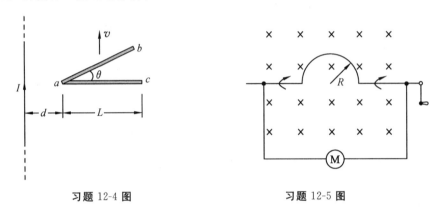

习题 12-4 图   习题 12-5 图

12-5 如图所示的装置是半径为 R 的半圆形导线, 在磁感应强度为 $\boldsymbol{B}$ 的均匀磁场中以频率 f 旋转. 设电表 M 的内电阻为 R_M, 而电路其余部分的电阻忽略不计, 求回路中感应电流的幅值和频率.

12-6 如果通过匝数为 N 的线圈的磁通量, 由 Φ_1 改变到 Φ_2, 试证该线圈内通过的电荷量 q 为

$$q=\frac{N(\Phi_2-\Phi_1)}{R}.$$

式中 R 为线圈的总电阻.

12-7 面积 $S=20\ \text{cm}^2$ 的线圈共有 $N=1\,000$ 匝. 在 $\Delta t=0.02\ \text{s}$ 内从线圈平面与地磁场垂直的位置转到与地磁场平行的位置. 已知该处地磁场 $B=6\times10^{-5}\ \text{T}$, 求平均感应电动势.

12-8 如图所示, 边长为 l 的正方形导体回路以匀速率 v 经过一均匀磁场, 该均匀磁场局限在边长为 $2l$ 的正方形区域.

(1) 在 $x=-2l$ 到 $x=+2l$ 的范围内, 试画出为了匀速移动该导体回路所需外力的 F-x 曲线;(线圈位置用线圈中心所在位置的坐标 x 表示)

(2) 画出回路中感应电流 i-x 曲线. (顺时针电流向上画, 反时针电流向下画)

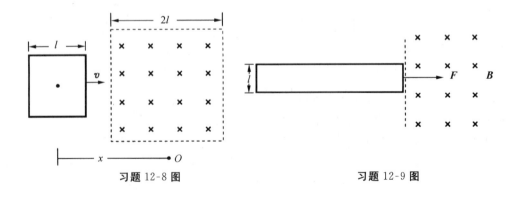

习题 12-8 图   习题 12-9 图

12-9 如图所示,电阻为 R、质量为 m、宽为 l 的窄长矩形导线. 假设其长度为足够长,从图示的静止位置开始受恒力 F 作用进入虚线右方一均匀磁场 $\boldsymbol{B}$.

(1) 画出回路运动的速度随时间变化的曲线;
(2) 求回路最终速率;
(3) 推导出作为时间函数的速度表达式.

12-10 两个同轴的导体回路,小回路在大回路上面距离 y 处,大回路中电流为 I,如图所示. y 远大于大回路的半径 R,因此大回路内电流产生的磁场在小回路所围面积 πr^2 内可近似看作是均匀的. 假设小回路以 $v = \dfrac{\mathrm{d}y}{\mathrm{d}t}$ 运动.

(1) 试确定穿过小回路的磁通量 Φ 和 y 之间的关系;
(2) 求小回路内产生的感生电动势;
(3) 若 $v > 0$,确定小回路内感应电流的方向.

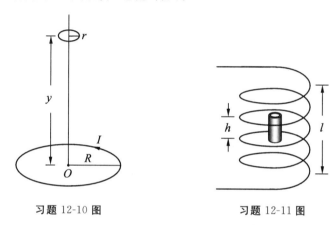

习题 12-10 图　　　　习题 12-11 图

12-11 真空器件(如电子管)在抽真空时,为了去除附着在内部金属部件上的气体分子,可以采用感应加热的方法,如图所示. 设线圈长 $l = 20$ cm,匝数 $N = 30$ 匝(线圈近似看作是无限长密绕的),线圈中的高频电流为 $I = I_0 \sin(2\pi f t)$. 其中 $I_0 = 25$ A,频率 $f = 10^5$ Hz,被加热的是电子管的阳极,它是半径 $r = 4$ mm 且管壁极薄的空圆筒,其高度 $h \ll l$,电阻 $R = 5 \times 10^{-3}$ Ω,求:

(1) 阳极中感应电流的最大值;
(2) 阳极内每秒产生的热量;
(3) 当频率 f 加倍时,热量增至几倍.

12-12 如图所示,在均匀磁场中有两根相距 1 m 的平行金属导轨,ab 和 cd 为两根金属棒,各长 1 m,电阻都是 $R = 4$ Ω,放在导轨上. 已知 $B = 2$ T,方向垂直纸面向里. 当两根金属棒在导轨上以 $v_1 = 4$ m/s 和 $v_2 = 2$ m/s 的速度向左运动时,忽略导轨的电阻. 求:

(1) 两金属棒中动生电动势的大小和方向;
(2) 金属棒两端的电势差 U_{ab} 和 U_{cd};
(3) 两金属棒中点 O_1 和 O_2 之间的电势差.

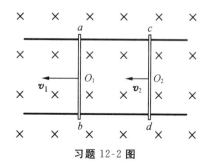

习题 12-2 图

12-13 如图所示为一种电磁阻尼装置.一金属圆盘,电阻率为 ρ,厚度为 b.在圆盘转动过程中,在离转轴 r 处面积为 a^2 的小方块范围内加一垂直于圆盘的磁场 $\boldsymbol{B}$.试导出当圆盘转动的角速度为 ω 时阻碍圆盘转动的电磁力矩的近似表达式.

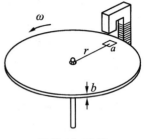

习题 12-13 图

12-14 在如图所示的虚线圆内,有均匀磁场 $\boldsymbol{B}$,它正以 $\dfrac{\mathrm{d}B}{\mathrm{d}t}=0.1$ T/s 在减小.设某时刻 $B=0.5$ T.

(1) 求在半径 $r=10$ cm 的导体圆环的任一点上涡旋电场 E 的大小和方向;

(2) 如果导体圆环的电阻为 $2\ \Omega$,求环内电流;

(3) 求环上两点 a 和 b 之间的电势差;

(4) 如果将环上某一点切开,并把两端点稍许分开,则两端间电势差为多少?

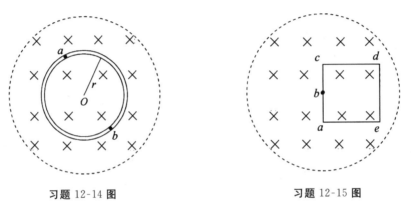

习题 12-14 图   习题 12-15 图

12-15 边长 $l=20$ cm 的正方形导体回路,放在与上题相同磁场中,其 ac 边沿着直径,b 点在场的中心,如图所示.求:

(1) 各边内感应电动势的大小;

(2) 回路内感应电动势的大小;

(3) 如果回路电阻 $R=2\ \Omega$,则 a,c 两点电势差为多大?

12-16 半径为 R 的圆柱形空间内有磁感应强度为 $\boldsymbol{B}$ 的匀强磁场.设 $\dfrac{\mathrm{d}B}{\mathrm{d}t}>0$,且为常量.磁场中有一长为 l 的金属棒 ab,如图所示.求棒中的感生电动势,并指出哪一端电势高.

12-17 在电子感应加速器中,电子的圆轨道半径是 R,假定该电子以切向速度 v 在轨道上回旋.

(1) 如果该电子的速度大小不变,为了使电子能在该轨道上运动需要多大的磁场?

(2) 如果在轨道平面内磁场是均匀的,并且正以 $\dfrac{\mathrm{d}B}{\mathrm{d}t}$ 增大,电子每转一圈,加速此电子的等效电压为多大?

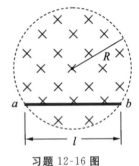

习题 12-16 图

12-18 在电子感应加速器中,已知电子加速的时间是 4.2 ms,电子轨道内最大磁通量为 1.8 Wb.

(1) 求电子沿轨道绕行一周平均获得的能量；

(2) 如果电子最终获得的能量为 100 MeV，电子将绕多少圈？

(3) 如果电子轨道半径为 84 cm，电子绕行路程为多少？

12-19 两线圈的互感 $M=0.01$ H，第一个线圈内电流 $i=10\sin(120\pi t)$（i 的单位为 A，t 以 s 计）.

(1) 求第二个线圈内的感应电动势的大小；

(2) 假如第二个线圈内的电流为上述表达式，试求第一个线圈内的感应电动势的大小.

12-20 半径 $R=10$ cm、截面积 $S=5$ cm^2 的螺绕环，均匀地绕有 $N_1=1\,000$ 匝线圈. 另有 $N_2=500$ 匝线圈，均匀地绕在第一组线圈的外面，试求其互感.

12-21 圆形小线圈的面积 $S_1=4$ cm^2，匝数 $N_1=50$ 匝，将此小线圈放在另一个半径 $R=20$ cm 的大线圈的中心，两者同轴，大线圈 $N_2=100$ 匝.

(1) 求这两线圈的互感 M；

(2) 当小线圈中的电流以 $\dfrac{\mathrm{d}I}{\mathrm{d}t}=50$ A/s 变化率减小时，求大线圈中的感应电动势.

12-22 在一长直螺线管的线圈中通有 10.0 A 的恒定电流时，通过该螺线管每匝线圈的磁通量为 20 μWb；当电流以 4.0 A/s 的速率变化时，产生的自感电动势为 3.2 mV. 求此螺线管的自感系数 L 和总匝数 N.

12-23 试证图示的长为 l 的一段同轴电缆的自感
$$L=\dfrac{\mu_0 l}{2\pi}\ln\dfrac{b}{a}.$$
式中 a 为中心细长实心导体的外半径，b 为同轴导体圆柱面的内半径.

12-24 两根平行长直导线，横截面的半径都是 a，中心相距 b，它们属于同一回路. 设两导线内部的磁通量可略去不计，证明这样一对导线长为 l 的一段自感 L 由下式确定，
$$L=\dfrac{\mu_0 l}{\pi}\ln\dfrac{b-a}{a}.$$

12-25 截面为长方形的螺绕环，共绕有 N 匝线圈，其尺寸如图所示.

(1) 求此螺绕环的自感系数 L；

(2) 沿环的轴线拉一根长直导线，证明直导线和螺绕环之间的互感系数 M_{12} 和 M_{21} 相等.

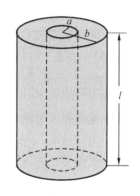

习题 12-23 图

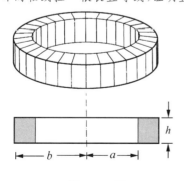

习题 12-25 图

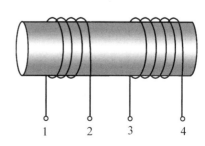

习题 12-26 图

12-26 图示安置的两线圈的自感分别为 L_1, L_2, 它们之间的互感为 M.

(1) 将两线圈的 2,3 端连接起来, 求 1 和 4 之间的自感;

(2) 将两线圈的 2,4 端连接起来, 求 1 和 3 之间的自感.

12-27 半径为 5 cm 的线圈, 载有电流 100 A, 求圆心处的能量密度.

12-28 实验室中可获得的强磁场约为 2.0 T, 强电场约为 1×10^6 V/m, 则相应的磁场能量密度和电场能量密度各为多少? 哪种场更有利于储存能量?

12-29 原则上, 可以利用超导线圈中持续大电流的磁场来储存能量. 要储存 1 kW·h 的能量, 利用 1.0 T 的磁场, 该磁场所占用的体积为多大? 若利用线圈中 500 A 的电流储存上述能量, 则该线圈的自感系数应为多大?

12-30 横截面积为圆的长直导线, 均匀载有电流 I. 试证每单位长度导线内部所储存的磁场能等于 $\dfrac{\mu_0 I^2}{16\pi}$.

12-31 横截面积为圆的长直导线中的一段, 长度为 l. 试证这段导线与内部的磁通量相联系的自感 $L_0 = \dfrac{\mu_0 l}{8\pi}$. (注意它与导线的半径无关)

12-32 直径为 0.254 cm 的长直铜导线, 载有电流 10 A, 铜的电阻率 $\rho = 1.7 \times 10^{-8}$ Ω·m. 试计算:

(1) 导线表面处的磁场能量密度 w_m;

(2) 导线表面处的电场能量密度 w_e.

12-33 如果均匀电场的能量密度与 0.5 T 磁场的能量密度相同, 求该电场的电场强度.

12-34 将电感 $L = 3$ H、导线电阻 $R = 6$ Ω 的线圈, 连接到电动势 $\mathscr{E} = 12$ V、内阻可略去不计的电池组两端. 求:

(1) 电路中起始的电流增长率;

(2) 电流为 1 A 时的电流增长率;

(3) 电路接通后的 0.2 s 时的电流;

(4) 最终的稳态电流.

12-35 将 $L = 10$ H、导线电阻 $R = 200$ Ω 的线圈, 连接到 10 V 的电压上. 求:

(1) 线圈中最终稳态电流;

(2) 电流的起始增长率;

(3) 电流为终值一半时电流的增长率;

(4) 在电流接通后多长时间, 电流等于其终值的 99%.

12-36 对于题 12-34, 问:

(1) 线圈中电流为 0.5 A 时, 线圈的输入功率为多大?

(2) 在该时刻能量的耗散率是多少?

(3) 磁场能量的增长率是多少?

(4) 电流达到稳态值时, 储存在磁场中的能量是多大?

12-37 图示两个电容器串联后, 通过电阻 5 Ω 用 12 V 电池组充电.

(1) 求此充电电路的时间常数;

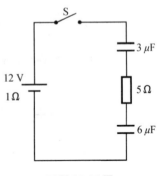

习题 12-37 图

(2) 经过一个时间常数的时间后,再打开开关 S,问此时 6 μF 电容器两端的电压是多少?

12-38 电动势为 $\mathscr{E}$、内阻不计的电池组,经过电阻 R 对电容器 C 充电.
(1) 在充电过程中,电池组供给多少能量?
(2) 消耗在电阻上变为焦耳热的能量有多少?

12-39 内阻可以略去的电源,电动势 $\mathscr{E}=4$ V,它通过电阻 $R=3\times10^6$ Ω 对 $C=1$ μF 的电容器进行充电.试求在电路接通 1 s 后的时刻:
(1) 电容器上电荷量增加的速率;
(2) 电容器内储存能量的速率;
(3) 电阻器上焦耳热的功率;
(4) 电源所供给的功率.

第 13 章　物质的磁性

与电场中存在电介质时的情况相似,磁场中的物质称为磁介质.如果磁场中有磁介质存在,则由于物质的分子(或原子)内存在运动的电荷,这些运动电荷受到磁力的作用会使物质处于一种特殊的状态,称为磁介质的磁化.被磁化的磁介质内会产生磁化电流,反过来磁化电流所激发的场又会影响空间磁场的分布.根据磁介质的磁化特性,可以把磁介质分为两大类:第一类属于弱磁性材料,又分为顺磁质和抗磁质,它们的特点是磁化后产生的磁性都非常微弱;第二类属于强磁性材料,称为铁磁质,它们被磁化后能产生极强的磁性.本章首先将从物质的电结构出发,讨论弱磁性材料的磁化机制;接着介绍有磁介质时的磁场场量及其所遵循的规律;最后简单介绍铁磁质的磁化规律.

13.1　磁介质的磁化

▶ 13.1.1　磁介质的磁化

磁介质指能影响磁场的物质.事实上各种物质都以不同方式、不同程度影响着磁场,因此一切物质都可以称为磁介质.实验证明,就物质的磁性来说,物质可以分为三类:**顺磁质**、**抗磁质**和**铁磁质**.磁介质在磁场作用下发生的变化称为**磁化**.

任何物质都是由分子(或原子)构成的.原子内的电子同时参与两种运动:一种是绕原子核的轨道运动,另一种是自旋运动.这两种运动分别对应着轨道磁矩和自旋磁矩.整个原子的磁矩是原子内所有电子的轨道磁矩和自旋磁矩的矢量和.

原子的经典模型是把电子看成绕核做圆周运动.因此电子的轨道运动形成一个小圆形电流,如图 13-1 所示.设电子运动速度为 v,圆半径为 r.电子是在周期 $T=\dfrac{2\pi r}{v}$ 内跑过 1 周,因此与轨道运动对应的圆电流 $I=\dfrac{e}{T}=\dfrac{ev}{2\pi r}$,与之相应的轨道磁矩 $\mu=I\pi r^2$,πr^2 是圆轨道面积,所以

$$\mu = I\pi r^2 = \left(\frac{ev}{2\pi r}\right)\pi r^2 = \frac{1}{2}evr.$$

考虑到电子轨道运动的角动量 $L=mvr$,磁矩又可写成

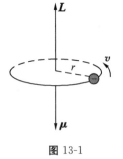

图 13-1

$$\mu = \frac{e}{2m}L. \tag{13.1-1}$$

此式表明,电子轨道磁矩正比于轨道角动量.电子带负电,所以两个矢量 **μ** 与 **L** 是反向的,而且均垂直于轨道平面,上式写成矢量式为

$$\boldsymbol{\mu} = -\frac{e}{2m}\boldsymbol{L}. \tag{13.1-2}$$

注意,上面是用经典模型推出了(13.1-2)式,用量子力学理论也给出同样的结果.

在大多数物质中,原子中电子的轨道磁矩往往被同轨道上另一个反方向运动的电子的轨道磁矩所抵消,其结果是这些电子轨道运动产生的磁效应或者是零,或者非常微弱.

电子的自旋对应的磁矩对电子磁矩也有贡献.对于电子的自旋运动,只有通过量子力学才能理解.计算表明,电子自旋产生的磁矩与它的轨道磁矩有相同的数量级.量子理论指出自旋角动量 S 取值(严格来说,这是自旋角动量沿空间某一方向的分量),

$$S = \frac{\hbar}{2} = 5.2729 \times 10^{-35} \text{ J} \cdot \text{s}.$$

上式中 $\hbar$ 为普朗克常量 h 除以 2π,即 $\hbar = \frac{h}{2\pi}$.量子理论给出电子与自旋相关的自旋磁矩

$$\mu_B = \frac{e}{m}S = \frac{e}{2m}\hbar = \frac{1.6 \times 10^{-19}}{9.1 \times 10^{-31}} \times 5.2729 \times 10^{-35} \text{ A} \cdot \text{m}^2 = 9.27 \times 10^{-24} \text{ A} \cdot \text{m}^2.$$

这个量值称为**玻尔磁子**(它和例 13-1 中的电子轨道磁矩 9.23×10^{-24} A·m² 同一数量级).

在原子或离子中,许多电子的自旋是成对反向,结果使自旋磁矩相抵消.然而对具有奇数电子的原子来说,它至少有一个未配对的电子,因此具有一个相应的自旋磁矩.原子的总磁矩是电子的轨道磁矩和自旋磁矩的矢量和.某些原子和离子的磁矩由表 13-1 列出.注意 He 和 Ne 原子具有零磁矩是由于它们原子内电子的各自磁矩相抵消的结果,并不是说它们原子内的电子没有轨道运动和自旋运动.

表 13-1 某些原子和离子的磁矩

原子(或离子)	磁矩/10^{-24} A·m²
H	9.27
He	0
Li	9.27
Ne	0
Ce^{3+}	19.8
Yb^{3+}	37.1

组成原子核的质子和中子也有相关的磁矩,然而质子或中子的磁矩小于电子的磁矩的千分之一,通常可予忽略.但有的情形下要单独考虑磁矩,如核磁共振技术.

对于磁质磁化的研究,早期以安培提出的分子电流假说最有深广的影响.现在,也仍沿用"分子"一词来说明磁介质的磁化.本文所提到的磁分子中的"分子"是泛指磁介质的微观基本单元.分子磁矩是指构成该基本单元的全部电子的轨道磁矩与自旋磁矩的矢量和,而分子电流指与这个分子磁矩相对应的等效**环形电流**,有时又称为**分子圆电流**.

▶ 13.1.2 磁介质的分类

设原有的磁场为 B_0,磁化了的磁介质所产生的附加磁场为 B',这样磁介质存在时的合磁场就是

$$B = B_0 + B'.$$

在完全充满磁介质的空间里,附加磁场 B' 可有以下三种情况:

(1) B' 与 B_0 同方向. 磁化后具有与 B_0 同方向的附加磁场的磁介质称为顺磁质,锰、铬、铂、氮和氧等都属于顺磁质. 组成顺磁质的磁分子,在没有受到外磁场的作用时,分子磁矩 $m_{分子}$ 不为零. 在外磁场的作用下,这些分子磁矩作有序排列,形成近乎平行的链,因而产生与 B_0 同向的附加磁场. 当外磁场撤除时,由于分子的热运动使得这些分子磁矩无序排列,它们的磁效应互相抵消,因而就磁介质的整体来看,附加磁场也跟着消失.

(2) B' 与 B_0 反方向. 磁化后具有与 B_0 反方向附加磁场的磁介质称为抗磁质,汞、铜、铋、金、银、氢等都属于抗磁质. 组成抗磁质的磁分子,在没有受到外磁场的作用时,分子磁矩 $m_{分子}$ 为零. $m_{分子}=0$ 是指分子内所有电子轨道磁矩和自旋磁矩相抵消的结果. 当有外磁场作用时,每个分子都能在与外磁场相反方向上出现一个感应磁矩 $\Delta m_{分子}$(见例13-2),因而产生与 B_0 反向的附加磁场. 当外磁场撤去时,磁分子的感应磁矩 $\Delta m_{分子}$ 也将消失.

应当指出,在外磁场作用下,不论哪一种磁介质的磁分子,总会出现与外磁场方向相反的感应磁矩 $\Delta m_{分子}$. 可见抗磁性这一性质应该为一切物质所共有. 但在顺磁质中,固有分子磁矩作有序排列时产生附加磁场要比由感应磁矩产生的附加场大得多. 因此,物质的抗磁性被掩盖了,只呈现顺磁性.

(3) B' 特别强的情形. 不论是顺磁质还是抗磁质,它们在磁化时产生的附加磁场总是不太强的,另外有一种在实用上很重要的磁介质,它们在磁化时将产生很强的附加磁场 B'. 这种磁介质称为铁磁质. 铁、钴、镍以及它们的合金都属于这一类磁介质. 铁磁质的磁性来源不再与上述分子电流有关,而是与组成物质的晶格结构以及电子的自旋有关. 铁磁质的磁化问题,我们将在后面详细讨论.

例 13-1 基态的氢原子,其电子轨道半径 $r=5.3\times10^{-11}$ m,试计算其轨道角动量 L 和轨道磁矩 μ.

解 电子圆轨道运动的向心力由库仑力提供,$m\dfrac{v^2}{r}=\dfrac{e^2}{4\pi\varepsilon_0 r^2}$. 由此

$$v=\sqrt{\dfrac{e^2}{4\pi\varepsilon_0 mr}}.$$

轨道角动量

$$L=mvr=\sqrt{\dfrac{e^2 mr}{4\pi\varepsilon_0}}=1.6\times10^{-19}\sqrt{9.0\times10^9\times9.1\times10^{-31}\times5.3\times10^{-11}}\text{ kg}\cdot\text{m}^2/\text{s}$$

$$=10.54\times10^{-35}\text{ kg}\cdot\text{m}^2/\text{s}.$$

按(13.1-1)式计算轨道磁矩

$$\mu=\dfrac{e}{2m}L=\dfrac{1.6\times10^{-19}}{2\times9.1\times10^{-31}}\times10.54\times10^{-35}\text{ A}\cdot\text{m}^2=9.23\times10^{-24}\text{ A}\cdot\text{m}^2.$$

例 13-2 原子核外电子做半径 r 的圆轨道运动,现在与电子轨道磁矩 $\boldsymbol{\mu}$ 同方向上加外磁场 $\boldsymbol{B}$,求电子速率的变化和轨道磁矩的变化.

解 当无外磁场时,电子是以库仑力 F_e 作为向心力,做圆轨道运动.设其圆运动速率为 v_0,

$$F_e = \frac{mv_0^2}{r}. \qquad ①$$

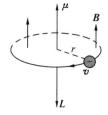

例 13-2 图

加上磁场 $\boldsymbol{B}$ 后,电子受洛伦兹力 $F_B = evB$,方向与库仑力 F_e 相反,所以

$$F_e - evB = \frac{mv^2}{r}. \qquad ②$$

由①式代入②式后,再稍作整理便可以得到

$$v^2 + \left(\frac{eBr}{m}\right)v - v_0^2 = 0. \qquad ③$$

因为加上磁场后,在此情形,电子速率是减小的,设 $v = v_0 - \Delta v$,代入③式,

$$v_0^2 - 2v_0 \Delta v + (\Delta v)^2 + \frac{eBr}{m}v_0 - \frac{eBr}{m}\Delta v - v_0^2 = 0. \qquad ④$$

考虑 $\Delta v \ll v_0$,在④式中去掉 $(\Delta v)^2$ 以及 $\frac{eBr}{m}\Delta v$ 两项,得

$$\Delta v = \frac{eBr}{2m}. \qquad ⑤$$

速率变化 Δv 对应的电子轨道角动量 L 的变化

$$\Delta L = m(\Delta v)r = \frac{eBr^2}{2}.$$

利用(13.1-1)式,电子轨道磁矩 μ 的变化

$$\Delta \mu = \frac{e}{2m}\Delta L = \frac{e^2 r^2}{4m}B.$$

如果进一步考虑 ΔL 和 $\Delta \mu$ 的方向,因为速率在变慢,轨道角动量增量 ΔL 方向与原先轨道角动量 L 方向相反,即与外磁场 $\boldsymbol{B}$ 方向相同,由(13.1-2)式有

$$\boxed{\Delta \boldsymbol{\mu} = -\frac{e^2 r^2}{4m}\boldsymbol{B},} \qquad (13.1\text{-}3)$$

电子获得的附加磁矩(即感应磁矩) $\Delta \boldsymbol{\mu}$ 方向与外磁场方向相反.读者可自行分析和计算,当外加磁场方向与电子轨道磁矩方向相反时,电子获得的附加磁矩 $\Delta \boldsymbol{\mu}$ 方向也是与 $\boldsymbol{B}$ 方向相反.

以 $B = 2$ T 和基态氢原子的电子轨道 $r = 5.3 \times 10^{-11}$ m 代入⑤式,得

$$\Delta v = \frac{eBr}{2m} = \frac{1.6 \times 10^{-19} \times 2 \times 5.3 \times 10^{-11}}{2 \times 9.11 \times 10^{-31}} \text{ m/s} = 9.3 \text{ m/s}.$$

基态氢原子的电子速率 $v_0 = 2.2 \times 10^6$ m/s,由此可见 $\Delta v \ll v_0$ 的条件是满足的.电子获得附加磁矩

$$\Delta \mu = \frac{e}{2m}\Delta L = \frac{er}{2}\Delta v = \frac{1.6 \times 10^{-19} \times 5.3 \times 10^{-11} \times 9.3}{2} \text{ A·m}^2 = 3.9 \times 10^{-29} \text{ A·m}^2.$$

上例中已求出基态氢原子中电子轨道磁矩 $\mu = 9.23 \times 10^{-24}$ A·m²,所以即使很强的磁场($B = 2$ T),它获得附加磁矩仅为 3.9×10^{-29} A·m².

13.1.3 磁化强度

本节就各向同性的磁介质来讨论磁介质的磁化. **磁化强度矢量 M** 是用来定量描写磁介质的磁化程度和磁化方向的物理量,其定义为单位体积内分子磁矩 $m_{分子}$ 的矢量和,

$$M = \frac{\sum m_{分子}}{\Delta V}. \tag{13.1-4}$$

式中 $\sum m_{分子}$ 表示在体积为 ΔV 的磁介质中分子磁矩的矢量和. 如果介质是均匀磁化的,则它的磁化强度矢量 M 是常矢量,到处大小相等,方向相同;如果介质的磁化是非均匀的,则它的 M 是到处不同的.

国际单位制中,磁化强度 M 的单位是安/米,记为 A/m.

13.1.4 磁化电流　附加场

本小节通过实例,讨论介质磁化后出现的磁化电流,以及由它产生的附加磁场.

设在长直螺线管内充满各向同性的均匀磁介质,如图 13-2(a)所示. 当线圈内流有电流 I_0,管内有电流 I_0 产生的均匀磁场 $B_0 (= \mu_0 n I_0, n$ 为单位长度上的匝数). 磁介质在外磁场 B_0 中被磁化. 磁介质内的分子圆电流在磁场作用下都作有规则的排列,如图 13-2(b)所示. 截面内任意一点位置上,成对且方向相反的分子电流相抵消,仅在边缘上形成等效的环形大电流,称为**磁化电流**或**束缚电流**.

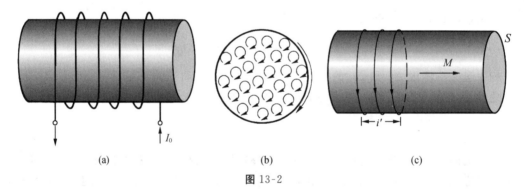

图 13-2

在圆柱形磁介质侧面上,单位长度上的磁化电流(称为**磁化面电流**)为 i'[图 13-2(c)]. 这样,对于截面积为 S、长为 L 的一段圆柱形磁介质,磁化后全部分子磁矩 $m_{分子}$ 的矢量和的量值应该为 $i'SL$. 由磁化强度 M 的定义式可知该段磁介质磁化后的全部分子磁矩矢量和又为 MSL,并且 $i'SL = MSL$. 所以对于本例有

$$i' = M,$$

即磁化面电流 i' 与磁化强度 M 相等. 对于非均匀磁介质,磁化后不仅在介质的表面,而且在体内还有未被抵消的分子电流形成的磁化电流,称为**磁化体电流**.

介质磁化后,在介质表面以及内部出现磁化电流,这个磁化电流也要产生磁场,称之为**附加磁场**. 磁化电流与传导电流一样,都是按照毕奥-萨伐尔定律来激发磁场. 圆柱体磁介质的侧面上单位长度有 i' 的磁化面电流在圆柱体内的磁场 B' 相当于单位匝数上通有电流 i' 的

空心螺线管内部的磁场. 所以附加磁场
$$B' = \mu_0 i' = \mu_0 M.$$
如把方向考虑进去，
$$\boldsymbol{B}' = \mu_0 \boldsymbol{M}.$$
注意，上式仅是对一个特例来计算磁化电流产生的附加磁场 B'.

13.2 磁场强度

▶ 13.2.1 磁场强度　磁导率

从上节讨论可知，如是空心螺线管，绕组中通以电流 I_0（传导电流）后，螺线管内的磁场 $B_0 = \mu_0 n I_0$. 如用某磁介质充满载流螺线管内部，磁介质要磁化，磁化后的磁介质产生附加场 B'. 因此磁介质内部的总场为
$$\boldsymbol{B} = \boldsymbol{B}_0 + \boldsymbol{B}',$$
因此，在有磁介质存在的情形下，磁场的计算涉及先要计算出磁化电流，再计算磁化电流产生的附加磁场. 为计算方便，引入辅助矢量**磁场强度** $\boldsymbol{H}$，它由下式定义，
$$\boldsymbol{H} = \frac{\boldsymbol{B}}{\mu_0} - \boldsymbol{M}. \tag{13.2-1}$$
其中 $\boldsymbol{B}$ 应理解为总场，上式亦可写成
$$\boldsymbol{B} = \mu_0 (\boldsymbol{H} + \boldsymbol{M}). \tag{13.2-2}$$
在国际单位制中 H 的单位是安/米（A/m），过去常用奥斯特，简称奥（Oe）作为 H 的单位，它与安/米的关系为
$$1 \text{ Oe} = \frac{10^3}{4\pi} \text{ A/m} \text{ 或 } 1 \text{ A/m} = 4\pi \times 10^{-3} \text{ Oe}.$$
为了更好地理解 (13.2-1) 式和 (13.2-2) 式，仍考虑载有电流 I_0 的螺线管. 如其内部是真空（真空的 $M = 0$），由于没有附加磁场，$\boldsymbol{B}' = 0$，因此总场 $\boldsymbol{B}$，有 $B = B_0$. 而绕组中电流 I_0 产生的磁场 $B_0 = \mu_0 n I_0$，但是按照 (13.2-2) 式，$B = \mu_0 H$. 所以
$$H = n I_0.$$
这说明螺线管内部的磁场强度 H 是由绕组电流 I_0 产生的.

实验证明，对于大多数物质，特别是顺磁质和抗磁质，磁化强度 $\boldsymbol{M}$ 正比于磁场强度 $\boldsymbol{H}$，
$$\boldsymbol{M} = \chi_m \boldsymbol{H}. \tag{13.2-3}$$
从 M 和 H 的单位，都是 A/m 可知，式中 χ_m 是无量纲数，称为**磁化率**，它与磁介质材料有关. 对于顺磁质，χ_m 是正的，这表明 $\boldsymbol{M}$ 与 $\boldsymbol{H}$ 同方向；对于抗磁质，χ_m 是负的，$\boldsymbol{M}$ 与 $\boldsymbol{H}$ 反方向. (13.2-3) 式的 $\boldsymbol{M}$ 与 $\boldsymbol{H}$ 的线性关系，一般不适用于铁磁质.

把 (13.2-3) 式代入 (13.2-2) 式得
$$\boldsymbol{B} = \mu_0 \boldsymbol{H} + \mu_0 \chi_m \boldsymbol{H} = \mu_0 (1 + \chi_m) \boldsymbol{H}.$$
设
$$\mu_r = 1 + \chi_m, \tag{13.2-4}$$

$$\mu = \mu_r \mu_0, \tag{13.2-5}$$

则

$$B = \mu_0 \mu_r H. \tag{13.2-6}$$

或

$$B = \mu H. \tag{13.2-7}$$

μ_r 称为**磁介质的相对磁导率**，它是没有单位的纯数。μ 称为**磁介质的磁导率**，它的单位与 μ_0 相同。一些磁介质的相对磁导率 μ_r 见表 13-2。

表 13-2 几种磁介质的相对磁导率

磁介质种类		相对磁导率 μ_r
抗磁质 $\mu_r<1$	铋	$1-16.6\times10^{-5}$
	汞	$1-2.9\times10^{-5}$
	铜	$1-1.0\times10^{-5}$
	氢	$1-3.98\times10^{-5}$
顺磁质 $\mu_r>1$	氧	$1+344.9\times10^{-5}$
	铝	$1+1.65\times10^{-5}$
	铂	$1+26\times10^{-5}$
铁磁质 $\mu_r\gg1$	纯铁	5×10^3（最大值）
	硅钢	7×10^2（最大值）
	坡莫合金	1×10^5（最大值）

磁介质也可按照相对磁导率 μ_r 来区分：$\mu_r>1$ 为顺磁质；$\mu_r<1$ 为抗磁质；$\mu_r\gg1$ 为铁磁质。

因为顺磁质和抗磁质的 χ_m 非常小，μ_r 差不多接近于 1。但是，对于铁磁质来说，μ_r 可以是数千。铁磁质的 μ_r 还与磁化状态、过程有关。

▶ 13.2.2 有磁介质时的安培环路定理和高斯定理

对于有磁介质时的磁场 B，除了有原来的传导电流贡献外，还有磁介质磁化后的磁化电流的贡献，所以有磁介质时的安培环路定理应该为

$$\oint B \cdot dl = \mu_0 \sum I_0 + \mu_0 \sum I'. \tag{13.2-8}$$

式中 $\sum I_0$ 和 $\sum I'$ 分别是穿过闭合曲线环路的传导电流和磁化电流。如果从 (13.2-8) 式来计算有磁介质时的磁场 B，那是困难的，因为里面包含了磁化电流 $\sum I'$ 项。

利用上节引入的磁场强度 H，式 (13.2-8) 的有介质时的安培环路定理形式就特别简单。可以证明，在磁场中磁场强度 H 沿任一闭合曲线回路的线积分，等于穿过闭合曲线回路的全部传导电流的代数和，即

$$\oint H \cdot dl = \sum I_0. \tag{13.2-9}$$

这就是**有磁介质时的安培环路定理**。

至于磁场的高斯定理

$$\oiint \boldsymbol{B} \cdot \mathrm{d}\boldsymbol{S} = 0, \qquad (13.2\text{-}10)$$

它是由毕奥-萨伐尔定律导出的. 它无论对传导电流激发的磁场, 还是磁化电流激发的磁场都应成立. 所以上式对有磁介质存在时的磁场也成立, 它是磁场的一个普遍公式.

这样, 我们得到有关磁场的两个普遍公式, $\boldsymbol{H}$ 矢量的安培环路定理(13.2-9)式和 $\boldsymbol{B}$ 矢量的高斯定理(13.2-10)式.

磁场强度 H 在磁场计算中也是一个重要的物理量. 对它也可引进像磁场 $\boldsymbol{B}$ 那样, 用称之为磁场线的场线来表示. 在真空中, 磁场线与 $\boldsymbol{B}$ 线形状相同, 因为真空中有 $\boldsymbol{H} = \dfrac{\boldsymbol{B}}{\mu_0}$.

虽然符号 $\boldsymbol{H}$ 和 $\boldsymbol{B}$ 用得非常普遍, 不同的书本给这两种场的名称不同, 这给初学者带来混淆. 有的书本中称 $\boldsymbol{H}$ 为磁场, 而将 $\boldsymbol{B}$ 称为磁感应强度. 本书中, 称 $\boldsymbol{B}$ 为磁场, 称 $\boldsymbol{H}$ 为磁场强度, 磁场线指 $\boldsymbol{B}$ 线. 这里再次强调, $\boldsymbol{H}$ 是计算过程引进的辅助矢量. 决定运动电荷在磁场中受力以及决定感应电动势的是磁感应强度 $\boldsymbol{B}$ 而不是磁场强度 $\boldsymbol{H}$.

对于计算磁介质内的磁场, 可以通过(13.2-9)式求出磁场强度 H, 再由式 $B = \mu_0 \mu_\mathrm{r} H$ 或磁化曲线 B-H (见下节)来求出磁介质内的 B.

例 13-3 已知螺绕环中心线周长 $l = 10$ cm, 总匝数 $N = 200$, 通有电流 $I = 0.01$ A.

(1) 若环内是真空, 求 H, B 的值.

(2) 若环内充满 $\mu_\mathrm{r} = 100$ 的磁介质, 求 H, B 的值.

解 (1) 取螺绕环中心线作为安培环路, 按照 $\oint \boldsymbol{H} \cdot \mathrm{d}\boldsymbol{l} = \sum I$, 有 $Hl = NI$. 由此

$$H = \frac{NI}{l} = 200 \times 0.01/(10 \times 10^{-2}) \text{ A/m} = 20 \text{ A/m}.$$

对于真空 $\mu = \mu_\mathrm{r} \mu_0 = \mu_0$, 所以

$$B = \mu_0 H = 4\pi \times 10^{-7} \times 20 \text{ T} = 2.5 \times 10^{-5} \text{ T}.$$

(2) 对于充满 $\mu_\mathrm{r} = 100$ 的磁介质, 其磁场强度与真空时相同,

$$H = \frac{NI}{l} = 20 \text{ A/m},$$

$$B = \mu_\mathrm{r} \mu_0 H = 100 \times (0.25 \times 10^{-4}) \text{ T} = 2.5 \times 10^{-3} \text{ T}.$$

▶ 13.2.3 磁介质内的磁场

在例 13-3 中可以看到在给定电流的情况下, 螺绕环中磁介质使磁感应强度以及磁通量增大 μ_r 倍, 这将影响到线圈的自感. 如果在线圈建立的全部磁场空间都用 μ_r 的磁介质代替真空, 那么每一点的磁感应强度都将比真空中的值大 μ_r 倍. 这样, 真空中的自感表达式中 μ_0 应该用 $\mu_0 \mu_\mathrm{r}$ 取代. 例如, 对密绕在铁芯上的螺绕环的自感为 $L = \mu_\mathrm{r} \mu_0 \dfrac{N^2 S}{l}$.

这说明有铁芯的线圈的自感比真空中同一绕组的自感大得多. 因为铁磁质的 μ_r 不是常数, 所以这种线圈的自感不是常数而与线圈中电流有关.

磁介质中磁场的能量密度公式也应该用 $\mu_0 \mu_\mathrm{r}$ 取代 μ_0 来修正. 这样, 真空中磁能密度 $w = \dfrac{B^2}{2\mu_0}$, 在磁导率 μ_r 的磁介质中, 能量密度为 $w = \dfrac{B^2}{2\mu_0 \mu_\mathrm{r}}$. 又因为 $B = \mu_\mathrm{r} \mu_0 H$, 所以

$$w=\frac{B^2}{2\mu_r\mu_0}=\frac{1}{2}\mu_r\mu_0 H^2=\frac{1}{2}BH. \quad (13.2\text{-}11)$$

写成更一般形式,

$$w=\frac{1}{2}\boldsymbol{B}\cdot\boldsymbol{H}. \quad (13.2\text{-}12)$$

国际单位制中,B 的单位取特(T),H 的单位取安/米(A/m),则 w 的单位就是焦/米^3(J/m^3).

13.3 铁 磁 性

▶ 13.3.1 铁磁质的磁化机制

铁、钴、镍、镝等是强磁性物质,称为**铁磁质**.铁磁质可用来制造永磁体.

铁磁质的磁性主要来源于电子自旋磁矩,铁磁质中的电子自旋磁矩可以在小范围内自发地同向排列起来,形成一个小的自发磁化区,称为**磁畴**.磁畴的体积约为 10^{-12} m^3 ~ 10^{-8} m^3,含有 10^{17} ~ 10^{21} 个原子.磁畴内自发磁化的发生来源于电子交换作用,它使电子自旋磁矩同向排列时能量最低.交换作用是一种量子效应,经典理论中没有与之对应的概念.

在未磁化的铁磁质中,各磁畴的取向是杂乱的,以使它的合磁矩为零.当有外场时,磁畴受到磁场的转矩作用,而转向外磁场,产生了铁磁质的磁化(图 13-3).观察表明,在外场中原先与外场夹角小的磁畴要膨胀,而与外场夹角大的磁畴要收缩.当外场撤去后,铁磁质就把与外场同方向的磁化强度保留下来,而常温下分子热运动也并未有足够的能量来破坏这些磁矩的取向.

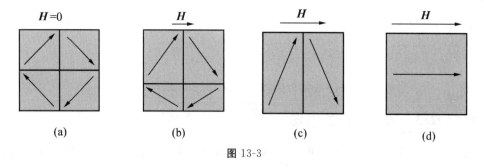

图 13-3

▶ 13.3.2 铁磁质的磁化规律

铁磁质的磁化规律是指 M 与 H,B 与 H 的关系(常常是测量 B-H 关系).把待测的铁磁材料做成圆环,如图 13-4 所示,上面均匀密绕线圈(初级线圈).当线圈中通有电流时,载流螺绕环中磁场强度为

$$H=nI.$$

其中 n 为单位长度上的匝数.改变电流 I 的数值就能改变螺绕环中的 H 的值.环上另一组次级线圈是用来测量环中的磁感应强度 B 的.

实验开始时,待测的铁磁材料要从未被磁化过. 当电流从 0 增加时,磁场强度 H 按照公式 $H = nI$ 从 0 线性增加,铁芯中的 B 也随之增加(图 13-5). 在 O 点,铁芯中的磁畴取向是杂乱的,因而它的附加场等于 0. 随着外场 H 的增加,磁畴逐步取向外场方向,至图中 a 点,这时再增加 H,铁芯中的 B 不再显著随之增加,这现象称为达到了**磁饱和**,这相当于铁芯中磁畴均取向外磁场方向

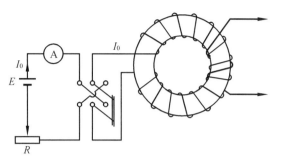

图 13-4

排列. 曲线 Oa 称为**起始磁化曲线**. 从 a 点逐步减小线圈中电流 I 到 0,相当于使外磁场逐渐减小到消失. 该过程铁芯中磁感应强度 B 随曲线 ab 变化,在 b 点外磁场消失,$H = 0$,而铁芯中 B 却不为零. 这是由于大量磁畴的有序排列而使铁芯仍处在磁化状态,b 点的 B_r 称为**剩磁**. 为使 B 减小到 0,必须加反向磁场(通过改变电流 I 的方向以及加大反向电流),在 $H = H_c$ 时 $B = 0$. H_c 称为**矫顽力**. 当反向磁场继续加大时,B 将随变化曲线到达反向饱和点 d. 当电流再减小为 0 时,再次换向并向正向增加,这相当于反向磁场减小到 0,然后又向正向增加. 过程将与前面类似,磁化沿着曲线

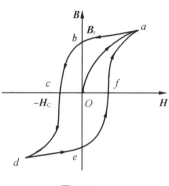

图 13-5

def 进行. 当电流足够大,即正向磁场足够大时,铁芯能再次回到正向饱和点 a.

铁磁质的磁化曲线(图 13-5),表明铁磁质的磁化依赖于物质的磁化历史以及所加的磁场. 由于外场撤除后,铁磁质有"剩磁",所以人们常称它有"记忆"特性. 图 13-5 所示的闭合曲线称为**磁滞回线**,这种现象称为**磁滞现象**. 磁滞回线的形状与铁磁材料的性质以及所加的外磁场有关.

根据铁磁质的起始磁化曲线中 B 和 H 的值,按公式 $\mu_r = \dfrac{B}{\mu_0 H}$ 作出的 μ_r-H 曲线如图 13-6 所示,μ_r 由起始值 μ_I 开始增加,达到最大值 μ_M 后急剧减少. μ_I 称为**起始磁导率**,μ_M 称为**最大磁导率**.

要使铁磁材料退磁,可以把它放在逐步减小的交变磁场中,经历图 13-7 所示的一系列磁滞过程,最后铁磁质内的 B 与外场同时减小为 0.

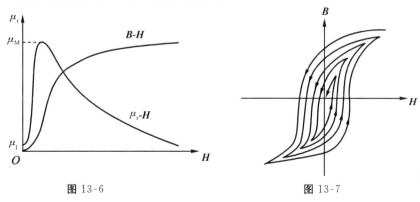

图 13-6　　　　　图 13-7

可以证明,磁滞回线面积的大小,代表铁磁质在反复磁化过程中所需的能量.这部分能量来自于外场,它最终转化为热能,使铁磁质温度升高,这部分能量损失称为**磁滞损失**.

居里(P. Curie)发现,任何铁磁质,都有一特定的温度,当铁磁质的温度高于这一温度时,铁磁质的铁磁性完全消失而成为顺磁性,这一温度叫作**居里点**.这是因为温度高于居里点的铁磁质中自发磁化区域瓦解而成为普通的磁性物质.当温度低于居里点时,它又能恢复其铁磁性.常见铁磁材料的居里点,铁为 767 ℃、钴为 1 117 ℃、镍为 357 ℃.

铁磁材料中有一类称为"硬磁材料",其磁滞回线很宽,相当于有很大的剩磁,这些硬磁材料很难"去磁",适合用来制造永磁体.理想的"软磁材料"应该是没有剩磁,没有磁滞的,如图 13-8 所示,这一类磁性材料适合制作在交流场合使用的铁芯.

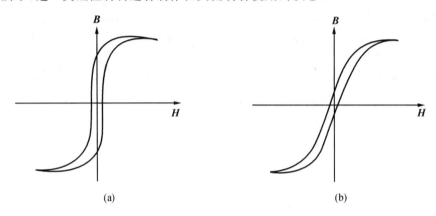

图 13-8

硬磁材料和软磁材料的性能参见表 13-3 和表 13-4.

表 13-3　典型硬磁材料的性能

材料名称	$H_C/\text{A} \cdot \text{m}^{-1}$	B_r/T
碳　　钢	4.0×10^3	1.00
铝镍钴 5 号	52.5×10^3	1.37
铝镍钴 8 号	113×10^3	1.15

表 13-4　典型软磁材料的性能

材料名称	μ_I	μ_M	$H_C/\text{A} \cdot \text{m}^{-1}$	$\rho/10^4\ \Omega \cdot \text{m}$	居里点/℃
纯铁杂质 0.05 杂质	10^4	2×10^5	4.0	10	770
硅钢 4% 硅,96% 铁	450	8×10^3	4.8	60	690
坡莫合金 45%Ni,55%铁	2.5×10^3	2.5×10^4	24	50	440
超坡莫合金 79%Ni,5%Mo,0.5%Mn,15.5%铁	$1 \times 10^4 \sim 1.2 \times 10^4$	$1 \times 10^6 \sim 1.5 \times 10^6$	0.32	60	400
铁氧体	10^3		$10 \sim 1$	10^4	100

内容提要

1. 磁介质.

(1) 物质磁性的来源：主要是原子或分子中电子的轨道运动和自旋运动,电子的轨道磁矩和自旋磁矩.

(2) 三种磁介质：抗磁质($\mu_r<1$),顺磁质($\mu_r>1$),铁磁质($\mu_r\gg1$).

顺磁质的分子或原子有固有磁矩,抗磁质的分子无固有磁矩,在外磁场中产生感应磁矩.

2. 磁介质的磁化.

(1) 在外磁场中固有磁矩沿外磁场取向,或在外磁场相反方向感应磁矩的产生,使磁介质表面(或内部)出现分子电流(或称束缚电流).

(2) 磁化强度：$\boldsymbol{M}=\dfrac{\sum \boldsymbol{m}_{分子}}{\Delta V}$（单位：A/m）,$\boldsymbol{M}=\chi_m \boldsymbol{H}$,$\chi_m$ 为磁化率.

(3) 相对磁导率：$\mu_r=\chi_m+1$,$\boldsymbol{B}=\mu_0\mu_r \boldsymbol{H}$.

3. 磁场强度.

(1) $\boldsymbol{H}=\dfrac{\boldsymbol{B}}{\mu_0}-\boldsymbol{M}$,或 $\boldsymbol{H}=\dfrac{1}{\mu_r\mu_0}\boldsymbol{B}$（单位：A/m）.

(2) $\boldsymbol{H}$ 的环路定理：$\oint \boldsymbol{H}\cdot \mathrm{d}\boldsymbol{l}=\sum I_0$（用于恒定电流）.

(3) 利用 H 的环路定理计算有磁介质时的磁场.

(4) 磁场能量密度：$w=\dfrac{1}{2}BH$.

4. 铁磁质：$\mu_r\gg1$,$\mu_r=\mu_r(H)$,有磁滞现象.

(1) 起始磁化曲线,磁饱和,剩磁,矫顽力 H_C,起始磁导率 μ_I,最大磁导率 μ_M,居里点,磁滞回线,磁滞损失.

(2) 磁性来源于电子自旋磁矩,磁畴.

(3) 硬磁材料、软磁材料的性能及其应用.

习 题

13-1 绕有 500 匝线圈的螺绕环,平均周长为 50 cm,载有电流为 0.3 A,其环中铁芯的相对磁导率 $\mu_r=600$.求：

(1) 铁芯中的磁感应强度的大小；

(2) 铁芯中的磁场强度的大小；

(3) 磁化电流产生的附加磁感应强度的大小.

13-2 一螺绕环的平均周长为 40 cm,绕有 400 匝线圈,载有电流为 2.0 A.利用冲击电流计,测得其磁场 $B=1$ T.求：

(1) 磁场强度的大小；

(2) 磁化强度的大小；

(3) 磁化率；

(4) 相对磁导率.

13-3 有一根磁铁棒，其矫顽力 $H_C=4\times 10^3$ A/m，现把它插入长为 12 cm、绕有 60 匝的螺绕管中使它去磁，此螺线管应该通以多大的电流？

13-4 横截面积为 5 cm^2 的铁环，平均周长为 40 cm，现在此环上绕有 350 匝导线并通以电流 $I=0.2$ A．该铁芯的 B-H 曲线和 μ-H 曲线见附图．求：

(1) 磁场强度的大小；

(2) 磁感应强度的大小；

(3) 铁芯的相对磁导率.

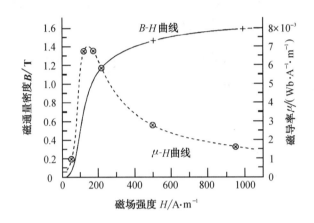

习题 13-4 图

13-5 铁芯螺绕环的平均周长为 30 cm，横截面积为 2 cm^2，绕有线圈 400 匝．现要在环内产生 $B=0.1$ T 的磁场，求绕组内的电流．(该铁芯的磁化曲线采用习题 13-4 图)

13-6 一根无限长的直圆柱铜导线，导线半径为 R_1，在导线外包一层相对磁导率为 μ_r 的圆筒形磁介质，磁介质的外半径为 R_2．如果导线内有电流 I 通过，求磁介质内、外的磁场强度和磁感应强度的分布，并画出 H-r，B-r 曲线．

13-7 直径为 6 cm、厚为 4 mm 的铁盘，沿垂直于端面的方向磁化．已知磁化强度 $M=1.5\times 10^6$ A/m，求：

(1) 围绕盘边缘的磁化电流；

(2) 盘中心的 B；

(3) 盘中心的 H；

(4) 盘的磁矩.

第 14 章　交流电路

早在 19 世纪 80 年代,美国的两位发明家就电力配送系统的最佳方案曾经有过一场激烈的辩论.托马斯·爱迪生倾向于采用直流电,而乔治·威斯汀豪斯则认为使用正弦交流更佳.如今大部分家用和工业用电都使用交流,对于信号和电力的转换和远距离传输等,交流具有无可替代的优势.首先,在广播、电视和卫星通信等领域,经过高频交流调制后的声像信号可以长距离无线传送;其次,交流发电机可以经济方便地将其他形式的能量转换为电能,在相同的功率输送条件下,经过变压器升压后的高电压(可升至几百万伏)和相对小的电流可减小电缆中的能量损失.本章,我们将学习电阻、电感和电容元件在交流电路中的交流阻抗与相位关系,以及 RLC 谐振电路.

14.1　交流概述

大小和方向随时间做周期性变化的电流,称为**交流**.在一个电路里,如果电源的电动势 $e(t)$ 随时间做周期性变化,则各段电路中的电压 $u(t)$ 和电流 $i(t)$ 都将随时间做周期性变化,这种电路叫作**交流电路**.交流发电机产生的交流电动势随时间变化的关系基本是余弦函数或正弦函数的形式,这样的交流称为**简谐交流**.简谐交流是一切交流中最基本的.本章只讨论简谐交流,而且采取余弦函数形式表示.

交流电动势　　　　　$e(t) = E_0 \cos(\omega t + \varphi_e)$;
交流电压　　　　　　$u(t) = U_0 \cos(\omega t + \varphi_u)$;
交流电流　　　　　　$i(t) = I_0 \cos(\omega t + \varphi_i)$.

其中峰值(最大值或称振幅)、频率、周期、相位以及初相位的意义与机械简谐运动中的有关量相同.

交流电流的数值、交流电压的数值通常采用有效值来表示.有效值指交流电流通过电阻产生的焦耳热与数值多大的直流电相当.几乎所有的交流电表都是按有效值来刻度的.

可以证明,对于简谐交流来说它的有效值与峰值之比为 $\dfrac{1}{\sqrt{2}}$,即

$$I = \frac{I_0}{\sqrt{2}},\ U = \frac{U_0}{\sqrt{2}}.$$

前面已提到,在一个交流电路中,各部分的电压、电流具有与电源同样的频率,但是它们有不同的有效值(或峰值)和相位.有效值与直流电路中相应量的地位相当.交流电路的复杂性多半是由相位引起的,学习交流知识,特别要留意相位问题.

14.2 交流电路中的基本元件

交流电路中,决定一个元件上的电压 $u(t)$ 和其中的电流 $i(t)$ 的关系,需要有两个量:一个是电压有效值(或峰值)与电流有效值(或峰值)之比,称为该元件的**交流阻抗**,用 Z 表示,

$$Z = \frac{U}{I} = \frac{U_0}{I_0};$$

另一个是两者的相位差,规定是电压相位减去电流相位

$$\varphi = \varphi_u - \varphi_i.$$

这样,交流电路中的元件特性可以用阻抗 Z 和相位差 φ 来表示,如图 14-1 所示.

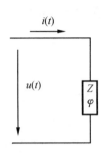

图 14-1

▶ 14.2.1 电阻

交流电路中的电阻元件上电压的瞬时值与电流的瞬时值之间仍服从欧姆定律(图 14-2). 设 $u(t) = U_0 \cos\omega t$,则

$$i(t) = \frac{u(t)}{R} = \frac{U_0}{R}\cos\omega t = I_0 \cos\omega t.$$

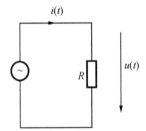
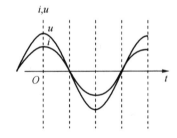

图 14-2

由此可见,对于电阻元件,其交流阻抗 Z_R 就是它的电阻 R;电压与电流的相位一致,φ 为 0,即

$$Z_R = R, \quad \varphi = 0.$$

▶ 14.2.2 电感

当有交流电流通过电感元件(图 14-3)时,线圈将产生自感电动势 $E_L = -L\dfrac{di}{dt}$. 如果线圈的内阻可以略去,采用电流和自感电动势正方向相同的约定,则有 $u = -E_L$.
设电流 $i(t) = I_0 \cos\omega t$,则有

$$u(t) = L\frac{di(t)}{dt} = -\omega L I_0 \sin\omega t = \omega L I_0 \cos\left(\omega t + \frac{\pi}{2}\right) = U_0 \cos\left(\omega t + \frac{\pi}{2}\right).$$

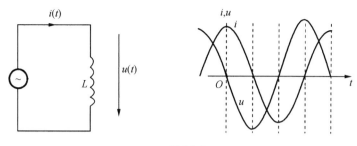

图 14-3

由此可见,电感元件的交流阻抗(称为**感抗**)和相位差分别为

$$Z_L = \omega L, \quad \varphi = \frac{\pi}{2}.$$

它表明,纯电感元件上的电压相位超前电流 $\frac{\pi}{2}$.

▶ 14.2.3 电容

直流是不能通过电容器的,但是当一交流电压加在电容器两端时,由于电压随时间做周期性变化,使得电容器上电荷量随时间做周期性变化,电容器不断地进行充放电,在有电容的电路中形成交流电流(图 14-4).

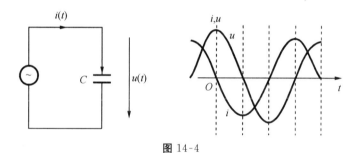

图 14-4

设电容器两端电压 $u(t) = U_0 \cos\omega t$,电容器上电荷量 $q(t) = Cu(t) = CU_0\cos\omega t$,电路中电流

$$i(t) = \frac{\mathrm{d}q(t)}{\mathrm{d}t} = -\omega C U_0 \sin\omega t = \omega C U_0 \cos\left(\omega t + \frac{\pi}{2}\right).$$

由此可见,电容元件的交流阻抗(称为**容抗**)和相位差分别为

$$Z_C = \frac{1}{\omega C}, \quad \varphi = -\frac{\pi}{2}.$$

它表明,电容元件上的电压相位落后电流 $\frac{\pi}{2}$.

总之,交流电路中元件的性质用阻抗 Z 和相位差 φ 两个参量来表示,三种基本元件的 Z 和 φ 见表 14-1.

表 14-1 交流电路元件的比较

元件种类	$Z=\dfrac{U_0}{I_0}=\dfrac{U}{I}$	$\varphi=\varphi_u-\varphi_i$
电容 C	$Z_C=\dfrac{1}{\omega C}=\dfrac{1}{2\pi f C}$	$-\dfrac{\pi}{2}$
电阻 R	$Z_R=R$	0
电感 L	$Z_L=\omega L=2\pi f L$	$\dfrac{\pi}{2}$

应该指出,在交流电路中,电压、电流的峰值或有效值之间的关系仍和直流电路中的欧姆定律相似,即

$$U=IZ \text{ 或 } I=\dfrac{U}{Z}.$$

由于有相位差,电压、电流的瞬时值之间一般不具有上述关系.

例 14-1 在一个 0.1 H 的电感元件上加 50 Hz,20 V 的电源,电路中的电流为多少? 如果电压不变,而电源的频率为 500 Hz 时,电路中的电流又为多少?

解 当 $f=50$ Hz 时,感抗 $Z_L=2\pi\times 50\times 0.1$ Ω $=31.4$ Ω,

$$I=\dfrac{U}{Z_L}=\dfrac{20}{2\pi\times 50\times 0.1} \text{ A}=637 \text{ mA}.$$

当 $f=500$ Hz 时,感抗 $Z_L=2\pi\times 500\times 0.1$ Ω $=314$ Ω,

$$I=\dfrac{U}{Z_L}=\dfrac{20}{2\pi\times 500\times 0.1} \text{ A}=63.7 \text{ mA}.$$

这表明,同一电感元件,频率高了其感抗也增大.

例 14-2 一个 25 μF 的电容元件,加上 50 Hz,20 V 的电源,电路中的电流为多少? 如果电压不变,而电源频率为 500 Hz 时,电流又为多少?

解 当 $f=50$ Hz 时,容抗 $Z_C=\dfrac{1}{2\pi f C}=\dfrac{1}{2\pi\times 50\times 25\times 10^{-6}}$ Ω $=127.3$ Ω,

$$I=\dfrac{U}{Z_C}=U\cdot 2\pi f C=20\times 2\pi\times 50\times 25\times 10^{-6} \text{ A}=157 \text{ mA}.$$

当 $f=500$ Hz 时,容抗 $Z_C=\dfrac{1}{2\pi f C}=\dfrac{1}{2\pi\times 500\times 25\times 10^{-6}}$ Ω $=1.273$ Ω,

$$I=\dfrac{U}{Z_C}=20\times 2\pi\times 500\times 25\times 10^{-6} \text{ A}=1.57 \text{ A}.$$

这说明,同一电容元件,频率高了其容抗减小.

14.3 交流电路的矢量图解法

解交流电路有矢量图解法和复数法等方法,本节只介绍矢量图解法.

交流电路中也有串、并联电路(图 14-5).在任何时刻串并联电路中的电压、电流的瞬时值都满足如下的关系:

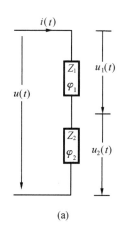
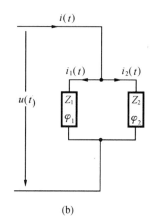

图 14-5

串联电路中,通过各元件的电流 $i(t)$ 是一样的,总电压是各分电压之和,

$$u(t)=u_1(t)+u_2(t); \tag{14.3-1}$$

并联电路中,各元件两端电压 $u(t)$ 是一样的,总电流是各支路电流之和,

$$i(t)=i_1(t)+i_2(t). \tag{14.3-2}$$

注意,一般而言,对有效值(或峰值)就没有类似(14.3-1)式和(14.3-2)式的简单关系.

在力学中已得知,简谐量可用旋转矢量来表示.在解决交流电路的串、并联问题时,若遇到的是同频率的交流电流(或电压)的相加,相当于用它们各自旋转矢量来合成.这种方法称为**矢量图解法**或简称**矢量法**.它的优点是能直观地给出各量的大小和相位之间的关系.

在用旋转矢量表示交流电流或电压时,矢量的长度统一用相关交流电流的有效值来表示(也有用峰值表示的).

▶ 14.3.1 RL 串联电路

对于图 14-6(a)所示的串联电路,通过各元件的电流 $i(t)$ 是共同的,为此,画一个水平矢量 I,电阻元件上的电压 $u_R(t)$ 与 $i(t)$ 相位一致,表示 $u_R(t)$ 的矢量 U_R 与 I 平行;电感上电压 $u_L(t)$ 比 $i(t)$ 相位超前 $\frac{\pi}{2}$,表示 $u_L(t)$ 的矢量 U_L 应该垂直向上,如图 14-6(b)所示.

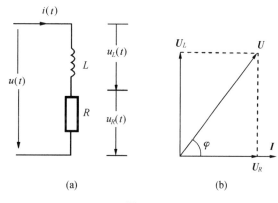

图 14-6

因为 $U_R=IR, U_L=\omega LI$,所以有

$$\frac{U_R}{U_L}=\frac{R}{\omega L}=\frac{Z_R}{Z_L}.$$

从图 14-6(b)的几何关系知,总电压的有效值

$$U=\sqrt{U_R{}^2+U_L{}^2}=I\sqrt{R^2+(\omega L)^2}, \tag{14.3-3}$$

而
$$\varphi = \varphi_u - \varphi_i = \arctan\frac{U_L}{U_R} = \arctan\frac{\omega L}{R}. \tag{14.3-4}$$

从(14.3-3)式可知 RL 串联电路的总阻抗
$$Z = \frac{U}{I} = \sqrt{R^2 + (\omega L)^2}.$$

(14.3-4)式表明总电压 $u(t)$ 的相位超前总电流 $i(t)$，整个 RL 电路是电感性的.

▶ 14.3.2　RC 串联电路

与 RL 串联电路相似，在图 14-7 中，只是电容元件上电压 $u_C(t)$ 相位落后电流 $i(t)$ 相位 $\frac{\pi}{2}$，矢量 $\mathbf{U}_C$ 垂直于 $\mathbf{I}$ 向下. 注意 $U_R = IR, U_C = \frac{I}{\omega C}$. 由图 14-7(b)所示的矢量图可知，总电压的有效值
$$U = \sqrt{U_R{}^2 + U_C{}^2} = I\sqrt{R^2 + \left(\frac{1}{\omega C}\right)^2}.$$

RC 串联电路的总阻抗、相位差分别为
$$Z = \frac{U}{I} = \sqrt{R^2 + \left(\frac{1}{\omega C}\right)^2},$$
$$\varphi = -\arctan\frac{U_C}{U_R} = -\arctan\frac{1}{\omega CR}.$$
$$\tag{14.3-5}$$

(14.3-5)式表明总电压 $u(t)$ 的相位落后于电流 $i(t)$，整个电路呈电容性.

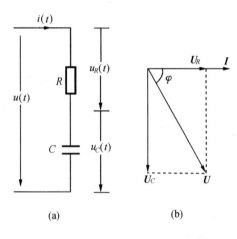

图 14-7

▶ 14.3.3　RL 并联电路

并联电路中，各元件上的电压 $u(t)$ 是共同的，为此画一个水平矢量代表 $\mathbf{U}$，矢量 $\mathbf{I}_R$ 与 $\mathbf{U}$ 平行，而矢量 $\mathbf{I}_L$ 垂直 $\mathbf{U}$ 向下. 注意到有 $I_R = \frac{U}{R}, I_L = \frac{U}{\omega L}$，所以 $\frac{I_R}{I_L} = \frac{\omega L}{R}$，如图 14-8 所示. 由矢量图立即得到总电流有效值
$$I = \sqrt{I_R{}^2 + I_L{}^2} = U\sqrt{\left(\frac{1}{R}\right)^2 + \left(\frac{1}{\omega L}\right)^2}.$$

RL 并联电路的总阻抗、相位差分别为
$$Z = \frac{U}{I} = \frac{1}{\sqrt{\left(\frac{1}{R}\right)^2 + \left(\frac{1}{\omega L}\right)^2}},$$
$$\varphi = \arctan\frac{I_L}{I_R} = \arctan\frac{R}{\omega L}. \tag{14.3-6}$$

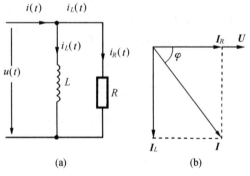

图 14-8

(14.3-6)式表明电压 $u(t)$ 的相位超前总电流 $i(t)$，电路呈电感性.

▶ 14.3.4 RC 并联电路

RC 并联电路(图 14-9), $I_R = \dfrac{U}{R}$, $I_C = U\omega C$, $\dfrac{I_R}{I_C} = \dfrac{1}{R\omega C}$. 由图 14-9(b)的矢量图可得 RC 并联电路的总电流有效值、总电路的阻抗以及相位差分别为

$$I = \sqrt{I_R^2 + I_C^2} = U\sqrt{\left(\dfrac{1}{R}\right)^2 + (\omega C)^2},$$

$$Z = \dfrac{U}{I} = \dfrac{1}{\sqrt{\left(\dfrac{1}{R}\right)^2 + (\omega C)^2}},$$

$$\varphi = -\arctan \dfrac{I_C}{I_R} = -\arctan(\omega C R).$$

说明电压 $u(t)$ 的相位比总电流 $i(t)$ 落后,电路呈电容性.

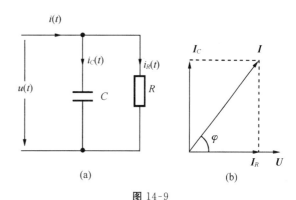

图 14-9

从上面的计算过程中,不难发现,对于交流电路,在串联电路中电压有效值的分配与各元件的阻抗成正比,在并联电路中电流有效值的分配与各元件的阻抗成反比.这些性质与直流电路的分压分流的规律一致.但是一般来说,在交流电路中,串联电路总电压的有效值并不等于分电压有效值之和,并联电路总电流的有效值也不等于分电流有效值之和.

例 14-3 如图所示,一交流电源,频率为 500 Hz,能供 3 mA 的电流,电阻 $R = 500\ \Omega$.

(1) 未接电容时电阻 R 两端的交流电压为多少?

(2) 电阻 R 上并联 $C = 30\ \mu F$ 的电容器后,R 两端的交流电压为多少?

解 (1) $U_R = IR = 3 \times 10^{-3} \times 500\ V = 1.5\ V$.

(2) 加上电容器后,可以算得容抗

$$Z_C = \dfrac{1}{2\pi f C} = \dfrac{1}{2\pi \times 500 \times 30 \times 10^{-6}}\ \Omega = 10.6\ \Omega.$$

两支路的交流电流之比

$$\dfrac{I_C}{I_R} = \dfrac{Z_R}{Z_C} = \dfrac{500}{10.6} = 47.$$

可以利用矢量图解法来求出 I_R 或 I_C,这里就不再仔细算出. 从 $\dfrac{I_C}{I_R} = 47$ 可见绝大部分交流电流从电容流过. 作为近似计算,取 $I_C \approx I = 3\ mA$,从而 AB 两端电压,即电阻 R 两端电压

$$U = I_C Z_C = 30\ mV.$$

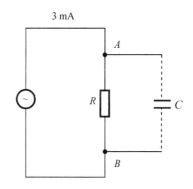

例 14-3 图

本例的计算说明,在 RC 并联电路中,电流的交流成分主要通过电容支路,而直流成分百分之百地通过电阻支路.并联在 R 旁的电容 C 起到"交流旁路"或者"高频短路"的作用,常称 C 为**旁路电容**.

例 14-4 图示电路中,输入 $u(t)$ 为 300 Hz 的交流信号. RC 串联电路中 $R = 100\ \Omega$. 要求电容器 C 上的输出信号 $u_C(t)$ 与输入信号间有 $\dfrac{\pi}{4}$ 的相位差(相移 $\dfrac{\pi}{4}$),问电容应取多大?

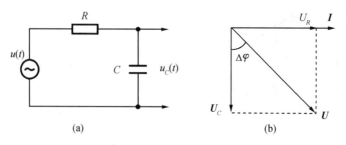

例 14-4 图

解 从矢量图可得

$$\Delta\varphi = \arctan\frac{U_R}{U_C} = \arctan\frac{R}{Z_C} = \arctan(2\pi fCR).$$

因为 $\Delta\varphi = \dfrac{\pi}{4}$,所以 $2\pi fCR = 1$,则

$$C = \frac{1}{2\pi fR} = \frac{1}{2\pi \times 300 \times 100}\ \text{F} = 5.3\ \mu\text{F}.$$

本电路称为 RC **相移电路**.

14.4 谐振电路

▶ 14.4.1 RLC 串联谐振

RLC 串联电路如图 14-10(a)所示,对于 RLC 串联电路,仍用矢量图解法加以研究. 画水平矢量 I,电阻上电压矢量 U_R 与 I 平行,电感上电压矢量 U_L 垂直于矢量 I 向上,而电容上电压矢量 U_C 垂直于矢量 I 向下,如图 14-10(b)所示. 由图中几何关系可得总电压

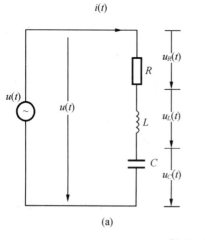
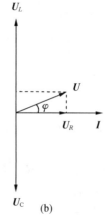

图 14-10

$$U=\sqrt{U_R{}^2+(U_L-U_C)^2},$$

式中 $U_R=IR, U_L=I\omega L, U_C=\dfrac{I}{\omega C}$，将它们代入上式得

$$U=I\sqrt{R^2+\left(\omega L-\frac{1}{\omega C}\right)^2}, \tag{14.4-1}$$

或者

$$I=\frac{U}{\sqrt{R^2+\left(\omega L-\dfrac{1}{\omega C}\right)^2}}. \tag{14.4-2}$$

串联电路的总阻抗

$$Z=\frac{U}{I}=\sqrt{R^2+\left(\omega L-\frac{1}{\omega C}\right)^2}, \tag{14.4-3}$$

总电压与电流的相位差

$$\varphi=\varphi_u-\varphi_i=\arctan\frac{U_L-U_C}{U_R}=\arctan\frac{\omega L-\dfrac{1}{\omega C}}{R}. \tag{14.4-4}$$

在以上各式中都出现了 $\omega L-\dfrac{1}{\omega C}$ 因子，其来源是串联电路中 $u_L(t)$ 和 $u_C(t)$ 的相位差 π，任何时刻它们的符号都相反.

从以上各式可知，当电源频率满足

$$\omega L=\frac{1}{\omega C} \tag{14.4-5}$$

时，电路的总阻抗将达到最小值

$$Z_{\min}=R;$$

电路中的电流达到最大值

$$I_{\max}=\frac{U}{R}.$$

这种电压 $u(t)$ 与电流 $i(t)$ 同相位，电路中电流出现极大的现象称**谐振现象**. 本例是 RLC 串联谐振. 发生谐振的频率 f_0 称为**谐振频率**（亦称**共振频率**），由(14.4-5)式可得

$$f_0=\frac{1}{2\pi\sqrt{LC}}. \tag{14.4-6}$$

式中 f_0 仅由电路本身参数 L,C 决定，又称为电路的**固有频率**.

串联谐振电路的阻抗 Z、电流 I 以及相位差 $\varphi=\varphi_u-\varphi_i$ 随电源频率 f 变化的曲线如图 14-11 所示. 当 $f<f_0, \dfrac{1}{\omega C}>\omega L$ 时，容抗大于感抗，$\varphi<0$，总电压落后于电流，电路呈电容性. 谐振时 $f=f_0$，电路呈电阻性. 当 $f>f_0, \omega L>\dfrac{1}{\omega C}$ 时，感抗大于容抗，$\varphi>0$，总电压超前于电流，电路呈电感性.

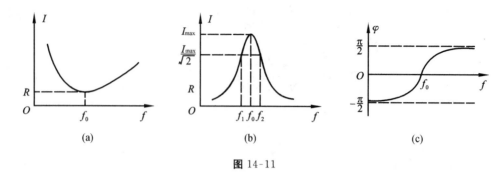

图 14-11

14.4.2 谐振电路的品质因数

RLC 串联电路谐振时电阻、电感和电容上的电压分别为

$$U_R = I_{max}R = U, \quad U_L = I_{max}\omega_0 L = \frac{U}{R}\omega_0 L = \frac{U}{R} \cdot \frac{1}{\omega_0 C} = U_C.$$

谐振时,电感上的电压 U_L 与总电压 U 之比,定义为谐振电路的**品质因数**,用 Q 表示,即

$$Q = \frac{U_L}{U} = \frac{\omega_0 L}{R}. \tag{14.4-7}$$

上式表明,总电压一定时,Q 值越高,U_L 和 U_C 越大.

在无线电技术中,常把谐振电路用于对信号频率的选择,因此用到**通频带宽度** Δf 的概念.规定[参考图 14-11(b)] $\Delta f = f_2 - f_1$,而

$$I(f_1) = I(f_2) = \frac{I_{max}}{\sqrt{2}}, \tag{14.4-8}$$

经过运算,可以得到

$$\Delta f = \frac{f_0}{Q}. \tag{14.4-9}$$

上式表明通频带宽度 Δf 反比于品质因数 Q 值.Q 值越大,Δf 就越小,谐振电路的频率选择性越好.

再从能量角度来考虑 RLC 串联谐振电路.在交流电流的一个周期 T 内,电阻上损耗的能量 $W_R = RI^2 T$,而电感和电容是储能元件,它们时而把电磁能储存起来,时而放出.在谐振状态,可以计算得到任意时刻,电感和电容元件所储存的总能量 W_{LC} 是稳定的,即

$$W_{LC} = \frac{1}{2}Li^2 + \frac{1}{2}Cu_C^2 = LI^2.$$

因此 $\dfrac{W_{LC}}{W_R}$ 反映了谐振电路的储能效率,

$$\frac{W_{LC}}{W_R} = \frac{LI^2}{RI^2 T} = \frac{L}{RT} = \frac{1}{2\pi}\frac{\omega_0 L}{R} = \frac{Q}{2\pi}, \tag{14.4-10}$$

或者

$$Q = 2\pi\frac{W_{LC}}{W_R}.$$

Q 值越高,相对于储存的能量来说所付出的消耗的能量越小,谐振电路储能的效率就高.

串联电路的谐振特性,广泛应用于无线电技术,如收音机的调台就是谐振电路选频特性的一种应用.

例 14-5 RLC 串联谐振电路中的 $C=0.5\ \mu\text{F}, L=0.1\ \text{H}$，求谐振频率.

解 由(14.4-6)式得

$$f_0 = \frac{1}{2\pi\sqrt{LC}} = \frac{1}{2\pi\sqrt{0.1 \times 0.5 \times 10^{-6}}}\ \text{Hz} = 710\ \text{Hz}.$$

▶ **14.4.3 并联谐振电路**

图 14-12 是并联谐振电路，也可以利用矢量图解法来求解它. 它比串联谐振电路复杂，本书不再讨论了，特别指出的是当 R 可以忽略时，并联谐振频率 f_0 将和串联谐振频率(14.4-6)式一样，即

$$f_0 = \frac{1}{2\pi\sqrt{LC}}. \tag{14.4-11}$$

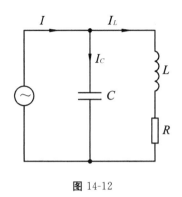

图 14-12

在无线电技术中，特别是在振荡器和滤波器里，并联谐振电路是其主要的组成部分.

14.5 交流的功率

交流在某一元件或组合电路中，瞬间消耗的功率叫作**瞬时功率**，它等于该元件或组合电路两端的瞬时电压 $u(t)$ 与通过的电流 $i(t)$ 的乘积，用 $p(t)$ 表示，即

$$p(t) = u(t)i(t).$$

一般来说，在交流电路中，电流 $i(t)$ 与电压 $u(t)$ 是不同相的，设 $i(t) = I_0\cos\omega t, u(t) = U_0\cos(\omega t + \varphi)$，则

$$\begin{aligned}p(t) &= u(t)i(t) = U_0 I_0 \cos\omega t \cos(\omega t + \varphi) \\ &= \frac{1}{2}U_0 I_0 \cos\varphi + \frac{1}{2}U_0 I_0 (\cos 2\omega t + \varphi) \\ &= UI\cos\varphi + UI\cos(2\omega t + \varphi).\end{aligned} \tag{14.5-1}$$

可见瞬时功率 $p(t)$ 包含两部分，与时间无关的项 $UI\cos\varphi$，以及以 2 倍频率做周期性变化的项 $UI\cos(2\omega t + \varphi)$.

$p(t)$ 在 1 个周期 T 内的时间平均称为**交流的平均功率**，用 $\overline{P}$ 表示，

$$\overline{P} = \frac{1}{T}\int_0^T p(t)\,\mathrm{d}t.$$

由(14.5-1)式可得

$$\boxed{\overline{P} = UI\cos\varphi.} \tag{14.5-2}$$

上式表明，交流的平均功率等于总电压的有效值 U、总电流的有效值 I 和两者相位差余弦的乘积，其中 $\cos\varphi$ 称为**功率因数**.

任何电器设备，包括发电、输电和用电设备，都有一定的额定电压和额定电流. 例如，发电机就有规定的电压 U 和电流 I，通常把两者的乘积

$$S = UI$$

称为发电机的**视在功率**. 如果发电机的负载的功率因数为 $\cos\varphi$,那么这台发电机实际提供的功率只有 $\overline{P}=S\cos\varphi=UI\cos\varphi$. 如果负载的功率因数 $\cos\varphi=0.5$,那么这台发电机实际提供的功率只有可能提供的最大功率的一半,这样就会造成发电设备的浪费.

对于纯电感或纯电容电路,电压与电流的相位差 $\varphi=\pm\dfrac{\pi}{2}$,则这两种电路的平均功率为 $\overline{P}=UI\cos\varphi=0$,这表明纯电感电路和纯电容电路都不消耗电源的能量.

对于纯电阻电路,电压与电流同相位,$\varphi=0$,所以其平均功率

$$\overline{P}=UI.$$

上式与直流电路功率表达式完全一样,不同之处只是在交流电路中,电压和电流均用有效值.

内容提要

1. 简谐交流电流有效值与峰值之比为 $\dfrac{1}{\sqrt{2}}$. $I=\dfrac{I_0}{\sqrt{2}}$,$U=\dfrac{U_0}{\sqrt{2}}$.

2. 交流阻抗.

   (1) 定义 $Z=\dfrac{U}{I}=\dfrac{U_0}{I_0}$,$\varphi=\varphi_u-\varphi_i$.

   (2) 电阻 $Z_R=R$,$\varphi=0$;电感 $Z_L=\omega L$,$\varphi=\dfrac{\pi}{2}$,电压相位超前电流 $\dfrac{\pi}{2}$;电容 $Z_C=\dfrac{1}{\omega C}$,$\varphi=-\dfrac{\pi}{2}$,电压相位落后电流 $\dfrac{\pi}{2}$.

3. 串并联交流电路.

   (1) 串联交流电路,通过各元件的电流 $i(t)$ 是一样的,总电压是各分电压之和,
   $$u(t)=u_1(t)+u_2(t).$$

   (2) 并联交流电路,各元件两端电压 $u(t)$ 是一样的,总电流是各支路电流之和,
   $$i(t)=i_1(t)+i_2(t).$$

4. RLC 串联谐振.

   (1) 谐振频率 $f_0=\dfrac{1}{2\pi\sqrt{LC}}$.

   (2) 品质因数 $Q=\dfrac{U_L}{U}=\dfrac{\omega_0 L}{R}$. $\Delta f=\dfrac{f_0}{Q}$,$Q=2\pi\dfrac{W_{LC}}{W_R}$.

5. 交流的功率.

   (1) 瞬时功率 $p(t)=u(t)i(t)$.

   (2) 平均功率 $\overline{P}=UI\cos\varphi$ ($\cos\varphi$ 为功率因数).

   (3) 功率因数的提高.

习 题

14-1 证明：

(1) $\dfrac{L}{R}$ 的单位是 s；

(2) RC 的单位是 s；

(3) ωL 的单位是 Ω；

(4) $\dfrac{1}{\omega C}$ 的单位是 Ω.

14-2 220 V,50 Hz 的交流电源上,接有 $C=79.6\ \mu F$ 的电容.求它的阻抗和通过它的电流.

14-3 220 V,50 Hz 的交流电源上,接有 $L=31.8\ mH$ 的线圈(其电阻略去不计).求它的阻抗和通过它的电流.

14-4 在哪一个频率时,10 H 电感器的阻抗等于 10 μF 电容器的阻抗?

14-5 图示电路中,某频率下电容、电阻的阻抗之比为 $Z_C:Z_R=3:4$,如果总电压 $U=100$ V,求：

(1) 电容和电阻元件上的电压 U_C,U_R；

(2) 电流和总电压的相位差.

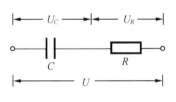

习题 14-5 图

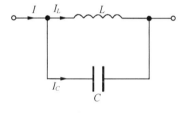

习题 14-6 图

14-6 图示并联电路,某频率下电感和电容元件的阻抗之比为 $Z_L:Z_C=2:1$.已知总电流 $I=1$ mA,求通过 L 和 C 的电流 I_L,I_C.

14-7 图示交流电路中,已知 $U_1=U_2=20$ V, $Z_C=R_2$,求总电压 U.

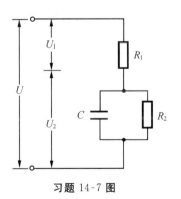

习题 14-7 图

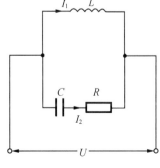

习题 14-8 图

14-8 图示交流电路中,已知 $Z_L:Z_C:R=2:1:1$,求:

(1) I_1 和 I_2 间的相位差;

(2) U 与 U_C 的相位差,并用矢量图说明.

14-9 图示为收音机接收电路中的调谐回路,其中电感线圈 $L=300\ \mu H$,可变电容器的变化范围为 $360\sim25\ \mu F$. 问该调谐回路能否满足接收中波段 535 kHz 到 1 605 kHz 广播的要求?

14-10 串联谐振电路中 $L=0.10$ H,$C=25.0$ pF,$R=10\ \Omega$.

(1) 求谐振频率;

(2) 已知总电压为 50 mV,求谐振时电感元件上的电压.

14-11 工作在 220 V 电路中的单相感应电动机消耗功率为 0.5 kW,其 $\cos\varphi=0.8$,计算所需电流为多少?

14-12 图示交流电路中,电阻 $R=20\ \Omega$,电压表的读数分别为 $U_1=91$ V,$U_2=44$ V,$U=120$ V,求元件 Z 的功率.

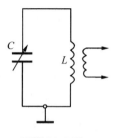

习题 14-9 图

习题 14-12 图　　　　　　　　习题 14-13 图

14-13 图示交流电路中,电阻 $R=50\ \Omega$,三个电流表 A_1,A_2,A_3 的读数分别为 $I_1=2.8$ A,$I_2=2.5$ A,$I_3=4.5$ A,求元件 Z 的功率.

第15章 麦克斯韦方程组和电磁波

由本篇前几章的讨论可知:静止的电荷在其周围空间激发电场,而运动的电荷(电流)可在其周围空间激发磁场.但运动的描述是相对于参照系而言的,对某参照系静止的电荷,对另一参照系可能是运动的.这说明当参照系变换时,电场和磁场是可以相互转化的,即电场和磁场实际上是同一种物质——电磁场的两个方面.由第12章讨论可知:随时间变化的磁场可激发生电场(涡旋电场);同样,随时间变化的电场也可激发磁场.麦克斯韦将电磁现象的实验规律归纳总结成为体系完整的电磁场理论——麦克斯韦方程组,并预言了变化的电场和磁场相互激励形成电磁波.1888年赫兹通过实验证实了电磁波的存在.本章首先通过位移电流的概念讨论非稳恒情况下电流的连续性问题;接着给出麦克斯韦方程组的积分形式;最后简单介绍电磁波的产生、传播、能量和电磁波谱等概念.

15.1 位移电流

▶ 15.1.1 变化的电场产生磁场

19世纪中期,英国物理学家麦克斯韦(James Clerk Maxwell 1831~1879)在把电磁学基本方程完善起来的工作中,提出了一个全新的概念,这个概念和他本人在研究电磁感应本质时提出的变化的磁场产生涡旋电场的概念是完全对称的,这个全新的概念就是变化的电场产生磁场.

图15-1表示在圆柱形空间内存在的均匀电场 E,这相当于带电的圆形平板电容器内部存在的均匀电场.设电场 E 以恒定速率 $\dfrac{dE}{dt}$ 增加,这表示该电容器正在充电,因为极板间电场 $E=\dfrac{q}{\varepsilon_0 S}$,所以

$$\frac{dE}{dt}=\frac{1}{\varepsilon_0 S}\cdot\frac{dq}{dt}.$$

而 $\dfrac{dq}{dt}$ 就是该电容器的充电电流 i,即 $i=\dfrac{dq}{dt}$.

假如能设计一个十分精巧的实验,就会发现这种变化着的电场会产生磁场.

图15-1(b)中表示了离开轴线等距离的两个任意点处的磁感应强度 **B**.完全仿照变化的磁场产生涡旋电场的规律(法拉第电磁感应定律),

$$\oint \boldsymbol{E} \cdot \mathrm{d}\boldsymbol{l} = -\frac{\mathrm{d}\Phi_B}{\mathrm{d}t}. \tag{15.1-1}$$

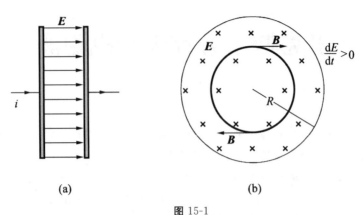

图 15-1

作为与此类比,不妨把变化的电场产生的磁场的规律写成

$$\oint \boldsymbol{B} \cdot \mathrm{d}\boldsymbol{l} = \mu_0 \varepsilon_0 \frac{\mathrm{d}\Phi_E}{\mathrm{d}t}. \tag{15.1-2}$$

(15.1-1)式肯定了电场由变化的磁场产生,而方程(15.1-2)表明磁场由变化的电场产生. (15.1-2)式中的 $\mu_0 \varepsilon_0$ 完全是由单位制引起的,其中 Φ_E 为电场强度 E 的通量,

$$\Phi_E = \iint \boldsymbol{E} \cdot \mathrm{d}\boldsymbol{S}.$$

在 11.6 节中介绍了磁场由电流产生,并且有安培环路定理

$$\oint \boldsymbol{B} \cdot \mathrm{d}\boldsymbol{l} = \mu_0 i.$$

式中 i 是穿过曲线环路包围面积的电流的代数和. 现在通过上面分析得知除了电流产生磁场,变化的电场也可以产生磁场,即可以有两种方式建立磁场,这样可以把恒定磁场的安培环路定理推广成

$$\oint \boldsymbol{B} \cdot \mathrm{d}\boldsymbol{l} = \mu_0 i + \mu_0 \varepsilon_0 \frac{\mathrm{d}\Phi_E}{\mathrm{d}t}. \tag{15.1-3}$$

安培环路定理的这个重要推广,即(15.1-3)式是由麦克斯韦完成的.

虽然当时麦克斯韦本人拿不出变化的电场产生磁场的实验证据,但由此理论预言电磁波的存在,并在 1888 年被德国物理学家赫兹实验所证实,表明麦克斯韦的推广工作是完全正确的.

▶ 15.1.2 位移电流

麦克斯韦提出的变化的电场产生磁场的概念是显示自然现象呈现对称性的又一个很好的实例. (15.1-3)式中 $\varepsilon_0 \frac{\mathrm{d}\Phi_E}{\mathrm{d}t}$ 这一项具有电流的量纲. ε_0 的单位可以写成 F/m,而 Φ_E 的单位为 $\frac{\mathrm{V}}{\mathrm{m}} \cdot \mathrm{m}^2 = \mathrm{V} \cdot \mathrm{m}$. 由此 $\varepsilon_0 \frac{\mathrm{d}\Phi_E}{\mathrm{d}t}$ 的单位为

$$\frac{\mathrm{F}}{\mathrm{m}} \cdot \frac{\mathrm{V} \cdot \mathrm{m}}{\mathrm{s}} = \frac{\mathrm{F} \cdot \mathrm{V}}{\mathrm{s}} = \frac{\mathrm{C}}{\mathrm{s}} = \mathrm{A}.$$

同时,(15.1-3)式说明 $\varepsilon_0 \dfrac{d\Phi_E}{dt}$ 与电流项 i 一起产生磁场,因此麦克斯韦把这项 $\varepsilon_0 \dfrac{d\Phi_E}{dt}$ 称为**位移电流** i_d,

$$i_d = \varepsilon_0 \frac{d\Phi_E}{dt}. \tag{15.1-4}$$

位移电流密度 j_d 为

$$j_d = \varepsilon_0 \frac{dE}{dt}.$$

把方向考虑进去,位移电流密度矢量

$$\boldsymbol{j}_d = \varepsilon_0 \frac{d\boldsymbol{E}}{dt}. \tag{15.1-5}$$

下面我们来计算充电圆形平行板电容器内部的位移电流.极板间电场 $E = \dfrac{q}{\varepsilon_0 S}$,其中 S 是圆形极板的面积.电容器内部穿过面积 S 的电场通量 $\Phi_E = ES$.根据位移电流 i_d 的定义,

$$i_d = \varepsilon_0 \frac{d\Phi_E}{dt} = \varepsilon_0 \frac{d(ES)}{dt} = \varepsilon_0 S \frac{dE}{dt} = \varepsilon_0 S \frac{1}{\varepsilon_0 S} \cdot \frac{dq}{dt} = \frac{dq}{dt} = i.$$

其中 $\dfrac{dq}{dt}$ 就是电容器的充电电流 i.计算表明平行板电容器内部的位移电流与连接导线中的传导电流相等.

有了位移电流的概念就可以把电流连续的概念在非恒定情形下仍保留下来.仍以上例来说明.在电容器充电时,传导电流从电容器正极板流入,从负极板流出,传导电流是不能经过电容器极板空间的,因而传导电流在极板间是不连续的.上面的计算表明,极板间位移电流量值正好就是传导电流的量值.因此可以说在传导电流断掉的地方,就有位移电流接上,这样仍保持了电流连续的概念.

最后要指出,在没有介质存在的真空中,位移电流并不与任何电荷的流动联系起来,它的本质是变化的电场,因而真空中位移电流是不产生焦耳热的,把它称为"电流",完全是因它也能产生磁场.

例 15-1 半径为 $R = 5$ cm 的圆形平行板电容器正在充电,$\dfrac{dE}{dt} = 1 \times 10^{12}$ V/(m·s),如图 15-1(a)所示.求极板边缘的磁感应强度 B.

解 由方程(15.1-2)

$$\oint \boldsymbol{B} \cdot d\boldsymbol{l} = \mu_0 \varepsilon_0 \frac{d\Phi_E}{dt},$$

可以得到

$$B \cdot 2\pi R = \mu_0 \varepsilon_0 \frac{d}{dt}(E \cdot \pi R^2) = \mu_0 \varepsilon_0 \pi R^2 \frac{dE}{dt}.$$

解得

$$B = \frac{\mu_0 \varepsilon_0}{2} R \frac{dE}{dt}.$$

将 $\dfrac{dE}{dt} = 1 \times 10^{12}$ V/(m·s),$R = 5$ cm,代入上式可算得 $B = 2.8 \times 10^{-7}$ T.

例 15-2 试求上例电容器内部的位移电流.

解 根据位移电流的定义式

$$i_d = \varepsilon_0 \frac{d\Phi_E}{dt} = \varepsilon_0 \frac{d}{dt}(E \cdot \pi R^2) = \varepsilon_0 \pi R^2 \frac{dE}{dt}$$
$$= 8.85 \times 10^{-12} \pi (5 \times 10^{-2})^2 \times 10^{12} \text{ A} = 0.07 \text{ A}.$$

15.2 麦克斯韦方程组

麦克斯韦总结了从库仑到安培和法拉第等人的电磁理论全部学说. 在此基础上他提出了"涡旋电场"和"位移电流"的假设. 他认为变化的磁场可以激发涡旋电场,而变化的电场也可以激发磁场. 这样,麦克斯韦在狭义相对论出现(1905年)以前就揭示了电场和磁场的内在联系,把电场和磁场统一为电磁场,得到了电磁场的基本方程组——麦克斯韦方程组. 麦克斯韦从他的电磁理论出发预言了电磁波的存在,并论证了光是电磁波. 1888年德国物理学家赫兹用实验证实了电磁波的存在. 现把这些方程以及它们的实验基础列入表15-1内.

表15-1 (真空)麦克斯韦方程组

名　称	方　　程	实验基础
电学高斯定理	$\oint \boldsymbol{E} \cdot d\boldsymbol{S} = \dfrac{q}{\varepsilon_0}$	库仑扭秤实验 静电平衡导体表面电荷分布
磁学高斯定理	$\oint \boldsymbol{B} \cdot d\boldsymbol{S} = 0$	孤立磁极未发现
推广的安培环路定理	$\oint \boldsymbol{B} \cdot d\boldsymbol{l} = \mu_0 i_0 + \mu_0 \varepsilon_0 \dfrac{d\Phi_E}{dt}$	载流导线的磁效应 光的速率可以根据电磁测定来计算
法拉第电磁感应定律	$\oint \boldsymbol{E} \cdot d\boldsymbol{l} = -\dfrac{d\Phi_B}{dt}$	电磁感应现象

麦克斯韦的电磁理论对科学技术和社会生产力的发展起到了十分重要的作用. 它的应用范围十分广泛,可以说包括了像电动机、变压器、回旋加速器、电子计算机、雷达、广播通信、电视等所有电工技术和电子通信技术的基本原理.

15.3 电　磁　波

麦克斯韦方程组中两项 $\dfrac{d\Phi_B}{dt}$ 和 $\dfrac{d\Phi_E}{dt}$,即 $\dfrac{\partial \boldsymbol{B}}{\partial t}$ 和 $\dfrac{\partial \boldsymbol{E}}{\partial t}$ 的存在,意味着只要存在随时间变化的磁场,就会激发涡旋电场. 如果该涡旋电场也随时间变化的话,它又要激发变化的涡旋磁场. 同样,如果在空间存在随时间变化的电场,它也会激发涡旋磁场,变化的涡旋磁场再激发变化的电场. 这种随时间变化的电场和磁场互相激励,交替产生,由近及远以有限速度在空间传播开来的过程称为**电磁波**. 从上面分析可以得知电磁波的传播并不需要介质,它在真空中也可以传播,这是与机械波完全不同的.

▶ 15.3.1　电磁波的产生

电磁波的产生是两种效应的结果:变化的磁场产生电场及变化的电场产生磁场. 静止的电荷或恒定电流都不能产生电磁波. 只要导线中的电流随时间而变化,它就发射电磁波. 产生电磁波的基本机制是带电粒子的加速运动. 带电粒子做加速运动,就要向周围辐射出电磁波. 加在天线两端的交流电压迫使天线中的电荷作振荡,这是最普通的加速带电粒子技术,它也是无线电发射站用来发射无线电波的基本方法.

我们以振荡偶极子为例来讨论电磁波,实际发射电磁波的天线都比振荡偶极子复杂得多,但是它们发射的电磁波可以看成许多偶极子所发射的电磁波的叠加.

振荡偶极子周围的电磁场可以用麦克斯韦方程组严格计算出来,这里只列出结果,并作讨论. 振荡偶极子,又称**偶极振子**,是指电偶极矩大小随时间作余弦(或正弦)规律变化,即

$$p = p_0 \cos\omega t.$$

式中 p_0 为偶极矩的振幅,ω 为圆频率,频率 $f = \dfrac{\omega}{2\pi}$.

在偶极振子中心附近的场区,称为近场区,即在离振子中心的距离 r 远小于电磁波波长 λ 的范围内,电场的瞬时分布与一个静态电偶极子的电场很相近,电场 $E \propto \dfrac{1}{r^3}$. 而磁场的分布就是电流元磁场(即毕奥-萨伐尔定律)的分布,$B \propto \dfrac{1}{r^2}$. 随着距离的增加,这部分电场 E、磁场 B 的贡献就越来越小,可以忽略. 在离偶极振子中心足够远的地方,即在 $r \gg \lambda$ 的波场区,电磁场主要是涡旋电场和位移电流的贡献.

对偶极振子建立如图 15-2 所示的球坐标系,远场区场点 P 的矢径为 r.

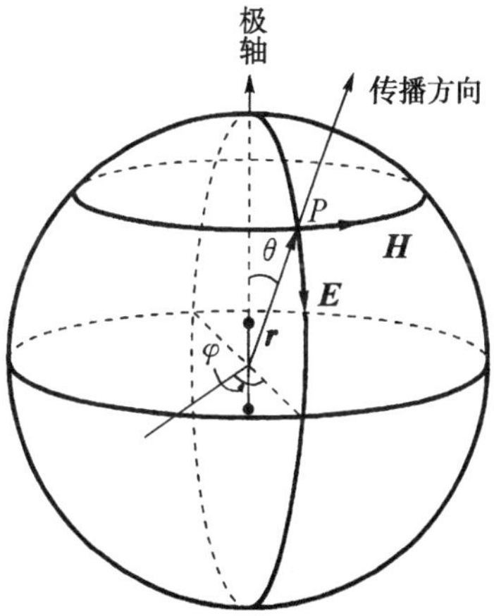

计算结果表明,电场强度 E 沿 $\theta°$ 方向,磁场强度 H 沿 $\varphi°$ 的方向,而且

$$E(r,t) = \frac{\mu_0 p_0 \omega^2 \sin\theta}{4\pi r} \cos\omega\left(t - \frac{r}{c}\right), \quad (15.3\text{-}1)$$

$$H(r,t) = \frac{\sqrt{\varepsilon_0 \mu_0} p_0 \omega^2 \sin\theta}{4\pi r} \cos\omega\left(t - \frac{r}{c}\right). \quad (15.3\text{-}2)$$

图 15-2

(这里用磁场强度 H 是为使有关电磁波的公式在形式上具有对称性,真空中 $H = \dfrac{B}{\mu_0}$)式中 c 为电磁波在真空中的传播速度,

$$c = \frac{1}{\sqrt{\varepsilon_0 \mu_0}}. \quad (15.3\text{-}3)$$

(15.3-1)式和(15.3-2)式中都有 $\left(t-\dfrac{r}{c}\right)$ 因子,表明偶极振子辐射的电磁波是以波的形式、以速度 c 沿着矢径 r 方向向外传播的. (15.3-1)式和(15.3-2)式表明:

(1) E 与 H 相互垂直,并且 E 与 H 的振动方向都与电磁波传播方向 r 垂直,所以电磁波是横波;

(2) 电磁波中 E 和 H 的振动相位相同,并且 E 的幅值和 H 的幅值有关系式

$$\sqrt{\varepsilon_0}E = \sqrt{\mu_0}H. \tag{15.3-4}$$

(3) 从(15.3-3)式可知电磁波在真空中传播速度与 ε_0, μ_0 有关. 测得真空介电常量 $\varepsilon_0 = 8.854\times 10^{-12}$ F/m,真空磁导率规定为 $\mu_0 = 4\pi\times 10^{-7}$ H/m,可算得电磁波在真空中传播速度为

$$c = \dfrac{1}{\sqrt{\mu_0\varepsilon_0}} = 2.997\times 10^8 \text{ m/s}.$$

这个传播速度与真空中光速相等,麦克斯韦本人首先发现了这一点,据此他在历史上第一次指出了光波就是电磁波.

从(15.3-1)式和(15.3-2)式还可以看出电磁波的频率与偶极振子的频率相等.

电磁波的上述性质均可由麦克斯韦方程组一一导出. 应该指出对局限在有限空间或导电介质内的电磁波,如在波导管中传播的电磁波,就不一定具有上述性质.

▶ **15.3.2 电磁波的能量**

前面导出的电场能量密度公式和磁场能量密度公式也同样适用于电磁波内的电场和磁场. 真空中单位体积电磁波的能量

$$w = w_e + w_m = \dfrac{1}{2}\varepsilon_0 E^2 + \dfrac{1}{2}\mu_0 H^2. \tag{15.3-5}$$

利用电磁波的公式 $\sqrt{\varepsilon_0}E = \sqrt{\mu_0}H$,可得电磁波中电场能量密度与磁场能量密度相等,即 $w_e = w_m$. 由此得**电磁波能量密度**

$$w = \varepsilon_0 E^2 = \mu_0 H^2. \tag{15.3-6}$$

电磁波是电磁场的传播,其电磁场能量也随之传播. 单位时间内通过与波传播方向垂直的单位面积的能量,叫作**电磁波的能流密度**,也叫作**电磁波的强度**,常用字母 S 表示能流密度. 能流密度 S 的单位为瓦/米^2(W/m^2).

下面来推导 S 的表达式. 如图 15-3 所示,设 dA 为垂直于传播方向的一个面积元,在 dt 时间内通过此面元的电磁波能量应是底面积为 dA、厚度为 cdt 的柱形体积内电磁波的能量,则能流密度 S 由定义算得为

$$S = \dfrac{w\mathrm{d}A\cdot c\mathrm{d}t}{\mathrm{d}A\cdot\mathrm{d}t} = cw. \tag{15.3-7}$$

式中 c 为电磁波在真空中的传播速度,(15.3-7)式表明能流密度等于能量密度与波速的乘积.

利用关系式 $c = \dfrac{1}{\sqrt{\varepsilon_0\mu_0}}$ 以及 $\sqrt{\varepsilon_0}E = \sqrt{\mu_0}H$,可以把(15.3-7)式写成

$$S = EH. \tag{15.3-8}$$

能流密度是矢量,它的方向就是电磁波的传播方向. 由于电矢量 E、磁矢量 H 和电磁波传播方向三者互相垂直,并且组成一个右手螺旋系,(15.3-8)式可写成矢量式

$$S = E \times H. \tag{15.3-9}$$

能流密度矢量 S,也叫作**坡印廷**(Poynting)**矢量**.

因为电磁波的电场强度和磁场强度都是时间的周期函数,所以常用的是平均能流密度 $\overline{S}$,即能流 S 在 1 个周期内的平均值. 电磁波的基本形式是 E 和 H 都是时间的余弦或正弦函数(即简谐函数),对于 $\overline{S}$ 可以仿照交流功率的计算得

$$\overline{S} = \frac{1}{2} E_0 H_0. \tag{15.3-10}$$

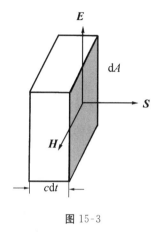

图 15-3

式中电场 E_0、磁场 H_0 分别是电场和磁场的最大值(振幅).

下面继续以偶极振子的电磁辐射为例,来讨论具体的电磁辐射的特点. 经计算偶极振子的辐射平均能流为

$$\overline{S} = \frac{\mu_0 p_0^2 \omega^4 \sin^2\theta}{2(4\pi)^2 r^2 c}.$$

首先 $\overline{S} \propto \omega^4$,表明频率越高,能量辐射也越多. 实际应用于广播的电磁波频率都在几百千赫以上. 其次 $\overline{S} \propto \frac{1}{r^2}$ 这正是球面波的特点. 根据能量守恒定律,单位时间内通过球面的波的平均能量 $4\pi r^2 \overline{S}$ 应该与半径 r 无关,所以必定有 $\overline{S} \propto \frac{1}{r^2}$. 再次,$\overline{S} \propto \sin^2\theta$ 说明偶极振子的辐射有很强的方向性,在 $\theta = 90°$ 时,辐射最强,在极轴方向 $\theta = 0$ 或 π,$\overline{S} = 0$,说明没有能量沿该方向发出(图 15-4).

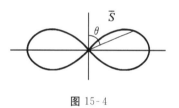

图 15-4

15.3.3 电磁波的动量 光压

由于电磁波以光速 c 传播,所以它不可能有静止质量. 前已指出电磁波具有能量,所以它就具有动量. 经计算,单位体积内电磁波的动量,即动量密度 p 与电磁波的能量密度 w,有如下的关系式

$$p = \frac{w}{c}. \tag{15.3-11a}$$

电磁波的动量方向就是电磁波的传播方向,上式可写成矢量式

$$\boldsymbol{p} = \frac{w}{c^2} \boldsymbol{c}. \tag{15.3-11b}$$

电磁波具有动量,它们在被物体表面反射或吸收时,会对表面有压力作用,称为**辐射压**或者**光压**. 光压是非常小的. 在实验中发现光压而且第一次测量到光压,是俄国科学家列别捷夫在 1899 年完成的. 虽然光压是极其微小的,但是对于太空中的尘埃颗粒来说,太阳的光压有可能大于太阳的引力,最明显的例子是彗星尾的方向. 彗星尾由大量的尘埃组成,当彗

星运行到太阳附近时,由于这些尘埃颗粒受到的太阳的光压比太阳对它的引力大,它们被太阳光推向远离太阳的方向而形成长长的彗星尾.彗星尾被太阳光照亮,有时能被人用肉眼所看到.我国民间把该现象称为"扫帚星"(图 15-5).

总之,电磁场具有能量和动量,它是物质的一种形态.许多事实表明,电磁场和实物一样,也是客观存在的物质,只是电磁场和实物各具有一些不同的属性,在一定的条件下这些属性会相互转化.

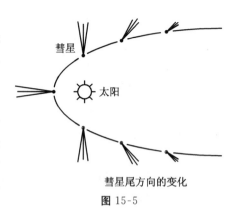

彗星尾方向的变化
图 15-5

▶ 15.3.4 介质中的电磁波

以上的分析以及许多公式都适用于真空,但可以推广到介质中.设想有均匀介质充满整个空间,介质的相对介电常量为 ε_r,相对磁导率为 μ_r. 在这种介质内,电位移矢量 $\boldsymbol{D}$、磁场强度 $\boldsymbol{H}$ 与电场 $\boldsymbol{E}$、磁感应强度 $\boldsymbol{B}$ 的关系分别为

$$D = \varepsilon_0 \varepsilon_r E, \quad B = \mu_0 \mu_r H.$$

位移电流和位移电流密度分别为

$$i_d = \varepsilon_0 \varepsilon_r \frac{d\Phi_E}{dt} = \frac{d\Phi_D}{dt}, \quad \boldsymbol{j}_d = \varepsilon_0 \varepsilon_r \frac{d\boldsymbol{E}}{dt} = \frac{d\boldsymbol{D}}{dt}. \tag{15.3-12}$$

安培环路定理的推广形式为

$$\oint \boldsymbol{H} \cdot d\boldsymbol{l} = i + \varepsilon_0 \varepsilon_r \frac{d\Phi_E}{dt} = i + \frac{d\Phi_D}{dt}. \tag{15.3-13}$$

(15.3-4)式变为

$$\sqrt{\varepsilon_0 \varepsilon_r} E = \sqrt{\mu_0 \mu_r} H. \tag{15.3-14}$$

介质内电磁波的传播速度

$$v = \frac{1}{\sqrt{\varepsilon_0 \varepsilon_r \mu_0 \mu_r}} = \frac{c}{\sqrt{\varepsilon_r \mu_r}}. \tag{15.3-15}$$

对于许多透明介质来说,其相对磁导率 μ_r 非常接近于1,在该情形下

$$v = \frac{c}{\sqrt{\varepsilon_r}}. \tag{15.3-16}$$

在光学中我们知道 $\frac{c}{v} = n$,n 就是该物质的折射率,对照(15.3-16)式,可以看出 $\sqrt{\varepsilon_r} = n$. 多数物质的 n 与 $\sqrt{\varepsilon_r}$ 符合得很好(表 15-2),这进一步说明了光是一种电磁波.但是有些物质的 $\sqrt{\varepsilon_r}$ 与 n 是有偏差的,如水的折射率 $n = 1.33$,而水的相对介电常量 $\varepsilon_r = 81$,$\sqrt{\varepsilon_r} = 9$. 这是由于水的 $\varepsilon_r = 81$ 是指静态测量值,而在计算光速时用的 $\sqrt{\varepsilon_r}$ 中的 ε_r 应该是动态值,它与频率有关.可见光的频率数量级为 10^{14} Hz,在这样高的频率下分子取向极化跟不上外场的变化,以致它的相对介电常量下降,这就是有些物质的 $\sqrt{\varepsilon_r}$ 与 n 有偏差的原因.

表 15-2　一些物质材料的折射率 n 与介电常量的平方根 $\sqrt{\varepsilon_r}$

物质材料	n	$\sqrt{\varepsilon_r}$
N_2	1.000 299	1.000 307
H_2	1.000 139	1.000 139
Ne	1.000 035	1.000 037
甲苯	1.499	1.549
水	1.33	9.0
酒精	1.36	5.0
玻璃	1.5～1.7	2.35～2.65

最后要指出，本章讨论的电磁波是不能在导电材料中传播的，因为电磁波中的场强 E 要在导电材料中引起电流，这要导致电磁波能量的耗散，而对电阻率为零的理想导体，其中的 E 必须处处为零. 当电磁波入射到理想导体，电磁波将全部反射；对于具有有限电阻率的导体，一部分电磁波被反射，另一部分透入这种导体.

*15.3.5　切伦科夫辐射

我们知道，在真空中匀速运动的带电粒子不辐射电磁波. 但是当电子或其他带电粒子在介质内运动时，介质由于极化和磁化会产生诱导电流，由这些诱导电流激发次波（电磁波），当带电粒子的速度 v 超过介质内的光速，即 $v > \dfrac{c}{n}$（n 为介质的折射率），这些次波与原来带电粒子的电磁场互相干涉，形成辐射电磁波. 这种辐射称为**切伦科夫辐射**. 它是 1934 年由原苏联科学家切伦科夫对它做了系统研究后，以他名字命名的辐射. 为此，切伦科夫获得了 1958 年诺贝尔物理学奖.

产生切伦科夫辐射的条件是介质中运动电子的速度必须等于或超过光在介质中的速度，从这个意义上说切伦科夫辐射是一种"超光速效应". 近代游泳式的原子反应堆工作时，从反应堆的中心发出的快速电子通过周围的水时，可看到强烈的蓝白色的光. 这是切伦科夫辐射. 切伦科夫辐射广泛应用于粒子计数器中. 这些计数器用在原子核物理以及宇宙射线研究领域.

15.3.6　同步辐射

电子在磁场中做圆周运动，由于有向心加速度，电子会辐射电磁波. 当电子的速度不太大时，这种电磁波叫作回旋辐射. 当电子的圆周运动的速度接近光速时，必须考虑相对论效应，这时的电磁辐射称为**同步辐射（光）**. 发射同步辐射的专用加速器称为同步辐射光源. 同步辐射具有下列特点：

（1）总辐射功率很强. 以合肥的我国第一台专用同步辐射光源为例，它的瞬时功率可达 10^{10} W 的量级，而且束流的面积是 mm^2 的量级，所以其亮度可与强激光相比.

（2）准直性好. 如电子能量为 1 GeV，可得"光束"的角宽 $\theta = 5 \times 10^{-4}$ rad. 因此其准直性可与激光束媲美.

（3）有一个连续光谱. 同步辐射包含了从红外线到 X 射线的各种波长. 随着加速器的能

量的提高,同步辐射的频谱将向更短的波长延伸. 现在实验室所得的同步辐射光多数在 X 射线范围内,其强度要比通常的 X 光源的强度要大到 $10^4 \sim 10^6$ 倍.

同步辐射的上述特点使它在物理学、化学、生命科学以及材料科学等领域得到了应用,并在超大规模的集成电路研制中也得到了应用.

早期的同步辐射都是在为高能物理实验而建造的同步加速器和电子储存环上开展的,如 1988 年建成的北京正负电子对撞机,电子的最大设计能量为 2.8 GeV. 1991 年我国第一台专用同步辐射装置合肥同步辐射加速器建成,电子能量为 0.8 GeV. 这些加速器的建成,对我国开展同步辐射的基础研究和应用研究具有重大作用.

例 15-3 真空中频率为 40 MHz 的平面电磁波沿 x 方向传播,如电场最大值 $E_0 = 750$ V/m,求:

(1) 该电磁波的波长和周期;

(2) 磁场 B 的最大值.

解 (1) 由式 $c = f\lambda$ 可得波长

$$\lambda = \frac{c}{f} = \frac{3 \times 10^8}{40 \times 10^6} \text{ m} = 7.5 \text{ m}.$$

波的周期

$$T = \frac{1}{f} = \frac{1}{40 \times 10^6} \text{ s} = 2.5 \times 10^{-8} \text{ s}.$$

(2) 由式 $\sqrt{\varepsilon_0} E = \sqrt{\mu_0} H$ 得

$$B_0 = \mu_0 H_0 = \sqrt{\mu_0 \varepsilon_0} E_0 = \frac{E_0}{c} = \frac{750}{3 \times 10^8} \text{ T} = 2.5 \times 10^{-6} \text{ T}.$$

例 15-4 已知发射电磁波的点源平均输出功率为 800 W,求离开点源 3.5 m 处的

(1) 平均能流密度;

(2) 电场 E 和磁场 B 的最大值.

解 (1) 由能流密度的定义可知平均能流密度

$$\overline{S} = \frac{P}{4\pi r^2} = \frac{800}{4\pi (3.5)^2} \text{ W/m}^2 = 5.2 \text{ W/m}^2.$$

(2) 利用式 $\overline{S} = \frac{1}{2} E_0 H_0$,再把 $\sqrt{\varepsilon_0} E_0 = \sqrt{\mu_0} H_0$ 代入可求得

$$\overline{S} = \frac{E_0^2}{2c\mu_0}.$$

由此得电场 E 的最大值

$$E_0 = \sqrt{2c\mu_0 \overline{S}} = \sqrt{2 \times 3 \times 10^8 \times 4\pi \times 10^{-7} \times 5.2} \text{ V/m} = 62.6 \text{ V/m}.$$

利用 $B_0 = \frac{E_0}{c}$ 可算得磁场的最大值

$$B_0 = \frac{E_0}{c} = \frac{62.6}{3 \times 10^8} \text{ T} = 2.09 \times 10^{-7} \text{ T}.$$

15.4 电磁波谱

所有的电磁波在真空中都以光速 c 传播,自从 1888 年赫兹用电磁振荡产生由麦克斯韦预言的电磁波以来,人们对于电磁波的认识已不是局限当初的少数无线电波和可见光. 后来发现的 X 射线、γ 射线都属于电磁波. 这些电磁波本质上完全相同,只是频率或波长有很大的差异. 为了对这些电磁波有个全面的了解,把各种电磁波按照波长或频率的顺序排列起来,这就是**电磁波谱**.

真空中电磁波的波长 λ、频率 f 和传播速度光速 c 之间有如下关系

$$c = f\lambda. \tag{15.4-1}$$

利用此公式可以将电磁波的频率与真空中的波长进行转换. 一个典型的 5 MHz 的无线电波的波长为 $\lambda = \dfrac{c}{f} = \dfrac{3 \times 10^8}{5 \times 10^6}$ m $= 60$ m. 以下长度单位常常用于不同波长范围:

$$1\ \mu\text{m} = 10^{-6}\ \text{m},\ 1\ \text{nm} = 10^{-9}\ \text{m}.$$

如可见光的波长范围约为 $0.4 \sim 0.76\ \mu$m,或者是 $400 \sim 760$ nm.

图 15-6 是按照频率和波长的顺序编制的电磁波谱,注意一种类型的电磁波与另一种类型的电磁波之间没有明显的分界线.

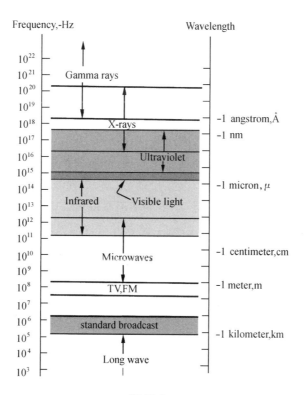

图 15-6

我们先来看**无线电波**,它是由电荷的加速运动而产生的,如 LC 振荡器. 无线电波中还可以分为几个波段,其中波长在 3 km～50 m(相当于频率在 100 kHz～6 MHz)范围,称为**中波**. 波长在 50～10 m(频率在 6～30 MHz)范围,称为**短波**. 中波和短波用于无线电广播和通讯. 波长在 10 m～1 cm,甚至到达 1 mm,称为**超短波**,又称**微波**,它用于无线电定位的雷达系统,又可以作为研究物质的分子和原子性质用.

红外线是指波长从 1 mm 到可见光长波 760 nm 这一范围内的电磁波,它是由热物体分子产生. 红外线可以被大多数物体吸收. 物体吸收的红外线的能量,加速了物体的原子振动和平动,结果使物体温度升高. 红外辐射可用来制成振动光谱仪、红外摄像仪等.

可见光是人们最为熟悉的电磁波,它是人们眼睛所能检测到的一个很窄波段的电磁波,波长范围为 760～400 nm,它是由原子或分子内电子的跃迁产生的. 人眼对波长 550 nm 左右的黄绿光最敏感.

紫外线的波长范围为 400～60 nm. 太阳是重要的紫外线源. 人们通常所说的皮肤晒黑主要就是紫外线引起的. 太阳向地球辐射的紫外线,大部分被高层大气、同温层的大气分子所吸收,从这一点来说,高层大气层对地球生物有着保护作用,因为过量的紫外线对生物体是有害的. 同温层中的一个重要组成部分是臭氧层,它是氧与紫外线反应生成的. 臭氧层把高能紫外线转变为热,这个热又温暖了大气. 近来有个极富争议的课题,就是在冰箱技术和其他场合广泛使用氟利昂,是否要引起臭氧保护层耗尽的危险.

X 射线是波长在 10^{-8}～10^{-13} m(或 10～10^{-4} nm)范围的电磁波,大多数的 X 射线是高能电子轰击金属靶时受到减速而产生的. X 射线常用于医疗的检测以及对某些癌症的治疗. 由于 X 射线能对生命组织造成破坏,所以人体要避免不必要的 X 射线照射. 由于 X 射线波长能与固体中原子排列的空间间隔(约 0.1 nm)相比,X 射线亦应用于晶体结构的研究.

γ 射线主要是由放射性元素的核辐射的电磁波. 它的波长在 10^{-10}～10^{-14} m 以下,有极强的穿透率,当人体活组织吸收 γ 射线时,将对活组织造成严重损害. 因此,核电站的核反应堆都有重重的吸收材料如若干层厚铅作保护.

应该指出,对于电磁波谱每一波段的开发利用,必然会推动科学技术前进一大步. 如波长大于 10 cm 的电磁波资源的开发,带来了广播、电视、远程通信等现代无线电技术的蓬勃开展. 微波波段的开发,使近代雷达、导航、射频加速器得到迅速发展,并促进了核物理、航天技术的发展. X 射线波段的开发,带来了探伤、透视及现代超大规模集成电路光刻等技术,促进了晶体学、医学、计算机科学的发展. 激光器的发明,开发了可见光及其两侧(红外和紫外)的电磁波资源,它使许多以往普通光学技术难以完成的工作现在成了常规技术,许多与激光相关的学科和技术随之得到飞速发展. 同步辐射光源,由于它开发了从近红(~1 μm)到软 X 射线(~0.1 Å)的电磁波段,大大促进了表面物理,材料科学,集成电路光刻技术的发展. 最近十多年发展起来的自由电子激光(内容详见下册),它可以覆盖从微波、红外、可见光、紫外直至 X 射线的一个很宽的电磁波段,它将在国防领域、生命科学、医学以及材料科学大显身手.

内容提要

1. 位移电流.

(1) 位移电流(真空中) $i_d = \varepsilon_0 \dfrac{d\Phi_E}{dt}$；位移电流密度 $j_d = \varepsilon_0 \dfrac{dE}{dt}$.

(2) 真空中位移电流不与任何电荷的流动相联系，不产生焦耳热，其实质是变化的电场. 它除了在产生磁场方面与(电荷运动形成的)传导电流产生的磁场等效外，和传导电流并无其他共同之处.

(3) 安培环路定理的推广：$\oint \boldsymbol{B} \cdot d\boldsymbol{l} = \mu_0 i + \mu_0 \varepsilon_0 \dfrac{d\Phi_E}{dt}$.

2. 麦克斯韦方程组(真空中).

$$\oiint \boldsymbol{E} \cdot d\boldsymbol{S} = \dfrac{q}{\varepsilon_0}, \quad \oint \boldsymbol{B} \cdot d\boldsymbol{l} = \mu_0 i + \mu_0 \varepsilon_0 \dfrac{d\Phi_E}{dt},$$

$$\oiint \boldsymbol{B} \cdot d\boldsymbol{S} = 0, \quad \oint \boldsymbol{E} \cdot d\boldsymbol{l} = -\dfrac{d\Phi_B}{dt}.$$

麦克斯韦假设了涡旋电场和位移电流，并预言电磁波的存在，指出光波是电磁波.

3. 平面电磁波性质.

(1) $\sqrt{\varepsilon_0} E = \sqrt{\mu_0} H$.

(2) 电磁波是横波，$\boldsymbol{E} \times \boldsymbol{H} = \boldsymbol{S}$.

(3) 以有限速度传播，$c = \dfrac{1}{\sqrt{\varepsilon_0 \mu_0}}$，$v = \dfrac{1}{\sqrt{\varepsilon_r \varepsilon_0 \mu_r \mu_0}}$.

4. 电磁波的能量和动量.

(1) 电磁波能量密度：$w = \dfrac{1}{2} \varepsilon_0 E^2 + \dfrac{1}{2} \mu_0 H^2 = \varepsilon_0 E^2 = \mu_0 H^2$.

(2) 能流密度矢量(坡印廷矢量)：$\boldsymbol{S} = \boldsymbol{E} \times \boldsymbol{H}$，$\bar{S} = \dfrac{1}{2} E_0 H_0$.

(3) 电磁波动量、光压：$\boldsymbol{p} = \dfrac{w}{c^2} \boldsymbol{c}$.

5. 电磁波谱：$c = f\lambda$.

习　题

15-1　平行板电容器的极板是半径为 5 cm 的圆片，充电时其电场强度的变化率 $\dfrac{dE}{dt} = 1.0 \times 10^{12}$ V/m·s. 求：

(1) 两极板间的位移电流 I_d；

(2) 极板边缘的磁感应强度 B.

15-2　太阳每分钟垂直入射于地球表面上每平方厘米的能量约为 8.4 J. 求地面上日光中电场强度 E 和磁场强度 H 的方均根值.

15-3 一电磁波在 $\varepsilon_r=10$ 和 $\mu_r=1\,000$ 的铁氧体材料中传播,求:

(1) 电磁波的传播速率;

(2) 频率为 100 MHz 的电磁波的波长.

15-4 某电磁波发射天线附近某点上的电场强度幅值为 1.0×10^{-3} V/m,则该点的磁感应强度 B 的幅值为多少?与地磁场的大小(0.5×10^{-4} T)相比如何?

15-5 某调频广播的发射天线,以功率 10 kW 辐射波长为 3 m 的电磁波,它以天线为中心,半球形均匀向外辐射.求离天线 10 km 处 E 和 H 的幅值.

15-6 一平面电磁波的波长为 3.0 cm,E 的振幅为 30 V/m,问:

(1) 该电磁波的频率为多少?

(2) B 的振幅为多少?

(3) 该电磁波的平均能流密度为多大?

15-7 一圆柱导体载有电流 I,圆柱的半径为 a,电阻率为 ρ,求:

(1) 导体内距轴为 r 处的 E 的大小和方向;

(2) 同一点 H 的大小和方向;

(3) 同一点的坡印廷矢量 S 的大小和方向;

(4) (3)的结果 S 的大小与长度为 l、半径为 r 的导体体积内消耗的电功率之比.

附录 微积分初步与矢量

这里简单地介绍微积分和矢量中最基本的概念和简单的计算方法,不求严格和完整,更系统深入的学习可以在高等数学、线性代数等课程中完成.

1 函数、导数与微分

▶ 1.1 函数及其图形

两个相互联系的变量 x 和 y,如果 x 取定了某个数值后,按照一定规律可以确定 y 的对应值,就称 y 是 x 的函数,并记作

$$y=f(x),$$

其中 x 叫作自变量,y 叫作因变量,f 是一个函数记号,表示 y 和 x 之间的数值对应关系.

如果 y 是 z 的函数,$y=f(z)$,而 z 又是 x 的函数,$z=g(x)$,则称 y 为 x 的复合函数,记作

$$y=\varphi(x)=f[g(x)],$$

其中 $z=g(x)$ 称作中间变量.

有时,函数中的自变量不止一个,多个自变量的函数称多元函数.下面只讨论一个自变量的函数,称一元函数.

x 和 y 两个变量之间的关系,可以用平面上的曲线来表示.取一个平面直角坐标系,横轴代表自变量 x,纵轴代表因变量(即函数值)$y=f(x)$,所有满足 $y=f(x)$ 的坐标点 (x,y) 的集合就构成一条曲线,称为函数的图形,也称函数的轨迹.例如,$y=f(x)=2x+1$,函数的图形是一条直线,此类函数称线性函数.再如,$y=f(x)=\frac{1}{2}x^2$,函数的图形是一条抛物线.

▶ 1.2 导数

当自变量 x 由 x_0 变化到 x_1 时,x_1 与 x_0 之差称自变量 x 的增量,记作 Δx.

$$\Delta x=x_1-x_0.$$

与此对应,因变量 y 的数值由 $y_0=f(x_0)$ 变到 $y_1=f(x_1)$,于是 y 的增量为

$$\Delta y=y_1-y_0=f(x_1)-f(x_0)=f(x_0+\Delta x)-f(x_0),$$

增量比

$$\frac{\Delta y}{\Delta x}=\frac{f(x_0+\Delta x)-f(x_0)}{\Delta x},$$

称函数在 $x=x_0$ 到 $x=x_0+\Delta x$ 这一区间的平均变化率.在函数图形上,它就是由 P_0 和 P 两坐标点决定的割线的斜率(图 A-1).

$\Delta x \to 0$ 时的极限,叫作函数 $y=f(x)$ 对 x 的导数,记作 y' 或 $f'(x)$,

$$y'=f'(x)=\lim_{\Delta x \to 0}\frac{\Delta y}{\Delta x}=\lim_{\Delta x \to 0}\frac{f(x_0+\Delta x)-f(x_0)}{\Delta x}.$$

导数还常常记作 $\frac{dy}{dx}, \frac{df}{dx}$ 或 $\frac{d}{dx}f(x)$ 等形式.

函数的导数 $f'(x)$ 代表函数 $f(x)$ 在某一点处的变化率. 在图 A-1 中,当 $\Delta x \to 0$ 时,P 点趋于 P_0,割线将变为在 P_0 处的切线. 所以,函数 $f(x)$ 在 x_0 处的导数等于点 $[x_0, f(x_0)]$ 处函数曲线切线的斜率.

如果函数 $f(x)$ 在某处的导数 $f'(x)>0$,表示函数曲线在该处是上升的,即函数值随着 x 的增大而增大;如果 $f'(x)<0$,表示函数曲线在该处是下降的,即函数值随着 x 的增大而减少;如果 $f'(x)=0$,表示函数曲线在该处的切线与 x 轴平行,函数值在该处有极大值或极小值(图 A-2).

函数 $f(x)$ 的导数 $f'(x)$ 仍旧是 x 的函数,$f'(x)$ 对 x 的导数 $[f'(x)]'$ 称作 $f(x)$ 对 x 的二阶导数,记作 $f''(x)$ 或 $\frac{d^2y}{dx^2}$.

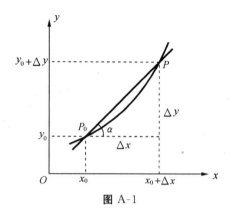

图 A-1

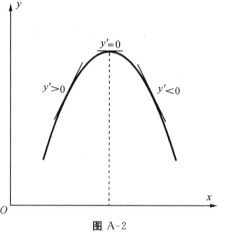

图 A-2

▶ 1.3 导数的运算

根据导数的定义,可以把一些常见函数的导数求出来.

表 A.1 给出这些函数的导数公式,读者可以直接引用.

表 A-1 基本导数公式

函数 $y=f(x)$	导数 $y'=f'(x)$
c(任意常数)	0
x^n(n 为任意数)	nx^{n-1}
$\sin x$	$\cos x$
$\cos x$	$-\sin x$
$\tan x$	$\sec^2 x$
$\cot x$	$-\csc x$
$\ln x$	$\frac{1}{x}$
e^x	e^x

导数运算有以下几个基本法则,其中 u,v 均为 x 的函数.

(1) $(u+v)'=u'+v'$.

(2) $(uv)'=u'v+uv'$,$(cu)'=cu'$(c 为常数).

(3) $\left(\frac{u}{v}\right)'=\frac{u'v-uv'}{v^2}$ ($v\neq 0$).

(4) $f'(u) = \dfrac{\mathrm{d}f}{\mathrm{d}u} \cdot \dfrac{\mathrm{d}u}{\mathrm{d}x}$.

▶ 1.4 微分

自变量 x 的一个无限小的增量称 x 的微分，用 $\mathrm{d}x$ 表示．函数 $y=f(x)$ 的导数 $f'(x)$ 乘以自变量的微分 $\mathrm{d}x$，叫作这个函数的微分，用 $\mathrm{d}y$ 或 $\mathrm{d}f(x)$ 表示，即

$$\mathrm{d}y = \mathrm{d}f(x) = f'(x)\mathrm{d}x,$$

又

$$f'(x) = \dfrac{\mathrm{d}y}{\mathrm{d}x},$$

两式相比较，可以把导数 $f'(x)$ 看成是微分 $\mathrm{d}y$ 与 $\mathrm{d}x$ 之商，故导数 $f'(x)$ 也称微商．

2 积　　分

▶ 2.1 原函数

若函数 $F(x)$ 的导数是 $f(x)$，即

$$F'(x) = f(x),$$

则称 $F(x)$ 为 $f(x)$ 的原函数．例如，$(x^2)' = 2x$，x^2 是 $2x$ 的原函数；$(\sin x)' = \cos x$，$\sin x$ 是 $\cos x$ 的原函数．

因为常数的导数为零，所以如果 $F(x)$ 是 $f(x)$ 的原函数，那么 $F(x)+c$ 也是 $f(x)$ 的原函数．因此，如果函数 $f(x)$ 有原函数，它就有一个原函数族．

▶ 2.2 不定积分

求函数 $f(x)$ 的所有原函数叫作 $f(x)$ 的不定积分，记作 $\int f(x)\mathrm{d}x$．用 $F(x)+c$ 表示 $f(x)$ 的一个原函数，则 $f(x)$ 的不定积分可表达为

$$\int f(x)\mathrm{d}x = F(x) + c,$$

其中 $f(x)$ 称被积函数，x 称积分变量，c 为积分常数．

很明显，求不定积分实际上是求导数的逆运算，我们可以从导数的逆运算直接求得一些较简单函数的不定积分．对一些较复杂的积分，需要借助基本的积分公式、不定积分运算法则及运算技巧．以下是一些常见函数的基本积分公式，c 为积分常数．

(1) $\int a\,\mathrm{d}x = ax + c$，$a$ 为常数．

(2) $\int x^n \mathrm{d}x = \dfrac{1}{n+1} x^{n+1} + c$.

(3) $\int \sin x\,\mathrm{d}x = -\cos x + c$.

(4) $\int \cos x\,\mathrm{d}x = \sin x + c$.

(5) $\int \mathrm{e}^x \mathrm{d}x = \mathrm{e}^x + c$.

(6) $\int \dfrac{1}{x}\mathrm{d}x = \ln x + c$.

▶ 2.3 定积分

图 A-3 中的阴影部分是由函数 $f(x)$ 的曲线以及直线 $x=a$, $x=b$ 和 x 轴所围成的曲边梯形,为了求这个曲边梯形的面积,可以将区间 $[a,b]$ 分为 n 个等分,每个等分 $\Delta x = \dfrac{b-a}{n}$,每一个 Δx 对应一狭长条面积.如果把 Δx 取得很小,这个狭长条近似于一个矩形,用 $f(x_i)$ 表示第 i 个 Δx 处函数 $f(x)$ 的值,狭长条面积 ΔS_i 可以表示为

$$\Delta S_i = f(x_i)\Delta x.$$

对所有的矩形面积求和,就近似等于图中阴影部分的面积,

$$S \approx \sum_{i=1}^{n} f(x_i)\Delta x.$$

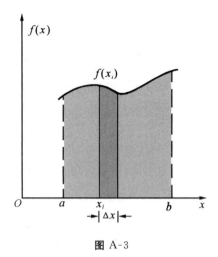

图 A-3

显然,n 越大,狭长条分得越细,S 越接近于曲边梯形面积. 当 $n \to \infty$, $\Delta x \to 0$ 时的极限,S 就是曲边梯形的面积,我们把它称作函数 $f(x)$ 在区间 $[a,b]$ 的定积分,记作 $\int_a^b f(x)\mathrm{d}x$,即

$$\int_a^b f(x)\mathrm{d}x = \lim_{\substack{\Delta x \to 0 \\ n \to \infty}} \sum_{i=1}^{n} f(x_i)\Delta x,$$

其中 $f(x)$ 为被积函数,x 为积分变量,b,a 为积分的上限和下限.

定积分有以下几个性质:

(1) 对调积分上下限,定积分改变符号,

$$\int_a^b f(x)\mathrm{d}x = -\int_b^a f(x)\mathrm{d}x.$$

(2) 被积函数的常数因子可以提到积分符号外,

$$\int_a^b kf(x)\mathrm{d}x = k\int_a^b f(x)\mathrm{d}x \quad (\text{常数 } k \neq 0).$$

(3) 两个函数的和(或差)在 $[a,b]$ 上的积分,等于这两个函数在 $[a,b]$ 上的积分的和(或差),

$$\int_a^b [f(x) \pm g(x)]\mathrm{d}x = \int_a^b f(x)\mathrm{d}x \pm \int_a^b g(x)\mathrm{d}x.$$

(4) 如果把区间 $[a,b]$ 分为两个连续区间 $[a,c]$ 和 $[c,b]$,则

$$\int_a^b f(x)\mathrm{d}x = \int_a^c f(x)\mathrm{d}x + \int_c^b f(x)\mathrm{d}x.$$

按定积分的定义式求定积分往往比较麻烦,以下定理提供了计算定积分的基本方法.

如果被积函数 $f(x)$ 的原函数是 $F(x)$,即 $F'(x) = f(x)$,那么

$$\int_a^b f(x)\mathrm{d}x = F(x)\bigg|_a^b = F(b) - F(a).$$

上式称牛顿-莱布尼兹公式.

3 矢 量

▶ 3.1 矢量及其解析表示

物理学中有各种物理量,像质量、能量、温度、电阻等,在选定单位制后只需用数字来表示其大小,这类物理量叫作标量;像位移、速度、加速度、动量、电场强度等,除了数量的大小外还具有一定的方向,这类

物理量叫作矢量. 通常在手写时用一个带箭头的字母来表示一个矢量(如 $\vec{A}$), 在印刷中则常用黑体字(如 **A**)来表示. 作图时, 用一个有向线段来表示矢量, 线段的长度正比于矢量的大小, 箭头方向表示矢量的方向(图 A-4).

图 A-4

用直角坐标来描述空间和表示其中的矢量是最基本的方法. 图 A-5 表示在直角坐标系 $O\text{-}xyz$ 中矢量 **A** 在三个坐标轴上的投影, 分别记为 A_x, A_y 和 A_z. 用 **i**, **j**, **k** 表示三个坐标轴的基矢量, 也称单位矢量, 矢量 **A** 可以写成解析形式

$$\mathbf{A} = A_x \mathbf{i} + A_y \mathbf{j} + A_z \mathbf{k}.$$

矢量 **A** 的大小称矢量的模, 记作 $|\mathbf{A}|$ 或 A,

$$A = |\mathbf{A}| = \sqrt{A_x^2 + A_y^2 + A_z^2}.$$

其中 $A_x = A\cos\alpha, A_y = A\cos\beta, A_z = A\cos\gamma$.

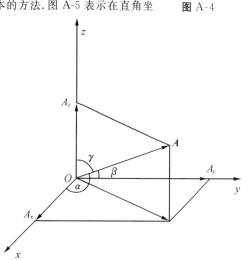

图 A-5

▶ 3.2 矢量的加减法

若矢量 **C** 是矢量 **A** 与矢量 **B** 的和,

$$\mathbf{C} = \mathbf{A} + \mathbf{B}.$$

可以用解析的办法来计算 **C**. 如果 $\mathbf{A} = A_x \mathbf{i} + A_y \mathbf{j}, \mathbf{B} = B_x \mathbf{i} + B_y \mathbf{j}$, 则

$$\mathbf{C} = (A_x + B_x)\mathbf{i} + (A_y + B_y)\mathbf{j}, \qquad (\text{A.3-1})$$

即矢量和的分量等于各矢量分量的和.

也可以用几何的方法来求两矢量之和. 以 **A** 和 **B** 为一平行四边形相邻的两边, 所夹的对角线就是它们的和[图 A-6(a)], 这种方法称平行四边形法. 也可以把矢量 **B** 移到 **A** 的矢端, 使它们首尾相连, 连接 **A** 的始端与 **B** 的终端, 就是它们的和[图 A-6(b)], 这种方法称三角形法. 用三角形法求多个矢量之和特别方便(图 A-7).

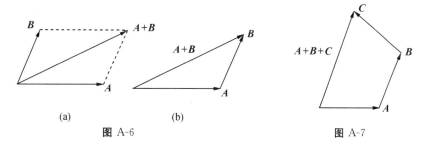

图 A-6 图 A-7

用解析法表示, 矢量之差的分量为各矢量分量之差. 若 $\mathbf{C} = \mathbf{A} - \mathbf{B}$, 则

$$\mathbf{C} = (A_x - B_x)\mathbf{i} + (A_y - B_y)\mathbf{j}.$$

用几何的方法, $\mathbf{A} - \mathbf{B}$ 可以理解为 $\mathbf{A} + (-\mathbf{B})$, 同样可以用平行四边形法或三角形法来求(图 A-8).

矢量加法满足交换律和结合律,

$$\mathbf{A} + \mathbf{B} = \mathbf{B} + \mathbf{A} \quad (\text{交换律}),$$
$$\mathbf{A} + (\mathbf{B} + \mathbf{C}) = (\mathbf{A} + \mathbf{B}) + \mathbf{C} \quad (\text{结合律}).$$

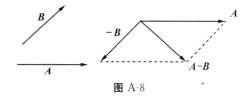

图 A-8

▶ 3.3 矢量的标积

矢量 **A** 和矢量 **B** 的标积用 $\mathbf{A} \cdot \mathbf{B}$ 表示, 故标积也称点积. 它被定义为一个标量, 等于 **A** 和 **B** 的大小与这两个矢量夹角余弦的乘积, 即

$$\mathbf{A} \cdot \mathbf{B} = AB\cos\theta.$$

显然,如果 $\mathbf{A}$ 与 $\mathbf{B}$ 平行,$\mathbf{A} \cdot \mathbf{B} = AB$,尤其是 $\mathbf{A} \cdot \mathbf{A} = A^2$. 如果 $\mathbf{A} \perp \mathbf{B}$,则 $\mathbf{A} \cdot \mathbf{B} = 0$,因此,常用 $\mathbf{A} \cdot \mathbf{B} = 0$ 表示两矢量垂直的条件. 根据定义,标积服从交换律,即

$$\mathbf{A} \cdot \mathbf{B} = \mathbf{B} \cdot \mathbf{A}.$$

这是因为在 $\mathbf{A} \cdot \mathbf{B}$ 和 $\mathbf{B} \cdot \mathbf{A}$ 中 $\mathbf{A}, \mathbf{B}$ 的夹角相同. 标积对于矢量和也满足分配律,即

$$\mathbf{C} \cdot (\mathbf{A} + \mathbf{B}) = (\mathbf{C} \cdot \mathbf{A} + \mathbf{C} \cdot \mathbf{B}).$$

单位矢量 $\mathbf{i}, \mathbf{j}, \mathbf{k}$ 之间的标积为

$$\mathbf{i} \cdot \mathbf{i} = \mathbf{j} \cdot \mathbf{j} = \mathbf{k} \cdot \mathbf{k} = 1,$$
$$\mathbf{i} \cdot \mathbf{j} = \mathbf{j} \cdot \mathbf{k} = \mathbf{k} \cdot \mathbf{i} = 0.$$

运用单位矢量标积关系,标积的解析式为

$$\mathbf{A} \cdot \mathbf{B} = A_x B_x + A_y B_y + A_z B_z. \tag{A.3-2}$$

▶ 3.4 矢量的矢积

矢量 $\mathbf{A}$ 和 $\mathbf{B}$ 的矢积用 $\mathbf{A} \times \mathbf{B}$ 表示,故矢积也称叉积. 矢积被定义为一个矢量,

$$\mathbf{C} = \mathbf{A} \times \mathbf{B},$$

其大小由下式决定

$$C = AB\sin\theta,$$

式中 θ 为 $\mathbf{A}$ 与 $\mathbf{B}$ 的夹角. 矢量 $\mathbf{C}$ 垂直于 $\mathbf{A}$ 与 $\mathbf{B}$ 决定的平面,其方向与 $\mathbf{A}, \mathbf{B}$ 构成右手螺旋系(图 A-9).

由矢积定义可以看出

$$\mathbf{A} \times \mathbf{B} = -\mathbf{B} \times \mathbf{A},$$

所以矢积是反交换的. 如果两个矢量平行,$\theta = 0$,其矢积为 0. 因此,$\mathbf{A} \times \mathbf{B} = 0$ 是矢量平行的条件. 显然 $\mathbf{A} \times \mathbf{A} = 0$.

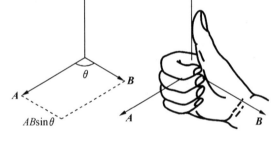

图 A-9

矢积对于矢量和满足分配律,即

$$\mathbf{C} \times (\mathbf{A} + \mathbf{B}) = \mathbf{C} \times \mathbf{A} + \mathbf{C} \times \mathbf{B}.$$

单位矢量 $\mathbf{i}, \mathbf{j}, \mathbf{k}$ 之间的矢积为

$$\mathbf{i} \times \mathbf{j} = -\mathbf{j} \times \mathbf{i} = \mathbf{k},$$
$$\mathbf{j} \times \mathbf{k} = -\mathbf{k} \times \mathbf{j} = \mathbf{i},$$
$$\mathbf{k} \times \mathbf{i} = -\mathbf{i} \times \mathbf{k} = \mathbf{j},$$
$$\mathbf{i} \times \mathbf{i} = \mathbf{j} \times \mathbf{j} = \mathbf{k} \times \mathbf{k} = 0.$$

矢积的解析式可以表达为

$$\mathbf{C} = (\mathbf{A} \times \mathbf{B}) = (A_x \mathbf{i} + A_y \mathbf{j} + A_z \mathbf{k}) \times (B_x \mathbf{i} + B_y \mathbf{j} + B_z \mathbf{k}).$$

上式可以更简洁地表达为行列式的形式

$$\mathbf{C} = \mathbf{A} \times \mathbf{B} = \begin{vmatrix} \mathbf{i} & \mathbf{j} & \mathbf{k} \\ A_x & A_y & A_z \\ B_x & B_y & B_z \end{vmatrix}. \tag{A.3-3}$$

习题参考答案

第1章 质点运动学

1-1～1-9 （略）.

1-10 (1) $y=5$,（图略）；(2) $4x+3y-5=0$,（图略）.

1-11 (1) $y=19-\frac{1}{2}x^2$ $(x>0)$；(2) $2\boldsymbol{i}+17\boldsymbol{j}$, $4\boldsymbol{i}+11\boldsymbol{j}$；6.32 m/s，与 x 轴夹角为 $-71°34'$；(3) 4.47 m/s，$-63°26'$；8.25 m/s，$-75°58'$；$a=a_y=-4$ m/s²；(4) $t=0$，$x=0$，$y=19$ m，$v_x=2$ m/s，$v_y=0$；$t=3$ s，$x=6$ m，$y=1$ m，$v_x=2$ m/s，$v_y=-12$ m/s；(5) $t=3$ s，6.08 m.

1-12 (1) $\Delta x=-0.5$ m，$\bar{v}=-0.5$ m/s；(2) $v_1=3$ m/s，$v_2=-6$ m/s；(3) 2.25 m；(4) -9 m/s²，3 m/s²，-3 m/s².

1-13 $v=(4t-\frac{1}{3}t^3-1)$ m/s，$x=(2t^2-\frac{1}{12}t^4-t+\frac{3}{4})$ m.

1-14 $\Delta x \approx 3.82$ m.

1-15 (1) $t=1.5$ s；(2) $h=6.75$ m；(3) 下降.

1-16 (1) 2.3×10^4 m；(2) 151.45 s；(3)（略）.

1-17 $v=\frac{(h^2+s^2)^{\frac{1}{2}}}{s}v_0$，$a=\frac{h^2v_0^2}{s^3}$.

1-18 (1) 76°；(2) $\frac{n}{2}\sqrt{2gh}$.

1-19 0 m，10 次.

1-20 (1) 3.18×10^4 m；(2) 1.38×10^4 m；(3) 375.4 m/s，1.12×10^4 m；(4) 404.9 m，25.3 s 和 80.5 s.

1-21 (1) 1 084 m/s；(2) 1 533 m/s；(3) $t_1=t_2=110$ s.

1-22 (1) 225 m/s；(2) 898 m；(3) $v_x=180$ m/s，$v_y=184$ m/s.

1-23 $\theta=\frac{\pi}{4}+\frac{\alpha}{2}$.

1-24 先落地小石块的抛射角为 $26°34'$，后落地小石块的抛射角为 $63°26'$.

1-25 6 402 km.

1-26 (1) 2 m/s；(2) $a_n=1$ m/s²；(3) 12.6 s.

1-27 (1) 1.0 s；(2) 1.5 m.

1-28 (1) 600 r/s；(2) 188 m/s.

1-29 (1) -2.1 rad/s²；(2) 70.8 r；(3) 40 s.

1-30 (1) $v=4.65\times10^2$ m/s，$a_n=3.37\times10^{-2}$ m/s²；(2) $v=3.56\times10^2$ m/s，$a_n=2.58\times10^{-2}$ m/s².

1-31 (1) $a_t=4.8$ m/s²，$a_n=230.4$ m/s²；(2) $\theta=3.15$ rad；(3) $t=0.55$ s.

1-32 (1) 14.1 km/h；(2) 81.2 km/h.

1-33 (1) 100 km/h，北偏西 53.1°；(2) 无；(3) 100 km/h，北偏东 53.1°；无.

1-34 (1) $l=200$ m；(2) $v=\frac{1}{3}$ m/s，与河岸夹角 $53°8'$（逆水）；(3) $u=0.2$ m/s，沿河岸方向.

1-35 5.0 km/h.

1-36 (1) $\alpha=\arcsin\left(\frac{v_1}{v_2}\sin\theta\right)$；

(2) $t=\frac{L}{\sqrt{v_2^2-v_1^2\sin^2\theta}+v_1\cos\theta}$.

第2章 质点动力学

2-1～2-11 （略）.

2-12 $v=4.0$ m/s.

2-13 (1) 1.86×10^{-1} m/s，$\theta=-27°$；(2) $\Delta\boldsymbol{p}_1=(-4.9\times10^{-2}\boldsymbol{i}+2.6\times10^{-2}\boldsymbol{j})$ kg·m/s，$\Delta\boldsymbol{p}_2=-\Delta\boldsymbol{p}_1$.

2-14 (1) $\theta=36.8°$；(2) $a=1.95$ m/s²；(3) $t=$

2.5 s.

2-15　2.9 m.

2-16　(1) $a = 2.70$ m/s^2；(2) $T_1 = 112.5$ N；(3) $T_2 = 87.5$ N.

2-17　(1) $a = 1.5$ m/s^2，$v = 2.7$ m/s；(2) $a = 1.5$ m/s^2，$v = 2.3$ m/s.

2-18　$f = 0.15$ N.

2-19　$r_{\max} = 0.67$ m，$r_{\min} = 0.57$ m.

2-20～2-22　(略).

2-23　(1) (略)；(2) 6 N/s，15 N；(3) 3 m/s.

2-24　3 000 N.

2-25　1.5 N.

2-26　32 N.

2-27　(1) $I_\perp = (1+\sqrt{2})m\sqrt{gh}$；(2) $I_\parallel = \frac{1}{2}mv$.

2-28　$v_{\mathrm{He}} = 3.7 \times 10^5$ m/s，$\alpha = 40°33'$.

2-29　$\dfrac{mu}{M+m}$.

2-30　(略).

2-31　(1) 1 kg·m^2/s；(2) 1 m/s.

2-32　5.26×10^{12} m.

2-33　(1) 2 275 kg·m^2/s；(2) 均为 13 m/s.

第 3 章　机械能守恒

3-1～3-9　(略).

3-10　(1) 530 J；(2) 12 W.

3-11　(1) $\dfrac{1}{2}m\dfrac{v_0^2}{t_0^2}t^2$；(2) $\dfrac{mv_0^2}{t_0^2}t$.

3-12　(1) 3 035 J；(2) 水平力做功 1 504 J，斜面平行力做功 2 000 J，摩擦力做功 -200 J，重力做功 -268 J.

3-13　拉力做的功 $W_F = mgR\left[1 - \dfrac{\sqrt{2}}{2}(1-\mu)\right]$，重力做的功 $W_G = -mgR\left(1 - \dfrac{\sqrt{2}}{2}\right)$，摩擦力做的功 $W_f = -\dfrac{\sqrt{2}}{2}\mu mgR$.

3-14　(1) 4 800 N·s；5.904×10^5 J.

3-15　7.84 kW.

3-16　(1) $-\dfrac{3}{8}mv_0^2$；(2) $\dfrac{3v_0^2}{16\pi rg}$；(3) $\dfrac{4}{3}$ 圈.

3-17　(1) $m_0 v_0$；(2) $m_0 v_0^2$；(3) $\dfrac{E_k}{E} = 50\%$.

3-18　(1) $E_k = \dfrac{Gmm_E}{6R}$；(2) $E_p = -\dfrac{Gmm_E}{3R}$；

(3) $E = -\dfrac{Gmm_E}{6R}$.

3-19　1.6×10^{24} J，1.6×10^6 倍.

3-20　2.8 m/s.

3-21　$\dfrac{\Delta x_1}{\Delta x_2} = \dfrac{k_2}{k_1}$，$\dfrac{E_{p1}}{E_{p2}} = \dfrac{k_2}{k_1}$；$\Delta x = \dfrac{2(k_1+k_2)}{k_1 k_2}mg$，$F_{\max} = 2mg$.

3-22　(1) 31.8 m，22.5 m/s；(2) 不会.

3-23　(1) 子弹可以穿过木块；(2) 子弹速度为 40 m/s，木块速度为 15 m/s.

3-24　$\dfrac{M}{m\cos\alpha}\sqrt{2gl\sin\alpha}$.

3-25　(1) 4.1 m；(2) 4.5 m/s.

3-26　(1) $F \geqslant (m_1+m_2)g$；(2) 不变.

3-27　(1) $\Delta x = 0.06$ m；(2) 非弹性碰撞，$e = 0.65$；(3) $\Delta x = 0.04$，$e = 0$.

3-28　$mv_0 \left[\dfrac{M}{k(m+M)(m+2M)}\right]^{\frac{1}{2}}$.

3-29　$v_1 = \sqrt{v_0^2 + 2ghe^2}$，$\tan\theta = \dfrac{e\sqrt{2gh}}{v_0}$. (证明略)

3-30　$v = \dfrac{5}{13}v_0$.

第 4 章　刚体的定轴转动

4-1～4-7　(略).

4-8　(1) $\dfrac{11}{16}mL^2$；(2) $\dfrac{11}{16}mL^2 + \dfrac{7}{48}ML^2$.

4-9　$\dfrac{1}{3}mb^2$，$\dfrac{1}{3}ma^2$，$\dfrac{1}{12}m(a^2+b^2)$.

4-10　(1) 4×10^{-2} kg·m^2；(2) 2.5×10^{-2} kg·m^2；(3) 2×10^{-2} kg·m^2.

4-11　(1) 8.7 rad/s^2；(2) 4.4 m/s^2；(3) 54.5 N；(4) (略).

4-12　7.61 m/s^2，$T_1 = 380.5$ N，$T_2 = 438.0$ N.

4-13　(1) 3.5×10^{-2} kg·m^2；(2) 0.82 m/s^2，1.64 m/s^2，1.56 s；(3) 21.2 N，16.3 N.

4-14　$\dfrac{11}{8}mg$.

4-15　(1) $\tau = \dfrac{3}{4}mgl$ (顺时针)；(2) $I = \dfrac{37}{48}ml^2$；(3) $\beta = \dfrac{36g}{37l}$.

4-16　(1) $I = 17.316$ kg·m^2；(2) $M = 1.818$ N·m；(3) 91.7 r.

4-17 $I = 191$ kg·m².

4-18 $\mu = 0.20$.

4-19 (1) 6 r/min;(2) 6 r/min.

4-20 (1) -0.05 rad/s,与人相对地面角速度方向相反;(2) 32.7°;(3) 36.1°.

4-21 $\dfrac{2mv_1}{2m+M}$.

4-22 $\dfrac{3v}{4l}$.

4-23 (1) 43 kg·m²/s;(2) 8 rad/s;
(3) 107.5 J,172.8 J(其他略).

4-24 (1) 12 rad/s;(2) 0.027 J.

4-25 (1) 4.02×10^{-3} kg·m/s,4.53×10^{-3} kg·m/s;2.52×10^{-2} J,0.95×10^{-2} J;(2) 6.11 rad/s,2.61×10^{-2} J;
(3) 0.36 rad/s,0.93×10^{-4} J.

4-26 (1) 8.89 rad/s;(2) 94°12′.

4-27 $\omega_B = \dfrac{I_0 \omega_0}{I_0 + mR^2}$, $v_B = \sqrt{2gR + \dfrac{I_0 \omega_0^2 R^2}{mR^2 + I_0}}$;
$\omega_C = \omega_0$, $v_C = \sqrt{4gR}$.

4-28 (1) $\dfrac{3}{4}g$;(2) $\dfrac{1}{4}mg$,向上.

4-29 $\omega = \sqrt{\dfrac{4g}{3R}}$.

4-30 (1) $\dfrac{R^2 \omega^2}{2g}$;(2) ω, $(\dfrac{1}{2}M - m)\omega R^2$, $\dfrac{1}{4}(M - 2m)\omega^2 R^2$.

4-31 (1) $a_C = \dfrac{4F_0}{3M}$;(2) $f_r = \dfrac{1}{3}F_0$.

4-32 (1) 向右运动;(2) $a = 4.52$ m/s², $f_r = 5.30 \times 10^3$ N;(3) $\mu = 0.54$.

4-33 (1) $a = \dfrac{2}{3}g$;(2) $T = \dfrac{1}{6}Mg$.

4-34 54°.

4-35 $a = \dfrac{F - \mu(m_1 + m_2)g}{m_1 + \dfrac{1}{3}m_2}$.

第5章 流体力学

5-1~5-4 (略).

5-5 (1) 98 N;(2) 1.95 N;(3) p 与容器形状无关.

5-6 (1) 1.32×10^3 kg/m³;(2) 54.8 N.

5-7 (1) 3.7×10^5 N;(2) 6.1×10^5 N·m;
(3) 3.1×10^5 N·m;(4) 5.5×10^5 N·m.

5-8 46 cm.

5-9 (1) $2\sqrt{(H-h)h}$;(2) $H - h$;(3) $\dfrac{H}{2}$, H.

5-10 (1) 10 m/s,2.375×10^5 N/m²;
(2) 30 m³/min 或 3×10^4 kg/min.

5-11 (1) 0.10 m;(2) 11.2 s.

5-12 0.026 8 m³.

5-13 5.35×10^{-4} m².

5-14 (1) 0.75 m/s,3 m/s;(2) 4.22×10^3 Pa;
(3) 3.25 cm.

5-15 8.04 Pa.

5-16 (略).

5-17 0.326 cm/s,54.1 cm/s.

5-18 (1) 0.77 cm/s;(2) 1.88 cm/s.

第6章 振 动

6-1~6-9 (略).

6-10 (1) 4 m,20π s,$\dfrac{1}{20\pi}$ Hz,0.5 rad;(2) $v = -0.4\sin(0.1t + 0.5)$ m/s, $a = -0.04\cos(0.1t + 0.5)$ m/s²;(3) 3.51 m,-0.192 m/s,-0.035 m/s²;(4) 2.16 m,-0.336 m/s,-0.022 m/s²;(5) (略).

6-11 (1) 3.77 m/s,94.7 m/s²;(2) ± 3.02 m/s,∓ 56.8 m/s²;(3) 0.036 9 s.

6-12 (1) 1.007 kHz;(2) 1.26 m/s,1.01 m/s;
(3) $F = -4 \times 10^4$ N, $F = -8\cos(6\,324t)$ N.

6-13 (1) $x = A\cos(\dfrac{2\pi}{T}t + \pi)$;(2) $x = A\cos(\dfrac{2\pi}{T}t - \dfrac{\pi}{2})$;(3) $x = A\cos(\dfrac{2\pi}{T}t + \dfrac{\pi}{3})$;(4) $x = A\cos(\dfrac{2\pi}{T}t + \dfrac{5}{4}\pi)$.

6-14 (1) 0, $\dfrac{\pi}{3}$, $\dfrac{\pi}{2}$, $\dfrac{2\pi}{3}$, $\dfrac{4\pi}{3}$;(2) $x = 0.05\cos\left(\dfrac{5\pi}{6}t - \dfrac{\pi}{3}\right)$.

6-15 (1) 2.72 s;(2) ± 10.8 cm.

6-16 (证明略),$\omega^2 = \dfrac{kR^2}{I + mR^2}$.

6-17 (1) $\dfrac{d^2 x}{dt^2} + \omega^2 x = 0$,其中 $\omega^2 = \dfrac{2S\rho g}{m}$;
(2) 1.09 s.

6-18　4.4 s.

6-19　(1) 1.64 s, $\frac{2}{3}$ m; (2) 1.64 s.

6-20　$T_0 = \infty$, $T_{R/4} = 1.043$ s, $T_{R/2} = 0.852$ s, $T_{3R/4} = 0.828$ s, $T_R = 0.852$ s.

6-21　(1) 0.94, 1.15; (2) 0 或 $\frac{2}{3}$.

6-22　(1) 5 N/m; (2) 1×10^{-3} J; (3) 1×10^{-3} J.

6-23　31.8 Hz.

6-24　(1) 0.08 m; (2) ± 0.0566 m; (3) ± 0.8 m/s.

6-25　(1) $8\frac{2}{3}\pi$, $16\frac{2}{3}\pi$, $40\frac{2}{3}\pi$, $80\frac{2}{3}\pi$; (2)（略）；(3) $F_{\max} = 0.63$ N, $E = 3.16 \times 10^{-2}$ J, $\bar{E}_k = 1.58 \times 10^{-2}$ J, $\bar{E}_p = 1.58 \times 10^{-2}$ J.

6-26　(1) 0.1π s; (2) 2×10^{-3} J, 2×10^{-3} J; (3) 0.707×10^{-2} m; (4) $\frac{3}{4}$, $\frac{1}{4}$.

6-27　$A = 1$, $\varphi = \frac{\pi}{6}$.

6-28　（图略），$x = 2 \times 10^{-2} \cos\left(4t + \frac{\pi}{3}\right)$ (SI).

6-29　$x = 0.05\cos(2\pi t + 2.21)$ (SI).

6-30　0.10 m, $\frac{\pi}{2}$.

第 7 章　波　动

7-1～7-6　（略）.

7-7　(1) $A = 0.05$ m, $v = 2.5$ m/s, $\nu = 5$ Hz, $\lambda = 0.5$ m; (2) 1.57 m/s, 49.3 m/s^2; (3) $\frac{46\pi}{5}$, 0.92 s, 0.825 m, 1.45 m; (4)（略）.

7-8　(1) $y = 0.1\cos 2\pi(2t - 0.1x)$; (2)（略）.

7-9　$y = 2\cos(0.25\pi t - \pi x)$.

7-10　（略）.

7-11　$y = 0.001\cos\left[(3300\pi t + 10\pi x) + \frac{\pi}{2}\right]$.

7-12　(1) $y = -10\sin\pi t$; (2) $y = -10\sin\pi\left(t - \frac{x}{100}\right)$; (3) $y = -10\sin\pi(t - 150)$; (4) 31.4 cm/s; (5) 7.07 cm, −22.2 cm/s.

7-13　(1) $y_0 = A\cos\left(\omega t + \omega\frac{l}{u} + \frac{\pi}{2}\right)$; (2) $y = A\cos\left[\omega\left(t - \frac{x}{u}\right) + \omega\frac{l}{u} + \frac{\pi}{2}\right]$.

7-14　(1) $y = A\cos\left[2\pi\left(250t + \frac{x}{200}\right) + \frac{\pi}{4}\right]$; (2) $y_{x=100\,\text{m}} = A\cos\left(500\pi t + \frac{5\pi}{4}\right)$, $v_{x=100\,\text{m}} = -500\pi A\sin\left(500\pi t + \frac{5\pi}{4}\right)$.

7-15　(1) 200 m/s, 20 m; (2) 14.1 Hz.

7-16　(1) 6×10^{-5} J/m^3, 12×10^{-5} J/m^3; (2) 9.24×10^{-7} J.

7-17　(1) 2.70×10^{-3} J/s; (2) 9.00×10^{-2} J/s·m^2; (3) 2.65×10^{-4} J/m^3.

7-18　4.0×10^{-5} W.

7-19　(1) 26.02 dB; (2) 100 m.

7-20　6.41×10^{-6} J/m^3, 2.18×10^{-3} J·m^{-2}·s.

7-21　(1) 同相; (2) 0.4×10^{-2} m; (3) 0.283×10^{-2} m.

7-22　2.00×10^{-3} m.

7-23　1.7×10^3 Hz.

7-24　$2\left[\sqrt{4(H+h)^2 + d^2} - \sqrt{4H^2 + d^2}\right]$.

7-25　(1) 3π; (2) 0.

7-26　以 A 为原点，$x = (2k + 15)$ m, $k = 0, \pm 1, \cdots \pm 7$; AB 之外都是加强.

7-27　(1) $y = A\cos 2\pi\left(\frac{t}{T} - \frac{x}{\lambda}\right)$; (2) $y = 2A\cos\frac{2\pi x}{\lambda}\cos\frac{2\pi t}{T}$, 波腹 $x = k \cdot \frac{\lambda}{2}$, $k = 0, 1, 2, \cdots$; 波节 $x = (2k+1)\frac{\lambda}{4}$, $k = 0, 1, 2, \cdots$.

7-28　(1) 1.0 cm, 4.7×10^3 cm/s; (2) 19.6 cm;

7-29　41.67×10^{-2} m.

7-30　(1) $y = A\cos\left[2\pi\left(\nu t - \frac{x}{\lambda}\right) + \frac{\pi}{2}\right]$; (2) $y = A\cos\left[2\pi\left(\nu t + \frac{x}{\lambda}\right) + \frac{\pi}{2}\right]$; (3) $y = \sqrt{3}A\sin 2\pi\nu t$.

7-31　A 每秒 30 拍，B 每秒 29 拍.

7-32　约 204 Hz.

7-33　6 m/s.

第 8 章　静电场

8-1～8-6　（略）.

8-7　(1) 9.1×10^{22} m/s^2; (2) 2.19×10^6 m/s;

(3) 4.15×10^6 rad/s.

8-8 (1) $Q = -2\sqrt{2}q$; (2) 不能.

8-9 $-\dfrac{4}{9}q$, 位于离 $+q$ 所在点 $\dfrac{l}{3}$. (系统是不稳定平衡)

8-10 (1) $\dfrac{qq'r}{2\pi\varepsilon_0(r^2+a^2)^{3/2}}$; (2) $r = \dfrac{\sqrt{2}}{2}a$; (3) q' 与 q 同号, q' 沿中垂线做加速运动, 走向无穷远; q' 与 q 异号时, q' 以 O 点为中心沿中垂线做周期性振动(注意不是简谐运动).

8-11 $Q' = -\dfrac{2\sqrt{2}+1}{4}Q$; 与正方形边长无关, 是不稳定平衡.

8-12 (略).

8-13 $E = 1.01 \times 10^3$ V/m.

8-14 $\dfrac{3ql^2}{2\pi\varepsilon_0 r^4}$.

8-15 $E = \dfrac{rq}{4\pi\varepsilon_0(r^2+R^2)^{3/2}}$, E 沿 r 轴方向, $\dfrac{r}{R} = \pm\dfrac{\sqrt{2}}{2}$ 时, $E(r)$ 最大.

8-16 $\dfrac{q}{\pi\varepsilon_0}\dfrac{1}{(4r^2-l^2)}$.

8-17 $E = \dfrac{q}{2\varepsilon_0(\pi R)^2}$, 方向沿半圆的平分线.

8-18 $E = \dfrac{q\sin\dfrac{\theta_0}{2}}{2\pi\varepsilon_0 a^2\theta_0}$.

8-19 $E = \dfrac{q}{\pi^2\varepsilon_0 a^2}$, 方向竖直向下.

8-20 $E = \dfrac{q}{2\pi\varepsilon_0 a^2}\left(1 - \dfrac{x}{\sqrt{x^2+a^2}}\right)$, 方向沿 x 轴方向.

8-21 $E = \dfrac{\sigma}{2\varepsilon_0} \cdot \dfrac{r}{(r^2+a^2)^{1/2}}$.

8-22 (1) $\Phi_{\mathrm{I}} = 2.4\times 10^3$ V·m, $\Phi_{\mathrm{II}} = 0$; (2) $E = 100$ V/m, 方向沿 $-x$ 轴.

8-23 (1) $\Phi = \dfrac{q}{6\varepsilon_0}$; (2) $\Phi_1 = \Phi_2 = \Phi_3 = 0$, $\Phi_4 = \Phi_5 = \Phi_6 = \dfrac{q}{24\varepsilon_0}$.

8-24 $\Phi = \dfrac{q}{2\varepsilon_0}\left(1 - \dfrac{x}{\sqrt{R^2+x^2}}\right)$.

8-25 (1) $Q = -9.1\times 10^5$ C; (2) $\rho = 1.14\times 10^{-12}$ C/m³.

8-26 (略).

8-27 $\sigma = 5.0\times 10^{-9}$ C/m².

8-28 $\dfrac{\lambda^2}{4\pi\varepsilon_0 a}$.

8-29 (略).

8-30 (1) $E = 0$ ($r < R_1$); (2) $E = \dfrac{(r^2-R_1^2)\rho}{2\varepsilon_0 r}$ ($R_1 < r < R_2$); (3) $E = \dfrac{(R_2^2-R_1^2)\rho}{2\varepsilon_0 r}$ ($r > R_2$).

8-31 $E = \dfrac{e}{8\pi\varepsilon_0 b^2 r^2}[2b^2 - (r^2 + 2br + 2b^2)e^{-r/b}]$, 1.2×10^{-21} N/C.

8-32 (1) 3.0×10^{10} J; (2) 833 户.

8-33 (1) 2.5×10^4 eV; (2) 9.4×10^7 m/s.

8-34 (1) $v(\infty) = \sqrt{\dfrac{1}{\pi\varepsilon_0}\cdot\dfrac{qq'}{ma}}$; (2) $v(x) = \sqrt{\dfrac{1}{\pi\varepsilon_0}\cdot\dfrac{qq'}{m}\cdot\left(\dfrac{1}{a} - \dfrac{1}{\sqrt{a^2+x^2}}\right)}$; (3) $x = \sqrt{15}a$.

8-35 (1) 电场力做功 -3.6×10^{-6} J, 电势能增加 $+3.6\times 10^{-6}$ J; (2) 电场力做功 -3.6×10^{-6} J, 电势能增加 $+3.6\times 10^{-6}$ J; (3) 电场力做功 $+3.6\times 10^{-6}$ J, 电势能增加 -3.6×10^{-6} J; (4) $W = -1.01\times 10^{-4}$ J.

8-36 (1) 2.5×10^3 V; (2) 4.3×10^3 V.

8-37 (略).

8-38 (1) $v = 0.999\,999\,996c$; (2) $v = 4.8\times 10^{10}$ m/s.

8-39 $r_{\min} = 2.28\times 10^{-14}$ m.

8-40 (1) (略); (2) $E = \dfrac{\sigma}{2\varepsilon_0}\left(1 - \dfrac{|x|}{\sqrt{x^2+R^2}}\right)$.

第9章 静电场中的导体和电介质

9-1～9-9 (略).

9-10 (1) $E_1 = 0$, $E_2 = 1.50\times 10^4$ V/m, $E_3 = 0$, $E_4 = -1.26\times 10^4$ V/m; $U_1 = -1\,040$ V, $U_2 = -1\,220$ V, $U_3 = -1\,400$ V, $U_4 = -1\,260$ V; (2) $E_1 = E_2 = E_3 = 0$, $E_4 = -1.26\times 10^4$ V/m; $U_1 = U_2 = U_3 = -1\,400$ V, $U_4 = -1\,260$ V.

9-11 $\sigma_1 = 5\times 10^{-6}$ C/m², $\sigma_2 = -2\times 10^{-6}$ C/m², $\sigma_3 = 2\times 10^{-6}$ C/m², $\sigma_4 = 5\times 10^{-6}$ C/m².

9-12 $\sigma_1=0$, $\sigma_2=3\times10^{-6}$ C/m², $\sigma_3=-3\times10^{-6}$ C/m², $\sigma_4=0$.

9-13 (1) $q_B=-1.0\times10^{-7}$ C, $q_M=-2.0\times10^{-7}$ C; (2) $U_A=2.27\times10^3$ V; (3) $q_B=-2.14\times10^{-7}$ C, $q_M=-0.86\times10^{-7}$ C, $U_A=970$ V.

9-14 (1) 9.15 cm; (2) 2.93 kW; (3) 2.00×10^{-5} C/m², 1.13×10^6 V/m.

9-15 $C=\dfrac{\pi\varepsilon_0}{\ln\dfrac{b-a}{a}}$.

9-16 0.152 mm.

9-17 (a) $C=3\times\dfrac{\varepsilon_0 S}{d}$; (b) $C=2\times\dfrac{\varepsilon_0 S}{d}$.

9-18 (1) 25 μF; (2) $U_1=U_2=U_3=50$ V, $Q_1=2.5\times10^{-3}$ C, $Q_2=1.5\times10^{-3}$ C, $Q_3=1.0\times10^{-3}$ C.

9-19 (1) $C_{ab}=1$ μF; (2) $Q=9\times10^{-4}$ C; (3) $U_{cd}=100$ V.

9-20 (1) $Q_1=Q_2=8\times10^{-4}$ C, $U_1=800$ V, $U_2=400$ V; (2) $Q_1'=5.33\times10^{-4}$ C, $Q_2'=10.66\times10^{-4}$ C, $U_1'=U_2'=533$ V.

9-21 (1) $Q_1=1.2\times10^{-3}$ C, $Q_2=2.4\times10^{-3}$ C, $U_1=U_2=1\,200$ V; (2) $U_1'=U_2'=400$ V, $Q_1'=4\times10^{-4}$ C, $Q_2'=8\times10^{-4}$ C.

9-22 (1) $U_{ab}=66.7$ V; (2) $U_b'=+100$ V; (3) 3×10^{-4} C.

9-23 $\dfrac{C}{C_0}=2$, $\dfrac{C}{C_0}=\dfrac{2\varepsilon_r}{1+\varepsilon_r}$.

9-24 增加一倍.

9-25 $C=\dfrac{(\varepsilon_{r1}+\varepsilon_{r2})\varepsilon_0 S}{2d}$.

9-26 (1) $C=\dfrac{\varepsilon_0 S}{\dfrac{d_1}{\varepsilon_{r1}}+\dfrac{d_2}{\varepsilon_{r2}}}$; (2) $C=93.2$ pF.

9-27 (1) 9.8×10^6 V/m; (2) 51 mV.

9-28 (1) $Q_1=1.6\times10^{-2}$ C, $Q_2=0.4\times10^{-2}$ C; (2) $\Delta W=3.6$ J.

9-29 (1) 不会被击穿; (2) 玻璃片插入后,电容器会被击穿.

9-30 (略).

9-31 带电孤立导体球电场能量的一半储存在 $R\to 2R$ 的球壳内.

9-32 $W=\dfrac{1}{4\pi\varepsilon_0}\dfrac{3q^2}{5a}$.

9-33 (1) $w=\dfrac{Q^2}{8\pi^2\varepsilon_0\varepsilon_r r^2 l^2}$; (2) $W=\dfrac{Q^2}{4\pi\varepsilon_0\varepsilon_r l}\cdot\ln\left(\dfrac{b}{a}\right)$; (3) $C=\dfrac{2\pi\varepsilon_0\varepsilon_r l}{\ln\left(\dfrac{b}{a}\right)}$.

9-34 (1) $E=5\times10^3$ V/m, $W=2.21\times10^{-7}$ J; (2) $E'=5\times10^3$ V/m, $W'=4.42\times10^{-7}$ J.

9-35 (1) $W=\dfrac{q^2 x}{2\varepsilon_0 S}$; (2) $W=\dfrac{q^2(x+dx)}{2\varepsilon_0 S}$; (3) (略).

9-36 (1) $\Delta W=-\dfrac{Q^2 b}{2\varepsilon_0 S}$; (2) $A=-\dfrac{Q^2 b}{2\varepsilon_0 S}$, 吸入; (3) $\Delta W=\dfrac{\varepsilon_0 Sb U^2}{2d(d-b)}$, $A=-\dfrac{\varepsilon_0 Sb U^2}{2d(d-b)}$, 吸入.

第10章 直流电路

10-1～10-6 (略).

10-7 (1) $I=20$ mA; (2) $v=2.75\times10^{-6}$ m/s.

10-8 (1) 每秒需将 1×10^{-4} C 电荷量喷射在传送带上; (2) $\sigma=4\times10^{-6}$ C/m².

10-9 (1) $j=10^7$ A/m²; (2) $E=0.16$ V/m; (3) $t=1.6\times10^5$ s.

10-10 (1) $Q=603$ C; (2) $I=120.7$ A.

10-11 (略).

10-12 $R=\dfrac{\rho}{2\pi a}$.

10-13 (1) $I=9.09\times10^{-4}$ A; (2) $R=1.1\times10^5$ Ω.

10-14 (1) (略); (2) $j=\dfrac{U_{ab}r_a r_b}{\rho r^2(r_b-r_a)}$.

10-15 $\dfrac{1}{35}$.

10-16 $R_T=223.76$ Ω.

10-17 (略).

10-18 $R=10$ Ω.

10-19 (1) $R_{AB}=\dfrac{1}{2}R$; (2) $R_{AB}'=\dfrac{R_0 R}{R_0+R}$.

10-20 $a=1$ Ω, $b=3$ Ω, $c=4$ Ω, $d=5$ Ω, $e=2$ Ω, $f=6$ Ω.

10-21 (a) 3 A; (b) $\dfrac{12}{7}$ A.

10-22 (1) $U_{ab}=-6$ V; (2) $U_b=6$ V, 流经 S 的电荷量为 5.4×10^{-5} C.

10-23 (1) $U_{ab}=18$ V; (2) $U_b=6$ V, $\Delta q_3=$

-3.6×10^{-5} C, $\Delta q_6=-3.6\times 10^{-5}$ C.

10-24 $\mathscr{E}_1=18$ V, $\mathscr{E}_2=7$ V, $U_{ab}=13$ V.

10-25 (1) $U_{ab}=0.22$ V; (2) 12 V 电池中流过的电流为 0.464 A.

10-26 (a) $I_{16}=1.18$ A, $I_2=2.56$ A, $I_{18}=1.38$ A; (b) I_{16}, I_2, I_{18} 同上题, $I_{24}=0.25$ A, $I_{36}=0.167$ A.

10-27 $I_{10}=I_{14}=0.5$ A, $I_7=I_5=0.5$ A, $I_{ba}=1$ A, $I_8=0.75$ A.

10-28 0.156 A, 0.125 A, 0.281 A.

10-29 $I_{3V}=0.6$ A, $I_{6V}=2.4$ A, 2 Ω 中电流分别为 1.2 A, 1.8 A, 0.6 A.

第 11 章 恒定磁场

11-1~11-5 （略）.

11-6 8.3×10^{-3} m.

11-7 (1) $E_p=E_d=\frac{1}{2}E_a$; (2) $R_d=R_a=14$ cm.

11-8 $T=3.6\times 10^{-10}$ s, $h=0.17$ mm, $r=1.5$ mm.

11-9 中子在磁场中以 $v=1.49\times 10^8$ m/s 做直线运动; 质子在磁场中做圆周运动, $R=1.0$ m.

11-10 （略）.

11-11 $\frac{e}{m}=\frac{8\pi^2n^2}{B^2l^2}U$.

11-12 (1) $v=8.45\times 10^{-4}$ m/s; (2) $E=1.25\times 10^{-3}$ V/m; (3) $U=2.54\times 10^{-5}$ V.

11-13 $q=3.8$ C.

11-14 $B=1.32$ T, $E_k=6.76\times 10^{-13}$ J, $v=2.01\times 10^7$ m/s.

11-15 0.48 T.

11-16 9.35×10^{-3} T.

11-17 (1)（略）; (2) 338 A/cm^2.

11-18 (1) 1.8×10^5 倍; (2) 2.9×10^6 A; (3) 3.0 MkW.

11-19 (1) $M=8.3\times 10^{-3}$ N·m; (2) $M=4.8\times 10^{-3}$ N·m; (3) 所需转矩相同.

11-20 (1) $M_{max}=0.18$ N·m; (2) 线圈的法线方向与 **B** 方向成 30°角.

11-21 $\alpha=1.2°$.

11-22、11-23 （略）.

11-24 (1) $I_2=2$ A, 方向与 I_1 反向; (2) $B_Q=2.14\times 10^{-6}$ T, 方向垂直于 QP 连线向右; (3) $B_S=1.62\times 10^{-6}$ T, 方向与 SI_1 连线成 $\theta=66°$ 并指向 PQ 连线.

11-25 8×10^4 N 向左, 8×10^{-15} N 向右, 9.2×10^{-5} N 向上, 9.2×10^{-5} N 向下; 合力 $F=7.2\times 10^{-4}$ N, 方向向左.

11-26 $B=8.0\times 10^{-5}$ T, 方向向上.

11-27 $\frac{\mu_0 i}{4R}$, $\frac{\mu_0 i}{8R}$, 0, 0, $\frac{\mu_0 i}{8R}$, 方向垂直纸面向里.

11-28 (a) $\frac{\mu_0 i}{2R}-\frac{\mu_0 i}{2\pi R}$（方向略）; (b) $\frac{\mu_0 i}{2R}+\frac{\mu_0 i}{2\pi R}$（方向略）.

11-29 $B=0$.

11-30 $B=\frac{\mu_0 I}{2\pi b}\ln\frac{a+b}{a}$.

11-31 $B=6.37\times 10^{-5}$ T, 方向水平向左.

11-32 （略）.

11-33 (1) $B=6.1\times 10^{-4}$ T; (2) $B=5.6\times 10^{-4}$ T.

11-34 $B=6.28\times 10^{-3}$ T.

11-35 $\Phi_1=-0.0024$ Wb, $\Phi_2=+0.0024$ Wb, $\Phi_3=\Phi_4=\Phi_5=0$.

11-36 $\Phi=\frac{\mu_0 I}{4\pi}$.

11-37 $B_1=0$, $B_2=\frac{\mu_0}{2\pi}\cdot\frac{I}{b^2-a^2}\cdot\frac{r^2-a^2}{r}$, $B_3=\frac{\mu_0 I}{2\pi r}$.

11-38 (1) $B=\frac{\mu_0 Ir}{2\pi R_1^2}$; (2) $B=\frac{\mu_0 I}{2\pi r}$; (3) $B=\frac{\mu_0 I}{2\pi r}\left(1-\frac{r^2-R_2^2}{R_3^2-R_2^2}\right)$; (4) $B=0$.

11-39 $B_1=\frac{\mu_0 I}{\pi}\cdot\frac{2r^2-a^2}{r(4r^2-a^2)}$, $B_2=\frac{\mu_0 I}{\pi}\cdot\frac{2r^2+a^2}{r(4r^2+a^2)}$.

11-40 (1) $\frac{\mu_0 IR_2^2}{2\pi a(R_1^2-R_2^2)}$; (2)(3) $\frac{\mu_0 Ia}{2\pi(R_1^2-R_2^2)}$.

11-41 （略）.

第 12 章 电磁感应

12-1 $\mathscr{E}=8.7\times 10^{-2}\cos(100\pi t)$ V.

12-2 $\mathscr{E}=3\times 10^{-3}$ V.

12-3 $\mathscr{E}=3.1\times 10^{-2}$ V.

12-4 (1) $\mathscr{E}_{ab}=-\frac{\mu_0 Iv}{2\pi}\ln\frac{d+L}{d}$, $\mathscr{E}_{ac}=-\frac{\mu_0 Iv}{2\pi}\cdot$

$\ln\dfrac{d+L\cos\theta}{d}$；(2) c 点的电势高于 b 点.

12-5　$I_m = \dfrac{\pi^2 BR^2 f}{R_m}$，频率为 f.

12-6　(略).

12-7　$\overline{\mathcal{E}} = 6 \times 10^{-3}$ V.

12-8　(略).

12-9　(1) (略)；(2) $v_T = \dfrac{FR}{B^2 l^2}$；(3) $v = v_T(1 - e^{-\frac{B^2 l^2}{R_m}t})$.

12-10　(1) $\Phi = \dfrac{\mu_0 \pi r^2 R^2 I}{2y^3}$；(2) $\mathcal{E} = \dfrac{3\mu_0 \pi r^2 R^2 I}{2y^4}v$；(3) 逆时针方向，与大回路中电流方向相同.

12-11　(1) 29.8 A；(2) 2.2 J；(3) 4 倍.

12-12　(1) $\mathcal{E}_{ab} = 8$ V，方向为 $a \to b$，$\mathcal{E}_{cd} = 4$ V，方向为 $c \to d$；(2) $U_{ab} = 6$ V，$U_{cd} = 6$ V；(3) $U_{O_1} - U_{O_2} = 0$ V.

12-13　$M = \dfrac{(Bar)^2 \omega b}{\rho}$.

12-14　(1) $E = 5 \times 10^{-3}$ V/m，顺时针沿圆周的切向；(2) $I = 1.57$ mA；(3) $U_{ab} = 0$；(4) $U = 3.14$ mV.

12-15　(1) $\mathcal{E}_{ac} = 0$，$\mathcal{E}_{cd} = 1 \times 10^{-3}$ V，$\mathcal{E}_{de} = 2 \times 10^{-3}$ V，$\mathcal{E}_{ea} = 1 \times 10^{-3}$ V；(2) $\mathcal{E} = 4 \times 10^{-3}$ V；(3) $U_{ac} = 1 \times 10^{-3}$ V.

12-16　$\mathcal{E}_{ab} = -\dfrac{l}{2}\dfrac{dB}{dt}\sqrt{R^2 - \left(\dfrac{l}{2}\right)^2}$，方向为 $a \to b$，即 b 端电势高.

12-17　(1) $B = \dfrac{mv}{eR}$；(2) $U = \pi R^2 \dfrac{dB}{dt}$.

12-18　(1) $\overline{E} = 430$ eV；(2) $n = 2.3 \times 10^5$；(3) $s = 1.2 \times 10^6$ m.

12-19　(1) $\mathcal{E}_2 = 12\pi\cos(120\pi t)$ V；$\mathcal{E}_1 = 12\pi\cos(120\pi t)$ V.

12-20　$M = 0.50$ mH.

12-21　(1) $M = 6.28 \times 10^{-6}$ H；(2) $\mathcal{E} = 3.14 \times 10^{-4}$ V.

12-22　$L = \mu_0 N^2 \dfrac{S}{l}$，$N = 400$ 匝.

12-23、12-24　(略).

12-25　(1) $L = \dfrac{\mu_0 N^2 h}{2\pi}\ln\dfrac{b}{a}$；(2) (略).

12-26　(1) $L = L_1 + L_2 + 2M$；(2) $L = L_1 + L_2 - 2M$.

12-27　$w_m = 0.63$ J/m³.

12-28　$w_m = 1.6 \times 10^6$ J/m³，$w_e = 4.4$ J/m³，磁场更有利于储存能量.

12-29　9.0 m³，29 H.

12-30、12-31　(略).

12-32　(1) $w_m = 0.987$ J/m³；(2) $w_e = 0.498 \times 10^{-14}$ J/m³.

12-33　$E = 1.5 \times 10^8$ V/m.

12-34　(1) $\dfrac{di}{dt} = 4$ A/s；(2) $\dfrac{di}{dt} = 2$ A/s；(3) $i = 0.662$ A；(4) $I = 2$ A.

12-35　(1) $I = 0.05$ A；(2) $\dfrac{di}{dt} = 1$ A/s；(3) $\dfrac{di}{dt} = 0.5$ A/s；(4) $t = 0.23$ s.

12-36　(1) $P = 6$ W；(2) $P_R = 1.5$ W；(3) $P_L = 4.5$ W；(4) $W = 6$ J.

12-37　(1) $\tau = 10$ μs；(2) $U = 2.55$ V.

12-38　(1) $W = C\mathcal{E}^2$；(2) $W_R = \dfrac{1}{2}C\mathcal{E}^2$.

12-39　(1) $\dfrac{dQ}{dt} = 9.6 \times 10^{-7}$ C/s；(2) $\dfrac{dW_C}{dt} = 1.1 \times 10^{-6}$ W；(3) $\dfrac{dW_R}{dt} = 2.7 \times 10^{-6}$ W；(4) $\dfrac{dW}{dt} = 3.8 \times 10^{-6}$ W.

第 13 章　物质的磁性

13-1　(1) $B = 0.226$ T；(2) $H = 300$ A/m；(3) $B' = 0.225\,6$ T.

13-2　(1) $H = 2\,000$ A/m；(2) $M = 7.97 \times 10^5$ A/m；(3) $\chi_m = 399$；(4) $\mu_r = 400$.

13-3　$I = 8$ A.

13-4　(1) $H = 175$ A/m；(2) $B = 1.1$ T；(3) $\mu_r = 5\,000$.

13-5　$I = 0.045$ A.

13-6　当 $r < R_1$ 时，$H = \dfrac{Ir}{2\pi R_1^2}$，$B = \dfrac{\mu_0 Ir}{2\pi R_1^2}$；当 $R_1 < r < R_2$ 时，$H = \dfrac{I}{2\pi r}$，$B = \dfrac{\mu_r \mu_0 I}{2\pi r}$；当 $r > R_2$ 时，$H = \dfrac{I}{2\pi r}$，$B = \dfrac{\mu_0 I}{2\pi r}$.

13-7　(1) $I_s = 6 \times 10^3$ A；(2) $B = 12.57 \times 10^{-2}$ J；(3) $H = -1.4 \times 10^6$ A/m；(4) $m = 17.0$ A·m².

第 14 章　交流电路

14-1　（略）.

14-2　$Z=40\ \Omega$，$I=5.5$ A.

14-3　$Z=10\ \Omega$，$I=22$ A.

14-4　$f=16$ Hz.

14-5　(1) $U_C=60$ V，$U_R=80$ V；(2) 超前 $36°52'$.

14-6　$I_L=1$ mA，$I_C=2$ mA.

14-7　$U=37$ V.

14-8　(1) $-\dfrac{3}{4}\pi$；(2) $\dfrac{\pi}{4}$（图略）.

14-9　$f=484$ Hz～$1\,838\times 10^3$ Hz，能满足.

14-10　(1) $f=10^5$ Hz；(2) $U_L=316$ V.

14-11　$I=2.84$ A.

14-12　$P=105$ W.

14-13　$P=154$ W.

第 15 章　麦克斯韦方程组和电磁波

15-1　(1) $I_d=7.0\times 10^{-2}$ A；(2) $B=2.8\times 10^{-7}$ T.

15-2　$E=7.3\times 10^2$ V/m，$H=1.9$ A/m.

15-3　(1) $v=3\times 10^6$ m/s；(2) $\lambda=3\times 10^{-2}$ m.

15-4　$B=3.33\times 10^{-12}$ T，$\dfrac{B}{B_0}=(1.5\times 10^7)^{-1}$.

15-5　$E=10.9\times 10^{-2}$ V/m，$H=2.9\times 10^{-4}$ A/m.

15-6　(1) $f=1\times 10^{10}$ Hz；(2) $B=1\times 10^{-7}$ T；(3) $\overline{S}=1.19$ W/m².

15-7　(1) $E=\rho\dfrac{I}{\pi a^2}$，方向与导线平行；(2) $H=\dfrac{Ir}{2\pi a^2}$，方向沿圆周的切向；(3) $S=\dfrac{I^2\rho r}{2\pi^2 a^4}$，方向与导线垂直；(4) $\dfrac{S}{P}=\dfrac{1}{2\pi rl}$.

编号: 2018-1-121

晏世雷 钱铮 过祥龙 编著

基础物理学

JICHU WULI XUE

（下册）

第四版

苏州大学出版社
Soochow University Press

图书在版编目(CIP)数据

基础物理学. 下册 / 晏世雷,钱铮,过祥龙编著. —4 版. —苏州：苏州大学出版社,2020.10（2024.12重印）
"十三五"江苏省高等学校重点教材
ISBN 978-7-5672-3364-5

Ⅰ. ①基… Ⅱ. ①晏… ②钱… ③过… Ⅲ. ①物理学—高等学校—教材 Ⅳ. ①O4

中国版本图书馆 CIP 数据核字(2020)第 208166 号

基础物理学(下册)(第四版)

晏世雷　钱铮　过祥龙　编著
责任编辑　陈兴昌　苏　秦

苏州大学出版社出版发行
(地址：苏州市十梓街1号　邮编：215006)
苏州市越洋印刷有限公司印装
(地址：苏州市南官渡路20号　邮编：215000)

开本 787 mm×1 092 mm　1/16　印张 43.75(上、下册)　字数 1 086 千(上、下册)
2020 年 10 月第 4 版　2024 年 12 月第 7 次印刷
ISBN 978-7-5672-3364-5　　定价：98.00 元(上、下册)

若有印装错误，本社负责调换
苏州大学出版社营销部　电话：0512-67481020
苏州大学出版社网址　http://www.sudapress.com
苏州大学出版社邮箱　sdcbs@suda.edu.cn

第四版前言

以大数据和新技术为主要特征的媒体融合时代的来临,给传统的纸质教材带来了强大冲击.随着新媒体技术在教学中的应用,教学模式也随之发生变化,各种线下线上的学习形式不断出现.教师与学生借助新媒体技术进行着交互式的教与学活动.在此环境下,传统的教材必须要同其他媒体进行深度融合,才能适应"互联网+教育"的快速发展.为此,我们根据信息技术的发展和大学物理教学的需要,在保持第三版教材体系和结构的基础上,重新进行了修订编写.

本次修订主要借助新媒体和互联网技术,丰富了纸质教材的内容及呈现方式.通过扫描二维码打开与教材内容相关的学习资源.将纸质教材不能呈现的视频、音频、模拟实验、相关链接等通过多种媒体呈现.学生可以利用移动客户端选择学习、碎片化式的学习,形成纸质教材、网络学习、数字化系统等多媒体融合模式的教学一体化活动.全书共提供110个视频资源,总时长1256分钟,涵盖约200个知识点.部分二维码对应多个知识点,读者可以通过拖动播放滑块到相应知识点进行学习.

《基础物理学》自出版后被多所高等院校用作非物理专业大学物理课程的教材,使用21年以来,取得了很好的效果,获得许多学校教师、学生的好评.本教材第四版获得2018年江苏省高等学校重点教材立项,苏州大学对教材修订给予了经费资助.在第四版修订过程中,苏州大学须萍教授、桑芝芳教授、罗晓琴副教授提供了很多宝贵的修订意见.在此,我们一并表示衷心的感谢.

尽管我们在修订编写过程中力图使内容更加完善,但书中难免存在一些不足和不妥,敬请读者继续批评指正.

编 者
2020年10月

第三版前言

《基础物理学》第二版出版以来,被多所高等院校用作非物理专业大学物理课程的教材,取得了很好的效果,获得了较高的评价.高等教育改革与发展步伐的不断加快,对高校公共基础必修课的大学物理课程提出了更高的要求.为此,我们根据大学物理教学改革和发展的需要,在基本保持原有第二版教材主要体系和结构的基础上,重新进行了编写.

《基础物理学》第三版教材分上、下两册.

上册共15章,含力学篇(1～7章)、电磁学篇(8～15章);下册共13章,含光学篇(16～19章)、热学篇(20～22章)、近代物理基础篇(23～28章).

此次重新修订编写,保留了第二版教材的精华.为了更好地阐述物理基本概念和基本规律,使全书的体系和结构更趋科学合理,我们对全书的章节进行了部分调整,对一些章节的内容进行了增删,增加了反映物理学最新研究成果的相关知识点,例题和习题的数量也有较多扩充.全书标有"＊"号部分可作为选学内容.

在《基础物理学》第三版即将付印之际,特别要感谢过祥龙教授、董慎行教授为《基础物理学》第一版、第二版编写所做出的奠基性、开创性工作,在他们的不懈努力下,所编教材使用15年,得到许多学校教师、学生的好评,为一大批学生学习物理学、提高科学素养发挥了重要作用.

在编写第三版的过程中吸收了苏州大学以及其他使用本教材高等院校任课教师的宝贵意见,苏州大学对教材编写给予了经费资助,在此,我们一并表示衷心的感谢.希望第三版教材的出版与使用能更好地满足当今大学物理教学改革的要求和对高素质创新人才培养的需要,这是编者及所有为本书做出贡献者的最大心愿.

虽然我们在编写第三版的过程中付出了很大努力,但书中难免存在一些不足和遗憾,敬请老师们、同学们在使用过程中给予批评指正.

编 者
2014 年 9 月

第二版前言

我们的《基础物理学》自第一版出版以来,被多所院校用作普通物理课程的教材.根据使用过此书的师生以及其他读者的反映,参照近年来普通物理教学的发展趋势,我们在保持原有体系和风格的基础上,重新编写了第二版.它主要作了以下补充和修改:

充实、拓宽、加深了一些内容.电学部分增写了压电效应、量子霍耳效应、同步辐射、电磁场动量、光压等;光学部分增写了光学信息处理、克尔效应、旋光、液晶等;热学部分增写了玻耳兹曼分布、节流、低温技术、熵与信息等;近代物理部分增写了温室效应、斯特恩-盖拉赫实验、半导体激光、自由电子激光、非线性光学、核磁共振成像,并且充实了激光、超导内容.

为保证系统的完整性,在力学中增加了质点系的功能定理和动能定理,以及质心和质心运动定理.热学部分的体系作了较大变动,按照分子动理论、热力学第一定律、热力学第二定律的顺序来展开,这无疑将使教学重点突出,并节省课时.

第二版还对原书的思考题、习题进行了增删,使之更贴近学生实际.为了便于读者查阅,第二版增加了中英文索引.全书有"＊"号部分供教学选用.

本书第二版列入苏州大学精品教材建设项目,得到了苏州大学各方面的大力支持.编写过程中,得到了扬州大学凌帆教授的帮助;南京大学卢德馨教授和复旦大学蒋平教授审阅了本书的第一版;北京大学陆果教授无私提供了有关资料;许多使用过本书第一版教材的兄弟院校及时反馈了许多有价值的建议.苏州大学物理科学与技术学院的老师们结合第一版教材的教学实践,与编者进行了许多有益的交流,对于同志们的热情帮助和指导,我们表示衷心的感谢.

蒙苏州大学物理科学与技术学院沈永昭教授主审了全书,并为本书撰写了绪论和光学信息处理一节;张橙华老师为本书编写了国际单位制以及物理常量,并对本书与物理学前沿的结合方面做了许多有益的工作.对此,我们深表谢意.

尽管编者在第二版的编写过程中做了很大努力,力图使本书能体现编写的指导思想和创新精神,但书中的缺点、错误仍在所难免,敬请同行和读者继续批评指正.

编　者

2003 年 4 月

第一版前言

大学理工科非物理专业开设的基础物理课程的主要目的在于对学生进行科学素质教育和科学思维方法的培养,课程内容是每个理工科大学生必备的知识.但是,目前的教学内容存在不少问题,如与中学物理的教学内容重复,经典内容过多而近代物理和非线性物理等内容没有得到适当的反映等,这与当前的科学技术发展是极不相称的.为此,我们在1993年就开始着手准备编写这本教材.在编写过程中结合了多年非物理专业的基础物理教学实践,并广泛参考国内外优秀同类教材,力图博采众长.本教材内容主要有以下几个方面的特点:

1. 注重物理基本概念和基本规律的阐述,尽量避免繁琐的数学推导,数学知识定位在微积分初步.考虑到当前中学物理教学水平的提高,本教材将和中学物理拉开距离,去掉与中学物理内容重复的部分.

2. 力求体系和结构的合理性,教材内容覆盖物理学的各个分支,物理学发展前沿及许多新课题也在教材中得到反映.全书分上、下两册.

3. 精编例题和习题.选编例题和习题的主导思想是有利于扩展学生的视野;有利于培养学生学习物理的能力.作为一种尝试,本教材编入了一定数量的用计算机演示或数值计算的习题.

4. 本教材的讲授时数在120学时至160学时之间,适用于理工科非物理专业的基础物理课程的教学.教材内容和习题都有不同层次的编排,便于师生在此基础上进行取舍,因而也可以作为90学时左右课程的教材使用.

在本书的编写过程中,苏州大学物理科学与技术学院领导和教师提供了大力支持并提出许多宝贵意见,苏州大学出版社也对本书的出版做了有益的指导,在此表示衷心的感谢.

本书中难免有疏漏和错误之处,竭诚欢迎广大教师和读者指正.

编 者
1999 年 1 月

第 3 篇 光 学

第 16 章 几何光学基础
- 16.1 几何光学的基本定律 ·············· (3)
- *16.2 单球面折射和反射成像 ·············· (9)
- *16.3 薄透镜成像 ·············· (15)
- 内容提要 ·············· (23)
- 习 题 ·············· (23)

第 17 章 光的干涉
- 17.1 光的相干性 ·············· (25)
- 17.2 分波阵面干涉 ·············· (29)
- 17.3 薄膜干涉 ·············· (34)
- 17.4 迈克尔孙干涉仪 ·············· (41)
- *17.5 光波的空间相干性和时间相干性 ·············· (44)
- 内容提要 ·············· (47)
- 习 题 ·············· (48)

第 18 章 光的衍射
- 18.1 光的衍射现象　惠更斯-菲涅耳原理 ·············· (55)
- 18.2 单缝的夫琅和费衍射 ·············· (57)
- 18.3 多缝的夫琅和费衍射 ·············· (63)
- 18.4 衍射光栅 ·············· (68)
- 18.5 圆孔的夫琅和费衍射　最小分辨角 ·············· (72)
- 18.6 X 射线在晶体上的衍射 ·············· (76)
- 18.7 全息照相 ·············· (78)
- *18.8 光学信息处理 ·············· (81)
- 内容提要 ·············· (84)
- 习 题 ·············· (85)

第 19 章 光的偏振
- 19.1 光的偏振状态 ·············· (90)
- 19.2 偏振片　马吕斯定律 ·············· (93)
- 19.3 反射光和折射光的偏振 ·············· (96)
- 19.4 光的双折射 ·············· (98)
- 19.5 椭圆偏振光和圆偏振光 ·············· (104)

19.6　偏振光干涉 …………………………………… (108)
*　19.7　克尔效应和旋光现象 …………………………… (110)
*　19.8　液晶 …………………………………………… (111)
　　内容提要 …………………………………………… (114)
　　习　题 ……………………………………………… (114)

第4篇　热　学

第20章　气体分子动理论

　　20.1　平衡态　状态参量 ………………………… (121)
　　20.2　热力学第零定律　温度 …………………… (122)
　　20.3　理想气体状态方程 ………………………… (125)
　　20.4　气体分子动理论的压强公式 ……………… (128)
　　20.5　温度的微观解释 …………………………… (130)
　　20.6　能量均分原理 ……………………………… (133)
　　20.7　麦克斯韦分子速率分布律 ………………… (136)
*　20.8　速度分布律　玻耳兹曼分布律 …………… (140)
　　20.9　分子平均自由程 …………………………… (141)
　　20.10　范德瓦尔斯方程 …………………………… (143)
*　20.11　气体的输运现象及其宏观规律 …………… (146)
　　内容提要 …………………………………………… (148)
　　习　题 ……………………………………………… (149)

第21章　热力学第一定律

　　21.1　热力学第一定律 …………………………… (153)
　　21.2　理想气体的热容 …………………………… (157)
　　21.3　热力学第一定律对理想气体等值过程的应用
　　　　　………………………………………………… (162)
　　21.4　理想气体的绝热过程 ……………………… (166)
　　内容提要 …………………………………………… (169)
　　习　题 ……………………………………………… (170)

第22章　热力学第二定律　熵

　　22.1　热机　致冷机 ……………………………… (175)
　　22.2　可逆过程和不可逆过程 …………………… (179)
　　22.3　热力学第二定律 …………………………… (182)
　　22.4　卡诺循环　卡诺定理 ……………………… (183)
　　22.5　热力学温标 ………………………………… (186)

22.6　熵 ……………………………………………… (187)
　　22.7　不可逆过程中的熵增　熵增加原理 ……… (190)
　　22.8　热力学第二定律的统计意义 ……………… (194)
　　内容提要 ………………………………………… (197)
　　习　题 …………………………………………… (199)

第5篇　近代物理基础

第23章　狭义相对论基础

　　23.1　经典力学的相对性原理和时空观 ………… (205)
　　23.2　狭义相对论基本假设　洛伦兹变换 ……… (207)
　　23.3　狭义相对论的时空观 ……………………… (210)
　　23.4　相对论动力学 ……………………………… (213)
　　内容提要 ………………………………………… (217)
　　习　题 …………………………………………… (218)

第24章　量子理论的起源

　　24.1　黑体辐射和普朗克的量子假设 …………… (221)
　　24.2　光电效应 …………………………………… (225)
　　24.3　康普顿效应 ………………………………… (229)
　　24.4　玻尔的量子假设与玻尔模型 ……………… (234)
　　内容提要 ………………………………………… (238)
　　习　题 …………………………………………… (239)

第25章　量子力学基础

　　25.1　德布罗意假设　实物粒子的波粒二象性
　　　　　………………………………………………… (241)
　　25.2　不确定关系 ………………………………… (243)
　　25.3　波函数与薛定谔方程 ……………………… (246)
　　25.4　一维势阱 …………………………………… (249)
　　25.5　势垒与隧道效应 …………………………… (250)
　　25.6　谐振子 ……………………………………… (253)
　　内容提要 ………………………………………… (254)
　　习　题 …………………………………………… (255)

第26章　原子　分子与固体

　　26.1　氢原子的量子理论 ………………………… (257)
　　26.2　自旋　原子的壳层结构 …………………… (261)

*26.3　分子与分子光谱 ……………………… (268)
　26.4　激光 …………………………………… (271)
　26.5　固体的能带理论 ……………………… (277)
　26.6　超导 …………………………………… (281)
　内容提要 ……………………………………… (284)
　习　题 ………………………………………… (286)

*第 27 章　原子核与基本粒子
　27.1　原子核的组成与结合能 ……………… (287)
　27.2　核自旋和核磁矩　核磁共振 ………… (290)
　27.3　核衰变 ………………………………… (293)
　27.4　穆斯堡尔效应 ………………………… (296)
　27.5　核反应　裂变和聚变 ………………… (297)
　27.6　基本粒子简介 ………………………… (300)
　内容提要 ……………………………………… (305)
　习　题 ………………………………………… (306)

*第 28 章　现代宇宙学概述
　28.1　宇宙学原理 …………………………… (308)
　28.2　膨胀的宇宙 …………………………… (310)
　28.3　大爆炸模型 …………………………… (313)
　28.4　天体演化　黑洞 ……………………… (315)
　内容提要 ……………………………………… (317)

附录
　1　基本物理常数的最新精确值
　　　（——CODATA 1998 年推荐值）……… (318)
　2　国际单位制 ……………………………… (322)
　3　历年诺贝尔物理学奖获得者及其研究成果 …… (324)

习题参考答案 ……………………………………… (333)

参考书目 …………………………………………… (339)

第3篇 光 学

光学是一门研究光的传播以及光和物质间相互作用规律的学科.光是一定波长范围内的电磁波.光在通常意义上指的是可见光,即能引起人眼视觉的电磁波.可见光的波长约在 400~760 nm 的狭窄范围内,对应的频率范围为 $7.5 \times 10^{14} \sim 3.9 \times 10^{14}$ Hz,只占整个电磁波谱中很小的一部分.

自20世纪60年代发现激光以后,光学的应用逐渐渗透到了众多科学技术领域,发展出了光全息技术、光信息处理技术等新的应用.也出现了许多新的分支学科,如傅里叶光学、非线性光学等,光学研究的对象逐渐延伸到了整个电磁波范围.

光在均匀介质中沿直线传播是对光的波动性的一种近似的描述,基于光的直线传播形成的光学理论叫作"几何光学".本篇第16章讨论几何光学的基本定律和成像的基本原理.第17至第19章讨论光的干涉、光的衍射和光的偏振,这部分内容通常被称为"波动光学"或"物理光学".而讨论光与物质间相互作用的理论称为"量子光学",这部分的内容将在本书第5篇中加以介绍.

第16章 几何光学基础

几何光学是以光线为基础,研究光的传播以及光的成像规律.光的波动,应以波动理论来处理,但光在传播过程中所遇到的障碍物的线度远大于光的波长时,光的波动性并不显著,可以认为光仍按原来的方向沿直线(光线)传播.这时,我们可以撇开光的波动本质而用几何学方法研究光在均匀介质中的传播和在介质分界面上的反射和折射规律.光的直线传播定律、反射定律和折射定律是几何光学的基本实验定律.本章首先介绍几何光学的基本定律,然后从这些基本定律出发,讨论光在平面镜和球面镜以及通过薄透镜时的成像规律.需要注意的是,在讨论这些成像规律时,都假定光线与光学系统的光轴之间的夹角很小,即傍轴光线.本章最后简单介绍放大镜、显微镜和望远镜的光学原理.

16.1 几何光学的基本定律

▶ 16.1.1 光波的概述

实验和理论都证明,光是电磁波,称为**光波**.光波在整个电磁波中只占很窄的波段.能为人类的眼睛所感受的可见光,只是波长范围为 $4\times10^{-7} \sim 7.6\times10^{-7}$ m 的电磁波.在可见光范围内不同波长的光引起人眼对不同颜色的感觉.波长与颜色的对应关系如下:

红	橙	黄	绿	青	蓝	紫
760	630	600	570	500	450	430 ~ 400(nm)

在电磁波谱中与可见光波段衔接的短波一侧是紫外线($4\times10^{-7} \sim 5\times10^{-9}$ m),长波一侧是红外线($7.6\times10^{-7} \sim 10^{-4}$ m).一般所讨论的光波是指紫外至红外波段的电磁波.

在光学中常用的波长单位是米(m)、纳米(nm)以及微米(μm),埃(Å)也是光波的常用单位,它们的换算关系如下:

$$1 \text{ Å} = 10^{-10} \text{ m},$$
$$1 \text{ nm} = 10^{-9} \text{ m},$$
$$1 \text{ }\mu\text{m} = 10^{-6} \text{ m}.$$

任何波长的电磁波在真空中的传播速度都是相同的,这个速度也是光在真空中传播的速度,通常用 c 表示.光速 c 在 1998 年的推荐值为

$$c = 299\ 792\ 458 \text{ m/s},$$

常取

$$c \approx 3 \times 10^8 \text{ m/s}.$$

利用下式从波长 λ 可以换算出频率 ν，

$$\nu=\frac{c}{\lambda}.$$

例如，波长范围为 $4.0\times10^{-7}\sim7.6\times10^{-7}$ m 的可见光，对应的频率范围是 $7.5\times10^{14}\sim3.9\times10^{14}$ Hz.

应该指出，在光波中，产生感光作用与生理作用的是电场强度 E，而不是磁场强度 H，因此称 E 为**光矢量**，E 的振动为**光振动**.

光的强度，称为**光强**，常用字母 I 表示. 光强是指单位面积上的平均光功率，它由坡印廷矢量（能流密度）$S=E\times H$ 的平均值确定. 可以算得

$$I=\overline{S}=\frac{n}{2c\mu_0}E_0^2\propto nE_0^2.$$

其中 E_0 为光矢量的振幅，n 为介质折射率，$n=\frac{c}{v}$（v 为介质中的光速）. 在同一介质中，人们往往只关心光强的相对分布，因此常把光的（相对）强度写成振幅的平方

$$I=E_0^2.$$

但是，在比较两种介质中的光强时，比例系数中的折射率 n 应该计及，即 $I=nE_0^2$.

只包含单一波长的光称为**单色光**，否则是非单色光. 非单色光的光强是按波长 λ 分布的，称为**光谱**. 实际上，波长为 λ 的单色光的光强都是分布在波长 λ 附近的范围 $\Delta\lambda$ 内的. $\Delta\lambda$ 称为**谱线宽度**（有关谱线宽度 $\Delta\lambda$ 的定义见 17.5 节）. $\Delta\lambda$ 越小，光的单色性越好. 若干元素的普通光源和激光器的典型谱线列于表 16-1.

表 16-1 典型谱线

元素	谱线 λ/nm	颜色	元素	谱线 λ/nm	颜色
钠	589.0,589.6	黄（D 双线）	氢	410.2	紫
汞	404.7,407.8	紫		434.0	蓝
	435.8	蓝		486.1	青绿（F 线）
	546.1（最强）	绿		656.3	橙红（C 线）
	577.0,579.1	黄	氦氖激光	632.8	红
镉	643.8	红	氩离子激光	488.0	青
氖	605.7	橙		514.5	绿

按照波的传播规律，任何一个光源都是一个波源，在传播过程中，任一瞬间扰动所达到空间各点的集合称为**波阵面**或**波面**. 波阵面是等相位点的集合. 波面的法线代表等相位的传播方向. 波面可以是平面、球面或其他曲面. **光线**则是指光波能量传播方向的线，也就是电磁波的坡印廷矢量 S 的方向. 在真空或者各向同性的介质中，光波的能量是沿着波面的法线方向传播的. 这样，光线与波面的法线方向重合. 用波面和光线两个概念来叙述光的传播，其效果是相同的. 在几何光学中，运用光线这一概念，可以使叙述和计算大为简化，但是在讨论光学信息处理、全息术以及光学仪器的分辨本领等时必须运用波面概念来讨论.

有一定关系的一些光线的集合称为**光束**. 显然，平面波对应平行光束，如图 16-1(a)所示；球面波对应发散光束[图 16-1(b)]或会聚光束[图 16-1(c)].

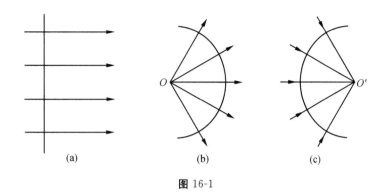

图 16-1

▶ 16.1.2 几何光学三定律

几何光学是以三个实验定律为基础建立起来的,它是各种光学仪器设计的理论根据.这三个定律就是,光的直线传播定律、光的反射定律和折射定律.

光的直线传播定律指光在均匀介质中沿直线传播.在点光源的照射下,不透明物体背后出现清晰的影子,影子的形状与以光源为中心发出的直线所构成的几何投影形状一致,如图 16-2 所示.这是人们熟知的光的直线传播事实.

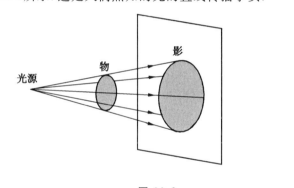

图 16-2

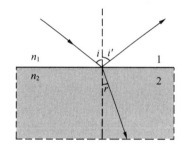

图 16-3

设透明介质 1 和 2 的分界面是平面,当一束光线入射到分界面上,一般情形下分解成两束光线,反射线和折射线,如图 16-3 所示.过入射点作界面的法线,入射线与该法线组成的平面称为**入射面**.入射角 i、反射角 i' 以及折射角 r 的意义如图 16-3 所示.**光的反射定律和折射定律**的内容为:① 反射光线和折射光线都在入射面内;② 反射角等于入射角 $i'=i$;③ 折射角与入射角间有关系式

$$n_1 \sin i = n_2 \sin r. \tag{16.1-1}$$

式中 n_1, n_2 分别是两种介质的折射率,上式称为**斯涅耳**(W. Snell)**定律**.

介质的折射率和光的波长有关,几种透明介质对钠黄光(D 线,589.3 nm)的折射率如表 16-2 所示.

表 16-2　介质的折射率

物　　质	折射率 n	物　　质	折射率 n
空气	1.000 29	加拿大树胶	1.53
二氧化碳	1.000 45	水　晶	1.54
水	1.333	各种玻璃	1.5～2.0
乙醇	1.36	金刚石	2.417
甘油	1.47		

▶ 16.1.3　光的可逆性原理

从几何光学的基本定律不难看出,如果图 16-3 中光线是逆着反射线方向入射的,则它的反射线将逆着原来的入射线方向传播;再如光线逆着折射线方向由介质 2 入射,则其在介质 1 中折射线必将逆着原来的入射线方向传播.这表明,光线的方向逆转时,它将逆着同一路径传播.这个结论称为**光的可逆性原理**.这一原理对理解、思考一些光学问题将有所帮助.

▶ 16.1.4　色散

介质折射率有个重要性质,就是折射率 n 与光的波长有关.图 16-4 所示的是几种介质的折射率与光的波长关系的曲线.

介质的折射率随着波长而变化的现象称为**色散**.大多数物质,折射率 n 随波长增加而减小,这种现象称为**正常色散**.实验表明,对于正常色散,介质的折射率 n 与波长的关系为

$$n = A + \frac{B}{\lambda^2} + \frac{C}{\lambda^4}. \qquad (16.1\text{-}2)$$

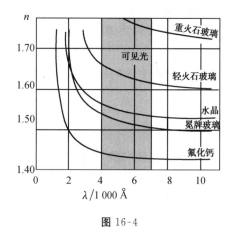

图 16-4

式中常数 A,B,C 均为正数,对于给定的介质,它们均由实验测定.上式称为**科希(Cauchy)色散公式**.大多数情形下上式右边第三项可以略去,于是得到

$$n = A + \frac{B}{\lambda^2}. \qquad (16.1\text{-}3)$$

由于折射率 n 是波长 λ 的函数,按照斯涅耳定律,光线以相同入射角入射于两种介质的界面,不同波长的光有不同的折射角.图 16-4 所示介质折射率随波长增加而减小的情形,意味着蓝光通过折射介质时将比红光要弯曲得多.

为了帮助理解色散现象,让一束单色光线投射在棱镜的一个侧面,如图 16-5(a)所示.经两个侧面的折射,其出射光线与入射光线夹的角度 δ 称为**偏向角**.如果投射的是一束白光,如图 16-5(b)所示,则从另一侧面出射的光,由于波长不同的单色光的偏向角 δ 不同,出射光中不同波长的单色光将分散开来,形成光谱.其中紫色光的偏向角最大,红色光的偏向角最小,其他颜色单色光的偏向角在这两极端值之间.

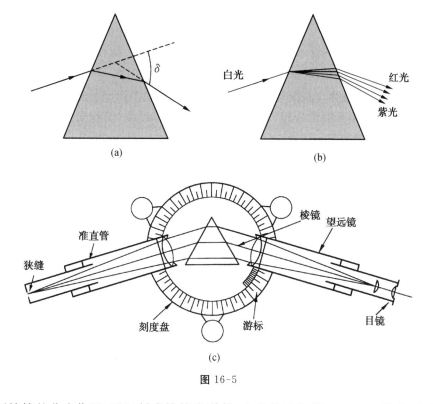

图 16-5

利用棱镜的分光作用,可以制成棱镜光谱仪,它的构造如图 16-5(c)所示.这种仪器可用来研究光源发射的光波的波长.从光源来的光,经狭缝调节成一束准直的平行光,这束光通过棱镜色散成一条光谱.用望远镜来观察出射光,从望远镜中观察到的是狭缝的像.移动望远镜,或者转动棱镜,就能观察到在不同偏向角位置上有不同颜色形成的像.同时,棱镜也通常用作测量透明固体的折射率.

最后指出,除了正常色散现象以外,还有一种**反常色散**现象:折射率 n 随波长 λ 增加而增加.反常色散表示介质对这一波长范围光的吸收.

▶ 16.1.5 全反射 光纤

当光线从光密介质射向光疏介质时,$n_1 > n_2$,从式(16.1-1)可以看出折射角 r 大于入射角 i,如图 16-6 所示.当入射角增至某一数值 i_0 时,

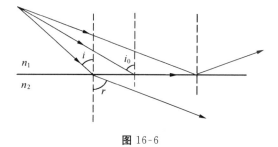

图 16-6

$$i_0 = \arcsin \frac{n_2}{n_1}, \tag{16.1-4}$$

折射角 $r=90°$；当入射角 $i>i_0$ 时，折射线消失，光线全部反射，该现象称为**全反射**，i_0 称为**全反射（临界）角**。

从能量的角度，当发生全反射时，入射光的能量全部集中到反射光中。

全反射现象有许多重要的应用，目前发展起来的光学纤维（简称**光纤**），就是利用全反射原理，使光线沿着弯曲的路径传播。

通常，每根光纤的直径在 0.002 mm 到 0.1 mm 之间，一般由折射率较高（$n=1.8$）的玻璃纤维，外包一层折射率较低（如 $n=1.4$）的材料制成。当光线在光纤内发生多次全反射，光就从一端传到另一端[图 16-7(a)]。光纤有许多种类，下面讨论芯料折射率是均匀的一种光纤。

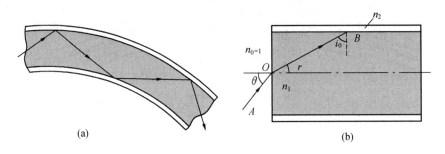

图 16-7

图 16-7(b)中空气折射率 $n_0=1$，芯料折射率为 n_1，外包材料的折射率为 n_2，$n_1>n_2$。图中 AOB 是一条临界光线，光纤内光线 OB 的入射角等于全反射临界角 i_0，$\sin i_0 = \frac{n_2}{n_1}$。按照斯涅耳定律，空气中的入射线 AO 与它在芯料中的折射线 OB 间有关系式

$$n_0 \sin\theta = n_1 \sin r,$$

而 $r+i_0 = \frac{\pi}{2}$，所以 $\sin r = \cos i_0 = \sqrt{1-\left(\frac{n_2}{n_1}\right)^2}$。因此，

$$n_0 \sin\theta = n_1 \sqrt{1-\left(\frac{n_2}{n_1}\right)^2} = \sqrt{n_1^2 - n_2^2}, \tag{16.1-5}$$

$n_0 = 1$，即

$$\sin\theta = \sqrt{n_1^2 - n_2^2}. \tag{16.1-6}$$

当入射光线的入射角大于 θ 时，光线在光纤内就不会发生全反射。能使光线在光纤内发生全反射的入射光束的最大孔径角，就是满足(16.1-5)式的 θ 角，$n_0 \sin\theta$ 称为光纤的**数值孔径**。

光纤可以做得很细、很柔软，并且能够弯成各种形状，实际使用过程中把数十根甚至数百根光纤并在一起组成光缆。如果光缆两端各条光纤的排列次序严格对应，它就能用来传播图像。能探入人体内部（如胃、膀胱）的内窥镜就是利用光缆的这种性质。

光纤的另一种重要应用是光纤通信技术。常用的电通信技术是用无线电波段的电磁波作为载波，把信息变成电信号加在载波上，使之沿传输线或在大气中传播出去。光纤通信技

术是用光波作为载波,把信息变成光信号加在载波光线上,使之沿着光纤传播.光纤通信的主要优点是容量大、传输距离远.理论上光纤通信能同时容纳 100 亿个互不干扰的通话话路,或者同时传送 1 000 万套电视节目而互不干扰.这些都是现有通信的万倍以上.光纤通信的其他优点有抗电磁干扰能力强,保密性好,抗腐蚀、抗辐射能力也强,同时光纤很轻,建设费用(光纤的材料主要是硅酸盐)低等.

*16.2 单球面折射和反射成像

▶ 16.2.1 实物、虚物 实像、虚像

球心在同一直线上的若干反射面和折射面组成的光学系统,称为**共轴球面系统**,或称**共轴光具组**,各球面球心的连线称为**光轴**.平面是球面半径趋于无穷大时的极限情形.

如前所述,有一定关系的一些光线的集合称为光束,自一点发出的光束、会聚于一点的光束,或者光束的延长线相交于一点的光束,皆称为**同心光束**.在几何光学中,把对光学系统入射的同心光束的顶点,称为**物点**;把经过光学系统后出射的同心光束的顶点,称为**像点**,如图 16-8 所示,物点是 P,像点是 P'.光学系统使物点 P 成像于点 P'.

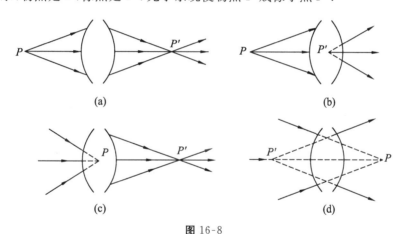

图 16-8

如果出射的同心光束是会聚的,P' 称为**实像点**[图 16-8(a)(c)];若出射的同心光束是发散的,P' 称为**虚像点**[图 16-8(b)(d)].同样,若入射的同心光束是发散的,点 P 称为**实物点**[图 16-8 中(a)(b)];若入射的同心光束是会聚的,点 P 称为**虚物点**[图 16-8 中(c)(d)].

对于平面镜成像也有实像和虚像之分,如图 16-9 中(a)所示是平面镜实物成虚像,如图 16-9(b)所示是平面镜虚物成实像.

必须注意,实像既可以用屏幕接收,又可用眼睛来观察,而虚像不能用屏幕接收,只可用眼睛观察.

根据光路可逆原理,在成像过程中光线亦是可逆的,入射同心光束与出射同心光束是可逆的,因此物点与像点是可以互换的.彼此一一对应又可以互换的关系称为"**共轭关系**".入射光束与出射光束、物点与像点对一个光学系统来说是共轭关系.

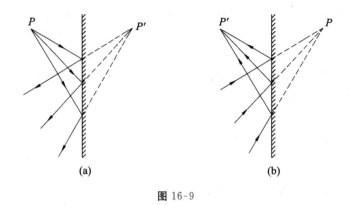

图 16-9

为了讨论方便,常把物点所在空间称为**物方空间**,简称**物方**;把像点所在空间称为**像方空间**,简称**像方**.

▶ 16.2.2 单球面折射成像

如图 16-10 所示,折射球面的半径为 R,球心为 C 点.通过 C 点的直线称为**光轴**,光轴与球面交点(即球面顶点)为 A,球面前后介质的折射率分别为 n 和 n'.从轴上物点 P 引一条入射光线 PM,经界面折射后,折射光线与光轴交于 P' 点,其 P' 点的位置可以由折射定律求得.

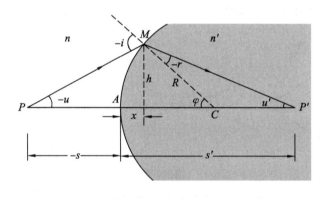

图 16-10

为使确定光线位置的参量具有明确的意义,并使以后将要导出的公式对各种情况都能适用,必须对这些参量作正负号的规定.符号法则有多种,本书采用的符号法则为:

设光线从左射向右.

(1) 距离的正负:以顶点 A 为准,右为正,左为负;以光轴 AC 为准,上为正,下为负.

(2) 角度的正负:从光轴或法线开始,顺时针为正,逆时针为负.

(3) 图中的线段、角度(取小于 $\frac{\pi}{2}$ 的角度)皆标正值.

根据上述三项规定,图 16-10 标出的物距、像距、曲率半径分别为 $-s, s'$ 以及 R,孔径角分别标为 $-u, u'$,入射角标为 $-i$,折射角标为 $-r$.

由几何学可得如下关系式

$$\sin\varphi = \frac{h}{R}, \quad \tan(-u) = \frac{h}{-s+x}, \quad \tan u' = \frac{h}{s'-x},$$

以及
$$-i = \varphi + (-u), \quad \varphi = (-r) + u'.$$

现在考虑这样的情形,即角度 i, r, u, u' 以及 φ 都是小角,这样 $x \ll 1$, x 可以略去. 符合这些条件的光线称为**傍轴光线**. 因此对于傍轴光线有

$$\sin(-i) \approx -i = \varphi + (-u) \approx \frac{h}{R} + \frac{h}{(-s)},$$

$$\sin(-r) \approx -r \approx \varphi - u' \approx \frac{h}{R} - \frac{h}{s'}.$$

在小角度入射角情形,折射定律成为
$$n(-i) = n'(-r).$$

由此可得
$$\frac{nh}{R} - \frac{nh}{s} = \frac{n'h}{R} - \frac{n'h}{s'}.$$

整理得
$$\frac{n'}{s'} - \frac{n}{s} = \frac{n'-n}{R}. \tag{16.2-1}$$

上式表明,对于任一个 s,总可以找到一个 s',它与孔径角 u 的大小(当然是在小角度情形下)无关. 因为,在傍轴条件下,轴上物点 P 发出的同心光束,经单球面折射后,都能相交于确定点 P'. 因此 P' 点就是 P 点的像点, (16.2-1)式称为**单球面折射的物像距公式**.

若将轴上物点 P 移到无穷远处,即入射光线平行于光轴,经球面折射后交于光轴上 F' 点(图 16-11). F' 点是轴上无限远物点的像点,称为**像方焦点**. 同样,与无限远像点对应的物点 F 称为**物方焦点**(图 16-11). 从物方焦点 F 发出的光线经球面折射后必平行于光轴,而平行于光轴的入射光线折射后必会聚于像方焦点 F'.

从球面顶点 A 到焦点 F 和 F' 的距离 f 和 f', 分别称为**物方焦距**和**像方焦距**,其正负号按规定来设定,焦距可以从(16.2-1)式求得,

$$f = -\frac{nR}{n'-n},$$
$$f' = \frac{n'R}{n'-n}. \tag{16.2-2}$$

两者之比为
$$\frac{f}{f'} = -\frac{n}{n'}. \tag{16.2-3}$$

公式(16.2-1)可以用焦距表示为

$$\frac{f'}{s'}+\frac{f}{s}=1. \qquad (16.2\text{-}4)$$

(16.2-4)式称为**高斯公式**.

高斯公式中物距 s 和像距 s' 是以顶点 A 为基准的. 若物距、像距分别以物方焦点 F 和像方焦点 F' 为基准算起，物距、像距分别记作 x 和 x'（图 16-12），则可以把成像公式（16.2-1）化成

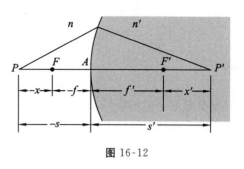

图 16-12

$$xx'=ff', \qquad (16.2\text{-}5)$$

(16.2-5)式称为**牛顿公式**. x,x' 正负号约定与有关距离正负号约定相同.

应该指出，单球面折射成像公式(16.2-1)是基本公式；高斯公式(16.2-4)和牛顿公式(16.2-5)虽然是从单球面折射公式导出的，但是它们具有普遍性，在透镜以及其他理想光学成像系统中亦成立.

▶ 16.2.3 横向放大率

在傍轴条件下，与光轴垂直的物体 PQ，其像 $P'Q'$ 也与光轴垂直，如图 16-13 所示. 物高和像高都按符号法则规定标在图中，横向放大率 β 定义为像与物两者高度之比，

$$\beta=\frac{y'}{y}.$$

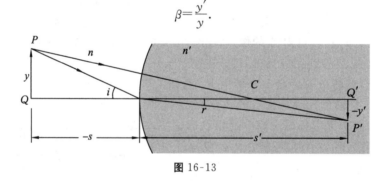

图 16-13

在图 16-13 中，$\tan i=\dfrac{y}{-s}$，$\tan r=\dfrac{-y'}{s'}$. 由折射定律可以得到 $n\sin i=n'\sin r$. 再应用傍轴条件，可以得到单球面折射成像的放大率计算公式

$$\beta=\frac{s'}{s}\cdot\frac{n}{n'}, \qquad (16.2\text{-}6a)$$

或者

$$\beta=-\frac{s'}{s}\cdot\frac{f}{f'},$$

以及

$$\beta=-\frac{x'}{f'}. \qquad (16.2\text{-}6b)$$

横向放大率 β 取负值，表示倒立的像；β 取正值，表示正立的像. 若 β 的绝对值 $|\beta|<1$，表示得到的是缩小的像；$|\beta|>1$ 表示得到的是放大的像.

例 16-1 (1) 有人用折射率 $n=1.5$、半径为 10 cm 的玻璃球放在报纸上看字,问看到的字在什么地方? 放大率为多大?

(2) 将玻璃球切成两半,使平面向上放在报纸上,看到的字又在什么地方? 放大率为多大?

(3) 将半个玻璃球,使球面向上放在报纸上,看到的字又在什么地方? 放大率有多大?

解 字用字母 P 表示,按照题意可以分别如图所示.

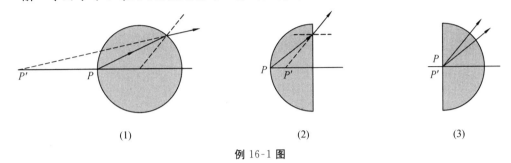

例 16-1 图

(1) 左半球面对成像无贡献,本题是字 P 对右半球面折射成像,按照规定,各量的数值如下: 折射率 $n=1.5$, $n'=1.0$, 物距 $s=-20$ cm, 曲率半径 $R=-10$ cm. 代入 (16.2-1) 式 $\frac{n'}{s'} - \frac{n}{s} = \frac{n'-n}{R}$, 求得像距 $s'=-40$ cm, 即看到的字在左球面顶点左侧 20 cm, 是虚像. (横向) 放大率 $\beta = \frac{s'}{s} \cdot \frac{n}{n'} = \frac{-40}{-20} \cdot \frac{1.5}{1.0} = 3$, 为直立放大的虚像.

(2) 本题为平面折射成像, 对于 (16.2-1) 式 $\frac{n'}{s'} - \frac{n}{s} = \frac{n'-n}{R}$, 取 $R=\infty$, 有 $\frac{n'}{s'} - \frac{n}{s} = 0$. 将 $n=1.5$, $n'=1.0$ 以及 $s=-10$ cm 代入得到像距 $s'=-6.7$ cm. 表明看到的字在平面左侧 6.7 cm 处, 是虚像. 放大率 $\beta = \frac{s'}{s} \cdot \frac{n}{n'} = \frac{-6.7}{-10} \cdot \frac{1.5}{1.0} = 1$, 为直立等大的虚像.

(3) 因为字 P 就在球心, 从球心发出的光线在球面上并不折射, 所以字的像亦在 P 点, 即看到字 (虚像) 与原字 (实物) 重合. 放大率 $\beta = \frac{s'}{s} \cdot \frac{n}{n'} = 1.5$, 为直立放大的虚像.

▶ 16.2.4 球面镜反射成像

球面镜有两种, 凹面镜和凸面镜. 利用球面的内表面做反射面的, 叫作**凹面镜** [图 16-14(a)]; 利用球面的外表面做反射面的, 叫作**凸面镜** [图 16-14(b)]. 通过球面球心 C

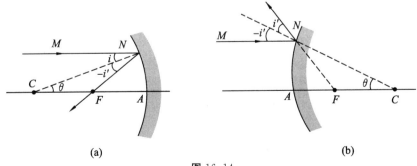

图 16-14

的直线叫作**球面镜的光轴**,其与球面交点 A 称为**球面镜顶点**.

在图 16-14 所示的球面镜中,平行于光轴的光线 MN 经球面镜反射后,由反射定律以及几何学知识可以得到 $\theta=i'$, $\overline{CF}=\overline{FN}$. 当满足近轴条件(平行光线靠近光轴),即 θ,i,i' 都充分小时,可以得到

$$\overline{CF}=\frac{|R|}{2}.$$

式中 R 是球面镜的曲率半径. 点 F 就是焦点, $\overline{AF}$ 就是焦距 f. 对球面镜,焦距 f 既是物方焦距,也是像方焦距,它的物方焦点与像方焦点是重合的.

在近轴条件下,可以得到球面镜反射成像公式,

$$\frac{1}{s'}+\frac{1}{s}=\frac{2}{R}. \tag{16.2-7a}$$

由上式可以求得焦距

$$f=f'=\frac{R}{2},$$

因此,(16.2-7a)式又可写成

$$\frac{1}{s'}+\frac{1}{s}=\frac{1}{f'}. \tag{16.2-7b}$$

球面镜反射成像公式中,各量符号约定同球面折射成像情形,但是,像点 P' 在顶点 A 左侧时为实像;像点 P' 在顶点 A 右侧时为虚像.

应该注意,在球面镜情形,物方焦点与像方焦点是重合的,所以称 F 点为**主焦点**,称 f 为**主焦距**. 若 F 在顶点 A 的左侧, $f<0$,这相当于凹面镜情形;若 F 在顶点 A 的右侧, $f>0$,这相当于凸面镜情形.

球面镜的横向放大率定义式也是 $\beta=\dfrac{y'}{y}$. 可以求得 β 计算式为

$$\beta=-\frac{s'}{s}. \tag{16.2-8}$$

例 16-2 一凹面镜的曲率半径为 40 cm. 高为 2.5 cm 的物体位于凹面镜前方 50 cm 处,求像的高度.

解 由各量正负号的约定,可以写成 $R=-40$ cm, $s=-50$ cm,由公式算得焦距

$$f=\frac{R}{2}=\frac{-40}{2}\text{ cm}=-20\text{ cm}.$$

由球面镜成像公式(16.2-7b)有

$$\frac{1}{s'}+\frac{1}{-50}=\frac{1}{-20},$$

得

$$s'=-33.3\text{ cm}.$$

按照式(16.2-8)求得横向放大率

$$\beta=-\frac{s'}{s}=-\frac{-33.3}{-50}=-0.667.$$

像是倒立的缩小的实像,像高为
$$|y'|=0.667\times 2.5 \text{ cm}=1.67 \text{ cm}.$$

*16.3 薄透镜成像

▶ 16.3.1 薄透镜成像

透镜是由两个共轴球面(或一个为平面)构成的透明体,构成透镜的材料通常是玻璃.透镜按照形状分为两大类:第一类透镜,中央比边缘厚,称为**凸透镜**,它对光线起会聚作用,所以又称**会聚透镜**;第二类透镜,中央比边缘薄,称为**凹透镜**,这类透镜对光束起发散作用,所以又称**发散透镜**.

通过透镜两个球面曲率中心的直线称为**透镜的光轴**,有时也称为**主光轴**.

设透镜材料的折射率为 n_L,两个球面半径分别为 R_1 和 R_2,两球面顶点 A_1 与 A_2 的间距(透镜厚度)为 t.

假设透镜放在空气中,对于图 16-15 所示的位于透镜前方轴上物点 P,应用式(16.2-1)于第一折射球面,

$$\frac{n_L}{s_1'}-\frac{1}{s_1}=\frac{n_L-1}{R_1}.$$

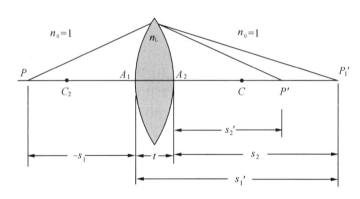

图 16-15

由此得到实像点 P_1',它对第二折射球面成为虚物点,其物距应为
$$s_2-(s_1'-t),$$
经过第二折射球面成像,仍按(16.2-1)式计算,
$$\frac{1}{s_2'}-\frac{n_L}{s_2}=\frac{1-n_L}{R_2}.$$

上述三个方程,是用于计算计及透镜厚度时成像的情形.

现在来讨论薄透镜的成像情况.所谓**薄透镜**是指它的厚度与它的光学性质有关的距离(如球面的曲率半径、焦距、物距等)相比,可以忽略不计.一般情况下,按薄透镜算出的各种量值与考虑透镜的厚度时相比差别很小.

对于薄透镜,可以略去 t,则有

$$s_2 = s_1'.$$

这样，物点对第一个折射球面的物距 s_1 就成为对薄透镜的物距，记作 s；对第二个折射球面的像距 s_2' 就是对薄透镜的像距，记作 s'. 由此得到薄透镜成像公式

$$\frac{1}{s'} - \frac{1}{s} = (n_L - 1)\left(\frac{1}{R_1} - \frac{1}{R_2}\right). \tag{16.3-1}$$

这是用薄透镜的结构参量（n_L，R_1，R_2）表示的物像公式.

在薄透镜中，两球面顶点 A_1 和 A_2 几乎重合在一点，这个点叫作**透镜的光心**，记作 O. 薄透镜的物距 s、像距 s' 都是从光心 O 算起的.

透镜的焦点和焦距的意义与单球面折射系统的焦点和焦距的意义相同. 透镜的焦距也是从光心 O 算起的. 依次令(16.3-1)式中 $s' = \infty$，以及 $s = -\infty$，即可得薄透镜的物方焦距 f 与像方焦距 f'，

$$f = -\frac{1}{(n_L - 1)\left(\frac{1}{R_1} - \frac{1}{R_2}\right)}, \tag{16.3-2a}$$

$$f' = \frac{1}{(n_L - 1)\left(\frac{1}{R_1} - \frac{1}{R_2}\right)}. \tag{16.3-2b}$$

比较两式有

$$f = -f'.$$

式(16.3-2a)或者(16.3-2b)给出了薄透镜的焦距与透镜材料的折射率、两球面曲率半径之间的关系式，它又称为**磨镜者公式**.

有关薄透镜成像中的物距、像距以及物方焦距、像方焦距的正负号的约定，与单球面折射成像时的约定相同，只是在薄透镜情形中距离都是从光心 O 算起的.

由 $f = -f'$ 可知，当透镜的物、像两方的介质相同时，像方焦距与物方焦距在数值上相同，符号相反. 对于凸透镜，两个焦点都是实的；对于凹透镜，两个焦点都是虚的.

焦距的倒数 $\frac{1}{f'}$ 称为**透镜焦度**，也称**光焦度**，用 Φ 表示，即

$$\Phi = \frac{1}{f'} = -\frac{1}{f}.$$

光焦度是用来表示透镜对于光线的会聚或发散的本领. Φ 的国际单位是每米，符号为 m^{-1}. 例如，$f' = 40$ cm，它的光焦度为 $\Phi = \frac{1}{0.4 \text{ m}} = 2.5 \text{ m}^{-1}$. 生活中普通眼镜的光焦度常用度作单位，用"°"表示，1 m^{-1} = 100°.

若把焦距 f 和 f' 的表达式代入(16.3-1)式，可以得到更为普遍的高斯公式

$$\frac{f'}{s'} + \frac{f}{s} = 1. \tag{16.3-3a}$$

对于 $f = -f'$ 的情形，上式又成为

$$\frac{1}{s'} - \frac{1}{s} = \frac{1}{f'}. \tag{16.3-3b}$$

(16.3-3b)式称为**薄透镜公式**.

若不以薄透镜的光心为原点量度物和像的距离,而以焦点 F,F' 分别作为量度物距和像距的原点,从 F,F' 算起的物距、像距记作 x,x';x 和 x' 的正负号约定与前面有关距离正负号约定相同. 图 16-16 中,

$$-s=-x-f, \quad s'=x'+f'.$$

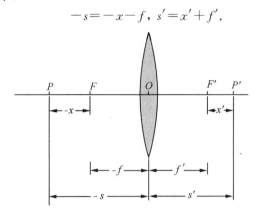

图 16-16

代入(16.3-3a)式,得到牛顿公式

$$xx'=ff'. \tag{16.3-4}$$

薄透镜的横向放大率 β 等于两个球面折射系统横向放大率 β_1 与 β_2 的乘积,即 $\beta=\beta_1\beta_2$,可以算得

$$\beta=\frac{s'}{s},$$

或者

$$\beta=-\frac{f}{x}=-\frac{x'}{f'}. \tag{16.3-5}$$

最后,应当指出焦距的计算式(16.3-2a)(16.3-2b),是对应于薄透镜的物方和像方介质折射率均为空气(即 $n=1$)的情形,对于物方和像方折射率均为 n 的情形,其焦距的计算式为

$$f'=\frac{1}{\left(\dfrac{n_L}{n}-1\right)\left(\dfrac{1}{R_1}-\dfrac{1}{R_2}\right)}. \tag{16.3-6}$$

通常为了直观地显示薄凸透镜成像时物与像的关系,可以采用几何作图法画出光路图,它主要依据如下三条特殊的土光线.

(1) 经过透镜光心的光线不改变其前进的方向.

(2) 平行于光轴的光线,经过透镜后通过像方焦点.

(3) 通过物方焦点的光线,经过透镜后平行于光轴前进.

▶ **16.3.2 焦平面**

焦平面是透镜的一个重要概念. 通过像方焦点 F' 垂直于光轴的平面称为**像方焦平面**,它是物方无限远垂直于光轴的物平面的像平面. 从物方无限远发出的倾斜平行光线经透镜折射后,其出射光线(或其延长线)会聚在像方焦平面上一点,该点由通过透镜光心的辅轴来

确定[图 16-17(a)(b)].

通过物方焦点 F 垂直于光轴的平面称为**物方焦平面**,与它对应的像位于无限远.从物方焦平面上一点发出的(或射向物方焦平面上一点的)光线经透镜折射后,成为与主光轴倾斜的平行光线[图 16-17(c)(d)].该平行光线的方向可由通过光心的辅轴来确定.焦平面的这些性质,对于作图求像是非常有用的.照相时的"调焦",就是要使被摄物体的像正好形成在感光底片(或 cmos 传感器)所处的焦平面上.调焦的方法,有的是通过改变镜头到感光板的距离,有的则是通过改变组成镜头的若干镜片间的距离以调节镜头的焦距.

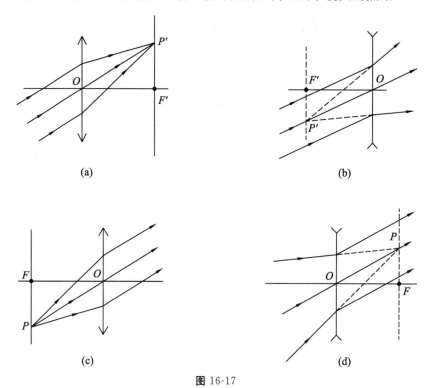

图 16-17

例 16-3 现需要一个焦距为 20 cm 的透镜,已知所用光学玻璃的折射率为 1.5,试求以下两种情形的球面曲率半径.

(1) 球面是完全对称的双凸透镜;

(2) 平凸透镜.

解 利用磨镜者公式(16.3-2b)

$$f' = \frac{1}{(n-1)\left(\frac{1}{R_1} - \frac{1}{R_2}\right)}.$$

(1) 对于双凸透镜,按照对曲率半径取正负号的约定,$R_1 = +R$,$R_2 = -R$. 同时由题意,$f' = +20$ cm,

$$20 = \frac{1}{(1.5-1)\left(\frac{1}{R} + \frac{1}{R}\right)},$$

求得

$$R = 20 \text{ cm}.$$

(2) 对于平凸透镜,有 $R_1=\infty$, $R_2=-R$,

$$20=\frac{1}{(1.5-1)\frac{1}{R}},$$

求得 $R=10$ cm.

例 16-4 一个薄凸透镜的焦距为 10 cm. 若在其一侧光轴上距离透镜光心 40 cm 处放一物体,求该物体经此薄透镜所成的像的位置和横向放大率.

解 由薄透镜公式(16.3-3b),可得像距为

$$s'=\frac{sf'}{s+f'},$$

将 $f'=10$ cm 和 $s=-40$ cm 代入上式,得像距

$$s'=\frac{-40 \text{ cm}\times 10 \text{ cm}}{-40 \text{ cm}+10 \text{ cm}}=\frac{40}{3}\text{ cm}=13.3 \text{ cm}.$$

横向放大率

$$\beta=\frac{s'}{s}=\frac{40}{3}\cdot\frac{1}{-40}=-\frac{1}{3}.$$

由上面的结果可知,s' 为正,说明物体和像分居薄透镜的两侧,像距为 13.3 cm. 横向放大率为 $-\frac{1}{3}$,说明像是倒立的,且像是缩小的,其高度为物体高度的三分之一.

利用三条主光线所画的例 16-4 光路图如图 16-18 所示. 图中显示,当物距大于透镜焦距时,像与物体分居透镜的两侧,像是倒立缩小的. 眼睛在像方迎着光线看去,进入眼睛的是实际通过透镜的光线,所以看到的是倒立的实像,与上面的计算结果吻合.

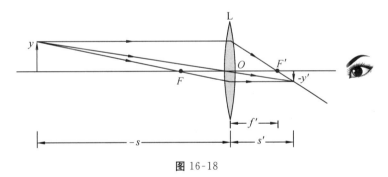

图 16-18

例 16-5 如果将例 16-4 中的物体放在薄凸透镜焦点以内离透镜 8 cm 处,则成像结果又如何?

解 将 $f'=10$ cm 和 $s=-8$ cm 代入薄透镜公式(16.3-3b),可得像距为

$$s'=\frac{sf'}{s+f'}=\frac{-8 \text{ cm}\times 10 \text{ cm}}{-8 \text{ cm}+10 \text{ cm}}=-40 \text{ cm}.$$

横向放大率

$$\beta=\frac{s'}{s}=\frac{-40}{-8}=5.$$

本例的光路图如图 16-19 所示. 由图可知,当物距 $s<f$ 时,其上各点发出的光线穿过透镜后是发散的,但它们的反向延长线在像方相交于一点. 因此,当眼睛迎着透射光方向观察

时,看到的光线好像是从 P' 点发出的.然而 P' 点不是实际的光线的交点,因而所成的像为虚像.虚像在物体所在的同一侧形成而且是正立的,距离透镜 40 cm,像的高度为物体高度的 5 倍,结果与上面计算所得一致.

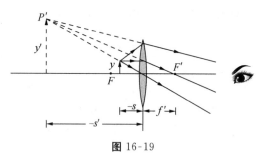

图 16-19

可以用薄透镜公式(16.3-3b)证明,当物体放在凸透镜一侧的焦点以内时,总可得出在物体所在的同一侧形成了物体的正立且放大了的虚像.这就是凸透镜用作放大镜的原理.

▶ 16.3.3 助视仪器 薄透镜组

观察近处特别细小的物体,或观察远处的物体时,常常因为物体在眼睛视网膜上成的像太小而看不清楚,所以人们发明了各种助视仪器(如放大镜、显微镜和望远镜等)来帮助人们提高视觉.

一个物体对眼睛中心处所张的角度称为该物体的**视角**.物体离眼睛越近,其视角越大,在视网膜上成的像就越大,越能看清楚.但物体离眼睛太近时,由于眼睛不能有效调节焦距,反而会看不清楚.在能被看清楚的情况下,物体离眼睛的最近距离称为**明视距离**.正常情况下,人眼的明视距离约为 25 cm.若既要增大物体对眼睛的视角,又要使物体与眼睛保持适当的距离,可以在眼睛前面放一个放大镜.凸透镜就是一个最简单的放大镜.

1. 放大镜

如图 16-20(a)所示,一个高为 y 的小物体位于明视距离 s_0 处,这时该小物体的视角为

$$\theta_0 = \frac{y}{-s_0}.$$

在眼前放一个凸透镜[图 16-20(b)],将被观察的物体放在凸透镜焦点以内靠近焦点的位置,则该物体的像为一放大的虚像.物体在焦点以内离焦点越近,则虚像离透镜越远,虚像的视角越大.当把物体放在放大镜的焦点上时,则像成在无限远处,视角最大,看得最清楚.通常放大镜的放大功能就以这种情况来计算.这时虚像的视角为

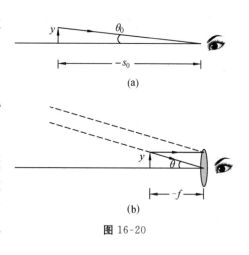

图 16-20

$$\theta = \frac{y}{-f}.$$

定义放大镜的**角放大率**为

$$\beta_0 = \frac{\theta}{\theta_0} = \frac{s_0}{f} = \frac{25}{f}. \tag{16.3-7}$$

式中 f 的单位为 cm.若凸透镜的焦距为 10 cm,则该放大镜的角放大率为 2.5 倍,写成 2.5×.由(16.3-7)式可见,减小凸透镜的焦距,可以获得更大的放大率.但对于单个透镜做成的放大镜而言,由于像差的存在,放大率都在 3 倍以下.

2. 显微镜

根据上面的讨论可知,用单个凸透镜只能将物体放大几倍,为了获得更大的放大倍数,需要同时使用若干个放大镜.当需要看清近处的细小物体(如细菌)时用显微镜,而要更清晰地观察远处物体时就要用望远镜.下面我们用薄透镜的组合来简要说明显微镜的原理.

显微镜有两个凸透镜(实际上是两组复合透镜),分别装在一个镜筒的两端(图 16-21),靠近物体的透镜叫作**物镜**,靠近观察者眼睛的透镜叫作**目镜**.细小的待观察物体放在物镜下面焦点之外近处 P 时,它发出的光经过物镜在 P' 处形成放大的实像.使镜筒的长度恰好让此实像成在目镜的物方焦平面上,这时目镜就起放大镜的作用.物体的实像经目镜后成为远处放大的虚像.

由图 16-21 可看出物镜的横向放大率为

$$\beta = \frac{-y_2}{y_1} = -\frac{l}{f_1}.$$

(16.3-7)式给出目镜的角放大率为

$$\beta_\theta = \frac{25}{f_2}.$$

显微镜的放大率 B 应为 β 和 β_θ 的乘积,即

$$B = \beta \beta_\theta = -\frac{25l}{f_1 f_2}. \tag{16.3-8}$$

实际上,由于 f_1 和 f_2 通常都比显微镜筒长小得多,式中 l 常取为显微镜筒的长度(即物镜到目镜的距离).(16.3-8)式各量以厘米为单位.

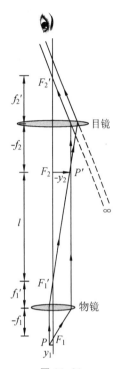

图 16-21

3. 望远镜

望远镜用来观察远处的物体.以利用光的折射原理制成的天文望远镜为例,也由两个凸透镜(复合透镜)构成(图 16-22).其中向着物体的透镜为物镜,接近于人眼的透镜为目镜.物镜的直径较大,焦距也较长,目镜的焦距较短,它就是一个放大镜.当望远镜用于观察无限远的物体(如星体)时,使物镜的像方焦点与目镜的物方焦点重合.从远处星体发出的平行光束,在物镜上与望远镜的光轴成一个较小的夹角 θ_1,经过望远镜后在物镜的焦平面 F_1' 处生成实像,再经过目镜后成为与望远镜光轴有很大夹角 $-\theta_2'$ 的一束平行光.这说明望远镜使无穷远处的物体仍成像于无穷远,但像的视角比物体的视角大得多.设远处星体对肉眼的视角为 θ_1,经过望远镜后在无限远处形成的虚像的视角为 $-\theta_2'$.由图可知,望远镜的角放大率为

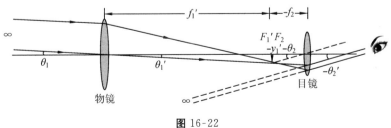

图 16-22

$$\beta_\theta = \frac{-\theta_2{}'}{\theta_1} = \frac{f_1}{f_2}. \tag{16.3-9}$$

此式说明,用较长焦距的物镜和较短焦距的目镜可以得到较大的角放大率.

应该说明的是,图 16-22 所示的天文望远镜看到的是物体倒立的像.当观察地面物体时,需要看到与实际物体相符的正立的像.为了达到这一目的,可以使用玻璃制成的直角棱镜.如图 16-23(a)所示,两束垂直于棱镜底面的入射光线经棱镜的两个成直角的反射面全反射后,出射时会相互交换位置,使倒立的像变为正立.为了使物体的像左右也交换位置,在望远镜内装两个相同的等腰直角棱镜,它们的底面的一半相对,而底边长棱相互垂直[图 16-23(b)].这样,由物镜所成的像经过第一块棱镜时被上下交换位置,再经过第二块棱镜后被左右交换位置,再经过目镜生成的虚像就与原物的指向完全一致了.

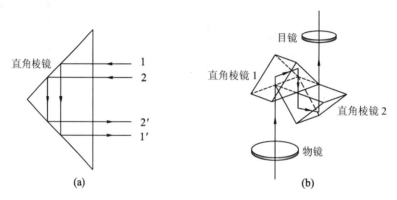

图 16-23

例 16-6 实验中有时需要将一束粗的平行光束变成细的平行光束,这可以利用两块透镜的组合来解决.试写出两块透镜间的距离 s 与两块透镜的焦距 f_1, f_2 的关系(f_1, f_2 都取绝对值).

解 利用透镜的性质,采用如图(a)所示的两凸透镜的组合,透镜 L_1 的像方焦点与透镜 L_2 的物方焦点重合,这样,从透镜 L_2 出射的仍是平行光束,因此 $s = f_1 + f_2$. 当 $f_1 > f_2$ 时,出射的是细光束.

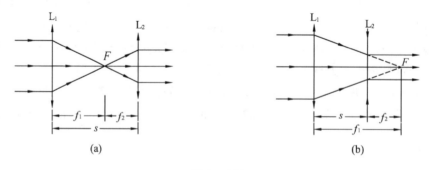

例 16-6 图

本装置的缺点是有能量集中在 F 点,可能使该处空气击穿,不安全.我们还可以采用凸透镜与凹透镜的组合,如图(b)所示. L_1 的像方焦点与 L_2 的物方(虚)焦点重合,这时 $s = f_1 - f_2$. 当 $f_1 > f_2$ 时,出射细光束.由于此装置中是"虚"焦点,使用安全.实际工作中多采用图(b)所示的装置.如使光线逆转,本装置就可以用"扩束".

内 容 提 要

1. 几何光学的三定律：光的直线传播定律、光的反射定律和折射定律．
2. 光的可逆性原理：光线的方向逆转时，它将逆着同一路径传播．
3. 色散：介质的折射率 n 与光的波长有关．

正常色散，科希公式：$n = A + \dfrac{B}{\lambda^2} + \dfrac{C}{\lambda^4}$．

4. 单球面折射成像：$\dfrac{n'}{s'} - \dfrac{n}{s} = \dfrac{n'-n}{R}$，$\dfrac{f'}{s'} + \dfrac{f}{s} = 1$，$xx' = ff'$；

球面镜反射成像：$\dfrac{1}{s'} + \dfrac{1}{s} = \dfrac{2}{R}$，$f' = f = \dfrac{R}{2}$．

5. 薄透镜成像：$\dfrac{1}{s'} - \dfrac{1}{s} = (n_L - 1)\left(\dfrac{1}{R_1} - \dfrac{1}{R_2}\right)$，$\dfrac{f'}{s'} + \dfrac{f}{s} = 1$，$xx' = ff'$．

6. 助视仪器：用于放大被观察物体或增大被观察物体的视角，以提高人的视觉的仪器．

放大镜的角放大率：$\beta_\theta = \dfrac{25}{f}$；

显微镜的放大率：$B = -\dfrac{25l}{f_1 f_2}$；

望远镜的角放大率：$\beta_\theta = -\dfrac{f_1}{f_2}$．

习 题

16-1 光由光疏介质进入光密介质时
(A) 光速变大
(B) 波长变短
(C) 波长变长
(D) 频率变大

16-2 光学系统的虚物定义为
(A) 发散的入射同心光束的顶点
(B) 会聚的入射同心光束的顶点
(C) 发散的出射同心光束的顶点
(D) 会聚的出射同心光束的顶点

16-3 空气中有一会聚光束，在会聚前，垂直通过一块折射率为 n、厚度为 d 的平板玻璃，则光束顶点距玻璃的位置
(A) 移远 $\dfrac{d}{n}$
(B) 移近 $\dfrac{d}{n}$
(C) 移远 $\left(1 - \dfrac{1}{n}\right)d$
(D) 移近 $\left(1 - \dfrac{1}{n}\right)d$

16-4 虚物对凹球面镜的成像性质为
(A) 倒立放大的虚像
(B) 正立缩小的实像
(C) 倒立缩小的实像
(D) 正立放大的虚像

16-5 将曲率半径为 r 的球面镜浸于折射率为 n 的液体内，该光学系统的焦距为

(A) $\dfrac{r}{2}$ (B) $-\dfrac{r}{2}$ (C) $\dfrac{nr}{2}$ (D) $-\dfrac{r}{2n}$

16-6 光线由空气射入某介质,已知折射光线和反射光线成 $90°$ 角,若入射角 $i=60°$,求光在该介质中的速度.

16-7 将折射率 $n_1=1.50$ 的有机玻璃浸没在油中,若油的折射率 $n_2=1.10$,试问光从有机玻璃射向油,其全反射临界角为多大?

16-8 如图所示,在水中有两条平行光线 1 和 2,其玻璃板为水平放置的平板玻璃.

(1) 两光线射到空气中是否还平行?

(2) 如果光线 1 发生全反射,光线 2 能否进入空气?

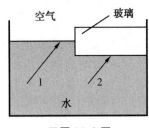

习题 16-8 图

16-9 在充满水($n=1.33$)的容器底,放一面镜子,镜子在水面下深 $h_2=66.5\,\text{cm}$,人俯视地对着镜子看自己的像.设眼睛高出水平面 $h_1=10\,\text{cm}$,如图所示.问眼睛 E 在镜中的虚像看起来与眼睛的距离是多少?

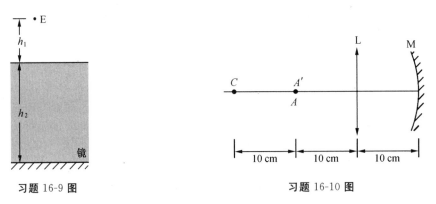

习题 16-9 图   习题 16-10 图

16-10 已知物点 A 经凸镜透 L 和凹球面镜 M 的组合系统后,所成的像点 A' 和物点 A 重合,有关尺寸如图所示,其中 C 为球面的曲率中心,求透镜 L 的焦距.

16-11 由无穷远处发出的近轴光线,通过透明球体而成像,像在右半球面的顶点处,求该透明球体的折射率.

16-12 半径为 4 cm 的玻璃球,折射率为 1.5.若一小物体距球面 6 cm,求:

(1) 物体的像到球心之间的距离;

(2) 像的横向放大率.

16-13 两片薄的球面玻璃片,曲率半径分别为 15 cm 和 20 cm,将其边缘胶合,形成一空气双凸透镜,求其放在水中时的焦距.(水的折射率为 1.33)

16-14 在相距 24 cm 的两个点光源之间,放一个会聚薄透镜,已知一点光源距透镜 6 cm,这时两点光源成像在同一处.求透镜的焦距.

16-15 一束平行光,垂直投射到一个薄平凸透镜上,会聚于透镜后 48 cm 处,透镜的折射率为 1.5.若将此透镜的凸面镀银,物体置于平面前 12 cm 处,求最后成像的位置.

16-16 会聚透镜 L_1 与发散透镜 L_2 的焦距均为 10 cm,L_2 在 L_1 右方 35 cm 处.在 L_1 左方 20 cm 处放一小物体.试求其最后成像的位置和性质.

第 17 章 光的干涉

光是电磁横波,具有波的一般特征.当几列光波在空间相遇时,服从波的叠加原理.尤其当两列光波符合一定条件时,在叠加区域的光强会有明暗相间的稳定分布,这种现象称为光的干涉.本章从获得相干光的两种主要方法出发,讨论光的双缝干涉和薄膜干涉,并对光源的大小和光的单色性对干涉的影响作了分析.建议读者在学习本章之前,首先复习一下第一篇第 7 章"波动"中有关波的干涉方面的相关内容.

17.1 光的相干性

▶ 17.1.1 相干光

由波的干涉理论,当两列或多列波同时存在时,在它们相遇的区域内,每点的振动是各列波单独在该点产生的振动的合成,这就是**波的叠加原理**.对于用标量来表示波函数的标量波,波的叠加是指标量的叠加.对于用矢量来表示波函数的矢量波,波的叠加是矢量的合成.电磁波是矢量波,它的叠加应该用矢量的合成.但是,如果在叠加区域内的各点,两列光波在该点电矢量有相互平行的分量,对于这种情形,也可以用标量叠加来计算光波的叠加.为了使问题简化,下面用简谐标量波函数来讨论光波叠加.

在图 17-1 中,从两个点光源 S_1 和 S_2 各自发出同频率的简谐波,它们在 P 点激起的光振动分别为

$$E_1(P,t) = A_1 \cos\left[\omega\left(t - \frac{r_1}{v}\right) + \varphi_{10}\right],$$

$$E_2(P,t) = A_2 \cos\left[\omega\left(t - \frac{r_2}{v}\right) + \varphi_{20}\right].$$

式中 $\varphi_{10},\varphi_{20}$ 分别是两波源的初相位.利用 $\frac{\omega}{v} = \frac{2\pi\nu}{\nu\lambda} = \frac{2\pi}{\lambda}$,上面两式可以写成如下形式

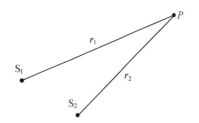

图 17-1

$$E_1(P,t) = A_1 \cos\left(\omega t - \frac{2\pi}{\lambda}r_1 + \varphi_{10}\right),$$

$$E_2(P,t) = A_2 \cos\left(\omega t - \frac{2\pi}{\lambda}r_2 + \varphi_{20}\right).$$

其在 P 点的合振动也是同频率的简谐函数,

$$E(P,t) = E_1(P,t) + E_2(P,t) = A\cos(\omega t + \varphi).$$

其中振幅 A 可以用矢量图解法(旋转矢量)来求得,
$$A = \sqrt{A_1^2 + A_2^2 + 2A_1 A_2 \cos\overline{\Delta\varphi(P)}}.$$
式中
$$\Delta\varphi(P) = \left(\varphi_{10} - \frac{2\pi}{\lambda}r_1\right) - \left(\varphi_{20} - \frac{2\pi}{\lambda}r_2\right), \tag{17.1-1}$$
是两列波在 P 点的相位差.上一章中已提到光强 $I \propto A^2$,所以 P 点的总光强
$$I(P) = A^2 = A_1^2 + A_2^2 + 2A_1 A_2 \cos\Delta\varphi(P),$$
即
$$I(P) = I_1(P) + I_2(P) + 2\sqrt{I_1(P)I_2(P)}\cos\Delta\varphi(P). \tag{17.1-2}$$

(17.1-2)式告诉我们,两列同频率波合成的结果,一般情形下,强度不能直接相加,即 $I(P) \neq I_1 + I_2$.在有些点上,$I(P) > I_1 + I_2$;而在另一些点上,$I(P) < I_1 + I_2$.这完全有赖于所在点 P 的 $\Delta\varphi(P)$.波的叠加引起强度重新分布,这一现象称为**波的干涉**.(17.1-2)式中 $2\sqrt{I_1(P)I_2(P)}\cos\Delta\varphi(P)$ 称为**干涉项**.

下面对波叠加区域中任一点,即干涉场中任一场点 P 的光强作进一步讨论.

(1) 当 $\cos\Delta\varphi(P) = +1$ 时,即要求 $\Delta\varphi(P) = 2k\pi, k = 0, \pm 1, \pm 2, \cdots$,有 $I(P) = I_1(P) + I_2(P) + 2\sqrt{I_1(P)I_2(P)}$,该处的合成光强取极大值,该处是相长干涉;

(2) 当 $\cos\Delta\varphi(P) = -1$ 时,即要求 $\Delta\varphi(P) = (2k+1)\pi, k = 0, \pm 1, \pm 2, \cdots$,有 $I(P) = I_1(P) + I_2(P) - 2\sqrt{I_1(P)I_2(P)}$,该处的合成光强取极小值,该处是相消干涉.

(3) 当 $\cos\Delta\varphi(P)$ 为其他值的各处时,光强处于最大值和最小值之间.

从推导(17.1-2)式过程,可以归纳出产生干涉的必要条件有:**频率相同**;**振动方向相同或存在相互平行的振动分量**;**相位差 $\Delta\varphi(P)$ 稳定**.这三条也就是**相干条件**.满足这三个条件的光波称为**相干光**.

其实,第一个条件是任何波动产生干涉的必要条件.第二个条件是针对矢量波的,如果在叠加区域,两列波的振动矢量均是相互垂直的,这样也只能有 $A = \sqrt{A_1^2 + A_2^2}$,即 $I = I_1 + I_2$,没有能量的重新分布问题.第三个条件是涉及干涉场的稳定问题.对于光波来说,这一条是最值得研究的.如果相位差 $\Delta\varphi$ 不稳定,$\cos\Delta\varphi$ 就要在 $+1$ 与 -1 之间迅速变化,相位差 $\Delta\varphi$ 的不稳定,导致人们观察或记录到的光波在一个周期内的时间平均值,$\overline{\cos\Delta\varphi} = 0$,从而 $I(P) = I_1 + I_2$,无干涉现象观察到.

▶ 17.1.2 相干光的获得

对于机械波来说,相干条件比较容易满足,图 17-2 就是由两列水波叠加而产生的干涉图样.但两个光源发出的光波,甚至同一个光源上两个不同的发光点发出的光波相叠加时,为什么观察不到明暗条纹稳定分布的干涉现象呢?这要从普通光源的发光机制来说明.

光源的发光过程是光源中原子、分子进行的一种微观过程.现代物理学指出分子或原子的能量只能具有离散的值,这些值称为能级.如图 17-3 所示为氢原

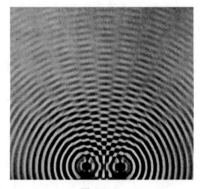

图 17-2

子的能级图.能量最低的状态(图 17-3 中 -13.6 eV)称为基态,其他能量较高的状态都称为激发态.处于激发态的原子是不稳定的,它会自发地回到低激发态或基态,这一过程称为从高能级到低能级的跃迁.通过这种跃迁,原子的能量减小,并向外发射电磁波.一个原子一次发光所持续的时间 τ 是很短的,约为 10^{-8} s.因此,一个原子每一次发光只能发出一段长度有限、频率(由跃迁前后两能级的能量差决定)一定和振动方向一定的光波,称为一个波列(图 17-4).

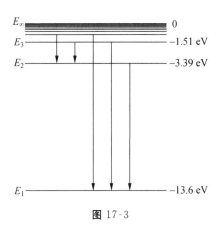

图 17-3

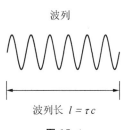

图 17-4

在普通光源内,有大量的原子在发光,而同一个原子经过一次发光跃迁后,还可以再次被激发到较高的能级,因而又可以再次发光.普通光源的发光过程属于自发辐射,当光源内的原子处于激发态时,它向低能级的跃迁是完全自发的,是按照一定的概率发生的.因此,原子的发光过程都是独立的、断续的、不同步的、互不相关的.各次所发出波列的频率、振动方向和相位完全不确定.尽管可以使用单色光源使这些波列的频率基本相同,但是两个相同的光源或同一光源上的两部分发出的各个波列的振动方向和相位不同.当它们在空间某一点叠加时,这些波列引起的振动方向不可能都相同,特别是相位差不可能保持恒定,因而合振幅不可能稳定,也就不可能产生光的强弱稳定分布的干涉现象.

如何利用普通光源获得相干光呢?可以把由普通光源上同一点发出的每一个光波列设法分成两部分,然后再使这两部分叠加起来.由于这两部分光实际上都来自于同一发光原子的同一次发光,相当于同一个波列的一部分与另一部分的叠加,所以它们满足相干条件而成为相干光.

把同一光源发的光分成两部分的方法有分波阵面法、分振幅法和分振动面法三种.17.2 节讨论的杨氏双缝干涉就是利用了分波阵面法,而 17.3 节讨论的薄膜干涉属于分振幅法,有关分振动面干涉则留待 19.6 节讨论.

▶ **17.1.3 光程与光程差**

由(17.1-2)式可见,相位差的计算在分析光的叠加现象时十分重要.单色光的振动频率 ν 在不同的介质中是恒定不变的,但在折射率为 n 的介质中,光速 v 是真空中光束的 $\dfrac{1}{n}$ 倍,

$$v=\dfrac{c}{n}.$$

因此，单色光在该介质中的波长 λ_n 将是真空中波长 λ 的 $\dfrac{1}{n}$ 倍，

$$\lambda_n = \dfrac{v}{\nu} = \dfrac{\lambda}{n}. \tag{17.1-3}$$

如图 17-5 所示，当光在真空中传播路程 d 时，其相位的变化为 $2\pi\dfrac{d}{\lambda}$，而当光在折射率为 n 的介质中传播同样的路程 d 时，其相位的变化为

$$2\pi\dfrac{d}{\lambda_n} = 2\pi\dfrac{nd}{\lambda}.$$

由此可见，光波在折射率为 n 的介质中传播了路程 d，相当于在真空中传播了路程 nd. 所以，我们将光在某一介质中所经历的几何路程 d 与该介质的折射率 n 的乘积，定义为**光程**，用字母 L 表示，

$$L = nd. \tag{17.1-4}$$

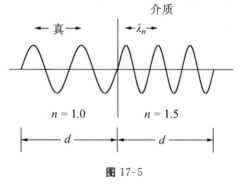

图 17-5

采用光程的概念，把光在不同介质中传播的路程都按照相位变化相同的原则折算成光在真空中传播的路程。这样做的好处是可以统一地用真空中的波长 λ 来计算光的相位变化，这对分析相位关系带来了很大的方便.

下面通过一个简单的例子，讨论光程差与相位差之间的关系.

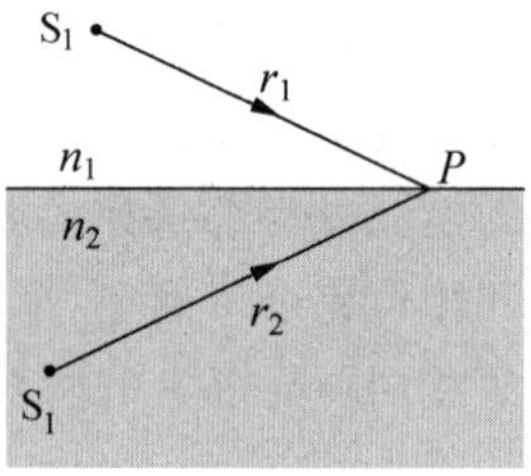

如图 17-6 所示，S_1 和 S_2 为两个频率相同、初相位相同的相干光源，它们发出的两束光分别在折射率 n_1 和 n_2 的介质中经过 r_1 和 r_2 的路程在两介质分界面处的 P 点相遇，则这两列波在 P 点引起的振动分别为

$$E_1 = A_1 \cos 2\pi\left(\nu t - \dfrac{r_1}{\lambda_1}\right),$$

$$E_2 = A_2 \cos 2\pi\left(\nu t - \dfrac{r_2}{\lambda_2}\right).$$

图 17-6

根据 (17.1-1) 式，两列波在 P 点的相位差为

$$\Delta\varphi = \dfrac{2\pi r_2}{\lambda_2} - \dfrac{2\pi r_1}{\lambda_1}.$$

利用 (17.1-3) 式，将介质中的波长折算到真空中的波长 λ，有

$$\Delta\varphi = \dfrac{2\pi n_2 r_2}{\lambda} - \dfrac{2\pi n_1 r_1}{\lambda} = \dfrac{2\pi}{\lambda}(n_2 r_2 - n_1 r_1).$$

由上可见，两相干光波在相遇点的相位差不是取决于它们的几何路程差 $r_2 - r_1$，而是取决于它们的光程差 $n_2 r_2 - n_1 r_1$. 若以 $\Delta L = L_2 - L_1$ 表示光程差，则相位差 $\Delta\varphi$ 和光程差 ΔL 的关系为

$$\Delta\varphi = 2\pi\dfrac{L_2 - L_1}{\lambda} = 2\pi\dfrac{\Delta L}{\lambda}. \tag{17.1-5}$$

式中，λ 是光在真空中的波长.

在各种光学装置中,经常要用到透镜.根据几何光学,从物点 S 发出的不同光线经过凸透镜后,可以汇聚成一个明亮的实像点 S',如图 17-7(a)所示.这说明从 S 到 S'的各光线在 S'点干涉加强(相长干涉),因此它们的光程都是相等的.尽管光线 Saa'S'的几何路径比 Sbb'S'长,但其在透镜内的部分 aa'<bb',而透镜材料的折射率大于 1,因此折算成光程,两者的光程是相等的.同样,平行光通过透镜后,各光线会聚在焦平面上,相互加强形成一亮点[图 17-7(b)(c)].由于平行光的同相面与光线垂直,所以从入射平行光内任一与光线垂直的平面算起,直到会聚点 S',各光线的光程都是相等的.这就是说,**透镜可以改变光线的传播方向,但不会对物、像间的各光线引起附加的光程差**.

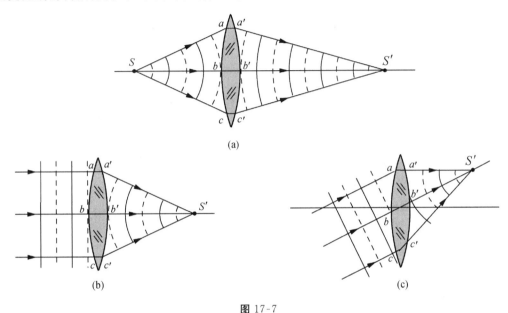

图 17-7

17.2 分波阵面干涉

▶ 17.2.1 杨氏双缝干涉

1801 年,英国科学家托马斯·杨(Thomas Young 1773—1829)首先完成了光的干涉实验,第一次把光的波动学说建立在牢固的实验基础上.

杨氏双缝实验装置示意图如图 17-8(a)所示.S 是一个线光源,其长度方向与纸面垂直,实验上常常是用单色光照射一条狭缝而成线光源的.S_1 和 S_2 是两条与线光源平行的狭缝,S_1 和 S_2 离 S 是等距离的.两狭缝 S_1 和 S_2 之间距离为 d.屏幕 H 与两狭缝 S_1 和 S_2 所在平面相平行.屏幕与双缝间距为 D.实验中常取 $D \gg d$.

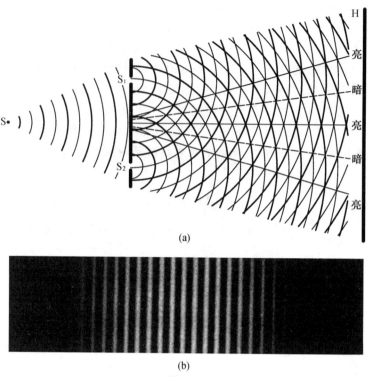

图 17-8

从 S 出发的光波波面到达 S_1 和 S_2 处,按照惠更斯原理,S_1 和 S_2 均是发射子波的波源,从 S_1 和 S_2 发射的两列子波是相干波,它们在 S_1 和 S_2 的右方空间叠加,使光强重新分布形成干涉现象,这时在屏上出现一系列稳定的明暗相间的条纹,这就是双缝干涉条纹[图 17-8(b)].这些条纹都与狭缝平行,而且条纹间的距离彼此相等.由于 S_1 和 S_2 是同一波阵面的两个部分,这种获得相干光的方法叫作**分波阵面法**,更广义的说法是**分波前**.波前是指点源波场中任意曲面.波前上各点的相位可以相等,也可以不相等.

下面来分析屏幕上的光强分布.在屏幕上建立如图 17-9 所示的坐标.相干光源 S_1 和 S_2 在 P 点引起的光振动的相位差由(17.2-1)式计算.由于狭缝 S_1 和 S_2 离 S 是等距离的,所以 $\varphi_{10}=\varphi_{20}$,两列光波在 P 点的相位差仅由两相干光源 S_1,S_2 到 P 点的距离 r_1,r_2 引起,

$$\Delta\varphi(P)=\frac{2\pi}{\lambda}(r_2-r_1), \qquad (17.2\text{-}1)$$

r_2-r_1 称为**光程差**,用 ΔL 表示,$\Delta L=r_2-r_1$.光程差是两光源到点 P 的几何程差,由此得到

$$\Delta\varphi(P)=\frac{2\pi}{\lambda}\Delta L, \qquad (17.2\text{-}2)$$

即 $\Delta\varphi(P)$ 正比于光程差 $\Delta L=r_2-r_1$.

由(17.2-1)和(17.2-2)式,可以得到,光强 $I(P)$ 取极大和极小的条件分别是

$I(P)$ 极大,$\Delta\varphi(P)=2k\pi$,即 $\Delta L=k\lambda(k=0,\pm 1,\pm 2,\cdots)$; $\qquad (17.2\text{-}3)$

$I(P)$ 极小,$\Delta\varphi(P)=(2k+1)\pi$,即 $\Delta L=(2k+1)\dfrac{\lambda}{2}(k=0,\pm 1,\pm 2,\cdots).\qquad (17.2\text{-}4)$

这表明,干涉场中满足光程差为波长整数倍处,光强极大,该处为明(亮)纹;满足光程差为半个波长奇数倍处,光强极小,该处为暗纹.

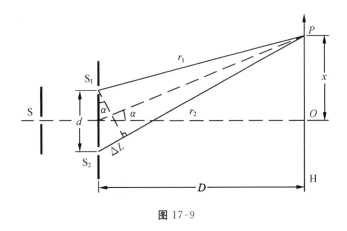

图 17-9

对于 $d \ll D$ 以及 P 点的坐标 x 不太大,即远场近轴条件下,从图 17-9 可以看出

$$\Delta L = r_2 - r_1 = d\sin\alpha, \quad \tan\alpha = \frac{x}{D},$$

因此
$$\Delta L = \frac{dx}{D}. \tag{17.2-5}$$

通过上式,把 x 轴上的 P 点的坐标与光程差联系起来.

在明纹位置,坐标 x 满足

$$x = \frac{D}{d}k\lambda. \tag{17.2-6}$$

在暗纹位置,坐标 x 满足

$$x = \frac{D}{d}(2k+1)\frac{\lambda}{2}. \tag{17.2-7}$$

干涉条纹的间距就是两条相邻明条纹或两相邻暗条纹间距.由(17.2-3)(17.2-4)和(17.2-5)式可以得到干涉条纹间距 Δx 的计算式

$$\Delta x = \frac{D}{d}\lambda. \tag{17.2-8}$$

从上式可以看出,杨氏双缝干涉条纹是等间距的.记住,这一结论是有条件的:远场近轴.实验中也可以根据测得干涉条纹间距 Δx 的值以及 D 和 d 的值,利用(17.2-6)式来求光波波长.

至于屏上光强分布,当狭缝 S_1 和 S_2 的宽度相等时,就有 $I_1 = I_2$,屏上光强的分布按照(17.1-2)式为

$$I = 2I_1(1 + \cos\Delta\varphi). \tag{17.2-9}$$

当狭缝 S_1 和 S_2 的宽度不相等时,就有 $I_1 \neq I_2$,按照(17.1-2)式,光强分布为

$$I = I_1 + I_2 + 2\sqrt{I_1 I_2}\cos\Delta\varphi. \tag{17.2-10}$$

为了表示干涉条纹的明显程度,引入**反衬度 γ** 的定义,

$$\gamma = \frac{I_{\max} - I_{\min}}{I_{\max} + I_{\min}}. \tag{17.2-11}$$

当 $I_1 = I_2$ 时,明条纹最亮处的光强为 $I_{\max} = 4I_1$,暗条纹最暗处的光强为 $I_{\min} = 0$.这种情况下 $\gamma = 1$,条纹的明暗对比度最大[图 17-10(a)].当 $I_1 \neq I_2$ 时,$I_{\min} \neq 0$,$\gamma < 1$,条纹的明暗对比度较小[图 17-10(b)].所以,为了获得明暗对比鲜明的干涉条纹,应尽量使两相干光在光

屏上各处的光强相等.对于双缝干涉实验,若双缝等宽且在 α 较小的范围内观察干涉条纹时,这一条件一般是可以满足的.

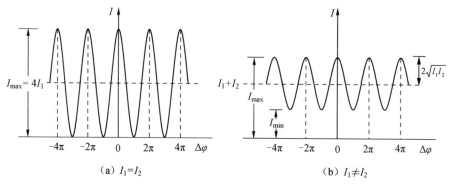

(a) $I_1=I_2$

(b) $I_1\neq I_2$

图 17-10

用单色光做双缝干涉实验,(17.2-8)式说明相邻明纹(或暗纹)的间距和波长成正比.当用白光做干涉实验时,$k=0$ 的中央明纹的中心,各单色光重合而显示为白色,其他各级明纹因各单色光的波长不同,它们的明纹位置错开而变成彩色.

▶ 17.2.2 其他分波阵面干涉

除了杨氏双缝干涉实验以外,分波阵面干涉实验还有菲涅耳双面镜实验、洛埃镜实验等.

1818 年,法国物理学家菲涅耳(A. J. Fresnel)进行了双面镜实验,装置如图 17-11 所示.狭缝光源(就是线光源)S 发出的光波,经互成很小夹角 α 的平面镜 M_1 和 M_2 的反射,成为两束相干光波,射在屏 H 上形成干涉条纹.由于 α 角很小,S 在双面镜中所成的虚像 S_1 和 S_2 之间的距离也很小,从平面镜 M_1 和 M_2 反射的两束相干光,可以分别看作是由虚光源 S_1 和 S_2 发出的,则关于杨氏双缝干涉实验的分析也完全适用于这种双面镜实验.(图中 α 角画得很大,是为了清楚起见)

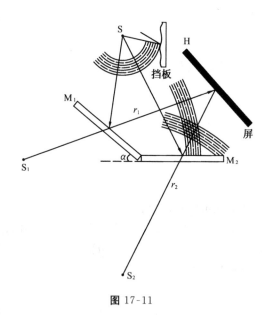

图 17-11

洛埃镜实验装置如图 17-12 所示,S_1 是狭缝光源,一部分光波直接射到屏幕 H 上,另一部分光波经平面镜反射到屏上,这里也同样是采用分波前获得相干光波.S_2 是 S_1 在平面镜 M 中的虚像,S_1 和 S_2 是相干光源.图中有阴影部分表示两相干光波在空间的重叠区,放在该区域的屏幕上将出现干涉条纹.

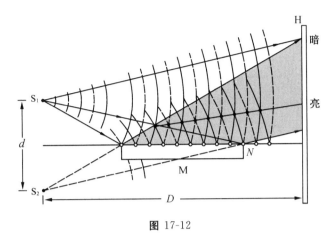

图 17-12

若将屏幕 H 移动至平面镜的端点 N 处,这时 S_1 到 N 点的距离与 S_2 到 N 点的距离相等,光程差 $\Delta L=0$,屏上与 N 接触的点应该是明条纹.然而,实验上给出的是暗条纹.这表明这两束光之一的相位变化了 π.因为直接射到屏上的光不可能凭空产生 π 的变化,这一事实表明当光波从光疏介质(折射率 n 较小)射到光密介质(折射率 n 较大)界面反射时,反射光发生了相位"π"的突变,也就是说反射过程中光波有了半个波长损失,通常称这种现象为**半波损失**.注意这里的损失不是指能量有损失,它只是说明相位有突变的意思.

例 17-1 双缝干涉实验中,已知屏到双缝距离为 1.2 m,双缝间距为 0.03 mm,屏上第 2 级明纹($k=2$)到中央明纹($k=0$)的距离为 4.5 cm.

(1) 求所用光波的波长;
(2) 屏上干涉条纹间距为多少?

解 (1) 第 2 级明纹处的光程差 $\Delta L=2\lambda$. 在(17.2-5)式中 $D=1.2$ m,$d=0.03$ mm,$x=4.5$ cm. 由此算得波长

$$\lambda=\frac{dx}{2D}=\frac{(0.03\times 10^{-3})\times(4.5\times 10^{-2})}{2\times 1.2}\text{ m}=562.5\text{ nm}.$$

(2) 条纹间距由(17.2-8)式有

$$\Delta x=\frac{D}{d}\lambda=\frac{1.2\times 5\,625\times 10^{-10}}{0.03\times 10^{-3}}\text{ m}=2.25\text{ cm}.$$

这与 $\frac{x}{2}=\frac{4.5}{2}$ cm$=2.25$ cm 相一致.

例 17-2 一光源同时发射波长分别为 $\lambda=430$ nm 和 $\lambda'=510$ nm 的两列单色光,把它用在双缝干涉实验中,若此装置中 $D=1.5$ m,$d=0.025$ mm,求屏上这两列单色光的第 3 级明纹之间的距离.

解 由(17.2-5)式,$3\lambda=\frac{dx}{D}$,由此对于两列单色光

$$x_3=\frac{3\lambda D}{d}=\frac{3\times(430\times 10^{-9})\times 1.5}{0.025\times 10^{-3}}\text{ m}=7.74\times 10^{-2}\text{ m},$$

$$x_3'=\frac{3\lambda' D}{d}=\frac{3\times(510\times 10^{-9})\times 1.5}{0.025\times 10^{-3}}\text{ m}=9.18\times 10^{-2}\text{ m}.$$

第 3 级明纹之间的距离

$$x_3' - x_3 = 1.44 \text{ cm}.$$

例 17-3 如图所示，用很薄的云母片($n=1.58$)覆盖在双缝装置的一条缝上，光屏上原来的中心这时为第 7 级亮纹所占据．已知入射光的波长 $\lambda=550$ nm，求该云母片的厚度．

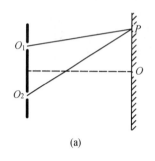 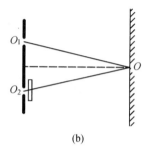

例 17-3 图

解 光屏上原来第 7 级亮纹位置（设在 O 上方的点）在 P 处，如图(a)所示，

$$\overline{O_2P} - \overline{O_1P} = 7\lambda.$$

现在 O_2 处覆盖厚度为 t 的云母片，我们来计算双缝到中心 O 点的光程差 ΔL．

光程$(O_1O) = 1.0 \times \overline{O_1O}$．（式中 1.0 为空气折射率）　　　①

光程$(O_2O) = 1.0 \times (\overline{O_2O} - t) + nt = 1.0 \times \overline{O_2O} + (n-1.0)t$．　　　②

光程差 $\Delta L = $ 光程$(O_2O) - $ 光程(O_1O)，把以上两式①和②代入，整理得

$$\Delta L = (n-1.0)t,$$

按照题意 $\Delta L = (n-1.0)t = 7\lambda$，得厚度 $t = \dfrac{7\lambda}{n-1.0} = \dfrac{7 \times 550}{1.58 - 1.0}$ nm $= 6.6$ μm．

17.3 薄 膜 干 涉

17.3.1 薄膜干涉的光程差

利用透明薄层物质（薄膜）的两个表面对入射光的依次反射，将入射光的振幅分割为若干部分，再使这些部分的光波相遇所产生的干涉，称为**分振幅干涉**．阳光照射在肥皂膜、油膜上，这些薄膜表面常常出现美丽的彩色，这都是分振幅干涉的实例．

如图 17-13 所示是厚度为 d、折射率为 n 的一均匀薄膜．从单色光源 S 上某点 O 发出的一束光线 a 在入射点 A 处被分为反射和折射两部分，其中折射光束在薄膜下表面的 C 点反射后又从上表面的 P 点射出，最后形成两束平行光线 a' 和 b'．由于这两束光线是来自于同一束光线 a，所以它们是相干光．这两束光的能量也是从同一入射光 a 分出来的，由于波的能量与其振幅有关，所以这种产生相干光的方法叫作分振幅法．这两条相干光线进入眼睛后，通过眼睛晶状体的聚焦，可以汇聚在视网膜上的同一点．但这两束光线究竟是干涉相长形成亮点，还是干涉相消形成暗点，完全由这两条光线的光程差来决定．

现在来计算 a' 和 b' 两条光线的光程差．从 P 点作光线 a' 的垂线 PB．由于透镜（眼睛的晶状体）不产生附加的光程差，所以两条光线的光程差就是 ACP 和 AB 两条光线的光程之

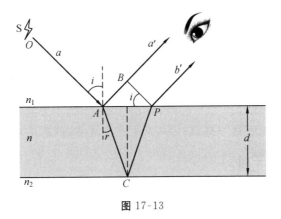

图 17-13

差.同时,若设薄膜两侧均为空气,即 $n_1=n_2=1<n$,则光在 A 点反射时因存在半波损失而有 $\frac{\lambda}{2}$ 的附加光程差,而在 C 点反射时无半波损失.由图 17-13 可见,a' 和 b' 两光线的光程差为

$$\Delta L = n(\overline{AC}+\overline{CP}) - n_1 \overline{AB} + \frac{\lambda}{2} = 2n\overline{AC} - n_1 \overline{AP}\sin i + \frac{\lambda}{2}.$$

由于 $\overline{AC}=\frac{d}{\cos r}$,$\overline{AP}=2d\tan r$,并且由折射定律 $n_1\sin i = n\sin r$,可得

$$\Delta L = 2nd\cos r + \frac{\lambda}{2}, \tag{17.3-1a}$$

或

$$\Delta L = 2d\sqrt{n^2-n_1^2\sin^2 i} + \frac{\lambda}{2}. \tag{17.3-1b}$$

上式表明,薄膜干涉的光程差取决于薄膜的厚度 d 和入射角 i 以及半波损失引起的附加光程差 $\frac{\lambda}{2}$.当图 17-13 中的折射率有 $n_1<n>n_2$ 或 $n_1>n<n_2$ 的关系时,(17.3-1a)和(17.3-1b)两式中均有 $\frac{\lambda}{2}$ 的附加光程差;当 $n_1<n<n_2$ 或 $n_1>n>n_2$ 的关系时,则无 $\frac{\lambda}{2}$ 的附加光程差.(请读者自行验证)

薄膜表面干涉强度的极大(亮纹)和极小(暗纹)的位置,分别由下式决定:

极大(亮纹) $\Delta\varphi=2k\pi$,$\Delta L(P)=k\lambda$,$k=1,2,\cdots$;

极小(暗纹) $\Delta\varphi=(2k+1)\pi$,$\Delta L(P)=(2k+1)\frac{\lambda}{2}$,$k=0,1,2,\cdots$.

在(17.3-1a)式和(17.3-1b)式中,如果入射光的入射角 i 不变(从而折射角 r 不变),但薄膜的厚度 d 改变,则薄膜厚度相同处的光程差相等.因此沿薄膜等厚线的干涉光的光强相等,这种沿薄膜等厚线分布的干涉,称为**等厚干涉**.下面 17.3.2 节介绍的劈尖干涉和 17.3.3 节介绍的牛顿环都属于等厚干涉的实例;若入射光的入射角 i 改变,但薄膜的厚度 d 不变,则所有相同入射角的光经干涉后形成同一级干涉条纹,这种情况称为**等倾干涉**.等倾干涉内容将在 17.3.5 节中讨论.

例 17-4 空气中的水膜($n=1.33$),厚度为 3.2×10^{-7} m,该膜受白光正入射,试问反射光中将呈现什么颜色?

解 因为白光正入射,所以入射角 $i=0$. 反射光中呈现的颜色是指反射光干涉取极大的波长. 它由式 $2nd+\dfrac{\lambda}{2}=k\lambda$ 来计算.

$$\lambda=\frac{4nd}{2k-1}=\frac{4\times 1.33\times 3.2\times 10^{-7}}{2k-1}\text{ m}=\frac{1.7024\times 10^{-6}}{2k-1}\text{ m}.$$

上式中只有把 $k=2$ 代入,得 $\lambda=5.675\times 10^{-7}$ m,才位于可见光范围,这种波长的光呈黄绿色. 所以,当用白光照射这个薄膜时,从反射光中看去,颜色呈现黄绿色.

▶ 17.3.2 劈尖干涉

产生劈尖干涉的部件是一个放在空气中的劈尖形状的透明薄片(图 17-14),或者是两块不平行的平面玻璃片之间的劈尖形空气薄膜(图 17-15). 这种劈尖的顶角 α 是非常小的,实验时使单色平行光垂直入射到劈面上. 光线分别从劈尖形薄膜的上、下表面反射,两反射光线在表面相遇,因此观察薄膜表面就会看到干涉条纹. 干涉光线的光路图仍可以参考图 17-13,只是把两个原来相互平行的表面,看成夹一个小角度的两个不平行的表面. 由于单色平行光垂直入射,根据(17.3-1)式,劈尖薄膜干涉中两相干光线的光程差为

$$\Delta L=2nd+\frac{\lambda}{2}, \tag{17.3-2}$$

所以,反射光的干涉条纹光强的极大(亮条纹)和极小(暗条纹)由下式决定:

亮条纹 $\Delta L=2nd+\dfrac{\lambda}{2}=k\lambda,\ k=1,2,\cdots$;

暗条纹 $\Delta L=2nd+\dfrac{\lambda}{2}=(2k+1)\dfrac{\lambda}{2},\ k=0,1,2,\cdots$.

对于空气劈尖,上式中的 $n=1$.

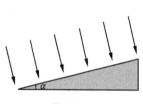

图 17-14

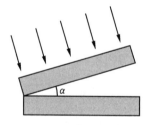

图 17-15

劈尖形薄膜的等厚线是一组平行于交棱的直线,因此,观察到的干涉条纹是一组平行的亮暗相间的直条纹. 在交棱处,$d=0$,光程差等于 $\dfrac{\lambda}{2}$,应该看到暗条纹. 事实正是这样,这是"半波损失"的又一有力的证据.

两个相邻的亮条纹或暗条纹所对应的劈尖形薄膜的厚度差(图 17-16)为

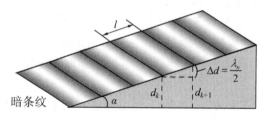

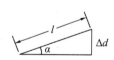

图 17-16

$$\Delta d = d_{k+1} - d_k = \frac{1}{2n}(k+1)\lambda - \frac{1}{2n}k\lambda = \frac{\lambda}{2n},$$

即
$$\Delta d = \frac{\lambda}{2n}.$$

如果用读数显微镜把两个相邻亮条纹或暗条纹之间的距离 l 测量出来,那么,劈尖的夹角 α 就可以通过下式来计算,

$$l\sin\alpha = \frac{\lambda}{2n}. \qquad (17.3\text{-}3)$$

从上式还可以看出,α 角愈小,l 就愈大,表明干涉条纹稀疏;α 愈大,l 就愈小,干涉条纹密集.如果劈尖夹角 α 相当大,干涉条纹就密集在一起,无法辨认.因此,只有在很小夹角的劈尖上才能看到干涉条纹.

劈尖干涉有许多重要应用,如利用劈尖干涉检查玻璃片的光洁平整程度.在形成空气劈尖的两块玻璃中,其中一块是光学平面的标准玻璃块,另一块是待测平面的玻璃片.当干涉条纹不是直线,而是疏密不平的不规则曲线时,说明待测玻璃片的表面是不光洁、不平整的.

例 17-5 折射率 $n=1.4$ 的透明材料的劈尖,在某单色光的垂直照射下,测量到两相邻亮条纹之间距离为 0.25 cm,该单色光在空气中波长为 7.0×10^{-7} m,求劈尖的顶角.

解 参考图 17-14,$l=0.25$ cm,$n=1.4$,$\lambda=7.0\times10^{-7}$ m.
$$\sin\alpha = \frac{\lambda}{2nl} = \frac{7.0\times10^{-7}}{2\times1.4\times0.25\times10^{-2}} = 1.0\times10^{-4},$$

得
$$\alpha \approx 1.0\times10^{-4} \text{ rad}.$$

例 17-6 利用空气劈尖的等厚干涉条纹,可以检验经精密加工的工件表面质量.为此,在工件表面放上一块平板玻璃,使其形成空气劈尖.用单色光垂直照射玻璃表面,观察到条纹如图所示.试根据条纹的弯曲方向说明工件表面上的纹路是凹的还是凸的?

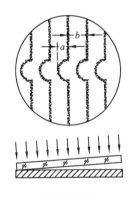

例 17-6 图

解 如果工件表面是平整的,干涉条纹应该是平行于棱边的等间隔的直条纹.现在条纹有局部弯向棱边,说明在工件的表面有一条垂直于棱边的纹路.因为等厚干涉的同一条干涉条纹对应的空气膜的厚度相等,越靠近棱边的空气膜厚度越小,图示的条纹说明同一条纹上近棱边处和远棱边处的厚度相等,这说明工件表面的纹路是凹下去的.

如果测出图示的 a,b 的长度,可以算得纹路深度 h. 设单色光波长为 λ,则

$$h = \frac{a}{b}\frac{\lambda}{2}.$$

▶ 17.3.3 牛顿环

在一块光洁平整的玻璃板上,放一曲率半径 R 很大的平凸透镜,两者之间就形成厚度不均匀的空气薄层[图 17-17(a)].设接触点为 O,显然等厚线是以 O 为中心的一些同心圆,因此它的等厚干涉条纹是一系列以 O 为中心的同心圆[图 17-17(b)].由于有半波损失,中心点 $O(d=0)$ 为暗点.这种干涉条纹是牛顿首先发现并加以描述的,因此称为**牛顿环**,它是由透镜下表面反射的光和从平板玻璃上表面反射的光干

涉而形成的.

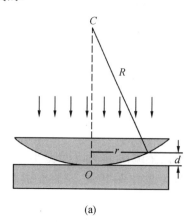
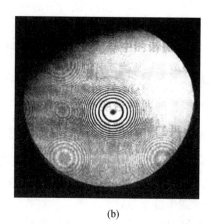

图 17-17

牛顿环中的亮环和暗环是由空气层厚度 d 决定的.

亮环 $2d+\dfrac{\lambda}{2}=k\lambda,\ k=1,2,\cdots;$

暗环 $2d+\dfrac{\lambda}{2}=(2k+1)\dfrac{\lambda}{2},\ k=0,1,2,\cdots.$

牛顿环中亮环或暗环的半径,与透镜曲率半径、所用光波的波长是有关系的.下面以暗环为例来推导这个关系式.从图 17-17(a)中直角三角形关系得

$$r^2=R^2-(R-d)^2=2Rd-d^2.$$

因为 $R\gg d$,所以可以将 d^2 从式中略去,于是

$$d=\dfrac{r^2}{2R}.$$

上式也说明空气层的厚度与距离 r^2 成正比,离开中心愈远,光程差增加愈快,牛顿环也愈来愈密.

把上式代入暗环条件得

$$2\cdot\dfrac{r^2}{2R}+\dfrac{\lambda}{2}=(2k+1)\dfrac{\lambda}{2},$$

于是得到第 k 级暗环半径为

$$r=\sqrt{kR\lambda}. \tag{17.3-4}$$

用类似的方法,还可以推得第 k 级亮环的半径

$$r=\sqrt{\left(k-\dfrac{1}{2}\right)R\lambda}. \tag{17.3-5}$$

由于环的半径与级次 k 的平方根成正比,所以正如图 17-17 所示的那样,越向外,环越密.用测距显微镜测得第 k 级暗环的半径,便可以由(17.3-4)式来计算透镜的曲率半径 R.不过要注意,由于存在灰尘或其他因素,致使中心 O 处两表面不是严格密接.为了消除这种误差,可测出某一圈暗环的半径 r 和由它外数第 m 圈暗环的半径 r_m,据此可算出透镜的曲率半径

$$R=\dfrac{r_m^2-r^2}{m\lambda}. \tag{17.3-6}$$

虽然上式是对暗环推导出的,实际上它对亮环的半径 r_m,r 亦适用.

在玻璃冷加工车间,常常利用牛顿环来快速检测透镜表面曲率半径的合格问题.

例 17-7 用钠黄光(5.893×10^{-7} m)观察牛顿环,测量到某暗环的半径为 4 mm,由它外数第 5 圈暗环的半径为 6 mm.求所用的平凸透镜的曲率半径.

解 由题可知 $m=5$,利用公式可算出透镜的曲率半径

$$R=\frac{r_m^2-r^2}{m\lambda}=\frac{(6\times10^{-3})^2-(4\times10^{-3})^2}{5\times5.893\times10^{-7}}\text{ m}=6.79\text{ m}.$$

▶ 17.3.4 增透膜和高反膜

当光射向两种透明介质的界面时,同时发生反射和折射,从能量的角度来看,入射光的能量一部分被反射掉,另一部分进入另一种介质.经计算,对于光线由空气到玻璃($n=1.52$)的界面入射时,光能反射约占 4%,而透过的光能约为 96%.在现代光学仪器中,可能有几十个界面,如果每一界面因反射,光能损失 4%,总的光能的损失就十分可观了.为了避免反射引起光能的损失,采用真空镀膜的方法,在透镜表面镀上一层透明膜,它能够减少光的反射,增加光的透射,这种膜叫作**增透膜**.平常我们看到照相机镜头上一层蓝紫色的膜,就是增透膜.

增透的原理就是薄膜干涉.为简单起见,只讨论单膜(图 17-18),膜的上方介质一般为空气($n_1=1$),下方介质一般是玻璃(n_2).设膜层的折射率为 n,当满足 $n_1<n<n_2$ 时,膜的上、下表面两束反射光都有附加的 $\frac{\lambda}{2}$ 的光程差,所以抵消了,这时光程差为 $\Delta L=2nd$.要满足对波长 λ 的反射光干涉相消,膜层厚度的最小值满足

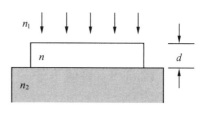

图 17-18

$$2nd=\frac{\lambda}{2},$$

即

$$nd=\frac{\lambda}{4}. \tag{17.3-7}$$

上式 nd 叫作**光学厚度**.由此可知,当薄膜的光学厚度为入射光波长的 $\frac{1}{4}$ 时,两束反射光的光程差为 $\frac{\lambda}{2}$,相位相反,与此波长 λ 相应的反射光干涉是相消干涉,光强为最小.反射光减弱,相应透射光就增强了.理论还可以进一步证明,当薄膜折射率满足下式

$$n=\sqrt{n_1 n_2},$$

可以实现完全消反射,即入射光可以全部透射.例如,$n_1=1.00$,玻璃折射率 $n_2=1.52$,则要求所用膜层的折射率 $n=\sqrt{1.52}=1.23$.事实上,至今还未找到折射率如此低而其他性能又好的材料.目前采用的材料为氟化镁(MgF_2),它的折射率 $n=1.38$.用它制成的单膜,光强反射率为 1.2%.

实际工作中有时会提出相反的需要,即尽量降低透射率,提高反射率.它的原理同样可以用图 17-18 来说明.对于这种膜层,要求它的折射率满足 $n_1<n>n_2$,这时,膜的上、下表面

的反射光之间有半波损失问题,即光程差 $\Delta L=2nd+\dfrac{\lambda}{2}$. 要满足波长为 λ 的反射光干涉加强,其膜层厚度的最小值满足

$$2nd+\dfrac{\lambda}{2}=\lambda,$$

即
$$nd=\dfrac{\lambda}{4}. \tag{17.3-8}$$

由此可见,当膜层材料折射率大于玻璃折射率时,膜层光学厚度仍为 $\dfrac{\lambda}{4}$,但膜层不起增透作用,而是起增加反射作用,这种膜叫作**高反膜**. 氦氖激光器中的谐振腔反射镜,要求对波长 $\lambda=6.328\times10^{-7}$ m 的单色光的反射率在 99% 以上,为此,该反射镜采用在玻璃表面交替镀上高折射率材料 $ZnS(n_1=2.35)$ 和低折射率材料 $MgF_2(n_2=1.38)$ 的多层薄层(共 13 层)制成.

必须指出,上述增透作用或高反射作用,是指对某一控制波长 λ 而言的,对其他波长的光,它的效果将显著下降.

目前,光学薄膜已经广泛应用于光学仪器、红外物理学、激光技术和其他科学技术领域,并成为现代光学的一个重要分支——薄膜光学.

*17.3.5 等倾干涉

等倾干涉是利用厚度均匀的平面薄膜而获得的干涉现象. 下面讨论定域在无穷远处的等倾干涉条纹,如果用透镜观察,条纹将出现在它的焦平面上. 在图 17-19 中,一条光线斜射到薄膜上,它在入射点 A 分成反射光线和折射光线,折射光线又在薄膜的下表面 C 点反射,最后从上表面 D 点

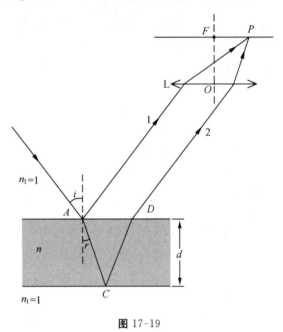

图 17-19

出射. 这样形成的两条相干光线 1 和 2 是平行的,它们在无穷远相交而形成干涉,可以算得到达透镜焦平面上 P 点的 1,2 两条光线的光程差为

$$\Delta L(P)=2nd\cos r+\dfrac{\lambda}{2}. \tag{17.3-9}$$

式中 $\dfrac{\lambda}{2}$ 是由于半波损失而附加的光程差,r 是折射角. 利用 $\sin i=n\sin r$,上式又可以写成

$$\Delta L(P)=2d\sqrt{n^2-\sin^2 i}+\dfrac{\lambda}{2}. \tag{17.3-10}$$

上式表明,对于厚度均匀的平面薄膜,有相同入射角 i 的入射光线,经膜的上、下表面反射产生的相干光,都具有相等的光程差,因而它干涉相长或相消的情况一样,这样形成的干涉条纹称为**等倾条纹**.

图 17-20 所示是观察等倾条纹的实验装置. 其中 M 为半反半透平面镜,屏放在透镜 L

的焦平面处. 面光源上点 S_1, S_2 发出的光线,经过 M 镜反射后入射到薄膜上,有相同倾角 i 的入射光线应该在同一圆锥面上,显然,这些光线经过薄膜两个表面反射后,将会聚在透镜焦平面的同一圆周上.这里等倾条纹是一组亮暗相间的同心圆环[见图 17-21(c)].从图 17-20 还可以看出,对于光源上其他发光点发出的光线,只要它们也以相同倾角投射到薄膜,它们在焦平面上形成的干涉环将重叠在一起,总光强为各个干涉光强的非相干相加,因此等倾干涉的光源可以使用面光源.

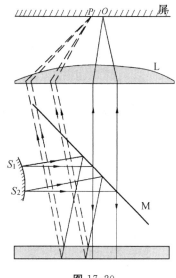

图 17-20

例 17-8 如果图 17-20 中单色光的波长为 λ,看到等倾条纹中心为一亮斑.设想慢慢增加薄膜厚度,试分析干涉条纹的变化.

解 等倾干涉亮环的条件为

$$2nd\cos r + \frac{\lambda}{2} = k\lambda.$$

愈靠近中心,入射角 i 愈小,折射角 r 也愈小,$\cos r$ 愈大.这说明,越靠近中心,亮环的级次 k 愈高.如果中心处($r=0$)是个亮斑,其级次 k_0 由下式计算,

$$2nd + \frac{\lambda}{2} = k_0\lambda.$$

当薄膜厚度 d 慢慢增加时,先看到中心变暗,但逐渐又一次看到中心为亮斑,由上式可知,这时中心亮斑的级次为 k_0+1.这意味着将看到在中心冒出一个新亮斑,而原来的中心亮斑(k_0)扩大成了第一圈,原来的第一圈变成第二圈……

在中心每冒出一个亮斑,意味着厚度增加 Δd 为

$$\Delta d = \frac{\lambda}{2n}.$$

与此相反,如果慢慢减少薄膜厚度,则会看到亮环一个一个向中心缩进.

17.4 迈克尔孙干涉仪

▶ 17.4.1 迈克尔孙干涉仪

迈克尔孙干涉仪是用分振幅法产生的双光束来实现干涉的,它是美国科学家迈克尔孙(Albert A. Michelson 1852—1931)在 1881 年首先提出并制造成功的.它是一种精密的光学仪器,在生产、科研方面有着重要的应用,可用于精确测量长度或长度的变化、测量波长、测量介质折射率及研究光谱线精细结构等.

干涉仪的实物照片和构造简图如图 17-21(a)(b)所示.

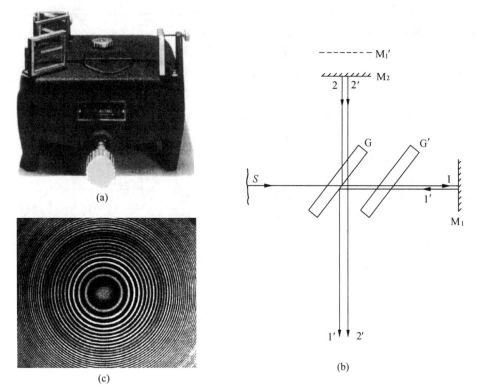

图 17-21

设光从扩展光源上一点 S 发出[图 17-21(b)],投射在分光板 G 上,分光板是在一块厚度均匀的光学平板玻璃背面镀有银层而制成的,该银层的厚度足以使入射光透过一半,反射一半.透过 G 的光线向平面镜 M_1 前进,从 G 上反射的光线向平面镜 M_2 前进,这两束光线分别在平面镜 M_1 和 M_2 反射后逆着各自的入射方向返回,最后都进入眼睛.由于这两束光是从光源上同一点出发的,因而是相干光,发生干涉.厚度与分光板 G 相同的玻璃板 G' 起补偿光程作用,透射光束 1 往返通过它两次,从而使 1,2 两光束在玻璃介质中的光程完全相等.如果光源是单色的,补偿与否无关紧要.但是,在使用白光时,一定要有补偿板 G'.

平面镜 M_1 经过分光板的镀银层,在镜 M_2 附近形成一虚像 M_1'.如果 M_1 与 M_2 两镜恰好互相垂直,这时的效应就像来自扩展光源上的光投射在厚度均匀的空气膜上的效应,干涉图样如等倾条纹,它们是亮暗相间的同心圆环[图 17-21(c)]. 当 M_1 与 M_2 镜不严格垂直时,M_1',M_2 之间形成空气劈尖,这时可以观察到等厚条纹.

如果使镜 M_2 向后或向前移动,结果使等效空气膜的厚度改变,干涉条纹将发生可以鉴别的移动.因为光线在等效空气膜中通过两次,当镜 M_2 平移 $\frac{\lambda}{2}$ 距离,相当于光程差变化一个波长 λ,视场中将看到移过一条亮条纹(或者说移过一条暗条纹)时.所以数出视场中亮条纹或者暗条纹移动的数目 Δk,就可以算出 M_2 镜平移的距离 Δd,

$$\Delta d = \Delta k \frac{\lambda}{2}. \tag{17.4-1}$$

只要所数的条纹数目 Δk 很多,用这种方法就能进行很精确的长度测定.

利用上式，除了用已知波长的光测定长度，还可以用已知的长度来测定光波的波长. 迈克尔孙仔细测量过保存在巴黎的长度基准标准米尺的长度，他所用的光是从含镉(Cd)的光源中发射出来一种波长确定的红光. 迈克尔孙的测量结果表示，标准米尺相当于 1 553 163.5 个镉红光的波长. 经过后人的改进，国际上曾确认镉(Cd)红线在标准状态（标准状态是指温度为 15 ℃、压强相当于 760 mm 水银柱产生的压强以及空气中 CO_2 的含量为 0.3%）的干燥空气中的波长 $\lambda_{Cd}=643.846\ 96$ nm. 由于镉(Cd)红线的单色性不算最理想，经过各国科学家的共同努力，国际度量衡委员会于 1960 年决定采用相对原子质量 86 的氪(Kr)的同位素 ^{86}Kr 的一条橙色光在真空中波长 λ_{Kr} 为长度的新标准，规定

$$1\ \text{m}=1\ 650\ 763.73\lambda_{Kr}.$$

长度基准从实物基准——米原器改为光波长的自然基准，是计量工作上的一大进步.

例 17-9 用迈克尔孙干涉仪测量空气对钠光的折射率，为此将一长度精确测量得 $l=10.004$ cm 的管子插放在干涉仪的一个光臂里，并将管子里空气抽空，调出等倾圆条纹，然后向管内缓慢放进空气，同时数干涉圆纹的移动数，直至充气终止，数得条纹移动 88.4 条. 钠光波长按 589.3 nm 计算，试求空气的折射率.

解 由于充入空气，两臂光程差的改变量为

$$2(n-1)l=\Delta k\lambda.$$

按照题意 $l=10.004$ cm，$\lambda=589.3$ nm，$\Delta k=88.4$，求得空气的折射率（相对于钠光）

$$n=1+2.6\times 10^{-4}.$$

▶ *17.4.2　迈克尔孙干涉仪与光的传播

迈克尔孙干涉仪的另一个有重大历史意义的应用是迈克尔孙-莫雷实验，这是为了测定地球相对于"以太"的运动而设计的一个实验. 历史上，在光的电磁理论和爱因斯坦的狭义相对论建立以前，物理学家都相信光是在一种称之为"以太"的介质中传播的. 他们认为所谓光速 c 是光波相对于以太的传播速度. 换句话说，光波是以光速 c 相对于以太传播的.

由于光速 c 是如此巨大，所以必须把以太看成是十分刚性的，同时又是十分稀薄的，以致行星能自由地穿过以太而运动.

迈克尔孙和莫雷调整干涉仪的 GM_1 方向与地球相对于以太运动速度 u 的方向一致. 按照经典力学的速度相加原理，从 G 至平面镜 M_1，光束 1 相对于干涉仪的速率为 $c-u$，而从平面镜 M_1 返回 G，光束 $1'$ 相对于干涉仪的速率为 $c+u$，则光波沿着 G→M_1→G 传播所需的时间为

$$t_1=\frac{d}{c-u}+\frac{d}{c+u}=\frac{2d}{c}\cdot\frac{1}{1-\left(\dfrac{u}{c}\right)^2}.$$

式中 d 为干涉仪中 G 至两镜 M_1，M_2 的距离.

同样，按照经典力学的速度相加原理，光束 2 从 G 到平面镜 M_2，然后返回到前进了的 G 的路径如图 17-22 所示. 它是一种横渡"以太"的路径，所需的时间 t_2 可以按下式计算

$$2\left[d^2+\left(u\frac{t_2}{2}\right)^2\right]^{\frac{1}{2}}=ct_2.$$

求得 t_2 为

$$t_2 = \frac{2d}{\sqrt{c^2-u^2}} = \frac{2d}{c} \cdot \frac{1}{\sqrt{1-\left(\frac{u}{c}\right)^2}}.$$

光通过以上两条光程的时间差为

$$\Delta t = t_1 - t_2 = \frac{2d}{c}\left[\left(1-\frac{u^2}{c^2}\right)^{-1} - \left(1-\frac{u^2}{c^2}\right)^{-\frac{1}{2}}\right].$$

假设有 $\frac{u}{c} \ll 1$，并用二项式定理展开，保留前两项，就能得到

$$\Delta t = \frac{du^2}{c^3}.$$

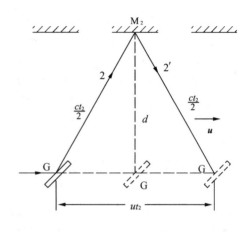

图 17-22

现在把整个干涉仪旋转 90°，两条光路的地位就互相交换，GM_2 顺着 u 的方向，GM_1 与 u 的方向垂直，同样可得

$$\Delta t' = -\frac{du^2}{c^3}.$$

因而在转动过程中干涉条纹移动数为

$$\Delta k = \frac{c(\Delta t - \Delta t')}{\lambda} = \frac{2du^2}{\lambda c^2}.$$

迈克尔孙和莫雷在 1887 年所做的实验中，臂长 $d = 11$ m，所用光波波长 $\lambda = 590$ nm，u 取地球的轨道速率（公转速率）3×10^4 m/s，则 $\frac{u}{c} = 1 \times 10^{-4}$。这样

$$\Delta k = \frac{2 \times 11}{5.9 \times 10^{-7}} \times (10^{-4})^2 = 0.4.$$

预期条纹移动 0.4 条，迈克尔孙和莫雷完全相信他们能观察到这个移动，因为他们的干涉仪能够观察到 0.01 根条纹的移动。然而，无论他们怎样努力，都没有观察到条纹的移动。

现在知道，迈克尔孙-莫雷实验伟大的否定结果与爱因斯坦狭义相对论的假设是完全一致的。

*17.5 光波的空间相干性和时间相干性

▶ 17.5.1 光波的空间相干性

从普通光源的不同部位发出的光是不相干的，在分波前的干涉装置中，需要用点光源或线光源，才能得到满意的干涉条纹。但是实际的线光源都是有一定宽度的，它们将影响干涉条纹的清晰程度。

设光源是宽度为 b 的带状光源，相对于双缝 S_1 和 S_2 对称地放置（图 17-23）。整个带状光源可以看成许多并排的线光源组成，这些线光源是不相干的，每条线光源在屏上都要产生一套自己的干涉条纹。这些线光源产生的干涉条纹的间距是相等的，但是它们的零级亮条纹不在同一处。带状光源上边缘 L 处的线光源在屏上的零级干涉亮条纹是在 O_L 处。同样 H

处线光源的零级亮条纹是在 O_H 处. 因此, 这些不相干的线光源在屏上的干涉条纹是彼此错开的, 这就使得总的干涉条纹的亮暗对比下降, 即按照 (17.2-11) 式计算的反衬度 γ 要减小.

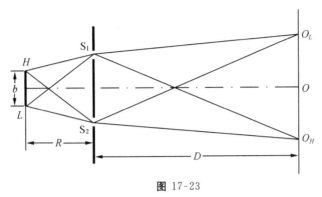

图 17-23

设带状光源到双缝距离为 R, 双缝 S_1 和 S_2 间距为 d, 单色光波长为 λ, 计算表明, 当带状光源 b 满足

$$b = \frac{R\lambda}{d} \tag{17.5-1}$$

时屏上呈现均匀照明, 干涉条纹消失, 反衬度 $\gamma=0$. 满足上式的光源宽度 b 称为**临界宽度**.

因此, 要想得到清晰的干涉条纹, 则对于带状光源宽度 b、所用光波波长 λ 以及干涉装置中 d, R 等参量必须满足

$$b \ll \frac{R\lambda}{d}. \tag{17.5-2}$$

如果光源的宽度 b 保持不变, 则双缝间距要满足

$$d \ll \frac{R\lambda}{b} \tag{17.5-3}$$

才能出现干涉条纹. 当 $d > \frac{R\lambda}{b}$ 时, 干涉条纹模糊, S_1 和 S_2 就不能成为相干光源. 双缝间距这一限值, 表明了光源在那里的空间相干性范围.

如果光源的宽度 b 很小, 即使 d 较大, 也总能满足 $d < \frac{R\lambda}{b}$ 的条件, 得到满意的干涉条纹, 我们称这种光源的**空间相干性**好.

如果光源线度 b 较大, 是一个扩展光源, 即使 d 相当小, 也不能得到满意的干涉条纹, 这种光源的空间相干性就差.

一般认为, 光源宽度 b 不超过临界宽度的 $\frac{1}{4}$, 即光源宽度

$$b < \frac{R\lambda}{4d}, \tag{17.5-4}$$

干涉条纹的清晰度是相当好的, 这时反衬度 $\gamma = 0.9$.

例 17-10 估算在地面上利用太阳光做双缝干涉时双缝的间距 d. 太阳光波长 λ 取 $0.55 \, \mu m$, 太阳的视角 $\Delta\theta_0$ 取 $0.01 \, rad$.

解 设太阳半径为 $R_\odot$，光源宽度 $b=2R_\odot$，日地距离为 R，则 $\Delta\theta_0=\dfrac{2R_\odot}{R}$，利用(17.5-1)式来计算 d，

$$d=\frac{R\lambda}{b}=\frac{R\lambda}{2R_\odot}=\frac{\lambda}{\Delta\theta_0}=\frac{0.55}{0.01}\ \mu\mathrm{m}=55\ \mu\mathrm{m}.$$

这表明，地面上直接利用太阳光作为双缝干涉的光源，双缝间距要满足 $d<55\ \mu\mathrm{m}$，才能得到干涉条纹.

▶ 17.5.2 光波的时间相干性

微观客体每次发光的持续时间 τ_0 是有限的，这相当于说明每次发射光波的波列长度 L_0 是有限的. τ_0 和 L_0 的关系为

$$L_0=c\tau_0. \tag{17.5-5}$$

波列长度 L_0 有限，将给干涉实验带来什么问题呢？

如图 17-24 所示是迈克尔孙干涉仪的干涉产生的情形，图(a)所示是干涉仪的等效光路图，从点光源发射的波列长度为 L_0 的单色光；图(b)所示是在分束板 G，入射光(分振幅)分成两列长度均为 L_0 的相干光束 1 和 2，它们同时从 G 出发，射向厚度为 d 的等效空气膜；图(c)表示这两列波分别从 M_2 镜、M_1' 镜返回的情形，注意这时返回的波列 2' 和 1' 的前锋有一个距离 ΔL，这个 ΔL 就是等效空气膜的光程差($\Delta L=2d$). 一前一后的两列波 2' 和 1' 穿过 G 到达人眼. 如果 $\Delta L<L_0$，这两列波将有一部分时间内是同时进入人眼，可以观察到干涉花样，如图(d)所示；如果 $\Delta L>L_0$，将是 2' 波列进入人眼后，再有 1' 波列进入眼睛，我们就观察不到干涉花样，如图(e)所示.

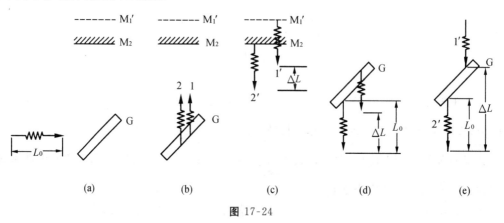

图 17-24

波列长度 L_0 称为**相干长度**，相应的传播时间 $\tau_0=\dfrac{L_0}{c}$ 称为**相干时间**. 光源的时间相干性好坏，是以相干长度或相干时间来衡量的. 从以上分析，还可以得知要产生干涉，最大光程差不能超过所用光波的相干长度.

光波相干长度与单色光谱线的单色性有关. 实际光源所发出的单色光都不是单一的波长 λ，而总是包含某一个很小的波长范围 $\Delta\lambda$，如果谱线中心处的波长为 λ_0，光强为 I_0，则光强下降到 $\dfrac{I_0}{2}$ 的两点之间波长范围 $\Delta\lambda$ 定义为**谱线宽度**(图 17-25). $\Delta\lambda$ 越小，就越接近

理想的单色光.经计算,相干长度与单色光单色性有如下关系

$$L_0 = \frac{\lambda_0^2}{\Delta\lambda}. \tag{17.5-6}$$

上式告诉我们,"波列长度是有限"与"光是非单色"的两种说法完全等效.非单色性是从光谱谱线观测的角度来说的;波列长度有限是由发光机制引起的,它在干涉现象中表现出来.

表 17-1 给出几种光源谱线宽度 $\Delta\lambda$ 和相干长度 L_0 的值.

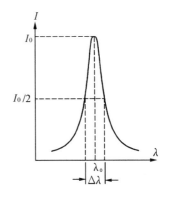

图 17-25

表 17-1

光 源	波长 λ_0	谱线宽度 $\Delta\lambda$	相干长度 L_0
镉 灯	643.8 nm	0.001 nm	300 mm
氪 灯	605.7 nm	4.7×10^{-4} nm	700 mm
He-Ne 激光	632.8 nm	$<10^{-8}$ nm	10 km～100 km

内 容 提 要

1. 光的干涉:两列相干光波在空间叠加,产生稳定的光强分布.

(1) 相干条件(相干光):频率相同、存在相互平行的振动分量、相位差恒定.

$$I = I_1 + I_2 + 2\sqrt{I_1 I_2}\cos\Delta\varphi, \quad \Delta\varphi = \varphi_1 - \varphi_2 + \frac{2\pi}{\lambda}(r_2 - r_1).$$

(2) 干涉加强(亮纹)或减弱(暗纹)的条件由两列光波在某处的相位差 $\Delta\varphi$ 决定:

$\Delta\varphi = 2k\pi$, $A = A_1 + A_2$,相长干涉,亮纹;

$\Delta\varphi = (2k+1)\pi$, $A = |A_1 - A_2|$,相消干涉,暗纹.

(3) 上述条件对于 $\varphi_1 = \varphi_2$,相位差 $\Delta\varphi$ 由光程差 ΔL 决定,即

$\Delta\varphi = \frac{2\pi}{\lambda}\Delta L$ (λ 为真空中波长).

$\Delta L = k\lambda$,相长干涉,亮纹;

$\Delta L = (2k+1)\frac{\lambda}{2}$,相消干涉,暗纹.

(4) 获得相干光的方法:分波阵面(波前)、分振幅、分振动面.

2. 分波阵面(波前)干涉.

(1) 杨氏双缝干涉:干涉条纹是等间距的亮暗相间的直条纹.

$I = 2I_0(1+\cos\Delta\varphi)$, $x = \frac{D}{d}\Delta L$, $\Delta x = \frac{D}{d}\lambda$.

(2) 菲涅耳双面镜.

(3) 洛埃镜.反射光有"半波损失".

3. 薄膜干涉(分振幅干涉)：入射光在薄膜上下表面由于反射和折射而分振幅，上下表面反射的光为相干光．光波从光疏介质到光密介质界面上反射，有"半波损失"，这相当于 $\dfrac{\lambda}{2}$ 的光程，但它并不意味能量的损失．

4. 等厚干涉：干涉光强度只与所在点薄膜厚度有关，沿薄膜等厚线的干涉光光强相等．

(1) 劈尖干涉：干涉条纹是平行于棱边的亮暗相间的直条纹．

垂直入射 $\Delta L = 2nd + \dfrac{\lambda}{2}$；

亮条纹 $\Delta L = k\lambda$ $(k=1,2,\cdots)$；

暗条纹 $\Delta L = (2k+1)\dfrac{\lambda}{2}$ $(k=0,1,2,\cdots)$；

$\Delta d = \dfrac{\lambda}{2n}$，$l\sin\theta = \dfrac{\lambda}{2n}$．

(2) 牛顿环：干涉条纹是以接触点为中心的亮暗相间的同心圆环．

亮环：$2d + \dfrac{\lambda}{2} = k\lambda$；

暗环：$2d + \dfrac{\lambda}{2} = (2k+1)\dfrac{\lambda}{2}$；

几何关系：$d = \dfrac{r^2}{2R}$，$r_{暗} = \sqrt{\dfrac{Rk\lambda}{n}}$，$r_{亮} = \sqrt{R\left(k-\dfrac{1}{2}\right)\dfrac{\lambda}{n}}$，$R = \dfrac{r_m^2 - r^2}{m\lambda}$．

(3) 增透膜：$n_1 < n < n_2$，$n = \sqrt{n_1 n_2}$，$nd = \dfrac{\lambda}{4}$．

高反膜：$n_1 < n > n_2$，$nd = \dfrac{\lambda}{4}$．

5. 等倾干涉：薄膜厚度均匀，以相同倾角入射的光的干涉情形一样．干涉条纹是亮暗相间的同心圆环．

6. 迈克尔孙干涉仪：利用分振幅使两个相互垂直的平面镜形成一等效的空气薄膜，$2\Delta d = \Delta k\lambda$．

7. 光波的相干性：光波的空间相干性和时间相干性，来源于原子发光的独立性与断续性．

(1) 空间相干性：相干间隔(双缝间距) $d < \dfrac{R\lambda}{b}$．

(2) 时间相干性：相干长度(波列长度) $L_0 = c\tau_0$，$L_0 = \dfrac{\lambda_0^2}{\Delta\lambda}$ ($\Delta\lambda$ 为谱线宽度)．

习　题

17-1 下列哪个条件不是相干光必须具备的

(A) 相同的频率

(B) 相同的波长

(C) 相同的振幅

(D) 在空间的每点具有恒定的相位差

(E) 相同的传播速度

17-2 双缝干涉实验中,当双缝间距比所用入射光的波长还小时,不可能观察到干涉条纹的原因是

(A) 由于靠得极近的双缝,制造上极困难

(B) 这时双缝不再发射相干光

(C) 干涉条纹拉得太开

(D) 双缝到屏上任一点的路程差都比一个波长小,按照明纹的要求,路程差是波长的整数倍,因而除了有一个中央明纹,其他明纹均观察不到.

17-3 两束相干光投射在屏上的某点彼此是同相位的,这句话的意思是

(A) 当一束光的电矢量是极大时,另一束光也是极大,这种关系保持不变

(B) 它们有相同的传播速度

(C) 有相同的波长

(D) 有相同的频率

(E) 它们时而彼此加强,时而彼此相消

17-4 在图示的双缝干涉实验中,为了使屏上的相邻两亮纹之间的间距能扩大 1 倍,可以采取的措施有

(A) 使入射光的频率 f 加倍

(B) 屏与双缝的距离 D 减小为原来的 $\frac{1}{2}$

(C) 使双缝间距 d 加倍

(D) 整个装置所在介质的折射率 n 加倍

(E) 以上均不能达到扩大条纹间距的目的

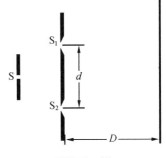

习题 17-4 图

17-5 在上题的图中,屏上两相邻亮纹间距为 1 cm. 若使 d 扩大 1 倍,同时所用的单色光的波长 λ 减小一半,则屏上两相邻亮纹的间距为

(A) 4 cm (B) 2 cm (C) 1 cm (D) 0.5 cm (E) 0.25 cm

17-6 假如将双缝干涉的装置放进一个能够密封的容器内,当密封容器与外界空气相通时,观察到有干涉条纹. 现缓缓地把密封容器内的空气抽尽,在此过程中观察干涉现象,将有以下的变化

(A) 干涉条纹无变化 (B) 干涉条纹略分开些

(C) 干涉条纹略靠拢些 (D) 干涉条纹消失

(E) 干涉条纹的颜色略变红

17-7 双缝干涉中,双缝间距为 0.20 mm,用波长为 615 nm 的单色光照明,屏上两相邻亮条纹的间距为 1.4 cm,则屏到双缝的间距为多大?

17-8 用氩离子激光器的一束蓝绿光去照射双缝,若双缝的间距为 0.50 mm,在离双缝距离为 3.3 m 处的屏上,测得第 1 级亮纹与干涉花样的中央之间距离为 3.4 mm,氩离子激光的这一束谱线的波长为多大?

17-9 氖灯的波长为 587.5 nm 的黄色光照射在双缝上,双缝间距为 0.2 mm,在远方的屏上,测得第 2 级亮纹与干涉花样的中央之间的距离为双缝间距的 10 倍,求屏与双缝之间的距离.

17-10 一双缝装置的一条缝被折射率为 1.4 的薄玻璃片遮盖,另一条缝被折射率为 1.7 的薄玻璃片遮盖(图示). 两玻璃片具有相同的厚度 t. 在玻璃插入前屏上原来的中央亮纹处,现在为第 5 条亮纹所占据. 设入射单色光波波长为 480 nm,求玻璃片的厚度.

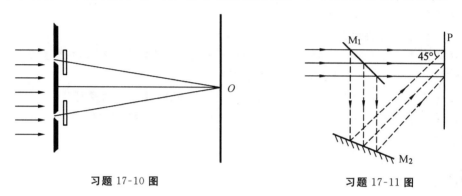

习题 17-10 图　　　　　习题 17-11 图

17-11 如图所示,M_1 为一半透半反平面镜,M_2 为一反射镜. 波长为 632.8 nm 的入射激光束一部分透过 M_1 直接射到屏幕 P 上,另一部分经过 M_1 和 M_2 的反射与前一部分光在屏幕上叠加. 两束光射向屏幕时的夹角为 45°,振幅之比为 $A_1:A_2=2:1$. 求在屏幕上干涉条纹的间距和反衬度.

17-12 一束平行光斜射到双缝上,入射角为 φ,双缝间距为 d.
(1) 证明双缝后出现明条纹时,出射光的角度 α 满足
$$d\sin\alpha - d\sin\varphi = \pm k\lambda, \quad k=0,1,2,\cdots;$$
(2) 证明当 α 很小时,相邻明条纹的角距离 $\Delta\alpha$ 与 φ 无关.

17-13 菲涅耳双棱镜干涉仪如图所示. 棱镜的顶角 A 非常小. 由狭缝光源 S_0 发出的光,通过棱镜后分成两束相干光,它们相当于从虚光源 S_1 和 S_2 直接发出,S_1 和 S_2 的间距 $d=2aA(n-1)$. 其中 a 表示狭缝到双棱镜的距离,n 为棱镜折射率. 若 $n=1.5, A=6', a=20$ cm,屏幕离棱镜 $b=2$ m.
(1) 计算两虚光源之间的距离.
(2) 当用波长 $\lambda=500$ nm 的绿光照射狭缝 S_0,问屏上干涉条纹的间距为多大?

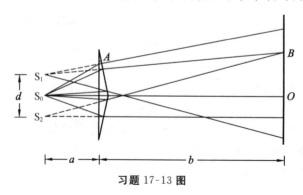

习题 17-13 图

17-14 图示是洛埃镜示意图,其观察屏幕紧靠平面镜,其接触点为 O. 线光源 S 离镜面距离 $d=2.00$ mm,屏离光源距离 $D=20.0$ cm.假设光源的波长 $\lambda=590$ nm,试计算出屏上前三条亮纹离 O 点的距离.

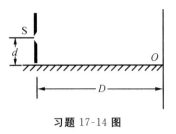

习题 17-14 图

17-15 作为在射电天文学方面干涉现象的一个应用,澳大利亚天文学家把微波检测器安装在高出海平面 20 m 处.当一颗发射频率为 60 MHz 的射电星体自海平面升起,检测器接收到由星体直接来的以及自海面反射来的无线电波的干涉信号.当第 1 个极大值出现时,射电星体相对于地平线的仰角 θ 为多大?

17-16 双缝干涉实验中,用波长 $\lambda=600$ nm 的单色光,照射间距为 0.85 mm 的双缝,屏离双缝距离为 2.8 m,屏上离开干涉图样中央 2.50 mm 有一点,试计算该点的光强与中央亮纹光强之比.

17-17 在白光照射下,从肥皂膜正面看呈现红色,设肥皂膜的折射率为 1.44,红光波长取 660 nm,求膜的最小厚度.

17-18 用白光垂直照射在厚度为 4×10^{-5} cm 的薄膜表面,若薄膜的折射率为 1.5,试求在可见光谱范围内,在反射光中得到加强的光波波长.

17-19 白光照射到折射率为 1.33 的肥皂膜上,若从 45°角方向观察反射光,薄膜呈现波长为 500 nm 的绿色,求薄膜的最小厚度.若从垂直方向观察其反射光,肥皂膜呈现什么波长的光?

17-20 垂直入射的白光从肥皂膜上反射,在可见光谱中有一干涉极大(在 $\lambda=600$ nm),而在紫端($\lambda=375$ nm)有一干涉极小.若肥皂膜的折射率取 1.33,试计算该肥皂薄膜的厚度的最小值.

17-21 波长可以连续变化的单色光,垂直投射在厚度均匀的薄油膜(折射率为 1.30)上,该油膜覆盖在玻璃板(折射率为 1.50)上.实验中观察到在 500 nm 与 700 nm 这两个波长处,反射光束是完全相消干涉,而且在这两个波长之间,没有其他的波长的光发生相消干涉.试求油膜的厚度.

17-22 垂直入射的白光从肥皂薄膜上反射,在可见光谱中 600 nm 处有一干涉极大,而在 450 nm 处有一干涉极小,在这极大与极小之间没有另外的极小.若膜的折射率 $n=1.33$,求该膜的厚度.

17-23 白光垂直照射到空气中厚度为 380 nm 的肥皂膜上,设肥皂膜的折射率为 1.33,试问:

(1) 该膜的正面哪种波长的光被反射得最多?

(2) 该膜的背面哪种波长的光透射的强度最强?

17-24 平板玻璃($n=1.5$)表面放有一油滴($n=1.20$),油滴展开成表面为球冠形油膜,用波长 $\lambda=600$ nm 的单色光垂直入射(图示),从反射光观察油膜所形成的干涉条纹.

(1) 问看到的干涉条纹形状如何?

(2) 当油膜最高点与玻璃板上表面相距 1 200 nm

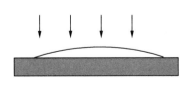

习题 17-24 图

时,可以看到几条亮条纹?亮纹所在处的油膜厚度为多少?

17-25 由折射率为 1.4 的透明材料制成的一劈尖,尖角 $\theta = 1.0 \times 10^{-4}$ rad. 在某单色光照射下,可测得两相邻亮纹之间的距离为 0.25 cm,求此单色光在空气中的波长.

17-26 两块矩形的平面玻璃片,把一薄纸从一边塞入它们之间,便形成一个很薄的空气劈,用 $\lambda = 589$ nm 的钠光正入射玻璃片,便形成干涉条纹. 从垂直于接触边缘的方向量得每厘米长度上有 10 条亮纹,求此空气劈的顶角.

17-27 把直径为 D 的细丝夹在两块平板玻璃的一边,形成空气劈. 在 $\lambda = 589.3$ nm 的钠黄光垂直照射下,形成如图上方所示的干涉条纹. 试问 D 为多大?

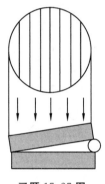

习题 17-27 图

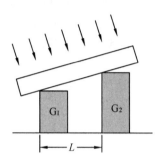

习题 17-28 图

17-28 块规是一种长度标准器,它是一块钢质长方体,两个端面磨平抛光,并且相互平行,两端面间距就是长度标准. 图中 G_1 是一块合格的标准块,G_2 是与 G_1 同规号待校的块规,校准装置如图所示. 块规放在平台上,上方盖一平板玻璃,如果 G_2 与 G_1 的高度不等,则平板玻璃与两个端面间都要形成一个空气劈. 现用钠黄光($\lambda = 589.3$ nm)垂直入射,观察两端面上方的两组干涉条纹.

(1) 如果两组干涉条纹间距都是 0.5 mm,并且装置中 G_1 与 G_2 相距 $L = 5.0$ cm,试求 G_1 与 G_2 的长度差.

(2) 如何判断 G_2 比 G_1 长还是短?

17-29 测得牛顿环从中间数第 5 环和第 15 环的半径分别为 0.70 mm 和 1.7 mm,求透镜的曲率半径. 设所用单色光的波长为 0.63 μm.

17-30 用单色光观察牛顿环,测得某一亮环的直径为 3.00 mm,它外面第 5 个亮环的直径为 4.60 mm,平凸透镜的半径为 1.03 m,求此单色光的波长.

17-31 一平凸透镜,其凸面的曲率半径为 120 cm,以凸面朝下把它放在平板玻璃上,以波长 650 nm 的单色光垂直照射,求干涉图样中的第 3 条亮环的直径.

17-32 在牛顿环实验中,平凸透镜的凸面曲率半径为 5.0 m,透镜的直径为 2.0 cm,所用的单色光为钠黄光(589 nm).

(1) 可以产生多少条亮环?

(2) 要是把这个装置浸没在水($n = 1.33$)中,又会看到多少条亮环?

17-33 若用两种波长不同的单色光,$\lambda_1 = 600$ nm 和 $\lambda_2 = 450$ nm 来产生牛顿环,观察到用 λ_1 时的第 k 个暗环与用 λ_2 时的第 $k+1$ 个暗环重合. 已知透镜的曲率半径是 190 cm. 求波长 λ_1 单色光的第 k 个暗环的半径.

17-34 图示是一特殊的观察牛顿环的装置,平面玻璃板由两部分组成,冕牌玻璃 $n=1.50$ 和火石玻璃 $n=1.75$,透镜是用冕牌玻璃制成的,透镜与玻璃板之间充满折射率为 1.62 的二硫化碳.试讨论此牛顿环花样的特点.

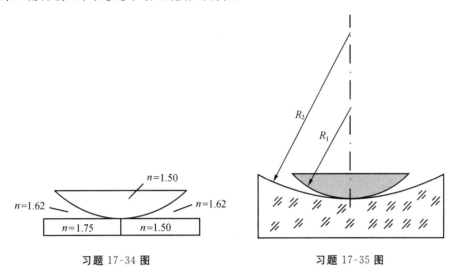

习题 17-34 图   习题 17-35 图

17-35 图中平凸透镜的凸面是一标准样板,其曲率半径 $R_1=102.3$ cm.另一凹面镜的凹面是待测面,半径为 R_2.用钠黄光($\lambda=589.3$ nm)照明,测得牛顿环的第 4 暗环的半径 $r=2.25$ cm.试求 R_2 的大小.

17-36 太阳能电池的表面常常涂有一层二氧化硅(SiO_2,$n=1.45$)透明薄膜,以减小光线的反射损失.硅太阳能电池的硅($n=3.5$)表面就涂有这种薄层.如果要使反射光中波长 550 nm 的光(相当于可见光谱的中间波段)为最小,则此薄膜的最小厚度为多大?

17-37 氦氖激光器中的谐振腔反射镜,要求对波长 $\lambda=632.8$ nm 的单色光的反射率在 99% 以上.为此,反射镜采用在玻璃($n=1.5$)表面交替镀上高折射率 $n_1=2.35$ 的 ZnS 和低折射率 $n_2=1.38$ 的 MgF_2 的多层薄层,共 13 层(图中只画了 3 层).求每层(实际上就是 ZnS 层和 MgF_2 层)薄膜的最小厚度.

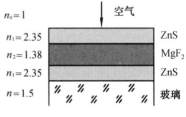

习题 17-37 图

17-38 若迈克尔孙干涉仪中的反射镜 M_2 移动距离为 0.233 mm,则数得干涉条纹移动 792 条.求所用单色光的波长.

17-39 把折射率 $n=1.4$ 的透明薄膜放在迈克尔孙干涉仪的一条臂上,由此产生 7.0 条干涉条纹的移动.若已知所用光源的波长 589 nm,则该膜的厚度为多大?

17-40 一个具有玻璃窗口的长为 5.0 cm 的密封小盒,放在迈克尔孙干涉仪的一个臂上(图示).所使用光源的波长为 $\lambda=500$ nm.用真空泵将小盒内空气抽去,在此过程中,观察到有 60 条干涉条纹从视场中通过.求空气的折射率.

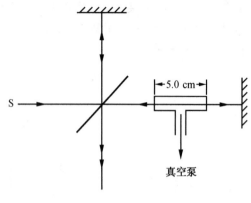

习题 17-40 图

17-41 用迈克尔孙干涉仪进行精密测长,光源为 632.8 nm 的氦氖激光,其谱线宽度为 1×10^{-4} nm,整机接收灵敏度可达 $\frac{1}{10}$ 条条纹.问这台仪器测长精度为多大?一次测长的量程为多少?

17-42 双缝干涉实验中,用低压汞灯发出的绿光做实验,此绿光的波长为 $\lambda=546.1$ nm,谱线宽度为 $\Delta\lambda=0.044$ nm,求能观察到干涉条纹的最大允许光程差.

第18章 光的衍射

衍射和干涉一样,也是波动的重要特征之一.当波在传播路径上遇到障碍物时,波可以绕过障碍物的边缘而进入障碍物的几何阴影内,这种偏离直线传播的现象即为波的衍射现象.由于光的波长很短,所以一般情况下,光的衍射现象并不显著.但当障碍物(狭缝、小孔、细丝等)的大小与光的波长相近时,可以观察到明显的衍射现象.同时,根据波的叠加原理,波场中的能量(光的强度)将重新分布,从而还可观察到明暗相间的条纹.本章主要讨论光的远场衍射,即夫琅和费衍射,包括单缝衍射、多缝衍射、圆孔衍射以及有着很多实际应用的X射线衍射.

18.1 光的衍射现象　惠更斯-菲涅耳原理

▶ 18.1.1 光的衍射现象

让狭缝L出射的发散光束通过一个具有直边的不透明屏[图18-1(a)].如果严格按照几何光学原理,即光是直线传播的,那么在观察屏上 O 处以上区域是均匀照亮的,而在 O 处以下区域是完全暗的.然而,屏幕上在 O 处下面的区域光强不是立即变为零,而是有个连续衰减的区域.同时,O 处上面的区域的光强也不是均匀的,它由一系列的亮纹和暗纹组成.这个图样如图18-1(b)所示.

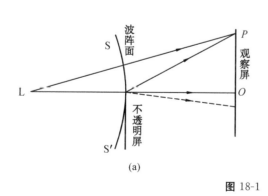

图 18-1

再如,一个横截面积为圆的直导线 AB 放在一狭缝光源 L 的前面[图18-2(a)],它在观察屏上的阴影是由一系列平行条纹组成的,而且在阴影的中央有一条光强较弱的亮线[图18-2(b)].

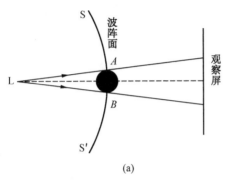 

图 18-2

上述实验所展现的现象是几何光学所不能解释的,这一现象就是**光的衍射**.衍射是涉及由波阵面的有限部分所产生的效应.当一部分光波被障碍物遮挡时,我们才能观察到衍射现象,即在阴影区域内也有光强的分布.

光的衍射现象是光的波动性的一种表现,通过对光的各种衍射现象的研究,可以在光的干涉现象之外,从另一侧面深入了解光的波动性.同时,光的衍射也有许多重要的应用.

观察衍射现象的实验装置一般由光源、衍射屏和接收屏三部分组成,如图 18-3 所示.通常按照它们相互距离的不同,可将衍射分为两类.如果衍射屏到光源和接收屏(或两者之一)的距离为有限远,称为**菲涅耳衍射**[图 18-3(a)].对这类衍射,由于在衍射屏处光的波面为曲面,分析接收屏上光强分布时比较困难.如果将光源和接收屏都移至无穷远处,称为**夫琅和费衍射**.夫琅和费衍射可以看作是菲涅耳衍射的极限情况.对于这类衍射,入射光和衍射光都为平行光,衍射屏处的波面为平面[图 18-3(b)].在实验室中,可用两个汇聚透镜来实现夫琅和费衍射[图 18-3(c)].透镜 L_1 是用来产生投射在衍射屏上的平面光波,而透镜 L_2 是使在无穷远处的衍射图样能成像在它的像方焦平面上.由于夫琅和费衍射是一种重要的衍射现象,而且在数学上要比菲涅耳衍射容易处理,考虑到夫琅和费衍射有着许多重要的实际应用,所以本章只讨论夫琅和费衍射.

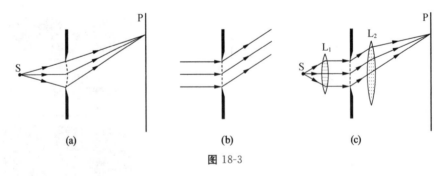

图 18-3

▶ 18.1.2 惠更斯-菲涅耳原理

惠更斯为了说明波在空间各点传播的机制,曾提出一种设想:自波源发出的波阵面上的每一点,均可以看成发射子波的波源,这些子波的包络面就是下一时刻的新的波阵面,这就是**惠更斯原理**.利用这个原理可以解释光的衍射现象.

无疑,惠更斯原理有助于确定光波的传播方向,但是,它不能说明为何子波不会向后方传播. 同时也不能确定衍射光的振幅和光强的分布. 就是说,惠更斯原理是不能用来对光的衍射作定量研究的.

菲涅耳利用相干光的干涉,提出了子波相干叠加的概念,对惠更斯原理进行了充实,为光的衍射的定量研究奠定了理论基础. 菲涅耳认为,这些子波是相干波. 它们在空间要产生干涉. 在有的地点是相长干涉,有的地点是相消干涉. 经过发展了的惠更斯原理称为**惠更斯-菲涅耳原理**.

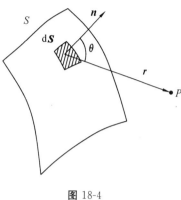

图 18-4

按照惠更斯-菲涅耳原理,在图 18-4 所示的波阵面 S 的前方一点 P 的光振动,是由波阵面 S 上所有面元 dS(就是发射子波的波源)在 P 点产生的光振动的相干叠加. 至于 dS 面元在 P 点产生的振幅 dA,它正比于面元的面积 dS,反比于面元 dS 到 P 点的距离 r,并且随面元的法线 n 与 r 间夹角 θ 的增大而减小. 只要计算波阵面 S 上所有面元发出的子波在 P 点引起的光振动的矢量和,即可得到 P 点处的光强. 面元 dS 在 P 点引起的光振动的振幅 dA 可表示为

$$dA \propto \frac{dS k(\theta)}{r}.$$

式中 $k(\theta)$ 称为**倾斜因子**. 菲涅耳认为,当 $\theta=0$ 时,$k(\theta)$ 最大,可取作 1;而当 $\theta \geqslant \frac{\pi}{2}$ 时,有 $k(\theta)=0$. 这也就解释了子波不能向后传播的问题.

从波阵面 S 上发出的各子波在 P 点的光振动相位,是由波阵面 S 上各子波源初相位以及面元 dS 到 P 点的距离决定的.

从数学角度,应用惠更斯-菲涅耳原理解决具体的衍射问题,完全是一个积分学的问题. 一般来说,它的计算是很复杂的,但是当波阵面具有某种对称性时,这些积分是较简单的,并且可以用代数加法或者矢量加法来代替积分.

18.2 单缝的夫琅和费衍射

▶ 18.2.1 用半波带法分析单缝夫琅和费衍射的光强分布

在图 18-3 所示的单缝夫琅和费衍射装置中,设单缝宽度为 a,缝的长度垂直于纸面(图中缝宽被放大了). 单缝后面的透镜的作用是把处于无穷远处的衍射图样成像于它的像方焦平面上. 本节讨论的衍射光强分布,就是指在透镜的像方焦平面(就是观察屏幕所在处)上衍射图样的光强分布.

对于图 18-5 所示的单缝夫琅和费衍射装置中,入射平行光是垂直照射在单缝上的,因此单缝处的波阵面上各子波波源的初相位是相同的. 从单缝上各子波波源发出的与透镜主光轴平行的一束光线,经透镜折射后,会聚在屏幕的中心点 P_0. 由于各光线通过透镜时,不产生附加的光程差,所以这些光线都有相同的光程,它们在 P_0 点也仍然是同相位. 因此,屏幕上呈现的衍射图样中心点 P_0 的光强极大，P_0 点是衍射中央明（条）纹的中心，称为**中央主极大**。

再来讨论从单缝发出的与透镜主光轴成 θ 角（称为**衍射角**）的一组平行光线，这些光线经透镜 L 后汇聚于屏幕上的 P 点，如图 18-6(a)所示。各光线到达 P 点时的相位不同。其中，从单缝边缘的 A 点和 B 点发出的两衍射光线之间的相位差 BC（BC 和各衍射光线垂直）最大。由图 18-6(a)可见，最大光程差为

$$\Delta L = a\sin\theta.$$

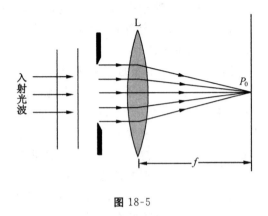

图 18-5

为了考虑各光线到达 P 点时光振动的合成情况，设想将单缝处的波阵面 AB 分成若干等宽度的横向条带 $AA_1, A_1A_2, \cdots$[图 18-6(b)]。当最大光程差 ΔL 恰好等于入射光**半波长**的整数倍时，即

$$\Delta L = a\sin\theta = \pm n \cdot \frac{\lambda}{2}, \quad n = 2, 3, 4, \cdots, \tag{18.2-1}$$

则可以将狭缝 AB 以 $\frac{\lambda}{2}$ 为间隔分为 n 个等宽的条带。相邻条带上对应的点，如每个条带的最上点、中间点或最下点，发出的光在 P 点的光程差为半个波长。因此，这样的条带称为**半波带**，如图 18-6(b)所示。利用半波带来分析单缝衍射图样的方法称为**菲涅耳半波带法**。

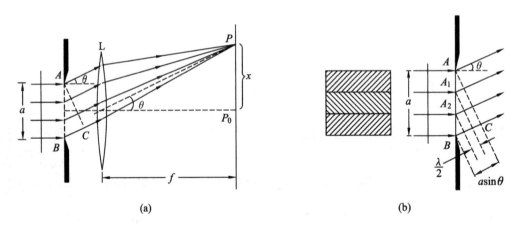

(a)   (b)

图 18-6

因为狭缝很窄，所以每个半波带到屏幕的距离近似相等，因此每个半波带在 P 点引起的光振动的振幅近似相等，而相邻半波带上各相应点发出的光到 P 点时光程差均为 $\frac{\lambda}{2}$。所以，**相邻两个半波带发出的光在 P 点因干涉而完全相消**。

当 $n = 2k$ 时，由(18.2-1)式有

$$\Delta L = a\sin\theta = \pm k\lambda, \quad k = 1, 2, 3, \cdots, \tag{18.2-2}$$

这时，单缝处的波阵面可以分为偶数个半波带．由于相邻半波带发出的光在 P 点两两相消，所以屏幕上 P 点处为暗条纹中心（**极小**）．由图 18-6(a)可见，各极小在屏幕上的位置为

$$x = \pm f\tan\theta, \tag{18.2-3a}$$

式中 $\theta = \arcsin\left(\pm k\dfrac{\lambda}{a}\right)$．当 $a \gg \lambda$ 时，θ 很小，所以暗条纹中心位置近似为

$$x \approx \pm kf\dfrac{\lambda}{a}, \quad k = 1, 2, 3, \cdots. \tag{18.2-3b}$$

当 $n = 2k+1$ 时，由(18.2-1)式有

$$\Delta L = a\sin\theta = \pm(2k+1)\dfrac{\lambda}{2}, \quad k = 1, 2, 3, \cdots. \tag{18.2-4}$$

这时，单缝处的波阵面可以分为奇数个半波带．由于相邻半波带发出的光在 P 点两两相消，因此总有一个半波带发出的光在 P 点没有相消，所以屏幕上 P 点处为除中央明条纹外其他明条纹中心（**次极大**）．各次极大在屏幕上的位置为

$$x = \pm f\tan\theta. \tag{18.2-5a}$$

式中 $\theta = \arcsin\left[\pm\left(k+\dfrac{1}{2}\right)\dfrac{\lambda}{a}\right]$．当 $a \gg \lambda$ 时，明条纹中心位置近似为

$$x \approx \pm\left(k+\dfrac{1}{2}\right)f\dfrac{\lambda}{a}, \quad k = 1, 2, 3, \cdots. \tag{18.2-5b}$$

屏幕上单缝夫琅和费衍射图样的相对强度分布如图 18-7(a)所示，图中横坐标是 $a\sin\theta$；衍射图样如图 18-7(b)所示．屏幕上两个第 1 极小间的距离称为**中央明纹的宽度**（或称**线宽**），依次相邻两极小间的距离就是其他明纹的宽度．从图 18-7 看出，中央明纹光强最大，其他明纹的光强非常小，中央明纹的宽度约为其他明纹宽度的 2 倍．

与第 1 极小对应的衍射角 θ_1，称为**中央明纹的半角宽**，它由下式决定，

$$\theta_1 = \arcsin\dfrac{\lambda}{a}. \tag{18.2-6}$$

设透镜 L 的焦距为 f，则在屏幕上中央明纹的宽度为

$$\Delta x = 2f\tan\theta_1. \tag{18.2-7a}$$

若 θ_1 角较小，则 Δx 又可以按下式计算，

$$\Delta x = 2f \cdot \dfrac{\lambda}{a}. \tag{18.2-7b}$$

上式表明，单缝愈窄，中央明纹愈宽，衍射现象愈显著；如果单缝较宽，则中央明纹就窄，衍射现象就不显著．在缝的宽度 $a \gg \lambda$ 的条件下，由(18.2-2)式可知，各级衍射明纹都向中央靠拢，屏幕上只有窄窄的一条中央明纹．这表明，垂直入射单缝的平行光，经过单缝后，仍是按原方向传播的平行光，它们经过透镜聚焦在 P_0 处．由此可知，光的直线传播，只是光的波长较障碍物的线度小很多时，亦即衍射现象不显著时的情形．所以，几何光学是波动光学在 $\dfrac{\lambda}{a} \to 0$ 时的极限情形．

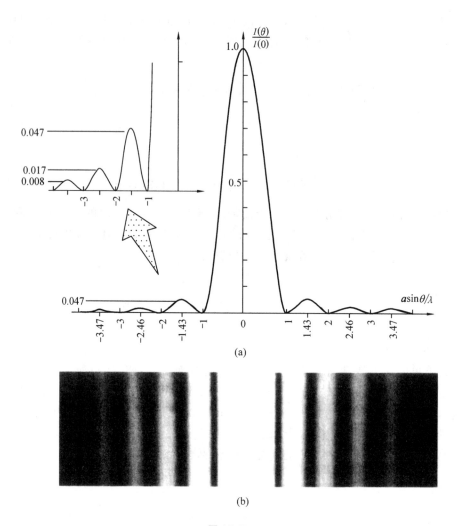

图 18-7

需要说明的是,用菲涅耳半波带法讨论单缝的夫琅和费衍射,实际上采用的是代数叠加的方法.这一方法简单、直观,但它只能大致说明衍射图样的分布情况,无法确定衍射的光强分布.比如,当狭缝分为三个半波带时,有一个半波带发出的光在屏幕上没有相消,因此按半波带法,一级明条纹的光强应为中央明条纹光强的 $\frac{1}{3}$ 左右,但实验测得其光强还不到中央明条纹光强的 $\frac{1}{20}$. 另外,各次极大中心的位置未出现在 $\frac{a\sin\theta}{\lambda}$ 等于半整数的位置,而是稍偏向中央主极大[见图 18-7(a)]. 为定量讨论单缝衍射的光强分布,要采用矢量叠加法.

例 18-1 如果单缝的夫琅和费衍射中用白光来照明,已知红光($\lambda=650$ nm)的第 1 极小落在 $\theta=30°$ 的位置上,求缝宽 a.

解 对于第 1 极小,令(18.2-2)式中 $k=1$,解出 a,则得

$$a=\frac{\lambda}{\sin\theta}=\frac{650}{\sin 30°} \text{ nm}=1\,300 \text{ nm}.$$

注意本例中缝宽是红光波长的 2 倍.

例 18-2 单缝夫琅和费衍射实验中,缝宽 $a=5\lambda$,单缝后面的透镜焦距 $f=40$ cm,求中央明条纹和第 1 级明条纹的宽度.

解 利用(18.2-2)式可得第 1 级和第 2 级暗纹中心的位置分别为
$$a\sin\theta_1=\lambda, \quad a\sin\theta_2=2\lambda.$$
以 $a=5\lambda$ 代入得 $\theta_1=0.201$,$\theta_2=0.411$,第 1 级暗纹和第 2 级暗纹中心在屏幕上位置分别为
$$x_1=f\tan\theta_1=40\times 0.204 \text{ cm}=8.16 \text{ cm},$$
$$x_2=f\tan\theta_2=40\times 0.436 \text{ cm}=17.44 \text{ cm}.$$
由此得中央明条纹宽度为
$$\Delta x_0=2x_1=2\times 8.16 \text{ cm}=16.32 \text{ cm},$$
第 1 级明条纹宽度
$$\Delta x_1=x_2-x_1=(17.44-8.16) \text{ cm}=9.28 \text{ cm}.$$

例 18-3 如图所示,设有波长为 λ 的单色平面波沿着与缝平面的法线成 ψ 角的方向入射于宽度为 a 的单缝 AB 上.试求各极小的衍射角 θ 满足的条件.

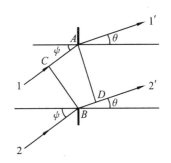

解 斜入射时,光束 1,2 在入射前已有光程差 $\overline{CA}=a\sin\psi$.光线 $1'$,$2'$ 的光程差 ΔL 为
$$\overline{BD}-\overline{CA}=a\sin\theta-a\sin\psi=a(\sin\theta-\sin\psi),$$
极小的条件为
$$a(\sin\theta-\sin\psi)=\pm k\lambda, \quad k=1,2,\cdots,$$
衍射角 θ 满足的条件为
$$\theta=\arcsin\left(\pm\frac{k}{a}\lambda+\sin\psi\right).$$

例 18-3 图

注意在衍射角 $\theta=\psi$ 时,该处是中央明纹的位置.

▶ 18.2.2 用振幅矢量法推导单缝夫琅和费衍射的光强公式

本节从惠更斯-菲涅耳原理出发,用**振幅矢量法**导出单缝夫琅和费衍射光强公式.

如图 18-8 所示,设想把单缝处的波阵面分成 N 条等宽的波带(N 是很大数).每个波带的宽度为 $\frac{a}{N}$.设第 i 条波带发出的子波振动传到 P 点(图上未标出 P 点),在 P 点激发的光振动振幅用 ΔA_i 表示.由于各等宽波带发出的子波到 P 点传播方向一致(都是 θ 角),距离也近似相等,所以每一矢量 $\Delta \boldsymbol{A}_i$ 的大小相等($=\Delta A$). 从图上可以看出,相邻两波带到 P 点的光程差为 $\Delta L=\frac{a}{N}\sin\theta$,所以相邻两振幅矢量 $\Delta \boldsymbol{A}_{i+1}$ 和 $\Delta \boldsymbol{A}_i$ 之间相位差
$$\delta=\frac{2\pi}{\lambda}\Delta L=\frac{2\pi}{\lambda}\cdot\frac{a\sin\theta}{N}.$$
第一个 $\Delta \boldsymbol{A}_1$ 和最后一个 $\Delta \boldsymbol{A}_n$ 之间的相位差为 $N\delta$,

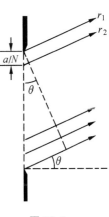

图 18-8

$$N\delta = \frac{2\pi}{\lambda}a\sin\theta.$$

根据菲涅耳提出的子波相干叠加的思想,屏幕上 P 点光振动的合振幅,就等于 N 个波带发出的子波在 P 点产生的振幅矢量的矢量和,即

$$\boldsymbol{A} = \sum_{i=1}^{N}\Delta \boldsymbol{A}_i.$$

这一合矢量可用图 18-9 的矢量图来计算. 图中 $\Delta\boldsymbol{A}_1, \Delta\boldsymbol{A}_2, \cdots, \Delta\boldsymbol{A}_N$ 表示各分振动的振幅矢量,相邻两个分矢量之间的夹角就是它们之间的相位差 δ. 各分振幅矢量首尾相连构成一个圆弧,设该圆弧的半径为 R,则对应的圆心角为 $N\delta$,所有分振幅矢量之和 $\boldsymbol{A}$ 就是 P 点的合振幅. 由图 18-9 可见

$$N\Delta A = R \cdot N\delta, \quad A = 2R\sin\frac{N\delta}{2}.$$

由此得到 P 点光振动的合振幅

$$A = N\Delta A\frac{\sin u}{u}.$$

式中

$$u = \frac{N\delta}{2} = \frac{\pi a\sin\theta}{\lambda}.$$

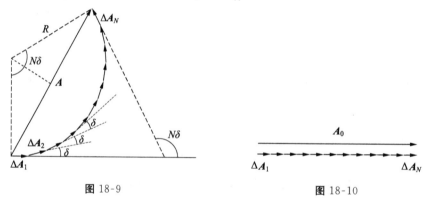

图 18-9   图 18-10

对于屏幕中央 P_0 点,即中央明条纹的中心,各波带的子波在该点的光程均相同,无相位差,其光振动合矢量振幅 A 即为 A_0,

$$A_0 = N\Delta A.$$

如图 18-10 所示为 $\theta = 0$ 时的矢量合成图.

设 P_0 处光强为 I_0,则 P 点振幅 A 和光强 I 分别为

$$A = A_0\frac{\sin u}{u}, \tag{18.2-8}$$

$$I = I_0\left(\frac{\sin u}{u}\right)^2. \tag{18.2-9}$$

其中

$$u = \frac{\pi a\sin\theta}{\lambda}. \tag{18.2-10}$$

(18.2-9)式表示单缝夫琅和费衍射相对光强的分布情形. 图 18-7(a)就是根据这一公式画出的,由(18.2-8)式或(18.2-9)式可以得屏幕上衍射光强极大和极小的位置如下:

(1) 主极大(中央明条纹中心).

在 $\theta=0$ 处,$u=0$,$\dfrac{\sin u}{u}=1$,$A=A_0=N\Delta A$,$I=I_0$. 此即中央明条纹中心的光强.

(2) 极小(暗纹中心).

当 $u=\pm k\pi$,即 $N\delta=\pm 2k\pi$ 时,$\sin u=0$,$I=0$,由图 18-11 可见,此时 N 个分振幅矢量形成完整的圆形,合振幅矢量 A 为零.暗纹中心的位置由

$$a\sin\theta=\pm k\lambda, \quad k=1,2,3,\cdots$$

确定,此结论与用半波带法算得结果(18.2-2)式一致.

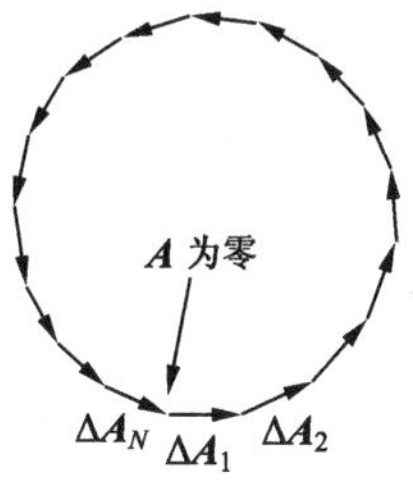

(3) 次极大(其他明条纹中心).

令 $\dfrac{\mathrm{d}}{\mathrm{d}u}\left(\dfrac{\sin u}{u}\right)^2=0$,得次极大中心位置要求解方程 $\tan u=u$.用图解法解此超越代数方程,得

$$u=\pm 1.43\pi,\ \pm 2.46\pi,\ \pm 3.47\pi,\cdots,$$

相应地有

$$a\sin\theta=\pm 1.43\lambda,\ \pm 2.46\lambda,\ \pm 3.47\lambda,\cdots,$$

此结果与用半波带法得到的近似结果(18.2-4)式比较,可知(18.2-4)式是一个相当好的近似.图 18-12 为 $u=1.43\pi$ 时的振幅矢量合成图.

以 $u=1.43\pi$ 代入(18.2-9)式得第 1 次极大光强 I_1 为

$$I_1=I_0\left(\dfrac{\sin 1.43\pi}{1.43\pi}\right)^2=I_0\left(\dfrac{-0.976}{1.43\pi}\right)^2=0.047\,2I_0.$$

第 1 次极大的光强还不到主极大光强的 5%.其他次极大的光强还要小[见图 18-7(a)].

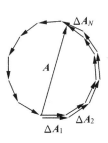

图 18-11

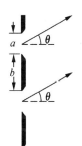

图 18-12

18.3 多缝的夫琅和费衍射

▶ 18.3.1 多缝夫琅和费衍射的光强分布

多缝夫琅和费衍射的实验装置,只是在图 18-3 的单缝位置上换上有一系列等宽、等间隔的狭缝,即换上有 N 条狭缝组成的器件(图 18-13).设每条狭缝的宽度为 a,缝间不透明部分的宽度为 b.这个不透明部分的宽度,也就是两狭缝的间隔.显然,相邻两狭缝上的对应点之间的距离

$$d=a+b.$$

在多缝衍射实验中,如果只开放多缝的一条狭缝,而其他狭缝都遮挡住,这时屏幕上呈现的是单缝夫琅和费衍射图样[参见(18.2-8)式和(18.2-9)式],其振幅和强度的分布分别为

$$a_\theta=a_0\dfrac{\sin\alpha}{\alpha},\quad I_\theta=I_0\left(\dfrac{\sin\alpha}{\alpha}\right)^2.$$

图 18-13

式中 $\alpha=\dfrac{\pi a}{\lambda}\sin\theta$.其中 θ 角就是衍射角.当 N 条狭缝轮流开放其中的一条时,在观察屏幕上将得到相同的单缝衍射图样,而它们的位置是不改变的.这是由于透镜的成像性质,对于与

主光轴成 θ 角的一组平行光线将会聚在透镜像方焦平面上的同一点. 因此, 将 N 条缝轮流开放, 屏幕上将得到完全相同的单缝衍缝图样. 如果 N 条缝出射的光彼此是不相干的, 当 N 条缝同时开放时, 屏幕上的光强分布与单缝衍射的分布形式完全相同, 只是光的强度增加了 N 倍. 然而 N 条缝出射的光是相干光, 并且它们之间有一定的相位差, 这样, 在屏幕上衍射光强分布除了与单缝衍射有关外, 还与多光束干涉有关, 这就使得屏幕上实际的多缝衍射图样与单缝衍射大不相同.

关于多光束干涉问题, 在前一章内容中未提及. 在迈克尔孙干涉仪中, 考虑的是双光束干涉; 在薄膜干涉中, 把多光束干涉作为双光束干涉处理; 而杨氏双缝干涉, 严格地说它只是 $N=2$ 的多缝衍射问题.

现仍用矢量法计算多缝夫琅和费衍射的振幅分布和强度分布. 为了简洁, 图 18-14(a) 中多缝画成 6 缝.

对于图 18-14(a) 上相邻两狭缝上对应点发出的衍射角为 θ 的两条平行光线, 其光程差 ΔL 和相位差 δ 分别为

$$\Delta L = d\sin\theta,\ \delta = \frac{2\pi d}{\lambda}\sin\theta.$$

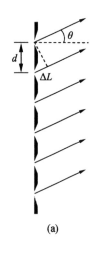
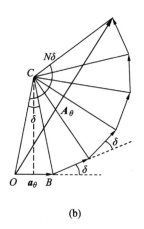

(a)   (b)

图 18-14

如图 18-14(b) 所示是依次画出的各条单缝衍射的振幅矢量, A_θ 为 N 条缝(此处 $N=6$) 同时打开时在屏幕上产生的合振幅矢量. 与图 18-9 中矢量合成的做法相仿, 设 C 为等边多边形的中心, 则在等腰三角形 OCB 中,

$$a_\theta = 2\,\overline{OC}\sin\frac{\delta}{2},$$

而合振幅矢量 A_θ 的大小

$$A_\theta = 2\,\overline{OC}\sin\frac{N\delta}{2}.$$

由上面两式, 可得 N 条缝的合振幅为

$$A_\theta = a_\theta\frac{\sin\frac{N\delta}{2}}{\sin\frac{\delta}{2}}.$$

令
$$\beta = \frac{\delta}{2} = \frac{\pi d}{\lambda}\sin\theta,$$

则 A_θ 可写为
$$A_\theta = a_\theta \frac{\sin N\beta}{\sin\beta},$$

光强
$$I_\theta = A_\theta^2 = a_\theta^2 \left(\frac{\sin N\beta}{\sin\beta}\right)^2,$$

代入 a_θ 表达式,并去掉下脚标 θ,最后得到

$$A = a_0 \left(\frac{\sin\alpha}{\alpha}\right)\left(\frac{\sin N\beta}{\sin\beta}\right), \tag{18.3-1}$$

$$I = I_0 \left(\frac{\sin\alpha}{\alpha}\right)^2 \left(\frac{\sin N\beta}{\sin\beta}\right)^2. \tag{18.3-2}$$

其中
$$\alpha = \frac{\pi a}{\lambda}\sin\theta, \tag{18.3-3a}$$

$$\beta = \frac{\pi d}{\lambda}\sin\theta. \tag{18.3-3b}$$

(18.3-1)式和(18.3-2)式分别是 N 条狭缝夫琅和费衍射的振幅分布和光强分布. 其中 $\frac{\sin\alpha}{\alpha}$ 以及 $\left(\frac{\sin\alpha}{\alpha}\right)^2$ 来源于宽度 a 的单缝衍射,称为**单缝衍射因子**;$\frac{\sin N\beta}{\sin\beta}$ 以及 $\left(\frac{\sin N\beta}{\sin\beta}\right)^2$ 来源于多光束(N 条光束)干涉,称为**缝间干涉因子**.

▶ **18.3.2 缝间干涉因子的特点**

根据干涉因子,可以求出各缝间干涉主极大(明纹中心)的位置.

当 $\beta = \frac{\pi d}{\lambda}\sin\theta = \pm k\pi$ ($k=0,1,2,\cdots$)时,有
$$\sin N\beta = 0, \text{以及 } \sin\beta = 0.$$

但是 $\frac{\sin N\beta}{\sin\beta} = N$,$\left(\frac{\sin N\beta}{\sin\beta}\right)^2 = N^2$,因此缝间干涉主极大的位置是

$$d\sin\theta = \pm k\lambda, \ k=0,1,2,\cdots. \tag{18.3-4}$$

凡是满足(18.3-4)式的方位角 θ 的位置,就有一个主极大,或称为明纹. 它的强度是单缝衍射在该方位上强度的 N^2 倍. (18.3-4)式还表明主极大的位置与缝的总数 N 无关,它由多缝本身的 $d = a + b$ 以及入射波长 λ 决定.

(18.3-4)式中的 k 称为主极大的级次,如 0 级主极大、(第)1 级主极大等. 由于衍射角 θ 的绝对值不可能大于 $90°$,$|\sin\theta|$ 不可能大于 1,这对主极大的数目有了限制.

当 $N\beta$ 等于 π 的整数倍而 β 却不是 π 的整数倍时,在这些点上 $\sin N\beta = 0$,$\sin\beta \neq 0$,这样有 $\frac{\sin N\beta}{\sin\beta} = 0$. 这些位置是干涉极小,是光强零点(暗纹中心). 相邻两个极小间,还有一个光强次极大,但是这个次极大的强度非常小.

可以证明，两个主极大间有 $N-1$ 个光强极小(零点)，$N-2$ 个次极大。图 18-15 展示了具有相同的 d 和 λ、不同缝数 N 的干涉因子曲线，横坐标表示 $\sin\theta$，纵坐标表示光强，主极大的强度正比于 N^2（本图为了便于观察，强度未按比例画出）。读者可以检查图 18-15 中，相邻主极大间光强零点数目以及次极大的数目。

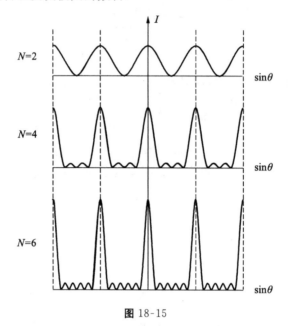

图 18-15

图 18-15 表明，主极大(明纹)的宽度随着缝数 N 的增加而减小，这一点在光栅光谱中具有重要的意义，它使光栅衍射的明纹非常尖锐。

▶ 18.3.3　单缝衍射因子的作用　缺级

由(18.3-2)式可见，多缝夫琅和费衍射的光强分布，既取决于各单缝的衍射，也取决于多缝间的干涉。因此多缝夫琅和费衍射总的光强分布应为多缝干涉和单缝衍射光强的乘积。

图 18-16(a)表示的是单缝衍射的光强分布。由图可见，当以衍射角 θ 出射的光满足
$$a\sin\theta = \pm k'\lambda \quad (k'=1,2,3,\cdots),$$
即 $\dfrac{a\sin\theta}{\lambda}$ 等于正、负整数时，单缝衍射的光强为零。图 18-16(b)表示的是多缝干涉的光强分布。由图可见，当以衍射角 θ 出射的光满足
$$d\sin\theta = \pm k\lambda \quad (k=1,2,3,\cdots),$$
即 $\dfrac{d\sin\theta}{\lambda}$ 等于正、负整数时，正好是缝间干涉主极大的位置。将上面两式相除，得 $\dfrac{d}{a}=\dfrac{k}{k'}$。若相邻两条缝之间的距离 d 正好等于透光缝的宽度 a 的整数倍，即
$$\frac{d}{a}=\frac{a+b}{a}=\frac{k}{k'}=m \ (m \text{ 为整数})，$$
则多缝干涉的 k 级主极大处正好是单缝衍射的 k' 级极小处，所以级数为 m 整倍数的干涉明条纹将消失，这种情况称为**缺级**。图 18-16(c)为 $\dfrac{d}{a}=3$ 时多缝衍射的光强分布。由图可见，多

缝干涉主极大中±3级、±6级……发生缺级现象.

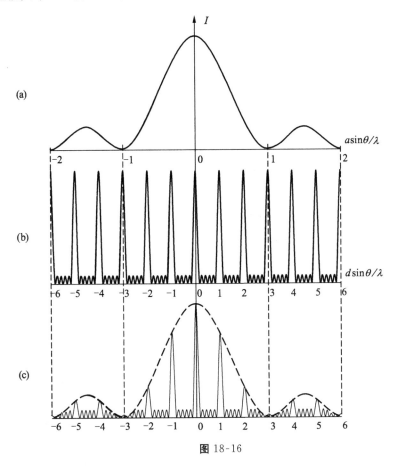

图 18-16

例 18-4 用坐标纸绘制双缝夫琅和费衍射强度分布曲线,横坐标取 $\sin\theta$,至少画到第 7 级缝间干涉主极大,并计算第 1 个主极大与单缝衍射主极大之比.设狭缝宽度为 a,不透明部分的间距为 $2a$.

解 作强度分布曲线要用到(18.3-2)式,即

$$I = I_0 \left(\frac{\sin\alpha}{\alpha}\right)^2 \left(\frac{\sin N\beta}{\sin\beta}\right)^2.$$

本例是双缝,缝数 $N=2$,所以相邻两主极大之间只有一个极小,不出现次极大.注意 $d=b+a=3a$,干涉主极大位置 $3a\sin\theta=k\lambda$,单缝衍射零级位置 $a\sin\theta=k'\lambda$,故 $k=\pm 3,\pm 6,\cdots$ 时为缺级.由此作出的双缝衍射强度分布曲线如图所示.

多缝衍射的主极大与单缝衍射(零级)主极大之比

$$\frac{I}{I_0} = N^2 \left(\frac{\sin\alpha}{\alpha}\right)^2.$$

式中 $\alpha = \dfrac{\pi a \sin\theta}{\lambda}$,$\theta$ 角就是多缝衍射各级主极大对应的衍射角 θ.对于本题的 θ_1,它由式 $d\sin\theta_1 = \lambda$ 来计算.由此

$$\alpha = \frac{\pi a \sin\theta_1}{\lambda} = \frac{\pi a}{\lambda} \cdot \frac{\lambda}{d} = \frac{\pi}{3}.$$

这样

$$\frac{I_1}{I_0} = 2^2 \left(\frac{\sin \frac{\pi}{3}}{\frac{\pi}{3}} \right)^2 = 4 \times 0.684 = 2.74.$$

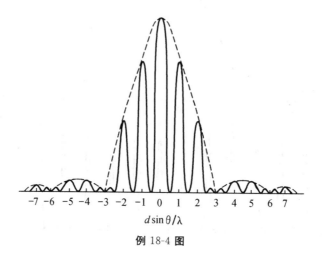

例 18-4 图

18.4 衍射光栅

把数量相当多的等宽度的狭缝等间隔地排列起来,这样的光学元件称作**光栅**,如一个典型的光栅可含有12 000条"缝".

光栅的种类很多,按其对光的作用来分,可分为两种:一种是用于透射光衍射的透射光栅[图 18-17(a)];另一种是用于反射光衍射的反射光栅[图 18-17(b)]. 若按制作方法来分,也可以分为两种:一种是刻划光栅,即用金刚刀刻划出平行等宽等间隔的狭缝;另一种是全息光栅,它是用全息照相法得到的干涉条纹作为平行等宽等间隔的狭缝.

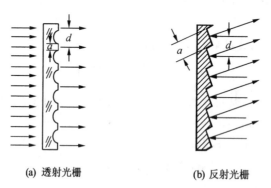

(a) 透射光栅　　　(b) 反射光栅

图 18-17

实用光栅,每毫米内有几十条甚至上千条狭缝(或者是刻痕). 实验中用光透过光栅的衍射现象来产生明亮尖锐的明纹,或者是利用光栅对复色光进行光谱分析,测定谱线的波长,并研究谱线的结构和强度. 光栅是近代物理实验技术中常用的一种光学元件,本节在多缝衍射的基础上总结光栅衍射的基本规律.

18.4.1 光栅方程

如上所述,光栅就是缝数 N 特别大的多缝,多缝衍射的结论全部适用于衍射光栅.

缝宽 a 和缝间不透明部分的宽度 b 的总和用 d 表示,

$$d = a + b, \qquad (18.4\text{-}1)$$

称为**光栅常数**.光栅的衍射条纹就是单缝衍射和缝间干涉(多光束干涉)的总效果.当衍射角 θ 满足(18.3-4)式

$$d\sin\theta = \pm k\lambda, \quad k = 0, 1, 2, \cdots \qquad (18.4\text{-}2)$$

时,由于所有相邻狭缝以 θ 角出射的平行光线的光程差是波长的整数倍,因而干涉是相互加强,形成明纹,整数 k 称为明纹的级次.明纹的位置仅与光栅常数 d 以及所用光波的波长 λ 有关,与缝的总数无关.(18.4-2)式称为**光栅方程**.

如果由光栅方程决定的干涉明纹的位置与单缝衍射暗纹位置

$$a\sin\theta = \pm k'\lambda, \quad k' = 1, 2, \cdots \qquad (18.4\text{-}3)$$

重合,这个位置上将不能出现明纹,即缺级.

对于给定的单色光来说,光栅上每单位长度的狭缝条数愈多,亦即光栅常数 $d = a + b$ 愈小,则各级明纹的位置将分得愈开;光栅上狭缝总数 N 愈大,明纹将愈细窄而明亮.在明亮的明纹之间实际上是形成一片黑暗的背景.通常利用衍射光栅可以精确地测量波长.

例 18-5 He-Ne 激光器发出波长 $\lambda = 632.8$ nm 的红光,垂直照射在一光栅上,此光栅的每厘米上有 6 000 条狭缝,试求各级明纹相应的衍射角 θ 的大小.

解 光栅常数为

$$d = \frac{1}{6\,000} \text{ cm} = 1\,667 \text{ nm}.$$

从光栅方程 $d\sin\theta = k\lambda$,以 $\theta = \dfrac{\pi}{2}$ 代入,可以求出最大级次 k_m,

$$k_\mathrm{m} = \frac{d}{\lambda} = \frac{1\,667}{632.8} = 2.63,$$

因而能观察到的明纹的最大级次为 $k = 2$.由此,第 1 级明纹出现在

$$\theta_1 = \arcsin \frac{\lambda}{d} = \arcsin \frac{632.8}{1\,667} = \arcsin 0.379\,6 = 22.31°.$$

第 2 级明纹的衍射角

$$\theta_2 = \arcsin \frac{2\lambda}{d} = \arcsin 0.759\,2 = 49.39°.$$

例 18-6 用光栅常数 $d = \dfrac{1}{5\,000}$ cm 的光栅,观察钠光谱线(钠黄光波长取 589.3 nm).问入射光线以 $i = 30°$ 斜入射光栅时(图示),谱线的最高级次是多少?并与垂直入射时比较.

解 斜入射时,相邻两缝的入射光束在入射前已有光程差 $\overline{AB} = d\sin i$,入射后的光程差 $\overline{CD} = d\sin\theta$.因此总光程差为 $\overline{CD} - \overline{AB}$.

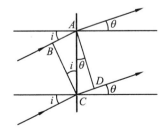

例 18-6 图

因此对于斜入射，光栅方程应该为

$$d(\sin\theta - \sin i) = \pm k\lambda, \quad k = 0, 1, 2, \cdots.$$

此式表明斜入射时，零级明纹（中央明纹）不在 $\theta = 0$ 的位置，而是在 $\theta = i$ 的角位置，可能的最高级次，对应于 $\theta = -\dfrac{\pi}{2}$，

$$k_m = \frac{\dfrac{1}{5\,000} \times 10^{-2} \left[\sin\left(-\dfrac{\pi}{2}\right) - \sin 30°\right]}{589.3 \times 10^{-9}} = -5.1.$$

取最大级次 k 为整数 5.

垂直入射时，相当于 $i = 0$. 可能的最高级次对应于 $\theta = \dfrac{\pi}{2}$，

$$k_m = \frac{\dfrac{1}{5\,000} \times 10^{-2} \sin\dfrac{\pi}{2}}{589.3 \times 10^{-9}} = 3.4.$$

最大级次 k 为 3.

可见，斜入射可以观察到更高级次的谱线.

▶ 18.4.2 衍射光谱

由光栅方程(18.4-2)式可知，给定了光栅常数，对于同一级 k 的衍射条纹，其衍射角 θ 的大小和入射光的波长 λ 有关. 因此，当用复色光照射光栅后，各种单色光将产生各自分开的明纹，形成光栅的**衍射光谱**.

光栅的衍射光谱和棱镜的色散光谱有很大的不同. 在棱镜光谱中，各谱线间的距离由棱镜的材料和棱镜的顶角决定，谱线的分布规律比较复杂. 而光栅的衍射光谱，各谱线按光栅方程的规律排列，较简单. 所以棱镜仪器不宜做精确的波长测定，因为在要测定波长处，棱镜材料的折射率通常知道得并不准确. 光栅仪器可用作对波长的精密测定. 但是棱镜仪器有一个优点，它的光能是集中在单一的一条谱线上，它可以产生很亮的谱线，而在光栅仪器中，光能要分配在各级明纹上.

例 18-7 一块每厘米有 4 000 条刻线的光栅，以白光垂直入射，试描述其衍射光谱. 白光的波长由 400 nm 到 760 nm.

解 光栅常数 d 为

$$d = \frac{1}{4\,000} \text{ cm} = 2\,500 \text{ nm}.$$

由光栅方程 $d\sin\theta = \pm k\lambda$，$k = 0$ 时，入射光中所有波长的光都在 $\theta = 0$ 处相长干涉，所以中央明条纹仍为白条纹. 其他各级衍射条纹的衍射角可以按下式来计算

$$\theta = \arcsin\left(\pm\frac{k\lambda}{d}\right).$$

设每一级衍射光谱中与波长为 400 nm（可见光的紫端）的光对应的衍射角为 θ_V，与 760 nm（可见光的红端）的光对应的衍射角为 θ_R，将计算结果列于下表

	（紫端）θ_V	（红端）θ_R
中央明纹	0	0
+1 级光谱	9.2°	17.7°
+2 级光谱	18.7°	37.4°
+3 级光谱	28.7°	65.8°
+4 级光谱	39.8°	>90°

根据计算结果，中央明条纹的两侧对称地排列着第±1级、第±2级、第±3级和第±4级光谱。但只有第±1级光谱是完整可见的，第2级到第4级光谱有部分重叠，而第4级光谱的红端的衍射角大于±90°。各级光谱的排列如图所示。

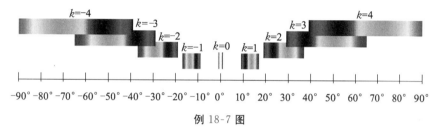

例 18-7 图

▶ *18.4.3 光栅的色散、分辨本领

本节通过例 18-8 的解题过程，来具体了解光栅的色散、光栅分辨本领等概念的意义。

例 18-8 一衍射光栅有 10 000 条刻线，这些刻线均匀地排列在 2.54 cm 的宽度上。用钠黄光垂直照射此光栅。已知钠黄光由波长分别为 589.00 nm 和 589.59 nm 的两条谱线组成（称为钠双线）。

(1) 求第 1 级主极大的波长为 589.00 nm 谱线的角位置。

(2) 第 1 级主极大中两谱线的角间距为多少？

解 本光栅的光栅常数 d 为

$$d = \frac{2.54}{10\ 000}\ \text{cm} = 2\ 540\ \text{nm}.$$

(1) 利用光栅方程可以求得角位置 θ，

$$\theta = \arcsin\frac{k\lambda}{d} = \arcsin\frac{1\times 589.00}{2\ 540}\ \text{rad} = \arcsin 0.231\ 9\ \text{rad} = 13.41°.$$

(2) 用同样的方法算出第 1 级主极大中 589.59 nm 谱线的角位置，

$$\theta = \arcsin\frac{k\lambda}{d} = \arcsin\frac{1\times 589.59}{2\ 540}\ \text{rad} = \arcsin 0.232\ 1\ \text{rad} = 13.42°.$$

得到两谱线的角间距为

$$\Delta\theta = 13.42° - 13.41° = 0.01°.$$

要使得对两条波长非常接近的谱线的角间距的计算值有意义，必须算出位数很多的有效数字。用上述方法计算很难达到要求，并且不方便，实际上常采用下述方法。对光栅方程两边取微商，得

$$d\cos\theta\,\text{d}\theta = k\,\text{d}\lambda.$$

这两个波长靠得很近,可用 $\Delta\lambda$ 代替 $d\lambda$,$\Delta\theta$ 代替 $d\theta$,由此给出

$$\Delta\theta = \frac{k\Delta\lambda}{d\cos\theta} = \frac{1\times 0.59}{2\,540\times\cos 13.41°}\,\text{rad} = 0.014°.$$

将 $\dfrac{d\theta}{d\lambda}$ 称作**光栅的色散**,用 D 表示,

$$D = \frac{d\theta}{d\lambda} = \frac{k}{d\cos\theta}. \tag{18.4-4}$$

从定义式可以得知,光栅的色散是波长相差一个单位波长间隔的两种单色入射光之间所产生的角间距的量度.

为了把波长靠得很近的两条谱线分辨清楚,由光栅产生的主极大明纹的宽度应当尽可能窄.换言之,光栅应当有很高的分辨本领 R. R 由下式定义

$$R = \frac{\bar{\lambda}}{\Delta\lambda}. \tag{18.4-5}$$

式中 $\bar{\lambda}$ 是恰能分清的两条谱线的平均波长,$\bar{\lambda} = \dfrac{\lambda_1 + \lambda_2}{2}$,$\Delta\lambda$ 为这两条谱线的波长差,即 $\Delta\lambda = |\lambda_1 - \lambda_2|$.这一定义说明,一个光栅能分开的两个波长的波长差 $\Delta\lambda$ 越小,该光栅的分辨本领越大.

光栅的分辨本领取决于瑞利判据(见下节 18.5.2).可以证明

$$R = Nk. \tag{18.4-6}$$

式中 N 是光栅上刻线的总数,k 为级数,即光栅方程中级数 k.对于中央主极大($k=0$)来说,分辨本领 R 为零,在零级中所有各种波长的光都不偏转.(18.4-6)式表明,当要求在某一级次的谱线上提高光栅的分辨本领时,必须增大光栅的总缝数.

例 18-9 如果某光栅恰好分辨出第 3 级的钠双线,则光栅必须有多少条刻线?

解
$$\bar{\lambda} = \frac{589.59 + 589.0}{2}\,\text{nm} = 589.3\,\text{nm},\quad \Delta\lambda = 0.59\,\text{nm}.$$

按照定义式(18.4-5),要求分辨本领 R 为

$$R = \frac{\bar{\lambda}}{\Delta\lambda} = \frac{589.3}{0.59} \approx 1\,000.$$

根据方程(18.4-6),要求刻线总数

$$N = \frac{R}{k} = \frac{1\,000}{3} \approx 330.$$

18.5 圆孔的夫琅和费衍射 最小分辨角

18.5.1 圆孔的夫琅和费衍射

在图 18-3 所示的装置中,用一带有小圆孔的衍射屏代替狭缝,在透镜 L_2 的焦平面上就得到圆孔的夫琅和费衍射图样(图 18-18).衍射图样的中央是一明亮的圆斑,外围则是一组同心的暗环和明环.由第 1 暗环所围的中央光斑称为**爱里斑**.整个入射光束总能量的 84% 集中在爱里斑上,爱里斑的中心是点光源 S 的几何光学的像点.

图 18-18

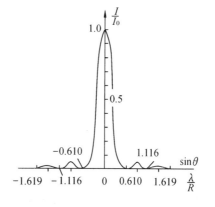
图 18-19

计算圆孔的夫琅和费衍射的强度分布,用到的数学知识较深,这里只给出第 1 极小(第 1 暗环)的条件,

$$\sin\theta = 0.61 \frac{\lambda}{R}.$$

上式 R 是圆孔的半径. 常以直径 $D(=2R)$ 来改写上式,

$$\sin\theta = 1.22 \frac{\lambda}{D}. \tag{18.5-1a}$$

圆孔的夫琅和费衍射的强度分布曲线如图 18-19 所示.

第 1 暗环的角半径 θ,也就是中央亮斑爱里斑的角半径由(18.5-1a)式来决定,

$$\theta = \arcsin\left(1.22 \frac{\lambda}{D}\right). \tag{18.5-1b}$$

由于衍射作用,对于任一实际的透镜,或其他带圆孔的光学元件,平行光通过后得不到点像,而是在点像处呈现出衍射图样,最小的像点也必大于或等于爱里亮斑. 这是应用几何光学所料想不到的. 但是,只要直径 D 远大于光波的波长 λ,则所得的爱里斑是非常小的,这时与几何光学的结果相符.

▶ **18.5.2 最小分辨角**

对圆孔的夫琅和费衍射图样的研究,便于我们分析、讨论光学仪器的成像分辨本领问题.

对于一个理想的光学成像系统,如果按照几何光学的规律,点物应该成点像. 任何两个靠得相当近的物点,经过这个理想光学系统,总能生成两个不会重叠的像点,这表明,理想光学系统是不存在分辨本领这个问题的. 然而,光具有波动性,许多物点成的像实际上都是一个具有一定大小的衍射斑. 靠得太近的像斑彼此重叠起来,使我们不能分辨两个靠得很近的物点,所以,在不考虑光学系统的像差以及不考虑两物点光源干涉的影响时,衍射效应是影响成像分辨本领的一个重要因素.

如图 18-20 所示,用望远镜观察遥远天空中的一对双星 S_1 和 S_2,望远镜物镜的边框相当于一个圆孔,双星将在物镜的焦平面上形成两个圆形的夫琅和费衍射斑. 从图 18-20 中可以看出双星对望远镜张的角距离,和两个爱里斑中心 A_1 和 A_2 对物镜中心张的角距离是相

等的,都是 $\Delta\theta$.

当两个衍射圆斑分得很开时,我们就能够看得出是两个圆斑[图 18-21(a)],从而也就知道有两颗星. 如果两个圆斑几乎重叠在一起[图 18-21(c)],由于两个物点的光是不相干的,光的强度直接相加,这时看不出是两个圆斑,因而也就无从分辨出这是两颗星.

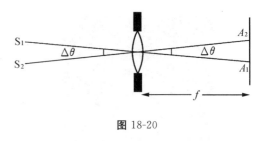

图 18-20

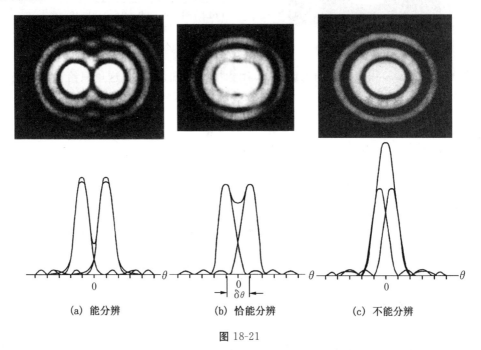

(a) 能分辨　　(b) 恰能分辨　　(c) 不能分辨

图 18-21

对于两个强度相等的不相干的点光源(物点),若一个点光源衍射图样的主极强恰好和另一个点光源衍射图样的第 1 极小相重合[图 18-21(b)],瑞利(J. W. S. Rayleigh)认为还能看出这是两个圆形衍射斑,这表示这两个点光源恰好为这一光学仪器所分辨. 这一规定称为**瑞利判据**.

以透镜为例,恰能分辨的两个点光源的衍射图形中心之间的距离,应等于爱里斑的半径. 此时,两个点光源在透镜中心处所张的角度称为**最小分辨角**,用 $\delta\theta$ 表示. 最小分辨角的倒数称为**分辨本领**.

对于直径为 D 的圆孔的夫琅和费衍射图样,爱里斑的角半径就是第 1 暗环角半径,它由 (18.5-1) 式给出,

$$\sin\theta = 1.22\frac{\lambda}{D}.$$

θ 角很小时,

$$\theta \approx 1.22\frac{\lambda}{D}.$$

这样,最小分辨角用下式表示,

$$\delta\theta = 1.22\frac{\lambda}{D}, \tag{18.5-2a}$$

相应的分辨本领为

$$R = \frac{1}{\delta\theta} = \frac{D}{1.22\lambda}. \tag{18.5-2b}$$

如果两个物点之间的角距离 $\theta > \delta\theta$，我们就可以把这两个物体分辨出来；如果角距离 $\theta < \delta\theta$，我们就不可能分辨这两个物体.

例 18-10 一直径为 3.0 cm 的会聚透镜，焦距为 20 cm. 试问：

(1) 为了满足瑞利判据，两个遥远的物点必须有多大的角距离？假定入射光的波长为 550 nm.

(2) 在透镜的焦平面上两个衍射图样的中心相隔多远？

解 (1) 这个角距离就是最小分辨角，按照 (18.5-2a) 式

$$\delta\theta = 1.22\frac{\lambda}{D} = 1.22 \times \frac{550 \times 10^{-9}}{3 \times 10^{-2}} \text{ rad} = 2.2 \times 10^{-5} \text{ rad}.$$

(2) 焦平面上的线距离

$$\Delta L = f\delta\theta = 20 \times 10^{-2} \times 2.2 \times 10^{-5} \text{ m} = 4\,400 \text{ nm}.$$

例 18-11 在通常的亮度下，人眼瞳孔直径约为 3 mm，问人眼的最小分辨角是多少？远处两根细丝之间的距离为 2.0 mm，问离开多远时恰能分辨它们？波长按对视觉最敏感的黄绿光 $\lambda = 550$ nm 计算.

解 人眼的最小分辨角为

$$\delta\theta = 1.22\frac{\lambda}{D} = 1.22 \times \frac{550 \times 10^{-9}}{3 \times 10^{-3}} \text{ rad} = 2.24 \times 10^{-4} \text{ rad}.$$

设细丝间距为 $\Delta s (= 2.0 \text{ mm})$，细丝与人的距离为 l，则两细丝对人眼的张角 $\Delta\theta$ 为

$$\Delta\theta = \frac{\Delta s}{l}.$$

按照瑞利判据，恰能分辨，要求 $\Delta\theta = \delta\theta$，于是

$$l = \frac{\Delta s}{\delta\theta} = \frac{2.0 \times 10^{-3}}{2.24 \times 10^{-4}} \text{ m} = 8.9 \text{ m},$$

超过这个距离，人眼就不能分辨这两根细丝.

想用透镜来分辨角距离很小的两个物体时，就要使衍射图样的爱里斑尽可能小，即按照瑞利判据，最小分辨角要小. 从式 (18.5-2a) 可知，可以采取增大透镜的直径或者采用较短波长的光就能做到这一点. 建造大型天文望远镜的一个理由，就是它有较小的最小分辨角，可以考察天体的细节，同时大型天文望远镜的像明亮，能有效地观察较暗的星球. 在生物学中广泛使用的紫外显微镜则采用波长较短的紫外光以提高分辨本领. 由于电子具有波动性，在电子显微镜中，电子束有千分之几纳米的有效波长，因而，电子显微镜具有很高的分辨本领，它能使我们检验到病毒.

18.6　X射线在晶体上的衍射

▶ 18.6.1　X射线在晶体上的衍射

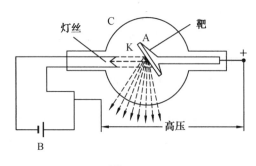

图 18-22

X射线是1895年德国物理学家伦琴（W. Roentgen 1845—1923）发现的，所以又称**伦琴射线**. 图18-22是X射线管的结构示意图，C是抽成真空的玻璃泡，从热阴极K出来的电子在高达数万伏的电压下加速，高速电子撞在金属靶（阳极）A时，就从阳极发出一种在当时是前所未知的射线，称为X射线. 后来人们认识到X射线是一种波长极短、在0.1 nm到10 nm之间的电磁波. 既然X射线是波，也应该有干涉和衍射，但是由于X射线的波长太短，用普通机械方法制造的光栅是根本观察不到它的衍射的.

1913年，德国物理学家劳厄（Max von Laue 1879—1960）指出，晶体中原子或者离子的有规则排列，可以将其看成适用于X射线的理想的空间（三维）光栅. 实验证实了劳厄的预言. 由于晶体的三维性质，X射线的晶体衍射图样是相当复杂的. 但是，没有多久，X射线的衍射就成为阐明晶体结构以及探索物质结构的一门非常有用的技术.

图18-23所示的是X射线在晶体上衍射的实验装置. 具有各种波长的X射线束，准直以后，入射到一块晶体（诸如NaCl晶体）上，衍射光束在一定的方向上得到加强. 加强了的衍射光束可以用感光胶片来检测，它们在胶片上形成除中心斑点（对应于X射线的入射方向，图18-24中用物挡掉），还有许多分布很规则的小亮点. 而当把一种晶体换成另一种晶体时，各小亮点的位置有所变动. 这些有规则分布的小亮点称为"**劳厄斑点**"（图18-24）. 通过对劳厄斑点上各斑点的位置，以及斑点强度的分析，可以推知晶体的结构.

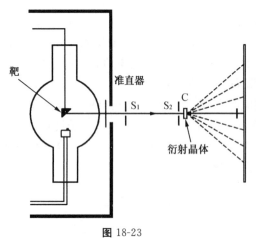

图 18-23

图 18-24

以 NaCl 晶体为例来说明晶体结构上的特点(图 18-25).图中实心小球代表 Na$^+$ 离子,空心小球代表 Cl$^-$ 离子.这些离子位于立方体的顶角,这种结构称为立方体对称.在三维空间里,无论沿哪个方向看,离子的排列都呈现严格的周期性,这种周期性排列称为**晶体的空间点阵**,排列在一定位置上的 Na$^+$ 离子和 Cl$^-$ 离子称为**晶体格点**.晶体中相邻格点的间距叫作**晶格常数**,通常具有 10^{-10} m 的数量级(Na$^+$ 离子与 Cl$^-$ 离子的间隔约为 5.62737×10^{-10} m).

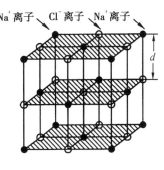

图 18-25

当 X 射线照射到晶体上时,晶体中每个格点成为一个散射中心,它们发射的电磁波(即散射波)频率与外来 X 射线的频率相同.由于这些散射中心在空间周期性排列,彼此相干的散射波将在空间发生干涉.

▶ **18.6.2 布喇格定律**

在讨论晶体空间光栅的衍射时,可以分两步处理.第一步考虑同一个晶面中各个格点之间的干涉,称为**点间干涉**.第二步再考虑不同晶面之间的干涉,称为**面间干涉**.

仍以图 18-25 所示的 NaCl 晶体为例,取图示的三个层面(晶面),这些晶面之间是等间隔的,NaCl 中的离子就位于不同的晶面内.一束单色平行 X 射线以与晶面成 α 角(称为**掠射角**)射入晶体(图 18-26),一部分为上层离子所散射,其余部分将为内部各晶面的格点所散射.但是我们知道,在任一层面上格点所发射的散射线,只有按反射定律的反射线的强度为最大,所以点间干涉的结果,对于每一层面,只有按反射定律的反射线存在,正如图 18-26 所画的那样.

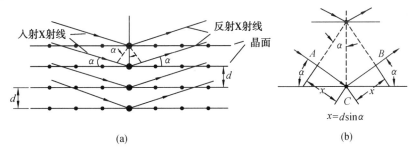

图 18-26

再考虑上下两个层面反射线决定的相干叠加.上下两层面反射线的光程差为
$$\overline{AC} + \overline{CB} = 2d\sin\alpha,$$
显然,符合下述条件

$$2d\sin\alpha = k\lambda \quad (k=1,2,3,\cdots) \tag{18.6-1}$$

时,各层面的反射线都将相互加强,产生面间干涉主极大,形成一个亮斑.式中 d 是层面(晶面)间距,k 为衍射的级次.由此可见,当 d,λ 一定时,只有在掠射角 α 满足此式时,才能在反射方向形成衍射亮斑.(18.6-1)式是讨论 X 射线在晶体中衍射的基本公式,称为**布喇格定律**.它是为了纪念第一个导出此式的布喇格(W. L. Bragg 1890—1971)而命名的.

在应用布喇格定律时,应注意以下三点:

(1) 一块晶体内部可以分成许多晶面族(图 18-27),不同的晶面族对应不同的取向和间隔($d_1, d_2, d_3, \cdots$),对于给定的入射方向来说有不同的掠射角 $\alpha_1, \alpha_2, \alpha_3, \cdots$,这表明,对于给定的入射方向,有一系列的布喇格方程(18.6-1)式与之对应.

(2) 当 X 射线的入射方向和晶面的取向给定之后,所有晶面族的布喇格方程中 d 和 α 已确定,对于某一波长 λ 的 X 射线,也许不能满足布喇格方程,这样也就没有主极大,即没有亮斑的出现.

(3) 如果入射的 X 射线中波长是连续分布的,则当入射的 X 射线束中含有波长为

$$\lambda = \frac{2d\sin\alpha}{k}$$

的波,才产生衍射.

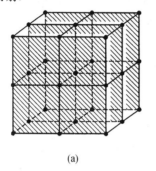 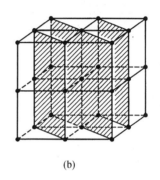

(a)   (b)

图 18-27

利用已知波长的 X 射线的晶体衍射,可以作晶体的结构分析,确定晶格常数,同时也可以利用已知晶格常数的晶体,来确定 X 射线的波长,这对研究原子的内层结构是很重要的.

18.7 全息照相

▶ 18.7.1 全息照相的记录和再现

全息照相是以干涉和衍射理论为基础的一种新型摄影技术,它的原理与普通照相术完全不同.

普通照相是根据几何光学原理,利用透镜系统,将三维物体成像于二维底片上.实际上物光所携带的物体信息,是由光波的振幅和相位两个方面反映的.但是,现有的照相底片只对光强分布有响应,它只记录了振幅,而相位信息完全丢掉了.因此,它只能显示物体的平面像,失去了立体的效应,与实物有很大差别.全息照相的"全息"是指物体发出的光波的全部信息,既包括振幅或强度,也包括相位.

1948 年,英国物理学家伽伯(D. Gabor)为了提高电子显微镜的分辨本领而提出全息原理,并开始了全息照相的研究工作.但当时缺乏好的相干光源,因此它在光学领域未能得到发展. 1960 年,激光问世,为全息照相提供了理想的光源,从此全息术得到了飞跃的发展,最近几十年它已成为科学技术的一个新领域.伽伯也因此而获得了1971年度的诺贝尔物理学奖.

全息照相是利用光的干涉把物光波的振幅和相位同时记录下来,再利用光的衍射,使物光波在一定条件下再现,从而可得与实物逼真的三维图像.全息照相是一种"无透镜"的成像法,其过程分为记录和再现两步.

第一步,全息记录.实验装置简图如图 18-28(a)所示.将激光器输出的光束分为两束:一束投射到物体上,经物体反射或透射,产生物光波,到达感光板(即普通照相胶片);另一束投射到感光板上,称为参考光波.参考光与物光的相干叠加,在感光板上形成干涉条纹,其光强的分布不仅取决于振幅,而且取决于相位差,这张记录有干涉图样的底片就是一张全息照片或全息图(图 18-29).用肉眼直接观察全息照片,它只是一张灰蒙蒙的片子,上面没有被照物体的任何形象.

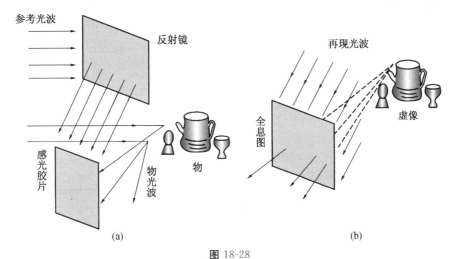

图 18-28

第二步,波前再现.为了观察所记录的物体的图像,需用相干的再现光波照射全息图[图 18-28(b)].全息图可当成一块复杂的光栅,再现光波经全息图衍射后,就含有再现的物光波,观察者迎着再现光波的方向,透过全息图就可看到物体的虚像.全息图犹如一个窗口,当人们移动眼睛从不同角度观察时,就好像面对原物一样看到它不同侧面的形象,图 18-30(a)(b)就是从不同角度观察全息图看到的不同角度上原物的形象.因此,波前的再现就是一个衍射过程.

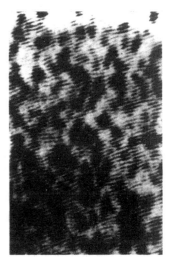

图 18-29

(a)　　　　　　　　　　　　　　　(b)

图 18-30

▶ *18.7.2　全息照相的基本原理

本节用复振幅来讨论全息照相的基本原理. 前已指出, 光源 S 在空间某点 P 激起的光振动为

$$U(p,t)=A(P)\cos\left(\omega t-\frac{2\pi}{\lambda}r+\varphi_0\right). \tag{18.7-1}$$

其中 r 为 P 点离开光源 S 的距离, $-\frac{2\pi}{\lambda}r$ 为光波自光源 S 传到 P 点引起的相位. 为了便于运算, 利用尤拉公式 $e^{\pm i\alpha}=\cos\alpha\pm i\sin\alpha$, 把上式简谐波函数写成复数形式

$$\widetilde{U}(p,t)=A(p)e^{i\frac{2\pi}{\lambda}r} \cdot e^{-i(\omega t+\varphi_0)}.$$

复数 $\widetilde{U}(p,t)$ 的实部就是(18.7-1)式, 我们把 $A(p)e^{i\frac{2\pi}{\lambda}r}$ 称为复振幅, 用 $\widetilde{A}(p)$ 表示, 即 $\widetilde{A}(p)=A(p)e^{i\frac{2\pi}{\lambda}r}$, 或者写成 $\widetilde{A}(p)=A(p)e^{i\varphi(p)}$.

如果在全息照相中的底片上建立 xy 坐标, 则物光波在底片上的复振幅分布为

$$\widetilde{A_o}=A_o(x,y)e^{i\varphi_o(x,y)},$$

参考光波在底片上的复振幅分布为

$$\widetilde{A_R}=A_R(x,y)e^{i\varphi_R(x,y)},$$

合光波的复振幅为 $\widetilde{A_o}+\widetilde{A_R}$, 其光强分布 $I(x,y)$ 为

$$\begin{aligned}I&=(\widetilde{A_o}+\widetilde{A_R})(\widetilde{A_o}+\widetilde{A_R})^*\\&=A_o^2(x,y)+A_R^2(x,y)+A_oA_Re^{i(\varphi_o-\varphi_R)}+A_oA_Re^{-i(\varphi_o-\varphi_R)}\\&=A_o^2(x,y)+A_R^2(x,y)+2A_o(x,y)A_R(x,y)\cos(\varphi_o-\varphi_R).\end{aligned}$$

因此, 底片上是一张全息图. 在相位差 $\varphi_o-\varphi_R=2k\pi$ 处, 出现亮纹, 在 $\varphi_o-\varphi_R=(2k+1)\pi$ 处出现暗纹, 这就是底片上呈现的干涉图样. 全息图的对比度为

$$\gamma=\frac{I_{\max}-I_{\min}}{I_{\max}+I_{\min}}=\frac{2A_oA_R}{A_o^2+A_R^2},$$

因此, 对比度反映了物光波的振幅信息, 而干涉条纹的形状记录了物光波的相位信息, 这说明全息图记录了物光波的全部信息.

设全息图上各处的振幅透射率正比于原来曝光时底片上相应的光强分布 $I(x,y)$, 全息

图的透射率函数为
$$t(x,y)=\alpha+\beta I(x,y).$$
当用一再现光波 $C(x,y)=A_C(x,y)e^{i\varphi_C(x,y)}$ 去照射全息图,经衍射后,光场为
$$Ct=C(x,y)[\alpha+\beta I(x,y)]$$
$$=[\alpha+\beta(A_o^2+A_R^2)]A_C e^{i\varphi_C}+\beta A_C A_R A_o e^{i(\varphi_C+\varphi_o-\varphi_R)}+\beta A_C A_R A_o e^{i(\varphi_C+\varphi_R-\varphi_o)}.$$
这是**全息学的基本方程**,其中第一项为强度衰减的直射光.第二项正比于物光波,物光波被准确再现,成一虚像.这一虚像真正是立体的,当观察者的眼睛换一位置来观察,可以看到物体的侧面像,原来被挡住的地方也显露出来.第三项是与物光波共轭的光波,它在虚像相反的一侧会聚成一实像.

▶ 18.7.3 全息照相的特点和应用

全息照相记录的是物光波的全部信息,再现像具有三维特性,此外它还有下列特点:

(1) 普通照相是物像点点对应,而全息图与物体是点面对应,即每个物点散射的光直接投射在整个底片上,全息图中每一局部都包含了物上各点的全部光信息,因此,如果挡住全息图的一部分,只露出另一部分,这时再现的物体形象仍然是完整的.

(2) 普通照相经曝光冲洗后所得负片,需翻印正片后,才能显示与原物相同的光强分布.而全息照相,无论正负片,对再现光波的衍射作用完全一样.因为正负片的差别表现在 $\beta>0$ 和 $\beta<0$,即只有 π 的相位差,而不影响光强分布,都能再现原物.

全息照相已广泛应用在各方面,如全息显微、全息存储、信息处理、全息商标、干涉计量等.

应当指出,作为一门技术,全息照相还有诸如成像质量问题、放大率问题、体全息图等许多重要问题留待研究解决.

*18.8 光学信息处理

光学信息处理技术是现代光学的重要应用之一,它涉及数学的原理有傅里叶变换,涉及物理的原理有空间频率、夫琅和费衍射和阿贝成像原理.

▶ 18.8.1 空间频率

沿空间某一确定方向 e_k 传播的单色平面波在 r 处(图18-31)的复振幅为
$$\widetilde{A}=A_0\exp\{i\boldsymbol{k}\cdot\boldsymbol{r}\},$$
其中 $\boldsymbol{k}=\dfrac{2\pi}{\lambda}\boldsymbol{e}_k$ 是波矢量.单色平面波是随时间和空间做周期性变化的电磁波,时间周期为 T,时间频率 $f=\dfrac{1}{T}$.波沿 e_k 方向在空间传播,每经过一个波长的距离,它的值就要重复一次,波长 λ 称为空间周期,波数 $\dfrac{1}{\lambda}$ 称为**空间频率**,用字母 σ 表示,

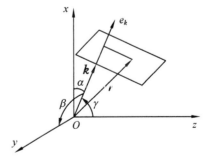

图 18-31

$$\sigma = \frac{1}{\lambda}. \tag{18.8-1}$$

设 e_k 的方向余弦为 $(\cos\alpha, \cos\beta, \cos\gamma)$，则空间频率 σ 在 x, y, z 轴方向的三个分量 $\sigma_x, \sigma_y, \sigma_z$ 分别为

$$\sigma_x = \sigma\cos\alpha = \frac{\cos\alpha}{\lambda}, \quad \sigma_y = \sigma\cos\beta = \frac{\cos\beta}{\lambda}, \quad \sigma_z = \sigma\cos\gamma = \frac{\cos\gamma}{\lambda}. \tag{18.8-2}$$

由于有 $\cos^2\alpha + \cos^2\beta + \cos^2\gamma = 1$，所以只有两个方向角（如 α, β）就可以确定波的传播方向。同样空间频率的分量中只有两个分量是独立的，如 σ_x, σ_y。

因此，每一组 (σ_x, σ_y) 的值对应着一个沿一定方向传播的单色平面波。不同的空间频率 (σ_x, σ_y) 对应不同传播方向的单色平面波。根据光波的叠加原理，我们可以用不同的 (σ_x, σ_y) 的单色平面波的线性组合去合成（或描述）光波场中的一个二维平面的复振幅（如一幅图像）。或者说这二维平面上的复振幅含有许多种空间频率成分。

▶ 18.8.2 空间频谱分析

当光波通过一个透明物体如光栅、感光胶片或全息图片等时，它的复振幅将因衍射而发生改变。一个基本而特别重要的例子是当单色平面波垂直照射在一正弦光栅 G 上时，能将入射平面波分成三个分立的平面波（图 18-32）。正弦光栅是指透光率 D 和空间坐标 x 按

$$D = A\left(1 + \cos\frac{2\pi}{d}x\right)$$

变化的光栅。三个分立的平面波中一个是直接传播不改变方向，另两个由光栅方程决定，

$$\sin\theta = n\frac{\lambda}{d}. \tag{18.8-3}$$

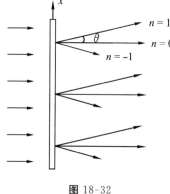

图 18-32

这里 n 只有 0 和 ± 1。由于每一平面波决定一个空间频率成分，所以正弦光栅的衍射光场中有三个空间频率成分。

实验和理论都证实，一维或二维光栅，其衍射光场都是一种空间周期分布，因而分解所得的平面波是分立的。如果衍射屏是一张全息照片或一透明物，则可把它们看成是一复杂的二维光栅，由它分解所得的平面波不再是分立的，而是无数的不同方向的平面波。用数学语言来表达，若 $f(x,y)$ 代表衍射光场的复振幅，则

$$f(x,y) = \iint_{-\infty}^{\infty} F(\sigma_x, \sigma_y) e^{j2\pi(\sigma_x x + \sigma_y y)} d\sigma_x d\sigma_y \tag{18.8-4}$$

就表示 $f(x,y)$ 可分解为无数个平面波的线性组合，其中 $F(\sigma_x, \sigma_y)$ 表示不同平面波的振幅值，它由下式决定

$$F(\sigma_x, \sigma_y) = \iint_{-\infty}^{\infty} f(x,y) e^{-j2\pi(\sigma_x x + \sigma_y y)} dx dy. \tag{18.8-5}$$

$F(\sigma_x, \sigma_y)$ 就称为 $f(x,y)$ 的空间频谱，也称为 $f(x,y)$ 的傅里叶变换。

前面已指出，经过衍射屏的光波可分解出各个平面波的成分，每个平面波可由透镜会聚

于焦平面上的一点,所以透镜像方焦平面上的一点,就和一空间频率成分一一对应.因此透镜的像方焦平面也称为频谱面.

▶ 18.8.3 阿贝成像原理 空间滤波

1874 年德国人阿贝(E. Abbe)用波动光学原理,提出相干成像的新理论,并用傅里叶变换来阐明成像的物理机制.按照他的理论(图 18-33),物经透镜 L 成像的过程分两步完成.第一步,相干光照射透明物,物作为衍射屏,在透镜 L 的像方焦平面上形成夫琅和费衍射图形.这是物的空间频谱,这一步是信息分解的过程.第二步,衍射图形的每一点发射子波,这些子波在像平面上相干叠加,得到了原物的像,这是信息合成的过程.

一个物体的夫琅和费衍射图形是该物体的一次傅里叶变换,它将物光波分解为空间频谱,上述第二步相当于再次进行傅里叶变换,将频谱重新组合成像.

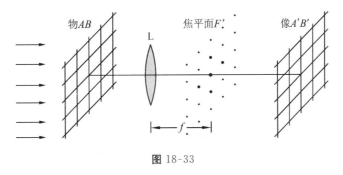

图 18-33

阿贝成像原理是光学信息处理的理论基础.

为了说明相干光学图像处理系统的工作原理,常采用 $4f$ 系统(图 18-34).在此系统中,两个透镜 L_1,L_2 组成共焦系统.L_1 的物方焦平面 XY 为物平面,L_1 的像方焦平面与 L_2 的物方焦平面重合,重合平面称为变换平面 T,透明物用平行光照射时,就在 L_2 的像方焦平面上得到像.

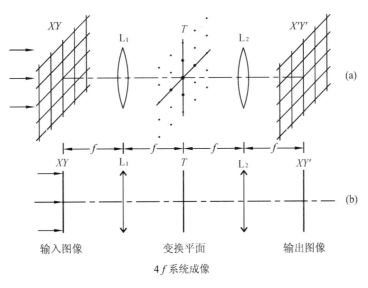

$4f$ 系统成像

图 18-34

$4f$ 系统成像情况类似于阿贝成像原理，从 (XY) 平面到 T 平面是第一次夫琅和费衍射，在 T 平面上得到物光波的空间频谱，其作用相当于分频，从 T 面到 L_2 的像方焦平面是第二次夫琅和费衍射，它把 T 面上的频谱还原成复振幅分布，即得到物的像.

如果在变换面上放置各种形状的光阑（如狭缝、小圆孔、小圆环、小圆屏等），主动改变参与综合成像的频谱，从而使像发生相应的变化，这一过程称为空间滤波，这些形状不同的光阑（或性能相同的其他光学元件）称为**空间滤波器**.

▶ 18.8.4 空间滤波彩色输出

光学信息处理技术中还有可以对黑白图像进行假彩色编码的 θ 调制.

所谓 θ 调制就是以不同取向的光栅调制物平面上不同的部位（即透明物片图案中不同部位用不同取向的光栅制成），如图 18-35(a) 所示. 当白光通过物片时，由于不同取向光栅的衍射，在频谱面上将产生数条不同取向的彩色谱带，如图 18-35(b) 所示. 若让每一谱带上不同彩色的频谱通过，则在像平面上可形成物片图案的彩色像，如图 18-35(c) 所示.

图 18-35

把黑白图像转化为颜色随密度变化的彩色图像叫作**黑白图像的假彩色编码**. 由于图像上的色彩是作信息处理时人为赋予的，仅由黑白图像密度决定，与物体本身的真实色彩没有联系，所以称为假彩色. 关于假彩色问题，本书不作进一步讨论.

内 容 提 要

1. 惠更斯-菲涅耳原理：波阵面上各点都可以看成子波波源，其后波场中各点波的强度由各子波在该点的相干叠加决定.

2. 单缝夫琅和费衍射（可用菲涅耳波带法分析）.

暗纹中心的位置：$a\sin\theta = \pm k\lambda, k = 1, 2, \cdots$；中央明纹的中心位置：$\theta = 0$；中央明纹半角宽：$\theta_1 = \arcsin\dfrac{\lambda}{a}$.

3. 多缝夫琅和费衍射.

(1) 多光束干涉受到单缝衍射调制：$I = I_0 \left(\dfrac{\sin\alpha}{\alpha}\right)^2 \left(\dfrac{\sin N\beta}{\sin\beta}\right)^2$，其中 $\alpha = \dfrac{\pi a\sin\theta}{\lambda}$，$\beta = \dfrac{\pi d\sin\theta}{\lambda}$.

(2) 缝间干涉（多光束干涉）：主极强 $d\sin\theta = \pm k\lambda$ $(k = 0, 1, 2, \cdots)$；级次 k 的最大值的

选取.

(3) 单缝衍射：$a\sin\theta = \pm k'\lambda$ ($k' = 1, 2, \cdots$).

(4) 缺级现象.

4. 衍射光栅：在黑暗的背景上呈现窄细明亮的谱线，缝数越多，谱线越细越亮.

(1) 光栅常数：$d = a + b$.

(2) 光栅方程：$d\sin\theta = \pm k\lambda$ ($k = 0, 1, 2, \cdots$).

(3) 缺 级：$a\sin\theta = \pm k'\lambda$ ($k' = 1, 2, \cdots$).

(4) 分辨本领：$R = \dfrac{\bar{\lambda}}{\Delta\lambda} = Nk$.

5. 圆孔夫琅和费衍射：中央明亮圆斑（爱里斑），外围是一组同心的暗环和明环. 爱里斑角半径：$\theta = \arcsin\left(1.22\dfrac{\lambda}{D}\right)$.

6. 瑞利判据：最小分辨角 $\delta\theta = 1.22\dfrac{\lambda}{D}$.

7. X 射线衍射：点间干涉和面间干涉. 布喇格方程：$2d\sin\alpha = k\lambda$.

8. 全息照相：以干涉和衍射理论为基础，其过程分为波前记录和波前再现.

习 题

18-1 单缝夫琅和费衍射

(A) 各次级明纹的强度相同

(B) 中央明纹与其他次级明纹宽度相同

(C) 中央明纹的宽度是其他次级明纹宽度的 2 倍

(D) 中央明纹的宽度比其他次级明纹的窄

(E) 为了使衍射花样明显，单缝的宽度必须比一个波长小

18-2 下列哪种是衍射现象

(A) 用 X 射线检查晶体

(B) 利用显微镜以获得最大放大率

(C) 使用望远镜分辨遥远天空中相邻的两颗星星

(D) 利用双折射晶体来确定偏振光的偏振方向

18-3 用白光照射衍射光栅，绿光的第一级极大出现的位置

(A) 比蓝光的第一级极大更远离中央极大

(B) 比红光的第一级极大更靠近中央极大

(C) 比蓝光的第一级极大更靠近中央极大

(D) 上述(A)和(B)正确

(E) 由光栅常数来确定选(B)还是(C)

18-4 当你使用显微镜时，为了能看见更微小的细节，应该采用何种颜色的光

(A) 红光，因为红光波长长

(B) 红光，因为它的折射损失比其他颜色光的小

(C) 蓝光,因为它的波长短

(D) 蓝光,因为它最明亮

(E) 采用何种颜色的光照明,对提高分辨本领无效果,因为显微镜的分辨本领完全由透镜的直径决定

18-5 天体望远镜使用大口径的物镜,其重要的理由是

(A) 增加放大率

(B) 增加分辨率

(C) 构成一虚像,以利于观察

(D) 增加视场的广度

(E) 增加视场的深度

18-6 波长为550 nm的平行光垂直照射一单缝,缝后面放置焦距为40 cm的透镜. 若衍射图样第1极小和第5极小之间距离为0.35 mm,求单缝宽度.

18-7 在单缝衍射装置中,所用透镜的焦距为80 cm,所用单色光波长为546 nm,如果衍射图样中两个第1极小之间的距离为5.2 mm,试计算单缝的宽度.

18-8 波长为589 nm的平行光垂直照射1.0 mm宽的单缝,在离缝3.0 m远的屏幕上可见到衍射图样. 问在中央明纹一侧的头两个衍射极小之间的距离有多大?

18-9 缝宽 $a=0.1$ mm的单缝,缝后面的透镜焦距 $f=50$ cm. 今用 $\lambda=546$ nm的平行绿光垂直照射单缝,求位于透镜焦平面处的屏幕上的中央明纹的宽度.

18-10 用波长 $\lambda=632.8$ nm的激光垂直照射单缝,得其衍射图样的第1极小与单缝法线的夹角为 $5°$,求该单缝的宽度 a.

18-11 一单色平行光垂直照射单缝,其第3级明纹位置恰与波长为600 nm的单色光垂直入射该缝时的第2级明纹位置重合,求该单色光的波长.

18-12 双缝可以看成是只有两条缝的光栅. 用单色平行光垂直照射双缝,在单缝衍射的中央主极大宽度范围内恰好有11条干涉明条纹. 问两条缝中心的距离 d 与每条缝的宽度 a 之间有何关系?

18-13 一双缝装置,双缝间距为0.10 mm,缝宽为0.02 mm,用波长为480 nm的单色光垂直入射于双缝. 紧靠双缝的后面有一焦距为50 cm的透镜.

(1) 求在透镜焦平面上的屏上,干涉条纹的间距;

(2) 求单缝衍射中央明纹的宽度;

(3) 单缝衍射中央明纹的范围内有多少条干涉主极大?

18-14 双缝夫琅和费衍射,已知 $d=0.15$ mm, $a=0.03$ mm,所用光波长 $\lambda=550$ nm. 问:

(1) 单缝衍射两个第1极小之间有多少条干涉明纹?

(2) 第3条明纹强度与中央明纹强度之比为多少?

18-15 在双缝夫琅和费衍射实验中,所用光波的波长 $\lambda=632.8$ nm,透镜焦距 $f=50$ cm,观察到两相邻明纹之间的距离为1.5 mm,并且第4级明纹缺级,试求双缝中心的距离和缝宽.

18-16 波长为600 nm的单色平行光,正入射于具有500线/mm的光栅,问第1、第2、第3级明纹的衍射角各为多少?

18-17 每厘米刻有4 000条线的光栅,计算在第2级光谱中,氢原子的 α(656 nm)和

δ(410 nm)谱线间的角间隔.假设是垂直入射.

18-18 第 1 级光谱中,每厘米刻有 6 000 条线的透射光栅出现在衍射角 20°处的一条谱线的波长是多少？它的第 2 级明纹的衍射角是多少？

18-19 利用一个每厘米有 4 000 条缝的光栅,可以产生多少级完整的可见光谱？（可见光的波长取 400～700 nm）

18-20 用 He-Ne 激光器的红光(632.8 nm)垂直照射光栅,已知第 1 级明纹出现在 38°的方向,问：

(1) 这光栅的光栅常数是多少？

(2) 1 cm 内有多少条缝？

(3) 第 2 级明纹出现在什么角度？

18-21 试指出当衍射光栅常数为下述三种情况时,哪些级数的明条纹将消失？

(1) 光栅常数为狭缝宽度的 2 倍,即 $(a+b)=2a$；

(2) 光栅常数为狭缝宽度的 3 倍,即 $(a+b)=3a$；

(3) 光栅常数为狭缝宽度的 4 倍,即 $(a+b)=4a$.

18-22 波长为 600 nm 的单色光垂直入射在一光栅上,第 2、第 3 级明纹分别出现在 $\sin\theta=0.20$ 和 $\sin\theta=0.30$ 处,第 4 级缺级,试问：

(1) 光栅上相邻两缝的间距是多少？

(2) 光栅上狭缝的缝宽为多大？

(3) 求在 $-90°<\theta<90°$ 的范围内实际呈现的全部级数.

18-23 一衍射光栅宽 2.0 cm,共有 6 000 条刻线,对于波长为 589 nm 的单色光正入射,问在哪些角度处出现明纹？

18-24 一束光线正入射一衍射光栅,此光栅上 2.54 cm 上刻有 5 000 条刻线.现在 $\theta=30°$ 处观察到一条特别明亮的明纹,求入射光中可能包含的光波的波长.

18-25 一衍射光栅宽 3.0 cm,用波长为 600 nm 的单色光正入射,第 2 级明纹出现在 $\theta=30°$ 方向,求该光栅上总的刻线.

18-26 含有 500 nm 与 600 nm 两种波长的混合光,正入射到一光栅上,如果要求每个波长的单色光的第 1、第 2 级明纹出现在 $\theta\leqslant30°$ 的方向,并且 600 nm 波长的光的第 3 级明纹是缺级,求：

(1) 光栅常数；

(2) 缝的宽度.

18-27 宽为 6.0 cm 的光栅,每厘米有 6 000 条刻线.问：

(1) 第 3 级谱线在 $\lambda=500$ nm 处,可以分辨得开的最小波长间隔有多大？

(2) 此光栅对于 $\lambda=500$ nm 入射光能看到几条谱线？

18-28 波长 $\lambda=656.3$ nm 的双红线,是从含有氢原子与氘原子的混合物的光源发射的,此双红线的波长间隔 $\Delta\lambda=0.18$ nm.今有一光栅可以在第 1 级中把这两条谱线分辨出来.求这光栅中所需的最小刻线数目.

18-29 钠双线($\lambda=589.0$ nm 与 $\lambda=589.59$ nm)是在一光栅的第 3 级中位于 $\theta=10°$ 方向上分开的,而且恰可以被分辨,试求：

(1) 光栅常数；

(2) 此光栅的总宽度.

18-30 用每毫米有 500 条缝的光栅观察钠光谱中的双线. 钠双线的两条黄色谱线的波长分别为 589.0 nm 和 589.6 nm.

(1) 入射平行光以 $\varphi=30°$ 角斜入射于光栅时,可看到的最高谱线级次是多少?并与垂直入射时比较.

(2) 若在第 3 级谱线处恰能分辨出钠双线,光栅至少要有多少条缝?

18-31 大熊星座的 ζ 星是一对双星. 双星的角距离是 14″. 为了能在观察该双星时可以将它们分辨开来,需要用直径多大的望远镜?(光的波长取 550 nm)

18-32 用钠黄光($\lambda=589$ nm)作为显微镜的照明,若该显微镜的物镜的直径为 0.9 cm.

(1) 求最小分辨角;

(2) 为了得到最大分辨本领,必须使用可见光中何种波长的光?在此条件下,它的最小分辨角又是多大.

18-33 (1) 帕洛马(Palomar)山天文台的 2.54×200 cm 直径的海尔望远镜,在 600 nm 波长的单色光条件下,最小分辨角是多大?

(2) 玻多黎各设在 Arecibo 的射电望远镜直径为 305 m,它是用来检测波长为 0.75 m 的无线电波的. 计算这台射电望远镜的最小分辨角,并把它与帕洛马天文台望远镜作比较.

18-34 20 世纪 90 年代初用飞船送上运行轨道的哈勃太空望远镜直径为 2.4 m,对于可见光($\lambda=500$ nm),它的最小分辨角为多大?

18-35 遥远天空的两颗星恰好被阿列亨(Orion)天文台的一架折射望远镜所分辨. 设物镜的直径为 2.54×30 cm,波长 $\lambda=550$ nm.

(1) 求它的最小分辨角;

(2) 如果这两个恰可分辨的星球离地距离为 10 l.y.,求这两星之间的距离.

18-36 在理想条件下,试估计在火星上两物体恰分别被地球上的观察者用肉眼和帕洛马山天文台(见 18-33 题)的望远镜所分辨的线距离. 已知地球至火星距离为 8.0×10^7 km,瞳孔直径为 5.0 mm,光的波长为 550 nm.

18-37 在迎面驶来的汽车上,两盏前灯相距 120 cm,试问汽车离人多远的地方,眼睛恰可分辨这两盏灯?设夜间人眼瞳孔直径为 5.0 mm,入射光波长 $\lambda=550$ nm.

18-38 单色的 X 射线投射到 NaCl 晶体上,NaCl 晶体的晶面间距为 0.3 nm,当射线与法线方向成 60°时,观察到第 1 级强反射. 求 X 射线的波长.

18-39 在比较两条单色 X 射线的谱线时,注意到谱线 A 在与一个晶体的晶面成 30°的掠射角处给出第 1 级反射极大;另一条已知波长为 0.097 nm 的谱线 B,在与同一晶体的同一晶面成 60°的掠射角处,给出第 3 级的反射极大. 试求谱线 A 的波长.

18-40 用方解石晶体分析 X 射线的组成. 已知方解石的晶格常数为 3.029×10^{-10} m. 今在 43°20′ 和 40°20′ 的掠射方向上观察到两条主最大($k=1$)的谱线,试求这两条谱线的波长.

18-41 在图 18-26 中,入射 X 射线束不是单色的,而是含有从 0.095 nm 到 0.130 nm 这一范围内的各种波,晶体的晶格常数 $d=2.75$ Å,掠射角为 45°,可能否产生强反射?求出能产生强反射的那些波长.

18-42 单色 X 射线投射到晶体上，如果在掠射角为 3.4°时观察到第 1 级反射极大，那么第 2 级反射极大的掠射角为多大？

18-43 1927 年，戴维孙和革末通过电子束在镍晶体上的衍射（散射）实验证实了电子的波动性．实验中电子束垂直入射到晶面上．在 $\alpha = 50°$ 的方向测到了衍射电子流的极大强度，如图所示．已知晶面上原子间距为 $d = 0.215$ nm，求与入射电子波相应的电子波波长．

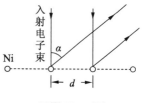

习题 18-43 图

第 19 章　光的偏振

　　光的干涉和衍射现象说明了光的波动性,而光的偏振现象则进一步说明了光的横波性.光波是指特定频率范围内的电磁横波,所以光波中电矢量的振动方向始终和光的传播方向垂直,光波的这一基本特征称为光的偏振.由于普通光源发光的复杂性,以及光在不同介质中传播时,受介质电磁特性的影响,光波中的电矢量在垂直于光传播方向的平面内,可能有不同的振动状态,称为光的偏振状态.本章首先介绍了光的各种偏振状态、三种获得线偏振光的方法和线偏振光的检验.然后讨论了光在双折射晶体中的传播,以及利用单轴双折射晶体产生和检验圆偏振光与椭圆偏振光.最后简单介绍了偏振光的干涉及其应用、旋光现象和液晶的光学特性等.

19.1　光的偏振状态

▶ 19.1.1　光的横波性　自然光

　　电磁理论指出,光和所有的电磁波一样,也是横波.光振动的电矢量 E 和磁矢量 H 都和传播方向垂直,不像纵波那样,振动和传播方向平行.图 19-1 表示的是一个分子或一个原子所发出的光波在某一瞬间,在波的传播方向各点的电矢量 E 和磁矢量 H 分布的情形.前面已指出,电矢量 E 称为**光矢量**,或者**光振动**,光矢量 E 与传播方向构成的平面称为**振动面**.

　　可是,实际的光源都是数量极多的分子或原子在发光,不可能把一个分子或原子所发射的光波分离出来,这就使得图 19-2 所示的光源发出的一条光线上,光矢量 E 虽然仍和传播方向相垂直,但是光矢量 E 已不可能保持一定的取向,而是在和传播方向垂直的平面内取所有可能的方向.从宏观来看,实际光线中包含了所有方向的横振动,它们对于光的传播方向形成轴对称分布.具有这样特征的光称为**自然光**.

　　按照矢量分解的概念,任一方向的光矢量 E 都可以分解成在两个相互垂直方向上的分矢量.这样,就可以把自然光分解为两个相互垂直的、振幅相等的且没有确定相位关系的光振动[图 19-2(b)].这两个光振动各具有自然光总能量的一半.通常用图 19-2(c)的图示表示自然光,图中短线表示光振动在纸面内,圆点代表光振动垂直于纸面,圆点和短线等间隔交替画出,表示光矢量均匀而对称分布.

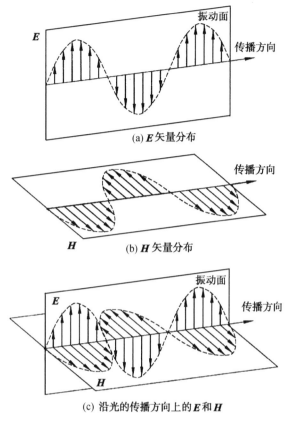

图 19-1

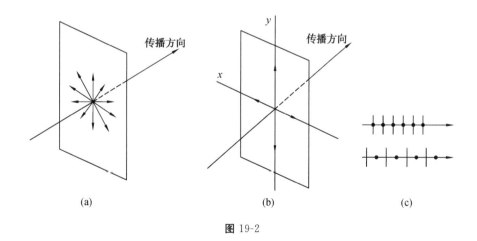

图 19-2

▶ 19.1.2 线偏振光和部分偏振光

若光束中只包含有单一方向的光振动,这种光称为**线偏振光**或**完全偏振光**[图 19-3(a)].因为线偏振光的光矢量与传播方向构成的振动面在空间的方位是不变的,于是线偏振光又称为**平面偏振光**.图 19-3(b)是线偏振光的表示法,图中短线表示线偏振光的光振动在纸面内,圆点表示线偏振光的光振动垂直于纸面.

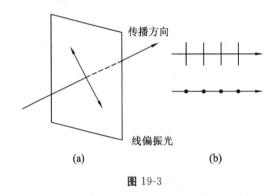

图 19-3

前面提到,可以将自然光分解为两个相互垂直而振幅相等的独立光振动. 如果把其中之一分振动完全移去,则得到的是线偏振光. 如果部分地移去这两个相互垂直的分振动之一,就获得**部分偏振光**. 在一束部分偏振光中,某一定方向的光振动较强,而与之垂直的光振动较弱. 部分偏振光可以用数目不等的点和短线表示(图 19-4).

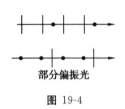

图 19-4

▶ 19.1.3 圆偏振光和椭圆偏振光

如果一束光的光矢量 E 随时间作有规则改变(图 19-5),光矢量 E 的末端在垂直于传播方向平面上的轨迹呈圆形,这样的光称为**圆偏振光**. 力学中有关振动的内容指出,两个振动方向相互垂直的简谐运动,如果其振幅相等,而相位差为 $\pm\dfrac{\pi}{2}$ 时,其合成运动为一旋转矢量. 所以圆偏振光可以看成两个相互垂直的线偏振光的合成,这两个线偏振光强度相等,相位差为 $\pm\dfrac{\pi}{2}$.

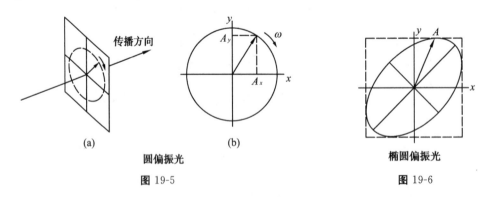

图 19-5　　　　　　　图 19-6

若光矢量 E 的末端在垂直于传播方向平面上的轨迹是椭圆(图 19-6),这样的光称为**椭圆偏振光**. 由于椭圆运动也可以看成两个相互垂直的简谐运动的合成,只是它们的振幅不等,有固定的相位差,因此椭圆偏振光可以看成两个相互垂直且有固定相位差的线偏振光的合成.

实际上,从两个相互垂直的分振动的合成理论来看,线偏振光和圆偏振光都可以看作是椭圆偏振光的特例.

19.1.4 线偏振光的获得

通常由自然光获得线偏振光,其方法主要有三种:
(1) 由二向色性物质的选择吸收产生线偏振光;
(2) 由反射和折射产生线偏振光;
(3) 由晶体的双折射产生线偏振光.

从自然光获得线偏振光的装置(或元件)称为**起偏(振)器**,用于检查线偏振光的装置(或元件)称为**检偏(振)器**.实际上起偏器和检偏器是可以互换的,它们仅仅是在光路中的作用不同而已.

19.2 偏振片 马吕斯定律

19.2.1 偏振片

使用偏振片来做起偏器和检偏器最方便,其工作原理也最容易理解.

有些晶体对不同方向的光振动(电矢量E)具有不同的吸收本领.例如,天然的电气石晶体(图 19-7),它呈六角形片状,长对角线方向称为光轴,当光振动(电矢量)与光轴平行时,光被吸收得较少,光可以通过[图 19-7(a)];当光振动与光轴垂直时,光被吸收得较多,光通过较少[图 19-7(b)].物质

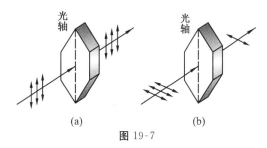

图 19-7

对于相互垂直的两种光振动具有不同的吸收本领,称为**物质的二向色性**.电气石晶体对两个相互垂直方向光振动吸收程度的差别不太大,用它来做偏振片的效果不太理想.

通常的偏振片是用人工方法制成的二向色性多晶体薄膜.它是在聚氯乙烯或其他塑料膜上,蒸镀一层具有优良二向色性的硫酸碘奎宁的晶粒,当膜经过一定方向的拉伸,依靠膜的应力使晶粒的光轴定向排列起来,把该膜夹在两片透明塑料片之间,便成为偏振片.为了便于说明,常在所用的偏振片上标出能透过的光振动(电矢量 E)的方向,称为**透振方向**,也称为**透光轴**.

图 19-8 表示强度为 I_0 的自然光通过偏振片 A 后成为线偏振光.这时,偏振片 A 作为起偏器.当旋转偏振片 A,出射的线偏振光的振动面将跟随一起转动,而透射光(即线偏振光)的强度 I 保持不变.这是由于自然光中

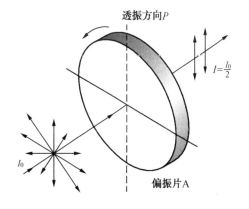

图 19-8

光振动的对称分布,它们沿任何方向的分量造成的光强都等于总强度 I_0 之半,即

$$I = \frac{I_0}{2}.$$

图 19-9 表示强度为 I_0 的线偏振光通过偏振片 B 的情形.当 B 的透光轴方向与入射的线偏振光的光振动方向一致时,出射的线偏振光强度 I 为最大,$I = I_0$[图 19-9(a)].如果把偏振片 B 转过 90°角,使 B 的透光轴与入射的线偏振光的光振动相垂直,则该入射光不能通过偏振片 B,$I=0$[图 19-9(b)].如果以入射的线偏振光的传播方向为轴,来旋转偏振片 B,就会发现出射光经历着最明($I=I_0$)变到最暗($I=0$)的过程(称为**消光**),再由黑暗变回明亮的过程.这里,偏振片 B 作为检偏器,用它来检查入射光是否是线偏振光.用检偏器还可以确定线偏振光的振动面方位.

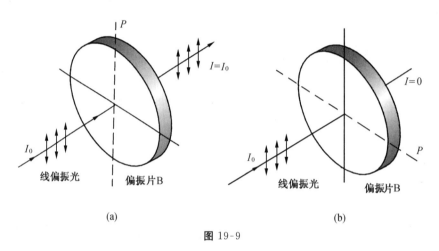

图 19-9

如果入射光是部分偏振光,当以入射光的传播方向为轴,转动检偏器时,透射光的强度既不像自然光那样不变,又不像线偏振光那样每转 $\frac{\pi}{2}$ 交替出现强度极大和极小为零(消光).其强度每转 $\frac{\pi}{2}$,也出现极大和极小,但是强度的极小不是零,即不消光.

至于入射光是圆偏振光,转动检偏器,透射光的强度也是保持不变(为圆偏振光强度的一半,详见例 19-4 的计算).若入射光是椭圆偏振光,转动检偏器,透射光的强度将出现极大和不为零的极小的交替变化.

▶ 19.2.2 马吕斯定律

线偏振光通过检偏器后光强的变化是遵守马吕斯定律的.马吕斯(E. L. Malus)指出,强度为 I_0 的线偏振光,通过检偏器后,出射光的强度为

$$I = I_0 \cos^2 \alpha. \tag{19.2-1}$$

式中 α 是线偏振光的光矢量和检偏器的透光轴之间的夹角(图 19-10).上式称为**马吕斯定律**.

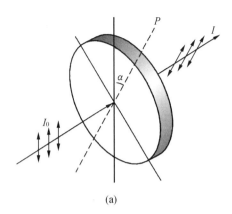
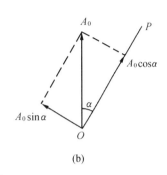

图 19-10

如图 19-10(b)所示,A_0 为入射线偏振光的振幅,即 $I_0 = A_0{}^2$. 将 A_0 分解成沿透光轴 (OP)方向的分量 $A_0\cos\alpha$ 以及垂直于透光轴的分量 $A_0\sin\alpha$,其中只有沿透光轴 OP 方向的分量 $A_0\cos\alpha$ 能通过检偏器,因此透射光强

$$I = (A_0\cos\alpha)^2 = I_0\cos^2\alpha.$$

这样,就证得了马吕斯定律. 该定律告诉我们,透过检偏器的光强随检偏器透光轴与入射的线偏振光的光振动夹角余弦平方而变化. 如果 $\alpha = 0$ 或 π,则 $I = I_0$,这时透射光强为最大. 也就是说,入射的线偏振光将全部通过检偏器;当 $\alpha = \dfrac{\pi}{2}$ 或 $\dfrac{3\pi}{2}$ 时, $I = 0$,这时通过检偏器的光强为零.

偏振片的应用很广,可用于制造太阳镜和照相机的滤光镜. 有的太阳镜,特别是观看立体电影的眼镜的左右两个镜片就是用偏振片做的,它们的透光轴相互垂直. 图 19-11 中演示了两交叉的太阳镜片不透光.

图 19-11

例 19-1 强度为 I_0 的线偏振光,入射于检偏器,若要求透射光的强度 $I = \dfrac{I_0}{4}$. 问检偏器的透光轴与线偏振光振动面之间夹角为多少?

解 按照马吕斯定律,有

$$\cos^2\alpha = \frac{I}{I_0} = \frac{1}{4},$$

$$\cos\alpha = \pm\frac{1}{2},$$

$$\alpha = \pm 60°, \pm 120°.$$

先使检偏器的透光轴与线偏振光的振动面方向一致,此时透射光强 I 为最大($I = I_0$),然后将检偏振器旋转,转过 60°,120°,240°,300°,都能得到透射光强 $I = \dfrac{I_0}{4}$.

例 19-2 两偏振片分别作为起偏器和检偏器，它们的透光轴之间夹角 $\alpha_1=30°$ 时观测一束单色自然光，在 $\alpha_2=60°$ 时观察另一束单色自然光。如果两次透射光的光强相等，则两束单色自然光强度之比为多少？

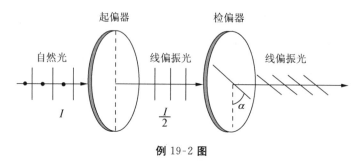

例 19-2 图

解 单色自然光经过起偏器，光强为原来光强的 $\frac{1}{2}$。设两束单色自然光的强度分别为 I_1 和 I_2，从检偏器出射的光强分别为 $I_1{}'$ 和 $I_2{}'$，利用马吕斯定律，可以得到

$$I_1{}'=\frac{I_1}{2}\cos^2\alpha_1, \quad I_2{}'=\frac{I_2}{2}\cos^2\alpha_2.$$

在本题中，$I_1{}'=I_2{}'$，即

$$\frac{I_1}{2}\cos^2\alpha_1=\frac{I_2}{2}\cos^2\alpha_2,$$

于是

$$\frac{I_1}{I_2}=\frac{\cos^2\alpha_2}{\cos^2\alpha_1}=\frac{\cos^2 60°}{\cos^2 30°}=\frac{1}{3}.$$

19.3 反射光和折射光的偏振

▶ 19.3.1 反射产生偏振

1808 年，马吕斯把偏振片对着从窗玻璃上反射回来的光线旋转，发现透射光强会发生周期性变化，即出现两明两暗交替变化且暗时光强不为零。后来马吕斯又用偏振片观察其他光源从玻璃的表面和从水面上的反射光线，都看到了这一现象。由此，马吕斯肯定这些反射来的光线具有与光源直接来的光线不同的性质，他指出从玻璃表面或从水面上反射的光不是自然光，而是部分偏振光。

实验证明，反射光和折射光都是部分偏振光。在特殊情形下，反射光将成为线偏振光。

前面曾提到，自然光的光振动可以分解为两个振幅相等的分振动。这里，采用这样的分解方法（图 19-12）：和入射面垂直的分振动，称为**垂直振动**（又称 s **分量**），用黑点

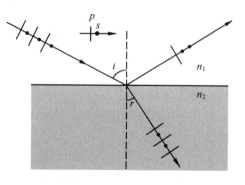

图 19-12

表示;而在入射面内的分振动,称为**平行振动**(又称 *p* **分量**),用短线表示.实验表明:反射光中垂直于入射面的光振动矢量(*s* 分量)占优势;折射光中,在入射面内的光振动(*p* 分量)占优势.也就是说,对反射光而言,当偏振片的透光轴方向与入射面垂直时,从偏振片透射的光最强,当偏振片的透光轴方向与入射面平行时,则透过偏振片的光强为最弱;对折射光而言,当偏振片的透光轴方向与入射面平行时,透过偏振片的光强最强,当偏振片的透光轴方向与入射面垂直时,透过偏振片的光强为最弱.

▶ 19.3.2 布儒斯特角

1812 年,布儒斯特(D. Brewster)从实验中找出反射光的偏振程度与入射角之间的关系.他发现当入射角 i_0 与折射角 r 之和等于 $90°$ 时,即反射光线与折射光线相互垂直时,反射光是完全偏振光,即线偏振光.这时,反射光中只有垂直于入射面的振动分量(s 分量),这个特殊的入射角 i_0 称为**布儒斯特角**,或称**全偏振角**、**起偏振角**(图 19-13).布儒斯特角 i_0 可以按如下方式求得:

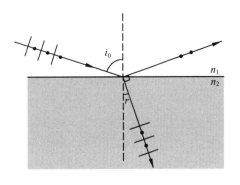

图 19-13

当 $i_0 + r = 90°$ 时,有

$$\sin r = \sin(90° - i_0) = \cos i_0,$$

由折射定律

$$n_1 \sin i_0 = n_2 \sin r = n_2 \cos i_0,$$

得到

$$\tan i_0 = \frac{n_2}{n_1}, \tag{19.3-1a}$$

或

$$i_0 = \arctan \frac{n_2}{n_1}. \tag{19.3-1b}$$

(19.3-1)式又称为**布儒斯特定律**.

如光从空气($n_1 = 1.0$)到玻璃($n_2 = 1.52$)的布儒斯特角 $i_0 = \arctan \frac{n_2}{n_1} = \arctan 1.52 = 56.66°$.而光从玻璃($n_1 = 1.52$)到空气的布儒斯特角 $i_0 = \arctan \frac{1}{1.52} = 33.34°$,这个角度,也就是光线以 $56.66°$ 入射于空气-玻璃界面时的折射角.

必须指出,自然光按布儒斯特角入射两种介质的界面时,反射光仅占入射光中垂直振动的一小部分,没有平行振动;折射光占有入射光的全部平行振动和大部分垂直振动.所以反射光虽然是线偏振光,但光强较弱,而折射光是部分偏振光,光强很强.为了增强线偏振的反射光的强度,以及提高折射光的偏振化程度,常常把许多玻璃板相互平行放置,构成一玻璃堆(图 19-14).自然光以布儒斯特角 i_0 入射于玻璃堆,在各层玻璃面上反射和折射,就能得到较强的反射光.同时折射光中的垂直分量也因为多次反射而减少,当有足够多的玻璃片时,透射光就接近于完全偏振光,其振动面就在入射面内.

外腔式的 He-Ne 激光器,在毛细管的两端均装有布儒斯特窗,当光波以布儒斯特角 i_0 射到窗上时,垂直于入射面的光振动逐次被反射掉,而平行于入射面的光振动不发生反射. 利用这种布儒斯特窗减少激光的反射损失,以提高激光的输出功率.

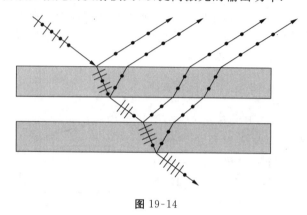

图 19-14

19.4 光的双折射

▶ 19.4.1 光的双折射现象

一般情况下,光在液体、玻璃等这类无定形物体和立方系晶体中传播时,光的速度与光的传播方向无关,也与光的偏振状态无关. 物体的这种性质被称为各向同性. 但许多晶体,如方解石、石英等却显示出各向异性的特点. 自然光经各向同性介质折射时,折射光只有一束,并且服从折射定律. 但是,自然光经各向异性介质折射时,将有两束折射光,而且这两束折射光都是完全偏振光. 一束入射光折射时分成两束折射光的现象,称为**双折射**(图 19-15). 本节以方解石晶体为例讨论双折射现象.

图 19-15

方解石又名冰洲石,是透明的碳酸钙($CaCO_3$)晶体. 实验表明,方解石具有明显的双折射现象. 将一块方解石置于一张有字的纸面上,将看到双重字的现象. 这说明光进入方解石后分成了两束.

让一束自然光垂直入射于方解石晶体的表面[图 19-16(a)],折射后,折射光分成两束. 其中一束遵守折射定律,在晶体中仍沿原方向传播,称为**寻常光**,简称 o 光;另一束光偏离原来的传播方向,并不遵守折射定律,即当入射角 i 改变时,$\sin r$ 与 $\sin i$ 的比值不是一个常数,该光束一般也不在入射面内,这束光称为**非寻常光**,简称 **e 光**. 如果将图 19-16(a)中晶体绕入射光线旋转,o 光的传播方向不变,而 e 光将围绕 o 光旋转,如图 19-16(b)所示.

研究表明,方解石晶体内存在着一个特殊的方向,当入射光沿这个特殊方向传播时,不发生双折射,这个特殊方向称为**晶体的光轴**. 天然形成的方解石晶体是六面棱柱体,有八个顶点(图 19-17). 其中有两个特殊的顶点 A 和 N,与 A,N 两个顶点相交的棱边之间的夹角均为 $120°$ 的钝角. 从任一顶点(A 或 N)引出一条直线,使它和各邻边成等角,则该直线即是光轴方向.

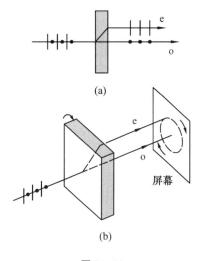

图 19-16

必须指出,光轴只表示晶体的一个特殊方向,不是指一具体唯一的直线. 所有与该特殊方向平行的直线都可称为光轴. 因此,在晶体中的任意一点,都可以定出该点的光轴. 只有一个光轴的晶体,称为**单轴晶体**,方解石和石英是常见的单轴晶体. 有两个光轴的晶体称为**双轴晶体**,云母、硫黄等则是双轴晶体. 双轴晶体的双折射现象更为复杂. 本章只讨论单轴晶体的双折射.

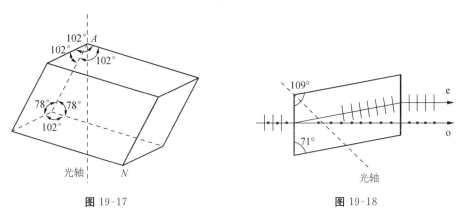

图 19-17　　　　　　　　图 19-18

在单轴晶体中,包含晶体光轴和寻常光 o 光的平面称为 o **光主平面**;包含晶体光轴和非寻常光 e 光的平面称为 e **光主平面**. 一般情况下,o 光主平面和 e 光主平面并不重合,只有入射光在由光轴和晶体表面的法线组成的平面内,o 光主平面和 e 光主平面才重合在这个平面内. 光轴和晶体表面法线组成的平面称为**主截面**(图 19-18). 在实用上都有意选择入射面和主截面重合,以使问题简化.

实验证实 o 光和 e 光都是完全偏振光. o 光光矢量的振动方向垂直于 o 光主平面,e 光光矢量的振动方向平行于 e 光的主平面. 在适当条件下,o 光主平面和 e 光主平面重合在主截面内,这时 o 光振动方向和 e 光振动方向相互垂直,o 光振动垂直于主截面,e 光振动在主截面内.

至此,我们了解了 o 光和 e 光的基本性质,然而还没有涉及这两个线偏振光的相对光强度问题. 对于自然光,由方解石所产生的 o 光和 e 光强度相等. 而当把线偏振光作为入射光时,由晶体生成的 o 光和 e 光的相对强度,将随入射光的振动面与晶体内主截面的夹角而变,关于这一点,将在 19.5 节讨论到.

▶ 19.4.2 o 光和 e 光在单轴晶体中的传播

说明光在各向异性的晶体内产生的双折射现象,需要借助光的电磁理论.本节应用已为实验证实的假定,即惠更斯原理来说明光线在单轴晶体中的双折射现象,确定 o 光和 e 光的传播方向.

在各向同性介质中的一个点波源,发出的波沿各个方向的传播速度 v 都一样,经过 Δt 时间后形成以半径为 $v\Delta t$ 的球形波(阵)面.在单轴晶体中,o 光的传播规律与在各向同性介质中一样,它沿各个方向的传播速度 v_o 都相同,波面是球面[图 19-19(a)].但是 e 光沿各个方向传播速度是不同的,沿光轴方向的速度与 o 光一样,也是 v_o,垂直于光轴方向的速度是另一数值 v_e.可以证明,经过 Δt 时间 e 光的波面是围绕光轴的旋转椭球面,光轴就是旋转轴[图 19-19(b)].若把 o 光和 e 光的两个波面画在一起,它们在光轴方向上相切,对于 $v_e > v_o$ 的晶体,旋转椭球面的半短轴与球面半径相等[图 19-19(c)],这类晶体称为**负晶体**,如方解石晶体;对于 $v_e < v_o$ 的晶体,则旋转椭球的半长轴与球面半径相等[图 19-19(d)],这类晶体称为**正晶体**,如石英晶体.

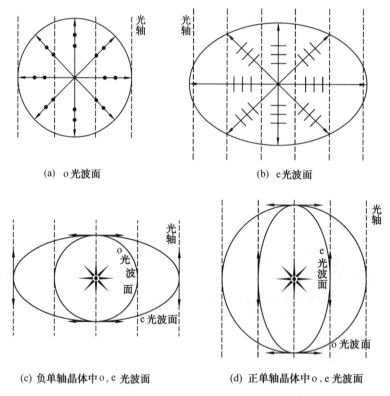

(a) o 光波面
(b) e 光波面
(c) 负单轴晶体中 o, e 光波面
(d) 正单轴晶体中 o, e 光波面

图 19-19

通常把真空中光速 c 与 e 光垂直于光轴方向的传播速度 v_e 的比值定义为 **e 光的主折射率** n_e,即

$$n_e = \frac{c}{v_e}.$$

e 光主折射率 n_e 与 o 光折射率 n_o 是单轴晶体的重要光学常数. 一些单轴晶体对于钠黄光($\lambda=589.3$ nm)的 n_o 与 n_e 列于表 19-1.

表 19-1　单轴晶体的折射率 n_o 与 n_e ($\lambda=589.3$ nm)

晶　体	n_o	n_e
方解石	1.658 4	1.486 4
电气石	1.669	1.638
石　英	1.544 3	1.553 4
冰	1.309	1.313

利用波面的概念以及惠更斯原理求波阵面的作图法,可以确定双折射晶体中 o 光和 e 光的传播方向.

下面利用惠更斯作图法,讨论光在方解石晶体中的传播. 方解石晶体为负晶体,除了光沿光轴方向传播以外,e 光在晶体内的传播速度大于 o 光速度. 图中晶体都经过加工,使光轴方向如各图所示.

(1) 入射自然光正入射于晶体表面,晶体的光轴垂直于晶体表面(图 19-20).

设入射光为平行光,图中两光线同时传播到晶体表面的 A,B 两点. 同一时刻,由入射点 A,B 向晶体内发出的 o 光球形波面和 e 光旋转椭球面如图 19-20 所示. 作平面 OO' 与两 o 波面相切,切点分别为 O 和 O'. 由于 o 光和 e 光沿光轴方向的传播速度相等,所以 OO' 既是两 o 光波面的切面,同时也是两 e 光波面的切面. o 光和 e 光的传播方向相同,图中的垂直振动和平行振动间不产生光程差和相位差,所以不产生双折射现象.

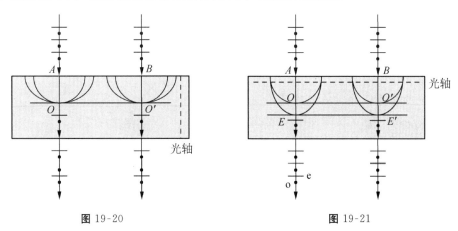

图 19-20　　　　　　　　图 19-21

(2) 入射自然光正入射于晶体表面,晶体的光轴平行于晶体表面(图 19-21).

由于在垂直于光轴方向传播,e 光和 o 光在方解石晶体内的传播速度相差最大,e 光光速大于 o 光光速. 同一时刻,两 o 光波面的切面为 OO',两 e 光波面的切面为 EE'. 这时,由所作球形波面和旋转椭球波面可见,o 光和 e 光在晶体内仍沿同一方向传播,并不分开,但 o 光和 e 光在晶体内传播时会产生光程差和相位差,所以这种情况有双折射现象. 光学仪器中经常用到的波片即按这种情况制作.

（3）入射自然光正入射于晶体表面,晶体的光轴与晶体表面斜交(图 19-22).

在同一时刻,入射点 A 和 B 向晶体内发出的 o 光球形波面和 e 光旋转椭球形波面的位置如图 19-22 所示.作平面 OO' 与两球面相切,切点分别为 O 和 O'.同样,作平面 EE' 与两旋转椭球面相切,切点分别为 E 和 E'.引 AO 和 AE 两线就得到 o 光和 e 光在晶体内的两条光线.这时的 o 光和 e 光在晶体内的传播方向不同,o 光和 e 光彼此分开,且 o 光的振动方向与 e 光的振动方向相互垂直.

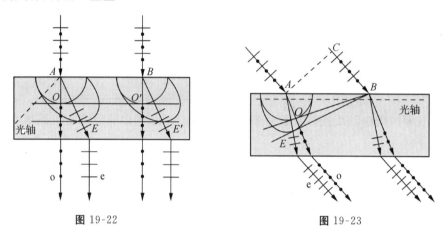

图 19-22　　　　　　　　　图 19-23

（4）入射自然光斜入射于晶体表面,晶体的光轴平行于晶体表面(图 19-23).

入射光为平行光,AC 平面为入射光的波面(同相面).当入射光线 CB 由 C 点传播到 B 点时,自 A 点向晶体发出的 o 光球形波面和 e 光椭球形波面已到达图 19-23 所示的位置.由 B 点作平面 BO 与球面相切,作平面 BE 与椭球面相切,切点分别为 O 和 E,则光线 AO 就是寻常光 o 光,光线 AE 就是非寻常光 e 光.与前面几种情况一样,因光线和光轴都在纸面内,o 光和 e 光的主平面也都在纸面内,所以 o 光振动垂直于纸面(用圆点表示),e 光振动平行于纸面(用短线表示).

（5）入射自然光斜入射于晶体表面,晶体的光轴垂直于入射面(图 19-24).

由于 e 光沿垂直于光轴方向的传播速度都相等,所以由 A 点发出的 o 光波面和 e 光波面在入射面(纸面)内的截线都是同心圆.对方解石晶体,o 光的传播速度 v_o 小于 e 光的传播速度 v_e,光线 AO 为 o 光,而光线 AE 为 e 光.注意在这特殊情形里,两折射光线都服从折射定律,e 光的折射率 $n_e = \dfrac{\sin i}{\sin r_e}$.式中 i 为入射角,r_e 为 e 光的折射角,n_e

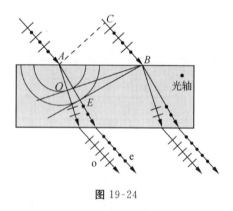

图 19-24

为 e 光的主折射率.尤其要注意的是,由于图 19-24 中光轴的方向垂直于入射面(纸面),所以 o 光和 e 光的主平面都垂直于纸面,它们的截线分别为 AO 和 AE,所以图中短线表示 o 光,圆点表示 e 光.

在上面(3)(4)(5)三种情形中,由于 o 光和 e 光在晶体内的折射角不同,所以同一条入射自然光的光线从晶体中出射时得到的 o 光和 e 光彼此平行但又彼此分开,其分开的距离取决于 o 光和 e 光的折射率和晶片的厚度. 折射率相差越大或晶片越厚,则 o 光和 e 光分得越开. 但纯净的天然晶体的厚度一般都较小,因而两偏振光的分开程度很小(参见本章习题 19-24),实用价值不大. 下面将介绍几种常用的由双折射晶体获得线偏振光的器件,它们或将 o 光或 e 光中的一束移去,或使两束偏振光从器件中出射时的角度不同.

▶ 19.4.3 偏振棱镜

在双折射晶体中,寻常光 o 光和非寻常光 e 光都是线偏振光. 如果设法使 o 光和 e 光分开,就可以利用双折射晶体从自然光中获得线偏振光. 目前,已经研制出许多用双折射晶体做成的精巧的复合棱镜,以获得线偏振光. 其中尼科耳(Nicol)棱镜是一种应用十分广泛的偏振棱镜,它是尼科耳 1828 年首先制成的.

尼科耳棱镜是将两块按特殊要求加工后的方解石棱镜用特种树胶粘合成的长方体柱形棱镜. 如图 19-25(a)所示,自然光射入第一块棱镜后,被分成 o 光和 e 光. 由于所选用树胶的折射率($n=1.55$)介于方解石对 o 光的折射率($n_o=1.6584$)和对 e 光的主折射率($n_e=1.4864$)之间,当 o 光由第一块方解石射到树胶层时,其入射角约为 77°,已超过全反射临界角,因此 o 光将在第一块棱镜和树胶层的分界面处发生全反射而不能穿过树胶层. 全反射的 o 光被涂成黑色的侧面 CN 吸收. 而 e 光的折射率小于树胶的折射率,所以 e 光不会发生全反射,其大部分能量可以透过树胶层并穿过第二块棱镜射出. 出射的偏振光的振动面在棱镜的主平面内,如图 19-25(b)中短线所示. 这样,用尼科耳棱镜便可获得光振动在主平面上的偏振光.

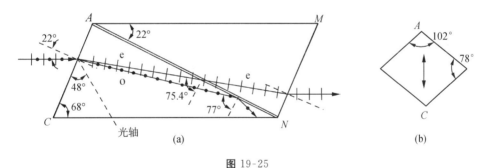

图 19-25

尼科耳棱镜的制造工艺非常复杂,而且要用大量光学透明的方解石晶体.

如图 19-26 所示是 1968 年提出的经过改进了的格兰-汤姆孙棱镜. 它的原理与尼科耳棱镜相似,但避免了尼科耳棱镜的缺点.

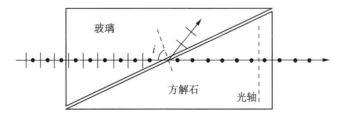

图 19-26

格兰-汤姆孙偏振棱镜,由折射率 $n=1.655$ 的一块玻璃棱镜与一块方解石棱镜胶合而成. 方解石的主折射率 $n_o=1.6584, n_e=1.4864$,光轴方向如图 19-26 所示,胶合剂的折射率 $n=1.655$,与玻璃相同.

从左方入射的自然光可以分解成两束等强度的(没有固定相位差的)线偏振光. 其中一束光矢量垂直于纸面,即 s 分量(用点表示);另一束光矢量平行于纸面,即 p 分量(用短线表示). 这两束光进入方解石,其中 s 分量一束构成寻常光线,方解石对它的折射率 $n_o=1.6584$,这一数值接近玻璃、胶合剂的折射率 $n=1.655$,所以 s 分量的一束光能够无折射地穿出棱镜,作为完全偏振光射入空气. p 分量在方解石中构成非寻常光线,方解石对它的主折射率 $n_e=1.4864$,它小于胶合剂的折射率 $n=1.655$,因而存在一个临界角. 在图 19-26 所示棱镜尺寸的设计下,p 分量一束光的入射角超过临界角,因而这束光线作全内反射,偏离其原来的方向. 这种偏振棱镜要求入射光线与水平线不超过 $10°$,才能有完全偏振光出射.

如图 19-27 所示为渥拉斯顿(Wollaston)棱镜,它由两块等腰直角方解石棱镜胶合而成. 可获得两束分得较开的线偏振光. 图中棱镜①的光轴平行于纸面,而棱镜②的光轴垂直于纸面. 自然光由 AB 面垂直进入棱镜①后,被分为 o 光和 e 光,其中 o 光的振动方向垂直于纸面,e 光的振动方向平行于纸面. 由于棱镜①和棱镜②的光轴相互垂直,所以棱镜①中的 e 光进入棱镜②后成为 o 光,即棱镜②中 o 光的振动方向平行于纸面,图中 o 光的折射角 r_o 满足

$$n_e \sin 45° = n_o \sin r_o.$$

棱镜①中的 o 光进入棱镜②后成为 e 光,其振动方向垂直于纸面,e 光的折射角 r_e 满足

$$n_o \sin 45° = n_e \sin r_e.$$

计算可得,在棱镜②中 o 光和 e 光分开的角度 α 接近 $13°$.

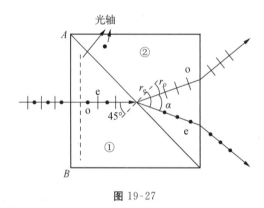

图 19-27

19.5 椭圆偏振光和圆偏振光

▶ 19.5.1 波片 椭圆偏振光和圆偏振光的产生

我们知道,两个频率相同、振动方向相互垂直、相位差保持恒定的简谐运动的合成,为椭圆或圆运动. 根据这一原理,利用双折射晶体制成的波片可以获得椭圆或圆偏振光. **波片**是从单轴晶体上平行于光轴切割出的平行平面薄片,其作用是使从波片射出的相互垂直的 o 光和 e 光产生一定的光程差和相位差,从而形成椭圆或圆偏振光. 与此相反,波片也可用于

分析偏振光的偏振状态.

产生椭圆偏振光的原理可用图 19-28 来说明. 设 19-28(a)所示波片的厚度为 l, 其 o 光折射率和 e 光主折射率分别为 n_o 和 n_e. 单色自然光通过起偏器后, 成为线偏振光, 其振幅为 A, 光振动方向与晶片光轴成 θ 角. 此线偏振光垂直射入波片后产生双折射, 出射的 o 光和 e 光仍沿着同一直线传播, 但是由于晶体中 o 光和 e 光的传播速度不同, 出射的 o 光和 e 光之间产生光程差 ΔL

$$\Delta L = (n_o - n_e)l,$$

相应的相位差 $\Delta\varphi$ 为

$$\Delta\varphi = \frac{2\pi}{\lambda}(n_o - n_e)l.$$

式中 λ 为入射单色光在真空中的波长. 由上式可见, 适当改变波片的厚度 l, 可改变出射的 o 光和 e 光之间的相位差.

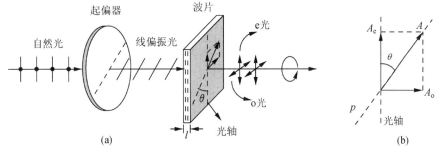

图 19-28

当入射的线偏振光强度为 $I(=A^2)$, 其振动面与波片光轴夹角为 θ[图 19-28(b)], 则出射光中 o 光和 e 光的振幅分别为

$$A_o = A\sin\theta,$$
$$A_e = A\cos\theta. \tag{19.5-1a}$$

于是 o 光和 e 光的强度分别为

$$I_o = A^2\sin^2\theta,$$
$$I_e = A^2\cos^2\theta. \tag{19.5-1b}$$

它表明出射的 o 光和 e 光的强度与入射光的振动面与波片光轴的夹角有关. 这样两束振动方向相互垂直而相位差一定的光互相叠加, 形成椭圆偏振光.

如果波片厚度 l 恰好使得透射出来的 o 光和 e 光的光程差 ΔL 有

$$\Delta L = \frac{\lambda}{4},$$

即相应的相位差为

$$\Delta\varphi = \frac{2\pi}{\lambda}\Delta L = \frac{2\pi}{\lambda} \cdot \frac{\lambda}{4} = \frac{\pi}{2},$$

则具有这样厚度的波片称为**四分之一波长片**, 简称 $\frac{\lambda}{4}$ 波片. 它的厚度最小值为

$$l = \frac{\lambda}{4(n_o - n_e)}. \tag{19.5-2}$$

显然，通过 $\frac{\lambda}{4}$ 波片后的光为正椭圆偏振光.

如果透射出来的 o 光和 e 光的光程差 $\Delta L = \frac{\lambda}{2}$，相应的相位差 $\Delta \varphi = \pi$，而波片的厚度最小值为

$$l = \frac{\lambda}{2(n_o - n_e)}, \tag{19.5-3}$$

这样的波片称为**二分之一波长片**，简称 $\frac{\lambda}{2}$ 波片. 这种波片可以使透射出来的 o 光和 e 光的光程差为 $\frac{\lambda}{2}$，相应的相位差为 π. 线偏振光通过 $\frac{\lambda}{2}$ 波片后仍为线偏振光，但其振动面发生了偏转（见例19-3）.

应该指出四分之一波长片和二分之一波长片都是对一定波长而言的.

例19-3 设一单色线偏振光垂直射入一块 $\frac{\lambda}{2}$ 波片，入射线偏振光的振幅为 A，振动方向与波片光轴成 θ 角，如图所示. 试分析出射光的偏振状态.

解 入射线偏振光刚进入波片时，被分为相位相同的 o 光和 e 光，它们的振幅矢量分别为 $\boldsymbol{A}_o$ 和 $\boldsymbol{A}_e$. 当 o 光和 e 光通过二分之一波长片后，它们的相位差

$$\Delta \varphi = \frac{2\pi}{\lambda} \Delta L = \frac{2\pi}{\lambda} \cdot \frac{\lambda}{2} = \pi,$$

即出射的 o 光和 e 光的相位相反.

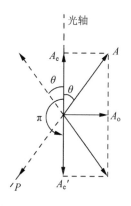

例19-3 图

为了表示这一相位的变化，假设图中的 $\boldsymbol{A}_o$ 不动，使 $\boldsymbol{A}_e$ 反相，即将 $\boldsymbol{A}_e$ 转过角度 π，变为 $\boldsymbol{A}_e'$. 此时出射光仍为线偏振光，但其振动方向从原来的一、三象限转到了二、四象限，其振动面转过了 2θ 角度.

由此可见，线偏振光通过二分之一波长片后仍为线偏振光，但其振动面可以通过改变入射光的振动方向与波片光轴之间的夹角 θ 而随意改变.

▶ 19.5.2 通过 $\frac{\lambda}{4}$ 波片后光束偏振状态的变化

$\frac{\lambda}{4}$ 波片的主要作用是把线偏振光变成椭圆偏振光. 但是，当正射于波片的线偏振光的振动面与波片光轴夹角 θ 取下列值时，出射的椭圆偏振光将成为线偏振光或者圆偏振光.

(1) $\theta = 0$，则 $A_o = 0$, $A_e = A$，出射光为光振动在主截面内的线偏振光.

(2) $\theta = \frac{\pi}{2}$，则 $A_o = A$, $A_e = 0$，出射光为光振动与主截面相垂直的线偏振光.

(3) $\theta = \frac{\pi}{4}$，则 $A_o = A_e = \frac{\sqrt{2}}{2}A$，出射光为圆偏振光.

可以分析出，如果入射光是圆偏振光，则无论 $\frac{\lambda}{4}$ 波片的光轴方向如何，出射光总是线偏振光. 如果入射光是椭圆偏振光，经过 $\frac{\lambda}{4}$ 波片仍将是椭圆偏振光，但是当椭圆的长轴与 $\frac{\lambda}{4}$ 波

片光轴夹角成 0 或者 $\frac{\pi}{2}$ 时，出射光是线偏振光.

至于自然光和部分偏振光，它们经过 $\frac{\lambda}{4}$ 波片后，出射光仍将是自然光和部分偏振光.

光束经过 $\frac{\lambda}{4}$ 波片偏振态的变化列于表 19-2.

表 19-2　经过 $\frac{\lambda}{4}$ 波片后偏振态的变化

入射光	$\frac{\lambda}{4}$ 波片的位置	出射光
线偏振光	振动面与 $\frac{\lambda}{4}$ 波片光轴一致或垂直	线偏振光
	振动面与 $\frac{\lambda}{4}$ 波片光轴成 $\frac{\pi}{4}$ 角	圆偏振光
	其他位置	椭圆偏振光
圆偏振光	任何位置	线偏振光
椭圆偏振光	椭圆长轴与 $\frac{\lambda}{4}$ 波片光轴成 0 或 $\frac{\pi}{2}$ 夹角	线偏振光
	其他位置	椭圆偏振光
部分偏振光		部分偏振光
自然光		自然光

▶ 19.5.3　偏振光的检验

对于自然光、部分偏振光、线偏振光、圆偏振光和椭圆偏振光，这五种不同状态的光，如何来分析和鉴别呢？

首先，可以在光路中放上一块检偏器，并使检偏器绕光线转动一圈，若观察到通过检偏器的光强出现两明两暗交替变化，并且暗时光强为零，则可确定入射光为线偏振光；若观察到光强无变化，则入射光可能是自然光，也可能是圆偏振光；若观察到光强有两明两暗交替变化，但暗时光强不为零，则入射光是部分偏振光或者是椭圆偏振光.

其次，要区别自然光和圆偏振光，可以使它们分别通过 $\frac{\lambda}{4}$ 波片，圆偏振光通过 $\frac{\lambda}{4}$ 波片成为线偏振光，而自然光通过 $\frac{\lambda}{4}$ 波片，仍为自然光. 要区别部分偏振光和椭圆偏振光，也应该利用 $\frac{\lambda}{4}$ 波片. 椭圆偏振光在其长轴和 $\frac{\lambda}{4}$ 波片光轴平行或垂直时，透过 $\frac{\lambda}{4}$ 波片就成了线偏振光，而部分偏振光通过 $\frac{\lambda}{4}$ 波片仍为部分偏振光.

19.6 偏振光干涉

19.6.1 偏振光干涉

偏振光的干涉现象有许多实际应用,如确定晶体的光轴以及广泛应用于地质、化学、冶金和生物学等方面的偏振光显微镜,其基本原理就是偏振光干涉.又如光测弹性,也涉及偏振光干涉.

偏振光干涉的条件和自然光干涉的条件一样,必须是频率相同、振动方向相同和相位差恒定的两束偏振光的叠加.

观察偏振光干涉的装置如图 19-29 所示.一束单色自然光经过偏振片 P_1 后,成为振动面与 P_1 的透光轴方向一致的线偏振光.单色线偏振光经厚度为 l 的波片 C 后,分裂成沿同一方向传播的 o 光和 e 光,它们经过偏振片 P_2 后成为两束振动方向相同的相干光,从而产生偏振光干涉.通常总是使 P_1 和 P_2 的透光轴方向相互垂直.

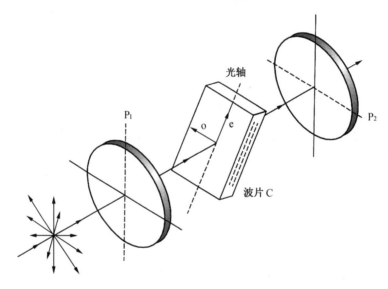

图 19-29

图 19-30 为光的振幅矢量图.图中 p_1 和 p_2 分别表示两偏振片 P_1,P_2 的透光轴方向,它们成正交;c 表示波片 C 的光轴方向,它与 p_1 夹角为 α.设入射于波片的线偏振光振幅为 A_1,则通过波片后,o 光和 e 光的振幅分别为

$$A_o = A_1 \sin\alpha,$$
$$A_e = A_1 \cos\alpha.$$

它们通过 P_2 后振幅又分别为

$$A_{o2} = A_o \cos\alpha = A_1 \sin\alpha\cos\alpha,$$
$$A_{e2} = A_e \sin\alpha = A_1 \cos\alpha\sin\alpha.$$

由此,在 p_1 与 p_2 正交的条件下,通过 P_2 后两相干偏振光的振幅相等.

两相干偏振光的相位差为
$$\Delta\varphi = \frac{2\pi}{\lambda}(n_o - n_e)l + \pi.$$

上式的第一项是通过波片时产生的相位差,第二项是通过偏振片 P_2 产生的附加相位差. 从图 19-30 的矢量图上可以看到 A_{o2} 与 A_{e2} 是反向的,因而附加相位差 π 是正确的.

当 $\Delta\varphi = 2k\pi$, $k=1,2,3,\cdots$ 时,干涉加强;

当 $\Delta\varphi = (2k+1)\pi$, $k=1,2,3,\cdots$ 时,干涉相消.

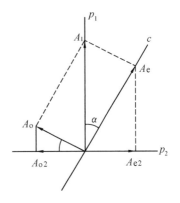

图 19-30

如果波片厚度均匀,并且是用单色自然光作为光源,干涉加强,P_2 后面视场最明亮;干涉相消,P_2 后面视场最暗. 注意,在波片厚度均匀时,P_2 后面并无干涉条纹. 只有当波片厚度不均匀时,视场中才出现干涉条纹. 若用白光光源,且波片厚度均匀,视场将出现某种波长的色彩;若波片各处厚度不均匀,视场将出现不同波长的色彩.

例 19-4 参考图 19-29,两偏振片 P_1 和 P_2 的透光轴夹角任意,$\frac{\lambda}{4}$ 波片 C 的光轴与 P_1 的透光轴夹角为 $45°$,光强 I_0 的单色自然光垂直入射于偏振片 P_1,求透过 P_2 的光强 I_2.

解 通过两偏振片和 $\frac{\lambda}{4}$ 波片的光振动的振幅关系如图所示. 其中 p_1 和 p_2 分别代表两偏振片 P_1,P_2 的透光轴方向,c 表示 $\frac{\lambda}{4}$ 波片 C 的光轴方向. α 角表示 p_2 与 c 的夹角. 设透过 P_1 的线偏振光振幅为 A_1,则透过 $\frac{\lambda}{4}$ 波片的 o 光和 e 光的振幅相等,

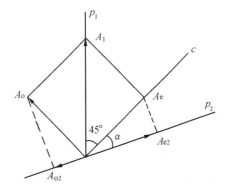

例 19-4 图

$$A_o = A_e = \frac{\sqrt{2}}{2}A_1.$$

它们透过 P_2 的振幅分别为
$$A_{o2} = A_o \sin\alpha,$$
$$A_{e2} = A_e \cos\alpha.$$

而它们的相位差为
$$\Delta\varphi = \frac{\pi}{2} + \pi.$$

透过 P_2 偏振片的光强按 (17.1-2) 式计算为
$$I_2 = A_{e2}^2 + A_{o2}^2 + 2A_{e2}A_{o2}\cos\Delta\varphi = A_{e2}^2 + A_{o2}^2.$$

将 A_{e2},A_{o2} 的值代入,得
$$I_2 = (A_e\cos\alpha)^2 + (A_o\sin\alpha)^2 = A_e^2 = A_o^2 = \frac{1}{2}A_1^2 = \frac{I_0}{4}.$$

因为本例中从 $\frac{\lambda}{4}$ 波片出来的光是圆偏振光,其强度为

$$A_e^2 + A_o^2 = A_1^2 = I_1.$$

上述结果表明,通过偏振片 P_2 的光强 I_2 只有圆偏振光光强的 $\frac{1}{2}$,且与偏转片 P_2 的透光轴方向无关. 这与用检偏器检验圆偏振光时观察到的现象是一致的.

▶ 19.6.2 光学应力分析

透明的各向同性介质如玻璃、塑料、环氧树脂等,当受到外力的拉伸或压缩在内部产生应力时,就会变成各向异性而呈现出双折射性质.

由应力产生的双折射现象是光测弹性学的基础. 要检查一些不透明工程构件,如桥梁、锅炉钢板、齿轮等的内应力,可以用塑料制造一个透明的构件模型,将模型放在正交的两偏振片之间,并且模拟构件的受力情况,从而得到偏振光干涉图样. 分析偏振光干涉的条纹和色彩分布,就能确定构件内部的应力分布. 图 19-31 是一个扳手塑料模型受力时偏振光干涉的图样. 图中条纹密的地方表示该处应力集中.

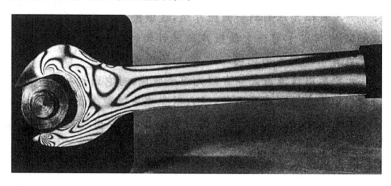

图 19-31

*19.7 克尔效应和旋光现象

▶ 19.7.1 克尔效应

一种各向同性的透明介质,在强电场 E 的作用下能显示出双折射现象,是苏格兰物理学家克尔(John Kerr 1824—1907)在 1875 年发现的,因此称为**克尔效应**. 强电场中的介质具有单轴晶体的特性,其光轴沿着电场 E 的方向,两个折射率 n_o 和 n_e 分别同光波的两种取向相对应. 经研究 n_o 与 n_e 的差值正比于电场 E 的平方,因此它又称为二次电光效应,

$$n_o - n_e = kE^2. \tag{19.7-1}$$

式中 k 称为**克尔常数**,它由透明介质的种类决定. 液体中的克尔效应是由于电场 E 使得各向异性的分子排列整齐而引起的. 在固体中情况要复杂得多,有克尔效应的液体有苯、二硫化碳、氯仿、水以及硝基苯等,固体有铌钽酸钾晶体(简称 KTN)、钛酸钡等.

图 19-32 所示的装置叫作**克尔光调制器(或克尔盒)**. 玻璃盒中装两个平行板电极,并在盒中充满极性液体,把它放在两块相互正交的偏振片之间,两个偏振片的透光轴和外加电场

E 成 ±45° 角. 电极板上不加电压时光不能透过偏振片 P_2，加上电压后就在极板间产生电场 $E=\dfrac{U}{d}$. 其中 d 为两极板间距，如极板长度为 l，则通过玻璃盒中液体的 o 光、e 光的光程差为

$$\Delta L=(n_o-n_e)l=k\left(\dfrac{U}{d}\right)^2 l. \quad (19.7\text{-}2)$$

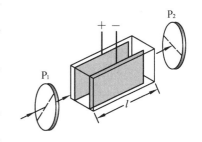

图 19-32

上式表明，光程差随电压变化，从而使透过偏振片 P_2 的光强也随之变化.

克尔效应最重要的特点是几乎没有延迟时间，它随着电场的产生与消失能很快地产生与消失，所需时间极短，约为 10^{-9} s. 因此它可以作为几乎没有惯性的光断续器（光开关）. 现在，这些光断续器已经广泛应用于高速摄影、电视和激光通信中.

除克尔效应外，还有些晶体如压电晶体，加了电场之后也能改变其各向异性的性质，我们称之为**泡克尔斯效应**.

在强磁场的作用下，非晶体也能产生双折射现象，称为**磁双折射效应**.

▶ 19.7.2 旋光现象

1811 年，阿喇果（D. F. J. Arago）发现，当线偏振光通过某些透明物质时，偏振光的振动面将以光的传播方向为轴线，转过一定的角度，这种现象称为**旋光现象**. 能使振动面旋转的物质称为**旋光性物质**. 石英晶体、糖、酒石酸等溶液都是旋光性较强的物质.

实验证明，振动面的旋转角度取决于旋光物质的性质、厚度以及入射光的波长等. 旋光现象也广泛应用在化学、制药等工业.

*19.8 液 晶

▶ 19.8.1 液晶的结构

早在 1888 年奥地利植物学家莱尼兹尔（F. Reinitzer）就发现了液晶的奇特性质，但液晶的实际应用只是 20 世纪 50 年代以后的事情. **液晶**是在某个温度范围内介于液态与结晶态之间的一种物质状态，它具有液体的流动性，又具有晶体的各向异性的性质，即双折射性. 目前发现的液晶物质基本上都是有机化合物. 液晶材料有上千种，液晶分子多为细长棒状，根据分子的排列方式不同，液晶可以分为**近晶相**、**向列相**和**胆甾相**三类. 其中应用最多的是向列相液晶和胆甾相液晶.

(1) 近晶相液晶，如图 19-33(a)所示. 液晶分子分层排列，每层分子的长轴彼此平行，并且与层面垂直，各层中分子只能在同层中活动，不能在上下层间移动，而上下层的间距可以改变.

(2) 向列相液晶，如图 19-33(b)所示. 分子长轴互相平行，但不成层，与近晶相液晶比较，它黏度低，流动性好，向列相液晶的光轴就是分子的长轴方向.

（3）胆甾相液晶,如图 19-33(c)所示. 这种液晶分子作分层排列,每层中分子长轴互相平行,且与层面平行,相邻两层间分子长轴逐层依次向左或向右转过一角度,因此各层分子长轴的排列就扭转成一螺纹,在扭转了 360°以后分子长轴的取向又回复到原来的方向,其螺距约为 0.3 μm. 胆甾相液晶的光轴垂直于层面.

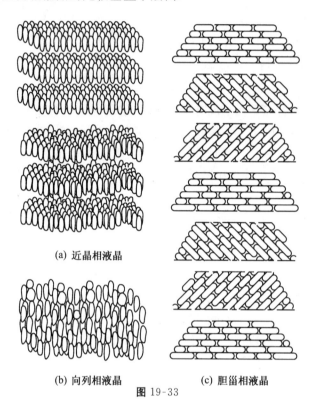

(a) 近晶相液晶

(b) 向列相液晶   (c) 胆甾相液晶

图 19-33

▶ 19.8.2 液晶的光学特性

所有的液晶均有双折射现象,这是由于在分子长轴方向上和垂直长轴方向上物理性质不同. 多数液晶只有一个光轴方向,在液晶中光沿光轴方向传播时,不发生双折射现象. 如前所述,一般液晶的光轴沿分子长轴方向,而胆甾相液晶的光轴垂直于层面.

胆甾相液晶具有选择反射现象. 胆甾相液晶是单轴负晶体,在白光照射下,从不同角度观察胆甾相液晶面上的反射光,可以看到不同颜色的反射光,这是它对于不同波长的光具有选择反射特性的结果. 反射哪种波长的光取决于液晶的种类、温度以及光线的入射角. 这种选择反射可借用晶体的 X 射线衍射来说明,反射光的波长可借用布喇格公式(18.6-1)来计算(图 19-34),

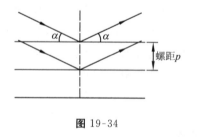

图 19-34

$$\lambda = 2np\sin\alpha. \tag{19.8-1}$$

式中 λ 为反射光的波长,p 为胆甾相液晶的螺距,n 为液晶的平均折射率,α 为入射光与液晶表面的夹角(掠射角). 此式表明当观察的角度发生变化时,如 α 角由接近 0 变化到接近 $\frac{\pi}{2}$,

可依次看到蓝色、绿色、橙色以及红色,实验也证实了这一点.胆甾相液晶的螺距 p 会随温度而变化,这使得反射光的波长也会随温度而变化.一般来说,温度低时反射光为红色,温度高时反射光为蓝色,但也有与此相反的情形.

胆甾相液晶的反射光颜色随温度而变化的这一特性,被广泛应用于显示温度的装置上.

▶ 19.8.3 液晶的电光效应

在电场作用下,液晶的光学特性发生变化称为**电光效应**.

1. 电控双折射效应

把液晶注入玻璃盒内,盒内液晶分子的排列有分子长轴垂直于表面和分子长轴平行于表面两种,玻璃表面涂上透明的导电薄膜成为透明电极,就制成液晶盒.

在图 19-35 中液晶盒内是向列相液晶,分子长轴垂直平面排列,两偏振片的透光方向是相互正交的.未加电场时,通过偏振片 P_1 的光在液晶盒内沿光轴方向传播,不发生双折射,这样就没有光线透过偏振片 P_2.加电场并超过一定数值,液晶分子的长轴发生方向倾斜,如图 19-35(b)所示,此时光在液晶中传播发生双折射,因此有光透过偏振片 P_2,装置由不透明变成透明.

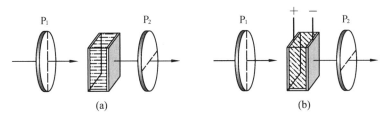

图 19-35

液晶盒内液晶光轴的倾斜随电场变化而变化,当入射光为白光时,出射光的颜色将随电压而变化.

2. 液晶的动态散射

把向列相液晶夹在两片玻璃透明电极之间,当加上电压后,夹在透明电极之间的液晶由透明变为不透明,断电后,液晶又恢复透明状态,这就是动态散射.这是因为电场作用下液晶分子产生紊乱运动,因而使液晶发生强烈散射白光而变成不透明.

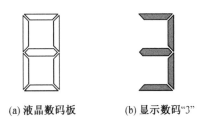

(a)液晶数码板　　(b)显示数码"3"

图 19-36

动态散射现象在液晶显示技术中有广泛应用,利用它可以制成液晶数码板.数码板的数码字的笔画是由一组涂在玻璃片上的互相分离的透明电板组成的(图 19-36),并且都与一公共电极相对.当其中某几段电极加上电压时,这几段就显示出来,组成某一数码字.

内 容 提 要

1. 光波是横波.
2. 光波的五种偏振态：自然光、线偏振光、部分偏振光、椭圆偏振光、圆偏振光.
3. 线偏振光通过偏振片后光强的变化. 马吕斯定律：$I=I_0\cos^2\alpha$. 线偏振光可用偏振片产生和检验. 自然光或圆偏振光通过偏振片后光强的变化：$I=\dfrac{I_0}{2}$.
4. 反射光和折射光都是部分偏振光.
5. 布儒斯特定律：当入射角等于布儒斯特角时，$\tan i_0=\dfrac{n_2}{n_1}$.
反射光是只有 s 分量的线偏振光；反射线和折射线相互垂直.
6. 光的双折射：光射入各向异性晶体后分为两束，其中 o 光服从折射定律，e 光不服从折射定律. o 光和 e 光都是线偏振光. 应用惠更斯原理，确定单轴晶体中 o 光和 e 光的传播方向.
7. 四分之一波长片，$l=\dfrac{\lambda}{4(n_o-n_e)}$，$\Delta\varphi=\dfrac{\pi}{2}$.
利用四分之一波长片，可从线偏振光得到椭圆或圆偏振光，或者仍为线偏振光；从圆偏振光得到线偏振光；从椭圆偏振光得到椭圆偏振光，或在一定条件下得到线偏振光.
自然光、部分偏振光通过四分之一波长片，偏振态不变.
8. 二分之一波长片，$l=\dfrac{\lambda}{2(n_o-n_e)}$，$\Delta\varphi=\pi$.
利用二分之一波长片，可随意改变入射线偏振光的振动方向.
9. 光的五种偏振态的检验：利用偏振片可以把线偏振光与自然光、圆偏振光以及椭圆偏振光、部分偏振光区分开来. 再利用四分之一波长片，把自然光和圆偏振光区分开来，把椭圆偏振光和部分偏振光区分开来.
10. 偏振光干涉（分振动面干涉）：利用波片（或人工双折射材料）和检偏器使偏振光分成振动方向相同、相位差恒定的相干光而发生干涉.
11. 克尔效应：各向同性的透明介质，在强电场作用下显示出双折射现象.
旋光现象：线偏振光通过物质时振动面旋转一定角度.

习 题

19-1 一束自然光沿着 x 轴方向传播，电场矢量 E 的取向为
(A) 空间任意方向   (B) 沿 z 轴方向   (C) 沿 x 轴方向
(D) 在 y-z 平面内   (E) 沿 x 轴有一定值的分量

19-2 振动面竖直的线偏振光入射于两个偏振片（图示），两个偏振片的透光轴与竖直方向夹角分别为 θ_1 和 θ_2，则在什么条件下，透射光 I 有最小值

(A) $\theta_1=0°, \theta_2=60°$
(B) $\theta_1=30°, \theta_2=60°$
(C) $\theta_1=60°, \theta_2=0°$
(D) $\theta_1=45°, \theta_2=45°$
(E) $\theta_1=45°, \theta_2=90°$

19-3 自然光入射到互相重叠的两个偏振片上,求在下列情形下两个偏振片的透光轴之间夹角分别为多少?

(1) 如果透射光的强度为透射光最大强度的 $\dfrac{1}{3}$;

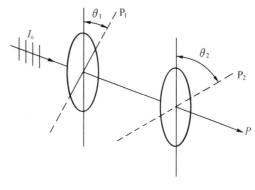

习题 19-2 图

(2) 如果透射光的强度为入射光强度的 $\dfrac{1}{3}$.

19-4 在题 19-2 中,如果 $\theta_2=90°$,求透射光束强度为入射光强度的 $\dfrac{1}{10}$ 时的 θ_1 的值.

19-5 两个偏振片 P_1,P_2 叠在一起,一束强度为 I_0 的线偏振光垂直入射到偏振片上. 入射光穿过第一个偏振片 P_1 后的光强为 $0.75I_0$;当将 P_1 抽去后,入射光穿过 P_2 后的光强为 $0.5I_0$. 求 P_1,P_2 的偏振片透光轴方向之间的夹角.

19-6 有两个偏振片叠在一起,其偏振片透光轴方向之间的夹角为 45°. 一束强度为 I_0 的光垂直入射到偏振片上,该入射光由强度相同的自然光和线偏振光混合而成. 问此入射光中线偏振光的光矢量沿什么方向才能使连续透过两个偏振片后的光束强度最大? 在此情况下,透过第一个偏振片和透过两个偏振片的光束强度各是多少?

19-7 一束自然光入射到一偏振片组,这个偏振片组由四个偏振片组成,每个偏振片的透光轴方向相对于前一个偏振片顺时针转过 30° 角. 试求入射光中透过这个偏振片组的部分占整个入射光的比例.

19-8 一光束由线偏振光和自然光组合而成,当它通过一偏振片时,透射光强度依赖于偏振片的取向可以变化 5 倍,求入射光束中这两个成分的相对强度.

19-9 强度为 I_0 的自然光入射到一偏振片,再使出射光投射到第二块偏振片. 如果两偏振片透光轴夹角为 45°,求最后出射光束的强度.

19-10 将三块偏振片叠在一起,其中第二块、第三块偏振片的透光轴与第一块偏振片的透光轴分别成 45°,90° 角. 以强度为 I_0 的自然光入射到第一块偏振片,试求经过每一块偏振片后的光强.

19-11 应用两块偏振片,如何才能做到使线偏振光的振动面转过 90°? 这时最大透射光与入射光强之比为多少?

19-12 使用若干个偏振片,使一束线偏振光的振动面转过 90°. 为了使总的光强损失小于 5%,问需要多少块偏振片?

19-13 两块透光轴方向正交的偏振片之间插入第三块偏振片,求当最后透过的光强为入射自然光光强的 $\dfrac{1}{8}$ 时,插入偏振片的透光轴与第一块偏振片透光轴的夹角.

19-14 求光线在装满水(折射率 $n=1.33$)的容器底部反射时的布儒斯特角. 已知容器

是用折射率 $n=1.50$ 的冕牌玻璃制成的.

19-15 (1) 求从水面反射的光是完全偏振光时入射角的大小.

(2) 这个角度是否与光的波长有关？

19-16 一束光入射到折射率 $n=1.40$ 的液体上,反射光是完全偏振光,问此光束的折射角为多少？

19-17 若从静止的湖水表面上反射出来的太阳光是完全偏振的.

(1) 求太阳在地平线上的仰角.

(2) 在反射光中的 E 矢量的振动面是怎样的？

19-18 一束自然光以 $58°$ 角入射到平板玻璃的表面,反射光是线偏振光.求透射光束的折射角和玻璃的折射率.

19-19 光在某两种介质界面上的全反射临界角为 $45°$,则光在界面另一侧的布儒斯特角是多少？

19-20 将一平板玻璃放在水中,板面与水面的夹角为 θ.设水和玻璃的折射率分别为 1.333 和 1.517,要使水面和玻璃板面的反射光都是完全偏振光,θ 角应为多大？

19-21 在如图所示的各种情形中,以线偏振光或自然光入射于界面,问折射光和反射光各属于什么性质的光？用短线和点把其振动方向表示出来.图中 i_0 为布儒斯特角.

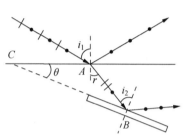

习题 19-20 图

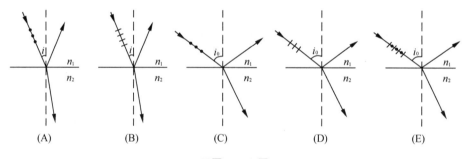

(A) (B) (C) (D) (E)

习题 19-21 图

19-22 在图 19-21 中,入射的线偏振光波长 $\lambda=589$ nm(真空中),方解石晶体的主折射率 $n_e=1.486, n_o=1.658$.试求该晶体中寻常光和非寻常光的波长.

19-23 一束线偏振光正入射到方解石波片上,其电场矢量方向与晶体光轴成 $60°$ 角,求两折射光的振幅之比以及强度之比.

19-24 一束自然光以入射角 $i=45°$ 斜射于一方解石波片,波片厚度 $t=1.0$ cm,晶体的光轴垂直于纸面(如图所示).

(1) 两条折射光线中,哪一条是 o 光,哪一条是 e 光？

(2) 这两条出射光线的偏振态如何？

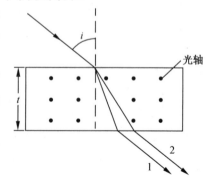

习题 19-24 图

(3) 计算两出射光线之间的垂直距离.

(提示：每一条光线都服从折射定律)

19-25 用方解石制成一个正三角形棱镜,光轴垂直于该棱镜的正三角形截面,如图所示.自然光以入射角 i 入射时,e 光在棱镜内的折射线与棱镜底边平行,求入射角 i,并画出 o 光的传播方向及 o 光和 e 光的光矢量振动方向.

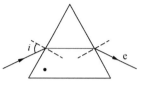

习题 19-25 图

19-26 波长 $\lambda = 525$ nm 的线偏振光正入射波片,该波片是由透明的双折射晶体纤维锌矿组成.如果要使得透过波片的 o 光和 e 光合成后仍然为一线偏振光,求波片的最小厚度.已知纤维锌矿的 $n_o = 2.356$, $n_e = 2.378$.

19-27 对于波长 $\lambda = 400$ nm 的光,用方解石制成的 $\frac{\lambda}{4}$ 波片的最小厚度是多少？

19-28 某双折射晶体,对于波长 $\lambda = 600$ nm 的寻常光折射率是 1.71,非寻常光的主折射率是 1.74.用此晶体做成 $\frac{\lambda}{4}$ 波片,最小厚度是多少？

19-29 假设石英晶体的 n_o 和 n_e 与波长无关.某一块石英晶体波片,对波长 800 nm（在真空中）的光是 $\frac{\lambda}{4}$ 波片.若一波长为 400 nm（在真空中）的线偏振光入射到该晶片上且其振动方向与光轴成 $45°$ 角,问该透射光的偏振状态是怎样的？

19-30 某光束可能是自然光、线偏振光或部分偏振光,设计实验来对它们作出判断.

19-31 某光束可能是自然光、圆偏振光或线偏振光,设计一实验来对它们作出判断.

19-32 偏振光干涉实验装置中,两偏振片透光轴之间夹角为 $30°$,方解石波片的光轴放在两偏振片透光轴夹角的角平分线位置,如果入射单色自然光强为 I_0,求：

(1) 从方解石波片出射的 o 光和 e 光的振幅和光强；

(2) 从第二块偏振片出射的 o 光和 e 光的振幅和光强.

19-33 偏振光干涉的实验装置中,两偏振片的透光轴方向相互垂直, $\frac{\lambda}{4}$ 波片的光轴与第一块偏振片的透光轴成 $60°$ 角.设入射单色自然光强度为 I_0,求出射光强度.

19-34 两偏振片的透光轴夹角为 $60°$,中间插入一块水晶 $\frac{\lambda}{4}$ 波片,其光轴平分上述角度,入射的是光强为 I_0 的自然光.

(1) 通过 $\frac{\lambda}{4}$ 波片后光的偏振态如何？

(2) 求通过第二块偏振片的光强.

第4篇 热　学

　　热学研究的是自然界中与物质的热运动形态相关的物质运动规律以及热运动形态与其他运动形态之间的转换规律.所谓热运动形态是指由大量分子、原子无规则运动所决定的宏观物体的一种基本运动形态.热学的研究分为微观理论和宏观理论两部分.

　　研究热现象的微观理论称为分子动理论.本篇第20章就是以物质的分子、原子理论为基础,利用统计力学的方法,来讨论个别分子或原子无规则运动的偶然性与大量分子或原子所决定的宏观热现象的必然性之间的内在联系.研究热现象的宏观理论称为热力学.本篇第21章主要以理想气体作为热力学系统,以宏观热现象为基础,利用能量守恒的观点,讨论气体在准静态过程中,做功、传热和系统内能变化之间存在的本质联系和定量关系,这就是热力学第一定律.

　　大量实验和观察告诉我们,并不是任何满足热力学第一定律的宏观实际过程都是可以自发实现的,即任何实际发生的宏观自发过程都具有方向性.在有限的空间和时间内,一切与热运动有关的实际物理过程都具有不可逆性,这就是本篇第22章所要讨论的热力学第二定律.

第 20 章　气体分子动理论

本章讨论的内容可分为四个部分. 第一部分为理想气体的宏观描述, 从宏观角度介绍理想气体在平衡状态下的压强、体积、温度三个状态参量, 以及这三个状态参量之间的关系, 即理想气体的状态方程. 第二部分从理想气体的分子模型和平衡状态下的统计理论出发, 讨论气体的压强、温度的微观意义, 气体分子的速率和速度的分布规律以及能量均分原理. 第三部分以 CO_2 的等温线为例, 介绍实际气体的宏观过程及其近似的微观理论, 导出范德瓦耳斯方程. 第四部分讨论宏观气体从非平衡态向平衡态转化的宏观规律及微观机制.

20.1　平衡态　状态参量

▶ 20.1.1　平衡态

热学研究的对象是由大量分子、原子组成的物体, 在热学中常把它们称为热力学系统, 简称**系统**. 系统以外的物体称为**外界**. 热学研究的是系统热现象和热运动规律. 具体地讲, 是研究系统与温度有关的宏观状态及其变化规律. 热力学系统的宏观状态虽然各式各样, 但可以分为两大类, 平衡(状)态和非平衡(状)态. 平衡态是系统宏观状态的一种重要的形式.

考察图 20-1 所示的密闭容器, 隔板把容器分成 A, B 两部分, 其中 A 部分储有气体, B 部分为真空. 当隔板撤去时, A 部分的气体立刻向 B 部分运动, 直到 A, B 两部分都均匀充满气体. 可以设想, 如果没有外界给予这部分气体影响, 整个容器中的气体一直会保持这一均匀状态, 不再发生宏观变化. 类似的例子还可以举出许多, 这些例子有一个共同的特点, 就是只要没有外界的影响, 系统的状态不会有任何宏观变化.

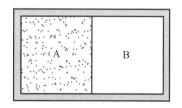

图 20-1

在不受外界的影响下(具体地说, 当一个热力学系统与外界没有质量和能量的交换时, 系统内的热运动能量不转变为其他形式的能量), 则经过足够长时间后, 系统的宏观性质不随时间而变化的状态叫作**平衡状态**, 简称**平衡态**. 反之, 即使没有外界的影响, 系统的宏观性质也在随时间而变, 这种状态称为**非平衡态**. 在上例中把隔板抽去的一段时间内, 气体处于非平衡态. 在热学中所说的外界影响通常是指外界对系统**做功**和**热传导**.

需要说明的是, 处于宏观平衡态的系统, 其内部分子或原子的无规则热运动并未停止, 因此这种平衡称为热动平衡.

▶ 20.1.2 状态参量

当一系统处于平衡态时,常常可以选用一些可测量的物理量来描述系统的宏观状态,这些物理量称为**系统的状态参量**. 以气体为例来说明状态参量. 对于一定量的气体(指质量为 M,摩尔质量为 M_{mol})的状态,所选用的状态参量有三个:气体所占的体积,简称气体体积 V;气体压强 p;气体温度 T(或者 t). 这三个量都是宏观量,它们可以通过实验精确测量.

气体体积是指气体分子所能达到的空间,它与气体分子本身体积的总和是不同的,在气体分子本身体积可以忽略的前提下,容器容积就是气体所占据的体积. 气体体积的单位是 m^3,有时也用升(符号 L)作单位,$1\ L=1\times 10^{-3}\ m^3$.

气体的压强是气体作用在容器壁单位面积上的正压力,是大量气体分子对器壁撞击的宏观表现. 国际单位制中压强单位是帕斯卡,简称帕,符号为 Pa,$1\ Pa=1\ N/m^2$.

气体的压强有时也用大气压强(atm)和厘米汞高(cmHg)表示. $1\ atm=1.013\times 10^5\ Pa$,相当于 76 cm 高水银柱产生的压强.

温度的概念将在下一节阐述,它的本质与物质分子热运动有密切联系(见下节).

一定量的气体处于平衡态,这就意味着在没有外界影响的条件下,它的 p,V,T 保持不变.

20.2 热力学第零定律 温度

▶ 20.2.1 热力学第零定律

为了理解温度的概念,必须对两个常用的名词——热接触和热平衡下一确切的定义. 两个物体的**热接触**是指在一个物体对另一个物体没有宏观做功的条件下,它们之间仅有能量交换. **热平衡**是指热接触的两个物体,它们之间停止了净能量的交换,两物体达到热平衡所用的时间与两物体的性质、能量交换的具体途径有关.

设想有一种称为"绝热板"的理想隔板,它能阻止隔板两边系统之间的能量交换. 我们用绝热板使彼此隔开的 A,B 两系统,分别与第三系统 C 保持热接触,如图 20-2(a)所示. 实验表明,A,B 两系统分别与第三系统达到热平衡,其后如使 A,B 两系统热接触,如图 20-2(b)所示,A,B 两系统的状态也不会再发生变化. 这表明,如使 A,B 两系统热接触,它们在原来

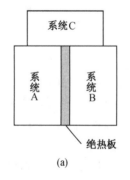

(a)

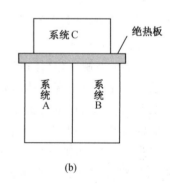

(b)

图 20-2

状态都不发生变化的情况下就可以达到热平衡.

这个实验事实可简明叙述如下：如果两个系统分别与第三个系统的同一状态处于热平衡,则它们彼此也必定处于热平衡.这个结论称为**热力学第零定律**,由福勒(R. H. Fowler)提出.

热力学第零定律为建立温度的概念提供了实验基础,处在同一热平衡状态的所有热力学系统都具有一个相同的宏观性质,这就是**温度**.温度是决定一系统是否与其他系统处于热平衡的宏观性质.两系统彼此达到热平衡,它们必然处于同一温度.

▶ 20.2.2 温标

以上关于温度的定义是定性的.温度的定量表示涉及温标,温度的分度方法或温度的数值表示法叫作**温标**.

所有的温度计都是利用了物质(称为测温物质)的某些物理性质随温度而变化的特性(称为测温特性)制成的.

日常生活中广泛应用的温度计是水银温度计,它利用水银柱高度(即液体体积)随温度的变化来测量温度.这种温度计的定标是这样进行的：选定冰点(纯冰和纯水在 1.01×10^5 Pa 下达到平衡时的温度)为 0 度,沸点(纯水和水蒸气在蒸汽压为 1.01×10^5 Pa 下达到平衡时的温度)为 100 度,并规定水银柱高度随温度作线性变化,即把水银柱在 0 度和 100 度间分成 100 个等份,这样每一等份就相当于 1 ℃ 的温度变化.这种定标称为**摄氏温标**.

由此可以看出,建立一个温标需要三个要素：测温物质的测温特性、选定固定点(又称定标点)、对测温特性随温度变化关系作出规定.

由于不同的测温物质的物理性质随温度变化的规律不同,因而用不同测温物质制成的温度计(尽管它们可采用相同固定点),测量同一温度时其读数是不同的,而我们需要的温度计读数要能独立于所用的测温物质.

▶ 20.2.3 理想气体温标

采用理想气体作为测温物质的温标称为**理想气体(绝对)温标**,它用水的三相点作为定标点.由于水的冰点和沸点在复制技术上有很大困难,1954 年以后,国际上规定,用一个固定点来建立标准温标,这个固定点是水的三相点(指纯冰、纯水和水蒸气平衡共存的状态),水的三相点对应一个确定不变的压强(相当于 4.581 mm 水银柱产生的压强)和一个确定不变的温度.规定水的三相点温度为 273.16 K.

根据气体的实验定律(见 20.3 节),各种气体在压强较低时有如下关系

$$pV \propto T. \tag{20.2-1}$$

式中 p,V 分别是一定量气体在某温度下的压强和体积,而 T 是以理想气体温标表示的温度值.若以 p_3,V_3 分别表示一定量气体在水的三相点温度下的压强和体积,以 T_3 表示水的三相点温度,则由(20.2-1)式,得

$$T = T_3 \frac{pV}{p_3 V_3} = 273.16 \frac{pV}{p_3 V_3}. \tag{20.2-2}$$

因此,只要测得气体在某状态下的压强 p 和体积 V,就可知道该状态下的温度 T.

实际测定温度时,总是保持一定量气体的体积或压强不变. 图 20-3 是定体气体温度计的结构示意图. 置于待测系统内的充气泡 B 内充有气体,通过毛细管 C 与水银压强计的左臂 M 相连. 上下移动压强计的右臂 M′,使 M 中的水银面始终处于 O 点,即始终保持 B 内气体的体积不变. 而 B 内气体的压强可以通过 M 与 M′中水银面的高度差 h 和大气的压强测得. 根据(20.2-2)式,待测系统的温度数值为

$$T=273.16\frac{p}{p_3}. \qquad (20.2\text{-}3)$$

理想气体温标的优点在于温度的读数与气体的种类无关.

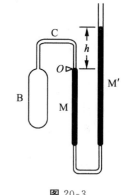

图 20-3

▶ 20.2.4　热力学温标

理想气体温标利用了理想气体作为测温物质,是否可能建立一种完全不依赖于任何测温物质的温标呢? 这是可能的. 我们将在第 22 章介绍这样一种温标,这就是热力学温标,它由英国物理学家开尔文(Lord Kelvin 1824—1907)首先引入,也称为**开尔文温标**. 开尔文温标所确定的温度叫作**热力学温度**,用 T 表示,单位叫作开尔文,简称开,用 K 表示. 热力学温标定义,1 K 等于水的三相点的热力学温度的 $\frac{1}{273.16}$.

图 20-4 列出了一些物理过程用热力学温标表示的温度.

可以证明,理想气体温标与热力学温标是完全一致的,所以也就可以用 T 表示理想气体温度,用 K 作为理想气体温标的单位.

自从 1960 年以来,国际上规定热力学温度是基本的物理量,同时,规定摄氏温标也改由热力学温标导出,即摄氏温度 t 为

$$t = T - 273.15.$$

这样就规定了热力学温度的 273.15 K 为摄氏温度的 0 ℃.

应该说,热力学温标是最基本的温标,但是,它只是一种理想温标. 在温度计量工作中,在很大的温度范围内,都是用理想气体温度计来测量物体的热力学温度的.

为了克服用气体温度计直接确定热力学温度的繁复和统一各国的温标,目前使用的是 1990 年国际温标 ITS-90,以代替 1968 年国际温标 ITS-68. ITS-90 温标选取了从平衡氢 (e-H$_2$)三相点(13.803 3 K)到铜凝固点(1 357.77 K)间 16 个固定的平衡点温度. 表 20-1 列出了 ITS-90 定义的一些固定点.

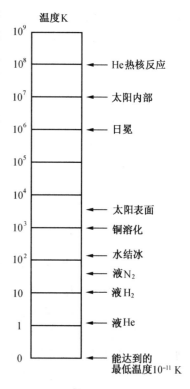

图 20-4

表 20-1　ITS-90 定义的固定点

材料及平衡态	T_{90}/K
平衡氢(e-H$_2$)三相点	13.803 3
氖(Ne)三相点	24.556 1
水(H$_2$O)三相点	273.16
锡(Sn)凝固点	505.078
铜(Cu)凝固点	1 357.77

20.3　理想气体状态方程

▶ 20.3.1　准静态过程

当一个热力学系统受到外界影响时,系统的状态就要发生变化.系统从一个平衡状态变化到另一个平衡状态的过渡方式称为过程.过程可以进行得很快,也可以进行得很慢.实际过程通常是比较复杂的,但如果过程进行得非常缓慢,使过程的所有中间状态都无限接近于平衡状态,则该过程就叫作**平衡过程**或**准静态过程**.平衡过程可用 p-V 图(或 p-T 图,或 V-T 图)上的一条曲线表示.由于仅当系统处于平衡状态时,才可以用统一的压强 p、体积 V 和温度 T 来表示整个系统的状态,因此只有当系统处于平衡状态时,才可以用 p-V 图上的一个点表示.如图 20-5 所示为用 p-V 图表示的一个准静态过程,曲线上的每一点都表示该过程的一个中间平衡态.显然,准静态过程是一个理想的过程,它是一个进行得无限缓慢的过程.但在许多情况下,实际过程都可以近似地当作准静态过程来处理.

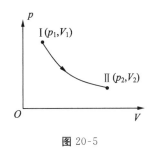

图 20-5

▶ 20.3.2　理想气体状态方程

设有质量为 M 的气体装在体积为 V 的容器内.实验表明,当一定量的气体处于平衡状态时,它的压强 p、体积 V、温度 T 之间存在着一个确定的函数关系

$$f(p,V,T)=0.$$

这一关系式称为**气体的状态方程**.一般情况下,气体的状态方程是相当复杂的,但当气体压强不太大(与大气压强相比)、温度不太低(与室温相比)时,气体符合如下三个实验定律.

(1) **玻意耳**(Boyle)**定律**:当气体的温度保持不变(称为**等温过程**)时,它的压强与体积成反比,即

$$pV=常量　(T 不变时).$$

(2) **查理**(Charles)**定律**:当气体的体积保持不变(称为**等容过程**)时,它的压强与热力学温度成正比,即

$$\frac{p}{T}=常量　(V 不变时).$$

（3）**盖·吕萨克**(Gay-Lussac)**定律**：当气体的压强保持不变（称为等压过程）时，它的体积与热力学温度成正比，即

$$\frac{V}{T} = 常量（p 不变时）.$$

严格服从这三条定律的气体称为**理想气体**.实际气体当压强不太大、温度不太低时都可近似看作理想气体.以上三个定律都可以用 p-V 图上的一条曲线或直线表示（图 20-6），图中曲线①代表等温过程，直线②代表等容过程，直线③代表等压过程.

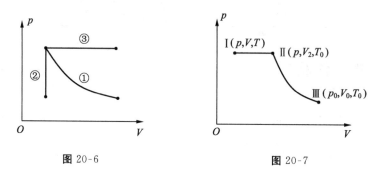

图 20-6　　　　　　　　图 20-7

由以上三个实验定律，可以得到理想气体状态方程.

设质量为 M 的理想气体从任意平衡态 (p,V,T) 变化到另一平衡态 (p_0,V_0,T_0).我们总可以假设该气体经过如图 20-7 所示的准静态过程，即先由平衡态Ⅰ(p,V,T) 经等压过程变化到一个中间过程Ⅱ(p,V_2,T_0)，再由平衡态Ⅱ经等温过程变化到终态Ⅲ(p_0,V_0,T_0).

对过程Ⅰ→Ⅱ，由盖·吕萨克定律，有

$$\frac{V}{T} = \frac{V_2}{T_0}.$$

对过程Ⅱ→Ⅲ：由玻意耳定律，得

$$pV_2 = p_0 V_0.$$

从以上两式中消去 V_2，得

$$\frac{pV}{T} = \frac{p_0 V_0}{T_0}. \tag{20.3-1}$$

根据阿伏伽德罗定律：1 mol 任意气体在标准状态（$p_0 = 1.013 \times 10^5$ Pa，$T_0 = 273.15$ K）下占有相同的体积 V_{mol}，且

$$V_{\text{mol}} = 22.4 \text{ dm}^3 = 22.4 \times 10^{-3} \text{ m}^3,$$

以 V_{mol} 表示(20.3-1)式中的 V_0，得

$$\frac{pV}{T} = \frac{M}{M_{\text{mol}}} \frac{p_0 V_{\text{mol}}}{T_0} = \frac{M}{M_{\text{mol}}} R,$$

或写成

$$pV = \frac{M}{M_{\text{mol}}} RT = \nu RT. \tag{20.3-2}$$

上式即为**理想气体的状态方程**.式中 M_{mol} 为某种气体的**摩尔质量**，即 1 mol 该种气体的质量.$\nu = \frac{M}{M_{\text{mol}}}$ 称为摩尔数或物质的量.

$$R = \frac{p_0 V_{\text{mol}}}{T_0} = 8.31 \, \frac{\text{J}}{\text{mol} \cdot \text{K}}$$

是一个与气体种类无关的常量,称为**普适气体常量**.

设质量为 M 的理想气体的总分子数为 N,每个分子质量为 m,则由理想气体状态方程有

$$p = \frac{1}{V} \frac{M}{M_{\text{mol}}} RT = \frac{1}{V} \frac{Nm}{N_A m} RT = \frac{N}{V} \frac{R}{N_A} T.$$

式中 $N_A = 6.022 \times 10^{23} \, \text{mol}^{-1}$ 为阿伏伽德罗常量. 由上式可以得到理想气体状态方程的另一种形式

$$p = nkT. \tag{20.3-3}$$

式中 $n = \dfrac{N}{V}$ 为单位体积气体内的分子数,称为气体**分子数密度**.

$$k = \frac{R}{N_A} = 1.38 \times 10^{-23} \, \text{J/K},$$

称为**玻尔兹曼常量**. 它是奥地利物理学家玻尔兹曼(Boltzmann 1844—1906)于 1872 年引入的. 可以这样说,R 是描述 1 mol 气体行为的普适常量,而 k 是描述一个分子或一个粒子行为的普适常量.

利用(20.3-3)式,还可以计算标准状态下 1 m^3 体积中的气体分子数 n,

$$n = \frac{p}{kT} = \frac{1.013 \times 10^5}{1.38 \times 10^{-23} \times 273.15} = 2.6876 \times 10^{25} (\text{个}).$$

这个数称为**洛施密特**(Loschmidt)**数**,它与气体种类无关.

例 20-1 (1) 假设在地球大气中,大气压 p 随高度 y 的变化为等温的,试证:$p = p_0 e^{-\frac{mgy}{kT}}$. 其中 m 为大气分子质量,p_0 为地面 $y=0$ 处的大气压.

(2) 再证单位体积内大气分子数 n 随高度 y 的变化有 $n = n_0 e^{-\frac{mgy}{kT}}$. 其中 n_0 为地面 $y=0$ 处的单位体积内大气的分子数.

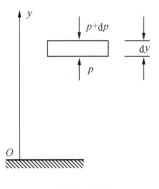

例 20-1 图

解 (1) 如图所示,在 y 处考察厚为 $\text{d}y$、截面积为 S 的薄层气体的受力. 由力的平衡可得

$$pS = (p + \text{d}p)S + \rho g S \text{d}y.$$

整理得到

$$\frac{\text{d}p}{\text{d}y} = -\rho g. \qquad ①$$

气体状态方程 $pV = \dfrac{M}{M_{\text{mol}}} RT$,对该式改写成

$$p = \frac{M}{V} \frac{RT}{M_{\text{mol}}} = \rho \frac{RT}{mN_A} = \frac{\rho}{m} kT. \qquad ②$$

将②式代入①式消去 ρ 得到 $\dfrac{\text{d}p}{p} = -\dfrac{mg}{kT} \text{d}y.$

解此微分方程,得到

$$p = p_0 e^{-\frac{mg}{kT}y}. \qquad ③$$

此式表明大气压强随高度按指数规律减小. 这一公式称为恒温气压公式. 实际上恒温气压公式③只能在高度不超过 2 km 时才能给出比较接近实际的结果.

(2) 把气体状态方程 $p = nkT$, 以及 $p_0 = n_0 kT$ 代入③式得到

$$n = n_0 e^{-\frac{mg}{kT}y}.$$

20.4 气体分子动理论的压强公式

▶ 20.4.1 理想气体分子模型

要从分子动理论的观点来阐明气体的宏观性质和规律, 必须建立气体的微观模型. 先对理想气体分子做出如下合理假设:

(1) 所考虑的气体分子数量是巨大的. 分子间距远大于它们本身的线度, 因而分子自身占有的体积与容器的容积相比是微不足道的. 分子是无结构的, 即把它考虑成只有质量的质点.

(2) 分子的运动服从牛顿运动定律, 但是, 个别分子的运动是随机的. 对于随机运动, 意味着分子以相同概率向各个方向运动. 分子可以有各种不同的运动速率, 尽管分子与分子间有碰撞, 这种速率的分布不会随时间而变.

(3) 分子间的碰撞是完全弹性碰撞, 碰撞中动能和动量均守恒.

(4) 除了碰撞瞬间, 分子间的相互作用是可以忽略的, 只有在分子间发生碰撞时, 它们才有相互作用力.

(5) 如果所考虑的气体只是某种纯净气体, 我们认为该种气体的所有分子是全同的, 即无法区别这个分子与那个分子有何不同.

总之, 理想气体是自由地、无规则地运动着的刚性小球形分子的集合, 它们的运动和相互作用符合牛顿力学. 应该注意, 在计算理想气体的内能、热容时必须考虑分子的结构, 这里把理想气体的分子说成是无结构, 实际上我们只考虑了分子的质心运动(平动).

▶ 20.4.2 理想气体压强公式

气体的压强是气体的基本性质之一, 是一个宏观量. 从气体分子动理论来看, 气体对器壁所作用的压强, 是大量分子对器壁无数次碰撞的统计效果. 下面运用理想气体分子模型, 来推导气体的压强公式.

设体积为 V 的容器内有数量巨大的 N 个理想气体分子, 为简单起见, 假设容器为边长 d 的立方体. 考虑某一气体分子以速度 $\boldsymbol{v}$ 向着容器的右面飞来. 该分子的速度分量分别为 v_x, v_y, v_z. 由于分子与器壁的碰撞是完全弹性的, 因而相碰后, 该分子速度的 x 分量将等值反向, 而它的 y 分量、z 分量均保持不变(图 20-8). 设气体分子质量为 m, 碰撞前分子动量的 x 分量是 mv_x, 碰撞后分子动量的 x 分量是 $-mv_x$, 分子动量的改变为

$$\Delta p_x = -mv_x - (mv_x) = -2mv_x.$$

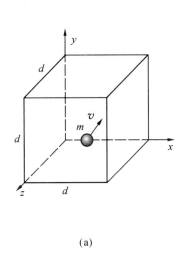
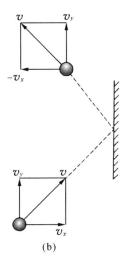

图 20-8

每次碰撞，器壁获得的动量是 $+2mv_x$. 因为分子在与右壁撞击后飞过 $\dfrac{d}{v_x}$ 时间与左壁相碰，从左壁再经过 $\dfrac{d}{v_x}$ 时间间隔再与右壁相碰. 因此，一个分子连续两次对同一器壁发生碰撞的时间间隔 $\Delta t = \dfrac{2d}{v_x}$. 如果 f 是一个分子在 Δt 时间内作用在右面器壁上的平均力，从冲量定义知

$$f\Delta t = 2mv_x,$$

$$f = \dfrac{2mv_x}{\Delta t} = \dfrac{2mv_x}{\dfrac{2d}{v_x}} = \dfrac{mv_x^2}{d}.$$

气体作用在右面器壁上的总的力是所有气体分子上述力的总和 $\sum f$. 为了求出压强 p，要对总力除以面积 d^2.

$$p = \dfrac{\sum f}{d^2} = \dfrac{m}{d^3}(v_{x1}^2 + v_{x2}^2 + \cdots + v_{xN}^2).$$

其中 $v_{x1}, v_{x2}, \cdots, v_{xN}$ 指气体分子 $1, 2, \cdots, N$ 的速度的 x 分量. 引入 v_x^2 的平均值的概念. v_x^2 的平均值由下面定义式给出

$$\overline{v_x^2} = \dfrac{v_{x1}^2 + v_{x2}^2 + \cdots + v_{xN}^2}{N}.$$

注意到容器体积 $V = d^3$，因而压强 p 可以表示成

$$p = \dfrac{Nm}{V}\overline{v_x^2}. \tag{20.4-1}$$

对于每一个气体分子，其速率的平方有 $v^2 = v_x^2 + v_y^2 + v_z^2$，对它 N 个气体分子速率的平方取平均，$\dfrac{v_1^2 + v_2^2 + \cdots + v_N^2}{N} = \overline{v^2}$，这样就有

$$\overline{v^2} = \overline{v_x^2} + \overline{v_y^2} + \overline{v_z^2}.$$

由于对所有分子来说,没有哪个方向优先于其他方向,所以速度分量平方的平均值$\overline{v_x^2}$,$\overline{v_y^2}$,$\overline{v_z^2}$应该彼此相等,因而

$$\overline{v_x^2}=\overline{v_y^2}=\overline{v_z^2}=\frac{1}{3}\overline{v^2}.$$

这样,(20.4-1)式又可以写成

$$p=\frac{Nm}{3V}\overline{v^2}=\frac{1}{3}nm\overline{v^2}. \tag{20.4-2}$$

再引入分子平均平动动能的概念.平均平动动能$\overline{e_k}$为

$$\overline{e_k}=\frac{1}{2}m\overline{v^2}.$$

(20.4-2)式又可以写成

$$p=\frac{2}{3}\cdot\frac{N}{V}\overline{e_k}=\frac{2}{3}n\overline{e_k}. \tag{20.4-3}$$

该式告诉我们,气体压强正比于单位体积内分子数$\frac{N}{V}$,正比于分子的平均平动动能$\overline{e_k}$.

(20.4-3)式的意义在于把宏观量p与微观量$\frac{1}{2}mv^2$的平均值$\overline{e_k}$联系了起来,p是可以用实验测定的,而$\overline{e_k}$不能直接测定.在推导(20.4-3)式的过程中,不但用了力学原理,同时还用到了统计学的知识(即对大量粒子求平均).

从上面的讨论中可知,气体分子对容器壁的碰撞是不连续的,它对壁的冲量有大有小,所以压强是一个统计平均量,是大量气体分子对器壁碰撞的统计平均结果.同样,单位体积内的分子数$\frac{N}{V}$也是一个统计平均量,因此(20.4-3)式是一个统计规律,不是一个单纯的力学规律.对于单个气体分子或少数量的气体分子来说它的压强有多大是没有意义的.

注意,在上述推导过程中,未计及分子与分子间的碰撞,实际上当考虑分子间碰撞时,结果并不会改变,同时(20.4-3)式对任意形状容器均是相同的.

20.5 温度的微观解释

▶ 20.5.1 温度的统计意义

将(20.4-3)式与(20.3-3)式比较,可得

$$\frac{1}{2}m\overline{v^2}=\frac{3}{2}kT. \tag{20.5-1}$$

上式表明,理想气体分子的平均平动动能只与温度有关,与理想气体种类无关.

注意,理想气体状态方程(20.3-2)的基础是理想气体宏观性质的实验事实,k是玻耳兹曼常量,$k=\frac{R}{N_A}=1.38\times10^{-23}$ J/K.$\frac{1}{2}m\overline{v^2}$是微观量分子平动动能的统计平均.(20.5-1)式指出,作为宏观量的温度只与气体分子的平均平动动能有关.温度是与大量分子的平均平动

动能相联系的,是大量气体分子无规则热运动的集体表现,也具有统计意义.对于单个分子,说它有温度是没有意义的.

(20.5-1)式指出每个分子的平均平动动能 $\frac{1}{2}m\overline{v^2}=\frac{3}{2}kT$,因为 $\overline{v_x^2}=\frac{1}{3}\overline{v^2}$,所以

$$\frac{1}{2}m\overline{v_x^2}=\frac{1}{2}kT. \tag{20.5-2a}$$

同样,对于 y 轴方向和 z 轴方向,也有

$$\frac{1}{2}m\overline{v_y^2}=\frac{1}{2}kT,$$

$$\frac{1}{2}m\overline{v_z^2}=\frac{1}{2}kT. \tag{20.5-2b}$$

按照(20.5-2a)(20.5-2b)式,与 x 轴方向、y 轴方向、z 轴方向有关的平均平动动能都是 $\frac{1}{2}kT$.我们知道,决定一个质点在空间位置需要的独立坐标数目为3,即称质点的自由度为3.(20.5-2a)(20.5-2b)式表明粒子的每个平动自由度贡献一份相等的能量 $\frac{1}{2}kT$.这个结果可以推广,称为能量均分原理,将在下节详细讨论.

▶ **20.5.2 方均根速率**

$\overline{v^2}$ 的平方根 $\sqrt{\overline{v^2}}$ 称为**气体分子的方均根速率**,用 v_{rms} 表示.从(20.5-1)式可得方均根速率 v_{rms} 为

$$v_{\text{rms}}=\sqrt{\frac{3kT}{m}}. \tag{20.5-3a}$$

式中 m 为气体分子质量,而

$$\frac{k}{m}=\frac{R}{N_A \cdot m}=\frac{R}{M_{\text{mol}}},$$

M_{mol} 是该种气体的摩尔质量,因此方均根速率又可写成

$$v_{\text{rms}}=\sqrt{\frac{3RT}{M_{\text{mol}}}}. \tag{20.5-3b}$$

(20.5-3a)(20.5-3b)式也是一个统计关系式,知道了宏观量温度 T 和摩尔质量 M_{mol},能求出微观量速率 v 的一种统计平均值 v_{rms}.虽然无法算出单个分子速率 v,但是,有了统计平均值 v_{rms} 后,就能对气体分子的运动情况有统计的了解,如 v_{rms} 大,表明在该种气体中大速率的分子多.

例 20-2 试求 $t_1=1\ 000\ ℃$ 和 $t_2=0\ ℃$ 时气体分子的平均平动动能.

解 $t_1=1\ 000\ ℃$,即 $T_1=1\ 273\ \text{K}$,根据(20.5-1)式,

$$\overline{e_k}=\frac{3}{2}kT_1=\frac{3}{2}\times 1.38\times 10^{-23}\times 1\ 273\ \text{J}=2.64\times 10^{-20}\ \text{J}.$$

同样可求得,$t_2=0\ ℃$,即 $T_2=273\ \text{K}$ 时,$\overline{e_k}=5.65\times 10^{-21}\ \text{J}$.

例 20-3 在多高温度,气体分子的平均平动动能等于 1 eV?1 K 温度的单个分子热运动平均平动能量相当于多少电子伏?

解 1 eV=1.6×10⁻¹⁹ J,按照题意,$\frac{3}{2}kT=1$ eV.

$$T=\frac{2}{3}\cdot\frac{1\text{ eV}}{k}=\frac{2}{3}\times\frac{1.6\times10^{-19}}{1.38\times10^{-23}}\text{ K}=7.73\times10^{3}\text{ K}.$$

1 K 温度的单个分子热运动平均平动能量为 $\frac{1}{7.73\times10^{3}}$ eV=1.29×10⁻⁴ eV.

例 20-4 试计算 0 ℃时氢分子的方均根速率.

解 $T=273$ K,氢的摩尔质量 $M_{\text{mol}}=2.02\times10^{-3}$ kg,由(20.5-3b)式,

$$v_{\text{rms}}=\sqrt{\frac{3RT}{M_{\text{mol}}}}=\sqrt{\frac{3\times8.31\times273}{2.02\times10^{-3}}}\text{ m/s}=1\ 835.5\text{ m/s}.$$

表 20-2 是利用(20.5-3b)式计算的一些气体分子在 20 ℃时的方均根速率.

表 20-2 一些气体分子在 20 ℃时的方均根速率 v_{rms}

气　　体	摩尔质量/×10⁻³ kg	$v_{\text{rms}}/\text{m}\cdot\text{s}^{-1}$
H₂	2.02	1 902
He	4.0	1 352
H₂O(蒸汽)	18	637
Ne	20.1	603
N₂ 或 CO	28	511
NO	30	494
CO₂	44	408
SO₂	48	390

例 20-5 容积为 0.3 m³ 的储气罐中有 2 mol 的氦气,设其温度为 20 ℃.把氦作为理想气体处理,求:

(1) 分子的平均平动动能;

(2) 该系统的分子平动动能的总和.

解 (1) 由(20.5-1)式可得

$$\overline{e_k}=\frac{1}{2}m\overline{v^2}=\frac{3}{2}kT=\frac{3}{2}\times1.38\times10^{-23}\times293\text{ J}=6.07\times10^{-21}\text{ J}.$$

(2) 所有分子的平均动能总和

$$E_k=\frac{3}{2}\nu RT=\frac{3}{2}\times2\times8.31\times293\text{ J}=7.30\times10^{3}\text{ J}.$$

*20.5.3 道尔顿分压定律的推导

下面用关系式(20.5-1)和理想气体的压强公式(20.4-3)来推证理想气体的一条实验定律——道尔顿分压定律.

设想有温度相同的几种不同种类的气体,混合在同一容器(体积 V)内.根据(20.5-1)式,温度相同表明各种气体的平均平动动能相等,即

$$\overline{e_{k1}} = \overline{e_{k2}} = \cdots.$$

设体积 V 内各种气体的分子数分别为 $N_1, N_2, \cdots$,则理想气体压强公式(20.4-3)中的 $N\overline{e_k}$ 应由下式替代,

$$N\overline{e_k} = N_1 \overline{e_{k1}} + N_2 \overline{e_{k2}} + \cdots.$$

这样,混合气体的总压强为

$$p = \frac{2}{3} \cdot \frac{1}{V}(N_1 \overline{e_{k1}} + N_2 \overline{e_{k2}} + \cdots) = \frac{2}{3} \cdot \frac{N_1}{V} \overline{e_{k1}} + \frac{2}{3} \cdot \frac{N_2}{V} \overline{e_{k2}} + \cdots = p_1 + p_2 + \cdots.$$

(21.5-4)

式中 $p_1, p_2, \cdots$ 称为各种气体的分压强,它是各种气体单独充满体积 V 时产生的压强.(20.5-4)式说明,混合气体的总压强等于组成混合气体的各种成分的分压强之和.这就是**道尔顿分压定律**.

20.6 能量均分原理

▶ 20.6.1 自由度

前面讨论理想气体的压强和温度的统计意义时,只考虑了分子的平动,所以将气体分子看作弹性质点.但气体分子往往具有复杂的结构,分子除平动外,还有转动和组成同一分子的各原子间的振动等.所以,分子的总能量应为上述所有运动能量的总和.因此,在讨论分子的热运动能量时不能将气体分子看作质点.为了用统计的方法计算分子的平均能量,需要引入运动自由度的概念.所谓**自由度**,是指确定一个物体在空间的位置所需要的独立坐标数.

如图 20-9 所示为一个由三个原子组成的分子结构示意图. C 为该分子的质心,确定质心的空间位置需要三个坐标,即需要三个平动自由度 x, y, z.以 t 表示平动自由度,则 $t=3$.为了确定分子在空间的方位,取通过质心的轴线,该轴线与三个直角坐标轴的夹角用 α, β, γ 三个方向角表示.但三个方向角的方向余弦有 $\cos^2\alpha + \cos^2\beta + \cos^2\gamma = 1$ 的关系,说明三个方位角中只有两个是独立的.另外确定分子绕上述轴线的转动需要一个自由度 θ.所以,若以 r 代表转动自由度,则 $r=3$.由于分子中各原子间存在振动,若以 s 表示振动自由度,则 s 的大小要根据分子的具体结构进行分析才能确定.在温度不太高时,不考虑分子内的振动也能给出与实验大致相符的结果.所以,下面讨论分子的热运动平均能量时,不考虑原子间的振动,即认为气体分子都是刚性的.若设一个分子的总自由度为 i,则刚性分子的总自由度为 $i=t+r$.

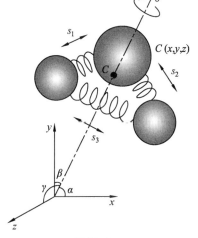

图 20-9

对于 He,Ne,Ar 等单原子分子,可以看作质点,确定它的位置需要 3 个平动自由度 [图 20-10(a)].对于刚性双原子分子(如 H_2, N_2, O_2 等)除了 3 个平动自由度外,还需要 2 个

转动自由度来确定通过两个原子的轴线在空间的方位[图 20-10(b)]. 由于原子的质量几乎都集中在远小于原子大小的原子核内,双原子分子对此轴的转动动能可以忽略不计,即刚性双原子分子有 5 个自由度,其中 3 个为平动自由度,2 个为转动自由度. 对于多原子分子(如 HO_2,CO_2,CH_4 等),其绕轴的转动动能不能忽略[图 20-10(c)],所以刚性多原子分子有 6 个自由度,其中 3 个为平动自由度,3 个为转动自由度.

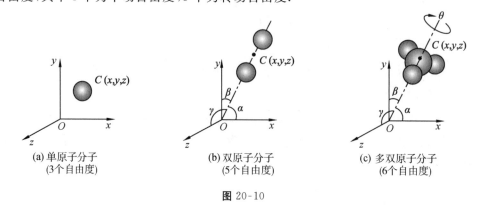

(a) 单原子分子　　　　(b) 双原子分子　　　　(c) 多双原子分子
(3个自由度)　　　　　(5个自由度)　　　　　(6个自由度)

图 20-10

气体分子的运动自由度如下表所示.

表 20-3　气体分子的自由度

分子种类	平动自由度 t	转动自由度 r	总自由度 $i=t+r$
单原子分子	3	0	3
刚性双原子分子	3	2	5
刚性多原子分子	3	3	6

▶ 20.6.2　能量均分原理

前面已经提到理想气体分子的平均平动动能 $\overline{e_k}=\dfrac{3}{2}kT$,分子在每个平动自由度上具有相同的平均动能,其大小为 $\dfrac{1}{2}kT$. 也就是说,分子的平均平动动能 $\dfrac{3}{2}kT$ 是均匀地分配于每个平动自由度的. 这个结论可以推广到分子的转动和振动. 根据经典统计力学的基本原理,可以导出一个普遍的定理——**能量均分原理**,即在温度为 T 的平衡态,分子(气体、液体、固体)的每一个自由度都具有相同的平均动能 $\dfrac{1}{2}kT$. 其中 k 就是玻耳兹曼常量.

若确定某个气体分子在空间位置所需要的独立坐标数分别是 t 个平动自由度、r 个转动自由度、s 个振动自由度,那么由能量均分原理可知,该分子具有平均平动动能 $\dfrac{t}{2}kT$,平均转动动能 $\dfrac{r}{2}kT$,平均振动动能 $\dfrac{s}{2}kT$. 该分子平均总动能

$$\overline{e_k}=\dfrac{1}{2}(t+r+s)kT. \tag{20.6-1}$$

应该指出,能量均分原理也是一条关于分子热运动动能的统计规律,它是对大量分子统计平均的结果. 对于大量分子整体来说,动能按自由度均分完全是依靠分子间的碰撞实现的.

分子内原子的振动可以看作简谐运动. 由力学知识可知,谐振子在一个周期内的平均动能和平均势能是相等的,对于每一个振动自由度,除了有相关的 $\frac{1}{2}kT$ 平均动能外,还有 $\frac{1}{2}kT$ 的平均势能,因此分子的平均总能量为

$$\bar{e} = \frac{1}{2}(t+r+2s)kT. \tag{20.6-2}$$

在不考虑分子振动动能的情况下,刚性分子的平均总能量为

$$\bar{e} = \frac{i}{2}kT = \frac{1}{2}(t+r)kT. \tag{20.6-3}$$

由能量均分原理可以得到:

单原子分子,每个分子的平均(平动)动能 $\overline{e_k} = \frac{3}{2}kT$.

刚性双原子分子,每个分子的平均总动能 $\overline{e_k} = \frac{3+2}{2}kT = \frac{5}{2}kT$.

刚性多原子分子,每个分子的平均总动能 $\overline{e_k} = \frac{3+3}{2}kT = 3kT$.

▶ 20.6.3 理想气体的内能

实际气体的分子除了有与它的运动相联系的能量外,实验证实,气体的分子与分子之间存在一定的相互作用力,气体的分子与分子之间也有一定的势能. 气体分子的能量以及分子与分子之间的势能构成气体的总能量,称为**气体的内能**. 对于理想气体,不计及分子之间的相互作用力,因此理想气体的内能只是与分子运动相联系的那部分能量. 理想气体的内能只是分子的各种形式动能和分子内原子振动势能的总和. 1 mol 理想气体的内能为

$$U = \frac{1}{2}(t+r+2s)RT. \tag{20.6-4}$$

显然,ν mol 理想气体的内能为

$$U = \frac{1}{2}\nu(t+r+2s)RT. \tag{20.6-5}$$

对已讨论的几种理想气体在不计分子振动动能的情况下,它们的内能分别为

单原子分子气体 $\qquad U = \frac{3}{2}\nu RT.$ (20.6-6)

刚性双原子分子气体 $\qquad U = \frac{5}{2}\nu RT.$ (20.6-7)

刚性多原子分子气体 $\qquad U = 3\nu RT.$ (20.6-8)

由此可知,**理想气体的内能仅是温度 T 的函数**,并且理想气体的内能和热力学温度成正比. 应当指出,这个经典统计物理的结果也只是在与室温相差不大的温度范围内和实验结果近似相符.

20.7 麦克斯韦分子速率分布律

▶ 20.7.1 麦克斯韦分子速率分布律

事实上,处于平衡状态的气体,并非所有分子都具有相同的速率. 每一个分子与其他分子频繁地相碰,每秒碰撞次数可以高达数十亿次以上. 每次碰撞均改变了分子运动的速率和运动方向,因此对于个别分子来说,它的运动情况完全是偶然的,有些气体分子运动速率大些,有些分子的速率小些. 但是,对于大量气体分子来说,只要它处于平衡态,分子速率都完全遵循一个确定的统计分布规律.

这就是说,处于平衡状态下,对于个别气体分子而言,其速率可能是 0 至 ∞ 中的任意一个值,但是,对于大数量的气体分子而言,不可能所有的分子在同一时刻,其速率都取相同的值. 它们具有各种各样的速率,形成一个确定的分布,而且从这个分布能得到方均根速率为

$$v_{\text{rms}} = \sqrt{\frac{3kT}{m}}.$$

分子的速率分布,是指分布在某一速率区间的分子数,占全体分子数的百分比. 速率区间必须取成相等,这样才能突出分布的意义. 譬如,速率在 $0 \sim 100$ m/s 为一个区间,$100 \sim 200$ m/s 为另一个区间,$200 \sim 300$ m/s 为又一个区间等. 所取的区间越小,对分布情况的描述也就愈精确.

设气体分子的总数为 N,如果速率在区间 $v \sim v + \Delta v$ 内的分子数为 ΔN,则 $\frac{\Delta N}{N}$ 就表示在这一速率区间内的分子数占分子总数的百分比,速率分布就是讨论 $\frac{\Delta N}{N}$. 显然,$\frac{\Delta N}{N}$ 在各速率区间是不相同的,应是速率 v 的函数. 对于速率区间取得非常小的情形,$\frac{\Delta N}{N}$ 还应该与区间 Δv 的大小成正比. 由此,当 Δv 很小时,$\frac{\Delta N}{N} \propto \Delta v$,写成等式,

$$\frac{\Delta N}{N} = f(v)\Delta v.$$

严格来说,上式应该为 $\frac{\mathrm{d}N}{N} = f(v)\mathrm{d}v$,由此得到

$$f(v) = \frac{\mathrm{d}N}{N\mathrm{d}v}. \tag{20.7-1}$$

因此,$f(v)$(或者 $\frac{1}{N}\frac{\mathrm{d}N}{\mathrm{d}v}$)就是速率在 v 附近的单位速率区间内分子数对于分子总数的百分比. 函数 $f(v)$ 定量地反映出给定气体在温度 T 时按速率分布的具体情况,$f(v)$ 称为**分子速率分布函数**.

1859 年,英国物理学家麦克斯韦(James Clerk Maxwell 1831—1879)从理论上导出了分子速率分布函数$f(v)$的表达式.在当时的条件下,还没有能力去实际检测分子的速率分布,因而麦克斯韦这项工作曾经引起极大争议.然而 60 年以后完成的实验证实了麦克斯韦预言的正确.麦克斯韦导出的 $f(v)$ 的表达式为

$$f(v) = 4\pi \left(\frac{m}{2\pi kT}\right)^{3/2} v^2 e^{-mv^2/(2kT)}. \tag{20.7-2}$$

式(20.7-2)称为**麦克斯韦速率分布定律**.式中 m 是气体分子的质量,k 是玻耳兹曼常量.

图 20-11 描绘的是麦克斯韦分子速率分布曲线,图中小矩形面积表示速率区间 $v \sim v + \Delta v$ 内的分子数占分子总数的百分比.速率分布曲线下的全部面积表示速率在 $0 \to \infty$ 的分子数占分子总数的百分比.这个百分比当然是 100%,用式表示为

$$\int_0^\infty f(v) \mathrm{d}v = 1.$$

所有的分布函数必须满足的这一关系式称为**分布函数的归一化条件**.

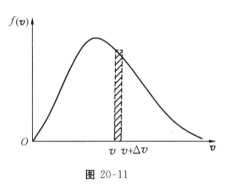

图 20-11

从图 20-11 可以看到,麦克斯韦速率分布曲线是从坐标原点出发,经过一极大值后,随着速率的增大而趋近于横坐标.这表明,气体分子速率很大和很小的分子数所占的百分比实际上都很小.与 $f(v)$ 取极大值所对应的速率叫作**最可几速率**,用 v_p 表示.它的物理意义是,如果把整个速率范围分成许多相等的小区间,则分布在 v_p 所在区间的分子数所占的百分比为最大.要确定 v_p,可取 $\frac{\mathrm{d}f(v)}{\mathrm{d}v} = 0$,用(20.7-2)式代入解出 v_p 为

$$v_p = \sqrt{\frac{2kT}{m}}.$$

上式表明最可几速率 v_p 随温度的升高而增大,随分子质量 m 增大而减小,$v = v_p$ 时,

$$f(v_p) = \sqrt{\frac{8m}{\pi kT}} e^{-1}.$$

▶ 20.7.2 气体分子的三种速率

分子速率除了有方均根速率 v_{rms} 以及最可几速率 v_p 以外,还有算术平均速率 $\bar{v}$,它是分子速率的算术平均值.利用速率分布函数 $f(v)$,可以分别得到 $\bar{v}$ 以及 $\overline{v^2}$ 的计算式:

$$\bar{v} = \frac{\sum v_i}{N} = \int \frac{v \mathrm{d}N}{N} = \int_0^\infty v f(v) \mathrm{d}v,$$

$$\overline{v^2} = \frac{\sum v_i^2}{N} = \int \frac{v^2 \mathrm{d}N}{N} = \int_0^\infty v^2 f(v) \mathrm{d}v.$$

根据麦克斯韦分子速率分布定律和上述三种速率的计算式,可以求得

$$v_{rms} = \sqrt{\overline{v^2}} = \sqrt{\frac{3kT}{m}} = \sqrt{\frac{3RT}{M_{mol}}} \approx 1.73 \sqrt{\frac{RT}{M_{mol}}}, \tag{20.7-3}$$

$$\bar{v}=\sqrt{\frac{8kT}{\pi m}}=\sqrt{\frac{8RT}{\pi M_{\text{mol}}}} \approx 1.60\sqrt{\frac{RT}{M_{\text{mol}}}}, \qquad (20.7\text{-}4)$$

$$v_{\text{p}}=\sqrt{\frac{2kT}{m}}=\sqrt{\frac{2RT}{M_{\text{mol}}}} \approx 1.41\sqrt{\frac{RT}{M_{\text{mol}}}}. \qquad (20.7\text{-}5)$$

注意(20.7-3)式求得的 v_{rms} 与(20.5-3)式相同. 从上述各式可以看到

$$v_{\text{rms}} > \bar{v} > v_{\text{p}}. \qquad (20.7\text{-}6)$$

当温度升高时,方均根速率 v_{rms} ($\bar{v}$ 与 v_{p} 也一样)增大,这和温度的微观解释相一致. 图 20-12 中,我们给出的是氧气在两个不同温度(73 K 和 273 K)时的麦克斯韦速率分布曲线. 温度升高时,气体中速率较小的分子数减少,而速率较大的分子数增多,最可几速率增大,这使得曲线高峰右移,但由于曲线下的总面积应该等于1,所以温度升高时曲线变得较为平坦.

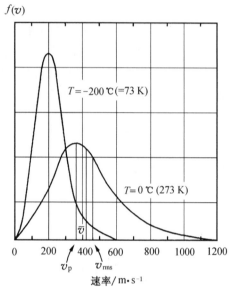

图 20-12

在室温下上述三种速率的数量级一般为每秒几百米. 这三种速率在不同的场合有各自的应用. 讨论分子速率分布时,要用到最可几速率 v_{p};计算分子运动的平均自由程,要用到平均速率 $\bar{v}$;计算分子的平均平动动能,则要用到方均根速率 v_{rms}.

▶*20.7.3 气体分子速率分布的实验测定

由于技术条件(如高真空技术、测量技术等)的限制,测定气体分子速率分布的工作,直到 20 世纪的 20 年代才实现. 图 20-13 是蔡特曼(Zartman)和我国物理学家葛正权于 1930—1934 年测定分子速率装置的示意简图,它是对斯特恩(Stern)在 1920 年所用的方法作了改进. 金属银在火炉 O 中受热熔化并蒸发,银原子通过炉上小孔逸出,并通过狭缝 S_1 和 S_2 成为一束银分子射线. 这束包含有各种速率的分子射线进入真空区,圆筒 C 可以绕轴 A 以大约每秒 100 转的转速旋转,银分子射线仅在圆筒 C 上的狭缝 S_3 与 S_2 和 S_1 上狭缝对齐的短暂时间才进入圆筒. 假设圆筒以顺时针方向旋转,则当这些分子穿越圆筒直径时,与圆筒粘在一起的弯曲的玻璃板 BG 向右移动. 分子速率越小,分子到达玻璃板的位置越偏左,所以玻璃板上不同位置变黑的程度就是分子束的"速度谱"的量度. 取下玻璃板,用自动记录的测微光度计测定玻璃板各位置上变黑的程度,就可以确定玻璃板任一部位的相对分子数.

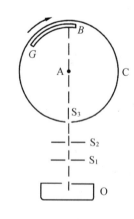

图 20-13

显然,分子束中不同速率的分子投射在玻璃片的不同位置.实验定量结果表明蒸气源内的分子的速率分布是遵守麦克斯韦分子速率分布定律的.

例 20-6 有 10 个质点,以 m/s 为单位它们的速率分别为 0,1,2,3,3,3,4,4,5,6.求:

(1) 这些质点的平均速率;
(2) 这些质点的方均根速率;
(3) 这些质点的最可几速率.

解 (1) 平均速率 $\bar{v}$ 可按照定义来计算,

$$\bar{v} = \sum_{i=1}^{10} \frac{v_i}{10} = (0+1+2+3+3+3+4+4+5+6)\frac{1}{10} \text{ m/s} = 3.1 \text{ m/s}.$$

(2) 方均根速率也按照定义来计算,

$$\overline{v^2} = \sum_{i=1}^{10} \frac{v_i^2}{10} = (0+1^2+2^2+3^2+3^2+3^2+4^2+4^2+5^2+6^2)\frac{1}{10} \text{ m}^2/\text{s}^2 = 12.5 \text{ m}^2/\text{s}^2.$$

方均根速率
$$v_{\text{rms}} = \sqrt{12.5} \text{ m/s} = 3.5 \text{ m/s}.$$

(3) 在这 10 个质点中,3 个质点的速率为 3 m/s,2 个质点的速率为 4 m/s,其余质点的速率各不相同.质点的最可几速率为

$$v_{\text{p}} = 3 \text{ m/s}.$$

虽然本例仅对由 10 个质点组成的系统来计算它的三种速率似乎质点数太少了些,但是它对理解三种速率的求解方法是有益的.

例 20-7 设大气的温度 $T = 290$ K.

(1) 求大气中下列气体的方均根速率:H_2, He, H_2O, N_2, O_2, Ar, CO_2.
(2) 计算上述气体的逃逸速率与方均根速率之比.

解 所谓气体分子的逃逸速率,就是力学中第二宇宙速度 v_2 的概念.逃逸速率可以通过分子动能 $\frac{1}{2}mv_2^2$ 与相对于无穷远处的引力势能 $-\frac{GM_\oplus m}{R_\oplus}$ 总和为零求得.

$$\frac{1}{2}mv_2^2 - \frac{GM_\oplus m}{R_\oplus} = 0, \quad v_2 = \sqrt{\frac{2GM_\oplus}{R_\oplus}}.$$

式中地球质量 $M_\oplus = 5.98 \times 10^{24}$ kg,地球半径 $R_\oplus = 6\,378$ km,引力常量 $G = 6.67 \times 10^{-11}$ m^3/(kg·s^2),解得

$$v_2 = 11.2 \times 10^3 \text{ m/s}.$$

分子的方均根速率 $v_{\text{rms}} = \sqrt{\frac{3RT}{M_{\text{mol}}}}$.设逃逸速率与方均根速率之比为 K,

$$K = \frac{v_2}{v_{\text{rms}}}.$$

把计算的结果列入下表:

气 体	H_2	He	H_2O	N_2	O_2	Ar	CO_2
$M_{\text{mol}}/\times 10^{-3}$ kg·mol^{-1}	2	4	18	28	32	40	44
温度 $T = 290$ K,$v_{\text{rms}}/\text{m·s}^{-1}$	1 901	1 344	633.7	508.1	475.3	425.6	405.3
$K = v_2/v_{\text{rms}}$	5.9	8.33	17.67	22.04	23.55	26.32	27.63

大气分子的热运动促使大气分子逸散,而万有引力则阻止它们逸散,本题中的 K 标志着二者在抗衡中谁优先的问题.由上表可知,对于 K 越大的气体分子,它越不容易散失.现代宇宙学告诉我们,任何行星形成之初,原始大气中都有相当数量的 H_2 和 He,而现在地球的大气里几乎没有 H_2 和 He,而其主要成分却是 O_2 和 N_2.本例的计算能帮助我们理解这一事实.

*20.8 速度分布律 玻耳兹曼分布律

▶ 20.8.1 麦克斯韦分子速度分布律

上节讨论的是气体分子按速率分布的规律,它对分子的速度方向未作任何确定.本节介绍气体分子按速度分布的规律.实际上,麦克斯韦是先导出速度分布,然后再从速度分布得到速率分布的.

麦克斯韦最早用概率统计的方法导出了理想气体分子的速度分布:在温度 T 的平衡态,气体分子速度分量 v_x 在区间 $v_x \sim v_x+\mathrm{d}v_x$ 内、v_y 在区间 $v_y \sim v_y+\mathrm{d}v_y$ 内、v_z 在区间 $v_z \sim v_z+\mathrm{d}v_z$ 内的分子数占分子总数的百分比

$$\frac{\mathrm{d}N}{N}=\left(\frac{m}{2\pi kT}\right)^{3/2}\mathrm{e}^{-m(v_x^2+v_y^2+v_z^2)/(2kT)}\mathrm{d}v_x\mathrm{d}v_y\mathrm{d}v_y. \tag{20.8-1}$$

分布函数,

$$F(v)=\frac{\mathrm{d}N}{N\mathrm{d}v_x\mathrm{d}v_y\mathrm{d}v_z}=\left(\frac{m}{2\pi kT}\right)^{3/2}\mathrm{e}^{-mv^2/(2kT)}. \tag{20.8-2}$$

(20.8-2)式称为**麦克斯韦分子速度分布律**.它满足归一化条件 $\iiint_{-\infty}^{\infty}F(v)\mathrm{d}v_x\mathrm{d}v_y\mathrm{d}v_z=1$.

▶ 20.8.2 玻耳兹曼分布律

在麦克斯韦分子速率分布律中,有指数因子 $\mathrm{e}^{-mv^2/(2kT)}$,其中 $\frac{1}{2}mv^2$ 是分子的平动动能,这说明速率区间 $\mathrm{d}v$ 内的分子数与它们的平动动能有关.同样,在麦克斯韦分子速度分布律中,也有指数因子 $\mathrm{e}^{-mv^2/(2kT)}$,说明速度区间 $\mathrm{d}v_x\mathrm{d}v_y\mathrm{d}v_z$ 内的分子数也与平动动能有关.玻耳兹曼将这一规律推广:在温度 T 的平衡态,某状态区间(一个粒子的能量为 e)的粒子数正比于 $\mathrm{e}^{-e/(kT)}$.这是统计物理中适用于任何系统的一个基本定律.称为玻耳兹曼分子按能量分布定律,简称**玻耳兹曼分布律**.

玻耳兹曼分布律中,一个粒子的总能量 E 指粒子的动能与势能的总和,即 $E=e_k+e_p$.e_p 是粒子在保守场(如重力场、静电场等)中的势能.

玻耳兹曼分布律说明,在能量越大的状态区间内粒子数越少,它按指数规律 $\mathrm{e}^{-E/(kT)}$ 急剧减小.

20.9 分子平均自由程

▶ 20.9.1 分子平均自由程　碰撞频率

常温下,气体分子是以每秒数百米的平均速率运动着的.但是,气体的热传导和扩散过程都进行得相当慢,说明气体分子在前进中要与其他分子作频繁的碰撞.如图 20-14 所示,分子从一个位置移至另一个位置的过程中,它不断地与其他分子碰撞,结果是沿迂回的折线前进.气体的热传导和扩散等进程进行的快慢与分子间相互碰撞的频繁程度有关.

每个气体分子在运动过程中与其他分子任意两次连续的碰撞之间所需的时间不同,经过的自由路程的长短也不同.我们不可能逐个地求出这些时间和距离,但可以求出单位时间内一个分子与其他分子碰撞的平均次数,以及

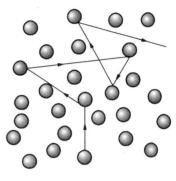

图 20-14

相邻两次碰撞间分子自由运动的平均路程.前者称为**平均碰撞次数**或**平均碰撞频率**,以 $\bar{z}$ 表示,后者称为分子的**平均自由程**,以 $\bar{\lambda}$ 表示. $\bar{z}$ 和 $\bar{\lambda}$ 的大小反映了分子间碰撞的频繁程度.显然, $\bar{z}$ 和 $\bar{\lambda}$ 与分子运动的平均速率 $\bar{v}$ 之间有如下关系

$$\bar{\lambda} = \frac{\bar{v}}{\bar{z}}. \tag{20.9-1}$$

我们以同种分子的碰撞为例,并假设气体分子都是直径为 d 的弹性小球,当两个分子小球的中心距离为 d 时就会发生碰撞[图 20-15(a)].对每个分子而言,以该分子中心为球心,半径为 $2d$ 的球叫作分子作用球[图 20-15(b)],其他分子的中心进入该作用球时,将与该分子发生碰撞.为简单起见,先假设其他分子都静止不动,只有分子 A 在它们之间以平均相对速率 $\bar{u}$ 运动.以分子 A 的运动轨迹为轴线,以分子直径为半径作一长为 $\bar{u}$ 的曲折的圆柱体(图 20-16),这样凡是中心位于该曲折圆柱体内的分子都将与分子 A 发生碰撞.圆柱体的截面积 $\sigma = \pi d^2$,称为分子的**碰撞截面**.设单位体积内气体分子数为 n,则单位时间内分子 A 的平均碰撞次数 $\bar{z}$ 即为该曲折圆柱体内的分子总数,即

$$\bar{z} = \pi d^2 \bar{u} n.$$

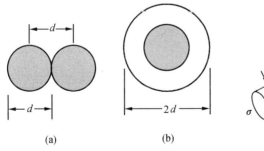

图 20-15

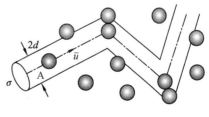

图 20-16

上述结果是在假定除分子 A 以外的其他分子都静止的情况下得出的。根据麦克斯韦速率分布律，分子平均速率 $\bar{v}$ 与平均相对速率 $\bar{u}$ 的关系为 $\bar{u}=\sqrt{2}\bar{v}$（证明从略），代入上式即得分子的平均碰撞频率为

$$\bar{z}=\sqrt{2}\pi d^2 \bar{v} n. \qquad (20.9\text{-}2)$$

将此式代入 (20.9-1) 式，可得平均自由程为

$$\bar{\lambda}=\frac{1}{\sqrt{2}\pi d^2 n}. \qquad (20.9\text{-}3)$$

这说明，平均自由程与分子的直径的平方及分子的数密度成反比，而与平均速率无关。又因为 $p=nkT$，所以 (20.9-3) 式又可写为

$$\bar{\lambda}=\frac{kT}{\sqrt{2}\pi d^2 p}. \qquad (20.9\text{-}4)$$

从 (20.9-4) 式可知，温度 T 一定时，平均自由程 $\bar{\lambda}$ 与压强 p 成反比。应当指出，实际上气体分子不是真正的球体，它是一个复杂的系统，分子之间相互作用力的性质也相当复杂。所以 (20.9-2)(20.9-3) 和 (20.9-4) 式中的分子直径 d 应该理解成分子的有效直径。分子有效直径 d 的数量级为 10^{-10} m。

例 20-8 求空气分子在标准状况下的平均自由程 $\bar{\lambda}$ 和碰撞频率 $\bar{z}$。空气分子的有效直径 $d \approx 3.5 \times 10^{-10}$ m。

解 平均自由程按 (20.9-3) 式计算，

$$\bar{\lambda}=\frac{kT}{\sqrt{2}\pi d^2 p}=\frac{(1.38\times 10^{-23})(273)}{\sqrt{2}\pi(3.5\times 10^{-10})^2(1.013\times 10^5)}\text{ m}=6.9\times 10^{-8}\text{ m}.$$

空气的摩尔质量为 28.8×10^{-3} kg/mol，它在标准状况下的平均速率为

$$\bar{v}=\sqrt{\frac{8RT}{\pi M_{\text{mol}}}}=\sqrt{\frac{8\times 8.31\times 273}{\pi\times(28.8\times 10^{-3})}}\text{ m/s}=447.8\text{ m/s}.$$

碰撞频率为

$$\bar{z}=\frac{\bar{v}}{\bar{\lambda}}=\frac{447.8}{6.9\times 10^{-8}}\text{ s}^{-1}=6.5\times 10^9 /\text{s}.$$

以上计算表明，在标准状况下一个空气分子的平均碰撞次数达每秒几十亿次，它的平均自由程约为分子直径的 200 倍。

▶ *20.9.2 真空度简介

工程技术上把低于 1 个大气压（1 atm $=1.01\times 10^5$ Pa）的气体状态称为"真空"。真空系统的压强称为真空度。各真空区域的划分、相应的真空度以及按 (20.9-4) 式计算的平均自由程见表 20-4。

表 20-4

区域名称	真空度/Pa	平均自由程 $\bar{\lambda}$/m
粗真空	$1.01\times 10^5 \sim 10^3$	10^{-6}
低真空	$10^3 \sim 10^{-1}$	10^{-3}
高真空	$10^{-1} \sim 10^{-6}$	10

续表

区域名称	真空度/Pa	平均自由程 $\bar{\lambda}/m$
超高真空	$10^{-6} \sim 10^{-12}$	10^7
极高真空	$<10^{-12}$	$>10^{10}$

20.10 范德瓦尔斯方程

迄今为止我们都假设真实气体也服从理想气体的状态方程 $pV = \nu RT$,假设真实气体的内能也只是温度 T 的单值函数 $U = U(T)$. 在通常温度下,真实气体的行为是非常接近理想气体的. 但是,在低温或高压下,真实气体与理想气体行为上有所偏离. 本节我们从真实气体等温线研究着手,导出真实气体的范德瓦尔斯(Van der Waals)状态方程,即范德瓦尔斯方程.

▶ 20.10.1 真实气体的等温线

历史上首先由安德鲁斯(Andrews)于1869年,对二氧化碳(CO_2)的等温过程进行了实验和研究. 对一定量的 CO_2 气体进行等温压缩,根据实验结果在 p-V 图上画出的等温线如图20-17所示. 图中 GA 段,体积随压强的增大而减小,与理想气体的等温线相似,在 A 点 CO_2 开始液化. 在液化过程的 AB 段,压强 p_0 保持不变,而气液两相的总体积由于气体数量的减少而急剧减小. AB 过程中每一状态是气液两相平衡共存的状态,压强 p_0 称为这一温度下的**饱和蒸气压**. B 点相当于 CO_2 全部液化,而 BD 段是液体的等温压缩,BD 线的形状表明了液体的不可压缩性. 图20-18是实验测得的不同温度的 CO_2 的等温线. 温度越高,饱和蒸气压越大,气液两相平衡共存的水平线也越短,温度到达某一值 T_K 时(对于 CO_2,这个温度为 31.1 ℃),水平线缩成一点 K. T_K 称为**临界温度**,T_K 等温线称为**临界等温线**,K 点称为**临界点**,相应的体积称为**临界体积**,以 V_K 表示,相应的压强称为**临界压强**,以 p_K 表示. T_K,p_K,V_K 称为**气体的临界恒量**. 不同气体临界恒量的测量值见表20-5.

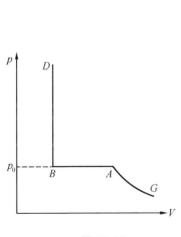

图 20-17

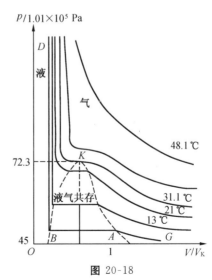

图 20-18

表 20-5　几种气体的临界恒量

气　体	T_K/K	$p_K/1.01\times10^5$ Pa	V_K/L·mol^{-1}
He	5.2	2.26	0.058
H_2	33.23	12.8	0.064
Ne	44.43	26.9	0.042
N_2	126.25	33.5	0.090
O_2	154.77	49.7	0.078
CO_2	304.15	72.3	0.094
NH_3	405.5	111.3	0.072
H_2O	647.2	217.7	0.045

从图 20-18 可知,温度高于 T_K 的等温线形状如同理想气体的等温线,而且临界等温线上也不出现气液平衡共存的态,这时对气体无论加多大的压强,气体也不会被液化.氦的临界温度特别低,直到 1908 年才把氦液化,并在 1928 年完成了把氦固化.

在图 20-18 所示的 p-V 图中,临界等温线的上方是气体状态,下面分为三个区域,把不同等温线上开始液化和液化终了的各点连成虚曲线 AKB.虚曲线 AK 的右边是气体状态,在 AKB 虚线以内是气液共存的区域,虚线 BK 的左边是液体状态.

▶ 20.10.2　范德瓦尔斯方程

对真实气体等温过程的研究,表明真实气体的行为与理想气体的状态方程有偏离,尤其在低温或高压下,偏离更大.因此,理想气体状态方程应用到真实气体,必须予以修正.修正主要是考虑以下两个事实:分子也有一定的大小,即它不是几何学上的点;分子之间存在相互作用力.

1873 年,荷兰物理学家范德瓦尔斯(J. D. Van der Waals 1837—1923)推出了经过修正的气体状态方程,它以简单形式把上述两种因素都考虑了进去.

由于必须计及气体分子本身的体积,因此可供一个气体分子运动的实际空间必然小于容器的容积.考虑到这项修正,就把 1 mol 理想气体状态方程 $pV=RT$,修改为
$$p(V-b)=RT.$$
对于给定气体,修正量 b 是一个恒量,可用实验测定.从理论上可以证明,修正量 b 为 1 mol 气体分子本身体积的 4 倍.1 mol 气体分子本身体积可以这样来估算:把气体分子看成球形,分子半径的数量级为 10^{-10} m,这样,1 mol 的气体分子本身的总体积为
$$V_1=N_A\cdot\frac{4}{3}\pi r^3=(6.022\times10^{23})\cdot\frac{4}{3}\pi(10^{-10})^3\text{ m}^3=2.5\times10^{-6}\text{ m}^3.$$

气体分子是个复杂系统,气体可以被压缩成液体,说明分子间有相互引力作用.分子相互接近时,其分子的相互作用力起作用,随着分子间距的减小,分子彼此吸引,如果气体分子在容器内部,它受到各方向分子对它吸引力的合力为零,气体分子间引力对它的运动没有影响,如图 20-19 所示.但是当气体分子飞向器壁与之碰撞时,由于受到指向内部引力合力作用,削弱了碰撞器壁时的动量,也就削弱了施予器壁的压强.当不考虑分子间引力作

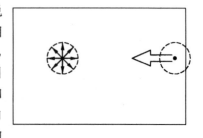

图 20-19

用时,气体施予器壁的压强为 $\frac{RT}{V-b}$. 考虑分子间引力后,实际器壁所受压强应该比 $\frac{RT}{V-b}$ 小,即实际所测出的压强为

$$p = \frac{RT}{V-b} - p_i.$$

p_i 称为**内压强**. 容器中单位体积内分子数 n 愈大,撞击器壁的气体分子受到指向内部的引力就愈大,修正量 p_i 愈大. 同时单位体积内分子数 n 越大,撞击器壁的分子也越多,修正量 p_i 也越大. 因此,内压强 p_i 正比于 n^2. 但是,n 与体积 V 成反比,所以,把 p_i 写成 $p_i = \frac{a}{V^2}$. 这样,1 mol 气体的范德瓦尔斯方程为

$$\left(p + \frac{a}{V^2}\right)(V-b) = RT. \tag{20.10-1}$$

对于质量为 M 的气体的范德瓦尔斯方程

$$\left(p + \frac{M^2}{M_{\text{mol}}^2}\frac{a}{V^2}\right)\left(V - \frac{M}{M_{\text{mol}}}b\right) = \frac{M}{M_{\text{mol}}}RT. \tag{20.10-2}$$

式中比例系数 a,b 的量值取决于气体的性质,通常由实验测定,如 CO_2 的 $a = 0.37$ N·m^4/mol^2,$b = 42.8 \times 10^{-6}$ m^3/mol.

虽然范德瓦尔斯方程与理想气体状态方程相比,能较好地反映客观实际(表 20-6),但并不是在所有各点都与真实气体实验数据相符合. 图 20-20 是对 $t = 13\ ^\circ\text{C}$ 的 CO_2 按照范德瓦尔斯方程(20.10-1)画出的一条等温线. 其中 AA' 相当于一个亚稳态,称为**过饱和汽**,$B'B$ 相当于过热液体,也是一个亚稳态. 它们都可以在实验中实现. 但是 $A'B'$ 部分表示体积随压强的降低而缩小的情形,实际上是不存在的.

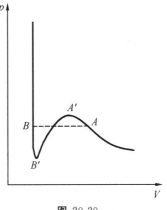

图 20-20

表 20-6 范德瓦尔斯方程与理想气体状态方程准确度的比较

1 mol 氮气在 0 ℃时的数据 $\begin{bmatrix} a = 1.390(\text{atm}\cdot\text{L}^2/\text{mol}^2) \\ b = 0.3913(\text{L/mol}) \end{bmatrix}$

实验值		计算值	
p/atm	V/L	pV/atm·L	$\left(p + \frac{a}{V^2}\right)(V-b)$/atm·L
1	22.41	22.41	22.41
100	0.222 4	22.24	22.40
500	0.062 35	31.17	22.67
700	0.053 25	37.27	22.65
900	0.048 25	43.40	22.4
1 000	0.046 4	46.4	22.0

应该指出,在任何情况下对于所有气体都适用的状态方程至今尚未找到.

*20.11　气体的输运现象及其宏观规律

气体的输运现象是指气体的黏滞、热传导以及扩散现象.这些问题都属于气体在非平衡状态下的变化过程.如果气体内各部分的物理性质原来是不均匀的,由于气体分子的相互碰撞以及相互掺和,最终,气体内各部分的物理性质将趋向均匀,气体的状态也随之趋向平衡.研究气体的输运规律,在科技、生产、生活中都极有意义.实际上本节所讨论的对象也不一定局限于气体.

▶ 20.11.1　黏滞现象及其宏观规律

流动中的气体,如果各气层的流速不相等,那么相邻的两个气层之间的接触面上,将形成一对阻碍两气层相对运动的等值而反向的摩擦力(内摩擦力),这就是**黏滞现象**.用管道输送气体,气体在管道中前进时,紧靠管壁的气体分子附着于管壁,流速为零,稍远一些的气体分子才有流速,在管道中央,气体的流速为最大.气体在管道中不能用同一流速前进,是气体有黏滞现象的实例.

黏滞所遵守的实验规律,可用图 20-21 来说明.设有两平行放置的平板,下板静止,上板以速度 u_0 沿 x 轴正方向运动,在两平板之间气体也将随之而向右流动,但是各层的流速并不相等.在顶层,气体的流速 $u=u_0$,而在底层气体流速 $u=0$.因此,在气体中,各气层的流速 u 沿着 y 轴正方向有变化.气层流速的空间变化率 $\dfrac{du}{dy}$ 称为**流速梯度**.

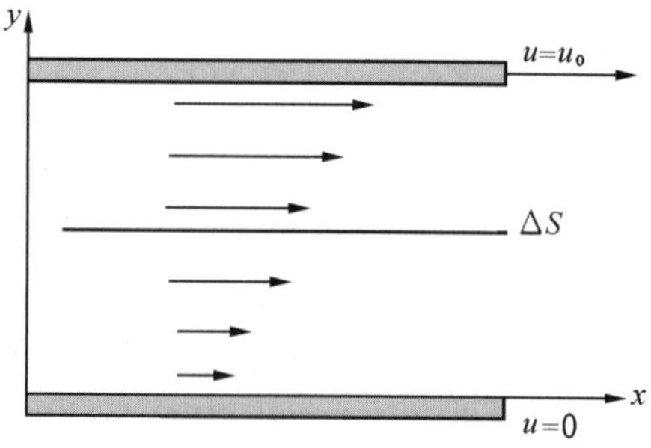

图 20-21

现在气体内沿流速方向作一平面 ΔS 与两平板平行.实验证明平面 ΔS 内的摩擦力 f 的大小与该处的流速梯度成正比,同时也与面积 ΔS 成正比,即

$$f = \pm \eta \frac{du}{dy} \Delta S. \tag{20.11-1}$$

式中比例系数 η 称为**黏度**,也称作**黏滞系数**(或内摩擦系数).正号表示流速快的层作用在流速较慢的层的摩擦力 f,方向与流速同方向,使该气层加速;负号表示流速慢的层作用在流速较快的层的摩擦力 f,方向与流速反向,使该气层减速.(20.11-1)式称为**牛顿黏滞定律**.

黏滞系数 η 的单位为 Pa·s.在 0 ℃时,实验测得空气的 $\eta=18.1\times10^{-6}$ Pa·s,氢的 $\eta=8.4\times10^{-6}$ Pa·s,氧的 $\eta=18.9\times10^{-6}$ Pa·s.其他流体也有黏滞现象,如 0 ℃时,水的 $\eta=1.8\times10^{-3}$ Pa·s,甘油的 $\eta=10\times10^{-3}$ Pa·s.

从气体分子动理论来看,黏滞现象来源于动量的迁移.如图 20-21 所示,在 ΔS 平面上、下两侧,将有许多分子穿过该面.设气体密度是均匀的,则在同一时间内,自上而下和自下而上所交换的分子数目是相等的.这些气体分子除了有热运动的动量外,还有与定向流速 u 相联系的定向动量.上、下两侧交换分子的结果,使得下层定向动量增加,上层定向动量减少.因此,从宏观上来说,这一效应相当于上层对下层作用一个沿 x 轴正方向的摩擦力,而下层对上层作用一个沿 x 轴负方向的摩擦力.所以,气体黏滞性起源于:气体内宏观定向动量的净迁移,而不是分子热运动动量的迁移.

20.11.2 热传导现象及其宏观规律

由于气体内部温度不均匀而引起热量的传递,称为**热传导现象**.

设气体的温度沿 x 轴变化,$\dfrac{dT}{dx}$ 表示气体中温度沿 x 轴的变化率,即**温度梯度**;ΔS 为垂直于 x 轴的某一平面的面积(图 20-22).实验证明:单位时间内,从温度较高一侧,通过 ΔS 平面,向温度较低一侧所传递的热量,与平面所在处的温度梯度成正比,与面积 ΔS 也成正比,即

$$\frac{\Delta Q}{\Delta t} = -k \frac{dT}{dx} \Delta S. \quad (20.11\text{-}2)$$

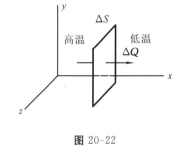

图 20-22

式中比例系数 k 称为**导热系数**,负号表示热量传递方向是从高温处传至低温处.(20.11-2)式称为**傅里叶定律**.

导热系数 k 的单位为 $W/(m \cdot K)$.实验测得:在 0 ℃时,氢、氧和空气的导热系数分别为 16.8×10^{-2} W/(m·K),2.42×10^{-2} W/(m·K) 和 2.3×10^{-2} W/(m·K);在 100 ℃时,水蒸气的导热系数为 2.2×10^{-2} W/(m·K).

热传导是由于分子热运动强弱(即温度)不均匀而产生的能量传递.当气体中存在温度梯度时,在上述 ΔS 面积左边"热层"内的分子与右边"冷层"内的分子相互碰撞与相互掺和,结果从热层到冷层有了热能净迁移.应该指出,热量的传递是在微观分子相互作用时实现的,对于单原子气体迁移的是分子的平动动能,而多原子气体迁移的除了平动动能,还包含转动动能和振动动能.

20.11.3 扩散现象及其宏观规律

若容器中放有不同种类的气体,或者是同一种气体,但是各部分密度不同,经过一段时间后,容器中各部分气体的成分以及气体的密度都将趋向均匀一致,这种现象叫作**扩散现象**.实际的扩散过程都较为复杂,它常和多种因素有关.

为了讨论简化,本节考虑自扩散,即气体的分子质量和大小极为相近的两种气体(如 N_2 与 CO 的情形),在总密度均匀和没有宏观气流条件下的相互扩散.较为典型的自扩散例子是同位素之间的扩散.对于这两种气体中的一种气体的质量的迁移,可以这样来考虑:设这种气体的密度 ρ 沿 x 轴方向有变化,$\dfrac{d\rho}{dx}$ 就是这种气体的密度沿 x 轴方向的空间变化率,称为**密度梯度**.设 ΔS 为垂直于 x 轴的某平面的面积(图 20-23).实验证明,单位时间内,从密度较大的一侧,通过平面 ΔS 向密度较小一侧扩散的质量,是与平面所在处密度梯度成正比,同时也与面积 ΔS 成正比,即

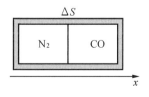

图 20-23

$$\frac{\Delta m}{\Delta t} = -D \frac{d\rho}{dx} \Delta S. \tag{20.11-3}$$

式中比例系数 D 称为**扩散系数**，负号表示气体的扩散是从密度较大处向密度较小处进行.

扩散系数 D 的单位是 m^2/s. 常温以及标准大气压下氢的扩散系数 $D = 1.28 \times 10^{-4}\ m^2/s$，氧的扩散系数 $D = 0.189 \times 10^{-4}\ m^2/s$.

从气体分子动理论观点，扩散现象是气体分子无规则热运动的结果，分子从较高密度处向较低密度处运动(迁移)，同时也在相反方向存在分子的迁移. 因为在较高密度处的分子数多，所以向较低密度处迁移的分子数也较相反方向的多. 因此扩散现象是质量净迁移的结果.

内 容 提 要

1. 平衡态：在不受外界影响下(外界影响指外界对系统做功和传热)，系统的宏观性质不随时间而变化的状态.

   平衡态由一些宏观的状态参量(如温度、压强、体积、物质的量等)来描述.

2. 热力学第零定律：与第三个系统处于热平衡的两个系统，它们彼此也处于热平衡. 处在同一热平衡的所有系统都具有一个相同的宏观性质，这就是温度.

3. 温标.

   (1) 三要素：测温物质的测温属性、固定点(定标点)、对测温特性随温度变化作出规定.

   (2) 常用温标：摄氏温标(℃).

   (3) 科学用温标：理想气体温标(K)、热力学温标(K)、国际温标.

4. 理想气体状态方程：在平衡态下

   $pV = \nu RT$，普适气体常量 $R = 8.31\ J/(mol \cdot K)$；

   $pV = NkT$，玻耳兹曼常量 $k = R/N_A = 1.38 \times 10^{-23}\ J/K$.

5. 理想气体压强公式(统计规律，不是力学规律)：$p = \frac{2}{3} n \overline{e_k}$，$\overline{e_k} = \frac{1}{2} m \overline{v^2}$.

6. 温度的统计意义：$\overline{e_k} = \frac{1}{2} m \overline{v^2} = \frac{3}{2} kT$.

7. 能量均分原理：在温度 T 的平衡态，分子(气体、液体、固体)的每一个自由度都具有相同的平均动能 $\frac{1}{2} kT$.

   (1) 自由度：决定物体位置所需的独立坐标数.

   (2) 分子平均动能：$\overline{e_k} = \frac{1}{2}(t+r+s)kT$. 其中 t 为平动自由度，r 为转动自由度，s 为振动自由度(实际上在常温下振动自由度不激发).

   (3) 高温下，理想气体中分子除每个自由度获动能 $\frac{1}{2} kT$，振动自由度还有势能 $\frac{1}{2} kT$，分子平均能量 $\overline{e} = \frac{1}{2}(t+r+2s)kT$.

8. 理想气体内能：从微观角度，内能指物质中分子的动能和势能的总和.

理想气体的内能只是温度 T 的函数.

ν mol 理想气体的内能：$U=\nu\times\dfrac{1}{2}(t+r+2s)RT$.

9. 麦克斯韦分子速率分布：$f(v)=4\pi\left(\dfrac{m}{2\pi kT}\right)^{\frac{3}{2}}v^2 e^{-mv^2/(2kT)}$.

(1) 方均根速率：$v_{\text{rms}}=\sqrt{\dfrac{3kT}{m}}=\sqrt{\dfrac{3RT}{M_{\text{mol}}}}\approx 1.73\sqrt{\dfrac{RT}{M_{\text{mol}}}}$.

(2) 平均速率：$\bar{v}=\sqrt{\dfrac{8kT}{\pi m}}=\sqrt{\dfrac{8RT}{\pi M_{\text{mol}}}}\approx 1.60\sqrt{\dfrac{RT}{M_{\text{mol}}}}$.

(3) 最可几速率：$v_{\text{p}}=\sqrt{\dfrac{2kT}{m}}=\sqrt{\dfrac{2RT}{M_{\text{mol}}}}\approx 1.41\sqrt{\dfrac{RT}{M_{\text{mol}}}}$.

10. 平均自由程 $\bar{\lambda}$：分子在相继两次碰撞之间所走路程的平均值.

平均自由程公式：$\bar{\lambda}=\dfrac{1}{\sqrt{2}n\pi d^2}=\dfrac{kT}{\sqrt{2}\pi d^2 p}$（$d$ 为分子的有效直径）.

碰撞频率：$\bar{z}=\sqrt{2}n\pi d^2 \bar{v}$.

11. 1 mol 气体的范德瓦尔斯状态方程：$\left(p+\dfrac{a}{V^2}\right)(V-b)=RT$.

习 题

20-1 图中曲线 ac 是 1 000 mol 氢气的等温线,其中压强 $p_1=4\times 10^5$ Pa,$p_2=20\times 10^5$ Pa,在 a 点,氢气的体积 $V_a=2.5$ m³. 求：

(1) 该等温线温度；

(2) 氢气在 b 点和 d 点两状态的温度 T_b 和 T_d.

20-2 有一水银气压计,当水银柱高为 0.76 m 时,管顶离水银柱液面为 0.12 m,管的截面积为 2.0×10^{-4} m²,当有少量氦气(He)混入水银管内顶部,水银柱高下降为 0.60 m. 设此时温度为 27 ℃,问：

(1) 进入管中氦气的质量为多少？

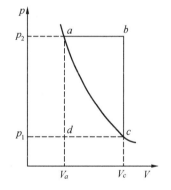

习题 20-1 图

(2) 进入管中氦气的分子总数为多少？氦的单位体积内分子数为多少？

20-3 容积为 11.2×10^{-3} m³ 的真空系统已被抽到相当于 1.0×10^{-5} mm 水银柱产生的压强的真空. 为了提高其真空度,将它放在 300 ℃ 的烘箱内烘烤,使器壁释放出所吸附的气体分子. 若烘烤后压强增为相当于 1.0×10^{-2} mm 水银柱产生的压强,问器壁原来吸附了多少分子？

20-4 白天气温为 24 ℃,大气压强为 0.98×10^5 Pa,晚上气温降为 12 ℃,大气压强升为 1.01×10^5 Pa. 一开着窗户的教室,其容积为 10 m×6 m×4 m. 求从白天到晚上,通过窗户进入教室的空气的质量. 设空气为理想气体,其摩尔质量为 29.0×10^{-3} kg/mol.

20-5 若室内生起炉子后室温从 10 ℃ 上升到 25 ℃,而室内的气压不变,问此时室内总分子数变化了百分之几?是增加还是减少?

20-6 一热气球的容积为 2.1×10^4 m³,热气球本身和负载的质量共 4.5×10^3 kg.若气球外部环境的温度为 20 ℃,要想使热气球上升,气球内空气至少要加热到多少摄氏度?(热气球底部与外部大气是相通的,大气压强为 1.01×10^5 Pa)

20-7 已知拉萨的平均海拔高度为 3 600 m,设大气温度为 27 ℃,且处处相同.根据恒温气压公式(例 20-1),求拉萨的大气压强.

20-8 氢分子的质量为 3.3×10^{-27} kg,如果每秒有 1×10^{23} 个氢分子沿着与容器器壁的法线成 45°角的方向以 1×10^3 m/s 的速率撞击在 2.0×10^{-4} m² 的面积上(碰撞是完全弹性的),求此氢气的压强.

20-9 对一定量的气体压缩并加热,使它的温度从 27 ℃ 升到 177 ℃,体积减小 $\frac{1}{2}$,问:

(1) 气体压强变化多少?

(2) 气体分子的平均平动动能变化多少?

(3) 气体分子的方均根速率变化多少?

20-10 计算标准状况下 N_2 分子的方均根速率.

20-11 体积为 4 000 cm³ 的气球内装有氦气,它的压强为 1.2×10^5 N/m². 已知其中氦原子的平均动能为 3.6×10^{-22} J,求气球内氦气的物质的量.

20-12 已知在 273 K 与 1.01×10^3 Pa 时,某气体的密度为 1.24×10^{-5} g/cm³.

(1) 求该气体分子的方均根速率.

(2) 求该气体的摩尔质量并确定它是什么气体.

20-13 汽缸内装有 He 与 Ar 的混合气体,它们在温度为 150 ℃ 时处于热平衡.求每种气体分子的平均动能.

20-14 (1) 确定 He 原子方均根速率为 500 m/s 时,He 的温度.

(2) 如果太阳表面的温度为 5 800 K,求太阳表面 He 原子的方均根速率.

20-15 (1) 计算在 0 ℃ 与 100 ℃ 时的理想气体分子平均平动动能的大小.

(2) 计算 1 mol 的理想气体在这两个温度下的平动动能.

20-16 计算温度升高 2 K,3 mol 的氦内能的改变量.

20-17 温度为 127 ℃ 的 1 mol 氧气中分子平动总动能和分子转动总动能各为多少?

20-18 一容器内盛有双原子分子理想气体,其压强为 p,求单位体积内气体的内能.

20-19 一能量为 1×10^{12} eV 的宇宙射线粒子,射入一氖管中,氖管内充有 0.1 mol 的氖气,若宇宙射线粒子的能量全部被氖气分子所吸收,问氖气温度升高了多少?

20-20 水蒸气分解为同温度的氢气和氧气,内能增加了百分之几?(不计振动自由度)

20-21 假设处于平衡温度 T_2 的气体分子的最可几速率,与处于平衡温度 T_1 时该气体分子的方均根速率相同,试求 $\frac{T_2}{T_1}$.

20-22 由 N 个分子组成的假想气体,其分子速率分布如图所示[对于 $v>2v_0$,$f(v)=0$].

(1) 用 v_0 表示 a 的值;

(2) 求速率在 $1.5v_0$ 与 $2.0v_0$ 之间的分子数；

(3) 求分子的平均速率 $\bar{v}$.

20-23 计算 400 K 温度下氧气的方均根速率、平均速率以及最可几速率.

20-24 密闭容器中的氧气，其压强 $p = 1.01 \times 10^5$ Pa，温度为 27 ℃，求单位体积中的分子数 n、氧分子质量 m、气体密度 ρ、分子间平均距离 l、平均速率 $\bar{v}$、方均根速率 v_{rms}、分子的平均动能 $\bar{e_k}$.

20-25 已知 $f(v)$ 是速率分布函数，说明以下各式的物理意义：

(1) $f(v)\mathrm{d}v$；

(2) $nf(v)\mathrm{d}v$，其中 n 是单位体积内气体的分子数；

(3) $\int_{v_1}^{v_2} vf(v)\mathrm{d}v$；

(4) $\int_0^{v_p} f(v)\mathrm{d}v$，其中 v_p 是最可几速率；

(5) $\int_{v_p}^{\infty} v^2 f(v)\mathrm{d}v$.

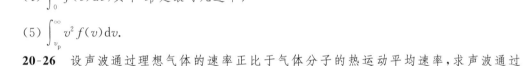

习题 20-22 图

20-26 设声波通过理想气体的速率正比于气体分子的热运动平均速率，求声波通过具有相同温度的氧气和氢气的速率之比.

20-27 在容积为 V 的容器内，同时盛有质量为 M_1 和质量为 M_2 的两种单原子分子理想气体，已知此混合气体处于平衡状态时它们的内能相等，且均为 U. 求：

(1) 混合气体的压强 p；

(2) 两种分子的平均速率之比 $\dfrac{\bar{v_1}}{\bar{v_2}}$.

20-28 (1) 求气体分子速率与最可几速率不超过 1% 的分子占全部分子的百分比.(计算中可将 $\mathrm{d}v$ 近似地取 Δv)

(2) 设氢气的温度为 300 K，求速率在 3 000 m/s 到 3 010 m/s 之间的分子数 ΔN_1 与速率在 1 500 m/s 到 1 510 m/s 之间的分子数 ΔN_2 之比.

20-29 (1) 如果氦原子的平均速率与它从地球逃逸速率 1.12×10^4 m/s 相等，则它的温度为多少？

(2) 如果氦原子的平均速率与从月球逃逸速率 2.37×10^3 m/s 相等，温度又为多少？

20-30 在 0 ℃ 以及 1.01×10^5 Pa 下，氮分子的平均自由程为 0.8×10^{-5} cm. 在这样的温度与压强下，每立方厘米内有 2.7×10^{19} 个气体分子，试问氮分子的有效直径为多大？

20-31 测得氩分子和氖分子在温度为 15 ℃、压强相当于 76 cm 水银柱产生的压强时的平均自由程分别为 $\overline{\lambda_{\text{Ar}}} = 6.7 \times 10^{-8}$ m 和 $\overline{\lambda_{\text{Ne}}} = 13.2 \times 10^{-8}$ m.

(1) 求氖分子和氩分子的有效直径之比 $\dfrac{d_{\text{Ne}}}{d_{\text{Ar}}}$.

(2) 当温度为 20 ℃，压强相当于 15 cm 水银柱产生的压强时，求氩分子的平均自由程.

20-32 某一粒子加速器,质子在相当于 1×10^{-6} mm 水银柱产生的压强和 273 K 温度的真空室内沿着直径为 $0.308\,4\times75$ m 的圆形轨道运动.

(1) 估计在此压强下每立方厘米内的气体分子数.

(2) 如果分子的直径为 2×10^{-8} cm,则在这些条件下气体分子的平均自由程为多大?

20-33 无线电收音机所用的真空管的真空度约相当于 1.0×10^{-5} mm 水银柱产生的压强,试求在 27 ℃时单位体积内的分子数及分子的平均自由程(分子有效直径取 $d=3\times10^{-10}$ m).

20-34 对于 CO_2 来说,范德瓦尔斯常数 $a=0.37$ N·m^4/mol^2,对于 H_2 来说,范德瓦尔斯常数 $a=0.025$ N·m^4/mol^2. 求当 V/V_0 的数值为 1,0.01,0.001 时这两种气体的内压强. 用 p_0 表示,$p_0=1.01\times10^5$ Pa. ($V_0=22.4\times10^{-3}$ m^3/mol)

20-35 CO_2 的另一范德瓦尔斯常数 $b=43$ cm^3/mol,常数 a 同上题,试计算 1 mol 的气体在温度为 0 ℃与体积为 0.55×10^{-3} m^3 时的压强. 分别用范德瓦尔斯方程、理想气体状态方程计算.

20-36 由范德瓦尔斯方程 $\left(p+\dfrac{a}{V^2}\right)(V-b)=RT$,证明气体在临界状态下的温度 T_C、压强 p_C 以及体积 V_C 为

$$T_C=\frac{8a}{27bR},\quad p_C=\frac{a}{27b^2},\quad V_C=3b.$$

(提示:由范德瓦尔斯方程写出 V 的三次方程,对于临界点,以 T_C,p_C 代入对 V 求解,应得 V 的三重根解)

第 21 章 热力学第一定律

上一章主要从热力学系统的微观本质和统计规律出发,讨论了气体处于平衡态时的一些性质和规律.本章则以实验观测中得到的宏观热学量之间的关系为依据,从能量的观点出发,说明在热力学系统(主要是气体)状态发生变化的过程中有关热功转换的关系和条件,得到热力学第一定律.热力学第一定律是普遍的能量守恒和转化定律在一切涉及热现象的宏观过程中的具体表现形式.本章还具体讨论了理想气体在准静态等值过程(等压、等容和等温过程)和绝热过程中功、热量的计算、理想气体的热容等内容.

21.1 热力学第一定律

▶ 21.1.1 准静态过程中的功

当系统的状态随时间变化时,我们就说系统经历了一个过程.系统由某一平衡态开始变化,原来的平衡状态必然要被破坏,而且需要经历一段时间才能达到新的平衡态.过程中的任意时刻系统经历的必然是一系列的非平衡态.如 20.3.1 节所述,如果过程所经历的任意时刻,系统的状态都无限接近平衡态,这个过程就称为**准静态过程**.准静态过程应该从相对意义上来理解.一个系统从非平衡态过渡到某平衡态所需要的时间叫作**弛豫时间**.如果在实际过程中,系统状态发生一个可观测的微小过程所需的时间比弛豫时间长得多,那么在任何时刻进行观测时,系统都有充分的时间达到平衡态,这样的过程就可以当成准静态过程处理.例如,汽缸内的气体从某平衡态经压缩后再达到平衡态所需的弛豫时间,大约是 10^{-3} s 或更短,而实际内燃机汽缸内气体经历一次压缩的时间大约是 10^{-2} s,这个时间也已是上述弛豫时间的 10 倍以上.因此作为初步研究,可以把这个实际过程当作准静态过程来处理.显然,准静态过程是一种理想过程.在热力学中,准静态过程具有重要的意义.

通过做功可以改变物体的状态."摩擦生热"就是一例,克服摩擦力做功,使物体的温度升高,改变了物体的状态.再如,家用电热水器通电以后,热水器中的冷水成了热水,是对水做了电功从而改变了水的状态.下面以气体系统为例,讨论热力学过程中的做功问题.

现考虑图 21-1 的气体系统.设气体的初始状态为平衡态,作用在汽缸内壁上的压强和作用在活塞上的压强相等.如果活塞的面积为 S,气体作用在活塞上的压力为 $F=pS$. 今使气体准静态地膨胀,即活塞移动十分缓慢,以致系统在任何时刻都能保持为平衡态.

当活塞移动距离 dx，气体对外做功 $dW = Fdx = pSdx$. 其中 Sdx 就是气体体积的增量 dV，所以，气体对外做功又可以写成

$$dW = pdV. \tag{21.1-1}$$

当气体体积从初态的 V_i 变化至终态的 V_f，它所做的功为

$$W = \int_{V_i}^{V_f} p\,dV. \tag{21.1-2}$$

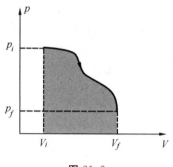

图 21-1

为了要计算这个积分值，必须知道被积函数 $p = p(V)$. 如果气体从初态变化至终态经历的过程是准静态过程，而且过程中每一状态的压强和体积均已知，这样，气体状态经历的变化过程就能用 p-V 图上的曲线表示出来，而积分(21.1-2)式就是 p-V 图上曲线下面相应的面积，如图 21-2 所示.

从图 21-2 可以看出气体从初态 i 膨胀至终态 f，气体所做的功完全与曲线的形状，即具体变化的过程有关. 在图 21-3 中，画出了等量气体从相同初态 i，经历不同变化过程至相同终态 f. 其中(a)图先是等容过程，再是等压过程；(b)图先是等压过程，再是等容过程；(c)图是一个等温膨胀过程. 显然，气体在图 21-3 的三幅图中做的功是不一样的. 因此系统完成的功与它从初态至终态经历的过程有关. 换句话说，功与初态、终态及系统所有的中间态有关，所以**功是过程量**. 我们绝不能说处于某一状态的系统具有多少功，因为热力学中的准静态过程所做的功不是系统的状态函数.

图 21-2

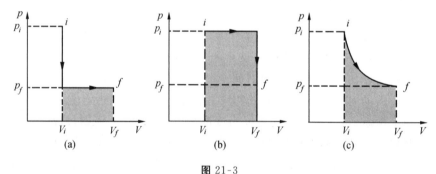

图 21-3

例 21-1 一定量的理想气体经历如图所示的一个准静态膨胀过程. 初态 i 的压强和体积分别为 p_1 和 V_1；末态 f 的压强和体积分别为 p_2 和 V_2. 求此过程中气体对外界所做的功.

解 由图可见，此过程的方程可表示为

$$p = \frac{p_2 - p_1}{V_2 - V_1} V.$$

根据(21.1-2)式，过程中气体做的功为

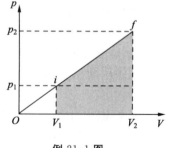

例 21-1 图

$$W = \int_{V_1}^{V_2} p\mathrm{d}V = \frac{p_2 - p_1}{V_2 - V_1}\int_{V_1}^{V_2} V\mathrm{d}V = \frac{1}{2}(p_2 - p_1)(V_2 + V_1).$$

显然,上式也可写为

$$W = \frac{1}{2}(p_1 + p_2)(V_2 - V_1),$$

即 W 为 p-V 图中直线 if 下的面积(图中阴影部分的面积).

▶ 21.1.2 热量

众所周知,当两个温度不同的物体放在一起有热接触时,较暖的物体温度将下降,而较冷的物体温度要升高,这两个物体的状态都发生了变化,最终它们要达到一个共同的热平衡温度.对此,就说有热量从较暖的物体传递到较冷的物体.但是,早期对于热传递的本质是什么,以及什么是热量,认识上是模糊的.曾经有人认为热量是一种看不见的物质,即所谓热质说.19世纪法国著名科学家卡诺就是坚信热质说的.按照这种理论,"热质"既不能被消灭也不能被创生.虽然热质说在解释热传递方面获得一些成功,但是许多实验表明"热质"并不守恒,所以人们最终放弃了"热质说".

拿两块冰相互摩擦,冰块会融化,这与直接用火焰去烤它们效果完全相同.这启示人们注意这样一个效应,对一个系统做机械功与对它直接加热(如用火焰烤)其效果完全等同,即系统状态的变化完全相同.19世纪中叶,英国物理学家焦耳(James Joule 1818—1889)完成了这个"效果等同"的定量研究,即进行了热功当量的测定.焦耳的工作和同期其他科学家的工作表明,不管一个系统是得到热还是失去热,得到的和失去的那部分热的总量都可以考虑成对该系统做功的等价物.这就扩大了能量的概念,它把热看作能量的一种形式,原先在力学中的能量守恒定律也随之推广到把热包括在内的守恒定律——热力学第一定律.

热量是用在描述能量传递过程中的,它是一种发生在由于温度差异而引起传递的那一部分能量.热量本质上是被传递的能量.对系统传递热量,可以使系统的能量有所增加.

类似分析可知,系统吸收或放出的热量也与过程有关.这可用图21-4来说明,每一种情形中等量的理想气体具有相同的初态 i(即温度、体积、压强均相同).先考虑图21-4(a),气体与温度也为 T_i 的巨大的热库保持良好的热接触.所谓热库是指从它吸收热量或对它放出热量,热库的温度保持不变.若气体的压强比大气压大一个无穷小量,气体就要对外膨胀,在膨胀至终态体积 V_f 的过程中为了有一个不变的温度 T_i,它必须从热库吸收热量.

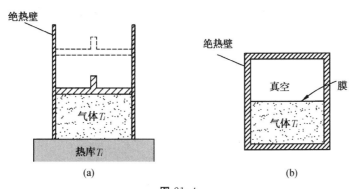

图 21-4

图 21-4(b)是一个用绝热壁包围的容器,易破裂的膜把容器分为两室,上室为真空. 当膜破裂,下室气体很快地向真空膨胀,直至它占据最终的体积 V_f. 该过程中气体并未做功,因为它没有可以移动的活塞,它也未与外界有热量交换,该过程称为**绝热自由膨胀**,或简称**自由膨胀**. 实验证明,在该过程中理想气体的温度不变,仍为 T_i. 因此,图 21-4 中等量气体的两个过程具有相同的初态 i 和终态 f,但是在等温膨胀中,气体从外界吸收了热量,而在自由膨胀中,气体与外界没有热量交换.

所以,像做功一样,热传递不仅依赖于初态和终态,而且与中间过程有关,**热量也是个过程量**.

热量的早期单位是卡(Cal),在标准大气压下 1 g 纯水从 14.5 ℃升高到 15.5 ℃所需的热量为 1 Cal. 因为热量是能量的一种形式,国际单位制仍使用焦作为热量的单位. 卡与焦的换算关系为

$$1 \text{ Cal} = 4.186 \text{ J}.$$

上式称为**热的机械当量**,它是由焦耳测定的.

▶ 21.1.3 热力学第一定律 内能

如前所述,系统可以两种方式与它周围环境进行能量交换. 一种是系统对外做功(或对系统做功). 这种形式的能量交换,使系统的宏观变量如压强、体积、温度发生变化. 另一种是热传递,其结果也是使系统的宏观变量有变化. 一旦系统与外界发生能量交换,就说系统的内能发生了变化.

设一热力学系统经历了一系列的变化,从初态 i 变化到终态 f,在该过程中系统对外做了功 W,同时它又从外界吸收了热量 Q. 通过对联结初态 i 到终态 f 的各种不同变化过程的热量 Q 及做功 W 的测量,热量 Q 不相同,功 W 也不相同. 但是实验发现 $Q-W$ 均相同,结论是 $Q-W$ 完全由系统的初态和终态来决定,与具体过程无关. 热量 Q 是由热传递加进系统的能量,而功 W 是由于做功从系统取走的能量. 因此我们就称 $Q-W$ 为前面已提到的系统内能的变化. 虽然功 W、热量 Q 均依赖于变化的过程,但是 $Q-W$,即系统内能的变化与过程无关. 内能常用字母 U 表示,内能增量 $\Delta U = U_f - U_i$,这样有

或者
$$\Delta U = Q - W,$$
$$Q = \Delta U + W.$$
(21.1-3)

其中所用的量均用相同的单位焦(J). (21.1-3)式称为**热力学第一定律**. 热力学第一定律说明,系统从外界吸收的热量,一部分使系统的内能增加,一部分用于系统对外做功. 热力学第一定律是包括热量在内的能量守恒和转换定律.

在(21.1-3)式中关于功 W、热量 Q 的正负有如下约定:$W > 0$ 表示系统对外界做功,$W < 0$ 表示外界对系统做功;$Q > 0$ 表示系统从外界吸收热量,$Q < 0$ 表示系统放出热量.

当系统状态经历一个无限小的变化过程,传递的热量为小量 $\mathrm{d}Q$,做功为小量 $\mathrm{d}W$,内能的增量为 $\mathrm{d}U$,有

$$\mathrm{d}U = \mathrm{d}Q - \mathrm{d}W,$$
$$\mathrm{d}Q = \mathrm{d}U + \mathrm{d}W.$$
(21.1-4)

注意,小量功 $\mathrm{d}W$,小量热量 $\mathrm{d}Q$ 都不是状态函数的全微分,但是 $\mathrm{d}Q - \mathrm{d}W$ 却是状态函数

内能的全微分.(21.1-4)式称为**热力学第一定律的微分形式**.

应该指出,从分子动理论的角度,一个系统的内能,就是组成它的分子的热运动动能(包括平动、转动和振动),以及与分子间相互作用相关的势能的总和.系统作为整体具有的机械能是不包括在内能之列的.虽然用分子动理论来研究一般系统的内能是有困难的,然而,从热力学角度,(21.1-3)式就是系统内能的定义式.注意到用(21.1-3)式计算的是系统内能的增量,至于系统在某一状态所具有的内能值,完全依赖于参考态的选取.

前面已指出理想气体的内能就是分子各种形式的动能和势能的总和,其内能有确定的计算式,这就是(20.6-5)式

$$U=\frac{1}{2}\nu(t+r+2s)RT.$$

21.2 理想气体的热容

▶ 21.2.1 气体的摩尔热容

一般来说,质量为 M 的物体吸收了热量 Q,温度将升高 $\Delta T = T_f - T_i$,热量 Q 与诸量有关系

$$Q = Mc\Delta T = Mc(T_f - T_i). \tag{21.2-1}$$

式中 c 是该物体的比热容, T_i, T_f 为吸热前后物体的温度,质量与比热容的乘积 Mc 称为**该物体的热容**.如果考虑 1 mol 的物体, M 就是摩尔质量 M_{mol},则 $M_{\text{mol}}c$ 称为**该物体的摩尔热容**,通常用字母 C_{m} 表示.按照定义,摩尔热容是指 1 mol 的物质,温度升高 1 K 所吸收的热量,写成定义式,

$$C_{\text{m}} = \frac{\Delta Q}{\Delta T}. \tag{21.2-2}$$

C_{m} 的单位是 J/(mol·K).

如前所述,热量是个过程量.这说明同一气体经历的过程不同,吸收或放出的热量也不同,其摩尔热容也就随过程的不同而不同.常用的摩尔热容有等容摩尔热容 $C_{V,\text{m}}$ 和等压摩尔热容 $C_{p,\text{m}}$ 两种,它们分别由等容和等压条件下物质吸收的热量决定.由于液体和固体的体积随压强的变化很小,可以忽略不计,所以液体和固体的等容摩尔热容和等压摩尔热容通常可以不加区别.但气体的可压缩性很强,所以这两种摩尔热容有明显的不同.下面就来讨论理想气体的这两种摩尔热容.

图 21-5 所示的是 1 mol 理想气体在不同温度下的两条等温线,设想气体从初态 i 经等容过程变化至终态 f,由于等容过程中气体不做功,所以在此过程中它吸收的热量全部用来增加内能,以使它的温度从 T 升高至 $T+\Delta T$,由摩尔热容定义式(21.2-2)以及等容过程中 $\Delta U = Q$,可得等容摩尔热容

$$C_{V,\text{m}} = \frac{\Delta U}{\Delta T}. \tag{21.2-3a}$$

式中 ΔU 是气体内能的增量. 由上式, 内能增量又可以通过等容摩尔热容 $C_{V,m}$ 来计算,

$$\Delta U = C_{V,m} \Delta T. \quad (21.2\text{-}3b)$$

现在再来考虑气体经等压过程从初态 i 变化至终态 f', f' 与 f 在同一等温线上, 因而此过程温度上升仍为 ΔT. 在此过程中传递给气体的热量 ΔQ, 按照 (21.2-2) 式应该为

$$\Delta Q = C_{p,m} \Delta T.$$

在该过程中气体对外做功 $W = p\Delta V$, 按照热力学第一定律, 有

$$C_{p,m}\Delta T = \Delta U + p\Delta V.$$

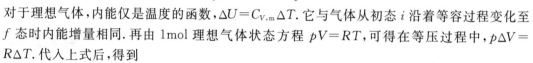

图 21-5

对于理想气体, 内能仅是温度的函数, $\Delta U = C_{V,m}\Delta T$. 它与气体从初态 i 沿着等容过程变化至 f 态时内能增量相同. 再由 1 mol 理想气体状态方程 $pV = RT$, 可得在等压过程中, $p\Delta V = R\Delta T$. 代入上式后, 得到

$$C_{p,m} = C_{V,m} + R, \quad (21.2\text{-}4a)$$

或者

$$C_{p,m} - C_{V,m} = R. \quad (21.2\text{-}4b)$$

上式称为**迈耶公式**. 这结果适用于任何一种理想气体. 上式指出理想气体等压摩尔热容比等容摩尔热容大一个气体普适常量 R, 这与实际气体的 $C_{p,m} - C_{V,m}$ 的测量值是较相一致的.

等压摩尔热容 $C_{p,m}$ 与等容摩尔热容 $C_{V,m}$ 的比值, 常用 γ 表示, 称为**摩尔热容比**,

$$\gamma = \frac{C_{p,m}}{C_{V,m}}. \quad (21.2\text{-}5)$$

因 $C_{p,m} > C_{V,m}$, 所以 γ 恒大于 1.

▶ 21.2.2 理想气体的摩尔热容

对于理想气体, 组成其分子的各原子间可以认为是刚性连接的. 不考虑振动自由度, 即理想气体分子的总自由度为 $i = t + r$, 理想气体的等容摩尔热容为

$$C_{V,m} = \frac{i}{2}R. \quad (21.2\text{-}6)$$

由 (21.2-4a) 式, 理想气体的等压摩尔热容为

$$C_{p,m} = \frac{i+2}{2}R. \quad (21.2\text{-}7)$$

理想气体的摩尔热容比为

$$\gamma = \frac{C_{p,m}}{C_{V,m}} = \frac{i+2}{i}. \quad (21.2\text{-}8)$$

单原子分子理想气体, 1 mol 气体的内能 $U = \frac{3}{2}RT$; 刚性双原子分子理想气体, 1 mol 气体的内能 $U = \frac{5}{2}RT$; 刚性多原子分子理想气体, 1 mol 气体的内能 $U = \frac{6}{2}RT = 3RT$. 它们的摩尔热容 $C_{V,m}$, $C_{p,m}$ 以及 γ 的理论计算值如表 21-1 所示.

表 21-1　理想气体的 $C_{V,m}/R$，$C_{p,m}/R$ 以及 γ 的理论值

	$C_{V,m}/R$	$C_{p,m}/R$	γ
单原子分子气体	1.5	2.5	1.67
刚性双原子分子气体	2.5	3.5	1.40
刚性多原子分子气体	3	4	1.33

室温下，气体的摩尔热容的测量值如表 21-2 所示. 从表 21-2 中可以看出，单原子分子气体，如 He，Ar 等的摩尔热容的测量值与理论值均能很好地一致，双原子分子气体的摩尔热容的测量值也与理论值是一致的. 从表 21-2 中可以看出，室温下 H_2，N_2 是没有分子振动的，而 Cl_2 在室温下就有分子振动了，至于多原子分子，其自由度数更大，所具有摩尔热容就更大.

表 21-2　气体的 $C_{V,m}/R$，$C_{p,m}/R$ 与 γ 的测量值，温度为 300 K

		$C_{V,m}/R$	$C_{p,m}/R$	γ
单原子分子气体	He	1.50	2.50	1.67
	Ar	1.50	2.50	1.67
	Ne	1.53	2.50	1.64
	Kr	1.48	2.50	1.69
双原子分子气体	H_2	2.45	3.47	1.41
	N_2	2.50	3.50	1.40
	O_2	2.54	3.54	1.39
	CO	2.53	3.53	1.40
	Cl_2	3.09	4.18	1.35
多原子分子气体	CO_2	3.43	4.45	1.30
	SO_2	3.78	4.86	1.29
	H_2O	3.25	4.26	1.31
	CH_4	3.26	4.27	1.31

由此可见，能量均分原理在解释某些有复杂分子结构的气体的热容时是成功的. 但是，能量均分原理不能解释随着温度的变化而出现摩尔热容数值的变化. 例如，氢的 $C_{V,m}$ 在极低温时为 $\frac{3}{2}R$，在常温时为 $\frac{5}{2}R$，而在高温时接近 $\frac{7}{2}R$. 如图 21-6 所示，这表明对于氢分子振动出现在高温，而在低温下分子只有平动.

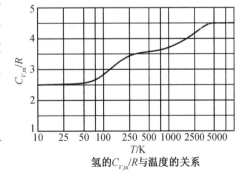

图 21-6　氢的 $C_{V,m}/R$ 与温度的关系

▶ **21.2.3　量子理论对摩尔热容的解释**

为了说明经典理论对摩尔热容计算的局限性，下面简单介绍一些量子理论的结果. 人们可以用能量均分原理来计算分子的平动动能，而对振动动能和转动动能一般则不然. 按照量子理论，双原子分子的振动动能只能取一系列不连续的值，即振动动能是量子化的，两个振

动能级之差对于氢约为其在室温下平动动能的 10 倍. 常温下,通过两个分子之间碰撞并不能转移足够的能量去改变分子的振动状态,因此振动自由度被"冻结". 这说明了为什么在常温下双原子分子气体的摩尔热容中没有振动能量的贡献. 转动能量亦是量子化的,但是在常温下两个转动能级之差比 kT 来得小,所以常温下转动自由度并不被"冻结",系统的性质仍为经典性的,双原子分子气体氢的 $C_{V,m} = \frac{5}{2}R$. 然而,在足够低的温度下, kT 比两个转动能量之差小得多,这时连转动自由度也被"冻结". 这就说明了在低温下氢的 $C_{V,m} = \frac{3}{2}R$.

*21.2.4 固体的热容

对固体进行加热,由于热膨胀非常小,所以系统对外做功是非常少的. 因而对于固体其等压摩尔热容 $C_{p,m}$ 与等容摩尔热容 $C_{V,m}$ 是差不多相等的,测量结果表明固体的热容与温度有关,它随温度降低而以非线性方式减少,而在绝对温度趋于 0 K 时热容也趋于 0. 在高温(通常 500 K)下固体热容约为 $3R = 24.9$ J/(mol·K). 这结果早在 1819 年为实验所确定,称为**杜隆-珀替**(Dulong-Peitt)**定律**. 室温下固体热容的测量值如表 21-3 所示. 除了碳 C、硅 Si、硼 B,其余均与杜隆-珀替定律相符甚好.

表 21-3 室温下固体的摩尔热容(以 R 为单位)

物 质	Al	C	Fe	Au	Cd	Si	Cu	Sn	Pt	Ag	Zn	B
c/R	3.09	0.68	3.18	3.20	3.08	2.36	2.97	3.34	3.16	3.09	3.07	1.26

高温下固体的热容也可以用能量均分原理来解释,但是,这个数值($C_{V,m} = 3R$)与低温下固体热容的测量值是不一致的,它再次表明经典物理对微观世界的不适用性. 对此,也应该把它理解为低温下固体振动激发被"冻结".

对固体热容随温度变化的定量解释,是 20 世纪初量子力学发展初期的巨大成就之一.

例 21-2 一汽缸内储有 3 mol 的 He,温度为 300 K.

(1) 在气体体积不变的条件下,对它加热使之温度升高为 500 K,问它吸收的热量为多少?

(2) 如果在等压条件下对它加热,也使它温度升高到 500 K,求它吸收的热量.

解 He 是单原子分子气体,它的摩尔热容

$$C_{V,m} = \frac{3}{2}R = 12.5 \text{ J/(mol·K)}, \quad C_{p,m} = \frac{5}{2}R = 20.8 \text{ J/(mol·K)}.$$

温度升高 $\Delta T = 500 \text{ K} - 300 \text{ K} = 200 \text{ K}.$

(1) $Q_1 = \nu C_{V,m} \Delta T = 3 \times 12.5 \times 200 \text{ J} = 7.50 \times 10^3 \text{ J};$

(2) $Q_2 = \nu C_{p,m} \Delta T = 3 \times 20.8 \times 200 \text{ J} = 12.5 \times 10^3 \text{ J}.$

同时还可以求得在等压加热过程中,气体对外做的功为

$$W = Q_2 - Q_1 = 5.00 \times 10^3 \text{ J}.$$

例 21-3 计算温度为 0 ℃ 时 1 mol 的 He,H_2,O_2,NH_3,Cl_2 和 CO_2 等气体的内能,并计算温度升高 1 K 时,各气体内能的增量. (双原子以上分子均视为刚性分子)

解 1 mol 的刚性分子理想气体内能按照 $U = \frac{1}{2}(t+r)RT$ 来计算. 其中,He 是单原子

气体,$t=3$,$r=0$;H_2,O_2 和 Cl_2 是双原子气体,$t=3$,$r=2$;NH_3 和 CO_2 是多原子气体,$t=3$,$r=3$.

He: $$U=\frac{3}{2}\times 8.31\times 273 \text{ J}=3.41\times 10^3 \text{ J};$$

H_2,O_2,Cl_2: $$U=\frac{5}{2}\times 8.31\times 273 \text{ J}=5.68\times 10^3 \text{ J};$$

NH_3,CO_2: $$U=\frac{6}{2}\times 8.31\times 273 \text{ J}=6.81\times 10^3 \text{ J}.$$

温度升高,内能的增量按照 $\Delta U=\frac{1}{2}(t+r)R\Delta T$ 来计算.

He: $$\Delta U=\frac{3}{2}\times 8.31\times 1 \text{ J}=12.5 \text{ J};$$

H_2,O_2,Cl_2: $$\Delta U=\frac{5}{2}\times 8.31\times 1 \text{ J}=20.8 \text{ J};$$

NH_3,CO_2: $$\Delta U=\frac{6}{2}\times 8.31\times 1 \text{ J}=24.9 \text{ J}.$$

例 21-4 1 g 纯水在 1.013×10^5 Pa 压强下体积为 1 cm^3,当它变成水蒸气时,体积就增大为 1 671 cm^3. 计算 100 ℃ 的 1 g 纯水变成同温度的蒸汽时内能的变化.

解 水的汽化热 $L_y=2.26\times 10^6$ J/kg(在 1.01×10^5 Pa 压强下). 100 ℃ 的 1 g 纯水沸腾成 100 ℃ 的水蒸气需要热量
$$Q=mL_y=1\times 10^{-3}\times 2.26\times 10^6 \text{ J}=2\,260 \text{ J}.$$

系统所做的功
$$W=p_0\Delta V=1.013\times 10^5\times(1\,671-1)\times 10^{-6} \text{ J}=169 \text{ J}.$$

因此内能的增加
$$\Delta U=Q-W=2\,260 \text{ J}-169 \text{ J}=2\,091 \text{ J}.$$

注意,它吸收热量的大部分(93%)是用来增加内能,只有一小部分(7%)是用来对外做功.

例 21-5 质量为 1 kg 的铜块在 1.013×10^5 Pa 压强下被加热,温度从 20 ℃ 升高到 50 ℃. 求:

(1) 加热过程中铜块对外做的功;
(2) 加热过程中铜块吸收的热量;
(3) 铜块内能的变化.

解 (1) 铜块加热过程中体积的变化可由式 $\Delta V=\beta V\Delta T$ 来计算,其中体胀系数 β 是线胀系数 α 的 3 倍,由表查得铜线胀系数 $\alpha=17\times 10^{-6}$/℃,所以
$$\Delta V=3(17\times 10^{-6})(50-20)V=1.53\times 10^{-3}V.$$

铜的密度 $\rho=8.92\times 10^3$ kg/m^3,而铜块体积 $V=\frac{m}{\rho}$,因此,
$$\Delta V=(1.53\times 10^{-3})\left(\frac{1}{8.92\times 10^3}\right) \text{ m}^3=1.72\times 10^{-7} \text{ m}^3.$$

因为体积的膨胀是发生在等压(1.01×10^5 Pa)情况下,因此功为
$$W=p_0\Delta V=(1.013\times 10^5)(1.72\times 10^{-7}) \text{ J}=1.74\times 10^{-2} \text{ J}.$$

(2) 查得铜的比热容 $c=387\ \text{J}/(\text{kg}\cdot\text{℃})$,因此铜块吸收热量为
$$Q=mc\Delta T=1\times 387\times(50-20)\ \text{J}=1.16\times 10^4\ \text{J}.$$

(3) 从热力学第一定律,可以算得铜块内能的增加
$$\Delta U=Q-W=1.16\times 10^4\ \text{J}.$$

注意,这里几乎全部的热量都转变成内能了,用来抵抗大气压做功仅占全部热量的 10^{-6} 数量级,因此对于固体、液体热膨胀过程中系统做的功常常可以忽略.

21.3 热力学第一定律对理想气体等值过程的应用

理想气体的等值过程,是指理想气体状态变化的过程中,三个状态参量 p,V,T 中有一个保持不变.

▶ 21.3.1 等容过程

等容过程的特征是系统的体积保持不变,即 $V=$ 常量,或 $\text{d}V=0$.

如图 21-7(a)所示,设有一汽缸,其活塞固定不动.今使该汽缸连续地与一系列具有微小温差的恒温热源进行热接触,使汽缸中的气体从热源吸热,温度缓慢上升,压强逐渐增大,但同时体积保持不变.让气体经历一个准静态等容升温(或升压)过程,其过程曲线如图 21-7(b)所示.

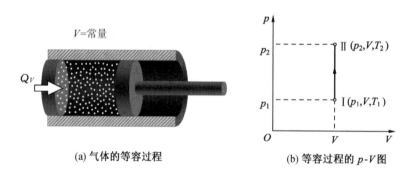

(a) 气体的等容过程　　　　(b) 等容过程的 p-V 图

图 21-7

根据理想气体状态方程(20.3-2)式,对等容过程,气体的压强与温度成正比,即

$$\frac{p}{T}=\text{常量}. \tag{21.3-1}$$

上式称为**等容过程的过程方程**.

由于等容过程中 $\text{d}V=0$,所以等容过程中气体不对外做功,

$$W_V=\int_V^V p\,\text{d}V=0. \tag{21.3-2}$$

根据等容摩尔热容的定义,质量为 M 的理想气体经等容过程吸收的热量等于

$$Q_V=\frac{M}{M_{\text{mol}}}C_{V,\text{m}}(T_2-T_1)=\nu C_{V,\text{m}}(T_2-T_1). \tag{21.3-3}$$

由热力学第一定律,等容过程中系统内能的增量等于系统从外界吸收的热量,

$$\Delta U = \frac{M}{M_{\text{mol}}} C_{V,\text{m}}(T_2 - T_1) = \nu C_{V,\text{m}}(T_2 - T_1). \tag{21.3-4}$$

由上面的讨论可见,等容升温过程中外界传递给气体的热量全部转换为气体的内能. 如果气体作等容降温过程,则气体内能减少,并向外界放热.

需要说明的是,由于理想气体的内能只与温度有关,所以只要温度的变化 $\Delta T = T_2 - T_1$ 一定,气体内能的增量都可以用(21.3-4)式来计算,而与气体所经历的过程无关.

▶ **21.3.2 等压过程**

等压过程的特征是系统的压强保持不变,即 $p=$常量,或 $\mathrm{d}p = 0$.

如图 21-8(a)所示,设外界作用于汽缸活塞的压强不变(比如活塞外为大气环境),使汽缸与一系列具有微小温差的恒温热源进行热接触,则有热量从外界传入系统,使气体的温度逐渐升高,体积逐渐膨胀,但过程中气体的压强始终不变. 这是一个准静态的等压膨胀过程,其过程曲线如图 21-8(b)所示.

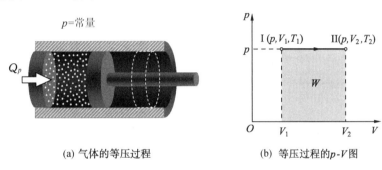

(a) 气体的等压过程　　(b) 等压过程的 p-V 图

图 21-8

根据理想气体的状态方程,等压过程中气体的体积与温度成正比,**等压过程的过程方程**为

$$\frac{V}{T} = 常量. \tag{21.3-5}$$

由图 21-8(b),等压过程中气体对外界所做的功为

$$W_p = \int_{V_1}^{V_2} p \, \mathrm{d}V = p(V_2 - V_1). \tag{21.3-6a}$$

由理想气体状态方程,上式也可写为

$$W_p = \frac{M}{M_{\text{mol}}} R(T_2 - T_1) = \nu R(T_2 - T_1). \tag{21.3-6b}$$

根据等压摩尔热容的定义,质量为 M 的理想气体经等压过程吸收的热量为

$$Q_P = \frac{M}{M_{\text{mol}}} C_{p,\text{m}}(T_2 - T_1) = \nu C_{p,\text{m}}(T_2 - T_1), \tag{21.3-7}$$

所以等压过程中气体内能的增量为

$$\Delta U = Q_p - W_p = \frac{M}{M_{\text{mol}}}(C_{p,\text{m}} - R)(T_2 - T_1),$$

即

$$\Delta U = \frac{M}{M_{\text{mol}}} C_{V,\text{m}} (T_2 - T_1) = \nu C_{V,\text{m}} (T_2 - T_1). \tag{21.3-8}$$

由上面的讨论可见,等压膨胀过程中,气体吸收的热量部分转换为气体的内能,部分为气体对外界所做的功. 如果气体作等压压缩过程,则外界对气体做功,气体内能减小,同时向外界放热.

比较(21.3-6b)(21.3-7)和(21.3-8)三式,并由热力学第一定律,得

$$C_{p,\text{m}} = C_{V,\text{m}} + R,$$

上式即为迈耶公式.

▶ 21.3.3 等温过程

等温过程的特征是系统的温度保持不变,即 $T = $ 常量,或 $\mathrm{d}T = 0$.

如图 21-9(a)所示,设想一个汽缸的底部是绝对导热的,而其侧壁是绝对不导热的,使汽缸底部与一恒温热源接触. 现将作用于汽缸活塞上的压强缓慢降低,使气体逐渐膨胀,压强逐渐下降,但保持气体的温度不变. 气体经历一准静态等温膨胀过程,过程曲线(称为等温线)如图 21-9(b)所示.

根据理想气体状态方程,等温过程中气体的压强与体积成反比,其过程方程为

$$pV = 常量. \tag{21.3-9}$$

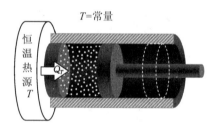
(a) 气体的等温过程

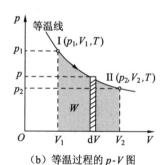
(b) 等温过程的 p-V 图

图 21-9

因理想气体内能只与温度有关,所以等温过程中气体的内能不变,即

$$(\Delta U)_p = 0. \tag{21.3-10}$$

根据热力学第一定律和理想气体状态方程,等温过程中系统对外界做功等于系统从外界吸收的热量

$$W_T = Q_T = \int_{V_1}^{V_2} p \mathrm{d}V = \frac{M}{M_{\text{mol}}} RT \int_{V_1}^{V_2} \frac{\mathrm{d}V}{V},$$

即

$$W_T = Q_T = \frac{M}{M_{\text{mol}}} RT \ln \frac{V_2}{V_1} = \nu RT \ln \frac{V_2}{V_1}. \tag{21.3-11a}$$

由等温过程方程,$\frac{V_2}{V_1} = \frac{p_1}{p_2}$,上式也可写为

$$W_T = Q_T = \frac{M}{M_{mol}} RT \ln \frac{p_1}{p_2} = \nu RT \ln \frac{p_1}{p_2}. \tag{21.3-11b}$$

可见，理想气体等温膨胀过程中，气体所吸收的热量全部转换为对外界所做的功. 如果气体作等温压缩过程，则外界对气体所做的功全部转换为传给低温热源的热量.

例 21-6 1 mol 的理想气体，在温度 0 ℃ 经历等温膨胀，体积从 3 L 增大至 10 L，求该过程中气体做的功.

解 利用公式 $W = \nu RT \ln \frac{V_f}{V_i}$ 来计算气体做的功，这里 $\nu = 1$，

$$W = RT \ln \frac{V_f}{V_i} = 8.31 \times 273 \times \ln\left(\frac{10}{3}\right) \text{ J} = 2.73 \times 10^3 \text{ J}.$$

在此等温膨胀过程中气体吸收的热量也是 2.73×10^3 J.

例 21-7 带有活塞的汽缸内储有氮气，其质量 $M = 2.8 \times 10^{-3}$ kg，压强 $p_1 = p_0$，温度 $T_1 = 300$ K. 先在体积不变的情况下，加热使其压强增至 $3p_0$，再经等温膨胀使压强降为 p_0，然后又在 p_0 的等压下将其体积压缩一半. 求氮在全部过程中内能的增量及它所做的功和吸收的热量.（$p_0 = 1.013 \times 10^5$ Pa）

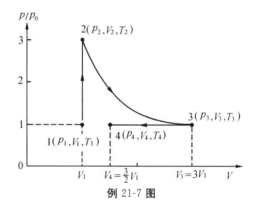

例 21-7 图

解 氮的摩尔质量 $M_{mol} = 28 \times 10^{-3}$ kg. 把各分过程画在 p-V 图上.

初态 1：$p_1 = p_0$，$T_1 = 300$ K. 利用状态方程得

$$V_1 = \frac{M}{M_{mol}} \cdot \frac{RT_1}{p_1} = \frac{2.8 \times 10^{-3}}{28 \times 10^{-3}} \cdot \frac{8.31 \times 300}{1.01 \times 10^{-5}} \text{ m}^3 = 2.46 \times 10^{-3} \text{ m}^3.$$

状态 2：$p_2 = 3p_0$，$V_2 = V_1$，由 $\frac{p_1}{p_2} = \frac{T_1}{T_2}$ 得

$$T_2 = \frac{p_2}{p_1} T_1 = \frac{3}{1} \times 300 \text{ K} = 900 \text{ K}.$$

状态 3：$p_3 = p_0$，$T_3 = T_2$，由 $p_3 V_3 = p_2 V_2$ 得

$$V_3 = \frac{p_2}{p_3} V_2 = \frac{3p_0}{p_0}(2.46 \times 10^{-3}) \text{ m}^3 = 7.38 \times 10^{-3} \text{ m}^3.$$

状态 4：$p_4 = p_0$，$V_4 = \frac{1}{2} V_3$，由 $\frac{V_3}{V_4} = \frac{T_3}{T_4}$ 得

$$T_4 = \frac{V_4}{V_3} T_3 = \frac{1}{2} \times 900 \text{ K} = 450 \text{ K}.$$

下面来计算 1→2→3→4 过程中系统内能的增量 ΔU.

$$\Delta U = \nu C_{V,m} \Delta T = \frac{M}{M_{mol}} \cdot \frac{5}{2} R(T_4 - T_1)$$

$$= \frac{2.8 \times 10^{-3}}{28 \times 10^{-3}} \times \frac{5}{2} \times 8.31(450 - 300) \text{ J} = 311.63 \text{ J}.$$

在 $1\to 2\to 3\to 4$ 全过程中 $2\to 3$ 等温膨胀,系统对外做功 $W_2=\dfrac{M}{M_{\text{mol}}}RT_2\ln\dfrac{V_3}{V_2}$;$3\to 4$ 等压压缩,系统对外做负功 $W_3=p_3(V_4-V_3)$. 所以全过程中总功

$$W=W_2+W_3=\dfrac{M}{M_{\text{mol}}}RT_2\ln\dfrac{V_3}{V_2}+p_3(V_4-V_3)$$

$$=0.1\times 8.31\times 900\ln 3 \text{ J}-(1.01\times 10^5\times \dfrac{1}{2}\times 7.38\times 10^{-3})\text{ J}=448.96\text{ J}.$$

由热力学第一定律可得在整个过程中系统吸收的热量为

$$Q=\Delta U+W=311.63\text{ J}+448.96\text{ J}=760.59\text{ J}.$$

如果把各分过程中热量、功以及内能增量算出,再来计算全过程中各量,结果与上述计算必然相同.

21.4　理想气体的绝热过程

▶ 21.4.1　绝热过程

绝热过程是指系统和外界没有热量交换的过程,即 $dQ=0$. 因为没有一种理想的隔热材料,所以真正的绝热过程是不存在的,然而有些过程发生得相当迅速,以致它来不及与外界交换热量,如气体的急速膨胀(或压缩),这样的过程就可以作为绝热过程. 一个绝热过程也可能是准静态过程. 设想汽缸内的气体,它有理想的隔热材料与外界热隔离,这时,它在缓慢地推动活塞进行膨胀. 因为过程进行得缓慢,以致过程中的每一个中间态都是平衡态. 这样一个过程就是准静态的绝热膨胀过程.

设想一定量的理想气体经历一个准静态的绝热膨胀(或压缩)的过程[图 21-10(a)],过程的任一时刻气体的状态方程 $pV=\nu RT$ 仍然适用. 可以证明,绝热过程中压强和体积还有如下的关系式

$$pV^\gamma=\text{常量}. \tag{21.4-1}$$

其中 γ 为(21.2-5)式定义的摩尔热容比. (21.4-1)式常称为**绝热过程的泊松**(Poisson)**方程**. 如果下标 1 和 2 指绝热过程的任意两个平衡态,那么

$$p_1V_1^\gamma=p_2V_2^\gamma.$$

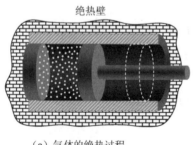

(a) 气体的绝热过程

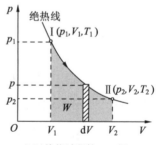

(b) 绝热过程的 p-V 图

图 21-10

将泊松方程和理想气体的状态方程结合起来可以得到泊松方程的另外两种形式

$$T_1 V_1^{\gamma-1} = T_2 V_2^{\gamma-1}, \quad (21.4\text{-}2)$$

$$T_1^{-\gamma} p_1^{\gamma-1} = T_2^{-\gamma} p_2^{\gamma-1}. \quad (21.4\text{-}3)$$

绝热过程的 p 与 V 的关系曲线称为**绝热线**,如图 21-10(b)所示.

因绝热过程中 $Q=0$,根据热力学第一定律

$$W_Q = -\Delta U.$$

设质量为 M 的理想气体经历如图 21-10(b)所示的绝热膨胀过程,温度由 T_1 变化到 T_2.因理想气体内能的改变只与温度的改变有关,即

$$\Delta U = \frac{M}{M_{\text{mol}}} C_{V,\text{m}} (T_2 - T_1),$$

所以,绝热过程中气体对外做的功为

$$W_Q = -\frac{M}{M_{\text{mol}}} C_{V,\text{m}} (T_2 - T_1) = -\nu C_{V,\text{m}} (T_2 - T_1). \quad (21.4\text{-}4)$$

可见,理想气体绝热膨胀过程中,气体对外界所做的功等于气体内能的减少.若气体作绝热压缩,则外界对气体所做的功全部转换为气体内能的增加.

声波传播时引起空气的压缩和膨胀、内燃机中的爆炸过程都可看作是绝热过程的实例.

例 21-8 内燃机的汽缸内空气在 20 ℃ 时压强为 p_0($p_0 = 1.01 \times 10^5$ Pa),体积为 800 cm³.将气体体积压缩到 60 cm³.如把空气作为理想气体($\gamma = 1.40$),而且压缩是绝热的,求气体最后的压强和温度.

解 利用 $p_i V_i^{\gamma} = p_f V_f^{\gamma}$ 关系,最后的压强

$$p_f = p_i \left(\frac{V_i}{V_f} \right)^{\gamma} = 1 \times \left(\frac{800}{60} \right)^{1.4} p_0 = 37.6 p_0.$$

由状态方程 $\dfrac{p_i V_i}{T_i} = \dfrac{p_f V_f}{T_f}$ 得到

$$T_f = \frac{p_f V_f}{p_i V_i} T_i = \frac{37.6 \times 60}{1 \times 800} \times 293 \text{ K} = 826 \text{ K} = 553 \text{ ℃}.$$

*21.4.2 泊松方程的推导

下面来推导(21.4-1)式.运用热力学第一定律,对于系统状态的一个微小的变化有

$$\Delta Q = \Delta U + p \Delta V.$$

对于绝热,$\Delta Q = 0$.对于理想气体,$\Delta U = \nu C_{V,\text{m}} \Delta T$,代入上式便有

$$\Delta T = -\frac{p \Delta V}{\nu C_{V,\text{m}}}.$$

对于理想气体 $pV = \nu RT$,则有 $p \Delta V + V \Delta p = \nu R \Delta T$,即

$$\Delta T = \frac{p \Delta V + V \Delta p}{\nu R}.$$

由上面两个 ΔT 的表达式,并利用关系式 $C_{p,\text{m}} - C_{V,\text{m}} = R$,得

$$p \Delta V C_{p,\text{m}} + V \Delta p C_{V,\text{m}} = 0.$$

利用 $\gamma = \dfrac{C_{p,\text{m}}}{C_{V,\text{m}}}$,可以把上式化成

$$\frac{\Delta p}{p}+\gamma\frac{\Delta V}{V}=0.$$

当变化无限小时，上式成为

$$\frac{\mathrm{d}p}{p}+\gamma\frac{\mathrm{d}V}{V}=0.$$

对上式积分得

$$\ln p+\gamma\ln V=常量,$$

即

$$pV^{\gamma}=常量.$$

由泊松方程 $pV^{\gamma}=$ 常量，可得绝热线在 A 点的斜率（图 21-11）

$$\left(\frac{\mathrm{d}p}{\mathrm{d}V}\right)_{A}=-\gamma\frac{p_{A}}{V_{A}}.$$

由等温过程方程 $pV=$ 常量，得等温线在 A 点的斜率

$$\left(\frac{\mathrm{d}p}{\mathrm{d}V}\right)_{A}=-\frac{p_{A}}{V_{A}}.$$

因为 $\gamma>1$，所以绝热线比等温线更陡一些. 这一结果可说明如下：

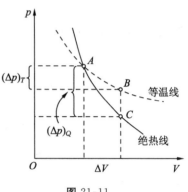

图 21-11

由图 21-11，假定从等温线和绝热线的交点 A 出发，气体的体积膨胀了 ΔV，则无论经等温过程还是绝热过程，气体的压强都要下降. 由理想气体的状态方程 $p=nkT$，对于等温膨胀过程，因温度不变，所以压强的下降 $(\Delta p)_T$ 只是由于体积的增大（即分子数密度 n 减小）而引起的；对绝热膨胀过程，气体的温度下降，压强的下降 $(\Delta p)_Q$ 除了体积的增大外，还有温度 T 的下降. 因此，在体积增量相同的情况下，绝热过程比等温过程压强下降得更多. 所以绝热线在 A 点的斜率绝对值比等温线的大.

如图 21-11 所示，如果使一定量的理想气体从同一状态出发，分别经历等温膨胀过程和绝热膨胀过程，若两个过程中气体体积的增加 ΔV 相等，则等温过程对外所做的功大于绝热过程对外所做的功量.

表 21-4 列出了理想气体准静态等值过程和绝热过程的相关公式，供参考.

表 21-4 理想气体等值过程和绝热过程公式表

准静态过程	过程方程	功 W	热量 Q	内能增量 ΔU
等容过程	$\dfrac{p}{T}=$ 常量	0	$\nu C_{V,m}(T_2-T_1)$	$\nu C_{V,m}(T_2-T_1)$
等压过程	$\dfrac{V}{T}=$ 常量	$p(v_2-v_1)$ 或 $\nu R(T_2-T_1)$	$\nu C_{p,m}(T_2-T_1)$	$\nu C_{V,m}(T_2-T_1)$
等温过程	$pV=$ 常量	$\nu RT\ln\dfrac{V_2}{V_1}$ 或 $\nu RT\ln\dfrac{P_1}{P_2}$	$\nu RT\ln\dfrac{V_2}{V_1}$ 或 $\nu RT\ln\dfrac{P_1}{P_2}$	0
绝热过程	$pV^{\gamma}=$ 常量 $TV^{\gamma-1}=$ 常量 $p^{\gamma-1}T^{-\gamma}=$ 常量	$-\nu C_{V,m}(T_2-T_1)$	0	$\nu C_{V,m}(T_2-T_1)$

*21.4.3 节流过程

节流过程就是在恒定高压 p_1 下的流体,在绝热条件下,通过多孔塞或细孔(称为节流阀、针阀)渗入恒定低压 p_2 区域的过程(图 21-12).过程中系统做的净功,
$$W = p_2V_2 - p_1V_1.$$
因为过程是绝热的,$Q=0$.由热力学第一定律得到 $U_2 - U_1 = -(p_2V_2 - p_1V_1)$,整理得
$$U_2 + p_2V_2 = U_1 + p_1V_1. \tag{21.4-5}$$
这是节流过程中重要的关系式,$U+pV$ 称为**焓**.有关焓的内容,本书不再讨论.

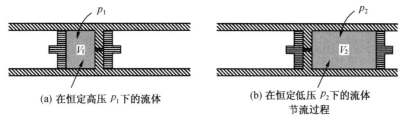

(a) 在恒定高压 p_1 下的流体　　(b) 在恒定低压 p_2 下的流体
节流过程
图 21-12

节流过程在工程中有重要的实用价值.因为这个过程能产生致冷所需的温降.由于节流过程的结果,饱和液体通过节流过程总是有温度降低和部分液体的汽化.但对气体而言,可能温度升高,也可能温度下降.取决于气体的初温、初压和终压.

内 容 提 要

1. 热力学第一定律:是普遍的能量守恒和转化定律在一切涉及宏观热现象过程中的表现形式,$Q = \Delta U + W$,$dQ = dU + dW$.

2. 准静态过程的功:当系统状态变化所需的时间远大于系统从非平衡态到平衡态的弛豫时间时,过程可看作是准静态的.做功是外界分子有规则运动的动能和系统分子无规则热运动动能的传递和转化.功是过程量,其大小等于 p-V 图中过程曲线下的面积.$dW = pdV$,$W = \int_{V_1}^{V_2} pdV$.

3. 理想气体的摩尔热容:1 mol 理想气体温度升高 1 K 所需吸收的热量,$C_m = \dfrac{dQ}{dT}$.
摩尔热容的大小与气体所经历的过程有关.

等容摩尔热容:$C_{V,m} = \dfrac{i}{2}R$.

等压摩尔热容:$C_{p,m} = \dfrac{i+2}{2}R$.

迈耶公式:$C_{p,m} - C_{V,m} = R$.

摩尔热容比:$\gamma = \dfrac{C_{p,m}}{C_{V,m}} = \dfrac{i+2}{i}$.

式中 i 为气体分子的自由程.单原子分子 $i=3$;刚性双原子分子 $i=5$;刚性多原子分子 $i=6$.

4. 热量：是外界分子无规则热运动的动能和系统分子无规则热运动动能之间的传递。热量也是过程量。

对质量为 M 的理想气体等容过程：$Q_V = \dfrac{M}{M_{mol}} C_{V,m} \Delta T$。

对质量为 M 的理想气体等压过程：$Q_p = \dfrac{M}{M_{mol}} C_{p,m} \Delta T$。

5. 内能：是系统分子无规则热运动能量的总和。内能是系统状态的函数，是状态量。无论系统经历怎样的过程，内能的增量只取决于过程始、末两平衡态的温度差。$\Delta U = \dfrac{M}{M_{mol}} \cdot C_{V,m} \Delta T$。

6. 理想气体等值过程：过程中 p, V, T 三个状态参量中有一个保持不变。

等容过程：$V = $ 常量，$W = 0$，$Q = \Delta U$。

等压过程：$p = $ 常量，$W = p(V_2 - V_1)$，$Q = \Delta U + p(V_2 - V_1)$。

等温过程：$T = $ 常量，$\Delta U = 0$，$Q = W = \dfrac{M}{M_{mol}} RT \ln \dfrac{V_2}{V_1} = \dfrac{M}{M_{mol}} RT \ln \dfrac{p_1}{p_2}$。

7. 理想气体绝热过程：系统与外界没有热量的传递。$pV^\gamma = $ 常量，$Q = 0$，$W = -\Delta U$。

习 题

21-1 一气体从初态 I 沿图示的三条可能途径膨胀至终态 F，试计算沿着 IAF, IF 以及 IBF 膨胀时气体所做的功。

21-2 汽缸内有 0.2 mol 的理想气体，汽缸上方有一个可以无摩擦地自由移动的活塞，由它的移动以保持汽缸内压强不变。活塞质量为 8 kg，横截面积为 5 cm²。求当气体温度从 20 ℃升高到 300 ℃，气体所做的功。

21-3 一汽缸内储有 10 mol 的单原子分子理想气体，在压缩过程中外界做功 209 J，气体升温 1 K。求此过程中气体内能的增量和传递的热量。

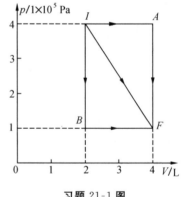

习题 21-1 图

21-4 1 mol 的理想气体经历图示的一个热力学循环，该循环过程由三部分组成，等温膨胀 $a \to b$、等压压缩 $b \to c$ 以及等容加压 $c \to a$。如果温度 $T = 300$ K，$p_b = p_c = 1.01 \times 10^5$ Pa，$p_a = 5.05 \times 10^5$ Pa，求循环过程中气体做的功。

21-5 一定量理想气体经历一准静态的膨胀过程，p-V 图如图所示。在此过程中 $p = \alpha V^2$，已知 $\alpha = 5.05 \times 10^5$ Pa/m⁶。求图示的膨胀过程中气体做的功。

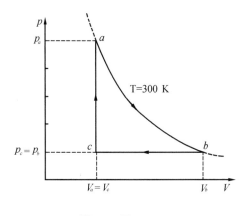
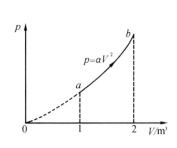

习题 21-4 图   习题 21-5 图

21-6 1 mol 的理想气体经过等温膨胀至终态,终态压强为 1.01×10^5 Pa,体积为 25 L,膨胀过程中气体做功 3 000 J. 求气体的初态体积和气体的温度.

21-7 一定量的气体在等压 8.104×10^4 Pa 下,体积从 9 L 压缩到 2 L,在此过程中气体放出热量 400 J,求气体做的功和内能的变化.

21-8 一定量气体经历图示的循环过程,求循环过程中气体所获得的净热量.

21-9 一系统由状态 I 沿 IAF 达状态 F,如图所示,在此过程中系统吸热 200 J,对外做功 80 J. 若沿 IBF 这一过程,系统吸热 144 J.

（1）系统沿 IBF 过程,做功多少?

（2）如果从状态 F 沿着曲线 FI 返回状态 I,外界对系统做功 52 J,问从 F 到 I 的过程中,传递的热量是多少?

（3）如果状态 I 的内能是 40 J,那么状态 F 的内能是多少?

（4）如果状态 B 的内能是 88 J,问在 IB 过程和 BF 过程中传递的热量各是多少?

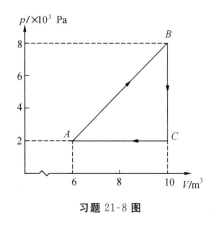

习题 21-8 图   习题 21-9 图

21-10 一定量双原子分子理想气体的体积和压强按 $pV^2=a$ 的规律变化,其中 a 为已知常数. 当气体的体积从 V_1 膨胀到 V_2 时,求：

（1）气体所做的功;

（2）内能的变化;

（3）吸收的热量.

21-11 对于室温下的双原子分子理想气体,在等压膨胀的情况下,系统对外所做的功与从外界吸收的热量之比 W/Q 等于多少?

21-12 一个两端封闭的水平汽缸,被一无摩擦活塞分为体积均为 V_0 的左右两室,如图所示.两室中盛有温度相同、压强均为 p_0 的同种理想气体.现保持气体温度不变,用外力缓慢移动活塞,使左室气体的体积膨胀为右室的 2 倍,求外力所做的功.

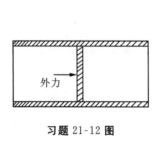

习题 21-12 图

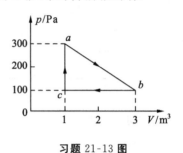

习题 21-13 图

21-13 一定量某种理想气体进行如图所示的循环过程,已知气体在状态 a 的温度为 $T_a=300$ K,求:

(1) 气体在状态 b,c 时的温度;

(2) 各过程中气体对外所做的功;

(3) 经一个循环过程,气体从外界吸收的总热量.

21-14 ν mol 单原子分子理想气体,经历如图所示的准静态过程.

(1) 求该过程的 T-V 关系;

(2) 讨论该过程中,吸热和放热的区域.

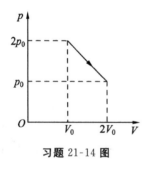

习题 21-14 图

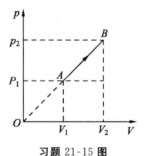

习题 21-15 图

21-15 1 mol 双原子分子理想气体从状态 A 变化到状态 B,如图所示.求:

(1) 气体内能的增量;

(2) 气体对外界所做的功;

(3) 气体吸收的热量;

(4) 此过程的摩尔热容.

21-16 1 mol 气体初态 I 的压强为 $2p_0$ ($p_0=1.01\times10^5$ Pa),体积为 0.3 L,内能为 91 J.在终态 F,压强为 $1.5p_0$,体积为 0.8 L,内能为 182 J.对于图示的三个过程 IAF,IBF 以及 IF,求:

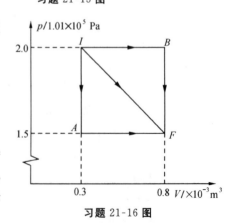

习题 21-16 图

(1) 气体做的功；
(2) 传递的热量.

21-17 温度为 300 K 的一定质量理想气体,在恒定压强 2.5 kPa 下体积从 1 m³ 增加到 3 m³,此过程中它吸收了热量 12 500 J.求：
(1) 该气体内能的变化；
(2) 气体最终的温度.

21-18 一定量的气体从初态 I 至终态 F 经历图示的两个不同的膨胀过程,体积都是从 2 m³ 膨胀至 6 m³,沿途径 IAF 吸收热量 16.72×10^5 J.求：
(1) 气体沿 IAF 途径所做的功；
(2) 气体沿 IF 途径做的功；
(3) 气体内能的变化；
(4) 气体沿 IF 途径传递的热量.

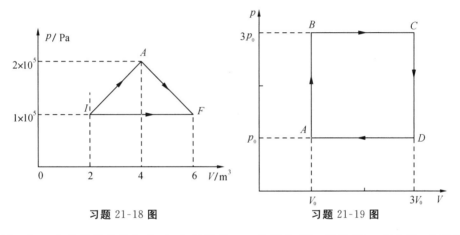

习题 21-18 图   习题 21-19 图

21-19 1 mol 理想气体的初态 A 的压强为 p_0,体积为 V_0,温度 $T_0=300$ K,它经历图示的循环,求循环过程中,传递的净热量.

21-20 在压强保持恒定的条件下,4 mol 的刚性双原子理想气体的温度升高 60 K.问：
(1) 它吸收了多少热量？
(2) 它的内能增加多少？
(3) 它做了多少功？
(4) 它内部的平动动能增加多少？

21-21 已知单原子气体的等压热容为 62.3 J/K.求：
(1) 气体的物质的量；
(2) 该气体的等容热容；
(3) 该气体在温度 350 K 时的内能.

21-22 1 mol 的氢在定压条件下加热,温度从 300 K 升至 420 K.求：
(1) 该气体吸收的热量；
(2) 内能的增量；
(3) 气体对外做的功.

21-23 2 mol 的理想气体 ($\gamma=1.40$) 经历一个准静态绝热膨胀过程,从压强 $5.05\times$

10^5 Pa、体积 12 L 膨胀至终态体积 30 L. 求最终的气体压强及初态与终态的温度.

21-24 在一台汽油机的压缩冲程中,汽缸内气体的压强从 $1.01×10^5$ Pa 增加至 $2.02×10^6$ Pa. 设该过程是绝热的,若汽缸内气体作为理想气体($\gamma=1.40$)处理,计算体积的改变因子与温度的改变因子.

21-25 质量 $M=8×10^{-3}$ kg 的氧气,体积为 $V_1=0.41×10^{-3}$ m³,温度为 $T_1=300$ K. 求气体在绝热和等温过程中,体积膨胀至 $V_2=4.1×10^{-3}$ m³ 时各对外做了多少功.

21-26 1 mol 刚性多原子分子理想气体,初始压强为 1.0 atm,温度为 27 ℃,若经过一绝热过程,使其压强增大到 16 atm,求:

(1) 气体内能的增量;

(2) 在该过程中气体所做的功;

(3) 终态时,气体的分子数密度.

21-27 一定质量的理想气体,从初态 (p_1, V_1) 经准静态绝热过程,体积膨胀到 V_2,求在此过程中气体对外做的功. 设该气体的摩尔热容比为 γ.

21-28 可逆热机中的 1 mol 单原子理想气体经历图示的循环,其中 1→2 是等容过程,2→3 是绝热过程,3→1 是等压过程.

(1) 计算每一过程中热量、内能增量以及气体做的功;

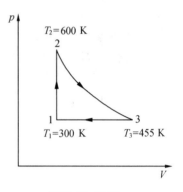

习题 21-28 图

(2) 求气体经历这一循环所交换的热量、内能增量以及气体做的功;

(3) 如果点 1 处的初始压强为 $1.01×10^5$ Pa,求点 2,3 处的压强和体积.

第 22 章　热力学第二定律　熵

热力学第一定律的实质就是能量守恒,一切实际的热力学过程都必须满足热力学第一定律.然而并不是所有满足能量守恒的过程都可以实现,即一切实际的宏观过程都是按一定方向进行的.本章将要介绍的热力学第二定律就是关于自然过程方向性的规律,它与热力学第一定律一起,构成了热力学的主要理论基础.

本章讨论循环过程及其效率和致冷系数.从几个实例说明宏观实际过程的不可逆性,总结出热力学第二定律的具体表述.通过对卡诺循环和卡诺定理的讨论,说明效率为 100% 的热机(第二类永动机)不可能实现.熵是对宏观过程方向性的一种定量描述,也是对微观运动无序性的描述.熵增加原理是热力学第二定律的数学表达式.本章最后从微观统计角度出发,讨论热力学第二定律的统计意义.

22.1　热机　致冷机

▶ 22.1.1　循环过程

由热力学第一定律可知,功和热是可以相互转化的.但是这种转化不是直接的,而是必须通过热力学系统(又称**工作物质**,简称**工质**)经过一定的过程才能实现.而且,仅靠系统的单一过程(如等值过程、绝热过程等)无法实现功和热之间的持续转化.要实现功、热之间的持续转化,需要使热力学系统做循环过程.如蒸汽机就是通过工作物质的不断循环,将热量转化为功的装置,其工作物质为水.

系统由某一状态出发经历一系列变化后又回到初始状态的过程称为**循环过程**(**循环**).从循环过程的定义可知,循环过程在 p-V 图上表示的过程曲线为一闭合的曲线,如图 22-1

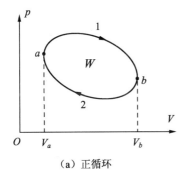

(a) 正循环　　　　　　　　(b) 逆循环

图 22-1

所示. 由于内能仅是系统状态的函数, 所以当热力学系统**经历一个循环后, 系统的内能不变**.

如果系统的循环是沿顺时针方向进行的, 则该循环称为**正循环**(又称**热机循环**). 热机从外界吸热将其转化为对外界做的功(如蒸汽机). 设系统从图 22-1(a)中的状态 a 出发经过程 $a1b$ 到达状态 b, 则曲线 $a1b$ 下与 V 轴所围的面积为此过程中系统对外界所做的功; 当系统从状态 b 沿 $b2a$ 回到状态 a 时, 曲线 $b2a$ 下与 V 轴所围的面积为外界对系统所做的功. 所以, 系统经历一个正循环对外界所做的**净功** W 为过程曲线所包围的面积. 如果系统的循环沿逆时针方向进行[图 22-1(b)], 则该循环称为**逆循环**(又称**致冷循环**). 致冷机通过外界做功从系统中吸热并向外界放热(如电冰箱). 系统经历一个逆循环, 外界对系统所做的净功 W(绝对值)也等于过程曲线所包围的面积.

▶ 22.1.2 热机　热机效率

历史上, 热力学理论最初是在研究热机的工作过程的基础上发展起来的. **热机**是指能把热量转变为机械功的一种装置, 如蒸汽机、内燃机、汽轮机等都是热机. 下面以早期英国人瓦特所改进的活塞式蒸汽机为例, 介绍一般热机的工作原理. 如图 22-2 所示为活塞式蒸汽机的简单构造原理图.

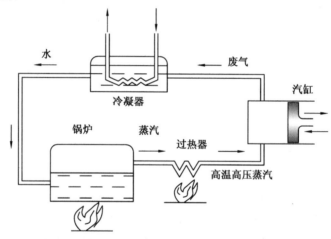

图 22-2

进入锅炉的水受热成为蒸汽, 蒸汽通过过热器被加热成高温高压蒸汽. 高温高压水蒸气在汽缸内迅速膨胀推动活塞做功. 做功后的蒸汽, 温度和压强都大为降低而成为废气, 废气进入冷凝器被水冷却, 放出一部分热量后, 凝结成水. 凝结水回到锅炉, 再开始下一循环. 从蒸汽机的工作过程, 可以把热机的工作过程说成热机使某种工作物质完成一个循环. 工质在循环过程中从一热源吸取热量, 对外做功, 再向周围环境排放出一部分热量. 工质经过一个循环过程仍回到原来的状态.

从能量角度, 热机工作原理可以用能流图 22-3 来说明. 工质在循环过程中从高温(T_h)热库吸取热量 Q_h, 对外做功 W, 同时对低温(T_c)热库放出热量 Q_c. 低温热库也可

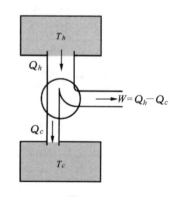

图 22-3

以是指周围环境.按照热力学第一定律的惯例,放出的热量应该取负号,这里为了书写方便,Q_c 仍取成正号,只要在运算中注意就可以了.由于工质通过一个循环过程要回到它原来的状态,工质内能的变化 $\Delta U = 0$. 从热力学第一定律,可以得到热机在一个循环过程中完成的功 W,应该等于它吸收的净热量 $Q_h - Q_c$. 于是有

$$W = Q_h - Q_c.$$

显然,对于吸取一定量的热量 Q_h,该热机完成的功 W 越大越好,这样,就产生了热机的效率问题.**热机效率**定义为热机在循环过程中对外做的功 W 与它吸收热量 Q_h 之比,用字母 η 表示,

$$\eta = \frac{W}{Q_h}. \tag{22.1-1}$$

利用 $W = Q_h - Q_c$,热机效率又可以写成

$$\eta = \frac{Q_h - Q_c}{Q_h} = 1 - \frac{Q_c}{Q_h}. \tag{22.1-2}$$

▶ 22.1.3 致冷机 致冷系数

相对蒸汽机而言,致冷机(电冰箱、空调或热泵等)是按相反方向循环的一台热机,即工质按照相反方向循环,它从低温热库吸收热量 Q_c,再向高温热库放出热量 Q_h(Q_h 取正,是为书写简洁).这过程中只有对致冷机做功 W(W 亦取正,亦是为书写简洁),才得以使致冷机完成把热量从低温热库输运至高温热库.致冷机工作原理的能流图如图 22-4 所示.众所周知,只有对电冰箱或空调机通电,使压缩机工作,才能有致冷效果.由热力学第一定律可知,对于致冷机来说,

$$Q_h - Q_c = W,$$

即
$$Q_h = W + Q_c.$$

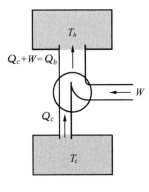

图 22-4

注意,在该式中 Q_h,W 均取正值.上式表明,在致冷过程中,从低温热库吸收热量 Q_c 加上外界对致冷机做的功 W,等于致冷机向高温热库(周围环境)放出的热量 Q_h. 为了能对致冷机的性能作比较,需要对致冷机的效率做出定义.在致冷机中人们关心的是工质在循环过程中从低温热库吸收的热量 Q_c 以及外界必须对它们做功 W.**致冷系数** ω 的定义为

$$\omega = \frac{Q_c}{W}. \tag{22.1-3}$$

利用 $W = Q_h - Q_c$,致冷系数又可以写成

$$\omega = \frac{Q_c}{Q_h - Q_c}. \tag{22.1-4}$$

致冷系数 ω 可以大于 1,所以不称它为致冷效率而为致冷系数.显然,对于从低温热库吸取一定量的热量 Q_c,所需对它做的功 W 越小,致冷机的致冷系数越高.致冷机向高温热库放出的热量 $Q_h = W + Q_c$ 是完全可以利用的,如可把它当作提供热量的热源使用.这就是工程上广泛使用的"热泵".

就工作原理而言,热泵实际上就是致冷机.但是热泵是把热量送给高温物体,使它温度更高.而致冷机是从低温物体吸取热量使之更冷.

图 22-5 是用来说明普通致冷机的循环原理.在压缩机 A 内形成的高温、高压的气体(如氨),送到冷凝器的蛇形管 B(高温热库).用水或空气冷却法,移去 B 管中气体的热量,结果使气体在高压下凝结成液态氨,液态氨通过节流阀 C,形成低压、低温的液氨和蒸气的混合物,它们在蒸发器的蛇形管 D(低温热库)中,从外界吸收热量,使冷库温度降低,而自身全部蒸发成蒸气,再进入压缩机 A,重复循环.在家用冰箱中,蛇形管 D 安装在冷冻室内,直接冷却冰箱.

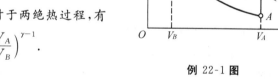

图 22-5

例 22-1 一定量理想气体经过下列准静态过程(图示):

(1) $A \to B$ 绝热压缩;
(2) $B \to C$ 等容吸热;
(3) $C \to D$ 绝热膨胀;
(4) $D \to A$ 等容放热.

求采用此循环的热机的效率.

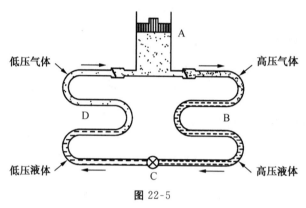

例 22-1 图

解 循环过程已标在 p-V 图上.对于两绝热过程,有

$$\frac{T_B}{T_A} = \left(\frac{V_A}{V_B}\right)^{\gamma-1}, \quad \frac{T_C}{T_D} = \left(\frac{V_A}{V_B}\right)^{\gamma-1}.$$

由此得到 $\dfrac{T_B}{T_A} = \dfrac{T_C}{T_D}$,以及

$$\frac{T_B}{T_A} = \frac{T_C}{T_D} = \frac{T_C - T_B}{T_D - T_A}.$$

对于两个等容过程,有

$$Q_1 = \nu C_{V,m}(T_C - T_B), \quad Q_2 = \nu C_{V,m}(T_D - T_A).$$

于是效率

$$\eta = 1 - \frac{Q_2}{Q_1} = 1 - \frac{T_D - T_A}{T_C - T_B} = 1 - \frac{T_A}{T_B} = 1 - \left(\frac{V_B}{V_A}\right)^{\gamma-1}.$$

引入压缩比 $r = \dfrac{V_A}{V_B}$,得到

$$\eta = 1 - \frac{1}{r^{\gamma-1}}.$$

本题讨论的循环称为**奥托**(Otto)**循环**,它是四冲程汽油机的工作循环.汽油机的压缩比不能大于 7,否则汽油蒸气与空气的混合气体在尚未压缩至 B 点时,温度已升高到足以引起混合气体燃烧.设 $r=7$,则循环效率

$$\eta = 1 - \frac{1}{7^{0.4}} = 55\%.$$

实际上汽油机的效率只有 25%.

例 22-2 一台致冷机的工作循环,看成是一定量理想气体经过下列准静态循环(逆向斯特林循环)过程(图示):

(1) $A \to B$ 等温压缩;

(2) $B \to C$ 等容放热;

(3) $C \to D$ 等温膨胀;

(4) $D \to A$ 等容吸热.

这一循环是回热式致冷机中的工作循环. $D \to A$ 过程从热库吸收的热量,在 $B \to C$ 过程又放回给了热库,故不计入致冷系数的计算.求此循环的致冷系数.

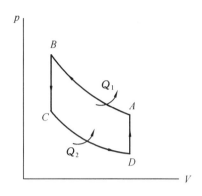

例 22-2 图

解 循环过程标在 p-V 图上.对于两个等温过程,有

$$Q_1 = \nu R T_A \ln \frac{V_A}{V_B}, \quad Q_2 = \nu R T_C \ln \frac{V_A}{V_B}.$$

在两个等容过程 $B \to C$ 的温度差为 $T_C - T_A$,$D \to A$ 的温度差为 $T_A - T_C$.所以在两个等容过程中系统与外界的热量交换相抵消.致冷系数

$$\omega = \frac{Q_2}{Q_1 - Q_2} = \frac{\nu R T_C \ln \dfrac{V_A}{V_B}}{\nu R T_A \ln \dfrac{V_A}{V_B} - \nu R T_C \ln \dfrac{V_A}{V_B}} = \frac{T_C}{T_A - T_C}.$$

若上述致冷机是用来从室外 0 ℃ 的周围环境吸取热量,向 27 ℃ 的房间放热,则致冷系数

$$\omega = \frac{273}{300 - 273} = 10.1.$$

22.2 可逆过程和不可逆过程

下面通过对可逆过程和不可逆过程的讨论,来说明实际自发过程都具有方向性.如图 22-6 所示,设一系统从状态 A 出发,经过程 1 到达另一个状态 B.显然,过程 1 进行时系统与外界相互影响,使系统状态不断变化的同时,外界也发生了变化.若存在另一过程 2,它使系统由状态 B 回到状态 A,同时消除原过程(过程 1)对外界产生的一切影响,即当系统状态复原时,对外界的影响也同时恢复,好像过程 1 从未发生过一样,则过程 1 称为**可逆过程**.否则,若系统状态复原时,原过程 1 对外界产生的影响不能同时恢复,则过程 1 称为**不可逆过程**.下面讨论几个典型的不可逆过程.

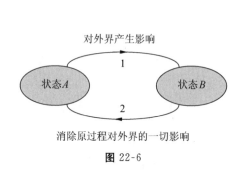

图 22-6

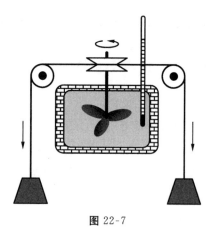

图 22-7

22.2.1 功热转换过程的不可逆性

如图 22-7 所示为焦耳的功热转换实验示意图. 在一个绝热的容器中充满了水,水中的叶轮通过一定的传动系统与两个重锤相连接,假设忽略一切摩擦损耗. 开始时,绳绕在叶轮轴上,重锤处在较高位置,然后释放重锤任其下落,则重力做功带动叶轮旋转,叶轮搅动绝热容器中的水使水温上升. 此实验说明功可以**自发地**转换为热量. 但反过来的过程,即水通过自动降温放出热量,此热量自动转换为功,带动叶轮将重锤抬高的过程尽管不违反热力学第一定律,但实际上是不可能发生的. 也就是说,热量转换为功的过程是不可能自发地发生的. 当然,我们可以通过一个热机,从水中吸热使水温恢复原状态,同时热机做功将重锤抬高是可以实现的. 但由上节讨论可知,热机只将部分热量转换为功,而部分热量将向低温热源放出. 这说明容器中的水复原的同时,原过程对外界产生的影响并未恢复. 所以**通过摩擦使功变热的过程是不可逆的**.

22.2.2 热传导过程的不可逆性

如图 22-8 所示,在一个完全绝热的容器中有两个温度不同的物体互相热接触,则有热量自动地从高温物体传向低温物体,使高温物体的温度不断下降,同时低温物体的温度不断上升,最终使两者温度相同而达到平衡态. 而与此相反的过程,即热量自动地由低温物体传给高温物体,使两者的温度差越来越大的过程尽管不违反能量守恒定律,但却是不可能发生的. 尽管我们可以使用一个致冷机,通过外界做功,从低温物体中吸热,同时传给高温物体,最终使两个物体的温度还原. 但此过程需要外界做功,即物体温度复原时,对外界产生了影响. 所以**热量自动地由高温物体传向低温物体的过程是不可逆的**.

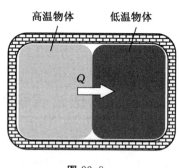

图 22-8

22.2.3 气体绝热自由膨胀过程的不可逆性

如图 22-9 所示,一个完全绝热容器中间有一隔板,将容器分为左右两部分,容器的左侧充满气体,而右侧为真空. 若突然抽去隔板,则左侧的气体将自动地向右侧膨胀,最终使气体充满整个容器而达到平衡态.

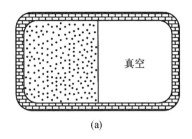
(a)

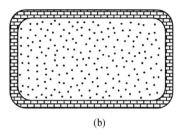
(b)

图 22-9

与此相反的过程,即所有气体分子自动地收缩到容器的左侧,而右侧为真空的过程尽管不违反能量守恒定律,但却是不可能自动实现的. 当然,可以将绝热容器的一个侧壁做成活塞,通过外界做功使气体被压缩,使所有气体回到容器的左侧. 但这个过程中,因为外界对气体做了功,使气体体积复原的同时,温度升高了. 根据前面的讨论,也不可能将这部分热量完全转化为压缩气体时外界所做的功. 所以,**气体向真空的绝热自由膨胀过程是不可逆的**.

下面从热力学观点分析可逆过程和不可逆过程. 设想在活塞上放一些沙子的方法来准静态地压缩气体,如图 22-10 所示. 图 22-10 中汽缸内储有一定量的气体. 汽缸壁是绝热的,而其底部与热库保持良好的热接触. 设活塞可无摩擦地上下移动. 这样,气体的压强、体积以及温度在整个缓慢压缩过程中都有确定的值. 由于气体与一热库保持良好的热接触,使压缩过程等温地进行,成为准静态的等温压缩过程. 每当加上一粒细沙子,气体的体积就略为减少而压强略为增加,温度保持不变. 每加一次沙子,气体就变化至一个新的平衡态. 这个过程也能倒过来进行,只要每次从活塞上拿去

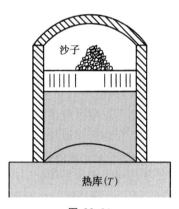

图 22-10

一粒细沙子,就能成为准静态的等温膨胀. 显然,这样一个无摩擦的准静态地进行的等温过程就是一个可逆过程.

由于可逆过程是经过一系列的平衡态而达到终态的,因而可以用 p-V 图上的一条曲线来表示可逆过程. 曲线上每个点均代表一个中间的平衡态. 一个不可逆过程从初态变化至终态的中间态是一系列的非平衡态. 在此情形中,只有初态和终态这两个平衡态才能在 p-V 图上表示出来. 这些中间的非平衡态,也可能有确定的体积,但不能用一个具体的压强或者温度的数值来表征系统的整体性质. 由于这些理由,一个不可逆过程不能用 p-V 图上的一条曲线来表示.

在可逆过程中不能有产生能量的耗散效应,也不能有其他破坏平衡态的效应,如由于温差而引起的热传递也不能存在. 实际上要完全估计出诸如此类效应是不可能的,所以也就不奇怪自然界的许多过程都是不可逆的. 事实上,一切与热现象有关的宏观实际过程都是不可逆过程,可逆过程仅是一种理想情况.

22.3 热力学第二定律

22.3.1 热力学第二定律的开尔文叙述

热机效率的计算式 $\eta = \dfrac{Q_h - Q_c}{Q_h}$ 表明,只有在 $Q_c = 0$,也就是没有热量排出给低温热库,这个热机能取得最大的效率 $\eta = 100\%$.

如图 22-11 所示为效率 $\eta = 100\%$ 的热机工作的能流图. 一台热机具有 100% 的效率,意味着这台热机的工质在循环过程中,把吸收的热量全部转变成机械功. 事实上,即使没有摩擦损耗,所有的热机都只能把它吸收热量的部分转变成机械功,另一部分热量必然要排放给周围环境,即低温热库,因而热机的效率都是小于 100% 的. 图 22-2 所示的瓦特改良的蒸汽机效率只有 3%. 柴油机效率约为 30%～40%. 在经过许多科学家为提高热机效率所做的努力而最终仍不能制造出效率 $\eta = 100\%$ 的热机事实面前,科学家开始认识到,效率为 100% 的热机虽然没有违背热力学第一定律(能量守恒定律),但是却不能造出效率为 100% 的热机.

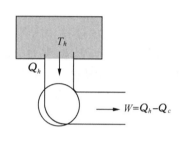

图 22-11

这表示自然界有些过程虽然没有违背能量守恒定律,但是它仍然不可能实现. 换句话说,并不是所有符合能量守恒定律的过程都能实现. 热力学第二定律就是论述这些虽然符合能量守恒定律,却不能实现的过程的定律.

在热机效率不可能达到 100% 的事实基础上,**热力学第二定律的开尔文**(Kelvin)**叙述**是这样的:从单一热库吸收的热量全部用来完成等量的功而对外不产生影响是不可能的.

效率为 100% 的热机称为第二类永动机,它没有违背能量守恒与转化定律. 据计算,全世界的海水温度降低 0.01 K 所放出的热量,如能全部转变成机械功,就足以供给全世界工厂工作 1000 年之久. 只从一个热库吸取热量的第二类永动机,在历史上曾吸引了许多人为之奋斗,虽然以失败告终,但使人类的认识前进了一大步. 热力学第二定律的确立使人们领悟到第二类永动机只是一种幻想.

22.3.2 热力学第二定律的克劳修斯叙述

对于一台致冷机,为了完成从低温热库搬运热量 Q_c 至高温热库,必须有外界做功 W. 如果不需外界做功,即 $W = 0$,则致冷机的致冷系数 $\omega = \dfrac{Q_c}{W} \to \infty$. 这种致冷机也相当于它能使热量自动地从低温热库迁移至高温热库,这就实现了热量自动地从低温物体流向高温物体,但是,自然界是从来找不到这一过程的. 在热传递过程中,热量能自动地从高温物体流向低温物体,而相反方向的过程(虽然也没有违背能量守恒定律)决不会实现. 这说明热传递的过程也有个进行方向的问题. 关于这一点,**热力学第二定律的克劳修斯**(Clausius)**叙述**是这样的:热量不能自动地从低温物体流向高温物体. 它说明一台致冷机,能连续不停地把热量从低温物体输送给高温物体而不产生其他效应是不可能的.

22.3.3 热力学第二定律两种叙述的一致性

通过摩擦,功可以全部变为热量.开尔文叙述说明热量不能通过循环过程全部转变成功而对外不产生影响.热量可以自动从高温物体流向低温物体,克劳修斯叙述指明热量不能自动从低温物体流向高温物体.所以,开尔文叙述和克劳修斯叙述分别指出了功转变成热以及热传递的不可逆性.热力学第二定律的这两种叙述,表面上看来是各自独立的,其实两者是一致的.用反证法证明如下:

如图 22-12(a)所示,假设热力学第二定律的克劳修斯叙述不成立,即有这样一个致冷机,无须外界做功就可将热量 Q_c 自动由低温热库传向高温热库.这样,可以用一个热机从高温热库吸热 Q_h,部分用于对外做功 $W = Q_h - Q_c$,部分(Q_c)放回低温热库.由上述致冷机和热机组成的一个组合热机的效果如图 22-12(b)所示.由图(b)可见,该热机可以只从高温热库吸热 Q_h,全部将其转换为对外做的功,而不向低温热库放热,即其效率为 100%.这显然也违反开尔文叙述.上面的例子说明:违反热力学第二定律克劳修斯叙述的过程,也违反开尔文叙述.我们也同样可以证明,凡是违反开尔文叙述的过程,一定也违反克劳修斯叙述.热力学第二定律的这两种叙述是等效的.

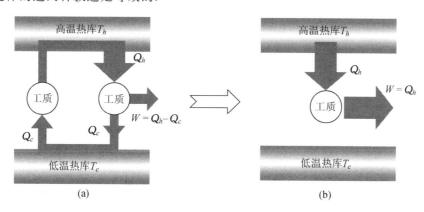

图 22-12

热力学第二定律两种叙述的一致性,说明热功转化过程的不可逆性和热传递过程中的不可逆性之间存在着内在的联系.由其中一种过程的不可逆性可以推导出另一种过程的不可逆性.事实上,自然界中存在的无数不可逆过程之间都有内在的联系.

22.4 卡诺循环 卡诺定理

为了从理论上讨论热机的最大效率,1824 年法国工程师卡诺(Sadi Carnot 1796—1832)设计了一个工作循环,称为卡诺循环.无论在理论上还是实践上,卡诺循环都具有重要意义,它为热力学第二定律的创立奠定了基础.卡诺还证明了卡诺可逆循环的热机具有所有热机效率的上限.

22.4.1 卡诺循环

卡诺循环利用理想气体作为工作物质.设想在有可移动活塞的汽缸内储有一定量的理想气体,它工作于两个有恒定温度的热库,即高温 T_h 热库和低温 T_c 热库.汽缸壁和活塞都看成是理想隔热的,而汽缸底座由良好导热材料制成,气体通过汽缸底座与热库交换热量.

卡诺循环由四个过程组成,两个等温过程和两个绝热过程,它们完全是可逆的.卡诺循环的 p-V 图如图 22-13 所示.

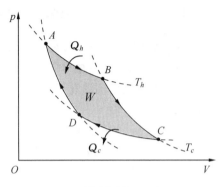

图 22-13

卡诺循环的具体过程(图 22-14)分析如下.

(1) $A \rightarrow B$ 过程是工质在温度 T_h 的等温膨胀.设想气体与温度 T_h 的高温热库保持良好的热接触[图 22-14(a)],气体通过汽缸的底座从热库吸取热量 Q_h,气体作等温膨胀,同时推动活塞对外做功 W_{AB}.

(2) $B \rightarrow C$ 过程为绝热膨胀过程[图 22-14(b)].汽缸放在一绝热台上(汽缸底座与绝热台接触),使气缸内理想气体做绝热膨胀,气体继续推动活塞对外做功 W_{BC},气体温度从 T_h 降至 T_c.

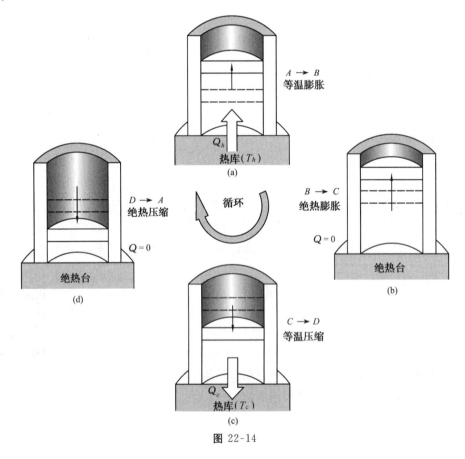

图 22-14

(3) $C \to D$ 过程为温度 T_c 的等温压缩. 汽缸放在温度 T_c 的低温热库上使气体与热库保持良好的热接触[图 22-14(c)]. 气体在温度 T_c 被等温压缩, 压缩过程中气体向低温热库放出热量 Q_c, 同时外界对气体做功 W_{CD} (为方便计算 Q_c, W_{CD} 均取正值).

(4) $D \to A$ 过程为绝热压缩过程. 汽缸再次放在绝热台上[图 22-14(d)], 对气体做绝热压缩, 使理想气体温度从 T_c 升高至 T_h. 此过程中外界对气体做功为 W_{DA} (为方便计算, W_{DA} 取正值).

理想气体经历卡诺循环对外做净功 $W = W_{AB} + W_{BC} - W_{CD} - W_{DA}$, 其值等于 p-V 图上表示卡诺循环的闭合曲线 $ABCDA$ 所围的面积(图 22-13). 经历了循环过程, 理想气体内能的增量为 0, 因而理想气体对外做的净功等于它吸收的净热量, 即 $W = Q_h - Q_c$. 由(22.1-1)式给出的卡诺热机效率

$$\eta = \frac{W}{Q_h} = 1 - \frac{Q_c}{Q_h}.$$

本节的例 22-3 中,将证明对于卡诺循环,比率 $\dfrac{Q_c}{Q_h}$ 为两热库的温度之比,

$$\frac{Q_c}{Q_h} = \frac{T_c}{T_h}, \tag{22.4-1}$$

所以,卡诺循环的效率,或者说采用卡诺循环的热机效率为

$$\eta_c = 1 - \frac{T_c}{T_h} = \frac{T_h - T_c}{T_h}. \tag{22.4-2}$$

从上式可以看出卡诺循环的效率总是小于 100%, 而且卡诺循环的效率只与两个恒温热库的温度有关. 高温热库的温度 T_h 愈高, 低温热库的温度 T_c 愈低, 卡诺循环的效率就愈大.

▶ 22.4.2 卡诺定理

卡诺在卡诺循环的基础上提出了卡诺定理,从理论上回答了热机的最高效率问题. 它与热力学第二定律是完全一致的, 它可以用热力学第二定律来论证. **卡诺定理**叙述如下.

(1) 所有工作在相同的高温 T_h 热库和低温 T_c 热库间的一切可逆热机(工作循环为可逆循环), 不论其工作物质的性质, 效率都相等, 为 $\eta = 1 - \dfrac{T_c}{T_h}$.

(2) 所有工作在相同的高温 T_h 热库和低温 T_c 热库间的一切不可逆热机(工作循环为不可逆循环), 其效率不可能高于可逆热机.

本书略去了卡诺定理的证明. 卡诺定理的意义在于指出热机效率的上限, 即任何实际热机效率都不可能超过 $1 - \dfrac{T_c}{T_h}$. 同时它也提出了提高热机效率的有效途径. 这就是: 提高高温热库的温度 T_h, 尽量降低低温热库的温度 T_c; 使热机工质的循环过程尽量接近可逆循环.

例 22-3 证明利用理想气体作工质的卡诺热机效率为 $\eta = 1 - \dfrac{T_c}{T_h}$.

解 在卡诺循环的等温膨胀过程 $A \to B$ 中, 理想气体的内能未变化, 它对外做功 W_{AB} 与从高温热库吸收热量 Q_h 相等, 有

$$Q_h = W_{AB} = \nu R T_h \ln \frac{V_B}{V_A}.$$

同样,可以算得它在等温压缩过程 $C \to D$,外界对气体做的功 W_{CD} 与气体对低温热库放出的热量 Q_c 相等,有

$$Q_c = W_{CD} = \nu R T_c \ln \frac{V_C}{V_D}.$$

上面两式相除,得

$$\frac{Q_c}{Q_h} = \frac{T_c}{T_h} \cdot \frac{\ln(V_C/V_D)}{\ln(V_B/V_A)}.$$

对于绝热过程的 $B \to C$ 和 $D \to A$,有

$$T_h V_B^{\gamma-1} = T_c V_C^{\gamma-1}, \quad T_h V_A^{\gamma-1} = T_c V_D^{\gamma-1}.$$

两式相除得

$$\frac{V_B^{\gamma-1}}{V_A^{\gamma-1}} = \frac{V_C^{\gamma-1}}{V_D^{\gamma-1}},$$

即

$$\frac{V_B}{V_A} = \frac{V_C}{V_D}.$$

由此,有

$$\boxed{\frac{Q_c}{Q_h} = \frac{T_c}{T_h}.}$$

因此,利用理想气体作为工质的卡诺热机效率为

$$\eta = 1 - \frac{Q_c}{Q_h} = 1 - \frac{T_c}{T_h}.$$

例 22-4 某台蒸汽机锅炉内温度为 500 K,炉内水烧成蒸汽后,由蒸汽推动活塞做功,废气排入大气中.环境温度为 300 K,求蒸汽机的最大效率.

解 从卡诺定理可以得知这台蒸汽机的最大效率为

$$\eta = 1 - \frac{T_c}{T_h} = 1 - \frac{300 \text{ K}}{500 \text{ K}} = 40\%.$$

注意,实际上蒸汽机的效率比 40% 低得多.

22.5 热力学温标

▶ 22.5.1 热力学温标

前面提到,科学技术上需要的是与测温物质性质无关的温度定标.卡诺定理提供了这种温度定标的基础.(22.4-1)式告诉我们,卡诺循环中比率 $\frac{Q_c}{Q_h}$ 依赖于两热库的温度比率 $\frac{T_c}{T_h}$,而与工作物质性质无关.因此,可以启用一台卡诺热机,使它工作于不同温度的两个热库之间.仔细测量热量 Q_c 和 Q_h(对放出的热量 Q_c 也取正值),这样两热库温度之比与热量之比相等,$\frac{T_c}{T_h} = \frac{Q_c}{Q_h}$.如果对其中一热库的温度如 T_c 采用固定温度 T_0,另一热库温度便为

$$T_h = \frac{Q_h}{Q_0} T_0.$$

由卡诺定理得知,这样所得的温度 T_h 与卡诺循环中工作物质,也即测温物质无关. 开尔文建议,固定点的温度采用水的三相点温度,并规定水的三相点温度为 273.16 K. 由此通过一台工作于 $T_3 = 273.16$ K 和温度 T 热库间的可逆卡诺热机来充当温度计,测得温度 T 为

$$T = 273.16 \frac{Q}{Q_3}. \tag{22.5-1}$$

这种以卡诺定理为基础的温度定标称为**热力学温标**.

可以证明,在理想气体能测定的温度范围内,热力学温标与理想气体温标测得的值相同. 可见热力学温标与理想气体温标是相同的.

▶ 22.5.2 绝对零度　热力学第三定律

从卡诺热机的效率 $\eta = 1 - \frac{T_c}{T_h}$ 得知,只要保持 T_c 为热力学温度 0 K,就能得到效率为 100% 的热机. 如果这可能实现的话,任何工作于 T_h 和 $T_c = 0$ K 的卡诺热机都能将吸收的热量全部转变成功. 利用这一概念,开尔文定义**绝对零度** 0 K 为卡诺热机对该温度的热库不排出热量.

必须注意,卡诺热机与所选的工质的性质无关,因此开尔文关于绝对零度的定义对所有物质都是适用的,而且它完全是一个宏观的概念,并没有涉及分子或原子的能量. 那么是否可以用实验的手段来达到绝对零度呢?回答是否定的. 所有的冷却过程表明,温度越低则使温度进一步降低就越困难. 实验证实,经过有限次数的实验过程是不能达到绝对零度的,这就是**热力学第三定律**的一种叙述,即绝对零度不能达到. 热力学第三定律指出了绝对零度不能达到,因而我们就无法得到温度是绝对零度的低温热库,所以也就得不到效率为 100% 的热机.

虽然热力学第三定律指出,绝对零度不能达到,但是,它并没有排除人们动用一切实验方法来接近绝对零度. 多年来科学家一直在从事超低温的研究工作,目前在实验室获得的最低温度已达 2×10^{-11} K.

22.6　熵

▶ 22.6.1 熵　熵是系统状态的函数

温度和内能均是系统的状态函数,用它们可以来描述一个系统的热力学状态. 温度的概念包含在热力学第零定律中,内能的概念包含在热力学第一定律中,本节讨论的是与热力学第二定律有关的一个重要状态函数——熵,它是克劳修斯在 1865 年首先提出的.

一个系统从一个平衡态经历了一个无限小的准静态过程变化到另一个平衡态,将系统在两个平衡态之间**熵的增量** dS 定义为传递的热量 dQ 除以系统的热力学温度 T,即

$$dS = \frac{dQ_r}{T}. \tag{22.6-1}$$

式中 dQ_r 的脚标 r 表示定义式仅适用于可逆过程. 如果系统在无限小的可逆过程中吸收热量, $dQ_r > 0$, 则 dS 是正的, 因而熵是增加的; 如果系统在这样一个无限小的可逆过程中是放出热量, $dQ_r < 0$, 则 dS 是负的, 因而熵是减少的; 如果系统在无限小的可逆过程中与外界没有热量交换, 即绝热, $dQ_r = 0$, 则 dS 为零, 熵就在无限小的可逆过程中保持不变.

注意, 定义式 (22.6-1) 仅定义了无限小可逆过程中系统熵的变化, 它并没有定义系统熵的绝对值.

由于系统的热力学状态的变化常常伴随着热量的传递, 因此从定量的角度用熵的变化 ($dS = \dfrac{dQ_r}{T}$) 来描述热力学过程是最恰当的. 熵的单位是 J/K.

如果系统从初态 i 经历了可逆过程变化至终态 f, 要计算这一过程中熵的变化, 必须把有限的可逆过程分割成无数个无限小的可逆过程, 系统经历每一无限小可逆过程, 熵的变化可由 (22.6-1) 式来计算. 由此, 全过程中系统熵的增量

$$\Delta S = \int_i^f dS = \int_i^f \frac{dQ_r}{T}. \qquad (22.6\text{-}2)$$

上式的积分路径为沿着可逆过程路径.

在可逆的绝热过程中, 系统在任一无限小的过程中与外界都没有热量交换, 即 $dQ_r = 0$, 所以系统熵的变化 $\Delta S = 0$. 系统经历可逆的绝热过程, 系统的熵保持不变, 因而可逆的绝热过程又可称为**等熵过程**. 能够在 $p\text{-}V$ 图上表示出来的绝热过程——绝热线, 都是可逆过程, 所以 $p\text{-}V$ 图上的绝热线又称为**等熵线**.

现在来计算可逆的卡诺循环中工质的熵的变化. 由于卡诺循环中两个等温过程、两个绝热过程均是可逆过程, 它们都可以用 (22.6-2) 式来计算熵增.

设循环中工质等温 (T_h) 膨胀过程中吸收热量为 Q_h. 在等温 (T_c) 压缩过程中放出热量 Q_c (Q_c 仍取正值), 则通过等温膨胀, 工质的熵增 $\Delta S_1 = \dfrac{Q_h}{T_h}$, 而等温压缩时熵增 $\Delta S_2 = -\dfrac{Q_c}{T_c}$. 两个绝热过程中熵均保持不变, 于是总熵变化

$$\Delta S = \frac{Q_h}{T_h} - \frac{Q_c}{T_c}.$$

前面已证明了对卡诺循环有 $\dfrac{Q_h}{T_h} = \dfrac{Q_c}{T_c}$, 把它代入上式, 得到工质经历一卡诺循环, 熵的变化为零, 即

$$\Delta S = 0.$$

我们把这一结论推广: 系统经历了任意一个可逆循环过程, 其熵增为零,

$$\oint \frac{dQ_r}{T} = 0. \qquad (22.6\text{-}3)$$

设系统由初态 i 经历一可逆过程 Ⅰ 变化至终态 f, 再沿另一可逆过程 Ⅱ 变化回到初态 i (图 22-15). 由 (22.6-3) 式可知, 在此可逆循环中熵增为零, 即

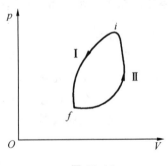

图 22-15

$$\int_{i,\mathrm{I}}^{f} \frac{\mathrm{d}Q_r}{T} + \int_{f,\mathrm{II}}^{i} \frac{\mathrm{d}Q_r}{T} = 0.$$

由于
$$\int_{f,\mathrm{II}}^{i} \frac{\mathrm{d}Q_r}{T} = -\int_{i,\mathrm{II}}^{f} \frac{\mathrm{d}Q_r}{T},$$

所以
$$\int_{i,\mathrm{I}}^{f} \frac{\mathrm{d}Q_r}{T} = \int_{i,\mathrm{II}}^{f} \frac{\mathrm{d}Q_r}{T}. \tag{22.6-4}$$

式中 $\int_{i,\mathrm{I}}^{f} \frac{\mathrm{d}Q_r}{T}$ 表示沿着可逆路径 I 计算的初态 i 与终态 f 的熵增,而 $\int_{i,\mathrm{II}}^{f} \frac{\mathrm{d}Q_r}{T}$ 表示沿着可逆路径 II 计算的熵增. (22.6-4)式表明系统熵的变化仅依赖于初、终两个平衡态,与连接这两个平衡态的具体可逆过程的路径无关. 所以熵也是系统状态的一个单值函数. 这是熵函数的一个重要性质.

▶ 22.6.2 理想气体经历可逆过程的熵的变化

设物质的量为 ν 的理想气体从初态 i, 经历一可逆过程变化至终态 f. 按照热力学第一定律,对于系统经历一个无限小可逆过程,有

$$\mathrm{d}Q_r = \mathrm{d}U + \mathrm{d}W,$$

而 $\mathrm{d}W = p\mathrm{d}V$, 对于理想气体有 $\mathrm{d}U = \nu C_{V,\mathrm{m}}\mathrm{d}T$ 以及 $p = \frac{\nu RT}{V}$, 于是传递的热量

$$\mathrm{d}Q_r = \mathrm{d}U + \mathrm{d}W = \nu C_{V,\mathrm{m}}\mathrm{d}T + \nu RT\frac{\mathrm{d}V}{V}.$$

这无限小可逆过程中熵增为

$$\mathrm{d}S = \frac{\mathrm{d}Q_r}{T} = \nu C_{V,\mathrm{m}}\frac{\mathrm{d}T}{T} + \nu R\frac{\mathrm{d}V}{V}.$$

该理想气体从初态 i, 沿着可逆过程变化至终态 f, 其熵增

$$\Delta S = \int_i^f \mathrm{d}S = \int_i^f \frac{\mathrm{d}Q_r}{T} = \nu C_{V,\mathrm{m}}\ln\frac{T_f}{T_i} + \nu R\ln\frac{V_f}{V_i}. \tag{22.6-5}$$

该结果也表明了系统的熵增仅依赖于系统的初态与终态,与具体经历的可逆路径无关.

如果理想气体经历了可逆等温过程,对 (22.6-5) 式以 $T_i = T_f$ 代入,有

$$\Delta S = \nu R\ln\frac{V_f}{V_i}. \tag{22.6-6}$$

如果理想气体经历了可逆绝热过程,把 $\frac{T_i}{T_f} = \left(\frac{V_f}{V_i}\right)^{\gamma-1}$ 代入 (22.6-5) 式,得

$$\Delta S = -\nu C_{V,\mathrm{m}}(\gamma-1)\ln\frac{V_f}{V_i} + \nu R\ln\frac{V_f}{V_i}$$

$$= -\nu C_{V,\mathrm{m}}\left(\frac{C_{p,\mathrm{m}}}{C_{V,\mathrm{m}}}-1\right)\ln\frac{V_f}{V_i} + \nu R\ln\frac{V_f}{V_i}$$

$$= -\nu(C_{p,\mathrm{m}} - C_{V,\mathrm{m}})\ln\frac{V_f}{V_i} + \nu R\ln\frac{V_f}{V_i} = 0.$$

结果也表明了理想气体经历一可逆绝热过程其熵保持不变.

如果理想气体经历了可逆循环过程,对它有 $T_i = T_f$, $V_i = V_f$, (22.6-5) 式为

$$\Delta S = 0.$$

例 22-5 已知固态物质在温度 T_m 时熔解,熔解热为 L,计算质量为 m 的该物质熔解时熵的变化.

解 设熔解过程发生得如此缓慢,以致可以把它作为可逆过程处理,并把过程中温度作为常量 T_m,在此过程中吸收热量 $Q=mL$,有

$$\Delta S = \int \frac{\mathrm{d}Q_r}{T_m} = \frac{1}{T_m}\int \mathrm{d}Q_r = \frac{Q}{T_m} = \frac{mL}{T_m}.$$

22.7 不可逆过程中的熵增 熵增加原理

一个系统从初始平衡态经历一过程变化至终了平衡态,如果过程是可逆过程,那么过程中系统的熵增可按照公式 $\Delta S = \int \frac{\mathrm{d}Q_r}{T}$(沿可逆过程途径)计算. 因为熵增 $\mathrm{d}S = \frac{\mathrm{d}Q_r}{T}$ 是对可逆过程定义的,如果所经历的过程是不可逆过程,要计算这样一个过程中熵的变化,可以利用熵函数仅是系统的状态函数这一性质. 系统在两个平衡态之间熵的变化,仅依赖于系统的初始和终了两个平衡态. 在初、终两平衡态之间经历的过程不管是可逆的或者不可逆的,熵增均相同. 但是要注意,只有对可逆过程,才能够按照公式 $\Delta S = \int \frac{\mathrm{d}Q_r}{T}$ 来计算熵增.

为了计算系统在两个平衡态之间经历了一个实际不可逆过程中熵的变化,我们可以在两平衡态之间设计一个可逆过程或者几个可逆过程. 沿着设计的可逆过程来计算 $\int \frac{\mathrm{d}Q_r}{T}$,就是所要求的系统熵的变化. 以下通过几个实例来说明.

▶ 22.7.1 理想气体自由膨胀中的熵增

设绝热壁组成的容器内理想气体的起始体积为 V_1[图 22-16(a)]. 由于气体与真空隔开的膜突然破裂,使气体能向真空膨胀到最终的体积 V_2[图 22-16(b)].

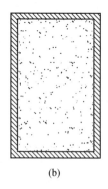

图 22-16

设理想气体的初始和终了状态均是平衡态. 显然这个过程是不可逆的. 前面已分析过,气体对真空膨胀做功等于 0. 容器壁是绝热的,使得膨胀期间气体与外界没有热量交换,过程中有 $W=0, Q=0$. 因此,这个过程中内能的增量 $\Delta U = 0$. 初态内能与终态内能相等,$U_1 =$

U_2. 理想气体的内能仅是温度 T 的函数,气体的初、终两态内能相等,因此理想气体自由膨胀后温度保持不变,即 $T_2=T_1$.

由于气体的自由膨胀是在绝热条件下进行的,即 $Q=0$. 也许有人会以此得出此过程中熵增 $\Delta S=0$ 的结论,其实这是错误的. 因为理想气体自由膨胀是不可逆过程,不能沿不可逆过程按照 $dS=\dfrac{dQ}{T}$ 来计算熵增. 为了计算理想气体从初态 (T_1,V_1) 至终态 (T_2,V_2) 的自由膨胀过程中的熵增,必须在初态和终态间设计一可逆过程. 最简单的一个可逆过程是使理想气体可逆地等温膨胀,从 (T_1,V_1) 等温膨胀至 $(T_2=T_1,V_2)$ (图 22-17). 气体在等温膨胀中缓慢地推动活塞做功,同时气体从外界吸收热量. 其熵增可以按照 (22.6-6) 式计算,

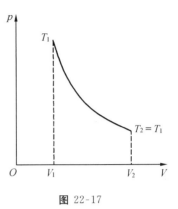

图 22-17

$$\Delta S = \nu R \ln \dfrac{V_2}{V_1}. \qquad (22.7\text{-}1)$$

因为 $V_2 > V_1$,所以 $\Delta S > 0$. 理想气体经历自由膨胀,其熵增大于 0,表示它的熵是增加的.

例 22-6 2 mol 的理想气体经历了自由膨胀,体积增大为原来的 3 倍. 求在此过程中它的熵增.

解 利用 (22.7-1) 式计算,$\nu=2$,$V_2=3V_1$,
$$\Delta S = \nu R \ln \dfrac{V_2}{V_1} = 2\times 8.31\ln 3 \text{ J/K} = 18.3 \text{ J/K}.$$

▶ *22.7.2 热传导中的熵增

在一个有绝热壁的容器内装入两个温度不同的物体 (图 22-18),A 物体质量为 m_1,比热容为 c_1,初始温度为 T_1;B 物体质量为 m_2,比热容为 c_2,初始温度为 T_2. 保持 A 与 B 有良好的热接触,并设 $T_1 > T_2$. 由于 A 与 B 没有热量消失在周围空间,所以系统 (A 与 B) 靠 A,B 之间热传导最终要达到热平衡,具有共同的温度 T.

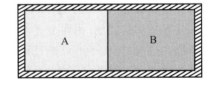

图 22-18

利用能量守恒,可以算出共同温度 T 的值. 高温物体 A 放出的热量应该与低温物体 B 吸收的热量相等,即有
$$m_1 c_1 (T_1 - T) = m_2 c_2 (T - T_2),$$
得
$$T = \dfrac{m_1 c_1 T_1 + m_2 c_2 T_2}{m_1 c_1 + m_2 c_2}.$$

可以得知 $T_1 > T > T_2$.

热量从高温物体 A 流向低温物体 B,这个热传导过程是不可逆的,这是由于 A,B 物体均要经历一系列的非平衡态. 在热传导过程中,A,B 两物体本身都不能用单一的温度来表示它的状态. 为了要计算此过程中系统的熵增,可以设计出一系列的可逆过程. 如设想物体 A 是由初始温度 T_1 缓慢地冷却到终了温度 T. 假定这个冷却过程是把物体 A 与一系列与

物体 A 仅有微小温度差的热库相接触,物体 A 与依次接触的热库发生热传导.这样物体 A 的温度经历了一系列微小变化,每一个微小变化均可以看成可逆过程,它的熵增可以用公式 $dS=\dfrac{dQ_r}{T}$ 来计算.其中 $dQ_r=mcdT$.物体 A 由温度 T_1 冷却到温度 T 的熵增

$$\Delta S_A = \int_{T_1}^{T} \dfrac{dQ_r}{T} = m_1 c_1 \int_{T_1}^{T} \dfrac{dT}{T} = m_1 c_1 \ln \dfrac{T}{T_1}.$$

同样,物体 B 的温度由 T_2 升高到 T,其熵增 ΔS_B 的计算可以按照对 A 物体的考虑,

$$\Delta S_B = \int_{T_2}^{T} \dfrac{dQ_r}{T} = m_2 c_2 \int_{T_2}^{T} \dfrac{dT}{T} = m_2 c_2 \ln \dfrac{T}{T_2}.$$

上述计算均假设了比热容 c 与温度无关.这样,物体 A 与 B 作为一个系统其总熵的增量为

$$\Delta S = \Delta S_A + \Delta S_B = m_1 c_1 \ln \dfrac{T}{T_1} + m_2 c_2 \ln \dfrac{T}{T_2}. \tag{22.7-2}$$

在上式中有一项是正的,另一项是负的,而正项大于负项的绝对值.由此,在不可逆的热传导中,系统(A 与 B)总熵增 $\Delta S>0$,即系统的熵增加了.

例 22-7 将 0 ℃的水 1 kg 与同样质量的且温度为 100 ℃的水相混合.当它们达到热平衡后有一个共同温度 50 ℃.试计算此过程中系统的熵增.

解 对于本例仍可以用(22.7-2)式计算系统的熵增,注意有
$m_1=m_2=1$ kg,$c_1=c_2=4\,186$ J/(kg·K),$T_1=273$ K,$T_2=373$ K,$T=323$ K.
$\Delta S = m_1 c_1 \ln \dfrac{T}{T_1} + m_2 c_2 \ln \dfrac{T}{T_2} = 1\times 4\,186\times \ln \dfrac{323}{273}$ J/K $+1\times 4\,186\times \ln \dfrac{323}{373}$ J/K $=102$ J/K.
系统的总熵增加了.

22.7.3 熵增加原理

在以上分析的两个例子中,都用到了具有绝热壁的容器,它们与外界没有热量交换,也没有与外界做功的问题.因而上述两例中的气体,A 物体与 B 物体作为整体而言都是属于孤立系统,它们都经历了不可逆过程:气体自由膨胀,温度不同的 A,B 物体间的热传导.计算表明在这两个不可逆过程中,系统的总熵是增加的,或者说熵增大于 0.这个结论可以推广:一个孤立系统在不可逆过程中熵总是增加的.

孤立系统在可逆过程中熵又是如何变化的呢?我们还是借用图 22-18 为例来说明.A,B 两物体有热接触,它们之间就有热量传递,如果这个过程是可逆的,它要求该两物体处于热平衡,也就是说它们原来就有一个共同的温度 T.于是,当有热量 dQ 从 A 物体传递到 B 物体,因为这个过程是可逆的,便可以用 $dS=\dfrac{dQ_r}{T}$ 来分别计算 A,B 两物体的熵增.这样算得 A 物体的熵增为 $dS_1=-\dfrac{dQ}{T}$,B 物体的熵增为 $dS_2=\dfrac{dQ}{T}$.于是该系统(A 与 B)的总的熵增 $\Delta S=0$,即系统(A 与 B)经历了可逆过程,其总熵保持不变.

由此,当一个孤立系统在经历了一变化过程后,系统的熵不会减少.如果过程是不可逆的,则系统的总熵是增加的;如果过程是可逆的,则系统的总熵是保持不变的.这便是**熵增加原理**,可以根据卡诺定理来证明它.

应该指出,熵增加原理是对孤立系统而言的,在处理有相互作用的物体时,对每个物体都不能称为孤立系统,如两个物体在一个可逆过程中有相互作用,对其中某个物体来计算其熵增 ΔS,ΔS 可以是大于 0、小于 0 甚至等于 0,这并没有违背熵增加原理.同样,两个物体如在一个不可逆过程中有相互作用,对其中某个物体来说,其熵增 ΔS 也可能是小于 0 的,如在计算 A,B 两物体温度不同引起的不可逆的热传导过程中,对高温的 A 物体其熵增 $\Delta S = m_1 c_1 \ln \dfrac{T}{T_1} < 0$.只有当把有相互作用的所有物体,在过程中的熵的变化加起来,以求得一个孤立系统的总的熵变化时,才会与熵增加原理一致.

▶ *22.7.4　低温技术

在物理学中,"低温"是指低于液态空气(81 K)的温度.在低温或超低温条件下,物质的许多物理性质将发生很大的变化,因此低温技术在现代科学技术中有重要应用.

在 21.4.3 内容中,利用节流过程的焦耳-汤姆孙正效应可使气体降温.1895 年林德利用这种方法成功将空气液化.但缺点是必须将气体的初温预冷到低于所谓的反转温度,H_2 用液态氮预冷,He 需用液态氢预冷.实际气体经绝热膨胀后温度总是降低的,利用绝热膨胀过程降温不必经过预冷,气体经重复绝热膨胀可使每次降温效应累积起来,从而使气体液化.克劳德法就是以这种方法为基础的.在 20.10.1 内容中知道,通过等温压缩的方法实现气体的液化.气、液两相共存时,饱和蒸气压相等,但摊给每个分子的熵是不等的.液相为低熵相,气相为高熵相.因此,当分子从液相蒸发到气相,会导致熵的增加,也就是说需要吸取热量.如果蒸发在绝热条件下进行,会使温度下降,这就是蒸发致冷.1922 年,昂纳斯(K. Onnes)利用这一技术达到了 0.83 K 的低温.

稀释致冷是另一种获取低温的方法,自然界中有 ^{3}He 和 ^{4}He 两种稳定的同位素,而 ^{3}He 的沸点约比 ^{4}He 低 1 K,且 ^{3}He 又比 ^{4}He 轻,处于低温下的 ^{3}He 和 ^{4}He 混合液中,^{4}He 集中于容器的下部,而 ^{3}He 则集中于容器的上部,两者间有明显的分界面.如果少量分子自 ^{3}He 富集区进入 ^{4}He 富集区,构成 ^{3}He 在 ^{4}He 中的稀溶液.由于混合熵的存在,这一过程将导致熵的增加.如果将 ^{4}He 液体中溶解的 ^{3}He 蒸气用真空泵抽掉,则 ^{3}He 将不断溶入 ^{4}He,这样可致冷到 mK 领域.稀释致冷机已经成为实验室的标准设备.

产生 1 K 以下低温的一个有效方法是磁冷却法.利用在绝热条件下减少磁场时,顺磁介质的温度将降低,这是德拜(P. Debye)在 1926 年提出的,用这种方法已获得 10^{-3} mK 的低温.它的降温物理过程是:去磁过程是使分子从磁矩沿磁场方向有序排列到无规则取向的一个变化过程,在这一过程中分子的位形从有序变成无序.熵是度量分子混乱度的物理量,因此这一过程是熵增加的过程,但是,绝热可逆去磁过程是等熵的过程,顺磁介质系统的总熵应保持不变,这样必然与分子热运动相联系的熵将减少,于是系统的温度下降.著名物理学家吴健雄在实验室中就是采用该方法得到所需的低温,用 ^{60}Co 进行 β 衰变,证明在弱相互作用条件下宇称不守恒,举世瞩目.利用核自旋可以达到更低的温度.由于核自旋也可产生顺磁性,就自然想到用核绝热去磁技术来获取低温,1956 年西蒙(F. Simon)与柯蒂(N. Kurti)首次将铜的核自旋温度降到 16 μK.20 世纪 80 年代中期芬兰赫尔辛基大学研究小组更将铜的核自旋温度降到 25 nK.核绝热去磁降温的物理过程与磁冷却法相同.

为了精确测量各种原子参数、实现高分辨激光光谱和超高精度的原子钟,20 世纪 80 年代中期发展了激光冷却技术,应用激光冷却技术可以获得几乎处于静止状态、无复杂相互作用的原子体系.1985 年,朱棣文(Steven Zhu)等人发现,当原子在频率略低于原子跃迁能级差且相对传播的一对激光束中运动时,由于多普勒效应,原子倾向于吸收反向运动的光子,而对同向运动的光子吸收的概率较小.吸收光子后,原子将各向同性地自发辐射.因此,平均而言,两束激光的净作用是产生一个与原子运动方向相反的阻尼力,从而使原子冷却下来,并可在三维空间实现.由于发展了这一技术,华裔物理学家朱棣文、美国物理学家菲利普斯(W. Philips)和法国物理学家科昂-唐努因(C. Cohen-Tannoudji)共同荣获 1997 年度诺贝尔物理学奖.在激光冷却的基础上再利用非均匀磁场产生的能级非均匀塞曼分裂增强共振吸收,由此,发展了磁光冷却技术.

一系列新的低温技术的发展为物理学的研究拓展了更大的空间.^{3}He 的超流动性研究的突破、实验上玻色-爱因斯坦凝聚的实现分别获得 1996 年度、2001 年度诺贝尔物理学奖,这些成就的取得与低温技术的发展紧密相关.

22.8 热力学第二定律的统计意义

▶ 22.8.1 熵的统计意义

熵的概念最初是在热力学领域中引入的,它是用宏观尺度来定义的,即公式 $dS=\dfrac{dQ_r}{T}$. 但是,在统计力学发展的过程中,熵日益显示其深远的意义.统计力学提供了解释熵的另一种方法.统计力学把物质的行为看成是组成物质的大量的分子、原子的统计行为,它通过统计方法来研究由大量粒子组成的系统的整体性质,把熵与组成系统的大量分子的行为联系起来,得出一个重要的结论——孤立系统倾向于无序,而熵就是这种无序的量度.

举个例子来说明无序和有序的概念.考虑教室内空气中的分子.如果空气中的全部气体分子都能像固体那样,步调一致地移动,以同一速率向同一方向移动,这将是一种非常有序的态.但是,它是几乎不可能出现的一个态.实际上,这些气体分子总是向各个方向以各种速率运动,而且它们之间频繁地碰撞着,这是一种高度无序的态.不过,它却是一种常见的态.这表明气体分子无序的态更优于有序的态.再如理想气体的自由膨胀,当把气体与真空隔开的膜破裂后,挤在容器内的特定空间的气体分子靠碰撞很快扩散,充满整个容器并均匀分布,这也是一种高度无序的态.如果要求气体分子依靠相互碰撞再回到原来的那部分空间——相对于前者这是一种高度有序的态.虽然可能性不等于 0,但是,谁都知道这种情形几乎不可能发生.

当我们注视周围美丽的大自然时,就能明了在周围的大自然中也充满了无序性.譬如,原始森林中,两棵树木的空间排列是非常任意的,有的挤在一起,有的稀疏地排在一起.但是,一旦当你发现某些森林中的树木都是同一种品种,而且排列得非常整齐时,你会说这是一片人工种植的森林.因为你明了自然过程中决不会有如此高度的有序性.再如,树木的落叶过程也是以一种随机的方式,落向地面,而树叶按照预先设计好的路径笔直下落,或者整齐地堆积起来,这几乎是不可能的.这些观察说明了自然界中的一些过程,如果没有相互干涉的作用,则无序的安排将更优于有序的安排.

统计力学的重要结论之一是孤立系统倾向于无序,而熵就是这种无序性的量度. 为此,玻耳兹曼提出了定义熵的另一种方法,

$$S = k\ln\omega. \tag{22.8-1}$$

其中,k 是玻耳兹曼常量;ω 是一个无量纲的数,它正比于实际可能发生事件的概率(可能性). 这里我们不给出对式 $S=k\ln\omega$ 的证明,而只从量纲上指出它的正确. 按照热力学熵的定义式 $dS = \dfrac{dQ_r}{T}$,熵的单位为 J/K,而玻耳兹曼常量 k 的单位也为 J/K,所以 $S=k\ln\omega$ 等式两边的量纲是一致的.

下面以两个实例来阐明式 $S=k\ln\omega$ 的意义. 设想在一只大口袋中有 100 只乒乓球,其中 50 只是红颜色,50 只是白颜色. 做这样一个实验:从口袋中摸出 1 只乒乓球,记下它的颜色,再把它放回口袋,接着第二次从口袋中摸出 1 只球,记下它的颜色后再把它放回口袋. 这样每回依次从口袋中摸 4 只球,记下它们的颜色顺序,记录结果如表 22-1 所示. 由于每摸出一球后又把它放回口袋,因此每次从口袋里摸一球时,摸出红、白两球的概率是相等的.

表 22-1

最终结果 (四只球的颜色)	可能摸出的四只 球的颜色顺序	相同结果的总数
全红	红红红红	1
1 白 3 红	红红红白,红红白红, 红白红红,白红红红	4
2 白 2 红	红红白白,红白白红, 白红红白,白红白红, 白白红红,红白红白	6
3 白 1 红	白白白红,白白红白, 白红白白,红白白白	4
全白	白白白白	1

其中对于能 1 次摸出 1 只白色球,而 3 次摸出红色球有 4 种结果,而 2 次摸出红色球,2 次摸出白色球的有 6 种结果. 摸出 1 只红色球 3 只白色球的也有 4 种结果,摸出 4 只球的颜色为全红或全白也各有 1 种结果. 于是最容易摸到的 4 只球为颜色不同的那组,有 4+6+4=14 种结果,它相当于一个无序的态. 摸到 4 只球全红或全白的概率最小,它相当于一个高度有序的态. 从式 $S=k\ln\omega$ 可知,具有最大无序的态将具有最大的熵,它是最可能发生的态,而最有序的态,代表最不常见发生的态,它具有最小的熵.

再看另一个例子. 设想我们有办法能测出房间里所有气体分子在同一时刻的速度,我们将发现所有的气体分子向相同方向以同一速率运动是不可能的. 最大可能的情况是所有的气体分子以一定的速率分布随机地向各个方向运动,这是一种高度无序的态,而它又是最可能发生的. 如果把这个例子与上例从口袋里取球相比较,设想房间的空气里只有 10^{23} 个气体分子. 要求所有气体分子在同一时刻以相同速率向同一方向运动,相当于上例从口袋里摸球,摸 10^{23} 次,每次摸出的 4 只球中都要摸出一只红颜色的球. 显然这是几乎不可能发生的. 按照(22.8-1)式的理解,房间里所有气体分子在同一时刻以同一速度运动这种高度有序的

态,将具有最小的熵.于是,可以把熵理解成一种指标,标明系统离开有序向无序过渡有多远的一个指标.

玻耳兹曼提出的熵的关系式 $S=k\ln\omega$,指出了熵增加原理的微观实质:孤立系统内发生的过程,总是从有序状态向无序状态过渡.最初,热力学第二定律指出了功变热的不可逆性,物体间温度不同引起的热传导的不可逆性.从本质上看,功变热是宏观物体的有规则运动转变为组成物体的大量分子的无规则热运动.例如,把一只球掷向墙壁,飞行的球具有动能,它的状态是一个高度有序的态,即球的所有分子以相同速率向同一方向运动(除了它们无规则热运动).然而当球击中墙壁时,球的一部分动能转变成球和墙壁的不规则、无序的热运动.球和墙壁温度升高,它们的无序性增加.这表明功变热的过程意味着系统无序性的增加.相反的过程,如靠球和墙壁降低温度,自发地把它们无序的运动转变成球的定向运动却从未见过.同样,不同温度的物体间热传导的结果,使两物体获得同一温度,这也是一种无序的态.然而温度相同的物体放在一起,要靠分子间的碰撞使一物体的温度高于另一物体,这种可能性也小到几乎没有.

因此,热力学第二定律也可以采用这样的描述:孤立系统内发生的过程,总是从有序状态向无序状态发展.这便是热力学第二定律的统计意义.

▶ 22.8.2 麦克斯韦小妖与热力学第二定律

19世纪下半叶,热力学第二定律和熵成为物理学家的热门话题.按照热力学第二定律,孤立系统达到平衡态之后,熵为极大值,不会自发地减少.而1871年麦克斯韦在他的《热的理论》一书中设计了一个假想实验,它几乎动摇了热力学第二定律的基础.一个容器内充满温度均匀的气体,这个容器由闸门隔成左右两部分(图22-19).由于这两部分的温度是相同的,作为热力学第二定律的结果,不能利用这两部分来驱动一台热机.众所周知,温度相同,并不意味着全体气体分子都具有相同的动能,有的分子运动得快些,有的分子运动得慢些.麦克斯韦让他创造的"小妖"把守闸门.小妖见到右边飞来的低速气体分子,就打开闸门让它飞到左边去;见到左边飞来的高速气体分子就打开闸门让它飞到右边去.设想闸门的打开和关闭是完全没有摩擦的,于是这小妖无须做功,就可使容器右边温度越来越高,左边温度越来越低.这样一来,系统的熵减少了.热力学第二定律受到了挑战.小妖也因此被开尔文称为**麦克斯韦小妖**(Maxwell demon).

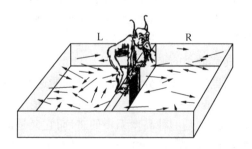 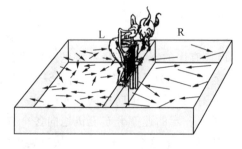

图 22-19

应该指出,麦克斯韦提出"小妖"的本意并不是在推翻热力学第二定律,而是指出其局限性,并用一个假想的实验来阐明,它只具有统计上的可靠性.这一问题受到几代物理学家的关注,有关它的讨论持续到了今天.它的内涵比原来设想的更加丰富.

▶ *22.8.3 熵与信息

1929 年匈牙利物理学家西拉德(L. Szilard)指出:小妖有取得分子位置以及速率的信息,并具有记忆和运用这些信息的功能,建立记忆和熵不可分割地联系在了一起.这是第一次把信息与熵紧密联系起来,开创了现代信息论的先河.法国物理学家布里渊(L. Brillouin)抓住西拉德提供的线索,全面论述了信息与熵的关系.小妖虽未做功,但它需要有关气体分子速率的信息,在得知飞来的分子的速率,然后决定打开或关上闸门,从而使快、慢分子分离,它已经运用了信息,这一过程减少了系统的熵.对于这一熵减过程,显然是由于信息对麦克斯韦小妖的作用引起的,因此信息应被认为是系统熵的负项,即信息是负的熵.正是由于这一负熵的作用,才使系统的熵减少.但若包括所有的过程,系统的总熵不会减少.因此,即使有麦克斯韦小妖存在,它的工作方式也不会违反热力学第二定律.

信息与负熵相当,信息的失去为负熵的增加所弥补,麦克斯韦小妖给予的启示为:若要不做功使系统的熵减少,就必须获得信息,即吸取外界的负熵.麦克斯韦小妖只能是一个可以从外界引入负熵的开放系统.

信息是什么?信息是被传递或交流的一组语言、文字、符号或图像所蕴含的内容.信息是人类社会不可缺少的一部分,我们生活在信息时代.信息要以相互联系为前提,没有联系也就无所谓信息,这就是说,信息本身不能单独存在,必须依附于一定的载体,这是信息的重要特征.而且信息能够复制和扩散,对信息进行处理必然要消耗能量.

在信息理论研究方面,贝尔实验室的电气工程师香农(C. Shannon)发表了一系列的研究工作,他把信息量与物理学中的熵联系起来,为信息论奠定了基础.在信息论中信息量的定义为

$$I = K\ln\omega. \quad (22.8\text{-}2)$$

(22.8-2)式中的比例系数 K 确定为

$$K = \log_2 e, \quad (22.8\text{-}3)$$

这样定义的信息量的单位就是当今计算机科学中普遍使用的比特(bit).若把(22.8-2)式与(22.8-1)式联系起来,ω 在两个表达式中的含义相同,如果令 K 等于玻尔兹曼常量 k,则信息量就可以用熵的单位来度量,1 比特的信息量等于 $\log_2 e$,对应的信息熵为 $-k\ln 2$.

内 容 提 要

1. 工作在高温热库 T_h 和低温热库 T_c 间的热机:

(1) 如果一系统由某个状态出发,经过任意的一系列过程,最后回到原来的状态,这样的过程称为循环过程.正循环中系统对外做功 W,逆循环中外界对系统做功 W.

(2) 正循环,热机效率:$\eta = \dfrac{W}{Q_h} = \dfrac{Q_h - Q_c}{Q_h}$.

(3) 逆循环,致冷机致冷系数:$\omega = \dfrac{Q_c}{W} = \dfrac{Q_c}{Q_h - Q_c}$.

2. 热力学第二定律:

(1) 开尔文叙述：不可能从单一热库吸收热量，使之完全变为有用的功而不产生其他影响，或第二类永动机不可能．

(2) 克劳修斯叙述：不可能把热量从低温物体传到高温物体而不引起其他变化．

热力学第二定律两种叙述的等价性（或称内在一致性），说明热功转化过程的不可逆性和热传递过程中的不可逆性之间存在内在的联系．

3. 卡诺循环：经历两个等温过程，两个绝热过程，它们完全是可逆的，$\dfrac{Q_h}{Q_c}=\dfrac{T_h}{T_c}$．

理想气体的可逆卡诺循环：正循环效率 $\eta=\dfrac{T_h-T_c}{T_h}=1-\dfrac{T_c}{T_h}$；逆循环致冷系数 $\omega=\dfrac{T_c}{T_h-T_c}$．

4. 卡诺定理：

(1) 所有工作在相同的高温热库 T_h 和低温热库 T_c 间的一切可逆热机，不论其工质性质，效率都相等，$\eta=1-\dfrac{T_c}{T_h}$．

(2) 所有工作在相同的高温热库 T_h 和低温热库 T_c 间的一切不可逆热机，效率 $\eta<1-\dfrac{T_c}{T_h}$．

5. 热力学温标（开尔文温标）：

(1) 在两温度 T_h 和 T_c 之间设置任一可逆卡诺循环，定义两温度之比为 $\dfrac{T_h}{T_c}=\dfrac{Q_h}{Q_c}$．

(2) 定点为水的三相点，$T_3=273.16$ K．热力学温标等于理想气体温标．

(3) 经过有限次数的实验过程是不能达到绝对零度的——热力学第三定律．

6. 熵：

(1) 一个系统从一个平衡态经历一个无限小准静态过程变化到另一平衡态，系统的熵的增量 dS 定义为传递的热量除以热力学温度，$dS=\dfrac{dQ_r}{T}$．

① 定义式仅适用于可逆过程，单位为 J/K．

② 系统吸收热量 $dQ_r>0$，$dS>0$，系统熵是增加的；

系统放出热量 $dQ_r<0$，$dS<0$，系统熵是减少的；

系统绝热 $dQ_r=0$，$dS=0$，系统熵保持不变．

③ $\Delta S=S_f-S_i=\int_i^f \dfrac{dQ}{T}$，积分沿可逆过程．

(2) 系统经历一个可逆循环过程，熵增为零，$\oint \dfrac{dQ_r}{T}=0$．

(3) 熵是系统状态的一个单值函数．系统熵的变化，仅依赖于初、终两个平衡态，与连接这两个平衡态的具体可逆过程的路径无关．

7. 理想气体经历可逆过程熵的计算式：$\Delta S=S_f-S_i=\nu C_{V,m}\ln\dfrac{T_f}{T_i}+\nu R\ln\dfrac{V_f}{V_i}$．

理想气体经历可逆绝热过程其熵保持不变，p-V 图上的绝热线是等熵线．

8. 经历不可逆过程的熵增的计算．

(1) 在两个平衡态之间设计可逆过程.

(2) 沿着设计的可逆过程,计算 $\Delta S = \int \dfrac{dQ_r}{T}$. 不可逆过程的一个实例:理想气体对真空自由膨胀.

9. 熵增加原理:一个孤立系统在经历了一变化过程,系统的熵不会减少,$\Delta S \geqslant 0$.

10. 玻耳兹曼熵:$S = k\ln\omega$,ω 是一个无量纲的数,正比于实际可能发生事件的概率.

11. 热力学第二定律的统计意义:孤立系统内发生的过程,总是从有序状态向无序状态发展.

习 题

22-1 效率为 25% 的热机,输出功率为 5 kW. 如果在每一个循环中它排出热量 8 000 J,试求:

(1) 每一个循环中它吸收的热量;

(2) 每一个循环经历的时间.

22-2 有台热机在每一个循环中从高温热库吸收热量 1 600 J,向低温热库排出热量 1 000 J. 求:

(1) 热机的效率;

(2) 每一个循环中热机完成的功;

(3) 如果每一个循环持续的时间为 0.3 s,则热机的输出功率为多大?

22-3 功率为 1 000 MW 的核电站的效率为 33%,也就是说它每秒产生 1 000 MJ 的电力,要向周围环境放出 2 000 MJ 的热量. 如果河流中河水流量为 1×10^6 kg/s,则利用该河流来带走核电站排出的热量,该河水温度将平均升高多少摄氏度?

22-4 设高温热库的热力学温度是低温热库热力学温度的 n 倍,问理想气体在一次卡诺循环中,传给低温热库的热量绝对值是从高温热库吸收热量的几倍?

22-5 有一卡诺热机,用 29 kg 空气为工作物质,工作在 27 ℃ 高温热库和 −73 ℃ 的低温热库之间,在等温膨胀过程中,汽缸体积增大了 2.718 倍,求:

(1) 此热机的效率;

(2) 此热机每一个循环所做的功.

22-6 图示是一定量理想气体所经历的循环过程,其中 AB 和 CD 是等压过程,BC 和 DA 为绝热过程. 已知 B 点和 C 点的温度分别为 T_2 和 T_3,求循环的效率.

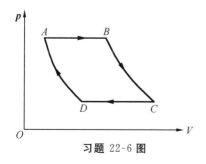

习题 22-6 图

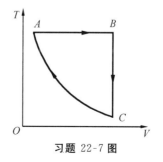

习题 22-7 图

22-7 图中所示是一定量理想气体的循环过程的 T-V 图. 其中 CA 是绝热过程, 状态 $A(T_1,V_1)$、状态 $B(T_1,V_2)$ 为已知. 设气体的 γ 和物质的量 ν 亦为已知, 求:

(1) 状态 C 的 p,V,T;

(2) 这个循环的效率.

22-8 1 mol 单原子理想气体经历如图所示的循环, 其中 AB 是等温膨胀. 试计算

(1) 气体做的净功;

(2) 气体吸收的热量;

(3) 气体放出的热量;

(4) 循环的效率.

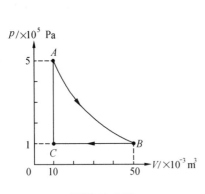

习题 22-8 图

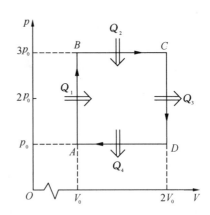

习题 22-9 图

22-9 1 mol 单原子理想气体采用图示的可逆循环, 状态 A 为已知 (p_0,V_0,T_0). 求:

(1) 循环中气体吸收的热量;

(2) 循环中气体排出的热量;

(3) 采用这循环的热机效率;

(4) 工作于这个循环过程中两极端温度的卡诺热机效率.

22-10 以理想气体为工质的热机, 经历如下循环过程: 从初状态 1 等容加热到状态 2, 由状态 2 经绝热膨胀到状态 3, 再由状态 3 经等压压缩返回其初状态. 证明其效率为

$$\eta = 1 - \gamma \frac{\dfrac{V_3}{V_1}-1}{\left(\dfrac{V_3}{V_1}\right)^{\gamma}-1}.$$

式中 $\gamma = \dfrac{C_{p,m}}{C_{V,m}}$, V_1 和 V_3 分别为气体在状态 1 和 3 的体积.

22-11 理想狄赛尔(Diesel)内燃机采用的是图示的标准空气狄赛尔循环. 燃料在最大压缩点 B 点喷入汽缸, 燃烧是在膨胀 BC 过程中进行的, 它可以近似看作等压过程, 其余过程与课文中汽油机奥托循环相同, 试证循环的效率为

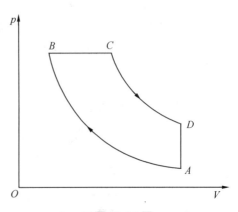

习题 22-11 图

$$\eta = 1 - \frac{1}{\gamma}\left(\frac{T_D - T_A}{T_C - T_B}\right).$$

其中 $\gamma = \frac{C_{p,m}}{C_{V,m}}$.

22-12 把效率分别为 η_1 和 η_2 的两台热机联合起来使用,如果把效率 η_1 的热机所排出的热量作为效率为 η_2 的热机的输入热量,试证这样使用的热机组的总体效率 η 为

$$\eta = \eta_1 + \eta_2 - \eta_1 \eta_2.$$

22-13 设想由理想气体来完成卡诺循环,它的等温膨胀温度为 250 ℃,等温压缩的温度为 50 ℃. 如果在等温膨胀中它吸收的热量为 1 200 J,求:

(1) 循环中它放出的热量;

(2) 循环中气体对外做的功.

22-14 一定量理想气体作卡诺循环(参考图 22-13),热源温度 $T_1 = 400$ K,冷却器温度为 $T_2 = 280$ K. 设 $p_A = 1.01 \times 10^6$ Pa, $V_A = 10 \times 10^{-3}$ m³, $V_B = 20 \times 10^{-3}$ m³,求:

(1) p_B, p_C, p_D 以及 V_C, V_D 的大小;

(2) 循环中气体做的功;

(3) 从热源吸收的热量;

(4) 循环的效率. ($\gamma = 1.4$)

22-15 一台热机工作于两热库间,该两热库的温度分别为 20 ℃ 和 300 ℃,则该热机的最大可能效率为多少?

22-16 假设有一家发电厂利用海洋的温差来发电,该系统工作于 20 ℃(水表面温度)和 5 ℃(1 km 深的海洋深处的温度),问:

(1) 这样一个系统的最大效率为多少?

(2) 如果该工厂的最大输出功率为 75 MW,则每小时它吸收的热量有多少?

22-17 有台高效率的热机,工作的两个热库的温度分别为 430 ℃ 和 1 870 ℃,它的实际效率为 42%.

(1) 理论上它的最大效率为多少?

(2) 如果热机在每秒内吸收的热量为 1.4×10^5 J,求该热机的输出功率.

22-18 一容器中有 1 mol 单原子分子理想气体,温度 $T_1 = 546$ K. 一热机从该容器中吸热,向 $T_2 = 273$ K 的低温恒温热库放热. 该热机最多能做多少功?

22-19 一台空调器从温度为 13 ℃ 的冷却线圈中吸取热量,再把它排放到温度为 30 ℃ 的室外环境中去.

(1) 求该空调器的最大致冷系数;

(2) 若该空调器的实际致冷系数只有它最大值的 $\frac{1}{3}$,为了每秒能从室内排出 8×10^4 J 的热量,则该台空调器马达的功率为多大?

22-20 用一个电动机带动一个热泵,从 −5 ℃ 的室外吸取热量传给 17 ℃ 的室内,在理想情况下,每消耗 1 000 J 的功可有多少热量传到室内?

22-21 计算 250 g 水从 20 ℃ 缓慢地加热至 80 ℃ 过程中的熵的变化. (提示:$dQ = mcdT$)

22-22 冰盘中盛有 500 g,0 ℃ 的水,计算它在结成 0 ℃ 冰时熵的变化. (0 ℃ 冰的熔解

热为 $3.33×10^5$ J/kg)

22-**23** 1 mol 单原子理想气体,准静态地等容加热,温度从 300 K 升高至 400 K,求该过程中熵的变化.

22-**24** 2 mol 单原子分子理想气体,在恒定压强下经历一准静态过程从 0 ℃加热到 100 ℃,求气体熵的变化.

22-**25** 质量为 8.0 g 的氧气,从温度为 80 ℃、体积为 10 L 变为温度为 300 ℃、体积为 40 L,求此过程中氧气的熵变.

22-**26** 如图所示,1 mol 单原子分子理想气体由状态 a 到达状态 b. 已知 $V_a=24.7×10^{-3}$ m³, $V_b=49.4×10^{-3}$ m³, $p_a=1.01×10^5$ Pa. 从 a 到 b 气体的熵增为 $\Delta S=14.4$ J/K. 求:

(1) 状态 a 的温度 T_a;
(2) 状态 b 的温度 T_b;
(3) 气体内能的增量 ΔU.

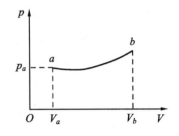

习题 22-26 图

第5篇　近代物理基础

19世纪末、20世纪初,经典物理学已经得到了迅速、全面和系统的发展.包括经典力学、经典电动力学、经典热力学和统计力学在内的诸学科已经达到了辉煌的顶峰,并建立起了完整的理论体系.这使得当时的人们普遍认为物理学的发展已经完成,对物理世界的认识已经达到了终点.但著名的英国物理学家开尔文却意识到:"在物理学晴朗的天空中,依然漂浮着两朵令人不安的乌云."这两朵"乌云"指的是无法用当时的物理学理论解释的两个实验结果.一个是迈克尔孙-莫雷实验,另一个是热辐射实验.20世纪初的这两朵"乌云"最终导致了物理学的一场大变革.第一朵"乌云"——"以太"学说导致了爱因斯坦相对论的诞生,第二朵"乌云"——"紫外灾难"导致了量子力学的建立.

本篇第23章介绍狭义相对论运动学和动力学基础,第24章介绍对量子理论的建立和发展起到关键性作用的几个实验,第25章讨论实物粒子的波粒二象性、不确定关系和薛定谔方程等量子力学的基本理论.关于固体中电子的量子特征、能带理论、原子核和基本粒子,以及关于宇宙的现代理论等知识,也属于量子物理学研究的范围.本篇后面的几章分别对这些理论作了简单的介绍.

第 23 章 狭义相对论基础

相对论是近代物理学的重要基石.它是 20 世纪自然科学最伟大的发现之一,对物理学、天文学甚至哲学等都有深远影响.本章首先介绍基于伽利略坐标变换的经典力学的时空观,随后从爱因斯坦的两个基本假设出发得到符合相对论的洛伦兹变换,并讨论相对论时空观,最后简单介绍相对论动力学中关于质量、能量以及质能关系等重要概念.

23.1 经典力学的相对性原理和时空观

▶ 23.1.1 经典力学的相对性原理

为了描述物体的机械运动,需要选择适当的参照系.牛顿运动定律适用的参照系称作惯性系,相对于某惯性系做匀速直线运动的参照系都是惯性系.力学定律对所有的惯性系都适用.也就是说,力学现象对所有惯性系来说,都遵循同样的规律,在研究力学规律时,所有的惯性系都是等价的,没有一个参照系比别的参照系具有绝对的或优越的地位.这就是**经典力学的相对性原理**.

这一原理是在实验基础上总结出来的,它反映了物质和运动的客观性.

▶ 23.1.2 伽利略变换

经典力学的相对性原理体现在伽利略变换.

如图 23-1 所示,有两个惯性系 S 和 S',它们对应的坐标轴相互平行,S' 系相对 S 系以速度 u 沿 x 轴正方向运动,开始时 $t=t'=0$,两参照系的原点 O 与 O' 重合.现在 S,S' 系对同一质点 P 的运动进行观测.在任一时刻,同一质点的坐标分别为 (x,y,z) 以及 (x',y',z').分析得到

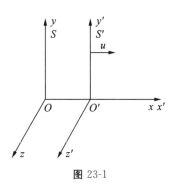

图 23-1

$$\begin{cases} x'=x-ut, \\ y'=y, \\ z'=z, \\ t'=t, \end{cases} \quad \text{或} \quad \begin{cases} x=x'+ut', \\ y=y', \\ z=z', \\ t=t'. \end{cases} \quad (23.1\text{-}1)$$

上式称为**伽利略坐标变换式**.注意,这里用了 $t'=t$ 这一隐含假定,在经典力学中认为这一点是毫无疑义的.它认为时间 t 独立于任何惯性参照系.

把同一运动质点的在 S 系和 S' 中的坐标 (x,y,z) 和 (x',y',z') 对时间求导,可以求得伽利略速度变换式

$$\begin{cases}\dfrac{\mathrm{d}x'}{\mathrm{d}t'}=\dfrac{\mathrm{d}x}{\mathrm{d}t}-u,\\ \dfrac{\mathrm{d}y'}{\mathrm{d}t'}=\dfrac{\mathrm{d}y}{\mathrm{d}t},\\ \dfrac{\mathrm{d}z'}{\mathrm{d}t'}=\dfrac{\mathrm{d}z}{\mathrm{d}t},\end{cases} \text{即} \begin{cases}v_x'=v_x-u,\\ v_y'=v_y,\\ v_z'=v_z.\end{cases} \tag{23.1-2a}$$

上式说明,自不同惯性系观察同一质点的运动,其速度是不同的.

伽利略变换中的(23.1-1)式可以更一般地表达为矢量形式

$$\boxed{\boldsymbol{r}'=\boldsymbol{r}-\boldsymbol{u}t.}$$

其中相对速度 $\boldsymbol{u}$ 可以沿空间任何方向.在两个惯性参照系中,伽利略速度变换式(23.1-2a)也可以表达为

$$\boxed{\boldsymbol{v}'=\boldsymbol{v}-\boldsymbol{u}.} \tag{23.1-2b}$$

如果有两个质点,质量为 m_1 和 m_2,在 S 系中速度分别为 $\boldsymbol{v}_1$ 和 $\boldsymbol{v}_2$,若没有外力作用,则动量守恒,有

$$m_1\boldsymbol{v}_1+m_2\boldsymbol{v}_2=\text{常量}.$$

由(23.1-2b)式可以求得在 S' 系中两质点的动量之和为

$$m_1\boldsymbol{v}_1'+m_2\boldsymbol{v}_2'=m_1(\boldsymbol{v}_1-\boldsymbol{u})+m_2(\boldsymbol{v}_2-\boldsymbol{u})=$$
$$(m_1\boldsymbol{v}_1+m_2\boldsymbol{v}_2)-(m_1+m_2)\boldsymbol{u}=\text{常量}.$$

上式说明,动量守恒定律在不同的惯性参照系中都是成立的.或者说,动量守恒定律在伽利略变换下保持不变.

由(23.1-2a)式可以得到两个惯性参照系中加速度的关系为

$$\boldsymbol{a}'=\boldsymbol{a}. \tag{23.1-3}$$

上式说明,物体的加速度在伽利略变换下是不变的,或者说,在不同的惯性系中观察到同一质点的加速度是相同的.根据牛顿第二定律,在 S 系中测得某质点所受的作用力为

$$\boldsymbol{F}=m\boldsymbol{a},$$

在 S' 系中,该质点所受的作用力为

$$\boldsymbol{F}'=m\boldsymbol{a}'=\boldsymbol{F}.$$

这说明,在不同的惯性参照系中测得作用在质点上的力以及牛顿第二定律的形式完全相同,牛顿第二定律在伽利略变换下保持不变.

因为所有的牛顿动力学定律都是从动量守恒定律和力的定义推导出来的,所以,动力学定律的形式在所有的惯性参照系中都相同,牛顿动力学定律在伽利略变换下保持不变.

▶ 23.1.3 经典力学的时空观

在伽利略变换中,$t'=t$,这是经典力学的一个基本假定.如果在惯性系 S 中有两个事件 P 和 Q 发生的时间是 t_P 和 t_Q,那么,两个事件发生的时间间隔是 $\Delta t=t_Q-t_P$,在 S' 系中观察到这两个事件发生的时间间隔是 $\Delta t'=t_Q'-t_P'$.由(23.1-1)式,得

$$\Delta t=\Delta t'. \tag{23.1-4}$$

这说明,在经典力学中所有惯性参照系对时间间隔测量的结果是一样的.任何事件所经历的时间间隔具有绝对不变的量值,与参照系的选择或观察者的相对运动无关.

再来观察 S' 系中一根静止杆子的长度.假定杆子沿 x' 轴放置,测得杆子两端的位置坐标分别为 x_1' 和 x_2',则在 S' 系中,杆子的长度为
$$\Delta x' = x_2' - x_1'.$$
在 S 系中,同时测得杆子两端的坐标为 x_1 和 x_2,所以,在 S 系中杆子的长度为 $\Delta x = x_2 - x_1$.根据伽利略变换,有
$$x_1' = x_1 - ut_1, \ x_2' = x_2 - ut_2,$$
$$x_2' - x_1' = (x_2 - ut_2) - (x_1 - ut_1) = (x_2 - x_1) - u(t_2 - t_1).$$
因为在 S 系中对杆子两端位置的测量是同时的,即 $t_1 = t_2$,所以
$$\Delta x' = \Delta x, \tag{23.1-5}$$
即空间间隔在不同的惯性参照系中是相同的,具有绝对不变的量值,与参照系的选择或观察者的相对运动无关,这就是**经典力学的时空观**,也称**绝对时空观**.按照这种观点,时间和空间是彼此独立、互不相关且独立于物质和运动之外的某种东西.这种绝对的时空观可以形象地把空间比作盛有宇宙万物的一个无形的永不运动的框架,而时间是独立的不断流逝的流水.用牛顿的话来说:"绝对的真实的数学时间,就其本质而言,是永远均匀地流逝着,与任何外界事物无关.""绝对空间就其本质而言是与任何外界事物无关的,它从不运动,而且永远不变."

23.2 狭义相对论基本假设 洛伦兹变换

▶ 23.2.1 狭义相对论基本假设

爱因斯坦分析了直到 20 世纪初的物理学成果,认为相对性原理是普遍正确的.不仅是力学定律,电磁学定律和其他物理定律,在所有的惯性系中也应保持相同的形式.也就是说,在一个惯性系内部,无论是进行力学实验,还是进行电磁学实验或其他物理实验,都无法确定该惯性系做匀速直线运动的速度,因此,所有的惯性系都是等价的.但是,当把经典力学的相对性原理推广到电磁学时,却碰到了麻烦.在 19 世纪末,作为电磁学基本规律的麦克斯韦方程组已经确立,它的一个主要成果是预言了电磁波的存在,并证明电磁波在真空中的传播速度等于真空中的光速 c,这是一个普适常量.但在经典力学的伽利略变换中,任何速度都是相对于某一个参照系的,不存在普适的速度常量,而且麦克斯韦方程组也不具备对伽利略变换的不变性.这样就面临两种选择:一种选择是肯定经典力学的相对性原理是正确的,但不适用电磁学理论,在电磁学理论中,存在一个特殊的参照系称为"以太"参照系,在"以太"参照系中,光速是 c;另一种选择是肯定存在一个普遍正确的相对性原理,它既适用于力学,也适用于电磁学,承认光速不变,但经典的力学定律和伽利略变换要修改.爱因斯坦选择了后者,提出了狭义相对论的两个重要假设,或称**狭义相对论基本原理**.

相对性原理:物理定律在所有的惯性系中都具有相同的表达形式,即所有的惯性系对一切物理过程的描述都是等价的.换句话说,不存在任何特殊的惯性系.

光速不变原理：在任何惯性参照系中观察，真空中的光速 c 都相同. 换句话说，真空中的光速 c 对任何惯性参照系都是普适常数.

▶ 23.2.2 洛伦兹变换

伽利略变换与狭义相对论的基本原理不相容，狭义相对论需要一个满足其基本原理的变换式，这就是洛伦兹变换. 它是 19 世纪末，荷兰物理学家洛伦兹在研究运动介质中的电动力学时提出的.

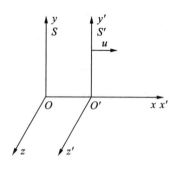

图 23-2

假定坐标系 S' 相对于惯性坐标系 S 以匀速度 u 沿彼此重合的 x 和 x' 轴运动，y 和 y' 轴、z 和 z' 轴保持平行，且坐标原点 O 和 O' 在 $t=t'=0$ 时刻重合(图 23-2)，则时空坐标的洛伦兹变换为

$$\begin{cases} x' = \dfrac{x-ut}{\sqrt{1-u^2/c^2}}, \ y'=y, \ z'=z; \\ t' = \dfrac{t-\dfrac{u}{c^2}x}{\sqrt{1-u^2/c^2}}. \end{cases} \quad (23.2\text{-}1)$$

在狭义相对论发现以前，洛伦兹提出了这组公式，实际上已达到了相对论理论的边缘. 由于洛伦兹坚持经典的时空观，他最终没有认识到这组公式在时空观上的伟大意义. 根据狭义相对论的基本原理，推出洛伦兹变换的过程，可以参考其他相对论教科书. 显然，在洛伦兹变换下，空间坐标和时间坐标是相关的. 为使 x' 和 t' 保持实数，u 必须小于 c，所以光速是一个极限速度.

由(23.2-1)式，可得洛伦兹变换的逆变换

$$\begin{cases} x = \dfrac{x'+ut'}{\sqrt{1-u^2/c^2}}, \ y=y', \ z=z'; \\ t = \dfrac{t'+\dfrac{u}{c^2}x'}{\sqrt{1-u^2/c^2}}. \end{cases} \quad (23.2\text{-}2)$$

当 $u \ll c$ 时，$\dfrac{u^2}{c^2} \to 0$，(23.2-1)式变为

$$x' = x - ut, \ y' = y, \ z' = z; \\ t' = t.$$

这就是伽利略变换. 因此，经典的伽利略变换是洛伦兹变换的低速近似.

最后应该指出，洛伦兹变换所代表的是同一(物理)事件在不同惯性系中时空坐标的变换关系，时空坐标是有密切联系的，这是与伽利略变换完全不同的.

23.2.3 相对论的速度变换式

考虑从 S 系和 S' 系观测同一质点在某一时刻的运动速度. 在 S 系和 S' 系分别测得的速度为 (v_x, v_y, v_z) 和 (v_x', v_y', v_z'). 应用洛伦兹坐标变换，可以得到两参照系中速度之间的相对论变换为

$$v_x' = \frac{v_x - u}{1 - \dfrac{u}{c^2}v_x},$$

$$v_y' = \frac{v_y}{1 - \dfrac{u}{c^2}v_x}\sqrt{1 - \frac{u^2}{c^2}}, \quad (23.2\text{-}3)$$

$$v_z' = \frac{v_z}{1 - \dfrac{u}{c^2}v_x}\sqrt{1 - \frac{u^2}{c^2}};$$

逆变换为

$$v_x = \frac{v_x' + u}{1 + \dfrac{u}{c^2}v_x'},$$

$$v_y = \frac{v_y'}{1 + \dfrac{u}{c^2}v_x'}\sqrt{1 - \frac{u^2}{c^2}}, \quad (23.2\text{-}4)$$

$$v_z = \frac{v_z'}{1 + \dfrac{u}{c^2}v_x'}\sqrt{1 - \frac{u^2}{c^2}}.$$

对于低速情形 $u \ll c$，显然可得到伽利略速度变换式，它是洛伦兹变换在低速下的极限形式

$$v_x' = v_x - u, \quad v_y' = v_y, \quad v_z' = v_z.$$

*例 23-1 由洛伦兹变换 (23.2-1) 式求速度的相对论变换 (23.2-3) 式.

解 由 (23.2-1) 式得

$$v_x' = \frac{\mathrm{d}x'}{\mathrm{d}t'} = \frac{\mathrm{d}x'}{\mathrm{d}t} \cdot \frac{\mathrm{d}t}{\mathrm{d}t'},$$

$$\frac{\mathrm{d}x'}{\mathrm{d}t} = \frac{\mathrm{d}}{\mathrm{d}t}\left(\frac{x - ut}{\sqrt{1 - \dfrac{u^2}{c^2}}}\right) = \frac{\dfrac{\mathrm{d}x}{\mathrm{d}t} - u}{\sqrt{1 - \dfrac{u^2}{c^2}}} = \frac{v_x - u}{\sqrt{1 - \dfrac{u^2}{c^2}}}.$$

因为

$$\frac{\mathrm{d}t'}{\mathrm{d}t} = \frac{\mathrm{d}}{\mathrm{d}t}\left(\frac{t - \dfrac{u}{c^2}x}{\sqrt{1 - \dfrac{u^2}{c^2}}}\right) = \frac{1 - \dfrac{u}{c^2} \cdot \dfrac{\mathrm{d}x}{\mathrm{d}t}}{\sqrt{1 - \dfrac{u^2}{c^2}}} = \frac{1 - \dfrac{u}{c^2}v_x}{\sqrt{1 - \dfrac{u^2}{c^2}}},$$

所以

$$v_x' = \frac{v_x - u}{\sqrt{1-\frac{u^2}{c^2}}} \cdot \frac{\sqrt{1-\frac{u^2}{c^2}}}{1-\frac{u}{c^2}v_x} = \frac{v_x - u}{1-\frac{u}{c^2}v_x}.$$

同样

$$\frac{dy'}{dt} = \frac{dy}{dt} = v_y, \quad \frac{dz'}{dt} = \frac{dz}{dt} = v_z,$$

所以

$$v_y' = \frac{dy'}{dt'} = \frac{dy'}{dt} \cdot \frac{dt}{dt'} = \frac{v_y}{1-\frac{u}{c^2}v_x}\sqrt{1-\frac{u^2}{c^2}},$$

$$v_z' = \frac{dz'}{dt'} = \frac{dz'}{dt} \cdot \frac{dt}{dt'} = \frac{v_z}{1-\frac{u}{c^2}v_x}\sqrt{1-\frac{u^2}{c^2}}.$$

例 23-2 设 S' 系相对于 S 系沿 x 方向运动,速度 $u=0.9c$,在 S' 中某粒子的速度 $v_x' = 0.9c$,求 S 系中该粒子的速度.

解 由(23.2-4)式知

$$v_x = \frac{v_x' + u}{1+\frac{u}{c^2}v_x'} = \frac{0.9c + 0.9c}{1+\frac{0.9c \times 0.9c}{c^2}} = \frac{1.8c}{1+0.81} = 0.994c.$$

23.3 狭义相对论的时空观

▶ 23.3.1 同时的相对性

假定 S' 系相对于惯性系 S 以速度 u 沿 x 轴正方向运动. 在 S 系中两事件发生的时空坐标分别为 (x_1, t) 和 (x_2, t),即两事件是同时发生的. 由洛伦兹变换(23.2-1)式知,在 S' 系中,这两个事件发生的时间分别为

$$t_1' = \frac{t-\frac{u}{c^2}x_1}{\sqrt{1-\frac{u^2}{c^2}}}, \quad t_2' = \frac{t-\frac{u}{c^2}x_2}{\sqrt{1-\frac{u^2}{c^2}}}.$$

在 S' 系中的观察者看来,这两个事件并不同时发生,其时间间隔为

$$\Delta t' = t_2' - t_1' = \frac{\frac{u}{c^2}(x_1 - x_2)}{\sqrt{1-\frac{u^2}{c^2}}}.$$

只有当两个事件发生在 S 系中同一坐标 x 处,即 $x_1 - x_2 = 0$ 时,才有 $\Delta t' = 0$. 这说明在 S 系中同一坐标 x 处同时发生的两个事件在其他惯性系中才发现这两个事件是同时发生的. 在一般情况下,对于一个观察者为同时发生的两个事件,对于另一个观察者就不一定是同时发生的,这就是**同时的相对性**. 它否定了惯性系之间具有统一的时间,否定了牛顿

的绝对时空观.

▶ 23.3.2 长度收缩

在惯性系 S 和 S' 中测量一细杆的长度. S' 系以速度 u 相对于 S 系沿 x 轴运动,细杆静止于 S' 系中并沿 x' 轴放置,如图 23-3 所示. 相对于杆静止时测得的杆的长度称为杆的**固有长度**,记为 L_0. 若 S' 系中的观察者测得杆两端的坐标分别为 x_1' 和 x_2',则杆的固有长度为

$$L_0 = x_2' - x_1'.$$

对于 S 系中的观察者来说,杆沿 x 轴运动. 在 S 系中,同一时刻测得其两端的坐标分别为 x_1 和 x_2,则在 S 系中测得杆的长度为

$$L = x_2 - x_1.$$

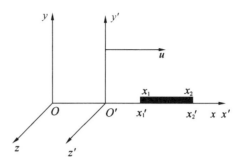

图 23-3

由洛伦兹变换(23.2-1)式

$$x_1' = \frac{x_1 - ut}{\sqrt{1 - \frac{u^2}{c^2}}}, \quad x_2' = \frac{x_2 - ut}{\sqrt{1 - \frac{u^2}{c^2}}}.$$

两式相减得

$$x_2' - x_1' = \frac{x_2 - x_1}{\sqrt{1 - \frac{u^2}{c^2}}},$$

即

$$L = \sqrt{1 - \frac{u^2}{c^2}} L_0. \tag{23.3-1}$$

在 S 系中的观察者看来,运动着的物体在运动方向上的长度缩短了,变为固有长度的 $\sqrt{1 - \frac{u^2}{c^2}}$ 倍,这就是**长度收缩效应**,也称为**洛伦兹收缩**. 这种长度的收缩效应是时空的属性,并不是由于运动物质之间相互作用而引起的实在的收缩. 同时,这种收缩效应也是相对的. 在运动着的 S' 系中的观察者测量静止在 S 系中的直杆,其长度也缩短了.

另外,从洛伦兹变换(23.2-1)式可以看出,长度收缩效应只发生在物体相对于观察者的运动方向上,与运动方向垂直的方向上没有长度收缩效应.

当 $u \ll c$ 时,(23.3-1)式变为 $L = L_0$,这就是(23.1-5)式表示的牛顿的绝对空间概念,它是相对论空间概念的低速近似.

▶ 23.3.3 时间延缓

设在 S' 系中测得发生在同一地点(指同一坐标 x')的两个事件的时刻分别为 t_1' 和 t_2',于是 S' 系中两事件发生的时间间隔 τ_0 为

$$\tau_0 = t_2' - t_1'.$$

这种在某一惯性系中同一地点(相同 x' 坐标)发生的两个事件的时间间隔称为**固有时**,τ_0 就是固有时. 现在 S 系中测得上述两个事件发生的时刻分别为 t_1 和 t_2,则在 S 系中两个事件

发生的时间间隔为
$$\Delta t = t_2 - t_1.$$

由洛伦兹变换(23.2-1)式,
$$t_1 = \frac{t_1' + \frac{u}{c^2}x'}{\sqrt{1 - \frac{u^2}{c^2}}}, \quad t_2 = \frac{t_2' + \frac{u}{c^2}x'}{\sqrt{1 - \frac{u^2}{c^2}}}.$$

两式相减,得
$$\Delta t = t_2 - t_1 = \frac{t_2' - t_1'}{\sqrt{1 - \frac{u^2}{c^2}}},$$

即在 S 系中测得两个事件发生的时间间隔为
$$\Delta t = \frac{\tau_0}{\sqrt{1 - \frac{u^2}{c^2}}}. \tag{23.3-2}$$

上式说明,在 S' 系发生在同一地点的两个事件,在 S 系中测得两个事件发生的时间间隔比 S' 系中测得的时间间隔(即固有时)要长.换句话说,S 系中的观测者发现 S' 系中的钟(即运动着的钟)变慢了.这就是时间延缓效应,也称时间膨胀.时间膨胀效应也是一种时空属性,并不是物体内部过程或时钟结构发生了任何变化.

时间延缓效应是相对的,在 S 系中观测到 S' 系的钟变慢了,同样,在 S' 系中也观测到 S 系的钟变慢了.

当 $u \ll c$ 时,(23.3-2)式变为 $\Delta t = \tau_0$,这就是由(23.1-4)表示的牛顿的绝对时间概念,它是相对论时间概念的低速近似.

例 23-3 π介子具有放射性,静止时,测得 π介子的半衰期为 1.77×10^{-8} s(即在 1.77×10^{-8} s 内有一半的 π介子衰变掉).有一 π介子束,速度为 $0.99c$,测得飞行了 37 m 后,π介子束的强度下降为原来的一半.试分别用经典和相对论的观点分析实验结果.

解 π介子束的强度减半,说明有一半的 π介子衰变掉,这一过程的时间就是半衰期.

(1) 用经典力学分析.π介子在半衰期期间飞行的距离为
$$d = ut = 0.99 \times 3.0 \times 10^8 \times 1.77 \times 10^{-8} \text{ m} = 5.26 \text{ m}.$$
显然与实验结果不符.

(2) 用时间膨胀效应分析.在 π介子静止时测得的半衰期是固有时,记为 τ_0.在实验室参照系中观察,高速飞行的 π介子的半衰期 τ 要变大,由(23.3-2)式
$$\tau = \frac{\tau_0}{\sqrt{1 - \frac{u^2}{c^2}}} = \frac{1.77 \times 10^{-8}}{\sqrt{1 - (0.99)^2}} \text{ s} = 1.25 \times 10^{-7} \text{ s}.$$

在此时间内,π介子飞行的距离为
$$d = u\tau = 0.99 \times 3.0 \times 10^8 \times 1.25 \times 10^{-7} \text{ m} = 37.0 \text{ m}.$$
与在实验室中测得的距离相符.

23.4 相对论动力学

经典力学中的物理定律在洛伦兹变换下不再保持不变,因此,一系列的物理学概念,如动量、质量、能量等都必须在相对论中重新定义,使相对论中的力学定律具有对洛伦兹变换的不变性.同时,当物体的速度远小于光速,即 $v \ll c$ 时,它们必须还原为经典力学的形式.

▶ 23.4.1 相对论动量

经典力学中,动量定义为 $\boldsymbol{p} = m\boldsymbol{v}$,其中 m 是反映质点在相互作用中速度改变难易程度的物理量,即惯性质量.它是一个与质点的运动速度无关的常量,因此牛顿第二定律 $\boldsymbol{F} = \dfrac{\mathrm{d}\boldsymbol{p}}{\mathrm{d}t}$ 也可以表达为 $\boldsymbol{F} = m\boldsymbol{a}$.经典力学中,一个质点在恒力作用下,具有恒定的加速度,速度将不断增加直至超过光速,这与狭义相对论相矛盾.实验表明,动量与其速度的比值并不是一个恒量,而是随着速度的增大而迅速增大(图 23-4).相对论中的动量定义为

$$\boldsymbol{p} = \dfrac{m_0 \boldsymbol{v}}{\sqrt{1 - \dfrac{v^2}{c^2}}}. \tag{23.4-1}$$

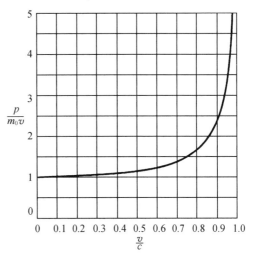

图 23-4

其中 m_0 是质点的质量,$\boldsymbol{v}$ 是物体的速度,当 $v \to c$ 时,质点的动量将达到无穷大;当 $v \ll c$ 时,$\boldsymbol{p} = m_0 \boldsymbol{v}$,与经典力学中的形式相同.上述公式也可以理解为,相对论中质点的动量为

$$\boldsymbol{p} = m\boldsymbol{v}. \tag{23.4-2}$$

其中

$$m = \dfrac{m_0}{\sqrt{1 - \dfrac{v^2}{c^2}}}, \tag{23.4-3}$$

m 称为质点的**相对论质量**,也称**动质量**,简称**质量**,它与物体运动的速度有关.同一质点,在不同的参照系中测得的质量将不同.当 $v = 0$ 时,$m = m_0$,所以 m_0 称为**质点的静止质量**,即当质点相对于观察者静止时的质量.

相对论中,力仍定义为动量对于时间的变化率,由(23.4-1)(23.4-2)式得

$$\boldsymbol{F} = \dfrac{\mathrm{d}\boldsymbol{p}}{\mathrm{d}t} = \dfrac{\mathrm{d}(m\boldsymbol{v})}{\mathrm{d}t} = \dfrac{\mathrm{d}}{\mathrm{d}t}\left(\dfrac{m_0 \boldsymbol{v}}{\sqrt{1 - \dfrac{v^2}{c^2}}}\right). \tag{23.4-4}$$

上式称为相对论动力学的基本方程. 当 $v \ll c$ 时, $m = m_0$, (23.4-4)可以表达为

$$F = \frac{d}{dt}(m_0 \boldsymbol{v}) = m_0 \frac{d\boldsymbol{v}}{dt} = m_0 \boldsymbol{a}.$$

这就是牛顿第二定律. 这说明, 牛顿第二定律是相对论动力学方程的低速近似.

▶ 23.4.2 相对论的质能关系

动能定理在相对论中仍适用, 假定质点由静止开始运动, 那么质点具有的动能等于合外力对质点所做的功,

$$E_k = \int_0^r \boldsymbol{F} \cdot d\boldsymbol{r}.$$

由(23.4-3)式得

$$E_k = \int_0^r \frac{d}{dt}\left(\frac{m_0 \boldsymbol{v}}{\sqrt{1-\frac{v^2}{c^2}}}\right) \cdot d\boldsymbol{r} = \int_0^r \boldsymbol{v} \cdot d\left(\frac{m_0 \boldsymbol{v}}{\sqrt{1-\frac{v^2}{c^2}}}\right).$$

由分部积分, 且 $\boldsymbol{v} \cdot d\boldsymbol{v} = vdv$, 得到

$$E_k = \frac{m_0 v^2}{\sqrt{1-\frac{v^2}{c^2}}} - \int_0^v \frac{m_0 v dv}{\sqrt{1-\frac{v^2}{c^2}}}$$

$$= \frac{m_0 v^2}{\sqrt{1-\frac{v^2}{c^2}}} + m_0 c^2 \sqrt{1-\frac{v^2}{c^2}} - m_0 c^2 = \frac{m_0 c^2}{\sqrt{1-\frac{v^2}{c^2}}} - m_0 c^2.$$

相对论中动能 E_k 的表达式为

$$E_k = \frac{m_0 c^2}{\sqrt{1-\frac{v^2}{c^2}}} - m_0 c^2. \tag{23.4-5}$$

当 $v \ll c$ 时, 上式为

$$E_k = m_0 c^2 \left(\frac{1}{\sqrt{1-\frac{v^2}{c^2}}} - 1\right)$$

$$= m_0 c^2 \left[1 + \frac{1}{2}\left(\frac{v}{c}\right)^2 + \cdots - 1\right] = \frac{1}{2} m_0 v^2.$$

这就是经典力学中动能的表达式.

由(23.4-3)式, 也可以把(23.4-5)式表示为

$$E_k = (m - m_0)c^2. \tag{23.4-6}$$

爱因斯坦把 $m_0 c^2$ 解释为粒子因静质量而具有的能量, 称**静能** E_0, 即

$$E_0 = m_0 c^2. \tag{23.4-7}$$

mc^2 是粒子的总能量 E, 即

$$E = mc^2. \tag{23.4-8}$$

这就是著名的**质能关系式**. 它表明, 只要物体有质量 m, 必有 $E=mc^2$ 的能量; 反之, 只要物体有能量 E, 必有质量 $\dfrac{E}{c^2}$. 质能关系把惯性质量和能量联系在一起, 这是 20 世纪物理学的重要成果之一. 对(23.4-8)式取增量, 有

$$\Delta E = (\Delta m)c^2. \tag{23.4-9}$$

这是质能关系的另一种表达方式. 它表明, 物体吸收或放出能量时, 必伴随着质量的增加或减少. 核武器和核能技术都是相对论质能关系的应用, 而它们的成功也验证了狭义相对论的正确性. 由(23.4-7)式和(23.4-8)式, 相对论的动能也可以表达为

$$E_k = E - E_0. \tag{23.4-10}$$

例 23-4 设有一电子, 在电势差 $U = 1 \times 10^4$ V 中加速, 求电子被加速后的动能、质量和速率.

解 电子被加速后具有动能

$$E_k = |q|U = 1.602 \times 10^{-19} \text{ C} \times 10^4 \text{ V} = 1.602 \times 10^{-15} \text{ J}.$$

由(23.4-6)式得电子的动质量

$$m = m_0 + \frac{E_k}{c^2} = 9.109 \times 10^{-31} \text{ kg} + \frac{1.602 \times 10^{-15}}{8.99 \times 10^{16}} \text{ kg} = 9.287 \times 10^{-31} \text{ kg}.$$

由(23.4-3)式,

$$\sqrt{1 - \frac{v^2}{c^2}} = \frac{m_0}{m}.$$

可解得电子的速率

$$v = \sqrt{1 - \frac{m_0^2}{m^2}}\, c = \sqrt{1 - \left(\frac{9.109}{9.287}\right)^2}\, c = 5.85 \times 10^7 \text{ m/s}.$$

由(23.4-2)(23.4-3)式和(23.4-8)式, 可以得到两个重要的关系式

$$\boldsymbol{v} = \frac{c^2 \boldsymbol{p}}{E} \tag{23.4-11}$$

和

$$E^2 = p^2 c^2 + m_0^2 c^4. \tag{23.4-12}$$

(23.4-12)式反映了粒子总能量 E、动量 p 和静质量 m_0 的关系. 粒子的总能量也可以表示为

$$E = \sqrt{p^2 c^2 + m_0^2 c^4}.$$

当 $v \ll c$ 时,

$$E = m_0 c^2 \sqrt{1 + \frac{p^2}{m_0^2 c^2}} = m_0 c^2 \left(1 + \frac{p^2}{2 m_0^2 c^2} + \cdots \right)$$

$$\approx m_0 c^2 + \frac{p^2}{2 m_0} = E_0 + \frac{p^2}{2 m_0}.$$

由(23.4-10)式得

$$E_k = E - E_0 = \frac{p^2}{2 m_0}.$$

这与经典力学中动能与动量的关系一致.

由(23.4-12)(23.4-11)式,当粒子的静质量 $m_0=0$ 时,有 $E=pc, v=c$. 因此,静质量为零的粒子,在任何一个惯性参照系中都只能以光速运动. 光子、中微子就是这样的粒子.

例 23-5 若电子的总能量等于它静能量的 5 倍,求电子的动量和速率.

解 电子的静能量为
$$E_0 = m_0 c^2 = 9.11 \times 10^{-31} \text{ kg} \times (2.97 \times 10^8 \text{ m/s})^2 = 8.187 \times 10^{-14} \text{ J} = 0.511 \text{ MeV}.$$

由(23.4-12)式得
$$p^2 c^2 = E^2 - m_0^2 c^4 = (5E_0)^2 - E_0^2 = 24 E_0^2,$$
$$p = \frac{\sqrt{24} E_0}{c} = \frac{\sqrt{24} \times 0.511 \text{ MeV}}{c} = \frac{2.50 \text{ MeV}}{c}.$$

由(23.4-11)式,
$$v = \frac{pc^2}{E} = \frac{\sqrt{24} E_0 c}{5 E_0} = 0.980 c.$$

例 23-6 氢原子的结合能为 13.58 eV,就是说,把氢原子分裂为一个质子和一个电子,需要 13.58 eV 的能量. 氢原子静能量为 938.8 MeV,求氢原子电离时,静质量的变化.

解 设氢原子静质量是 m_0,电离时,静质量变化为 Δm_0,根据题意有
$$m_0 c^2 = 938.8 \text{ MeV} = 938.8 \times 10^6 \text{ eV},$$
$$\Delta m_0 c^2 = 13.58 \text{ eV}.$$

所以,静质量的变化为
$$\frac{\Delta m_0}{m_0} = \frac{\Delta m_0 c^2}{m_0 c^2} = \frac{13.58}{938.8 \times 10^6} = 1.45 \times 10^{-8} = 1.45 \times 10^{-6} \%.$$

静止质量的变化极小,在实验中无法测出,因此,在化学反应中,静质量的变化可以忽略,经典的质量守恒定律可以适用.

现将相对论力学中几个重要结果归纳如下:

质量 $\qquad\qquad m = \dfrac{m_0}{\sqrt{1 - \dfrac{v^2}{c^2}}}.$

动量 $\qquad\qquad \boldsymbol{p} = m\boldsymbol{v} = \dfrac{m_0 \boldsymbol{v}}{\sqrt{1 - \dfrac{v^2}{c^2}}}.$

基本方程 $\qquad \boldsymbol{F} = \dfrac{\mathrm{d}}{\mathrm{d}t}(m\boldsymbol{v}) = m \dfrac{\mathrm{d}\boldsymbol{v}}{\mathrm{d}t} + \boldsymbol{v} \dfrac{\mathrm{d}m}{\mathrm{d}t}.$

静能量 $\qquad\qquad E_0 = m_0 c^2.$

动能 $\qquad\qquad E_k = mc^2 - m_0 c^2 = \dfrac{m_0 c^2}{\sqrt{1 - \dfrac{v^2}{c^2}}} - m_0 c^2.$

总能量 $\qquad\qquad E = E_k + E_0 = mc^2.$

质能关系 $\qquad\quad \Delta E = \Delta m c^2.$

能量动量关系 $\quad E^2 = p^2 c^2 + E_0^2.$

相对论原理彻底改变了牛顿力学的基本内容,包括时间和长度的概念、运动方程以及守恒定律,似乎牛顿力学所赖以建立的基础已被破坏. 从某种意义上说这是对的,但是,我们应

当注意,当速率比光速小很多时,时间膨胀、长度收缩以及对运动规律的修正微乎其微,牛顿力学仍然是有效的. 事实上,牛顿力学中的每一个原理都可以看作是更普遍的相对论公式的特例. 在力学体系的广泛领域里,牛顿力学仍然是适用的.

内 容 提 要

1. 狭义相对论基本假设.
(1) 相对性原理:物理规律对所有惯性系都是一样的.
(2) 光速不变原理:在任何惯性参照系中,光在真空中的光速都是 c.
由此导致时间和空间的相对性.

2. 洛伦兹变换:

坐标变换:

$$\begin{cases} x' = \dfrac{x-ut}{\sqrt{1-\dfrac{u^2}{c^2}}}, \\ y' = y, \\ z' = z, \\ t' = \dfrac{t-\dfrac{u}{c^2}x}{\sqrt{1-\dfrac{u^2}{c^2}}}; \end{cases} \qquad \begin{cases} x = \dfrac{x'+ut'}{\sqrt{1-\dfrac{u^2}{c^2}}}, \\ y = y', \\ z = z', \\ t = \dfrac{t'+\dfrac{u}{c^2}x'}{\sqrt{1-\dfrac{u^2}{c^2}}}. \end{cases}$$

速度变换:

$$\begin{cases} v_x' = \dfrac{v_x - u}{1 - \dfrac{u}{c^2}v_x}, \\ v_y' = \dfrac{v_y}{1 - \dfrac{u}{c^2}v_x}\sqrt{1-\dfrac{u^2}{c^2}}, \\ v_z' = \dfrac{v_z}{1 - \dfrac{u}{c^2}v_x}\sqrt{1-\dfrac{u^2}{c^2}}. \end{cases}$$

速度合成的特点:若在一惯性系内 $v < c$,则在任何惯性系内 $v < c$;若在一惯性系内 $v = c$(零质量粒子),则在任何惯性系内 $v' = c$.

3. 狭义相对论的时空观.
(1) "同时"的相对性:S 系中不同地点(不同 x 坐标)同时发生的两个事件,在其他惯性系中都不同时.

(2) 长度收缩:$L = L_0\sqrt{1-\dfrac{u^2}{c^2}}$, L_0 是固有长度,与物体相对静止的参照系中测出的长度.

(3) 时间延缓:$\Delta t = \dfrac{\tau_0}{\sqrt{1-\dfrac{u^2}{c^2}}}$.

4. 相对论质量:$m = \dfrac{m_0}{\sqrt{1-\dfrac{v^2}{c^2}}}$;相对论动量:$\boldsymbol{p} = m\boldsymbol{v} = \dfrac{m_0\boldsymbol{v}}{\sqrt{1-\dfrac{v^2}{c^2}}}$.

5. 相对论质能关系:$E = mc^2$.

6. 相对论能量动量关系:$E^2 = p^2c^2 + m_0^2c^4$.

7. 相对论动能:$E_k = mc^2 - m_0c^2$.

8. 动力学方程:$\boldsymbol{F} = \dfrac{\mathrm{d}}{\mathrm{d}t}(m\boldsymbol{v}) = \dfrac{\mathrm{d}}{\mathrm{d}t}\left(\dfrac{m_0\boldsymbol{v}}{\sqrt{1-\dfrac{v^2}{c^2}}}\right)$.

习 题

23-1 对某一观察者发生在同一地点、同一时刻的两个事件,对于其他一切观察者是否都是同时发生的?

23-2 若两个事件在 S 系发生于同一时刻、不同地点,则它们在任何其他参照系中是否会同时发生?在其他参照系中,两个事件的时间间隔是否相同?

23-3 两个观察者,一个静止于 S 系,另一个静止于 S' 系,每人手里拿了一把米尺,米尺与两个参照系的相对运动方向平行,两个观察者分别测量对方手里的米尺,结果会如何?

23-4 在相对论中,"运动的时钟会变慢",但这个效应并非运动对时钟工作方式有所改变.它究竟与什么有关?

23-5 设两个观察者位于两相对速度为 c 的参照系上,试计算它们对时间间隔和长度的测量结果.根据这个观点,c 在怎样的意义上成为一种极限速度?

23-6 有人说"相对论动能也可以表达为 $E_k = \frac{1}{2}mv^2$,只是其中的质量要用相对论质量 $m = \frac{m_0}{\sqrt{1-\frac{v^2}{c^2}}}$",这一说法是否正确?

23-7 能否把一个物体加速到光速?为什么?

23-8 一个具有能量的粒子是否必须具有动量?

23-9 如果光子在某个参照系中的速度为 c,能否在其他某个参照系中发现光子是静止的?光子能否具有不等于 c 的速率?

23-10 一热的金属球在天平上冷却,天平能否指示金属球静质量的变化?

23-11 (1) 火箭 A 以 $0.8c$ 的速度相对于地球向正东飞行,火箭 B 以 $0.6c$ 的速度相对于地球向正西飞行,求由火箭 B 测得火箭 A 的速度大小和方向;

(2) 如果火箭 A 向正北飞行,火箭 B 仍向正西飞行,由火箭 B 测得火箭 A 的速度大小和方向又如何?

23-12 一米尺静止在 S' 系中,与 $O'x'$ 轴成 $30°$ 角.如果在 S 系中测得该米尺与 Ox 轴成 $45°$ 角,则 S' 系相对于 S 系的速度是多少?在 S 系中测得该米尺的长度是多少?

23-13 μ^+ 介子是不稳定粒子,在静止参照系中,它的寿命约为 2.3×10^{-6} s.

(1) 如果一个 μ^+ 介子相对于实验室运动的速率为 $0.99c$,在实验室中测得它的寿命是多少?

(2) 在其寿命时间内,在实验室中测得它运动的距离.

23-14 一宇宙飞船静止时的长度为 90 m,当它相对于地面以 $0.8c$ 的速率匀速水平飞过一观测站的上空时,求:

(1) 观测站测得该飞船的船身通过观测站的时间间隔;

(2) 宇航员测得船身通过观测站的时间间隔.

23-15 地球的半径约为 $R_0 = 6\,376$ km,它绕太阳公转的速率约为 $u = 30$ km/s,在太阳参照系中测量地球的半径,在哪个方向上缩短得最多?缩短了多少?(地球和太阳近似为惯

性系)

23-16 一铁路隧道长为 L,设想有一列车以极高的速度 v 通过此隧道,若从车上观测:
(1) 隧道长度如何?
(2) 设列车长度为 l_0,它全部通过隧道的时间是多少?

23-17 两个惯性系中的观察者 O 和 O′ 以 $0.6c$ 的相对速度互相接近.如果 O 测得两者的初始距离为 20 m,则 O′ 测得两者经过多长时间相遇?

23-18 一宇宙飞船相对地球以 $0.8c$ 的速度飞行.一光脉冲从船尾传到船头,飞船上的观察者测得飞船长为 90 m,问地球上的观察者测得光脉冲从船尾发出和到达船头两个事件的空间间隔为多少?

23-19 在 S 系中观察发生在同一地点的 P,Q 两个事件,Q 比 P 晚发生 2 s,在相对于 S 系运动的 S′ 系中观察,Q 比 P 发生晚 3 s.问在 S′ 系中,两个事件发生的地点相隔多少距离?

23-20 有两个事件在参照系 S 中观察时是同时发生的,相隔距离是 1 m,另一参照系 S′ 相对 S 沿两事件的连线运动,在 S′ 中观察,两个事件相隔距离为 2 m.问在 S′ 中测得这两个事件的时间间隔是多少?

23-21 某星体以 $0.80c$ 的速度飞离地球,在地球上测得它辐射的闪光周期为 5 昼夜,求在此星体上测得的闪光周期的大小.

23-22 一个在实验室中以 $0.8c$ 的速率运动的粒子,飞行 3 m 后衰变,在实验室中观察粒子存在了多长时间?若由与粒子一起运动的观察者测量,粒子存在了多长时间?

23-23 一体积为 V_0、质量为 m_0 的立方体沿其一条边的方向相对于观察者以速度 v 运动,求观察者测得的该立方体的密度.

23-24 一个粒子的动量是按非相对论动量算得的 2 倍,该粒子的速率是多少?

23-25 一个粒子的动能等于其静止能量时,它的速率是多少?

23-26 把一个静止的电子加速到 $0.1c$,需要对它做多少功?若从 $0.9c$ 加速到 $0.99c$,需要做多少功?

23-27 静止的 μ 介子的平均寿命为 2.3×10^{-6} s,实验室中对 μ 介子测得的平均寿命为 6.9×10^{-6} s.
(1) μ 介子在实验室中的速度是多少?
(2) 一个 μ 介子的静止质量为 $207m_e$,此介子以(1)中速率运动时质量是多少?
(3) 它的动能、动量各为多少?

23-28 在越过 10 MeV 的电势差后:
(1) 电子的速率是多少?
(2) 质子的速率是多少?
(3) 上述两种情况中,相对论质量与静质量之比各为多少?

23-29 某核电站的年发电量为 1×10^{10} kW·h,如果这是由核材料静止能量的 0.5% 转化产生的,问需要消耗的核材料的质量为多少?

23-30 一电子以 $0.99c$ 的速率运动,求:
(1) 电子的总能量;
(2) 电子的相对论动能.

23-**31** 某一宇宙射线中介子的动能 $E_k=7m_0c^2$,其中 m_0 是介子静止质量.试求在实验室参照系中观测到它的寿命是它固有寿命的多少倍.

23-**32** 试证明一粒子的相对论动量可以表达为
$$p=\frac{(2E_0E_k+E_k^2)^{1/2}}{c}.$$
其中 E_0 是粒子的静能,E_k 是粒子的动能.

23-**33** 试证明,带电粒子在匀强磁场中,在与磁感应强度 **B** 垂直的平面上做圆周运动时的轨道半径为
$$R=\frac{(2E_0E_k+E_k^2)^{1/2}}{qcB}.$$
其中 q 为粒子所带电荷量.

23-**34** 两个相同的粒子,静质量均为 m,在实验室参照系中以 $0.6c$ 的速率相向而行,碰撞后粘在一起,求复合粒子的静质量.

23-**35** 一个静质量为 m_0 的粒子,以 $0.6c$ 的速率与一静止的同种粒子做完全非弹性碰撞,问:

(1) 复合粒子的静质量是多少?

(2) 复合粒子的速率是多少?

第 24 章　量子理论的起源

本章通过几个对量子物理学的建立和发展起过重要作用的实验,来说明波粒二象性的发展过程和这一理论的深刻含义.普朗克在研究热辐射时提出了能量量子化的概念,引入量子物理学的基本常量——普朗克常量,并成功解释了黑体的辐射规律.爱因斯坦将能量量子化假设用于光与物质的相互作用,提出光量子的概念,成功解释了光电效应的实验结果,说明光具有波粒二象性.康普顿对 X 射线散射实验的成功解释,又证实了能量守恒和动量守恒同样适用于微观领域.玻尔在研究氢原子光谱时,提出定态假设、角动量量子化条件和频率定则,从而完美地解释了氢原子光谱的线系结构.这些理论的成功架起了经典物理学通向量子物理学的桥梁.

24.1　黑体辐射和普朗克的量子假设

▶ 24.1.1　热辐射

物体以电磁波的形式向外发射能量称为**辐射**.任何物体在任何温度下都能进行的辐射称为**热辐射**.例如,炽热的灯丝、熔融的钢水、火炉、人体乃至家具等一切物体无一不进行热辐射.热辐射是自然界的一种普遍现象.热辐射与物体材料的性质有关,在同一温度下,不同材料的物体有不同的热辐射.我们用分光计来对一个物体的热辐射进行分析,就可以弄清楚热辐射在各种波长辐射的能量有多强.图 24-1 是对 2 000 K 的钨丝的热辐射的测定结果.图中的纵坐标 $E(\lambda,T)$ 称为**单色辐射本领**.$E(\lambda,T)$ 的定义是 $E(\lambda,T)\mathrm{d}\lambda$,表示辐射体表面上单位面积、单位时间所辐射的波长在 λ 到 $\lambda+\mathrm{d}\lambda$ 间隔内的能量.由此可知,$E(\lambda,T)$ 的单位是瓦/(米²·纳米)[$\mathrm{W}/(\mathrm{m}^2 \cdot \mathrm{nm})$],$E(\lambda,T)\mathrm{d}\lambda$ 的单位是瓦/米²(W/m^2),有时就把 $E(\lambda,T)$ 的单位写成 W/m^3.

包括各种波长辐射的总辐射能,称为**总辐射本领**,用 $E(T)$ 表示.$E(T)$ 的定义是

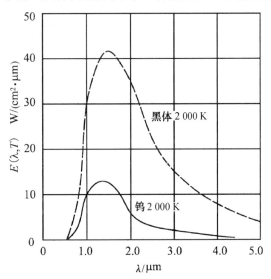

钨在 2 000 K 时的单色辐射本领.虚线是参照在同一温度下的黑体的单色辐射本领

图 24-1

单位时间内从物体表面上单位面积所辐射的能量，$E(T)$ 的单位是瓦/米²（W/m²）. 显然有如下关系式

$$E(T) = \int_0^\infty E(\lambda, T) d\lambda.$$

因此总辐射本领 $E(T)$ 等于单色辐射本领 $E(\lambda, T)$ 对 λ 的曲线下方的面积，图 24-1 中的钨的这个面积，就是 2 000 K 的钨的总辐射本领，它是 23.5×10^4 W/m².

▶ **24.1.2　黑体辐射**

一定温度下物体热辐射的光谱结构与物体的材料性质有关，但有一类物体，不论它们的组成如何，在相同的温度下，发射相同结构的光谱. 这类物体的表面能完全吸收周围物体的所有热辐射，由于没有反射光，所以看上去是黑的，称作**黑体**，又称**绝对黑体**.

黑体是一种理想模型，自然界中并不存在真正的黑体，但是可以人工制造黑体的模拟物. 如图 24-2 所示是在整块金属中挖一空腔，再在空腔壁上开一小孔，它是一种较好的黑体模拟物. 当光通过小孔进入空腔后，在空腔内壁多次反射从而损失了大部分能量，最后射出小孔的光极其微弱. 若把空腔内壁涂黑，从小孔射入空腔的光将几乎全部被吸收，所以对空腔外的观察者来说，空腔的小孔可以看作是个黑体，小孔向外的辐射就非常接近于黑体辐射. 从小孔发射的辐射光谱与腔壁材料无关，它反映了电磁波及其与物质相互作用的最基本的规律. 理论和实验表明，黑体具有最大的辐射本领. 因此，研究这种黑体辐射，在热辐射问题中具有很大的理论意义和实际用途.

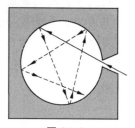

图 24-2

黑体在热平衡时的热辐射具有确定的能量分布，图 24-3 是黑体在不同温度下单色辐射本领 $E(\lambda, T)$ 随波长 λ 的变化情况. 从图中的曲线可以看出，对于每一温度，$E(\lambda, T)$ 都在某一波长 λ_m 处有明显的极大值，说明黑体在该波长附近具有最大的辐射. 当温度升高时，λ_m 的位置向短波方向移动. λ_m 与黑体温度 T 满足以下关系

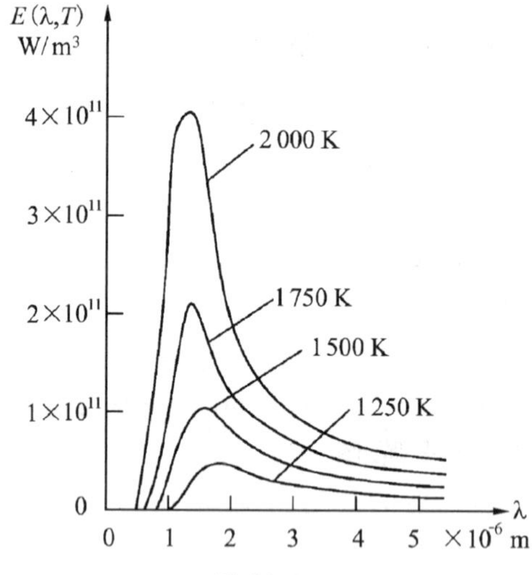

$$\lambda_m T = b. \qquad (24.1\text{-}1)$$

其中

$$b = 2.898 \times 10^{-3} \text{ m} \cdot \text{K}.$$

图 24-3

(24.1-1) 式称为**维恩位移定律**，是德国物理学家维恩（Wilhelm Wein 1864—1928）在 1896 年发现的.

这一结果也可以由热力学理论导出，维恩位移定律将热辐射的颜色随温度的变化的规律定量化了. 它指出当黑体的温度升高时，单色辐射本领的最大值向短波方向移动. 常见的例子，如低温度的火炉所辐射的能较多地分布在波长较长的红光，而高温度的钨丝所辐射的

能较多地分布在波长较短的绿光和蓝光中.

经实验测定对于给定的温度 T,黑体的总辐射本领 $E(T)$ 与温度 T 有以下关系

$$E(T)=\sigma T^4. \tag{24.1-2}$$

其中 $\sigma=5.67\times10^{-8}$ W/(m$^2\cdot$K^4),称**斯特藩-玻耳兹曼常量**.(24.1-2)式称**斯特藩-玻耳兹曼定律**.它是奥地利物理学家斯特藩(Joes Stefan 1835—1893)在 1879 年发现的,由奥地利物理学家玻耳兹曼(Ludwig Boltzmann 1844—1906)在 1884 年给出了理论证明.

例 24-1 人体皮肤的温度约为 35 ℃,试求人体皮肤辐射最强的波长 λ_m.

解 把人体皮肤的热辐射近似地看作黑体辐射,由维恩位移定律(24.1-1)式

$$\lambda_m=\frac{2.898\times10^{-3}}{273+35}\text{ m}=9.40\times10^{-6}\text{ m}=9.40\ \mu\text{m}.$$

可见,人体皮肤的辐射主要在红外区.

例 24-2 (1)测得太阳辐射谱的峰值在 490 nm 处.试计算太阳表面温度、总辐射本领和地球表面单位面积上接受的辐射能功率.

(2)如把地球看成一个黑体,并与从来自太阳的热辐射保持热平衡,试估算地球的等效温度 $T_{地}$.

解 (1)将太阳看作黑体,由维恩位移定律,太阳表面的温度为

$$T=\frac{b}{\lambda_m}=\frac{2.898\times10^{-3}}{490\times10^{-9}}\text{ K}=5.9\times10^3\text{ K}\approx6\,000\text{ K}.$$

由斯特藩-玻耳兹曼定律,太阳的总辐射本领为

$$E(T)=\sigma T^4=5.67\times10^{-8}\times(5.9\times10^3)^4\text{ W/m}^2=6.9\times10^7\text{ W/m}^2.$$

太阳半径 $R=0.7\times10^9$ m,太阳辐射总功率为

$$P=E(T)\cdot 4\pi R^2=6.9\times10^7\times4\pi\times(0.7\times10^9)^2\text{ W}=4.2\times10^{26}\text{ W}.$$

地球与太阳的距离 $d=1.49\times10^{11}$ m,故地球表面单位面积从太阳辐射中接收的辐射能功率为

$$E=\frac{P}{4\pi d^2}=\frac{4.2\times10^{26}}{4\pi(1.49\times10^{11})^2}\text{ W/m}^2=1.50\times10^3\text{ W/m}^2.$$

(2)由斯特藩-玻耳兹曼定律,地球的总辐射本领为 $\sigma T_{地}^4$,地球的总辐射功率为 $4\pi r^2\cdot\sigma T_{地}^4$(其中 r 为地球半径).从热收支平衡的角度,应该等于 $\pi r^2 E$,即

$$4\pi r^2\sigma T_{地}^4=\pi r^2 E.$$

由此可以求得地球等效温度

$$T_{地}=\sqrt[4]{\frac{E}{4\sigma}}=\sqrt[4]{\frac{1.50\times10^3}{4\times5.67\times10^{-8}}}\text{ K}=285\text{ K}=12\text{ ℃}.$$

实际上地表的平均温度为 15 ℃,粗看起来,这个估算的结果比较接近,然而仔细推敲,还有许多问题未计及.如实际太阳辐射有 32% 为地球表面层的大气及云雾反射掉,而且还有 2% 为地面或洋面所反射,因而在计算地球获得的辐射能时应把这两部分的损失扣除掉,由此得到地球的等效温度 $T_{地}'$

$$T_{地}'=\sqrt[4]{\frac{E\times(1-34\%)}{4\sigma}}=\sqrt[4]{\frac{1.50\times10^3\times66\%}{4\times5.67\times10^{-8}}}\text{ K}=257\text{ K}=-16\text{ ℃}.$$

这个温度 -16 ℃ 与地表的平均温度 15 ℃ 又相差甚远.究其原因,仍是大气在起作用.15 ℃

的地表向太空的热辐射主要在红外,大气中的水气,CO_2,CH_4 以及 O_3 等气体吸收这部分红外辐射,同时它们也重新发射红外辐射,其中有一半回到地表.水气和 CO_2 保护地表热量的作用称为**温室效应**.

随着人类生产活动的加剧,矿物燃料的大量燃烧,使大气中的 CO_2 浓度增加,这称为 CO_2 污染.CO_2 对气候的影响,主要是温室效应,使全球气候变暖,其灾难的后患,目前还无法完全预料,这必须引起全人类的关注,切实采取措施,保护我们的生态环境.

▶ 24.1.3 经典理论的困难和普朗克的量子假设

关于黑体辐射的理论研究涉及热力学、统计物理学和电磁学等,因而成了19世纪末物理学研究的中心课题之一.许多物理学家都试图从理论上推导出黑体单色辐射本领 $E(\lambda,T)$ 的理论公式,但始终没有取得完全的成功.其中最具有代表意义的是维恩以及英国物理学家瑞利(Lord Rayleigh)和金斯(Sir James Jeans)的工作.

1896年,德国物理学家维恩把辐射体的原子看作带电谐振子,其辐射能量按波长的分布类似于麦克斯韦速率分布,从而导出黑体单色辐射本领随波长变化的**维恩公式**

$$E(\lambda,T) = \frac{C_1}{\lambda^5} \cdot \frac{1}{e^{C_2/(\lambda T)}},$$

其中 C_1,C_2 是由实验确定的常数.维恩公式在短波区与实验符合得很好,但在长波区与实验不符.

1900年,英国物理学家瑞利和金斯,根据电磁场理论和统计物理中的能量按自由度均分原理,导出**瑞利-金斯公式**

$$E(\lambda,T) = \frac{2\pi ckT}{\lambda^4}.$$

瑞利-金斯公式在长波区与实验相符,但在短波区则与实验完全不符,特别是当波长趋于紫外区时,$E(\lambda,T)$ 将发散,被称作"**紫外灾难**".

1900年,德国物理学家普朗克(Max Plank 1858—1947)提出了一个与实验结果完全符合的公式

$$E(\lambda,T) = \frac{2\pi hc^2}{\lambda^5 [e^{hc/(\lambda kT)} - 1]}. \tag{24.1-3}$$

其中 h 为一普适常数,后来称为**普朗克常量**,c 为光速,k 为玻耳兹曼常量.目前测得 h 的实验数据为

$$h = 6.626 \times 10^{-34} \text{ J} \cdot \text{s}. \tag{24.1-4}$$

(24.1-3)式称为**普朗克公式**.开始,普朗克公式纯粹是作为一个经验公式提出的,其中普朗克常量也是与实验数据比较的可调参数.为了从理论上对公式进行解释,普朗克提出了与经典理论完全不同的大胆假设:

组成辐射壁的带电谐振子,它们与周围的电磁场交换能量,在达到热平衡时,这些谐振子的振动能量是不连续的,只能取某一最小能量单元 ε_0 的整数倍,即

$$E = \varepsilon_0, 2\varepsilon_0, 3\varepsilon_0, \cdots, n\varepsilon_0.$$

ε_0 称为**能量子**,简称**量子**,正整数 n 称为**量子数**.ε_0 与谐振子的特征性振荡频率 ν 成正比,即

$$\varepsilon_0 = h\nu. \tag{24.1-5}$$

既然原子振动能量是不连续的,当它的能量发生变化时就只能从某一能量状态跳跃式地过渡到另一能量状态,这就意味着原子振子在辐射或吸收能量时只能以量子 $h\nu$ 为单元一

份一份地按不连续的方式进行,辐射或吸收的能量只能是 $h\nu$ 的整数倍.以后的研究表明,这种量子性是微观世界所特有的普遍性质.普朗克的能量子假设,对物理学的发展做出了杰出贡献,因而他获得了 1918 年诺贝尔物理学奖.

普朗克把他的量子理论的论文送到柏林自然科学会的这一天,1900 年 12 月 14 日,标志着量子物理从这一天开始.不久,爱因斯坦发展了普朗克的理论,1905 年他用能量子的概念成功地解释了光电效应.

例 24-3 一质量为 2.0 kg 的物体与一无质量的弹簧组成弹簧振子,弹簧的劲度系数为 25 N/m.将弹簧拉伸 0.4 m 后自由释放.

(1) 用经典方法求振子的总能量和振动频率.
(2) 假定振子能量是量子化的,振子的量子数 n 是多少?
(3) 一个能量子具有的能量是多少?

解 (1) 振子的总能量为
$$E = \frac{1}{2}kA^2 = \frac{1}{2} \times 25 \times (0.4)^2 \text{ J} = 2.0 \text{ J}.$$

振子的频率为
$$\nu = \frac{1}{2\pi}\sqrt{\frac{k}{m}} = \frac{1}{2\pi}\sqrt{\frac{25}{2.0}} \text{ Hz} = 0.56 \text{ Hz}.$$

(2) 由 $E = nh\nu$,量子数 n 为
$$n = \frac{E}{h\nu} = \frac{2.0}{6.626 \times 10^{-34} \times 0.56} = 5.4 \times 10^{33}.$$

(3) 一个能量子的能量为
$$\varepsilon_0 = h\nu = 6.626 \times 10^{-34} \times 0.56 \text{ J} = 3.7 \times 10^{-34} \text{ J}.$$

振子在 2.0 J 的能量范围内,有 5.4×10^{33} 个能量状态,相邻两个状态的能量差是 3.7×10^{-34} J,所以振子的能量几乎是连续的,这表明宏观物体的量子化特性通常显示不出来.

24.2 光 电 效 应

▶ 24.2.1 光电效应及其实验规律

在 19 世纪末,实验发现,当光照射在某些金属表面上时,会导致电子从金属中逸出,这种现象称作**光电效应**,逸出的电子称为**光电子**.研究光电效应的实验装置如图 24-4 所示.

单色光投射到金属板 K,逸出的光电子受到施加在 K 与金属板 A 之间的电压的作用,将飞向 A 形成光电流,光电流由电流计 G 来测定.

图 24-5 中的曲线,表示光电流 I 是电压 U 的函数.如果 U 足够大,则光电流将达到一极限值,称为**饱和光电流 I_s**,这表示从金属板

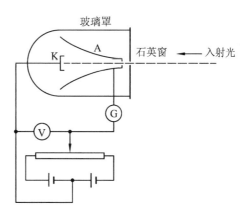

图 24-4

K 逸出的光电子全部到达金属杯 A.

当将电压 U 的符号反过来,即加上反向电压时,光电流并不降到零,这说明从 K 发射出来的电子的速度并非为零,尽管电子的运动受到反向电场的作用,仍然有一些电子能到达金属板 A. 当反向电压大至 U_a 值时,在这个值下,光电流减小到零,U_a 值称为**遏止电压**,U_a 与电子电荷量 e 的乘积表示逸出金属的光电子的最大动能 $\frac{1}{2}mv_m^2$,

$$\frac{1}{2}mv_m^2 = eU_a. \tag{24.2-1}$$

其中 e 是电子电荷量的绝对值. 实验发现光电子的最大动能与光的强度无关,如图 24-5 中曲线 a,b,它们有相同的 U_a,尽管曲线 b 中光强已降为曲线 a 的 $\frac{1}{2}$.

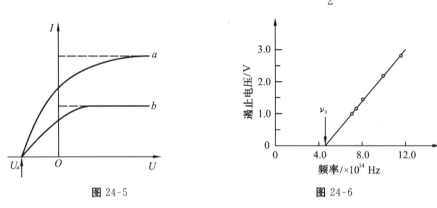

图 24-5　　　　　　图 24-6

假如改变照射到清洁的金属表面入射光的频率 ν(或波长 λ),遏止电压 U_a 将作为入射光频率的函数,如图 24-6 所示. 它有一个截止频率 ν_0,当光的频率低于截止频率 ν_0 时,光电效应绝不会发生. 图 24-6 中的数据是美国物理学家密立根(R. A. Millikan 1868—1953)在 1914 年由实验得出的. 因为光电效应主要发生在物体表面,所以必须把氧化薄膜、油渍或其他表面沾污去除掉,密立根研究出了在真空条件下,从钠金属表面切割薄片的技术,以此得到了准确的数据. 密立根对光电效应的卓有成效的工作,使他在 1923 年荣获诺贝尔物理学奖.

光电效应的下列三个主要特点,是不能用光的波动理论来解释的:

(1) 波动理论认为光电子的动能将随着光强的增强而增加,图 24-5 表明 $\frac{1}{2}mv_m^2$ ($=eU_a$)是与光强无关的.

(2) 依照波动理论,只要光的强度足够强,任何频率的光都应当产生光电效应. 但是图 24-6 表明,存在一个截止频率 ν_0,对于比 ν_0 小的各种频率的光,不管强度多强,都不发生光电效应.

截止频率 ν_0 又称为**频率的红限**,有时也用波长表示红限,波长的红限 $\lambda_0 = \dfrac{c}{\nu_0}$,各种材料的红限见表 24-1.

(3) 按照波动理论,在单色光射到金属表面的时刻与从表面发射出光电子的时刻之间,应该有一个可由实验测得出的时间间隔,称为**光电子的弛豫时间**. 在这段时间内电子从光束中不断吸取能量,一直到所积累的能量足够使它逸出金属表面成为光电子,但事实上是从来没有测到过可以测得出的时间间隔.早期实验断定,这段时间不超过 10^{-9} s.

表 24-1　几种金属的红限和逸出功

金　属	红限 $\nu_0/\times 10^{14}$ Hz	红限 $\lambda_0=\dfrac{c}{\nu_0}/\mu$m	逸出功 A/eV
钾	5.44	0.551	2.25
钠	5.55	0.541	2.29
锂	6.51	0.461	2.69
钙	7.75	0.387	3.20
镁	8.88	0.338	3.67
铬	10.6	0.284	4.37
钨	10.9	0.274	4.54
铜	10.6	0.284	4.36
银	11.2	0.268	4.63
金	11.6	0.258	4.80

▶ 24.2.2　爱因斯坦的光子理论

1905 年,爱因斯坦在普朗克量子论的基础上提出了光量子假设:光是由不连续的能量单元组成的能量流,每一份能量单元称为**光量子**,简称**光子**,光子的能量为

$$\varepsilon = h\nu. \tag{24.2-2}$$

其中 h 为普朗克常量,ν 为光的频率,光子只能整个地被吸收或发射.

按照爱因斯坦的光子假设,光不仅具有波动性,同时还具有粒子性.当光照射在金属上时,光子和金属中的电子发生"碰撞",电子吸收光子的能量 $h\nu$,把其中的一部分 A 用来克服金属的束缚从而成为光电子,余下的部分就成为光电子的初动能.如果电子从金属中逸出时,不因内碰撞而损失能量,则电子将把 $h\nu-A$ 作为电子逸出后的最大初动能 $\dfrac{1}{2}mv_m^2$.根据能量守恒,有

$$h\nu = \dfrac{1}{2}mv_m^2 + A. \tag{24.2-3}$$

其中 A 称作**逸出功**或**功函数**.逸出功与金属材料有关,表 24-1 中给出了几种金属的逸出功.(24.2-3)式称作**爱因斯坦方程**.

爱因斯坦的光子理论可以成功地解释光电效应的实验规律.

(1) 由于一个光子每次只与一个电子交换能量,所以增大光强即增多了入射光子数,使光电子增加,因而使光电流增加.

(2) 当光电子的最大初动能 $\dfrac{1}{2}mv_m^2$ 为零时,$h\nu_0=A$,说明此时电子吸收光子后,刚好逸出金属表面,但无初动能.因此,$h\nu_0$ 表示光子能激发光电子的最小能量,它就等于该金属的逸出功,ν_0 就是红限,

$$\nu_0 = \dfrac{A}{h}. \tag{24.2-4}$$

(3) 光电效应的过程是一个电子一次全部吸收一个光子的能量,中间无须积累能量的时间,所以产生光电效应的弛豫时间极短.

现在来重写爱因斯坦光电效应方程(24.2-3)，式中 $\frac{1}{2}mv_m^2$ 用 eU_a 代入，整理得到

$$U_a = \left(\frac{h}{e}\right)\nu - \frac{A}{e}. \tag{24.2-5}$$

这说明爱因斯坦理论预言了遏止电压 U_a 与频率 ν 之间的线性关系，它与实验完全一致（见图 24-6）。密立根通过光电效应测量得的数据，算得 h 值为 6.57×10^{-34} J·s，它的精确度约为 0.5%。这个 h 的早期测量值和从普朗克的辐射公式导出 h 值是符合的。这是爱因斯坦光子理论的显著证明。

爱因斯坦由于提出了光子理论而获得 1921 年诺贝尔物理学奖。

最后要指出，光子在光电效应过程中被吸收，这要求电子是束缚在原子或固体内，可以证明一个真正自由电子不能在过程中吸收光子而使能量和动量都守恒。

光电效应的应用极为广泛，利用光电效应可以制成光电管、光电倍增管、电视摄像管等多种光电器件。

例 24-4 已知铝的逸出功为 4.2 eV，有 $\lambda = 200$ nm 的单色光投射到铝表面上，求：
(1) 由此发射出来的光电子的最大动能；
(2) 遏止电压；
(3) 铝的红限。

解 (1) 由(24.2-3)式，光电子的最大动能为

$$\frac{1}{2}mv_m^2 = h\nu - A = \frac{hc}{\lambda} - A$$

$$= \frac{6.63\times10^{-34}\times 3\times10^8}{200\times10^{-9}}\text{ J} - 4.2\times1.6\times10^{-19}\text{ J}$$

$$= 3.23\times10^{-19}\text{ J} = 2.0\text{ eV}.$$

(2) 由(24.2-1)式，遏止电压为

$$U_a = \frac{1}{e}\cdot\frac{1}{2}mv_m^2 = \frac{2.0\text{ eV}}{e} = 2.0\text{ V}.$$

(3) 由(24.2-4)式，铝的红限为

$$\nu_0 = \frac{A}{h} = \frac{4.2\times1.6\times10^{-19}}{6.63\times10^{-34}}\text{ Hz} = 10.1\times10^{14}\text{ Hz},$$

或

$$\lambda_0 = \frac{c}{\nu_0} = \frac{3.0\times10^8}{10.1\times10^{14}}\text{ m} = 2.96\times10^{-7}\text{ m} = 296\text{ nm}.$$

▶ 24.2.3 光的波粒二象性

每个光子的能量为 $\varepsilon = h\nu$，根据相对论质能关系，光子的质量为 $m = \frac{E}{c^2} = \frac{h\nu}{c^2}$，可见光子的运动质量 m 是有限的，与光子的频率有关。由相对论质速关系 $m = \frac{m_0}{\sqrt{1-\frac{v^2}{c^2}}}$，因为光子的速度 $v = c$，而 m 有限，故光子的静质量 $m_0 = 0$。

由于光子具有运动质量和速度，所以光子也具有动量，

$$p = mc = \frac{h\nu}{c} = \frac{h}{\lambda}. \tag{24.2-6}$$

(24.2-2)式与(24.2-6)式是描述光的性质的基本关系式,等式左边是表述光的粒子性的能量和动量,等式右边是描述光的波动性的频率和波长,在数量上,它们通过普朗克常量联系起来.因此,光既有波动性,又具有粒子性,即光具有**波粒二象性**.在光传播的过程中,突出地表现出波动性;在光与物质相互作用时,则突出地表现出粒子性.

例 24-5 分别计算波长 $\lambda_1 = 600$ nm 的红光和波长 $\lambda_2 = 0.10$ nm 的硬 X 光光子的能量、质量和动量.

解 对红光:

$$\varepsilon_1 = h\nu_1 = \frac{hc}{\lambda_1} = \frac{6.63 \times 10^{-34} \times 3.00 \times 10^8}{600 \times 10^{-9}} \text{ J} = 3.31 \times 10^{-19} \text{ J},$$

$$m_1 = \frac{h\nu_1}{c^2} = \frac{h}{c\lambda_1} = \frac{6.63 \times 10^{-34}}{600 \times 10^{-9} \times 3.00 \times 10^8} \text{ kg} = 3.68 \times 10^{-36} \text{ kg},$$

$$p_1 = \frac{h}{\lambda_1} = \frac{6.63 \times 10^{-34}}{600 \times 10^{-9}} \text{ kg} \cdot \text{m/s} = 1.10 \times 10^{-27} \text{ kg} \cdot \text{m/s}.$$

对于 X 光:

$$\varepsilon_2 = h\nu_2 = \frac{hc}{\lambda_2} = \frac{6.63 \times 10^{-34} \times 3.00 \times 10^8}{0.10 \times 10^{-9}} \text{ J} = 1.99 \times 10^{-15} \text{ J},$$

$$m_2 = \frac{h\nu_2}{c^2} = \frac{h}{c\lambda_2} = \frac{6.63 \times 10^{-34}}{0.10 \times 10^{-9} \times 3.00 \times 10^8} \text{ kg} = 2.21 \times 10^{-32} \text{ kg},$$

$$p_2 = \frac{h}{\lambda_2} = \frac{6.63 \times 10^{-34}}{0.10 \times 10^{-9}} \text{ kg} \cdot \text{m/s} = 6.63 \times 10^{-24} \text{ kg} \cdot \text{m/s}.$$

*24.2.4 多光子吸收

在量子理论建立后的一段时期,认为一个电子只能吸收一个频率大于 ν_0 的光子,实验也证实这一点.但是,按照量子力学理论,在强光照射下,发生光电子逸出金属表面的多光子光电效应,在原则上是允许的.以双光子吸收为例,电子吸收一个频率小于 ν_0 的光子,如果它能紧接着吸收第二个光子,其能量积累有可能使电子逸出金属,产生双光子光电效应;如果电子不能立即吸收第二个光子,则通过和晶格的碰撞而失去原来吸收的光子的能量,就不会产生双光子光电效应.因此,如果入射光足够强,电子吸收第二个光子的机会多,就能产生双光子光电效应.可见要产生双光子吸收,要有强度极强的入射光.

作为单色强光源的激光出现后,1962 年发现了铯原子的双光子激发,1978 年又完成了铯原子的四光子激发.目前对多光子吸收的研究,在实验和理论上都取得一些成果,并应用双光子吸收光谱,测定了一些分子、原子能级的超精细结构.

24.3 康普顿效应

24.3.1 康普顿效应的实验规律

1923 年,美国物理学家康普顿(Arthur Holly Compton 1892—1962)和我国物理学家吴有训在观察 X 射线被较轻的物质散射时,发现在散射谱线中除了和入射线相同的波长成分外,还包括波长较长的成分,两者的波长差与散射角有关,它们的强度满足一定的规律,这种现象称为**康普顿效应**.康普顿效应是继光电效应之后光的量子性的又一重要实验例证.

观察康普顿效应的实验装置如图 24-7 所示.由 X 光管发出一束单色 X 射线,经光栏 D 后被石墨散射,由 X 射线谱仪测出散射 X 射线的波长和强度.实验发现有以下规律.

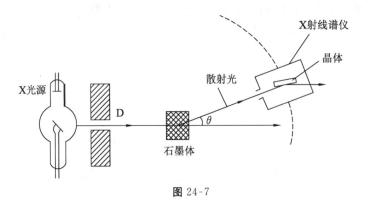

图 24-7

(1) 在散射角 θ 处观察,散射光中有入射波长 λ_0 的成分,也有波长 $\lambda > \lambda_0$ 的成分.如果改变 θ 角,则波长差 $\Delta\lambda = \lambda - \lambda_0$ 以及波长 λ 的光强都随 θ 角的增大而增大,原波长 λ_0 的光强则随之减小,如图 24-8 所示.

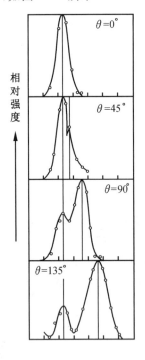

图 24-8

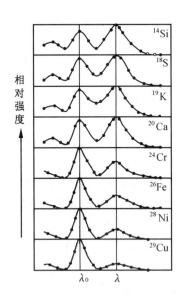

图 24-9

(2) 波长差 $\Delta\lambda$ 与散射物性质无关,但散射光中原波长 λ_0 的光强随散射物的原子序数增大而增大,而波长 λ 的光强则相对减小,如图 24-9 所示.

按照光的波动理论,如果把入射的 X 射线作为经典的电磁波,根据经典模型,频率为 ν_0 的入射光波作用到散射体的自由电子上,将迫使这些电子做同频率的受迫振动,从而辐射相

同频率 ν_0 的电磁波,因此在波动的图像中,散射光应该和入射光有相同的频率和波长.这就无法解释康普顿实验中散射光的波长变化.

▶ 24.3.2 光子理论对康普顿效应的解释

康普顿运用光子理论,成功地解释了康普顿效应.他把 X 射线的散射看作是光子与散射物中电子的弹性碰撞过程,如图 24-10 所示.碰撞中电子得到光子的部分能量而成为反冲电子,散射光子由于能量减少,使得频率降低,波长变长.

设碰撞前光子的能量和动量分别为 $h\nu_0$ 和 $\boldsymbol{p} = \dfrac{h\nu_0}{c}\boldsymbol{n}_0$. $\boldsymbol{n}_0$ 为入射光子运动方向的单位矢量. 散射物中原子的外层电子可以看作是处于静止状态的自由电子,其能量和动量分别为 $m_0 c^2$ 和 0. 碰撞后,沿 θ 角方向运动的散射光子,其能量和动量分别为 $h\nu$ 和 $\boldsymbol{p}' = \dfrac{h\nu}{c}\boldsymbol{n}$. $\boldsymbol{n}$ 为散射方向上的

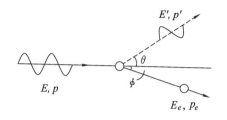

图 24-10

单位矢量.碰撞后反冲电子的能量和动量分别为 mc^2 和 $m\boldsymbol{v}$,根据能量和动量守恒定律,有

$$h\nu_0 + m_0 c^2 = h\nu + mc^2, \tag{24.3-1}$$

$$\dfrac{h\nu_0}{c}\boldsymbol{n}_0 = \dfrac{h\nu}{c}\boldsymbol{n} + m\boldsymbol{v}. \tag{24.3-2}$$

由于反冲电子的速度较大,故采用相对论质量 $m = m_0 / \sqrt{1 - \dfrac{v^2}{c^2}}$,由以上两式,可解得

$$\Delta\lambda = \lambda - \lambda_0 = \dfrac{h}{m_0 c}(1 - \cos\theta), \tag{24.3-3a}$$

或

$$\Delta\lambda = 2\dfrac{h}{m_0 c}\sin^2\dfrac{\theta}{2}. \tag{24.3-3b}$$

(24.3-3a)式称为 **康普顿散射公式**. 式中 $\dfrac{h}{m_0 c}$ 具有长度的量纲,称为 **康普顿波长**,记作 λ_c. 将 h, c, m_0 的值代入,

$$\lambda_c = \dfrac{h}{m_0 c} = 2.426 \times 10^{-12} \text{ m}. \tag{24.3-4}$$

(24.3-3a)式说明了康普顿散射中波长的偏移 $\Delta\lambda$ 只与散射角 θ 有关,$\Delta\lambda$ 随 θ 角的增大而增大,且 $\Delta\lambda$ 与原波长 λ_0 无关,与散射物性质无关.(24.3-3)式的理论值与实验值极为符合.此外,入射的光子也会同原子的内层电子相碰,由于内层电子束缚得较紧,光子实际上是与整个原子相碰,由于原子质量大,几乎不反冲,光子只改变方向而不改变能量,因而散射光中存在原波长 λ_0 的成分. 当散射物原子序数增加时,原子中内层电子数也增加,因而波长 λ_0 的强度也随之增强,而波长 λ 的强度相应地减弱.

*例 24-6 试推导康普顿公式(24.3-3).

解 将(24.3-1)和(24.3-2)两式分别改写为

$$mc^2 = h(\nu_0 - \nu) + m_0 c^2, \qquad ①$$

$$m\boldsymbol{v} = \frac{h\nu_0}{c}\boldsymbol{n}_0 - \frac{h\nu}{c}\boldsymbol{n}. \qquad ②$$

将②式平方得

$$m^2 v^2 = \left(\frac{h\nu_0}{c}\right)^2 + \left(\frac{h\nu}{c}\right)^2 - 2\frac{h^2\nu_0\nu}{c^2}\boldsymbol{n}_0 \cdot \boldsymbol{n}.$$

因为 $\boldsymbol{n}_0 \cdot \boldsymbol{n} = \cos\theta$，所以上式为

$$m^2 v^2 c^2 = h^2 \nu_0^2 + h^2 \nu^2 - 2h^2 \nu_0 \nu \cos\theta. \qquad ③$$

将①式平方得

$$m^2 c^4 = m_0^2 c^4 + h^2 \nu_0^2 + h^2 \nu^2 - 2h^2 \nu_0 \nu + 2m_0 c^2 h(\nu_0 - \nu). \qquad ④$$

④式减去③式，

$$m^2 c^4 - m^2 v^2 c^2 = m_0^2 c^4 - 2h^2 \nu_0 \nu (1 - \cos\theta) + 2m_0 c^2 h(\nu_0 - \nu). \qquad ⑤$$

因为

$$m^2 c^4 - m^2 v^2 c^2 = m^2 c^4 \left(1 - \frac{v^2}{c^2}\right),$$

而

$$m^2 = \frac{m_0^2}{1 - \frac{v^2}{c^2}},$$

所以⑤式为

$$2m_0 c^2 h(\nu_0 - \nu) = 2h^2 \nu_0 \nu (1 - \cos\theta).$$

化简得

$$\frac{c(\nu_0 - \nu)}{\nu \nu_0} = \frac{h}{m_0 c}(1 - \cos\theta),$$

即

$$\frac{c}{\nu} - \frac{c}{\nu_0} = \frac{h}{m_0 c}(1 - \cos\theta),$$

或

$$\Delta\lambda = \lambda - \lambda_0 = \frac{h}{m_0 c}(1 - \cos\theta).$$

例 24-7 在康普顿散射实验中，波长 $\lambda_0 = 0.1$ nm 的 X 射线在碳块上散射，我们从与入射的 X 射线束成 $90°$ 方向去研究散射。

(1) 求这个方向的波长改变量 $\Delta\lambda$。

(2) 分配给这个反冲电子的能量有多大？

解 (1) 在(24.3-3a)式中令 $\theta = \frac{\pi}{2}$，则得波长改变量

$$\Delta\lambda = \frac{h}{m_0 c}(1 - \cos\theta) = \frac{6.626 \times 10^{-34}}{9.11 \times 10^{-31} \times 3 \times 10^8}\left(1 - \cos\frac{\pi}{2}\right)$$

$$= 2.43 \times 10^{-12} \text{ m} = 2.43 \times 10^{-3} \text{ nm}.$$

(2) 考虑到相对论动能计算公式 $E_k = mc^2 - m_0 c^2$，把(24.3-1)式改写成

$$\frac{hc}{\lambda_0} = \frac{hc}{\lambda} + E_k,$$

注意到 $\lambda = \lambda_0 + \Delta\lambda$，上式整理可以得到反冲电子获得的能量为

$$E_k = \frac{hc\Delta\lambda}{\lambda_0(\lambda_0 + \Delta\lambda)}.$$

代入数据，得

$$E_k = \frac{6.626 \times 3 \times 10^8 \times 2.43 \times 10^{-12}}{0.1 \times 10^{-9} \times (0.1 \times 10^{-9} + 2.43 \times 10^{-12})} \text{ J}$$
$$= 4.73 \times 10^{-17} \text{ J} = 295 \text{ eV}.$$

*24.3.3 对康普顿效应的深入讨论

如果入射光是可见光、微波或者无线电波,散射光中波长的偏移 $\Delta\lambda$ 也是按照式(24.3-3a)计算的,于是,这些光波的波长 λ_0 相对于波长偏移 $\Delta\lambda$ 来说很大,在实验限度内,测量到散射光的波长将与入射光的波长相同. 我们以康普顿波长 $\lambda_c = 2.43 \times 10^{-3}$ nm 作为对 $\Delta\lambda$ 的估算. 对于 $\lambda_0 = 10$ cm 的微波来说,$\frac{\Delta\lambda}{\lambda_0} = \frac{2.43 \times 10^{-12}}{10 \times 10^{-2}} = 2 \times 10^{-11}$,而对于 $\lambda_0 = 10^{-1}$ nm 的 X 射线,$\frac{\Delta\lambda}{\lambda_0} = \frac{2.43 \times 10^{-12}}{10^{-10}} = 2 \times 10^{-2}$. 这表明辐射的量子特性在短波范围内显示出来. 所以康普顿效应在 X 射线波段范围内被发现并非偶然.

康普顿散射中反冲电子获得的能量 ΔE 为

$$\Delta E = mc^2 - m_0 c^2 = h(\nu_0 - \nu) = h\nu_0 \left(\frac{\nu_0 - \nu}{\nu_0}\right).$$

ΔE 与入射光子能量 $h\nu_0$ 之比为

$$\frac{\Delta E}{h\nu_0} = \frac{\nu_0 - \nu}{\nu_0} = \frac{\Delta\lambda}{\lambda_0 + \Delta\lambda}.$$

把 $\Delta\lambda$ 的计算式(24.3-3)代入上式得到

$$\frac{\Delta E}{h\nu_0} = \frac{2\frac{h}{m_0 c}\sin^2\frac{\theta}{2}}{\lambda_0 + 2\frac{h}{m_0 c}\sin^2\frac{\theta}{2}}. \tag{24.3-5}$$

从上式得知,当 $\theta = \pi$ 时,相应于"迎头"碰撞,碰撞后入射光子反转了方向,反冲电子获得的能量 ΔE 最大. 反冲电子散射角 φ,也可以定量算得为

$$\tan\varphi = \frac{1}{\left(1 + \frac{\lambda_c}{\lambda_0}\right)\tan\frac{\theta}{2}}. \tag{24.3-6}$$

康普顿散射实验证实了反冲电子的存在,并利用置于磁场中的威尔逊云室来测量反冲电子的能量,证实反冲电子的能量随角度分布与理论公式(24.3-5)(24.3-6)相一致.

关于康普顿散射的理论和实验数据的一致,不仅验证了光子理论,而且证实了能量守恒定律和动量守恒定律在微观过程也成立.

光的波粒二象性在康普顿的实验中得到了有力的证明:利用晶体光谱仪来测定散射的 X 射线的波长,测量原理是波的衍射;而散射光波长的偏移 $\Delta\lambda$ 又只能把 X 射线作为粒子来解释.

24.4 玻尔的量子假设与玻尔模型

▶ 24.4.1 氢原子光谱

原子发光是重要的原子现象之一。原子所辐射的光中一般包括许多不同的波长成分，经光谱仪分光后形成的光谱是一系列分立的光谱线，每一条光谱线对应一种波长成分，这种光谱称作**线状光谱**或**原子光谱**。单原子气体和金属蒸气的光谱都是线状谱。实验发现，原子光谱具有两个特点：一定元素的原子光谱包含了完全确定的波长成分，不同元素的光谱成分各不相同；每种元素的原子光谱中谱线按一定规律排列，这种有规律的光谱线组成线系。

原子光谱是对元素进行定性和定量分析的一种重要手段，并为探索原子内部结构提供了重要的实验材料。

氢原子是最简单的原子，其光谱规律也最简单。图 24-11 是氢原子光谱在可见光及紫外光区的谱线分布图。

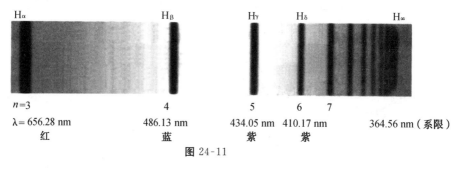

图 24-11

1885 年，瑞士中学教师巴尔末（Johann Jakob Balmer 1825—1895）发现了表示氢原子光谱中一个线系（称**巴尔末系**）波长 λ 的经验公式：

$$\frac{1}{\lambda} = R_H \left(\frac{1}{2^2} - \frac{1}{n^2} \right), \quad n = 3, 4, 5, \cdots, \tag{24.4-1}$$

其中 R_H 称为氢的**里德伯常量**，它的实验值为

$$R_H = 1.096\,775\,7 \times 10^7 \text{ m}^{-1}. \tag{24.4-2}$$

巴尔末系的第一条谱线 $n=3$，波长 $\lambda_\alpha = 656.3$ nm；第二条谱线 $n=4$，波长 $\lambda_\beta = 486.1$ nm。当 $n=\infty$ 时，$\lambda_\infty = 364.5$ nm，称为**系限**。

在巴尔末之后，人们又陆续在不同光区发现了另外一些线系。瑞典数学家和物理学家里德伯（Johannes Robert Rydberg 1854—1919）总结了一个描述氢原子光谱的简单经验公式：

$$\frac{1}{\lambda} = R_H \left(\frac{1}{j^2} - \frac{1}{n^2} \right), \quad j = 1, 2, 3, \cdots, \quad n = j+1, j+2, \cdots. \tag{24.4-3}$$

显然，巴尔末系是其中的一个特例（$j=2$）。表 24-2 是到目前为止发现的氢原子光谱的线系。其中莱曼系的 α 线，$\lambda = 121.6$ nm，是太阳所发射的最强的谱线，在空气中会被完全吸收，它也能被脱氧核糖核酸 DNA 吸收。如果没有大气层的保护，在此强射线照射下生物将不能存活。

表 24-2 氢原子线系

线　　　系	发现年份	j	n	谱线波段
莱曼 Lyman	1904	1	2,3,4,…	紫外
巴尔末 Balmer	1885	2	3,4,5,…	可见
帕邢 Pashen	1908	3	4,5,6,…	红外
布拉开 Brackett	1922	4	5,6,7,…	红外
普丰德 Pfund	1924	5	6,7,8,…	红外
汉弗莱 HumPhreys	1953	6	7,8,9,…	红外
汉森与斯特朗 Hansen&Strong	1973	7	8,9,10,…	红外

例 24-8 根据(24.4-3)式计算氢光谱中莱曼线系、巴尔末线系以及帕邢线系中每一组的波长范围.

解 取 $R_H = 10\,967\,757.6\text{ m}^{-1}$，可知

莱曼系

$$\frac{1}{\lambda_1} = R_H \left(\frac{1}{1^2} - \frac{1}{2^2}\right), \lambda_1 = 121.6 \text{ nm},$$

$$\frac{1}{\lambda_\infty} = R_H \left(\frac{1}{1^2} - \frac{1}{\infty^2}\right), \lambda_\infty = 91.2 \text{ nm};$$

巴尔末系

$$\frac{1}{\lambda_1} = R_H \left(\frac{1}{2^2} - \frac{1}{3^2}\right), \lambda_1 = 656.3 \text{ nm},$$

$$\frac{1}{\lambda_\infty} = R_H \left(\frac{1}{2^2} - \frac{1}{\infty^2}\right), \lambda_\infty = 364.0 \text{ nm};$$

帕邢系

$$\frac{1}{\lambda_1} = R_H \left(\frac{1}{3^2} - \frac{1}{4^2}\right), \lambda_1 = 1\,876.0 \text{ nm},$$

$$\frac{1}{\lambda_\infty} = R_H \left(\frac{1}{3^2} - \frac{1}{\infty^2}\right), \lambda_\infty = 821.0 \text{ nm}.$$

同样可算得布拉开系的 $\lambda_1 = 4\,053$ nm, $\lambda_\infty = 1\,459$ nm, 普丰德系的 $\lambda_1 = 7\,462$ nm, $\lambda_\infty = 2\,280$ nm, 以及其他线系的 λ_1 和 λ_∞, 以上各式中, λ_∞ 就是线系限.

▶ **24.4.2 氢原子的玻尔模型**

原子光谱的实验规律确定以后,人们尝试为原子的内部结构建立模型来解释原子光谱的规律. 1912 年,英国物理学家卢瑟福(Ernest Rutherford 1871—1937)根据 α 粒子被金属薄片散射的实验结果建立了原子的有核模型:在原子中心有一个带正电荷 Ze 的原子核(Z 为原子序数, e 为电子电荷量的绝对值),核外有 Z 个带负电的电子在原子核的库仑力作用下沿一定的轨道绕核运动.

然而,根据经典的电磁学理论,电子绕核运动是加速运动,做加速运动的电子要辐射能量,其轨道半径将变得越来越小,最终必然要掉到原子核上,导致原子的"坍塌". 同时,当电子螺旋式地掉向原子核时,将辐射连续光谱而不是分立的线光谱. 显然,经典物理又一次遇到了难以克服的困难.

1913 年,丹麦物理学家玻尔(Niels Bohr 1885—1962)在原子的有核模型的基础上,结合普朗克的量子概念和爱因斯坦的光子理论,提出了以下三个基本假设来克服经典理论的困难.

玻尔的第一个假设称为**定态假设**,氢原子和普朗克振子一样,只能处于一些不连续而又

稳定的能量状态,称为**定态**.在这些定态中原子不辐射也不吸收能量.

玻尔的第二个假设称为**频率定则**,当原子从能量 E_n 的一个定态跃迁到较低能量 E_j 的另一定态,原子辐射一个光子的能量满足

$$E_n - E_j = h\nu. \tag{24.4-4}$$

同样,如原子从较低能量 E_j 的定态,吸收一个光子的能量也满足上式,该原子就跃迁到较高能量 E_n 的定态(图24-12).

玻尔以他自己提出的氢原子模型来计算氢原子的定态能量,他假设氢原子中的电子在圆轨道上运动,圆周的半径为 r,原子核在圆心,电子受库仑力为 $f = \dfrac{1}{4\pi\varepsilon_0} \cdot \dfrac{e^2}{r^2}$.设电子的质量为 m,根据牛顿第二定律,电子的运动方程为

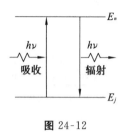

图 24-12

$$\frac{e^2}{4\pi\varepsilon_0 r^2} = m\frac{v^2}{r}.$$

由上式可以算出电子的动能

$$E_k = \frac{1}{2}mv^2 = \frac{e^2}{8\pi\varepsilon_0 r}.$$

氢原子核(质子)与电子作为一个系统的电势能

$$E_p = -\frac{e^2}{4\pi\varepsilon_0 r}.$$

原子的总能量为

$$E = E_k + E_p = -\frac{e^2}{8\pi\varepsilon_0 r}.$$

如果轨道半径 r 可以取任意值,能量也可以取任意值.因此,能量的量子化变成半径 r 的量子化问题.

注意到除了 E_k, E_p, E 可以用轨道半径 r 算出,还有诸如电子的线速度 v、圆周运动的频率 f、电子的线动量 p 以及角动量 L 都可用半径 r 算出:

$$v = \sqrt{\frac{e^2}{4\pi\varepsilon_0 mr}},$$

$$f = \frac{v}{2\pi r} = \sqrt{\frac{e^2}{16\pi^3\varepsilon_0 mr^3}},$$

$$p = mv = \sqrt{\frac{me^2}{4\pi\varepsilon_0 r}},$$

$$L = mvr = \sqrt{\frac{me^2 r}{4\pi\varepsilon_0}}.$$

因此,如果轨道半径 r 已知,则与轨道相关的量 E_k, E_p, E, v, f, p 以及 L 也就知道了.反过来,如果其中一个量是量子化的,那么其他各量也是量子化的.

为此玻尔做出第三个假设:**量子化条件**.电子做圆周运动的角动量 L 只可以取下式

$$L = n\frac{h}{2\pi}, \quad n = 1, 2, 3, \cdots, \tag{24.4-5}$$

即电子绕核运动的角动量是量子化的,n 称为量子数.这里普朗克常量 h 再次出现.

由(24.4-5)式,可以得到轨道半径 r 是量子化的,即

$$r_n = n^2 \frac{\varepsilon_0 h^2}{\pi m e^2}, \quad n = 1, 2, 3, \cdots, \tag{24.4-6}$$

得到定态能量 E 也是量子化的,

$$E_n = -\frac{me^4}{8\varepsilon_0^2 h^2} \cdot \frac{1}{n^2}, \quad n = 1, 2, 3, \cdots. \tag{24.4-7}$$

$n=1$ 对应最小半径,称为**玻尔半径**,记作 a_0,

$$a_0 = r_1 = \frac{\varepsilon_0 h^2}{\pi m e^2} = 0.529 \text{ Å} = 0.0529 \text{ nm}.$$

r_n 可以写成

$$\boxed{r_n = n^2 a_0.} \tag{24.4-8}$$

$n=1$ 是能量最低的定态,称为**基态**,基态能量为

$$E_1 = -\frac{me^4}{8\varepsilon_0^2 h^2} = -13.6 \text{ eV}.$$

$n>1$ 的定态称为**激发态**,具有能量

$$\boxed{E_n = -\frac{13.6}{n^2} \text{ eV}.} \tag{24.4-9}$$

$n \to \infty$ 时,原子能量 $E_\infty \to 0$,这时原子处于电离状态. 把一个处于基态的原子电离所需要的能量称为**电离能**. 玻尔从理论上证明了氢原子的电离能是 13.6 eV,与实验相符.

把(24.4-7)式代入(24.4-4)式,可以得到氢原子从能态 E_n 向 E_j 跃迁时的辐射频率为

$$\nu = \frac{E_n - E_j}{h} = \frac{me^4}{8\varepsilon_0^2 h^3}\left(\frac{1}{j^2} - \frac{1}{n^2}\right),$$

或

$$\frac{1}{\lambda} = \frac{me^4}{8\varepsilon_0^2 h^3 c}\left(\frac{1}{j^2} - \frac{1}{n^2}\right).$$

氢原子的能级及相应的线系如图 24-13 所示. 与(24.4-3)式比较,可得氢的里德伯常量为

$$R_\mathrm{H} = \frac{me^4}{8\varepsilon_0^2 h^3 c}. \tag{24.4-10}$$

因此可用其他基本常数电子电荷量 e 和质量 m、光速 c 以及普朗克常量 h 来计算 R_H 的理论值,得

$$R_\mathrm{H} = 1.0973732 \times 10^7 \text{ m}^{-1},$$

与实验值(24.4-2)式,$1.0967757 \times 10^7 \text{ m}^{-1}$ 相比,误差很小. 由于近代光谱实验的精度很高,这样的误差仍超出了实验精度的范围,这是由于在上面的计算中把原子核看作是静止的. 精确的计算需要考虑原子核的运动,电子与原子核围绕着系统的质心在运动. 可以证明,假定氢原子核的质量是 M,电子的质量是 m,氢的里德伯常量为

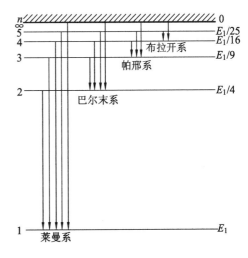

图 24-13

$$R_H = \frac{me^4}{8\varepsilon_0^2 h^3 c} \cdot \frac{M}{M+m} = 1.096\,775\,8 \times 10^7 \text{ m}^{-1},$$

与实验值极为符合,这是玻尔理论的又一巨大成功.

例 24-9 以动能为 12.5 eV 的电子通过碰撞使氢原子激发,最高能激发到哪一能级? 当回到基态时能产生哪些谱线?

解 设氢原子全部吸收 12.5 eV 的能量后能激发到第 n 个能级,则

$$E_n - E_1 = 12.5 \text{ eV} = \left(\frac{-13.6}{n^2} - \frac{-13.6}{1^2}\right) \text{ eV}.$$

解得 $n = 3.5$. n 只能取整数,所以氢原子最高能激发到 $n = 3$ 的能级,也有激发到 $n = 2$ 的能级.

氢原子从激发态回到基态时,将产生三条谱线:

$n = 3 \to n = 1$:　　　　$\frac{1}{\lambda_1} = R\left(\frac{1}{1^2} - \frac{1}{3^2}\right) = \frac{8R}{9}$, $\lambda_1 = \frac{9}{8R} = 102.6$ nm;

$n = 2 \to n = 1$:　　　　$\frac{1}{\lambda_2} = R\left(\frac{1}{1^2} - \frac{1}{2^2}\right) = \frac{3R}{4}$, $\lambda_2 = \frac{4}{3R} = 121.6$ nm;

$n = 3 \to n = 2$:　　　　$\frac{1}{\lambda_3} = R\left(\frac{1}{2^2} - \frac{1}{3^2}\right) = \frac{5R}{36}$, $\lambda_3 = \frac{36}{5R} = 656.3$ nm.

▶ *24.4.3　玻尔理论的局限性

玻尔理论不仅成功地说明了氢原子的光谱,而且又能很好地说明类氢离子,如 He^+、Li^{++} 等的光谱,并对于碱金属原子的光谱也近似适用,可是玻尔理论却不能说明有两个电子的氦(He)原子的光谱.同时它无法处理谱线的强度、偏振以及谱线宽度等问题,这表明玻尔理论,以及后来玻尔-索末菲理论的局限性.它们用经典物理的质点、坐标和轨道等的概念来描绘微观粒子(电子、原子等)的运动,同时它又用完全不同于经典物理的量子化条件来限制轨道运动,因此它不是一个完善的量子理论.

但是,玻尔理论关于定态的概念和频率定则的概念,仍是现代原子物理学的基本概念,可以说玻尔理论是更完善的量子物理理论发展中的一个重要的预备阶段.

内 容 提 要

1. 热辐射:物体与温度 T 有关的电磁辐射.任何物体在任何温度下都能进行热辐射.

   绝对黑体:能完全吸收入射线的物体,它具有最大的辐射本领.

2. 绝对黑体辐射规律:

   (1) 维恩位移定律:$\lambda_m T = b$,$b = 2.898 \times 10^{-3}$ m·K.

   (2) 斯特藩-玻耳兹曼定律:$E(T) = \sigma T^4$,$\sigma = 5.67 \times 10^{-8}$ W/m²·K⁴.

3. 普朗克能量子假设:$\varepsilon = h\nu$.

   普朗克黑体辐射公式:$E_B(\lambda, T) = \dfrac{2\pi hc^2}{\lambda^5 [e^{hc/(\lambda kT)} - 1]}$.

4. 光的波粒二象性:近代关于光的本性认识是光既具有波动性,又具有粒子性,即光具有波粒二象性.光的波动性用光波波长 λ 和频率 ν 描述,光的粒子性用质量、能量和动量

描述.

光子能量 $\varepsilon = h\nu$,光子动量 $p = \dfrac{h}{\lambda}$,光子质量 $m = \dfrac{\varepsilon}{c^2} = \dfrac{h\nu}{c^2}$.

5. 光电效应方程：$h\nu = \dfrac{1}{2}mv_{\mathrm{m}}^2 + A$.

红限 $\nu_0 = \dfrac{A}{h}$ 或 $\lambda_0 = \dfrac{c}{\nu_0}$；遏止电压 $eU_a = \dfrac{1}{2}mv_{\mathrm{m}}^2$,$U_a = \dfrac{h}{e}\nu - \dfrac{A}{e}$.

6. 康普顿散射公式：$\Delta\lambda = \lambda - \lambda_0 = \lambda_c(1 - \cos\theta)$.

电子的康普顿波长：$\lambda_c = \dfrac{h}{m_0 c} = 2.426 \times 10^{-3}$ nm.

康普顿散射过程：能量守恒 $h\nu_0 + m_0 c^2 = h\nu + mc^2$；动量守恒 $\dfrac{h\nu_0}{c}\boldsymbol{n}_0 = \dfrac{h\nu}{c}\boldsymbol{n} + m\boldsymbol{v}$.

7. 氢原子光谱：

频率条件：$\nu = \dfrac{E_n - E_j}{h}$.

波数公式：$\tilde{\nu} = \dfrac{1}{\lambda} = R\left(\dfrac{1}{j^2} - \dfrac{1}{n^2}\right)$,里德伯常量 $R = 1.097 \times 10^7$/m.

$j=1$ 为莱曼系（紫外）,$j=2$ 为巴尔末系（可见光）.

玻尔氢原子理论：电子轨道运动半径 $r_n = a_0 n^2$,玻尔半径 $a_0 = 0.529 \times 10^{-10}$ m.

氢原子系统能量：$E_n = -\dfrac{13.6 \text{ eV}}{n^2}$.

玻尔理论的某些概念（如轨道概念）是陈旧了,但另一些基本概念（如能级、频率条件等）至今仍保持正确性.

习　题

24-1 对天体的观察发现,北极星辐射的峰值 $\lambda_{\mathrm{m}} = 0.35$ μm,天狼星的 $\lambda_{\mathrm{m}} = 0.29$ μm,如果把星球当作黑体,试求这些星球的表面温度.

24-2 用辐射高温计测得炉壁小孔的辐出度为 22.8 W/cm^2,试求炉内温度.

24-3 热核爆炸中火球的瞬时温度达 1×10^7 K.

(1) 求辐射最强的波长；

(2) 相应于这种波长的光子能量是多少?

24-4 宇宙大爆炸遗留在宇宙空间的均匀背景辐射相当于 3 K 黑体辐射.

(1) 此辐射的单色辐射本领在什么波长下有极大值?

(2) 地球表面接收此辐射的功率是多大?

24-5 已知从铯表面发射的光电子的最大动能为 2.0 eV,铯的逸出功为 1.9 eV,求入射光的波长.

24-6 已知钾的光电效应红限 $\lambda_0 = 5.5 \times 10^{-5}$ cm,求：

(1) 钾的逸出功；

(2) 在波长 $\lambda = 4.8 \times 10^{-5}$ cm 的可见光照射下,钾的遏止电压.

24-7 对于波长 $\lambda=491$ nm 的光,某金属的遏止电压为 0.71 V,当改变入射光波长时,其遏止电压变为 1.43 V,问与此相应的入射光波长是多少?

24-8 利用单色光和钠制的光电阴极作光电实验,发现对于 $\lambda=300.0$ nm 时遏止电压为 1.85 V,对于 $\lambda=400.0$ nm 时遏止电压为 0.82 V,试从这些数据求:

(1) 普朗克常量的数值;

(2) 钠的逸出功;

(3) 钠的红限波长.

24-9 求和一个静止的电子能量相等的光子的频率、波长和动量.

24-10 求调频 FM 波段中频率 $\nu_1=100$ MHz 和调幅 AM 波段中频率 $\nu_2=800$ kHz 的光子的能量.(分别用 J 和 eV 表示)

24-11 康普顿散射中,入射光波长 $\lambda_0=0.02$ nm,若从与入射光束成 90°角的方向观察散射线,求:

(1) 波长改变量 $\Delta\lambda$;

(2) 波长改变量与原波长的比值 $\dfrac{\Delta\lambda}{\lambda_0}$.

24-12 波长为 $\lambda_0=0.003$ nm 的入射光在石蜡上发生康普顿散射,求当光子的散射角为 $\dfrac{\pi}{4}$,$\dfrac{\pi}{2}$ 和 π 时反冲电子获得的能量.

24-13 已知 X 光光子的能量为 0.60 MeV,在康普顿散射后波长变化了 20%,求反冲电子获得的能量.

24-14 在康普顿散射中,入射光子的波长为 0.003 nm,反冲电子的速度为光速的 60%,求散射光子的波长及散射角.

24-15 试由莱曼系第一条谱线波长 $\lambda_1=121.5$ nm、巴尔末系第一条谱线波长 $\lambda_2=656.2$ nm 和帕邢系系限波长 $\lambda_3=820.3$ nm,计算氢原子的电离能.

24-16 将电子从处于 $n=8$ 能态的氢原子中移去,所需能量为多少?

24-17 一个氢原子从 $n=1$ 能态被激发到 $n=4$ 能态.

(1) 计算原子必须吸收的能量;

(2) 若原子回到其 $n=1$ 能态,求可能发射的光子的能量和波长,并在能级图上表示跃迁情况.

24-18 已知巴尔末系的最短波长是 365 nm,由此求里德伯常量.

24-19 用单色光激发氢原子时,只观察到三条谱线,求单色光的波长.

24-20 设氢原子处于某一定态,从该定态移去电子需要 0.85 eV 的能量.从上述定态向激发能为 10.2 eV 的另一定态跃迁时,所产生的谱线波长是多少?在能级图上表示相应的跃迁.

24-21 试根据氢原子能级图,解释第二条莱曼线的频率等于第一条莱曼线和第一条巴尔末线的频率之和.从能级图上再找出其他类似的组合.

第 25 章 量子力学基础

基于物理学中广泛的对称性的思想,德布罗意提出了物质波的概念,认为实物粒子也具有波粒二象性.物质波是一种纯数学上的抽象概念,它表示了实物粒子在空间出现的概率分布,是一种概率波.波粒二象性直接导致了"不确定关系",它指出不能以任意高的精度同时测得粒子的坐标与动量(或时间与能量).本章依次介绍实物粒子的波动性、不确定关系和描述物质波的波函数及薛定谔方程,最后讨论定态薛定谔方程在无限深势阱、势垒和谐振子等一维势场中的应用.

25.1 德布罗意假设 实物粒子的波粒二象性

▶ 25.1.1 德布罗意假设

光的干涉和衍射现象说明光具有波动性,而光电效应、康普顿效应等现象又说明光具有粒子性.因此光具有波粒二象性.法国物理学家德布罗意(Louis Victor de Broglie 1892—1960)在光的波粒二象性的启发下,认为这种二象性不只为电磁辐射所特有,一切实物粒子除了粒子性外还具有波动性,即实物粒子也有波粒二象性.1924 年,他在博士论文中说:"整个世纪以来,在辐射理论上,比起波动的研究方法来,是过于忽略了粒子的研究方法;在实物理论上,是否发生了相反的错误呢?是不是我们关于'粒子'的图像想得太多,而过分地忽略了波的图像呢?"于是,他大胆地提出假设:实物粒子也具有波动性,如果一个实物粒子具有总能量 E 和动量 p,与光子一样,和它们相联系的波的频率 ν 和波长 λ 的定量关系为

$$E = h\nu, \tag{25.1-1}$$

$$p = \frac{h}{\lambda}. \tag{25.1-2}$$

上面两式称作**德布罗意公式**或**德布罗意假设**.和实物粒子相联系的波称**物质波**或**德布罗意波**.

▶ 25.1.2 德布罗意波的实验验证

德布罗意是采用类比的方法提出他的假设的,在当时并没有任何直接的证据,但很快就在实验上得到了证实.1927 年,美国物理学家戴维逊(Clinton Jeseph Davisson 1881—1958)和革末(Lester Halbert Germer 1896—1971)做了电子束在晶体表面上的散射实验,观察到了和 X 射线衍射类似的电子衍射现象,首先证实了电子的波动性.同年,英国物理学家汤姆

孙(George Paget Thomson 1892—1975)做了电子束穿过多晶薄膜后的衍射实验,得到了和 X 射线穿过多晶薄膜后产生的衍射图样极其相似的环状衍射图样. 图 25-1(a)为光的圆孔衍射图像,图 25-1(b)为电子穿过多晶金箔后的衍射图像,从而证明了电子具有波动性,而且还在数量上证实了电子的动量和波长符合德布罗意公式. 因此,汤姆孙和戴维孙共同获得 1937 年诺贝尔物理学奖.

(a) 光的圆孔衍射图像

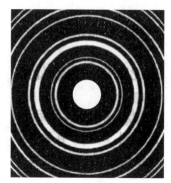

(b) 电子穿过金箔的衍射图像

图 25-1

此后,人们还陆续做了电子的单缝、四缝衍射实验和中子、质子以及原子、分子的类似实验,都证明实物粒子具有波动的性质,德布罗意公式对这些粒子同样正确. 这就说明,一切微观粒子都具有波粒二象性,德布罗意公式是描述微观粒子波粒二象性的基本公式. 德布罗意因此获得 1929 年诺贝尔物理学奖.

例 25-1 一实物粒子的质量 $m=1\times 10^{-9}$ kg,速率 $v=1\times 10^{-6}$ m/s,求粒子的德布罗意波长.

解 由(25.1-2)式,

$$\lambda = \frac{h}{p} = \frac{h}{mv} = \frac{6.63\times 10^{-34}}{(1\times 10^{-9})(1\times 10^{-6})}\text{ m} = 6.63\times 10^{-19}\text{ m}.$$

可以看出,因为普朗克常量 h 是个极其微小的量,宏观物体的波长小到实验难于测量的程度. 因而宏观物体仅表现出粒子性.

例 25-2 求氢原子中基态电子的德布罗意波长.

解 低能时可忽略相对论效应,有 $E_k = \frac{p^2}{2m}$ 或 $p=\sqrt{2mE_k}$,由(25.1-2)式,德布罗意波长为

$$\lambda = \frac{h}{p} = \frac{h}{\sqrt{2mE_k}} = \frac{hc}{\sqrt{2mc^2 E_k}}.$$

因为 $hc = 6.63\times 10^{-34}$ J·s $\times 3\times 10^8$ m/s $= 19.89\times 10^{-26}$ J·m $= 12.40\times 10^{-7}$ eV·m $= 1\ 240$ eV·nm,对于电子,$mc^2 = 0.511$ MeV,所以

$$\lambda = \frac{1\ 240}{\sqrt{2\times 0.511\times 10^6 E_k}} = \frac{1.226}{\sqrt{E_k}}\text{(nm)}.$$

上式是粒子动能 E_k(以 eV 为单位)与德布罗意波长 λ 的关系,代入 $E_k = 13.6$ eV,得

$$\lambda = \frac{1.226}{\sqrt{13.6}}\text{ nm} = 0.332\text{ nm} = 2\pi\times 0.052\ 9\text{ nm}.$$

基态电子的德布罗意波长正好是玻尔模型中第一轨道的周长.

*25.1.3 电子显微镜

在德布罗意波被证实之后不久,人们发现电子等实物粒子的波长比光波波长小得多,因而可以用高速电子束代替光束制成显微镜以得到更高的分辨率. 1931 年,德国物理学家鲁斯卡(E. Ruska 1906—1988)制成了世界上第一台电子显微镜.开始只能放大几百倍,到 1933 年已提高到万倍以上,分辨率达 10^{-5} mm 以上. 图 25-2 的右方为电子显微镜的原理图.电子枪发射的电子束,经过由轴对称的不均匀电场和磁场组成的静电透镜、磁透镜,使电子束照射到样品上,然后再经磁透镜在荧光屏上成像. 图 25-2 的左方所示是用来与使用磁透镜系统的电子显微镜比较的光学显微镜.

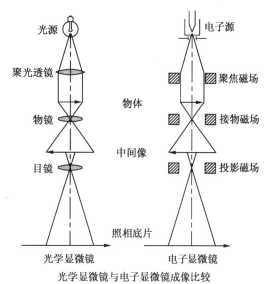

图 25-2

图中光学显微镜已把目镜调到能在照相底片上投射成实像,而不是提供直接视觉观察所需的虚像.而电子显微镜则是成实像,必须把放大成像的电子束轰击感光板或荧光屏转换成可见光,再加以观察.

电子显微镜的发明开创了物质微观世界研究的新纪元,鲁斯卡因此而获得 1986 年诺贝尔物理学奖.

25.2 不确定关系

25.2.1 不确定关系

在经典力学中,质点的运动都沿着一定的轨道,在任意时刻,质点都有确定的位置和动量.因此,质点在任意时刻的运动状态,可以用它的位置和动量来描述.对于微观粒子,它具有明显的波动性,其行为不同于宏观粒子,在任意时刻,粒子不具有确定的位置和动量,它们都有一个不确定量. 1927 年,德国物理学家海森伯(W. Heisenberg 1901—1976)首先提出,在某一方向,如 x 方向,粒子的位置不确定量 Δx 和该方向上的动量的不确定量 Δp_x 有一个简单的关系

$$\Delta x \Delta p_x \geqslant \frac{\hbar}{2}. \tag{25.2-1}$$

上式称为**不确定关系**,其中

$$\hbar = \frac{h}{2\pi} = 1.05 \times 10^{-34} \text{ J·s}.$$

(25.2-1)式指出,当粒子被局限在 x 方向的一个有限范围 Δx 内时,它所相应的动量分量 p_x 必然有一个不确定的范围 Δp_x,并且两者有关系式 $\Delta x \Delta P_x \geqslant \dfrac{\hbar}{2}$. 若粒子的 x 位置完全确定($\Delta x \to 0$),则粒子的动量 p_x 就完全不确定($\Delta p_x \to \infty$);反之,若粒子的动量 p_x 完全确定($\Delta p_x \to 0$),则粒子在 x 方向的位置完全不确定($\Delta x \to \infty$).

对于微观粒子,还有一个重要的不确定关系

$$\Delta E \Delta t \geqslant \frac{\hbar}{2}. \tag{25.2-2}$$

其中 ΔE 是粒子所处能量状态的不确定量,Δt 是在此能量状态下所停留的时间,即**平均寿命**.(25.2-2)式表明,只有当粒子在某能量状态的寿命无限长时,即粒子处于稳定状态时,它的能量才是完全确定的.而任何激发态都是不稳定的,一般平均寿命 Δt 的数量级为 10^{-8} s,因而激发态的能量有一个不确定范围 ΔE,此即激发态的**能级宽度**.

▶ *25.2.2 不确定关系的简单导出

通过电子的单缝衍射实验,可以粗略地推导 (25.2-1)式这一关系. 图 25-3 是电子束通过单缝时产生衍射的示意图. 设入射电子以速度 v 沿 y 轴正方向运动,当它通过一宽度为 d 的单缝时将产生衍射现象. 在感光屏上形成衍射花样,衍射强度分布如图中虚线所示. 衍射主极大在 $\theta=0$ 的地方,第一极小的角位置由下式决定

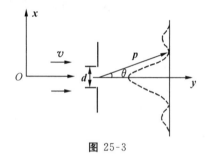

图 25-3

$$\sin\theta = \frac{\lambda}{d}.$$

式中 λ 是电子的德布罗意波长,根据(25.1-2)式,它与入射电子的动量 p 的关系为

$$\lambda = \frac{h}{p}.$$

电子通过狭缝时,在 x 轴方向的位置显然是在缝宽 d 的范围内被确定,所以电子 x 坐标的不确定量为

$$\Delta x = d.$$

与此同时,由于衍射的影响,电子动量在 x 轴方向的分量 p_x 一般不等于零,可能有各种数值,若忽略衍射次极大,则 p_x 将在下述范围内被确定

$$0 \leqslant p_x \leqslant p\sin\theta,$$

所以,p_x 的不确定量为

$$\Delta p_x \approx p\sin\theta = p\frac{\lambda}{d} = \frac{h}{d}.$$

于是有

$$\Delta x \Delta p_x \approx h.$$

若把衍射次极大也考虑进去,就有

$$\Delta x \Delta p_x \geqslant h.$$

不确定关系表明,位置的不确定量越小,动量的不确定量就越大;反之亦然. 当 $\Delta p_x \to 0$ 时,则 $\Delta x \to \infty$. 这就是说,当粒子动量具有确定的值时,粒子的位置就变得完全不确定了,这就是单色平面波的情况. 因此,对于微观粒子,不可能同时具有确定的位置和动量.

例 25-3 电视机显像管中电子的加速电压为 9 kV,电子枪枪口直径约 0.1 mm,求电子射出枪口后的横向速度.

解 电子质量 $m=9.11\times 10^{-31}$ kg,位置不确定量 $\Delta x = 1\times 10^{-4}$ m,根据不确定关系(25.2-1)式,电子在枪口的横向速度为

$$\Delta v \approx \frac{\frac{\hbar}{2}}{m\Delta x} = \frac{1.05\times 10^{-34}}{2\times 9.11\times 10^{-31}\times 10^{-4}} \text{ m/s} = 0.6 \text{ m/s},$$

而电子的出射速度为

$$v = \sqrt{\frac{2eU}{m}} = \sqrt{\frac{2\times 1.6\times 10^{-19}\times 9\times 10^3}{9.11\times 10^{-31}}} \text{ m/s} = 6.0\times 10^7 \text{ m/s}.$$

由于 $\Delta v \ll v$,所以电子的波动性非常微弱,电子的行为表现得跟经典粒子一样,用电子来产生的电视图像仍清晰可见.

例 25-4 氢原子的线度约为 1×10^{-10} m,求原子中电子速度的不确定量.

解 电子被束缚在原子内,意味着电子位置的不确定量为 $\Delta x \approx 1\times 10^{-10}$ m,由不确定关系(25.2-1)式可得

$$\Delta v_x \approx \frac{\hbar}{2m\Delta x} = \frac{1.05\times 10^{-34}}{2\times 9.11\times 10^{-31}\times 10^{-10}} \text{ m/s} = 5.8\times 10^5 \text{ m/s}.$$

在玻尔模型中氢原子做轨道运动的速度约为 1×10^6 m/s,可见速度的不确定量与速度有几乎相同的数量级,因此对电子速度的测量已经毫无意义. 这时,电子的波动性已十分显著,描述电子运动时必须抛弃轨道的概念,而要采用电子在空间概率分布的电子云图像.

例 25-5 (1) 假定电子在某激发态的平均寿命 $\Delta t = 1\times 10^{-8}$ s,则该激发态的能级宽度是多少?

(2) 从某激发能级向基态跃迁而产生的谱线波长为 400 nm,测得谱线宽度为 1×10^{-5} nm,求该激发能级的平均寿命.

解 (1) 由不确定关系(25.2-2)式,该激发态的能级宽度为

$$\Delta E \geq \frac{\hbar}{2\Delta t} = \frac{1.05\times 10^{-34}}{2\times 10^{-8}\times 1.6\times 10^{-19}} \text{ eV} = 3.3\times 10^{-8} \text{ eV}.$$

(2) 光子能量

$$E = h\nu = \frac{hc}{\lambda},$$

能级宽度 ΔE 与谱线宽度 $\Delta \lambda$ 的关系为

$$\Delta E = \frac{hc}{\lambda^2}\Delta\lambda.$$

代入(25.2-2)式,该激发态的平均寿命为

$$\Delta t \approx \frac{\hbar}{2\Delta E} = \frac{\hbar\lambda^2}{2hc\Delta\lambda} = \frac{\lambda^2}{4\pi c\Delta\lambda} = \frac{(400\times 10^{-9})^2}{4\pi\times 3\times 10^8\times 10^{-5}\times 10^{-9}} \text{ s} = 0.42\times 10^{-8} \text{ s}.$$

25.3 波函数与薛定谔方程

▶ 25.3.1 概率波

前已指出,实物粒子具有波动性,与这种波动性相联系的波称德布罗意波或物质波. 1925年薛定谔提出用物质波的波函数来描述粒子的运动状态. 物质波是怎样的一种波? 物质波和粒子的运动有什么关系,历史上有不同的观点. 1926年,德国物理学家玻恩(Max Born 1882—1970)提出了一个统计解释,按照他的观点,物质波是一种**概率波**,它反映粒子在空间分布的概率.

通过对光和实物粒子的衍射现象的比较,可以说明概率波的概念. 图25-4是光的双缝衍射示意图. 从光源S发出的光通过双缝S_1和S_2后在屏上形成明暗条纹,如图中右侧所示. 条纹的明暗表示光的强度不同,即光子数不同. 如果光源S非常弱,

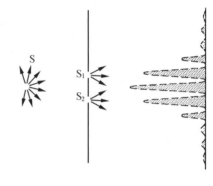

图 25-4

它间断地一个一个地发射光子,每个光子只能通过双缝中的一个到达屏上的一点,不可能每个光子都分成两半分别通过两个狭缝而相互"干涉"形成衍射图样. 那么单个光子通过一个狭缝后到达屏上的哪一点呢? 按照玻恩的说法,光子在屏上的位置不能确定,落在哪一点都有可能. 但从屏上各处的明暗不同可知,光子的落点有一定的概率分布,这一概率分布就是由于干涉和衍射所确定的强度分布. 因此,光波是一种概率波,它描述了光子到达空间各处的概率. 当有大数量的光子通过双缝时,到达屏上各处的光子数和概率成正比,概率大的地方光子多,概率小的地方光子少,从而显示出明暗条纹.

上述光波是概率波的概念可以形象地通过双缝衍射图样的形成过程来说明. 图25-5(a)显示有28个光子通过双缝到达感光屏上,图中每个亮点表示一个光子的落点.

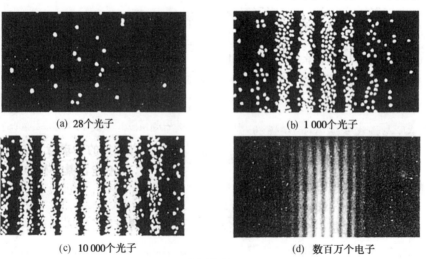

图 25-5

落点分布的不规则说明单个光子到达屏上的位置是随机的。图 25-5(b) 和 25-5(c) 分别是由 1 000 个和 10 000 个光子在屏上形成的衍射图样，它们逐渐显示出明暗条纹的形状，说明大数量光子的落点具有一定的规律。

对于电子以及其他微观粒子，它们同样具有波粒二象性，物质波和光波一样是概率波。粒子在空间的位置具有一定的概率分布，该分布是由物质波的强度决定的，物质波强度大的地方，粒子出现的概率就大。对于大数量的粒子，这种概率分布给出确定的宏观结果。图 25-5(d) 是由数百万电子经双缝后形成的衍射照片。对物质波的这种统计规律性的解释把微观粒子的波动性和粒子性正确地联系起来，近代量子力学完全承认了这一观点并得到了实验的证明。由于玻恩在量子力学中所做的基础研究，特别是由于他对物质波的统计解释，他分享了 1954 年的诺贝尔物理学奖。

▶ 25.3.2 波函数

描述物质波的数学表达式称为**波函数**，通常以 Ψ 表示。Ψ 一般是时间和空间的函数，即

$$\Psi = \Psi(x, y, z, t). \tag{25.3-1}$$

一束沿 x 轴方向传播的单色平面波的波方程为

$$y(x, t) = A\cos 2\pi\left(\nu t - \frac{x}{\lambda}\right),$$

或用指数形式表示为

$$y(x, t) = A e^{-i2\pi\left(\nu t - \frac{x}{\lambda}\right)}.$$

可以设想，沿 x 轴方向运动的单能自由粒子，其运动状态也可以用类似的函数形式表达，即

$$\Psi(x, t) = \Psi_0 e^{-i2\pi\left(\nu t - \frac{x}{\lambda}\right)}.$$

因为 $E = h\nu, p = \dfrac{h}{\lambda}$，所以，自由粒子的波函数为

$$\Psi(x, t) = \Psi_0 e^{-\frac{i}{\hbar}(Et - px)}. \tag{25.3-2}$$

这是一个复函数。一般，表示粒子运动状态的波函数都是复函数。根据粒子状态的不同，波函数的形式也不同。在某些情况下，波函数可以与时间无关，这时的波函数称作**定态波函数**。

波函数 (25.3-2) 式在任意时刻任意地点的强度用 $|\Psi|^2$ 表示。根据概率波的概念，在时刻 t，在空间某点 (x, y, z) 附近一个小体积元 dV 内出现粒子的概率为

$$|\Psi|^2 dV,$$

于是粒子出现在单位体积内的概率就是 $|\Psi|^2$，因此，$|\Psi|^2$ 也称**概率密度**。

粒子在任意时刻在整个空间出现的概率应等于 1，即

$$\int |\Psi|^2 dV = 1.$$

上式积分应遍及整个空间，称为**波函数的归一化条件**。

波函数具有确定的物理意义，在任意时刻、任意地点只有单一的值，而且不能在某处发生突变，也不能在某一地点变为无穷大。也就是说，波函数必须满足单值、连续、有限的条件，这些条件叫作**波函数的标准条件**。

▶ 25.3.3 薛定谔方程

经典力学中,质点在不同外力的作用下具有不同的运动,描述其运动的方程 $r=r(t)$ 满足动力学方程 $F=m\dfrac{\mathrm{d}^2 r}{\mathrm{d}t^2}$。对于微观粒子,处在不同外场中就具有不同的运动状态,需要由不同的波函数来描述。1926 年,奥地利物理学家薛定谔(Erwin Schrödinger 1887—1961)提出了波函数与粒子所处条件的关系式,称**薛定谔方程**。和牛顿动力学方程一样,它是一个微分方程,它的一维非相对论形式为

$$i\hbar\frac{\partial\Psi}{\partial t}=-\frac{\hbar^2}{2m}\cdot\frac{\partial^2\Psi}{\partial x^2}+U\Psi. \tag{25.3-3}$$

其中 U 为粒子的势能。推广到三维,并用拉普拉斯算符 $\nabla^2=\dfrac{\partial^2}{\partial x^2}+\dfrac{\partial^2}{\partial y^2}+\dfrac{\partial^2}{\partial z^2}$,薛定谔方程可表示为

$$i\hbar\frac{\partial\Psi}{\partial t}=-\frac{\hbar^2}{2m}\nabla^2\Psi+U\Psi. \tag{25.3-4}$$

可以证明,自由粒子的波函数(25.3-2)满足上述方程。

如果粒子的势能与时间无关,波函数可以表达为以下形式

$$\Psi(r,t)=\psi(r)\mathrm{e}^{-iEt/\hbar}, \tag{25.3-5}$$

其中 $\psi(r)$ 将满足以下方程

$$\nabla^2\psi+\frac{2m}{\hbar^2}(E-U)\psi=0. \tag{25.3-6}$$

上式称为**定态薛定谔方程**,$\psi(r)$ 代表粒子的一个稳定状态。

薛定谔方程是量子力学的基本方程,就像牛顿动力学方程是经典力学的基本方程一样。薛定谔方程不能从经典力学的基本原理推导出来,也不能用任何逻辑推理的方法加以证明,它的正确与否,只能通过实验来检验。自从 1926 年薛定谔提出该方程以来,大量低能微观粒子实验都证明,用薛定谔方程进行计算所得结论都与实验结果相符合。因此,以薛定谔方程为基本方程的量子力学是能够正确反映微观粒子系统客观实际的近代物理理论。

例 25-6 验证一维自由粒子波函数是薛定谔方程的一个解。

解 对于自由粒子,势能 $U=0$,薛定谔方程为

$$i\hbar\frac{\partial\Psi}{\partial t}=-\frac{\hbar^2}{2m}\cdot\frac{\partial^2\Psi}{\partial x^2}.$$

分别对一维自由粒子波函数(25.3-2)求 x 的二阶偏导数和 t 的一阶偏导数,

$$\frac{\partial^2\Psi}{\partial x^2}=-\frac{p^2}{\hbar^2}\Psi,\quad\frac{\partial\Psi}{\partial t}=-\frac{i}{\hbar}E\Psi.$$

在非相对论情况下,$E=\dfrac{p^2}{2m}$,所以

$$i\hbar\frac{\partial\Psi}{\partial t}=E\Psi=\frac{p^2}{2m}\Psi=-\frac{\hbar^2}{2m}\cdot\frac{\partial^2\Psi}{\partial x^2}.$$

25.4 一维势阱

▶ 25.4.1 无限深势阱

在一维空间中运动的粒子的质量为 m，如果它的势能在某区域内为零，在此区域外为无限大，这样的势称为**一维无限深势阱**，如图 25-6 所示。金属内自由电子的运动可以粗略地用一维无限深势阱中的电子来描述。

一维无限深势阱的势能函数为

$$U(x)=\begin{cases} 0, & 0<x<a, \\ \infty, & x\leqslant 0, x\geqslant a. \end{cases} \quad (25.4\text{-}1)$$

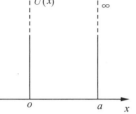

图 25-6

可以想象粒子是关闭在箱子之中，在箱内可以自由运动，但不能越出箱子的边界。由于粒子不可能跃出势阱，所以表示粒子出现概率的波函数 ψ 的值在 $x\leqslant 0$ 和 $x\geqslant a$ 的区域为零。在势阱内，$U=0$，其定态薛定谔方程为

$$\frac{\mathrm{d}^2\psi}{\mathrm{d}x^2}+\frac{2m}{\hbar^2}E\psi=0. \quad (25.4\text{-}2)$$

▶ 25.4.2 求解一维势阱定态薛定谔方程

令

$$k=\sqrt{\frac{2m}{\hbar^2}E}, \quad (25.4\text{-}3)$$

则薛定谔方程可改写为

$$\frac{\mathrm{d}^2\psi}{\mathrm{d}x^2}+k^2\psi=0. \quad (25.4\text{-}4)$$

方程(25.4-4)类似于简谐运动微分方程的形式，它的通解为

$$\psi(x)=A\cos kx+B\sin kx.$$

其中 A,B 是由边界条件决定的常数，在边界上要求 $\psi(0)=\psi(a)=0$，有

$$\psi(0)=A=0,$$

$$\psi(a)=B\sin ka=0.$$

因为 B,k 不能等于零，所以 k 必须满足

$$ka=n\pi,$$

或

$$k=\frac{n\pi}{a}, \quad n=1,2,3,\cdots. \quad (25.4\text{-}5)$$

注意，n 是波函数 ψ 满足边界条件而自然得出的。这里，n 不能取零，否则 $n=0, k=0$，$\psi(x)=B\sin kx$ 恒为零，这是没有意义的。因而方程(25.4-4)的解为

$$\psi(x)=B\sin\frac{n\pi}{a}x, \quad 0<x<a.$$

由归一化条件

$$\int_{-\infty}^{+\infty} |\psi(x)|^2 \mathrm{d}x = \int_0^a B^2 \sin^2 \frac{n\pi}{a} x \mathrm{d}x = \frac{1}{2} aB^2 = 1$$

得
$$B = \sqrt{\frac{2}{a}}.$$

最后可得一维无限深势阱中粒子的波函数为

$$\psi(x) = \sqrt{\frac{2}{a}} \sin \frac{n\pi}{a} x. \qquad (25.4\text{-}6)$$

根据经典概念,粒子在势阱内各处出现的概率是相同的,但是由(25.4-6)式,量子力学给出势阱中各处出现粒子的概率密度为

$$|\psi(x)|^2 = \frac{2}{a} \sin^2 \frac{n\pi}{a} x.$$

这一概率密度随 x 而变化,并且与整数 n 有关.图 25-7 画出了波函数 ψ(实线)和概率密度 $|\psi|^2$(虚线)与 x 的关系曲线.

由(25.4-3)式和(25.4-5)式,可以得到一维无限深势阱中粒子的能量为

$$E_n = \frac{k^2 \hbar^2}{2m} = \frac{\pi^2 \hbar^2}{2ma^2} n^2. \qquad (25.4\text{-}7)$$

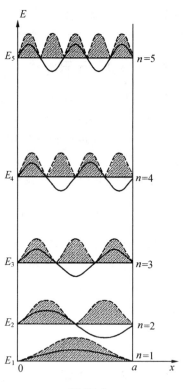

图 25-7

由于 n 是正整数,粒子的能量只能取离散的值,称为**能量量子化**,正整数 n 称为**量子数**,每一个可能的能量值叫作一个能级.

当 $n=1$ 时,粒子具有最低能量

$$E_1 = \frac{\pi^2 \hbar^2}{2ma^2} \qquad (25.4\text{-}8)$$

它称为粒子的基态能级,又称**零点能**.在经典物理中,认为粒子的最低能量必须为零,而在量子力学中,其最小值必须为 E_1. 对于其他的 n,能量的(25.4-7)式又可以写成

$$E_n = n^2 E_1.$$

图 25-7 中同时画出了 $n=1$ 到 $n=5$ 的几个能级,在不同能级上,粒子的波函数也不同.

E_n 称为粒子在无限深势阱中能量的**本征值**,而波函数 $\psi(x)$ 称为与本征值对应的**本征函数**.

25.5 势垒与隧道效应

▶ 25.5.1 势垒 隧道效应

在一维空间运动的粒子,如果它所在力场的势能可以表达为

$$U(x) = \begin{cases} 0, & x < 0, \\ U_0, & x \geq 0, \end{cases} \qquad (25.5\text{-}1)$$

这种势能称为**势垒**. 如图 25-8 所示,假定粒子的质量为 m,它具有确定能量 $E(E<U_0)$,从左边入射,定态薛定锷方程分别为

$$\frac{d^2\psi}{dx^2}+\frac{2m}{\hbar^2}E\psi=0, \quad x<0, \tag{25.5-2a}$$

$$\frac{d^2\psi}{dx^2}+\frac{2m}{\hbar^2}(E-U_0)\psi=0, \quad x\geq 0. \tag{25.5-2b}$$

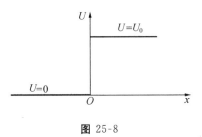

图 25-8

设 $k_1=\sqrt{\dfrac{2mE}{\hbar^2}}$, $k_2=\sqrt{\dfrac{2m(U_0-E)}{\hbar^2}}$,方程(24.5-2)可分别改写为

$$\frac{d^2\psi}{dx^2}+k_1^2\psi=0, \tag{25.5-3a}$$

$$\frac{d^2\psi}{dx^2}-k_2^2\psi=0, \tag{25.5-3b}$$

方程(25.5-3a)的解为

$$\psi_1(x)=Ae^{ik_1x}+Be^{-ik_1x}, \quad x<0. \tag{25.5-4}$$

其中第一项代表入射波,沿 x 轴正方向传播的波. 第二项代表反射波,沿 x 轴负方向传播的波. 方程(25.5-3b)的解为

$$\psi_2(x)=Ce^{-k_2x}, \quad x>0. \tag{25.5-5}$$

利用在 $x=0$ 处,波函数连续的条件,可以求出系数 C,即 $C\neq 0$,这相当于向右传播的透射波. 按照经典力学理论,由于入射粒子的能量 $E<U_0$,所以粒子不可能在 $x>0$ 的区域出现,但量子力学的结果却不同,(25.5-5)式说明,粒子的波函数在 $x>0$ 的区域虽然是逐渐衰减的,但不为零. 这说明粒子能穿入势能大于其总能量的区域. 这是一种量子效应,形象地被称为**隧道穿透效应**,如图 25-9(a)所示.

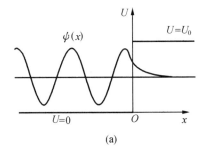
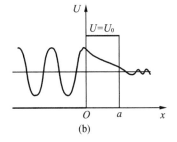

(a)　　　　　　　　　　　　(b)

图 25-9

金属内的自由电子实际上处于一个高度有限的势垒,由于这种隧道效应,电子可以在金属表面形成一层电子气.

对于图 25-9(b)所示的势垒,势能 U 在 $x=0$ 到 a 的区域内有定值 $U=U_0$. 对于总能量 $E<U_0$,在 $x<0$ 区域的粒子,当我们用定态薛定锷方程来求解,发现波函数在势垒的外侧 ($x>a$) 也不等于零. 这说明 $x<0$ 区域的粒子,有可能出现在势垒的外侧,这也是隧道穿透效应.

隧道穿透效应相当普遍,并为许多实验所证实. 1973 年诺贝尔物理学奖被日本物理学

家江崎玲於奈(Leo Esaki 1925—)、美国物理学家加福尔(Ivar Giaever 1929—)和英国物理学家约瑟夫森(Brian David Josephson 1940—)分享. 前两位是因为在半导体和超导体中发现了隧道穿透现象, 后一位则是从理论上预言了超流隧道穿透性质.

▶ 25.5.2　扫描隧道显微镜

隧道穿透效应的一个成功应用是于 1982 年问世的扫描隧道显微镜 STM (Scanning Tunneling Microscopy), STM 的特点是不用光源也不用透镜, 其显微部分是一枚细而尖的金属探针, 通过探针与被测样品表面之间的量子隧道穿透效应来获取样品表面的微观结构信息. STM 的原理如图 25-10 所示. 在样品表面, 有一表面势垒阻止样品内电子向外运动, 由于隧道穿透效应, 表面内电子能够透过这个表面势垒到达表面外形成一层电子云, 这层电子云的密度随着与表面距离的增大而按指数规律迅速减小. 这层电子云沿样品表面的分布由样品表面的微观结构决定. STM 就是通过显示这层电子云的分布来考察样品表面的微观结构的. 使用 STM 时, 先将探针推向样品, 直到二者的电子云略有重叠为止. 这时, 在探针和样品之间加上电压, 电子会通过电子云形成隧穿电流. 由于电子云密度随距离迅速变化, 所以隧穿电流对针尖与样品表面间的距离极其敏感. 距离减小 0.1 nm, 隧穿电流将增加一个数量级. 当探针在样品表面上方横向扫描时, 根据隧穿电流的变化, 利用一反馈装置控制针尖与样品表面间保持一恒定距离. 探针的横向扫描和上下起伏的数据由计算机处理, 从而得到样品表面的三维图像. 和实际尺寸相比这一图像可放大 1 亿倍. 目前用 STM 已对石墨、硅以及金属晶体、超导体等表面状态进行了观察, 取得很好的结果. 图 25-11 是硅表面原子排列的 STM 图像. 使用 STM 最突出的一个优点是不会损坏样品, 甚至可以用水充当针尖与样品表面之间的绝缘层, 这对研究生物样品或生命过程极其有利. 这也是 STM 优于电子显微镜的一个地方. 德国物理学家宾宁(G. Binning 1947—)和瑞士物理学家罗雷尔(H. Rohrer 1933—2013)因发明 STM 而获得 1986 年诺贝尔物理学奖.

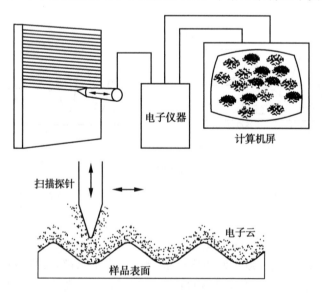

图 25-10

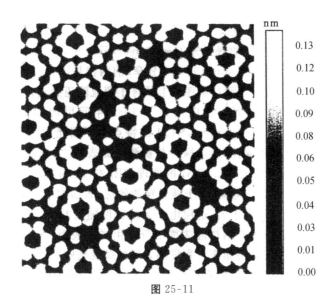

图 25-11

25.6 谐振子

谐振子是一个重要的物理模型,分子和固体中原子的振动都可以用这种模型来近似地进行研究.

一维谐振子的势能函数为

$$U = \frac{1}{2}kx^2 = \frac{1}{2}m\omega^2 x^2. \tag{25.6-1}$$

其中 $\omega = \sqrt{\frac{k}{m}}$ 是谐振子的固有圆频率,m 是振子的质量,x 是振子离开其平衡位置的位移,频率 $\nu = \frac{\omega}{2\pi} = \frac{1}{2\pi}\sqrt{\frac{k}{m}}$. 把 (25.6-1) 式代入 (25.3-6) 式,可以得到一维谐振子的定态薛定谔方程

$$\frac{d^2\psi}{dx^2} + \frac{2m}{\hbar^2}\left(E - \frac{1}{2}m\omega^2 x^2\right)\psi = 0. \tag{25.6-2}$$

这是一个变系数的常微分方程,其解相当复杂,此处从略. 解这个方程,考虑到波函数 $\psi(x)$ 必须满足单值、连续、有限等标准条件,可以得到谐振子的定态能量的可能值为

$$E_n = \left(n + \frac{1}{2}\right)h\nu, \quad n = 0, 1, 2, \cdots. \tag{25.6-3}$$

这说明,谐振子的能量也是量子化的,n 称为**量子数**. 和一维无限深势阱中粒子不同的是,谐振子的能级是等间距的,相邻两能级的间距为

$$\Delta E = h\nu.$$

谐振子的最低能量

$$E_0 = \frac{1}{2}h\nu,$$

称为**谐振子的零点能**.经典力学中一个谐振子的最小能量应该是零,相当于谐振子静止的情况.量子力学给出谐振子最低能量不等于零,这意味着微观粒子不可能完全静止.这是微观粒子波粒二象性的体现,符合不确定关系.

图 25-12 画出了谐振子的势能曲线、能级、波函数 $\psi(x)$ 图像以及概率密度分布情况 $|\psi(x)|^2$. 从图中可以看出,在势能曲线 $U=U(x)$ 之外,$\psi(x)$ 和 $|\psi(x)|^2$ 都不为零,这说明粒子在运动中有可能透入经典理论认为不可能出现的地方,但粒子主要局限在经典区域内.

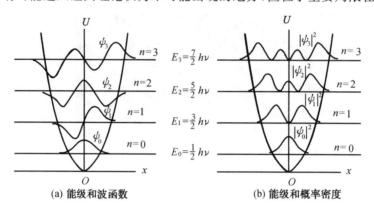

(a) 能级和波函数　　(b) 能级和概率密度

图 25-12

内 容 提 要

1. 实物粒子的波粒二象性,一切实物粒子除了粒子性外还具有波动性.

德布罗意公式:粒子能量 $E=h\nu$;德布罗意波长 $\lambda=\dfrac{h}{p}$;粒子动量 $p=\dfrac{h}{\lambda}$.

2. 概率波:光波或物质波在各处强度确定光子或实物粒子出现的概率.波函数 Ψ 的平方,$|\Psi|^2$ 称为概率密度.

3. 不确定关系:是波粒二象性的表现.

位置动量不确定关系 $\Delta x \Delta p_x \geqslant \dfrac{\hbar}{2}$. 其中 $\hbar = \dfrac{h}{2\pi} = 1.05 \times 10^{-34}$ J·s.

能量时间不确定关系 $\Delta E \Delta t \geqslant \dfrac{\hbar}{2}$.

4. 薛定谔方程:量子力学的基本方程,非相对论定态薛定谔方程为 $\nabla^2 \Psi + \dfrac{2m}{\hbar^2}(E-U)\Psi = 0$.

波函数 Ψ 必须满足单值、连续、有限、归一等条件.

5. 薛定谔方程给出的能级实例:

(1) 一维无限深势阱中的粒子:能量量子化 $E_n = \dfrac{\pi^2 \hbar^2}{2ma^2} n^2$.

粒子运动的波函数:$\Psi_n(x) = \sqrt{\dfrac{2}{a}} \sin \dfrac{n\pi}{a} x \ (0 < x < a)$.

(2) 谐振子:$E_n = \left(n + \dfrac{1}{2}\right) h\nu$. 其零点能 $E_0 = \dfrac{1}{2} h\nu$,意味着微观粒子不可能完全静止,这

是波粒二象性的表现,符合不确定关系.

谐振子的能级是等间隔的,相邻两能级的间隔 $\Delta E = h\nu$.

6. 隧道穿透效应:微观粒子能穿入势能大于其总能量的区域,这是一种量子效应.隧道穿透效应的一个成功应用是 STM(扫描隧道显微镜).

习 题

25-1 热中子具有平均动能 $\frac{3}{2}kT$. 其中 T 是室温 300 K,这些热中子与正常的周围环境处于热平衡.

(1) 一个热中子的平均动能是多少电子伏?

(2) 相应的德布罗意波长是多少?

25-2 一个原子的直径约为 0.10 nm,假如我们要观察原子的内部,要求显微镜能分辨 0.01 nm 的细节.

(1) 若用光学显微镜,所需光子的最小能量是多少? 这些光子在电磁波谱的什么区域?

(2) 若用电子显微镜,所需电子的最小动能是多少?

(3) 相比较,观察原子用哪一种显微镜较实用? 为什么?

25-3 一束带电粒子经 206 V 的电势差加速后,测得其德布罗意波长为 0.002 nm. 已知该带电粒子所带电荷量与电子电荷量相同,求该粒子质量.

25-4 一个质量为 m 的粒子,约束在长度为 L 的一维线段上,试由不确定关系估算这个粒子所具有的最小能量.

25-5 一电子的速率 $v=200$ m/s,其不确定量为速率的 1×10^{-4},试确定该电子的位置的不确定量.

25-6 在激发能级上的钠原子的平均寿命为 1×10^{-8} s,发射出波长 589.0 nm 的光子,试求能量的不确定量和波长的不确定量.

25-7 处于某激发态的原子发射波长 $\lambda=500.0$ nm 的谱线,已知所达到的精度为 $\frac{\Delta\lambda}{\lambda}=1\times 10^{-7}$. 该原子态的近似寿命有多长?

25-8 有波函数
$$\psi(x)=xe^{-ax^2},$$
代入势场 $U(x)=\frac{1}{2}kx^2$ 的一维定态薛定谔方程,求:

(1) 常数 a;

(2) 能量 E.

25-9 设一粒子沿 x 轴方向运动,其波函数为
$$\psi(x)=\frac{C}{1+\mathrm{i}x}.$$

(1) 由归一化条件确定常数 C;

(2) 概率密度与 x 有何关系?

(3) 什么地方粒子出现的概率最大?

25-10 在一维无限深势阱中,当粒子处于 ψ_1 和 ψ_2 时,求发现粒子的概率最大的位置.

25-11 求宽度 $a=1\times10^{-10}$ m 的一维无限深势阱中的电子由 $n=3$ 的能级跃迁到 $n=1$ 的能级所发出光子的波长.

25-12 一细胞的线度为 1×10^{-5} m,其中一粒子质量 $m=1\times10^{-14}$ g,按一维无限深势阱计算这粒子的 $n_1=100$ 和 $n_2=101$ 能级的能量和能量差.

25-13 一个粒子处于宽度为 a 的无限深势阱的基态.求在下列位置 $\Delta x=0.01a$ 的间隔内,分别找到粒子的概率.

(1) $x=\dfrac{1}{2}a$ 处;

(2) $x=\dfrac{3}{4}a$ 处;

(3) $x=a$ 处.

25-14 在宽度为 a 的一维无限深势阱中,当 $n=1,2,3$ 和 ∞ 时,从阱壁起到 $\dfrac{a}{3}$ 以内粒子出现的概率有多大?

25-15 微观谐振子的能量 $E=\dfrac{p^2}{2m}+\dfrac{1}{2}kx^2$,固有频率 $\nu=\dfrac{1}{2\pi}\sqrt{\dfrac{k}{m}}$,试由不确定关系证明其最小能量为 $E_0=\dfrac{1}{2}h\nu$.(提示:在 E 的表达式中,将 p 和 x 用相应的不确定量表示,然后求 E 的极值)

25-16 试求振动频率为 400 Hz 的一维谐振子的零点能和能级间隔.

第 26 章　原子　分子与固体

本章首先将薛定谔方程应用于氢原子,得到了氢原子的能级公式,引入了四个量子数和电子云的图像.然后由泡利不相容原理,分析了原子的壳层结构.最后简单介绍了分子光谱、激光原理、固体的能带理论和超导等.

26.1　氢原子的量子理论

氢原子中的电子,在原子核的库仑场中运动,其势能函数为

$$U(r) = -\frac{1}{4\pi\varepsilon_0} \cdot \frac{e^2}{r}. \tag{26.1-1}$$

其中 r 是电子与原子核的距离.取原子核所在位置为原点,把 $U(r)$ 代入(25.3-6)式,得到电子在核周围空间运动的定态薛定谔方程为

$$\nabla^2 \psi + \frac{2m}{\hbar^2}\left(E + \frac{e^2}{4\pi\varepsilon_0 r}\right)\psi = 0.$$

由于 $U(r)$ 是矢径 r 的函数,具有球对称性,采用球坐标 (r,θ,φ) 较为方便.上述方程可化为

$$\frac{1}{r^2}\cdot\frac{\partial}{\partial r}\left(r^2\frac{\partial\psi}{\partial r}\right) + \frac{1}{r^2\sin\theta}\cdot\frac{\partial}{\partial\theta}\left(\sin\theta\frac{\partial\psi}{\partial\theta}\right) + \frac{1}{r^2\sin^2\theta}\cdot\frac{\partial^2\psi}{\partial\varphi^2} + \frac{2m}{\hbar^2}\left(E + \frac{e^2}{4\pi\varepsilon_0 r}\right)\psi = 0. \tag{26.1-2}$$

这是一个二阶偏微分方程,其解波函数 ψ 是 r,θ,φ 的函数,即

$$\psi = \psi(r,\theta,\varphi).$$

因为 $U(r)$ 中不含变量 θ 和 φ,可用分离变量法把波函数 $\psi(r,\theta,\varphi)$ 分解为

$$\psi(r,\theta,\varphi) = R(r)\Theta(\theta)\Phi(\varphi),$$

其中 R,Θ,Φ 分别是变量 r,θ,φ 的函数.整个方程的求解过程比较复杂,这里只给出一些重要结论.

1. 能量量子化

要使波函数 ψ 满足单值、有限、连续等条件,原子能量只能是

$$E_n = -\frac{me^4}{(4\pi\varepsilon_0)^2 2\hbar^2} \cdot \frac{1}{n^2},\ n=1,2,3,\cdots. \tag{26.1-3}$$

这就是说,氢原子能量只能取离散的值,是量子化的. n 叫作**主量子数**,对应于每个量子数的能量称为**能级**,最低的 $n=1$ 的能级称为**基态能级**.由(26.1-3)式可求得基态能量为

$$E_1 = -\frac{me^4}{(4\pi\varepsilon_0)^2 \cdot 2\hbar^2} = -13.6 \text{ eV}.$$

这与玻尔理论的结果完全一致.

2. 角动量量子化

电子在核外的运动可以用电子云的转动来描述,这一转动的角动量也是量子化的.薛定谔方程给出角动量的大小为

$$L = \sqrt{l(l+1)}\hbar, \quad l = 0, 1, 2, \cdots, n-1. \tag{26.1-4}$$

其中 l 称为**副量子数**或**角量子数**. 对于确定的主量子数 n,角量子数 l 有 n 个取值,不同的 l 表示电子云绕核运动的情况不同. 对于任何一个 n, $l=0$ 时,角动量 $L=0$,表示电子绕原子核转动的角动量为零,说明电子云的分布具有球对称性.

3. 角动量的空间量子化

薛定谔方程的波函数解还指出,电子云转动的角动量矢量 L 在空间的取向是不连续的,只能取一些特定的方向,称为**角动量的空间量子化**.取空间某一方向为 z 轴正方向(通常取外磁场方向),角动量 L 在该方向的投影为

$$L_z = m_l \hbar, \quad m_l = 0, \pm 1, \pm 2, \cdots, \pm l. \tag{26.1-5}$$

其中 m_l 称为**磁量子数**. 对于一定的角量子数 l,磁量子数 m_l 可取 $2l+1$ 个值,说明角动量 L 在空间的取向有 $2l+1$ 种可能. 图 26-1 画出了 $l=2$ 时角动量 L 的 5 种可能取向.

应当指出,电子云的转动相当于圆电流,电子带负电,所以电子云转动的磁矩的方向与其角动量方向相反. 正是磁矩在外磁场的作用下有一定的取向,因而使电子云转动的角动量在空间也只能有一定的取向.

4. 电子云

氢原子的波函数 $\psi(r, \theta, \varphi)$ 也可以表示为

$$\psi(r, \theta, \varphi) = R(r) Y(\theta, \varphi).$$

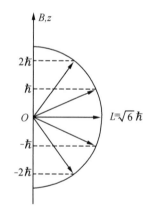

图 26-1

其中 $Y(\theta, \varphi) = \Theta(\theta) \Phi(\varphi)$. 波函数 $\psi(r, \theta, \varphi)$ 的绝对值的平方 $|\psi(r, \theta, \varphi)|^2$ 表示电子在核外的概率密度,因此, $|R(r)|^2$ 表示电子在核外不同 r 处的概率密度. $4\pi r^2 |R(r)|^2$ 就表示在离核为 r 的球壳内找到电子的概率,称为**径向分布**. $|Y(\theta, \varphi)|^2$ 表示电子在核外不同方向的概率密度,称为**角分布**. 图 26-2(a) 给出了 $n=1,2,3$ 时径向波函数 $R(r)$ 的曲线;图 26-2(b) 给出了相应的径向分布概率 $4\pi r^2 |R(r)|^2$. 当 $n=1$ 时,概率密度的最大值出现在 $a_1 = 0.529 \times 10^{-10}$ m 处,这正好是玻尔氢原子模型中的第 1 轨道半径. 当 $n=2$ 时,有两个角动量状态,其中 $l=1$ 时概率的峰值在 $a_2 = 4a_1$ 处,相当于玻尔模型中的第 2 轨道半径. $n=3$ 时,有 3 个角动量状态,其中 $l=2$ 时概率密度的峰值在 $a_3 = 9a_1$ 处,相当于玻尔模型中的第 3 轨道半径.

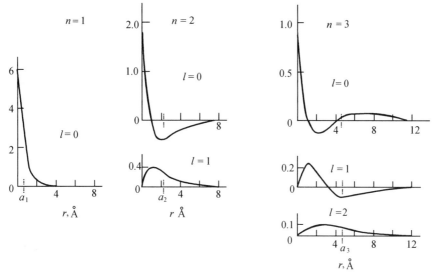

(a) $n=1,2,3$ 时,氢的径向波函数

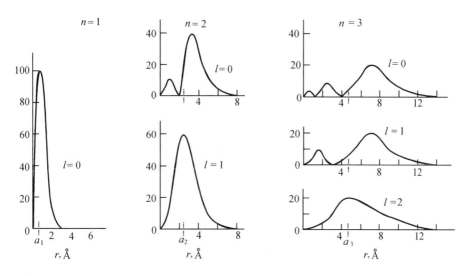

(b) $n=1,2,3$ 时,氢中电子的径向概率分布

图 26-2

图 26-3 给出了 $l=0,l=1,l=2$ 时电子的角分布. $|Y(\theta,\varphi)|^2$ 与 φ 无关,只是 θ 的函数, 当 $l=0$ 时,$|Y(\theta,\varphi)|^2$ 呈球对称形;$l=1$ 时有 3 个状态,分别代表角动量的 3 个不同取向; $l=2$ 时有 5 个状态,代表角动量的 5 个不同取向,电子概率的角分布呈花瓣状.

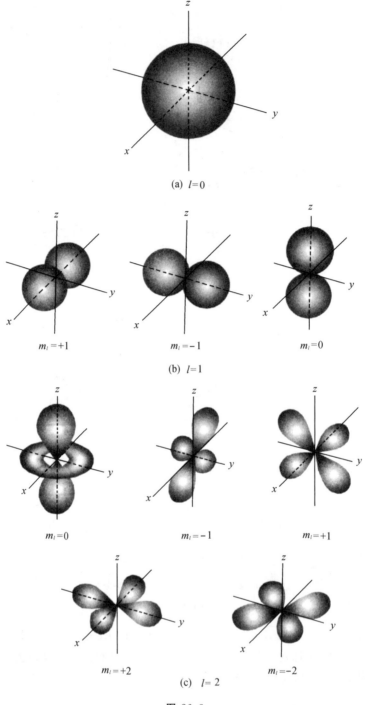

图 26-3

电子在核外的概率分布反映电子在核外出现的机会,而不能断言电子一定会在某处出现. 为了形象地说明电子在核外的概率分布情况,可以用**电子云**的概念. 在某处出现机会较多的地方,电子云的密度高;电子出现机会较少的地方,电子云密度较稀. 图 26-4 画出了 $n=1, n=2$ 等几个状态的电子云.

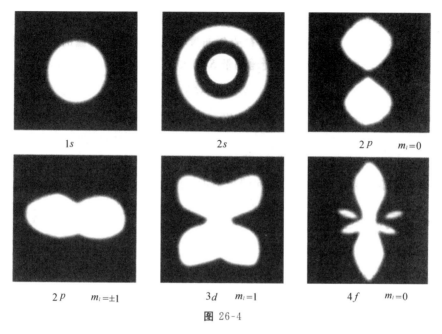

图 26-4

例 26-1 试求 $l=1$ 时，角动量 L 与 z 轴的最小夹角和最大夹角.

解 $l=1$ 时，磁量子数 $m_l=0,\pm 1$. L 在 z 轴上的投影如图所示. 当 $m_l=1$ 时，L 与 z 轴夹角最小；当 $m_l=-1$ 时，夹角最大. 设 L 与 z 轴夹角为 θ，有

$$\cos\theta=\frac{L_z}{L}=\frac{m_l\hbar}{\sqrt{l(l+1)}\hbar}=\frac{m_l}{\sqrt{l(l+1)}}.$$

代入数据，

$$\cos\theta_{\min}=\frac{1}{\sqrt{1(1+1)}}=\frac{1}{\sqrt{2}}, \quad \theta_{\min}=45°,$$

$$\cos\theta_{\max}=\frac{-1}{\sqrt{1(1+1)}}=-\frac{1}{\sqrt{2}}, \quad \theta_{\max}=135°.$$

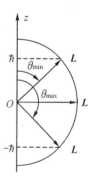

例 26-1 图

26.2 自旋　原子的壳层结构

▶ 26.2.1 电子自旋

由(26.1-3)式描述的氢原子能量与玻尔模型预言的氢原子能量完全一致，与此相应的氢原子能级就是图 24-13 所示的能级图，氢原子在不同能级之间跃迁时辐射的谱线也与实验一致. 但是，当用高分辨率的仪器观察氢光谱时，发现每条谱线实际上由两条靠得很近的谱线组成. 对于其他原子，谱线结构更加复杂，这种现象称作**谱线的精细结构**. 显然，仅有氢原子的三个量子数 n, l, m_l 无法解释这种现象. 史特恩(O. Stern)和盖拉赫(W. Gerlach)在 1921 年进行的实验，是首次对原子在外磁场取向量子化的直接观察，其装置的示意图如图 26-5 所示.

原子（开始用银原子，后来又用氢原子）在容器 O 内加热成蒸气．原子的速度可按 $\frac{1}{2}mv^2 = \frac{3}{2}kT$ 来计算．当温度达 $T = 7 \times 10^4$ K 时，氢原子动能只有 9.0 eV，低于它的第一激发能（10.2 eV），因而容器 O 内射出的原子射线都属于基态的原子．经过狭缝 S_1 和 S_2，氢原子束进入非均匀磁场区．由于带有磁矩的原子在非均匀磁场中受到磁力 F_z 的作用，因而原子束在非均匀磁场区域做抛物线运动．这将使原子束落到屏幕上时要偏离 x 轴．这个偏离值经计算与磁矩和 z 轴夹角的余弦有关．实验表明屏幕

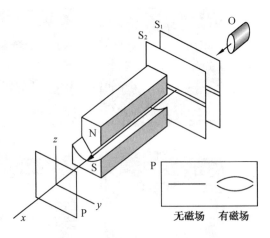

图 26-5

上氢原子沉积成上下对称的两条线．这就有力地证明了原子在磁场中的取向是量子化的．

著名的斯特恩-盖拉赫实验证实了原子在外磁场中取向的量子化，但由于这个实验给出的氢原子在磁场中只有两个取向的事实，在当时，却是角动量的空间量子化所不能解释的．因为当 l 一定时，m_l 有 $2l+1$ 个取向，由于 l 是整数，$2l+1$ 一定是奇数．

1925 年，奥地利物理学家泡利（Wolfgang Pauli 1900—1958）提出：除 n, l, m_l 这三个量子数外，还存在只取两种数值的第四个量子数．同年，两名年轻的荷兰物理学家古德史密特（S. A. Goodsmit）和乌伦贝克（G. Uhlenbeck）根据实验事实，大胆地提出，原子中的电子除了具有与绕核运动有关的角动量外，还有一个与绕核运动无关的角动量．这个属于电子自身所固有的角动量称为**电子自旋角动量**，记为 S．根据实验和量子力学计算，电子自旋角动量 S 的大小为

$$S = \sqrt{s(s+1)}\hbar. \tag{26.2-1}$$

其中 s 是自旋量子数，它只能取一个值，$s = \frac{1}{2}$．因此，电子的自旋角动量的大小为

$$S = \frac{\sqrt{3}}{2}\hbar.$$

电子自旋角动量 S 在外磁场方向的投影为

$$S_z = m_s \hbar. \tag{26.2-2}$$

其中 m_s 为电子自旋磁量子数，它只能取两个值，

$$m_s = \pm \frac{1}{2},$$

因此，电子自旋角动量 S 在外磁场方向的投影只有两个值，

$$S_z = \pm \frac{1}{2}\hbar.$$

电子在外磁场中自旋运动状态的两种可能情况如图 26-6 所示．

尽管当时提出自旋的假设遭到许多人的反对，后来的事实却证明，电子的自旋概念是微观物理学的最重要概念之一．

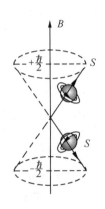

图 26-6

26.2.2 四个量子数

用量子力学描述原子中电子的运动状态,由四个量子数决定:

(1) 主量子数 $n(n=1,2,3,\cdots)$:它决定电子能量的主要部分.

(2) 角量子数 $l(l=0,1,2,\cdots,n-1)$:它决定电子核外运动的角动量.由于核外电子间具有相互作用,处于同一主量子数 n 而不同角量子数 l 状态的电子,其能量稍有不同.

(3) 磁量子数 $m_l(m_l=0,\pm 1,\pm 2,\cdots,\pm l)$:它决定电子角动量的空间取向及其分量.

(4) 自旋磁量子数 $m_s(m_s=\pm\frac{1}{2})$:它决定电子自旋角动量的空间取向及其分量,它也影响原子在外磁场中的能量.

26.2.3 泡利不相容原理

1925 年,年仅 25 岁的泡利在仔细分析了原子光谱和强磁场内的塞曼效应之后,提出了原子中的电子不可能具有相同的量子态,即它们不可能同时具有相同的一组量子数 n,l,m_l 和 m_s.这个结论称为**泡利不相容原理**,它是微观粒子运动的基本规律之一.

根据泡利不相容原理,可以计算具有确定主量子数 n 所可能允许的量子态.对于确定的 n,l 有 $0,1,2,\cdots,n-1$ 共 n 个不同取值;对于确定的 l,m_l 有 $0,\pm 1,\cdots,\pm l$ 共 $2l+1$ 个不同取值;当 n,l,m_l 都确定时,m_s 有 $\pm\frac{1}{2}$ 两个取值.所以,可能的量子态数是

$$N=\sum_{l=0}^{n-1}2(2l+1)=2n^2. \tag{26.2-3}$$

1916 年,柯塞耳(W. Kossel)对多电子原子的核外电子分布,提出了形象化的壳层模型.主量子数 n 相同的电子组成一个壳层,对应于 $n=1,2,3,\cdots$ 状态的壳层分别用大写字母 K,L,M,N,O,P,$\cdots$ 表示;n 相同及 l 也相同的电子组成支壳层或分壳层,对应于 $l=0,1,2,\cdots$ 状态的支壳层,用小写字母 $s,p,d,f,g,h,\cdots$ 表示.原子内各壳层和支壳层上最多可容纳的电子数如表 26-1 所示.

表 26-1 原子中各壳层和支壳层中最多可容纳的电子数

n \ l		0 s	1 p	2 d	3 f	4 g	5 h	6 i	$z_n=2n^2$
1	K	2	—	—	—	—	—	—	2
2	L	2	6	—	—	—	—	—	8
3	M	2	6	10	—	—	—	—	18
4	N	2	6	10	14	—	—	—	32
5	O	2	6	10	14	18	—	—	50
6	P	2	6	10	14	18	22	—	72
7	Q	2	6	10	14	18	22	26	98

26.2.4 能量最小原理 原子的壳层结构

原子中电子的运动状态,除了要服从泡利不相容原理外,还必须服从物理学的普遍原理——**能量最小原理**,即当原子处在稳定状态时,其中的每一个电子都要尽可能占据能量最低的能级,从而使整个原子的能量最低.能级的高低基本上取决于主量子数 n,其次取决于

角量子数 l. 一般而言，n 和 l 越小，能级越低. 因此，电子通常是从 n 和 l 较小的次壳层填起. 由于核外电子相互作用的复杂性，有时 n 较小的壳层尚未填满，n 较大的壳层就开始有电子填入了. 经验规律是：对于外层电子，能级高低以 $n+0.7l$ 确定，$n+0.7l$ 越大，能级越高. 例如，$4s(n=4, l=0)$ 和 $3d(n=3, l=2)$ 两个状态，前者 $n+0.7l=4$，而后者 $n+0.7l=4.4$，所以 $4s$ 态相应的能级比 $3d$ 态的能级低，先填入电子. 根据 $n+0.7l$ 所确定的规律，各子壳层填充的次序是

$$1s, 2s, 2p, 3s, 3p, 4s, 3d, 4p, 5s, 4d, 5p, 6s, 4f, 5d, 6p, 7s, 5f, 6d, \cdots.$$

表 26-2 列出了 103 种元素的原子处于基态时电子的填充情况. 从中可以看到，103 种元素排成 7 个周期，每个周期的元素个数依次为 2，8，8，18，18，32，32. 当核外电子向一个新的壳层填入时，就是一个新周期的开始. 与表 26-3 所列的元素周期表对照可以看出，在 19 世纪中叶发现的元素周期表，可以从核外电子的壳层分布给以彻底的阐明.

表 26-2　原子基态的电子组态

			K	L		M			N				O				P			Q
		n:	1	2		3			4				5				6			7
Z	元素	l:	s	s	p	s	p	d	s	p	d	f	s	p	d	f	s	p	d	s
1	H　hydrogen　氢		1																	
2	He　helium　氦		2																	
3	Li　lithium　锂		2	1																
4	Be　beryllium　铍		2	2																
5	B　boron　硼		2	2	1															
6	C　carbon　碳		2	2	2															
7	N　nitrogen　氮		2	2	3															
8	O　oxygen　氧		2	2	4															
9	F　fluorine　氟		2	2	5															
10	Ne　neon　氖		2	2	6															
11	Na　sodium　钠		2	2	6	1														
12	Mg　magnesium　镁		2	2	6	2														
13	Al　aluminum　铝		2	2	6	2	1													
14	Si　silicon　硅		2	2	6	2	2													
15	P　phosphorus　磷		2	2	6	2	3													
16	S　sulfur　硫		2	2	6	2	4													
17	Cl　chlorine　氯		2	2	6	2	5													
18	Ar　argon　氩		2	2	6	2	6													
19	K　potassium　钾		2	2	6	2	6	.	1											
20	Ca　calcium　钙		2	2	6	2	6	.	2											
21	Sc　scandium　钪		2	2	6	2	6	1	2											
22	Ti　titanium　钛		2	2	6	2	6	2	2											
23	V　vanadium　钒		2	2	6	2	6	3	2											
24	Cr　chromium　铬		2	2	6	2	6	5	1											
25	Mn　manganese　锰		2	2	6	2	6	5	2											
26	Fe　iron　铁		2	2	6	2	6	6	2											
27	Co　cobalt　钴		2	2	6	2	6	7	2											
28	Ni　nickel　镍		2	2	6	2	6	8	2											
29	Cu　copper　铜		2	2	6	2	6	10	1											
30	Zn　zinc　锌		2	2	6	2	6	10	2											
31	Ga　gallium　镓		2	2	6	2	6	10	2	1										
32	Ge　germanium　锗		2	2	6	2	6	10	2	2										
33	As　arsenic　砷		2	2	6	2	6	10	2	3										
34	Se　selenium　硒		2	2	6	2	6	10	2	4										

续表

			n:	K 1		L 2		M 3			N 4				O 5				P 6			Q 7
Z	元素		l:	s	s	p	s	p	d	s	p	d	f	s	p	d	f	s	p	d	s
35	Br	bromine	溴	2	2	6	2	6	10	2	5										
36	Kr	krypton	氪	2	2	6	2	6	10	2	6										
37	Rb	rubidium	铷	2	2	6	2	6	10	2	6	.	.	1							
38	Sr	strontium	锶	2	2	6	2	6	10	2	6	.	.	2							
39	Y	yttrium	钇	2	2	6	2	6	10	2	6	1	.	2							
40	Zr	zirconium	锆	2	2	6	2	6	10	2	6	2	.	2							
41	Nb	niobium	铌	2	2	6	2	6	10	2	6	4	.	1							
42	Mo	molybdenium	钼	2	2	6	2	6	10	2	6	5	.	1							
43	Tc	technetium	锝	2	2	6	2	6	10	2	6	6	.	1							
44	Ru	ruthenium	钌	2	2	6	2	6	10	2	6	7	.	1							
45	Rh	rhodium	铑	2	2	6	2	6	10	2	6	8	.	1							
46	Pd	palladium	钯	2	2	6	2	6	10	2	6	10	.	.							
47	Ag	silver	银	2	2	6	2	6	10	2	6	10	.	1							
48	Cd	cadmium	镉	2	2	6	2	6	10	2	6	10	.	2							
49	In	indium	铟	2	2	6	2	6	10	2	6	10	.	2	1						
50	Sn	tin	锡	2	2	6	2	6	10	2	6	10	.	2	2						
51	Sb	antimony	锑	2	2	6	2	6	10	2	6	10	.	2	3						
52	Te	tellurium	碲	2	2	6	2	6	10	2	6	10	.	2	4						
53	I	iodine	碘	2	2	6	2	6	10	2	6	10	.	2	5						
54	Xe	xenon	氙	2	2	6	2	6	10	2	6	10	.	2	6						
55	Cs	cesium	铯	2	2	6	2	6	10	2	6	10	.	2	6	.	.	1			
56	Ba	barium	钡	2	2	6	2	6	10	2	6	10	.	2	6	.	.	2			
57	La	lanthanium	镧	2	2	6	2	6	10	2	6	10	.	2	6	1	.	2			
58	Ce	cerium	铈	2	2	6	2	6	10	2	6	10	1	2	6	1	.	2			
59	Pr	praseodymium	镨	2	2	6	2	6	10	2	6	10	3	2	6	.	.	2			
60	Nd	neodymium	钕	2	2	6	2	6	10	2	6	10	4	2	6	.	.	2			
61	Pm	promethium	钷	2	2	6	2	6	10	2	6	10	5	2	6	.	.	2			
62	Sm	samarium	钐	2	2	6	2	6	10	2	6	10	6	2	6	.	.	2			
63	Eu	europium	铕	2	2	6	2	6	10	2	6	10	7	2	6	.	.	2			
64	Gd	gadolinium	钆	2	2	6	2	6	10	2	6	10	7	2	6	1	.	2			
65	Tb	terbium	铽	2	2	6	2	6	10	2	6	10	9	2	6	.	.	2			
66	Dy	dysprosium	镝	2	2	6	2	6	10	2	6	10	10	2	6	.	.	2			
67	Ho	holmium	钬	2	2	6	2	6	10	2	6	10	11	2	6	.	.	2			
68	Er	erbium	铒	2	2	6	2	6	10	2	6	10	12	2	6	.	.	2			
69	Tm	thulium	铥	2	2	6	2	6	10	2	6	10	13	2	6	.	.	2			
70	Yb	ytterbium	镱	2	2	6	2	6	10	2	6	10	14	2	6	.	.	2			
71	Lu	lutetium	镥	2	2	6	2	6	10	2	6	10	14	2	6	1	.	2			
72	Hf	hafnium	铪	2	2	6	2	6	10	2	6	10	14	2	6	2	.	2			
73	Ta	tantalum	钽	2	2	6	2	6	10	2	6	10	14	2	6	3	.	2			
74	W	tungsten (wolfram)	钨	2	2	6	2	6	10	2	6	10	14	2	6	4	.	2			
75	Re	rhenium	铼	2	2	6	2	6	10	2	6	10	14	2	6	5	.	2			
76	Os	osmium	锇	2	2	6	2	6	10	2	6	10	14	2	6	6	.	2			
77	Ir	iridium	铱	2	2	6	2	6	10	2	6	10	14	2	6	7	.	2			
78	Pt	platinium	铂	2	2	6	2	6	10	2	6	10	14	2	6	9	.	1			
79	Au	gold	金	2	2	6	2	6	10	2	6	10	14	2	6	10	.	1			
80	Hg	mercury	汞	2	2	6	2	6	10	2	6	10	14	2	6	10	.	2			
81	Tl	thallium	铊	2	2	6	2	6	10	2	6	10	14	2	6	10	.	2	1		

续表

Z	元素		K n: 1 l: s	L 2 s		M 3 s			N 4 s				O 5 s				P 6 s			Q 7 s
					p	s	p	d	s	p	d	f	s	p	d	f	s	p	d	s
82	Pb	lead 铅	2	2	6	2	6	10	2	6	10	14	2	6	10	.	2	2		
83	Bi	bismuth 铋	2	2	6	2	6	10	2	6	10	14	2	6	10	.	2	3		
84	Po	polonium 钋	2	2	6	2	6	10	2	6	10	14	2	6	10	.	2	4		
85	At	astatine 砹	2	2	6	2	6	10	2	6	10	14	2	6	10	.	2	5		
86	Rn	radon 氡	2	2	6	2	6	10	2	6	10	14	2	6	10	.	2	6		
87	Fr	francium 钫	2	2	6	2	6	10	2	6	10	14	2	6	10	.	2	6	.	1
88	Ra	radium 镭	2	2	6	2	6	10	2	6	10	14	2	6	10	.	2	6	.	2
89	Ac	actinium 锕	2	2	6	2	6	10	2	6	10	14	2	6	10	.	2	6	1	2
90	Th	thorium 钍	2	2	6	2	6	10	2	6	10	14	2	6	10	.	2	6	2	2
91	Pa	protactinium 镤	2	2	6	2	6	10	2	6	10	14	2	6	10	1	2	6	2	2
92	U	uranium 铀	2	2	6	2	6	10	2	6	10	14	2	6	10	3	2	6	1	2
93	Np	neptunium 镎	2	2	6	2	6	10	2	6	10	14	2	6	10	4	2	6	.	2
94	Pu	plutonium 钚	2	2	6	2	6	10	2	6	10	14	2	6	10	6	2	6	.	2
95	Am	americium 镅	2	2	6	2	6	10	2	6	10	14	2	6	10	7	2	6	.	2
96	Cm	curium 锔	2	2	6	2	6	10	2	6	10	14	2	6	10	7	2	6	1	2
97	Bk	berkelium 锫	2	2	6	2	6	10	2	6	10	14	2	6	10	9	2	6	.	2
98	Cf	californium 锎	2	2	6	2	6	10	2	6	10	14	2	6	10	10	2	6	.	2
99	Es	einsteinium 锿	2	2	6	2	6	10	2	6	10	14	2	6	10	11	2	6	.	2
100	Fm	fermium 镄	2	2	6	2	6	10	2	6	10	14	2	6	10	12	2	6	.	2
101	Md	mendelevium 钔	2	2	6	2	6	10	2	6	10	14	2	6	10	13	2	6	.	2
102	No	nobelium 锘	2	2	6	2	6	10	2	6	10	14	2	6	10	14	2	6	.	2
103	Lw	lawrencium 铹	2	2	6	2	6	10	2	6	10	14	2	6	10	14	2	6	1	2

* **例 26-2** 试说明基态锂原子($z=3$)和钠原子($z=11$)中电子的排列方式.

解 锂原子有 3 个电子,K 壳层上可填充 2 个电子,余下 1 个电子填在 L 壳层的 s 子壳层中,可记作

$$1s^2 2s.$$

钠原子有 11 个电子,K 壳层填充 2 个电子,L 壳层填充 8 个电子,余下 1 个电子填入 M 壳层的 s 子壳层中,可记作

$$1s^2 2s^2 2p^6 3s.$$

两个原子的最外层都只有一个电子,属于一价金属元素,在周期表中同属一族.

* **例 26-3** 根据泡利不相容原理证明原子的封闭壳层和封闭支壳层的角动量为零.

解 封闭壳层或支壳层是指其中可能的量子状态都被电子占据的情况. 由于磁量子数 m_l 和 m_s 的可能取值是正负对称的,因此,根据泡利不相容原理,封闭的壳层或子壳层中总磁量子数 $M_l = \sum_i m_{li} = 0$,总自旋量子数 $M_s = \sum_i m_{si} = 0$. 这意味着原子的总角动量 $\boldsymbol{L}$ 和自旋角动量 $\boldsymbol{S}$ 在任意方向上的投影都是 0,所以,$\boldsymbol{L}=0, \boldsymbol{S}=0$.

正是由于以上原因,当原子处于基态时,它的状态完全由外层未满壳层或未满支壳层中的电子组态来决定,而不必考虑已填满的壳层和支壳层中的电子状态. 在元素周期表上表现为属于同列的元素具有相同的外层电子结构,具有相似的化学性质. 而惰性气体都处于满壳层状态,所以特别稳定.

表 26-3　元素周期表

周期	IA	IIA	IIIB	IVB	VB	VIB	VIIB		VIIIB		IB	IIB	IIIA	IVA	VA	VIA	VIIA	0	电子壳层
1	1 氢 H $1s^1$																	2 氦 He $1s^2$	K
2	3 锂 Li $2s^1$	4 铍 Be $2s^2$											5 硼 B $2s^22p^1$	6 碳 C $2s^22p^2$	7 氮 N $2s^22p^3$	8 氧 O $2s^22p^4$	9 氟 F $2s^22p^5$	10 氖 Ne $2s^22p^6$	L K
3	11 钠 Na $3s^1$	12 镁 Mg $3s^2$											13 铝 Al $3s^23p^1$	14 硅 Si $3s^23p^2$	15 磷 P $3s^23p^3$	16 硫 S $3s^23p^4$	17 氯 Cl $3s^23p^5$	18 氩 Ar $3s^23p^6$	M L K
4	19 钾 K $4s^1$	20 钙 Ca $4s^2$	21 钪 Sc $3d^14s^2$	22 钛 Ti $3d^24s^2$	23 钒 V $3d^34s^2$	24 铬 Cr $3d^54s^1$	25 锰 Mn $3d^54s^2$	26 铁 Fe $3d^64s^2$	27 钴 Co $3d^74s^2$	28 镍 Ni $3d^84s^2$	29 铜 Cu $3d^{10}4s^1$	30 锌 Zn $3d^{10}4s^2$	31 镓 Ga $4s^24p^1$	32 锗 Ge $4s^24p^2$	33 砷 As $4s^24p^3$	34 硒 Se $4s^24p^4$	35 溴 Br $4s^24p^5$	36 氪 Kr $4s^24p^6$	N M L K
5	37 铷 Rb $5s^1$	38 锶 Sr $5s^2$	39 钇 Y $4d^15s^2$	40 锆 Zr $4d^25s^2$	41 铌 Nb $4d^45s^1$	42 钼 Mo $4d^55s^1$	43 锝 Tc $4d^55s^2$	44 钌 Ru $4d^75s^1$	45 铑 Rh $4d^85s^1$	46 钯 Pd $4d^{10}$	47 银 Ag $4d^{10}5s^1$	48 镉 Cd $4d^{10}5s^2$	49 铟 In $5s^25p^1$	50 锡 Sn $5s^25p^2$	51 锑 Sb $5s^25p^3$	52 碲 Te $5s^25p^4$	53 碘 I $5s^25p^5$	54 氙 Xe $5s^25p^6$	O N M L K
6	55 铯 Cs $6s^1$	56 钡 Ba $6s^2$	57~71 La-Lu (镧系)	72 铪 Hf $5d^26s^2$	73 钽 Ta $5d^36s^2$	74 钨 W $5d^46s^2$	75 铼 Re $5d^56s^2$	76 锇 Os $5d^66s^2$	77 铱 Ir $5d^76s^2$	78 铂 Pt $5d^96s^1$	79 金 Au $5d^{10}6s^1$	80 汞 Hg $5d^{10}6s^2$	81 铊 Tl $6s^26p^1$	82 铅 Pb $6s^26p^2$	83 铋 Bi $6s^26p^3$	84 钋 Po $6s^26p^4$	85 砹 At $6s^26p^5$	86 氡 Rn $6s^26p^6$	P O N M L K
7	87 钫 Fr $7s^1$	88 镭 Ra $7s^2$	89~103 Ac-Lr (锕系)	104 钅卢 Rf $(6d^27s^2)$	105 钅杜 Ha* $(6d^37s^2)$	106 Unh* $(6d^47s^2)$	107 Uns* $(6d^57s^2)$	108 Uno* $(6d^67s^2)$	109 Une* $(6d^77s^2)$										

57~71 镧系元素	57 镧 La $5d^16s^2$	58 铈 Ce $4f^15d^16s^2$	59 镨 Pr $4f^36s^2$	60 钕 Nd $4f^46s^2$	61 钷 Pm $4f^56s^2$	62 钐 Sm $4f^66s^2$	63 铕 Eu $4f^76s^2$	64 钆 Gd $4f^75d^16s^2$	65 铽 Tb $4f^96s^2$	66 镝 Dy $4f^{10}6s^2$	67 钬 Ho $4f^{11}6s^2$	68 铒 Er $4f^{12}6s^2$	69 铥 Tm $4f^{13}6s^2$	70 镱 Yb $4f^{14}6s^2$	71 镥 Lu $4f^{14}5d^16s^2$
89~103 锕系元素	89 锕 Ac $6d^17s^2$	90 钍 Th $6d^27s^2$	91 镤 Pa $5f^26d^17s^2$	92 铀 U $5f^36d^17s^2$	93 镎 Np $5f^46d^17s^2$	94 钚 Pu $5f^67s^2$	95 镅 Am $5f^77s^2$	96 锔 Cm $5f^76d^17s^2$	97 锫 Bk $5f^97s^2$	98 锎 Cf $5f^{10}7s^2$	99 锿 Es $5f^{11}7s^2$	100 镄 Fm $5f^{12}7s^2$	101 钔 Md $(5f^{13}7s^2)$	102 锘 No $(5f^{14}7s^2)$	103 铹 Lw $(5f^{14}6d^17s^2)$

*26.3 分子与分子光谱

▶ 26.3.1 化学键

若干个原子可以结合成一个分子.分子有大有小,如水分子 H_2O 由 2 个氢原子和 1 个氧原子组成;酒精分子(C_2H_6O)由 2 个碳原子、6 个氢原子和 1 个氧原子组成;苯分子 C_6H_6 由 6 个碳原子和 6 个氢原子组成;高分子化合物和生物大分子(如蛋白质)则由数以万计的原子组成.这些原子之所以可以结合在一起形成一个分子,是因为在形成分子的原子之间存在着某种相互作用,这种相互作用称作**化学键**.常见的化学键有离子键、共价键、范德瓦尔斯键、氢键和金属键.

1. 离子键

如果分子中的电子从一个原子转移到另一个原子,使两个原子都变为离子,由于正负离子间的库仑吸引力而使两个离子结合成分子,这样形成的键称为**离子键**.形成离子键的条件是一个原子容易失去电子而成为正离子,另一个原子容易吸收电子而成为负离子.比较典型的是 Na 原子的 $3s$ 电子转移给 Cl 原子,正好都形成满壳,从而结合成稳定的 NaCl 分子.

2. 共价键

当两个原子由于共享电子而形成分子时,形成的键称为**共价键**.例如,2 个氢原子所构成的氢分子,其中每个原子都为键提供 1 个电子.这里不是 1 个电子从一个氢原子转移到另一个氢原子,而是 2 个氢原子共享这 2 个电子.

3. 范德瓦尔斯键

气体可以凝结成液体,液体可以凝结成固体,这说明分子间还存在着一种相互吸引的作用力,这种作用力称为**范德瓦尔斯力**.产生范德瓦尔斯力的原因是分子中正负电荷分布不对称而存在电偶极矩.即使是电荷分布对称的分子,由于电子在不断运动,原子核在不断振动,使电子云与原子核之间经常发生瞬时相对位移,从而形成瞬时电偶极矩.分子之间电偶极矩的相互吸引就是范德瓦尔斯键,如图 26-7 所示.

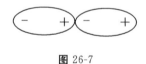

图 26-7

由于范德瓦尔斯键比离子键和共价键要弱得多,温度较高时,它们不足以抵抗分子的热运动.但当温度降到一定程度时,分子热运动变得可以忽略,范德瓦尔斯键发挥作用,气态的物体就可以凝聚成液体.

4. 氢键

当分子之间的作用力涉及一个氢原子与另一个分子中的氟、氧或氮等负电性较大的原子时,共用的电子对强烈地偏向负电性较大的原子一边,使氢原子几乎像一个裸原子,而氟、氧、氮等分子半径较小,使它们可以靠得非常近,从而产生静电吸引作用力,这种作用力称为**氢键**.一般灰尘附着在人体皮肤上的过程、多肽键在蛋白质结构中的规则排列、核酸双螺旋线的交联和它对双重基因的意义等都和氢键有关.

脱氧核糖核酸 DNA 分子是由两条相互缠绕的多核苷酸长链所组成,如图 26-8(a)所示.在 DNA 分子中,脱氧核糖和磷酸基连成的主链以反平行的方式和螺旋方向相互缠绕,构成直径为 2 nm 的双螺旋结构.主链由于其亲水性而处于双螺旋的外侧,由腺嘌呤

（Adenine）、鸟嘌呤（Guanine）、胸腺嘧啶（Thymine）和胞嘧啶（Cytosine）组成的碱基，由于具有一定的疏水性而处于双螺旋的内侧．碱基通过氢键形成碱基对，如图 26-8(b) 所示．

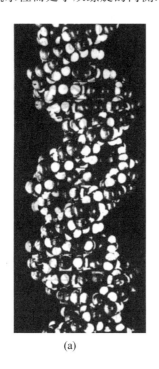

(a)

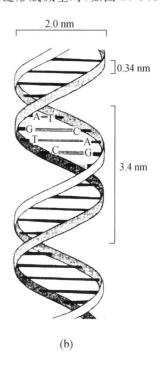

(b)

图 26-8

5. 金属键

金属中原子的电离能较小，原子的最外层电子容易脱离原子的束缚，称为**价电子**．这些价电子在金属的正离子之间自由运动，类似于理想气体分子，形成自由电子气，金属晶格的正离子就浸没在这自由电子气中．自由电子气把正离子"胶合"在一起，形成金属晶体．金属晶体中原子间的结合力称为**金属键**．金属键与一般化学键不同，它不是两个原子之间交换或共享电子，而是整个金属中的原子共享价电子．因此，金属键不存在于分立的分子中，而是存在于整个金属中．

▶ **26.3.2 分子光谱和分子能级**

从分子光谱可以研究分子的结构．分子光谱比原子光谱复杂，这是由于分子内部复杂的运动状态所致．分子内部的运动状态可以分为三部分：

1. 分子的电子运动状态和电子能级

分子中的电子在若干个原子核形成的电场中运动，同原子中的电子运动一样，也形成不同的运动状态，每一状态具有一定的能量，其能级差与原子的能级差相仿．不同能级之间跃迁所产生的谱线一般在可见光区和紫外区．

2. 构成分子的原子之间的振动和振动能级

这是原子核带动周围电子的振动．这种振动近似于简谐运动．量子力学证明，简谐运动的能量也是量子化的，其能量为

$$E=(n+\frac{1}{2})h\nu, \ n=0,1,2,\cdots. \tag{26.3-1}$$

其中 n 是量子数，ν 是振动频率．由(26.3-1)式决定的振动能级是等间隔的，间隔 $\Delta E=h\nu$，此间隔比电子能级的间隔小，所以振动能级间的跃迁相应的谱线在红外区．实际的振动能级的间隔并不是严格相等的，随着振动量子数的增大而变小．

3. 分子的转动和转动能级

这是分子的整体转动．对于双原子分子，其转动轴通过分子质心并垂直于分子轴线，如图 26-9 所示．分子的转动能为

$$E=\frac{1}{2}I\omega^2=\frac{L^2}{2I}.$$

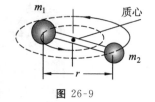

图 26-9

其中 I 为分子对于转轴的转动惯量，L 是分子对于转轴的角动量．量子力学证明，分子转动的角动量为

$$L^2=l(l+1)\hbar^2.$$

其中 l 为角动量量子数，$l=0,1,2,\cdots$．因此，分子的转动能量为

$$E=\frac{l(l+1)}{2I}\hbar^2, \ l=0,1,2,\cdots. \tag{26.3-2}$$

分子转动能量也是量子化的．分子的转动能量比前面两种能量小得多．转动能级间的跃迁只能在 $\Delta l=\pm 1$ 的状态之间进行，相应的谱线在远红外区．

如果用 $E_电$、$E_振$ 和 $E_转$ 分别代表上述三种运动状态的能量，分子的总能量可表达为

$$E=E_电+E_振+E_转.$$

三种能量的能级间隔大小的关系为

$$\Delta E_电 > \Delta E_振 > \Delta E_转.$$

在分子的能级结构上，可以看到在电子能级之间有振动能级，在振动能级之间有转动能级，如图 26-10 所示．

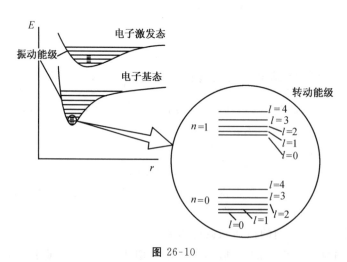

图 26-10

在分子光谱中，振动能和转动能的影响表现为谱线的精细结构．一对振动能级之间跃迁所产生的光谱，由于有转动能级的跃迁而形成一个光谱带，由一组很密集的光谱线组成；而

一对电子能级之间跃迁就包含不同振动能级的跃迁,因而会产生许多光谱带,形成光谱带系.带状光谱是分子光谱的特点,称为**带状谱**.图 26-11(a)是氮分子 N_2 两个电子能级的振动能级间跃迁形成的带状谱,图 26-11(b)是放大的带状谱,可以看到其中含有许多紧密的谱线.

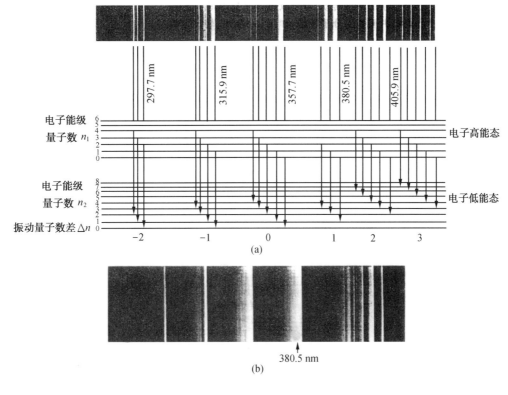

图 26-11

26.4 激　光

▶ 26.4.1　激光概述

20 世纪 60 年代出现的激光光源,是人工制造光源历史上的一次革命性的变化.激光的英文名称是 Laser,是 Light Amplification by Stimulated Emission of Radiation(辐射受激发射光放大)的缩写,它是与原子能、半导体、计算机等相齐名的重大科技成果.激光自问世以来短短的几十年时间里,得到了迅速的发展,在工农业生产、医疗卫生、通信、军事、文化艺术、能源等许多方面得到了重要应用.与普通光源相比,激光具有如下特点.

1. 方向性好

激光是沿一定方向发射的一束平行细光束,其发散角可以小到 $10^{-5} \sim 10^{-3}$ rad,在几千米外的扩散直径不到几厘米.利用激光的这一特性,可以用来定位、准直、导向、测距等.例如,利用激光测量月地距离只要几秒时间,误差仅为 5 cm.在军事上,利用激光雷达发展起来的导弹跟踪和激光制导技术,使导弹命中目标的精度大大提高.

2. 高亮度

由于激光束的方向性好,发散角小,所以激光源表面和被照射处具有很高的亮度,可达普通光源的上百万倍.一支功率仅为 1 mW 的氦-氖激光器的亮度要比太阳亮度高 100 倍,而一台巨型脉冲固体激光器的亮度可比太阳亮度高 100 亿(10^{10})倍.激光通过透镜聚焦,可在焦点处产生几千摄氏度甚至几万摄氏度的高温.因此,在工业上激光可用来钻孔、焊接、切割;在医疗上激光可用作手术刀等.

3. 高单色性

原子光谱的谱线不是单色的,每条谱线都有一定的宽度 $\Delta\lambda$,一般 $\Delta\lambda$ 达 10^{-4} nm.激光的单色性极高,谱线宽度仅达 10^{-9} nm.激光的高单色性,可用来作为测量的长度标准和时间标准,还可用来进行光导纤维通信和等离子测试等.

4. 高相干性

前已指出,光波的相干长度与谱线宽度成反比,所以光的单色性越好,相干长度越长,其相干性就越好.激光是非常理想的相干光源,被广泛应用于全息照相,声、像的信息处理等领域.

▶ 26.4.2 激光的基本原理

1. 受激吸收、自发辐射和受激辐射

从玻尔理论我们得知,原子从高能级 E_2 向低能级 E_1 跃迁相当于光的辐射过程,相反的跃迁相当于光的吸收,两个过程满足同一频率定则,

$$\nu = \frac{E_2 - E_1}{h}. \tag{26.4-1}$$

原子吸收符合上述条件的一个光子,从低能级跃迁到高能级,这一过程称为**受激吸收**(也称光的吸收),如图 26-12(a)所示.

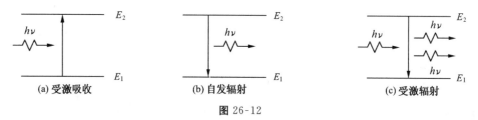

图 26-12

深入研究发现,光的辐射过程有两种:一种是**自发辐射**,处于高能级的原子在激发态的停留时间(称为寿命)相当短,通常约为 $10^{-8} \sim 10^{-9}$ s.在这段时间内,它能在没有任何外界作用下,自发地辐射光子从而回到低能级,如图 26-12(b)所示.自发辐射是一种随机过程,各个原子的辐射都是自发地、独立地进行,辐射光子之间的初相位、偏振、传播方向都没有确定的关系,因而自发辐射的光波是非相干的.

另一个辐射过程称为**受激辐射**,处于高能级的原子在满足上述频率定则的外来光子的诱发下,向低能级跃迁,并发出另一个同频率的光子.这种受激辐射的光子与外来光子具有完全相同的特性:相同的频率、相同的相位、相同的发射方向和偏振方向.于是,入射一个光子,就会出射两个全同的光子.这意味着原来的光信号被放大了,如图 26-12(c)所示.这种在受激过程中产生并被放大的光,就是激光.

1917年爱因斯坦预言了受激辐射的存在,并对受激吸收、自发辐射和受激辐射三者之间的关系进行了定量研究,为后来激光的发明奠定了理论基础.

2. 粒子数反转

当一束光入射某种介质时,受激吸收和受激辐射同时发生并互相竞争,若被吸收的光子数多于受激辐射的光子数,这就是光的吸收;若受激辐射的光子数多于被吸收的光子数,则是光的放大.研究表明,只有高能级 E_2 上的原子数 n_2 多于低能级 E_1 上的原子数 n_1,受激辐射才能占优势,表现出宏观上的光放大.但在正常情况下,根据玻耳兹曼统计,处于能量级 E 的原子数正比于 $e^{-E/(kT)}$,对于两个态 $E_2 > E_1$,相应的原子数 n_2 与 n_1 之比为

$$\frac{n_2}{n_1} = e^{-(E_2 - E_1)/(kT)} < 1.$$

这就是说,处于高能级的原子数总是小于低能级上的原子数,这就是为什么普通光源中受激发射总是处于次要地位的原因.要使光源发射激光,关键是处于高能级上的原子数目比处于低能级上的原子数目多,这被称为**粒子数反转**.因此,在技术上实现粒子数反转是产生激光的必要条件.

实现粒子数反转分布,首先要有能造成粒子数反转分布的介质,称为**激活介质**,也就是激光器的工作物质,这种介质有合适的能级结构,其中有一些高能级的激发态的寿命特别长,可达 10^{-3} s 甚至 1 s,这些激发态称为**亚稳态**.其次,必须从外界供给分子或原子能量,把低能态的分子或原子激励到高能态中去,这个过程称为"**抽运**",或者"**光抽运**".

实现粒子数反转分布的系统,常采用四能级系统(图 26-13),在这个系统中,粒子数反转分布是在亚稳态 E_2,E_1 间实现的.

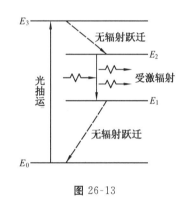

图 26-13

* 3. He-Ne 激光器中粒子数反转分布的实现

下面以 He-Ne 激光器为例来说明如何实现粒子数反转分布.

He-Ne 激光器是最早制成的激光器的一种,它以稀薄的氦(He)和氖(Ne)按一定比例(约4∶1~10∶1)混合作为工作物质,封入抽成真空的玻璃管中,在管的两端封入电极,加上千伏以上的高压,产生气体放电.放电时,在电场中受到加速的电子与 He 原子碰撞使 He 原子激发到一些较高能级上.其中有一个能级 2^1s 的平均寿命较长,称为**亚稳态**,其能量为 20.61 eV,它与 Ne 的一个能级 $5s$ 的能量(20.66 eV)很接近,如图 26-14 所示.激发到 2^1s 能级上的 He 原子在与 Ne 原子碰撞时,就会把能量传递给基态 Ne 原子而使大量 Ne 原子激发到 $5s$ 能级.Ne 原子还有另一个比 $5s$ 能级稍低的能级 $3p$,因为 He 原子没有与之相近的能级,不可能通过与 He 原子碰撞而使 Ne 原子激发到 $3p$ 能级上,因而最后使得在 $5s$ 能级上的原子比在 $3p$ 能级上的原子多,从而实现了 $3p$ 与 $5s$ 能级上粒子数的反转.这时,只要有一个 Ne 原子发生 $5s \to 3p$ 的自发辐射,该光子就能诱发 Ne 原子的受激辐射,辐射波长是 6 328 Å.He,Ne 原子部分能级图及相关辐射如图 26-14 所示.

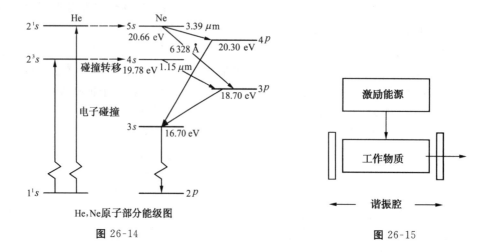

图 26-14　He,Ne 原子部分能级图

图 26-15

▶ 26.4.3　光学谐振腔

一台激光器的基本结构示意图如图 26-15 所示.它包括三部分：工作物质（激活介质）、光学谐振腔和激励能源.本小节讨论光学谐振腔的作用.

激光器的谐振腔一般由一对相距 L 的反射镜（平面或者球面）组成，反射镜的反射系数分别为 100% 以及 98%.谐振腔在激光形成过程中所起的作用是：对光束方向有选择作用；对光束的频率也有选择作用（选频）.

因为开始来源于自发辐射的光子不会只有一个，这些自发辐射的光子的频率虽然相同，但其相位、方向、偏振等仍是随机的.由于自发辐射不可控制，那么以它们为受激源得到的光放大仍是相位、方向、偏振不完全相同的光束.但是，在图 26-16(a)所示的谐振腔内，管内气体中产生的受激发射光子，凡是其传播方向偏离管轴方向的，就逸出管外而淘汰，只有那些沿管轴方向传播的光子经反射镜来回反射，在工作物质中不断得到放大增强，从部分反射镜一端输出，得到方向性很好的激光束.

在谐振腔内，受激辐射的光波在相距 L 的两反射镜之间来回反射，形成驻波，如图 26-16(b)所示，但是只有波长 λ 符合下式

$$\lambda_k = \frac{2nL}{k} \tag{26.4-2a}$$

才能形成稳定的驻波.式中 n 为介质的折射率，k 为正整数，它代表腔内与某驻波对应的半波长数，相应的频率

$$\nu_k = \frac{kc}{2nL}. \tag{26.4-2b}$$

这说明仅有一些特定频率的光才能以驻波形式存在谐振腔中，一定长度的谐振腔对频率有选择作用（选频）.

这样，只有所需波长的光才能在腔内形成稳定的振荡而不断得到加强，其他波长的光得不到稳定的振荡，这些措施都有利于提高激光束的单色性.

为了提高激光的线偏振性，可在激光器内安装布儒斯特窗，使输出的激光为线偏振光，图 26-16(c)为装有布儒斯特窗的外腔式 He-Ne 激光器示意图.

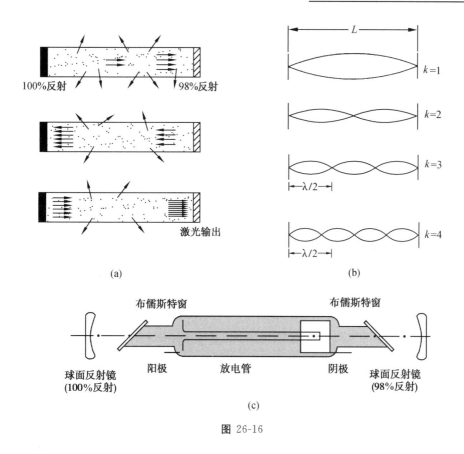

图 26-16

*26.4.4 激光的纵模和横模

(26.4-2)式中不同的 k，代表着腔内不同的光驻波，它们对应着光场的不同的轴向分布，称之为不同的纵模．在工作中，可以改变腔长 L 来对激光进行选模，以获得单纵模输出．

把激光器射出的激光束投射在白屏上，出现的光斑可能是一个光亮的对称圆斑，也可能是其他形状复杂的光斑，它表明光场在横向也有着不同的稳定分布，称之为横模．横模是用得最多的模式(TEM_{00})，它的光斑就是一个圆斑．

纵模与横模，本书不再深入讨论．

▶ 26.4.5 半导体激光器

早在 20 世纪 50 年代后期，就有科学家提出在半导体内实现粒子数反转，用半导体来制造微波激射器和激光器．

早期的晶体管是用同种材料，锗或者硅的两个 p-n 结组成的，异质结构就是由不同材料组成的晶体管．这些材料可以是砷化镓(GaAs)之类的化合物，也可以是 Si-Ge 之类的半导体合金，它们各具不同的能带隙．异质结晶体管在电流的放大和高频应用方面更优于传统的晶体管．双异质结半导体中有一活性区，引起激光效应的反转载流子和光子都集中在活性区．

1970 年第一台连续运行的双异质结半导体激光器在苏联和美国同时制造成功，这是在室温下能连续工作的半导体激光器. 不久, 半导体激光器进一步发展成商业产品, 它大大推动了信息技术的发展. 时至今日, 它已成为光纤通信中的关键元件, 驱动着互联网光缆中的信息, 它也用在光盘播放机、光驱以及条码阅读器等诸多方面.

半导体激光器, 又称**激光二极管**(LD). LD 的激光波长有很宽的范围, 从 0.33 μm 到 34 μm. 应用在光纤通信中 LD 的波长为 1 270 nm~1 600 nm, 因为在石英光纤中, 这种红外激光的色散和衰减最小, 用在激光唱机(CD)和影碟机(VCD)中 LD 的波长为 780 nm 的红色偏振激光. 用在数码视频光碟机(DVD)中的是波长为 635 nm~650 nm 的红色激光, 聚焦后光点直径为 0.6 μm, 能顺利读出数据.

俄罗斯物理学家阿尔费罗夫和美国物理学家克勒默由于在异质结半导体方面的开创性工作而分享 2000 年诺贝尔物理学奖.

▶ 26.4.6 自由电子激光

自由电子激光, 英文缩写为 FEL, 是一种以在周期磁场中做振荡运动的高速电子流 ($v \sim c$) 为工作物质的大功率、可调谐的相干辐射源. 由于电子不像普通激光器中那样为原子所束缚, 电子是自由的, 故名为自由电子激光. FEL 首先由美国梅迪(J. Maday)等人于 1976 年研制成功. 接着, 一些发达国家高水平的大学和国家实验室都投入了 FEL 的研究. 我国在北京等地的研究单位也开展了红外和毫米级的 FEL 的研究, 并在 1993 年制成了我国第一台自由电子激光装置. 下面具体介绍利用扭摆磁铁(波荡器)产生自由电子激光的原理.

如图 26-17 所示, 一系列磁场方向交替排列的 N 极和 S 极, 形成沿 z 方向产生周期性变化的磁场, 磁场方向沿 y 方向. 当来自加速器的高速电子流穿过扭摆磁铁时, 电子将在 xz 平面内振荡前进, 并以磁场周期长度 λ_w 为周期的振荡运动, 产生经典的偶极辐射, 该辐射集中在电子前进的 z 轴方向, 实验观察到该辐射电磁波的波长为

$$\lambda = \frac{\lambda_w}{2r^2}. \tag{26.4-3}$$

其中 λ_w 为磁场周期长度, $\gamma = \left(1 - \frac{v^2}{c^2}\right)^{-\frac{1}{2}}$, v 是电子速度. 例如, λ_w 取 3 cm、电子中的能量为 100 MeV 时, 可以得到 $\lambda = 1$ μm 波长的短波辐射. 当然, 这种辐射是一种自发辐射, 是非相干辐射, 所以也就不能增强放大.

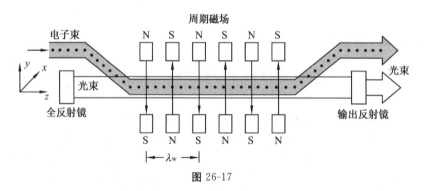

图 26-17

如果有一束光(线偏振的平面电磁波), 它在扭摆磁铁的中心平面上与扭摆磁场相叠加, 则它们的组合作用就给电子束提供一个作用力, 由电子所在相位决定该作用力不是略微加

速电子就是略微减速电子,这将使电子束在光波长 λ 的群聚,产生电子束的密度调制,使得相干辐射输出被大大加强.换言之,自由电子被外来辐射光子所激发而发出频率和振动方向相同的光子,从而增大原来的辐射强度,这就是自由电子的受激辐射.根据外来光子的来源不同,FEL 的工作模式可以分成振荡器、放大器以及超辐射模式三种.

自由电子激光具有优于其他电磁辐射源的重要特性.

(1) 宽调谐能力.一台 FEL 的工作波长可随电子束能量的变化而改变.

(2) 光束质量好.FEL 的谱线窄,单色性好.光脉冲时间,从 10^{-12} s 的短脉冲到 10^{-6} s 的长脉冲兼而有之.

(3) 高功率.这是由于 FEL 的工作物质是真空中运行的电子束,不存在热效应问题.由于自由电子激光具有理想光源的特点.它在国防领域、医学和外科手术、生命科学、能源领域、材料科学、高能物理方面都有重要的应用前景.

▶ 26.4.7 非线性光学简介

如以 P 表示透明介质的单位体积内的感应电矩(P 就是电介质的极化强度),E 代表入射光的电场强度,它们有如下关系:

$$P = \alpha E + \beta E^2 + \gamma E^3 + \cdots.$$

式中 $\alpha, \beta, \gamma, \cdots$ 称为极化系数.在一般光源下,只要用一次项就能说明有关现象,这就是线性光学.当在强激光作用下,二次项以及三次项等就不可忽略了,这就是非线性现象.P 和 E 的非线性关系是许多非线性光学效应的重要依据.

非线性光学是研究强激光与物质相互作用产生的新的现象.用现代技术可获得的光场达 $E = 10^{12}$ V/m 的强激光,这样强大的激光与物质的相互作用,将出现许多非线性光学效应.如光学倍频和混频,光学参量放大与振荡,自聚焦、受激喇曼散射、受激布里渊散射以及多光子吸收等,对这些效应的研究,无论在学术上还是科学技术上均有重大意义.

26.5 固体的能带理论

▶ 26.5.1 固体的能带

本节讨论的固体是指晶体.晶体是一种重要的物质结构形态.组成晶体的原子、分子或离子彼此紧密结合,有规则、周期性地排列,形成晶体点阵.由于相邻原子靠得非常近,以致原子中电子的内外各层轨道都有不同程度的重叠,其中最外层电子的轨道重叠最多.这样,晶体中的电子就不再局限于某个单个的原子,而可以由一个原子转移到相邻的原子上去,电子将可以在整个晶体中运动.这种特性称为**电子的共有化**.原子中内外层电子由于轨道重叠的程度不同,共有化的情况也不同.最外层电子的共有化程度最为显著,而内层电子的情况则和孤立原子的情况相仿.

由于电子的共有化运动,当 N 个原子相接近形成晶体时,原来原子中的每个能级将分裂为 N 个与原来能级很接近的新能级.由于原子的数目 N 非常巨大,每立方厘米约 10^{23} 个,这些能级非常接近,几乎可以认为是连续的能量带,称为**能带**,如图 26-18 所示.由于原子中的每个能级在晶体中都要分裂为一个能带,所以,在两个能带之间,可能有一个不被允许的能量间隔,称为**禁带**.

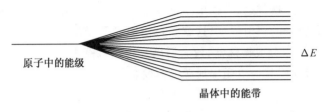

图 26-18

根据泡利不相容原理,每个能带可以容纳的电子数(即能态数)等于该能带相应的电子能级所允许容纳的电子数的 N 倍.例如,s 带可容纳 $2N$ 个电子,p 带可容纳 $6N$ 个电子,如图 26-19 所示.实际上,当 N 个原子相互靠近形成晶体时,能带与能带之间往往交错重叠.例如,碳原子的电子组态是 $1s^2 2s^2 2p^2$,共有 6 个电子.当 N 个碳原子结合成金刚石晶体时,$2s$ 和 $2p$ 两能带发生重叠.随着原子间距离的缩小,能带再度分裂为两个能带,每个能带各具有 $4N$ 个量子态.两能带中间被宽约 5.33 eV 的禁带隔开,结果 $6N$ 个电子正好填满下面一个能带和 $1s$ 能带,上面一个能带没有电子填入,如图 26-20 所示.

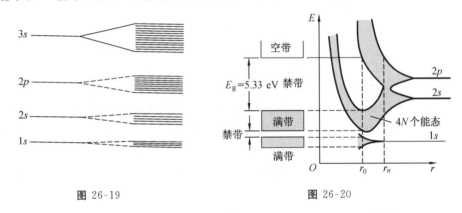

图 26-19　　　　　图 26-20

被电子填满的能带称为**满带**.当晶体加上外电场时,电子只能在满带中的不同能级之间进行交换,整体上并不改变电子在满带中的分布.所以,满带中不存在定向电流,满带中的电子不参与导电过程.

晶体中有的能带只有一部分能级上占有电子,这种能带中的电子在外电场作用下可以进入带内尚未占满的稍高能态而形成电流,故这种能带称作**导带**.

与各原子的激发态相应的能带,在晶体未被激发的正常情况下,没有电子填入,称作**空带**.如果电子因某种因素受激进入空带,则在外电场作用下,这种电子也可以在该空带内向稍高的能级跃迁,表现出一定的导电性,因此**空带也是导带**.

▶ **26.5.2　导体　绝缘体和半导体**

有些晶体,如各种金属材料,能带结构大体可以有三种情形,能带中有未被电子填满的导带;或者是满带与另一相邻空带紧密相接或有部分重叠;或者是导带与另一空带有部分重叠,其能带结构分别如图 26-21(a)(b)(c)所示.在外电场作用下能带中的电子很容易从一个能级跃入另一能级从而在客观上表现出很强的导电能力.这种晶体称为**导体**.

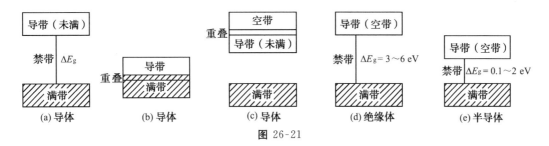

图 26-21

有些材料只有满带,且满带与空带之间的禁带宽度 ΔE_g 较大,约 3~6 eV. 如果加上一般的电场,满带中的电子很少被激发到空带中,在宏观上表现为极弱的导电性,其电阻率很大,约为 $\rho = 10^{16} \sim 10^{20}\ \Omega \cdot m$,这种材料称作**绝缘体**,如图 26-21(d)所示.

如果满带与空带之间禁带的宽度 ΔE_g 比绝缘体的小(约 0.1~2 eV),用不大的激发能,如热激发、光照或外加电场,就可以把满带中的电子激发到空带中,这些电子在外电场作用下参与导电,称作**电子导电**. 同时,满带中有电子激发到空带中以后,留下一些空能级,称作**空穴**. 在外电场作用下,附近能级的电子要来填充这些空穴从而形成新的空穴. 因此,空穴在不断转移,如同一些带正电的粒子在参与导电,故称为**空穴导电**. 具有这种导电特性的材料称作**半导体**,如图 26-21(e)所示.

▶ 26.5.3 半导体的导电机制

没有杂质和缺陷的半导体,其导电机制是电子和空穴的混合导电,称为**本征导电**. 参与导电的电子和空穴称为**本征载流子**. 这种没有杂质和缺陷的半导体称为**本征半导体**. 在本征半导体中掺入少量其他元素(称为**杂质**)成为**杂质半导体**. 杂质半导体的导电性与本征半导体有很大不同. 不同类型的杂质,其能级在禁带中的位置不同,有的离导带较近,有的离导带较远. 杂质能级位置不同,杂质半导体的导电机制也不同. 一般可分为两类:一类以电子导电为主,称为 n 型(或电子型)半导体;另一类以空穴导电为主,称为 p 型(或空穴型)半导体.

如果在 4 价元素如硅或锗半导体中掺入少量 5 价元素如磷或砷等杂质,这种杂质原子的 5 个价电子中有 4 个与邻近的硅或锗原子形成共价键,多余的 1 个电子无法参与共价键而束缚在磷离子上. 这些电子的能级正好在硅或锗的禁带中,且靠近导带,如图 26-22 所示. 它们很容易被激发到导带中去,成为导电电子,所以这类杂质原子称为**施主**,相应的杂质能级称为**施主能级**. 在常温下,这种掺杂的半导体导带中的自由电子的浓度比同样温度下本征

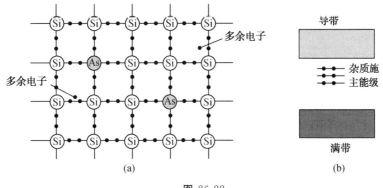

图 26-22

半导体导带中自由电子的浓度大得多,这样就大大提高了半导体的导电性能.这种靠施主能级激发到导带中去的电子来导电的半导体称为 n 型半导体或**电子型半导体**.

如果在硅或锗半导体中掺入少量 3 价元素硼、镓、铟等杂质原子,这种杂质原子的 3 个价电子与相邻的 4 价硅或锗原子形成共价键时,缺少 1 个电子而形成 1 个空穴.相应于这种空穴的杂质能级也在硅或锗的禁带中且靠近满带,如图 26-23 所示.满带中的电子很容易被激发到杂质能级从而在满带中形成空穴.这种杂质能级收容从满带跃迁来的电子,所以杂质原子称为**受主**,相应的杂质能级称为**受主能级**.这种掺杂的半导体中空穴的浓度比本征半导体中空穴的浓度大得多,使导电性能大大提高.这种靠满带中的空穴来导电的半导体称为 p 型半导体或**空穴型半导体**.

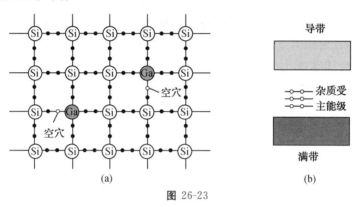

图 26-23

▶ 26.5.4 p-n 结

在一片本征半导体的两侧各掺入适当的受主杂质和施主杂质,便得到 p 型和 n 型半导体的结合.由于 p 型半导体一侧空穴浓度大,而 n 型半导体一侧电子浓度大,因此就有 n 型中的电子向 p 型扩散,p 型中的空穴向 n 型扩散,结果在交界面两侧出现电荷积

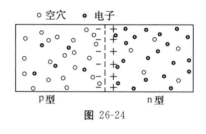

图 26-24

累,形成一个电偶层,称为 p-n **结**,如图 26-24 所示.在 p-n 结内存在着由 n 型指向 p 型的电场,它阻止电子与空穴的继续扩散,达到动态平衡.因此,p-n 结中的电偶层又称**阻挡层**.

如果在 p-n 结两端加上外电压,阻挡层处的电场将要发生改变.把电源正极接到 p 型,负极接到 n 型,称为**正向连接**,这时外加电场与 p-n 结内的静电场方向相反,结果使阻挡层变薄,如图 26-25(a)所示.p 型中的空穴和 n 型中的电子通过阻挡层向对方扩散,形成正向

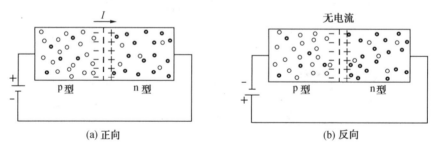

图 26-25

电流,p-n 结导通. 外加电压越大,电流也越大.

相反,若把外加电压的正极接到 n 型,负极接到 p 型,称作**反向连接**,这时外加电场与 p-n 结内静电场方向相同,阻挡层加厚,如图 26-25(b)所示. p 型中的空穴和 n 型中的电子更难于通过阻挡层,只有来自 p 型的少数电子和来自 n 型的少数空穴通过阻挡层形成微弱的反向电流. 随着反向电压的升高,这种反向电流很快达到饱和. p-n 结的伏安特性曲线如图 26-26 所示.

由于 p-n 结的反向电流很弱,所以通常说 p-n 结具有单向导电性. 利用 p-n 结的单向导电性,可以做成晶体二极管作整流用.

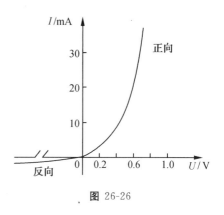

图 26-26

把各种类型的半导体适当组合,可以制成各种晶体管. 1947 年利用半导体材料锗制成的第一个晶体管诞生于美国贝尔电话实验室,发明人是三位美国科学家肖克莱(W. Shockley 1910—1989)、巴丁(John. Bardeen 1908—1991)和布拉顿(W. H. Brattain 1902—1987). 这一发明,具有划时代的历史意义,引起现代电子学的革命. 因此,他们三人获得 1956 年诺贝尔物理学奖.

集成电路是 20 世纪 50 年代末诞生的一种半导体器件. 它采用特殊的生产工艺把二极管、三极管等晶体管以及电阻、电容等元件做在一块半导体芯片上,并用金属薄膜作为连线,将这些元件连成具有某种功能的电路,然后封装成一个多脚器件. 目前的工艺可以在 10 mm×10 mm 的芯片上集成 1.4 亿个元件,集成密度达每平方毫米 70 万个元件. 各种规模的集成电路,广泛应用于电子计算机、通信、雷达、宇航、电视等技术领域.

26.6 超 导

▶ 26.6.1 超导电性

随着低温技术的发展,科学家注意到纯金属的电阻随温度的降低而减小的现象. 1911 年,荷兰物理学家昂纳斯(Heike Kamerling Onnes 1853—1926)在测低温下固体汞的电阻时,发现汞的电阻在温度约为 4.2 K 时突然降到零,在用这种材料制成的环中,电流能够维持很久而无明显衰减. 昂纳斯首先把这种在一定温度下物质呈现出电阻完全消失的电学性质称为**超导电性**,简称**超导**,具有超导电性的物质称为**超导体**. 昂纳斯由于液氦的制取和超导现象的研究而获 1913 年诺贝尔物理学奖.

使物质变为超导电状态的温度称为**临界温度**,记作 T_c. 临界温度 T_c 随材料的不同而不同,一般为几开左右. 20 世纪 80 年代以来发现了 T_c 为几十开甚至更高的超导材料,称为**高温超导**.

昂纳斯发现超导现象以后,又发现了当超导体周围的磁场超过一个临界值 B_c 以后,超导体又恢复到正常态,出现了电阻. **临界磁场** B_c 与温度的关系有一个经验方程,

$$B_c(T) = B_c(0)\left[1-\left(\frac{T}{T_c}\right)^2\right]. \qquad (26.6\text{-}1)$$

式中 T_c 是无磁场时的临界温度，$B_c(0)$ 是 $T=0$ K 时的 B_c 值。如 Hg 的 $B_c(0)$ 值为 40 mT，Pb 的 $B_c(0)$ 值为 80 mT。在图 26-27 所示的是 Hg 的 $B_c(T)\text{-}T$ 曲线，曲线的右上方是正常态，曲线的左下方是超导态。

当超导体内通过的电流超过临界值 I_c 时，也会引起超导态的破坏。这是由于电流在样品表面产生的磁场引起的。

临界温度 T_c、临界磁场 B_c 以及**临界电流** I_c 是常用来表征超导材料的超导性能的参量。表 26-3 列出了一些元素的超导参数 T_c 和 B_c。

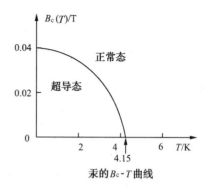

图 26-27

表 26-3　一些元素的超导参数

元素	临界温度 T_c/K	临界磁场 B_c/mT	元素	临界温度 T_c/K	临界磁场 B_c/mT
Be	0.026		Sn	3.722	30.9
Al	1.140	10.5	La	6.00	110.0
Ti	0.39	10.0	Hf	0.12	
V	5.38	142.0	Ta	4.483	83.0
Zn	0.875	5.3	W	0.012	0.107
Ga	1.091	5.1	Re	1.4	19.8
Zr	0.546	4.7	Os	0.655	6.5
Nb	9.50	198.0	Ir	0.14	1.9
Mo	0.92	9.5	Hg	4.153	41.2
Tc	7.77	141.0	Tl	2.39	17.1
Ru	0.51	7.0	Pb	7.193	80.3
Rh	0.000 3	0.004 9	Lu	0.1	
Cd	0.56	3.0	Th	1.368	0.162
In	3.403 5	29.3	Pa	1.4	

超导体除了具有零电阻效应，还具有完全抗磁效应。例如，把超导样品放入磁场的过程中（图 26-28），在样品表面产生感应电流，这个电流将在超导样品内部产生磁场，这个磁场正好抵消外磁场，从而使超导体内部的场仍为零。

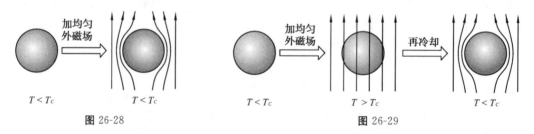

图 26-28　　　　　　　　　图 26-29

1933年迈斯纳(W. F. Meissner)和奥克森费尔特(R. Ochsenfeld)实验发现,如图26-29所示把在临界温度 T_c 以上的导体样品放入磁场中,由于这时样品不是超导体,所以样品中有磁场线,当维持磁场不变而降低样品的温度,使其温度低于临界温度 T_c 而使样品成为超导态,这时样品内部也没有磁场了.转变为超导体时能排除体内磁场的现象称为**迈斯纳效应**,不管过渡到超导态的途径如何,只要 $T<T_c$,超导体内部的磁感应强度 B 总是为零,$B=0$.

大多数纯金属超导体只有一个临界磁场 $B_c(T)$,它们称为**第一类超导体**.还有一类超导体的磁性质较为复杂,如它们有两个临界磁场 B_{c1} 和 B_{c2},它们称为**第二类超导体**.

▶ 26.6.2 BCS 理论

超导电性是一种宏观量子现象,必须用量子力学才能给予正确的解释.从发现超导,经过了将近半个世纪,直到1957年才由美国的巴丁(John Bardeen 1908—1991)、库柏(Leon N. Cooper 1930—)、施里弗(John Robert Schrieffer 1931—2019)三位科学家提出了超导电性的微观理论,简称 **BCS 理论**.它成功地解释了有关超导电性的各种基本特性.由于他们的杰出贡献,三人共同获得1972年诺贝尔物理学奖.

根据 BCS 理论,产生超导现象的关键在于超导体中电子形成了电子对.在超导体中两个自旋相反以及角动量大小相等、方向相反的电子之间具有很强的相互吸引作用,这种作用超过电子间的静电排斥,使两个电子结成总角动量为零的电子对,称为**库柏对**.库柏对中两个电子之间的距离很大,达到微米数量级,但两个电子成对运动,难以拆开.它们之间的相互作用是通过晶体点阵的中介作用而发生的:一个电子与晶体点阵相互作用而使晶体点阵发生形变;第二个电子在形变的晶体点阵势场中进行调整,以利用形变来降低它的能量.第二个电子就是这样通过点阵的形变来与第一个电子发生相互吸引作用.在超导体中,导电的不是自由电子而是库柏对.如果在晶体上加上电场,所有的库柏对都获得相同的动量,发生高度有序的整体定向运动.电子对相互连锁,与晶格几乎不发生动量交换,相当于不受任何阻力,形成宏观上的无阻电流,导体的电阻消失.

▶ 26.6.3 约瑟夫森效应

若在两超导体之间接上一薄层绝缘体,构成一个超导体-绝缘体-超导体结,称为**约瑟夫森结**,如图26-30所示.因为绝缘层内的电势比超导体中的电势低得多,按照经典理论,绝缘体薄层对电子运动形成一定高度的势垒,但是,超导体中的库柏对由于量子隧道效应能穿过势垒.这是英国科学家约瑟夫森(Brain David Josephson 1940—)在1962年从理论上预言并在1964年为实验所证实的一种效应,称为**约瑟夫森效应**.由此,约瑟夫森获得1973年诺贝尔物理学奖.

在无外电场或外磁场时,超导体中的库柏对穿越势垒形成超导直流电,称为**直流约瑟夫森效应**.

图 26-30

当约瑟夫森结两端施加直流电压时,将在结中产生射频电流效应,并向外辐射电磁波,称为**交流约瑟夫森效应**.理论上证明,若施加电压为 U,则通过结的振荡电流的频率为

$$\nu = \frac{2eU}{h}. \qquad (26.6\text{-}2)$$

式中 $2e$ 为库柏对的电荷量,h 为普朗克常量.由上式可以算出 $U=1~\mu V$ 的直流电压产生的振荡电流的频率为 483.5 MHz.反之,若测得施加电压 U 和频率 ν,由(26.6-2)式可获得非常精确的 $\frac{e}{h}$ 值.

约瑟夫森效应和磁通量子化是超导体两种独特的宏观量子效应.有关磁通量子化,本书不再介绍.利用约瑟夫森效应和磁通量子化,可制成超导量子干涉器件(SQUID),这种器件测量磁通量的灵敏度可以达到 10^{-20} Wb/Hz,它被广泛用于物理学和医学各个领域.

▶ 26.6.4　超导的应用和前景

超导具有巨大的科学和经济价值.利用超导体的零电阻和抗磁性,已研制出时速超过 550 km 的磁悬浮列车;功率极大、体积小、效率高的超导发电机,其载流能力可达 10^4 A/cm² 以上,比常规电机高 1～2 个数量级;利用超导电缆可实现无损耗长距离输电,而目前的输电方式有 30% 的电能损耗在输电线路上;超导强磁体可以提高核磁共振成像仪的分辨率;在磁约束受控热核反应堆中,只有超导体才能在几十立方米的空间产生十几特的磁场作为核反应的加热和约束之用;利用约瑟夫森效应还可以做成各种极为精确、灵敏的超导电子器件.

自 1911 年发现超导以后,到 1986 年止,已发现或制造出上千种超导材料.然而,临界温度最高的铌三锗(Nb_3Ge)也只有 23.3 K.很低的临界温度给超导的应用带来极大的困难.1986 年,美国 IBM 公司设在瑞士苏黎世的研究所的科学家贝德诺兹(G. Bednortz 1950—)和缪勒(K. A. Müler 1927—)首先发现镧-钡-氧(La-Ba-O)陶瓷材料的超导临界温度为 $T_c=30$ K.从此开始了世界性的高温超导热.1987 年 2 月,我国科学家赵忠贤领导的科研组将钇-钡-铜-氧(Y-Ba-Cu-O)材料的 T_c 提高到 92.8 K 以上,从而实现了临界温度在液氮温区的突破.

到目前为止,已发现高温超导材料有上百种.但高温超导的许多性质无法用 BCS 理论解释,高温超导的理论还远远落后于实验.

内 容 提 要

1. 氢原子的量子理论.

(1) 能量量子化:波函数满足单值、有限、连续等物理条件.

$$E_n = -\frac{me^4}{(4\pi\varepsilon_0)^2 2\hbar^2} \cdot \frac{1}{n^2} = -13.6 \times \frac{1}{n^2}~\text{eV},主量子数~n=1,2,3,\cdots.$$

氢原子基态($n=1$)能量 $E_1=-13.6$ eV,$n>1$ 称为激发态能级.

(2) 角动量量子化:电子在核外的运动用电子云的转动来描述,电子云转动角动量

$$L=\sqrt{l(l+1)}\hbar,角量子数或副量子数:l=0,1,2,\cdots,n-1.$$

当 $l=0$,角动量 $L=0$,表示电子云不转动,这时电子云的分布具有球对称性.

(3) 角动量的空间量子化：电子云转动的角动量 L 在空间只能取一些特定的方向. $L_z = m_l \hbar$，磁量子数 $m_l = 0, \pm 1, \pm 2, \cdots, \pm l$.

(4) 电子云：说明电子在核外的概率分布.

2. 电子自旋.

(1) 电子自旋角动量 $S = \sqrt{s(s+1)}\hbar = \frac{\sqrt{3}}{2}\hbar$，自旋量子数 $s = \frac{1}{2}$.

(2) 电子自旋角动量 S 在外磁场方向投影 $S_z = m_s \hbar$；自旋磁量子数 $m_s = \pm \frac{1}{2}$.

3. 四个量子数(描述原子中电子运动状态的参数).

(1) 主量子数 $n = 1, 2, 3, \cdots$，它决定电子能量的主要部分.

(2) 角量子数 $l = 0, 1, 2, \cdots, (n-1)$，$l$ 共有 n 个取值. 同一主量子数而不同角量子数 l 状态的电子，其能量稍有不同.

(3) 磁量子数 $m_l = 0, \pm 1, \pm 2, \cdots, \pm l$，$m_l$ 共有 $2l+1$ 个取值.

(4) 自旋磁量子数 $m_s = \pm \frac{1}{2}$，m_s 共有 2 个取值. 它也影响原子在外磁场中的能量.

4. 原子中电子排布规则.

(1) 泡利不相容原理：原子中的电子不可能同时具有相同的一组量子数.

可能的量子态数是 $N = \sum_{l=0}^{n-1} 2(2l+1) = 2n^2$.

(2) 能量最小原理：当原子处在稳定状态时，其中每个电子都要尽可能占据能量最低的能级.

5. 分子光谱.

(1) 分子中电子的运动. 能级之间跃迁的谱线在可见光区和紫外区.

(2) 构成分子的原子之间振动，$E = \left(n + \frac{1}{2}\right)h\nu$. 能级之间跃迁的谱线在红外区.

(3) 分子的整体转动，$E = \frac{l(l+1)}{2I}\hbar^2$. 相应的谱线在远红外区.

分子光谱形成带状谱，振动能和转动能表现为谱线的精细结构.

6. 激光.

(1) 受激辐射和光放大：受激辐射是处于激发态的原子在外来光子刺激下的辐射，所辐射的光子和外来光子的频率、相位、偏振状态、传播方向完全相同.

(2) 粒子数反转：处于高能态的原子数多于处于低能态的原子数的分布称为粒子数反转. 实现反转需要的条件是含有亚稳态能级结构的激活介质，以及有激励能源.

(3) 激光器的基本组成：激活介质、谐振腔和激励能源.

(4) 激光的特点：激光是方向性、单色性、相干性很好的强光束. 方向性好起因于谐振腔对方向的选择作用，单色性、相干性好起因于受激辐射和谐振腔的选频作用.

7. 固体的能带.

(1) N 个原子相互靠近形成固体，原子的能级由于原子间相互作用发生分裂而形成能带.

(2) 能带与能带之间可能以禁带相隔，也可能相连接或重叠.

(3) 填满电子的能带叫作满带,满带中电子不参与导电;部分填充电子的能带叫作导带,导带中电子参与导电;没有电子的能带叫作空带.

8. 半导体.

(1) 本征半导体:满带和空带间禁带宽度较小,有少量电子和空穴参与导电.

(2) n型半导体:参与导电的载流子是从施主能级跃迁到导带的电子.

(3) p型半导体:参与导电的载流子是由于受主能级收容了从满带中跃迁而来的电子后,而在满带中产生的空穴.

(4) p-n结:p-n结是在p型和n型半导体的交界处由于扩散而形成的电偶层,它具有单向导电性.

9. 超导.

(1) 物质在一定温度下呈现出电阻完全消失的电学性质称为超导电性.

(2) 使物质变为超导电状态的温度称为临界温度 T_c. 超导体是完全抗磁体,这种现象称为迈斯纳效应.

(3) BCS理论成功地解释了有关超导电性的基本特性. BCS理论指出,在超导体中,导电的不是自由电子而是库柏对(两个电子结成总角动量为零的电子对).

(4) 约瑟夫森效应:适当条件下,超导体中的库柏对由于量子隧道效应穿过约瑟夫森结中的势垒. 交流约瑟夫森效应: $\nu = \dfrac{2eU}{h}$.

习 题

26-1 氢原子处在 $n=3$ 的能态中,其轨道角动量有哪些可能的取值?

26-2 氢原子处在 $2p$ 态和 $3s$ 态时,其轨道角动量的 z 分量有哪些可能取值?

26-3 $l=2$ 的轨道角动量 $\boldsymbol{L}$ 的大小是多少?与 z 轴的夹角是多少?画出矢量图.

26-4 求能够占据一个 d 支壳层的最大电子数,并写出这些电子的 m_l 和 m_s 的值.

26-5 在约瑟夫森结的两端加上 $2\mu V$ 的直流电压,求通过结中振荡电流频率的大小.

*第 27 章 原子核与基本粒子

原子核是核物理研究的对象,原子核是比分子、原子更小的一个微观层次.原子核所涉及的能量比分子、原子的能量大约 10^6 倍,达到 MeV 的数量级,因此原子核在裂变或聚变的过程中可释放出巨大的能量.本章主要介绍原子核的结合能、核磁共振现象、核衰变规律、核反应和基本粒子等.

27.1 原子核的组成与结合能

▶ 27.1.1 原子核的组成

现代科学研究表明,原子核在原子中只占很小的区域,其直径约为 10^{-15} m,为原子直径的十万分之一.但是,原子核却集中了原子的全部正电荷和 99% 以上的原子质量.

原子核由质子和中子组成.质子带正电,其电荷量与电子电荷量的绝对值相等,其质量为

$$m_p = 1.007\,276\,470 \text{ u}.$$

其中 u 为原子质量单位,是碳原子质量的 $\frac{1}{12}$,即

$$1 \text{ u} = 1.660\,540\,2 \times 10^{-27} \text{ kg}.$$

中子不带电,其质量与质子质量很接近,

$$m_n = 1.008\,664\,904 \text{ u}.$$

根据相对论质能关系,质量为 m 的粒子具有能量 $E = mc^2$,所以粒子的质量也可以用能量表示为 $m = \frac{E}{c^2}$.习惯上粒子能量 E 的单位用电子伏(eV)或兆电子伏(MeV),原子质量单位 u 也可以用能量表示为

$$1 \text{ u} = 931.494\,32 \text{ MeV}/c^2.$$

表 27-1 列出了几种最常见的粒子的质量.

表 27-1　一些常见粒子的质量

		kg	u	MeV/c^2
电子	e	$9.109\,389\,7\times10^{-31}$	$5.485\,799\,03\times10^{-4}$	0.510 999 06
质子	p	$1.672\,623\,1\times10^{-27}$	1.007 276 470	938.273 31
中子	n	$1.674\,928\,6\times10^{-27}$	1.008 664 904	939.565 63
氘	d	$3.343\,586\,0\times10^{-27}$	2.013 553 214	1 875.613 39
氦核	α	$6.644\,77\times10^{-27}$	4.001 506 18	3 727.409

质子和中子统称为**核子**. 原子核内的质子数称为核电荷数 Z, 也就是元素的原子序数, 在中性原子里, 它等于核外电子数. 原子核内的核子数 A 称为**原子核的质量数**, 它等于核内质子数 Z 和中子数 N 之和, 即

$$A=Z+N.$$

质子数 Z 和核子数 A 是原子核的基本特征量, 所以原子核可以用以下形式表示

$${}_Z^A\text{X}.$$

其中 X 代表原子核所属元素的符号, 角标 A,Z 分别是核子数和质子数. 例如, 氢核可表示为 ${}_1^1\text{H}$, 氦核 (即 α 粒子) 为 ${}_2^4\text{He}$, 碳核为 ${}_6^{12}\text{C}$, 氧核为 ${}_8^{16}\text{O}$, 铀核为 ${}_{92}^{238}\text{U}$ 等.

质子和中子组成种类繁多的原子核. 具有相同核电荷数 Z 而不同质量数 A 的元素称为**同位素**, 它们在元素周期表中处于同一位置, 具有相同的化学性质. 在已知的 100 多种元素中, 几乎所有元素都有同位素, 目前已发现的同位素有 1 000 多种. 例如, 氢有 3 种同位素: ${}_1^1\text{H}$(氕)、${}_1^2\text{H}$(氘, 记作 D)、${}_1^3\text{H}$(氚, 记作 T). 自然界中, 99.985% 的氢是 ${}_1^1\text{H}$, 而 ${}_1^2\text{H}$ 只占 0.014 8%, ${}_1^2\text{H}$ 是一种重要的核原料. 碳有 5 种同位素: ${}_6^{10}\text{C}$, ${}_6^{11}\text{C}$, ${}_6^{12}\text{C}$, ${}_6^{13}\text{C}$ 和 ${}_6^{14}\text{C}$, 其中 ${}_6^{10}\text{C}$ 和 ${}_6^{11}\text{C}$ 是人工制成的, 余下 3 种为天然的. 自然界中, 98.892% 的碳是 ${}_6^{12}\text{C}$. 天然铀有 3 种同位素: ${}_{92}^{234}\text{U}$, ${}_{92}^{235}\text{U}$ 和 ${}_{92}^{238}\text{U}$, 它们各占 0.006%, 0.720% 和 99.274%. ${}_{92}^{235}\text{U}$ 是重要的核原料.

天然存在的各元素中各同位素所占的比例又称作各同位素的**天然丰度**, 前面提到的有关同位素的百分比, 就是它们的天然丰度.

▶ **27.1.2　原子核的结合能**

原子核中, 存在于质子之间的静电力是排斥力, 使核子结合成稳定核的作用力是比电磁相互作用强得多的吸引力, 称为**核力**. 核子在核力作用下结合成原子核时将释放巨大的能量, 所释放的能量称为**结合能**. 结合能的量值也等于把原子核"击碎"为单个核子所需要的能量. 根据爱因斯坦质能关系 $\Delta E=\Delta mc^2$, 核子组成原子核时能量的释放必伴随着质量的转移, 所以原子核的质量总是小于组成它的核子的质量之和, 其差额 Δm 称为**质量亏损**. 对于原子核 ${}_Z^A\text{X}$, 质量亏损为

$$\Delta m=Zm_\text{p}+(A-Z)m_\text{n}-m_A. \tag{27.1-1}$$

其中 m_A 表示核子数为 A 的原子核的质量. 原子核的结合能为

$$\Delta E=[Zm_\text{p}+(A-Z)m_\text{n}-m_A]c^2. \tag{27.1-2}$$

不同原子核的结合能不同, 其大小从最小的 ${}_1^2\text{H}$ 的 2.23 MeV 到最重的 ${}_{83}^{209}\text{Bi}$ 的 1 640 MeV 不等. 原子核中每个核子的结合能称为**平均结合能**, 或**比结合能**, 记作 E_B,

$$E_\text{B}=\frac{\Delta E}{A}=\frac{\Delta mc^2}{A}. \tag{27.1-3}$$

平均结合能是衡量原子核稳定程度的一个量度,平均结合能越大,"击碎"原子核越困难,原子核也越稳定.图 27-1 表示各种核的平均结合能 E_B 与核子数 A 的关系.从图中曲线可以看出,轻核和重核的平均结合能较小,中等核的平均结合能较大,因而较稳定.两个轻核结合成一个中等核或一个重核分裂为两个中等核时,都将释放能量,所以聚变和裂变是获得核能的两种途径.

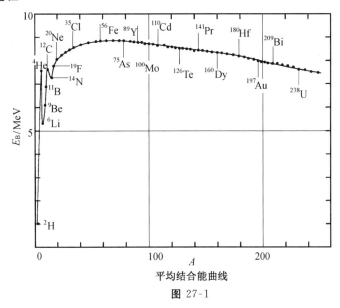

平均结合能曲线
图 27-1

例 27-1 已知氘原子质量 $M_D=2.04012\ u$,氢原子质量 $M_H=1.007825\ u$,中子质量 $m_n=1.008665\ u$,试计算氘核的结合能.

解 一个质子和一个中子结合成氘核 ^2_1H 后的质量亏损为
$$\Delta m=(m_p+m_n)-m_D.$$
其中 m_D 是氘核的质量.因为氘原子和氢原子都有一个核外电子,忽略电子和原子核的较小的结合能,上式中氘核质量 m_D 和质子质量 m_p 可以用氘原子质量 M_D 和氢原子质量 M_H 来代替.因此质量亏损又可以表达为
$$\Delta m=(M_H+m_n)-M_D.$$
代入数据可得
$$\Delta m=(1.007825+1.008665)\ u-2.014012\ u=0.002388\ u.$$
氘核的结合能为
$$\Delta E=931.48\times 0.002388\ eV=2.23\ MeV.$$

例 27-2 已知氦核(即 α 粒子)^4_2He 的质量是 $4.00260\ u$,其同位素 ^3_2He 的质量是 $3.01603\ u$,试求 ^4_2He 中最后一个中子的结合能.

解 ^4_2He 中最后一个中子的结合能,就是一个中子与 ^3_2He 结合为 ^4_2He 时释放的能量,即
$$\Delta E=[(M_{^3_2He}+m_n)-M_{^4_2He}]c^2=[(3.01603+1.00866)-4.00260]c^2$$
$$=0.02209\times 931.5\ MeV=20.58\ MeV.$$

27.2 核自旋和核磁矩 核磁共振

▶ 27.2.1 核自旋和核磁矩

理论和实验都证明原子核也像电子一样具有自旋,整个原子核的自旋角动量 L_I 为

$$L_I = \sqrt{I(I+1)}\hbar. \tag{27.2-1}$$

其中 I 是核自旋量子数.不同的原子核具有不同的核自旋量子数.质量数为奇数的原子核,核自旋量子数等于 $\frac{1}{2}$ 的奇数倍;质量数为偶数的原子核,核自旋量子数等于零或正整数,如表 27-2 所示.

表 27-2 原子核的自旋和磁矩

Z	元素	自旋量子数 I	磁矩 μ/μ_N	Z	元素	自旋量子数 I	磁矩 μ/μ_N
0	$^{0}_{1}$H(中子)	$\frac{1}{2}$	−1.913 2	7	$^{14}_{7}$N	1	+0.408
1	$^{1}_{1}$H(质子)	$\frac{1}{2}$	+2.792 8	8	$^{16}_{8}$O	0	—
1	$^{2}_{1}$H	1	+0.857 4	11	$^{23}_{11}$Na	$\frac{3}{2}$	+2.217 6
2	$^{3}_{2}$He	$\frac{1}{2}$	−2.127 8	13	$^{27}_{13}$Al	$\frac{5}{2}$	+3.641 3
2	$^{4}_{2}$He	0	—	17	$^{35}_{17}$Cl	$\frac{3}{2}$	+0.821 8
3	$^{6}_{3}$Li	1	+0.822 0	17	$^{36}_{17}$Cl	2	+1.285 4
3	$^{7}_{3}$Li	$\frac{3}{2}$	+3.256 4	19	$^{39}_{19}$K	$\frac{3}{2}$	+0.391 4
4	$^{9}_{4}$Be	$\frac{3}{2}$	−1.177 5	19	$^{40}_{19}$K	4	−1.298 1
5	$^{10}_{5}$B	3	+1.800 6	49	$^{113}_{49}$In	$\frac{9}{2}$	+5.522 9

原子核自旋角动量也是矢量,在空间某方向(z方向)的投影 $L_{I,z}$ 也是量子化的,

$$L_{I,z} = m_I \hbar. \tag{27.2-2}$$

其中 m_I 称为**自旋磁量子数**,可取 $\pm I, \pm(I-1), \cdots$,共 $2I+1$ 个值.

原子核带有电荷且有自旋,所以原子核具有磁矩,称为**核磁矩**,记作 $\boldsymbol{\mu}_I$,

$$\boldsymbol{\mu}_I = g\left(\frac{e}{2m_p}\right)\boldsymbol{L}_I,$$

其数值为

$$\mu_I = g\frac{e\hbar}{2m_p}\sqrt{I(I+1)} = g\mu_N\sqrt{I(I+1)}. \tag{27.2-3}$$

其中常数 g 称为 **g 因子**.由实验测得,不同的原子核具有不同的 g 因子.例如,质子的 g 因子 $g_p = 5.586$;中子的 g 因子 $g_n = -3.826$;氘核的 g 因子 $g_D = 0.857\ 48$.式中 μ_N 是**核磁子**,它比电子的玻尔磁子 μ_B 小,

$$\mu_N = \frac{e\hbar}{2m_p} = 3.152\ 45 \times 10^{-8}\ \text{eV/T}.$$

核磁矩也是矢量,在 z 方向的投影 $\mu_{I,z}$ 也是量子化的,

$$\mu_{I,z}=g\mu_N m_I. \qquad (27.2\text{-}4)$$

质子和中子都由于自旋而有自旋磁矩,它在 z 方向的投影为

$$\mu_{I,z}=g\left(\frac{e\hbar}{2m_p}\right)m_I=g\mu_N m_I,\quad m_I=\pm\frac{1}{2}.$$

把质子的 g 因子 $g_p=5.586$、中子的 g 因子 $g_n=-3.826$ 代入上式,可以分别求得质子、中子的自旋磁矩在 z 方向的投影为

$$\mu_{p,z}=5.586\times\frac{1}{2}\times\mu_N=2.793\mu_N,$$

$$\mu_{n,z}=(-3.826)\times\frac{1}{2}\times\mu_N=-1.913\mu_N.$$

注意,中子不带电却有与自旋方向相反的磁矩,通过高能电子束散射实验,证实中子内部也有电荷,靠近中心为正电荷,靠外为负电荷,正负电荷量相等.按经典模型处理,中子就有与自旋方向相反的磁矩.

如果原子核处在外磁场 $\boldsymbol{B}$ 中,由于磁矩 $\boldsymbol{\mu}_I$ 与 $\boldsymbol{B}$ 的相互作用,将产生一个附加能量,

$$E'=-\boldsymbol{\mu}_I\cdot\boldsymbol{B}=-g\mu_N m_I B. \qquad (27.2\text{-}5)$$

因为 m_I 有 $2I+1$ 个取值,原子核的每一条能级将分裂为 $2I+1$ 条,相邻两分裂能级能量之差为

$$\Delta E=g\mu_N B.$$

例如,氢核的自旋量子数 $I=\frac{1}{2}$,$m_I=\pm\frac{1}{2}$,氢核自旋磁矩 $\boldsymbol{\mu}_I$ 与外磁场 $\boldsymbol{B}$ 相互作用的附加能量为

$$E'=\pm\frac{1}{2}g\mu_N B.$$

氢核的每一条能级在磁场中将分裂为两条,两能级间距为 $g\mu_N B$,如图 27-2(a)所示.

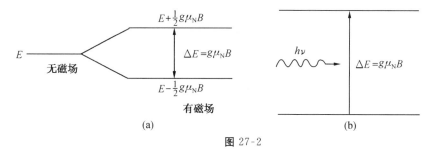

图 27-2

▶ 27.2.2 核磁共振

如果在外磁场 $\boldsymbol{B}$ 的垂直方向施加一个射频磁场,当频率 ν 满足 $h\nu=g\mu_N B$ 时,将发生共振吸收,处于低能级的原子核将吸收射频磁场的能量而跃迁到相邻的高能级,使原子核处于激发态.这种在外磁场中核吸收特定频率的电磁波的现象称为**核磁共振**,简称 NMR(Nuclear Magnetic Resonance),如图 27-2(b)所示.

当去掉射频磁场时,处于激发态的原子核可以通过电磁辐射而退激发,回到低能级.这种电磁辐射信号称为**核磁共振信号**或 NMR 信号.由于人体各组织中含有大量的水和碳氢化合物,大量的氢核,使氢核的 NMR 信号比其他核的 NMR 信号强 1000 倍以上.由于人体

中各组织的含水比例不一样(表27-3),因此,人体各组织的NMR信号强度有差异,利用这一差异作为特征量,可以把人体的各种组织区分开来.

表27-3 人体某些组织的含水比例

组织名称	含水比例(%)	组织名称	含水比例(%)
皮 肤	69	肾	81
肌 肉	79	心	80
脑灰质	83	脾	79
脑白质	72	肺	81
肝	71	骨	13

对于氢核(即质子)的核磁共振,当磁场 $B=1$ T 时,相应的电磁波的共振频率 $\nu=\dfrac{g\mu_N B}{h}=$ 42.69 MHz,波长为 7 m,这在射频范围内. 实现核磁共振,可以保持磁场不变而调节入射电磁波的频率,也可以使用固定频率的电磁波,而调节外磁场.

核磁共振现象由美国科学家珀赛尔(Edward Mills Purcell 1912—1997)和瑞士物理学家布洛赫(Felix Bloch 1905—1983)分别于1945年12月和1946年1月独立发现. 两人因此分享了1952年诺贝尔物理学奖.

核磁共振成像是用磁场来标定人体氢核(共振核)的空间位置,利用一定频率的射频电磁波向处于磁场中的人体照射,人体中各种不同组织的氢核发生核磁共振,随之向外发射电磁波,即NMR信号,测定这些能量的信号,并由计算机把这些信号加工成像.

图27-3是核磁共振成像系统的方框图. 其中主磁场是静磁场,一般采用超导磁体,磁场有很高的均匀度. 梯度场是用来产生磁场中的梯度,以实现NMR信号的空间编码. 射频系统包括了射频发生器和射频接收器. 由射频接收器送来的NMR信号经A/D转换器,转换成数字信号,经计算器处理,再经D/A转换器,加到图像显示器,显示观察层面的图像. 核磁共振成像的优点是射频电磁波对人体无害,可以获得人体内脏器官病变状态的情况.

核磁共振成像技术除了应用于医学,其他如物理、化学、生物、材料等方面都有广泛的应用.

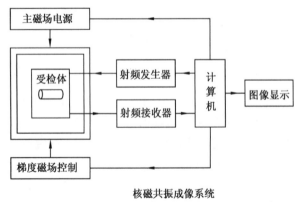

图 27-3

27.3 核衰变

▶ 27.3.1 原子核衰变

现在已知的原子核有 1 440 种,其中有 260 种是稳定核,而大量的核是不稳定的. 图 27-4 表示稳定核的中子数 N 与质子数 Z 的关系(图中黑点表示稳定核). 稳定核只局限在一个很狭窄的区域中,大量的不稳定核散布在稳定区的两侧. 在 $A<20$ 时,较轻的稳定核基本分布在 $Z=N$ 的直线上(图中虚线);随着 Z 的增大,即质子数的增加,质子间静电斥力增大,就需要只具有吸引力的过量中子来维持原子核的稳定,所以,$A>20$ 的稳定核都在 $N=Z$ 直线的上方. 在图中稳定核区的上方,核内有过多的中子;在稳定区的下方,核内有过多的质子. 它们都是不稳定的,它们可以自发地放射某种射线而变成另一种元素的原子核,这种现象称为**原子核的放射性衰变**. 对放射性衰变的研究是了解原子核性质和内部结构的重要途径之一.

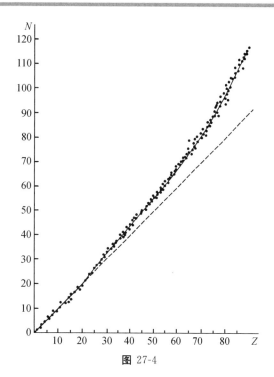

图 27-4

天然放射性现象是 1896 年法国科学家贝克勒尔(H. Becquerel)发现的,其后卢瑟福和他的合作者把放射性原子核的衰变所发射的射线分成 α,β,γ 三种. α 射线是氦核 ^4_2He 的高速粒子流,β 射线是高速的电子流,γ 射线是高能光子流. 有些核在衰变时只放射一种或两种射线,有些核在衰变时能同时放射三种射线.

▶ 27.3.2 衰变规律

放射性衰变是随机的,无法预料哪个原子核在什么时候发生放射性衰变. 对于具有大数量原子核的放射性物质,其原子核的数量将随着时间的推移而逐渐减少. 所有放射性衰变速率都跟它们的化学和物理环境无关,所有衰变都遵守同样的统计规律. 设在时刻 t,放射性物质有原子核数 N,在时间 dt 内,有 $-dN$ 个原子核发生衰变,衰变速率 $\dfrac{-dN}{dt}$ 与当时留存的原子核数 N 成正比,即

$$\frac{-dN}{dt}=\lambda N. \tag{27.3-1}$$

式中负号表示原子核数是减少的,λ 为表征衰变快慢的比例常数,称为**衰变常数**. λ 越大,放射性衰变越快;反之,λ 越小,放射性衰变越慢. 不同的放射性同位素有不同的 λ 值. 对 (27.3-1)式积分,可得

$$N=N_0 e^{-\lambda t}. \tag{27.3-2}$$

其中 N_0 为 $t=0$ 时原子核总数. 上式称为**放射性衰变定律**.

原子核衰变的快慢,除了用衰变常数 λ 表征外,通常还采用**半衰期** T 来表征. 半衰期 T 是放射性原子核的数目减少到原数目的一半所需要的时间. 由(27.3-2)式,有

$$\frac{N_0}{2} = N_0 \mathrm{e}^{-\lambda T}.$$

可解得

$$T = \frac{\ln 2}{\lambda} = \frac{0.693}{\lambda}. \qquad (27.3\text{-}3)$$

放射性原子核的衰变规律如图 27-5 所示. 每经过一个半衰期,原子核数就衰变掉一半.

表征原子核衰变快慢的另一个物理量是**平均寿命** τ. 平均寿命 τ 是放射性原子核在发生衰变前平均存活的时间. 可以证明,每个原子核的平均寿命为

$$\tau = \frac{1}{\lambda}. \qquad (27.3\text{-}4)$$

由(27.3-3)式,平均寿命 τ 与半衰期的关系为

$$T = 0.693\tau. \qquad (27.3\text{-}5)$$

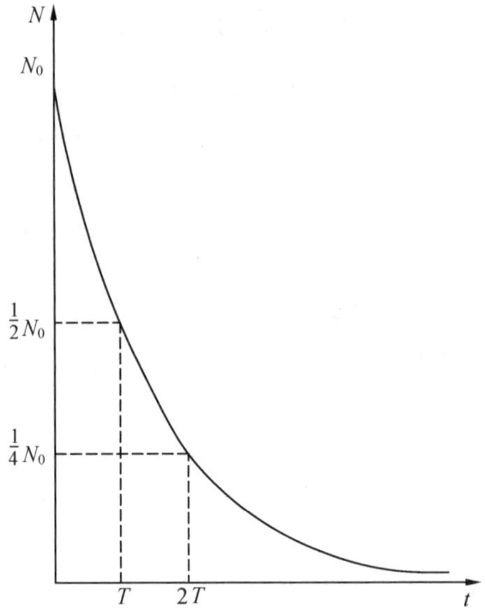

自然界中各种放射性元素的半衰期有长有短,表 27-4 列出了一些放射性元素的衰变类型和半衰期.

放射性的一个重要应用是鉴定古物年龄,如测定岩石中铀和铅的含量,就可以确定该岩石的地质年龄.

图 27-5

表 27-4 一些放射性核素的衰变类型和半衰期

元素	衰变类型	半衰期	元素	衰变类型	半衰期
$^{3}_{1}\mathrm{H}$	β^-	12.33 a	$^{71}_{32}\mathrm{Ge}$	EC	11 d
$^{11}_{6}\mathrm{C}$	$\beta^+(99.75\%)$ EC(0.24%)	20.4 min	$^{90}_{38}\mathrm{Sr}$	β^-	28.8 a
$^{14}_{6}\mathrm{C}$	β^-	5 730 a	$^{99}_{42}\mathrm{Mo}$	β^-,γ	66.02 h
$^{18}_{9}\mathrm{F}$	$\beta^+(96.9\%)$ EC(3.1%)	15 h	$^{99m}_{43}\mathrm{Tc}$	γ	6.02 h
			$^{113m}_{49}\mathrm{In}$	γ	99.5 min
$^{24}_{11}\mathrm{Na}$	β^-,γ	15 h	$^{113}_{50}\mathrm{Sn}$	EC$,\gamma$	115 d
$^{28}_{12}\mathrm{Mg}$	β^-,γ	21 h	$^{125}_{53}\mathrm{I}$	EC$,\gamma$	60 d
			$^{131}_{53}\mathrm{I}$	β^-,γ	8.04 d
$^{32}_{15}\mathrm{P}$	β^-	14.3 d	$^{137}_{55}\mathrm{Cs}$	β,γ	30 a
$^{38}_{17}\mathrm{Cl}$	β^-,γ	37.3 min	$^{198}_{79}\mathrm{Au}$	β^-,γ	2.7 d
			$^{201}_{81}\mathrm{Tl}$	EC$,\gamma$	73 h
$^{40}_{19}\mathrm{K}$	$\beta^-(89.33\%)$ EC$(10.67\%),\gamma$ $\beta^+(0.001\%)$	1.28×10^9 a	$^{210}_{86}\mathrm{Rn}$	$\alpha(96\%),\gamma$ EC(4%)	8.3 h
$^{51}_{23}\mathrm{Cr}$	EC$,\gamma$	27.7 d	$^{222}_{86}\mathrm{Rn}$	α,γ	3.8 d
$^{59}_{26}\mathrm{Fe}$	β^-,γ	44.6 d	$^{226}_{88}\mathrm{Ra}$	α,γ	1 600 a
$^{57}_{27}\mathrm{Co}$	β^+,γ	271 d	$^{233}_{92}\mathrm{U}$	α,γ 自发裂变 (1.3×10^{-12})	1.59×10^5 a

续表

元素	衰变类型	半衰期	元素	衰变类型	半衰期
$^{60}_{27}\text{Co}$	β^-,γ	5.27 a	$^{235}_{92}\text{U}$	α,γ 自发裂变 (2×10^{-9})	7.04×10^8 a
$^{67}_{31}\text{Ga}$	EC,γ	78 h	$^{236}_{92}\text{U}$	α,γ 自发裂变 (10^{-9})	2.34×10^7 a
$^{68}_{31}\text{Ga}$	$\beta^+(90\%)$ EC(10%),γ	68 min	$^{238}_{92}\text{U}$	α,γ 自发裂变 (0.5×10^{-6})	4.47×10^9 a
$^{68}_{32}\text{Ge}$	EC	288 d			

▶ 27.3.3 核衰变的位移定则

核衰变过程中,核电荷数和质量数应保持守恒,即核衰变所产生的各种粒子的总核电荷数和总质量数应分别等于原来原子核的电荷数和核子数.

在 α 衰变中,原子核发射一个 α 粒子(^4_2He),子核的电荷数比母核的电荷数减少 2,核子数 A 减少 4.因此,子核在元素周期表上的位置较母核前移两位.用 X,Y 分别表示母核和子核,α 衰变过程可表示为

$$^A_Z\text{X} \rightarrow ^{A-4}_{Z-2}\text{Y} + ^4_2\text{He}. \tag{27.3-6}$$

例如,镭 $^{226}_{88}\text{Ra}$ 发射 α 粒子后变为氡 $^{222}_{86}\text{Rn}$,其衰变过程为

$$^{226}_{88}\text{Ra} \rightarrow ^{222}_{86}\text{Rn} + ^4_2\text{He}.$$

早先 β 衰变只是指核放出电子的衰变,现在把涉及电子和正电子的核转变过程都叫作 β 衰变,因此 β 衰变有 β^- 衰变、β^+ 衰变和电子俘获三种情况.在 β^- 衰变中,核内的一个中子转变为一个质子,同时放出一个电子和一个反中微子,中子转变过程可表示为

$$^1_0\text{n} \rightarrow ^1_1\text{p} + e^- + \bar{\nu}_e. \tag{27.3-7}$$

自由中子的半衰期为 $T=660$ s,中微子 ν_e 和反中微子 $\bar{\nu}_e$ 是质量几乎为零的中性粒子.β^- 衰变中,核的电荷数增加 1,子核在元素周期表上的位置比母核后移一位.β^- 衰变可表示为

$$^A_Z\text{X} \rightarrow ^A_{Z+1}\text{Y} + e^- + \bar{\nu}_e. \tag{27.3-8}$$

一个有名的 β^- 衰变例子是美籍华裔物理学家吴健雄所做的利用 0.01 K 的温度下 ^{60}Co 在强磁场中 β^- 衰变实验,

$$^{60}_{27}\text{Co} \rightarrow ^{60}_{28}\text{Ni} + e^- + \bar{\nu}_e.$$

这一实验验证了李政道、杨振宁关于弱相互作用中宇称不守恒的论点.

β^+ 衰变是核内一个质子转变为一个中子,同时放出一个正电子和一个中微子,

$$^1_1\text{p} \rightarrow ^1_0\text{n} + e^+ + \nu_e. \tag{27.3-9}$$

自然界中还未观察到自由质子的衰变反应,因为质子是非常稳定的粒子,半衰期为 $T=1\times 10^{32}$ 年.β^+ 衰变中,核电荷数减少 1,子核在元素周期表上的位置比母核前移一位.β^+ 衰变可表示为

$$^A_Z\text{X} \rightarrow ^A_{Z-1}\text{Y} + e^+ + \nu_e. \tag{27.3-10}$$

例如,$^{11}_6\text{C}$ 是 β^+ 放射源,其衰变为

$$^{11}_6\text{C} \rightarrow ^{11}_5\text{B} + e^+ + \nu_e.$$

电子俘获(简称 EC)是核内一个质子俘获一个核外电子而变为一个中子,同时放出一个中微子.因而核电荷数减少 1,生成子核在元素周期表中的位置比母核前移一位.通常俘获的电子都在原子的 K 壳层,故也称为 K **俘获**.电子俘获过程可表示为

$$^A_Z X + e^- \rightarrow ^{\ \ A}_{Z-1} Y + \nu_e.$$

注意,在 β 衰变中,常伴随着 γ 射线的产生,这说明子核往往处在激发态.

γ 衰变是处于激发态的原子核向低激发态跃迁而发射光子的过程,衰变前后其质量数和电荷数都保持不变,可表示为

$$(^A_Z X)^* \rightarrow ^A_Z X + ^0_0 \nu. \tag{27.3-11}$$

式中 * 表示原子核处于激发态. γ 衰变前后的核素是同一核素.

▶ 27.3.4 超重元素

在 20 世纪 40 年代发现用中子打入铀核后,有一定机会不发生裂变,而是 β 衰变,由此产生了自然界所没有的合成元素(后定名为镎),用式子表示为

$$^{238}_{92}U + ^1_0n \rightarrow ^{239}_{93}Np + e^-.$$

镎 239 半衰期为 22 亿年. 西博格用氘核轰击铀,又获得了 94 号元素钚. 由于他在超铀元素的一系列工作,被授予 1951 年诺贝尔化学奖. 从 20 世纪 50 年代到 80 年代,元素周期表上的人工元素增加到了第 109 号,如表 27-5 所示.

表 27-5 已定名的超锎元素

序数	全名	符号	中文名	纪念对象
104	rutherfordium	Rf	𬬻	E. Rutherford 卢瑟福(英国)
105	dubnium	Db	𬭊	苏联杜布纳研究所(Dubna)
106	seaborgium	Sg	𬭳	G. T. Seaborg 西博格(美国)
107	bohrium	Bh	𬭛	N. Bohr 玻尔(丹麦)
108	hassium	Hs	𬭶	德国重离子研究所(位于黑森州)
109	meitnerium	Mt	鿏	L. Meitner 迈特纳(德国)

27.4 穆斯堡尔效应

γ 衰变中,处于激发态 E_2 的原子核跃迁到基态 E_1 发射 γ 射线, γ 光子的能量为

$$h\nu = E_2 - E_1.$$

另一个处于基态的同类原子核有可能吸收此 γ 光子而跃迁到激发态 E_2,如图 27-6 所示. 这种现象称为 γ **共振吸收**. 然而实际上,原子核在发射 γ 光子时有反冲,因此在跃迁中给出的能量 $\Delta E = E_2 - E_1$ 不可能全部转化为 γ 光子的能量,而有一部分转变为发射核的反冲动能. 这样, γ 光子就不可能被另一个处于基态的同类原子核所吸收. 同样,吸收核在吸收光子时也有反冲,光子的一部分能量要转化为吸收核的反冲动能,剩下的能量就不足以使吸收核激发. 因此,只有把发射核和吸收核都固定起来,才能实现共振吸收. 1958 年,德国物理学家穆斯堡尔(Rodolf Ludwig Mössbauer 1929—2011)发现,把发射核和吸收核都制备在固体中并置于低温下,那么原子核被束缚在

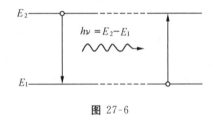

图 27-6

晶格位置上,受到反冲的将是整个固体.由于固体质量远大于原子核质量,其反冲动能极其微小,无反冲的共振吸收得以实现.这种无反冲的共振吸收现象称为**穆斯堡尔效应**.穆斯堡尔因此获得 1961 年诺贝尔物理学奖.

若发射源相对于吸收物缓慢地来回运动,可对 γ 光子产生一定的多普勒移动,测量这种运动源的共振吸收谱,可获得有关原子核的能级及其宽度等信息,从而了解原子核所在处的电磁场情况及 γ 射线的微小扰动.这种方法具有极高的分辨率,广泛应用在原子核物理、固体物理、化学、医学和许多精密测量中,相对论预言的光受引力的作用会发生红移,引力红移就是于 1960 年用穆斯堡尔效应证实的.

27.5 核反应 裂变和聚变

▶ 27.5.1 核反应

当两个原子核克服它们之间的库仑排斥而彼此接近到核力范围时,核子将重新排列而生成新的原子核,这样的过程称为**核反应**.通常是用核子(质子或中子)、轻核(氘核或 α 粒子)或者光子的入射来引起核反应.在核反应过程中,电荷、核子数和能量等都必须守恒.核反应输出的净能量称为**反应能**.有些核反应是放出能量的,称为**放能反应**;有些核反应是吸收能量的,称为**吸能反应**.

当入射粒子的能量不太高时,很多核反应可以用复核模型来描述.这类反应按两步完成:第一步,一个入射粒子被靶核俘获,形成一个复核,复核处于激发态;第二步,复核可以通过几种方式衰变而退激,生成新的原子核.例如,用 α 粒子轰击氮核 $^{14}_{7}\text{N}$ 时,入射 α 粒子钻入靶核,形成氟核 $(^{18}_{9}\text{F})^*$ (右上角 * 表示该核处于激发态),氟核 $(^{18}_{9}\text{F})^*$ 很快衰变成一个氢核 $^{1}_{1}\text{H}$ 和一个氧核 $^{17}_{8}\text{O}$.这个反应过程可表示为

$$^{14}_{7}\text{N} + ^{4}_{2}\text{He} \longrightarrow (^{18}_{9}\text{F})^* \longrightarrow ^{1}_{1}\text{H} + ^{17}_{8}\text{O}. \tag{27.5-1}$$

又如,用中子轰击 $^{27}_{13}\text{Al}$ 时,形成复核 $(^{28}_{13}\text{Al})^*$,其退激方式有四种,各有不同的概率.核反应过程为

$$^{27}_{13}\text{Al} + ^{1}_{0}\text{n} \longrightarrow (^{28}_{13}\text{Al})^* \longrightarrow \begin{cases} ^{27}_{12}\text{Mg} + ^{1}_{1}\text{H}, \\ ^{24}_{11}\text{Na} + ^{4}_{2}\text{He}, \\ ^{28}_{13}\text{Al} + \gamma, \\ ^{26}_{13}\text{Al} + 2^{1}_{0}\text{n}. \end{cases} \tag{27.5-2}$$

入射粒子的能量超过 150 MeV 的核反应称为**高能核反应**.高能核反应有不同的反应机制,反应中有新的粒子产生.起初出现 π 介子,到能量超过 500 MeV 时,有 K 介子和超子出现.

起初,人们对原子核结构方面的知识是通过对原子核的自发衰变的研究而得到的,但由于这种转变过程不能人为控制,而且它可能达到的能量范围不大,因而不能给出更多关于核结构的知识.核反应可以克服这种局限,可以在各种不同的能量条件下实现核转变,从而获得有关核的性质、结构等方面更多的资料.此外,核反应的研究又给人类提供了获得巨大的原子能的可能性,因而具有重大的实际意义.

例 27-3 试计算下列反应中吸收或释放的能量.

(1) $^{16}_{8}\text{O} + ^{2}_{1}\text{H} \longrightarrow ^{1}_{1}\text{H} + ^{17}_{8}\text{O}$;

(2) $^6_3\text{Li} + ^4_2\text{He} \longrightarrow ^1_1\text{H} + ^9_4\text{Be}$.

已知相应中性原子的质量为：$M_{^2_1\text{H}} = 2.014\ 102$ u, $M_{^{16}_8\text{O}} = 15.994\ 915$ u, $M_{^1_1\text{H}} = 1.007\ 825$ u, $M_{^{17}_8\text{O}} = 16.999\ 130$ u, $M_{^6_3\text{Li}} = 6.015\ 123$ u, $M_{^4_2\text{He}} = 4.002\ 603$ u, $M_{^9_4\text{Be}} = 9.012\ 182$ u.

解 核反应中吸收或释放的能量，是反应前后原子核的质量差相应的能量。在核反应方程式的两边加上数目相同的电子质量，并且忽略较小的电子和原子核的结合能，就可以把原子核质量全部换算为中性原子的质量。

(1) $\Delta M = (M_{^{16}_8\text{O}} + M_{^2_1\text{H}}) - (M_{^{17}_8\text{O}} + M_{^1_1\text{H}})$
$= (15.994\ 915 + 2.014\ 102)\ \text{u} - (16.999\ 130 + 1.007\ 825)\ \text{u}$
$= 2.062 \times 10^{-3}\ \text{u},$
$E = \Delta Mc^2 = 2.062 \times 10^{-3} \times 931.5\ \text{MeV} = 1.921\ \text{MeV}.$

$E > 0$ 表示反应是放能反应。

(2) $\Delta M = (M_{^6_3\text{Li}} + M_{^4_2\text{He}}) - (M_{^9_4\text{Be}} + M_{^1_1\text{H}})$
$= (6.015\ 123 + 4.002\ 603)\ \text{u} - (9.012\ 182 + 1.007\ 825)\ \text{u}$
$= -0.002\ 281\ \text{u},$
$E = \Delta Mc^2 = -0.002\ 281 \times 931.5\ \text{MeV} = -2.125\ 1\ \text{MeV}.$

$Q < 0$ 表示反应是吸能反应。

▶ 27.5.2 核裂变

重核分裂为两个中等质量原子核的过程称为**核裂变**。天然的核裂变非常罕见。^{238}U 的自发裂变的半衰期为 1×10^{16} a。人工产生裂变的通常方法是用中子激发原子核。因为中子不带电，即使它的动能很小或几乎等于零，也能够接近原子核。

原子核的裂变过程可以用原子核受激发而产生形变来描述。自然界存在的重核的稳定状态近似呈球形，如果这个核被适当地激发，原子核将处于一种集体振动状态。激发能较低时，围绕球形而起伏的振动很小，形变最大时，原子核呈椭球形，这时，激发能将以 γ 射线的形式释放，原子核回到原来的平衡状态。当激发能很大时，原子核形变也很大。即使在这种情况下，原子核也仍旧有一定的概率发射 γ 射线而退激发，回到平衡状态。若激发能足够大，则原子核的形变使核力迅速减弱，无法克服核子之间的库仑斥力，导致形变越来越大，直至分成两块碎片而产生裂变，如图 27-7 所示。

图 27-7

1939 年，德国化学家哈恩 (Otto Hahn 1879—1968) 和斯特劳斯曼 (Fritz Strassmann 1902—1980) 发现用中子轰击铀核 $^{235}_{92}\text{U}$ 能引起铀核的裂变。铀核裂变可生成的两种新核的质量往往不同。图 27-8 显示铀核裂变产物的质量分布。纵坐标表示产物的百分数，横坐标是质量数。从图中可见，新核最可能的质量数是在 140 和 95 附近，约占全部产物的 7%。

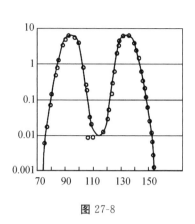

图 27-8

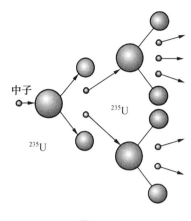

图 27-9

裂变有两个重要特性：一是在裂变中放出中子，二是在裂变中放出巨大的能量。一个铀核 $^{235}_{92}$U 在裂变中平均一次放出 2.4 个中子，这些中子也可以引起其他铀核发生新的裂变，产生第二代中子；第二代中子又引发新的裂变。依此类推，直到铀核全部裂变为止。这种裂变过程称为**链式反应**，如图 27-9 所示。要维持链式反应，必须要后一代中子数同前一代中子数的比值（称为**中子再生率**）大于 1，为此，需要铀块的成分纯并且体积足够大。因为杂质会吸收中子，若铀块过小，裂变放出的中子会在轰击铀核之前大量飞出铀块。维持链式反应所需铀块的最小体积叫作**临界体积**，与临界体积相应的质量叫作**临界质量**。

从图 27-1 可以看出，可裂变的重核的平均结合能约为 7.5 MeV，中等质量核的平均结合能约为 8.4 MeV，因此，裂变使每个核子的结合能增加约 0.9 MeV。对于一个铀核，结合能共增加约 200 MeV，这是一个铀核裂变时释放能量的数量级。1 kg ^{235}U 完全裂变释放的能量可达 8×10^{13} J，相当于 2 000 t 优质煤完全燃烧所释放的化学能。可见，重核裂变是获得核能的一种重要途径。

原子弹就是利用链式反应在极短时间内放出大量能量的原理而制成的。它用纯 ^{235}U 做裂变物质，当铀堆达到临界体积时，在中子源的作用下，链式反应迅速完成，原子弹爆炸。如果使链式反应有控制地进行，可用重水、石墨等减速剂来降低中子速度，这种装置叫作**原子反应堆**。它可以作为动力能源用于发电，也可生产各种放射性同位素、产生各种裂变反应、提供中子源等等，用途十分广泛。

▶ 27.5.3 聚变

由轻核结合成质量较大核的核反应叫作**轻核的聚变**。由图 27-1 可知，质量数 $A<20$ 的轻核的平均结合能都较低，两个轻核聚合成一个较重核时，生成核的平均结合能较高，因而导致能量的释放。为了能使轻核发生聚变，必须使聚变的物质有足够大的动能，用以克服核电荷之间的静电斥力，使原子核发生激烈的碰撞而引起聚变。通常可以用两种不同的方法使聚变物获得足够的动能：一种方法是用加速器来加速原子核；另一种方法是把聚变物质加热到几百万摄氏度以上的高温。在高温下进行的轻核聚变反应叫作**热核反应**。恒星是巨大的能源，时时刻刻都在向太空辐射能量，其能量来源于恒星内部的热核反应，反应中释放出一部分能量用来维持反应所需的温度，另一部分能量向太空辐射。

太阳内部的热核反应有两种不同的过程：碳-氮循环和质子-质子循环.两个循环哪一个为主,主要取决于反应温度.当温度低于 1.8×10^7 K 时,以质子-质子循环为主.太阳中心温度只有 1.5×10^7 K,质子-质子循环占 96%.在许多比较年轻的星体中,情况相反,碳-氮循环更重要.据估计,在太阳中热核反应以每秒 5.64×10^{11} kg 的速率把氢聚变成氦,同时以 3.7×10^{25} W 的功率释放能量.其中大约只有 1.8×10^{14} W 的能量主要以电磁辐射的形式投射在地球上,然而这个功率仍比地球上产生的工业用电功率大 10^5 倍.

在地球上,有两种聚变可望作为能源.一种是氘和氚的反应,

$$_1^2\text{H} + _1^3\text{H} \longrightarrow _2^4\text{He} + _0^1\text{n} + 17.6 \text{ MeV}. \tag{27.5-3}$$

另一种是两个氘的聚变,所生成的产物有两种可能,概率大致相同,

$$_1^2\text{H} + _1^2\text{H} \longrightarrow \begin{cases} _2^3\text{He} + _0^1\text{n} + 3.2 \text{ MeV}, \\ _1^3\text{H} + _1^1\text{H} + 4.2 \text{ MeV}. \end{cases} \tag{27.5-4}$$

虽然上述聚变中一次聚变所释放的能量比一次裂变所释放的能量要小得多,但每单位质量所释放的能量较大.在氘-氚聚变反应中,释放的能量约为每千克燃料 2×10^{14} J,比铀裂变的值的 2 倍还多.氘在自然界中极其丰富,在海水中含有约 10^{18} kg,大约 7 000 个氢原子中就有 1 个氘原子,按目前世界上的能量消耗,它们可提供的能量可供应数百亿年.

氢弹是一种爆炸式的热核反应装置,在弹壳内充满聚变物质氘和氚,还包含一个原子弹.利用原子弹引爆后产生的高温使轻核聚变,因此,氢弹又叫作**热核武器**.中子弹也是一种热核武器,它利用超小型原子弹或激光点火装置产生 8×10^6 ℃ 的高温,使氘-氚、氘-氘、氚-氚之间发生聚变反应,生成氦和高能中子.由于中子具有很强的穿透力,当它穿透防护设备进入人体后,利用中子与人体组织内的氢、碳、氮原子发生核反应来破坏细胞组织,达到杀伤的目的.所以,中子弹是一种无冲击波、无放射性污染的热核武器.

如果使热核反应在人工控制下进行,使能量逐渐释放出来,就可以成为一种新的能源,这就是**受控热核反应**.受控热核反应的研究目前还处于基础阶段,正验证其科学上的现实性,至于工程性验证及示范装置尚未实现,商品性应用估计将在 21 世纪中叶出现.

▶ 27.6 基本粒子简介

▶ 27.6.1 基本粒子

人们对构成物质基本单元的认识随着科学的深入发展而在不断地改变着看法.起初原子被看作是各种物质结构的基本单元,原子是不可分割的.到 20 世纪初,人们认识到原子由原子核和电子组成,原子核还有内部结构.1932 年发现中子以后,认识到构成原子核的是中子和质子.人们把质子、中子和电子认为是物质结构的基本单元,并把这些粒子,再加上光子,统称为"**基本粒子**".但不久在 β 衰变中又发现了中微子和正电子,在宇宙射线中发现了 μ 介子、π 介子、k 介子、Λ 超子以及它们的反粒子.到目前为止,已发现基本粒子 400 余种.

基本粒子的种类如此之多,使人们怀疑它们是否是组成物质的不可再分的"基本"粒子.事实上,对基本粒子的研究表明,基本粒子还有更深层次的结构.1968 年美国斯坦福大学的直线加速器中心(SLAC)用能量高达 20 GeV 的电子轰击质子,发现质子具有颗粒状结构,很像质子内部还有更小的荷电粒子,并在质子内部相当自由地运动着.进行此项研究工作的

杰罗姆·弗里德曼(Jerome Friedman)、亨利·肯德尔(Henry Kendall)和理查德·泰勒(Richard Taylor)获得了 1990 年诺贝尔物理学奖.

由此可见,所谓基本粒子,是在某一层次人们认识到的物质的基本单元. 人类对基本粒子结构的研究,不仅使人类对物质世界的认识进一步深入,也必然会给科学技术与生产带来巨大变革.

▶ **27.6.2 基本粒子的相互作用和分类**

20 世纪初期,物理学家认为物质间相互作用可归纳为两种力:万有引力和电磁力. 这两种力都与物体间距离的平方成反比,虽随距离的增大而逐渐减小,但并不等于零,所以这种力称为**长程力**. 随着科学的发展,研究深入到原子核和基本粒子,人们发现还存在另外两种相互作用,即强相互作用和弱相互作用. 这两种力的作用范围很小,比原子半径还小得多,所以这两种力都是**短程力**.

上述四种相互作用,在基本粒子之间都存在,但强度悬殊. 表 27-6 列出了这些相互作用的一些特点.

表 27-6 四种相互作用的特点

相互作用	相对强度	力程(m)	作用时间(s)	传递媒介		自旋($\hbar$)	举 例
				粒 子	能 量		
强作用	1	$<10^{-15}$	10^{-23}	胶子	~ 135 MeV	0	核力
电磁作用	10^{-2}	∞	$10^{-21}\sim 10^{-15}$	光子(γ)	0	1	原子核与电子
弱作用	10^{-13}	$<10^{-17}$	$>10^{-10}$	中间玻色子	~ 75 GeV	1	β 衰变
引力作用	10^{-39}	∞		引力子	0	2(?)	天体

根据基本粒子的质量与相互作用,基本粒子可以分为四类.

(1) 光子类. 只包含 γ 光子一种. 光子是电磁相互作用的传递者,它也具有万有引力,但不参与强相互作用和弱相互作用. 光子的静止质量等于零,在真空中以恒速 3×10^8 m/s 运动,自旋为 $1\hbar$.

(2) 轻子类. 包含正反中微子(ν_e,ν_μ,ν_τ,$\bar{\nu}_e$,$\bar{\nu}_\mu$,$\bar{\nu}_\tau$)、正负电子($e^\pm$)、正负 μ 子($\mu^\pm$)和正负重轻子($\tau^\pm$). 这些粒子参与弱相互作用,带电的还有电磁相互作用,但都不参与强相互作用. 它们的自旋都等于 $\frac{1}{2}\hbar$,一般质量都较小,所以称为**轻子**. $\tau^\pm$ 的质量较大,但性质与轻子相似,故归于轻子类,称为**重轻子**.

(3) 介子类. 由于最初发现的正负 π 介子($\pi^\pm$)、中性 π 介子(π^0)和正负 k 介子($k^\pm$)、中性 k 介子(k^0)的质量都介于电子和核子之间,所以称为**介子**. 后来发现的介子,有不少比质子的质量还大. 介子的自旋为 $\hbar$ 的整数倍,它们参与强相互作用和弱相互作用,带电的粒子或具有磁矩的粒子间还存在电磁相互作用.

(4) 重子类. 此类粒子的质量较大,故称为重子. 重子包括两类:一类是核子,即质子(p)和中子(n);另一类是超子(如 Λ^0,$\Sigma^\pm$,Σ^0,Ξ^-,Ξ^0,Ω),它们的质量都比核子的质量大,所以称为**超子**. 重子类粒子的自旋都为 $\hbar$ 的半整数倍,它们参与强相互作用和弱相互作用,在带电的粒子或具有磁矩的粒子之间还有电磁相互作用.

也可以按粒子的自旋把基本粒子分为两大类:费米子和玻色子.凡是自旋是$\frac{1}{2}\hbar$的奇数倍的粒子,如超子、核子、μ子、电子和中微子等,统称为**费米子**.费米子遵从泡利不相容原理,即处于同一量子态的粒子不可能多于一个.凡自旋为零或$\frac{1}{2}\hbar$偶数倍的粒子,如介子和光子等,统称为**玻色子**.玻色子不遵从泡利不相容原理,即处于同一量子态的粒子可以是任意多个.

表 27-7 列出了主要的基本粒子及其特性.

表 27-7 稳定粒子表

类别	粒子	符号	质量 (MeV/c^2)	自旋 ($\hbar$)	电荷 (e)	反粒子	平均寿命 (s)	典型衰变产物
光子	光子	γ	0	1	0	γ	稳定	
轻子	中微子	ν_e	0(<0.00006)	1/2	0	$\bar{\nu}_e$	稳定	
		ν_μ	0(<0.57)	1/2	0	$\bar{\nu}_\mu$	稳定	
		ν_τ	<250	1/2	0	$\bar{\nu}_\tau$	稳定	
	电子	e^-	0.511	1/2	-1	e^+	稳定	
	μ子	μ^-	105.659	1/2	-1	μ^+	2.197×10^{-6}	$e^-+\nu_\mu+\bar{\nu}_e$
	τ子	τ^-	1784	1/2	-1	τ^+	$<2.3\times10^{-12}$	$\mu^-+\bar{\nu}_\mu+\nu_\tau$
介子	π介子	π^+	139.569	0	$+1$	π^-	2.603×10^{-8}	$\mu^++\nu_\mu$
		π^0	134.965	0	0	π^0	0.828×10^{-16}	$\nu+\gamma$
		π^-	139.569	0	-1	π^+	2.603×10^{-8}	$\mu^-+\bar{\nu}_\mu$
	k介子	k^+	493.669	0	$+1$	k^-	1.237×10^{-8}	$\pi^++\pi^0,\mu^++\nu_\mu$
		k^0	497.67	0	0	$\overline{k^0}$	$k_S^0\ 0.8923\times10^{-10}$	$\pi^++\pi^-$
							$k_L^0\ 5.183\times10^{-8}$	$\pi^0+\pi^0+\pi^0$
	η介子	η^0	548.8	0	0		7.7×10^{-19}	$\gamma+\gamma,\pi^0+\pi^0+\pi^0$
	J/Ψ介子	J/Ψ	3097 ± 1	1	0		3.1×10^{-19}	$e^++e^-,\mu^++\mu^-$
		γ	9458 ± 6	1	0			
重子	核子	p	938.280	1/2	$+1$	$\bar{p}$	稳定($>10^{30}$a)	
		n	939.573	1/2	0	$\bar{n}$	918	$p+e^-+\bar{\nu}_e$
	Λ超子	Λ^0	1115.6	1/2	0	$\overline{\Lambda^0}$	2.632×10^{-10}	$p+\pi^-$
	Σ超子	Σ^+	1189.96	1/2	$+1$	$\overline{\Sigma^-}$	8×10^{-11}	$p+\pi^0,n+\pi^+$
		Σ^0	1192.46	1/2	0	$\overline{\Sigma^0}$	5.8×10^{-20}	$\Lambda^0+\gamma$
		Σ^-	1197.34	1/2	-1	$\overline{\Sigma^-}$	1.48×10^{-10}	$n+\pi^-$
	Ξ超子	Ξ^0	1314.9	1/2	0	$\overline{\Xi^0}$	2.96×10^{-10}	$\Lambda^0+\pi^0$
		Ξ^-	1321.32	1/2	-1	$\overline{\Xi^+}$	1.641×10^{-10}	$\Lambda^0+\pi^-$
	Ω超子	Ω^-	1672.22	3/2	-1	Ω^+	0.82×10^{-10}	$\Lambda^0+k^-,\Xi^0+\pi^-$

27.6.3 守恒定律

物理学中有四个基本的守恒定律,即质量—能量守恒定律、动量守恒定律、角动量守恒定律和电荷守恒定律.在基本粒子各种相互作用和转化的过程中也都服从这四个守恒定律,在实验上还没有发现有例外的情况.在基本粒子领域里还普遍遵守两个守恒定律,即重子数守恒定律和轻子数守恒定律.

1. 重子数守恒定律

每一种基本粒子都有一个重子数 B,重子的重子数 $B=+1$,它的反粒子的重子数 $B=-1$,其他粒子的重子数 $B=0$.有重子参加的反应过程前后重子数的代数和保持不变.例如,Λ 的衰变过程为

$$\Lambda \longrightarrow p+\pi^-,$$
$$\Lambda \longrightarrow n+\pi^0.$$

衰变前后重子数的代数和都为 1.又如,质子对的湮灭过程为

$$p+\bar{p} \longrightarrow n+\bar{n}.$$

湮灭前后重子数的代数和都是零.

2. 轻子数守恒定律

轻子数有三种.电子 e^- 和电子型中微子 ν_e,它们的轻子数 $L_e=1$,它们的反粒子 e^+ 和 $\bar{\nu}_e$ 的轻子数 $L_e=-1$;μ^- 子和 μ 型中微子 ν_μ,它们的轻子数 $L_\mu=1$,它们的反粒子 μ^+ 和 $\bar{\nu}_\mu$ 的轻子数 $L_\mu=-1$;τ^- 子和 τ 型中微子 ν_τ,它们的轻子数 $L_\tau=1$,它们的反粒子 τ^+ 和 $\bar{\nu}_\tau$ 的轻子数 $L_\tau=-1$.其他基本粒子的轻子数都为零.在基本粒子的反应过程前后,轻子数 L_e,L_μ 和 L_τ 的代数和守恒.例如,β^- 衰变

$$n \longrightarrow p+e^-+\bar{\nu}_e.$$

衰变前轻子数为 0,衰变后的轻子数 L_e 为 $(0,+1,-1)$,代数和为零.

除了重子数守恒定律和轻子数守恒定律外,在基本粒子领域里还有一些守恒定律,在一些相互作用中服从,在另一些相互作用中不服从.这样的守恒定律有同位旋守恒定律、宇称守恒定律、奇异数守恒定律等.美籍华裔物理学家李政道、杨振宁在 20 世纪 50 年代提出在弱相互作用中宇称不守恒,这一理论被另一美籍华裔物理学家吴健雄等人在 ^{60}Co 实验中证实.李政道、杨振宁因此获得 1957 年诺贝尔物理学奖.

27.6.4 夸克模型

早在 1968 年实验发现核子有结构以前,美国物理学家盖尔曼(M. Gell-Mann)和茨瓦格(G. Zweig)在 1964 年提出了强子(即能产生强相互作用的粒子,包括介子和重子)由**夸克**组成的模型.几乎同时,我国一些科学家也提出了强子是由**层子**组成的模型.在这两种模型中都认为强子由三种夸克(层子)组成.它们是上夸克 u、下夸克 d 和奇异夸克 s.每个夸克的重子数都是 $\frac{1}{3}$,自旋都是 $\frac{1}{2}\hbar$.夸克所带的电荷都是分数电荷,u 夸克为 $\frac{2}{3}e$,d 夸克和 s 夸克为 $-\frac{1}{3}e$.例如,质子由 2 个上夸克和 1 个下夸克组成,记作 p=(uud);中子由 2 个下夸克和 1 个上夸克组成,记作 n=(ddu).遗憾的是至今人们还无法将夸克从强子中打出来,尚未获得自由的夸克.

1970 年,物理学家又预言了粲夸克 c 的存在,此后又进一步提出了底夸克 b 和顶夸克 t 的存在.

1974 年 12 月,美籍华裔物理学家丁肇中(1936—)和美国物理学家里克特(B·Richter 1931—)领导的两个实验小组分别宣布发现了一种新的粒子称为 J/Ψ 粒子,它的质量为 3 097 MeV,是质子质量的 3 倍多.理论计算证实 J/Ψ 粒子由一个粲夸克 c 和一个反粲夸克 $\bar{c}$ 组成.J/Ψ 粒子的发现,第一次从实验上证实了粲夸克的存在,为夸克模型提供了有力的证据.为此两人共享了 1976 年诺贝尔物理学奖.

底夸克和顶夸克于 1976 年和 1995 年先后在实验上得到证实.6 种夸克的性质列在表 27-8 内.

表 27-8

夸克种类	上 up	下 down	粲 charm	奇 strange	顶 top	底 bottom
电荷(e)	2/3	−1/3	2/3	−1/3	2/3	−1/3
质量(GeV/c^2)	0.004	0.008	1.5	0.15	174	4.7

27.6.5 中微子

1930 年,泡利因 β 衰变(参见 27.3.3)中能量减少而假设存在一种粒子,这种粒子不带电,静止质量为零,后来费米称之为中微子.1940 年,王淦昌提出由 ^{7}Be 的 β 衰变通过观测 ^{7}Li 的反冲来证实中微子的存在,1952 年由戴维斯在实验中证实.1956 年从核反应堆产物的 β 衰变产生反中微子观察到下列反应

$$\bar{\nu} + p \rightarrow n + e^+.$$

1962 年莱德曼证实了 μ 子中微子与电子中微子是两种不同的中微子.而 1975 年发现 τ 子后,与它相应的中微子证实于 2000 年.

按照现在比较一致的看法,中微子质量为零,三种中微子互不相关.但 2000 年发现的著名的"中微子失踪案",即太阳中微子的"丢失",迫使人们重新认识中微子.现在的解释是中微子之间发生转化,或称为"振荡",并且中微子应该有质量.有质量的中微子或许是宇宙暗物质的候选者.

27.6.6 反物质

狄拉克曾在 1928 年从量子力学的波动方程预言了正电子.我国物理学家赵忠尧翌年在硬 γ 射线散射实验中首次观察到 γ 射线转化成正负电子对,并测到了正负电子对湮灭时生成的 γ 光子能量 0.5 MeV.1932 年安德逊在宇宙线云雾室的照片中观察到正电子踪迹.20 世纪 50 年代相继在加速器实验中观察到反质子、反中子及一系列反超子,其中包括我国王淦昌发现的反西格马负超子.最后证实,除了光子、π^0 介子少数几种纯中性粒子外,基本粒子都有相应的反粒子.正反粒子相遇则湮灭为光子.

既然正反粒子成对产生,为何我们所在的地球、太阳系是正物质世界,而反物质世界在

哪里？近年来人们努力在实验室中制造反物质，欧洲核子研究中心（ERN）利用粒子加速器产生反质子，使之与氙原子相撞，以产生正电子，即与附近的反质子结合成反氢原子．呈电中性的反氢原子不受加速器磁场的束缚，撞上加速器内壁，分离为正电子与反质子，又各自与壁上电子、质子碰撞湮灭．在累计 15 h 的实验中一共记录到 9 个反氢原子事件，平均寿命为 30 ns．

另一方面，科学家又把目光投向宇宙．丁肇中及合作者制造了反物质质谱仪（AMS），在 1998 年 6 月由发现号航天飞机携带升空，其中的磁铁是中国科学院电工所制造的钕铁合金强磁体．美国宇航局把 AMS 改名为 α 磁谱仪，因为许多人不相信存在反物质世界．AMS 在这次没有收集到反物质，但它将在国际空间站再去工作 3 年．某些暗物质的候选者会产生反质子，这也是 AMS 的观察对象．

1997 年 4 月美国天文学家发现在银河系上方 3.5×10^7 l.y. 处有一个高达 2 940 l.y. 的"喷泉"．有一种解释说那是正反物质在湮灭．不相信反物质星系的天体物理学家则用中子星或黑洞的碰撞来解释这些高能量天体现象．

▶ 27.6.7 超弦论

20 世纪 80 年代初，格林（M. Green）和施瓦兹（J. Schwarz）提出超弦（super string）模型，把超对称性（把强、弱、电三种作用统一起来）和弦结合在一起．该模型中组成物质最基本的组元不是点状的粒子，而是具有超对称性的一维物质线段，即超弦，其特征长度为普朗克长度 10^{-35} m．弦的每种振动模式对应一种粒子，弱、电、强和引力四种作用成为基本作用的不同侧面，也避免了辐射的所谓"紫外灾难"．不同学者提出了五种弦论，认为时空有 10 维．

霍金用"果壳中的宇宙"来比喻用高维膜解释物理世界，但至今人类的能力离开直接观察到普朗克长度数量级的弦还相当遥远，因为那需要 10^{16} GeV 的能量，而目前有可能实现的巨型加速器才 10 TeV 或者说 10^4 GeV，还差十多个数量级！因此人类认识物质世界的进程仍是一条遥远而艰苦的道路．

内 容 提 要

1. 原子核 ^A_ZX：质子和中子统称为核子．质量数（核子数）A、核内质子数 Z 和中子数 N 的关系为 $A = Z + N$．

2. 原子核结合能 $\Delta E = [Zm_p + (A-Z)m_n - m_A]c^2$；平均结合能 $E_B = \frac{\Delta E}{A} = \frac{\Delta mc^2}{A}$．

3. 原子核的自旋角动量 $L_I = \sqrt{I(I+1)}\hbar$．I 是核自旋量子数．
   原子核具有磁矩称为核磁矩：$\mu_I = g\mu_N \sqrt{I(I+1)}$，$g$ 称为 g 因子，μ_N 是核磁子．

4. 核磁共振：在外磁场 B 的垂直方向施加射频（ν）磁场，当频率 ν 满足 $h\nu = g\mu_N B$ 时，将发生共振吸收．

5. 穆斯堡尔效应：原子核无反冲的共振吸收．

6. 原子核衰变：放射性衰变定律 $N = N_0 e^{-\lambda t}$，λ 为衰变常数；
   半衰期 $T = \frac{\ln 2}{\lambda} = \frac{0.693}{\lambda} = 0.693\tau$，平均寿命 $\tau = \frac{1}{\lambda}$．

7. 核衰变的位移定则.

α 衰变：${}_Z^A X \to {}_{Z-2}^{A-4} Y + {}_2^4 He$；

β 衰变：
$\begin{cases} \beta^- \text{衰变}: ({}_0^1 n \to {}_1^1 p + e^- + \bar{\nu}_e) \ {}_Z^A X \to {}_{Z+1}^A Y + e^- + \bar{\nu}_e; \\ \beta^+ \text{衰变}: ({}_1^1 p \to {}_0^1 n + e^+ + \nu_e) \ {}_Z^A X \to {}_{Z-1}^A Y + e^+ + \nu_e; \\ \text{电子俘获(EC)}: {}_Z^A X + e^- \to {}_{Z-1}^A Y + \nu_e; \end{cases}$

γ 衰变：$({}_Z^A X)^* \to {}_Z^A X + {}_0^0 \nu$.

8. 核反应.

(1) 核裂变：被中子撞击的重原子核分裂成两个中等碎片 X 和 Y,释放大量能量.

(2) 核聚变：轻核素融合,释放大量能量,一般在高温下进行,称为热核反应.

9. 基本粒子的相互作用：强作用、电磁作用、弱作用、引力作用.

10. 基本粒子分类.

按质量和相互作用分类：光子类、轻子类、介子类、重子类.

按粒子的自旋分类：费米子,自旋是 $\frac{1}{2}\hbar$ 的奇数倍,遵守泡利不相容原理；玻色子,自旋为零或 $\frac{1}{2}\hbar$ 的偶数倍,不遵守泡利不相容原理.

11. 守恒定律：能量守恒定律、动量守恒定律、角动量守恒定律、电荷守恒定律、重子数守恒定律、轻子数守恒定律.

12. 夸克模型：夸克是费米子,夸克所带的电荷都是分数电荷,至今尚未获得自由的夸克.

习 题

27-1 ${}_2^6 He$ 核的质量是 6.017 79 u,${}_3^6 Li$ 核的质量是 6.013 4 u,试分别计算两核的结合能和平均结合能.

27-2 ${}_4^9 Be$ 核内每个核子的平均结合能为 6.459 1 MeV,而 ${}_2^4 He$ 核内每个核子的平均结合能为 7.072 0 MeV,要把 ${}_4^9 Be$ 分裂为两个 ${}_2^4 He$ 和一个中子,需多少能量？

27-3 从 ${}_8^{16} O$ 中移去一个质子需多少能量？从 ${}_8^{16} O$ 中移去一个中子需多少能量？(中性 ${}_7^{15} N$ 原子质量为 15.000 1 u；中性 ${}_8^{15} O$ 原子质量为 15.003 0 u；中性 ${}_8^{16} O$ 原子质量为 15.999 4 u)

27-4 已知镭的半衰期为 $T=1\,600$ a,求镭的衰变常数.1.0 g 镭每秒将衰变掉多少个原子？

27-5 把 1.0×10^{-6} m³ 的某种放射性溶液输入人的血液,此溶液每秒放射 2 000 个 ${}_{11}^{24} Na$ 粒子.经过 $t=5.0$ h 取出 1.0×10^{-6} m³ 的血液,其放射性为每分钟放射 16 个粒子.设 ${}_{11}^{24} Na$ 的半衰期为 15 h,求人的血液的体积.

27-6 ${}^{40} K$ 放出 β 射线后衰变为稳定的 ${}^{40} Ar$,其半衰期为 1.37×10^9 a.从月球取得的某岩石样品中 ${}^{40} K$ 的原子数与 ${}^{40} Ar$ 的原子数的比值为 1:7,试估计此岩石样品形成的时间.

27-7 在岩洞人穴居过的山洞中找到一块炭样品,它所含的 ${}^{14} C$ 是现今炭中 ${}^{14} C$ 含量的

$\frac{1}{8}$. 试估计该炭样品的时间. 已知 ^{14}C 的半衰期是 5 730 a.

27-8 $^{235}_{92}$U 核俘获一个慢中子后发生的裂变反应有多种方式, 其中可能的一种是

$$^{235}_{92}\text{U} + ^{1}_{0}\text{n} \longrightarrow ^{139}_{54}\text{Xe} + ^{94}_{38}\text{Sr} + 3^{1}_{0}\text{n}.$$

235.043 9 u   1.008 7 u   138.917 8 u   93.915 u

计算上述裂变所释放出来的能量. 中子和有关中性原子的静止质量已标在反应方程的下方.

27-9 假定原子能发电站的效率为 16.7%, 试确定在一个功率为 5 000 kW 的原子能发电站中 $^{235}_{92}$U 一昼夜的消耗量. 设每个铀核在裂变时平均释放 200 MeV 的能量.

27-10 若一座 ^{235}U 反应堆每 30 d 用掉 2 kg 核燃料. 该反应堆的输出功率有多大?

27-11 试计算在反应

$$^{2}_{1}\text{H} + ^{3}_{1}\text{H} \longrightarrow ^{4}_{2}\text{He} + ^{1}_{0}\text{n}$$

中产生 1 MW 功率时, 氘和氚的消耗率. (假定由聚变反应产生的能量都可利用)

*第 28 章 现代宇宙学概述

广袤的宇宙深邃而神秘,从古至今,人类从未停止过探索宇宙的脚步.关于宇宙是如何起源和演化的,宇宙在空间上到底是有限还是无限的,宇宙将一直膨胀下去还是将来会转为收缩,这些问题曾经长期困扰着人们.1948年伽莫夫等人根据哈勃定律和当时核物理的知识,提出了宇宙大爆炸的理论.这一理论得到了诸如宇宙背景辐射、哈勃红移、宇宙中氦和氢丰度的测量等天文观测和核物理实验结果的支持.

28.1 宇宙学原理

▶ 28.1.1 牛顿万有引力理论的回顾

牛顿的万有引力定律是经典物理中最为激动人心的篇章,它证明了造成苹果落向地面的力、拉住月球使之围绕地球旋转的力以及维持行星在围绕太阳的轨道上运动的力,它们本质上都相同,都有相同性质的引力参与其运动,而且凡有引力参与的一切复杂现象,都能归结成一条简洁的牛顿万有引力定律.万有引力理论的建立起端于对天体运行规律的研究.从公元前后托勒玫的地心说到后来中世纪哥白尼的日心说,实质上都是试图以一条简洁的物理规律来描述天体的运动.随后,开普勒通过整理第谷20多年几千个天文观察数据,总结出行星运动的开普勒三定律:

(1) 行星沿椭圆轨道绕太阳运行,太阳位于椭圆的一个焦点上.(2) 对任一个行星来说,它的矢径在相等的时间内扫过相等的面积.(3) 行星绕太阳运动轨道半长轴 a 的立方与周期 T 的平方成正比,即 $\frac{a^3}{T^2}=K$. K 是太阳系的常量,与任何行星的性质无关.

开普勒三定律把复杂的天体运行规律描写得如此精确明瞭,他本人为能总结出如此简洁的物理定律而欣喜若狂.但他没有想到这三个定律中蕴涵着更为简明、更为普遍的牛顿万有引力平方反比定律,

$$F=G\frac{Mm}{r^2}.$$

其中 G 为引力常量,目前 G 的最佳推荐数值

$$G=6.673(10)\times 10^{-11} \text{ m}^3/(\text{kg}\cdot\text{s}^2).$$

这个万有引力平方反比定律是由牛顿经过长期周密思索,于1685年在他的"自然哲学的数学原理"中公布于世的.

但是，牛顿的万有引力定律是普适的吗？它能适用于遥远的星星吗？在牛顿活着的年代，对天体的测量还没有精确到足以提供这方面的证明. 尽管如此，牛顿本人还是坚信万有引力定律是普适的. 证明牛顿引力理论具有普适性的最生动的一幕已是牛顿身后的事了. 1781 年赫歇尔 (F. W. Herschel) 偶然发现了天王星. 不久，积累的数据表明天王星的运动有某些极小的不规则性，这种不规则性使人们怀疑在天王星外有颗未知的行星. 通过分析，天文学家根据万有引力定律计算出这颗新星在什么时候、什么方位上出现. 1846 年 6 月德国天文学家戈勒 (J. C. Galle) 在获悉后立即观测，当夜就找到了那颗新星——海王星. 1930 年汤姆玻夫 (G. W. Tambaugh) 同样根据海王星运动的不规则性又发现了冥王星. 海王星、冥王星的相继发现是对牛顿力学和万有引力定律的最为成功的例证. 万有引力理论不仅在太阳系中大显威力，而且也延伸到更为遥远的恒星世界. 1782 年 1 月，由于发现天王星而著名的赫歇尔出版了一本书，里面记载了 269 对双星，有的双星离地球 10 l.y. 之遥. 这种双星在天空中非常接近，当时他并不知道这些双星是否能形成一个系统，或者他就认为这些双星是仅出现在空间非常靠近的方位，而离开地球的距离各不相同. 约 20 年后赫歇尔重复对这些双星的观察，发现有些双星已经改变了它们的相对位置，这只能解释为它们正围绕对方在旋转. 经过其他天体物理学家的几十年的测量，表明这些双星的运行轨道也可以用牛顿的万有引力定律来描述. 对于尺度更大的宇宙结构，如星系团和超星系团，要做定量考察是件不容易的事，但是物理学家相信，那里也应有引力在起作用.

应当指出，牛顿力学在天文学上取得成功的实例都是作为两体问题处理的，两个星体在万有引力的作用下，围绕它们共同的质心做严格的周期运动，它们的运动是稳定的. 然而，太阳系中有好多个星体，它们彼此有万有引力作用，处理这些星体的运动是三体甚至多体问题. 在万有引力作用下的三体的动力学方程，可以按照牛顿定律严格给出，由于它们是非线性，无法得出解析解. 因而对于太阳这个复杂的多体系统，就应该研究它的混沌运动问题. 一般认为，对于大行星发生混沌运动的时间尺度会是非常长的，近期内出现的可能性实在太小了.

▶ **28.1.2 宇宙学原理**

人类首先是通过自己的眼睛来直接观察宇宙的，肉眼能看到的是太阳和月亮以及镶嵌在天穹中的无数的星星. 500 多年前，哥白尼建立了"日心说"，认为太阳是宇宙的中心，地球和其他行星都围绕太阳运动. 自从 1609 年伽利略发明了第一台能放大 30 倍的光学望远镜以后，人类研究宇宙的视野开始延伸到太阳系之外. 目前的射电望远镜已经使探测天体的电磁波从可见光扩展到微波、红外线、紫外线、X 射线和 γ 射线等全部波段. 安装在美国南加州 Palomar 山上的光学反射望远镜 Hale 的镜片直径达 5 m. 于 1990 年送上离地球 600 km 空间站的大型哈勃空间望远镜 HST，主镜口径达 2.4 m，重达 12.5 t，HST 可以摆脱地球上大气的干扰，从而得到遥远天体的直观图像. 通过这些仪器对宇宙的观察，目前已得到离地球 1×10^{10} l.y. 之外的天体和来自任何方向的极其微弱的辐射.

我们用肉眼所见夜空的无数恒星组成的银河系，它是由约 1×10^{11} 颗恒星组成的一个庞大的"旋涡"星系. 恒星的分布像一个扁平的铁饼，直径约 70 000 l.y.，中间隆起部分厚约 10 000 l.y.，外围有几条旋臂. 太阳系位于银河系边缘的一条旋臂上，离银心约 30 000 l.y.，沿圆轨道以 250 m/s 的速度旋转. 银河系中离太阳系最近的恒星是半人马座 α 星，距离约

4.23 l.y.. 织女星离太阳系约 32.6 l.y.. 宇宙中与银河系相似的恒星系统称作**星系**(galaxy). 在宇宙中已观察到的星系约有 1×10^{10} 个. 离我们最近的一个星系是肉眼依稀可见的"仙女座星系",离地球约 2.5×10^{6} l.y.. 通过 Hale 光学望远镜,可以在大熊星座的北斗星中发现上百万个星系.

星系在空间的分布不是完全无规则的,而呈某种结团现象,结成大大小小的"星系团"(Cluster),它们的尺度大小约为 1×10^{6} l.y.. 如银河系、仙女座系和另外 15 个较小的星系组成"本星系群". 目前观察的宇宙大小约 1×10^{10} l.y.. 从宇宙的尺度上看,宇宙在整体上是均匀的、各向同性的,宇宙没有中心,任何一个星系上的观察者所"看到"的宇宙学规律是一样的,他在同一时刻向任何方向看去,都看到同样的宇宙,这就是**宇宙学原理**.

28.2 膨胀的宇宙

▶ 28.2.1 哈勃定律

天体的运行受万有引力定律支配,由此产生了一个问题,即宇宙是否是静止的? 20 世纪初以前,人们一直认为宇宙是静止的,即宇宙既不在膨胀,也不在收缩,牛顿最先把这一思想表述出来,他认为宇宙在时间上和空间上都是无限的、静态的.

牛顿以后,在引力理论方面第二个大进展是 1917 年爱因斯坦的广义相对论. 爱因斯坦把他的新理论应用到作为整体的宇宙中去,发现甚至无限的宇宙也是可以静止的,即有名的宇宙有限无边静态解. 由于爱因斯坦相信宇宙既不是膨胀,也不是收缩,为此在他的方程中引进了被称为宇宙论常数这一项. 这个常数等价于排斥力,用以在大范围内平衡引力,这样便能得到一个静止的宇宙. 然而,自然界内找不到存在这一排斥力的证据. 不久人们就发现爱因斯坦的宇宙模型是不稳定的. 只要有一个扰动,就会破坏平衡,使宇宙永远膨胀或永远收缩.

事实上宇宙不是静止的,而是正在膨胀. 1923 年美国天文学家哈勃(Edwin Hubble 1889—1953)用当时世界上最大的光学望远镜对准仙女星云 M_{31} 观察,他认证出其中有一类亮度做周期性变化的超巨星(中文名"造文一"). 由它们的周期——光亮关系归算出 M_{31} 距离比我们银河系直径大几百倍. 由此确立了 M_{31} 是一个河外星系. 这样人们才知道宇宙比我们当初想象的要大得多. 在随后的几年中哈勃对我们周围的许多星系进行仔细测量,发现银河系以外星系谱线都出现向长波方向的频移. 这种遥远的恒星发出的光谱线比地球上同种物质的谱线波长长,称为**哈勃红移**.

按照相对论多普勒效应,当光源以速度 v 离开观察者而去时,观察者接收的频率 ν 与光源的频率 ν_0 之间有关系

$$\nu = \nu_0 \sqrt{\frac{c-v}{c+v}}. \tag{28.2-1a}$$

上式中 c 为真空中的光速. 天文学上习惯用红移 z 来表示波长(或频率)的变化

$$z \equiv \frac{\lambda - \lambda_0}{\lambda}.$$

对于 $v \ll c$,由(28.2-1a)式可得到

$$\nu = \nu_0 \sqrt{\frac{1-\frac{v}{c}}{1+\frac{v}{c}}} = \nu_0 \left(1 - \frac{1}{2} \cdot \frac{v}{c}\right)\left(1 - \frac{1}{2}\frac{v}{c}\right) = \nu_0 \left(1 - \frac{v}{c}\right). \tag{28.2-1b}$$

由上式可以得到

$$v = cz.$$

由红移 z 的测量,可得到光源,即星系离我们而去的退行速度 v. 哈勃仔细测量遥远星系的谱线的红移量,由此得知它们正以不同的速率离我们而去. 哈勃及其合作者 M. Humason 在 1931 年发表的一篇经典性论文中,比较了遥远星系与地球的距离以及它们离地球而去的速度,这些遥远星系是一个拥有上亿个星云的庞大体系. 结果,他们确认这个速度正比于它们同地球的距离 r. 这个关系式可以表述为

$$v = H_0 r. \tag{28.2-2}$$

上式称为**哈勃定律**,H_0 称为哈勃常数,它由实验测定. 由于 r 的测定很困难,H_0 的数值一直不大准确. 哈勃当年测得 $H_0 = 500 \text{ km} \cdot \text{s}^{-1} \cdot \text{MPC}^{-1}$,即离开我们 1 MPC 处的天体的退行速度是 500 km·s^{-1}. MPC 称为兆秒差距,是天文距离单位,

$$1 \text{ MPC} = 3.26 \times 10^6 \text{ l.y.}. \tag{28.2-3}$$

1994 年哈勃天体望远镜的观察结果

$$H_0 = (80 \pm 17.1) \text{ km} \cdot \text{s}^{-1} \cdot \text{MPC}^{-1}. \tag{28.2-4}$$

哈勃定律(28.2-2)式意味着星系都以正比于它们的距离的速度做彼此散开的退行运动,距离越大,相互分离的速度越快,整个宇宙在膨胀. 这种膨胀是全空间的均匀膨胀,在任何一点的观察者都会看到完全一样的膨胀. 哈勃的发现结束了传统的宇宙观,把一个永远静止的宇宙突变为一个膨胀的宇宙,哈勃定律为日后的大爆炸宇宙学的建立提供了重要的观测论据.

▶ 28.2.2 有关膨胀着的宇宙的讨论

从牛顿的万有引力定律、宇宙学原理和一个附加的假设便可以推导出有关膨胀着的宇宙的某些重要结论. 设想一个半径为 r 的球,有一个观察者在其中心 O (图 28-1). 位于球体表面的星系的运动看成是仅受球内星系的引力作用,而球外所有星系对球面上星系的引力是彼此抵消的,它们对球面上的星系不产生影响,这就是

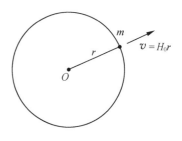

图 28-1

附加假设的内容. 这一假设对无限的宇宙似乎是有道理的,而用牛顿理论不能证明它是有效的. 只有用广义相对论来计算星系的运动,才能证明这一假设是正确的.

由于我们把宇宙中的物质看成是均匀分布的,因而球面上的质量为 m 的某星系,受球内星系的引力为 $F = G\frac{Mm}{r^2}$. M 为球内所有其他星系的总质量,$M = \rho \cdot \frac{4\pi r^3}{3}$. 其中 ρ 为这一时刻球内物质的平均密度.

如果作用在质量 m 的星系上除引力以外没有别的力,那么它的总能量 E 必须守恒. E 由下式决定

$$E = \frac{1}{2}mv^2 - G\frac{Mm}{r}. \qquad (28.2\text{-}5)$$

其中 v 是星系的退行速度，$-\frac{GMm}{r}$ 称为引力势能.

总能量 E 可能是正的、负的或零，完全取决于 v 的值. 如果 $E>0$，星系 m 将继续远离位于原点的观察者而去，最后达到无限远；如果 $E<0$，体系就是有界的，星系 m 将最终落到原点；如果 $E=0$，星系将勉强远离 O 点移动，它的速度将逐渐小下来，以致在无穷远处速度减小为零. 这与从地球上发射一个火箭完全类似，如果火箭发射速度越过其逃离速度(7.9 km/s)，火箭将不会落到地面上来；如果发射速度比逃离速度小，火箭将最终落到地面上来.

把哈勃定律 $v=H_0 r$ 以及 $M=\rho\cdot\frac{4}{3}\pi r^3$ 代入能量 E 表达式(28.2-5)，得到 $E=\frac{1}{2}m(H_0 r)^2-G\frac{4\pi r^3\cdot m}{3r}$，整理得

$$\frac{2E}{mr^2}=H_0{}^2-\frac{8\pi G\rho}{3}.$$

由此得到：

(1) $E>0$，即 $\rho<\frac{3H_0{}^2}{8\pi G}$，相当于膨胀的宇宙，或者说是一个开放的宇宙，它将一直膨胀下去.

(2) $E<0$，即 $\rho>\frac{3H_0{}^2}{8\pi G}$，相当于收缩的宇宙，它膨胀到一定时候就停止，开始收缩，宇宙是个封闭的宇宙.

(3) $E=0$，即 $\rho=\frac{3H_0{}^2}{8\pi G}$，相当于停止膨胀的宇宙，随之是崩塌.

我们把

$$\rho_c = \frac{3H_0{}^2}{8\pi G} \qquad (28.2\text{-}6)$$

称为**宇宙的临界密度**. 把哈勃常数的现在公认的数值 $H_0=(15\sim 30)$ km·s^{-1}·Ml.y.$^{-1}$，其中 Ml.y. 是百万光年，得到宇宙临界密度

$$\rho_c = (4.7\sim 6.7)\times 10^{-27}\ \text{kg/m}^3. \qquad (28.2\text{-}7)$$

这个 ρ_c 值相当于每 1 000 L 体积里有 3 个氢原子. 显然，宇宙究竟属于上面描述的哪一种情形，有赖于宇宙的实际密度 ρ 与临界密度 ρ_c 的比较.

根据最可靠的观察所估计的宇宙平均密度指出，宇宙所包含的总质量是不会大于要使它停止膨胀的 10%~20%，即估计宇宙的平均密度 $\rho=3\times 10^{-28}$ kg/m^3. 这个值是根据光学手段观测到的可见星系质量的估计值，再考虑微波背景辐射对密度的贡献 4×10^{-31} kg/m^3，二者之和也远小于 ρ_c. 这里可能还有某些理论上的争议，即把密度想象成更高以及刚好等于临界密度 ρ_c，减慢宇宙膨胀以致使膨胀停下来.

唯一能改变 $\rho<\rho_c$ 的结论是宇宙的总质量中可能另有一大部分未能被检测到，这些没有计算进去的质量是暗物质和无光辐射，统称"**暗物质**". 它们位于没有星系的"空"区域，无法用它们对邻近可见物体的影响来检测这些暗物质的引力. 是否有大量的暗物质的存在，是整个天体物理学争论的热点之一. 由丁肇中领导的一个大型国际合作实验项目，就是用实验

手段寻找宇宙中可能存在的暗物质.

由于宇宙在膨胀,星系正在彼此分开,这使我们能够推想过去发生了些什么?如果从时间上倒退回去,就会发现所有的星系原先是聚在一起的.在遥远过去的某一时刻以前,当时所有的物质挤成一巨大密度的物质——这是一个唯一能标志宇宙开始的条件,在那个起始时刻,宇宙突然开始它的膨胀,这一现象称为"大爆炸"(The Big Bang).

28.3 大爆炸模型

▶ 28.3.1 大爆炸模型 宇宙年龄

1948年,俄裔美籍物理学家伽莫夫(Geoge Gamov 1904—1968)首先提出,宇宙是从一个大爆炸的火球开始的,并预言大爆炸后,早期灼热的宇宙会留下一个微波辐射遗迹.然而在很长一段时间里,这一理论没有引起人们的注意,随着哈勃定律在天文观察中逐步得到证实,尤其是3 K微波背景辐射的发现,伽莫夫的大爆炸理论(The Big Bang)才得到重视.应该说,大爆炸理论的产生完全得益于天文学家们三个主要的观测结果.第一个,也是最值得注意的观测结果是哈勃红移和哈勃定律,宇宙正在膨胀.第二个观测结果是宇宙背景辐射,观测到大爆炸火球冷却以后余晖的存在.第三个观测结果是宇宙质量的25%是由氦元素提供的,即氦的丰度为25%,这与大爆炸理论的预计值是一致的.

宇宙在不断膨胀,宇宙的半径在随时间的增长而增大.倒推回去,宇宙的半径在过去某一时刻必须收缩为零,取目前的时刻为 t,宇宙半径收缩为零的时刻为0,那么这个 t 就是目前宇宙的年龄.这也可以估计宇宙起源于何时.我们知道,宇宙的总质量和能量造成了万有引力,这种相互的吸引力必须使膨胀减慢,这意味着过去的膨胀速率必然比今天的膨胀速率大,万有引力在减小膨胀速率上起着巨大作用.如果过去膨胀是很快的话,星系只要在很短的时间内就能达到现在分开的距离.通过计算一个遥远星系以它现在离开我们速度运动,需要多少时间到达现在的距离,就可以得到**宇宙年龄**的一个上限估计 T.由于速度是距离被时间除,于是有 $v=\dfrac{r}{T}$,按照哈勃定律 $v=H_0 r$,由此得到

$$T=\frac{1}{H_0}. \tag{28.3-1}$$

表明宇宙的最大可能年龄正是哈勃常数的倒数.目前公认的 H_0 的数值$(15\sim30)\times10^{-6}$ km/s·l.y.或是$(5\sim10)\times10^{-11}$/y.由此可以估计出宇宙的年龄上限在100亿年~150亿年,或者说"大爆炸"发生在100亿年~150亿年以前.应该指出,现在所看到的宇宙膨胀,并不是任何类型的宇宙斥力,而是过去大爆炸留下来的效应.这个宇宙膨胀的速度由于引力作用在逐渐降低,但减速是相当慢的,它不足以把膨胀在将来反过来变成收缩.

▶ 28.3.2 早期宇宙的遗迹——3 K微波背景辐射

1964年,美国贝尔电话实验室的两位年轻工程师彭齐亚斯(Arno Allan Penzias 1933—)和威尔逊(Robert Woodrow Wilson 1936—)安装了一台用来接收"回声"号人造卫星微波信号的喇叭形天线.为了检查这台天线的低噪声性能,他们将天线指向天空进行测量,得到了一

个意外的重大发现:在波长为 7.35 cm 处的测量表明,无论天线指向什么位置,总会接收到一定的微波噪声,与方向、日夜、季节都没有关系.他们把宇宙背景当作黑体,微波噪声就是宇宙背景的辐射.在扣除了大气和地球辐射的贡献以及天线的电阻损耗以后,得到这种背景辐射的等效温度是

$$T = 3 \text{ K}.$$

当时,他们两人还不了解这种辐射的具体含意,与他们同时进行类似实验但尚未成功的美国物理学家狄克(Robert H. Dick)在得知这一结果后很快就认定这些微波噪声是来自早期的宇宙辐射.在大约 100 亿年以前的宇宙曾以辐射为主,温度高达 10^{10} K 以上.随着宇宙膨胀,温度急剧下降.当温度下降到 4 000 K 时,光子开始与其他物质"脱耦",即宇宙对光子变得透明,宇宙开始了星系形成的过程,温度从 4 000 K 一直冷却到今天的 3 K.在这个过程中,光子几乎不再受到碰撞,它的能量的降低是由于宇宙尺度增大导致光的波长变长的结果,但仍然保持着与热平衡一样的黑体辐射谱.因此,3 K 微波背景辐射是几十亿年前宇宙留存在今天的遗迹,对它的精密测量可获得早期宇宙的信息.

3 K 背景辐射是一个非常关键性的实验,彭齐亚斯和威尔逊由于这个"偶然"的发现而获得 1978 年诺贝尔物理学奖.

▶ 28.3.3 宇宙形成　氦元素丰度

根据大爆炸理论及粒子物理的研究,可以得到这样一个宇宙的形成过程.

在宇宙早期,温度极高,达 10^{32} K.从爆炸 10^{-35} s 后宇宙开始膨胀,温度急剧下降.当温度下降到 10^{13} K 时,具有分数电荷和分数重子数的夸克开始结合成质子、中子、π 介子和 k 介子等各种强子.随着温度下降到 10^{11} K,目前已知的粒子,像质子、中子、光子、电子、中微子、μ 子、π 介子、超子等都出现,并处于不断的碰撞、转化和湮灭过程中.由于弱相互作用已经比电磁相互作用和强相互作用弱得多,只参与弱相互作用的中微子最先从热平衡状态中"脱耦",此时温度约为 $T = 1 \times 10^{10}$ K.此后中微子自由运动,很少同其他粒子碰撞.

约在大爆炸后 3 min,宇宙温度下降到 1×10^9 K,中子开始失去自由存在的条件,它要么发生衰变,要么与质子结合成氘核,

$$n + p \longrightarrow D + \gamma.$$

γ 光子的能量约为 2.2 MeV.中子 n 和氘核 D 都不稳定,但氘核与氘核经过碰撞形成氦核后,就稳定下来,宇宙进入核合成时代.温度进一步下降到 1×10^6 K 后,早期形成化学元素的过程结束,此时,宇宙中物质主要是质子、中子、光子和一些较轻的原子核.在可见物质中,按质量计算,氢原子核(即质子 p)占 3/4;占第二位的核素是氦($_2^4$He),它的质量百分比称为**氦丰度**.在微波背景辐射发现的同时,人们注意到,不论在宇宙的何种天体包括太阳,氦元素的丰度的测量值都在 24% 左右.1964 年科学家们根据大爆炸宇宙学理论,计算表明氦丰度为 23% ~ 25%.实际观测值与它基本相符,这是 3 K 微波背景辐射之后对大爆炸理论的又一有力支持.

温度下降到 4 000 K 以后,质子 p 与电子 e^- 复合成为中性的氢原子,

$$p + e^- \longrightarrow {}_1^1H + \gamma.$$

这里 γ 光子的能量是 13.6 eV.随着中性的氢和氦等原子形成,光子与它们的碰撞大大减少.也就是说,当宇宙一旦以重子物质为主时,光子也像中微子一样脱耦,宇宙对光子变得透

明，而光子自身保持黑体辐射谱并随着宇宙膨胀而一直冷却到今天的 3 K．

大约在大爆炸后 5×10^9 a，宇宙中的氢和氦逐渐凝聚成气体云，再进一步凝聚成星系、恒星、行星……成为今天看到的宇宙．

表 28-1 列出了宇宙形成的各个阶段．

表 28-1 宇宙演化时间表

时间	温度/K	能量	时代	物理过程
10^{-44} s	10^{32}	10^{19} GeV	普朗克时代	经典宇宙的开端，粒子产生
10^{-35} s	10^{28}	10^{15} GeV	大统一时代	暴胀的开始
10^{-32} s	10^{27}	10^{14} GeV		重子不对称产生
10^{-6} s	10^{13}	1 GeV	强子时代	夸克结合成强子
10^{-2} s	10^{11}	10 MeV	轻子时代	轻子过程
1 s	10^{10}	1 MeV		中微子脱耦
5 s	5×10^9	5×10^5 eV		e^+，e^- 湮灭，自由中子衰变
180 s	10^9	10^5 eV	核合成时代	^{4}He 原子核形成
4×10^5 a	4×10^3	0.4 eV	复合时代	中性原子形成
				光子脱耦
5×10^9 a				星系形成
				太阳系形成
1×10^{10} a	2.7(光子)	3×10^{-4} eV	现在	人类活动

应该指出，尽管大爆炸宇宙学已成为现代最有影响的理论，它所说明的观测事实也较多．但它也存在一些困难的问题，如"均匀性问题"和"奇点问题"等．

28.4 天体演化 黑洞

大约在 50 亿年前，宇宙中充满着大爆炸后生成的中性氢、氦原子，这是一团巨大的、弥散的、冷冰的云团，原子核相隔较远．在引力影响下，云团开始收缩，云团内部温度不断升高．当温度达到 7×10^6 K 时，氢聚变为氦的热核反应开始，云团向外辐射能量，表现为一个发光的恒星．氢聚变为氦这个过程维持的时间较长，恒星处于"壮年期"，体积和温度都没有明显的变化．目前，90% 的恒星处于这一阶段．太阳诞生于 50 亿年前，目前正处于壮年期，还有 50 亿年寿命．一般，恒星质量越大，发光功率也越大，寿命越短．

当恒星核心部分的氢耗尽，氢聚变停止，星体进入老年期．星体内部的压强顶不住引力，收缩重新开始，使核心温度进一步提高到 10^8 K，开始由氦聚变为碳，再依次合成氖、氧和硅等较重元素的热核过程，直到内部形成一个稳定的铁的核心，核燃料耗尽，恒星便进入晚年．

星体最后的归宿有三种可能，这与恒星形成时的质量 $M_{初}$ 和衰老时的质量 $M_{末}$ 有关，如表 28-2 所示．表中 M_s 是太阳的质量．

表 28-2 恒星演化的归宿

归宿	质量比	
	$M_{初}/M_s$	$M_{末}/M_s$
白矮星	1～8	0.4～1.4
中子星	8～50	1.4～3.2
黑洞	750	＞3.2

如果星体质量小于太阳质量 M_s 的 1.4 倍，引力坍缩停止，星体缓慢地消耗其余能量而成为白矮星．例如，天狼星的伴星，是一颗由致密的铁原子加电子组成的超固态的白矮星，其半径只有太阳的 1‰ 左右，平均密度高达 10^{10} kg/m³，压强高达 10^{19} Pa．

如果星体质量达到太阳质量的 1.4 倍，坍缩继续进行，温度迅速升高，产生向中心传播的强烈的冲击波，它们在中心会聚后再向外发射，产生超新星爆炸，它将星体的外部抛掷出去．在冲击波的强大压力下可以形成比铁更重的元素．中国古代曾首次完整记录了 1054 年 7 月的一次超新星爆发，它的残核就是"蟹状星云"．在超新星爆发后，星的核心部分继续坍缩，直到越来越多的高能电子和质子形成中子，最后坍缩停止，成为中子星．

如果星体质量很大，星体在形成中子星后，超流状态的中子气也抵挡不了强大的引力压强，坍缩继续进行，最后收缩为一个体积更小的天体．这种天体内部引力非常大，任何物体都无法从中逃出，而外界任何射向此天体的物质甚至光子都被它吸收，外界的观察者无法接收到来自此天体的辐射，所以被称为**黑洞**．双星系统中有可能存在黑洞，如天鹅座 X-1，其伴星可能是个黑洞．星系的核心也可能是黑洞，如河外星系 M87 是一个椭圆形星系，直径约 2.25×10^4 l.y.，用哈勃天文望远镜发现其核心有剧烈的爆发和喷射现象，发射很强的射电和 X 射线，周围的恒星被高速拖曳向核心运动，核心是一个高速转动的炽热气体盘，可能是一种巨大的黑洞．

1971 年，英国剑桥大学的物理学家霍金（Stephen W. Hawking 1942—2018）提出在早期宇宙挤压条件下，所有那些小而过分致密的物质团可以被压缩而形成无数小黑洞，称为**原始黑洞**．估计这样的小黑洞数量巨大，质量约为 10^{12} kg，而直径只有 10^{-15} m，与一个质子的大小相仿．1974 年，霍金又把量子理论应用到黑洞上来，认为由于存在能量和时间间隔的不确定关系，宇宙中有可能存在寿命极短的粒子-反粒子对，称作**虚对**（Virtual Pair）．设想在小黑洞边上出现了一个粒子-反粒子虚对，由于黑洞极小，粒子之一可能在洞内，而另一颗留在洞外，不得不变成现实世界中的真实粒子．对于在远处观察这一过程的人们来说，会观察到一颗粒子从黑洞而来，即黑洞发射出粒子．发射的各种粒子具有热辐射谱，有一个相应的温度

$$T=\frac{\hbar c^3}{8\pi kGM}.$$

其中 $k=1.38\times 10^{-23}$ J/K，是玻耳兹曼常量，G 是引力常量，M 是黑洞质量．黑洞温度与其体积成反比，当一个小黑洞在某一温度发射粒子和能量，其质量将减少，温度上升．发射越快，质量减少也越快，辐射越来越强，直到黑洞消亡．据估计，一个 10^9 kg 的小黑洞约在 30 a 后完全蒸发和爆炸，目前存留的小黑洞，质量必须大于 10^{12} kg．霍金认为，宇宙中还残留着许多小黑洞，我们的太阳系内就有一到两个，与其他行星、小行星等一起绕太阳运动．作为能源，一个轨道小黑洞可以以 γ 射线变换来的微波形式提供 6 000 MW 的功率，相当于 6 个大

型核电站.

在20世纪20年代为研究微观粒子运动规律而建立起来的量子理论,在50年后,霍金把它成功地应用到天体物理中,从量子的水平上证明"黑体不黑、越小越白".

爱因斯坦在评论量子理论的统计解释时曾说过:上帝不会和宇宙掷骰子(God does not play dice with universe).而霍金却说:上帝不仅掷骰子,而且有时还把它们掷得看不见(God not only plays dice but also sometimes throws them where they cannot be seen).

内 容 提 要

1. 宇宙学原理:从宇宙的尺度上看,宇宙在整体上是均匀的、各向同性的,宇宙没有中心,任何一个星系上的观察者所"看到"的宇宙学规律是一样的.

暗物质至今尚无定论.

2. 宇宙"膨胀".

(1) 哈勃红移:遥远恒星发出的光谱线比地球上同种物质的谱线波长长.

(2) 哈勃定律:星系都以正比于它们的距离的速度做退行运动,$v=H_0 r$.

1994年HST观察结果,哈勃常数 $H_0=(80\pm17.1)$ km·s^{-1}·MPC^{-1}.

3. 3 K 微波背景辐射:波长为7.35 cm的微波噪声,就是宇宙背景辐射,背景辐射的等效温度 $T=3$ K.

哈勃定律深远的意义在于向我们展示一个膨胀的宇宙.

4. 伽莫夫的"大爆炸"模型:宇宙是从一个大爆炸的火球开始的,并预言大爆炸后,早期灼热的宇宙会留下一个微波辐射遗迹.

(1) 3 K 微波背景辐射的发现,对大爆炸理论是一个支持.

(2) 大爆炸理论计算的氦丰度约为 $\frac{1}{4}=0.25$,与实际观测值相符,这是对大爆炸理论的又一个支持.

(3) 宇宙的年龄:$t=\frac{1}{H_0}$,根据哈勃常数 H_0,估计宇宙年龄大约在130亿年~200亿年.

5. 恒星演化的归宿:白矮星、中子星、黑洞.

附 录

1 基本物理常数的最新精确值
（——CODATA 1998 年推荐值）

表 1 精确的物理常数

物理量	符号	数　值	单　位
真空中光速	c	299 792 458	$m \cdot s^{-1}$
磁常数	μ_0	$12.566\ 370\ 614\cdots \times 10^{-7}$	$N \cdot A^{-2}$
电常数	ϵ_0	$8.854\ 187\ 817\cdots \times 10^{-12}$	$F \cdot m^{-1}$
标准重力加速度	g_n	9.806 65	$m \cdot s^{-2}$
标准大气压		101 325	Pa

表 2 基本物理常数 CODATA 1998 值与 1986 值

物理量	符号	1986 年推荐值	1998 年推荐值	单　位	精度提高倍数
引力常量	G	$6.672\ 59(85) \times 10^{-11}$	$6.673(10) \times 10^{-11}$	$m^3 \cdot kg^{-1} \cdot s^{-2}$	0.1
普朗克常量	h	$6.626\ 075\ 5(40) \times 10^{-34}$	$6.626\ 068\ 76(52) \times 10^{-34}$	$J \cdot s$	7.7
精细结构常数	α	$7.297\ 353\ 08(33) \times 10^{-3}$	$7.297\ 352\ 533(27) \times 10^{-3}$		12.2
摩尔气体常数	R	8.314 510(70)	8.314 472(15)	$J \cdot mol^{-1} \cdot K^{-1}$	4.8
阿伏伽德罗常量	N_A	$6.022\ 136\ 7(36) \times 10^{23}$	$6.022\ 141\ 99(47) \times 10^{23}$	mol^{-1}	7.5
玻耳兹曼常量	k	$1.380\ 658(12) \times 10^{-23}$	$1.380\ 650\ 3(24) \times 10^{-23}$	$J \cdot K^{-1}$	4.8
气体摩尔体积（标准状况）	V_m	$22.414\ 10(19) \times 10^{-3}$	$22.413\ 996(39) \times 10^{-3}$	$m^3 \cdot mol^{-1}$	4.8
洛施密特常量	n_0	$2.686\ 777\ 73(23) \times 10^{25}$	$2.686\ 75(47) \times 10^{25}$	m^{-3}	4.8
玻尔半径 $\alpha/(4\pi R_\infty)$	a_0	$0.529\ 177\ 249(24) \times 10^{-10}$	$0.529\ 177\ 208\ 3(19) \times 10^{-10}$	m	12.6
玻尔磁子	μ_B	$9.274\ 015\ 4(31) \times 10^{-24}$	$9.274\ 008\ 99(37) \times 10^{-24}$	$J \cdot T^{-1}$	8.37
电子磁矩	μ_e	$-928.477\ 01(31) \times 10^{-26}$	$-928.476\ 362(37) \times 10^{-26}$	$J \cdot T^{-1}$	8.4
质子磁矩	μ_p	$1.410\ 607\ 61(47) \times 10^{-26}$	$1.410\ 606\ 633(58) \times 10^{-26}$	$J \cdot T^{-1}$	8.1
中子磁矩	μ_n	$-0.966\ 237\ 07(40) \times 10^{-26}$	$-0.966\ 236\ 40(23) \times 10^{-26}$	$J \cdot T^{-1}$	1.7
核磁子 $e\hbar/(2m_p)$	μ_N	$5.050\ 786\ 6(17) \times 10^{-27}$	$5.050\ 783\ 17(20) \times 10^{-27}$	$J \cdot T^{-1}$	8.5

续表

物理量	符号	1986年推荐值	1998年推荐值	单位	精度提高倍数
μ子质量	m_μ	$1.8835327(11)\times10^{-28}$	$1.88353109(06)\times10^{-28}$	kg	18
τ子质量	m_τ		$3.16788(52)\times10^{-27}$	kg	
基本电荷	e	$1.60217733(40)\times10^{-19}$	$1.602176462(63)\times10^{-19}$	C	7.8
磁通量子	$\Phi_0=\dfrac{h}{2e}$	$2.06783461(61)\times10^{-15}$	$2.067833636(81)\times10^{-15}$	Wb	7.53
约瑟夫森常数	K_J	$483597.67(14)\times10^9$	$483597.898(19)\times10^9$	$Hz\cdot V^{-1}$	7.6
冯·克利青常数	R_K	$25812.8056(12)$	$25812.807572(95)$	Ω	12.2
法拉第常数	F	$96485.309(29)$	$96485.3415(29)$	$C\cdot mol^{-1}$	7.5
电子荷质比	$\dfrac{e}{m_e}$	$-1.75881962(53)\times10^{11}$	$-1.758820174(71)\times10^{11}$	$C\cdot kg^{-1}$	7.5
经典电子半径	r_e	$2.81794092(38)\times10^{-15}$	$2.817940285(31)\times10^{-15}$	m	12.26
电子质量	m_e	$9.1093897(54)\times10^{-31}$	$9.10938188(72)\times10^{-31}$	kg	7.5
(以u表示)		$5.48579903(13)\times10^{-4}$	$5.485799110(12)\times10^{-4}$	u	11
质子质量	m_p	$1.6726231(10)\times10^{-27}$	$1.67262158(13)\times10^{-27}$	kg	7.7
(以u表示)		$1.007276470(12)$	$1.00727646688(13)$	u	91
中子质量	m_n	$1.6749286(10)\times10^{-27}$	$1.67492716(13)\times10^{-27}$	kg	7.7
(以u表示)		$1.008664904(14)$	$1.00866491578(55)$	u	26
氘核质量	m_d	$3.3435860(20)\times10^{-27}$	$3.34358309(26)\times10^{-27}$	kg	7.7
(以u表示)		$2.013553214(24)$	$2.01355321271(35)$	u	69
里德伯常量	R_∞	$10973731.534(13)$	$10973731.568549(83)$	m^{-1}	157
斯特藩-玻尔兹曼常量	σ	$5.67054(19)\times10^{-8}$	$5.670400(40)\times10^{-8}$	$W\cdot m^{-2}\cdot K^{-4}$	4.8
维恩位移常数	b	$2.897756(24)\times10^{-3}$	$2.8977686(51)\times10^{-3}$	$m\cdot K$	4.7
电子伏	eV	$1.60217733(49)\times10^{-19}$	$1.602176462(63)\times10^{-19}$	J	7.8
原子质量单位	u	$1.6605402(10)\times10^{-27}$	$1.66053873(13)\times10^{-27}$	kg	7.7

  基本物理常数的确立及其精密测定与物理学的发展起着互相促进的作用. 物理常数总是伴随物理学基本定律的发现而确立的; 而这些常数的测定既是对物理规律的有力验证, 又使应用物理公式作许多具体数值计算成为可能. 物理学的新成果常为提高物理常数的精度提供条件, 而高精度的测量又可能为新的科学发现准备好基础.

  因此各国物理学家及计量标准部门一直十分重视物理常数的测定, 但在测定同一个常数时, 各国可能用不同的方案, 其结果就不会完全一致. 国际科协联合会在1966年成立了科学技术数据委员会(the Committee on Data for Science and Technology, 简称CODATA)以确认基本常数值并推广应用. CODATA为此在1969年设立基本常数任务组, 其目的是定期提供基本常数值. CODATA已先后在1973年与1986年两次推荐了基本常数值, 后者的精度比前者约提高一个数量级. 1990年以来, 各常数的测定又有了新的改进, 特别是电子磁矩反常α_e、普朗克常量h和摩尔气体常数R的精度获较大提高, 使CODATA打算修改全部常数值. 经过6年的数据收集、分析及综合平差, CODATA提出了第三次基本常数推荐值. 数据收集截止期为1998年12月31日, 推荐值发表于1999年底的 J. Phys. Chem. Ref.

Data,2000 年 4 月的 Rev. Mod. Phys. 与 2000 年 8 月的 Physics Today 的增刊上.

有几个基本常数已被用于定义国际单位制的基本量,反过来说这些常数具有精确值,见表 1. 如光速 c 用于定义长度单位,国际度量衡局（Bureau International des Poids et Measures,简称 BIPM）规定 1 m 为"真空中光在 1/299 792 458 s 中经过的距离";又如碳 12 的摩尔质量为 12 g 等. 至于重力加速度 g,不仅随测量地点所处纬度、海拔高度及地质情况而异,而且在同一地点也因日、月的引力引起千万分之几日的变化,为此 BIPM 规定了标准值 g_n. 类似地,也为大气压规定了标准值,还有单位制所需的常数 ε_0 和 μ_0（$=4\pi\times10^{-7}$）. 只要这些规定不变,这批常数总是精确的.

用于代替 1986 年值的 1998 年物理常数推荐值也有 100 多个,本书择其要者列入表 2 并稍作介绍.

摩尔气体常数 R 的 1998 值来自二项氩气中的声速测定：美国用 2.4 kHz 到 9.5 kHz 之间 5 个不同的频率在充氩的球形容器（内直径 180 mm）中激发出相应径向对称共振模式,英国则用 5.6 kHz 的声波在直径为 30 mm 的可变长度圆柱形谐振腔内激发出共振模式.

把单个电子囚禁于 Penning 阱内测出其磁矩反常 a_e,再结合利用量子电动力学计算 a_e 的新表达式,使精细结构常数 α 的不确定度降至 3.7×10^{-9}.

普朗克常量的精度提高得益于约瑟夫森常数 K_J 和冯·克利青常数 R_K 的精度提高,因为 $K_J^2 R_K = \dfrac{4}{h}$.

约瑟夫森在 1962 年发现,用频率从 10 GHz 到 100 GHz 的电磁波照射在超导体-绝缘体-超导体器件上时,通过器件的电流随所加电压增加呈阶梯式上升,这种现象称为约瑟夫森效应,第 n 级电压 $U_J(n) = \dfrac{nf}{K_J}$,K_J 即约瑟夫森常数. 理论上已证明 $K_J = \dfrac{2e}{h}$,实验中已用此效应实现电压标准的复现. 国际度量衡委员会（CIPM）规定自 1990 年 1 月 1 日起,以 K_{J-90} = 483 597.9 GHz/V 来复现国际制（SI）的伏特.

冯·克利青在 1980 年发现,用半导体材料制成的霍耳器件冷却到 1 K、所处磁场达 10 T 时,霍耳电压 U_H 随磁场增加呈阶梯式上升,这种现象被称为量子霍耳效应,第 i 级霍耳电压除以所通电流 I 得霍耳电阻 $R_H(i)$,$R_H(i) = \dfrac{R_K}{i}$,R_K 被称为克利青常数. 理论上已证明 $R_K = \dfrac{h}{e^2}$,实验中 R_K 可用于复现电阻标准. CIPM 规定自 1990 年 1 月 1 日起,电阻标准 Ω_{90} 由 R_{k-90} = 25 812.807 Ω_{90} 来复现.

对同一电阻先后用霍耳电阻及其他方法加以测量,就可计算出克利青常数 R_K. 目前世界上测电阻的其他方法以计算电容法精度最高,计算电容还只有美、澳、英、中 4 个国家会设计制作. 张钟华院士设计的中国计算电容鉴定于 1985 年,在 1995 年以所测 R_K 的 SI 值参加国际比对,为 R_K 的精密确定做出了一份贡献,也为我国争得了荣誉.

普朗克常量 h 的值不但可以由分别测得的 R_K 与 K_J 算得,还可能在电磁学实验中测 $K_J^2 R_K$ 而得,英国 Kibble 就提出了这样的设计. 考虑长 l 的直导线通以电流 I,在垂直磁场 B 中受力 $F = BIl$,让此力与砝码 m_s 受的重力相平衡,则 $BIl = m_s g$；如让同样的导体不通电流,以速度 v 做切割磁场的运动,产生电势 $U = Blv$,从二式中消去 Bl,则 $UI = m_s gv$. 如果 U 用约瑟夫森效应测得,I 用约瑟夫森效应与量子霍耳效应测得,则 UI 中就含有 K_J 与 R_K. 此

法的好处是避免测 B 及 l，因 UI 的单位相当于瓦特，英国与美国都把此种实验装置称为瓦特秤。经过上千次测量，把 h 的不确定度降至 9×10^{-8}.

α,R 与 h 这三个常数不仅自身很重要，而且还是决定许多常数的基础，提高它们的精度具有深远意义。

里德伯常量 $R_\infty=\alpha^2\dfrac{m_ec}{2h}$，也可直接测定。1990 年前利用测定氢谱线波长，已达到 10 位有效数字。在 1990 年后，各国改为测定光波的频率，精度提高二个数量级。

卡文迪许早在 200 年前首次测定了万有引力常数 G 的值，当时他用扭秤法测得 $G=6.754\times10^{-11}$ N·m²·kg⁻²，可是 G 的精度至今未能像其他常数那样得到很大提高。G 的 1986 值采用了美国 Luther 在 1982 年的扭秤法（动态）结果。1990 年以来，各国又多次测定 G 值，所用方法有 5 种。

可是这些实验结果未能提高 G 的精度，彼此又不一致。CODATA 决定仍沿用 G 的 1986 年值，并把不确定度扩大 10 倍。美国 Gundlach 用改进的扭摆测得 G 值为 $6.674\ 215(92)\times10^{-11}$ N·m²·kg⁻²（Physics Today，2000 年 7 月）。

在计算 R,F 等常数值时，涉及 Ar，Ag 等元素的原子质量。CODATA 使用的原子质量来自设在法国的原子质量数据中心（Atomic Mass Data Center，简称 AMDC），其 1995 年发表的数值已达到 10^{-8} 甚至 10^{-10} 的精度。

按照国际惯例，CODATA 推荐值的标准不确定度 u 列在各数据后的括弧内，用两位数表示。u 的最后一位与该数据的最后一位的位数相同。相对不确定度 u_r 可由此算出。例如，1998 年普朗克常量 h 值的 $u_r=\dfrac{0.000\ 000\ 52}{6.626\ 068\ 76}=7.8\times10^{-8}$，两次推荐值的精度提高倍数视为 $\dfrac{u_{86}}{u_{98}}$（下标为年份简写），对于 h 而言提高了 $\dfrac{0.000\ 004\ 0}{0.000\ 000\ 52}=7.7$ 倍。从表 2 中可以看出，除了 G 以外，绝大多数常数的精度提高了 5 倍～12 倍，最突出的是 R_∞，精度提高 157 倍，达到 13 位有效数字。物理常数 1998 值的精度比 1986 值又提高了一个数量级，反映了物理科学与计量技术的发展。各常数 1998 值对 1986 值的偏移，不超过 1986 年不确定度的 2 倍。这两批推荐值的一致性说明了测量方法的可靠性与物理常数的稳定性。

但 CODATA 1998 值并非终极数据，CODATA 仍希望能不断改进物理常数的测定。由于数据交换已可通过国际互联网进行，这次用于数据分析及最小二乘法平差的程序可继续使用。CODATA 打算今后每隔 4 年发表最新物理常数值，如出现重大改进，还可提前进行。CODATA 的网站设在美国标准技术研究院，点击 physics.nist.gov/constants 即可获得新的推荐值。

参考文献

1 Mohr, P. and Taylor, B. CODATA recommended values of the fundamental physical constants: 1998. *Reviews of Modern Physics*, 2000(2): 351-488.

2 Mohr, P. and Taylor, B. The fundamental physical constants. *Physics Today*, 2000(8): 6-13.

2 国际单位制

第11届国际度量衡大会(Conférence Générale des Poids et Mesures,简称 GPM)在 1960年通过了在米制的基础上发展起来的国际单位制(Systéme International d'unités,简称 SI). SI 用长度、时间、质量、电流、热力学温度、物质的量和发光强度等 7 个互相独立的基本单位构成的科学技术各领域中所需要的全部单位. 1984 年 1 月,我国国务院第 21 次常务会议决定在国际单位制的基础上进一步统一我国的计量单位. 1984 年 2 月,国务院发布命令实行《中华人民共和国法定计量单位》. 国际单位制包括下列三部分内容:

(1) 国际制单位. 单位分基本单位、辅助单位和导出单位三类. 基本单位 7 个,辅助单位 2 个,列入表附 2-1. 导出单位是通过定义式由基本单位导出的,其中有 19 个具有专门名称,见表附 2-2. 所有单位的符号均用正体拉丁字母表示,源于人名的单位首字母大写,其余都小写. 我国法定计量单位中包括少量已长期使用的非国际制单位,有:时间(日、小时、分)、角度(度、分、秒)、转速(转/分)、质量(吨、原子质量单位)、体积(升)、能量(电子伏)和级差(分贝)等.

(2) 国际制词头. 见表附 2-3.

(3) 国际制的十进倍数与分数单位. 由国际制词头冠于国际制单位前构成;但有一个例外:质量单位由词头加在"克"前构成.

附 2-1 国际单位制的基本单位与辅助单位

量的名称	单位名称	单位符号	定义(BIPM・1998)
基本单位			
长度	米	m (meter)	光在真空中 1/299 792 458 s 时间间隔内所经过路程的长度
质量	千克(公斤)	kg (kilogram)	国际千克原器的质量
时间	秒	s (second)	铯-133 原子基态的两个超精细能级之间跃迁所对应辐射 9 192 631 770 个周期的持续时间
电流	安[培]	A (ampere)	真空中截面积可忽略的两根相距 1 m 的无限长平行圆直导线内通以等量恒定电流,导线间相互作用力在每米长度上为 2×10^{-7} N 时,每根导线中的电流
热力学温度	开[尔文]	K (kelvin)	水的三相点热力学温度的 1/273.16
物质的量	摩[尔]	mol (mole)	某一系统的物质的量,该系统中所包含的基元数与 0.012 kg 的碳-12 的原子数目相等. 在使用摩尔时,应指明基本单位元是原子、分子、离子、电子或别的粒子,或粒子的特定组合
发光强度	坎[德拉]	cd (candela)	一光源在给定方向上的发光强度,该光源发出频率为 540×10^{12} Hz 的单色辐射,且在该方向上的辐射强度为 1/683 W/sr
辅助单位			
平面角	弧度	rad (radian)	长度等于半径的弧所对的圆心角
立体角	球面度	sr (spherical radian)	面积等于半径平方的球面所对的立体角

注:在不引起混淆的情况下,单位名称可以用简称,即方括号[ ]之外的称呼,下同.

附 2-2　国际单位制中具有专门名称的导出单位

量的名称	单位名称	单位符号	SI 单位表示	SI 基本单位表示
频率	赫[兹]	Hz	—	s^{-1}
力,重力	牛[顿]	N	J/m	$m \cdot kg \cdot s^{-2}$
压力,压强,应力	帕[斯卡]	Pa	N/m^2	$m^{-1} \cdot kg \cdot s^{-2}$
能[量],功,热量	焦[耳]	J	$N \cdot m$	$m^2 \cdot kg \cdot s^{-2}$
功率,辐[射能]通量	瓦[特]	W	J/s	$m^2 \cdot kg \cdot s^{-3}$
电荷[量]	库[仑]	C	—	$A \cdot s$
电压,电动势,电位(电势)	伏[特]	V	W/A	$m^2 \cdot kg \cdot s^{-3} \cdot A^{-1}$
电容	法[拉]	F	C/V	$s^4 \cdot A^2 \cdot m^{-2} \cdot kg^{-1}$
电阻	欧[姆]	Ω	V/A	$m^2 \cdot kg \cdot s^{-3} \cdot A^{-2}$
电导	西[门子]	S	A/V	$s^3 \cdot A^2 \cdot m^{-2} \cdot kg^{-1}$
磁通[量]	韦[伯]	Wb	$V \cdot s$	$m^2 \cdot kg \cdot s^{-2} \cdot A^{-1}$
磁通[量]密度,磁感应强度	特[斯拉]	T	Wb/m^2	$kg \cdot s^{-2} \cdot A^{-1}$
电感	亨[利]	H	Wb/A	$m^2 \cdot kg \cdot s^{-2} \cdot A^{-2}$
摄氏温度	摄氏度	℃	—	K
光通量	流[明]	lm	$cd \cdot sr$	
[光]照度	勒[克斯]	lx	$cd \cdot sr \cdot m^{-2}$	
[放射性]活度	贝可[勒尔]	Bq	—	s^{-1}
吸收剂量	戈[瑞]	Gy	J/kg	$m^2 \cdot s^{-2}$
剂量当量	希[沃特]	Sv	J/kg	$m^2 \cdot s^{-2}$

附 2-3　国际单位制词头

倍数	名称 (拉丁文)	名称 (中文)	符号	分数	名称 (拉丁文)	名称 (中文)	符号
10^{24}	yotta	尧[它]	Y	10^{-1}	deci	分	d
10^{21}	zetta	泽[它]	Z	10^{-2}	centi	厘	c
10^{18}	exa	艾[可萨]	E	10^{-3}	milli	毫	m
10^{15}	peta	拍[它]	P	10^{-6}	micro	微	μ
10^{12}	tera	太[拉]	T	10^{-9}	nano	纳[诺]	n
10^{9}	giga	吉[伽]	G	10^{-12}	pico	皮[可]	p
10^{6}	mega	兆	M	10^{-15}	femto	飞[母托]	f
10^{3}	kilo	千	k	10^{-18}	atto	阿[托]	a
10^{2}	hecto	百	h	10^{-21}	zepto	仄[普托]	z
10^{1}	deca	十	da	10^{-24}	yocto	幺[科托]	y

100 多年来,从米制的度量衡标准到现在的国际制基本单位,除质量标准外,已逐步实现从实物基准向自然基准(即以物理现象为标准)的转化,同时精度不断提高.以长度为例,1889 年首届 CGPM 上确定米原器(相当于地球子午圈长度四千万之一)为标准,1960 年 11 届 CGPM 改用 ^{86}Kr 发出的红光波长为标准,1983 年 17 届 CGPM 又改为精度为 10^{-10} 的真空中光速作标准.又如时间单位,也从稳定度 10^{-8} 的平太阳时改为精度 10^{-13} 的铯原子钟(1967 年 13 届 CGPM).这是因为物理现象更稳定,更可靠,也反映了科学技术在飞跃发展.

3 历年诺贝尔物理学奖获得者及其研究成果

授奖年份	获奖者	国籍	研究成果
1901 年	伦琴(Wilhelm Konrad Röntgen 1845—1923)	德国	发现 X 射线(1895 年)
1902 年	塞曼(Pieter Zeeman 1865—1943)	荷兰	发现磁场对原子辐射现象的影响(塞曼效应)(1896 年)
	洛伦兹(Hendrik Antoon Lorentz 1853—1928)	荷兰	解释塞曼效应
1903 年	贝克勒尔(Antoine Henri Becquerel 1852—1908)	法国	发现天然放射性现象(1896 年)
	居里(Pierre Curie 1859—1906)	法国	发现放射性元素钋和镭(1898 年)
	居里夫人(Marie Sklodowska Curie 1867—1934)	法国	
1904 年	瑞利(Lord John William Rayleigh 1842—1919)	英国	研究重要气体的密度和发现氩(1895 年)
1905 年	勒纳德(Philipp Eduard Anton Lenard 1862—1947)	德国	关于阴极射线的研究
1906 年	汤姆孙(Joseph John Thomson 1856—1940)	英国	关于气体导电的实验和理论研究
1907 年	迈克耳孙(Albert Abraham Michelson 1852—1931)	美国	创制精密的干涉仪,并用其进行度量学的研究
1908 年	李普曼(Gabriel Lippmann 1845—1921)	法国	发明应用干涉现象的天然彩色照相法(1891 年)
1909 年	马可尼(Guglielmo Marconi 1874—1937)	意大利	研制无线电报及对发展无线电通信的贡献
	布劳恩(Karl Ferdinand Braun 1850—1918)	德国	
1910 年	范德瓦耳斯(Johannes Diderik van der Waals 1837—1923)	荷兰	关于气态和液态方程的研究
1911 年	维恩(Wilhelm Wien 1864—1928)	德国	热辐射定律的导出和研究
1912 年	达伦(Nils Gustaf Dalén 1869—1937)	瑞典	发明用于灯塔和航标灯的自动控制器
1913 年	开米林-昂纳斯(Heike Kamerlingh Onnes 1853—1926)	荷兰	研究低温物性并制成液氦
1914 年	劳厄(Max Felix Theodor von Laue 1879—1960)	德国	发现晶体的 X 射线衍射(1912 年)
1915 年	亨·布喇格(William Henry Bragg 1862—1942)	英国	用 X 射线研究晶体结构
	劳·布喇格(William Lawrence Bragg 1890—1971)	英国	
1916 年	未发奖		

续表

授奖年份	获奖者	国籍	研究成果
1917年	巴克拉(Charles Glover Barkla 1877—1944)	英国	发现元素的标识(本征)伦琴辐射(1908年)
1918年	普朗克(Max Karl Ernst Ludwig Planck 1858—1947)	德国	发现基本量子,提出能量量子化假说(1900年)
1919年	斯塔克(Johannes Stark 1874—1957)	德国	发现正离子辐射的多普勒效应以及氢光谱线在电场作用下的分裂(1913年)
1920年	纪尧姆(Charles Edouard Guillaume 1861—1938)	法国	发现镍钢合金的反常性及在精密仪器中的应用
1921年	爱因斯坦(Albert Einstein 1879—1955)	德国	对理论物理的贡献和用光量子假设解释光电效应(1905年)
1922年	玻尔(Niels Henrik David Bohr 1885—1962)	丹麦	研究原子结构和原子辐射
1923年	密立根(Robert Andrews Millikan 1868—1953)	美国	基元电荷和光电效应方面的研究,油滴实验
1924年	西格班(Karl Manne Georg Siegbahn 1886—1978)	瑞典	X射线光谱学方面的发现和研究
1925年	弗兰克(James Franck 1882—1964) 赫兹(Gustav Ludwig Hertz 1887—1975)	德国 德国	发现电子与原子的碰撞规律
1926年	佩兰(Jean Baptiste Perrin 1870—1942)	法国	对物质不连续结构的研究,特别是发现沉积平衡
1927年	康普顿(Arthur Holly Compton 1892—1962) 威耳逊(Charles Thomson Rees Wilson 1869—1959)	美国 英国	发现和解释康普顿效应(X射线经散射后波长改变) 发明威耳逊云室(1911年)
1928年	里查孙(Owen Willans Richardson 1879—1959)	英国	关于热电子发射的研究,特别是金属加热后发射出的电子数与温度的关系
1929年	德布罗意(Louis Victor de Broglie 1892—1960)	法国	发现电子的波动性质
1930年	拉曼(Chandrasekhara Venkata Raman 1888—1970)	印度	关于光散射的研究,并发现类似于X射线康普顿效应的可见光效应(拉曼效应)
1931年	未发奖		
1932年	海森堡(Werner Karl Heisenberg 1901—1976)	德国	创立量子力学(1925年),提出不确定关系作为量子力学的解释(1927年)

续表

授奖年份	获奖者	国籍	研究成果
1933 年	薛定谔(Erwin Schrödinger 1887—1961)	奥地利	得到量子力学的波动力学方程(1926 年)
	狄拉克(Paul Adrien Maurice Dirac 1902—1984)	英国	对量子力学的贡献,预言正电子的存在
1934 年	未发奖		
1935 年	查德威克(James Chadwick 1891—1974)	英国	发现中子(1932 年)
1936 年	赫斯(Victor Francis Hess 1883—1964)	奥地利-美国	发现宇宙射线
	安德森(Carl David Anderson 1905—1991)	美国	发现正电子(1932 年)
1937 年	戴维孙(Clinton Joseph Davisson 1881—1958)	美国	发现电子的晶体衍射
	汤姆孙(George Paget Thomson 1892—1975)	英国	
1938 年	费米(Enrico Fermi 1901—1954)	意大利	用中子轰击法制成新的人工放射性元素,实现原子核链式反应
1939 年	劳伦斯(Ernest Orlando Lawrence 1901—1958)	美国	发明回旋加速器以及用以取得的成果
1940 年	未发奖		
1941 年	未发奖		
1942 年	未发奖		
1943 年	斯特恩(Otto Stern 1888—1969)	德国-美国	发现质子磁矩
1944 年	拉比(Isidor Isaac Rabi 1898—1988)	美国	用分子束共振法精确测定原子和分子的磁矩(30 年代)
1945 年	泡利(Wolfgang Pauli 1900—1958)	奥地利-美国	发现泡利不相容原理(1925 年)
1946 年	布里奇曼(Percy Williams Bridgman 1882—1961)	美国	发明高压装置以及在高压物理学方面的许多发现
1947 年	阿普顿(Edward Victor Appleton 1892—1965)	英国	研究大气高层的物理性质,发现高空电离层
1948 年	布莱克特(Patrick Maynard Stuart Blackett 1897—1974)	英国	发展威耳逊云室方法,以及在核物理和宇宙辐射方面的贡献
1949 年	汤川秀树(1907—1981)	日本	在核力理论的基础上预言介子的存在(后由其他人在宇宙射线中找到)

续表

授奖年份	获奖者	国籍	研究成果
1950 年	鲍威尔(Cecil Frank Powell 1903—1969)	英国	发明研究核过程的照相乳胶法以及发现 π 介子(1947 年)
1951 年	科克劳夫(John Douglas Cockcroft 1897—1967) 瓦尔顿(Ernest Thomas Sinton Walton 1903—1995)	英国 爱尔兰	发现用人工加速粒子使原子核蜕变
1952 年	布洛赫(Felix Bloch 1905—1983) 珀赛尔(Edward Mills Purcell 1912—1997)	美国 美国	发现固体中的核磁共振
1953 年	塞尔尼克(Frits Zernike 1888—1966)	荷兰	发明相衬显微镜(1935 年)
1954 年	玻恩(Max Born 1882—1970)	德国-英国	对量子力学的基础研究,特别是对波函数的统计注释
	玻特(Walther Wilhelm Georg Bothe 1891—1957)	德国	用符合电路法研究宇宙射线,检测到电磁辐射的散射量子和伴随着一个反冲电子
1955 年	兰姆(Willis Eugene Lamb. Jr 1913—2008) 库什(Polykarp Kusch 1911—1993)	美国 美国	发现氢光谱的精细结构 测定电子磁矩
1956 年	肖克莱(William Bradford Shookley 1910—1989) 巴丁(John Bardeen 1908—1991) 布拉顿(Walter Houser Brattain 1902—1987)	美国 美国 美国	半导体方面的研究以及发现半导体三极管的作用
1957 年	杨振宁(1922—) 李政道(1926—)	中国-美国 中国-美国	理论证明不稳定基本粒子衰变时宇称不守恒.随后得到了实验证明
1958 年	切伦科夫(Павел Алексеевич Черенков 1904—1990) 福兰克(Илъя Михайлович Франк 1908—1990) 塔姆(Игорь Евгеньевич Тамм 1895—1971)	苏联 苏联 苏联	发现(1934 年)和解释切伦科夫效应
1959 年	西格里(Emilio Gino Segrè 1905—1989) 张伯伦(Owen Chamberlain 1920—2006)	意大利-美国 美国	发现反质子(1955 年)
1960 年	格拉塞尔(Donald Arthur Glaser 1926—)	美国	发明气泡室(1952 年)
1961 年	霍夫斯塔特(Robert Hofstadter 1915—1990)	美国	测定质子、中子及其他核子的大小及电磁结构
	穆斯堡尔(Rudolf Ludwig Mössbaure 1929—)	德国	发现 γ 射线的无反冲共振吸收(穆斯堡尔效应)(1958 年)
1962 年	朗道(Лев Давыдович Ландау 1908—1968)	苏联	对物质凝聚态理论的研究,特别是液氦的研究

续表

授奖年份	获 奖 者	国籍	研究成果
1963 年	维格纳(Eugene Paul Wigner 1902—1995)	匈牙利-美国	发现原子核中质子与中子相互作用的原理
	迈耶夫人(Maria Goeppert Mayer 1906—1972)	波兰-美国	分别提出核壳层模型
	詹森(Johannes Hans Daniei Jensen 1907—1973)	德国	
1964 年	汤斯(Charles Hard Townes 1915—2015)	美国	分别独立制成微波激射器，以及在量子电子学方面的成就
	巴索夫(Николай Геннадиевич Вáсов 1922—2001)	苏联	
	普罗霍罗夫(Александр Михайлович Прóхоров 1916—)	苏联	
1965 年	费曼(Richard Phillips Feynman 1918—1988)	美国	在量子电动力学基本原理方面分别做出的贡献
	施温格(Julian Seymour Schwinger 1918—1994)	美国	
	朝永振一朗(1906—1979)	日本	
1966 年	卡斯特勒(Alfred Kastler 1902—1984)	法国	发现并发展光学方法以研究原子中的赫兹共振
1967 年	玻特(Hans Albrecht Bethe 1906—2005)	德国-美国	对核反应理论的贡献，特别是有关恒星能源方面的理论
1968 年	阿尔瓦伦兹(Luis Walter Alvarez 1911—1988)	美国	对基本粒子的研究和发现共振态粒子
1969 年	盖曼(Murray Gell-Mann 1929—2019)	美国	关于基本粒子的分类以及相互作用方面的贡献
1970 年	阿尔芬(Hannes Alfvén 1908—1995)	瑞典	磁流体动力学的基本研究和发现
	奈耳(Louis Néel 1904—2000)	法国	反铁磁性和铁氧体磁性的基本研究和发现
1971 年	伽柏(Dennis Gabor 1900—1979)	匈牙利-英国	发明和发展全息照相
1972 年	巴丁(John Bardeen 1908—1991)	美国	提出超导理论(BCS 理论)(1957 年)
	库柏(Leon N. Cooper 1930—)	美国	
	施里弗(John Robert Schrieffer 1931—2019)	美国	
1973 年	约瑟夫森(Brian David Josephson 1940—)	英国	发现约瑟夫森效应(1962 年)
	加福尔(Ivar Giaever 1929—)	美国	关于超导体和半导体中隧道效应的贡献
	江崎玲於奈(1925—)	日本	
1974 年	赖尔(Martin Ryle 1918—1984)	英国	射电天文学方面的贡献(赖尔在测量技术上，赫威斯发现脉冲星)
	赫威斯(Antony Hewish 1924—)	英国	

续表

授奖年份	获奖者	国籍	研究成果
1975 年	阿·玻尔（Aage Niels Bohr 1922—2009） 莫特尔森（Ben Roy Mottelson 1926—） 雷恩瓦特（Leo James Rainwater 1917—1986）	丹麦 丹麦 美国	发现原子核中集体运动和粒子运动之间的联系，并在此基础上发展了原子核结构理论
1976 年	丁肇中（1936—） 里希特（Burton Richter 1931—）	中国-美国 美国	分别独立发现一种质量为质子质量三倍、寿命比共振态粒子寿命长万倍的 J/Ψ 新粒子
1977 年	安德森（Philip Warren Anderson 1923—2020） 莫特（Nevill Francis Mott 1905—1996） 范弗莱克（John Hasbrouck Van Vleck 1899—1980）	美国 英国 美国	在磁性和无序体系物质电子结构的理论研究方面的贡献
1978 年	彭齐亚斯（Arno Allan Penzias 1933—） 伦·威耳逊（Robert Woodrow Wilson 1936—2013） 卡皮察（Пётр Леонидович Капица 1894—1984）	美国 美国 苏联	发现宇宙微波背景辐射（1964 年） 低温物理学领域的基本发明与发现
1979 年	格拉肖（Shelden L. Glashow 1932—） 温伯格（Steven Weinberg 1933—） 萨拉姆（Abdus Salam 1926—1996）	美国 美国 巴基斯坦	对基本粒子之间的弱相互作用和电磁相互作用的统一理论的贡献，特别是包括预示弱中性流的贡献
1980 年	克罗宁（James Watson Cronin 1931—2016） 菲奇（Val Logsdon Fitch 1923—2015）	美国 美国	发现 k^0 介子衰变时 CP 不守恒（1964 年）
1981 年	布洛姆伯根（Nicolaas Bloembergen 1920—2017） 肖洛（Arthur L. Schawlow 1921—1999） 西格巴恩（Kai M. Siegbahn 1918—2007）	美国 美国 瑞典	对激光光谱学的发展做出的贡献 对发展高分辨率电子光谱学做出的贡献
1982 年	威耳逊（Kenneth G. Wilson 1936—2013）	美国	成功地用重正化群方法解决了相变临界现象问题
1983 年	钱德拉塞尔（Subrahmanyan Chandrasekhar 1910—1995） 福勒（William Alfred Fowler 1911—1995）	印度-美国 美国	对恒星演化的特征，尤其是对恒星不同演化阶段的稳定性问题的研究 研究与天体物理有关的核反应的实验工作和理论计算
1984 年	鲁比亚（Carlo Rubbia 1934—） 范德梅尔（Simon van der Meer 1925—2011）	意大利 荷兰	对导致发现 $W^{\pm}$ 和 Z^0 粒子的大型工程做出的贡献
1985 年	克利青（Klaus von Klitzing 1943—）	德国	发现量子霍耳效应（1980）

续表

授奖年份	获奖者	国籍	研究成果
1986 年	鲁斯卡(E. Ruska 1906—1988)	德国	电光学基础工作，第一台电子显微镜(1931 年)
	宾宁(G. Binning 1947—)	瑞士	设计第一架扫描隧道显微镜(1981 年)
	罗雷尔(H. Rohrer 1933—2013)	瑞士	
1987 年	缪勒(Karl Alex Muller 1927—)	德国	发现高温超导(1986 年)
	贝德诺兹(Johennes Georg Bednortz 1950—)	瑞士	
1988 年	莱德曼(Leon M. Lederman 1922—2018)	美国	发现在实验中产生中微子束的方法，以及发现了 μ 介子和 μ 型中微子
	施瓦兹(Melvin Schwartz 1932—2006)	美国	
	斯坦博格(Jack Steinberger 1921—)	美国	
1989 年	拉姆齐(Norman Ramsey 1915—2011)	美国	在计测时间的方法和技术上，对提高原子计时精度和准定性方面各自做出了创造性贡献
	德默尔特(Aans Dehmelt 1922—2017)	美国	
	保罗(Wolfgang Paul 1913—1993)	德国	
1990 年	弗里德曼(Jerome Friedman 1930—)	美国	通过深度非弹性实验验证强子具有内部结构
	肯德尔(Henry Kendall 1926—1999)	美国	
	泰勒(Richard Taylor 1929—2018)	美国	
1991 年	德热纳(Pierre-Gilles de Gemns 1932—2007)	法国	液晶及高分子物理研究
1992 年	夏帕克(George Charpak 1924—2010)	法国	多丝正比室
1993 年	泰勒(Joseph H. Taylor 1941—)	美国	1974 年发现脉冲双星
	赫尔斯(Russell A. Hulse 1950—)	美国	
1994 年	沙尔(C. G. Shull 1915—2001)	美国	中子衍射和热中子非弹性散射方面的奠基作用和贡献
	布罗克豪斯(B. N. Brockhouse 1918—2003)	加拿大	
1995 年	佩尔(Martin Perl 1927—)	美国	发现 τ 轻子
	莱因斯(Frederick Reines 1918—1998)	美国	实验上首次确认中微子的存在
1996 年	戴维·李(David M. lee 1931—)	美国	发现 ^{3}He 的超流性
	理查森(Robert C. Richardson 1937—)	美国	
	奥谢罗夫(Douglas O. Osheroff 1945—)	美国	
1997 年	朱棣文(Stephen Chu 1948—)	美国	激光冷却和捕获气体原子研究方面的突出贡献
	菲利普斯(William D. Philips 1948—)	美国	
	科昂—塔努吉(Claude Cohen Tannoudji 1933—)	法国	
1998 年	劳克林(R. B. Laughlin 1950—)	美国	发现分数量子霍耳效应，以及对分数量子霍耳液体在实验上和理论上的贡献
	施特默(H. L. Störmer 1949—)	美国	
	崔琦(D. C. Tsui 1939—)	美国	
1999 年	霍夫特(Geradus't Hooft 1946—)	荷兰	解释了弱电相互作用的量子结构
	韦尔特曼(Martinus J. G. Veltman 1931—)		

续表

授奖年份	获奖者	国籍	研究成果
2000 年	阿尔费罗夫(Ж. И. АДФРОВ 1930—2019) 克勒默(H. Kroemer 1928—) 基尔比(J. S. Kilby 1923—2005)	俄罗斯 美国 美国	发明快速晶体管、激光二极管和集成电路(芯片)
2001 年	科纳尔(E. A. Cornell 1961—) 凯特勒(W. Ketterle 1957—) 维曼(C. E. Wieman 1951—)	美国 德国 美国	发现玻色·爱因斯坦凝聚物质状态
2002 年	戴维斯(R. Davis Jr 1914—2006) 小柴昌俊(Mastatoshi Koshiba 1926—) 贾科尼(R. Giacconi 1931—)	美国 日本 美国	中微子天文学 X 射线天文学
2003 年	阿列克谢·阿布里科索夫 (Alexei A. Abrikosov 1928—2017) 塔利·金茨堡(Vitaly L. Ginzburg 1916—2009) 安东尼·莱格特(Anthony J. Leggett 1938—)	俄罗斯-美国 俄罗斯 英国-美国	在超导体和超流体理论做出的开创性贡献
2004 年	戴维·格罗斯(David J. Gross 1941—) 戴维·波利泽(H. David Politzer 1949—) 弗兰克·维尔泽克(Frank Wilczek 1951—)	美国 美国 美国	发现了粒子物理的强相互作用理论中的"渐近自由"现象
2005 年	罗伊·格劳伯(Roy J. Glauber 1925—2018) 约翰·霍尔(John L. Hall 1934—) 特奥多尔·亨施(Theodor W. Hänsch 1941—)	美国 美国 德国	对光学相干的量子理论和基于激光的精密光谱学的发展所做的贡献
2006 年	约翰·马瑟(John C. Mather 1945—) 乔治·斯穆特(George Fitzgerald Smoot Ⅲ 1945—)	美国 美国	宇宙微波背景辐射的黑体形式和各向异性的发现
2007 年	艾尔伯·费尔(Albert Fert 1938—) 皮特·克鲁伯格(Peter Grünberg 1939—2018)	法国 德国	巨磁电阻效应的发现
2008 年	南部阳-郎(Yoichiro Nambu 1921—2015) 小林诚(Makoto Kobayashi 1944—) 益川敏英(Toshihide Maskawa 1940—)	美国 日本 日本	发现亚原子物理学中的自发对称性破缺机制
2009 年	高锟(Charles K. Kao 1933—2018) 韦拉德-博伊尔(Willard Boyle 1924—2011) 乔治-史密斯(George Elwood Smith 1930—)	中国香港 美国 美国	光在纤维中的传输用于光学通信、发明了半导体成像器件(CCD)图像传感器
2010 年	安德烈·盖姆(Andre Geim 1958—) 康斯坦丁·诺沃肖罗夫(Konstantin Novoselov 1974—)	英国 英国	对石墨烯的研究
2011 年	萨尔·波尔马特(Saul Perlmutter 1959—) 布莱恩-斯密特(Brian P. Schmidt 1967—) 亚当-赖斯(Adam G. Riess 1969—)	美国 美国-澳大利亚 美国	通过观测遥远超新星发现宇宙的加速膨胀

续表

授奖年份	获 奖 者	国籍	研究成果
2012 年	沙吉·哈罗彻(Serge Haroche 1944—) 大卫·温兰德(David J. Wineland 1944—)	法国 美国	采用突破性的试验方法使得测量和操纵单个量子系统成为可能
2013 年	弗朗索瓦·恩格勒特(Francois Englert 1932—) 彼得·希格斯(Peter W. Higgs 1929—)	比利时 英国	预言希格斯玻色子,并被欧洲大型强子对撞机通过实验发现
2014 年	赤崎勇(1929—) 天野洁(1960—) 中村修二(1954—)	日本 日本 日本-美国	在发现新型高效、环境友好型光源,即蓝色发光二极管(LED)方面做出巨大贡献
2015 年	梶田隆章(1959—) 阿瑟·麦克唐纳(Arthur Bruce McDonald 1943—)	日本 加拿大	发现了中微子振荡,表明中微子具有质量,改变了人类对物质的理解,提升对宇宙的认知
2016 年	戴维·索利斯(David J. Thouless 1934—2019) 邓肯·霍尔丹(Duncan Haldane 1951—) 迈克尔·科斯特立茨(J. Michael Kosterlitz 1942—)	美国 美国 美国	理论发现拓扑相变和拓扑相物质,开启了通往奇异物质状态研究的未知世界的大门
2017 年	雷纳·韦斯(Rainer Weiss 1932—) 巴里·巴里什(Barry Clark Barish 1936—) 基普·索恩(Kip Stephen Thorne 1940—)	美国 美国 美国	"激光干涉引力波天文台"(LIGO)探测装置的决定性贡献以及探测到引力波的存在,为人类探索宇宙提供了全新的观察方法
2018 年	亚瑟·阿斯金(Arthur Ashkin 1922—2020) 杰拉德·莫罗(Gerard Mourou 1944—) 唐娜·斯特里克兰(Donna Strickland 1959—)	美国 法国 加拿大	在激光物理学领域的突破性发明,发明了"光镊"和高强度激光脉冲
2019 年	詹姆斯·皮布尔斯(James Peebles 1935—) 米歇尔·麦耶(Michel Mayor 1942—) 迪迪埃·奎洛兹(Didier Queloz 1966—)	美国 瑞士 瑞士	对宇宙结构和历史的新认识,在太阳系外首次发现一个绕着类太阳恒星公转的行星,有助于我们理解大爆炸后宇宙如何演化
2020 年	罗杰彭·罗斯(Roger Penrose 1931—) 莱茵哈德·根泽尔(Reinhard Genzel 1952—) 安德里亚·盖兹(Andrea Ghez 1965—)	英国 德国 美国	黑洞的形成是广义相对论的一个有力预测,发现银河系中心有一个超大质量的致密天体

习题参考答案

第16章 几何光学基础

16-1 ～16-5 （略）.

16-6 1.73×10^8 m/s.

16-7 $47.2°$.

16-8 (1) 平行；(2) 不能进入空气.

16-9 120 cm.

16-10 20 cm 以及 5 cm.

16-11 $n=2$.

16-12 (1) 15 cm；(2) -1.5.

16-13 $f'=-34.5$ cm.

16-14 9 cm.

16-15 -24 cm.

16-16 L_2 左方 6 cm 处，缩小倒立虚像.

第17章 光的干涉

17-1 ～17-6 （略）.

17-7 4.55 m.

17-8 515 nm.

17-9 0.340 m.

17-10 8.0 μm.

17-11 447.5 nm,0.8.

17-12 （略）.

17-13 (1) 0.35 mm；(2) 3.1 mm.

17-14 14.8 μm,44.3 μm,73.8 μm.

17-15 $3.58°$.

17-16 0.453.

17-17 115 nm.

17-18 $\lambda=480$ nm.

17-19 0.111 μm,590 nm(黄色).

17-20 563.9 nm.

17-21 673.0 nm.

17-22 340.0 nm.

17-23 (1) 674.0 nm,404.0 nm；(2) 505.0 nm.

17-24 (1) 亮暗相间的同心圆环；(2) 0, 250.0 nm,500.0 nm,750.0 nm,1 000.0 nm,共计 5 条.

17-25 700.0 nm.

17-26 2.945×10^{-4} rad.

17-27 2.36 μm.

17-28 (1) $\Delta h=29.47$ μm；(2) 轻压盖板中部，条纹变密的一端块规长；条纹变疏的一端块规短.

17-29 $R=381$ mm.

17-30 590 nm.

17-31 2.79 mm.

17-32 (1) 34 条；(2) 45 条.

17-33 0.18 cm.

17-34 左、右两半牛顿环亮暗花纹相反.

17-35 102.8 cm.

17-36 94.8 mm.

17-37 ZnS,$l_1=67.32$ nm；MgF_2,$l_2=114.64$ nm.

17-38 $\lambda=588$ nm.

17-39 5.2 μm.

17-40 $n=1.000\ 3$.

17-41 0.032 μm,2 m.

17-42 6.8 mm.

第18章 光的衍射

18-1 ～18-5 （略）.

18-6　2.5 mm.
18-7　0.17 mm.
18-8　1.8 mm.
18-9　5.46 mm.
18-10　7.26 μm.
18-11　428.6 nm.
18-12　$d=6a$.
18-13　(1) 2.4 mm;(2) 2.4 cm;(3) 9 条.
18-14　(1) 共有 9 条干涉明纹;(2) $\frac{I_3}{I_0}=0.25$.
18-15　$d=0.211$ mm,$a=52.7$ μm.
18-16　$\theta_1=0.31$ rad,$\theta_2=0.64$ rad,$\theta_3=1.12$ rad.
18-17　$\Delta\theta=0.22$ rad.
18-18　$\lambda=571$ nm,$\theta_2=0.75$ rad.
18-19　3 级.
18-20　(1) 1.03 μm;(2) 9 730条/cm;(3) 没有第 2 级明纹.
18-21　(略).
18-22　(1) 6.0 μm;(2) 1.5 μm;(3) 9 级.
18-23　$\theta_1=10.2°,\theta_2=20.7°,\theta_3=32.0°,\theta_4=45.2°,\theta_5=62.1°$.
18-24　635.0 nm,508.0 nm,423.3 nm.
18-25　1.25×10^4.
18-26　(1) 2.4 μm;(2) 0.8 μm.
18-27　(1) $\Delta\lambda=4.6\times10^{-3}$ nm;(2) 共看到 $\lambda=500.0$ nm 的 7 条谱线.
18-28　$N=3\,646$ 条.
18-29　(1) $d=1.02\times10^4$ nm;(2) 3.4 mm.
18-30　(1) 斜入射时可看到最高级次为 5 级,垂直入射时的最高级次为 3 级;(2) 327 条.
18-31　1 cm.
18-32　(1) 7.98×10^{-5} rad;(2) 400.0 nm,5.42×10^{-5} rad.
18-33　(1) 1.44×10^{-7} rad;(2) 3×10^{-3} rad.
18-34　2.54×10^{-7} rad.
18-35　(1) 8.8×10^{-7} rad;(2) 8.34×10^7 km.
18-36　1.1×10^4 km;11 km.
18-37　8.94 km.
18-38　$\lambda=0.3$ nm.
18-39　$\lambda_A=1.68\times10^{-10}$ m.
18-40　4.157×10^{-10} m,3.928×10^{-10} m.
18-41　波长分别为 1.30×10^{-10} m 和 0.97×10^{-10} m 的 X 射线能产生强反射.
18-42　6.8°.
18-43　0.165 nm,0.165 nm.

第 19 章　光的偏振

19-1 ~ 19-2　(略).
19-3　(1) $\theta=54.7°$ 或 $125.3°$;(2) $\theta=35.3°$ 或 $144.7°$.
19-4　$\theta_1=19.6°$ 或 $\theta_1=70.4°$.
19-5　75° 或 15°.
19-6　入射光中线偏振光的光矢量振动方向与第一块偏振片的透光轴平行;$I_1=\frac{3}{4}I_0$,$I_2=\frac{3}{8}I_0$.
19-7　$I_4=0.21I_0$.
19-8　$I_线=\frac{2}{3}I_总$,$I_自=\frac{1}{3}I_总$.
19-9　$I=\frac{I_0}{4}$.
19-10　$I_1=\frac{I_0}{2}$,$I_2=\frac{I_0}{4}$,$I_3=\frac{I_0}{8}$.
19-11　$I_2=\frac{I_0}{4}$.
19-12　$n=48$ 块.
19-13　45° 或 135°.
19-14　48.4°.
19-15　(1) 53.1°;(2) 与波长有关.
19-16　35.5°.
19-17　(1) 37°;(2) E 矢量的振动面与入射面正交.
19-18　32°;$n=1.60$.
19-19　54.7°.
19-20　11.81°.
19-21　(略).
19-22　$\lambda_o=355$ nm,$\lambda_e=396$ nm.
19-23　$\frac{E_e}{E_o}=\frac{1}{\sqrt{3}}$,$\frac{I_e}{I_o}=\frac{1}{3}$.
19-24　(1) 1-o 光,2-e 光;(2) 1-光矢量在纸面内,2-光矢量垂直于纸面;(3) 0.5 mm.
19-25　48°,图略.
19-26　这两束光的光程差为半个波长,11.9 μm.
19-27　0.581 μm.
19-28　5 μm.

19-29 对于 400 nm 的线偏振光,该波片是 $\frac{\lambda}{2}$ 波片,透射光仍为线偏振光,振动面转过 $\frac{\pi}{2}$ 角.

19-30 ~ 19-31 (略).

19-32 (1) $A_e = 0.68A, A_o = 0.18A$, $I_e = 0.47I_0, I_o = 0.03I_0$;
(2) $A_{e2} = 0.66A, A_{o2} = 0.05A$, $I_{e2} = 0.44I_0, I_{o2} = 0.0022I_0$.

19-33 $I_2 = \frac{3I_0}{16}$.

19-34 (1) 椭圆偏振光;(2) $I_2 = \frac{5I_0}{16}$.

第20章 气体分子动理论

20-1 (1) 601.5 K;(2) $T_b = 3008$ K, $T_d = 120.3$ K.

20-2 (1) 1.92×10^6 kg; (2) $N = 2.89 \times 10^{20}$ 个,$n = 5.16 \times 10^{18}/cm^3$.

20-3 1.9×10^{18} 个.

20-4 20.4 kg.

20-5 减少了 5%.

20-6 85 ℃.

20-7 0.063 atm.

20-8 2.33×10^3 Pa.

20-9 (1) $p_2 = 3p_1$;(2) $\overline{e_{k_2}} = 1.5 \overline{e_{k_1}}$; (3) $\frac{v_{rms2}}{v_{rms1}} = 1.22$.

20-10 493.0 m/s.

20-11 3.32 mol.

20-12 (1) 495 m/s;(2) 28×10^{-3} kg/mol,氮气或一氧化碳.

20-13 8.76×10^{-21} J.

20-14 (1) 40.1 K;(2) 6.01 km/s.

20-15 (1) 5.65×10^{-21} J, 7.72×10^{-21} J. (2) 3 400 J, 4 650 J.

20-16 75.0 J.

20-17 4.99×10^3 J, 3.32×10^3 J.

20-18 $\frac{5}{2}p$.

20-19 1.28×10^{-7} K.

20-20 25%.

20-21 $\frac{T_2}{T_1} = 1.5$.

20-22 (1) $a = \frac{2}{3v_0}$;(2) $\frac{1}{3}N$;(3) $\frac{11}{9}v_0$.

20-23 557.58 m/s, 515.68 m/s, 454.44 m/s.

20-24 $2.45 \times 10^{25}/m^3$, 5.31×10^{-26} kg, 1.30 kg/m³, 3.44×10^{-9} m, 447 m/s, 484 m/s, 1.04×10^{-20} J.

20-25 (略).

20-26 $\frac{1}{4}$.

20-27 (1) $\frac{4U}{3V}$;(2) $\sqrt{\frac{M_2}{M_1}}$.

20-28 (1) 1.66%;(2) 0.27.

20-29 (1) 2.37×10^4 K;(2) 1.06×10^3 K.

20-30 3.2×10^{-10} m.

20-31 (1) 0.71;(2) 3.5×10^{-7} m.

20-32 (1) $n = 3.54 \times 10^{10}/cm^3$;(2) 1.59×10^4 cm.

20-33 $3.2 \times 10^{17}/m^3$, $\lambda = 7.8$ m(已超过真空管的线度).

20-34 $p_i = 0.0073 p_0, 73 p_0, 7300 p_0$; $p_i = 4.9 \times 10^{-4} p_0, 4.9 p_0, 490 p_0$.

20-35 3.3×10^6 Pa, 4.1×10^6 Pa.

20-36 (略).

第21章 热力学第一定律

21-1 810 J, 506 J, 203 J.

21-2 466 J.

21-3 124.7 J, −84.3 J.

21-4 2 017.9 J.

21-5 1.18×10^6 J.

21-6 7.65×10^{-3} m³, 305 K.

21-7 −567 J, 167 J.

21-8 12×10^3 J.

21-9 (1) 24 J;(2) −172 J;(3) 160 J; (4) 72 J, 72 J.

21-10 (1) $a\left(\frac{1}{V_1} - \frac{1}{V_2}\right)$; (2) $\frac{5a}{2}\left(\frac{1}{V_2} - \frac{1}{V_1}\right)$; (3) $\frac{3a}{2}\left(\frac{1}{V_2} - \frac{1}{V_1}\right)$.

21-11 $\frac{2}{7}$.

21-12 $p_0 V_0 \ln \frac{9}{8}$.

21-13 (1) $T_b = 300$ K, $T_c = 100$ K;(2) $W_{ab} = 400$ J, $W_{bc} = -200$ J, $W_{ca} = 0$;(3) $Q =$

200 J.

21-14 (1) $T=\dfrac{p_0}{\nu R}\left(3V-\dfrac{V^2}{V_0}\right)$；(2) 当 $V_0 \leqslant V < \dfrac{15V_0}{8}$ 时，$dQ>0$，吸热；当 $V=\dfrac{15V_0}{8}$ 时，$dQ=0$；当 $\dfrac{15V_0}{8}<V\leqslant 2V_0$ 时，$dQ<0$，放热.

21-15 (1) $\Delta U=\dfrac{5}{2}(p_2V_2-p_1V_1)$；(2) $W=\dfrac{1}{2}(p_2V_2-p_1V_1)$；(3) $Q=3(p_2V_2-p_1V_1)$；(4) $C_m=3R$.

21-16 (1) 76.0 J，101 J，88.6 J；(2) 167 J，192 J，180 J.

21-17 (1) 7.5×10^3 J；(2) 900 K.

21-18 (1) 6×10^5 J；(2) 4×10^5 J；(3) 10.72×10^5 J；(4) 14.72×10^5 J.

21-19 9 972 J.

21-20 (1) 6.98×10^3 J；(2) $\Delta U=4.99\times10^3$ J；(3) 1.99×10^3 J；(4) 2.99×10^3 J.

21-21 (1) 3.0 mol；(2) 37.4 J/K；(3) 13.1×10^3 J.

21-22 (1) 3.49×10^3 J；(2) 2.49×10^3 J；(3) 1.0×10^3 J.

21-23 1.40×10^5 Pa，366 K，254 K.

21-24 8.50，2.35.

21-25 $W_Q=940$ J；$W_T=1\ 435$ J.

21-26 (1) $\Delta U=7\ 479$ J；(2) $W=-7\ 479$ J；(3) $n=1.96\times10^{26}/\text{m}^3$.

21-27 $W=\dfrac{p_1V_1}{\gamma-1}\left[1-\left(\dfrac{V_1}{V_2}\right)^{\gamma-1}\right]$.

21-28 (1) 等容过程 $W=0$，$\Delta U=Q=3.74\times10^3$ J，绝热过程 $Q=0$，$\Delta U=-1.81\times10^3$ J，$W=1.81\times10^3$ J，等压过程 $\Delta U=-1.93\times10^3$ J，$W=-1.29\times10^3$ J，$Q=-3.22\times10^3$ J；(2) $\Delta U=0$，$W=0.52\times10^3$ J，$Q=0.52\times10^3$ J；(3) $p_2=2.02\times10^5$ Pa，$V_2=24.6\times10^{-3}$ m³；$p_3=1.01\times10^5$ Pa，$V_3=37.3\times10^{-3}$ m³.

第 22 章 热力学第二定律 熵

22-1 (1) 10 666.7 J；(2) 0.53 s.

22-2 (1) 0.375；(2) 600 J；(3) 2.00×10^3 W.

22-3 0.478 ℃.

22-4 $\dfrac{1}{n}$.

22-5 (1) $\eta=33.3\%$；(2) $W=8.31\times10^5$ J.

22-6 $\eta=1-\dfrac{T_3}{T_2}$.

22-7 (1) $V_C=V_2$，$T_C=T_1\left(\dfrac{V_1}{V_2}\right)^{\gamma-1}$，$p_C=\nu RT_1\left(\dfrac{V_1^{\gamma-1}}{V_2^{\gamma}}\right)$；

(2) $\eta=1-\dfrac{1-\left(\dfrac{V_1}{V_2}\right)^{\gamma-1}}{(\gamma-1)\ln\dfrac{V_2}{V_1}}$.

22-8 (1) 4.10×10^3 J；(2) 14.2×10^3 J；(3) 10.1×10^3 J；(4) 28.8%.

22-9 (1) $10.5RT_0$；(2) $8.5RT_0$；(3) 0.190；(4) 0.833.

22-10～22-12 （略）.

22-13 (1) 741 J；(2) 459 J.

22-14 $p_B=5.05\times10^5$ Pa，$p_C=1.43\times10^5$ Pa，$p_D=2.8\times10^5$ Pa，$V_C=0.049$ m³，$V_D=0.024\ 5$ m³；(2) 2.1×10^3 J；(3) $Q_1=7.0\times10^3$ J；(4) 30%.

22-15 48.9%.

22-16 (1) 5.12%；(2) 5.27×10^{12} J.

22-17 (1) 0.672；(2) 5.88×10^4 W.

22-18 1 045 J.

22-19 (1) 16.8；(2) 1.43×10^4 W.

22-20 1.32×10^4 J.

22-21 195 J/K.

22-22 -610 J/K.

22-23 3.59 J/K.

22-24 13 J/K.

22-25 5.4 J/K.

22-26 (1) 300 K；(2) 600 K；(3) 3 740 J.

第 23 章 狭义相对论基础

23-1～23-10 （略）.

23-11 (1) $0.946c$，向东；(2) $0.88c$，北偏东 46.8°.

23-12 $0.816c$，0.707 m.

23-13 (1) 1.63×10^{-5} s；(2) 4.84×10^3 m.

23-14 (1) 2.25×10^{-7} s；(2) 3.75×10^{-7} s.

23-15 地球在绕太阳公转的方向缩短得最多；

$\Delta R = 3.2$ cm.

23-16 (1) $L\sqrt{1-\dfrac{v^2}{c^2}}$; (2) $\dfrac{L\sqrt{1-\dfrac{v^2}{c^2}}+l_0}{v}$.

23-17 8.89×10^{-8} s.

23-18 270 m.

23-19 6.7×10^{8} m.

23-20 5.8×10^{-9} s.

23-21 3 昼夜.

23-22 1.25×10^{-8} s, 0.75×10^{-8} s.

23-23 $\dfrac{m_0}{V_0\left(1-\dfrac{v^2}{c^2}\right)}$.

23-24 2.6×10^{8} m/s.

23-25 2.6×10^{8} m/s.

23-26 2.57 keV, 2.46×10^{3} keV.

23-27 (1) 2.83×10^{8} m/s; (2) 621 m_e; (3) 212 MeV, 1.60×10^{-19} kg·m/s.

23-28 (1) $0.998\,81c$; (2) $0.108c$; (3) 20.6, 1.01.

23-29 80 kg.

23-30 (1) $E=5.8\times 10^{-13}$ J; (2) $E=4.99\times 10^{-13}$ J.

23-31 8 倍.

23-32 ~ **23-33** （略）.

23-34 $2.5 m_0$.

23-35 (1) $2.12 m_0$; (2) $\dfrac{c}{3}$.

第24章 量子理论的起源

24-1 8.28×10^{3} K, 9.99×10^{3} K.

24-2 1 416 K.

24-3 (1) 2.898 Å; (2) 6.86×10^{-16} J = 4.29×10^{3} eV.

24-4 (1) 9.66×10^{-4} m; (2) 2.34×10^{9} W.

24-5 318 nm.

24-6 (1) 2.26 eV; (2) 0.33 V.

24-7 382.0 nm.

24-8 (1) 6.59×10^{-34} J·s; (2) 2.28 eV; (3) 544.0 nm.

24-9 1.24×10^{20} Hz, 2.43×10^{-12} m, 2.73×10^{-22} kg·m/s.

24-10 6.63×10^{-26} J = 4.14×10^{-7} eV, 5.30×10^{-28} J = 3.32×10^{-9} eV.

24-11 (1) 2.43×10^{-12} m; (2) 0.12.

24-12 1.27×10^{-14} J, 2.97×10^{-14} J, 4.1×10^{-14} J.

24-13 0.1 MeV.

24-14 0.004 3 nm, 62.3°.

24-15 13.6 eV.

24-16 0.213 eV.

24-17 (1) 12.75 eV; (2) 0.66 eV、1 875.0 nm, 1.89 eV、656.3 nm, 2.55 eV、486.1 nm, 10.22 eV、121.5 nm, 12.09 eV、102.6 nm, 12.75 eV、97.3 nm, 图略.

24-18 1.096×10^{7} m^{-1}.

24-19 102.6 nm.

24-20 486.2 nm, 图略.

24-21 （略）.

第25章 量子力学基础

25-1 (1) 3.88×10^{-2} eV; (2) 1.45×10^{-10} m.

25-2 (1) 0.124 MeV, γ 射线; (2) 15.13 keV; (3) （略）.

25-3 1.67×10^{-27} kg, 质子.

25-4 $\dfrac{\hbar^2}{8mL^2}$.

25-5 3×10^{-3} m.

25-6 5.3×10^{-27} J, 10^{-14} m.

25-7 1.33×10^{-9} s.

25-8 (1) $\dfrac{\pi\sqrt{km}}{h}$; (2) $\dfrac{3}{2}h\nu$.

25-9 (1) $\dfrac{1}{\sqrt{\pi}}$; (2) $\dfrac{1}{\pi(1+x^2)}$; (3) $x=0$.

25-10 $\dfrac{L}{2}, \dfrac{L}{4}$ 和 $\dfrac{3L}{4}$.

25-11 4.12 nm.

25-12 5.44×10^{-37} J, 5.55×10^{-37} J, 1.09×10^{-38} J.

25-13 (1) 0.02; (2) 0.01; (3) 0.

25-14 0.20, 0.40, 0.33, 0.33.

25-15 （略）.

25-16 8.28×10^{-13} eV, 1.66×10^{-12} eV.

第26章 原子 分子与固体

26-1 $0, \sqrt{2}\hbar, \sqrt{6}\hbar$.

26-2 $2p$: $0, \pm\hbar$; $3s$: 0.

26-3 $\sqrt{6}\hbar$; 35.3°, 65.9°, 90°, 114.1°, 144.7°, 图略.

26-4 $10, m_l = \pm 2, \pm 1, 0, m_s = \pm \frac{1}{2}$.

26-5 966 MHz.

第 27 章 原子核与基本粒子

27-1 $_2^6$He: 29.28 MeV, 4.88 MeV; $_3^6$Li: 31.98 MeV, 5.33 MeV.

27-2 1.56 MeV.

27-3 7.43 MeV, 11.4 MeV.

27-4 1.37×10^{-11} s^{-1}, 3.6×10^{10} s^{-1}.

27-5 6.0×10^{-3} m^3.

27-6 4.1×10^9 a.

27-7 1.72×10^4 a.

27-8 180 MeV.

27-9 31.5 g.

27-10 6.3×10^7 W.

27-11 氘: 1.18×10^{-9} kg/s; 氚: 1.77×10^{-9} kg/s.

参 考 书 目

1. 瑞斯尼克,哈里德. 物理学. 北京:科学出版社,1980年.
2. F. W. Sears 等. 大学物理学. 北京:人民教育出版社,1979年.
3. 张三慧. 大学物理学. 北京:清华大学出版社,1991年.
4. Raymond, A. *Serway Physics for Scientists and Engineers with Modern Physics* (3rd edition). Fort Worth: Saunders College Publishing, 1990.
5. Tipler, P. A. *College Physics*. New York: Worth Publishers, Inc, 1987.
6. Alonso, M. and Finn, E. J. *Fundamental University Physics*. Massachusetts: Addiso-Wesley Publishing Company, 1978.
7. 赵凯华,罗蔚茵. 新概念物理教程(力学). 北京:高等教育出版社,1995年.
8. 卢德馨. 大学物理学. 北京:高等教育出版社,1998年.
9. 李椿,章立源,钱尚武. 热学. 北京:人民教育出版社,1978年.
10. 赵凯华,罗蔚茵. 新概念物理教程(热学). 北京:高等教育出版社,1998年.
11. 赵凯华. 定性与半定量物理学. 北京:高等教育出版社,1991年.
12. E. M. 珀塞尔. 伯克利物理学教程(第2卷,电磁学). 北京:科学出版社,1979年.
13. E. 赫克特,A. 赞斯. 光学. 北京:人民教育出版社,1980年.
14. 张礼. 近代物理学进展. 北京:清华大学出版社,1997年.
15. 陆果. 基础物理学教程. 北京:高等教育出版社,1998年.
16. 朱鋐雄,王世涛,王向晖. 大学物理学习导引. 北京:清华大学出版社,2010年.
17. 张三慧. 大学物理学(第三版). 北京:清华大学出版社,2009年.
18. 马文蔚等. 物理学(第五版). 北京:高等教育出版社,2010年.